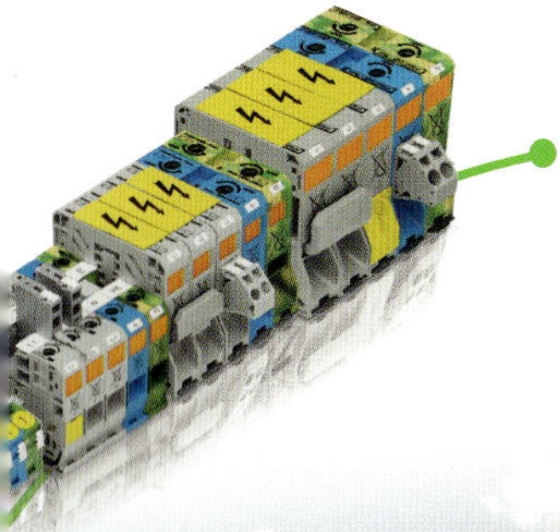

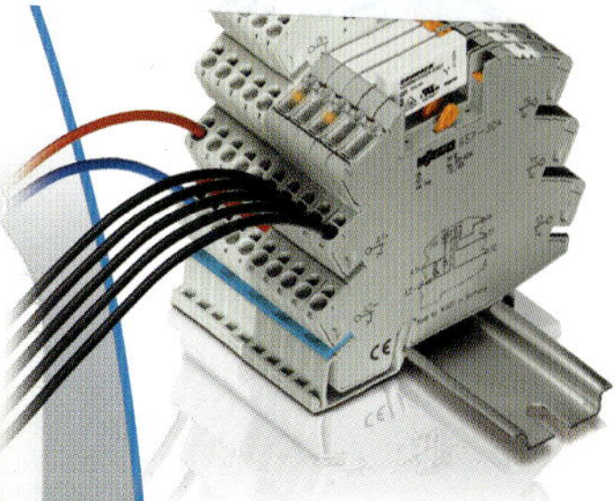

JUMPFLEX®
Messumformer / Relais-
und Optokopplerbausteine

WAGO-SPEEDWAY
modulares I/O-System, IP67

WAGO-I/O-SYSTEM

Gerhard Kiefer
VDE 0100 und die Praxis

Prof. Dipl.-Ing. Gerhard Kiefer

VDE 0100 und die Praxis

Wegweiser für Anfänger und Profis

13., überarbeitete und erweiterte Auflage

VDE VERLAG GMBH • Berlin • Offenbach

Auszüge aus den DIN-Normen mit VDE-Klassifikation sind für die angemeldete limitierte Auflage wiedergegeben mit Genehmigung 392.008 des DIN Deutsches Institut für Normung e. V. und des VDE Verband der Elektrotechnik Elektronik Informationstechnik e. V. Für weitere Wiedergaben oder Auflagen ist eine gesonderte Genehmigung erforderlich.

Die zusätzlichen Erläuterungen geben die Auffassung der Autoren wieder. Maßgebend für das Anwenden der Normen sind deren Fassungen mit dem neuesten Ausgabedatum, die bei der VDE VERLAG GMBH, Bismarckstraße 33, 10625 Berlin und der Beuth Verlag GmbH, Burggrafenstraße 6, 10787 Berlin erhältlich sind.

Bibliografische Information der Deutschen Nationalbibliothek
Die Deutsche Nationalbibliothek verzeichnet diese Publikation in der Deutschen Nationalbibliografie; detaillierte bibliografische Daten sind im Internet über *http://dnb.d-nb.de* abrufbar.

ISBN 978-3-8007-3130-5

Satz: Manuela Treindl, Laaber
Druck: Bosch-Druck GmbH, Landshut
Printed in Germany 2009-06

Vorwort zur 13. Auflage

Das Buch „VDE 0100 und die Praxis“ erschien in erster Auflage im Jahr 1984 und findet seit dieser Zeit in der Fachöffentlichkeit große Beachtung. Die rasante Entwicklung der internationalen, regionalen und nationalen Normung sowie die Auswirkungen des gemeinsamen Markts machten es erforderlich, das Buch ständig den Stand der neuesten Normen bzw. Technik anzupassen, sodass jetzt die 13. Auflage vorliegt.

Die regionale und internationale Normung wird zur Zeit aktiv von mehr als 25 nationalen Normungsgremien getragen, womit weltweit das reibungslose Zusammenspiel elektrischer Anlagen und Geräte geordnet ist. In diesem Umfeld spielt im deutschsprachigen Raum die Normenreihe DIN VDE 0100 „Errichten von Niederspannungsanlagen“ eine für den Aufbau und den Betrieb elektrischer Anlagen im Niederspannungsbereich besonders wichtige Rolle; sie ist Schwerpunkt dieses Buchs. Das Buch umfasst aber darüber hinaus viele weitere Normen, die für Planung und Bau von Niederspannungsanlagen von Bedeutung sind. Ziel des Buchs ist es dabei, die einschlägigen Normen in kompakter Form so zu präsentieren, dass sie stets verfügbar, leicht zu lesen und gut zu verstehen sind. So werden Auszüge aus den Normen zitiert und erläutert und zusätzlich durch zahlreiche, praxisnahe Beispiele untermauert. Damit werden die oft sehr komplizierten Bestimmungen transparent, ohne dass gleichzeitig allzu ausführlich auf die internationalen IEC-Publikationen oder auf die umfangreichen regionalen CENELEC-Harmonisierungsdokumente bzw. Europäische Normen eingegangen werden muss.

Nachdem in den Jahren 2006, 2007 und 2008 wichtige Bestimmungen im Bereich DIN VDE 0100 neu erschienen sind, war eine Überarbeitung der 12. Auflage dringend erforderlich. Die neu erschienen Bestimmungen sind

DIN VDE 0100-200:2006-06	„Begriffe“
DIN VDE 0100-410:2007-06	„Schutz gegen elektrischen Schlag“
DIN VDE 0100-443:2007-06	„Schutz bei Überspannungen infolge atmosphärischer Einflüsse oder von Schaltvorgängen“
DIN VDE 0100-510:2007-06	„Auswahl und Errichtung elektrischer Betriebsmittel – Allgemeine Bestimmungen“
DIN VDE 0100-534:2009-2	„Überspannungs-Schutzeinrichtungen (ÜSE)“
DIN VDE 0100-540:2007-06	„Erdungsleiter, Schutzleiter und Schutzpotentialausgleichsleiter“
DIN VDE 0100-557:2007-06	„Hilfsstromkreise“

DIN VDE 0100-559:2006-06	„Leuchten und Beleuchtungsanlagen“
DIN VDE 0100-600:2008-06	„Prüfungen“
DIN VDE 0100-715:2006-06	„Kleinspannungsbeleuchtungsanlagen“
DIN EN 61140 (VDE 0140-1):2007-03	„Schutz gegen elektrischen Schlag – Gemeinsame Anforderungen für Anlagen und Betriebsmittel“

Das Buch lehnt sich in den einzelnen Kapiteln eng an die entsprechenden DIN-VDE-Normen an. Teile der Norm und Erläuterungen wurden dort nicht weiter kommentiert, wo der Normtext ausreichend ist. An anderen Stellen werden ausführliche zusätzliche Anleitungen gegeben.

Bei Zitaten aus DIN VDE 0100 ist normalerweise nur auf den entsprechenden Teil bzw. auf die zitierte Textstelle verwiesen. Ansonsten wird die DIN-VDE-Nummer angegeben. Dabei wurde, wenn notwendig, das neue Benummerungssystem, nach dem alle VDE-Bestimmungen und VDE-Leitlinien als DIN-VDE-Normen zu kennzeichnen sind, angewandt.

Das vorliegende Buch entstand begleitend zu Vorlesungen an der Fachhochschule Karlsruhe und anderen Fachschulen sowie zu VDE-Seminaren und Vorträgen, die der Verfasser bei verschiedenen Fachtagungen hielt. Dieses Fachbuch ist sehr gut geeignet sowohl als Nachschlagewerk wie auch zum autodidaktischen Studium. Die Leser sind hauptsächlich Ingenieure, Techniker, Meister und Studenten, die sich mit der Theorie, Anwendung und Auslegung der DIN VDE 0100 befassen; das Werk ist aber auch gut geeignet für den in der Praxis stehenden Meister und den wissensdurstigen Handwerker.

Ein umfangreiches Literaturverzeichnis ermöglicht es, noch tiefer in die Materie einzudringen; zahlreiche Literaturangaben sind am Ende der verschiedenen Kapitel oder als weiterführende Literatur zu finden. Bei den Literaturangaben hat sich der Verfasser darauf beschränkt, nur die Literatur anzugeben, die er für den Leser als besonders geeignet hält. Im Text zitierte Normen und VDE-Bestimmungen wurden nicht in das Literaturverzeichnis aufgenommen.

Abschließend soll noch darauf hingewiesen werden, dass das Buch die DIN-VDE-Bestimmungen nicht ersetzen kann, sondern nur ihr Verständnis erleichtern und ein „Nachschlagen vor Ort“ ermöglichen soll. Ausdrücklich betont wird, dass für Auseinandersetzungen, vor allem rechtlicher Art, also vor Gericht, letztlich nur die einschlägigen Gesetze und Normen Gültigkeit haben.

Der Verfasser dankt an dieser Stelle allen Kolleginnen und Kollegen, die durch Zuschriften, in Telefonaten oder in persönlichen Gesprächen mit Anregungen und Wünschen oder durch ihre Hilfe zum Gelingen dieses Werkes beitrugen. Für die verlagsseitige Bearbeitung wird Herrn Dipl.-Ing. (Univ.) Roland Werner für die angenehme Zusammenarbeit besonders gedankt.

Karlsruhe, im März 2009 Der Verfasser

Inhalt

1 Allgemeines

1.1 Gesetze, Verordnungen, Vorschriften, Bestimmungen und dergleichen

Für die Errichtung und den Betrieb elektrischer Anlagen sowie die Herstellung und den Vertrieb elektrischer Betriebsmittel und Bauteile gibt es Gesetze und Verordnungen, die eingehalten werden müssen, und verschiedene Vorschriften, Bestimmungen, Merkblätter und Richtlinien, deren Einhaltung dringend zu empfehlen ist.

Zu erwähnen sind dabei:

- Gesetz über die Elektrizitäts- und Gasversorgung (Energiewirtschaftsgesetz – EnWG)
- Gesetz zur Neuordnung der Sicherheit von technischen Arbeitsmitteln und Verbraucherprodukten (Geräte- und Produktensicherheitsgesetz – GPSG)
- Gewerbeordnung
- Explosionsschutzverordnung
- Unfallverhütungsvorschriften der gewerblichen Berufsgenossenschaften
- VDE-Bestimmungen, herausgegeben vom VDE Verband der Elektrotechnik Elektronik Informationstechnik e. V. durch die DKE Deutsche Kommission Elektrotechnik Elektronik Informationstechnik im DIN und VDE
- DIN-Normen, herausgegeben vom DIN Deutsches Institut für Normung
- Niederspannungsrichtlinie der Europäischen Gemeinschaft
- Verordnung über Allgemeine Bedingungen für den Netzanschluss und dessen Nutzung für die Elektrizitätsversorgung in Niederspannung (Niederspannungsanschlussverordnung – NAV)
- Technische Anschlussbedingungen TAB 2007 für den Anschluss an das Niederspannungsnetz, herausgegeben vom VDN Verband der Netzbetreiber e. V. beim VDEW
- Richtlinien und Merkblätter, herausgegeben vom VDN Verband der Netzbetreiber im VDEW
- Merkblätter der Vereinigung der Technischen Überwachungsvereine (VdTÜV)
- Merkblätter vom Gesamtverband der Deutschen Versicherungswirtschaft (GDV)
- Betriebssicherheitsverordnung (BetrSichV)

- Unfallverhütungsvorschriften (BGV A3), herausgegeben von der Berufsgenossenschaft für Feinmechanik und Elektrotechnik
- EMV-Gesetz

1.2 Internationale Organisationen

Die internationale Zusammenarbeit auf elektrotechnischem Gebiet begann schon sehr früh. Dabei erkannten besonders die exportorientierten Industrieländer, welche Vorteile durch internationale Normung und Festlegung von Sicherheitsanforderungen beim grenzüberschreitenden Warenverkehr für alle entstehen. Die wichtigsten internationalen Organisationen auf dem Gebiet der elektrotechnischen Normung sind:

IEC: International Electrotechnical Commission
Internationale Elektrotechnische Kommission

Die IEC hat weltweite Bedeutung. Mitglieder der IEC sind die Nationalen Komitees von 63 Ländern, wobei 52 Länder Vollmitglieder sind und mit 11 Ländern Assoziierungsvereinbarungen bestehen. Weitere 82 Länder nehmen am Affiliate-Country-Programm teil, sind also Affiliate Members der IEC. Diese Länder zahlen keinen Mitgliedsbeitrag, haben aber das Recht, als Beobachter an Ratstagungen und Sitzungen der Lenkungsgremien der IEC teilzunehmen. Außerdem sollen diese Länder beim Aufbau einer nationalen elektrotechnischen Normung durch die IEC unterstützt werden. Die IEC wurde 1906 gegründet, nachdem die Idee dazu während eines im Jahr 1904 in St. Louis/Missouri (USA) stattgefundenen Kongresses vorgetragen wurde. Neben der allgemeinen elektrotechnischen Normung ist es eine wichtige Aufgabe der IEC, die Sicherheit elektrischer Betriebsmittel und deren Kompatibilität zu gewährleisten. Sitz ist Genf.

CENELEC: Comité Européen de Normalisation Electrotechnique
Europäisches Komitee für elektrotechnische Normung

Die CENELEC hat regionale (europäische) Bedeutung. Mitglieder von CENELEC sind die nationalen Komitees der Länder Belgien, Bulgarien, Dänemark, Deutschland, Estland, Finnland, Frankreich, Griechenland, Irland, Island, Italien, Lettland, Litauen, Luxemburg, Malta, Niederlande, Norwegen, Österreich, Polen, Portugal, Rumänien, Schweden, Schweiz, Slowakei, Slowenien, Spanien, Tschechische Republik, Ungarn, Vereinigtes Königreich und Zypern. Weitere neun Länder sind als CENELEC Affiliates (ähnlich wie bei IEC beschrieben) geführt. Es sind dies die Länder Albanien, Bosnien und Herzegowina, Kroatien, Israel, Makedonien, Serbien, Tunesien, Türkei und Ukraine. Die nationalen Normenorganisationen im elektrotechnischen Bereich in Europa (CENELEC-Mitglieder) sind in Anhang M (Abschnitt 25.13) aufgelistet. Hauptaufgabe von CENELEC ist es, Handelshemmnisse, die im grenzüberschreitenden Warenverkehr bestehen, abzubauen, also die nationalen Normen und Vorschriften zu vereinheitlichen bzw. sie durch „Harmonisierte Normen" oder „Europäische Normen" zu ersetzen. Diese Aufgabe wird abgeleitet aus dem Vertrag von Rom, der die Europäische Wirtschaftsgemeinschaft (EWG) – danach Europäische Gemeinschaft (EG), heute Europäische Union (EU) – begründete, wobei besonders Artikel 100, der auch die Angleichung von Rechts- und Verwaltungsvorschriften fordert, maßgeblich ist. Sitz ist Brüssel.

CECC: **CENELEC Electronic Components Committee**
CENELEC-Komitee für Bauelemente der Elektronik

Das CECC ist eine Unterorganisation des CENELEC, die das sehr spezielle Gebiet der Gütebestätigung für elektronische Bauelemente behandelt.

ETSI: **E**uropäisches Institut für **T**elekommunikations**s**normen

Das ETSI ist zuständig für die Schaffung der Normen einer integrierten europäischen Telekommunikationsinfrastruktur, wobei die Themen angrenzender Gebiete, wie Rundfunk und Informationstechnik, eingeschlossen sind. Sitz ist Sophia Antipolis.

Für die nicht elektrotechnischen Normungsaufgaben existieren:

ISO: International **O**rganization for **S**tandardization
Internationale Organisation für Normung. Sitz ist Genf.

CEN: **C**omité **E**uropéen de **N**ormalisation
Europäisches Komitee für Normung

Die Mitglieder des CEN sind die nationalen Normenorganisationen der Länder, die auch CENELEC-Mitglieder sind. Sitz ist Brüssel.

1.3 Nationale Organisationen

Die wichtigsten, auf elektrotechnischem Gebiet tätigen nationalen Organisationen sind:

DKE: **D**eutsche **K**ommission **E**lektrotechnik Elektronik Informationstechnik im DIN und VDE

Die DKE wird vom VDE getragen. Sie entstand durch die Zusammenführung der elektrotechnischen Normungsarbeit, die damals vom Deutschen Normenausschuss (DNA), Fachnormenausschuss Elektrotechnik (FNE) durchgeführt wurde, und der elektrotechnischen Vorschriftenarbeit, die in der Vorschriftenstelle des VDE Verband der Elektrotechnik Elektronik Informationstechnik e. V. erarbeitet wurde. Gemäß Vertrag vom 13. Oktober 1970 wurde für die Erarbeitung von Normen und Sicherheitsbestimmungen auf dem Gebiet der Elektrotechnik als gemeinsames Organ des DNA und VDE die DKE gebildet. Die DKE ist also ein Organ des DIN und gleichzeitig auch ein Normenausschuss des DIN. Die DKE koordiniert die Interessen der verschiedenen betroffenen Kreise innerhalb Deutschlands und vertritt die deutschen Interessen auf regionaler und internationaler Ebene bei den europäischen und weltweiten Normenorganisationen IEC, CENELEC und ETSI. Weiter ist sie zuständig für die Umsetzung internationaler und regionaler Normen in das deutsche Normenwerk. Die Ergebnisse der elektrotechnischen Normungsarbeit der DKE werden in DIN-Normen niedergelegt, und, wenn sie gleichzeitig sicherheitstechnische Festlegungen enthalten, auch – mit VDE-Klassifikation – als VDE-Bestimmung, VDE-Leitlinie oder als VDE-Vornorm in das VDE-Vorschriftenwerk aufgenommen.

DIN: Deutsches Institut für Normung

Unter Federführung des DIN werden in über hundert Normenausschüssen für fast alle technischen und naturwissenschaftlichen Bereiche Normen erarbeitet, die als „Deutsche Normen" herausgegeben werden. Zu erwähnen ist in diesem Zusammenhang auch das „Deutsche Informationszentrum für technische Regeln" (DITR) im DIN, das die Aufgabe hat, alle in Deutschland geltenden technischen Regeln in einem Gesamtverzeichnis zusammenzufassen.

VDE: Verband der Elektrotechnik Elektronik Informationstechnik e. V.

Der VDE ist ein nach dem BGB eingetragener Verein. Er wurde am 22.01.1893 in Berlin gegründet.

Der VDE hat rund 32000 persönliche und 1250 korporative Mitglieder (Unternehmen, Institutionen), die regional in 29 Bezirksvereinen organisiert sind, und ist einer der größten technisch-wissenschaftlichen Vereine Europas.

1.4 Aufbau, Organisation und Tätigkeit der DKE

Die Organe der DKE und deren Aufgaben sind:

- Die Förderer-Gemeinschaft (FG) wird gebildet von Unternehmen und Organisationen der Wirtschaft, Behörden und Sonstigen, die dazu beitragen, dass die DKE ihre Aufgabe erfüllen kann. Aufgaben der FG sind u. a.:
  - Bestätigung der LA-Mitglieder
  - Festsetzung der Förderer-Beiträge
  - Stellungnahmen zu wichtigen Vorgängen, die die DKE betreffen
- Der Lenkungsausschuss (LA) besteht zurzeit (zehnte Amtsperiode von 2007 bis 2010) aus 30 Persönlichkeiten der Wirtschaft, Wissenschaft und Verwaltung, die aus wichtigen, an der Arbeit der DKE interessierten Bereichen gewählt werden. Zu den 30 ordentlichen Mitgliedern des LA kommen fallweise noch Berater und Gäste hinzu.

  Die Aufgaben des LA sind u. a.:
  - Steuerung der Aufgaben der DKE

- Gründung oder Auflösung von Arbeitsgremien
- Festlegung von Arbeitsprogrammen
- Genehmigung des Haushalts und der Jahresabrechnung der DKE
- Schlichtung und gegebenenfalls Entscheidung bei Meinungsverschiedenheiten zwischen Einsprechenden und Arbeitsgremien

Zur Durchführung bestimmter Aufgaben hat der LA „Technische Beiräte" einberufen. Die wesentlichen Aufgabenbereiche sind:

- der Technische Beirat Struktur (TBS) ist zuständig für die Lösung von Problemen der Organisation, Arbeitsweise und Normungsverfahren, die die DKE betreffen
- der Technische Beirat für internationale und nationale Koordinierung (TBINK) ist für die Koordinierung nationaler und internationaler Fragen zuständig und benennt die deutschen Delegierten für internationale Arbeitsgremien bei IEC und CENELEC
- der Arbeitskreis Finanzplanung (AKF) befasst sich mit der kurz- und langfristigen Finanzplanung der DKE
- die Technischen Beiräte (TB) für die Fachbereiche (FB) wurden zur Koordinierung der fachlichen Arbeiten und des Arbeitsablaufs gebildet. Den neun Fachbereichen steht jeweils ein Fachbereichsvorsitzender (FBV) vor. Der FBV muss LA-Mitglied sein.
  Die Fachbereiche FB 1 bis FB 9 mit den entsprechenden Aufgaben sind in **Tabelle 1.1** dargestellt

- Der Vorsitzende der DKE und seine beiden Stellvertreter werden vom LA aus dessen Mitte für eine Amtszeit von vier Jahren gewählt. Der Vorsitzende vertritt die DKE. Er hat u. a. folgende Aufgaben:
  - Freigabe elektrotechnischer Normen, die von den Gremien erarbeitet wurden
  - Überwachung der Finanzmittel
  - Organisations-, Verwaltungs- und Personalfragen innerhalb der DKE
- Der Geschäftsführer bildet zusammen mit seinen Stellvertretern die Geschäftsführung, der die Ausführung der Beschlüsse des LA obliegt und die für die Erledigung aller Aufgaben in fachlicher und finanzieller Hinsicht zuständig ist. Die Geschäftsstelle hat je eine Dienststelle in Berlin und Frankfurt a. M.
- Die Arbeitsgremien sind Komitees (K), Unterkomitees (UK) und Arbeitskreise (AK), die je nach Aufgabe einem Fachbereich zugeordnet sind und so gestaltet wurden, dass sie dem entsprechenden IEC-Komitee als „deutsches Spiegelgremium" entsprechen und so nur ein deutsches Gremium für die nationale und internationale Arbeit zuständig ist. Für besondere Aufgaben können auch Gemeinschaftskomitees und Gemeinschaftsunterkomitees mit Gremien anderer Normenausschüsse des DIN gebildet werden.

Fachbereich 1	Fachbereich 2	Fachbereich 3	Fachbereich 4	Fachbereich 5
Allgemeine Elektrotechnik, Werkstoffe der Elektrotechnik, Umweltschutz	Allgemeine Sicherheit; Planen, Errichten und Betreiben von elektrischen Energieversorgungsanlagen	Betriebsmittel der Energietechnik	Betriebsmittel der Stromversorgung, Nachrichtenkabel	Geräte für Haushalt und ähnliche Zwecke, Installationstechnik
Technischer Beirat 1	Technischer Beirat 2	Technischer Beirat 3	Technischer Beirat 4	Technischer Beirat 5
Sachgebiete: 1.1 Begriffe, Zeichen und Bezeichnungen 1.2 Hochstrom- und Hochspannungstechnik 1.3 Umgebungsbedingungen und Zuverlässigkeit 1.4 Nanotechnologie 1.5 Nicht belegt 1.6 Nicht belegt 1.7 Magnetische Werkstoffe 1.8 Isolierstoffe 1.9 Umweltschutz und Nachhaltigkeit	Sachgebiete: 2.1 Allgemeine Sicherheitsfragen 2.2 Errichten und Betrieb 2.3 Einrichten und Betrieb von elektrischen Anlagen zum Einsatz unter Sonderbedingungen 2.4 Explosions- und schlagwettergeschützte Betriebsmittel 2.5 Blitzschutzanlagen 2.6 Liberalisierung des elektrischen Energiemarkts	Sachgebiete: 3.1 Drehende elektrische Maschinen 3.2 Transformatoren und Drosselspulen 3.3 Leistungselektronik 3.4 Starkstrom-Kondensatoren 3.5 Elektrische Fahrzeuge und ihre Betriebsmittel 3.6 Elektro-Schweißanlagen, industrielle Elektrowärme 3.7 Stromquellen 3.8 Turbinen	Sachgebiete: 4.1 Kabel und Leitungen 4.2 Freileitungen 4.3 NS- und HS-Schaltgeräte und anlagen 4.4 Überspannungsableiter 4.5 Isolatoren 4.6 Zähler 4.7 Wandler	Sachgebiete: 5.1 Geräte für Haushalt und ähnliche Zwecke 5.2 Leuchten, Lampen und Zubehör 5.3 Elektrische Geräte und Anlagen für die Landwirtschaft 5.4 Installationstechnik

Tabelle 1.1 Einteilung der Fachbereiche (Auszug aus DKE-Organisationsplan; Stand September 2008)

Fachbereich 6	Fachbereich 7	Fachbereich 8	Fachbereich 9
Bauelemente und Bauteile der Nachrichtentechnik und Elektronik	Nachrichten- und Informationstechnik, Telekommunikationstechnik	Medizintechnik, Elektroakustik, Ultraschall, Laser	Leittechnik
Technischer Beirat 6	Technischer Beirat 7	Technischer Beirat 8	Technischer Beirat 9
Sachgebiete:	Sachgebiete:	Sachgebiete:	Sachgebiete:
6.1 Kondensatoren und Widerstände	7.1 Informationsverarbeitungsanlagen und -geräte	8.1 Medizintechnik	9.1 Sicherheit in der Leittechnik
6.2 Spulen, Übertrager und Funk-Entstörmittel	7.2 Telekommunikationstechnik	8.2 Elektroakustik	9.2 Allgemeine Anforderungen
6.3 Halbleiterbauelemente, integrierte Schaltungen und fotoelektronische Bauelemente	7.3 Funktechnik	8.3 Ultraschall	9.3 Systemaspekte
6.4 Röhren und piezoelektrische Bauelemente	7.4 Audio- und Videotechnik	8.4 Laser	9.4 Engineering
6.5 Elektromechanische Bauelemente	7.5 Nicht belegt		9.5 Informationslogistik
6.6 Konstruktionselemente und Gerätesicherungen	7.6 Elektromagnetische Beeinflussungen		9.6 Geräte und Systeme der Leittechnik
6.7 Elektromechanische und elektronische Relais			
6.8 Bauelemente mit Sonderspezifikation			

Tabelle 1.1 (Fortsetzung) Einteilung der Fachbereiche (Auszug aus DKE-Organisationsplan; Stand September 2008)

1.4.1 Das VDE-Vorschriftenwerk

Alle das VDE-Vorschriftenwerk bildenden VDE-Bestimmungen und VDE-Leitlinien sind mit einer vierstelligen Zahl versehen. Neuerdings werden VDE-Bestimmungen und VDE-Leitlinien auch DIN-VDE-Normen genannt. Die erste Ziffer ist – ausgenommen DIN VDE 1000-10 (VDE 1000-10):2009-01 „Anforderungen an die im Bereich der Elektrotechnik tätigen Personen" – eine Null. An der zweiten Ziffer ist zu erkennen, in welche Gruppe des VDE-Vorschriftenwerks (mit dem Fachbereich nicht identisch) das Arbeitsergebnis gehört. Folgende Gruppeneinteilung besteht für die zweite Ziffer:

Gruppe 0	Allgemeine Grundsätze z. B. VDE 0022 (VDE 0022) „Satzungen für das Vorschriftenwerk des VDE Verband der Elektrotechnik Elektronik Informationstechnik e. V."
Gruppe 1	Energieanlagen z. B. DIN EN 61140 (VDE 0140-1) „Schutz gegen elektrischen Schlag – Gemeinsame Anforderungen für Anlagen und Betriebsmittel"
Gruppe 2	Energieleiter z. B. DIN VDE 0281-1 (VDE 0281-1) „Starkstromleitungen mit thermoplastischer Isolierhülle für Nennspannungen bis 450/750 V"
Gruppe 3	Isolierstoffe z. B. DIN VDE 60505 (VDE 0302-1) „Bewertung und Kennzeichnung von elektrischen Isoliersystemen"
Gruppe 4	Messen, Steuern, Prüfen z. B. DIN VDE 0404-1 (VDE 0404-1) „Prüf- und Messeinrichtungen zum Prüfen der elektrischen Sicherheit von elektrischen Geräten"
Gruppe 5	Maschinen, Umformer z. B. DIN EN 61558-1 (VDE 0570-1) „Sicherheit von Transformatoren, Netzgeräten, Drosselspulen und dergleichen"
Gruppe 6	Installationsmaterial, Schaltgeräte z. B. DIN EN 60898-1 (VDE 0641-11) „Elektrisches Installationsmaterial – Leitungsschutzschalter für Hausinstallationen und ähnliche Zwecke"
Gruppe 7	Gebrauchsgeräte, Arbeitsgeräte z. B. DIN EN 60745-1 (VDE 0740-1) „Handgeführte motorbetriebene Elektrowerkzeuge – Sicherheit"
Gruppe 8	Informationstechnik z. B. DIN VDE 0832-100 (VDE 0832-100) „Straßenverkehrs-Signalanlagen"

Die angegebenen Gruppentitel sind dem technischen Wandel bzw. dem heutigen Sprachgebrauch angepasst.

In der Zeit von 1979 bis 1984 wurden VDE-Bestimmungen, die auch gleichzeitig DIN-Normen waren, doppelt nummeriert. In einer Kopfleiste standen jeweils eine fünfstellige DIN-Nummer (in der Regel „57" für die ersten beiden Ziffern) und zusätzlich noch eine vierstellige VDE-Nummer (die „0" als erste Ziffer), wobei jedoch die letzten drei Ziffern bei beiden Nummern gleich waren.

Beispiel:

- DIN 57105 Teil 1:1983-07 als DIN-Bezeichnung
- VDE 0105 Teil 1:1983-07 als VDE-Bezeichnung

In das Normenverzeichnis wurde dann z. B. die kombinierte Nummer DIN 57105 Teil 1/VDE 0105 Teil 1/07.83 aufgenommen. Diese Bezeichnung war auch beim Zitieren zu verwenden.

Seit 1985 wurde als wesentliche Vereinfachung nur noch die vierstellige VDE-Nummer verwendet, d. h., die doppelte Kennzeichnung entfiel, und jede VDE-Bestimmung oder VDE-Leitlinie hatte nur noch eine Kopfleiste. Die neue Benummerung ist somit z. B. DIN VDE 0211/Dezember 1985. Zitiert und in das Normenverzeichnis aufgenommen wird jetzt nur noch DIN VDE 0211:1985-12.

Dieses Benummerungssystem gilt seit Anfang 1986 generell, d. h. auch für VDE-Bestimmungen, die bisher nur eine VDE-Nummer trugen.

Beispiel:

bisher: VDE 0510/1.77
neu: DIN VDE 0510:1977-01

Durch diese vereinfachte Benummerung ist nicht mehr zu erkennen, ob eine VDE-Bestimmung mit oder ohne den Zusatz „DIN" erschienen ist.

Abweichend von den getroffenen Festlegungen gibt es folgende Ausnahmen:

- Bei allen VDE-Druckschriften (Gruppe 0 „Allgemeines") entfällt der Zusatz „DIN", z. B. VDE 0022:2008-08
- Lauten die ersten beiden Ziffern einer VDE-Bestimmung im DIN-Normenwerk nicht „57", muss vorläufig noch die Doppelbezeichnung stehen, z. B. DIN 53481/VDE 0303 Teil 2:1974-11

Da neue Normen außer der DIN VDE-Nummer auch als EN-Norm oder als HD nummeriert sind und häufig einer IEC-Publikation entsprechen, also unter Umständen drei voneinander unabhängige Nummern tragen, wurden von der DKE Regeln erarbeitet, wie diese Normen künftig einheitlich zu kennzeichnen und zu zitieren sind. Ab 1993 ist festgelegt:

- Bei der Übernahme einer Europäischen Norm erfolgt die Kennzeichnung in der Kopfleiste der Norm als DIN EN-Norm. Darunter ist das Feld der VDE-

Klassifikation angeordnet. Sofern die EN die unveränderte Übernahme einer IEC-Publikation ist, wird unterhalb des Felds mit der VDE-Klassifikation die entsprechende IEC-Nummer zusätzlich angegeben

Beispiel:
Kopfleiste: EN 60598
Klassifikation: VDE 0711
Zusätzliche Angabe: IEC 598

Sofern es sich um einen Teil einer Norm handelt, z. B. EN 60598 Teil 1, ist die Nummer des Teils mit einem Bindestrich anzuhängen, beispielsweise EN 60598-1. Beim Zitieren dieser Norm ist die „VDE-Klassifikation" in Klammer gesetzt anzugeben und die Teil-Nummer mit der Bezeichnung Teil hinzuzufügen.

Beispiel:
DIN EN 60598-1 (VDE 0711 Teil 1)

Soll das Erscheinungsdatum (Monat und Jahr) mit angegeben werden, so ist zunächst die Jahreszahl, getrennt durch einen Doppelpunkt, und danach der Monat nach einem Bindestrich anzugeben.

Beispiel:
DIN EN 60598-1 (VDE 0711 Teil 1):1994-05

- Bei der Übernahme einer IEC-Publikation, die keine EN-Norm ist, erfolgt die Kennzeichnung in der Kopfleiste der Norm als DIN IEC-Norm. Darunter ist das Feld der VDE-Klassifikation angeordnet. Sofern die IEC-Publikation von CENELEC als HD angenommen wurde, wird die HD-Nummer unterhalb der VDE-Klassifikation zusätzlich angegeben

Beispiel:
Kopfleiste: DIN IEC 93
Klassifikation: VDE 0303 Teil 30
Zusätzliche Angabe: HD 429 S1

Hinsichtlich des Teils einer Norm bzw. des Erscheinungsdatums gilt das bereits Ausgeführte. Zitiert wird obige Norm zum

Beispiel:
DIN IEC 93 (VDE 0303 Teil 30):1993-12

- Bei einer DIN VDE-Norm, die rein nationaler Arbeit entstammt, erfolgt die Kennzeichnung in der Kopfleiste als DIN VDE-Nummer. Darunter wird die VDE-Klassifikation angegeben

Beispiel:
Kopfleiste: DIN VDE 0845 Teil 1
Klassifikation: VDE 0845 Teil 1

Beim Zitieren wird dann nur DIN VDE 0845-1:1987-10 oder VDE 0845 Teil 1:1987-10 angegeben.

Ein neues Layout für Normen und Normentwürfe usw. wurde zum 01. Januar 2004 eingeführt. Die neu gestaltete Titelseite zeigt im bisherigen Titelfeld nur noch die Benummerung der Norm. Der Titel der Norm wird auf dem Deckblatt, etwa in Seitenmitte, nacheinander in deutscher, englischer und französischer Sprache angegeben. Daneben werden auf der Titelseite noch die ICS-Nummer, die Ersatzvermerke, der Gesamtumfang, der Anwendungswarnvermerk bei Entwürfen und die Träger der Norm angegeben. **Bild 1.1** zeigt ein Beispiel.

Ab 01.04.2005 wird auch die Schreibweise der VDE-Nummer, entsprechend den Festlegungen in DIN 820-11 „Normungsarbeit; Gestaltung von Normen mit sicherheitstechnischen Festlegungen, die VDE-Bestimmungen oder VDE-Leitlinien sind“, in der Art geändert, dass das Wort „Teil“ durch einen Bindestrich ersetzt wird. So wird zum Beispiel aus DIN VDE 0636-201 (VDE 0636 Teil 201) die Bezeichnung DIN VDE 0636-201 (VDE 0636-201), wie in Bild 1.2 auch gezeigt. Die neue Schreibweise wird auch bei der Angabe von VDE-Bestimmungen verwendet, die noch die alte Nummerierung tragen. In Normen wird fast immer auf andere Normen Bezug genommen oder darauf verwiesen. Zu der dabei angewandten Verweistechnik ist zu bemerken:

- Bei einer **undatierten Verweisung** im normativen Text (Verweisung auf eine Norm ohne Angabe des Ausgabedatums und ohne Hinweis auf eine Abschnittsnummer, eine Tabelle, ein Bild usw.) bezieht sich die Verweisung immer auf die jeweils neueste Ausgabe der Norm, auf die Bezug genommen wird (einschließlich aller Änderungen der Norm).
- Bei einer **datierten Verweisung**, also mit Angabe des Ausgabedatums, bezieht sich die Verweisung immer auf die Ausgabe der Norm, auf die Bezug genommen wurde.

Die Kopfzeilen und die Benummerung zeigen den Status einer VDE-Bestimmung auf und geben an, ob eine VDE-Bestimmung aus der internationalen, regionalen oder nationalen Arbeit stammt. So zeigt die Kopfzeile auch, ob sie als EN oder HD in das Deutsche Normenwerk überführt wurde. Neben der DIN-Nummer ist dabei die VDE-Klassifikation im Kopfteil einer Norm eine wichtige Aussage. Im Kopfteil einer Norm ist auch das Erscheinungsdatum platziert.

Bis zum 31.12.2003 wurde auch der Titel der Norm (in deutscher Sprache) im Kopfteil angegeben. Weitere wichtige Angaben wie

- ICS-Nummer
- Ersatzvermerk
- Titel und Untertitel in englischer und französischer Sprache
- Warnhinweis zur Vervielfältigung
- Aussagen über internationale und regionale Zusammenhänge

DEUTSCHE NORM März 2008

	DIN VDE 0636-2 **(VDE 0636-2)**	DIN
	Diese Norm ist zugleich eine **VDE-Bestimmung** im Sinne von VDE 0022. Sie ist nach Durchführung des vom VDE-Präsidium beschlossenen Genehmigungsverfahrens unter der oben angeführten Nummer in das VDE-Vorschriftenwerk aufgenommen und in der „etz Elektrotechnik + Automation" bekannt gegeben worden.	VDE

Vervielfältigung – auch für innerbetriebliche Zwecke – nicht gestattet.

ICS 29.120.50

Ersatzvermerk
siehe unten

Niederspannungssicherungen –
Teil 2: Zusätzliche Anforderungen an Sicherungen zum Gebrauch durch Elektrofachkräfte bzw. elektrotechnisch unterwiesene Personen (Sicherungen überwiegend für den industriellen Gebrauch) –
Beispiele für genormte Sicherungssysteme A bis I
(IEC 60269-2:2006, modifiziert);
Deutsche Fassung HD 60269-2:2007

Low-voltage fuses –
Part 2: Supplementary requirements for fuses for use by authorized persons (fuses mainly for industrial application) –
Examples of standardized systems of fuses A to I
(IEC 60269-2:2006, modified);
German version HD 60269-2:2007

Fusibles basse tension –
Partie 2: Exigences supplémentaires pour les fusibles destinés à être utilisés par des personnes habilitées (fusibles pour usages essentiellement industriels) –
Exemples de systèmes de fusibles normalisés A à I
(CEI 60269-2:2006, modifiée);
Version allemande HD 60269-2:2007

Ersatzvermerk

Mit DIN EN 60269-1 (VDE 0636-1):2008-03 Ersatz für DIN EN 60269-2 (VDE 0636-20):2002-09;
Ersatz für DIN VDE 0636-201 (VDE 0636-201):2006-01
Siehe jedoch Beginn der Gültigkeit

Gesamtumfang 92 Seiten

DKE Deutsche Kommission Elektrotechnik Elektronik Informationstechnik im DIN und VDE

© DIN Deutsches Institut für Normung e. V. und VDE Verband der Elektrotechnik Elektronik Informationstechnik e. V.
Jede Art der Vervielfältigung, auch auszugsweise, nur mit Genehmigung des DIN, Berlin, und des VDE, Frankfurt am Main, gestattet.

Preisgr. 48 K
VDE-Vertr.-Nr. 0636036

Einzelverkauf und Abonnements durch VDE VERLAG GMBH, 10625 Berlin
Einzelverkauf auch durch Beuth Verlag GmbH, 10772 Berlin · 2008-03 vwu

Bild 1.1 Titelseite (Deckblatt) einer DIN-VDE-Norm ab Januar 2004 für das Layout und ab April 2005 für die Schreibweise der VDE-Nummer

- Anzeige von Entwurfsveröffentlichungen
- Anzeige von Pilotfunktionen

sind auf dem Deckblatt einer VDE-Bestimmung angegeben. Bild 1.1 zeigt einige Beispiele für Kopfzeilen von VDE-Bestimmungen, die aber keinen Anspruch auf Vollständigkeit erheben können.

1.4.2 Entstehung einer DIN-VDE-Norm

Einen Normungsantrag beim DIN oder im Fall elektrotechnischer Normen bei der DKE kann jedermann stellen. Die Normungswürdigkeit des Antrags wird geprüft, wobei allgemeine Interessen wie Sicherheit, Gesundheitsschutz, Verbraucherschutz, Umweltschutz, Rationalisierung und Humanisierung der Technik eine bedeutende Rolle spielen. Ausgenommen hiervon sind europäische Normen und Harmonisierungsdokumente, die aufgrund der bestehenden Verträge mit den EG-Ländern unverändert bzw. ihrem sachlichen Inhalt nach in das Normenwerk übernommen werden müssen.

Normung ist die planmäßige, durch die interessierten Kreise gemeinschaftlich durchgeführte Vereinheitlichung von materiellen und immateriellen Gegenständen zum Nutzen der Allgemeinheit. Sie darf nicht zum wirtschaftlichen Vorteil Einzelner führen. Die Normung fördert die Rationalisierung und Qualitätssicherung in Wirtschaft, Technik, Wissenschaft und Verwaltung, und dient auch der Sicherheit von Personen und Sachen sowie der Qualitätsverbesserung in allen Lebensbereichen. Die Normung dient außerdem einer sinnvollen Ordnung und der Information auf dem jeweiligen Normungsgebiet.

Die Kriterien für die Durchführung der Normung sind in DIN 820 und VDE 0022:2008-08 festgelegt. Wenn einem Normungsvorhaben zugestimmt wurde, obliegt es dem Fachbereichsvorsitzenden, ein neues Komitee einzuberufen oder ein bestehendes Komitee mit der Arbeit zu betrauen. Das Komitee (ggf. auch Unterkomitee) muss so zusammengesetzt sein, dass alle an der Normung interessierten Kreise angemessen vertreten sind, wobei vorausgesetzt wird, dass das Gremium letztlich interessens- und wettbewerbsneutral ist.

Vorschlagberechtigt für die Besetzung von DKE-Gremien (Komitees) sind:

- der Zentralverband Elektrotechnik- und Elektronik-Industrie (ZVEI)
- die Vereinigung Deutscher Elektrizitätswerke (VDEW)
- die Vereinigung Industrielle Kraftwirtschaft (VIK)
- der VDE Verband der Elektrotechnik Elektronik Informationstechnik e. V.
- das DIN Deutsches Institut für Normung
- der Gesamtverband der Deutschen Versicherungswirtschaft e. V. (GDV)
- der Zentralverband der Deutschen Elektrohandwerke (ZVEH)

- der Bundesminister für das Post- und Fernmeldewesen (BMP)
- die Berufsgenossenschaft für Feinmechanik und Elektrotechnik (BgFE)
- die Vereinigung der Technischen Überwachungsvereine (VdTÜV)
- die Arbeitsgemeinschaft der öffentlich-rechtlichen Rundfunkanstalten der Bundesrepublik Deutschland (ARD) im Benehmen mit dem Zweiten Deutschen Fernsehen (ZDF)

Die ehrenamtlichen Mitarbeiter in den Fachgremien werden von den oben genannten Verbänden und Institutionen sowie von vielen weiteren Vertretungen von Fachkreisen vorgeschlagen und von der DKE berufen.

Das beauftragte

- Komitee (Kurzzeichen K, z. B. K 221)
- Unterkomitee (Kurzzeichen UK, z. B. UK 221.2) oder der
- Arbeitskreis (Kurzzeichen AK, z. B. AK 221.1.2)

erarbeitet – betreut durch einen Referenten der DKE – nun einen Text der neuen oder zu überarbeitenden Norm als Entwurf, der der Öffentlichkeit zur Stellungnahme vorgelegt wird. Bis Ende 2001 wurden Entwürfe und Vornormen auf farbigem Papier herausgegeben. Ein auf „gelbem Papier" gedruckter Entwurf hatte lediglich nationale Bedeutung, während ein Entwurf auf „rosa Papier" der regionalen oder internationalen Arbeit (CENELEC, IEC) entstammte. Eine Vornorm wurde auf „blauem Papier" gedruckt. Seit Januar 2002 werden VDE-Bestimmungen und Normen nicht mehr auf farbigem Papier herausgegeben. Normen, Vornormen, Entwürfe usw. werden generell auf weißem Papier gedruckt.

Eine Sonderstellung nimmt ein „Entwurf mit Ermächtigung" ein. Bei einem solchermaßen gekennzeichneten Entwurf hat das zuständige Komitee/Unterkomitee eine Ermächtigung ausgesprochen, wonach der Norm-Entwurf als Grundlage für Konformitätsnachweise verwendet werden darf.

Das Erscheinen eines Entwurfs einer VDE-Bestimmung, einer VDE-Leitlinie oder ggf. eines Beiblatts wird in der etz Elektrotechnische Zeitschrift, in den DIN-Mitteilungen + elektronorm sowie im Bundesanzeiger bekannt gegeben. Einsprechen kann jedermann innerhalb der festgelegten Frist für Einsprüche. Das Komitee (K oder UK) bearbeitet die Einsprüche und erarbeitet, wenn notwendig, einen neuen Entwurf (Entwurf 2) oder legt die fertige Norm im Weißdruck vor. Von besonderer Wichtigkeit ist dabei, dass mit den Einsprechenden eine Einigung erzielt wurde. Kann diese Einigung nicht erreicht werden, so kann im Rahmen einer Schlichtung und, wenn diese misslingt, in einem Schiedsverfahren eine Klärung der unterschiedlichen Standpunkte herbeigeführt werden. Eine fertige Norm muss nach der Genehmigung durch den Fachbereichsvorsitzenden noch vom Präsidium des DIN genehmigt werden. Damit ist die Norm verabschiedet und kann in Kraft treten. Das Erscheinen der DIN-VDE-Norm im Weißdruck wird in der etz Elektrotechnische Zeitschrift, in den DIN-Mitteilungen + elektronorm sowie im Bundesanzeiger angezeigt.

Die Bedeutung der verschiedenen Ausgabearten (VDE 0022:2008-08) wird nachfolgend kurz beschrieben:

- **VDE-Bestimmungen** enthalten sicherheitstechnische Festlegungen für das Errichten und Betreiben elektrischer Anlagen sowie für das Herstellen und Betreiben elektrischer Betriebsmittel. Sie können außerdem Festlegungen über Eigenschaften, Bemessung, Prüfung, Schutz und Unterhaltung solcher Anlagen enthalten.
- **VDE-Leitlinien** enthalten sicherheitstechnische Festlegungen mit einem im Vergleich zu den VDE-Bestimmungen wesentlich erweiterten Ermessensspielraum für eigenverantwortliches und sicherheitstechnisches Handeln. Sie sollen dem Anwender als Beispielsammlung oder als Grundlage für eigene sicherheitstechnische Entscheidungen dienen. Dabei braucht sich der Inhalt einer VDE-Leitlinie nicht ausschließlich auf sicherheitstechnische Festlegungen zu beschränken.
- **Beiblätter** enthalten zusätzliche Informationen zu den VDE-Bestimmungen oder VDE-Leitlinien. Sie dürfen keine zusätzlichen Festlegungen mit normativem Charakter enthalten. Beiblätter werden von den für VDE-Bestimmungen oder VDE-Leitlinien zuständigen Arbeitsgremien erarbeitet. Sie unterliegen normalerweise nicht dem öffentlichen Einspruchsverfahren.
- Eine **Vornorm** ist das Ergebnis von Normungsarbeiten, die wegen bestimmter Vorbehalte zum Inhalt oder wegen gegenüber einer Norm abweichenden Aufstellungsverfahren vom DIN noch nicht als Norm herausgegeben wird. Erfahrungen bei der Anwendung einer Vornorm an das DIN oder die DKE sind ausdrücklich erwünscht. Eine Vornorm muss nach drei Jahren vom zuständigen Komitee überprüft werden, ob sie in eine Norm überführt werden kann, ob sie ersatzlos gestrichen werden kann oder ob sie als Vornorm weiterbestehen soll. Diese Entscheidung ist jährlich zu überprüfen.
- **VDE-Anwendungsregeln** sind das Ergebnis von Standardisierungsarbeiten durch DKE-Arbeitsgremien oder anderen Gremien des VDE oder aber auch durch Übernahme veröffentlichter Arbeitsergebnisse von Institutionen außerhalb des VDE, das Festlegungen mit Empfehlungen für spezielle Anwendungsgebiete zusammenfasst.

Das Gesamtwerk dieser Publikationen wird als **VDE-Vorschriftenwerk** bezeichnet. Die früher zum Teil verwendete Bezeichnung **VDE-Vorschrift** wird nicht mehr verwendet, da das Erstellen von Vorschriften allein dem Gesetzgeber vorbehalten ist.

VDE-Bestimmungen und VDE-Leitlinien werden als DIN-Normen in das Deutsche Normenwerk übernommen. VDE-Vornormen werden nicht als „Norm“, sondern als

„DIN-Vornorm" gekennzeichnet und sind daher nicht Bestandteil des Deutschen Normwerks. VDE-Anwendungsregeln sind keine Normen und als solche nicht Bestandteil des Deutschen Normwerks. Da Beiblätter keine normativen Festlegungen enthalten, werden sie ebenfalls nicht in das Deutsche Normwerk übernommen.

1.4.3 Anpassung der Normen an den Stand der Technik

Nach DIN 820 müssen Normen spätestens alle fünf Jahre durch das fachlich zuständige Komitee überprüft werden, ob die Norm noch dem Stand der Technik entspricht. Normen, die technisch oder wissenschaftlich überholt sind, werden korrigiert oder zurückgezogen. In beiden Fällen, also bei Zurückziehung oder Nachfolge-Norm, ist eine öffentliche Information mit Einspruchsmöglichkeit erforderlich. Auch Mitträger der betreffenden Norm werden in das Verfahren einbezogen.

Häufig wird schon vor dieser Frist durch Verbesserungsvorschläge oder Normungsanträge die Überprüfung einer Norm vorgenommen. Dabei sind die beschriebenen Verfahrensregeln einzuhalten.

1.4.4 Widerspruchsfreiheit des VDE-Vorschriftenwerks

Die Widerspruchsfreiheit des VDE-Vorschriftenwerks wird abgesichert durch:

- die Normenprüfstelle beim DIN, die eine Prüfung der Norm vornimmt, bevor der VDE-Vorstand und das DIN-Präsidium die Veröffentlichung als Norm genehmigen
- die Querverbindungen bei den Mitgliedschaften der die Normen erarbeitenden Fachleute in mehreren Komitees der DKE und durch die Mitarbeit von Vertretern anderer Regelsetzer, z. B. der Berufsgenossenschaften
- den gleitenden Verweis auf sogenannte Grundnormen oder Pilotnormen bzw. VDE-Bestimmungen mit Pilotcharakter. Dadurch wird die Erarbeitung widerspruchsfreier Texte von vornherein, d. h. verfahrensmäßig, bei einem großen Teil des Technischen Regelwerks auf besonders rationelle Weise erreicht. Bei Änderung einer Grundnorm sind automatisch alle anderen Normen, die sich gleitend darauf beziehen, erfasst
- das stets anzuwendende öffentliche Einspruchsverfahren, bei dem alle Fachkreise und Fachleute mitwirken können
- die Abgrenzungsbemühungen, dass nicht jede beliebige Institution elektrotechnische Normen erarbeiten kann, sodass die elektrotechnischen Normen nur in einem Regelwerk abgehandelt werden

1.4.5 VDE-Prüf- und Zertifizierungswesen – VDE 0024

Das VDE-Prüf- und Zertifizierungsinstitut des VDE Verband der Elektrotechnik Elektronik Informationstechnik e. V. (VDE-Institut) wurde 1920 gegründet. Das VDE-Institut hat als Einrichtung des VDE die Aufgabe, auf Antrag der Hersteller oder anderer interessierter Stellen Erzeugnisse zu prüfen und, soweit eine Zertifizierung mit VDE-Prüfzeichen oder mit VDE-Register-Nummer erfolgen soll, die laufende Fertigung zu überwachen. Die verschiedenen VDE-Prüfzeichen, die zulässigen Zeichen für die VDE-Register-Nummer sowie das CE-Zeichen sind in **Tabelle 1.2** dargestellt.

Das Recht, ein **VDE-Prüfzeichen** (Tabelle 1.2, Lfd. Nrn. 1 bis 9) auf einem Betriebsmittel anzubringen, erhält der Hersteller, wenn folgende Bedingungen erfüllt sind:

- das Erzeugnis muss den geltenden Prüfbestimmungen nach VDE entsprechen, was das VDE-Institut prüft
- die Fertigungsstätten müssen so eingerichtet und geleitet werden, dass eine gleichbleibende Qualität der Produkte gewährleistet ist
- das Erzeugnis muss vom Hersteller laufend durch Prüfungen auf Einhaltung der Prüfbestimmungen überwacht werden

Die **VDE-Register-Nummer** (Tabelle 1.2, Lfd. Nrn. 10 und 11) kann vergeben werden, wenn ein Erzeugnis laufend hergestellt wird und eine gutachtliche Prüfung mit einer Überwachung der Fertigung verbunden wird. Der Antragsteller erhält dann ein „Gutachten mit Fertigungsüberwachung“ und darf eines von drei vorgegebenen Zeichen auf dem Betriebsmittel anbringen.

Das **CE-Zeichen** (Tabelle 1.2, Lfd. Nr. 12) zeigt das EC-Zeichen, das für ein Produkt dokumentiert, dass die einschlägigen EU-Richtlinien (Europäische Normen, Harmonisierungsdokumente) eingehalten sind. Das CE-Zeichen wird normalerweise nicht von einer Zertifizierungsstelle oder einer Behörde vergeben, sondern wird vom Hersteller oder einem in der EU ansässigen Bevollmächtigten in eigener Verantwortung angebracht.

Sowohl beim VDE-Prüfzeichen als auch bei der VDE-Register-Nummer hat das VDE-Institut das Recht, durch Beauftragte eine Fertigungsstätte zu besichtigen, Prüfprotokolle einzusehen und gefertigte Erzeugnisse zur Überprüfung zu entnehmen. Das VDE-Institut hat auch das Recht, die erteilte Genehmigung zur Führung der Zeichen wieder zu entziehen.

Neben den „offiziellen“ Prüfzeichen besteht noch die Möglichkeit, Geräte, Installationsmaterial und Einzelteile einer gutachtlichen Prüfung zu unterziehen. **Tabelle 1.3** zeigt die verschiedenen Möglichkeiten auf.

Lfd. Nr.	Zeichen	Benennung	Anwendung
1		VDE-Zeichen	Elektrotechnische Erzeugnisse; auch Produkte im Sinne des Geräte- und Produktsicherheitsgesetzes (GSPG) und Medizinprodukte im Sinne des Medizinproduktegesetzes (MPG)
2	a) b)	VDE-GS-Zeichen	Technische Arbeitsmittel und verwendungsfertige Gebrauchsgegenstände im Sinne des Geräte- und Produktsicherheitsgesetzes a) Zeichen bis 20 mm Höhe b) Zeichen über 20 mm Höhe
3	◁VDE▷	VDE-Kabelzeichen	Kabel und isolierte Leitungen sowie Installationsrohre und -kanäle
4	◁VDE▷ ◁HAR▷	VDE-HARmonisierungs-Kennzeichnung	Kabel und isolierte Leitungen nach harmonisiertem Zertifizierungsverfahren
5	schwarz rot	VDE-Kennfaden	Kabel und isolierte Leitungen
6	schwarz rot gelb (3 cm) (1 cm) (1 cm)	VDE-HAR-Kennfaden	Kabel und isolierte Leitungen
7		VDE-EMV-Zeichen	Elektrotechnische Erzeugnisse, die den Normen für elektromagnetische Verträglichkeit entsprechen, auch Produkte im Sinne des EMV-Gesetzes (EMVG)
8		IECQ-CECC-Zeichen	Bauelemente der Elektronik nach IECQ-CECC-Spezifikationen
9		ENEC-Zeichen des VDE	Erzeugnisse nach harmonisierten Zertifizierungsverfahren
10	VDE-REG.-Nr. XXXX	VDE-Register-Nummer	Gutachten mit Fertigungsüberwachung
11	VDE-REG.-Nr. XXXX	VDE-Register-Nummer	Gutachten mit Fertigungsüberwachung
12	CE	CE-Konformitätszeichen	Das Erzeugnis, das dieses Zeichen trägt, entspricht den gemeinsamen Vorschriften der EU-Länder (Europäische Norm oder Harmonisierungsdokument)

Die VDE-Register-Nummer ist dem jeweiligen Genehmigungsausweis zu entnehmen. Die Anordnung der Register-Nummer im Fall 10 kann variiert werden, muss jedoch in unmittelbarer Nähe zur Grafik erfolgen.

Tabelle 1.2 Prüfzeichen (VDE-Prüfzeichen, Zeichen mit VDE-Register-Nummer und CE-CE-Konformitätszeichen) und deren Anwendung (Quelle: VDE 0024:2005-03)

Benennung	Anwendung
VDE-Gutachten	Gutachtliche Prüfung nach VDE-Bestimmungen oder anderen anerkannten Regeln der Technik. Das Gutachten enthält das Ergebnis der vollständigen Prüfung nach der jeweils gültigen Prüfbestimmung.
VDE-Informationsprüfung	Prüfung auf einzelne Abschnitte von VDE-Bestimmungen, anderen Regeln der Technik oder vom Hersteller vorgegebenen Regeln. Der Prüfbericht dient der „Information des Antragstellers".
Konformitätsprüfung nach Richtlinien der EU	Prüfung zur Bestätigung der Konformität nach den Richtlinien der EU. Der Antragsteller erhält eine Konformitätsbescheinigung, z. B. eine Baumusterprüfbescheinigung.
CB-Zertifikat	Zertifikat für Installationsmaterial, Komponenten und Geräte nach IEC-Normen.
CCA-Mitteilung von Prüfergebnissen	Zertifikat für Installationsmaterial, Einzelteile und Geräte nach Europäischen Normen oder Harmonisierungsdokumenten.
Konformitätsbescheinigung	Zertifikat für die Sicherheit elektrotechnischer Erzeugnisse nach den Richtlinien der EU; Systeme nach Anhängen einschlägiger Richtlinien der EU und deren Umsetzung in nationales Recht und nach Zertifizierungsverfahren.

Tabelle 1.3 Gutachten und Zertifikate durch das Prüf- und Zertifizierungsinstitut

Geprüft wird in der Regel nach den Prüfbestimmungen im Weißdruck einer VDE-Norm oder nach den Bestimmungen von anderen allgemein anerkannten Regeln der Technik, wie Europäische Normen, Harmonisierungsdokumente oder IEC-Publikationen. In Sonderfällen kann ein Komitee auch einen Normenentwurf ermächtigen, wobei dann – bereits nach dem Text des Norm-Entwurfs – geprüft und ein VDE-Zeichen vergeben werden kann. Zu den Erzeugnissen, für die ein VDE-Zeichen erteilt werden kann, gehören z. B. Installationsmaterial, Bauelemente und Baugruppen der Elektronik, Komponenten, Kabel und isolierte Leitungen, Geräte, Leuchten, Medizinprodukte, persönliche Schutzausrüstungen, Maschinen und Anlagen, soweit VDE-Bestimmungen im Sinne von VDE 0022 oder andere allgemein anerkannte Regeln der Technik vorliegen oder sinngemäß angewandt werden können.

Der Vollständigkeit halber sollen auch noch einige wichtige weitere Prüfzeichen angegeben werden (**Tabelle 1.4**).

Stelle, die das Zeichen vergibt	Zeichen
UL International Demko A/S	
SGS FIMKO Oy	
CSA (Canadian Standards Association) International	
NEMKO (Norges Elektriske Materiellkontroll) AS	
Österreichischer Verband für Elektrotechnik (ÖVE)	
ETL SEMKO	
Electrosuisse SEV Verband für Elektro-, Energie- und Informationstechnik	
Underwriters Laboratories, Inc. (UL)	
Russland	
Weißrussland	
Korea	
Polen	
China	
Argentinien	

Tabelle 1.4 Weitere Prüfzeichen

1.4.6 Pilotfunktion und Gruppenfunktion von Normen

Es gibt verschiedene normative Festlegungen, die in gleicher Art und Weise und mit gleicher Aussage in verschiedenen Normen enthalten sind. So sind z. B. Festlegungen zum „Schutz gegen elektrischen Schlag" in folgenden Normen enthalten:

- DIN VDE 0100 (VDE 0100) „Errichten von Niederspannungsanlagen"
  Frühere Titel:
  - Elektrische Anlagen von Gebäuden
  - Errichten von elektrischen Anlagen bis 1 000 V

- DIN VDE 0101 (VDE 0101) „Starkstromanlagen mit Nennwechselspannungen über 1 kV“
- DIN EN 61140 (VDE 0140-1) „Schutz gegen elektrischen Schlag – Gemeinsame Anforderungen für Anlagen und Betriebsmittel“
- DIN EN 50178 (VDE 0160) „Ausrüstung von Starkstromanlagen mit elektronischen Betriebsmitteln“
- DIN VDE 0800-1 (VDE 0800-1) „Fernmeldetechnik – Allgemeine Begriffe – Anforderungen und Prüfungen für die Sicherheit der Anlagen und Geräte“

Damit die in verschiedenen Normen getroffenen Aussagen einheitlich und miteinander vergleichbar sind, wird in solchen Fällen ein Komitee beauftragt, die grundsätzlichen Festlegungen zu treffen. Die anderen Komitees sind dann für ihren Arbeitsbereich verpflichtet, diese Festlegungen – zumindest sinngemäß – zu übernehmen.

Zu diesem Zweck wurden die in der Normungsarbeit wichtigen Funktionen für verschiedene Grundsatzarbeiten festgelegt:

- die Pilotfunktion bezeichnet die Behandlung eines besonderen Normungsgegenstands, der für die Mehrzahl der elektrotechnischen Erzeugnisse zutrifft
- die Gruppenfunktion bezeichnet im Rahmen eines begrenzten Sachgebiets die Behandlung eines Normungsgegenstands, der auch für einen oder mehrere Arbeitsbereiche anderer Arbeitsgremien zutrifft

Eine Norm mit Pilotfunktion oder Gruppenfunktion hat deshalb folgende Zielsetzung:

- die sachliche Übereinstimmung von Normen auf Gebieten, die in der Normungsarbeit mehrerer Arbeitsgremien von Bedeutung sind, sicherzustellen und so sich widersprechende Festlegungen sowie Doppelarbeit zu vermeiden
- den sachlichen Zusammenhang des Normungssystems durchsichtiger zu machen, zu straffen und damit auch die Kompatibilität der Normen zu verbessern
- die Normen anwendungsfreundlicher zu gestalten
- den Umfang der Normen zu verringern und dadurch Kosten zu sparen
- die Verständigung der Ingenieure verschiedener Fachrichtungen zu verbessern

Für die Erarbeitung bestimmter Grundnormen (Normen mit Pilotfunktion) werden einzelnen Arbeitsgremien „Pilotfunktionen“ oder „Gruppenfunktionen“ zugeteilt. Normen mit Pilotfunktion oder Gruppenfunktion sind deutlich als solche zu bezeichnen.

Beispiele:

DIN EN 61140 (VDE 0140-1):2007-03
„Schutz gegen elektrischen Schlag – Gemeinsame Anforderungen für Anlagen und Betriebsmittel"
Nationales Vorwort: **Diese Norm ist eine Sicherheitsgrundnorm zum Schutz gegen elektrischen Schlag.**

DIN VDE 0100-410 (VDE 0100-410):2007-06
„Errichten von Niederspannungsanlagen – Schutzmaßnahmen – Schutz gegen elektrischen Schlag"
Einleitung: **Diese Norm hat nach IEC-Leitfaden 104 den Status einer Gruppensicherheitsnorm (GSP) für den Schutz gegen elektrischen Schlag.**

DIN VDE 0100-540 (VDE 0100-540):2007-06
„Errichten von Niederspannungsanlagen – Auswahl und Errichtung elektrischer Betriebsmittel – Erdungsanlagen, Schutzleiter und Schutzpotentialausgleichsleiter"
Nationales Vorwort: **Diese Norm ist eine Sicherheitsgrundnorm zum Schutz gegen elektrischen Schlag.**

1.5 Rechtliche Stellung des VDE-Vorschriftenwerks

Die Einhaltung und Anwendung der VDE-Bestimmungen kann grundsätzlich nicht vorgeschrieben werden. Die VDE-Bestimmungen sind kein Gesetz; sie spielen aus rechtlicher Sicht aber eine bedeutende Rolle, da in Gesetzen und Verordnungen auf die VDE-Bestimmungen als „anerkannte Regeln der Technik" Bezug genommen wird. Zu nennen sind hierbei:

- Gesetz über die Elektrizitäts- und Gasversorgung (Energiewirtschaftsgesetz – EnWG) vom 07.07.2005

  Im EnWG ist in Teil 6 „Sicherheit und Zuverlässigkeit der Energieversorgung" § 49 „Anforderungen an Energieanlagen" festgelegt:

  (1) Energieanlagen sind so zu errichten und zu betreiben, dass die technische Sicherheit gewährleistet ist. Dabei sind vorbehaltlich sonstiger Rechtsvorschriften die allgemein anerkannten Regeln der Technik zu beachten.

  (2) Die Einhaltung der allgemein anerkannten Regeln der Technik wird vermutet, wenn bei Anlagen zur Erzeugung, Fortleitung und Abgabe von

  1. Elektrizität die technischen Regeln des VDE Verband der Elektrotechnik Elektronik Informationstechnik e. V.
  2. Gas die technischen Regeln der deutschen Vereinigung des Gas- und Wasserfaches e. V.

  eingehalten worden sind.

(3) Bei Anlagen oder Bestandteilen von Anlagen, die nach den in einem anderen Mitgliedstaat der Europäischen Union oder in einem anderen Vertragsstaat des Abkommens über den Europäischen Wirtschaftsraum geltenden Regelungen oder Anforderungen rechtmäßig hergestellt und in den Verkehr gebracht wurden und die gleiche Sicherheit gewährleisten, ist davon auszugehen, dass die Anforderungen von Absatz 1 an die Beschaffenheit der Anlagen erfüllt sind. In begründeten Einzelfällen ist auf Verlangen der nach Landesrecht zuständigen Behörde nachzuweisen, dass die Anforderungen nach Satz 1 erfüllt sind.

Auf die Einhaltung der anerkannten Regeln der Technik (im elektrotechnischen Bereich die VDE-Bestimmungen) wird im EnWG ausdrücklich hingewiesen.

- Gesetz zur Neuordnung der Sicherheit von technischen Arbeitsmitteln und Verbraucherprodukten (Geräte- und Produktsicherheitsgesetz – GPSG) vom 06.01.2004

  Das GSPG stellt die konsequente Weiterentwicklung des Gerätesicherheitsgesetzes (GSG) aus dem Jahr 1968 dar. Es behandelt hauptsächlich das Inverkehrbringen und die Kennzeichnung von Produkten im europäischen Bereich. **Produkte** in diesem Gesetz sind **Technische Arbeitsmittel** und **Verbraucherprodukte**.

  Nach den allgemeinen Sicherheitsanforderungen dürfen Produkte nur dann in den Verkehr gebracht werden, wenn sie den europäischen Rechtsverordnungen genügen. Dies gilt gleichermaßen für Produkte, die in Europa für den europäischen Binnenmarkt hergestellt, wie auch für solche, die von außen in den europäischen Markt eingeführt werden. Hinsichtlich der Gewährleistung für Sicherheit und Gesundheitsschutz für Produkte sind die grundlegenden Anforderungen für den gesamten Binnenmarkt einheitlich geregelt. Die Anforderungen dieser **Binnenmarktrichtlinien**, die im europäischen Raum für bestimmte Produkte harmonisiert sind (zum Beispiel für Niederspannung die Niederspannungsrichtlinie 2006/95/EG), dürfen beim Inverkehrbringen von Produkten keinesfalls unterschritten werden.

  Definition: **Harmonisierte Normen** sind nicht verbindliche technische Spezifikationen, die von den europäischen Normungsorganisationen (dem Europäischen Normungsausschuss CEN, dem Europäischen Normungsausschuss für Elektrotechnik CENELEC oder dem Europäischen Institut für Telekommunikationsnormen ETSI) aufgrund eines von der EU-Kommission erteilten Auftrags erarbeitet wurden. Das Erscheinen einer solchen harmonisierten Norm muss im Europäischen Amtsblatt angezeigt werden.

  Wenn die harmonisierte Norm im Europäischen Amtsblatt veröffentlicht wurde und in wenigstens einem Mitgliedstaat national umgesetzt und bekannt gemacht wurde, begründet die Einhaltung dieser Norm bei der Fertigung eines Produkts die Vermutung, dass die Sicherheitsziele der entsprechenden Binnenmarktrichtlinie erreicht wurden. Dem Hersteller ist freigestellt, bei der Fertigung seiner Produkte auf harmonisierte Normen zurückzugreifen oder auf andere Art und Weise die in den Binnenmarktrichtlinien festgelegten Anforderungen zu erfüllen. Konstruiert und fertigt der Hersteller ausschließlich auf der Basis harmonisierter Normen, müssen die Behörden der Marktüberwachung zunächst davon ausgehen, dass die Anforderungen der Richtlinien erfüllt sind.

Die Einhaltung der Binnenmarktrichtlinien (Harmonisierte Normen) gibt nach dem GPSG zur Vermutung Anlass, dass alle technischen Anforderungen, die einzuhalten sind, erfüllt sind.

- Verordnung über Allgemeine Bedingungen für den Netzanschluss und dessen Nutzung für die Elektrizitätsversorgung in Niederspannung – Niederspannungsanschlussverordnung (NAV) vom 08.11.2006

  § 13 Elektrische Anlage

  Auszug aus Absatz (2), Satz 6
  Es dürfen nur Materialien und Geräte verwendet werden, die entsprechend § 49 des Energiewirtschaftsgesetzes unter Beachtung der allgemein anerkannten Regeln der Technik hergestellt sind. Die Einhaltung der Voraussetzungen des Satzes 6 wird vermutet, wenn das Zeichen einer akkreditierten Stelle, insbesondere das VDE-Zeichen, GS-Zeichen oder CE-Zeichen, vorhanden ist. Der Netzbetreiber ist berechtigt, die Ausführung der Arbeiten zu überwachen.

  Anmerkung: Vorläufer der NAV war die „Verordnung über Allgemeine Bedingungen für die Elektrizitätsversorgung von Tarifkunden (AVBEltV) vom 21. Juni 1979“.

Trotz dieser Rechtsvorschriften wird den VDE-Bestimmungen von juristischer Seite lediglich Rechtsnormqualität zugestanden. Das bedeutet, dass ein bloßer Verstoß gegen die VDE-Bestimmungen noch nicht strafbar ist; erst wenn dadurch ein Unfall ausgelöst wird, ist mit einer Bestrafung des Täters zu rechnen. Siehe hierzu auch die „Gemeinsame Erklärung“ über die „Verwendung und Einbau von Elektroinstallationsmaterial“ verschiedener Interessenverbände im Abschnitt 25.9, Anhang I.

1.6 Anwendungsbereich und rückwirkende Gültigkeit von VDE-Bestimmungen

Bei allen VDE-Bestimmungen ist am Anfang entweder in den Abschnitten 1 und 2 oder auch vor der Sachnummerierung der „Beginn der Gültigkeit“ (zeitlicher Geltungsbereich, Gültigkeit, Geltungsbeginn) und der „Anwendungsbereich“ (sachlicher Geltungsbereich) festgelegt.

Bei der Festlegung des zeitlichen Geltungsbereichs ist ein Datum festgelegt, das bindend vorschreibt, ab wann die Bestimmung gilt. Daneben können Übergangsfristen eingeräumt werden, während deren der entsprechende Vorgänger parallel zur neuen Bestimmung angewandt werden kann. Besonders bei Errichtungsbestimmungen trifft dies für Anlagen zu, die bereits geplant sind oder gebaut werden.

Beispiel: (Originalzitat)

DIN VDE 0100-430:1991-11 „Errichten von Starkstromanlagen mit Nennspannungen bis 1 000 V; Schutzmaßnahmen; Schutz von Kabeln und Leitungen bei Überstrom"

Diese Norm (VDE-Bestimmung) gilt ab 1. November 1991.

Für am 1. November 1991 in Planung oder im Bau befindliche Anlagen gilt DIN 57100 Teil 430/VDE 0100 Teil 430/06.81 in einer Übergangsfrist bis zum 31. Oktober 1993.

Der Anwendungsbereich (sachlicher Geltungsbereich) gibt an, für welche Bereiche, Anlagen, Betriebe und Betriebsarten die entsprechende Bestimmung gilt. Oft werden außerdem die Bereiche, Anlagen oder Betriebe ausdrücklich genannt, für die die Bestimmung nicht gilt oder nur bedingt unter Berücksichtigung von Zusatzanforderungen anwendbar ist.

Beispiel: (Originalzitat)

DIN VDE 0101:1989-05 „Errichten von Starkstromanlagen mit Nennspannungen über 1 kV"

1 Anwendungsbereich

1.1 Diese Norm gilt für das Errichten von Starkstromanlagen mit Nennwechselspannungen über 1 kV und Nennfrequenzen unter 100 Hz.
Sie gilt sinngemäß für Gleichstromanlagen mit Nennspannungen über 1,5 kV.

1.2 Diese Norm gilt nicht für:

- die Bereiche elektrischer Bahnen, für die in den Normen der Reihe DIN VDE 0115 abweichende Festlegungen getroffen sind, elektrische Anlagen in bergbaulichen Betrieben unter Tage nach den Normen der Reihe DIN VDE 0118
- das Errichten von Leuchtröhrenanlagen mit Nennspannungen über 1 000 V nach DIN VDE 0128
- die Herstellung und Prüfung fabrikfertiger, typgeprüfter Hochspannungsschaltanlagen nach DIN VDE 0670-6, -7 und -8, wohl aber für deren Aufstellung und äußere Anschlüsse am Verwendungsort
- medizinische Röntgen-Einrichtungen nach den Normen der Reihe DIN VDE 0750

Die VDE-Bestimmungen geben den zur Zeit ihrer Aufstellung erreichten Stand der Technik wieder. Sie werden durch ständige Überarbeitungen dem Stand der

Technik angepasst. Sowohl bei der Aufstellung als auch bei den Überarbeitungen werden keine wirtschaftlichen Interessen verfolgt; es wird aber angestrebt, der jeweils technisch-wirtschaftlich besten Lösung Rechnung zu tragen.

Eine rückwirkende Gültigkeit – also die Ausdehnung einer neuen Bestimmung auf bereits gebaute, bestehende Anlagen – gibt es in der Regel nicht. Ist dies der Fall, so muss dies in der Bestimmung ausdrücklich erwähnt werden.

Beispiel:

DIN VDE 0101:1989-05 „Errichten von Starkstromanlagen mit Nennspannungen über 1 kV“

Beginn der Gültigkeit

Diese Norm (VDE-Bestimmung) gilt ab 01. Mai 1989.

Daneben gilt .... (Übergangsfrist)

Bestehende Anlagen müssen bis zum 31. Oktober 2000 so angepasst sein, dass sie den Anforderungen nach Abschnitt 4.4 entsprechen.

1.7 Anwendungsbereich „Errichten von Niederspannungsanlagen – Zweck und Grundsätze“ – DIN VDE 0100-100

DIN VDE 0100-100 (VDE 0100-100) enthält die Deutsche Fassung des Europäischen Harmonisierungsdokuments HD 384.1 S2:2001 „Elektrische Anlagen von Gebäuden – Teil 1: Anwendungsbereich, Zweck und Grundsätze“. Die entsprechende internationale Norm, mit gemeinsamen CENELEC-Änderungen, ist IEC 60364-1:1992 „Electrical installations of buildings – Part 1: Scope, object and fundamental principles“.

Die VDE-Bestimmungen der Reihe DIN VDE 0100 „Errichten von Niederspannungsanlagen“ und die entsprechenden regionalen und internationalen Normen wie das Harmonisierungsdokument HD 384 sowie die IEC-Publikation IEC 60364 sind, nach regionaler und internationaler Vereinbarung mit CENELEC und IEC, anzuwenden bei der

- **Planung und Errichtung**
- **Änderung und Erweiterung**

von elektrischen Anlagen, die mit Nennspannungen bis AC 1 000 V (Effektivwert) und DC 1 500 V betrieben werden. Die bevorzugten Frequenzen bei AC sind 50 Hz, 60 Hz und 400 Hz, wobei andere Frequenzen für besondere Anwendungsfälle nicht ausgeschlossen sind. VDE 0100 gilt in gleicher Weise auch für Teile von Anlagen, bei Änderung der Raumart und/oder Änderung der Nutzung oder wenn eine Anpassungsforderung in einer Bestimmung aufgenommen ist.

Hauptanwendungsbereiche der DIN VDE 0100 sind:

- Wohnanwesen
- Gewerbeanwesen
- öffentliche Anwesen
- Industrieanwesen
- landwirtschaftliche und gartenbauliche Anwesen
- vorgefertigte Gebäude
- Caravan, Campingplätze und ähnliche Plätze
- Baustellen, Ausstellungen, Messen und andere vorübergehend errichtete Anlagen
- Marinas

Anmerkung: Der Begriff „Anwesen" beinhaltet das Grundstück und alle darauf befindlichen Einrichtungen, z. B. Gebäude.

Außerdem ist die Norm DIN VDE 0100 für folgende Anlagen und Bereiche anzuwenden:

- Stromkreise, die mit Spannungen über AC 1 000 V betrieben werden und über Anlagen mit Nennspannungen bis AC 1 000 V versorgt werden (z. B. Beleuchtungsanlagen mit Entladungslampen, elektrostatische Sprühanlagen). Die innere Verdrahtung der Geräte ist davon ausgenommen.
- Für alle Verdrahtungen sowie Kabel- und Leitungsanlagen, die nicht durch entsprechende Gerätenormen abgedeckt sind.
- Für alle Verbraucheranlagen außerhalb von Gebäuden.
- Für feste Kabel und Leitungsanlagen für die Informations- und Kommunikationstechnik, Meldung, Steuerung und Ähnliches. Die innere Verdrahtung der Geräte ist davon ausgenommen.

In den verschiedenen Teilen der Gruppen 300 bis 600 sind die allgemein für elektrische Anlagen gültigen Forderungen wie „Allgemeine Festlegungen" (Gruppe 300), „Schutzmaßnahmen" (Gruppe 400), „Auswahl und Errichtung elektrischer Betriebsmittel" (Gruppe 500) und „Prüfungen" (Gruppe 600) dargestellt.

Die Teile der Gruppe 700 – **Anforderungen für Betriebsstätten, Räume und Anlagen besonderer Art** – enthalten in der Regel zusätzlich geltende Forderungen. Für diese Betriebsstätten, Anlagen und Räume gelten neben den Anforderungen, die in den Teilen der Gruppen 300 bis 600 beschrieben sind, noch zusätzliche Anforderungen, die in den verschiedenen Teilen der Gruppe 700 enthalten sind. Wichtige Teile sind zum Beispiel (Titel nur in Kurzform, Aufzählung nicht vollständig):

- Teil 701 Baderäume
- Teil 702 Schwimmbäder
- Teil 703 Saunen
- Teil 704 Baustellen
- Teil 705 Landwirtschaftliche und gartenbauliche Betriebsstätten
- ...
- Teil 710 Medizinisch genutzte Räume
- Teil 711 Ausstellungen, Shows und Stände
- Teil 714 Beleuchtungsanlagen im Freien
- Teil 718 Bauliche Anlagen für Menschenansammlungen
- Teil 721 Caravans, Boote und Jachten
- Teil 722 Wagen und Wohnwagen nach Schaustellerart
- Teil 737 Feuchte und nasse Bereiche und Anlagen im Freien
- Teil 739 Zusätzlicher Schutz bei direktem Berühren in Wohnungen
- ...
- Teil 753 Fußboden- und Decken-Flächenheizungen

Für eine Reihe von Anlagen, die mit Niederspannung betrieben werden, gilt DIN VDE 0100 nicht, da die Forderungen in besonderen Bestimmungen enthalten sind. Hierzu gehören zum Beispiel (Titel nur in Kurzform, Aufzählung nicht vollständig):

- DIN VDE 0108 Sicherheitsbeleuchtungsanlagen
- DIN VDE 0113 Sicherheit von Maschinen
- DIN VDE 0118 Anlagen im Bergbau unter Tage
- DIN VDE 0165 Anlagen in gasexplosionsgefährdeten Bereichen

Außerdem gilt DIN VDE 0100 nicht für:

- elektrische Bahnanlagen (einschließlich Fahrzeuge und Signaltechnik)
- elektrische Betriebsmittel von Kraftfahrzeugen (einschließlich Elektroautos)
- elektrische Anlagen an Bord von Schiffen sowie auf beweglichen und fest verankerten Plattformen vor Küsten (z. B. Bohr- und Förderplattformen)
- elektrische Anlagen von Flugzeugen
- öffentliche Beleuchtungsanlagen, die Teil des öffentlichen Versorgungsnetzes sind
  Anmerkung: Für andere Beleuchtungsanlagen im Freien gilt DIN VDE 0100-714).
- Anlagen im Bergbau, Tagebau und in Steinbrüchen

- Betriebsmittel zur Funk-Entstörung, es sei denn, dass diese die Sicherheit der elektrischen Anlagen beeinflussen
- Elektrozaunanlagen
- Blitzschutzanlagen von Gebäuden

Weiterhin ist nicht vorgesehen, DIN VDE 0100 anzuwenden für:

- öffentliche oder privat betriebene Versorgungsnetze zur Verteilung elektrischer Energie
- die Stromerzeugung, Stromübertragung und ihre Hilfseinrichtungen für öffentliche oder private Versorgungsnetze

Anmerkung: Es ist den einzelnen Ländern freigestellt, die Norm ganz oder teilweise für die genannten Zwecke anzuwenden. **In Deutschland gelangt die DIN VDE 0100 für öffentliche und private Verteilungsnetze zur Anwendung.**

Der Aufbau der DIN VDE 0100 ist so gehalten, dass der Planer bzw. Errichter einer Anlage systematisch vorgehen kann. Nach dem Anwendungsbereich (Teil 100) über die Begriffe (Teil 200) gelangt der Planer bzw. Errichter zum Teil 300 und zu den Bestimmungen allgemeiner Merkmale für eine Anlage. Die Schutzmaßnahmen sind in den Teilen 410 bis 482 beschrieben, und für die Auswahl und Errichtung elektrischer Betriebsmittel gelten die Teile 510 bis 560. Nach Durchlaufen dieser Schritte erfolgen noch die Prüfungen (Teil 600), die für alle Komponenten durchzuführen ist. Die Anforderungen für Betriebsstätten, Räume und Anlagen besonderer Art sind in den verschiedenen Teilen der Gruppe 700 zu finden.

Ziel der Anwendung der Normen der Reihe DIN VDE 0100 (VDE 0100) ist es, die Sicherheit und richtige Funktion für die beabsichtigte Verwendung zu erreichen.

1.8 Statistik elektrischer Unfälle

Bild 1.2 zeigt die zeitliche Entwicklung der tödlichen Stromunfälle in der Bundesrepublik Deutschland, zusammen mit der Bruttostromerzeugung. Ab 1990 sind in Bild 1.1 auch die neuen Bundesländer berücksichtigt. Es ist zu erkennen, dass die jährliche Zahl der tödlichen Unfälle – von 1951 bis 1970 etwa 300 – in den letzten Jahren kontinuierlich zurückging und zurzeit zwischen 100 und 150 liegt, obwohl eine ständige Steigerung des Energieverbrauchs zu beobachten ist.

Unterlagen des Statistischen Bundesamts ermöglichen eine Aufteilung der tödlichen Unfälle (**Bild 1.3**) in die Bereiche:

- Industrie und Gewerbe
- Wohnungen (Haushaltsbereich)
- Sonstige

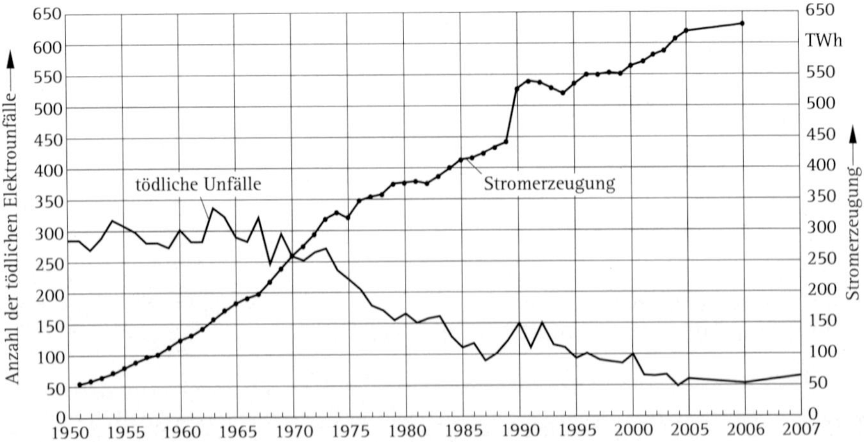

Bild 1.2 Tödliche Elektrounfälle und Stromerzeugung; ab 1990 für alte und neue Bundesländer

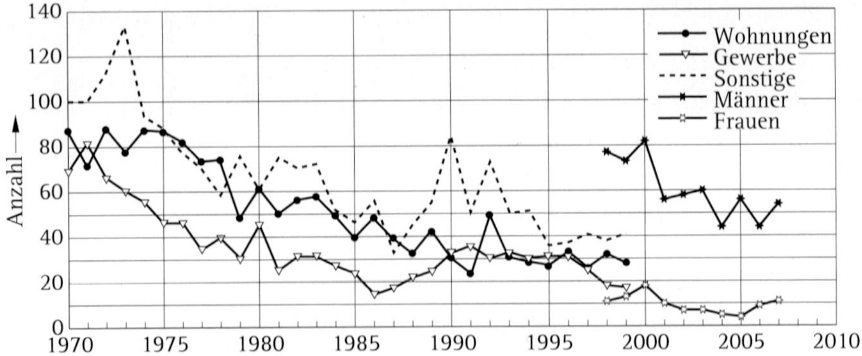

Bild 1.3 Tödliche Elektrounfälle – Aufgliederung nach Unfallort; ab 1990 für alte und neue Bundesländer (Statistik wird in dieser Form seit 2000 nicht mehr geführt); ab 1998 ist eine Aufteilung in tödliche Unfälle: Männer und Frauen vorgenommen

Die unter „Sonstige" genannten Unfälle enthalten Unfälle mit Angabe des Unfallorts, die nicht den Unfällen in Wohnungen oder in gewerblichen bzw. industriellen Betrieben zuzuordnen sind (z. B. Unfälle in Krankenhäusern, Schulen, öffentlichen Gebäuden, Landwirtschaft und dgl.), und Unfälle ohne Angabe des Unfallorts. Es fällt auf, dass die Zahl der tödlichen Unfälle im Wohnbereich in den letzten Jahren vor 1990 deutlich höher liegt als die Zahl der tödlichen Unfälle in Gewerbe und Industrie. Die Analyse der Unfälle zeigt, dass die Zahl tödlicher Elektrounfälle von Frauen in den letzten Jahren nahezu konstant blieb (etwa zehn Unfälle/Jahr, für die letzten zehn Jahre); die Unfälle passierten überwiegend im Haushalt. Von Bedeutung ist hierbei die Häufung der Unfälle im Bereich „Küche“, „Baderaum“ und „Freizeit“ (Hobby). An den genannten Orten liegt häufig eine erhöhte Gefährdung vor, weil Erdpotential großflächig berührt werden kann. In „Küchen“ ist als Unfallschwerpunkt die Reparatur von Elektrogeräten durch Laien sowie die Beschädigung von Unterputzleitungen zu erkennen. Im Bereich „Bad“ werden Unfälle hauptsächlich durch die Verwendung von Elektrogeräten in der Badewanne verursacht.

Es wird die Aufgabe der entsprechenden Fachgremien sein, aus der Unfallforschung weitere Konsequenzen zu ziehen und so zunächst für die Bereiche „Haushalt“ und „Freizeit“ ein künftig höheres Sicherheitsniveau als bisher zu schaffen.

1.9 Mensch und Elektrizität

Der elektrische Strom bewirkt beim Fließen durch den menschlichen Körper physikalische, chemische und physiologische Wirkungen.

Physikalische und chemische Wirkungen:

- Strommarken an der Stromeintrittsstelle/Stromaustrittsstelle
- innere Verbrennungen, z. B. an Gelenken
- Flüssigkeitsverluste, Verkochungen
- Verbrennungen bei Lichtbogen
- Blendungen bei Lichtbogen

Physiologische Wirkungen:

- Muskelkontraktion
- Nervenerschütterungen
- Muskelverkrampfungen (Erstickungsgefahr)
- Blutdrucksteigerung
- Herzstillstand
- Herzkammerflimmern

Schon lange beschäftigen sich Mediziner und Ingenieure damit, die Wirkungen des Stroms auf den menschlichen Körper zu analysieren und gefährliche Grenzen aufzuzeigen. Besonders in den letzten Jahren wurden die Untersuchungen weltweit forciert. So hat z. B. die Arbeitsgruppe TC 64/WG 4 der IEC die Aufgabe erhalten, die in elektropathologischer Sicht notwendigen Schutz- und Sicherheitsbedürfnisse für Mensch und Tier zu untersuchen. Bei diesen Untersuchungen wurden alle maßgebenden Arbeiten aus diesem Gebiet beachtet und ausgewertet, wobei besonders die Faktoren und Größen, die die Gefährdung von Mensch und Tier bestimmen, untersucht wurden.

Den zuletzt vorgelegten internationalen Fachbericht der Arbeitsgruppe, den IEC-Report 479-1:1994, hat der VDE als Vornorm DIN IEC/TS 60479-1 (VDE V 0140-479-1):2007-05 „Wirkungen des elektrischen Stroms auf Menschen und Nutztiere" veröffentlicht. Dieser Bericht stellt den derzeitigen Wissensstand über das genannte Thema dar. Dabei ist wichtig zu wissen, dass die genannten Daten hauptsächlich durch Tierversuche und bei klinischen Versuchen gewonnen wurden. Nur wenige Experimente, mit Strömen von sehr kurzer Dauer (z. B. einer Zeit von 0,03 s bei Berührungsspannungen bis 200 V), wurden an lebenden Personen durchgeführt. Die Aussagen des IEC-Reports 60479-1 liegen in der Regel auf der sicheren Seite, sodass sie unter den üblichen physiologischen Bedingungen als Grundlage für sicherheitstechnische Überlegungen herangezogen werden können. Die Bedingungen gelten auch für Kinder, unabhängig von Alter und Gewicht.

Einige Begriffe, die im Zusammenhang mit der Wirkung des elektrischen Stroms auf den menschlichen Körper wichtig sind, werden nachfolgend dargestellt (siehe DIN IEC/TS 60479-1/VDE V 0140-479-1):2007-05 Abschnitt 3):

Längsdurchströmung
Strom, der längs durch den menschlichen Körper fließt, z. B. von einer Hand zu den Füßen.

Querdurchströmung
Strom, der quer durch den menschlichen Körper fließt, z. B. von Hand zu Hand.

Körperinnenimpedanz
Impedanz zwischen zwei Elektroden in Berührung mit zwei Teilen des menschlichen Körpers bei Vernachlässigung der Hautimpedanz. Sie kann überwiegend als ohmsch angenommen werden und hängt hauptsächlich vom Stromweg ab. Der Einfluss der Größe der Berührungsfläche ist gering.

Hautimpedanz
Impedanz zwischen einer auf der Haut aufliegenden Elektrode und dem darunter liegenden leitfähigen Gewebe. Sie ist abhängig von der Spannung, der Durchströmungsdauer, der Berührungsfläche, dem Kontaktdruck, der Feuchte der Haut und dem Hauttyp. Bei niedrigen Berührungsspannungen ändert sich die Hautimpedanz stark mit den übrigen Einflussgrößen, bei höheren Berührungsspannungen sinkt die Hautimpedanz beträchtlich und wird vernachlässigbar, wenn die Haut durchschlägt. Mit steigender Frequenz sinkt die Hautimpedanz.

Gesamtkörperimpedanz
Vektorielle Summe der Körperinnenimpedanz und der Hautimpedanz. Sie besteht aus Ohm'schen und kapazitiven Komponenten. Bild 1.12 zeigt als Beispiel die Gesamtkörperimpedanz in Abhängigkeit von der Berührungsspannung, bei AC 50/60 Hz und trockene Haut, einen Stromweg von Hand zu Hand und Werte, die von 5 %, 50 % und 95 % aller Menschen nicht überschritten werden.

Wahrnehmbarkeitsschwelle
Minimalwert des Berührungsstroms, der von einer durchströmten Person noch wahrgenommen wird.

Reaktionsschwelle
Minimalwert des Berührungsstroms, der unbeabsichtigte Muskelkontraktionen bewirkt.

Die **Wahrnehmbarkeitsschwelle** und die **Reaktionsschwelle** (Linie a in Bild 1.4) hängen hauptsächlich von der Berührungsfläche, den Berührungsbedingungen (Trockenheit, Feuchte, Temperatur) und den individuellen physiologischen Eigenschaften des Menschen ab.

Loslassschwelle
Maximalwert des Berührungsstroms, bei dem eine Person, die die Elektroden hält, noch loslassen kann.
Die Loslassschwelle (Linie b in Bild 1.4) hängt bei Wechselstrom von der Berührungsfläche, der Form und Größe der Elektroden sowie von den individuellen physiologischen Eigenschaften des Menschen ab. Bei Gleichstrom gibt es keine festlegbare Loslassschwelle, lediglich der Beginn und die Unterbrechung des Stroms führen zu schmerzhaften und krampfartigen Muskelkontraktionen.

Schwelle des Herzkammerflimmerns
Minimalwert des Berührungsstroms, der Herzkammerflimmern bewirkt.
Die Schwelle für Herzkammerflimmern hängt sowohl von den physiologischen Eigenschaften des Menschen (Aufbau des Körpers, Zustand der Herzfunktion) als auch von den elektrischen Einflüssen (Einwirkungsdauer, Stromweg, Stromstärke) ab. Die Kurven c_1 bis c_3 in Bild 1.4 zeigen die Wahrscheinlichkeit des Herzkammerflimmerns auf.

Vulnerable Phase
Bild 1.8 zeigt das Elektrokardiogramm (EKG) mit dem Bewegungsablauf eines Herzschlags. Der Aufbau der T-Zacke wird als vulnerable Phase bezeichnet.
Sie überdeckt einen kleinen Teil (etwa 10 %) des Herzzyklusses, bei dem sich das Herz in einem inhomogenen Zustand der Erregbarkeit befindet und Herzkammerflimmern auftritt, wenn es durch einen Strom genügender Größe erregt wird.

1.9.1 Stromstärke und Einwirkdauer

Die über den menschlichen Körper fließenden Ströme dürfen – hinsichtlich möglicher Schäden – nicht nur nach ihrer Stromstärke betrachtet werden; gleichzeitig ist auch die Dauer des Stromflusses wichtig. Der in einem Muskel (Nerven, Blutbahnen) fließende Strom ruft in diesem eine Kontraktion hervor, wenn ein bestimmter Wert (Reizwert oder Schwellenwert genannt) überschritten wird. Die Wirkungen des elektrischen Stroms auf den menschlichen Körper sind nicht bei allen Menschen gleich (vergleiche Grenzwerte des Körperwiderstands). Alle Aussagen hierüber sind deshalb nur als Mittelwerte zu betrachten. Die mittleren unteren Grenzwerte (Schwellenwerte) nach Dr. Hauf, Freiburg, sind bei Wechselstrom mit einer Frequenz von 50 Hz bis 60 Hz:

0,0045 mA	Wahrnehmbarkeit mit der Zunge
1,2 mA	Wahrnehmbarkeit mit den Fingern
6 mA	Muskelverkrampfung bei Frauen, Loslassgrenze (let-go current)
9 mA	Muskelverkrampfung bei Männern, Loslassgrenze (let-go current)
20 mA	Verkrampfung der Atemmuskulatur
80 mA	Herzkammerflimmern, wenn die Einwirkdauer länger als 1 s

Dies sind, wie erwähnt, untere Grenzwerte; die Mittelwerte liegen um 50 % höher.

Die Auswertung aller wichtigen Untersuchungen, die von der IEC durchgeführt und veröffentlicht wurden, geben Mittelwerte hinsichtlich der Stromstärke und Zeitdauer sowie die zu erwartenden Schädigungen an. **Bild 1.4** und **Bild 1.5** gelten für Körperlängsdurchströmungen bei Stromfluss von der linken Hand zu beiden Füßen. Die Grenzkurven gelten unabhängig vom Alter und Gewicht der Personen; es wird lediglich ein normaler Gesundheitszustand vorausgesetzt. Die Kurven gelten also auch für Kinder.

Das Bild 1.4 und die oben erwähnten Grenzwerte stammen aus verschiedenen Quellen; sie stimmen deshalb nicht unmittelbar überein. Außerdem stammen die Angaben von Dr. Hauf aus den frühen 1960er-Jahren, während Bild 1.4 auf den neuesten Forschungsergebnissen beruht.

Zu den verschiedenen Bereichen, die in Bild 1.4 (Wechselspannung von 15 Hz bis 100 Hz) und Bild 1.5 (Gleichspannung) dargestellt sind, ist zu bemerken:

- Bereiche AC-1 und DC-1
  Normalerweise sind keine Einwirkungen wahrnehmbar.
- Bereiche AC-2 und DC-2
  Normalerweise treten keine schädigenden physiologischen Wirkungen auf.
- Bereiche AC-3 und DC-3
  Im Bereich AC-3 ist mit Blutdrucksteigerung, Muskelverkrampfungen und Atemnot zu rechnen. Außerdem sind reversible Herzrhythmusstörungen, Vorhofflimmern, Herzkammerflimmern und einzelne Herzstillstände zu erwarten. Diese Erscheinungen sind mit steigender Stromhöhe und Durchströmungsdauer zunehmend. Die Gefahr des Herzkammerflimmerns ist sehr gering.
  Im Bereich DC-3 sind Blutdrucksteigerungen, reversible Herzrhythmusstörungen und Brandverletzungen zu erwarten. Außerdem können Störungen der Bildung und Weiterleitung der Impulse im Herzen auftreten. Diese Erscheinungen sind mit steigender Stromhöhe und Durchströmungsdauer zunehmend. Die Gefahr des Herzkammerflimmerns ist sehr gering.

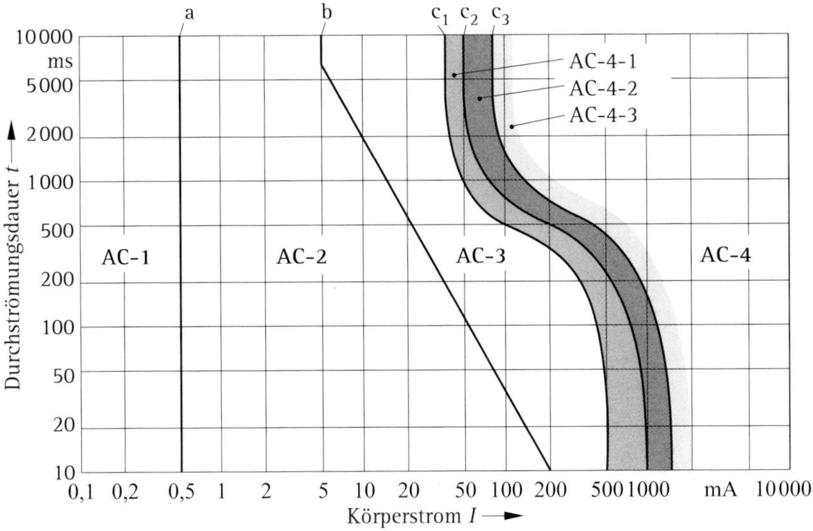

Bild 1.4 Wirkungsbereiche von Körperströmen bei Wechselstrom; Effektivwerte bei 15 Hz bis 100 Hz (Quelle: DIN IEC TS/60479-1 (VDE V 0140-479-1):2007-05)

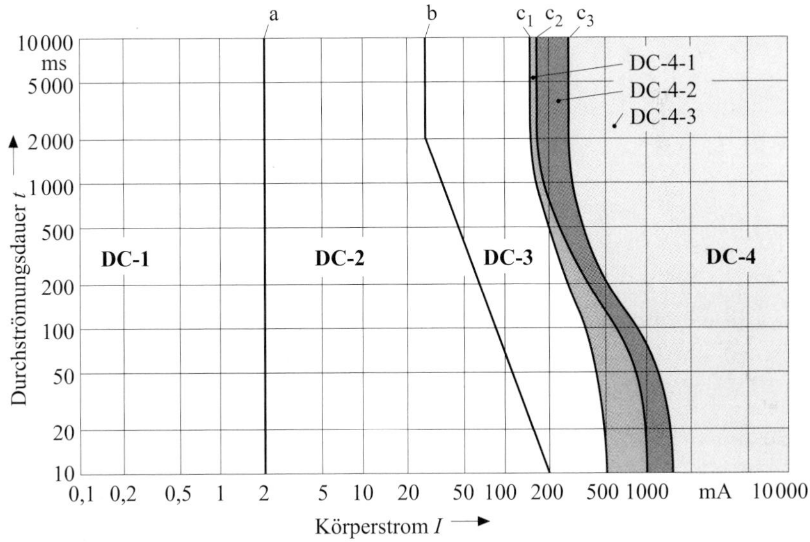

Bild 1.5 Wirkungsbereiche von Körperströmen bei Gleichstrom (Quelle: DIN IEC TS/60479-1 (VDE V 0140-479-1):2007-05)

- Bereiche AC-4 und DC-4
  Die physiologischen Wirkungen der Bereiche AC-3 und DC-3 treten verstärkt auf. Mit steigender Stromstärke und Durchströmungsdauer können pathophysiologische Wirkungen eintreten, wie Herzstillstand, Atemstillstand und Brandverletzungen. Die Gefahr von Herzkammerflimmern ist von der Stromhöhe und der Durchströmungsdauer abhängig und wie nachfolgend zu beurteilen:
  - Bereiche AC-4-1 und DC-4-1
    Die Gefahr von Herzkammerflimmern liegt bei maximal 5 %
  - Bereiche AC-4-2 und DC-4-2
    Die Gefahr von Herzkammerflimmern liegt noch unter 50 %
  - Bereiche AC-4-3 und DC-4-3
    Die Gefahr von Herzkammerflimmern liegt über 50 %

1.9.2 Wirkungen des elektrischen Stroms auf den menschlichen Körper

Die Abgrenzungskurven zwischen den verschiedenen Bereichen geben auch die entsprechenden **Schwellenwerte** für bestimmte Reaktionen an.

- *Linie a*
  Die **Wahrnehmbarkeitsschwelle** und die **Reaktionsschwelle** hängen hauptsächlich von der Berührungsfläche, den Berührungsbedingungen (Trockenheit, Feuchte, Temperatur) und den individuellen physiologischen Eigenschaften des Menschen ab.
- *Linie b*
  Die **Loslassschwelle** hängt bei Wechselstrom von der Berührungsfläche, der Form und Größe der Elektroden sowie von den individuellen physiologischen Eigenschaften des Menschen ab. Bei Gleichstrom gibt es keine festlegbare Loslassschwelle, lediglich der Beginn und die Unterbrechung des Stroms führen zu schmerzhaften und krampfartigen Muskelreaktionen.
- *Kurven c_1 bis c_3*
  Die **Schwelle für Herzkammerflimmern** hängt sowohl von den physiologischen Eigenschaften des Menschen (Aufbau des Körpers, Zustand der Herzfunktion) als auch von den elektrischen Einflüssen (Einwirkungsdauer, Stromweg, Stromstärke) ab. Die Kurven zeigen die Wahrscheinlichkeit des Herzkammerflimmerns auf.

Die physikalischen Wirkungsbereiche des Stroms auf Veränderungen der Haut, in Abhängigkeit von der **Stromdichte** J (mA/mm^2), sind in **Bild 1.6** gezeigt und nachfolgend beschrieben.

Die Veränderungen an der menschlichen Haut sind ausschließlich von den physikalischen Gegebenheiten (Berührungsfläche, Stromstärke, Einwirkungsdauer) abhängig. Es kann folgende (grobe) Einteilung vorgenommen werden:

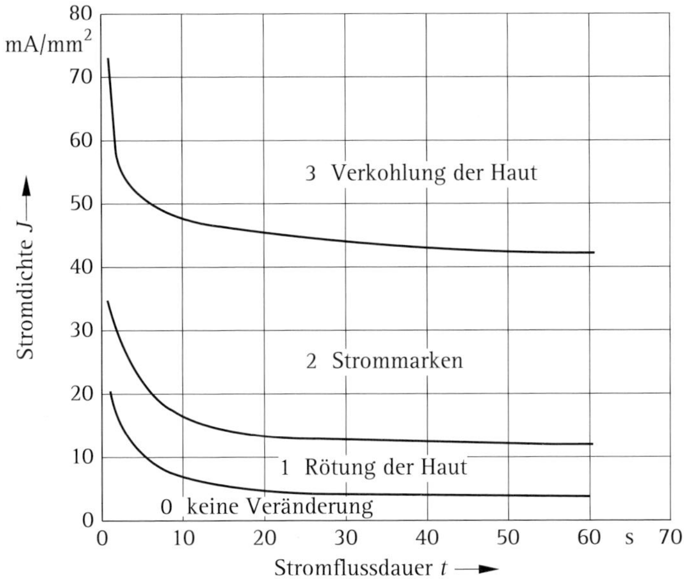

Bild 1.6 Abhängigkeit der Veränderungen der menschlichen Haut von der Stromdichte *J* und der Durchströmungsdauer *t*
(Quelle: DIN IEC/TS 60479-1 (VDE V 0140-479-1):2007-05)

- Stromdichte $J < 10$ mA/mm² (Zone 0)
  Es werden im Allgemeinen keine Veränderungen an der menschlichen Haut beobachtet.
- Stromdichte $J \geq 10$ mA/mm² ... 20 mA/mm² (Zone 1)
  Die menschliche Haut rötet sich mit wallartiger weißlicher Schwellung an den Elektrodenrändern.
- Stromdichte $J \geq 20$ mA/mm² ... 50 mA/mm² (Zone 2)
  Unter der Elektrode entwickelt sich eine Einsenkung mit bräunlicher Färbung. Bei einer längeren Durchströmungsdauer (mehrere zehn Sekunden) sind Strommarken bzw. Blasen rings um die Elektrode zu beobachten.
- Stromdichte $J \geq 50$ mA/mm² (Zone 3)
  Es kann eine Verkohlung der menschlichen Haut auftreten.

Hauptaufgabe des Herzens ist es, den Blutkreislauf aufrechtzuerhalten. Das Herz (**Bild 1.7**) besteht aus vier hintereinander liegenden, vom Blut durchströmten Kammern.

Von den Venen gelangt das dunkle, mit Kohlendioxid angereicherte Blut zunächst in den rechten Vorhof und von dort in die rechte Herzkammer. Von dort fließt das

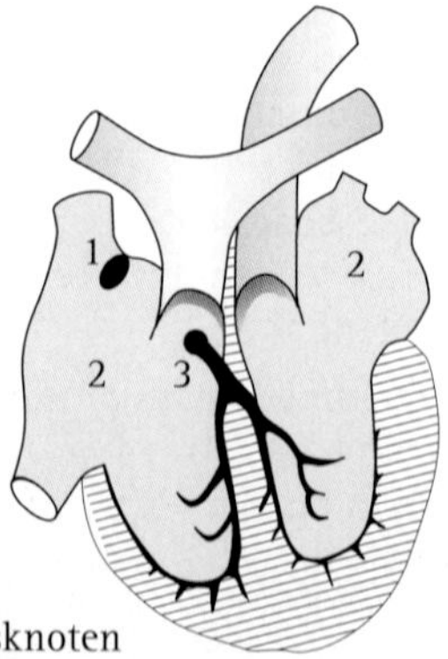

Bild 1.7 Schnitt durch das menschliche Herz

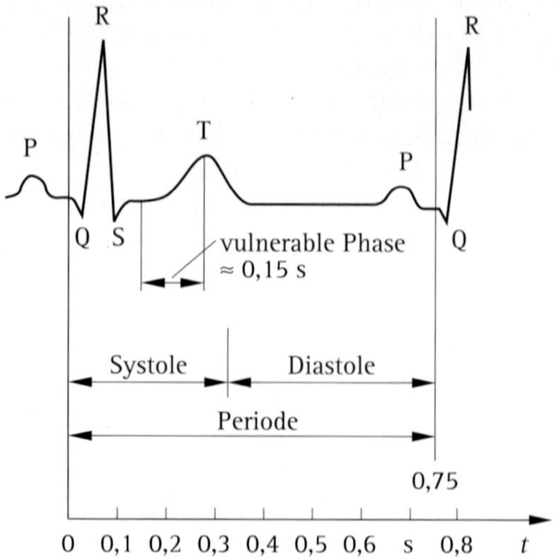

Bild 1.8 EKG mit Bewegungsablauf eines Herzschlags

Blut zur Lunge, wird dort mit Sauerstoff angereichert und gelangt – inzwischen hellrot geworden – zum linken Vorhof und dann über die linke Herzkammer durch die Arterien wieder in den Körper. Der Bewegungsablauf, d. h. das jeweils gleichzeitige Zusammenziehen der beiden Vorhöfe und der beiden Kammern, ist in **Bild 1.8** zusammen mit dem Elektrokardiogramm (EKG) eines Herzschlags dargestellt. Das Zusammenziehen wird Systole, das Erschlaffen Diastole genannt.

Gesteuert werden diese Vorgänge im Herzen durch eine Steuerzentrale (Schrittmacher) im Herzen selbst. Bei einem gesunden Herz ist der Sinusknoten der Schrittmacher. Für den Fall, dass der Sinusknoten keinen Impuls mehr erzeugt oder dieser nicht ordnungsgemäß weitergeleitet wird, kann die Funktion des Sinusknotens von anderen nachgeschalteten Knoten notdürftig übernommen werden, wobei ein Notkreislauf mit etwa halber Frequenz des Sinusknotens aufgebaut wird (Atrioventrikular-Knoten).

Die Entstehung von Herzkammerflimmern kann am Verlauf des EKG erläutert werden. Die P-Welle bedeutet die Erregungsausbreitung über die Vorhöfe. Das Intervall PQ stellt die Erregung der Kammerwände dar, und in der Zeit QRS kontrahieren die Kammerwände. Während sich in der T-Zacke der Herzmuskel wieder entspannt, befindet sich dieser in einem heterogenen Zustand, weil ein Teil des Muskels noch gespannt, aber ein anderer Teil bereits entspannt ist und damit auch wieder erregt werden kann. Dieser Bereich (Aufbau der T-Zacke) wird „Vulnerable Phase" genannt. Fließt während der vulnerablen Phase ein Strom entsprechender Größe über das Herz, dann trifft er die bereits wieder erregbaren Teile des Herzmuskels, die in diesem Fall einen Befehl zum Kontrahieren von außen bekommen. Damit arbeiten die Herzkammern nicht mehr koordiniert, und die Pumptätigkeit des Herzens bricht zusammen. Da dem Gehirn durch den fehlenden Blutkreislauf kein Sauerstoff mehr zugeführt wird, stirbt ein Mensch innerhalb weniger Minuten durch Sauerstoffmangel im Gehirn. Die Auswirkungen des Herzkammerflimmerns an einem EKG und auch der Blutdruck sind in **Bild 1.9** dargestellt. Das Herzkammerflimmern kann nur durch einen Defibrillator oder durch Massage am offen gelegten Herzen beseitigt werden.

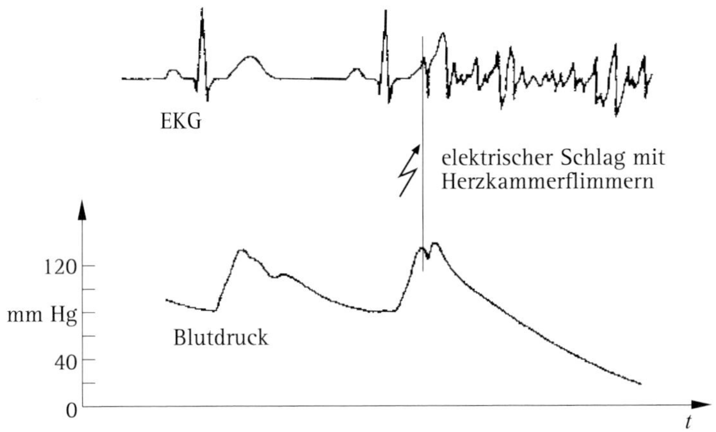

Bild 1.9 EKG und Blutdruck beim normalen Herzschlag und bei Herzkammerflimmern

1.9.3 Stromart und Frequenz

Dass Gleichstrom weniger gefährlich als Wechselstrom ist, geht bereits aus dem Vergleich von Bild 1.4 mit Bild 1.5 hervor. Allgemein kann festgestellt werden, dass eine Gefährdung zwischen 0 Hz (Gleichstrom) und 400 Hz vorliegt, wobei das Maximum der Gefährdung bei 50 Hz bis 60 Hz liegt. Ab 400 Hz (500 Hz) nimmt die Gefährdung mit steigender Frequenz sehr stark ab. Hohe Frequenzen sind ungefährlich und werden sogar medizinisch für Heilzwecke eingesetzt.

Beispiele:

10 kHz	Reizstromtherapie (Lähmungsbehandlungen)
500 kHz	Diathermie (Wärmewirkungen im Körper)
10 MHz	Kurzwellenbehandlung
300 MHz	Mikrowellenbehandlung

Dieser Abhängigkeit der Gefährdung von der Frequenz wurde auch in DIN VDE 0800-1 „Fernmeldetechnik; Allgemeine Begriffe, Anforderungen und Prüfungen für die Sicherheit der Anlagen und Geräte" Rechnung getragen. Wie **Bild 1.10** zeigt, werden bei höheren Frequenzen auch höhere Berührungsspannungen zugelassen. Die Gefährdung bei höheren Frequenzen wird in der Regel durch den Frequenzfaktor angegeben. Dieser gibt das Verhältnis der gleichen physiologischen Wirkung des Stroms mit der höheren Frequenz zu der eines Stroms mit 50 Hz an. Der Frequenzfaktor hat unterschiedliche Werte für die Wahrnehmbarkeitsschwelle, für die Loslassschwelle und für die Flimmerschwelle. **Bild 1.11** zeigt die Zusammenhänge für die Flimmerschwelle, für die Wahrnehmbarkeitsschwelle und für die Loslassschwelle.

Wenn Strom durch den menschlichen Körper fließt, ist der Zeitpunkt der Berührung (Spannungsnulldurchgang, Spannungsmaximum) maßgebend. Die Höhe dieses „Einschaltstroms" ist vom Anfangswiderstand des Körpers R_0 abhängig, der den Widerstand des kapazitiv noch nicht aufgeladenen Körpers darstellt. Der Anfangswiderstand des menschlichen Körpers liegt bei etwa 500 Ω und ist von der Spannung nahezu unabhängig. Der genannte Wert gilt für den Stromweg Hand–Hand bzw. Hand–Fuß. Die Höhe des Einschaltstroms, dessen Dauer etwa 0,01 s beträgt, kann abgeschätzt werden:

$$\hat{I} = \frac{U_{\text{TI}}}{R_0} \qquad (1.1)$$

mit

$\hat{I}$ Einschaltstrom in A

U_{TI} Berührungsspannung, Momentanwert in V

R_0 Körperanfangswiderstand in Ω

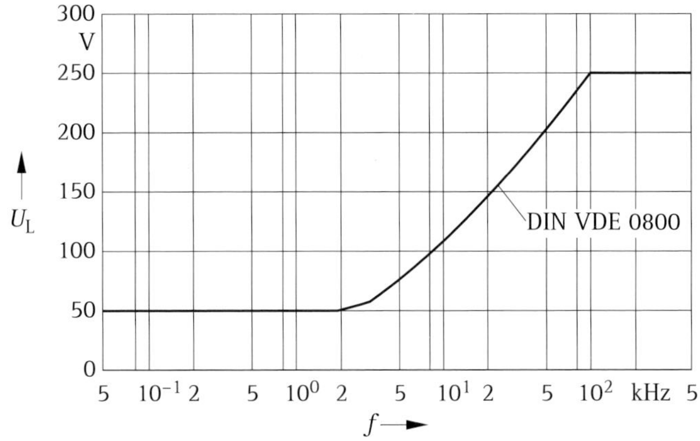

Bild 1.10 Zulässige Berührungsspannung in Abhängigkeit von der Frequenz

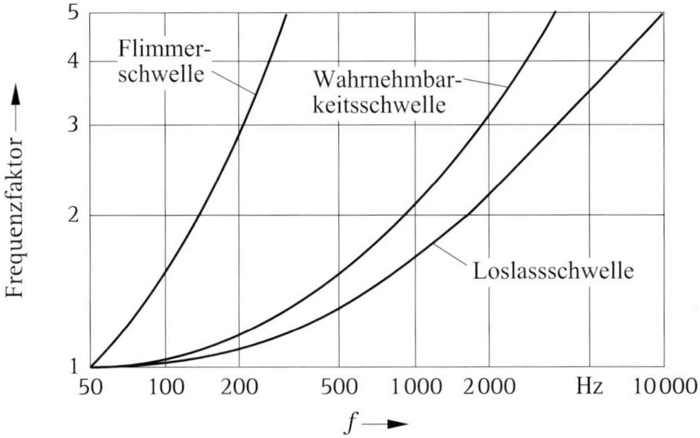

Bild 1.11 Frequenzfaktor für Flimmer-, Wahrnehmbarkeits- und Loslassschwelle

1.9.4 DC-AC-Gleichwertigkeitsfaktor

Der **Gleichstrom-Wechselstrom-Gleichwertigkeitsfaktor** gibt das Verhältnis von Gleichstrom zu dem entsprechenden Wechselstrom (Effektivwert) an, das die gleiche Wahrscheinlichkeit hat, Herzkammerflimmern auszulösen. Es gilt

$$k = \frac{I_{\text{DC-Flimmern}}}{I_{\text{AC-Flimmern}}} \tag{1.2}$$

Für eine Durchströmungsdauer von 500 ms und eine Wahrscheinlichkeit von 5 % Herzkammerflimmern (Kurve c_1) ergibt sich damit

$$k = \frac{I_{\text{DC-Flimmern}}}{I_{\text{AC-Flimmern}}} = \frac{180\text{ mA}}{100\text{ mA}} = 1{,}8$$

Bei einer Durchströmungsdauer von 2,0 s und einer Wahrscheinlichkeit von 50 % Herzkammerflimmern (Kurve c_2) ist $k = 2{,}5$, was in diesem Fall bedeutet, dass Wechselstrom rund 2,5-mal gefährlicher ist als Gleichstrom.

1.9.5 Körperwiderstand und Stromweg

Der Körperwiderstand des Menschen schwankt in sehr weiten Bereichen. Er ist vor allem von zwei Größen abhängig, nämlich von:

- Körperbau: schwache, starke Gelenke
- Hautbeschaffenheit: dünne, dicke, hornige, feuchte und trockene Haut

Bei sehr kleinen Spannungen ist die Hautbeschaffenheit (Hautimpedanz Z_p) besonders wichtig, da die Haut als Isolator wirkt. Bei höheren Spannungen wird die Haut durchschlagen, wobei dann nur noch der innere Körperwiderstand (Körperinnenimpedanz Z_i) maßgebend ist. Der Isolationsdurchschlag der Haut beginnt je nach Hautbeschaffenheit bei etwa 20 V (Minimalwert) und liegt bei horniger Haut bei etwa 200 V. Nach dem Spannungsdurchbruch durch die Haut steht dem Strom nur noch der innere Widerstand des menschlichen Körpers gegenüber. Er ist nahezu konstant und liegt bei etwa 750 Ω (Mittelwert, der für AC und DC gilt). Der Maximalwert der Körperimpedanz ist bei dicker, horniger, trockener Haut, der Minimalwert bei dünner, feuchter Haut (nahezu innerer Körperwiderstand) zu erwarten.

Bild 1.12 zeigt die Gesamtkörperimpedanz Z_T eines Kollektivs von Untersuchungspersonen (Erwachsene mit einem Körpergewicht von mindestens 50 kg) unter folgenden Bedingungen:

- Stromweg von der linken Hand zur rechten Hand, mit einem zylindrischen Kontakt mit einer Fläche von ungefähr 80 cm^2
- Wechselstrom mit 50/60 Hz
- Haut in trockenem Zustand
- Angabe der Werte, die von 5 %, 50 % bzw. 95 % aller Menschen nicht überschritten werden

Bild 1.13 zeigt den Gesamtkörperwiderstand R_T bei Gleichstrom, gemessen an Untersuchungspersonen bei einem zylindrischen Kontakt mit einer Fläche von un-

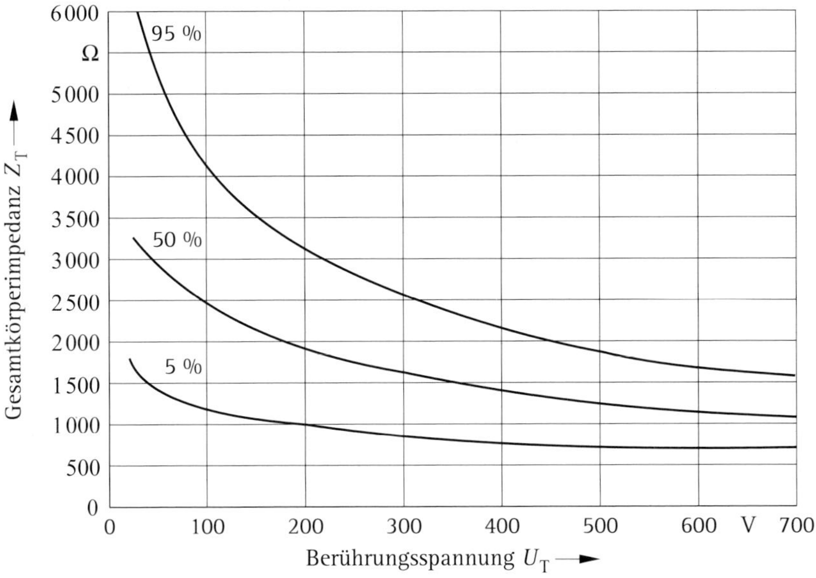

Bild 1.12 Gesamtkörperimpedanz Z_T in Abhängigkeit von der Berührungsspannung U_T bei AC bei einem Stromweg von Hand zu Hand

gefähr 80 cm^2. Stromweg ist auch hier wie bei Wechselstrom von der linken Hand zur rechten Hand. Die Messungen wurden bei trockener Haut durchgeführt.

Den Zusammenhang zwischen der Körperinnenimpedanz Z_i, der Hautimpedanz Z_p und der Gesamtkörperimpedanz Z_T zeigt **Bild 1.14**.

Die Bilder 1.12 und 1.13 geben die Gesamtkörperimpedanz (AC) bzw. den Gesamtkörperwiderstand (DC) bei einem Stromweg von Hand zu Hand an. Für andere Stromwege können die Gesamtkörperimpedanz bzw. der Gesamtkörperwiderstand unter Anwendung von **Bild 1.15** abgeschätzt werden. Dabei zeigt **Bild 1.15a** die prozentualen Anteile der Körperinnenimpedanz des entsprechenden Körperteils im Verhältnis zum Stromweg von Hand zu Fuß mit 100 %. Da der Unfall von Hand zu Fuß relativ selten ist und die Bilder 1.12 und 1.13 Impedanzen und Widerstände für den Stromweg von Hand zu Hand angeben, wurden in **Bild 1.15b** noch die prozentualen Anteile angegeben, die für den Stromweg von Hand zu Hand mit 100 % gelten.

Bei der Ermittlung der Körperinnenimpedanz für einen bestimmten Stromweg durch den menschlichen Körper müssen die Körperinnenimpedanzen aller Teile des Körpers dieses Stromkreises sowie die Hautimpedanzen unter Berücksichtigung von Parallelschaltungen addiert werden.

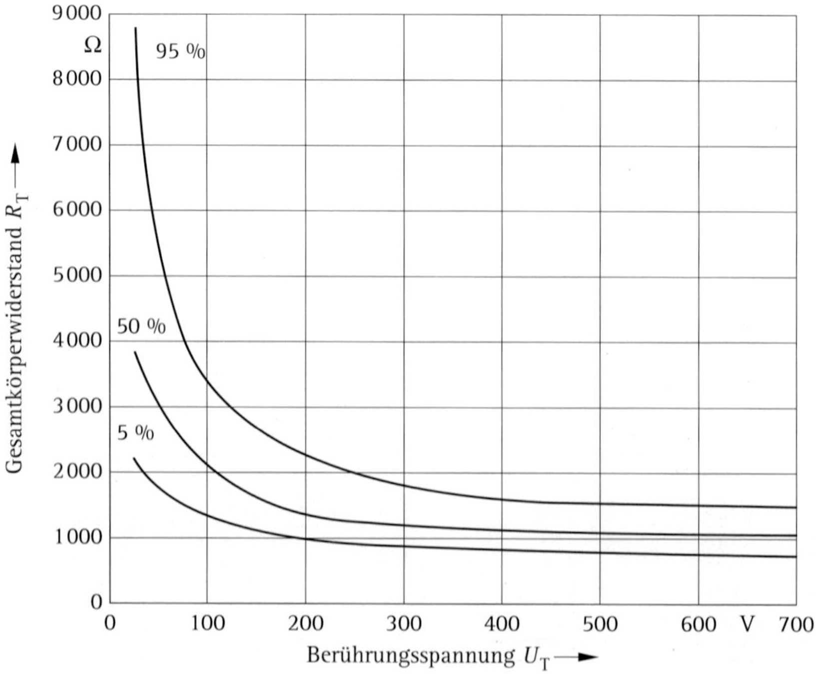

Bild 1.13 Gesamtkörperwiderstand R_T in Abhängigkeit von der Berührungsspannung U_T bei DC bei einem Stromweg von Hand zu Hand

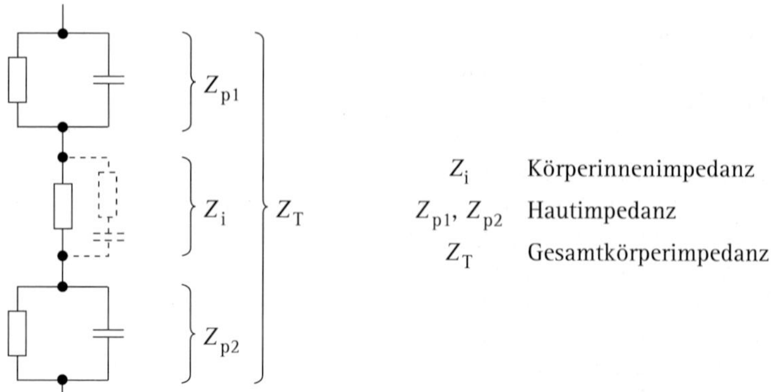

Bild 1.14 Impedanzen des menschlichen Körpers; der gestrichelte Teil stellt den kapazitiven Einfluss des menschlichen Körpers dar
(Quelle: DIN IEC/TS 60479-1 (VDE 0140-479-1):2005-06)

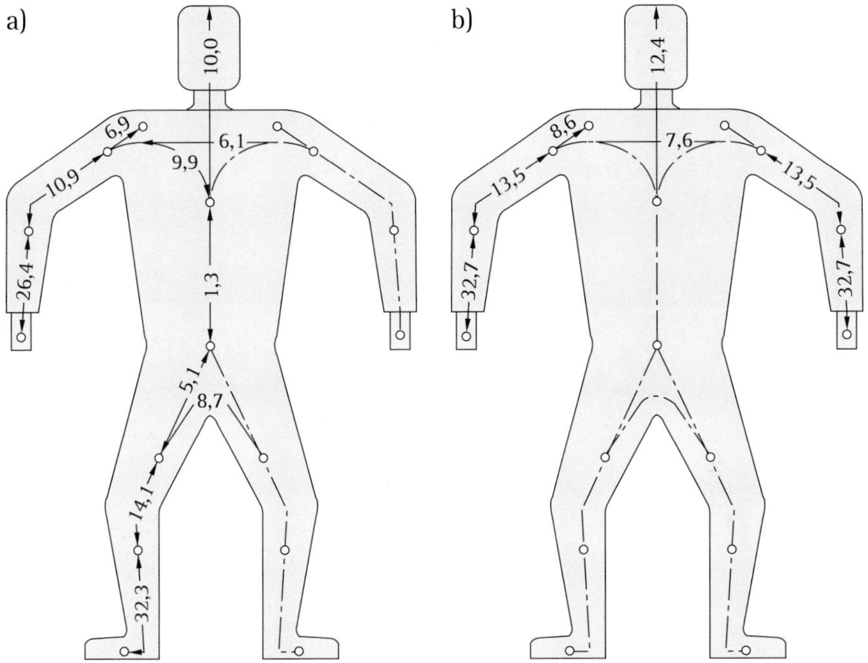

Bild 1.15 Körperinnenimpedanzen (Quelle: DIN IEC/TS 60479-1 (VDE 0140-479-1):2005-06)
a) Werte für Hand zu Fuß mit 100 %
b) Werte für Hand zu Hand mit 100 %

Wenn die Impedanz des Körperrumpfs vernachlässigt und beachtet wird, dass die häufigsten Körperdurchströmungen von Hand zu Hand bzw. von einer Hand zu beiden Füßen erfolgen und die Impedanzen hauptsächlich durch die Extremitäten (Arme und Beine) gebildet werden, kann eine stark vereinfachte Schaltung nach **Bild 1.16** zur Anwendung gelangen.

Wenn bei Überlegungen bezüglich der Sicherheit oder hinsichtlich einer Körperdurchströmung mit Körperimpedanzen oder Körperwiderständen gearbeitet wird, kann bei einer Berührungsspannung von AC 230 V die untere Grenzkurve (5-%-Kurve) aus Bild 1.11 zugrunde gelegt werden. Unter der Annahme, dass die Gesamtkörperimpedanz in diesem Fall von Hand zu Hand etwa 1 000 Ω beträgt, ergeben sich für andere Stromwege durch den Körper die in **Tabelle 1.5** gezeigten Gesamtkörperimpedanzen, wenn die Hautimpedanzen vernachlässigt werden, was bei AC 230 V tolerierbar ist.

Da die bisherigen Betrachtungen immer von großflächigen Berührungen (Hand mit etwa 80 cm^2 Berührungsfläche) ausgingen, aber auch Berührungen und damit Körperdurchströmungen über einen Finger zustande kommen, ist auch die Impe-

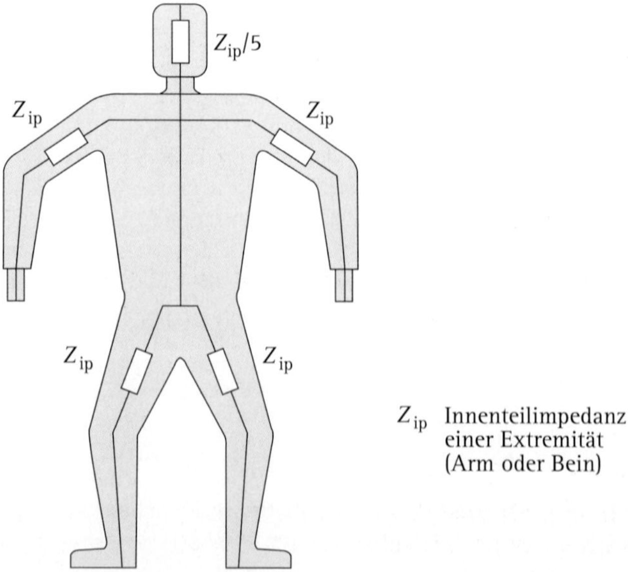

Bild 1.16 Vereinfachte Schaltung der Körperimpedanzen (Quelle: DIN IEC/TS 60479-1 (VDE 0140-479-1):2005-06)

Stromweg	Gesamtkörperimpedanz	
	genaues Verfahren Bild 1.15	Näherungsverfahren Bild 1.16
Hand zu Hand	1 000 Ω	1 000 Ω
Hand zu Fuß	1 239 Ω	1 000 Ω
Hand zu Füßen	920 Ω	750 Ω
Hände zu Füßen	628 Ω	500 Ω
Hand zu Brust	585 Ω	500 Ω
Hände zu Brust	293 Ω	250 Ω
Fuß zu Fuß	1 258 Ω	1 000 Ω

Tabelle 1.5 Gesamtkörperimpedanzen (Hautimpedanz vernachlässigt) bei AC 230 V in Abhängigkeit vom Stromweg durch den menschlichen Körper

danz eines Fingers von Bedeutung. Messungen hierzu haben gezeigt, dass bei der Berührung eines aktiven Teils mit der Spitze des Zeigefingers (Berührungsfläche etwa 250 mm^2) bei 200 V die durch einen Finger hinzukommende zusätzliche Impedanz (AC) bzw. der Widerstand (DC) mit etwa 1 000 Ω angenommen werden kann.

1.9.6 Herz-Strom-Faktor

Die verschiedenen Stromwege im menschlichen Körper beeinflussen auch die Stromstärke. Die Stromstärke erlaubt aber noch keine Aussage über die Gefahr des Herzkammerflimmerns, da bei den verschiedenen Stromwegen auch unterschiedliche Teilströme über das Herz fließen. Mithilfe des Herz-Strom-Faktors kann die Gefahr des Herzkammerflimmerns bei unterschiedlichen Stromwegen durch den menschlichen Körper abgeschätzt werden. Diese Faktoren beziehen sich auf den Herz-Strom-Faktor 1,0 für den häufigsten Stromweg von der linken Hand zu den beiden Füßen. Einige wichtige Herz-Strom-Faktoren sind in **Tabelle 1.6** dargestellt.

Es gilt für die verschiedenen Stromwege durch den menschlichen Körper die Beziehung:

$$I_h = \frac{I_{ref}}{F} \qquad (1.3)$$

Dabei bedeuten:

I_{ref} Strom in mA, der über den menschlichen Körper zum Fließen kommt, bei einem Stromweg linke Hand zu beiden Füßen (Herz-Strom-Faktor $F = 1{,}0$)

I_h Strom in mA, der bei einem Stromweg durch den menschlichen Körper zum Fließen kommen muss, um die gleiche Gefährdung hinsichtlich Herzkammerflimmern darzustellen; Stromweg nach Tabelle 1.6

F Herz-Strom-Faktor; siehe Tabelle 1.6.

Stromweg von	Stromweg zu	Herz-Strom-Faktor
linker Hand	linkem oder rechtem Fuß	1,0
linker Hand	beiden Füßen	
beiden Händen	beiden Füßen	1,0
linker Hand	rechter Hand	0,4
rechter Hand	linkem oder rechtem Fuß	0,8
rechter Hand	beiden Füßen	
Rücken	rechter Hand	0,3
Rücken	linker Hand	0,7
Brust	rechter Hand	1,3
Brust	linker Hand	1,5
Gesäß	linker oder rechter Hand	0,7
Gesäß	beiden Händen	
linkem Fuß	rechtem Fuß	0,04

Tabelle 1.6 Herz-Strom-Faktoren
(Quelle: DIN IEC/TS 60479-1 (VDE V 0140-479-1):2007-05)

Beispiel:

Bei einem Stromweg von der linken Hand zu beiden Füßen mit $I_{ref} = 150$ mA (Herz-Strom-Faktor $F = 1{,}0$) ist die Gefahr des Herzkammerflimmerns sehr groß. Gefragt ist, welcher Strom bei einer Durchströmung linke Hand zu rechter Hand die gleiche Gefährdung hervorrufen würde.

Mit dem Herz-Strom-Faktor $F = 0{,}4$ bei einer Durchströmung linke Hand zu rechter Hand ist:

$$I_h = \frac{I_{ref}}{F} = \frac{150 \text{ mA}}{0{,}4} = 375 \text{ mA}$$

1.9.7 Verhalten bei elektrischen Unfällen

Obwohl bei einem Unfall in der Regel mit normalen Handlungen nicht immer gerechnet werden kann, ist nach dem Gesetz jeder zur Hilfeleistung verpflichtet. Es soll dabei nicht verkannt werden, dass gerade bei elektrischen Unfällen vielfältige Probleme auftreten. Es gibt aber einige wichtige Regeln, die beachtet werden sollten:

a) Unterbrechen des Stroms

Abschalten des Stromkreises, evtl. Herbeiführen eines Kurzschlusses. Bei Spannungen bis 1 000 V ist ein Wegziehen an den Kleidern oder das Wegstoßen mit einer Holzlatte möglich. Bei Spannungen über 1 000 V ist hiervon abzuraten.

b) Bergung des Verunfallten

Den Verunfallten aus dem Gefahrenbereich bringen. Arzt verständigen lassen! Prüfen, ob Atmung und Puls vorhanden sind.

c) Wiederbelebung einleiten

Wenn Atmung fehlt – Atemspende (von Mund zu Nase oder von Mund zu Mund). Wenn Puls fehlt – Herzdruckmassage. Mit diesen Maßnahmen wird nur ein Notkreislauf aufgebaut; das Gehirn wird durch das Blut weiter mit Sauerstoff versorgt. Es sterben keine Gehirnzellen ab. Um das Absterben der Gehirnzellen (keine Regeneration) zu verhindern, ist eine frühzeitige Beatmung unbedingt notwendig. Amerikanische Wissenschaftler haben die mittlere Zerfallsgeschwindigkeit der Gehirnzellen untersucht, die auftritt, wenn die Sauerstoffzufuhr unterbleibt. Die dabei gefundene Funktion kann mit hinreichender Genauigkeit der Überlebenschance gleichgesetzt werden (**Bild 1.17**). Die künstliche Beatmung darf erst eingestellt werden, wenn von einem Arzt der Tod festgestellt worden ist. Bei der Herzdruckmassage (nur wenn Puls fehlt) soll etwa 70- bis 80-mal pro Minute gleichmäßig mit dem Handballen das Brustbein nach innen gedrückt werden.

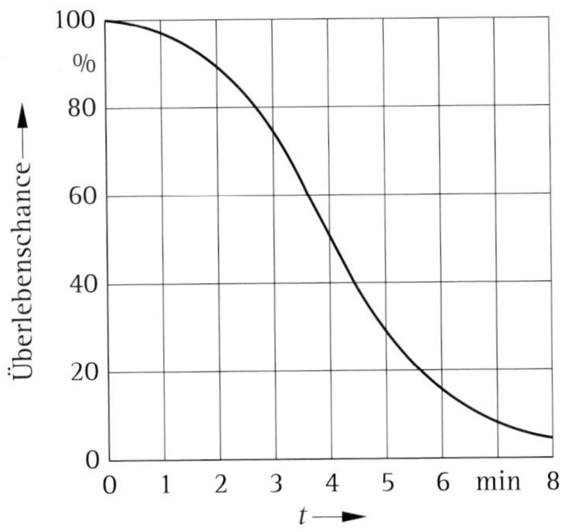

Bild 1.17 Überlebenschance in Abhängigkeit von der Zeit zwischen Atemstillstand und Beginn der künstlichen Beatmung

1.10 Errichten elektrischer Anlagen

Für das Errichten elektrischer Anlagen ist Facharbeit erforderlich, ausgeführt von geeignetem, qualifiziertem Personal und die Verwendung von geeignetem Material notwendig.

Hierzu gehört das sorgfältige Errichten von elektrischen Anlagen durch Fachkräfte unter Beachtung der einschlägigen Errichtungsbestimmungen. Eine Fachkraft für elektrische Anlagen ist, wer aufgrund seiner fachlichen Ausbildung, Kenntnisse und Erfahrungen handwerklicher Art sowie durch Kenntnis der einschlägigen Bestimmungen die ihm übertragenen Arbeiten beurteilen und mögliche Gefahren erkennen kann.

Die Elektrofachkraft ist definiert in folgenden Schriftstücken:

- DIN EN 50110-1 (VDE 0105-1) in Verbindung mit DIN VDE 0105-100 (VDE 0105-100)
- DIN VDE 1000-10 (VDE 1000-10)
- IEV 826-09-01
- Unfallverhütungsvorschrift BGV A3 (bisher BGV A2 und früher VBG 4)

Da die Definitionen für Elektrofachkräfte in Deutschland und international voneinander abweichen, werden nachfolgend die neuesten in Deutschland üblichen Festlegungen angegeben. Siehe hierzu DIN VDE 1000-10 (VDE 1000-10):2009-01 „Anforderungen an die im Bereich der Elektrotechnik tätigen Personen“.

Die Norm gilt für folgende Aufgaben bzw. Tätigkeiten

- Planen, Projektieren, Konstruieren
- Einsetzen von Arbeitskräften
  - Organisieren der Arbeiten
  - Festlegen der Arbeitsverfahren
  - Auswählen der geeigneten Arbeits- und Aufsichtskräfte
  - Bekanntgeben und Erläutern der einschlägigen Sicherheitsfestlegungen
  - Hinweise auf besondere Gefahren
  - Unterweisen über anzuwendende Schutzmaßnahmen
  - Festlegen der zu verwendenden Körperschutzmittel und Schutzvorrichtungen
  - Durchführung notwendiger Schulungsmaßnahmen
  - Persönliche Schutzausrüstungen
- Errichten
- Prüfen
  - Besichtigen
  - Erproben
  - Messen
- Betreiben
  - Inbetriebsetzen
  - Betätigen (Bedienen) (ausgenommen die bestimmungsgemäße Verwendung von elektrischen Betriebsmitteln, die für Laienbenutzung vorgesehen sind)
  - Arbeiten
  - Instandhalten
- Ändern

Hinsichtlich der Arbeitskräfte gelten folgende Begriffe

Verantwortliche Elektrofachkraft ist eine Person, die die Fach- und Aufsichtsverantwortung übernimmt und vom Unternehmer dafür beauftragt ist.

Elektrofachkraft ist eine Person, die aufgrund ihrer fachlichen Ausbildung, Kenntnisse und Erfahrungen sowie Kenntnis der einschlägigen Normen die ihr übertragenen Arbeiten beurteilen und mögliche Gefahren erkennen kann.

Anmerkung: Zur Beurteilung der fachlichen Ausbildung kann auch eine mehrjährige Tätigkeit auf dem betreffenden Arbeitsgebiet herangezogen werden (Quelle: DIN VDE 0105-100 (VDE 0105-100)).

Elektrotechnisch unterwiesene Person ist eine Person, die durch eine Elektrofachkraft über die ihr übertragenen Aufgaben und die möglichen Gefahren bei unsachgemäßem Verhalten unterrichtet und erforderlichenfalls angelernt sowie hinsichtlich der notwendigen Schutzeinrichtungen, persönlichen Schutzausrüstungen und Schutzmaßnahmen unterwiesen wurde (Quelle: DIN VDE 0105-100 (VDE 0105-100)).

Die eingangs genannten Tätigkeiten dürfen grundsätzlich nur von Elektrofachkräften selbstständig, von anderen Personen nur unter Leitung und Aufsicht von Elektrofachkräften durchgeführt werden, wobei den Tätigkeitsmerkmalen je nach Schwierigkeitsgrad entsprechend abgestufte Qualifikationsmerkmale zuzuordnen sind.

Anmerkung: In speziellen Normen, z. B. DIN VDE 0105-100 (VDE 0105-100), können weitere Festlegungen getroffen sein, welche die Tätigkeiten auch von elektrotechnisch unterwiesenen Personen ausgeführt werden dürfen.

Ein Laie ist eine Person, die weder Elektrofachkraft noch elektrotechnisch unterwiesene Person ist (Quelle: DIN VDE 0105-100 Abschnitt 3.2.5).

Die Anforderung nach der fachlichen Ausbildung für bestimmte Tätigkeiten auf dem Gebiet der Elektrotechnik zur Fachkraft ist in der Regel durch den Abschluss einer der nachstehend genannten Ausbildungsgänge des jeweiligen Arbeitsgebiets der Elektrotechnik erfüllt:

a) Ausbildung in einem anerkannten Ausbildungsberuf zum Gesellen/zur Gesellin oder zum Facharbeiter/zur Facharbeiterin
b) Ausbildung zum staatlich geprüften Techniker/zur staatlich geprüften Technikerin
c) Ausbildung zum Industriemeister/zur Industriemeisterin
d) Ausbildung zum Handwerksmeister/zur Handwerksmeisterin
e) Ausbildung zum Diplomingenieur/zur Diplomingenieurin, Bachelor oder Master

Für die verantwortliche fachliche Leitung eines elektrotechnischen Betriebs oder Betriebsteils ist eine verantwortliche Elektrofachkraft erforderlich und grundsätzlich eine Ausbildung nach den Festlegungen b), c), d) oder e).

Für den Einsatz als Elektrofachkraft in einem begrenzten Teilgebiet der Elektrotechnik darf im Ausnahmefall anstelle der fachlichen Ausbildung (Festlegungen a) bis e)) auch eine mehrjährige Tätigkeit mit entsprechender Qualifizierung in dem betreffenden Arbeitsgebiet treten. Die Beurteilung der Qualifikation muss durch eine verantwortliche Elektrofachkraft erfolgen.

Nach der „Verordnung über Allgemeine Bedingungen für den Neuanschluss und dessen Nutzung für die Elektrizitätsversorgung in Niederspannung (Niederspannungsanschlussverordnung – NAV) vom 08.11.2006 von der Bundesregierung und dem Bundesministerium für Wirtschaft und Technologie mit Zustimmung des Bundesrats erlassen, dürfen elektrische Anlagen hinter der Hausanschlusssicherung nur von Elektrotechnikern, die in das Installateurverzeichnis eines Elektrizitätsversorgungsunternehmens eingetragen sind, errichtet, erweitert, geändert und instand gehalten werden. Auch hier ist erwähnt, dass nur Materialien verwendet werden dürfen, die entsprechend dem in der Europäischen Union gegebenen Stand der Sicherheitstechnik entsprechen. Das Zeichen einer amtlich anerkannten Prüfstelle (zum Beispiel das VDE-Zeichen oder das GS-Zeichen) bekundet, dass diese Voraussetzungen erfüllt sind.

Die Auswahl der elektrischen Betriebsmittel hat mit großer Sorgfalt, auf den jeweiligen Verwendungszweck abgestimmt, zu erfolgen. Elektrische Betriebsmittel müssen den zutreffenden Europäischen Normen (EN oder HD) oder nationalen harmonisierten Normen entsprechen. Wenn keine Europäischen Normen existieren, müssen die Betriebsmittel den zutreffenden nationalen Normen entsprechen. In allen anderen Fällen sollte auf entsprechende IEC-Normen oder entsprechende Normen eines anderen Landes verwiesen werden.

Im Fall des Fehlens anwendbarer Normen muss jedes elektrische Betriebsmittel auf der Basis einer Übereinkunft zwischen dem Planer und dem Errichter der elektrischen Anlage ausgewählt werden.

Elektrische Betriebsmittel müssen so ausgewählt werden, dass sie den Umgebungsbedingungen, die charakteristisch für ihren Aufstellungs- oder Anwendungsort sind, und den Beanspruchungen, denen sie ausgesetzt werden, sicher standhalten.

Alle Anforderungen werden in der Regel erfüllt, wenn beim Errichten von Niederspannungsanlagen die Bestimmungen der Normenreihe DIN VDE 0100 eingehalten werden und ein ordnungsgemäßer Betrieb nach DIN EN 50110-1 (VDE 0105-1) in Verbindung mit DIN VDE 0105-100 (VDE 0105-100) möglich ist.

Wichtige Verbände und Institutionen haben zur Anwendung der Elektrizität „Gemeinsame Erklärungen“ erarbeitet und herausgegeben. Damit soll eine Sensibilisierung der Verbraucher und Anwender erreicht werden. Sie sind hier als „Gemeinsame Erklärung“ abgedruckt in

- Anlage I: Gemeinsame Erklärung zur Verwendung und Einbau von Elektroinstallationsmaterial
- Anlage J: Gemeinsame Erklärung zum sicheren Umgang mit Elektrizität
- Anlage K: Gemeinsame Erklärung zur Sicherheit von Elektroinstallationsanlagen im häuslichen Bereich

und können im Internet nachgelesen werden.

1.11 Literatur zu Kapitel 1

[1] Leber, R.; Orth, K.-L.; Winckler, R.: 15 Jahre DKE. etz Elektrotech. Z. 107 (1986) H. 17, S. 782 bis 787

[2] Graeff, G.: Die rechtliche Bedeutung der allgemein anerkannten Regeln der Technik. Moderne Unfallverhütung (1987) H. 22, S. 9 bis 16

[3] Lehmann, M.: Deutsche Elektrotechnische Kommission im DIN und VDE (DKE); Organisation und Arbeitsweise. Sonderdruck der DKE, Stand 1. Januar 1987

[4] DIN-Normenheft 10: Grundlagen der Normungsarbeit des DIN. Berlin: Beuth-Verlag, 1982

[5] Warner, A.: Einführung in das VDE-Vorschriftenwerk. VDE-Schriftenreihe, Bd. 50. Berlin und Offenbach: VDE VERLAG, 1983

[6] Warner, A.: Zertifizierung von elektrotechnischen Erzeugnissen nach nationalen, regionalen und internationalen Verfahren. etz Elektrotech. Z. 107 (1986) H. 17, S. 800 bis 805

[7] Winckler, R.; Cassassolles, J.; Verdiani, D.: Kommentar zur Niederspannungs-Richtlinie der Europäischen Gemeinschaft vom 19. Febr. 1973. VDE-Schriftenreihe, Bd. 27. Berlin u. Offenbach: VDE VERLAG, 1974

[8] Orth, K.-L.: Niederspannungs-Richtlinie der EG beeinflusst elektrotechnische Normung in Deutschland. etz Elektrotech. Z. 102 (1981) H. 24, S. 24 und 25

[9] Marburger, P.: Technische Normen im Recht der technischen Sicherheit. DIN-Mitt. 64 (1985) H. 10, S. 570 bis 577

[10] Ullrich, G.: Elektrotechnik für die Therapie des Herzens. etz. Elektrotech. Z. 102 (1981) H. 9, S. 482 bis 485

[11] Kieback, D.: Die zeitliche Entwicklung der tödlichen Stromunfälle in der Bundesrepublik Deutschland. etz Elektrotech. Z. 101 (1980) H. 1, S. 23 bis 26

[12] Brinkmann, G.; Schäfer, H.: Der Elektrounfall. Berlin/Heidelberg/New York: Springer-Verlag, 1982

[13] Zürneck, H.: Ursachen tödlicher Stromunfälle bei Niederspannung. Forschungsbericht Nr. 333, Dortmund: Bundesanstalt für Arbeitsschutz und Unfallforschung, 1983

[14] Biegelmeier, G.: Die Wirkungen des elektrischen Stroms auf den Menschen und der elektrische Widerstand des menschlichen Körpers. etz-Report 20, Berlin und Offenbach: VDE VERLAG, 1985

[15] Biegelmeier, G.: Wirkungen des elektrischen Stroms auf Menschen und Nutztiere – Lehrbuch der Elektropathologie. Berlin und Offenbach: VDE VERLAG, 1986

[16] Biegelmeier, G.; Kieback, D.; Kiefer, G.; Krefter, K.-H.: Schutz in elektrischen Anlagen, Bd. 1: Gefahren durch den elektrischen Strom. VDE-Schriftenreihe, Bd. 80. 2. Aufl., Berlin und Offenbach: VDE VERLAG, 2003

[17] Barz, N.; Moritz, D.: EG-Niederspannungsrichtlinie. VDE-Schriftenreihe, Bd. 69. 3. Aufl., Berlin und Offenbach: VDE VERLAG, 2008

[18] Niedziella, W.: Wie funktioniert Normung? VDE-Schriftenreihe, Bd. 107. 2. Aufl., Berlin und Offenbach: VDE VERLAG, 2007

[19] Altmann, S.; Jühling, J.; Zürneck, H.: Elektrounfälle in Deutschland – Unfälle durch Elektrizität am Arbeitsplatz und im häuslichen Bereich. Bremerhaven: NW Verlag für neue Wissenschaft, 2002

[20] Barz, N.; Ackers, D.; Moritz, D.: Europäische Sicherheitsvorschriften für elektrische Betriebsmittel. Berlin und Offenbach: VDE VERLAG, 2004

[21] Moritz, D.: Das Geräte- und Produktsicherheitsgesetz (GPSG). VDE-Schriftenreihe, Bd. 116. Berlin und Offenbach: VDE VERLAG, 2004

[22] Neumann, T.: Betriebssicherheitsverordnung in der Elektrotechnik. Rechtssichere, Kosten sparende Umsetzung der BetrSichV in der Praxis. VDE-Schriftenreihe, Bd. 121. Berlin und Offenbach, 2005

[23] Hosemann, G.; Zürneck, H.: Sichere Elektrizitätsanwendung – Arbeitsergebnisse des VDE-Ausschusses Sicherheits- und Unfallforschung 1973–2007. Hrsg.: VDE-Ausschuss Sicherheits- und Unfallforschung, Geschäftsstelle Stresemannallee 15, 60596 Frankfurt a. M., 2008, www.vde./suf

2 Begriffe und technische Grundlagen – DIN VDE 0100-200

Alle **elektrotechnischen Begriffe** sollen künftig mit international vereinheitlichter Definition im **„Internationalen Elektrotechnischen Wörterbuch"** (IEV) aufgenommen werden. Das IEV (Normenreihe IEC 60050) ist ein mehrsprachiges Wörterbuch zur allgemeinen Anwendung von Begriffen auf den Gebieten der Elektrotechnik, Elektronik und Telekommunikation. Es enthält rund 18 000 terminologische Einträge, die jeweils einem Begriff entsprechen. Diese Einträge sind auf rund 80 Teile aufgeteilt, wobei jeder Teil ein bestimmtes Gebiet abdeckt. Für den Geltungsbereich der DIN VDE 0100 wurde mit Teil 200:1985-07 in Deutschland ein Anfang gemacht, der mit den Ausgaben 1993-11, 1998-06 und 2006-06 konsequent fortgesetzt wurde. Im Hauptteil von Teil 200 sind die international festgelegten Begriffe enthalten; Anhang NC enthält die national festgelegten Begriffe, die international noch nicht übernommen worden sind, aber Bestandteil von DIN VDE 0100-200:1982-04 waren. Siehe auch www.dke.de/dke-iev.

Anmerkung: Verschiedene Begriffe sind absichtlich doppelt aufgenommen. Dies wurde getan, um die Begriffe, die im Zusammenhang stehen, nicht zu trennen und um unnötiges Blättern zu vermeiden.

2.1 Anlagen und Netze

Der Begriff **Starkstromanlage** ist auch im Energiewirtschaftsgesetz definiert. Danach ist das Endprodukt maßgebend. Wird eine elektrische Arbeit verrichtet, handelt es sich um eine Starkstromanlage. Besteht das Endprodukt aus einer Nachricht durch Übermittlung von Zeichen, Lauten o. Ä., handelt es sich um eine Nachrichtenanlage. Eine Abgrenzung von Starkstrom- zu Nachrichtenanlagen nur aufgrund von Strom-, Spannungs- und Leistungsgrößen ist nicht möglich.

Die Begriffe **Verteilungsnetz und Verbraucheranlage** hängen unmittelbar miteinander zusammen. In der öffentlichen Energieversorgung ist die Abgrenzung zwischen Verteilungsnetz und Verbraucheranlage klar festgelegt (**Bild 2.1**). Dabei stimmt die Definition mit den Festlegungen in der Niederspannungsanschlussverordnung (NAV) überein. Für Industrieanlagen ist als Abgrenzung die Abgangsklemme der letzten Verteilung – im Zuge des Energieflusses gesehen – festgelegt (siehe DIN VDE 0100-200:1993-11, Bild A.1).

Als **elektrische Anlage** (von Gebäuden) sind alle einander zugeordnete elektrische Betriebsmittel mit koordinierten Kennwerten einzuordnen, die für den Zweck

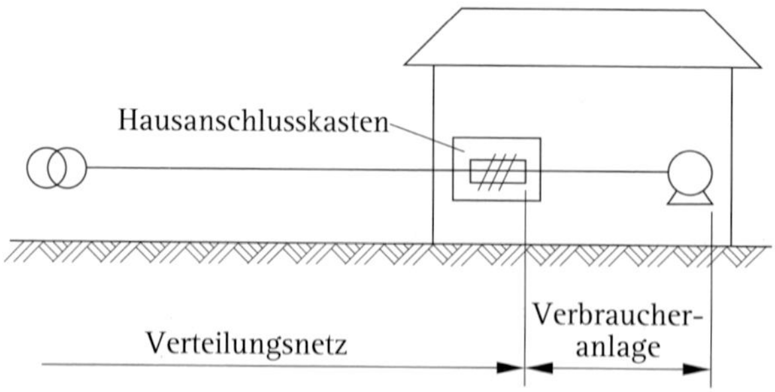

Bild 2.1 Netzabgrenzung

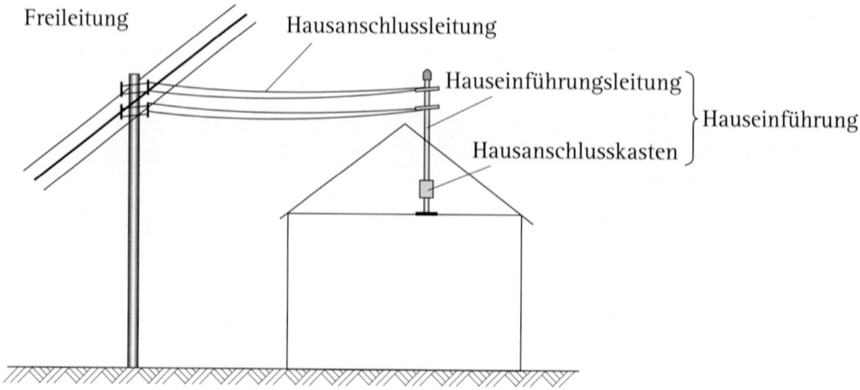

Bild 2.2 Begriffe im Freileitungsnetz

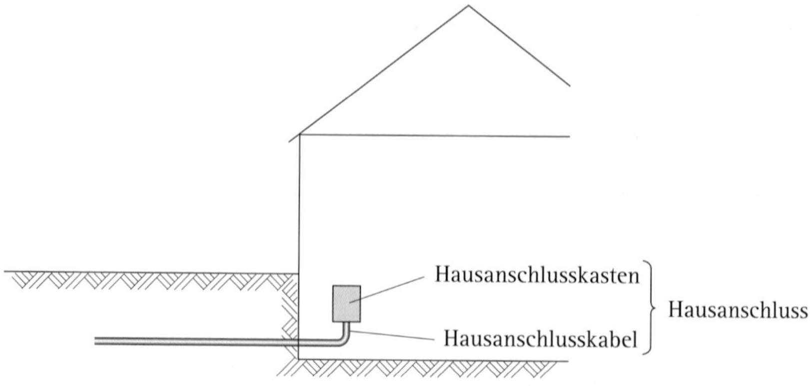

Bild 2.3 Begriffe im Kabelnetz

bestimmt sind, die Versorgung mit elektrischer Energie zu gewährleisten. Hierzu gehören z. B. Hauptverteilungen und Unterverteilungen, Kabel und Leitungen, Installationskanäle und Installationsrohre, Steckdosen und Schalter sowie Verbrauchsmittel.

Der **Speisepunkt einer elektrischen Anlage** (Anfang der elektrischen Anlage) ist der Punkt, an dem die elektrische Energie in die Anlage (in der Regel die Verbraucheranlage) eingespeist wird. Dieser Punkt kann ein Hausanschlusskasten, eine Hauptverteilung oder eine dem gleichen Zweck dienende andere Einrichtung sein.

Als **Hausinstallation** gilt eine Anlage mit einer Nennspannung bis 250 V gegen Erde. Der Umfang der Anlage muss in Art und Ausführung einer Wohnung entsprechen.

Beispiele:

Wohnungen, kleinere Büros, kleine trockene Werkstätten für Optiker, Sattler, Schuhmacher, Uhrmacher, Einzelhandelsgeschäfte usw.

Kfz-Werkstätten, Schmiedewerkstätten, Nasswerkstätten, Färbereien, Gerbereien, Wäschereien, Bürohäuser, Warenhäuser und ähnliche Anlagen gehören nicht zu den Hausinstallationen.

Eine **Freileitung** ist die Gesamtheit einer zur Fortleitung der elektrischen Energie dienenden Anlage, bestehend aus Masten, Dachständern, Verankerungen, Querträgern, Isolatoren, Leiterseilen und dgl., die oberirdisch verlegt sind. Für Freileitungen bis 1 000 V gilt DIN VDE 0211.

Die Begriffe **Hausanschlussleitung, Hauseinführung, Hauseinführungsleitung** und **Hausanschlusskasten** nach DIN VDE 0211 für Freileitung und DIN VDE 0100-732 für Kabel sind in **Bild 2.2** und **Bild 2.3** dargestellt.

Eine **Anlage im Freien** ist eine außerhalb des Gebäudes als Teil einer Verbraucheranlage, also hinter einem Hausanschluss, auf Straßen, Wegen, Plätzen, errichtete.

- **geschützte Anlagen im Freien** sind elektrische Anlagen an und unter Überdachungen, Toreinfahrten, überdachten Tankstellen usw.
- **ungeschützte Anlagen im Freien** sind elektrische Anlagen an Gebäudeaußenwänden, auf Dächern, auf Höfen, Gärten, Bauplätzen usw.

Stromkreis ist die geschlossene Strombahn zwischen Stromquelle und Verbrauchsmittel. Zu unterscheiden sind:

- **Hauptstromkreise** sind Stromkreise, die Betriebsmittel zum Erzeugen, Umformen, Verteilen, Schalten und Verbrauch elektrischer Energie enthalten
- **Hilfsstromkreise** sind Stromkreise für zusätzliche Funktionen, z. B. Steuer-, Melde- und Messstromkreise

Nach Teil 200 sind gemäß internationalen Festlegungen noch folgende Begriffe für elektrische Anlagen in Gebäuden üblich:

- **Stromkreis einer Anlage** (von Gebäuden)

  Hierzu gehören alle Betriebsmittel einer Anlage, die von demselben Speisepunkt aus versorgt und durch dieselbe Überstrom-Schutzeinrichtung geschützt wird. Dabei ist ein

  - **Verteilungsstromkreis** ein Stromkreis, der eine Verteilungstafel (Schaltschrank) versorgt
  - **Endstromkreis** ein Stromkreis, an dem unmittelbar Verbrauchsmittel oder Steckdosen angeschlossen sind
- Eine **elektrische Anlage für Sicherheitszwecke** ist eine Anlage, die dazu bestimmt ist, die Funktion von elektrischen Betriebsmitteln (bei Ausfall der Versorgungsspannung) aufrechtzuerhalten, die von wesentlicher Bedeutung sind:
  - für die Sicherheit und Gesundheit von Personen und Nutztieren und/oder
  - zur Vermeidung von Umweltschäden und Schäden an Betriebsmitteln, wenn das Vermeiden von Umweltschäden und das Vermeiden von Schäden an anderen Betriebsmitteln durch nationale Rechtsvorschriften verlangt werden
- Eine **Stromquelle für Sicherheitszwecke** ist eine Stromquelle, die dazu bestimmt ist, als Teil einer elektrischen Anlage für Sicherheitszwecke verwendet zu werden.
- Ein **Stromkreis für Sicherheitszwecke** ist ein Stromkreis, der dazu bestimmt ist, als Teil einer elektrischen Anlage für Sicherheitszwecke verwendet zu werden.
- Eine **Ersatzstromversorgungsanlage** ist eine Stromversorgungsanlage, die dazu bestimmt ist, die Funktion einer elektrischen Anlage oder von einem Teil oder mehreren Teilen einer Anlage bei einer Unterbrechung der üblichen Stromversorgung aus anderen Gründen als für Sicherheitszwecke aufrechtzuerhalten.
- Eine **Ersatzstromquelle** ist eine Stromquelle, die dazu bestimmt ist, die Versorgung einer Anlage bei einer Unterbrechung der üblichen Stromversorgung aus anderen Gründen als für Sicherheitszwecke aufrechtzuerhalten.

2.2 Betriebsmittel, Verbrauchsmittel und Anschlussarten

Betriebsmittel sind alle Gegenstände und Einrichtungen zum:

- Erzeugen z. B. Generator, Elemente
- Fortleiten z. B. Kabel, Leitungen, Schalter, Schutzorgane, Steckdosen
- Verteilen z. B. Schaltanlagen, Umspannanlagen
- Speichern z. B. Akkumulatoren
- Umsetzen z. B. Transformatoren, Motorgenerator
- Verbrauchen z. B. Leuchten, Motoren, Wärmegeräte, Haushaltsgeräte u. Ä.

von elektrischer Energie.

Verbrauchsmittel sind elektrische Betriebsmittel, die im Allgemeinen als „Stromverbraucher" bezeichnet werden. Sie dienen dem Umsetzen der elektrischen Energie in eine andere Energieart, wie in:

- chemische Arbeit, z. B. Verkupfern, Vergolden im Elektrolyt oder Aluminiumgewinnung
- mechanische Arbeit, z. B. Motorantriebe in den vielfältigsten Fällen
- Erzeugung von Schall, z. B. Rundfunk und Fernsehen, Tongenerator
- Erzeugung von Strahlung, z. B. Wärme (Heizgeräte), Licht, Infrarot, Ultraviolett

Für die Aufstellung von elektrischen Betriebs- und Verbrauchsmitteln gibt es folgende Möglichkeiten:

- **ortsveränderlich**

  ist ein Betriebs- oder Verbrauchsmittel, das während des Betriebs bewegt werden kann oder muss oder das leicht von einem Platz zum anderen gebracht werden kann, während es an den Versorgungsstromkreis bzw. Endstromkreis angeschlossen bleibt, beispielsweise Bohrmaschine, Staubsauger, Rasenmäher, Rasierapparat, Toaster, Küchengeräte (Grill, Handmixer) usw. Dabei sind Handgeräte ortsveränderliche Verbrauchsmittel, die während des üblichen Gebrauchs in der Hand gehalten werden, wobei ein eingebauter Motor fester Bestandteil des Betriebsmittels sein kann (Bohrmaschine), aber nicht sein muss (Lötkolben, Frisierstab).

  Zu den ortsveränderlichen Verbrauchsmitteln zählen auch handgeführte Elektrowerkzeuge. Diese sind in der Normenreihe DIN VDE 0740 behandelt und sind dort folgendermaßen definiert:

  Ein handgeführtes Elektrowerkzeug ist ein Elektrowerkzeug mit einer elektromotorisch oder elektromagnetisch angetriebenen Maschine, die so gebaut ist, dass Motor und Maschine eine Baueinheit bilden, die leicht an ihren Einsatzort gebracht werden kann und die während des Gebrauchs von Hand geführt wird oder in einer Halterung befestigt ist.

- **ortsfest**

  ist ein fest angebrachtes Betriebs- oder Verbrauchsmittel, das keine Tragevorrichtung besitzt und dessen Masse so groß ist, dass es nicht leicht bewegt werden kann. Nach IEC-Normen ist diese Masse für Haushaltsgeräte mit maximal 18 kg festgelegt. Beispielsweise Elektroherd, Speicherheizgerät, größere Motoren, Waschmaschinen, Geschirrspüler, Kühl- und Gefriergeräte usw. Dabei sind fest angebrachte Betriebsmittel auch solche Betriebs- oder Verbrauchsmittel, die über eine Haltevorrichtung verfügen oder in einer anderen Weise (mit Dübeln befestigt) fest an einer bestimmten Stelle montiert sind, z. B. Speicherwasserwärmer oder Durchflusserwärmer.

  Leitungen hingegen werden entweder als fest verlegte (ortsfest) oder bewegliche (ortsveränderlich) Leitungen bezeichnet, wobei Folgendes gilt:

- **fest verlegt**

  ist eine Leitung, die aufgrund ihrer Verlegung keine Änderung in ihrer Lage erfährt, also in oder unter Putz verlegt ist oder durch Schellen an einer Wand, Decke o. Ä., bzw. an einem Spanndraht befestigt ist.

- **beweglich**

  ist eine Leitung, wenn sie zwischen den Anschlussstellen beliebig bewegt werden kann, auch dann, wenn es sich um ortsfest montierte Betriebsmittel handelt, wobei der Anschluss wie folgt möglich ist:
  - an beiden Seiten fest, z. B. Elektroherd
  - eine Seite fest, andere Seite beweglich, z. B. Bügeleisen, Stecker
  - beide Seiten beweglich, z. B. Verlängerungsleitung oder Leitung mit Stecker und Gerätestecker

Als **fester Anschluss** einer Leitung oder eines Kabels gilt die Befestigung eines Leiters durch:

- Schrauben z. B. Lüsterklemme, Herdanschlussdose
- Löten z. B. Lötkabelschuh
- Schweißen z. B. Schweißverbindungen
- Nieten z. B. Nietverbinder
- Kerben z. B. Kerbverbinder im Freileitungsbau
- Quetschen z. B. Quetsch- oder Pressverbinder
- Crimpen z. B. Crimpverbinder

2.3 Leiterarten, Stromverteilungssysteme, elektrische Größen

Bei Betrachten derzeitiger Stromverteilungssysteme und deren Leiterbezeichnungen muss die geschichtliche Entwicklung berücksichtigt werden. Gleichstromsysteme wiesen dabei die Tendenz zu ständiger Spannungserhöhung von 65 V, 110 V und 220 V auf. Bei Drehstrom waren die Spannungen 3 × 125 V für Lichtanlagen und 3 × 500 V für Kraftanlagen üblich (**Bild 2.4**).

Die genannten Netze wurden gegen Erde isoliert betrieben. Erdung eines Netzpunktes war nicht üblich. Zusätzliche Schutzmaßnahmen waren – ausgenommen für 3 × 500 V – nicht erforderlich und deshalb auch nicht üblich.

Durch die Erhöhung der Nennspannungen der verschiedenen Systeme auf 440/220 V Gleichspannung und 3 × 220/127 V bzw. 3 × 380/220 V Wechselspannung, verbunden mit der unmittelbaren Erdung des Mittelpunkt- bzw. Sternpunktleiters, war eine Gefährdung von Mensch und Tier bei fehlerhaften Anlageteilen gegeben. Seit etwa 1930 sind deshalb zusätzliche Schutzmaßnahmen gefordert.

Das in **Bild 2.5** dargestellte Drehstromsystem ist das in Deutschland am häufigsten vorkommende System. Von der IEC wird zur Zeit die weltweite Normung einer einheitlichen Spannung vorangetrieben, um die unterschiedlichen Spannungen zu

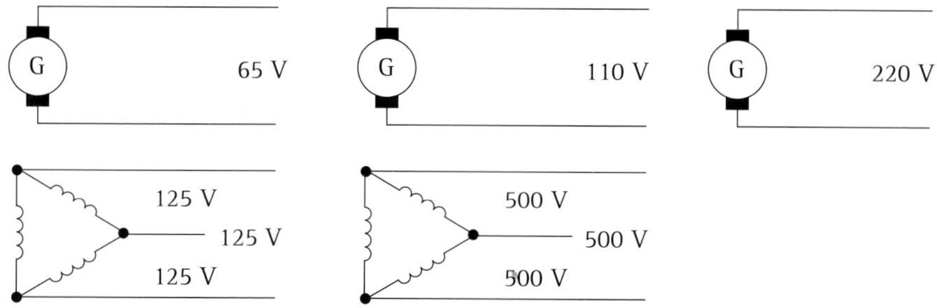

Bild 2.4 Ungeerdete Gleich- und Drehstromsysteme

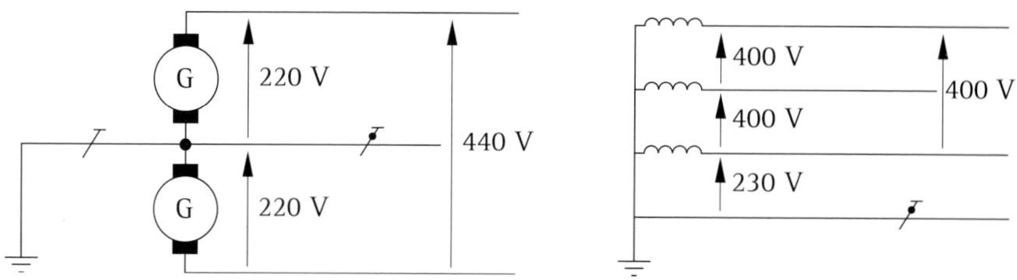

Bild 2.5 Geerdete Gleich- und Drehstromsysteme

vereinheitlichen. Die künftige Versorgungsspannung liegt demnach einschließlich der Toleranzen bei 400/230 V +6 %/–10 %. (In Ländern mit der bisherigen Spannung 415/240 V liegt die künftige Spannung bei 400/230 V +10 %/–6 %.) Siehe hierzu DIN IEC 60038 (VDE 0175):2002-11 „IEC-Normspannungen".

Elektrische Größen sind zunächst nach DIN 40200 „Nennwert, Grenzwert, Bemessungswert, Bemessungsdaten" zu unterscheiden in:

- **Nennwert** (en: nominal value)

  Ein geeigneter gerundeter Wert einer Größe zur Benennung, Bezeichnung oder Identifizierung eines Elements, einer Gruppe oder einer Einrichtung, z. B. Nennspannung, Nennstrom, Nennleistung, Nennfrequenz und dergleichen (IEV 15116-09).
- **Bemessungswert** (en: rated value)

  Ein für eine vorgegebene Betriebsbedingung geltender Wert einer Größe, der im Allgemeinen vom Hersteller für die Bemessung für ein Gerät, Element, eine Gruppe oder eine Einrichtung festgelegt wird, z. B. Bemessungsspannung, Bemessungsstrom und dergleichen (IEV 151-16-08).
- **Grenzwert** (en: limiting value)

  Der in einer Festlegung enthaltene größte oder kleinste zulässige Wert einer Größe, z. B. oberer Grenzwert der Spannung 12 kV; unterer Grenzwert der Spannung 10 kV (IEV 151-16-10).
- **Bemessungsdaten** (en: rating)

  Die Zusammenstellung von Bemessungswerten und Betriebsbedingungen (IEV 151-16-11).

Als Index für Formelzeichen wurde national (DIN 1304-1) und international (IEC 60027-1) festgelegt für den

- Nennwert „n" oder „nom", z. B. für die Nennspannung U_n oder U_{nom}
- Bemessungswert „r" oder „rat", z. B. für den Bemessungsstrom I_r oder I_{rat}

International wurde vereinbart, die bisher üblichen „Nennwerte" für Geräte und Betriebsmittel in „Bemessungswerte" zu unterscheiden. Nach IEC 60027-1 sollten die bisher für Nennwerte verwendeten Indizes „n" oder „nom" durch „r" oder „rat" ersetzt werden. Prinzipiell ist festzustellen, dass es sich um „Nennwerte" handelt, wenn eine Einheit oder Anlage nach diesem Wert **benannt** ist, zum Beispiel die Netz-Nennspannung U_n. Das in diesem Netz eingesetzte Betriebsmittel bzw. Gerät ist dann unter Berücksichtigung der Grenzabweichungen zu **bemessen**, d. h., es ist vom „Bemessungswert", zum Beispiel von der Bemessungsspannung U_r, zu sprechen.

Die Abgrenzung zwischen „Nennwert" und „Bemessungswert" ist nicht immer einfach. Häufig sind die Werte gleich, zum Beispiel haben bei einem Leistungsschalter der Bemessungsstrom und der Nennstrom den gleichen Wert. Auch bei einem Synchronmotor mit einer Umdrehungszahl von 1500 min^{-1} ist dieser Wert sowohl Nenndrehzahl, weil der Anwender von dieser Drehzahl ausgeht, wie auch Bemessungsdrehzahl, weil sie Grundlage für die Konstruktion des Motors ist. Bei einem Mittelspannungsnetz, das zum Beispiel als „20-kV-Netz" bezeichnet wird, der Begriff also der **Bezeichnung des Netzes** dient, das aber für eine obere Grenzspannung (Grenzwert) von 24 kV gebaut ist, ist die Bemessungsspannung $U_r = 24$ kV, die Nennspannung $U_n = 20$ kV. Ein Nennwert kann also Grenzabweichungen nach oben und/oder nach unten haben.

Die vorgegebene Verwendung der Indizes hat sich in Deutschland und auch im Ausland noch nicht richtig durchsetzen können. So werden auch in verschiedenen neuen Normen weiterhin die Bemessungsspannung mit U_n, der Bemessungsstrom mit I_n und die Bemessungsfrequenz mit f_n bezeichnet.

Fast alle Normgrößen in der Elektrotechnik, Spannung und größere Querschnitte ausgenommen, entstammen den Normreihen nach DIN 323 (geometrische Reihen), wobei die Hauptreihe R 5 noch durch die Zwischenwerte der Reihen R 10 und R 20 ergänzt werden. In **Tabelle 2.1** sind die Normzahlen dieser Reihen dargestellt.

R 5	R 10	R 20
1,0	1,00	1,00
		1,12
	1,25	1,25
		1,40
1,6	1,60	1,60
		1,80
	2,00	2,00
		2,24
2,5	2,50	2,50
		2,80
	3,15	3,15
		3,55
4,0	4,00	4,00
		4,50
	5,00	5,00
		5,60
6,3	6,30	6,30
		7,10
	8,00	8,00
		9,00
10,0	10,00	10,00

Tabelle 2.1 Normzahlen der Reihen R 5, R 10 und R 20; Grundreihen

Mathematisch beschrieben werden die Reihen durch den Multiplikator:

$$R\ 5 = \sqrt[5]{10} = 1{,}6$$

$$R\ 10 = \sqrt[10]{10} = 1{,}25$$

$$R\ 20 = \sqrt[20]{10} = 1{,}12$$

wobei die Normwerte in der Praxis noch gerundet werden.

Die genormten Bemessungsströme sind in **Tabelle 2.2** dargestellt; es ist zu erkennen, dass sie der Hauptreihe R 5 entnommen und durch die Reihe R 10 ergänzt sind.

						6,3 /		/	**10**
13 /	**16** /	20 /	**25** /	31,5 /	**40** /	50 /	**63** /	80 /	**100**
125 /	**160** /	200 /	**250** /	315 /	**400** /	500 /	**630** /	800 /	**1000**

Tabelle 2.2 Genormte Bemessungsströme in A
Die **fett** dargestellten Werte sind Vorzugswerte

Der **Bemessungsstrom** I_r ist die Bemessungsgröße für eine Anlage, einen Stromkreis oder ein Betriebsmittel.

Der **Betriebsstrom** I_b ist der Strom, der im ungestörten Betrieb fließen soll.

Die *zulässige Dauerstrombelastbarkeit* – auch zulässige Strombelastbarkeit – I_z ist der höchste Strom, der von einem Leiter unter festgelegten Bedingungen dauernd geführt werden kann, ohne dass seine zulässige Dauertemperatur überschritten wird.

Überstrom ist jeder Strom, der die zulässige Strombelastbarkeit I_z überschreitet.

Überstrom ist der Oberbegriff für:

- **Überlaststrom**, ein Überstrom, der in einem fehlerfreien Stromkreis auftritt
- **Kurzschlussstrom**, auch unbeeinflusster vollkommener Kurzschlussstrom, ein Überstrom, der infolge eines Fehlers zwischen zwei aktiven Leitern zum Fließen kommt (siehe auch Abschnitt 2.6.1)

Der **Ansprechstrom** – auch vereinbarter Ansprechstrom – ist der festgelegte Wert des Stroms, der eine Schutzeinrichtung innerhalb einer festgelegten Zeit zum Ansprechen bringt. Siehe z. B. die Zeit-Strom-Kennlinie einer Schmelzsicherung.

Mit einer **Überstromüberwachung** soll festgestellt werden, ob eine bestimmte Stromstärke während einer festgelegten Zeit einen vorgegebenen Wert überschreitet.

Die **Nennspannung** U_n ist die Spannung, nach der ein Netz, Netzelement oder ein Betriebsmittel benannt ist und auf die bestimmte Betriebseigenschaften bezogen werden.

Die **Bemessungsspannung** U_r ist die Spannung, für die ein Betriebsmittel (Gerät) bemessen ist.

Die bisherige Norm für Nennspannungen DIN 40031 ist durch DIN IEC 60038 (VDE 0175) „IEC-Normspannungen" abgelöst worden. Mit der Norm wurde versucht, auf internationaler Ebene die Spannungen zu vereinheitlichen und die Zahl der genormten Werte zu reduzieren. Die Publikation IEC 60038 „IEC standard voltages" von 1983 wurde mit den Ergänzungen A1 und A2 unverändert in das Deutsche Normenwerk übernommen und ist auch von den meisten CENELEC-Ländern akzeptiert. Die Vorzugswerte für die nach DIN IEC 60038 (VDE 0175) genormten Gleich- und Wechselspannungen sind in **Tabelle 2.3** dargestellt. Zusätzliche, als ergänzende Werte für Gleich- und Wechselspannung geltende Spannungen sind DIN IEC 60038 (VDE 0175) zu entnehmen. Das festgelegte Toleranzband der Spannungen liegt bei ±10 %.

Die wichtigste, durch DIN IEC 60038 (VDE 0175) vorgenommene Änderung ist, dass die Nennspannungen der vorhandenen 220/380-V- und 240/415-V-Netze auf die Spannungen 230/400 V umgestellt werden müssen. Die Übergangszeit

Gleichspannung in V	Wechselspannung in V
6	6
12	12
24	24
36	–
48	48
60	–
72	–
96	–
110	110
220	120/240 [1)]
440	230/400 [2)]
–	277/480 [2)]
750	400/690 [2)]
1 500	1000 [2)]

[1)] Einphasen-Dreileiternetze mit 60 Hz

[2)] Drehstrom-Drei- oder Drehstrom-Vierleiternetze mit 50 Hz und 60 Hz

Anmerkung: Die Spannungen über 230/400 V sind ausschließlich für die Anwendung in großen Industriebetrieben und Großbauten vorgesehen.

Tabelle 2.3 Normspannungen (Vorzugswerte) für Gleich- und Wechselspannung bis 1 000 V AC und 1 500 V DC sollte möglichst kurz sein. Während dieser Zeit sollten als ersten Schritt die Energieversorgungsunternehmen bzw. Verteilungsnetzbetreiber der Länder, die 220/380-V-Netze haben, die Spannungstoleranzen auf 230/400 V +6 %/–10 % bringen und der Länder, die 240/415-V-Netze haben, die Spannungstoleranzen auf 230/400 V +10 %/–6 % festlegen. Am Ende der Übergangszeit sollten die Spannungstoleranzen von 230/400 V ±10 % erreicht sein. Danach wird eine Verkleinerung der Toleranzen in Erwägung gezogen werden. Dieselben Überlegungen gelten für die Umstellung der 380/660-V-Netze auf die neue Normspannung 400/690 V.

Die **niedrigste Spannung** eines Netzes ist der niedrigste Spannungswert, der in einem beliebigen Augenblick an einer beliebigen Stelle unter normalen Betriebsbedingungen auftritt. Einschwingvorgänge, Überspannungen und zeitweilige Spannungsschwankungen werden dabei nicht berücksichtigt.

Die **höchste Spannung** eines Netzes ist der größte Spannungswert, der in einem beliebigen Augenblick an einer beliebigen Stelle des Netzes unter normalen Betriebsbedingungen auftritt. Einschwingvorgänge, Überspannungen, Lasthöhe und dgl. werden dabei nicht berücksichtigt.

Die **Betriebsspannung** ist die zu einem bestimmten Zeitpunkt an jedem beliebigen Ort des Stromkreises zwischen den Leitern herrschende Spannung.

Die verschiedenen *Spannungsbereiche* für AC und DC sind im CENELEC-HD 60193 und in der IEC-Publikation 60449 „Spannungsbereiche für elektrische Anlagen von Gebäuden" dargestellt (**Tabelle 2.4**).

In der Tabelle 2.4 ist *U* die Nennspannung des Netzes, wobei bei Wechselspannung der Effektivwert gilt. Eine **oberschwingungsfreie Gleichspannung** liegt vor, wenn eine überlagerte sinusförmige Wechselspannung eine Welligkeit von nicht mehr als 10 % effektiv aufweist. Eine Gleichspannung gilt als oberschwingungsfrei,

Spannungsbereich	Stromart	geerdete Netze		isolierte oder nicht wirksam geerdete Netze
		Außenleiter–Erde	Außenleiter–Außenleiter[1)]	Außenleiter–Außenleiter[1)]
I	AC[2)]	$U \leq 50$ V		
	DC[3)]	$U \leq 120$ V		
II	AC[2)]	50 V < $U \leq$ 600 V	50 V < $U \leq$ 1 000 V	
	DC[3)]	120 V < $U \leq$ 900 V	50 V < $U \leq$ 1 500 V	

[1)] Für AC gilt die Spannung zwischen den Außenleitern L1, L2, L3; für DC gilt die Spannung zwischen den Leitern L+, L–.

[2)] Für AC gelten Effektivwerte.

[3)] Die Werte für DC gelten für oberschwingungsfreie Gleichspannung.

Tabelle 2.4 Darstellung der Spannungsbereiche für AC und DC wenn bei einer Nennspannung von $U = 120$ V der maximale Scheitelwert von 140 V nicht überschritten wird. Bei $U = 60$ V darf der maximale Scheitelwert bei 70 V liegen ($U_{max} = 120\ \text{V} + 10\ \% \cdot \sqrt{2} = 120\ \text{V} + 12\ \text{V} \cdot \sqrt{2} = 137\ \text{V}$).

Wenn in einem isolierten oder nicht wirksam geerdeten System ein Neutralleiter (Wechselstrom) oder Mittelleiter (Gleichstrom) mitgeführt wird, und es werden elektrische Betriebsmittel zwischen einem Außenleiter und dem Neutralleiter/Mittelleiter angeschlossen, so ist die Isolation der Betriebsmittel so auszuwählen, dass sie der Spannung zwischen den Außenleitern entspricht.

Der Spannungsbereich I gilt für Anlagen, bei denen der Schutz gegen elektrischen Schlag durch die maximal zulässige Höhe der Spannung sichergestellt werden soll (z. B. Kleinspannung SELV und PELV), und für Anlagen, in denen die Spannung aus Funktionsgründen begrenzt ist (z. B. Fernmeldeanlagen, Signalanlagen, Klingelanlagen, Steuer- und Meldestromkreise).

Der Spannungsbereich II umfasst die Spannungen zur Anwendung in Hausinstallationen sowie in gewerblichen und industriellen Anlagen (z. B. alle Spannungswerte der öffentlichen Energieversorgung unter 1 000 V Wechselspannung und 1 500 V Gleichspannung).

Die Einteilung der Spannungsbereiche I und II schließt nicht aus, dass für besondere Anwendungsfälle in den entsprechenden Bestimmungen dazwischen liegende Werte festgelegt werden können (z. B. $U = 25$ V Wechselspannung für Spielzeugeisenbahnen oder $U = 500$ V Wechselspannung für Sekundärstromkreise bei der Schutztrennung).

Als **Spannung gegen Erde** gilt (**Bild 2.6**):

a) in Netzen mit geerdetem Sternpunkt

   die Spannung eines Außenleiters gegen einen geerdeten Netzpunkt, also 230 V in einem 230/400-V-Netz

b) in Netzen mit ungeerdetem Sternpunkt

   die Außenleiterspannung, obwohl die Spannung gegen Erde normalerweise gleich null ist; es muss aber damit gerechnet werden, dass an einem Leiter ein Erdschluss auftritt und dann die Außenleiterspannung anliegt

Die in Bild 2.4 bis Bild 2.6 verwendeten **Leiter** sind in **Tabelle 2.5** dargestellt und definiert. In Teil 200 sind festgelegt (**Bild 2.7**):

- **Außenleiter** sind Leiter, die im üblichen Betrieb unter Spannung stehen und in der Lage sind, zur Übertragung oder Verteilung elektrischer Energie beizutragen, aber keine Mittelleiter oder Neutralleiter sind (IEV 195-02-08). Es sind Leiter, die eine Stromquelle mit dem Verbraucher verbinden.
- **Neutralleiter** ist ein Leiter, der mit dem Neutralpunkt elektrisch verbunden und in der Lage ist, zur Verteilung elektrischer Energie beizutragen (IEV 195-02-06).

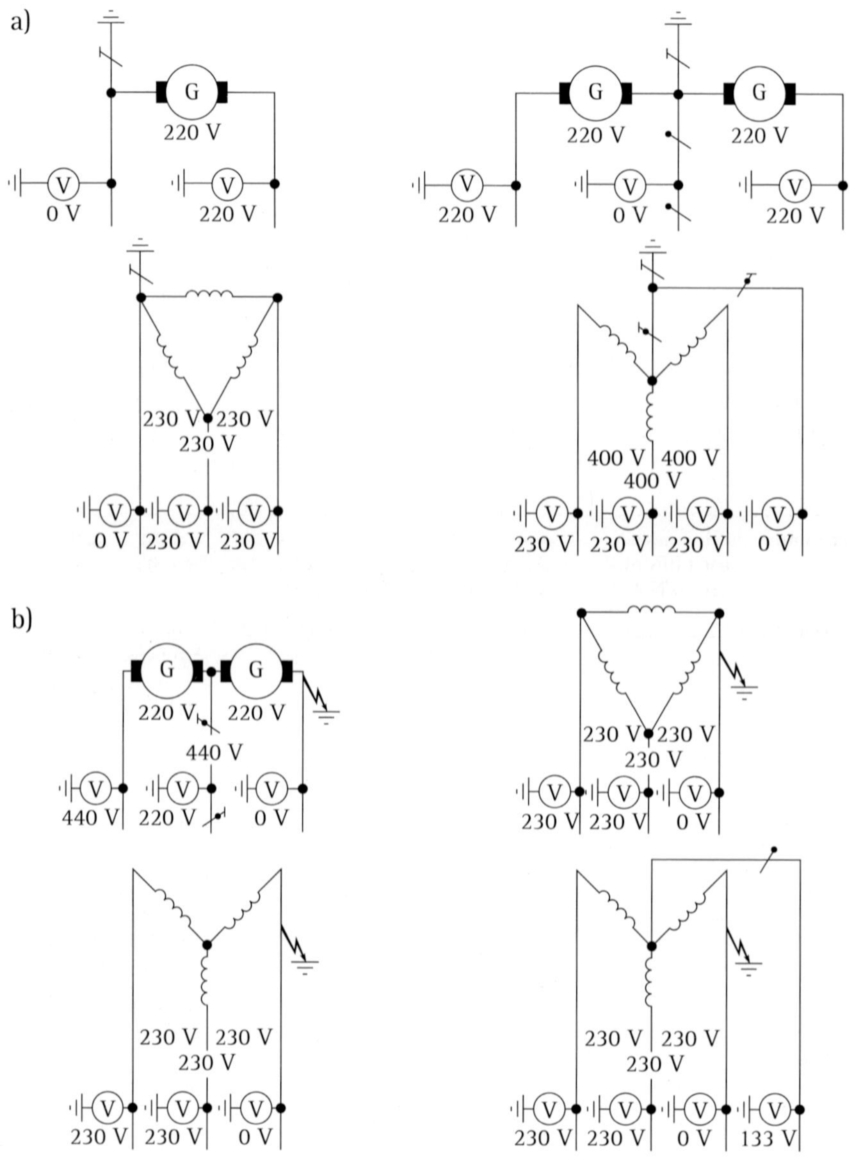

Bild 2.6 Spannung gegen Erde
a) geerdete Netze
b) Isolierte Netze

Der Neutralleiter ist in einem Mehrphasensystem mit dem Sternpunkt und in einem Einphasensystem mit dem Mittelpunkt verbunden.

- **Schutzleiter** (Bezeichnung PE) ist ein Leiter zum Zweck der Sicherheit, zum Beispiel zum Schutz gegen elektrischen Schlag (IEV 195-02-09). Der Schutzleiter hat die Aufgabe, die elektrische Verbindung folgender Teile sicherzustellen:
  - Körper der elektrischen Betriebsmittel
  - fremde leitfähige Teile
  - Haupterdungsklemmen, Haupterdungsschiene, Schutzpotentialausgleichsschiene
  - Erder
  - geerdeter Punkt der Stromquelle oder künstlicher Sternpunkt
- **PEN-Leiter** ist ein geerdeter Leiter, der zugleich die Funktion eines Schutzleiters (PE) und eines Neutralleiters (N) erfüllt (IEV 195-02-12).

Benennung	Schaltzeichen nach DIN 40711 bzw. DIN 40717	alphanumerische Kennzeichnung nach DIN 42400	farbliche Kennzeichnung nach DIN 40705	Definition nach Teil 200
Außenleiter		L1/L2/L3	alle Farben außer Grün-Gelb Grün Gelb mehrfarbige Kennzeichnung	Leiter, die die Stromquelle mit den Verbrauchsmitteln verbinden
Neutralleiter (früher Mittelleiter)		N	in der Regel blau	Leiter, der mit dem Mittel- oder Sternpunkt verbunden ist
Schutzleiter	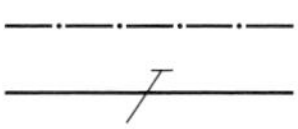	PE	muss grün-gelb sein	Leiter, der zum Schutz von Körpern oder einzubeziehenden Metallteilen dient
PEN-Leiter (früher Nullleiter)	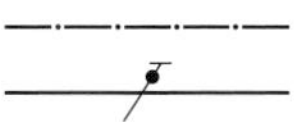	PEN	muss grün-gelb sein	Leiter, der die Funktion von Neutralleiter und Schutzleiter in sich vereinigt

Die farbige Kennzeichnung der verschiedenen Leiterarten in Kabeln, Leitungen sowie von Schienen ist in Kapitel 19 behandelt.

Eine Gehäuseabgrenzung wird wie der Schutzleiter dargestellt, aber dünner gezeichnet.

Der PEN-Leiter ist seit dem 01.01.1997 nach VDE 0100-510 an den Anschlussstellen zusätzlich „blau" zu markieren (siehe Abschnitt 14.7).

Tabelle 2.5 Leiterarten bei AC

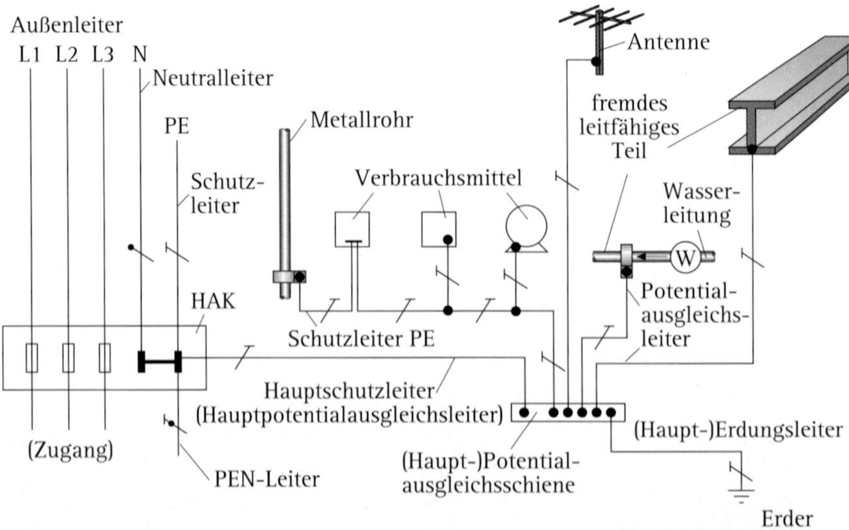

Bild 2.7 Leiterarten; Definitionen

Weitere kombinierte Leiter, die eine Doppelfunktion ausüben, sind im IEV 195 noch definiert. Sie dürften in der Praxis relativ selten vorkommen, werden aber der Vollständigkeit wegen dargestellt:

- **PEM-Leiter** ist ein geerdeter Leiter, der zugleich die Funktion eines Schutzleiters (PE) und die eines Mittelleiters (M) in einem Gleichstromsystem erfüllt (IEV 195-02-13)
- **PEL-Leiter** ist ein geerdeter Leiter, der zugleich die Funktion eines Schutzleiters (PE) und die eines Außenleiters (L) in einem Wechselstrom-, Drehstrom- oder Gleichstromsystem erfüllt (IEV 195-02-14)

Auch die Begriffe „Erdungsleiter" und „Schutzpotentialausgleichsleiter" werden durch das IEV festgelegt (Bild 2.7):

- **Erdungsleiter** ist ein Leiter, der den Strompfad oder einen Teil des Strompfads zwischen einem gegebenen Punkt in einem Netz, in einer Anlage oder in einem Betriebsmittel und einem Erder herstellt (IEV 195-02-03)
- **Schutzpotentialausgleichsleiter** ist ein Schutzleiter zum Sicherstellen des Potentialausgleichs
- **Potentialausgleich** ist das Herstellen elektrischer Verbindungen zwischen leitfähigen Teilen, um Potentialgleichheit zu erzielen (IEV 195-01-10)
- Haupterdungs-Anschlusspunkt, Haupterdungsklemme, Haupterdungsschiene ist ein Anschlusspunkt oder eine, die Teil der Erdungsanlage einer Anlage ist

und die elektrische Verbindung von mehreren Leitern zu Erdungszwecken ermöglicht (IEV 195-02-33)

In Teil 200 nicht definiert sind die Begriffe Hauptpotentialausgleich, Hauptschutzleiter und Haupterdungsleiter. Diese Begriffe sind im Zusammenhang mit elektrischen Anlagen in Gebäuden zu sehen. Aus den Teilen 410 und 540 sind folgende Definitionen abzuleiten:

- In jedem Gebäude muss ein **Hauptpotentialausgleich** hergestellt werden.

  Hierzu sind zunächst
  - Hauptschutzleiter
  - Haupterdungsleiter
  - Haupterdungsklemme oder Haupterdungsschiene

  miteinander zu verbinden. Außerdem sind noch folgende fremde leitfähige Teile an den Hauptpotentialausgleich anzuschließen:
  - metallene Rohrleitungen von Versorgungssystemen innerhalb des Gebäudes für Gas und Wasser
  - Metallteile der Gebäudekonstruktion, Zentralheizungs- und Klimaanlagen
  - wesentliche metallene Verstärkungen der Gebäudekonstruktion aus bewehrtem Beton, soweit dies technisch möglich ist

  Solche, von außerhalb des Gebäudes kommende Konstruktionsteile müssen so nahe wie möglich an ihrem Eintrittspunkt in das Gebäude miteinander verbunden werden. Weiter in den Hauptpotentialausgleich einzubeziehen sind alle Umhüllungen von Fernmeldekabeln und -leitungen, wozu jedoch die Zustimmung des Eigentümers oder Betreibers einzuholen ist.
- Der **Hauptschutzleiter** ist entweder der von der Stromquelle kommende oder der vom Hausanschlusskasten bzw. einer vergleichbaren Einrichtung abgehende Schutzleiter
- Der **Haupterdungsleiter** ist der zum Erder (Fundamenterder) oder zu den Erdern führende Leiter

Zum Thema Potentialausgleich sind im IEV noch weitergehende Definitionen zu finden, die in neueren DIN-VDE-Normen auch aufgenommen wurden. Dabei stimmen mit älteren DIN-VDE-Normen die Definitionen nicht immer wörtlich, jedoch sachlich überein.

- **Potentialausgleich** ist das Herstellen elektrischer Verbindungen zwischen leitfähigen Teilen, um Potentialgleichheit zu erzielen (IEV 195-01-10)
- **Potentialgleichheit** ist ein Zustand, bei dem leitfähige Teile annähernd gleiches elektrisches Potential haben (IEV 195-01-09)

- **Schutzpotentialausgleich** ist ein Potentialausgleich zum Zweck der Sicherheit (IEV 195-01-15)
- **Funktionspotentialausgleich** ist ein Potentialausgleich aus betrieblichen Gründen, aber nicht zum Zweck der Sicherheit (IEV 195-01-16)

Als **aktive Teile** gelten Leiter und leitfähige Teile der Betriebsmittel, die unter normalen Betriebsbedingungen unter Spannung stehen. Hierzu gehören auch Neutralleiter, nicht aber PEN-Leiter und die mit diesem in leitender Verbindung stehenden Teile.

Gefährliche aktive Teile sind „aktive Teile", von denen unter bestimmten Bedingungen und äußeren Einflüssen ein elektrischer Schlag ausgehen kann.

Als **Körper** gelten berührbare leitfähige Teile von Betriebsmitteln, die nicht aktive Teile sind, jedoch im Fehlerfall unter Spannung stehen können.

Ein **fremdes leitfähiges Teil** ist ein leitfähiges Teil, das nicht Teil der elektrischen Anlage ist, aber ein Potential einschließlich des Erdpotentials übertragen kann.

Solche Teile können sein:

- Metallkonstruktionen von Gebäuden
- Gas-, Wasser- und Heizungsrohre usw. aus Metall und mit diesen verbundene, nicht elektrische Einrichtungen (Heizkörper, Gas- oder Kohleherde, Metallausgüsse usw.)
- nicht isolierende Fußböden und Wände

Gleichzeitig berührbare Teile sind Leiter oder leitfähige Teile, die von einer Person – gegebenenfalls auch durch Nutztiere – gleichzeitig berührt werden können.

Solche Teile können sein:

- aktive Teile
- Körper von elektrischen Betriebsmitteln
- fremde leitfähige Teile
- Schutzleiter, Schutzpotentialausgleichsleiter
- Erder

2.4 Erdung

Erdung ist die Gesamtheit aller Maßnahmen zum Erden.

Erden bedeutet, einen Punkt der elektrischen Anlage elektrisch mit dem Erdreich zu verbinden. Der so mit der Erde verbundene Punkt ist geerdet.

Der Terminus **Erde** ist doppelt belegt. Definitionsgemäß ist:

- Erde die Bezeichnung für das Erdreich als Bodenart, wie z. B. Humus, Lehm, Sand, Kies usw. Unter dem Ausdruck „Erde“ wird damit der ganze Planet mit seiner gesamten Substanz verstanden.
- Erde ein leitender Stoff (im elektrotechnischen Sinne auch Leitermaterial), der außerhalb des Einflussbereichs von anderen Erdern liegt und dessen elektrisches Potential als null betrachtet wird

Zur Verbindung des geerdeten Punkts mit der Erde dient ein *Erder*, das ist ein unmittelbar in Erde eingebrachter Leiter oder ein in ein Fundament oder in eine Gründung eingebrachter Leiter.

Bezüglich der Funktion kann für die verschiedenen Erdungen folgende Einteilung erfolgen:

- **Betriebserdung** eines Netzes **(Netzbetriebserdung)** ist gleichzeitig Schutzerdung und Betriebserdung eines oder mehrerer Punkte in einem Elektrizitätsversorgungsnetz
- **Schutzerdung** ist die Erdung eines Punkts oder mehrerer Punkte eines Netzes, einer Anlage oder eines Betriebsmittels zu Zwecken der elektrischen Sicherheit
- **Funktionserdung** ist die Erdung eines Punkts oder mehrerer Punkte eines Netzes, einer Anlage oder Betriebsmittels zu anderen Zwecken als die elektrische Sicherheit

Hinsichtlich der Ausführung von Erdern können sie eingeteilt werden in:

- **Oberflächenerder**
  - Banderder (Erder aus Bandstahl oder Kupferband)
  - Seilerder (Erder aus Fe-Seil oder Cu-Seil)
  - Erder aus Rundmaterial (Erder aus massivem Rundstahl oder Rundkupfer)
- **Tiefenerder**
  - Staberder (Erder aus massiven Stäben verschiedener Profile, wie z. B. Rund-, Kreuz-, T-, U-Profil aus Fe oder Cu)
  - Rohrerder (Erder aus Fe- oder Cu-Rohren)
- **Fundamenterder** (Erder aus Bandstahl oder Rundstahl im Fundament eines Gebäudes)
- **natürliche Erder** (Erder, dessen ursprünglicher Zweck nicht der Erdung diente, der aber als Erder wirkt)

Der **spezifische Erdwiderstand**, das ist der spezifische Widerstand der Erde, ist der Widerstand eines Erdwürfels von 1 m Kantenlänge zwischen zwei gegenüberliegenden Würfelflächen.

Die **Impedanz gegen die Bezugserde** ist die Impedanz zwischen einem gegebenen Punkt in einem Netz, in einer Anlage oder einem Betriebsmittel und Bezugserde bei einer gegebenen Frequenz.

Der **Wirkwiderstand gegen die Bezugserde** ist der Ohm'sche Anteil der Impedanz gegen die Bezugserde.

Der **Erdungswiderstand einer Anlage** ist der Widerstand zwischen Potentialausgleichsschiene oder Haupterdungsschiene des Erders und der Erde. Er setzt sich somit zusammen aus dem:

- **Ausbreitungswiderstand eines Erders** bzw. einer Erdungsanlage und dem
- **Widerstand des Erdungsleiters** zum Anschluss des Erders

Der **Gesamterdungswiderstand eines Netzes** ist der Widerstand, der sich durch das Zusammenwirken aller Erder eines Netzes ergibt.

Als **Bezugserde** (auch neutrales Erdreich genannt) gilt der Bereich der Erde außerhalb des Einflussbereichs eines Erders, in welchem zwischen zwei beliebigen Punkten keine merklichen Spannungsunterschiede vorhanden sind. Das elektrische Potential der Bezugserde wird vereinbarungsgemäß gleich null gesetzt (IEV 195-01-01).

Die Ausdehnung eines **Erders** oder einer **Erdungsanlage** (mehrere leitend miteinander verbundene Erder) und der spezifische Erdwiderstand, d. h. der Potentialverlauf, bestimmen also die Entfernung zur Bezugserde.

Ein **Steuererder** ist ein Erder, der nach Form und Anordnung mehr zur Potentialsteuerung als zur Einhaltung eines bestimmten Ausbreitungswiderstands dient.

Eine **örtliche Erde** ist ein Teil der Erde, der sich in elektrischem Kontakt mit einem Erder befindet und dessen elektrisches Potential nicht notwendigerweise gleich null ist (IEV 195-01-03).

Ein **unabhängiger** Erder ist ein Erder, der sich in einem solchen Abstand von anderen Erdern befindet, dass sein elektrisches Potential nicht nennenswert von Strömen zwischen der Erde und den anderen Erdern beeinflusst wird.

Elektrisch unabhängige Erder sind Erder, die in einem solchen Abstand voneinander angebracht sind, dass der höchste Strom, der durch einen Erder fließen kann, das Potential des anderen Erders nicht nennenswert beeinflusst.

Die übrigen mit **Erde** und **Erdung** zusammenhängenden Begriffe werden in Kapitel 10 „Erdung, Schutzleiter und Potentialausgleichsleiter" ausführlich behandelt. Eine Darstellung der wichtigsten Begriffe zeigt **Bild 2.8**.

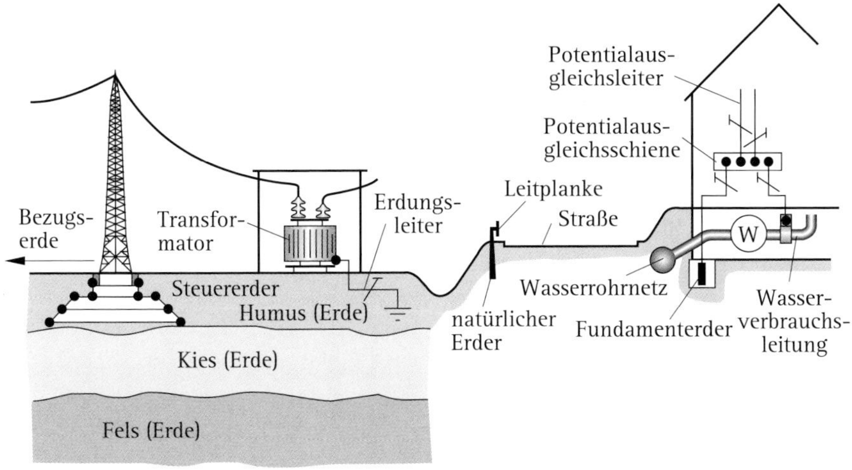

Bild 2.8 Begriffe, Erdung

2.5 Raumarten

Beim Errichten von elektrischen Anlagen ist es von besonderer Wichtigkeit zu wissen, welche Beanspruchungen am Verwendungsort zu erwarten sind. Den Raum bzw. Raumteil oder auch Ort im Freien zu klassifizieren, ist besonders wichtig. In Teil 200 sind die wichtigsten Raumarten mit Beispielen, die als Entscheidungshilfe anzusehen sind, aufgenommen. Die richtige Klassifizierung ist vom Errichter der Anlage zu treffen. In schwierigen Fällen sollte ein Sachverständiger oder das Bauaufsichtsamt eingeschaltet werden. Als Hilfe dienen kann auch Teil 510; siehe hierzu Abschnitt 14.3 „Äußere Einflüsse" und Anhang H.

Die teilweise in Teil 200 definierten und in den Teilen der Gruppe 700 behandelten Raumarten und Betriebsstätten:

- elektrische Betriebsstätten
- abgeschlossene elektrische Betriebsstätten
- trockene Räume
- feuchte und nasse Räume
- feuergefährdete Betriebsstätten
- fliegende Bauten
- Baderäume
- Baustellen
- landwirtschaftliche Betriebsstätten usw.

sind dort ausreichend und ausführlich erläutert.

Die Begriffe Betriebsräume und elektrische Betriebsräume sind in DIN VDE 0100 nicht definiert. In DIN VDE 0108 „Starkstromanlagen und Sicherheitsstromversorgung in baulichen Anlagen für Menschenansammlungen" werden diese Begriffe im Zusammenhang mit dem Musterwortlaut der EltBauVO (siehe Anhang F) verwendet.

Zu einigen besonders zu beachtenden Raumarten ist Folgendes zu sagen:

- Küchen und Baderäume in Wohnungen sind trockene Räume
- Keller sind normalerweise als feuchte und nasse Räume (Feuchtrauminstallation) zu behandeln; nur wenn ein Keller beheizt und belüftet ist, kann er als trockener Raum eingestuft werden
- Hausschutzräume für den zivilen Bevölkerungsschutz gelten als feuchte und nasse Räume
- Gewächshäuser müssen als feuchte und nasse Räume behandelt werden, wobei der Bereich, der durch Regner oder Sprühanlagen erfasst wird, besonders zu beachten ist
- Garagen werden zweckmäßigerweise – obwohl dies nach den einzelnen Garagenverordnungen der Bundesländer nicht einheitlich gefordert wird – als feuergefährdete Betriebsstätten behandelt
- Ölfeuerungsräume sind generell als feuergefährdete Betriebsstätten zu behandeln
- Tankstellen bzw. Zapfsäulen sind in gewissen Bereichen explosionsgeschützt auszuführen

Weitere Begriffe für Anlagen und Raumarten sind in den Einzelbestimmungen von DIN VDE 0100 Gruppe 700 für Räume und Anlagen besonderer Art enthalten.

2.6 Fehlerarten, Fehlerspannung, Fehlerstrom, Berührungs- und Schrittspannung, Ableitstrom

2.6.1 Fehlerarten

Man unterscheidet folgende Fehlerarten:

- Isolationsfehler
- Körperschluss
- Leiterschluss
- Kurzschluss
- Erdschluss

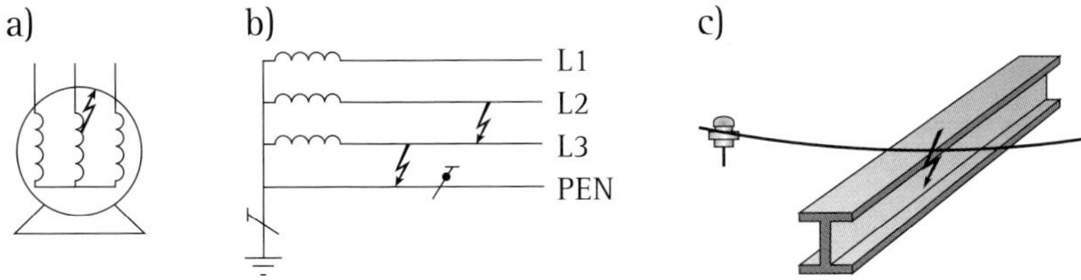

Bild 2.9 Fehlerarten
a) Körperschluss
b) Kurzschluss
c) Erdschluss

Ein **Isolationsfehler** ist ein fehlerhafter Zustand in der Isolierung.

Die **Fehlerspannung** ist die Spannung zwischen einer gegebenen Fehlerstelle und der Bezugserde bei einem Isolationsfehler.

Ein Körperschluss ist eine durch einen Fehler entstandene leitende Verbindung zwischen Körper und aktiven Teilen elektrischer Betriebsmittel (**Bild 2.9a**).

Ein Kurzschluss ist eine durch einen Fehler entstandene leitende Verbindung zwischen betriebsmäßig gegeneinander unter Spannung stehenden Teilen (Leiter), wenn im Fehlerstromkreis kein Nutzwiderstand liegt (**Bild 2.9b**).

Ein Erdschluss ist eine durch einen Fehler entstandene leitende Verbindung eines Außenleiters oder eines betriebsmäßig isolierten Neutralleiters (Mittelleiter) mit Erde oder geerdeten Teilen (**Bild 2.9c**).

Ein **Körper-, Kurz- oder Erdschluss** ist:

- **vollkommen** (direkt),
  wenn kein Fehlerwiderstand im Kreis vorhanden ist
- **unvollkommen** (indirekt),
  wenn ein Fehlerwiderstand im Kreis vorhanden ist (z. B. nasser Ast, Lichtbogen)

Ein **Leiterschluss (Bild 2.10)** liegt vor, wenn im Fehlerstromkreis ein Nutzwiderstand oder ein Teil eines Nutzwiderstands vorhanden ist.

Betriebsmittel sind:

- **kurzschlussfest,**
  wenn durch die thermischen und dynamischen Wirkungen des Kurzschlussstroms keine Schäden entstehen können
- **kurzschlusssicher** bzw. **erdschlusssicher,**
  wenn durch Anordnung, Bauart o. Ä. mit dem Auftreten von Erd- oder Kurzschlüssen nicht zu rechnen ist

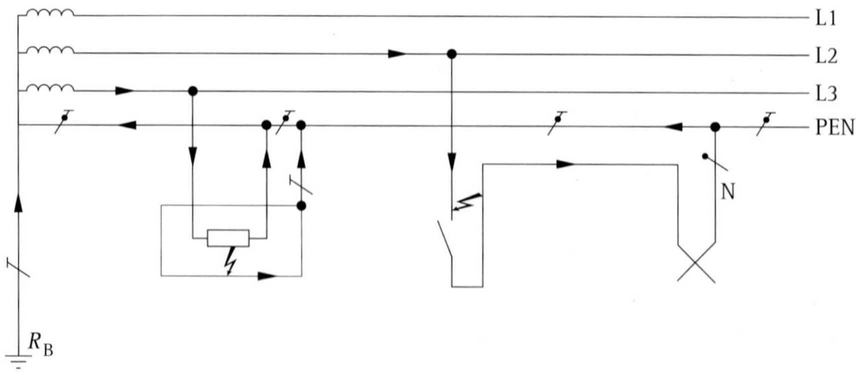

Bild 2.10 Leiterschluss

Ein Fehlerstrom kommt durch einen Isolationsfehler zustande. Er tritt entweder als Erdschluss- oder als Kurzschlussstrom zutage.

2.6.2 Fehlerstrom

Ein **Fehlerstrom** ist der über einen Isolationsfehler fließende Strom. Seine Größe ist vom Schleifenwiderstand abhängig. Dabei sind sowohl der Widerstand des Leitungsnetzes (vom Kraftwerk bis zur Fehlerstelle) als auch der Fehlerwiderstand (Lichtbogen oder Kriechstrecke) und evtl. – je nach Fehlerart – Verbraucherwiderstände oder Teile derselben zu berücksichtigen (**Bild 2.11**).

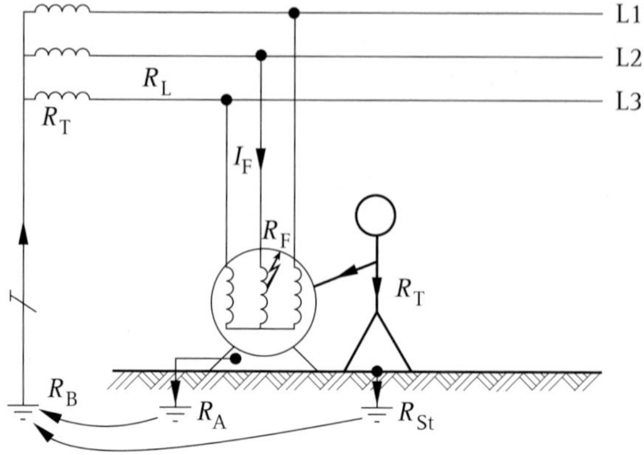

Bild 2.11 Fehlerstrom und Fehlerstromkreis

Je nach vorliegendem Fall sind dabei zu berücksichtigen:

- Transformatorenwiderstand R_T
- Leitungswiderstand R_L
- Fehlerwiderstand R_F
- Erdungswiderstände R_A und R_B
- Körperwiderstand R_T
- Standortwiderstand R_{St}

2.6.3 Berührungsspannung, Berührungsstrom

Die **Berührungsspannung** ist die Spannung, die zwischen gleichzeitig berührbaren Teilen während eines Isolationsfehlers auftreten kann. Da der Wert der Berührungsspannung durch die Impedanz des menschlichen Körpers erheblich beeinflusst werden kann, sind zwei Fälle zu unterscheiden:

- die Berührungsspannung tritt infolge eines Fehlers auf, ohne dass durch eine Person oder ein Nutztier die Spannung überbrückt wird; U_{PT} bezeichnet im Folgenden die Berührungsspannung (prospektive Berührungsspannung)
- die Berührungsspannung tritt infolge eines Fehlers auf, aber durch Berührung durch eine Person wird eine Körperimpedanz in den Stromkreis geschaltet, sodass die Körperimpedanz mit den anderen Impedanzen des Fehlerstromkreises in Reihe liegt. Die in diesem Fall über dem Körperwiderstand wirkende Berührungsspannung wird im Folgenden mit U_T (Berührungsspannung über dem Körper) bezeichnet

Die **zu erwartende Berührungsspannung** (prospektive Berührungsspannung oder unbeeinflusste Berührungsspannung) ist dabei die höchste Berührungsspannung, die im Falle eines Fehlers mit vernachlässigbarer Impedanz in einer elektrischen Anlage je auftreten kann. Die Höhe der zu erwartenden Berührungsspannung kann deshalb von folgenden Größen abhängen:

- von der Fehlerstelle im Stromkreis
- vom Impedanzverhältnis zwischen Außenleiter und Schutzleiter bzw. PEN-Leiter
- von der Spannung des Versorgungssystems

Die vereinbarte Grenze der Berührungsspannung ist die **höchstzulässige Berührungsspannung**, die im Falle eines Fehlers mit vernachlässigbarer Impedanz zeitlich unbegrenzt bestehen bleiben darf. Der zulässige Wert für die vereinbarte Grenze der Berührungsspannung (frühere Bezeichnung U_L) hängt von den äußeren Einflüssen ab. Sie beträgt im Normalfall:

$U = 50$ V Wechselspannung bzw. 120 V Gleichspannung für Menschen

$U = 25$ V Wechselspannung bzw. 60 V Gleichspannung für Menschen, wenn besondere Betriebsbedingungen vorliegen, und Nutztiere (Schafe, Rinder, Pferde usw.)

wobei für besondere Anlagen oder bei besonderen Bedingungen auch geringere Werte gelten können.

Bei der Betrachtung der Berührungsspannung ist zu unterscheiden, ob die Spannung gemessen wird oder ob ein Strom über den menschlichen Körper zum Fließen kommt. Bei der messtechnischen Erfassung der Berührungsspannung kann diese je nach Fehlerstelle auftreten zwischen dem fehlerbehafteten Betriebsmittel und

- einem anderen Betriebsmittel oder
- einem fremden leitfähigen Teil oder
- unmittelbar zu Erde (**Bild 2.12**)

Wenn die Berührungsspannung ohne die Beeinflussung durch die Körperimpedanz gemessen werden soll, sollte mit einem Spannungsmesser von etwa 40 kΩ Innenwiderstand gemessen werden. Soll der Einfluss der Körperimpedanz berücksichtigt werden, wird ein Spannungsmesser empfohlen mit:

- 1 kΩ Innenwiderstand bei Nachbildung eines relativ kleinen Körperwiderstands
- 3 kΩ Innenwiderstand bei Nachbildung eines relativ großen Körperwiderstands (vergleiche Bild 1.12)

Die Messaufgabe kann auch durch Verwendung entsprechender Widerstände, denen dann ein hochohmiges Spannungsmessgerät parallel geschaltet wird, durchgeführt werden.

Die Höhe der Berührungsspannung kann, wie in **Bild 2.13** für einen stark vereinfachten Fall dargestellt, durch nachfolgende Überlegungen beurteilt werden.

Unter Vernachlässigung des Transformatorenwiderstands und des Ansatzes einer widerstandslosen Fehlerstelle sowie der Vereinfachung, dass die Widerstände $R_K + R_{St} + R_B$ sehr viel größer sind als R_{PE}, ergibt sich die prospektive Berührungsspannung zu $U_{PT} = U_0/2$. Die über dem menschlichen Körper unter Berücksichtigung der Körperimpedanz abfallende Berührungsspannung U_T ergibt sich mithilfe der Spannungsteilerbetrachtung zu:

$$U_T = \frac{R_K \cdot U_0 / 2}{R_K + R_{St} + R_B} \qquad (2.1)$$

Bei einer Nachrechnung der Situation mit Messgeräten ist in Gl. (2.1) der Körperwiderstand gegen den Innenwiderstand des Spannungsmessers auszutauschen.

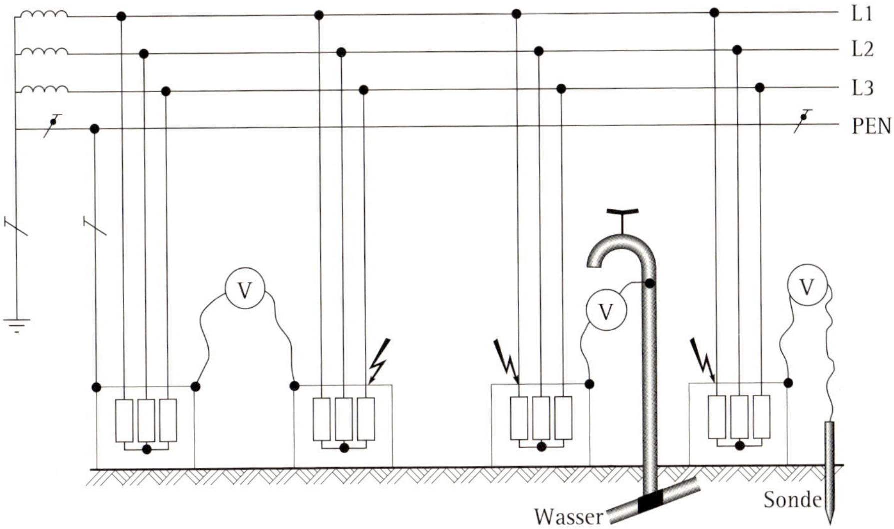

Bild 2.12 Messung der Berührungsspannung

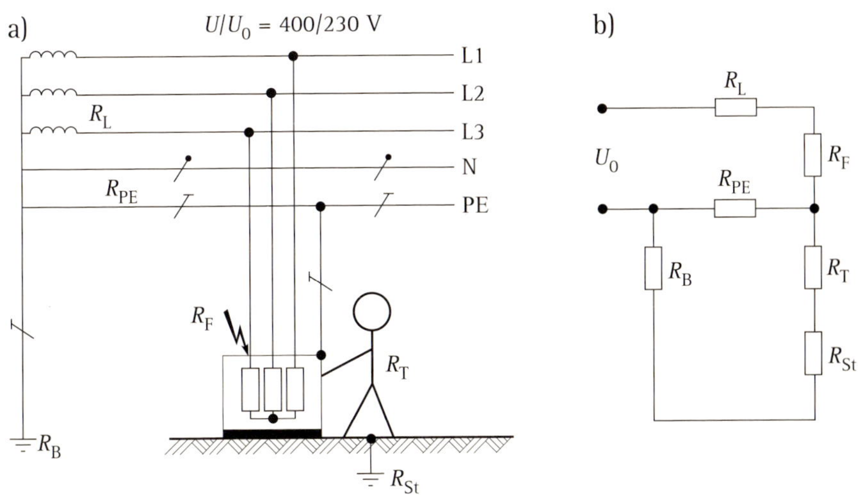

Bild 2.13 Berührungsspannung
a) Schaltung
b) Ersatzschaltbild

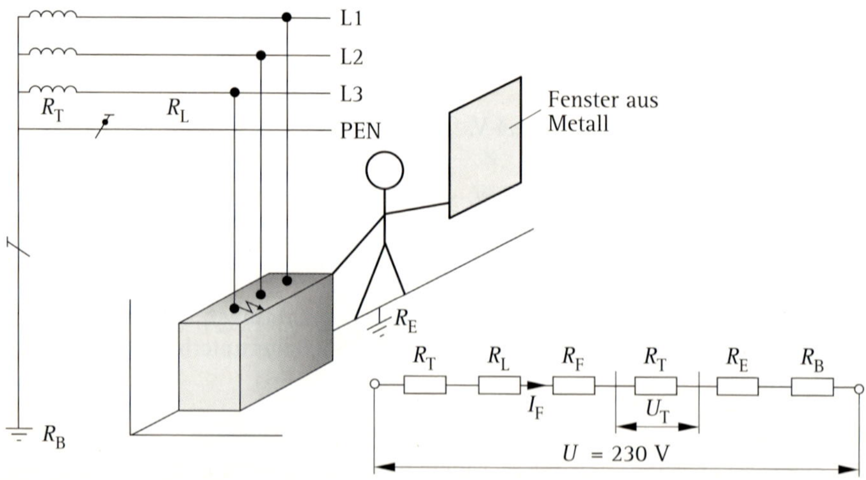

Bild 2.15 Skizze und Ersatzschaltbild

Berechnung der Berührungsspannung:

$$U_T = I_F \cdot R_K = 0{,}1097\ \text{A} \cdot 1500\ \Omega = 164{,}5\ \text{V}$$

Auf messtechnischem Wege – R_T wird jeweils durch R_i ersetzt – ergeben sich folgende Werte:

- Spannungsmesser mit $R_i = 40\ \text{k}\Omega$

$$U_{PT} = \frac{U_0 \cdot R_i}{R_T + R_L + R_F + R_i + R_E + R_B}$$

$$= \frac{230\ \text{V} \cdot 40\,000\ \Omega}{0{,}1\ \Omega + 0{,}68\ \Omega + 368\ \Omega + 40\,000\ \Omega + 210\ \Omega + 0{,}6\ \Omega} = 226{,}6\ \text{V}$$

- Bei einem Spannungsmesser mit $R_i = 3\ \text{k}\Omega$ ergibt sich $U_T = 191{,}8$ V, und bei $R_i = 1\ \text{k}\Omega$ wird $U_T = 144{,}0$ V.

Der **Berührungsstrom** I_T ist der Strom, der durch den Körper von Menschen oder Nutztieren fließt. Als **Beharrungsberührungsstrom** wird der Berührungsstrom bezeichnet, der sich einstellt, wenn ein konstanter Strom erreicht ist, also Einschwingungsvorgänge beendet sind, strom- bzw. spannungsabhängige Widerstände als konstant anzusehen sind und die Einspeisespannung aufgrund der angelegten Impedanz (Körperimpedanz) sich nicht mehr ändert.

2.6.4 Erder- und Schrittspannung

Die **Erderspannung** ist die zwischen dem Erder und der Bezugserde (neutrale Erde) herrschende Spannung, wenn Strom durch den Erder fließt.

Die Erderspannung wird mit einem Spannungsmesser von 40 kΩ Innenwiderstand gemessen.

Die **Schrittspannung** (DIN VDE 0101 Abschnitt 2.7.13.5) ist der Teil der Erderspannung bei einem Erdfehler, der vom Menschen mit einem Schritt von 1 m abgegriffen werden kann. Dabei wird angenommen, dass der Strom von Fuß zu Fuß durch den menschlichen Körper fließt.

Die Schrittspannung wird mit einem Spannungsmesser von 1 kΩ Innenwiderstand gemessen.

Für die Größe der Schrittspannung sind keine Grenzwerte vorgeschrieben.

Aus **Bild 2.16** ist zu erkennen, dass die Schrittspannung durch den Standort des Menschen sehr wesentlich beeinflusst wird. Es spielt dabei außerdem eine Rolle, wie der Mensch zum Erder bzw. zu den Potentiallinien steht.

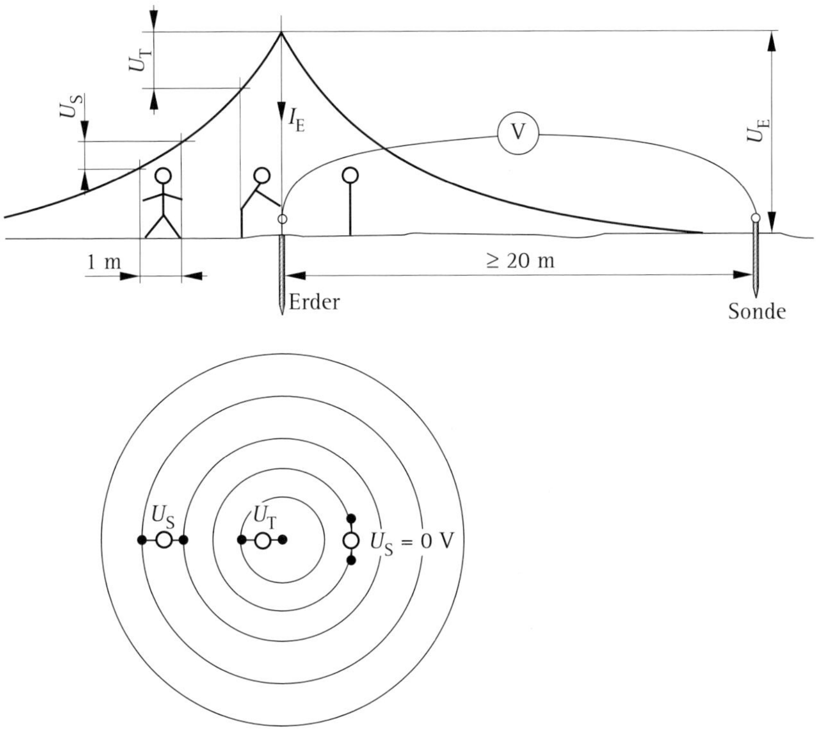

Bild 2.16 Erder- und Schrittspannung

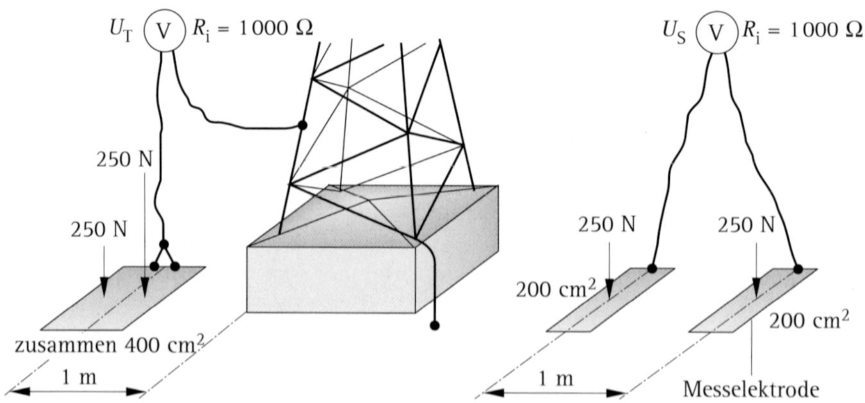

Bild 2.17 Messung der Berührungs- und Schrittspannung

Die Berührungs- und Schrittspannung an einem Erder misst man wie in **Bild 2.17** angegeben.

Wenn kein Spannungsmesser mit 1 000 Ω Innenwiderstand zur Verfügung steht, kann durch Parallelschaltung eines Widerstands zum Spannungsmesser der Messwiderstand auf 1 000 Ω verringert werden. Bei einem 40-kΩ-Instrument ist z. B. ein Widerstand von etwa 1 025 Ω parallel zu schalten. Es ist auch möglich, die Spannung mit einem hochohmigen Voltmeter (digitales Gerät) an einem 1000-Ω-Widerstand zu messen.

Die Messelektroden, die die Füße nachbilden sollen, müssen jeweils eine Fläche von etwa 200 cm^2 haben und mit einer Kraft von jeweils 250 N auf dem Boden liegen. Anstelle der Messelektroden kann auch eine 20 cm tief eingebrachte Sonde, mit etwa 10 mm Durchmesser, verwendet werden.

Bei Beton oder ausgetrocknetem Boden sind durch ein nasses Tuch oder durch einen Wasserauftrag ungünstige Verhältnisse nachzubilden.

2.6.5 Ableitstrom

Der **Ableitstrom einer Anlage** (oder in einem Stromkreis) ist der Strom, der in einem fehlerfreien Stromkreis zur Erde oder einem fremden leitfähigen Teil fließt. Bei der Verwendung von Kondensatoren kann dieser Ableitstrom auch eine kapazitive Komponente haben.

Ableitstrom eines Geräts nennt man den über die Betriebsisolierung eines Verbrauchsmittels zur Erde oder einem fremden leitfähigen Teil fließenden Strom. Er kann als reiner Wirkstrom oder auch als Wirkstrom mit kapazitivem Anteil vorkommen (**Bild 2.18**).

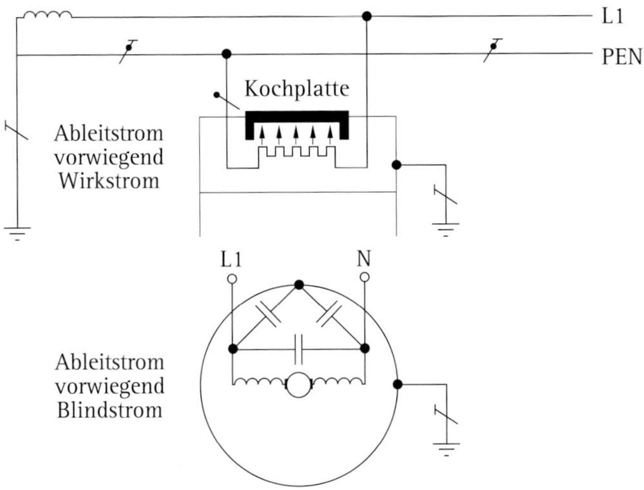

Bild 2.18 Ableitströme

In DIN EN 60335-1 (VDE 0700-1) „Sicherheit elektrischer Geräte für den Hausgebrauch und ähnliche Zwecke" sind folgende Ableitströme genannt (vereinfachte Darstellung):

- für Geräte der Schutzklassen 0 und 0I — 0,5 mA
- für ortsveränderliche Geräte der Schutzklasse I — 0,75 mA
- für ortsfeste Motor-Geräte der Schutzklasse I — 3,5 mA
- für ortsfeste Wärmegeräte der Schutzklasse I — 0,75 mA oder 0,75 mA/kW maximal 5 mA
- für Geräte der Schutzklasse II — 0,25 mA
- für Geräte der Schutzklasse III — 0,5 mA

Für Leuchten gelten nach DIN EN 60598-1 (VDE 0711-1) „Leuchten; Allgemeine Anforderungen und Prüfungen" folgende Ableitströme:

- alle Leuchten der Schutzklasse 0 und Schutzklasse II — 0,5 mA
- ortsveränderliche Leuchten der Schutzklasse I — 1,0 mA
- ortsfeste Leuchten der Schutzklasse I bis 1 kVA Bemessungsaufnahme — 1,0 mA
  steigend um jeweils 1 mA/kVA bis zum Höchstwert von — 5,0 mA

Nach DIN EN 60950 (VDE 0805) „Sicherheit von Einrichtungen der Informationstechnik" sind folgende Ableitströme, in der Norm Berührungsströme genannt, zulässig:

- für Geräte der Schutzklasse I
  - Handgeräte 0,75 mA
  - Ortsfeste Geräte 3,5 mA
  - Bewegbare Geräte (außer Handgeräte) 3,5 mA
- für Geräte der Schutzklasse II 0,25 mA

Die Messung des Ableitstroms ist in den genannten Bestimmungen beschrieben. Dort sind auch die Messschaltungen dargestellt und weitere Details genannt. Die Schaltung zur Messung des Ableitstroms für ein Gerät der Schutzklasse I nach DIN EN 60335-1 (VDE 0700-1) zeigt **Bild 2.19**. Der dem Messkreis parallel geschaltete Kondensator ist so zu bemessen, dass die Zeitkonstante $\tau = (225 \pm 15)$ µs beträgt. Dabei gilt $\tau = C \cdot R$.

Ableitströme in Anlagen können auch durch Umfassen der aktiven Leiter mit einem Zangenstrommesser mit kleinem Messbereich (Leckstromzange) gemessen werden.

Die Ableitströme, die durch die Stromkreise einer Anlage hervorgerufen werden, können nach DIN VDE 0100-610 Abschnitt 5.3 „Isolationswiderstand der elektrischen Anlage" abgeschätzt werden. Bei einer Anlage mit 230 V Spannung gegen Erde und einem Mindestisolationswiderstand von 0,5 MΩ ergibt sich ein Ableitstrom von etwa 0,5 mA für einen Stromkreis.

Bei der Betrachtung von Ableitströmen für eine gesamte Anlage (wichtig z. B. auch beim Einsatz von RCDs) ist neben dem Ableitstrom der Verbrauchsmittel auch der Ableitstrom der Leitungen zu berücksichtigen.

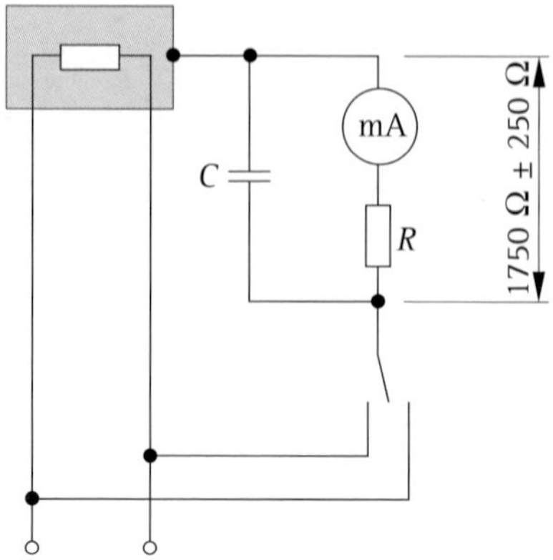

Bild 2.19 Messung des Ableitstroms

2.7 Schutz gegen gefährliche Körperströme, Schutz gegen elektrischen Schlag, Schutzmaßnahmen

Ein **elektrischer Schlag** ist die physiologische Wirkung, hervorgerufen von einem elektrischen Strom durch den Körper eines Menschen oder eines Tieres.

Schutz gegen elektrischen Schlag sind Maßnahmen, die das Risiko eines elektrischen Schlags vermindern.

Direktes Berühren ist das Berühren aktiver Teile durch den Menschen.

Indirektes Berühren ist das Berühren von Körpern elektrischer Betriebsmittel, die infolge eines fehlerhaften Zustands unter Spannung stehen, durch Menschen oder Tiere.

Basisschutz ist der Schutz gegen elektrischen Schlag, wenn keine fehlerhaften Zustände vorliegen.

Fehlerschutz ist der Schutz gegen elektrischen Schlag unter den Bedingungen eines Einzelfehlers.

Zusätzlicher Schutz ist eine Schutzmaßnahme zusätzlich zum Basisschutz und/oder Fehlerschutz.

Ein **aktives Teil** ist ein Leiter oder ein leitfähiges Teil, der/das dazu vorgesehen ist, im üblichen Betrieb unter Spannung zu stehen, einschließlich eines Neutralleiters, vereinbarungsgemäß jedoch nicht eines PEN-Leiters, PEM-Leiters und PEL-Leiters.

Ein **leitfähiges Teil** ist ein Teil, das elektrischen Strom führen kann.

Ein **Körper (eines elektrischen Betriebsmittels)** ist ein leitfähiges Teil eines elektrischen Betriebsmittels, das berührt werden kann und üblicherweise nicht unter Spannung steht, aber unter Spannung geraten kann, wenn die Basisisolierung versagt.

Ein **fremdes leitfähiges Teil** ist ein leitfähiges Teil, das nicht zur elektrischen Anlage gehört, das jedoch ein elektrisches Potential, im Allgemeinen das einer örtlichen Erde, einführen kann.

Gleichzeitig berührbare leitfähige Teile sind Leiter oder leitfähige Teile, welche gleichzeitig durch eine Person oder, wo zutreffend, durch ein Tier berührt werden können.

Ein **gefährliches aktives Teil** ist ein aktives Teil, von dem unter bestimmten Bedingungen ein schädlicher elektrischer Schlag ausgehen kann.

Schutzmaßnahmen dienen der Sicherheit von Personen, Nutztieren und Sachwerten hinsichtlich der Gefahren und Schäden, die bei üblichem Gebrauch elektrischer Anlagen entstehen können. Dabei ist bei den Schutzmaßnahmen das Thema „gefährliche Körperströme“ von besonderer Bedeutung.

Ein **gefährlicher Körperstrom** ist ein Strom, der den Körper eines Menschen oder eines Tieres durchfließt und der Merkmale hat, die üblicherweise einen pathophysiologischen (schädigenden) Effekt auslösen (IEV 826-03-07).

Schutz gegen gefährliche Körperströme bzw. Schutz gegen elektrischen Schlag wird in erster Linie sichergestellt durch:

- **Schutz gegen direktes Berühren**, das sind alle Maßnahmen, die zum Schutz von Mensch und Tier getroffen werden, um eine Berührung von aktiven Teilen zu verhindern (Basisschutz bzw. Schutz gegen elektrischen Schlag unter normalen Bedingungen).
- **Schutz bei indirektem Berühren**, das sind alle Maßnahmen, die zum Schutz von Mensch und Tier getroffen werden, um auch im Fehlerfall bei Berührung eines Körpers einen elektrischen Schlag zu verhindern (Fehlerschutz bzw. Schutz gegen elektrischen Schlag unter Fehlerbedingungen).

2.7.1 Schutz gegen direktes Berühren

Schutz gegen direktes Berühren kann u. a. durch verschiedenartige Isolierungen erreicht werden. Hier sind zu nennen:

- **Basisisolierung** ist die Isolierung von gefährlichen aktiven Teilen und gewährleistet den grundsätzlichen Schutz gegen gefährliche Körperströme. Der Begriff „Basisisolierung“ gilt nicht für eine Isolierung, die ausschließlich Funktionszwecken dient (IEV 195-06-06; IEV 826-02-17).
- **Betriebsisolierung** ist die für die Reihenspannung des Betriebsmittels bemessene Isolierung. Basisisolierung und Betriebsisolierung müssen nicht, können aber identisch sein.

Die Basisisolierung kann hergestellt werden durch:

- Eine **Umhüllung** (Gehäuse), das ist ein Teil, das ein Betriebsmittel gegen bestimmte äußere Einflüsse schützt und durch die Schutz gegen direktes Berühren in allen Richtungen gewährt wird (IEV 826-03-12).
- Eine **Abdeckung** ist ein Teil, durch das Schutz gegen direktes Berühren in allen üblichen Zugangs- oder Zugriffsrichtungen gewährt wird (IEV 826-03-13).
- Ein **Hindernis** ist ein Teil, das ein unbeabsichtigtes direktes Berühren verhindert, nicht aber eine Berührung durch eine absichtliche Handlung (IEV 826-03-14).
- **Handbereich** ist der Bereich, der von einer normalerweise üblichen Standfläche aus von einer Person mit der Hand ohne besondere Hilfsmittel erreicht werden kann (IEV 826-03-11). Dabei wird die Reichweite nach oben mit 2,5 m, nach der Seite mit 1,25 m und nach unten (unterhalb der Standfläche) mit 0,75 m angegeben. An den Übergängen sind entsprechende Rundungen anzusetzen (**Bild 2.20**).

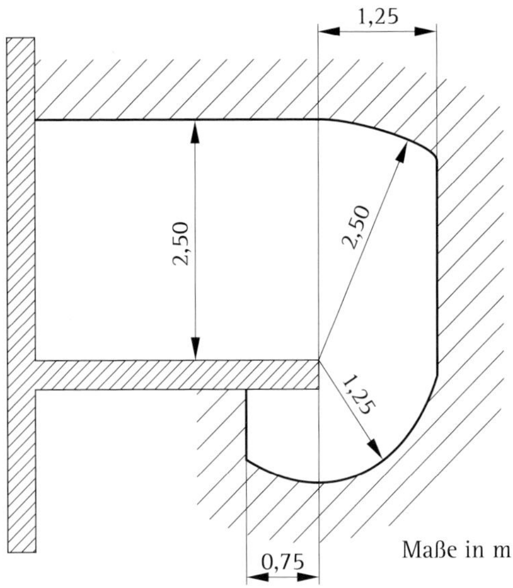

Bild 2.20 Handbereich

2.7.2 Schutz bei indirektem Berühren

Schutz bei indirektem Berühren kann durch eine der folgenden Maßnahmen sichergestellt werden:

- Schutz durch Anwendung von **Kleinspannung** (ELV), als SELV- oder PELV-System, also durch die Anwendung kleiner Spannungen.
- Schutz durch **automatische Abschaltung der Stromversorgung** und Herstellung eines **Potentialausgleichs.**
- Schutz durch **Begrenzung von Beharrungsberührungsstrom und Ladung** mit Versorgung der Stromkreise durch eine Stromquelle, die nur einen begrenzten Strom liefert oder deren Strom durch eine **Schutzimpedanz** begrenzt wird. Außerdem ist eine sichere elektrische Trennung von gefährlichen aktiven Teilen gefordert.
- **Schutzisolierung** ist eine Schutzmaßnahme, wobei die Basisisolierung so verbessert wird, dass auch im Fehlerfall keine gefährlichen Körperströme zum Fließen kommen können. Ausgehend von der Basisisolierung kann die Schutzisolierung erreicht werden durch:
  - **zusätzliche Isolierung**; eine unabhängige Isolierung, die zusätzlich zur Basisisolierung als Fehlerschutz angewandt wird (IEV 195-06-07; IEV 82603-18).

- **doppelte Isolierung**; eine Isolierung, die aus Basisisolierung und zusätzlicher Isolierung besteht (IEV 195-06-08; IEV 826-03-19).
- **verstärkte Isolierung**; eine Isolierung von gefährlichen aktiven Teilen, die in gleichem Maße Schutz gegen elektrischen Schlag bietet wie die doppelte Isolierung. Die verstärkte Isolierung kann aus mehreren Schichten bestehen, die nicht als einzelne Basisisolierung oder zusätzliche Isolierung geprüft werden können (IEV 195-06-09; IEV 826-03-20).

- Schutz durch **Schutztrennung** wird erreicht durch die sichere Trennung eines Stromkreises gegen andere Stromkreise und gegen Erde.
- Schutz durch **nicht leitende Umgebung** wird durch die nicht leitende Umgebung sichergestellt.

2.7.3 Umhüllungen, Schutzschirme und Trennung

Eine **Umhüllung** ist ein Gebilde, das die Schutzart sicherstellt, die für den vorgesehenen Verwendungszweck geeignet ist.

Eine **elektrische Umhüllung** ist eine Umhüllung, die Schutz gegen vorhersehbare Gefahren durch Elektrizität bietet.

Eine **elektrische Schutzumhüllung** ist eine elektrische Umhüllung, die die inneren Teile eines Betriebsmittels umgibt, um den Zugang zu oder Zugriff auf gefährliche aktive Teile aus jeder Richtung zu verhindern.

Eine **elektrische Schutzabdeckung** ist ein Teil, das Schutz gegen direktes Berühren aus allen Zugriffsrichtungen bietet.

Ein **elektrisches Schutzhindernis** ist ein Teil, das unabsichtliches direktes Berühren, nicht aber direktes Berühren, durch absichtliche Handlung verhindert.

Ein **elektrischer Schutzschirm** ist ein leitfähiger Schirm, der zur Trennung eines Stromkreises und/oder elektrischer Leiter von gefährlichen aktiven Teilen verwendet wird.

Eine **elektrische Schutzschirmung** ist die Trennung von Stromkreisen und/oder Leitern von gefährlichen aktiven Teilen mittels eines elektrischen Schutzschirms, der mit der Schutzpotentialausgleichsanlage verbunden und für den Schutz gegen elektrischen Schlag vorgesehen ist.

Eine **elektrische Schutztrennung** ist eine Schutzmaßnahme, bei der gefährliche aktive Teile eines Stromkreises und Teile gegen örtliche Erde und gegen Berührung isoliert sind.

Eine **einfache elektrische Trennung** ist die Trennung zwischen elektrischen Stromkreisen oder zwischen einem elektrischen Stromkreis und örtlicher Erdung durch Basisisolierung.

Eine elektrisch sichere Trennung, auch sichere Trennung genannt, ist die gegenseitige Trennung von Stromkreisen mittels:

- doppelter Isolierung oder
- Basisisolierung und elektrischer Schutzschirmung oder
- verstärkter Isolierung

2.7.4 Kleinspannung

Kleinspannung (ELV) ist eine Spannung, die die in IEC 60449 für den Spannungsbereich I festgelegten Spannungsgrenzwerte nicht überschreitet (siehe hierzu Tabelle 2.4).

Ein **SELV-System**, ist ein elektrisches System, in dem die Spannung die Grenzwerte für Kleinspannung (ELV) nicht überschreitet

- unter üblichen Bedingungen
- unter Einzelfehlerbedingungen, auch bei Erdschlüssen in anderen Stromkreisen

Anmerkung: SELV ist die Abkürzung für Sicherheitskleinspannung in einem nicht geerdeten System.

Ein **PELV-System** ist ein elektrisches System, in dem die Spannung die Grenzwerte für Kleinspannung (ELV) nicht überschreitet

- unter üblichen Bedingungen
- unter Einzelfehlerbedingungen, ausgenommen bei Erdschlüssen in anderen elektrischen Stromkreisen

Anmerkung: PELV ist die Abkürzung für Funktionskleinspannung mit elektrisch sicherer Trennung

2.8 Schutzarten

Die Schutzarten von elektrischen Betriebsmitteln hinsichtlich:

- Schutz von Personen gegen Berührung unter Spannung stehender oder sich bewegender Teile (Berührungsschutz)
- Schutz gegen Eindringen fester Fremdkörper (Fremdkörperschutz)
- Schutz gegen Eindringen von Wasser (Wasserschutz)

waren bisher in DIN 40050 festgelegt. Seit September 2000 sind die Festlegungen, geringfügig modifiziert, in DIN VDE 0470-1 „Schutzarten durch Gehäuse (IP-Code)“ beschrieben. Diese Norm stellt die Deutsche Fassung der Europäischen Norm EN 60529:2000 dar. Sie wurde auch als IEC-Publikation 60529 veröffentlicht.

Mit den Festlegungen der Schutzarten durch Gehäuse von elektrischen Betriebsmitteln soll sichergestellt werden:

- Schutz von Personen gegen Zugang zu gefährlichen Teilen (Berührungsschutz)
- Schutz des Betriebsmittels gegen Eindringen von festen Fremdkörpern (Fremdkörperschutz)
- Schutz der Betriebsmittel gegen schädliche Einwirkungen durch das Eindringen von Wasser (Wasserschutz)

Den Schutzumfang, den ein Gehäuse bietet, zeigt das IP-Kurzzeichen (IP-Code). Den stets gleichbleibenden Code-Buchstaben IP (International Protection) werden zwei Kennziffern für den Berührungs- und Fremdkörperschutz (erste Ziffer) sowie den Wasserschutz (zweite Ziffer) angehängt. Bei Bedarf können noch weitere Buchstaben (zusätzlicher Buchstabe) und/oder ergänzende Buchstaben) angehängt werden. Die grundsätzliche Darstellung des IP-Codes ist damit

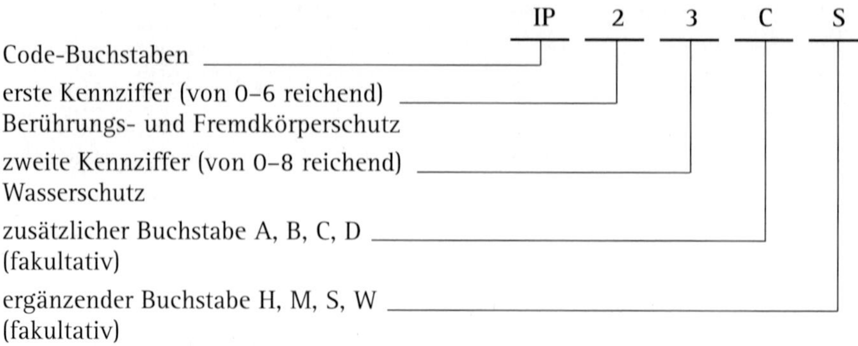

Zum Aufbau und zur Anwendung des IP-Kurzzeichens ist noch zu bemerken:

- wenn eine Kennziffer nicht angegeben werden muss, ist sie durch den Buchstaben „X“ zu ersetzen
- zusätzliche und/oder ergänzende Buchstaben dürfen, wenn sie nicht zutreffen, ersatzlos entfallen
- wenn mehr als ein ergänzender Buchstabe notwendig ist, ist die alphabetische Reihenfolge einzuhalten

Der Schutzumfang der verschiedenen Schutzarten ist in **Tabelle 2.6** in Kurzform dargestellt.

Bei Betriebsmitteln, die staubgeschützt sind (erste Kennziffer 5), ist das Eindringen von Staub nicht vollständig verhindert; Staub darf nur in begrenzten Mengen eindringen, sodass ein zufriedenstellender Betrieb des Geräts gewähr-

Kenn-ziffer	erste Ziffer		zweite Ziffer
	Berührungsschutz	Fremdkörperschutz	Wasserschutz
0	kein Schutz	kein Schutz	kein Schutz
1	Schutz gegen Berührung mit Handrücken	Schutz gegen feste Fremdkörper 50 mm Durchmesser	Schutz gegen senkrecht tropfendes Wasser
2	Schutz gegen Berührung mit Fingern	Schutz gegen feste Fremdkörper 12,5 mm Durchmesser	Schutz gegen schräg (15°) tropfendes Wasser
3	Schutz gegen Berührung mit Werkzeugen	Schutz gegen feste Fremdkörper 2,5 mm Durchmesser	Schutz gegen Sprühwasser schräg bis 60°
4	Schutz gegen Berührung mit einem Draht	Schutz gegen feste Fremdkörper 1,0 mm Durchmesser	Schutz gegen Spritzwasser aus allen Richtungen
5	Schutz gegen Berührung mit einem Draht	staubgeschützt	Schutz gegen Strahlwasser
6	Schutz gegen Berührung mit einem Draht	staubdicht	Schutz gegen starkes Strahlwasser
7	–	–	Schutz gegen zeitweiliges Untertauchen in Wasser
8	–	–	Schutz gegen dauerndes Untertauchen in Wasser

Tabelle 2.6 Schutzumfang der IP-Schutzarten

leistet ist und die Sicherheit nicht beeinträchtigt wird. Beim Wasserschutz bis zur Kennziffer 6 bedeutet die Bezeichnung, dass die Anforderungen auch für alle niedrigeren Kennziffern erfüllt sind. Ein Betriebsmittel mit der Kennzeichnung IPX7 (zeitweiliges Eintauchen) oder IPX8 (dauerndes Untertauchen) muss nicht zwangsläufig auch die Forderungen an den Schutz gegen Strahlwasser IPX5 oder starkes Strahlwasser IPX6 erfüllen. Sollen beide Forderungen erfüllt werden, so muss das Betriebsmittel mit der Doppelkennzeichnung beider Anforderungen versehen sein, z. B. IPX5/IPX7.

Der zusätzliche (fakultative) Buchstabe hat eine Bedeutung für den Schutz von Personen und trifft eine Aussage über den Schutz gegen den Zugang zu gefährlichen Teilen mit:

- Handrücken — Buchstabe A
- Finger — Buchstabe B
- Werkzeug — Buchstabe C
- Draht — Buchstabe D

Der ergänzende (fakultative) Buchstabe hat eine Bedeutung für den Schutz des Betriebsmittels und gibt ergänzende Informationen speziell für:

- Hochspannungsgeräte Buchstabe H
- Wasserprüfung während des Betriebs Buchstabe M
- Wasserprüfung bei Stillstand Buchstabe S
- Wetterbedingungen Buchstabe W

Zu den ergänzenden Buchstaben ist noch zu erwähnen, dass in den Produktnormen auch andere Buchstaben verwendet werden dürfen. Die Kennzeichnung eines Betriebsmittels mit dem Buchstaben M bedeutet, dass die beweglichen Teile während der Prüfung in Betrieb sind. Bei der Kennzeichnung mit dem Buchstaben S sind die beweglichen Teile, z. B. der Rotor einer umlaufenden Maschine, nicht in Betrieb. Ein Betriebsmittel mit der Kennzeichnung W ist geeignet zur Verwendung unter festgelegten Wetterbedingungen und bietet einen entsprechenden Schutz.

Beispiele mit dem IP-Code:

IP12

- Berührungsschutz: Schutz gegen Berührung mit dem Handrücken
- Fremdkörperschutz: Schutz gegen feste Fremdkörper mit 50 mm Durchmesser
- Wasserschutz: Schutz gegen schräg (15°) tropfendes Wasser

IPX4

- Berührungsschutz: freigestellt
- Fremdkörperschutz: freigestellt
- Wasserschutz: Schutz gegen Spritzwasser aus allen Richtungen

IP3XH

- Berührungsschutz: Schutz gegen Berührung mit Werkzeugen
- Fremdkörperschutz: Schutz gegen feste Fremdkörper 2,5 mm Durchmesser
- Wasserschutz: freigestellt
- Betriebsmittel für Hochspannung

IP23CS

- Berührungsschutz: Schutz gegen Berührung mit Fingern
- Fremdkörperschutz: Schutz gegen feste Fremdkörper mit 12,5 mm Durchmesser
- Wasserschutz: Schutz gegen Spritzwasser schräg bis 60°
- Schutz von Personen, die mit Werkzeugen mit einem Durchmesser von 2,5 mm und einer Länge von 100 mm umgehen

- Schutz gegen schädliche Wirkungen durch das Eindringen von Wasser; geprüft, während alle Teile des Betriebsmittels im Stillstand sind

IP66/IP67

- Berührungsschutz: Schutz gegen Berührung mit einem Draht
- Fremdkörperschutz: staubdicht
- Wasserschutz: Schutz gegen starkes Strahlwasser und Schutz gegen zeitweiliges Untertauchen in Wasser

Falls in der betreffenden Produktnorm nichts anderes festgelegt ist, müssen die mit der IP-Bezeichnung versehenen Betriebsmittel einer Prüfung unterzogen werden. Ist ein Betriebsmittel mit IP-Code und einer ersten Kennziffer versehen, ist davon auszugehen, dass die in **Tabelle 2.7** beschriebenen Prüfungen bestanden wurden.

Zur Prüfung der Anforderungen nach Tabelle 2.7 stehen verschiedene Prüfsonden zur Verfügung. Mit diesen Prüfsonden (Zugangssonden) kann auch die Einhaltung der Anforderungen nach den zusätzlichen Buchstaben A bis D überprüft werden.

Bei der Prüfung auf Handrückensicherheit (zusätzlicher Buchstabe A) wird die Zugangssonde nach **Bild 2.21** mit einer Prüfkraft von 50 N ± 10 % am Prüfobjekt angelegt. Dabei muss ein ausreichender Abstand zu gefährlichen Teilen eingehalten werden.

<table>
<tr><th>erste Kennziffer</th><th>Berührungsschutz</th><th>Fremdkörperschutz</th></tr>
<tr><td>0</td><td>keine Prüfung</td><td>keine Prüfung</td></tr>
<tr><td>1</td><td colspan="2">Eine Kugel von 50 mm Durchmesser darf nicht voll eindringen, und ausreichender Abstand muss eingehalten werden</td></tr>
<tr><td>2</td><td>Ein gegliederter Prüffinger darf 80 mm eindringen, ausreichender Abstand muss eingehalten werden</td><td>Eine Kugel von 12,5 mm Durchmesser darf nicht voll eindringen</td></tr>
<tr><td>3</td><td colspan="2">Ein Prüfstab mit 2,5 mm Durchmesser darf nicht eindringen, und ausreichender Abstand muss eingehalten werden</td></tr>
<tr><td>4</td><td colspan="2">Ein Prüfdraht mit 1,0 mm Durchmesser darf nicht eindringen, und ausreichender Abstand muss eingehalten werden</td></tr>
<tr><td>5</td><td rowspan="2">Ein Prüfdraht mit 1,0 mm Durchmesser darf nicht eindringen, und ausreichender Abstand muss eingehalten werden</td><td>Staubgeschützt.
Staub darf in geringen Mengen eindringen</td></tr>
<tr><td>6</td><td>Staubdicht.
Es darf kein Staub eindringen</td></tr>
</table>

Tabelle 2.7 Prüfbedingungen für Schutzgrade, bezeichnet durch die erste Kennziffer

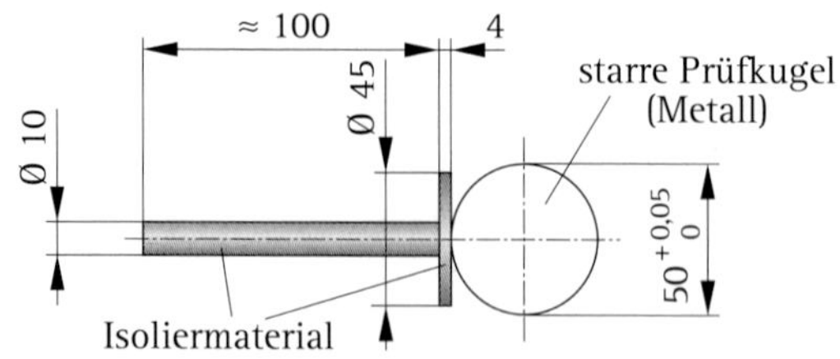

Bild 2.21 Zugangssonde: Kugel-Durchmesser 50; Maße in mm
(Quelle: DIN VDE 0470-1:2000-09)

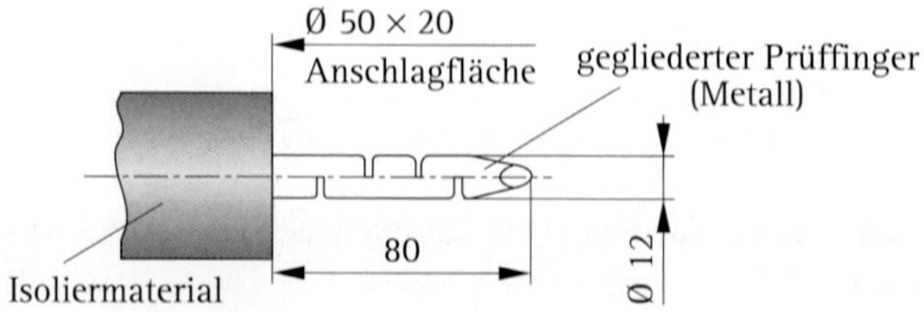

Bild 2.22 Zugangssonde: gegliederter Prüffinger; Maße in mm
(Quelle: DIN VDE 0470-1:2000-09)

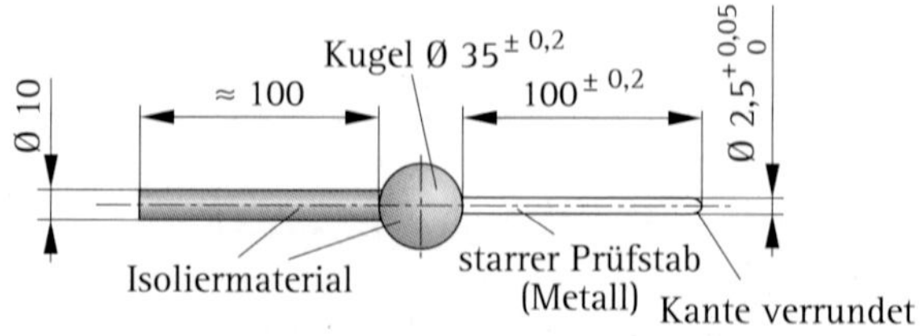

Bild 2.23 Zugangssonde: Prüfstab 2,5; Maße in mm
(Quelle: DIN VDE 0470-1:2000-09)

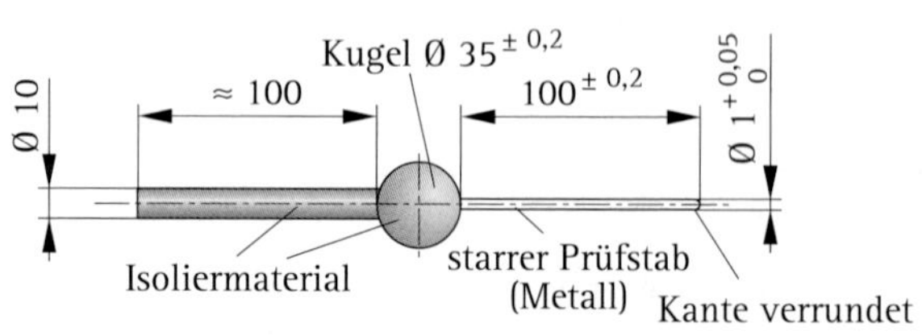

Bild 2.24 Zugangssonde: Prüfdraht 1,0; Maße in mm
(Quelle: DIN VDE 0470-1:2000-09)

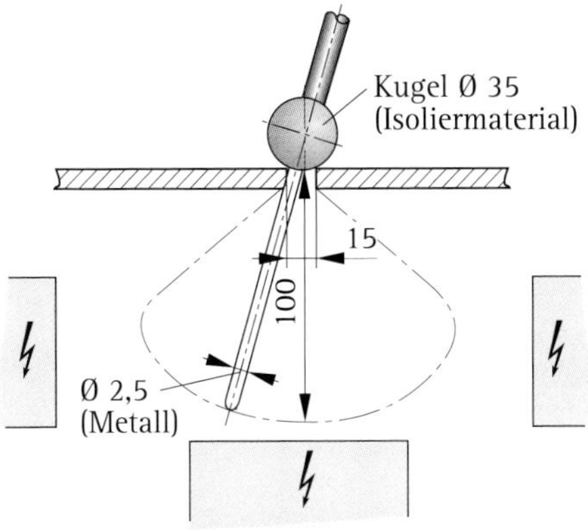

Bild 2.25 Prüfung auf den Schutz mit der Bezeichnung IP1XC; Maße in mm

Bei der Prüfung auf Fingersicherheit (zusätzlicher Buchstabe B) wird die Zugangssonde nach **Bild 2.22** mit einer Prüfkraft von 10 N ± 10 % am Prüfobjekt angelegt. Genaue Abmessungen des IEC-Prüffingers, siehe Bild 8.6. Dabei muss ein ausreichender Abstand zu gefährlichen Teilen eingehalten werden.

Bei der Prüfung auf Schutz gegen Zugang mit Werkzeugen (zusätzlicher Buchstabe C) wird die Zugangssonde nach **Bild 2.23** mit einer Prüfkraft von 3 N ± 10 % am Prüfobjekt angelegt. Dabei muss ein ausreichender Abstand zu gefährlichen Teilen eingehalten werden.

Bei der Prüfung auf Schutz gegen Zugang mit einem Draht (zusätzlicher Buchstabe D) wird die Zugangssonde nach **Bild 2.24** mit einer Prüfkraft von 1 N ± 10 % am Prüfobjekt angelegt. Dabei muss ein ausreichender Abstand zu gefährlichen Teilen eingehalten werden.

In **Bild 2.25** ist als Beispiel eine Prüfung mit dem Prüfstab 2,5 gezeigt.

Während die Prüfungen mit den verschiedenen Zugangssonden vom Anwender leicht nachvollziehbar und auch nachprüfbar sind, sind die Prüfungen auf Wasserschutz nur mit umfangreichen Prüfeinrichtungen möglich. Auf die Darstellung der Prüfungen auf Wasserschutz wird deshalb verzichtet.

2.9 Schutzklassen

Für eine Reihe von Betriebsmitteln (Geräten), besonders für Haushaltsgeräte, ist eine Einteilung in **Schutzklassen** vorgenommen. Die Ausdehnung auf andere (alle) Gerätearten ist zwar vorgesehen, stößt aber vor allem wegen der europäischen Normungsarbeit auf große Schwierigkeiten.

Schutzklasse	Symbol DIN 40100	Erläuterungen Gerät
0	—	nicht zulässig, siehe Text
I		Schutzleiter-Anschluss
II		Schutzisolierung
III		Kleinspannung

Tabelle 2.8 Schutzklassen

Die Schutzklassen sind in **Tabelle 2.8** zusammengestellt. Die wichtigsten Konstruktionsmerkmale werden nachfolgend beschrieben. Siehe hierzu auch DIN EN 61140 (VDE 0140-1).

Schutzklasse 0:

Der Schutz gegen elektrischen Schlag beruht auf der Basisisolierung; ein Schutzleiter kann nicht angeschlossen werden. Der Schutz beim Versagen der Basisisolierung muss durch die Umgebung gewährleistet sein.

Anmerkung: Es ist vorgesehen, Betriebsmittel der Schutzklasse 0 in Zukunft von der internationalen Normung auszuschließen. Zurzeit sind Betriebsmittel der Schutzklasse 0 in der Norm noch aufgenommen, weil diese Schutzklasse noch in einigen Betriebsmittelnormen enthalten ist.

Schutzklasse I:

Der Schutz beruht nicht nur auf der Basisisolierung, sondern darauf, dass alle leitfähigen Teile (Körper) mit dem Schutzleiter der festen Installation verbunden sein müssen; beim Versagen der Basisisolierung kann somit keine Berührungsspannung bestehen bleiben.

Schutzklasse II:

Der Schutz beruht nicht nur auf der Basisisolierung, sondern darauf, dass eine doppelte oder eine verstärkte Isolierung so angebracht wird, dass sie die Bedingungen der Schutzisolierung erfüllt.

Schutzklasse III:

Der Schutz beruht auf der Anwendung der Kleinspannung (ELV).

Anmerkung: In DIN EN 60535-1 (VDE 0700-1) ist auch ein Gerät mit der Schutzklasse 0I beschrieben. Danach besitzt ein solches Gerät eine Basisisolierung und ist mit einer Schutzleiterklemme ausgerüstet, besitzt jedoch eine Anschlussleitung ohne Schutzleiter und einen Stecker ohne Schutzkontakt.

2.10 Kabel und Leitungen, Schaltanlagen, Verteiler und Schienenverteiler

Die hauptsächlich verwendeten Kabel und Leitungen (nur in Deutschland wird ein Unterschied gemacht) sind in nachfolgend dargestellten Normen mit Kurztitel aufgenommen:

- DIN VDE 0250 Isolierte Starkstromleitungen
- DIN VDE 0265 Kabel mit Kunststoffisolierung und Bleimantel
- DIN VDE 0266 Starkstromkabel mit verbessertem Verhalten im Brandfall
- DIN VDE 0271 Starkstromkabel mit Isolierung und Mantel aus PVC
- DIN VDE 0276-603 Starkstromkabel (PVC-, VPE- und EPR-Kabel)
- DIN VDE 0281 PVC-isolierte Leitungen
- DIN VDE 0282 Gummi-isolierte Leitungen

Kabel dürfen prinzipiell überall, auch im Erdboden, verlegt werden und sind im Niederspannungsbereich für $U_0/U = 0{,}6/1$ kV gebaut. Sie können ohne irgendeine Einschränkung verlegt werden; besondere Verlege- und Betriebsbedingungen können aber z. B. die Belastbarkeit einschränken.

Leitungen dürfen, gleich welcher Bauart, nicht im Erdboden verlegt werden. Die jeweilige Anwendungsmöglichkeit ist aus den Einzelbestimmungen zu entnehmen, besonders aus DIN VDE 0298-3 (siehe Kapitel 19).

Unter **Kabel- und Leitungssystem sowie Kabel- und Leitungsanlage** wird die Gesamtheit aller Kabel, Leitungen und Stromschienen einschließlich deren Befestigungsmittel sowie gegebenenfalls deren mechanischer Schutz verstanden.

Weitere für Kabel- und Leitungssysteme sowie Kabel- und Leitungsanlagen häufig verwendete Begriffe sind:

- Ein **Elektroinstallationsrohr** ist ein Teil einer geschlossenen Kabel- und Leitungsanlage mit rundem oder nicht rundem Querschnitt für isolierte Leiter und/oder Kabel und Leitungen in elektrischen Anlagen, das es ermöglicht, diese einzuziehen und/oder auszuwechseln.
- Ein **zu öffnender Installationskanal** ist ein System mit verschlossenen Umhüllungen, das aus einem Unterteil mit einem abnehmbaren Deckel besteht und das zur Aufnahme von isolierten Leitern, Kabeln, Leitungen, Anschlussleitungen und zur Aufnahme von anderen elektrischen Betriebsmitteln (z. B. Steckdosen, Schutzeinrichtungen usw.) bestimmt ist.
- Ein **Kabelkanal** ist ein offener, belüfteter oder geschlossener Teil eines Kabel- und Leitungssystems (einer Kabel- und Leitungsanlage) oberhalb oder innerhalb des Erdbodens oder des Fußbodens, mit Abmessungen, die Personen keinen Zutritt, aber den Zugang zu den Elektroinstallationsrohren und/oder Kabeln auf der gesamten Länge während und nach der Installation ermöglichen.

- Ein **begehbarer Kabelkanal** ist ein Gang, der Haltekonstruktionen für Kabel und Verbindungselemente und/oder andere Teile des Kabel- und Leitungssystems enthält und dessen Abmessungen Personen die Möglichkeit geben, sich frei innerhalb seiner gesamten Länge zu bewegen.
- Eine **Kabelwanne** ist eine Kabelhalterung, die aus einer durchgehenden Tragplatte mit hochgezogenen Rändern besteht und keine Abdeckung hat.
- Eine **Kabelpritsche** ist ein Kabeltragesystem, das aus einer Reihe von Halterungen besteht, die starr mit den Haupttrageteilen verbunden sind.
- Ein **Ausleger** ist ein waagrechtes Kabeltrageteil, das nur an einem Ende befestigt ist und in Abständen angebracht wird.
- **Kabelschellen** bzw. **Rohrschellen** sind in Abständen angebrachte Trageteile, die ein Kabel oder ein Elektroinstallationsrohr mechanisch halten.

Schaltanlagen und Verteiler werden unterschieden in:

- **Fabrikfertige Schaltanlagen und Verteiler**, die wiederum zu unterscheiden sind in
  - Installationskleinverteiler und Zählerplätze nach DIN VDE 0603
  - Baustromverteiler nach DIN EN 60439-4 (VDE 0660-501)
  - Niederspannungs-Schaltgerätekombinationen nach DIN EN 60439-1 (VDE 0660-500)
- Bei **Niederspannungs-Schaltgerätekombinationen** nach DIN EN 60439-1 (VDE 0660-500) gibt es zwei grundsätzliche Ausführungen:
  - **Typgeprüfte Niederspannungs-Schaltgerätekombination** (TSK) ist eine Schaltgerätekombination, die ohne wesentliche Abweichungen mit dem Ursprungstyp oder -system der nach dieser Norm typgeprüften Schaltgerätekombination übereinstimmt
  - **Partiell typgeprüfte Niederspannungs-Schaltgerätekombination** (PTSK) ist eine Schaltgerätekombination, die typgeprüfte und/oder nicht typgeprüfte Baugruppen enthält, bei der die Einhaltung der jeweiligen Anforderungen dieser Norm nachgewiesen wird
- **Nicht fabrikfertige Schaltanlagen** und **Verteiler** sind solche, die vor Ort aus Einzelteilen zusammengebaut werden. Sie werden künftig PTSK (Partiell typgeprüfte Schaltgerätekombinationen) genannt. Ihre Errichtung vor Ort ist in Teil 729 behandelt.

Schienenverteiler müssen DIN EN 60439-1 (VDE 0660-500) entsprechen und gehören zu den fabrikfertigen Schaltgerätekombinationen. Sie bestehen aus durchgehenden Stromschienen, die in langgestreckten Schienenkästen allseitig umschlossen sind und entweder mit fest vorgesehenen Abgangskästen oder variabel anzuordnenden Abgangskästen versehen werden können.

Die Bestandteile von Schienenverteilern (**Bild 2.26**) sind:

a) gerader Schienenkasten, bestehend aus äußerer Umhüllung, Stromschienen, Halterungen und Isolation sowie den Befestigungs- und Verbindungselementen
b) L-Kasten zur Verbindung von zwei Schienensträngen in einem Winkel von 90°
c) T-Kasten zur Verbindung von drei Schienensträngen in einem Winkel von 90°
d) Kreuz-K-Kasten zur Verbindung von vier Schienensträngen in einem Winkel von 90°
e) Übergangskasten, dient zur Verbindung zweier Schienenkästen unterschiedlicher Bauart oder Nennstromstärke
f) Einspeisekasten zum Anschluss des Schienenverteilers an das Netz
g) Abgangskasten für den Anschluss eines Betriebsmittels
h) L-Kasten zur Verbindung senkrechter und waagrechter Schienen

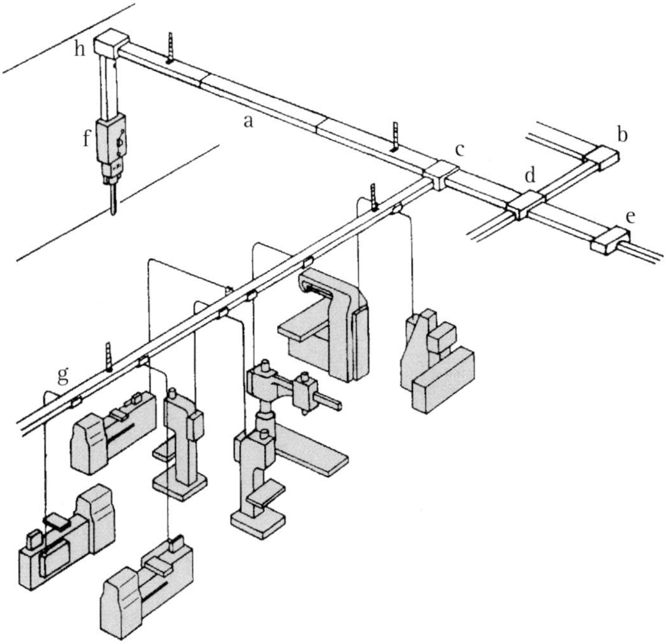

Bild 2.26 Schienenverteileranlage (Erklärung a) bis h) siehe laufenden Text)

2.11 Überstrom-Schutzeinrichtungen

Überstrom-Schutzeinrichtungen schützen elektrische Anlagen (Verteilungen, Leitungen, Geräte usw.) vor den schädigenden Auswirkungen von Kurzschlüssen und Überlastungen (weitere Ausführungen siehe Abschnitt 16.4).

Hinsichtlich Aufbau und Wirkungsweise sind dabei prinzipiell zu unterscheiden:

- **Niederspannungssicherungen** nach DIN VDE 0636, z. B.
  - Sicherungen zum Gebrauch durch Elektrofachkräfte (NH-Sicherungen nach Teil 2 und Teil 2011
  - Sicherungen für Hausinstallationen und ähnliche Anwendungen zum Gebrauch durch Laien (D-Sicherungen und D0-Sicherungen) nach Teil 3 und Teil 3011
  - Sicherungen zum Schutz von Halbleiter-Bauelementen nach Teil 4
- **Überstrom-Schutzschalter,** z. B.
  - Leitungsschutzschalter nach DIN EN 60898-1 (VDE 0641-11)
  - Motorstarter nach DIN EN 60947-4-1 (VDE 0660-102)
  - Leistungsschalter nach DIN EN 60947-2 (VDE 0660-101)
  - Selektiver Haupt-Leitungsschutzschalter – netzspannungsabhängig (SHA-Schalter) nach E DIN VDE 0643 (E VDE 0643)
  - Selektiver Haupt-Leitungsschutzschalter – spannungsunabhängig (SHU) nach E DIN VDE 0645 (E VDE 0645)

Bei der Auswahl der in einer ungeheuren Vielfalt zur Verfügung stehenden Überstrom-Schutzeinrichtungen sind neben der Art des Einsatzes, also der zu übernehmenden Schutzfunktion, vor allem die Zeit-Strom-Kennlinie und das Schaltvermögen zu beachten.

Die **Zeit-Strom-Kennlinie** gibt das Zeit-Strom-Verhalten einer Überstrom-Schutzeinrichtung an. Prinzipielle Zeit-Strom-Kennlinien bzw. -Bereiche der wichtigsten Überstrom-Schutzeinrichtungen zeigt **Bild 2.27**. Bei Zeit-Strom-Kennlinien werden die Stromwerte auf der Abszisse sowohl als absolute Ströme (Bild 2.27a und Bild 2.27d) als auch als Vielfaches des Nennstroms (Bild 2.27b und Bild 2.27c) von Überstrom-Schutzeinrichtungen angegeben.

Das **Bemessungs-Schaltvermögen** (Schaltvermögen) von Überstrom-Schutzeinrichtungen gibt an, welcher Strom von den Überstrom-Schutzeinrichtungen noch mit Sicherheit geschaltet wird. Bei Schaltvorgängen, bei denen der Strom das Schaltvermögen der Schutzeinrichtung überschreitet, muss damit gerechnet werden, dass die Überstrom-Schutzeinrichtung zerstört, der Fehler nicht abge-

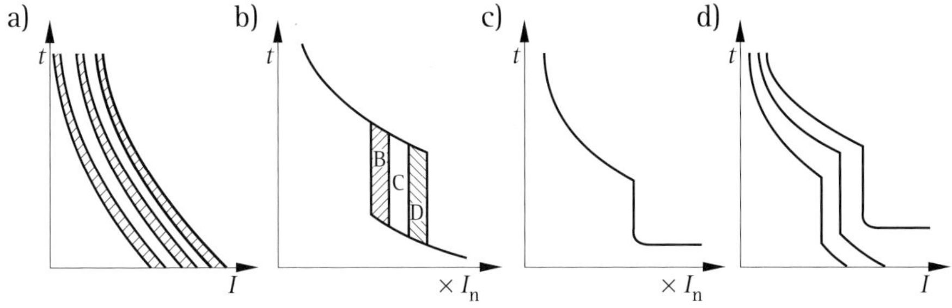

Bild 2.27 Zeit-Strom-Bereiche bzw. -Kennlinien von Überstrom-Schutzeinrichtungen
a) Sicherungen
b) Leitungsschutzschalter
c) Motorschutzschalter
d) Leistungsselbstschalter

schaltet wird und an der Einbaustelle der Überstrom-Schutzeinrichtung selbst ein Fehler (Lichtbogenkurzschluss) entsteht. Es ist deshalb wichtig, von einer elektrischen Anlage die möglichen (maximalen) Kurzschlussströme zu kennen und danach entsprechende Überstrom-Schutzeinrichtungen vorzusehen. Unter Umständen muss dabei mit sogenannten Vorsicherungen gearbeitet werden, was nicht ohne Probleme ist.

Bei der Reihenschaltung von Überstrom-Schutzeinrichtungen ist neben dem Schaltvermögen noch das selektive Verhalten (Selektivität) über den gesamten Bereich der zu schaltenden Ströme – Überlast- und Kurzschlussströme – zu berücksichtigen.

Selektivität zwischen zwei oder mehreren in Reihe geschalteten Schaltgeräten ist vorhanden, wenn bei einem Kurzschluss oder einem Überstrom nur das Gerät, das schalten soll, tatsächlich schaltet (DIN VDE 0635 Abschnitt 2.2.2).

Die dabei gestellte Forderung ist:

Die der Fehlerstelle am nächsten liegende Überstrom-Schutzeinrichtung muss den Fehler abschalten. Dabei ist die Energieflussrichtung zu beachten.

Bei der in **Bild 2.28** dargestellten Anlage muss bei Kurzschluss 1 die Überstrom-Schutzeinrichtung a und bei Kurzschluss 2 die Überstrom-Schutzeinrichtung b den Fehler abschalten. Beim Hintereinanderschalten von Überstrom-Schutzeinrichtungen mit unterschiedlichen Kennlinien muss besonders sorgfältig geplant werden. Grundsätzlich gilt, **dass die Zeit-Strom-Kennlinien der einzelnen Überstrom-Schutzeinrichtungen sich nicht schneiden dürfen**, wobei ein entsprechender Abstand sogar besser ist. **Bild 2.29** stellt die Zusammenarbeit eines Leitungsschutzschalters a und von Schmelzsicherungen b und c dar, wobei c als Vorsicherung dient.

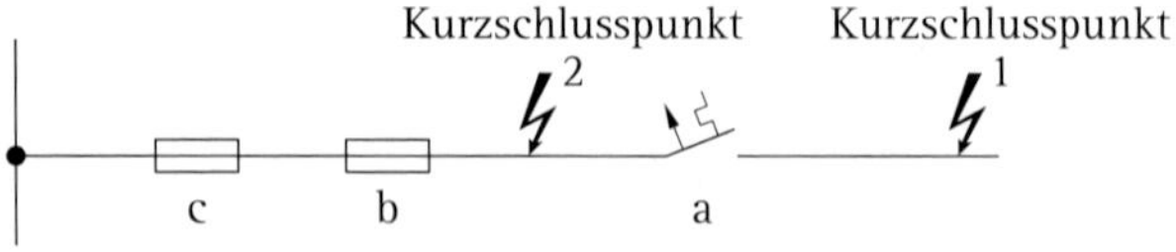

Bild 2.28 Selektivität von Überstrom-Schutzeinrichtungen

Betrachtung von a und b und Kurzschluss in Punkt 1 (Bild 2.28):

Bei Strömen bis 600 A besteht Selektivität, da der LS-Schalter a zuerst auslöst. Bei Strömen zwischen 600 A und 1 000 A löst die Sicherung b zuerst aus – keine Selektivität. Von 1 000 A bis 6 200 A besteht Selektivität. Über 6 200 A löst die Sicherung b früher aus.

Betrachtung von a und c und Kurzschluss in Punkt 1 (Bild 2.28):

Bei Strömen bis zu 9 500 A löst a zuerst aus, wodurch Selektivität besteht. Über 9 500 A löst c zuerst aus – keine Selektivität.

Betrachtung von b und c und Kurzschluss in Punkt 2 (Bild 2.28):

Die Selektivität der Schutzorgane untereinander ist über den gesamten Strombereich sichergestellt, da sich die Kennlinien nicht schneiden.

Die Lage des Punkts P (Bild 2.29) hängt von der Bemessungs-Stromstärke und Charakteristik der Sicherung ab. Außerdem müssen bei der Betrachtung dieses Punkts noch der größte Kurzschlussstrom, der in der Anlage zum Fließen kommt, und die Bemessungs-Schaltleistung des LS-Schalters beachtet werden. Bei der Verlagerung des Punkts P (Bild 2.29) in den Bereich großer Ströme ist zu berücksichtigen, dass der LS-Schalter dann das Schalten von Strömen versucht, die über seinem Bemessungs-Schaltvermögen liegen.

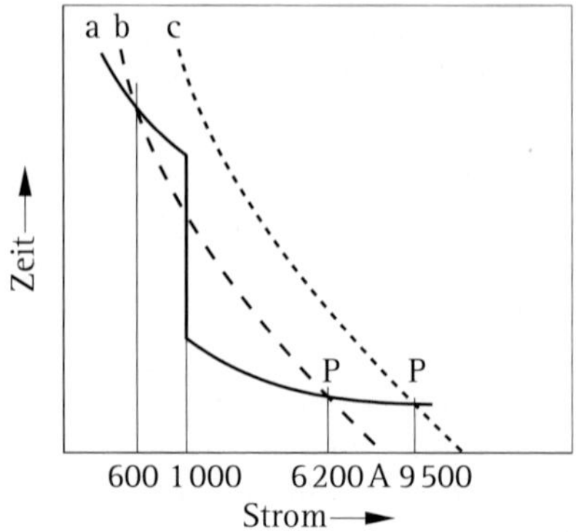

Bild 2.29 Selektivitätsbetrachtungen

Back-up-Schutz

Wenn der Kurzschlussstrom so groß ist, dass ein vorgesehener LS-Schalter diesen Strom nicht mehr schalten kann, dann müssen andere Schutzeinrichtungen, z. B. Schmelzsicherungen, vorgeschaltet werden, die in diesem Fall – unter Aufgabe der Selektivität – die Abschaltung so schnell übernehmen, dass der LS-Schalter nicht anspricht. Die vorgeschaltete Schutzeinrichtung übernimmt somit den Kurzschlussschutz über den LS-Schalter hinaus, der LS-Schalter dient nur noch als Überlastschutzeinrichtung und als Kurzschlussschutzeinrichtung für kleinere Kurzschlussströme.

Beispiel:

In einer Industrieanlage soll ein Gerät durch LS-Schalter, Typ C, Nennstrom 40 A, abgesichert werden. Der maximale Kurzschlussstrom an der Einbaustelle liegt bei 12 kA. Gesucht ist die einsetzbare Vorsicherung der Betriebsklasse gG.

Die Lösung erfolgt zweckmäßigerweise durch Übertrag der Zeit-Strom-Kennlinie des verwendeten LS-Schalters in ein Kennlinienfeld von NH-Sicherungen, die zur Verfügung stehen.

Wie **Bild 2.30** zeigt, reicht eine 125-A-gG-Sicherung gerade noch aus, um selektives Abschalten zu gewährleisten. (Auf die Kennlinienstreuung ist Rücksicht zu nehmen – eine 100-A-Sicherung reicht nicht aus.) Das Bild zeigt, dass bis etwa 3,5 kA der LS-Schalter schneller schaltet als die gG-Sicherung. Bei Strömen über 3,5 kA schaltet die gG-Sicherung schneller als der LS-Schalter (Back-up-Schutz). Bei der Auswahl des LS-Schalters ist in diesem Fall zu beachten, dass er mindestens 3,5 kA abschalten kann, was bedeutet, dass der LS-Schalter ein Bemessungs-Schaltvermögen von 6 kA haben muss. Bei einer 160-A-gG-Sicherung hingegen ist der Back-up-Schutz für einen LS-Schalter mit 6 kA Bemessungs-Schaltvermögen fraglich, da sich die Kennlinien bei etwa 6 kA schneiden. Es wäre nicht auszuschließen, dass bei einem Strom, der etwas über 6 kA liegt, der LS-Schalter zuerst auslösen und dabei unter Umständen zerstört werden würde. Die Anwendung einer 160-A-gG-Sicherung erfordert einen LS-Schalter mit 10 kA Bemessungs-Schaltvermögen.

Bei Selektivitätsbetrachtungen mit sehr kurzen Abschaltzeiten $t_a \leq 0{,}1$ s, also bei sehr großen Kurzschlussströmen – im Verhältnis zum Bemessungsstrom der Überstrom-Schutzeinrichtungen –, genügt es häufig nicht mehr, die Schmelzzeitkennlinien der verschiedenen Überstrom-Schutzorgane nach der Abschaltzeit auszuwerten. Besonders bei der Anwendung von Schmelzsicherungen und LS-Schaltern bzw. Leistungsschaltern in einer Anlage können Probleme auftreten. Dies gilt auch beim Einsatz von strombegrenzenden Überstrom-Schutzorganen. Eine Lösungsmöglichkeit wäre der Vergleich der Schmelzzeitintegralwerte (Joule-Integral) der verschiedenen Überstrom-Schutzorgane, wozu aber viel Erfahrung notwendig ist. Eine weitere Möglichkeit ist die Befragung des Herstellers, der dann

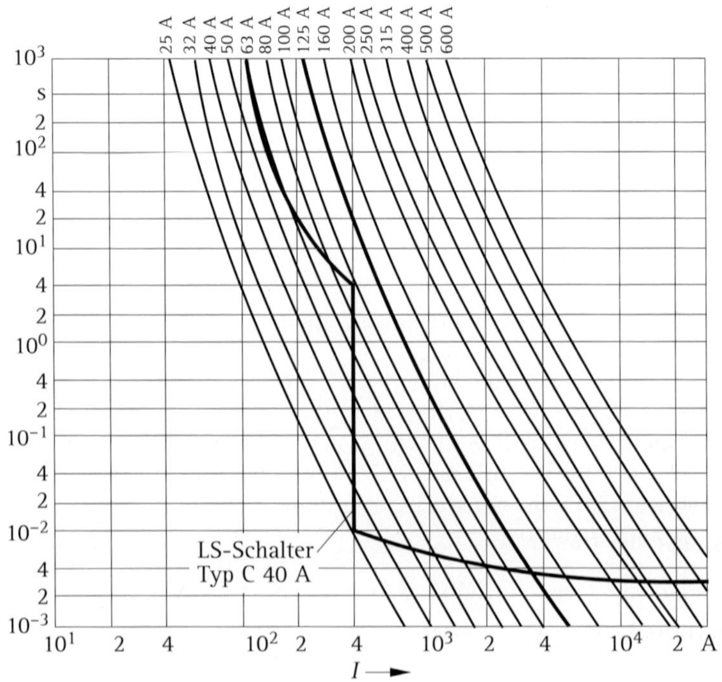

Bild 2.30 Zeit-Strom-Kennlinien von NH-Sicherungen der Betriebsklasse gG und einem LS-Schalter Typ C 40 A

aber die nötigen Unterlagen der Anlage (Kurzschlussströme, Größe und Typ der Überstrom-Schutzorgane usw.) benötigt.

2.12 RCD, Fehlerstrom- und Differenzstrom-Schutzeinrichtungen

Eine RCD (en: Residual Current protective Device) ist eine Schutzeinrichtung, bei der alle Strom führenden Leiter, also die Außenleiter und der Neutralleiter, durch einen Ringkernwandler geführt werden. Bei einem intakten Stromkreis ist nach der ersten Kirchhoff'schen Regel in jedem Augenblick die Summe der zufließenden Ströme gleich der Summe der von der Anlage zurückfließenden Ströme. Im Ringkernwandler entsteht, wenn kein Differenzstrom fließt ($I_\Delta = 0$), auch kein Magnetfeld (genau genommen heben sich die rechts und links laufenden Magnetfelder auf, da sie gleich groß sind), und es wird auch keine Spannung induziert.

Wird dieser Zustand gestört, weil z. B. ein Fehler- oder Ableitstrom über einen Schutzleiter zur Erde fließt, so ist $I_\Delta > 0$, und im Ringkernwandler wird durch das dann entstehende Magnetfeld eine Spannung induziert. Durch eine Schalteinrichtung wird der Stromkreis abgeschaltet, sobald I_Δ einen bestimmten Wert erreicht, d. h., die Abschaltung erfolgt spätestens, wenn der Bemessungsdifferenzstrom $I_{\Delta n}$ erreicht wird. Die zulässige Abschaltzeit liegt bei $\Delta t = 0{,}2$ s. Die Auslösung des Schalters darf bei $I_\Delta = (0{,}5 \ldots 1{,}0)\ I_{\Delta n}$ liegen; sie beträgt bei handelsüblichen RCDs etwa $I_\Delta = 0{,}8\ I_{\Delta n}$. Eine RCD mit einem Bemessungsdifferenzstrom von $I_{\Delta n} \leq 30$ mA kann auch für den Zusatzschutz eingesetzt werden.

Wenn in einem fehlerbehafteten System das im Ringkernwandler entstehende Magnetfeld, das dort eine Spannung induziert, ausreicht, um eine direkte Auslösung der RCD in die Wege zu leiten, dann handelt es sich um eine „RCD ohne Hilfsspannungsquelle“, und das Gerät wird als „Fehlerstrom-Schutzeinrichtung“ bezeichnet. Wird die im Ringkernwandler induzierte Spannung verstärkt (elektronische Verstärkerschaltung), wofür eine Hilfsspannungsquelle erforderlich ist, dann handelt es sich um eine „RCD mit Hilfsspannungsquelle“, und das Gerät wird als „Differenzstrom-Schutzeinrichtung“ bezeichnet.

RCD ist also der Oberbegriff für:

- **Fehlerstrom-Schutzeinrichtung (RCD ohne Hilfsspannungsquelle)**
- **Differenzstrom-Schutzeinrichtung (RCD mit Hilfsspannungsquelle)**

2.13 Trennen und Schalten

Trennen ist die Funktion, die dazu bestimmt ist, aus Gründen der Sicherheit die Stromversorgung von allen Abschnitten oder von einem einzelnen Abschnitt der Anlage zu unterbrechen, indem die Anlage oder deren Abschnitte von jeder elektrischen Stromquelle abgetrennt werden.
(Quelle: DIN VDE 0100-200 Abschnitt 2.8.1)

Ausschalten für mechanische Instandhaltung ist die Betätigung, die dazu bestimmt ist, ein einzelnes oder mehrere Betriebsmittel, die mit elektrischer Energie betrieben werden, abzuschalten, um andere Gefahren als solche durch elektrischen Schlag oder Lichtbogen während nicht elektrischer Arbeiten an diesen Betriebsmitteln zu verhüten.
(Quelle: DIN VDE 0100-200 Abschnitt 2.8.2)

Not-Aus-Schaltung ist die Betätigung, die dazu bestimmt ist, Gefahren, die unerwartet auftreten können, so schnell wie möglich zu beseitigen.
(Quelle: DIN VDE 0100-200 Abschnitt 2.8.3)

Not-Halt ist die Not-Aus-Schaltung, die dazu bestimmt ist, eine Bewegung anzuhalten, die gefährlich geworden ist.
(Quelle: DIN VDE 0100-200 Abschnitt 2.8.4)

Betriebsmäßiges Schalten ist die Betätigung, die dazu bestimmt ist, die Stromversorgung für eine elektrische Anlage oder für einen Teil der Anlage im normalen Betrieb ein- oder auszuschalten oder zu verändern.
(Quelle: DIN VDE 0100-200 Abschnitt 2.8.5)

Schalt- und Steuergeräte sind Betriebsmittel, die in einem elektrischen Stromkreis eingesetzt werden, um eine oder mehrere der nachfolgenden Funktionen zu erfüllen: Schützen, Steuern, Trennen, Schalten.
(Quelle: DIN VDE 0100-200 Abschnitt 2.7.3)

2.14 Schirme, Schutzschirme und Trennung

Schirm, elektrischer Schirm ist ein leitfähiges Teil, das Stromkreise und/oder elektrische Leiter umschließt oder trennt.
(Quelle: EN 61140 (VDE 0140-1) Abschnitt 3.20)

Schutzschirm, elektrischer Schutzschirm ist ein leitfähiger Schirm, der zur Trennung eines Stromkreises und/oder elektrischer Leiter von gefährlichen aktiven Teilen verwendet wird.
(Quelle: EN 61140 (VDE 0140-1) Abschnitt 3.21)

Schutzschirmung, elektrische Schutzschirmung ist die Trennung von Stromkreisen und/oder Leitern von gefährlichen aktiven Teilen mittels eines elektrischen Schutzschirms, der mit der Schutzpotentialausgleichsanlage verbunden und für den Schutz gegen elektrischen Schlag vorgesehen ist.
(Quelle: EN 61140 (VDE 0140-1) Abschnitt 3.22)

Einfache Trennung ist die Trennung zwischen Stromkreisen oder einem Stromkreis und Erde durch Basisisolierung.
(Quelle: EN 61140 (VDE 0140-1) Abschnitt 3.23)

Sichere Trennung, elektrisch sichere Trennung ist die gegenseitige Trennung von elektrischen Stromkreisen mittels:

- doppelter Isolierung
- Basisisolierung und elektrischer Schutzschirmung
- verstärkte Isolierung

(Quelle: EN 61140 (VDE 0140-1) Abschnitt 3.24)
Anmerkung: Der Begriff **sichere Trennung** oder **elektrisch sichere Trennung** soll künftig die bisher auch üblichen Begriffe wie „elektrische Trennung“, „sichere elektrische Trennung“ und „elektrische Trennung auf Dauer“ ersetzen.

Schutztrennung ist eine Schutzmaßnahme, bei der ein Stromkreis, der gefährlich aktiv ist, gegenüber allen anderen Stromkreisen und Teilen gegen Erde und gegen Berührung isoliert ist.
(Quelle: EN 61140 (VDE 0140-1) Abschnitt 3.25)

2.15 Betriebsarten

Die verschiedenen, in der Praxis häufig vorkommenden Betriebsarten, sind in den DIN-VDE-Bestimmungen definiert. Für drehende elektrische Maschinen sind in DIN EN 60034-1 (VDE 0530-1) zehn verschiedene Betriebsarten unter Berücksichtigung mit Darstellung von Leistung, Verlustleistung, Erwärmung und Einschaltdauer definiert. Dabei bedeuten:

S1	Dauerbetrieb
S2	Kurzzeitbetrieb
S3	Periodischer Aussetzbetrieb
S4	Periodischer Aussetzbetrieb mit Einfluss des Anlaufvorgangs
S5	Periodischer Aussetzbetrieb mit elektrischer Bremsung
S6	Ununterbrochener periodischer Betrieb
S7	Ununterbrochener periodischer Betrieb mit elektrischer Bremsung
S8	Ununterbrochener periodischer Betrieb mit Last-/Drehzahländerungen
S9	Betrieb mit nicht periodischen Last- und Drehzahländerungen
S10	Betrieb mit einzelnen konstanten Belastungen

In **Bild 2.31** sind für die verschiedenen Betriebarten von drehenden elektrischen Maschinen Leistungs-, Verlustleistungs- und Erwärmungsdiagramme dargestellt.

Die für Transformatoren nach DIN VDE 0550-1 üblichen Betriebsarten sind:

DB	Dauerbetrieb
KB	Kurzzeitbetrieb
AB	Aussetzbetrieb
DKB	Durchlaufbetrieb mit Kurzzeitbelastung
DAB	Durchlaufbetrieb mit Aussetzbelastung

Auf dem Leistungsschild muss die Bemessungs-Betriebsart (ggf. die Bemessungs-Betriebsarten) angegeben werden. Fehlt die Angabe, so bedeutet dies Dauerbetrieb.

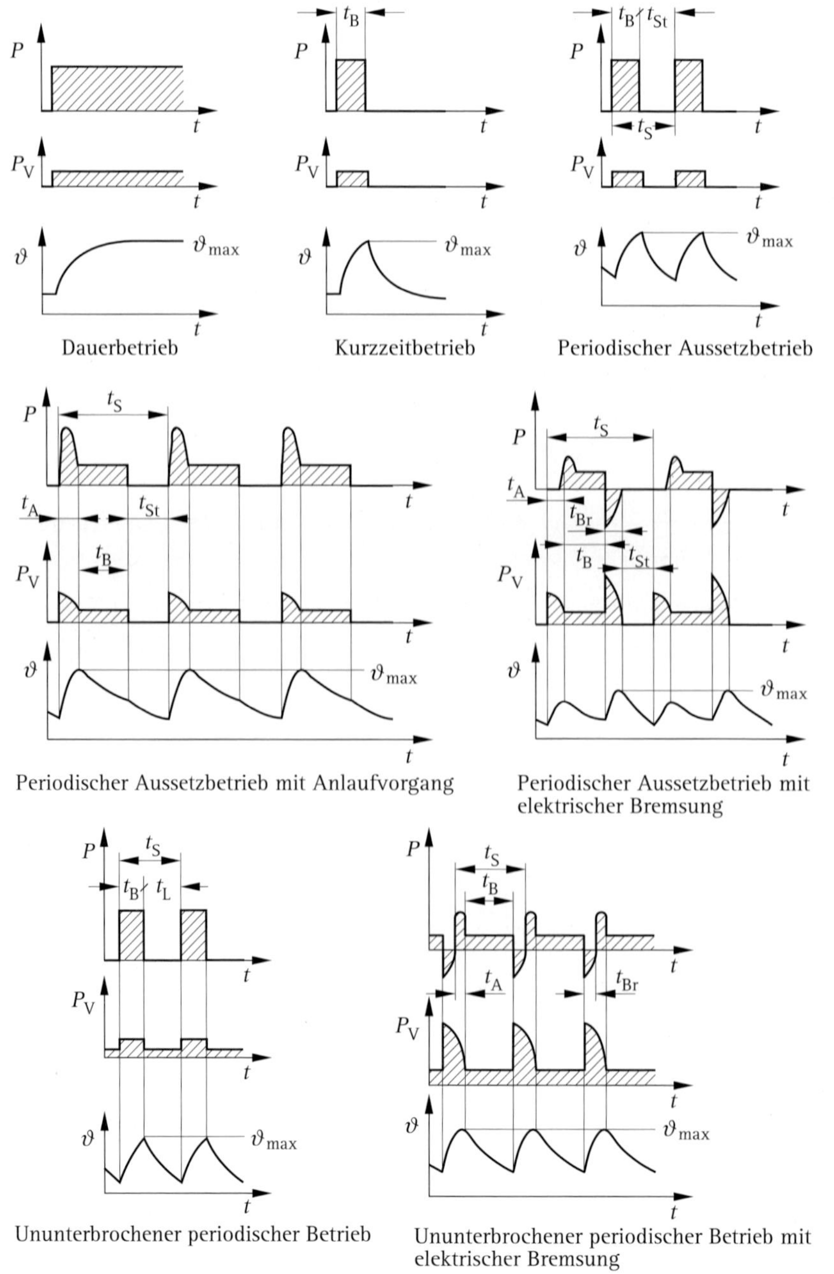

Bild 2.31 Betriebsarten (Quelle: DIN EN 60034-1 (VDE 0530-1):2005-04)

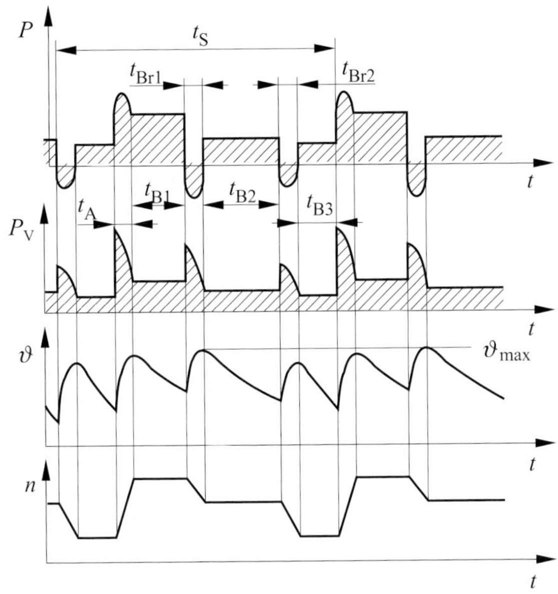

Ununterbrochener periodischer Betrieb mit Last-/Drehzahländerungen

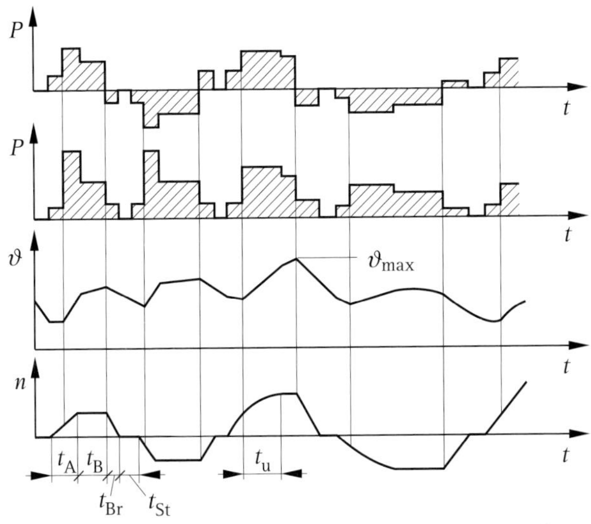

Betrieb mit nicht periodischer Last- und Drehzahländerung

Bild 2.31 (Fortsetzung) Betriebsarten (Quelle: DIN EN 60034-1 (VDE 0530-1):2005-04)

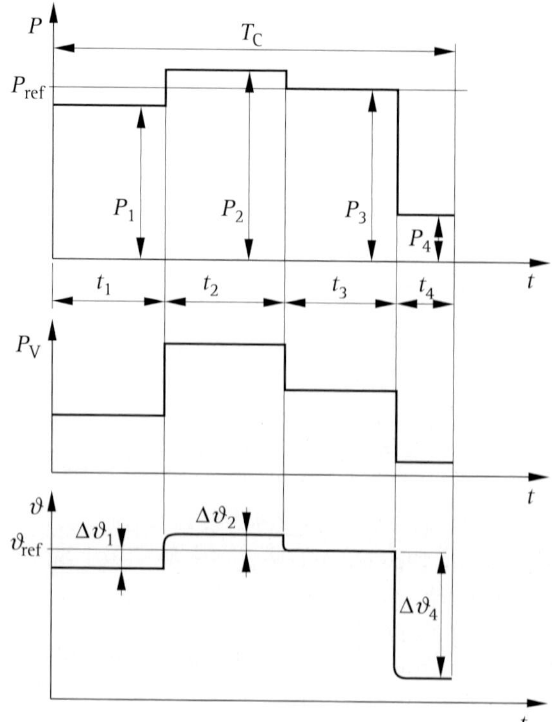

Bild 2.31 (Fortsetzung) Betriebsarten (Quelle: DIN EN 60034-1 (VDE 0530-1):2005-04)

2.16 Literatur zu Kapitel 2

[1] Rudolph, W.: Begriffserklärungen für elektrische Anlagen. etz Elektrotech. Z. 103 (1982) H. 12, S. 631 und 632

[2] Nowak, K.: Von DIN 40050 zu EN 60529/DIN VDE 0470 Teil 1: IP-Schutzarten. der elektromeister + deutsches elektrohandwerk de 68 (1993) H. 7, S. 488 bis 494 und H. 8, S. 620 bis 624

[3] Kiefer, G.: Schutzarten durch Gehäuse (IP-Code). EVU-Betriebspraxis 33 (1994) H. 3, S. 52 bis 57

[4] Greiner, H.: IP-Schutzarten nach Europäischer Norm EN 60529. Elektropraktiker 47 (1993) H. 7, S. 598 bis 601

3 Planung elektrischer Anlagen – DIN VDE 0100-300

Die Planung einer elektrischen Anlage erfordert neben elektrotechnischem Fachwissen auch genaue Kenntnisse über die zu planende Anlage. Dabei spielen das vorhandene Versorgungssystem und dessen Spannung eine ebenso wichtige Rolle wie die Art und Anzahl der später zu betreibenden Verbrauchsmittel. Der Projekteur einer Anlage muss in der Regel von verschiedenen Annahmen ausgehen, wobei eine funktionsgerechte und auch wirtschaftliche Lösung anzustreben ist.

Die Planung einer elektrischen Anlage kann in enger Anlehnung an DIN VDE 0100 „Errichten von Niederspannungsanlagen" erfolgen, da der Aufbau der Gruppen (Teile) dem Vorgehen bei der Planung entspricht:

Gruppe 100 Anwendungsbereich, Allgemeine Anforderungen
Hier ist zunächst zu klären, ob die zu planende Anlage in den Geltungsbereich von DIN VDE 0100 fällt.

Gruppe 200 Allgemeingültige Begriffe
Begriffe sind notwendig; sie dienen der Verständigung.

Gruppe 300 Allgemeine Angaben zur Planung elektrischer Anlagen
Hier sind Stromversorgungssystem, Art der Erdverbindung, Spannung, Frequenz und dgl. festzulegen bzw. zu prüfen.

Gruppe 400 Schutzmaßnahmen
Im Zusammenhang mit den in Gruppe 300 getroffenen Festlegungen sind die Maßnahmen gegen elektrischen Schlag (Schutzmaßnahmen) sowie den Schutz von Anlagen auszuwählen.

Gruppe 500 Auswahl und Errichtung elektrischer Betriebsmittel
Nach den Teilen in den Gruppen 300 und 400 kann zunächst die Auswahl der Betriebsmittel vorgenommen werden, und danach kann dann die Errichtung erfolgen.

Gruppe 600 Prüfungen
Nach Errichtung der Anlage muss vor der ersten Inbetriebnahme eine Prüfung der Anlage vorgenommen werden.

Während die verschiedenen Teile in den Gruppen 100 bis 600 die Bestimmungen darstellen, die allgemein und immer zu beachten sind, stellen die Teile der Gruppe 700 Bestimmungen dar, die zusätzlich in Betriebsstätten, Räumen und Anlagen besonderer Art gelten. Die Teile der Gruppe 700 verschärfen oder erleichtern die allgemein gültigen Anforderungen. Auf eine Auflistung der allgemeinen Bestim-

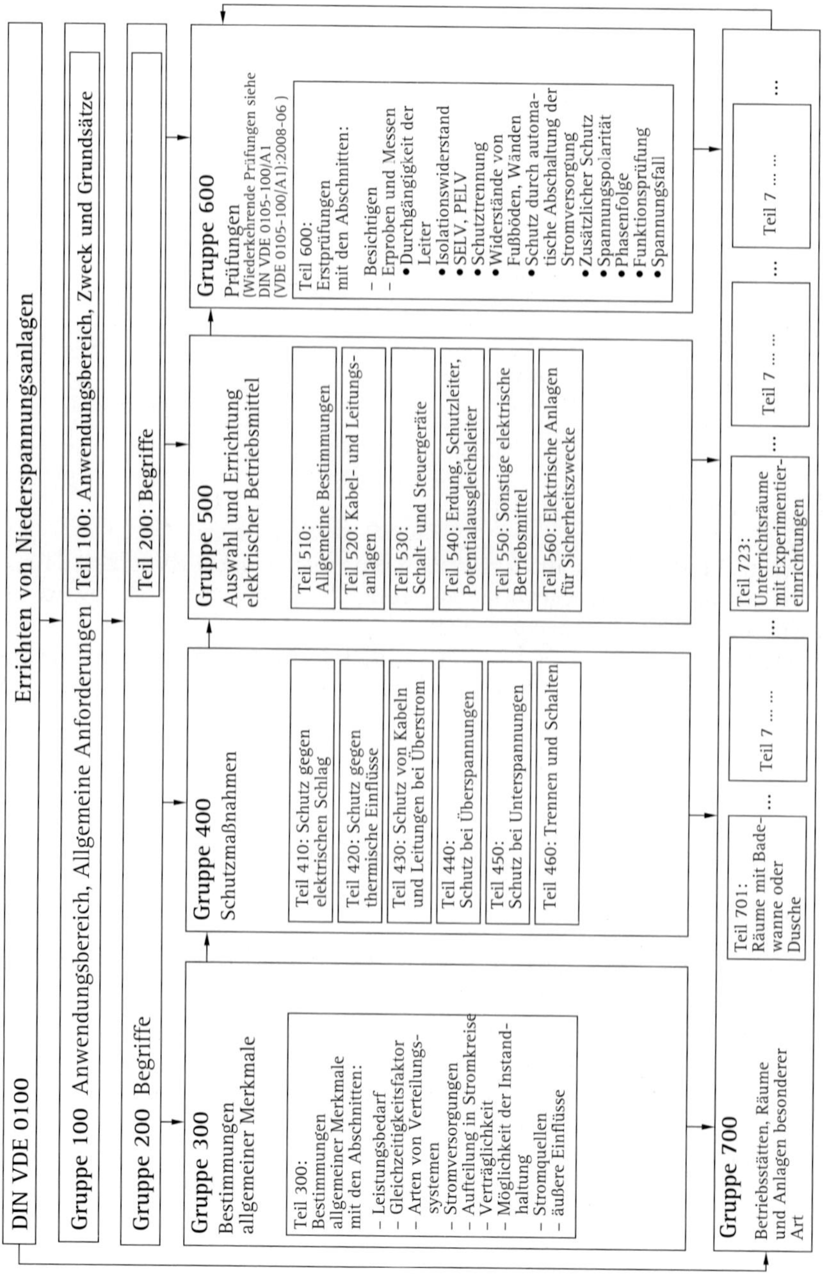

Bild 3.1 Struktur der Normen der Reihe DIN VDE 0100 (Quelle: DIN VDE 0100-200:2006-06)

mungen der DIN VDE 0100 und den Zusatzbestimmungen der Gruppe 700 wird hier verzichtet.

Zur internationalen und regionalen Verflechtung der DIN VDE 0100 ist zu bemerken, dass sehr viele Teile der Norm international in IEC-Publikation 60364 und regional in CENELEC HD 60384 aufgenommen sind. Die IEC- und CENELEC-Festlegungen wurden entweder im Original oder in modifizierter Form in die nationalen Bestimmungen übernommen.

Der aktuelle Stand kann der VDE-Schriftenreihe Band 2, „Katalog der Normen des VDE-Vorschriftenwerks 2009", der ständig aktualisiert wird, entnommen werden. Dort sind auch Aussagen über die regionalen und internationalen Zusammenhänge einer nationalen Bestimmung zu finden.

Eine Darstellung zur Gliederung der DIN VDE 0100, die auch den funktionellen Ablauf der Planung einer Starkstromanlage erkennen lässt, zeigt **Bild 3.1**.

3.1 Leistungsbedarf und Gleichzeitigkeitsfaktor

Der **Gleichzeitigkeitsfaktor** (oft auch Bedarfsfaktor genannt) berücksichtigt, dass in einer Anlage in den überwiegenden Fällen nicht alle Verbrauchsmittel gleichzeitig betrieben und auch nicht gleichzeitig mit Volllast betrieben werden. Somit ist die beanspruchte Leistung kleiner als die installierte Leistung. Der Gleichzeitigkeitsfaktor ist wesentlich von der Betriebsweise einer Anlage abhängig. Es gilt:

$$P_{\text{max}} = g \cdot P_{\text{inst}} \tag{3.1}$$

mit

P_{max}	maximal benötigte Leistung	Leistung in gleicher Dimension einsetzen, z. B. in W, kW, MW.
P_{inst}	installierte Leistung	
g	Gleichzeitigkeitsfaktor	

Gleichzeitigkeitsfaktoren für einige ausgewählte industrielle und gewerbliche Betriebe sind in **Tabelle 3.1** dargestellt.

Bei der Abschätzung der maximal benötigten Leistung von Wohnungen wird nicht von der installierten Leistung einer Wohnung ausgegangen, sondern es wird mit einer Höchstlast je Wohneinheit gerechnet. Neben der Leistung für den normalen Bedarf muss dabei auch noch berücksichtigt werden, ob die Wohnungen mit elektrischer Raumheizung (Speicherheizung, Direktheizung) ausgestattet sind und ob die Warmwasserbereitung mittels Durchflusserwärmer (Durchlauferhitzer) oder Speicherwassererwärmer (Warmwasserspeicher) erzeugt wird. Für den Allgemeinbedarf ergibt sich die maximal benötigte Leistung zu:

$$P_{\text{max}} = n \cdot g_{\text{N}} \cdot P_0 + g_{\text{DE}} + P_{\text{DE}} \tag{3.2}$$

3

Objekt	g
Schulen, Kindergärten	0,6 bis 0,9
Schreinereien	0,2 bis 0,6
Gaststätten, Hotels	0,4 bis 0,7
Großküchen	0,6 bis 0,8
Metzgereien	0,5 bis 0,8
Bäckereien	0,4 bis 0,8
Wäschereien	0,5 bis 0,9
Versammlungsräume	0,6 bis 0,8
Kleine Büros	0,5 bis 0,7
Große Büros	0,4 bis 0,8
Kaufhäuser, Supermärkte	0,7 bis 0,9
Metallverarbeitungs-Betriebe	0,2 bis 0,3
Automobil-Fabriken	0,2 bis 0,3
Beleuchtung von Straßentunnels	1,0
Baustellen	0,2 bis 0,4

Tabelle 3.1 Gleichzeitigkeitsfaktoren

Für den Anteil der elektrischen Raumheizung ergibt sich sinngemäß noch zusätzlich:

$$P_{\text{max}} = g_{\text{H}} \cdot P_{\text{H}} \tag{3.3}$$

In den Gln. (3.2) und (3.3) bedeuten:

P_{max} maximal benötigte Leistung in kW

n Anzahl der Wohneinheiten in WoE

g_{N} Gleichzeitigkeitsfaktor nach Bild 3.2

P_0 Höchstlast je Wohneinheit in kW/WoE, wobei für P_0 in Abhängigkeit der Ausstattung der Wohnungen abzuschätzen ist, welche Geräte durch den gleichzeitigen Betrieb die Höchstlast der Wohnung ergeben. Näherungsweise können gesetzt werden für

- Ein- und Zweifamilienhäuser 12 kW/WoE bis 18 kW/WoE
- Mehrfamilienhäuser 10 kW/WoE bis 16 kW/WoE

wobei bei Wassererwärmung mittels Speicherwassererwärmer ein Wert nahe der oberen Grenze zu wählen ist.

g_{H} Gleichzeitigkeitsfaktor bei elektrischer Heizung nach Bild 3.2

P_{H} gesamte installierte Leistung für die Raumheizung in kW

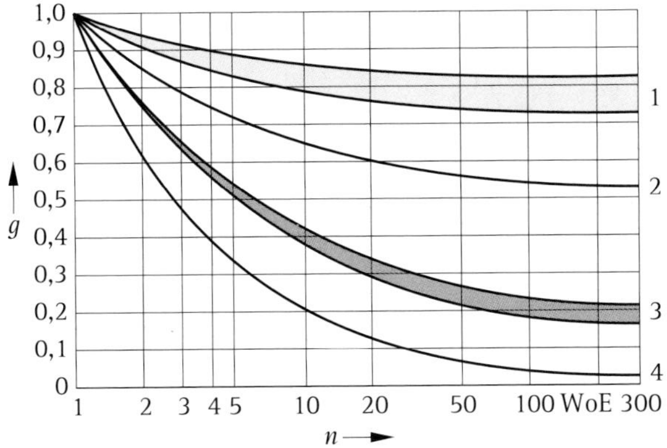

Bild 3.2 Gleichzeitigkeitsfaktoren
1 g_H für Speicherheizung (Aufladezeit: 8 h bis 10 h)
2 g_H für Direktheizung
3 g_N für allgemeinen Bedarf
4 g_{DE} für Durchflusserwärmer (18 kW bis 24 kW)

g_{DE} Gleichzeitigkeitsfaktor für Durchflusserwärmer nach Bild 3.2

P_{DE} gesamte installierte Leistung der Durchflusserwärmer in kW

Die in den Gln. (3.2) und (3.3) genannten Gleichzeitigkeitsfaktoren sind in **Bild 3.2** dargestellt.

Beispiel:

Die maximal benötigte Leistung, die von einer 10/0,4-kV-Umspannstation zur Verfügung gestellt werden muss, ist zu ermitteln. Von der Station aus werden versorgt:

- drei Mehrfamilienhäuser mit jeweils acht WoE
- sechs Einfamilienhäuser mit elektrischer Heizung 16 kW/WoE und Warmwasserbereitung über Durchflusserwärmer mit $P_{inst} = 21$ kW
- vier Zweifamilienhäuser
- eine Gaststätte mit $P_{inst} = 42$ kW
- ein Supermarkt mit $P_{inst} = 70$ kW

Als maximal benötigte Leistung – ohne Berücksichtigung der Speicherheizung – ergibt sich:

- für die Gewerbebetriebe

$$P_{max} = g \cdot P_{inst}$$
$$= 0{,}55 \cdot 42\ \text{kW} + 0{,}8 \cdot 70\ \text{kW} = 79{,}1\ \text{kW}$$

3

- für die Wohnungen, wobei alle Wohnungen mit $P_0 = 15$ kW/WoE gerechnet und für $P_{DE} = 6 \cdot 21$ kW = 126 kW gesetzt werden

$$\begin{aligned} P_{max} &= n \cdot g_N \cdot P_0 + g_{DE} \cdot P_{DE} \\ &= 38 \text{ WoE} \cdot 0{,}26 \cdot 15 \text{ kW/WoE} + 0{,}28 \cdot 126 \text{ kW} \\ &= 148{,}2 \text{ kW} + 35{,}3 \text{ kW} = 183{,}5 \text{ kW} \end{aligned}$$

Die Gesamtleistung ergibt sich damit zu

$$P_{max} = 262{,}6 \text{ kW}$$

während der Zeit, in der die Speicherheizung nicht freigegeben ist.
Die zu erwartende Belastung durch die Speicherheizung mit

$$P_H = 6 \text{ WoE} \cdot 16 \text{ kW/WoE} = 96 \text{ kW}$$

ergibt sich zu

$$P_{max} = g_H \cdot P_H = 0{,}85 \cdot 96 \text{ kW} = 81{,}6 \text{ kW}$$

wobei zu beachten ist, dass sich diese Leistung nur in der Zeit an der Station bemerkbar macht, in der die Freigabe zur Aufladung der Heizung vorliegt. Da die Freigabe der Heizung in der Regel in lastarmen Zeiten erfolgt, ist es also nicht notwendig, die Leistung der Speicherheizung zu der Leistung des allgemeinen Bedarfs zum Zeitpunkt der Höchstlast zu addieren.

3.2 Stromversorgung

Sowohl bei der Versorgung aus einem öffentlichen Netz als auch beim Einsatz von Eigenerzeugungsanlagen sind bei der Planung einer Anlage charakteristische Größen zu beachten:

- Nennspannung
- System nach Art der Erdverbindung
- Stromart, Frequenz
- Leistungsbedarf
- Kurzschlussströme an der Einspeisestelle

3.2.1 Einspeisung aus dem öffentlichen Netz

Liegt zur Versorgung einer Anlage eine Einspeisung aus dem öffentlichen Netz vor, so sind die Daten der vorgenannten Größen vom Elektrizitätsversorgungsunternehmen (EVU) bzw. Verteilungsnetzbetreiber (VNB) zu erfragen. Eine gute Zusammenarbeit zwischen dem Planer (Errichter) der zu planenden Anlage und dem EVU/VNB ist unbedingt erforderlich. Nach der „Verordnung über Allgemeine Bedingungen für den Netzanschluss und dessen Nutzung für die Elektrizitätsversorgung in Niederspannung (Niederspannunganschlussverordnung – NAV) soll die Herstellung des Hausanschlusses beim EVU/VNB schriftlich beantragt werden. Gemäß TAB Abschnitt 2 (1) soll dabei das beim EVU/VNB übliche Anmeldeverfahren Anwendung finden.

Der Planer muss dem EVU/VNB den maximal zu erwartenden Leistungsbedarf mitteilen, damit das EVU/VNB das Versorgungsnetz planen und auch die Messeinrichtung leistungsgerecht auslegen kann. Das EVU/VNB seinerseits muss dem Planer die Art der Erdverbindung (Netzform), die Nennspannung des Netzes, die Stromart, die Frequenz sowie den kleinsten und größten Kurzschlussstrom, der an der Übergabestelle zum Fließen kommt, angeben. Oft nennen die EVU/VNB auch einen oder mehrere Grenzwerte für die Impedanz des Netzes, die an der Anschlussstelle nicht überschritten werden. Werte für mittlere maximale Anschlussimpedanzen (Impedanz vom Transformator oder Generator bis zum Hausanschlusskasten zwischen Außenleiter und PEN-Leiter) sind:

- $Z = 0{,}2\ \Omega/0{,}25\ \Omega/0{,}3\ \Omega$ in Kabelnetzen
- $Z = 0{,}5\ \Omega/0{,}6\ \Omega/0{,}7\ \Omega$ in Freileitungsnetzen

Die Werte gelten natürlich nur im Netzkern; bei Netzausläufern muss die Impedanz berechnet werden. Über die vom EVU/VNB genannte Anschlussimpedanz können dann für die Einspeisestelle und für jeden Punkt der Anlage der kleinste Kurzschlussstrom (siehe Abschnitt 5.1.1.2) und der größte Kurzschlussstrom (siehe Abschnitt 14.4) berechnet werden.

3.2.2 Bemessung von Hauptleitungen und Hauptstromversorgungssystemen

Nach den TAB Abschnitt 6.2.1 gilt für die Dimensionierung der Hauptstromversorgung:

Für die Dimensionierung der Hauptstromversorgung in Wohngebäuden gilt DIN 18015-1. Alle anderen Hauptstromversorgungssysteme werden entsprechend deren Leistungsanforderungen dimensioniert. Der Netzbetreiber gibt die Größe der Hausanschlusssicherung vor.

Weiter ist nach TAB Abschnitt 6.2.4 Kurzschlussfestigkeit gefordert:

Der Planer oder Errichter legt die elektrischen Anlagen hinter der Übergabestelle des Netzbetreibers (Hausanschlusskasten) mindestens für folgende prospektiven Kurzschlussströme (unbeeinflusste Dauer-Kurzschlussströme) aus:

3

- 25 kA für das Hauptstromversorgungssystem von der Übergabestelle des Netzbetreibers bis einschließlich zur letzten Überstrom-Schutzeinrichtung bzw. Hauptleitungsabzweigklemme vor der Messeinrichtung
- 10 kA für die Betriebsmittel zwischen der letzten Überstrom-Schutzeinrichtung bzw. Hauptleitungsabzweigklemme vor der Messeinrichtung und dem Stromkreisverteiler

Die bei der Direktmessung der Messeinrichtung vorgeschaltete Überstrom-Schutzeinrichtung darf einen Bemessungsstrom von maximal 100 A haben. Sie muss mindestens die gleichen strombegrenzenden Eigenschaften aufweisen wie SH-Schalter oder Sicherungen der Betriebsklasse gG, jeweils mit einem Bemessungsstrom von 100 A. Hinsichtlich Spannungsfall im Hauptstromversorgungssystem siehe Abschnitt 20.2.

Für Wohnungen und für Gebäude mit vergleichbaren Anforderungen kann die Bemessung der Hauptstromversorgungssysteme und Hauptleitungen nach DIN 18015-1 erfolgen. In Abhängigkeit vom Elektrifizierungsgrad (ohne/mit Warmwasserbereitung für Bade- und Duschzwecke) und von der Anzahl der Wohnungen, die zu versorgen sind, gibt **Bild 3.3** die Leistung und den Bemessungsstrom an, für die das System ausgelegt werden sollte.

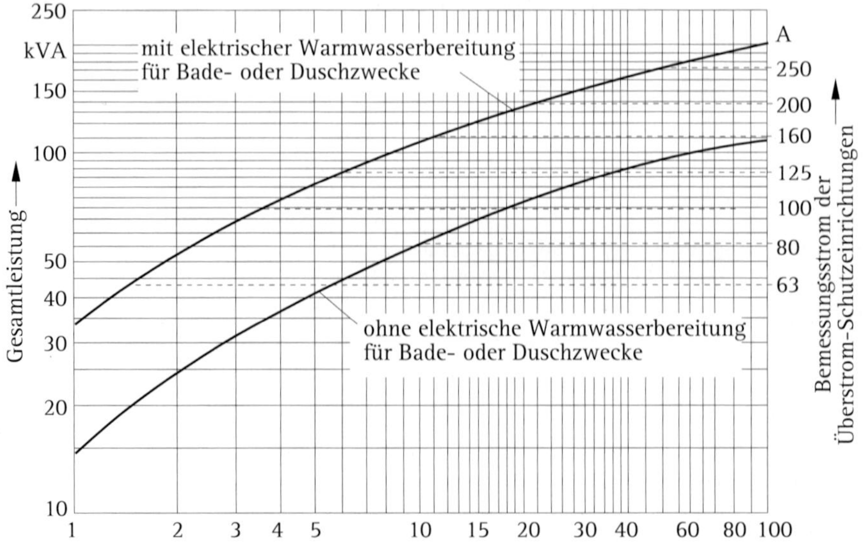

Bild 3.3 Bemessung von Hauptleitungen für Wohnungen ohne elektrische Heizung, $U_n = 230/400$ V (Quelle: DIN 18015-1:2002-09)

3.2.3 Autarke Versorgung

Ist keine öffentliche Stromversorgung vorhanden und eine Ersatzstromversorgungsanlage geplant, muss der Planer die entsprechenden Angaben der eingesetzten oder geplanten Ersatzstromquelle (Generator, Batterie) als Planungsgrundlage heranziehen.

3.2.4 Eigenversorgung mit netzparallelem Betrieb

Ist mit einer Ersatzstromquelle ein Parallelbetrieb mit dem öffentlichen Netz vorgesehen, ist eine Absprache mit dem EVU/VNB zwingend erforderlich (Forderung nach NAV § 19). Anlagen dieser Art erfordern eine besonders sorgfältige Planung. Eigenerzeugungsanlagen, die parallel mit dem öffentlichen Netz betrieben werden, sind nur zulässig zur Nutzung regenerativer Energiequellen. Die Anschlussstelle einer Eigenerzeugungsanlage am öffentlichen Netz muss an einem geeigneten Punkt im Netz erfolgen, den das EVU/VNB festzulegen hat. Bei größeren Leistungen erfolgt die Einspeisung in das Mittelspannungsnetz, während bei kleineren Leistungen auch in das Niederspannungsnetz eingespeist werden kann. Damit bei Störungen oder bei Arbeiten im Netz eine Trennung vom Netz erfolgen kann, muss die Anschlussstelle (Schaltstelle) so gewählt werden, dass sie für das EVU/VNB-Personal jederzeit zugänglich ist.

Die technischen Daten der Ersatzstromquelle sind auf die vorliegenden Netzdaten abzustimmen. Schädliche Rückwirkungen auf das EVU/VNB-Netz (Spannungsschwankungen, Einspeisung von Spannungen mit anderen Frequenzen, Unsymmetrien) dürfen nicht auftreten. Die Ersatzstromquelle muss mit Schalteinrichtungen versehen sein, die bei Spannungsabweichungen und Frequenzänderungen eine Abschaltung in die Wege leiten. Nach den Parallelbetriebsbedingungen der VDEW sind empfohlen:

- Spannungsrückgangsschutz
  (Einstellbereich bis 70 % der Nennspannung)
- Spannungssteigerungsschutz
  (Einstellbereich bis 115 % der Nennspannung)
- Frequenzrückgangsschutz
  (Einstellbereich bis 48 Hz)
- Frequenzsteigerungsschutz
  (Einstellbereich bis 52 Hz)

Im Einvernehmen mit dem EVU/VNB kann das Ansprechen der Schutzeinrichtungen für Spannungsrückgang, Spannungssteigerung und Frequenzrückgang bis zu 3 s zeitverzögert werden. Weitere Schutzeinrichtungen sind noch vorzusehen für:

3

- Kurzschlussschutz
- Überlastschutz
- Schutz gegen elektrischen Schlag

In **Bild 3.4** sind Anlagen dargestellt, die parallel mit dem Niederspannungsnetz des EVU/VNB betrieben werden können. Der Inselbetrieb der rechts dargestellten Anlage ist zulässig, weil der Betreiber die Verbraucheranlage über einen Leistungsschalter vom Netz trennen kann.

Die Maßnahmen zum Schutz gegen elektrischen Schlag unter normalen Bedingungen (Fehlerschutz) bei Eigenerzeugungsanlagen, die parallel mit dem Netz arbeiten, können gedanklich zweigeteilt werden. Grundsätzlich ist festzustellen, dass jede geeignete Maßnahme nach Teil 410 zulässig ist:

- Beim Parallelbetrieb mit dem Netz ist zur Berechnung der Abschaltströme vor allem die parallele Einspeisung zu berücksichtigen.
- Beim Inselbetrieb der Eigenerzeugungsanlage liegen zusätzlich Verhältnisse wie beim Einsatz von Notstromaggregaten vor (Ersatzstromversorgung für Sicherheitszwecke). Die Maßnahmen sind in Kapitel 23 beschrieben.

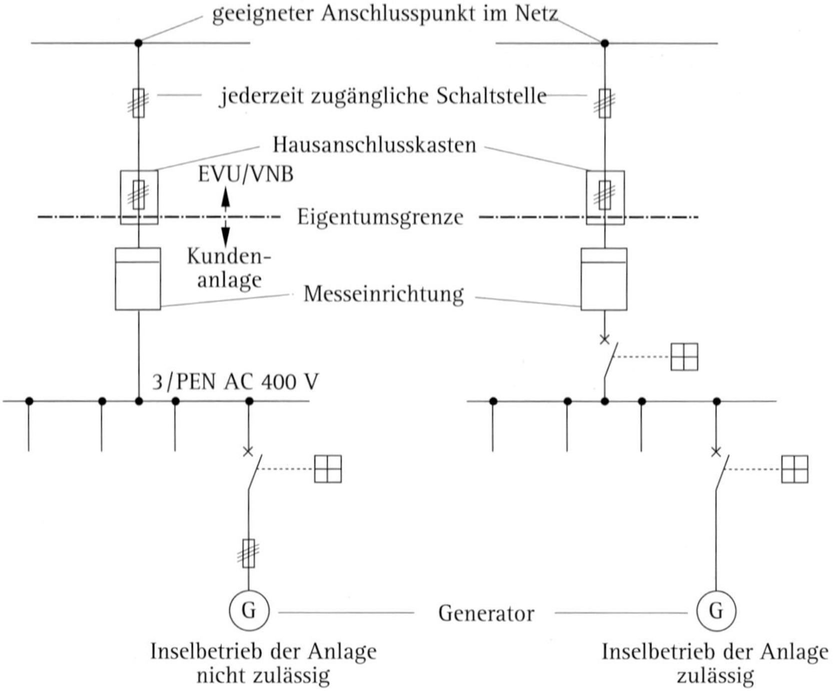

Bild 3.4 Eigenerzeugungsanlagen mit Einspeisung in das EVU/VNB-Netz

Auf die für das EVU erforderliche „jederzeit zugängliche Schaltstelle“ mit Trennerfunktion kann verzichtet werden, wenn als Ersatz eine „Einrichtung zur Netzüberwachung mit jeweils zugeordnetem Schaltorgan in Reihe“ (ENS) als Sicherheitseinrichtung eingebaut wird. Zulässig ist:

- eine ENS für einphasige Eigenerzeugungsanlagen bis 4,6 kVA bzw. bis 5,0 kW bei Photovoltaik-Anlagen
- eine ENS-3 ~ für dreiphasige Eigenerzeugungsanlagen bis 30 kVA

Der Einsatz der ENS und der ENS-3 ~ ist vom Generatortyp grundsätzlich unabhängig. Die ENS muss im Spannungsbereich von 70 % U_n bis 115 % U_n eine Netztrennung in 0,2 s bewirken, wenn folgende Grenzwerte nicht eingehalten werden:

- Spannung $U_n \leq 85$ % oder ≥ 110 %
- Frequenz $f = \pm 0{,}2$ Hz

3.3 Netzarten und Erdungen

Netze werden nach der Art der Erdverbindung, nach der Spannung (Gleich- oder Wechselspannung) und der Anzahl der aktiven Leiter (2-, 3- oder 4-Leiter-Netze) unterschieden. Zur eindeutigen Beschreibung eines Stromversorgungssystems sind folgende Angaben in der angegebenen Reihenfolge notwendig (siehe hierzu auch DIN EN 61293):

- Anzahl der Außenleiter
- andere Leiter, z. B. PEN-Leiter, Schutzleiter, Neutralleiter, Mittelleiter
- Spannung und Stromart:
  - Gleichspannung; Symbol ⎓, Kurzzeichen DC
  - Wechselspannung; Symbol ~, Kurzzeichen AC
  - Gleich- oder Wechselspannung (Allstrom); Symbol ≂, Kurzzeichen UC
- Frequenz (Zahlenwert und Einheit)
- Spannung (Zahlenwert und Einheit)

In **Tabelle 3.2** sind einige Beispiele dargestellt.

Für die verschiedenen in der Praxis vorkommenden Systeme nach Art der Erdverbindung sowie die Erdung der zu schützenden Körper wurde auf internationaler Basis eine einheitliche Kennzeichnung (durch Buchstaben) erarbeitet. In dieses System können alle im Niederspannungsbereich vorkommenden Netzarten eingeordnet werden. Die Anwendung des Systems ist auch für Einphasenwechselstromsysteme und Gleichstromsysteme möglich.

3

Stromversorgungssystem	kurze Schreibweise mit	
	Symbol	Kurzzeichen
Gleichstrom-Zweileiter-System 160 V zwei Außenleiter	2 ⎓ 160 V	2 DC 160 V
Gleichstrom-Dreileiter-System 110 V zwei Außenleiter, ein Mittelleiter	2/M ⎓ 110 V	2/M DC 110 V
Einphasen-Zweileiter-System 230 V zwei Außenleiter	2 ~ 50 Hz 230 V	2 AC 50 Hz 230 V
Einphasen-Dreileiter-System 230 V ein Außenleiter, ein Neutralleiter, ein Schutzleiter	1/N/PE ~ 50 Hz 230 V	1/N/PE AC 50 Hz 230 V
Drehstrom-Dreileiter-System 500 V drei Außenleiter	3 ~ 50 Hz 500 V	3 AC 50 Hz 500 V
Drehstrom-Vierleiter-System 400 V drei Außenleiter, ein PEN-Leiter	3/PEN ~ 50 Hz 400 V	3/PEN AC 50 Hz 400 V
Drehstrom-Fünfleiter-System 400 V drei Außenleiter, ein Neutralleiter, ein Schutzleiter	3/N/PE ~ 50 Hz 400 V	3/N/PE AC 50 Hz 400 V
Die Schrägstriche zwischen den einzelnen Leiterarten können auch weggelassen werden.		

Tabelle 3.2 Bezeichnungen für Stromversorgungssysteme

Das Kurzzeichen besteht in der Regel aus zwei Buchstaben, die die **Erdverbindungen der speisenden Stromquelle** und die **Erdverbindungen der Körper** beschreiben. Durch einen Bindestrich wird ein dritter und gegebenenfalls ein vierter Buchstabe angefügt. Der dritte bzw. vierte Buchstabe macht Aussagen über die **Anordnung des Neutral- und Schutzleiters.**

Die angewandten Kurzzeichen haben folgende Bedeutung:

Erster Buchstabe

Erdverbindungen der speisenden Stromquelle

T direkte Erdung eines Punkts; in Drehstromnetzen ist der geerdete Punkt im Allgemeinen der Sternpunkt

I entweder Isolierung aller aktiven Teile von der Erde oder Verbindung eines Punkts mit Erde über eine Impedanz

Zweiter Buchstabe

Erdverbindungen der Körper der elektrischen Anlage

T Körper direkt geerdet, unabhängig von der etwa bestehenden Erdung eines Punkts der Stromversorgung

N Körper direkt mit der Betriebserde verbunden

Weitere Buchstaben

Anordnung des Neutralleiters und des Schutzleiters

S Neutralleiter und Schutzleiter sind getrennt (separat)

C Neutralleiter und Schutzleiter sind in einem Leiter kombiniert

3.3.1 TN-Systeme

In TN-Systemen ist ein Punkt direkt geerdet (Betriebserdung). Die Körper der elektrischen Anlage sind entweder über Schutzleiter und/oder über PEN-Leiter mit diesem Punkt verbunden. Entsprechend der Anordnung der Neutralleiter und der Schutzleiter sind drei TN-Systeme zu unterscheiden:

- TN-S-System (**Bild 3.5**)
- TN-C-System (**Bild 3.6**)
- TN-C-S-System (**Bild 3.7**)

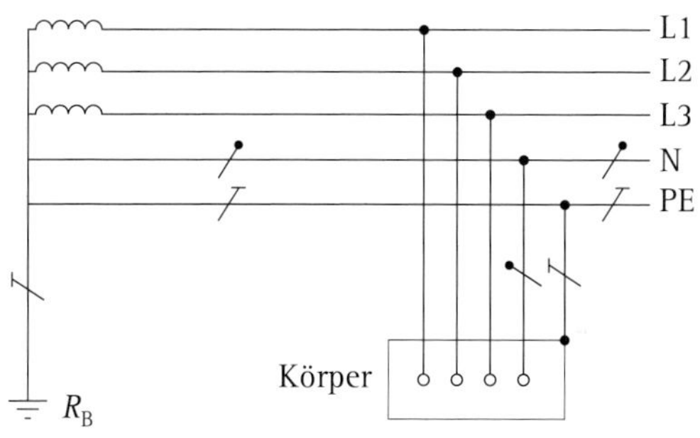

Bild 3.5 TN-S-System

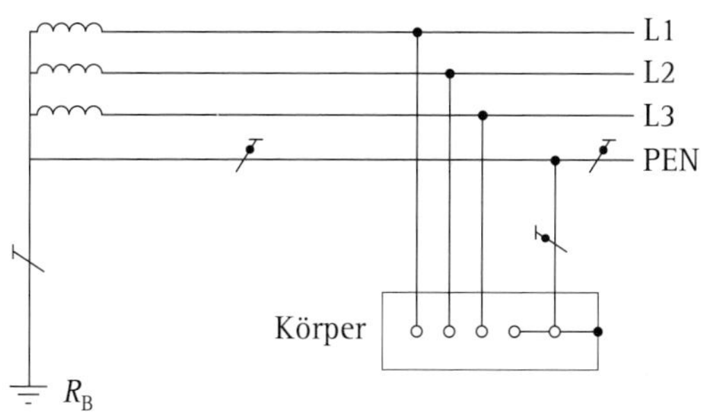

Bild 3.6 TN-C-System

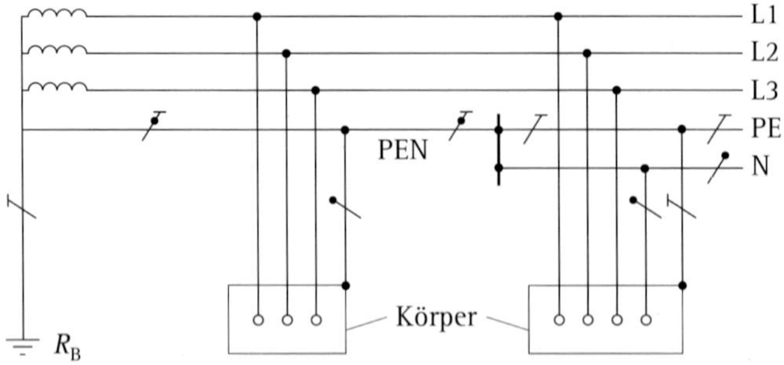

Bild 3.7 TN-C-S-System

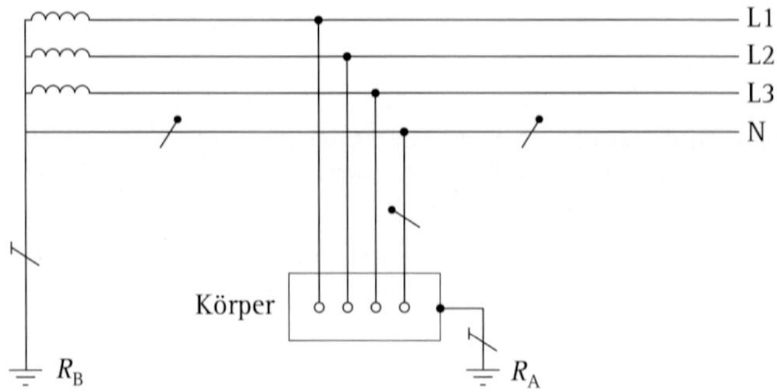

Bild 3.8 TT-System

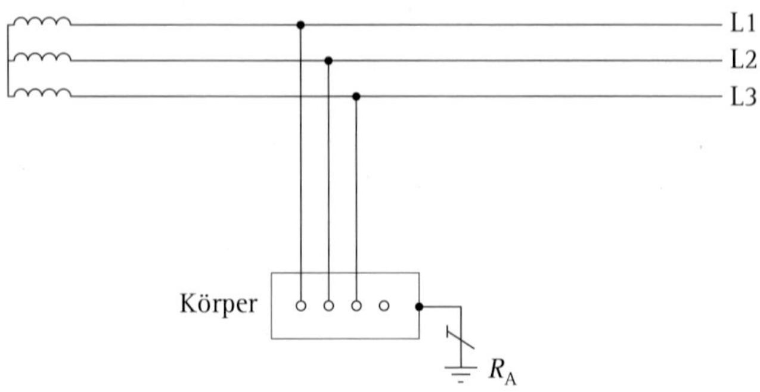

Bild 3.9 IT-System

Im TN-S-System sind Neutralleiter und Schutzleiter im gesamten System getrennt geführt.

Beim Einsatz von Überstrom-Schutzeinrichtungen entspricht dieses System der Nullung mit separatem Schutzleiter; moderne Nullung (alte Bezeichnung).

Im TN-C-System sind Neutralleiter und Schutzleiter im gesamten System in einem einzigen Leiter zusammengefasst, dem PEN-Leiter.

Beim Einsatz von Überstrom-Schutzeinrichtungen entspricht dieses System der klassischen Nullung (alte Bezeichnung).

Im TN-C-S-System sind in einem Teil des Systems die Funktionen des Neutralleiters und des Schutzleiters in einem einzigen Leiter, dem PEN-Leiter, zusammengefasst.

Beim Einsatz von Überstrom-Schutzeinrichtungen entspricht dieses System einer Kombination aus klassischer und moderner Nullung (alte Bezeichnung).

3.3.2 TT-System

Im TT-System (**Bild 3.8**) ist ein Punkt direkt geerdet (Betriebserdung). Die Körper der elektrischen Anlage sind mit Erdern verbunden, die von der Betriebserdung getrennt sind.

Beim Einsatz von Überstrom-Schutzeinrichtungen entspricht dieses System der Schutzerdung, bei der Verwendung einer Fehlerstrom-Schutzeinrichtung der FI-Schutzschaltung (alte Bezeichnung).

3.3.3 IT-System

Das IT-System (**Bild 3.9**) hat keine direkte Verbindung zwischen aktiven Leitern und geerdeten Teilen; die Körper der elektrischen Anlage sind geerdet.

Beim Einsatz einer Isolations-Überwachungseinrichtung entspricht dieses System dem Schutzleitungssystem (alte Bezeichnung).

Die in den Bildern 3.3 bis 3.7 gewählte Darstellung der verschiedenen Leiter entspricht der in Deutschland üblichen Art, die auch in DIN 40711 (siehe auch Tabelle 2.5) festgelegt ist. Nach IEC ist eine Darstellung üblich, die vor allem für maschinelle Zeichnungen Vorteile bringt. Diese IEC-Darstellungsart ist in DIN 40717 festgelegt und kann wahlweise verwendet werden. Beide Darstellungsarten sind in **Tabelle 3.3** gezeigt.

Die alphanumerische Kennzeichnung der verschiedenen Leiter und die Kennzeichnung der Anschlussklemmen an den Betriebsmitteln sowie die grafischen Symbole – soweit festgelegt – sind in **Tabelle 3.4** zusammengestellt.

3

Leiterart	Darstellungen nach	
	DIN 40711	DIN 40717
Außenleiter L1, L2, L3		
Neutralleiter N		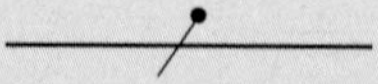
Schutzleiter PE		
PEN-Leiter		

Tabelle 3.3 Zeichnerische Darstellung der verschiedenen Leiter

Netz, System bzw. Leiter		Kennzeichnung		Grafisches Symbol DIN 40100-3
		Betriebsmittel-anschluss	Leiter-bezeichnung	
Wechselstromnetz	Außenleiter 1	U	L1	
	Außenleiter 2	V	L2	
	Außenleiter 3	W	L3	
	Neutralleiter	N	N	
Gleichstromnetz[1)]	Positiver Leiter	C	L+	
	Negativer Leiter	D	L–	
	Mittelleiter	M	M	
		PE	PE	
		–	PEN	
Erde		E	E	
Fremdspannungsfreie Erde		TE	TE	
Masse		MM	MM	
Äquipotential		CC	CC	

[1)] Die Bezeichnungen C und D für den Betriebsmittelanschluss sind international noch in Beratung.

Tabelle 3.4 Alphanumerische Kennzeichnung von Anschlussstellen und von Leitern

3.4 Stromkreisaufteilung in einer Anlage

Eine elektrische Anlage sollte in mehrere Stromkreise aufgeteilt werden. Was dabei sinnvoll und vernünftig ist, hängt ab von der Größe der Anlage, von der Ausstattung mit elektrischen Geräten sowie von der Benutzungshäufigkeit und Benutzungsdauer der Geräte. Für Wohnungen kann DIN 18015-2 „Elektrische Anlagen in Wohngebäuden; Art und Umfang der Mindestausstattung" herangezogen werden. In Abhängigkeit von der Wohnfläche gelten die in **Tabelle 3.5** dargestellten Mindestforderungen.

Weitere Forderungen nach DIN 18015-2 sind jeweils separate Stromkreise für:

- Geräte mit 2 kW oder höherer Leistung:
  - Elektro-Herd
  - Grill-Gerät
  - Geschirrspüler
  - Waschmaschine
  - Wäschetrockner
  - Bügelmaschine
  - Warmwassergeräte
  - Raumheizungsgeräte, Klimageräte
- Räume oder Verbrauchsgeräte mit besonderer Nutzung; dies können sein:
  - Hobbyräume
  - Schwimmbäder
  - Fitnessräume
  - Außenbeleuchtung
  - Garagenbeleuchtung
- Keller- und Bodenräume

Wohnfläche in m^2	Anzahl der Stromkreise
bis 50	2
über 50 bis 75	3
über 75 bis 100	4
über 100 bis 125	5
über 125	6

Tabelle 3.5 Anzahl der Stromkreise für Beleuchtung und Steckdosen in Wohnungen (Quelle: DIN 18015-2:1996-08)

- gemeinschaftlich genutzte elektrische Anlagen:
  - Beleuchtung von Fluren, Treppen, Vorhallen und dergleichen
  - Verstärker für Antennenanlagen
  - Klingel- und Sprechanlage
  - Pumpen, z. B. für Druckerhöhung oder Abwasserhebeanlage
  - Zentralheizung
  - Müllverbrennung
  - Aufzugsanlage

Bei der Auswahl der Stromkreisverteiler sind jeweils eine angemessene Anzahl Reserveplätze für weitere Stromkreise vorzusehen. Je nach räumlicher Ausdehnung der Anlage kann es auch zweckmäßig sein, nicht alle Stromkreise auf eine Hauptverteilung zu führen, sondern mehrere Unterverteiler, angeordnet in den Belastungsschwerpunkten, einzusetzen.

Bei gewerblichen bzw. industriellen Anlagen kann es ebenfalls sinnvoll sein, mehrere hintereinander liegende Unterverteiler einzusetzen und so relativ kurze Stromkreislängen zu erhalten.

In allen Anlagen (Wohnungen, Gewerbe, Industrie) sind bei der Reihenschaltung von Schutzeinrichtungen auch die Selektivitätsbedingungen (siehe Abschnitt 2.11) zu beachten.

3.5 Äußere Einflüsse

Äußere Einflüsse sind in Teil 510 behandelt (siehe hierzu auch Abschnitt 14.3 und Abschnitt 25.8, Anhang H).

Die Betriebsmittel müssen so ausgewählt werden, dass durch die normalerweise zu erwartenden äußeren Einflüsse keine betrieblichen Ausfälle, Schäden oder Störungen zu erwarten sind. Äußere Einflüsse können sein bzw. herrühren von:

- Bedingungen besonderer Art, hervorgerufen durch die Umgebung, wie:
  - Feuchtigkeit und korrosive Einflüsse
  - klimatische Verhältnisse (Temperatur, Wärme oder Kälte, Sonneneinstrahlung, Wind, Strahlung, Blitzeinwirkung)
  - Fremdkörpereinwirkung
  - Flora und Fauna
  - Erdbeben
- Bedingungen aus der Benutzung der elektrischen Betriebsmittel in besonderen Betriebsstätten, wie:

- Kindergärten
- Versammlungsstätten
- Krankenhäuser
- Hochhäuser
- Elektrische Betriebsstätten
- Abgeschlossene elektrische Betriebsstätten

- Bedingungen aus der Bauweise oder der Beschaffenheit des Gebäudes, in dem die Betriebsmittel eingesetzt werden, wie:
  - Holzhäuser; hier liegt eine erhöhte Brandgefahr vor
  - Feuergefährdete Betriebsstätten, z. B. Scheunen, Schreinereien, Spinnereien, Webereien, Papierfabriken; hier sind besondere Brandschutzmaßnahmen vorzusehen
  - Raffinerien, Treibstofflager und ähnliche gasexplosionsgefährdete Betriebsstätten; hier ist – zumindest in Bereichen – Ex-Schutz (DIN VDE 0165) erforderlich
  - Zelte, Traglufthallen, Wohnwagen nach Schaustellerart, Boote, Jachten und dgl., die häufigem Ab- und Aufbau sowie Schwingungen und Bewegungen (Transport) ausgesetzt sein können; hier sind die besonderen Bestimmungen der Gruppe 700 zu beachten – soweit solche vorhanden; ansonsten sind sinngemäße Lösungen zu treffen.

3.6 Verträglichkeit

Betriebsmittel, vor allem aber Verbrauchsmittel, sind so auszuwählen und zu betreiben, dass keine betrieblichen Rückwirkungen, die andere Betriebsmittel beeinflussen, stören oder betriebsunfähig machen, von ihnen ausgehen.

Wichtig und besonders zu beachten sind Unter- und Überspannungen sowie Einschaltströme und schnell wechselnde Belastungen. Zu achten ist auf:

- Unter- bzw. Überspannungen längerer Dauer; eine evtl. vorgegebene Spannungssteigerung oder ein vorgegebener Spannungsfall darf keinesfalls überschritten werden. Geräte werden in der Regel für ±10 %, bezogen auf die Bemessungsspannung, ausgelegt.
- Einschaltströme oder schnell wechselnde Belastung; zeitlich schnell wechselnde Belastungen, die einen Spannungsfall hervorrufen, wirken sich vor allem auf Beleuchtungsanlagen sehr störend aus. Es treten bei der Beleuchtung sogenannte Flickererscheinungen auf, die besonders das menschliche Auge störend beeinflussen. Zur Beurteilung der Verträglichkeitsgrenze gibt DIN EN 61000-3-3 (VDE 0838-3) die „CENELEC-Grenzkurve für Flicker-

erscheinungen“ (**Bild 3.10**) den zulässigen Spannungsfall in Abhängigkeit von der Anzahl der Spannungsänderungen pro Zeiteinheit an.

Weitere Störgrößen, allerdings von untergeordneter Bedeutung, können sein:

- Oberschwingungen
- elektromagnetische Felder
- Gleichstromanteile in Wechselströmen
- Ableit- und Erdschlussströme

Typische Verbrauchsmittel, die derartige Störungen hervorrufen können, sind:

- Motoren, besonders solche mit schwerem oder häufigem Anlauf
- Elektrowärmegeräte größerer Leistung
- Wärmepumpen
- Kompressoren
- Schweißgeräte

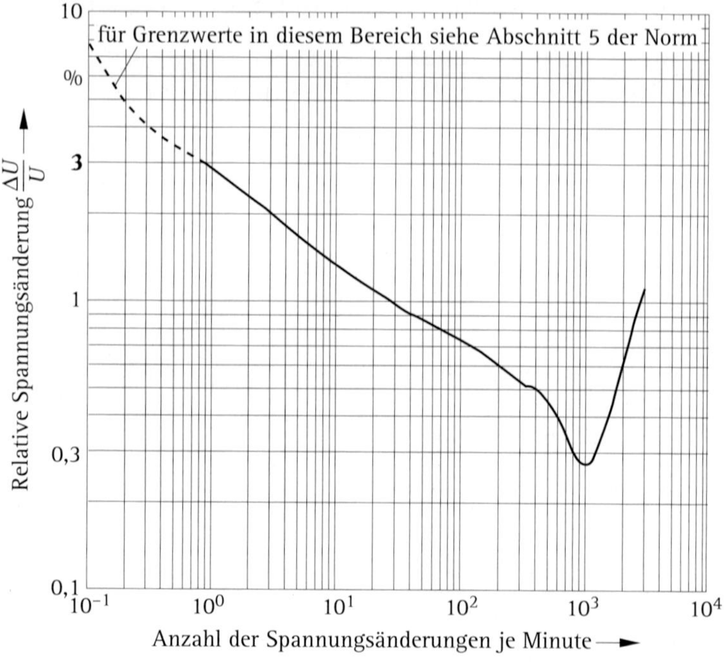

Bild 3.10 CENELEC-Flickerkurve
(Quelle: DIN EN 61000-3-3 (VDE 0838-3):2006-06)

- Verbrauchsmittel, die betrieben werden über:
  - Wechselstromsteller mit Vielperiodensteuerung (früher Schwingungspaketsteuerung genannt)
  - Wechselstromsteller mit Anschnittsteuerung (früher symmetrische Phasenanschnittsteuerung genannt)
  - Zweiweggleichrichtung, halbgesteuert (früher unsymmetrische Phasenanschnittsteuerung genannt)

Die genannten Geräte bedürfen einer besonders sorgfältigen Planung, um störende Rückwirkungen vom Netz fernzuhalten.

Die Forderungen der DIN EN 61000-3-3 (VDE 0838-3) „Elektromagnetische Verträglichkeit (EMV) – Grenzwerte – Begrenzung von Spannungsänderungen, Spannungsschwankungen und Flicker in öffentlichen Niederspannungs-Versorgungsnetzen für Geräte mit einem Bemessungsstrom ≤ 16 A je Leiter, die keiner Sonderanschlussbedingung unterliegen“ werden erfüllt, wenn bei symmetrischer Anschnittsteuerung (Wechselstromsteller mit Anschnittsteuerung) die in **Tabelle 3.6** genannten Grenzwerte nicht überschritten werden.

Bei symmetrischer Schwingungspaketsteuerung (Wechselstromsteller mit Vielperiodensteuerung) sind die Forderungen der DIN EN 61000-3-3 (VDE 0838-3)

Art der Steuereinrichtung	Grenzwert der Anschlussleistung in kVA je gesteuerte Verbrauchseinheit[1)] bei		
	Anschluss zwischen Außen- und Neutralleiter an 230 V	Anschluss zwischen zwei Außenleitern an 400 V	Anschluss an 3 × 400/230 V mit symmetrischer Belastung mit bzw. ohne Neutralleiter
Steller für			
• Glühlampen	1,7	3,3	5,0
• Ohm'sche/induktive Verbrauchsgeräte (z. B. Motoren, Entladungslampen)	3,4	6,6	6,6
ungeregelte Gleichrichter mit kapazitiver Glättung (z. B. Netzteile in Geräten der Unterhaltungselektronik, U-Umrichter zur Motorsteuerung)	0,3	0,6	1,0
geregelte Gleichrichter mit induktiver Glättung (z. B. in geregelten Gleichstromantrieben)	1,0	1,8	3,2

1) Gesteuerte Verbrauchseinheit ist die von der Steuereinrichtung beeinflusste Leistung, z. B. eine Steuereinrichtung für 400 W beeinflusst eine Lampenleistung von 5 × 60 W = 300 W.

Tabelle 3.6 Grenzwerte der Anschlussleistung bei symmetrischer Anschnittsteuerung und Gleichrichtung

3

Schalthäufigkeit in 1/min	Grenzwert der Anschlussleistung in kW je gesteuerte Verbrauchseinheit[1]) bei		
	Anschluss zwischen Außen- und Neutralleiter an 230 V	Anschluss zwischen zwei Außenleitern an 400 V	Anschluss an 3 × 400/230 V mit symmetrischer Belastung mit bzw. ohne Neutralleiter
≥ 1000	0,4	1,0	2,0
500	0,6	1,5	3,2
100	1,0	2,4	4,8
10	1,7	4,3	8,7
5	2,3	5,6	11,3
4	2,5	6,0	12,0
3	2,7	6,6	13,3
2	2,9	7,3	14,7
1	3,7	9,2	18,7
< 0,76	4,0	10,0	20,0

[1]) Gesteuerte Verbrauchseinheit ist die von der Steuereinrichtung beeinflusste Leistung, z. B. eine Steuereinrichtung für 2000 W beeinflusst eine Kochstellenleistung von 1800 W.

Tabelle 3.7 Grenzwerte der Anschlussleistung bei symmetrischer Schwingungspaketsteuerung

eingehalten, wenn die Grenzwerte der Anschlussleistung in Abhängigkeit von der Schalthäufigkeit die in **Tabelle 3.7** angegebenen Werte nicht überschreiten.

3.7 Wartbarkeit

Die Wartbarkeit ist ein Maß für die Einfachheit, mit der es möglich ist, eine Anlage zu warten. Dabei ist zu berücksichtigen, mit welcher Häufigkeit, Gründlichkeit und mit welchem Aufwand eine Anlage während ihrer Lebensdauer zu warten ist. Da die Sicherheit einer Anlage letztendlich auch von deren Wartung (Pflege, Prüfungen und dgl.) abhängt, empfiehlt es sich, bei der Planung einer Anlage mit dem Betreiber der Anlage über dessen Vorstellung hinsichtlich der Wartung zu sprechen.

3.8 Elektrische Anlagen für Sicherheitszwecke

Die elektrischen Anlagen für Sicherheitszwecke (Notstromversorgung) sind in Kapitel 23 behandelt.

3.9 Literatur zu Kapitel 3

[1] Floerke, H.: Leistungsbedarf elektrischer Anlagen. etz Elektrotech. Z. 104 (1983) H. 12, S. 586 bis 589

[2] VDN beim VDEW (Hrsg.): Eigenerzeugungsanlagen am Niederspannungsnetz. 4. Ausgabe, VDE 2001

[3] VDN beim VDEW (Hrsg.): Merkblatt zur VDEW-Richtlinie „Eigenerzeugungsanlagen am Niederspannungsnetz". VDN 2004

[4] VDEW (Hrsg.): Parallelbetrieb mit dem Niederspannungsnetz. M-09/98. VDEW Frankfurt am Main, Mai 1998

[5] Rudolph, W.; Schröder, B.: Historische Entwicklung der Netzformen TN-, TT- und IT-System. de/der elektromeister + deutsches elektrohandwerk 65 (1990) H. 11, S. 818 bis 820

[6] VDEW: Grundsätze für die Beurteilung von Netzrückwirkungen. 3., überarbeitete Ausgabe, Frankfurt a. M.: VWEW-Verlag, 1992

[7] VDEW: Technische Anschlussbedingungen für den Anschluss an das Niederspannungsnetz, TAB 2000. Frankfurt a. M.: VWEW-Verlag, 2000

[8] Lange-Hüsken, M.: Aufbau, Struktur und wesentlich neue Inhalte der TAB 2000. EVU-Betriebspraxis 39 (2000) H. 11, S. 18 bis 22

[9] Weidemann, W.; Die neuen TAB für Erzeugeranlagen am Niederspannungsnetz. Netzpraxis 42 (2003) H. 3, S. 14 bis 20

[10] Kremer, P.: Die Schutzeinrichtung ENS und Ausblick auf nationale und internationale Weiterentwicklung und messtechnische Alternativen. Netzpraxis 42 (2003) H. 4, S.12 bis 16

[11] Mombauer, W.: Flicker in Stromversorgungsnetzen; Messung, Berechnung, Kompensation. VDE-Schriftenreihe, Bd. 110. Berlin und Offenbach: VDE VERLAG, 2005

[12] Mombauer, W.: Netzrückwirkungen von Niederspannungsgeräten; Spannungsrückwirkungen und Flicker. VDE-Schriftenreihe, Bd. 111. Berlin und Offenbach: VDE VERLAG, 2006

4 Allgemeine Anforderungen für Schutzmaßnahmen – DIN VDE 0100-410

Die Grundregel des Schutzes gegen elektrischen Schlag nach DIN EN 61140 (VDE 0140) ist, dass gefährliche aktive Teile nicht berührbar sein dürfen und berührbare leitfähige Teile weder unter normalen Bedingungen noch unter Einzelfehlerbedingungen zu gefährlichen aktiven Teilen werden dürfen.

Angegebene Spannungswerte gelten bei Wechselspannungen für Effektivwerte. Werte für Gleichspannungen sind oberschwingungsfrei, d. h., sie haben einen Oberschwingungsgehalt von nicht mehr als 10 % der Gleichstromkomponente.

Eine Schutzmaßnahme muss aus folgenden Komponenten bestehen:

- einer geeigneten Kombination von zwei unabhängigen Schutzvorkehrungen, nämlich einer Basisschutzvorkehrung und einer Fehlerschutzvorkehrung oder
- einer verstärkten Schutzvorkehrung, die den Basisschutz (Schutz gegen direktes Berühren) und den Fehlerschutz (Schutz bei indirektem Berühren) bewirkt

Der zusätzliche Schutz kommt zum Tragen für Anlagen und Räume besonderer Art (DIN VDE 0100 Gruppe 700) oder bei besonderen Versorgungsbedingungen unter entsprechenden äußeren Einflüssen und in besonderen Räumlichkeiten. Der zusätzliche Schutz stellt damit die dritte Schutzebene dar, die zum Einsatz gelangt, wenn die Schutzvorkehrungen für den Basisschutz und den Fehlerschutz versagen sollten.

Verschiedene Schutzmaßnahmen in derselben Anlage oder einem Teil der Anlage dürfen zur Anwendung gelangen, wenn sichergestellt ist, dass die Schutzmaßnahmen sich gegenseitig nicht negativ beeinflussen und auch im Fehlerfall die Wirkung der anderen Schutzmaßnahmen nicht beeinflusst wird.

Bei folgenden Betriebsmitteln darf der Fehlerschutz (Schutz bei indirektem Berühren) entfallen, d. h., ein Schutzleiter braucht nicht angeschlossen zu werden:

- metallene Stützen von Freileitungsisolatoren, die außerhalb des Handbereichs angebracht sind
- Stahlbewehrungen von Betonmasten für Freileitungen, bei denen die Bewehrung nicht zugänglich ist
- Körper, die aufgrund ihrer kleinen Abmessungen (ungefähr 50 mm × 50 mm) oder ihrer Form bzw. Anordnung nicht umfasst werden oder in bedeutenden

4

Kontakt mit dem menschlichen Körper kommen können, vorausgesetzt, die Verbindung mit einem Schutzleiter könnte unzuverlässig sein oder wäre nur mit Schwierigkeiten herzustellen (Beispiele: Bolzen, Nieten, Typschilder und Kabelbefestigungen)

- Metallrohre oder Metallgehäuse, die Betriebsmittel schützen, die mit doppelter oder verstärkter Isolierung (Schutzisolierung) versehen sind

4.1 Basisschutz, Schutz gegen direktes Berühren

Schutz gegen direktes Berühren (Basisschutz) sind alle Maßnahmen zum Schutz von Personen und Nutztieren vor Gefahren, die sich aus einer Berührung von aktiven Teilen elektrischer Betriebsmittel ergeben. Bei teilweisem Schutz besteht nur ein Schutz gegen zufälliges Berühren.

Als Schutzziel kann definiert werden:
Personen und Nutztiere müssen vor den Gefahren geschützt werden, die beim Berühren aktiver Teile der elektrischen Anlage entstehen können.

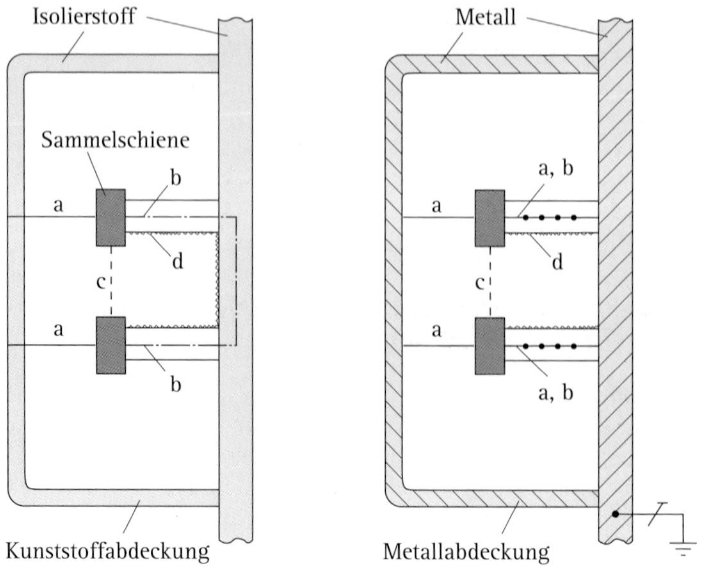

Bild 4.1 Basisisolierung und Betriebsisolierung
a Basisisolierung
b Betriebsisolierung; feste Strecke
c Betriebsisolierung; Luftstrecke
d Betriebsisolierung; Kriechstrecke

Dieser Schutz kann alternativ erreicht werden durch:

- Verhindern, dass der Strom durch den Körper einer Person oder eines Nutztiers fließen kann, oder
- Begrenzen des Stroms, der durch einen solchen Körper fließt, auf einen Wert, der niedriger ist als der gefährliche Körperstrom

Beim Basisschutz (Schutz gegen direktes Berühren) wird zunächst durch Basisisolierung der grundsätzliche Schutz gegen elektrischen Schlag unter normalen Bedingungen erzielt. Die Basisisolierung muss nicht mit der Betriebsisolierung identisch sein (**Bild 4.1**), da die Betriebsisolierung der Isolierung aktiver Teile gegeneinander und gegen Körper dient.

4.1.1 Basisschutz durch Isolierung – DIN VDE 0100-410 Anhang A

Die Basisisolierung ist dazu bestimmt, das Berühren aktiver Teile zu verhindern. Die Isolierung der aktiven Teile muss

- einen vollständigen Schutz bieten
- den elektrischen, thermischen, mechanischen und chemischen Beanspruchungen auf Dauer standhalten
- darf nur durch Zerstörung entfernbar sein

Außerdem muss die Isolierung den Anforderungen der entsprechenden Norm für das Betriebsmittel entsprechen. Farbanstriche, Lacke, Emailleüberzüge und Faserstoffumhüllungen sind normalerweise nicht geeignet, den Schutz sicherzustellen.

4.1.2 Basisschutz durch Abdeckungen oder Umhüllungen – DIN VDE 0100-410 Anhang A

Abdeckungen oder **Umhüllungen** (Gehäuse) müssen so konstruiert und angebracht werden, dass sie die aktiven Teile vollständig gegen direktes Berühren schützen. Durch vollständig geschlossene Abdeckungen oder Umhüllungen ist natürlich der beste Schutz zu erreichen. Da dies für viele Geräte aus Gebrauchsgründen (Haartrockner, Heizlüfter) und aus Belüftungsgründen (Filmprojektor) nicht möglich ist, müssen Öffnungen in der Isolierung zugelassen werden. Die Öffnungen dürfen aber nur so groß gewählt werden, dass normalerweise ein ungewolltes Berühren spannungsführender Teile ausgeschlossen ist. Das bewusste Umgehen dieser lückenhaften Isolierung durch die Anwendung von Hilfsmitteln, wie z. B. Stricknadeln und Drähte, wird nicht berücksichtigt. Ebenso wird nicht mit einer gewaltsamen Zerstörung oder einer Erweiterung der Öffnungen gerechnet.

Abdeckungen und Umhüllungen müssen folgender Schutzart genügen:

- IP2X oder IPXXB im Normalfall
- IP4X oder IPXXD, wenn horizontale obere Flächen von Abdeckungen oder Umhüllungen leicht zugänglich sind

Bei Installationskleinverteilern oder Zählerplätzen mit geringerer Schutzart sind diese so anzubringen, dass sie nicht leicht zugänglich sind.

Die Schutzart IP2X (Löcher mit Durchgriffsöffnungen bis 12,5 mm Durchmesser sind zugelassen) muss noch einen ausreichenden Schutz gegen eine Berührung von spannungsführenden Teilen mit einem Finger bieten. Zur Prüfung wird der IEC-Prüffinger (siehe Bild 8.6) verwendet. Der Prüffinger wird dabei mit einer Kraft von 10 N ± 10 % an den Prüfling herangeführt; dabei darf dann kein spannungsführendes Teil berührt werden (**Bild 4.2**). Die Prüfung ist mit einer Spannung von mindestens 40 V bzw. maximal 50 V vorzunehmen.

Durch die Forderung nach der Schutzart IP4X und IPXXD für horizontale Oberflächen soll verhindert werden, dass Gegenstände, die dort abgelegt werden, durch evtl. vorhandene Öffnungen in die Betriebsmittel fallen können.

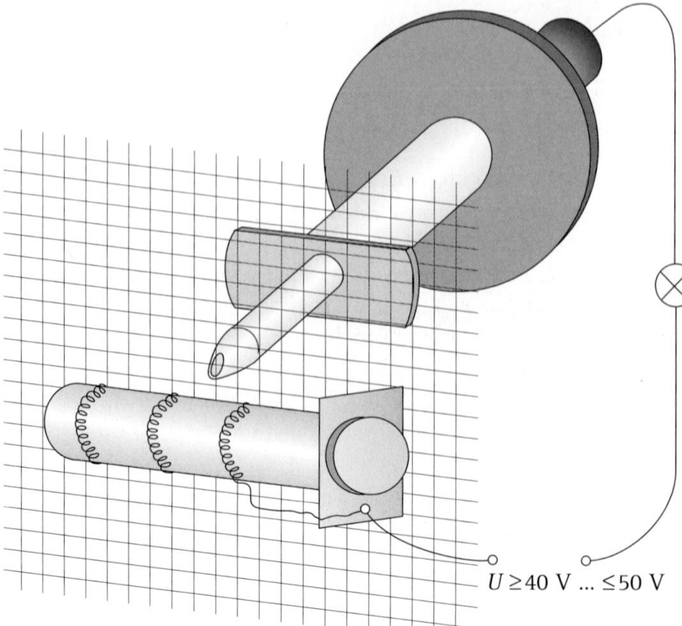

Bild 4.2 Prüffinger und Prüfobjekt

Die Entfernung von Abdeckungen oder Umhüllungen darf nur möglich sein:

- mittels Schlüssel oder Werkzeug oder
- im spannungsfreien Zustand oder
- wenn Zwischenabdeckungen (Schutzart IP2X oder IPXXB) vorhanden sind, die ebenfalls nur mit Schlüssel oder Werkzeug entfernbar sind

Befinden sich hinter den Abdeckungen oder Umhüllungen Betriebsmittel, die nach der Abschaltung gefährliche elektrische Ladungen aufweisen, ist ein Warnschild erforderlich. Wenn die Ladung innerhalb von 5 s auf DC 120 V absinkt, besteht normalerweise keine Gefahr.

4.1.3 Basisschutz durch Hindernisse – DIN VDE 0100-410 Anhang B

Als Hindernisse gelten Schutzleisten, Geländer, Gitterwände und ähnliche Bauteile. Hindernisse müssen die zufällige Annäherung an spannungsführende Teile verhindern. Ein bewusstes Umgehen von Hindernissen braucht nicht berücksichtigt zu werden.

Hindernisse dürfen so gestaltet sein, dass sie ohne Schlüssel oder Werkzeug entfernt werden können. Ein unbeabsichtigtes Entfernen muss verhindert werden, z. B. durch Bügel, Laschen, Haken, Klinken, Flügelmuttern oder ähnliche Bauteile.

4.1.4 Basisschutz durch Anordnung außerhalb des Handbereichs – DIN VDE 0100-410 Anhang B

Beim Schutz durch Anordnung außerhalb des Handbereichs wird davon ausgegangen, dass spannungsführende Teile so angebracht sind, dass sie der Berührung entzogen sind, wie zum Beispiel eine Freileitung, eine Fahrleitung oder eine Kranschleifleitung. Die Forderung bedeutet, dass sich innerhalb des Handbereichs keine gleichzeitig berührbaren Teile unterschiedlichen Potentials befinden, d. h., gleichzeitig berührbare Teile müssen mehr als 2,5 m voneinander entfernt sein. Wenn sperrige Gegenstände, z. B. Leitern, befördert werden, ist der Abstand entsprechend zu vergrößern. Wird eine Standfläche durch ein Hindernis begrenzt (z. B. Geländer), so beginnt der Handbereich an diesem Hindernis.

4.2 Fehlerschutz, Schutz bei indirektem Berühren

Als Schutzziel kann definiert werden:

Personen und Nutztiere müssen vor Gefahren geschützt werden, die beim Berühren von Körpern elektrischer Betriebsmittel im Falle eines Fehlers entstehen können.

Der Schutz kann alternativ durch eines der folgenden Verfahren erreicht werden:

- Verhindern, dass ein Fehlerstrom durch den Körper einer Person oder eines Nutztiers fließen kann, oder
- Begrenzen des Fehlerstroms, der durch einen solchen Körper fließt, auf einen Wert, der niedriger ist als der gefährliche Körperstrom, oder
- die automatische Abschaltung der Stromversorgung in einer festgelegten Zeit beim Auftreten eines Fehlers, der wahrscheinlich einen Strom verursacht, der durch eine Person oder ein Nutztier bei Berührung mit Körpern elektrischer Betriebsmittel fließt, dessen Wert gleich oder größer ist als der gefährliche Körperstrom.

Die Maßnahmen zum Schutz gegen elektrischen Schlag unter Fehlerbedingungen (Schutz bei indirektem Berühren oder Fehlerschutz) in DIN VDE 0100-410 schützen nur beim ersten Fehler in einer Anlage. Beim Auftreten eines zweiten Fehlers – ungünstig gelegen zum ersten – kann es sein, dass kein Schutz mehr besteht.

Die Zusammenhänge zwischen Schutz gegen direktes Berühren und bei indirektem Berühren zeigt **Bild 4.3**, wobei auch die früher üblichen, zusätzlichen Schutzmaßnahmen nach DIN VDE 0100:1973-05 dargestellt wurden. Die unter DIN VDE 0100:1973-05 aufgeführte Schutzmaßnahme „Standortisolierung" entspricht nur in etwa der Schutzmaßnahme „Schutz durch nicht leitende Räume" und wurde deshalb in Klammern gesetzt. Ebenso in Klammern gesetzt wurde § 53 „Schutztrennung" als Vorgänger der Schutzmaßnahme „Schutztrennung mit mehreren Geräten", weil diese früher nur für die Brandbekämpfung bei Schadens- und Katastrophenfällen mit eigenem Ersatzstromerzeuger zulässig war.

Um zunächst einen Überblick zu geben, werden die jeweiligen Grundausführungen der Maßnahmen zum Fehlerschutz (Schutz bei indirektem Berühren) in Kurzform beschrieben und jeweils in einem Bild dargestellt. Die Reihenfolge der Aufzählung sagt nichts über die Wertigkeit der Schutzmaßnahme aus.

Die Schutzmaßnahmen mit Abschaltung oder Meldungen a) bis c) sind im Allgemeinen notwendig und sollten immer angewandt werden.

a) **Schutz im TN-System (Bild 4.4)**

Im Fehlerfall fließt der Fehlerstrom über einen separaten Leiter (PEN-Leiter oder Schutzleiter) zur Stromquelle zurück. Die Schutzeinrichtung (SE) muss so bemessen sein, dass eine automatische Abschaltung in ausreichend kurzer Zeit erfolgt.

b) **Schutz im TT-System (Bild 4.5)**

Im Fehlerfall fließt der Strom über das Erdreich zum Sternpunkt des Stromerzeugers zurück. Der Schutzerder muss so dimensioniert werden, dass eine gefährliche Berührungsspannung nicht bestehen bleibt. Außerdem ist eine automatische Abschaltung in festgelegter Zeit erforderlich.

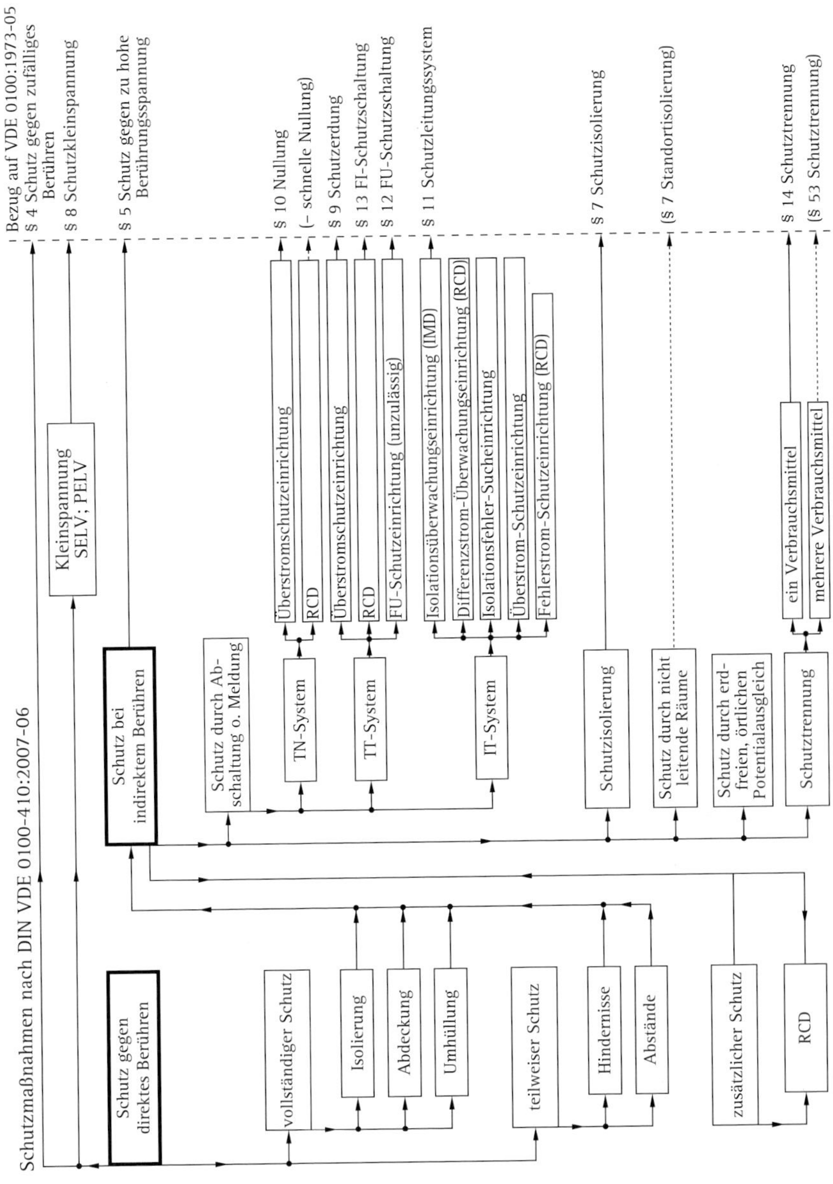

Bild 4.3 Übersicht über die Schutzmaßnahmen und Vergleich mit DIN VDE 0100:1973-05

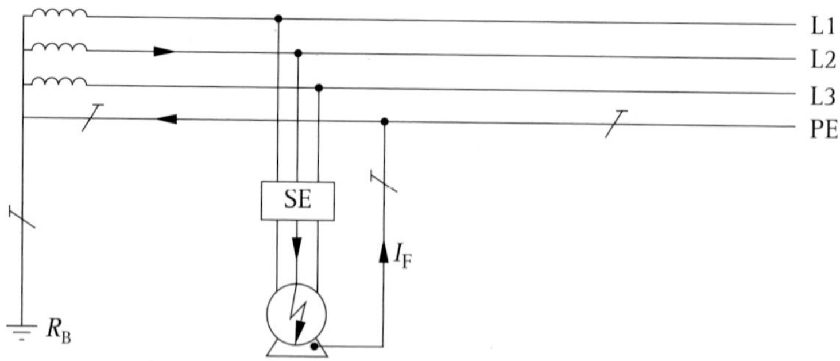

Bild 4.4 Schutz im TN-System
SE: Schutzeinrichtung

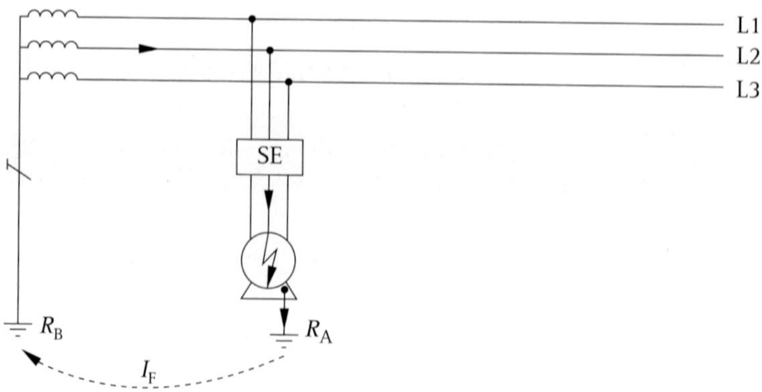

Bild 4.5 Schutz im TT-System
SE: Schutzeinrichtung

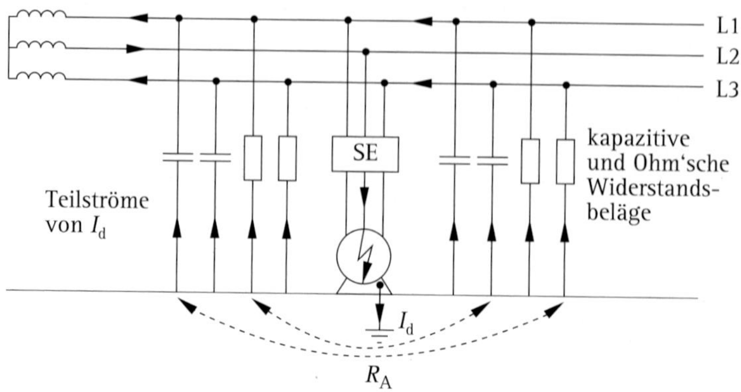

Bild 4.6 Schutz im IT-System
SE: Schutzeinrichtung

c) Schutz im IT-System (Bild 4.6)

Der erste Fehler führt nicht zur Abschaltung. Der im Falle eines Fehlers (Erd- oder Körperschluss) zum Fließen kommende Strom darf keine zu hohe Berührungsspannung zur Folge haben. Im Doppelfehlerfall muss eine Abschaltung erfolgen.

Die Schutzmaßnahmen „Schutz durch doppelte oder verstärkte Isolierung“ (d) und „Schutz durch Schutztrennung bei einem Verbrauchsmittel“ (e) sowie „Schutz durch Kleinspannung, SELV und PELV“ (f) und (g) dürfen immer und in allen elektrischen Anlagen angewandt werden.

d) Schutz durch doppelte oder verstärkte Isolierung (Bild 4.7); früher Schutzisolierung genannt

Die doppelte oder verstärkte Isolierung muss so konzipiert sein, dass bei einem Fehler in der Basisisolierung das Auftreten einer gefährlichen Spannung an dann berührbaren Teilen der elektrischen Betriebsmittel verhindert wird.

e) Schutz durch Schutztrennung, Schutz bei einem Verbrauchsmittel (Bild 4.8)

Durch die Verwendung eines Trenntransformators wird eine sichere elektrische Trennung zwischen Primär- und Sekundärnetz hergestellt. Eine gefährliche Spannung kann nicht auftreten.

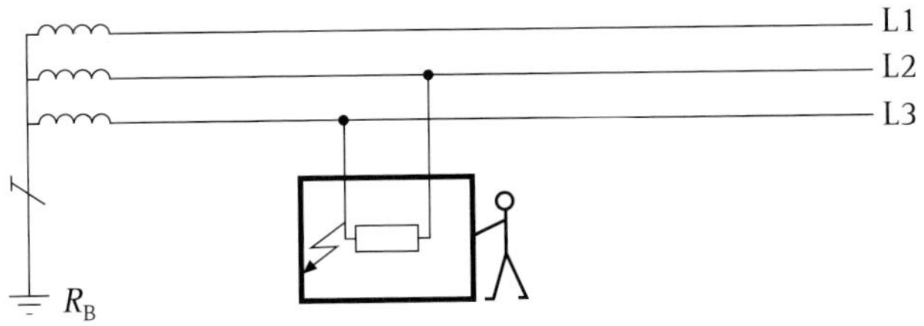

Bild 4.7 Schutz durch doppelte oder verstärkte Isolierung (Schutzisolierung) bzw. Schutzklasse II

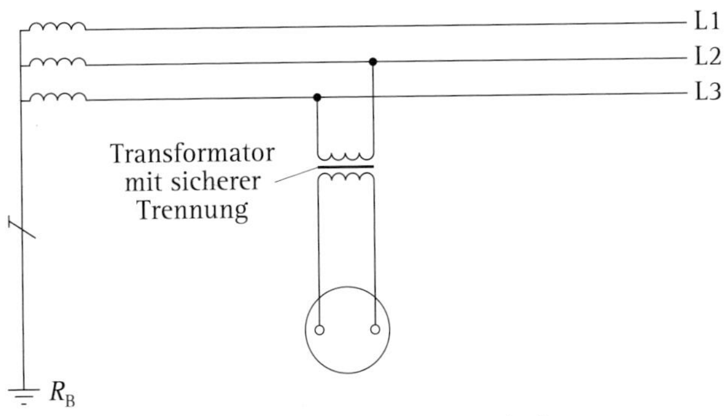

Bild 4.8 Schutz durch Schutztrennung bei einem Verbrauchsmittel

4

f) Schutz durch Kleinspannung, SELV (Bild 4.9)

Der Schutz wird erreicht durch kleine Spannungen (AC 50 V bzw. DC 120 V) und einer sicheren elektrischen Trennung vom Primärnetz. Bei Spannungen bis AC 25 V und DC 60 V ist in der Regel ein Schutz gegen direktes Berühren entbehrlich.

g) Schutz durch Kleinspannung, PELV (Bild 4.10)

Bei gleichen Spannungsgrenzen wie bei der Kleinspannung, SELV, wird der Sekundärstromkreis entweder geerdet und/oder die Betriebsmittel (Körper) werden geerdet. Ein Schutz gegen direktes Berühren kann erforderlich sein.

Die Schutzmaßnahmen (h) und (i) dürfen nur in Anlagen angewandt werden, die beaufsichtigt werden von Elektrofachkräften oder elektrotechnisch unterwiesenen Personen oder von Elektrofachkräften oder elektrotechnisch unterwiesenen Personen.

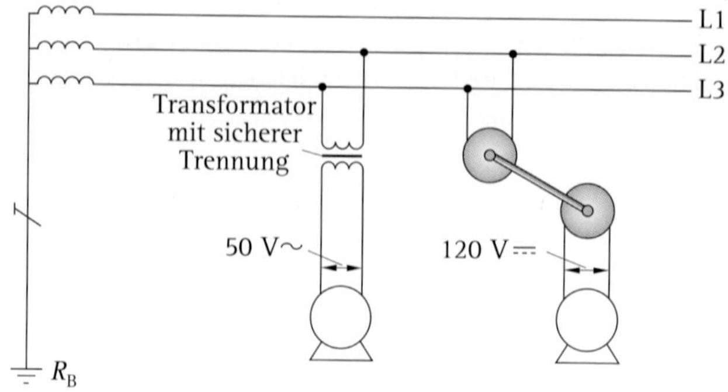

Bild 4.9 Schutz durch Kleinspannung, SELV

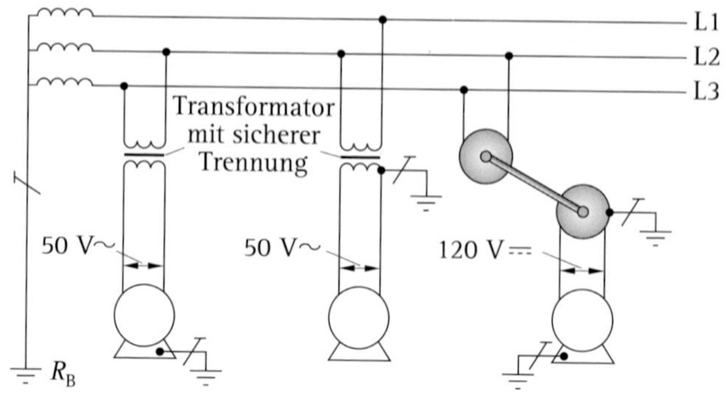

Bild 4.10 Schutz durch Kleinspannung, PELV

h) Schutz durch Hindernisse (Bild 4.11)

Hindernisse sind vorgesehen, um unabsichtliches Berühren aktiver Teile zu verhindern, aber nicht absichtliches Berühren durch bewusstes Umgehen des Hindernisses.

i) Schutz durch Anordnung außerhalb des Handbereichs (Bild 4.12)

Der Schutz durch Anordnung außerhalb des Handbereichs ist nur dafür vorgesehen, ein unbeabsichtigtes Berühren aktiver Teile zu verhindern.

Die Schutzmaßnahmen (j), (k) und (l) dürfen angewandt werden, wenn die Anlage unter der Überwachung durch Elektrofachkräfte oder elektrotechnisch unterwiesene Personen steht, sodass unbefugte Änderungen nicht vorgenommen werden können.

j) Schutz durch nicht leitende Umgebung (Bild 4.13)

Ein gleichzeitiges Berühren von Teilen, die durch Fehler in der Basisisolierung unterschiedliches Potential haben, ist zu verhindern. Die Körper müssen so angeordnet sein, dass eine Person unter normalen Umständen zwei Körper oder einen Körper und ein geerdetes Bauteil nicht gleichzeitig berühren können.

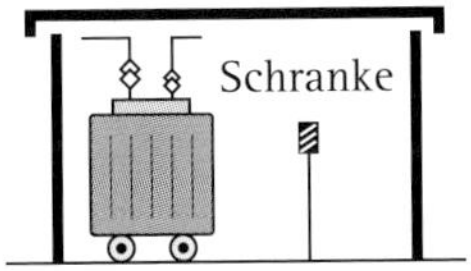

Bild 4.11 Schutz durch Hindernisse

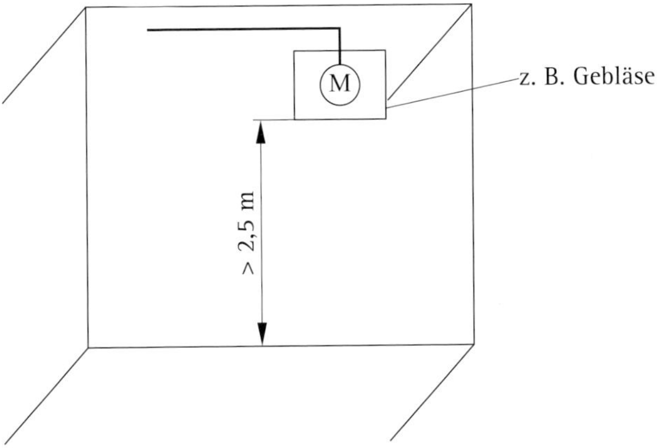

Bild 4.12 Schutz durch Anordnung außerhalb des Handbereichs

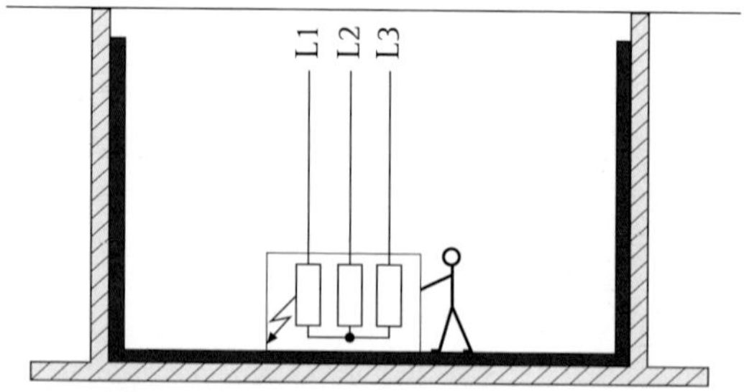

Bild 4.13 Schutz durch nicht leitende Umgebung

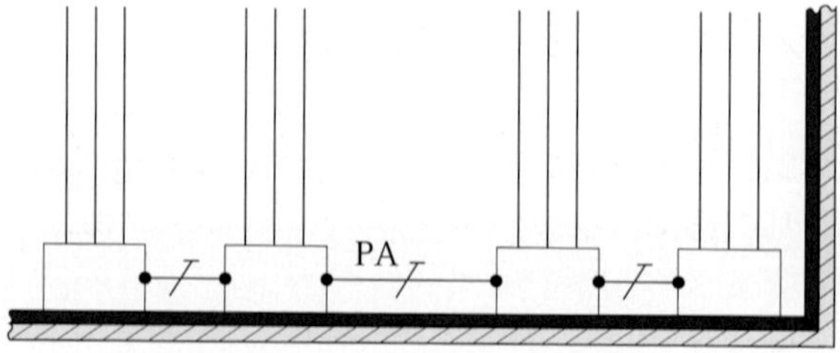

Bild 4.14 Schutz durch erdfreien örtlichen Schutzpotentialausgleich

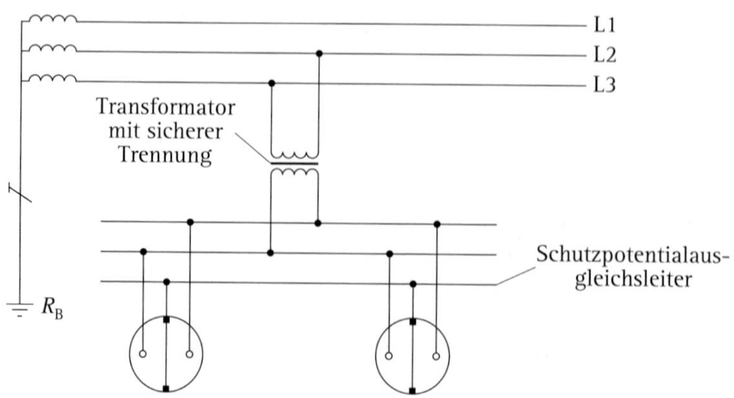

Bild 4.15 Schutz durch Schutztrennung mit mehreren Verbrauchsmitteln

k) Schutz durch erdfreien örtlichen Schutzpotentialausgleich (Bild 4.14)

Die elektrischen Betriebsmittel müssen für den Basisschutz ausgelegt sein. Alle gleichzeitig berührbaren Körper und fremde leitfähige Teile müssen durch Schutzpotentialausgleichsleiter miteinander verbunden sein.

l) Schutz durch Schutztrennung, Schutz bei mehreren Verbrauchsmitteln (Bild 4.15)

Die Körper der eingesetzten Verbrauchsmittel müssen durch einen nicht geerdeten Schutzpotentialausgleichsleiter miteinander verbunden werden.

4.3 Schutzmaßnahmen zur ausschließlichen Anwendung, wenn die Anlage nur durch Elektrofachkräfte oder elektrotechnisch unterwiesene Personen betrieben wird – DIN VDE 0100-410 Anhang C

4.3.1 Schutz durch nicht leitende Umgebung

Ein gleichzeitiges Berühren von Teilen, die aufgrund des Versagens der Basisisolierung unterschiedliches Potential haben können, muss ausgeschlossen werden.

Die Betriebsmittel müssen so angeordnet werden, dass es unter normalen Bedingungen unmöglich ist, dass Personen gleichzeitig

- zwei Körper oder
- einen Körper und ein fremdes leitfähiges Teil

berühren können.

Diese Forderungen können erfüllt werden, wenn (**Bild 4.16**):

- zwischen den einzelnen Körpern untereinander und zwischen den Körpern und fremden leitfähigen Teilen ein Abstand von mindestens 2,5 m eingehalten ist (außerhalb des Handbereichs genügen 1,25 m)
- zwischen den Körpern oder zwischen Körper und fremdem leitfähigen Teil Hindernisse angebracht sind (Hindernisse sollen aus Isolierstoff bestehen; sind sie aus Metall, so dürfen sie nicht geerdet werden)
- fremde leitfähige Teile isoliert werden, wobei eine ausreichende mechanische Festigkeit der Isolierung vorausgesetzt wird. Die Prüfspannung muss mindestens 2000 V betragen; und der Ableitstrom darf bei normalen Betriebsbedingungen 1 mA nicht überschreiten
- die Verwendung von ortsveränderlichen Geräten in der Regel ausgeschlossen ist (sofern ortsveränderliche Betriebsmittel verwendet werden sollen, müssen die gesamten Bedingungen sinngemäß eingehalten werden)
- der Widerstand der isolierenden Fußböden und Wände nicht kleiner ist als:
  - 50 kΩ bei $U_n \leq 500$ V Nennspannung der Anlage
  - 100 kΩ bei $U_n > 500$ V Nennspannung der Anlage

  (Die Messung des Widerstands kann nach Abschnitt 11.4.5 erfolgen.)

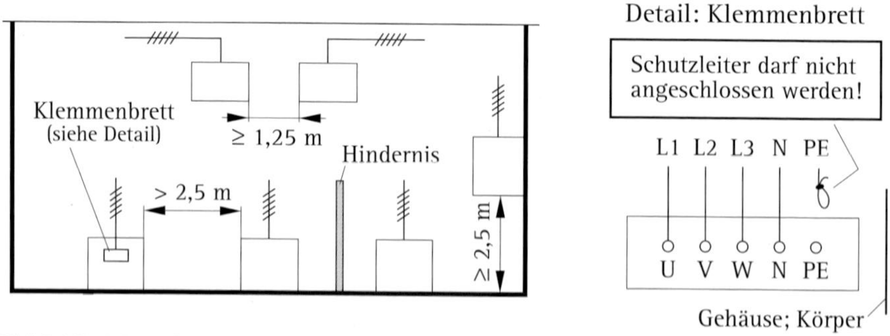

Bild 4.16 Schutz durch nicht leitende Umgebung

Es ist selbstverständlich, dass die getroffenen Maßnahmen dauerhaft sein müssen und nicht unwirksam gemacht werden können. Zu beachten ist auch, dass sowohl aus dem nicht leitenden Raum als auch in den Raum keine Spannungen verschleppt werden.

Die Schutzmaßnahme „Schutz durch nicht leitende Umgebung" ist normalerweise nicht unproblematisch in der Anwendung. Sie sollte nur dort angewandt werden, wo keine andere Schutzmaßnahme möglich oder wirtschaftlich sinnvoll ist. Sie ist immer als Notbehelf zu sehen.

4.3.2 Schutz durch erdfreien örtlichen Schutzpotentialausgleich

Das Auftreten einer gefährlichen Berührungsspannung wird durch den erdfreien, örtlichen Potentialausgleich verhindert.

Alle gleichzeitig berührbaren Körper und fremde leitfähige Teile müssen durch einen Potentialausgleichsleiter miteinander verbunden werden. Das Potentialausgleichssystem muss neutral (erdfrei) bleiben (**Bild 4.17**).

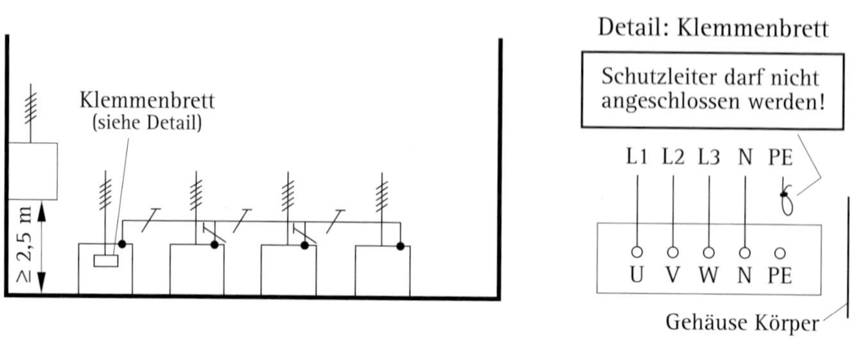

Bild 4.17 Schutz durch erdfreien örtlichen Schutzpotentialausgleich

Hinsichtlich des Querschnitts ist festzustellen, dass nach Teil 540 Abschnitt 544.2 folgende Festlegungen bestehen. Siehe Abschnitt 10.25.3. Es gilt:

- ein Schutzpotentialausgleichsleiter, der zwei Körper einer elektrischen Anlage miteinander verbindet, muss mindestens die Leitfähigkeit des kleineren der beiden Schutzleiter in den Anschlussleitungen aufweisen
- ein Schutzpotentialausgleichsleiter, der einen Körper einer elektrischen Anlage mit einem fremden elektrischen Teil verbindet, muss mindestens die halbe Leitfähigkeit besitzen wie der Schutzleiter in der Anschlussleitung für das Gerät

Der Mindestquerschnitt für den zusätzlichen Schutzpotentialausgleichsleiter beträgt dabei

- 2,5 mm^2 Kupfer, wenn der Leiter mechanisch geschützt ist
- 4 mm^2 Kupfer, wenn der Leiter mechanisch ungeschützt ist
- 16 mm^2 Aluminium, gleichgültig wie der Leiter geschützt ist

Ein Schutzleiter gilt als geschützt, wenn er Bestandteil einer Leitung oder eines Kabels ist, in einem Installationsrohr, in einem Elektroinstallationskanal oder auf ähnliche Weise geschützt verlegt ist.

Die Schutzmaßnahme „Schutz durch erdfreien, örtlichen Schutzpotentialausgleich“ ist nicht unproblematisch in der Anwendung. Sie sollte deshalb auf Sonderfälle beschränkt werden.

4.3.5 Schutz durch Schutztrennung mit mehr als einem Verbrauchsmittel

Zunächst gilt für die Schutzmaßnahme „Schutz durch Schutztrennung mit mehr als einem Verbrauchsmittel“ das grundsätzlich zur Schutzmaßnahme „Schutz durch Schutztrennung mit einem Verbrauchsmittel“ (siehe Abschnitt 7) Gesagte. Die dort getroffenen Aussagen zu Basisschutz, Fehlerschutz, Stromquellen und ihre Bemessungsdaten, Leitungs- und Kabelverlegung gelten auch hier.

Werden hinter einer Stromquelle mehrere Verbrauchsmittel (Geräte) betrieben, so sind diese durch einen erdfreien, örtlichen Potentialausgleich untereinander zu verbinden (**Bild 4.18**). Der Schutzpotentialausgleichsleiter darf nicht absichtlich geerdet und auch nicht mit dem Schutzleiter oder anderen Teilen des Primärnetzes verbunden werden. Der Schutzpotentialausgleichsleiter muss deshalb isoliert und in der beweglichen Anschlussleitung enthalten sein. Schutzisolierte Verbrauchsmittel können trotzdem verwendet werden; sie werden in den Schutzpotentialausgleich nicht einbezogen.

Leitungen und Geräte sind so zu wählen, dass ein Erdschluss unbedingt verhindert wird. Auch eine betriebsmäßige Erdung von Körpern und von aktiven Teilen der Stromkreise ist nicht zulässig. Um eine überschaubare Anlage zu bekommen, darf

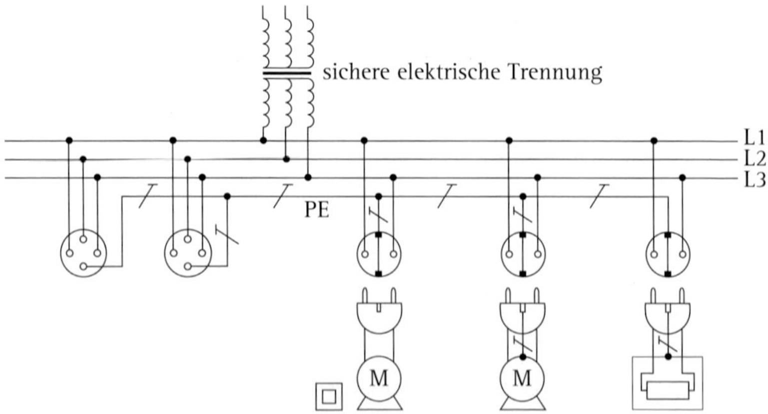

Bild 4.18 Schutztrennung mit mehreren Verbrauchsmitteln

die gesamte Leitungslänge 500 m nicht überschreiten. Außerdem ist folgende Bedingung zusätzlich zu beachten:

$$\text{Leitungslänge in m} \leq \frac{100\,000}{U_\text{n}} \tag{4.1}$$

Damit beträgt die maximal zulässige Leitungslänge:

- bei $U_\text{n} = 230$ V nur 435 m
- bei $U_\text{n} = 400$ V nur 250 m
- bei $U_\text{n} = 500$ V nur 200 m

Um die Gefahr von Erdschlüssen herabzusetzen, sind Gummischlauchleitungen vom Typ H07RN-F bzw. A07RN-F oder gleichwertige Ausführungen zu empfehlen.

Bei einem Doppelkörperschluss zweier Außenleiter – oder auch eines Außenleiters und des Neutralleiters – muss die vorgeschaltete Schutzeinrichtung innerhalb 0,4 s bei Verbrauchsmitteln (Geräten) auslösen, die während des Betriebs in der Hand gehalten und mit $U_0 \leq 230$ V betrieben werden. Bei $U_0 > 230$ V ... ≤ 400 V sind 0,2 s und bei $U_0 > 400$ V sind 0,1 s als Abschaltzeit gefordert.

Beispiel:

Für nachfolgend dargestellten Versorgungsfall nach **Bild 4.19** soll überprüft werden, ob im Doppelfehlerfall die Abschaltung in ausreichend kurzer Zeit erfolgt.

Es gilt, die Impedanz (in diesem Fall der Ohm'sche Widerstand) im ungünstigsten Fehlerfall zu ermitteln. Hierzu wird angenommen, dass im Gerät 1 ein Körper-

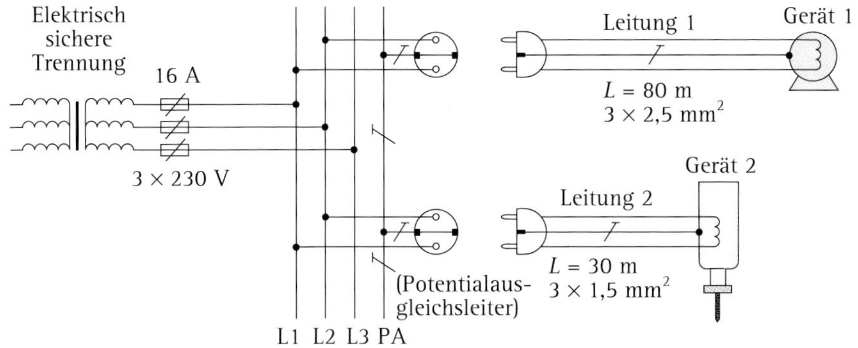

Bild 4.19 Beispiel; Schutztrennung mit mehreren Geräten

schluss von L1 und im Gerät 2 ein Körperschluss von L2 vorliegt. Die Impedanz des Transformators und die der Leitungen bis zu den Steckdosen werden vernachlässigt.

Widerstände der Anschlussleitungen zu den Geräten (**Bild 4.20**)

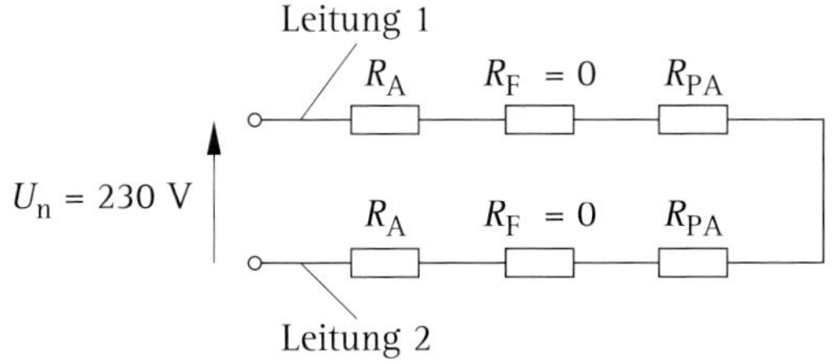

Bild 4.20 Ersatzschaltbild

Leitung 1:

$$R_A = R_{PA} = \frac{L}{\kappa \cdot S} = \frac{80\ \text{m}}{56\ \text{m}/\left(\Omega \cdot \text{mm}^2\right) \cdot 2{,}5\ \text{mm}^2} = 0{,}571\ \Omega$$

Leitung 2:

$$R_A = R_{PA} = \frac{L}{\kappa \cdot S} = \frac{30\ \text{m}}{56\ \text{m}/\left(\Omega \cdot \text{mm}^2\right) \cdot 1{,}5\ \text{mm}^2} = 0{,}357\ \Omega$$

$$R_{ges} = 2 \cdot 0{,}571\ \Omega + 2 \cdot 0{,}357\ \Omega = 1{,}856\ \Omega$$

Dieser Wert gilt bei 20 °C und muss auf 80 °C Leitertemperatur umgerechnet werden, sodass:

$$R_{ges\,80} = 1{,}24 \cdot 1{,}856\ \Omega = 2{,}3\ \Omega$$

Kurzschlussstrom:

$$I_k = \frac{U}{R} = \frac{230\ V}{2{,}3\ \Omega} = 100\ A$$

Die Abschaltzeit beträgt 0,1 s im ungünstigsten Fall bei einer 16-A-Sicherung der Betriebsklasse gG. Diese Zeit reicht nicht aus. Bei Verwendung von Sicherungen mit 10 A Bemessungsstrom liegt die Abschaltzeit bei 0,2 s, was bei $U_0 = 230$ V ausreichend ist.

Die benutzten Steckvorrichtungen müssen einen Schutzkontakt haben. Zu verwenden sind Schutzkontaktsteckdosen, Perilexsteckvorrichtungen oder Steckvorrichtungen für industrielle Anwendung nach DIN EN 60309-2 (VDE 0623-20) (siehe Abschnitt 16.3).

In leitfähigen Bereichen mit begrenzter Bewegungsfreiheit ist die Schutztrennung mit mehreren Geräten nicht zulässig.

Die Schutztrennung mit mehreren Verbrauchsmitteln ist eine Schutzmaßnahme, die einen hohen Schutzwert bietet, vorausgesetzt, der Potentialausgleich wird gewissenhaft und sorgfältig ausgeführt. Vor allem zur Stromversorgung von Verbrauchern bei Unfällen, Brand- und Katastrophenfällen ist ein optimaler Schutz zu erreichen.

4.4 Kombination von Schutzmaßnahmen

Es ist zulässig, die verschiedenen Schutzmaßnahmen miteinander zu kombinieren und nebeneinander anzuwenden. Eine gegenseitige, negative Beeinflussung darf dabei allerdings nicht auftreten. So kann z. B. ein Gerät der Schutzklasse II in allen Netzformen angewandt werden.

Bei den Schutzmaßnahmen durch automatische Abschaltung der Stromversorgung oder Meldung sind die Netzformen TN-, TT- und IT-System miteinander kombinierbar.

Die Anwendung der verschiedenen Netzformen in unterschiedlichen Kombinationen zeigt **Bild 4.21**. Das Bild 4.21 erhebt nicht den Anspruch, alle denkbaren Möglichkeiten zu enthalten.

Die Variante, bei der ein TN-C-System aus einem TN-S-System entsteht, ist unzulässig, weil im Fehlerfall ein Teil des Fehlerstroms durch den Neutralleiter des TN-S-Systems zurückfließen würde und es dort zu einer unerlaubten Spannungserhöhung kommen könnte. Außerdem ist es nicht zulässig, dass der Neutralleiter Fehlerströme führt.

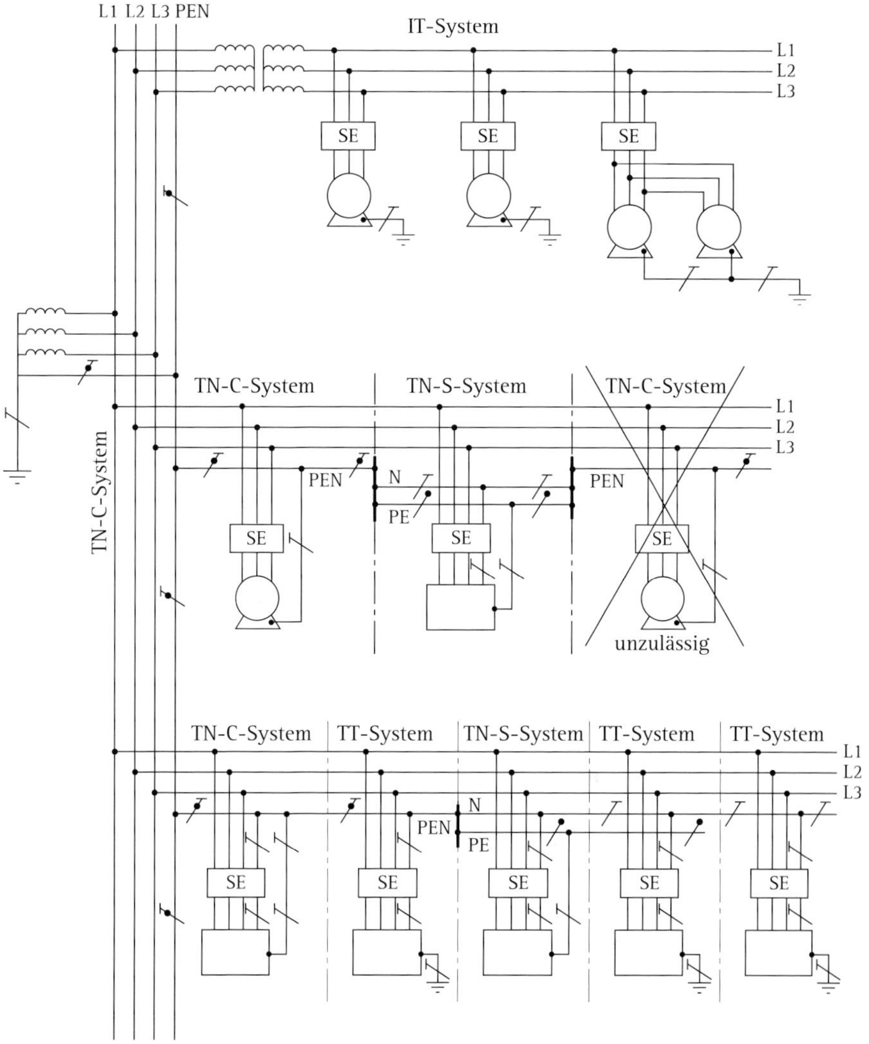

Bild 4.21 Kombinationen von verschiedenen Systemen nach der Art der Erdverbindung
SE: Schutzeinrichtung

4.5 Zusatzschutz

Ein Zusatzschutz kann unter bestimmten Bedingungen erforderlich werden in Anlagen und Räumen besonderer Art nach der Gruppe 700 der DIN VDE 0100.

- System nach der Art der Erdverbindung
  - TN-System
  - TT-System
  - IT-System
- Schutzeinrichtung
  - Überstrom-Schutzeinrichtung (ÜSE)
  - Fehlerstrom-Schutzeinrichtung (RCD)
  - Isolationsüberwachungseinrichtung (IMD)
  - Differenzstrom-Überwachungseinrichtung (RCM)
  - Isolationsfehler-Sucheinrichtung

Anmerkung: Differenzstrom-Überwachungseinrichtungen (RCMs) sind keine Schutzeinrichtungen, sie dürfen jedoch verwendet werden, um Differenzströme in elektrischen Anlagen zu überwachen. RCMs lösen ein hörbares oder ein hör- und sichtbares Signal aus, wenn der vorgewählte Wert des Differenzstroms überschritten ist.

Bild 5.1 zeigt eine Übersicht zu den Netzsystemen (Art der Erdverbindung) und Schutzeinrichtungen.

Wichtig ist dabei die dauernd zulässige Berührungsspannung (früher mit U_L bezeichnet), die durch internationale Vereinbarungen für Normalfälle festgelegt wurde mit:

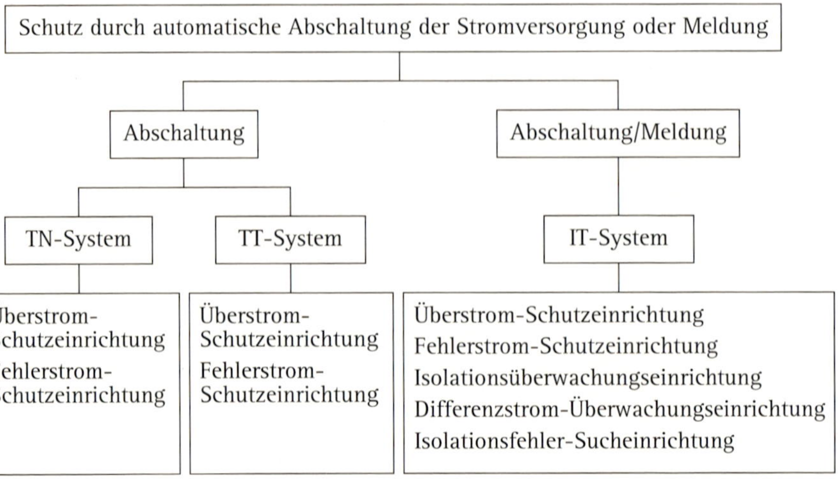

Bild 5.1 Koordination von Systemen nach der Art der Erdverbindung und Schutzeinrichtungen

- 50 V Wechselspannung
- 120 V Gleichspannung

wobei für besondere Anwendungsfälle auch niedrigere Werte festgelegt werden können.

Anmerkung: Festlegungen über dauernd zulässige Berührungsspannungen, die vom Normalfall abweichen, sind in den jeweiligen Einzelbestimmungen enthalten. Zum Beispiel sind 25 V Wechselspannung und 60 V Gleichspannung festgelegt in DIN VDE 0100-705 in landwirtschaftlichen und gartenbaulichen Anwesen und in medizinisch genutzten Bereichen der Gruppe 1 oder der Gruppe 2 nach DIN VDE 0100-710.

Für jedes Gebäude bzw. bei jedem Hausanschluss oder einer vergleichbaren Versorgungseinrichtung ist ein Hauptpotentialausgleich (Schutzpotentialausgleich), siehe Abschnitt 10.25, vorzunehmen. In diesen Hauptpotentialausgleich sind alle leitfähigen Konstruktionsteile einzubeziehen, die das Gebäude aufweist. Gleichzeitig soll dabei eine Erdung des PEN-Leiters erreicht werden. An die Schiene für diesen Schutzpotentialausgleich sind anzuschließen:

- metallene Rohrleitungen von Versorgungssystemen, die in Gebäude eingeführt sind, z. B. Gas, Wasser
- fremde leitfähige Teile der Gebäudekonstruktion, sofern diese im üblichen Gebrauchszustand berührbar sind
- metallene Rohre und Bauteile von Zentralheizungsanlagen und Klimasystemen
- metallene Verstärkungen von Gebäudekonstruktionen aus bewehrtem Beton, wo die Verstärkungen berührbar und zuverlässig untereinander verbunden sind
- Metallmäntel von Fernmeldekabeln und -leitungen, unter Berücksichtigung der Anforderungen der Eigner oder Betreiber dieser Anlagen

Wo solche Leitungen von außerhalb in das Gebäude eingeführt werden, müssen sie so nahe wie möglich innerhalb des Gebäudes miteinander verbunden werden. Das Isolierstück der Gasleitung darf nicht überbrückt werden. Der Anschluss des Schutzpotentialausgleichsleiters hat in Fließrichtung erst hinter dem Isolierstück zu erfolgen.

Alle Körper müssen mit einem Schutzleiter verbunden sein, der wiederum mit dem Schutzpotentialausgleichsleiter verbunden ist. Gleichzeitig berührbare Körper müssen mit demselben Erdungssystem einzeln, in Gruppen oder gemeinsam verbunden werden.

Wenn eine automatische Abschaltung in der vorgegebenen Zeit nicht erreicht werden kann, muss ein zusätzlicher Schutzpotentialausgleich (siehe Abschnitt 9.2) vorgesehen werden.

Für Stromversorgungssysteme mit einer Nennspannung U_0 größer als AC 50 V oder DC 120 V wird keine automatische Abschaltung verlangt, wenn im Falle eines Fehlers gegen einen Schutzleiter oder gegen Erde die Spannung automatisch auf AC 50 V oder DC 120 V oder weniger herabgesetzt wird. Dies hat in einer Zeit zu erfolgen, die DIN DVE 0100 Tabelle 41.1 für Endstromkreise mit maximal 32-A-Sicherungen vorgibt, oder innerhalb von 5 s bei Verteilerstromkreisen und Stromkreisen, die mit Sicherungen >32 A abgesichert sind.

In Wechselspannungssystemen muss ein zusätzlicher Schutz durch Fehlerstrom-Schutzeinrichtungen mit einem Bemessungsdifferenzstrom $I_{\Delta n} < 30$ mA vorgesehen werden für

- Steckdosen mit einem Bemessungsstrom nicht größer als 20 A, die für die Benutzung durch Laien und zur allgemeinen Verwendung bestimmt sind Ausnahme: Steckdosen, die durch Elektrofachkräfte oder Elektrotechnisch unterwiesene Personen überwacht werden und Steckdosen, die jeweils für den Anschluss eines Betriebsmittels errichtet werden.
- Endstromkreise für im Außenbereich verwendete tragbare Betriebsmittel mit einem Bemessungsstrom nicht größer als 32 A

Diese Anforderungen können erfüllt werden durch den Einsatz einer netzspannungsunabhängigen Fehlerstrom-Schutzeinrichtung (RCD) mit eingebautem Überstromschutz (FI/LS-Schalter) nach DIN EN 61009-2-1(VDE 0664-21) in jedem Endstromkreis. Diese Schutzeinrichtungen ermöglichen Personen-, Brand- und Leitungsschutz in einem Gerät.

5.1 Fehlerschutz im TN-System – DIN VDE 0100-410 Abschnitt 411.4

Für das TN-System sind als Schutzeinrichtungen zugelassen:

- Überstrom-Schutzeinrichtungen
- RCDs

Dabei ist zu beachten, dass im TN-C-System RCDs nicht anwendbar sind. RCDs können keinen Schutz bieten, weil auch der Fehlerstrom durch den Ringkernwandler des RCD fließen würde und im Fehlerfall kein Auslösen möglich wäre.

Wichtigste Voraussetzung im TN-System ist die Erdung des Sternpunkts des Transformators oder Generators. Mit diesem geerdeten Punkt sind alle Körper entweder über Schutzleiter oder PEN-Leiter direkt zu verbinden. Wenn kein Sternpunkt vorhanden ist, darf auch ein Außenleiter geerdet werden.

Schutzeinrichtungen und Leiterquerschnitte sind so aufeinander abzustimmen, dass folgende Bedingung erfüllt ist:

$$Z_S \, I_a \leq U_0 \qquad (5.1)$$

In Gl. (5.1) bedeuten:

Z_S Impedanz der Fehlerschleife in Ω;
sie kann gemessen, errechnet oder am Netzmodell ermittelt werden

I_a Strom in A, der das automatische Abschalten bewirkt, wobei in Abhängigkeit der Spannung gegen Erde U_0 für Wechselspannung und Endstromkreise mit maximal 32 A Nennstrom folgende Abschaltzeiten einzuhalten sind:
- 0,8 s bei 50 V < U_0 ≤ 120 V AC
- 0,4 s bei 120 V < U_0 ≤ 230 V AC
- 0,2 s bei 230 V < U_0 ≤ 400 V AC
- 0,1 s bei U_0 > 400 V AC

Für Verteilerstromkreise und Endstromkreise mit Nennstrom I_n > 32 A ist eine Abschaltzeit von maximal 5 s zulässig.

Bei der Verwendung einer RCD ist:
- $I_a = I_{\Delta n}$ bei einer normalen RCD bzw.
- $I_a = 2 \cdot I_{\Delta n}$ bei einer selektiven (zeitverzögerten) RCD

U_0 Nennspannung Außenleiter gegen den geerdeten Leiter in V

In Verteilungsnetzen, die als Freileitungs- oder Kabelnetz ausgeführt sind, genügt es, wenn am Anfang des zu schützenden Leitungsabschnitts eine Überstrom-Schutzeinrichtung vorhanden ist und wenn im Fehlerfall mindestens ein Strom zum Fließen kommt, der die Schutzeinrichtung zum Abschalten bringt. Dies bedeutet, dass für Leitungsschutzsicherungen der Betriebsklassen gG bzw. gL der 1,45-fache Bemessungsstrom als Kurzschlussstrom zu fordern ist (vgl. hierzu Kapitel 16). Die gleiche Forderung gilt auch für Hauptstromversorgungssysteme nach DIN 18015-1, wenn alle Bauteile des Hauptleitungssystems (Hauptleitung, Hauptleitungsabzweigkästen, Zählerschränke usw.) schutzisoliert sind (wird nach den TAB vorgeschrieben!).

Die Zeiten, die für die automatische Abschaltung vorgegeben sind, können aus **Bild 5.2** nachvollzogen werden.

Die näheren Zusammenhänge zwischen Spannung/Strom und Abschaltzeiten bei Stromdurchgang durch den menschlichen Körper sind in Abschnitt 1.8 beschrieben. In Bild 5.2 zeigt die Kurve AC die je nach Berührungsspannung für Wechselspannung geltenden Abschaltzeiten; die Kurve DC (Gleichspannung), die noch nicht endgültig ist (Beratungsstadium bei IEC und CENELEC), gibt Anhaltspunkte, wie die Abschaltzeit bei Gleichspannungsanlagen aussehen könnte.

Für Gleichstromanlagen gelten für Endstromkreise mit maximal 32 A Nennstrom folgende maximale Abschaltzeiten:

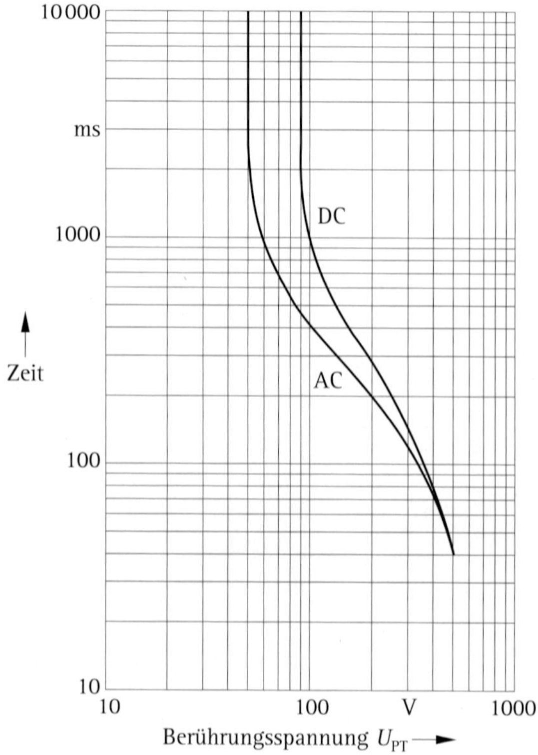

Bild 5.2 Abschaltzeiten in Abhängigkeit der zu erwartenden Berührungsspannung

- 5,0 s bei 50 V < U_0 ≤ 120 V DC
- 5,0 s bei 120 V < U_0 ≤ 230 V DC
- 0,4 s bei 230 V < U_0 ≤ 400 V DC
- 0,1 s bei U_0 > 400 V DC

Für Verteilerstromkreise und Endstromkreise mit Nennstrom I_n > 32 A ist auch bei Gleichstromanlagen generell eine maximale Abschaltzeit von 5,0 s zulässig.

Die jeweils zu erwartenden Berührungsspannungen ergeben sich aus der Situation, die entsteht, wenn in einem Betriebsmittel ein direkter Körperschluss entsteht und ein Mensch dieses Betriebsmittel gleichzeitig berührt. Geht man von querschnittsgleichem Außenleiter und PEN-Leiter bzw. Schutzleiter ohne Erder und Potentialausgleich aus, würde der Mensch dabei als Berührungsspannung die Hälfte der Spannung zwischen Außenleiter und Erde am Betriebsmittel abgreifen, da sich die Spannung U_0 gleichmäßig auf die Impedanzen von Außenleiter und

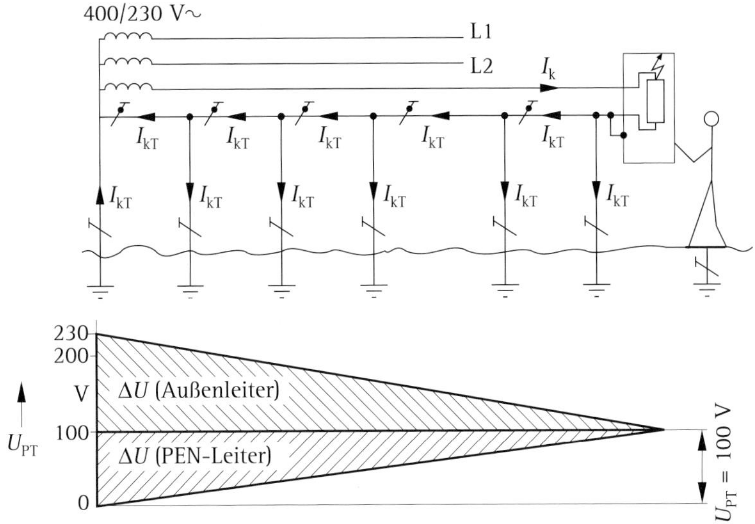

Bild 5.3 Spannungsfälle beim Betrieb eines 400/230-V-Systems im Fehlerfall (Kurzschlussbetrieb) mit gleichzeitiger Berührung des fehlerbehafteten Verbrauchsmittels durch einen Menschen

PEN-Leiter bzw. Schutzleiter verteilen würde. Da aber davon ausgegangen werden kann, dass der PEN-Leiter im Netz bzw. der Schutzleiter in der Anlage geerdet ist und so auch Teilkurzschlussströme über das Erdreich zum Fließen kommen, wird die Impedanz des PEN-Leiters bzw. Schutzleiters von der Fehlerstelle zurück zur Stromquelle immer kleiner sein als die Impedanz des Außenleiters bis zur Fehlerstelle. Der während der Zeit des Fehlers fließende Strom (Kurzschlussstrom) erzeugt im Außenleiter also einen höheren Spannungsfall als im PEN-Leiter bzw. Schutzleiter. In einem System 3 N PE ~ 50 Hz 400 V mit $U_0 = 230$ V dürfte der Spannungsfall im Kurzschlussbetrieb im Außenleiter bei etwa 120 V bis 130 V liegen, während der Spannungsfall im PEN-Leiter bzw. Schutzleiter dann etwa 100 V bis 110 V betragen würde. **Bild 5.3** zeigt die Situation.

Anmerkung: Von IEC soll hier künftig der Faktor 0,8 zugelassen werden, was bei $U_0 = 230$ V eine Berührungsspannung von $U_{PT} = 0{,}8 \cdot 230\ \text{V}/2 = 92$ V ergeben würde.

Aus Bild 5.2 kann nun für einen Spannungsfall (Berührungsspannung) von $U_{PT} = 90$ V ... 110 V die geforderte Abschaltzeit von etwa 0,4 s abgelesen werden. Für $U_0 = 400$ V kann unter gleichen Voraussetzungen eine Abschaltzeit von etwas mehr als 0,2 s ermittelt werden. Für Systeme mit $U_0 > 400$ V ergibt sich bei einer maximal zu erwartenden Berührungsspannung von $U_{PT} = 0{,}8 \cdot 580\ \text{V}/2 = 232$ V eine Abschaltzeit von etwas über 0,1 s, was den festgelegten Wert von 0,1 s rechtfertigt. Die geforderten Abschaltzeiten liegen auf der sicheren Seite.

Für Gleichspannungssysteme liegen unter gleichen Voraussetzungen mit ausreichenden Erdungsverhältnissen dieselben Voraussetzungen vor, sodass die Abschaltzeiten für die verschiedenen Spannungssysteme aus Bild 5.2 abgeschätzt werden können.

5.1.1 TN-System mit Überstrom-Schutzeinrichtungen

In jeden Außenleiter ist eine Überstrom-Schutzeinrichtung einzubauen. Eine Überstrom-Schutzeinrichtung im Neutralleiter ist zwar zulässig, aber nicht üblich. Im PEN-Leiter oder im Schutzleiter darf keinesfalls eine Überstrom-Schutzeinrichtung eingebaut werden. Ebenso darf der PEN-Leiter nicht getrennt und nicht alleine schaltbar sein. Wird er zusammen mit den Außenleitern geschaltet, so muss das PEN-Schaltstück beim Einschalten voreilen und beim Ausschalten nacheilen. Ein gleichzeitiges Schalten ist bei der Verwendung von Momentschaltern (z. B. Leistungsschalter) zulässig.

Bild 5.4 zeigt verschiedene TN-Systeme. Im TN-C-System (Neutralleiter und Schutzleiter in einem Leiter, dem PEN-Leiter, zusammengefasst) nimmt der PEN-Leiter eine Doppelfunktion wahr. Da in diesem Fall bei einem PEN-Leiter-Bruch eine erhebliche Gefahr besteht, ist ein TN-C-System nur zulässig bei fest verlegten Leitungen mit Querschnitten von mindestens 10 mm^2 Cu oder 16 mm^2 Al.

Bei beweglichen Leitungen mit größeren Querschnitten für Einspeiseleitungen von Notstromaggregaten in Niederspannungsnetzen oder für das Überbrücken herausgetrennter Netzteile in Niederspannungsfreileitungs- oder Niederspannungskabelnetzen sind die Leitungen so zu verlegen, dass sie als „fest verlegt“ angesehen werden können.

In allen anderen Fällen, also bei:

- Leiterquerschnitten < 10 mm^2 Cu und < 16 mm^2 Al und bei
- beweglichen Leitungen

ist ein TN-C-System unzulässig (**Bild 5.5**).

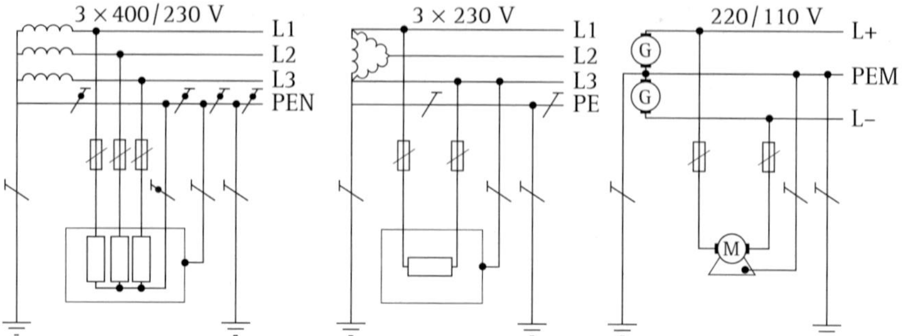

Bild 5.4 TN-Systeme mit Überstrom-Schutzeinrichtungen

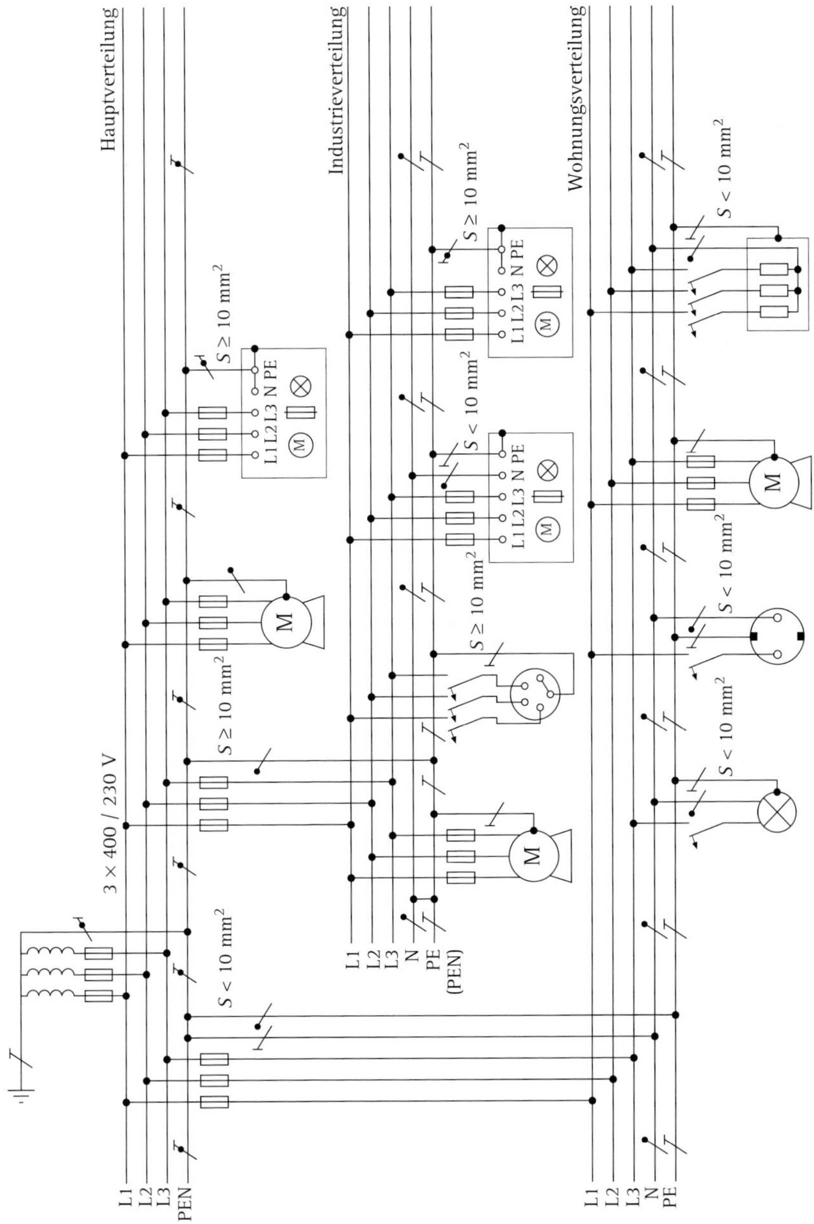

Bild 5.5 TN-System mit TN-C- und TN-S-Systemteilen (alle Querschnittsangaben beziehen sich auf Kupferleiter)

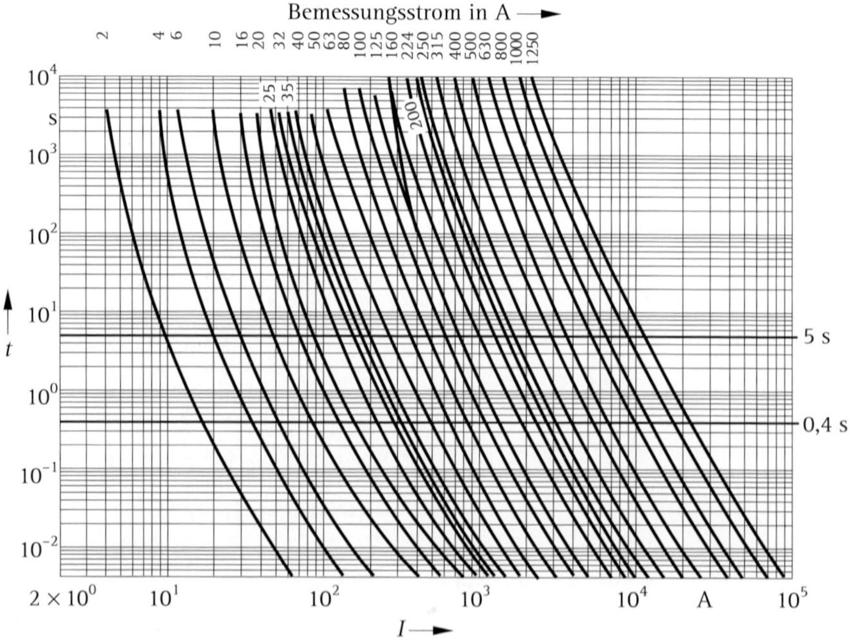

Bild 5.6 Zeit-Strom-Kennlinien (obere Grenzkurven) von gG- bzw. gL-Sicherungen

Bei einer Verteilung mit vier Schienen (L1/L2/L3/PEN) dürfen an der PEN-Schiene wahlweise Schutzleiter, Neutralleiter und/oder PEN-Leiter angeschlossen werden. Ist die Verteilung mit fünf Schienen (L1/L2/L3/N/PE) ausgestattet, so darf an der PE-Schiene auch ein PEN-Leiter angeschlossen werden, vorausgesetzt, die PE-Schiene entspricht den Bedingungen, die an eine PEN-Schiene gestellt werden.

Die Koordinierung der Systeme nach Art der Erdverbindung und Überstrom-Schutzeinrichtungen, die durch Gl. (5.1) gegeben ist, macht es erforderlich, bei der Planung einer Anlage die Größe des „kleinsten einpoligen Kurzschlussstroms" – künftig der Einfachheit halber nur noch „Kurzschlussstrom" genannt – zu berechnen. Er kann in bestehenden Anlagen auch gemessen werden. Mit dem (gerechneten oder gemessenen) Kurzschlussstrom muss jetzt unter Verwendung des Zeit-Strom-Diagramms der entsprechenden Schutzeinrichtung die Abschaltzeit ermittelt werden. Die jeweils obere Grenzkurve der Kennlinien von Leitungsschutzsicherungen der Betriebsklasse gG bzw. gL ist in **Bild 5.6** dargestellt. Für LS-Schalter der Charakteristik B, C und D ist die jeweils obere Grenzkennlinie in **Bild 5.7** gezeigt.

Die Berechnung des Kurzschlussstroms muss unter Beachtung von DIN EN 60909-0 (VDE 0102) „Kurzschlussströme in Drehstromnetzen – Berechnung der Ströme"

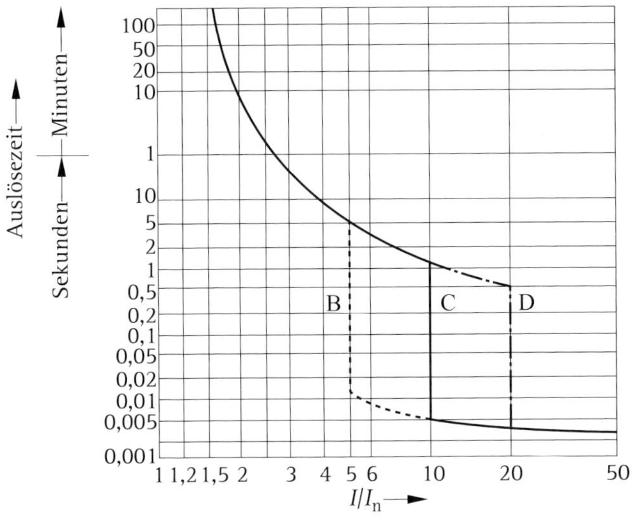

Bild 5.7 Zeit-Strom-Kennlinien von LS-Schaltern.
Gilt für LS-Schalter mit Charakteristik B, C und D

erfolgen. In Beiblatt 1 zu DIN EN 60909-0 (VDE 0102) „Kurzschlussströme in Drehstromnetzen – Beispiele für die Berechnung von Kurzschlussströmen" sind verschiedene Beispiele gezeigt. Die in DIN EN 60909-0 (VDE 0102) angegebene genaue Berechnungsmethode ist schwierig und umfangreich und erfordert außerdem viel Zeit und Übung. In der Praxis wird eine einfachere Berechnungsmethode angewandt, die allerdings nicht so genau ist. Der Vollständigkeit halber werden hier beide Methoden dargestellt.

5.1.1.1 Kurzschlussstromberechnung nach DIN EN 60909-0 (VDE 0102)

Die Berechnungsmethode beruht auf der Zerlegung eines unsymmetrischen Drehstromsystems in drei symmetrische Komponenten (Mit-, Gegen- und Nullsystem). Für die Berechnung werden dabei folgende Voraussetzungen angenommen:

- Für die Dauer des Kurzschlusses tritt keine Änderung der Art des Kurzschlusses ein, d. h., ein dreipoliger Kurzschluss bleibt dreipolig und ein einpoliger Kurzschluss bleibt einpolig
- Während des Kurzschlusses tritt keine Änderung im betroffenen Netz (Stromkreis) ein
- Lichtbogenwiderstände werden nicht berücksichtigt
- Alle Leitungskapazitäten und Admittanzen von nicht rotierenden Lasten werden vernachlässigt

Bei der Berechnung von Kurzschlussströmen in Netzen verschiedener Spannungsebenen ist es notwendig, die Impedanzen auf eine gemeinsame Spannungsebene umzurechnen. Normalerweise wird hierfür die Spannungsebene gewählt, für die der Kurzschlussstrom berechnet werden soll.

Die Gleichung für den kleinsten einpoligen Kurzschlussstrom lautet:

$$I_{\mathrm{k\ min\ 1\ pol}} = \frac{\sqrt{3} \cdot c \cdot U}{\sqrt{\left(R_{(1)} + R_{(2)} + R_{(0)}\right)^2 + \left(X_{(1)} + X_{(2)} + X_{(0)}\right)^2}} \tag{5.2}$$

wobei für alle Betriebsmittel (Mittelspannungsnetz, Transformatoren und Niederspannungsnetz) die Resistanzen (Ohm'sche Widerstände) und Reaktanzen (induktive Widerstände) für Mit-, Gegen- und Nullsystem zu berücksichtigen sind. Die Werte für das Mitsystem werden mit (1), die für das Gegensystem mit (2) und die für das Nullsystem mit (0), jeweils als Index, gekennzeichnet.

Anmerkung: Die Resistanzen und Reaktanzen für die vorgelagerten Mittelspannungsnetze, Hochspannungsnetze, Transformatoren und Generatoren werden über die an der Einspeisestelle in das Niederspannungsnetz vorhandene (und in der Regel bekannte) Anfangkurzschlusswechselstromleistung rechnerisch berücksichtigt.

Da in der Regel die Resistanzen und Reaktanzen für das Mitsystem und das Gegensystem gleich groß sind, also $R_{(1)} = R_{(2)}$ und $X_{(1)} = X_{(2)}$ gesetzt werden kann, können auch die Werte für das Mitsystem doppelt eingesetzt werden. Aus der Gl. (5.2) wird:

$$I_{\mathrm{k\ min\ 1\ pol}} = \frac{\sqrt{3} \cdot c \cdot U}{\sqrt{\left(2\ R_{(1)} + R_{(0)}\right)^2 + \left(2\ X_{(1)} + X_{(0)}\right)^2}} \tag{5.3}$$

die auch als Gl. (5.4) geschrieben werden kann:

$$I_{\mathrm{k\ min\ 1\ pol}} = \frac{\sqrt{3} \cdot c \cdot U}{\sqrt{R^2 + X^2}} \tag{5.4}$$

Unter Berücksichtigung der verschiedenen Netzelemente wird, z. B. für den Transformator die Resistanz $R_{(1)\mathrm{T}} = R_{\mathrm{T}}$ und für die Reaktanz $X_{(1)\mathrm{T}} = X_{\mathrm{T}}$ und dies ebenso für die anderen Netzelemente, sodass sich dann als Werte zum Einsetzen in Gl. (5.4) ergeben:

$$R = 2\ R_{\mathrm{Q}} + 2\ R_{\mathrm{T}} + 2\ R_{\mathrm{L}} + R_{(0)\mathrm{T}} + R_{(0)\mathrm{L}} \tag{5.5}$$

$$X = 2\ X_{\mathrm{Q}} + 2\ X_{\mathrm{T}} + 2\ X_{\mathrm{L}} + X_{(0)\mathrm{T}} + X_{(0)\mathrm{L}} \tag{5.6}$$

In den Gln. (5.2) bis (5.6) und in den folgenden Gln. (5.7) bis (5.32) bedeuten:

$I_{\text{k min 1 pol}}$	kleinster einpoliger Kurzschlussstrom in A
c	Spannungsfaktor; für den kleinsten Kurzschlussstrom im Niederspannungsbereich mit $c = 0{,}95$ ansetzen
U	Spannung zwischen den Außenleitern (Netznennspannung) in V
R_Q, X_Q	Ohm'scher, induktiver Widerstand des vorgelagerten Netzes in Ω
R_T, X_T	Ohm'scher, induktiver Widerstand des Transformators in Ω
R_L, X_L	Ohm'scher, induktiver Widerstand des Leitungsnetzes in Ω
$R_{(0)T}$, $X_{(0)T}$	Ohm'scher, induktiver Nullwiderstand des Transformators in Ω
$R_{(0)L}$, $X_{(0)L}$	Ohm'scher, induktiver Nullwiderstand des Leitungsnetzes in Ω
$R_{(1)}$, $R_{(2)}$, $R_{(0)}$	Ohm'scher Widerstand; Mit-, Gegen- und Nullsystem in Ω
$X_{(1)}$, $X_{(2)}$, $X_{(0)}$	induktiver Widerstand; Mit-, Gegen- und Nullsystem in Ω

Die verschiedenen Einzelgrößen können mittels nachfolgenden Gln. (5.7) bis (5.32) und Tabellen 5.1 bis 5.3 ermittelt werden:

Widerstände des vorgelagerten Netzes

Wenn der Anfangkurzschlusswechselstrom I''_{kQ} am Anschlusspunkt Q bekannt ist, kann die Netzinnenimpedanz Z_Q (Kurzschlussmitimpedanz $Z_{1(Q)}$) am Anschlusspunkt Q bestimmt werden mit:

$$Z_{(1)Q} = Z_Q = \frac{1{,}0 \cdot U_{nQ}}{\sqrt{3} \cdot I''_{kQ}} \tag{5.7}$$

Wenn die Anfangskurzschlusswechselstromleistung S''_{kQ} am Anschlusspunkt Q bekannt ist, gilt:

$$X_{(1)Q} = X_Q = \frac{1{,}0 \cdot U^2}{S''_{kQ} \cdot 10^6} \tag{5.8}$$

Wenn R_Q/X_Q bekannt ist, kann X_Q berechnet werden mit:

$$X_{(1)Q} = X_Q = \frac{Z_Q}{\sqrt{1 + \left(\frac{R_Q}{X_Q}\right)^2}} \tag{5.9}$$

Ist weder R_Q noch X_Q bekannt, kann mit hinreichender Genauigkeit mit folgenden Beziehungen gearbeitet werden:

$$X_{(1)Q} = X_Q \approx 0{,}995 \cdot Z_Q \tag{5.10}$$

$$R_{(1)Q} = R_Q = 0{,}1 \cdot X_Q \tag{5.11}$$

5

Z_Q Netzinnenimpedanz am Anschlusspunkt Q in Ω/Strang

U_{nQ} Netznennspannung am Anschlusspunkt Q in V

I''_{kQ} Anfangskurzschlusswechselstom am Anschlusspunkt Q in A

S''_{kQ} Anfangskurzschlusswechselstromleistung in MVA

Widerstände von Transformatoren

Die Widerstände von Zweiwicklungstransformatoren mit und ohne Stufenschalter können aus den Bemessungsdaten berechnet werden. Es gilt:

$$Z_{(1)T} = Z_T = \frac{u_{kr} \cdot U_{rT}^2}{S_{rT} \cdot 10^5} \tag{5.12}$$

$$R_{(1)T} = R_T = \frac{u_{Rr} \cdot U_{rT}^2}{S_{rT} \cdot 10^5} \tag{5.13}$$

$$X_{(1)T} = X_T = \frac{u_{Xr} \cdot U_{rT}^2}{S_{rT} \cdot 10^5} = \sqrt{Z_T^2 - R_T^2} \tag{5.14}$$

U_{rT} Bemessungsspannung des Transformators in V

S_{rT} Bemessungsleistung des Transformators in kVA

u_{kr} Bemessungswert der Kurzschlussspannung in %

u_{Rr} Bemessungswert für den Wirkspannungsfall in %

u_{Xr} Bemessungswert für die Blindstreuspannung in %

Wirkspannungsfall u_{Rr} und der Blindspannungsfall u_{Xr} sind nicht immer bekannt; sie können ermittelt werden nach:

$$u_{Rr} = \frac{P_{krT}}{S_{rT}} \cdot 10^{-1} \tag{5.15}$$

$$u_{Xr} = \sqrt{u_{kr}^2 - u_{Rr}^2} \tag{5.16}$$

P_{krT} Kurzschlussverluste (Wicklungsverluste) des Transformators bei Bemessungsleistung und bei 75 °C in W

S_{rT} Bemessungsscheinleistung des Transformators in kVA

Für die üblicherweise nach DIN 42500 in Netzen eingesetzten Leistungstransformatoren, die eine Kurzschlussspannung von $u_{kr} = 4$ % haben, sind die Größen für u_{Rr}, u_{Xr} und P_{krT} in **Tabelle 5.1** zusammengestellt.

S_n	50	100	160	200	250	315	400	500	630	kVA
u_{Rr}	2,20	1,75	1,47	1,43	1,30	1,24	1,15	1,10	1,03	%
u_{Xr}	3,34	3,60	3,72	3,74	3,78	3,80	3,83	3,85	3,86	%
P_{krT}	1 100	1 750	2 350	2 850	3 250	3 900	4 600	5 500	6 500	W

Tabelle 5.1 Rechenwerte von Transformatoren mit einer Kurzschlussspannung von $u_{kr} = 4$ %

5

Impedanzkorrekturfaktoren für Transformatoren

Die so berechneten Impedanzen von Transformatoren müssen normalerweise mit dem Impedanzkorrekturfaktor noch geringfügig korrigiert werden (siehe DIN EN 60909-0 (VDE 0102) „Kurzschlussströme in Drehstromnetzen – Berechnung der Ströme“ Abschnitt 3.3.3). Bei der Berechnung der kleinsten Kurzschlussströme kann der Faktor, in der Regel, vernachlässigt werden, da die Ergebnisse auf der sicheren Seite der Berechnung liegen. Bei der Berechnung der größten Kurzschlussströme, sollte der Faktor berücksichtigt werden (siehe hierzu Abschnitt 14.4).

Dabei ist die Impedanz des Transformators, angegeben in den Gln. (5.12) bis (5.14) zu korrigieren nach der Beziehung

$$Z_{TK} = K_T \; Z_T \tag{5.17}$$

mit dem Korrekturfaktor

$$K_T = 0{,}95 \, \frac{c}{1 + 0{,}6 \; x_T} \tag{5.18}$$

dabei gilt für x_T

$$x_T = \frac{X_T \; S_{rT}}{U_{rT}^2} \tag{5.19}$$

In den Gln. (5.17) bis (5.19) bedeuten

Z_{TK} korrigierte Impedanz des Transformators in Ω oder mΩ

K_T Korrekturfaktor

Z_T Impedanz des Transformators mit $Z_T = R_T + X_T$ in Ω oder mΩ

c Spannungsfaktor, bezogen auf die Spannung des Netzes, das an der Unterspannungsseite des Transformators angeschlossen ist, einzusetzen mit
- $c_{min} = 0{,}95$ im Bereich der Niederspannung für die Berechnung der kleinsten Kurzschlussströme
- $c_{max} = 1{,}05$ im Bereich der Niederspannung für die Berechnung der größten Kurzschlussströme

5

x_T bezogene Reaktanz des Transformators

X_T Reaktanz des Transformators im Mitsystem in Ω oder mΩ

S_{rT} Bemessungsleistung des Transformators in Ω oder mΩ

U_{rT} Bemessungsspannung auf der Unterspannungsseite des Transformators zwischen den Außenleitern in V

Der Impedanzkorrekturfaktor ist bei der Berechnung von unsymmetrischen Kurzschlussströmen auch auf die Gegenimpedanz und die Nullimpedanz des Transformators anzuwenden. Impedanzen Z_N zwischen dem Sternpunkt des Transformators und Erde sind mit $3 \cdot Z_N$ in das Nullsystem einzuführen, jedoch ohne einen Korrekturfaktor.

Berücksichtigung von Motoren und statischen Umrichtern

Bei der Berechnung der kleinsten Kurzschlussströme können Motoren und statische Umrichter generell vernachlässigt werden.

Bei der Berechnung von großen Kurzschlussströmen sollten Motoren und statische Umrichter angemessen berücksichtigt werden. Hinweise hierzu sind in DIN EN 60909 (VDE 0102) Abschnitt 3.8 „Asynchronmotoren" und Abschnitt 3.9 „Statische Umrichter" gegeben.

Berücksichtigung von Stromschienen und Sammelschienen

Die Berechnung der Resistanzen und Reaktanzen von Stromschienensystemen und Sammelschienen kann notwendig werden, wenn es erforderlich wird, dynamische und thermische Auswirkungen von Kurzschlussströmen abzuschätzen.

Eine Hilfe zur Ermittlung, vor allem zur Bestimmung der Reaktanzen, bietet die Norm DIN EN 60439-2 (VDE 0660-502) „Niederspannungs-Schaltgerätekombinationen – Besondere Anforderungen an Schienenverteiler".

In DIN VDE 0660-502 wird u. a. vom Hersteller einer Anlage gefordert, dass er Resistanzen, Reaktanzen und Impedanzen für eine Temperatur von 20 °C und bei Beharrungsbetriebstemperatur der Anlage angibt. Außerdem müssen der durchschnittliche Resistanzbelag und Reaktanzbelag je Meter Länge des Schienenverteilers bei Bemessungsfrequenz angegeben werden. Die Werte dürfen durch Messung oder durch Berechnungen aus Messungen ermittelt werden.

Die Resistanz (Wirkwiderstand, Ohm'scher Widerstand) von Schienen kann bei großen Querschnitten in der Regel vernachlässigt werden. Die Resistanz kann ermittelt werden nach

$$R'_S = \frac{1}{\kappa\, S} = \frac{\rho}{S} \tag{5.20}$$

Die Reaktanz (induktiver Blindwiderstand) ist abhängig von der Schienenanordnung, den Querschnitten und vom Aufbau der Anlage. Sie kann deshalb nur näherungsweise ermittelt werden mit

$$X'_S = \omega\, L_S \approx 2\,\pi\, f \left[\ln\left(2\,\frac{\pi\, a + h}{\pi\, b + 2\, h} \right) + 0{,}03 \right] \cdot 10^{-7} \qquad (5.21)$$

Die verschiedenen Resistanzwerte und Reaktanzwerte der Sammelschienen ergeben sich dann mit der vorhandenen Länge der Sammelschienen zu

$$R_S = L\, R'_S \qquad (5.22)$$

$$X_S = L\, X'_S \qquad (5.23)$$

In den Gln. (5.20) bis (5.23) bedeuten

R'_S Resistanz der Sammelschienen (Stromschienen) in Ω/m

L Länge der Sammelschiene in m

κ Leitwert des Materials der Sammelschienen in $\text{m}/(\Omega\,\text{mm}^2)$

ρ spezifischer Widerstand des Materials der Sammelschienen in $\Omega\,\text{mm}^2/\text{m}$

S Querschnitt der Sammelschienen in mm^2

X'_S Reaktanz der Sammelschiene in Ω/m

ω Kreisfrequenz in Hz mit $\omega = 2\,\pi\, f$

f Frequenz in Hz

b Schienenbreite in cm oder mm

h Schienenhöhe in cm oder mm

a mittlerer Abstand der Sammelschienen (Außenleiter) in cm oder mm mit

$$a = \sqrt[3]{a_1 \cdot a_2 \cdot a_3} \qquad (5.24)$$

Dabei sind die Abstände

a_1 Abstand von Schienenmitte L1 zu L2

a_2 Abstand von Schienenmitte L2 zu L3

a_3 Abstand von Schienenmitte L1 zu L3

Wenn die Sammelschienen in einer Ebene angeordnet und die Abstände der Schienen gleich sind, ergibt sich für den mittleren Abstand der Schienen $a = 1{,}25\; a_1$.

Bei den Größen für die Schienenbreite b, die Schienenhöhe h und den mittleren Abstand a ist zu beachten, dass die Werte in gleicher Dimension eingesetzt werden.

5

Widerstände des Leitungsnetzes

Bei der Berechnung des kleinsten Kurzschlussstroms ist aufgrund der Stromwärmeverluste in den Leitungen mit einer höheren Leitertemperatur als 20 °C zu rechnen. Früher bestand die Forderung nach einer Berechnung bei 80 °C Leitertemperatur. Die neue DIN EN 60909-0 (VDE 0102) fordert hier lediglich: „die Berechnungen sind bei einer höheren Temperatur durchzuführen“. Nun ist die Ermittlung einer exakten Temperatur im Kurzschlussfall nahezu unmöglich, da sich die Temperatur laufend ändert. Die Berechnung bei einer Leitertemperatur von 80 °C dürfte einen vertretbaren Kompromiss darstellen. Es gelten:

$$R_{(1)\mathrm{L}} = R_{\mathrm{L}} = \frac{L}{\kappa \cdot S} \cdot 1{,}24 \tag{5.25}$$

$$R_{(1)\mathrm{L}} = R_{\mathrm{L}} = R' \cdot L \cdot 10^{-3} \tag{5.26}$$

$$X_{(1)\mathrm{L}} = X_{\mathrm{L}} = X' \cdot L \cdot 10^{-3} \tag{5.27}$$

R_{L} Resistanz (Ohm'scher Widerstand) der Leitung bei 80 °C Leitertemperatur in Ω

X_{L} Reaktanz (induktiver Widerstand) der Leitung in Ω

L einfache Leitungslänge in m

κ Leitwert bei 20 °C in $\mathrm{m/(\Omega\,mm^2)}$, nach DIN EN 60909-0 (VDE 0102) mit folgenden Werten
- für Kupfer 54 $\mathrm{m/(\Omega\,mm^2)}$ bei Freileitungen und 56 $\mathrm{m/(\Omega\,mm^2)}$ bei Kabel
- für Aluminium 34 $\mathrm{m/(\Omega\,mm^2)}$ bei Freileitung und 33 $\mathrm{m/(\Omega\,mm^2)}$ bei Kabel (siehe hierzu auch Anhang D, Abschnitt 25.4)

S Leiterquerschnitt in $\mathrm{mm^2}$

1,24 Faktor, der sowohl für Kupfer als auch für Aluminium die Temperaturerhöhung von 20 °C auf 80 °C berücksichtigt

R' Resistanzbelag (Ohm'scher Widerstand pro km) einer Leitung oder eines Kabels bei einer Leitertemperatur von 80 °C in Ω/km (siehe Tabelle 5.4 bzw. Anhang E)

X' Reaktanzbelag (induktiver Widerstand pro km) einer Leitung oder eines Kabels in Ω/km (siehe Tabelle 5.4 bzw. Anhang E)

Ermittelt werden kann der Reaktanzbelag X' in Ω/km nach:

$$X' = \omega \cdot L_{\mathrm{K,L}} = 2\,\pi \cdot f \left[\frac{\mu_0}{2\,\pi}\left(\ln\frac{2\,a}{d} + \frac{\mu_{\mathrm{r}}}{4}\right)\right] \cdot 10^3 \tag{5.28}$$

wobei

ω Kreisfrequenz in Hz = Vs/A

$L_{\mathrm{K,L}}$ Leiterinduktivität für Kabel und Leitungen in H

μ_0 Induktionskonstante mit $1{,}257 \cdot 10^{-6}$ Vs/(Am)

μ_r Permeabilität (bei nicht magnetischen Werkstoffen ≈ 1)

f Netzfrequenz in Hz

d Leiterdurchmesser in mm

a mittlerer Leiterabstand der Außenleiter in mm nach folgendem Bild mit

$$a = \sqrt[3]{a_1 \cdot a_2 \cdot a_3} \tag{5.29}$$

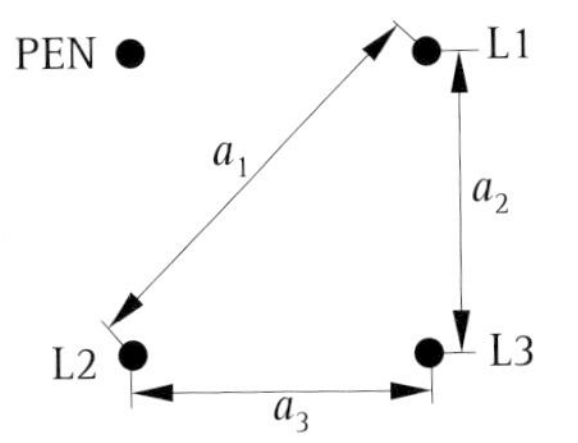

Mittlerer Abstand der Außenleiter

Nach Einsetzen der konstanten Größen ergibt sich für den Reaktanzbelag X' in Ω/km nach:

$$X' = 0{,}0628 \left[\ln \left(\frac{2\,a}{d} \right) + 0{,}25 \right] \tag{5.30}$$

Nullwiderstände von Transformatoren

Die näherungsweise Ermittlung der Nullwirk- und Nullblindwiderstände von Transformatoren kann nach **Tabelle 5.2** erfolgen.

Nullwiderstände	Schaltgruppe		
	Dy	Dz, Yz	Yy[1]
$R_{(0)T}$	R_T	$0{,}4 \cdot R_T$	R_T
$X_{(0)T}$	$0{,}95 \cdot X_T$	$0{,}1 \cdot X_T$	$(7 \ldots 100) \cdot X_T$

[1] Transformatoren der Schaltgruppe Yy sind wegen ihrer hohen Jochstreuspannung meist ungeeignet

Tabelle 5.2 Nullwiderstände von Transformatoren

Nullwiderstände des Leitungsnetzes

Die Ermittlung der Nullwirk- und Nullblindwiderstände von Leitungen und Kabeln erfolgt mithilfe von Tabelle 5.3. (Weitere Tabellen sind in Anhang E enthalten.)

In der Tabelle 5.3 ist jeweils der Quotient $R_{(0)L}/R_L$ und $X_{(0)L}/X_L$ angegeben. Es gilt dann:

$$R_{(0)L} = \text{Tabellenwert} \cdot R_L \tag{5.31}$$

$$X_{(0)L} = \text{Tabellenwert} \cdot X_L \tag{5.32}$$

Die Werte von Tabelle 5.3 gelten für NYY, NAYY und ähnlich aufgebaute Kabel und Leitungen (NYM, H07RN-F) unter der Voraussetzung, dass die Rückleitung des Kurzschlussstroms allein über den vierten Leiter (Spalte a) oder über den vierten Leiter und Erde (Spalte c) erfolgt. In allen anderen Fällen, wie Rückleitung über den vierten Leiter und gleichzeitig Kabelmantel, Schirm und/oder Erde, sind die Tabellen aus Beiblatt 4 zu DIN EN 60909-0 (VDE 0102):2003-02 anzuwenden. Die Tabellen sind in Anhang E dargestellt.

Anzahl der Adern und Nennquerschnitt S in mm²	$R_{(0)L}/R_L$				$X_{(0)L}/X_L$			
	Kupfer		Aluminium		Kupfer		Aluminium	
	a	c	a	c	a	c	a	c
4 × 1,5	4,0	1,03	–	–	3,99	21,28	–	–
4 × 2,5	4,0	1,05	–	–	4,01	21,62	–	–
4 × 4	4,0	1,11	–	–	3,98	21,36	–	–
4 × 6	4,0	1,21	–	–	4,03	21,62	–	–
4 × 10	4,0	1,47	–	–	4,02	20,22	–	–
4 × 16	4,0	1,86	–	–	3,98	17,09	–	–
4 × 25	4,0	2,35	–	–	4,13	12,97	–	–
4 × 35	4,0	2,71	4,0	2,12	3,78	10,02	4,13	15,47
4 × 50	4,0	2,95	4,0	2,48	3,76	7,61	3,76	11,99
4 × 70	4,0	3,18	4,0	2,84	3,66	5,68	3,66	8,63
4 × 95	4,0	3,29	4,0	3,07	3,65	4,63	3,65	6,51
4 × 120	4,0	3,35	4,0	3,19	3,65	4,21	3,65	5,53
4 × 150	4,0	3,38	4,0	3,26	3,65	3,94	3,65	4,86
4 × 185	4,0	3,41	4,0	3,32	3,65	3,74	3,65	4,35
4 × 240	4,0	3,42	–	–	3,67	3,62	–	–
4 × 300	4,0	3,44	–	–	3,66	3,52	–	–

a Rückleitung über vierten Leiter

c Rückleitung über vierten Leiter und Erde

Tabelle 5.3 Quotienten für $R_{(0)L}/R_L$ und $X_{(0)L}/X_L$ für Kabel NYY und NAYY in Abhängigkeit von der Rückleitung bei $f = 50$ Hz
(Quelle: Beiblatt 4 zu DIN EN 60909-0 (VDE 0102):2003-02)

5.1.1.2 Beispiel zur Berechnung des kleinsten einpoligen Kurzschlussstroms nach DIN EN 60909-0 (VDE 0102)

Von einer 20/0,4-kV-Umspannstation wird über ein Kabel NYY 4 × 95 mm² mit einer Länge von 560 m eine Unterverteilung eingespeist. Die Anfangskurzschluss-wechselstromleistung beträgt 230 MVA; der Transformator, Schaltgruppe Dy 5, hat eine Bemessungsleistung von 400 kVA und eine prozentuale Kurzschlussspannung von 4 %. Der kleinste einpolige Kurzschlussstrom ist zu berechnen.

Nach Gl. (5.3) ist der kleinste einpolige Kurzschlussstrom:

$$I_{\text{k min 1 pol}} = \frac{\sqrt{3} \cdot c \cdot U}{\sqrt{R^2 + X^2}}$$

1. Ermittlung der Widerstände des vorgelagerten Netzes

$$X_\text{Q} = \frac{1{,}0 \cdot U^2}{S''_\text{kn} \cdot 10^6} = \frac{1{,}0 \cdot 400^2}{230 \cdot 10^6}\,\Omega = 0{,}000696\,\Omega = 0{,}696\,\text{m}\Omega$$

$$R_\text{Q} = 0{,}1 \cdot X_\text{Q} = 0{,}1 \cdot 0{,}696\,\text{m}\Omega = 0{,}070\,\text{m}\Omega$$

2. Ermittlung der Transformatorenwiderstände

$$R_\text{T} = \frac{u_\text{Rr} \cdot U^2}{S_\text{n} \cdot 10^5} = \frac{1{,}15 \cdot 400^2}{400 \cdot 10^5}\,\Omega = 0{,}0046\,\Omega = 4{,}600\,\text{m}\Omega$$

$$X_\text{T} = \frac{u_\text{Xr} \cdot U^2}{S_\text{n} \cdot 10^5} = \frac{3{,}83 \cdot 400^2}{400 \cdot 10^5}\,\Omega = 0{,}01532\,\Omega = 15{,}320\,\text{m}\Omega$$

$$R_\text{(0)T} = R_\text{T} = 4{,}600\,\text{m}\Omega$$

$$X_\text{(0)T} = 0{,}95 \cdot X_\text{T} = 0{,}95 \cdot 15{,}320\,\text{m}\Omega = 14{,}554\,\text{m}\Omega$$

3. Ermittlung der Widerstände des Leitungsnetzes

$$R_\text{L} = R'_\text{L} \cdot L \cdot 10^{-3} = 0{,}244\,\Omega/\text{km} \cdot 0{,}560\,\text{km} = 0{,}13664\,\Omega = 136{,}640\,\text{m}\Omega$$

$$X_\text{L} = X'_\text{L} \cdot L \cdot 10^{-3} = 0{,}082\,\Omega/\text{km} \cdot 0{,}56\,\text{km} = 0{,}04592\,\Omega = 45{,}920\,\text{m}\Omega$$

$$R_\text{(0)L} = 4{,}0 \cdot R_\text{L} = 4 \cdot 136{,}640\,\text{m}\Omega = 546{,}560\,\text{m}\Omega$$

$$X_\text{(0)L} = 3{,}65 \cdot X_\text{L} = 3{,}65 \cdot 45{,}920\,\text{m}\Omega = 167{,}608\,\text{m}\Omega$$

4. Bestimmung von R und X

$$R = 2 \cdot R_\text{Q} + 2 \cdot R_\text{T} + 2 \cdot R_\text{L} + R_\text{(0)T} + R_\text{(0)L}$$

$$= 2 \cdot 0{,}070\,\text{m}\Omega + 2 \cdot 4{,}600\,\text{m}\Omega + 2 \cdot 136{,}640\,\text{m}\Omega + 4{,}600\,\text{m}\Omega + 546{,}560\,\text{m}\Omega$$

$$= 833{,}780\,\text{m}\Omega = 0{,}833780\,\Omega$$

$$X = 2 \cdot X_Q + 2 \cdot X_T + 2 \cdot X_L \cdot X_{(0)T} + X_{(0)L}$$

$$= 2 \cdot 0{,}696\ \text{m}\Omega + 2 \cdot 15{,}320\ \text{m}\Omega + 2 \cdot 45{,}920\ \text{m}\Omega + 14{,}554\ \text{m}\Omega + 167{,}608\ \text{m}\Omega$$

$$= 306{,}034\ \text{m}\Omega = 0{,}306034\ \Omega$$

5. Berechnung des Kurzschlussstroms

$$I_{\text{k min 1 pol}} = \frac{\sqrt{3} \cdot c \cdot U}{\sqrt{R^2 + X^2}} = \frac{\sqrt{3} \cdot 0{,}95 \cdot 400\ \text{V}}{\sqrt{0{,}833780^2\ \Omega^2 + 0{,}306034^2\ \Omega^2}} = 741{,}051\ \text{A}$$

6. Berechnung des Kurzschlussstroms nach der vereinfachten Methode zum Vergleich (siehe Abschnitt 5.1.1.3)

   Die Impedanz des vorgelagerten Netzes wird vernachlässigt, da die Anfangskurzschlusswechselstromleistung $S_{kQ} > 100$ MVA ist (siehe Gl. (5.34) mit Erläuterungen).

   Transformatorwiderstand

$$Z_T = \frac{u_{kn} \cdot U^2}{S_n \cdot 10^5} = \frac{4 \cdot 400^2}{400 \cdot 10^5}\ \Omega = 0{,}016\ \Omega$$

   Leitungswiderstand (Hin- und Rückleitung)

$$Z_L = 2 \cdot Z' \cdot L \cdot 10^{-3} = 2 \cdot 0{,}257\ \Omega/\text{km} \cdot 560\ \text{m} \cdot 10^{-3} = 0{,}28784\ \Omega$$

   Gesamtwiderstand

$$Z = Z_T + Z_L = 0{,}016\ \Omega + 0{,}28784\ \Omega = 0{,}30384\ \Omega$$

   Kurzschlussstrom

$$I_k = \frac{c \cdot U}{\sqrt{3} \cdot Z} = \frac{0{,}95 \cdot 400\ \text{V}}{\sqrt{3} \cdot 0{,}30384\ \Omega} = 722{,}06\ \text{A}$$

Der nach der vereinfachten Methode berechnete Kurzschlussstrom ist um 19 A zu klein berechnet. Der Fehler liegt damit bei –2,6 %.

5.1.1.3 Kurzschlussstromberechnung in der Praxis

Bei dieser Methode der Kurzschlussstromberechnung werden einige Vereinfachungen vorgenommen. Der dabei in Kauf zu nehmende Fehler liegt normalerweise unter 10 %, kann in Extremfällen auch bis zu 20 % betragen. Diese Methode ist zulässig, da der Fehler immer auf der sicheren Seite liegt, d. h., der berechnete Kurzschlussstrom ist kleiner als der tatsächlich fließende Kurzschlussstrom. Die Schutzeinrichtung wird demnach eher zu klein als zu groß bemessen.

Als Vereinfachung wird $I_{\text{k1pol min}} = I_{\text{k}}$ gesetzt. Damit ist die Beziehung für den kleinsten einpoligen Kurzschlussstrom:

$$I_{\text{k1pol min}} = I_{\text{k}} = \frac{c \cdot U}{\sqrt{3} \cdot Z} \tag{5.33}$$

Darin bedeuten:

I_{k} kleinster einpoliger Kurzschlussstrom in A

c Faktor 0,95, siehe Gln. (5.3) bis (5.5)

U Spannung zwischen den Außenleitern in V

Z gesamter Widerstand der Leiterschleife in Ω, bestehend aus den Widerständen:
- des vorgelagerten Netzes Z_{Q}
- des Transformators Z_{T}
- des Leitungsnetzes $Z_{\text{L}} = Z_{\text{A}} + Z_{\text{PEN}}$

wobei als wichtigste Vereinfachung normalerweise eine arithmetische Addition der Einzelgrößen erfolgt

Die Ermittlung der Einzelwiderstände erfolgt mittels nachfolgend dargestellten zugeschnittenen Größengleichungen.

Impedanz des vorgelagerten Netzes Z_{Q}

$$Z_{\text{Q}} = \frac{1{,}1 \cdot U^2}{S''_{\text{kQ}} \cdot 10^6} \text{ in } \Omega/\text{Strang} \tag{5.34}$$

U Spannung zwischen den Außenleitern in V

S''_{kQ} Anfangskurzschlusswechselstromleistung in MVA
Die Impedanz des vorgelagerten Netzes kann unbedenklich vernachlässigt werden, wenn $S''_{\text{kQ}} > 100$ MVA ist

Impedanz von Transformatoren Z_{T}

$$Z_{\text{T}} = \frac{u_{\text{kr}} \cdot U^2}{S_{\text{rT}} \cdot 10^5} \text{ in } \Omega/\text{Strang} \tag{5.35}$$

u_{kr} Kurzschlussspannung in %

U Spannung zwischen den Außenleitern in V

S_{rT} Bemessungsleistung des Transformators in kVA

Impedanz des Leitungsnetzes Z_{L}

Die Wirk- und Blindwiderstände können für jeden Einzelfall berechnet werden, wobei im Allgemeinen bei Kabeln, Mehraderleitungen und Einzeladerleitungen

5

in Rohr bis etwa 70 mm² der induktive Widerstand vernachlässigbar ist; $R_L \approx Z_L$. Bei Freileitungen darf der induktive Widerstand nicht vernachlässigt werden. Der Ohm'sche Widerstand ist für 80 °C zu ermitteln.

$$R_L = \frac{L}{\kappa \cdot S} \cdot 1{,}24 \quad (5.36)$$

$$R_L = R'_L \cdot L \cdot 10^{-3} \quad (5.37)$$

$$X_L = X'_L \cdot L \cdot 10^{-3} \quad (5.38)$$

$$Z_L = Z'_L \cdot L \cdot 10^{-3} \quad (5.39)$$

L Leitungslänge in m (Hin- und Rückleitung)

κ Leitwert bei 20 °C, für Kupfer, Aluminium in $m/(\Omega \cdot mm^2)$

S Leiterquerschnitt in mm²

1,24 Faktor, der sowohl für Al wie auch Cu die Temperaturerhöhung von 20 °C auf 80 °C berücksichtigt

R'_L Resistanz (Ohm'scher Widerstand) einer Leitung oder eines Kabels in Ω/km bei 80 °C (siehe Tabelle 5.4)

X'_L Reaktanz (induktiver Widerstand) einer Leitung oder eines Kabels in Ω/km (siehe Tabelle 5.4) für $f = 50$ Hz nach $X'_L = 0{,}0628\,[\ln(2\,a/d) + 0{,}25]$ in Ω/km

Z'_L Impedanz einer Leitung oder eines Kabels in Ω/km, ermittelt aus $Z'_L = \sqrt{R'^2_L + X'^2_L}$ (siehe Tabelle 5.4)

Tabelle 5.4 gibt für Freileitungen, Kabel und Mantelleitungen Widerstandswerte in Ω/km an. Für bewegliche Leitungen (z. B. H07RN-F usw.) können die angegebenen Werte ebenfalls verwendet werden. Bei anderen Leitungen (z. B. Stegleitung) oder bei Einzeladern in Rohr kann der dem Querschnitt entsprechende Ohm'sche Widerstand verwendet und der induktive Widerstand verdoppelt werden, wodurch die Rechnung eine ausreichende Sicherheit erhält.

Bei Mehraderleitungen und Kabeln können bis 16 mm² die Tabellenwerte auch für zwei- und dreiadrige Leitungen bzw. Kabel verwendet werden.

Häufig ist in der Praxis nach der maximal zulässigen Stromkreislänge gefragt, wenn für die Stelle, an der die Leitung angeschlossen werden soll, die dort vorhandene Impedanz (Vorimpedanz Z_V) oder der Kurzschlussstrom bekannt ist. Durch Verwendung von Gl. (5.33) und Gl. (5.39) ergibt sich umgestellt die gesuchte Stromkreislänge:

$$L_x = \frac{\dfrac{c \cdot U}{\sqrt{3} \cdot I_k} - Z_V}{2 \cdot Z'_L} \quad (5.40)$$

Querschnitt S	Kupfer			Aluminium		
	Resistanzbelag	Resistanzbelag	Impedanzbelag	Resistanzbelag	Resistanzbelag	Impedanzbelag
in mm^2	R'_L	X'_L	Z'_L	R'_L	X'_L	Z'_L
16	1,406	0,360	1,451	2,226	0,360	2,255
25	0,924	0,340	0,985	1,463	0,340	1,502
35	0,650	0,330	0,729	1,029	0,330	1,081
50	0,465	0,320	0,565	0,737	0,320	0,804
70	0,342	0,310	0,462	0,541	0,310	0,624
95	0,242	0,290	0,378	0,382	0,290	0,480
120	0,192	0,290	0,348	0,305	0,290	0,421

Tabelle 5.4a Widerstände in Ω/km bei 80 °C Leitertemperatur und 50 Hz (Freileitungen) und einem mittleren Leiterabstand von $a = 561$ mm, also quadratische Leiteranordnung mit jeweils 500 mm Leiterabstand

Anzahl der Leiter und des Querschnitts S	Kupfer			Aluminium		
	Resistanzbelag	Resistanzbelag	Impedanzbelag	Resistanzbelag	Resistanzbelag	Impedanzbelag
in mm^2	R'_L	X'_L	Z'_L	R'_L	X'_L	Z'_L
4 × 1,5	14,620	0,115	14,620	–	–	–
4 × 2,5	8,770	0,110	8,770	14,800	0,110	14,800
4 × 4	5,480	0,107	5,480	9,260	0,107	9,260
4 × 6	3,660	0,100	3,660	6,170	0,100	6,170
4 × 10	2,244	0,094	2,246	3,700	0,094	3,700
4 × 16	1,415	0,090	1,418	2,324	0,090	2,326
4 × 25	0,898	0,086	0,902	1,489	0,086	1,492
4 × 35	0,652	0,083	0,657	1,086	0,083	1,089
4 × 50	0,482	0,083	0,489	0,796	0,083	0,800
4 × 70	0,336	0,082	0,346	0,551	0,082	0,557
4 × 95	0,244	0,082	0,257	0,398	0,082	0,406
4 × 120	0,195	0,080	0,211	0,316	0,080	0,326
4 × 150	0,155	0,080	0,174	0,258	0,080	0,270
4 × 185	0,125	0,080	0,148	0,207	0,080	0,222
4 × 240	0,095	0,079	0,124	0,162	0,079	0,180
4 × 300	0,078	0,079	0,111	0,133	0,079	0,155

Tabelle 5.4b Widerstände in Ω/km bei 80 °C Leitertemperatur und 50 Hz (Kabel und Mantelleitungen)

Darin bedeuten:

L_X einfache Stromkreislänge in km

c Faktor 0,95, siehe Gln. (5.3) bis (5.5)

U Spannung zwischen den Außenleitern in V

I_k Kurzschlussstrom in A, der die automatische Abschaltung in der geforderten Zeit in die Wege leitet

Z_V Vorimpedanz in Ω; Impedanz, die an der Anschlussstelle vorhanden ist

Z'_L Impedanz der anzuschließenden Leitung in Ω/km (Tabelle 5.4)

Für die üblichen Leitungsquerschnitte können bei bekannter Vorimpedanz für verschiedene Schutzeinrichtungen die zulässigen Kabel- und Leitungslängen für die Abschaltzeiten von 0,4 s bzw. 5 s den Tabellen von Anhang A entnommen werden.

5.1.1.4 Beispiele zur Kurzschlussstromberechnung in der Praxis

Beispiel 1:

Für die in **Bild 5.8** dargestellte Industrieanlage soll überprüft werden, ob die Koordinierung der Leitungsquerschnitte und die Auswahl der Leitungsschutzsicherungen richtig durchgeführt wurde, d. h., die Abschaltzeiten sollen ermittelt werden.

Wegen der Aufgabenstellung ist es erforderlich, für die zu untersuchenden Stromkreise – jeweils für den ungünstigsten Punkt – den Kurzschlussstrom zu berechnen. Die hierfür notwendigen Kurzschlussstellen K 1 ... K 3 sind eingetragen. Zweckmäßigerweise werden zuerst alle Einzelwiderstände bestimmt.

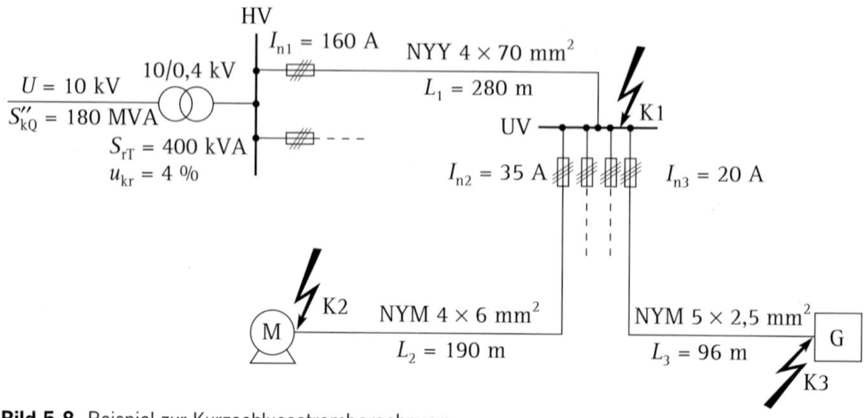

Bild 5.8 Beispiel zur Kurzschlussstromberechnung

Bestimmung der Einzelimpedanzen

$$Z_Q = \frac{1{,}1 \cdot U^2}{S''_{kQ} \cdot 10^6} = \frac{1{,}1 \cdot 400^2}{180 \cdot 10^6}\ \Omega = 0{,}001\ \Omega \text{ (vernachlässigbar klein)}$$

$$Z_T = \frac{u_{kr} \cdot U^2}{S_{rT} \cdot 10^5} = \frac{4 \cdot 400^2}{400 \cdot 10^5}\ \Omega = 0{,}016\ \Omega$$

$$Z_{L1} = Z_A + Z_{PEN} = 2 \cdot Z_A = 2 \cdot Z'_L \cdot L_A = 2 \cdot 0{,}346\ \Omega/\text{km} \cdot 0{,}280\ \text{km} = 0{,}194\ \Omega$$

$$Z_{L2} = 2 \cdot Z'_L \cdot L_A = 2 \cdot 3{,}66\ \Omega/\text{km} \cdot 0{,}190\ \text{km} = 1{,}391\ \Omega$$

$$Z_{L3} = 2 \cdot Z'_L \cdot L_A = 2 \cdot 8{,}77\ \Omega/\text{km} \cdot 0{,}096\ \text{km} = 1{,}684\ \Omega$$

Berechnung der Kurzschlussströme und Bestimmung der Abschaltzeiten

- Kurzschlussstelle K 1

$$Z = Z_Q + Z_T + Z_{L1} = 0{,}001\ \Omega + 0{,}016\ \Omega + 0{,}194\ \Omega = 0{,}211\ \Omega$$

$$I_{k1} = \frac{c \cdot U}{\sqrt{3} \cdot Z} = \frac{0{,}95 \cdot 400\ \text{V}}{\sqrt{3} \cdot 0{,}211\ \Omega} = 1039{,}8\ \text{A}$$

Bei $I_{n1} = 160$ A und $I_{k1} \approx 1\,040$ A ergibt sich nach Bild 5.6 eine Abschaltzeit von $t = 4{,}0$ s.

- Kurzschlussstelle K 2

$$Z = Z_Q + Z_T + Z_{L1} + Z_{L2} = 0{,}001\ \Omega + 0{,}016\ \Omega + 0{,}194\ \Omega + 1{,}391\ \Omega = 1{,}602\ \Omega$$

$$I_{k2} = \frac{c \cdot U}{\sqrt{3} \cdot Z} = \frac{0{,}95 \cdot 400\ \text{V}}{\sqrt{3} \cdot 1{,}602\ \Omega} = 136{,}9\ \text{A}$$

Bei $I_{n2} = 35$ A und $I_{k2} \approx 137$ A ergibt sich nach Bild 5.6 eine Abschaltzeit von $t = 30$ s (Bedingung $t \leq 5$ s nicht erfüllt!).

- Kurzschlussstelle K 3

$$Z = Z_Q + Z_T + Z_{L1} + Z_{L3} = 0{,}001\ \Omega + 0{,}016\ \Omega + 0{,}194\ \Omega + 1{,}684\ \Omega = 1{,}895\ \Omega$$

$$I_{k3} = \frac{c \cdot U}{\sqrt{3} \cdot Z} = \frac{0{,}95 \cdot 400\ \text{V}}{\sqrt{3} \cdot 1{,}895\ \Omega} = 115{,}8\ \text{A}$$

Bei $I_{n3} = 20$ A und $I_{k3} \approx 116$ A ergibt sich nach Bild 5.6 eine Abschaltzeit von $t = 1{,}6$ s.

5

Beispiel 2:

Für die Einbaustelle des Hausanschlusskastens (HAK) wird vom EVU ein Kurzschlussstrom von 360 A genannt. Die Hausanschlusssicherung soll 63 A betragen. Für die in **Bild 5.9** dargestellte Anlage sind die Verhältnisse zu untersuchen.

Zunächst wird die Impedanz Z_L des Netzes bis zum Hausanschlusskasten berechnet:

$$Z_L = \frac{c \cdot U}{\sqrt{3} \cdot I_k} = \frac{0{,}95 \cdot 400\ \text{V}}{\sqrt{3} \cdot 360\ \text{A}} = 0{,}609\ \Omega$$

Die Impedanz der Hauptleitung hinzugerechnet ergibt mit:

$$Z_{L1} = 2 \cdot Z_L' \cdot Z_1 = 2 \cdot 1{,}418\ \Omega/\text{km} \cdot 0{,}06\ \text{km} = 0{,}170\ \Omega$$

für die Wohnungsverteilung eine Impedanz von:

$$Z = Z_L + Z_{L1} = 0{,}609\ \Omega + 0{,}170\ \Omega = 0{,}779\ \Omega$$

wobei diese Impedanz die Vorimpedanz Z_V für alle von der Wohnungsverteilung abgehenden Stromkreise ist. Die Überprüfung der Hausanschlusssicherung durch Berechnung des Kurzschlussstroms an der Wohnungsverteilung ergibt mit:

$$I_{k1} = \frac{c \cdot U}{\sqrt{3} \cdot Z} = \frac{0{,}95 \cdot 400\ \text{V}}{\sqrt{3} \cdot 0{,}779\ \Omega} = 281{,}6\ \text{A}$$

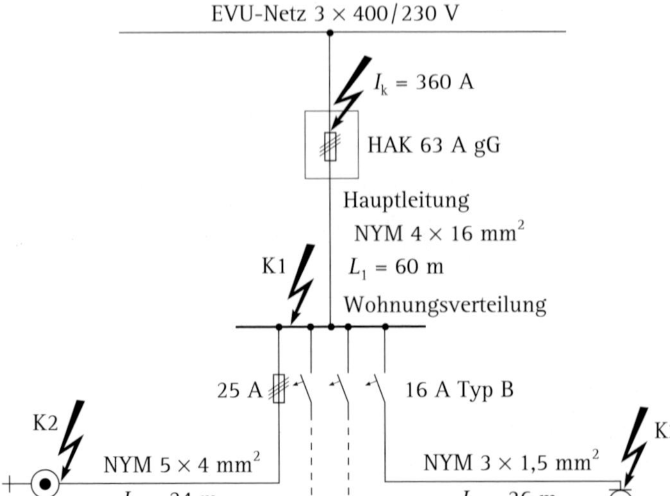

Bild 5.9 Beispiel zur Kurzschlussstromberechnung mit vorgegebenem Kurzschlussstrom aus dem Netz

nach Bild 5.6 eine Abschaltzeit von $t = 20$ s, was aber zulässig ist, wenn alle Teile der Hauptleitung in schutzisolierter Ausführung errichtet wurden (TAB-Forderung).

Für die von der Wohnungsverteilung abgehenden Stromkreise wird jetzt bei einer Vorimpedanz $Z_V = 0{,}779\ \Omega$ je nach Leitungsquerschnitt und Schutzeinrichtung die maximal zulässige Stromkreislänge nach Gl. (5.40) ermittelt.

5

Anschluss Heißwassergerät (K 2)

Für eine Schmelzsicherung $I_n = 25$ A muss bei einer Abschaltzeit von $t = 5$ s ein Abschaltstrom = Kurzschlussstrom $I_{k2} = 130$ A zum Fließen kommen (Bild 5.6).

Die zulässige Länge der 4-mm²-Leitung zum Heißwassergerät ergibt sich damit zu:

$$L = \frac{\frac{c \cdot U}{\sqrt{3} \cdot I_k} - Z_V}{2 \cdot Z_L'} = \frac{\frac{0{,}95 \cdot 400\ \text{V}}{\sqrt{3} \cdot 130\ \text{A}} - 0{,}779\ \Omega}{2 \cdot 5{,}480\ \Omega/\text{km}} = 0{,}0829\ \text{km} = 82{,}9\ \text{m}$$

Mit $L_{2\ max} = 82{,}9$ m größer als $L_2 = 24$ m ist der Stromkreis richtig dimensioniert.

Für einen LS-Schalter Typ B mit $I_n = 16$ A muss bei einer Abschaltzeit von $t = 0{,}4$ s ein Abschaltstrom = Kurzschlussstrom $I_{k3} = 80$ A zum Fließen kommen (Bild 5.7). Die zulässige Länge der 1,5-mm²-Leitung zur Steckdose ergibt sich damit zu:

$$L = \frac{\frac{c \cdot U}{\sqrt{3} \cdot I_k} - Z_V}{2 \cdot Z_L'} = \frac{\frac{0{,}95 \cdot 400\ \text{V}}{\sqrt{3} \cdot 80\ \text{A}} - 0{,}779\ \Omega}{2 \cdot 14{,}620\ \Omega/\text{km}} = 0{,}0671\ \text{km} = 67{,}1\ \text{m}$$

Auch dieser Stromkreis ist richtig bemessen, da $L_{3\ max} > L_3$ ist.

5.1.2 TN-System mit RCD

Bei Einsatz einer RCD im TN-System (**Bild 5.10**) ist nach Gl. (5.1) der Strom, der das automatische Abschalten der Schutzeinrichtung in die Wege leitet, der Bemessungsdifferenzstrom der RCD ($I_a = I_{\Delta n}$).

Damit gilt:

$$Z_S = \frac{U_0}{I_a} = \frac{U_0}{I_{\Delta n}} \tag{5.41}$$

Für selektive RCDs (Bildzeichen [S]) ist als Abschaltstrom der doppelte Bemessungsdifferenzstrom ($I_a = 2\ I_{\Delta n}$) anzusetzen, sodass gilt:

$$Z_S = \frac{U_0}{I_a} = \frac{U_0}{2\ I_{\Delta n}} \tag{5.42}$$

5

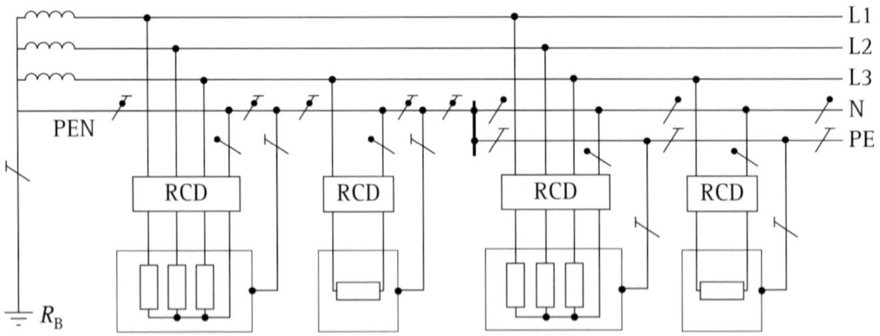

Bild 5.10 TN-System mit RCDs

Es bedeuten (siehe auch Gl. (5.1)):

Z_S Impedanz der Fehlerschleife in Ω

$I_{\Delta n}$ Bemessungsdifferenzstrom in A

I_a Strom in A, der das automatische Abschalten bewirkt, wobei gilt:
$I_a = I_{\Delta n}$ für normale RCDs
$I_a = 2\ I_{\Delta n}$ für selektive RCDs

U_0 Spannung gegen den geerdeten Leiter in V

Dies hat zur Folge, dass bei Nennspannung $U_n = 230/400$ V und Bemessungsdifferenzstrom $I_{\Delta n} = 0{,}5$ A der Widerstand der Fehlerschleife

$$Z_S = \frac{U_0}{I_{\Delta n}} = \frac{230\ \text{V}}{0{,}5\ \text{A}} = 460\ \Omega$$

betragen dürfte. Auch bei einer selektiven RCD mit $I_{\Delta n} = 0{,}5$ A ergäbe sich mit $Z_S = U_0/(2\ I_{\Delta n}) = 230\ \text{V}/(2 \cdot 0{,}5\ \text{A}) = 230\ \Omega$ ein so hoher Schleifenwiderstand, dass ein ordnungsgemäßer Betrieb einer Anlage mit normal üblichen Verbrauchsmitteln (Mess- und Steuerstromkreise ausgenommen) nicht mehr möglich ist, was bedeutet, dass RCDs heute üblicher Bemessungsdifferenzströme im TN-S-System eingesetzt werden können, ohne weitere Berechnung des Schleifenwiderstands und ohne weitere Überlegungen anzustellen.

RCDs können im TN-S-System in der Regel ohne Einschränkung und ohne Betrachtung der Schleifenimpedanz eingesetzt werden (Reihenschaltung von RCDs siehe Abschnitt 5.2.2.3).

Lediglich bei Steuer- und Messstromkreisen, die sehr lang sind und nur geringe Leitungsquerschnitte haben, und/oder wenn Transformatoren kleiner Leistung mit hohem Innenwiderstand verwendet werden, ist gegebenenfalls die Schleifenimpedanz zu beachten.

Es ist nicht unbedingt erforderlich, die Körper aller Betriebsmittel mit dem Schutzleiter des Netzes zu verbinden, wenn der oder die Körper so mit einem Erder verbunden sind, dass eine Auslösung des RCD erfolgt. In diesem Fall wird der so geschützte Stromkreis als TT-System betrachtet, und es müssen die Bedingungen – besonders die Anforderungen an den Widerstand des Erders – des TT-Systems mit RCDs (siehe Abschnitt 5.2.2) erfüllt werden.

5.1.3 Kombination von Überstrom-Schutzeinrichtungen für den Fehlerschutz und RCDs für den Zusatzschutz

Der Trend geht, hauptsächlich bei besonderen Anlagen, für die der Zusatzschutz zwingend gefordert wird, z. B. Baderäume (Teil 701), Schwimmbäder (Teil 702), Steckdosen auf Baustellen (Teil 704), Landwirtschaftliche Betriebsstätten (Teil 705), Steckdosen im Freien bzw. in feuchten und nassen Bereichen (Teil 737), Stromkreise mit Steckdosen im Wohnbereich (Teil 739), immer mehr zur Anwendung der Kombination von:

- Fehlerschutz, durch den Einsatz von Überstrom-Schutzeinrichtungen, und
- Zusatzschutz, durch die Verwendung von RCDs. Wenn dabei mehrere Stromkreise mit RCDs mit einem Bemessungsdifferenzstrom $I_{\Delta n} \leq 30$ mA zu schützen sind, ist es zweckmäßig, auch noch eine selektive (zeitverzögerte) RCD, praktisch als Summen-RCD, zu verwenden.

Eine Anlage, die nach diesen Gesichtspunkten aufgebaut ist, die auch brandschutztechnischen Belangen genügt und noch zusätzlich mit Überspannungs-Schutzeinrichtungen (Blitzstrom-Ableiter) ausgerüstet ist, zeigt **Bild 5.11**.

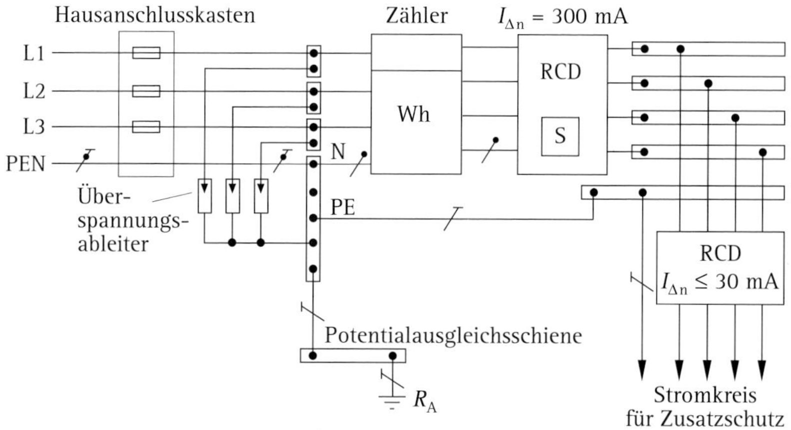

Bild 5.11 Modernes Schutzsystem für Fehlerschutz, Zusatzschutz und Brandschutz in einer Verbraucheranlage

5.1.4 Erdungsbedingungen im TN-System

Ein bestimmter Gesamterdungswiderstand eines TN-Systems und bei Freileitungen ein bestimmter Erdungswiderstand für Netzausläufer werden nicht mehr gefordert. Wichtig ist eine Erdung unmittelbar am Transformator oder am Generator oder eine Verbindung mit dem PEN-Leiter oder dem Schutzleiter je nach System. Erdungen an zusätzlich möglichen, gleichmäßig verteilten Punkten im Netz sind zweckmäßig, damit sichergestellt wird, dass das Potential des PEN-Leiters oder Schutzleiters möglichst wenig vom Erdpotential abweicht. Aus diesem Grund ist auch der PEN-Leiter oder Schutzleiter an der Übergabestelle vom Netz zur Hausinstallation, also am Hausanschlusskasten, zu erden, was durch die Verbindung des Fundamenterders mit der Potentialausgleichsschiene und der Verbindung der Potentialausgleichsschiene mit dem PEN-Leiter erreicht wird. Ein möglichst geringer Gesamterdungswiderstand eines TN-Systems wird damit sichergestellt.

5.1.5 Spannungsbegrenzung bei Erdschluss eines Außenleiters – DIN VDE 0100-410 Abschnitt 411.4.1

Die in Verbraucheranlagen vorhandenen Geräte sind in der Regel für eine Reihenspannung von 250 V gebaut und besitzen demnach eine für diese Spannung ausgelegte Isolierung gegen Erde. Dies bedeutet, dass verhindert werden muss, dass die Spannung jedes beliebigen Außenleiters gegen Erde auf über 250 V ansteigt.

In einem ungestörten symmetrischen Drehstromsystem bilden die drei Außenleiter ein Spannungsdreieck, in dessen Mitte der Sternpunkt S liegt (**Bild 5.12a**).

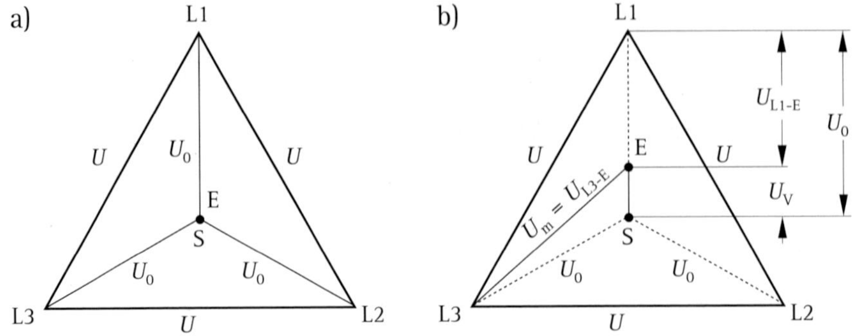

Bild 5.12 Spannungsdiagramme im Drehstromsystem
a) Spannungsdreieck im ungestörten System
b) Potentialverschiebung der Außenleiter L1, L2 und L3 sowie des Sternpunkts S bei Erdanschluss in Außenleiter L1

Da dieser Mittelpunkt geerdet ist, hat er im ungestörten Netz das Erdpotential E bzw. das Potential null. Die Spannung jedes Außenleiters gegen diesen Mittelpunkt, also gegen Erde bzw. den PEN-Leiter im TN-System oder Neutralleiter im TT-System, ist $U_0 = U/\sqrt{3}$. In einem geerdeten 400-V-Drehstromsystem beträgt $U_0 = 230$ V.

Im Erdschlussfall (**Bild 5.13**) wird durch den Erdschlussstrom I_E am Betriebserder R_B ein Spannungsfall U_V (zugleich auch Erderspannung an R_B) auftreten. Dadurch ändern sich die Potentiale der Außenleiter L1, L2 und L3 sowie das Potential des Sternpunkts S gegenüber dem Punkt E, der als unveränderlich angesehen werden kann. Die Lage des Sternpunkts im Spannungsdreieck ist durch die Einspeisung (Transformator, Generator) vorgegeben (**Bild 5.12b**). Die Spannungen der Außenleiter gegen den PEN-Leiter bzw. Neutralleiter bleiben also gleich, während sich die Spannungen L1, L2 und L3 gegen Erde (Punkt E) verändern und von U_r abweichen. Der Sternpunkt S, d. h. der PEN-Leiter bzw. der Neutralleiter, nimmt gegen Erde (Punkt E) die Spannung U_V an, die dem Abstand der Punkte von S zu E entspricht. Im TN-System darf diese Spannung den Grenzwert der zulässigen Berührungsspannung U_L nicht überschreiten. Die Abweichung des Sternpunkts S vom Erdpotential hängt dabei vom Verhältnis der Impedanzen des Betriebserders R_B bzw. aller als Betriebserder zusammenwirkender Erder und der Impedanz des Erdschlusses R_E ab.

Bei einem geerdeten System muss also in Kauf genommen werden, dass bei einem Erdschluss eines Außenleiters zwischen dem PEN-Leiter bzw. Neutralleiter und der Erde eine Spannung auftritt und die Spannungen der Außenleiter gegen Erde nicht mehr der Spannung U_0 entsprechen. Damit die Spannung zwischen den Außenleitern und Erde in zulässigen Grenzen bleibt (250 V), soll im TN-System der Gesamterdungswiderstand R_B möglichst niedrig sein. Die Praxis hat hier gezeigt, dass ein $R_B \leq 2\ \Omega$ ausreichend klein ist.

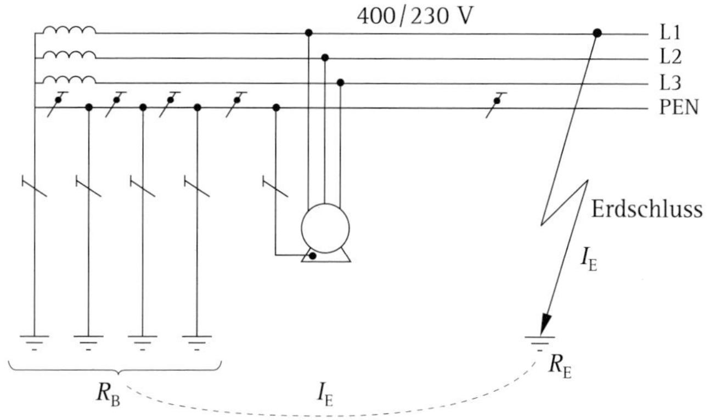

Bild 5.13 Erdschluss in einem Drehstromnetz 400/230 V

Wenn schlechte Bodenverhältnisse vorliegen (hoher spezifischer Widerstand des Erdbodens), ist durch Anwendung der „Spannungswaage“ ein bestimmtes, fest vorgegebenes Verhältnis zwischen Gesamterdungswiderstand und Einzelerdungswiderstand einzuhalten. Dabei gilt die Beziehung:

$$\frac{R_B}{R_E} \leq \frac{U_L}{U_0 - U_L} \tag{5.43}$$

mit

R_B Gesamterdungswiderstand aller Betriebserder

R_E angenommener kleinster Erdungswiderstand der nicht mit einem Schutzleiter verbundenen leitfähigen Teile, über die ein Erdschluss entstehen kann

U_0 Nennspannung gegen geerdete Leiter

U_L vereinbarte Grenze der dauernd zulässigen Berührungsspannung (Die Bezeichnung U_L ist heute nicht mehr üblich, wird aber hier wegen der technisch korrekten Darstellung noch verwendet.)

Bei der Anwendung der Spannungswaage wird davon ausgegangen, dass das Verhältnis zwischen Gesamterdungswiderstand und kleinstem Einzelwiderstand einen bestimmten Wert nicht überschreiten darf. Nach Gl. (5.43) gilt, mit $U_L = 50$ V, und wenn $U_0 = 230$ V gesetzt wird:

$$\frac{R_B}{R_E} \leq \frac{U_L}{U_0 - U_L} \leq \frac{50\ \text{V}}{230\ \text{V} - 50\ \text{V}} \leq \frac{1}{3{,}6}$$

woraus folgt:

$$R_E \geq 3{,}6\ R_B \tag{5.44}$$

D. h., es darf bei einem Gesamterdungswiderstand von 2 Ω kein kleinerer Einzelerder als $3{,}6 \cdot 2\ \Omega = 7{,}2\ \Omega$ im Netz vorhanden sein, der nicht mit dem PEN-Leiter (TN-System) verbunden ist. Bei der sich so einstellenden Spannungsaufteilung wird der überwiegende Teil der Spannung U_2 an der Fehlerstelle R_E abfallen, und an R_B werden nur Werte auftreten, die nicht über der dauernd zulässigen Berührungsspannung U_L liegen ($U_L \leq U_1$). Die Verhältnisse sollen durch **Bild 5.14** gezeigt werden. Damit wird auch die Forderung für das TN-System, wonach alle guten Erder an den PEN-Leiter anzuschließen sind, begründet.

Der Widerstand des fehlerhaften Außenleiters L3 wird mit $R_L = 0{,}3\ \Omega$ angenommen. Bei $R_B = 2\ \Omega$ und $R_E = 7{,}2\ \Omega$ ergibt sich ein Erdschlussstrom von:

$$I_E = \frac{U_0}{R_{ges}} = \frac{U_0}{R_B + R_E + R_L} = \frac{230\ \text{V}}{2\ \Omega + 7{,}2\ \Omega + 0{,}3\ \Omega} = 24{,}21\ \text{A}$$

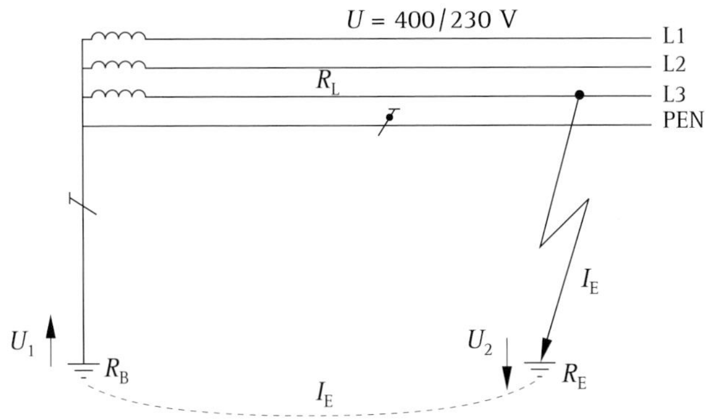

Bild 5.14 Verhältnis von R_B/R_E

Die Spannung, die sich an den beiden Erdern R_B und R_E aufbaut, ist damit:

$U_1 = R_B \cdot I_E$ und $U_2 = R_E \cdot I_E$

oder über die Formel der Spannungsaufteilung berechnet:

$$U_1 = U_0 \frac{R_B}{R_{ges}} = 230 \text{ V} \frac{2 \ \Omega}{9{,}5 \ \Omega} = 48{,}4 \text{ V}$$

$$U_2 = U_0 \frac{R_E}{R_{ges}} = 230 \text{ V} \frac{7{,}2 \ \Omega}{9{,}5 \ \Omega} = 174{,}3 \text{ V}$$

Die Spannung an der Fehlerstelle ist natürlich sehr hoch, aber am Betriebserder, der mit dem PEN-Leiter verbunden ist, liegt die Spannung unter 50 V.

Bei schlechten Erdungsverhältnissen, also z. B. bei $R_B = 10 \ \Omega$, und einem $R_E = 3{,}6 \cdot 10 \ \Omega = 36 \ \Omega$ ergeben sich bei $R_L = 0{,}3 \ \Omega$:

$I_E = 4{,}97$ A $\quad U_1 = 49{,}7$ V $\quad U_2 = 178{,}8$ V

Die Spannungsaufteilung in U_1 und U_2 soll an einem konstanten Betriebserdungswiderstand $R_B = 2 \ \Omega$ und einem variablen Erdungswiderstand der Fehlerstelle $R_E = 0 \ \Omega$ bis $16 \ \Omega$ untersucht werden. Um zu zeigen, dass der Leitungswiderstand bis zur Fehlerstelle nur unwesentlich auf die Spannungsverteilung Einfluss hat, wurde für R_L mit $0 \ \Omega$ (theoretischer Wert); $0{,}3 \ \Omega$; $0{,}6 \ \Omega$ und $1{,}0 \ \Omega$ gerechnet. Das Ergebnis zeigt **Bild 5.15**, wobei zu erkennen ist, dass bei $R_E \geq 7{,}2 \ \Omega$ die Spannung U_1 immer unter 50 V liegt.

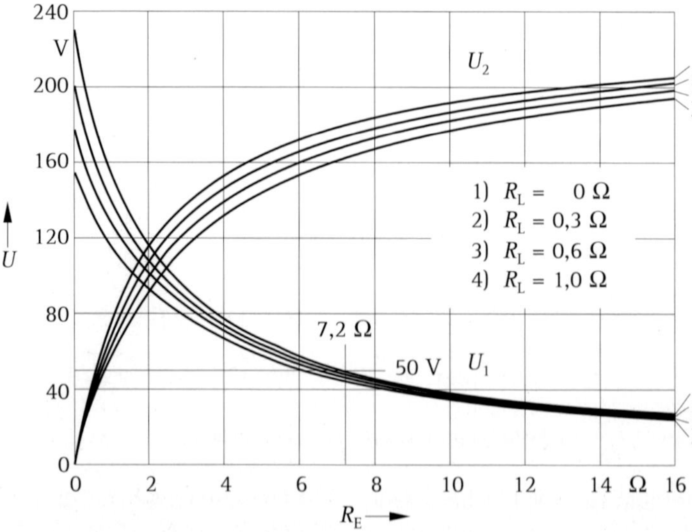

Bild 5.15 Spannungsverteilung an R_B und R_E

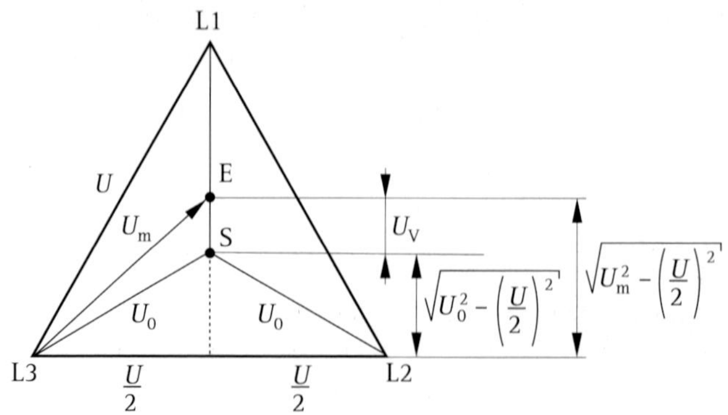

Bild 5.16 Spannung des Sternpunkts gegen Erde bei Erdschluss des Außenleiters L1

Die Betrachtung der Verhältnisse im Spannungsdreieck zeigt, dass die Sternpunktverlagerung nur in geringerem Maße zulässig ist, wenn die Spannung Außenleiter gegen Erde nicht über 250 V ansteigen soll. **Bild 5.16** zeigt, dass die zulässige Spannung des Sternpunkts gegen Erde nach folgender Beziehung ermittelt werden kann:

$$U_V = \sqrt{U_m^2 - \left(\frac{U}{2}\right)^2} - \sqrt{U_0^2 - \left(\frac{U}{2}\right)^2} \qquad (5.45)$$

Es bedeuten:

U_V Spannung des Sternpunkts gegen Erde

U Außenleiterspannung

U_0 Spannung Außenleiter gegen Erde

U_m höchste Spannung, die mit Rücksicht auf die Isolation noch zulässig ist

Für ein 230/400-V-Netz und $U_m = 250$ V ergibt sich eine zulässige Spannung des Sternpunkts gegen Erde von:

$$U_V = \sqrt{(250\ \text{V})^2 - (200\ \text{V})^2} - \sqrt{(230\ \text{V})^2 - (200\ \text{V})^2} = 36{,}4\ \text{V}$$

Verursacht also der Fehlerstrom, der über die Betriebserdung fließt, einen Spannungsfall, der größer ist als $U_V = 36{,}4$ V, dann wird die Spannung, mit der die Isolation der Betriebsmittel gegen Erde beansprucht wird, größer werden als 250 V. Bei $U_V = U_L = 50$ V, was zulässig ist, wird $U_m = 258{,}4$ V, eine Überbeanspruchung, die noch vertretbar ist. Auch früher wurde bei einer zulässigen Berührungsspannung von 65 V und einer Netzspannung von 220/380 V mit $U_m = 258{,}9$ V ein Wert in gleicher Größenordnung toleriert.

Mit den gezeigten Verhältnissen der Spannungswaage mit $R_E \geq 3{,}6\ R_B$ und einer Spannung des Sternpunkts gegen Erde von $U_V = U_L \leq 50$ V wurden praxisgerechte Festlegungen getroffen. **Bild 5.17** zeigt die Zusammenhänge im Spannungsdreieck, **Bild 5.18** die Zusammenhänge der Spannungen im System.

Diese Überlegungen gelten – wie schon erwähnt – nur für TN- und TT-Systeme. Nach Teil 410 ist die Anwendung der Spannungswaage allerdings nur für TN-Systeme erlaubt. In IT-Systemen mit oder ohne Neutralleiter nimmt im Erdschlussfall der erdschlussbehaftete Außenleiter das Erdpotential an. Deshalb ist in ungeerdeten Netzen die Isolierung Außenleiter gegen Erde nach der Außenleiterspannung zu bemessen.

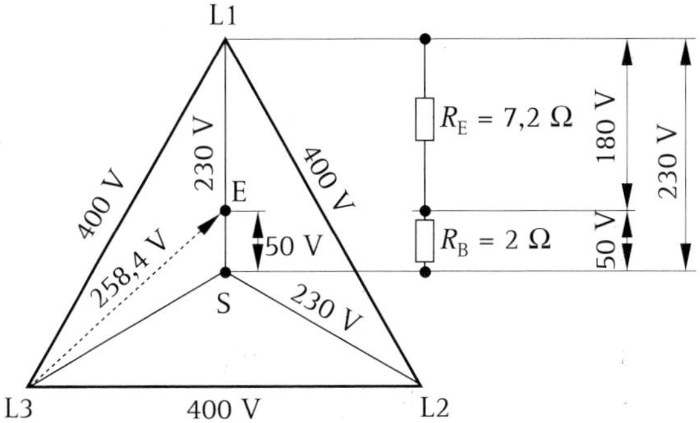

Bild 5.17 Spannung des Sternpunkts gegen Erde bei Erdschluss des Außenleiters L1

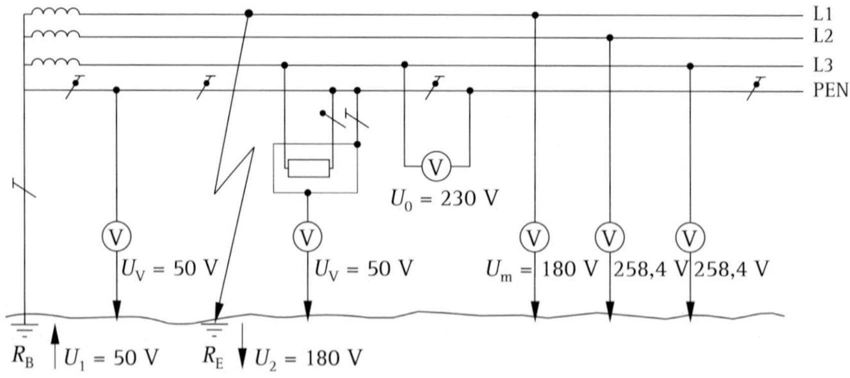

Bild 5.18 Spannungen im System bei Erdschluss von Außenleiter L1

5.2 Fehlerschutz im TT-System – DIN VDE 0100-410 Abschnitt 411

Für das TT-System sind als Schutzeinrichtungen zugelassen:

- Überstrom-Schutzeinrichtungen
- RCDs

Voraussetzung in einem TT-System ist die Erdung des Sternpunkts des Transformators oder Generators. Ist kein Sternpunkt vorhanden, dann kann auch ein Außenleiter geerdet werden. Die Körper aller zu schützenden Betriebsmittel sind entweder direkt zu erden (z. B. natürlicher Erder) oder über Schutzleiter mit einem Erder zu verbinden. Dabei ist noch zu beachten, dass:

- alle Körper, die durch dieselbe Schutzeinrichtung geschützt werden, an einen gemeinsamen Erder angeschlossen werden
- alle gleichzeitig berührbaren Körper an denselben Erder angeschlossen werden müssen

Für die Bemessung des Erders, mit dem die Körper zu verbinden sind, gilt bei der Verwendung von **Überstrom-Schutzeinrichtungen** für den Fehlerschutz (Schutz bei indirektem Berühren)

$$Z_S \cdot I_a < U_0 \tag{5.47}$$

Beim Einsatz von **Fehlerstrom-Schutzeinrichtungen** (RCDs) für den Fehlerschutz (Schutz bei indirektem Berühren) gilt die Beziehung

$$R_A \cdot I_a \leq U_L \tag{5.48}$$

In den Gln. (5.47) und (5.48) gelten:

Z_S die Impedanz der Fehlerschleife in Ω, bestehend aus den Impedanzen
- der Stromquelle
- dem Außenleiter bis zum Fehlerort
- dem Schutzleiter der Körper
- dem Erdungsleiter
- dem Anlageerder
- dem Erder der Stromquelle

I_a Strom in A, der das automatische Abschalten mit Überstrom-Schutzeinrichtungen bewirkt, wobei für Endstromkreise mit Nennstrom bis einschließlich 32 A folgende maximale Abschaltzeiten bei Wechselspannung einzuhalten sind:
- 0,3 s bei $50\text{ V} < U_0 \leq 120\text{ V}$ AC
- 0,2 s bei $120\text{ V} < U_0 \leq 230\text{ V}$ AC
- 0,07 s bei $230\text{ V} < U_0 \leq 400\text{ V}$ AC
- 0,04 s bei $U_0 > 400\text{ V}$ AC

Bei Gleichspannung sind folgende Abschaltzeiten einzuhalten
- 5,0 s bei $50\text{ V} < U_0 \leq 120\text{ V}$ DC
- 0,4 s bei $120\text{ V} < U_0 \leq 230\text{ V}$ DC
- 0,2 s bei $230\text{ V} < U_0 \leq 400\text{ V}$ DC
- 0,1 s bei $U_0 > 400\text{ V}$ AC

Für Verteilerstromkreise und Endstromkreise mit Nennstrom > 32 A ist eine maximale Abschaltzeit von 1 s zulässig.

Bei Verwendung von Fehlerstrom-Schutzeinrichtungen (RCDs) gilt
$I_a = I_{\Delta n}$ für normale RCD
$I_a = 2\ I_{\Delta n}$ für zeitverzögerte (selektive) RCD, Typ S

R_A Summe der Widerstände in Ω der Erders und des Schutzleiters der Körper
Anmerkung: Wenn R_A nicht bekannt ist, darf er durch Z_S ersetzt werden

U_0 Nennspannung in V der Außenleiter gegen Erde

U_L Vereinbarte Grenze der Berührungsspannung in V, normalerweise bei Wechselspannung $U_L = 50$ V und bei Gleichspannung $U_L = 120$ V
(Die Bezeichnung U_L ist heute nicht mehr üblich, wird aber hier, wegen der technisch korrekten Darstellung, noch verwendet)

Wenn in einem TT-System die Wirksamkeit des Schutzpotentialausgleichs innerhalb der Anlage garantiert ist, dürfen die maximalen Abschaltzeiten, die für das TN-System anwendbar sind, verwendet werden. Siehe hierzu dann Abschnitt 5.1.

Wenn die Gl. (5.48) eingehalten wird, fließt bei $U_0 = 230$ V im Fehlerfall ein Fehlerstrom von $230\text{ V}/50\text{ V} \cdot I_{\Delta n} = 4{,}6\ I_{\Delta n}$, mit dem die Einhaltung der geforderten Abschaltzeit sichergestellt ist. Die geforderten Abschaltzeiten werden auch mit zeitverzögerten Fehlerstrom-Schutzeinrichtungen (RCD Typ S) erreicht, da bei diesen für $U_0 < 230$ V schon ein Fehlerstrom von 2 $I_{\Delta n}$ ausreichend wäre.

5

Bezüglich des Gesamterdungswiderstands eines Netzes ist in Teil 410 keine Aussage getroffen.

5.2.1 TT-System mit Überstrom-Schutzeinrichtungen

Die Abschaltzeiten im TT-System bei Anwendung von Überstrom-Schutzeinrichtungen sind in Abschnitt 5.2 beschrieben. Ein TT-System mit Überstrom-Schutzeinrichtungen zeigt **Bild 5.19**.

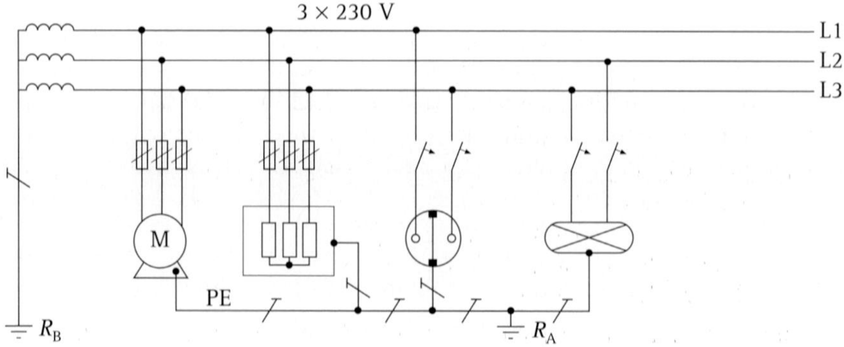

Bild 5.19 TT-System mit Überstrom-Schutzeinrichtungen

Beispiel:

Wie in **Bild 5.20** dargestellt, sollen zwei Geräte im TT-System mit Überstrom-Schutzeinrichtungen geschützt werden. Wie ist der gemeinsame Schutzerder zu bemessen?

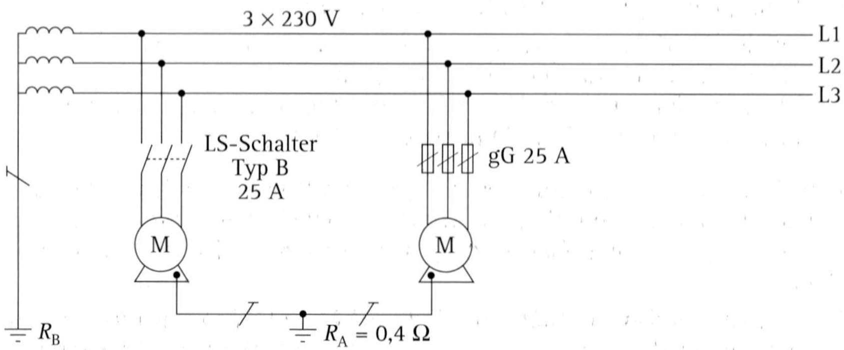

Bild 5.20 Beispiel für Abschaltung im TT-System

Zunächst müssen nach Bild 5.6 und Bild 5.7 die Ströme ermittelt werden, die jeweils eine automatische Abschaltung einleiten. Dies ergibt für:

- LS-Schalter 25 A Typ B mit unverzögerter Abschaltung ($t \approx 0{,}1$ s) einen Strom von $I_a = 125$ A
- Schmelzsicherung 25 A gG bei $t = 5$ s einen Strom von $I_a = 125$ A

Damit ist der gemeinsame Schutzerder (in beiden Fällen praktisch gleich) zu bemessen, mit:

$$R_A \leq \frac{U_L}{I_A} \leq \frac{50\ \text{V}}{125\ \text{A}} \leq 0{,}4\ \Omega$$

Die Schutzwirkung ergibt sich aus dem Zusammenwirken von Überstrom-Schutzeinrichtung und Schutzerder. Bei hohen Fehlerströmen und damit hohen tatsächlichen Berührungsspannungen ergeben sich kurze Abschaltzeiten, und umgekehrt ist bei kleinen Berührungsspannungen eine längere Abschaltzeit zu erwarten und auch zu vertreten. Die Zusammenhänge zwischen tatsächlicher Berührungsspannung und Abschaltzeiten werden für obiges Beispiel deshalb näher untersucht. Dabei werden die Widerstände des Leitungsnetzes mit $R_L = 0{,}3\ \Omega$ für jedes Gerät und der Widerstand des Schutzerders mit $R_A = 0{,}4\ \Omega$ als konstant angenommen. Geändert wird der Widerstand des Betriebserders R_B.

Folgende Abschaltzeiten und Berührungsspannungen ergeben sich aus den Beziehungen:

$$U_0 = \frac{230\ \text{V}}{\sqrt{3}} = 132{,}8\ \text{V} \quad \text{und} \quad R_S = R_L + R_A + R_B$$

Der im Fehlerfall fließende Strom ist:

$$I_F = I_a = \frac{U_0}{R_S}$$

und die Berührungsspannung ergibt sich zu:

$$U_{PT} = I_a \cdot R_A$$

Die Zusammenhänge zeigt **Tabelle 5.5.**

Das Ergebnis, das in **Bild 5.21** dargestellt ist, gilt exakt nur für das gerechnete Beispiel. Es gilt aber vom Schutzprinzip her gesehen auch allgemein. Es ist zu erkennen, dass beim Auftreten von Berührungsspannungen über 50 V die Abschaltung unter 5 s erfolgt, während unter 50 V längere Abschaltzeiten auftreten.

R_B	4	2	1	0,5	0,36	0,3	0,1	0,05	0,01	Ω
R_S	4,7	2,7	1,7	1,2	1,06	1,0	0,8	0,75	0,71	Ω
I_a	28,3	49,2	78,1	110,7	125	132,8	166	177	187	A
t_{gG}	∞	900	50	8	5	3	1,2	1,0	0,8	s
$t_{LS\ Typ\ B}$	3600	400	25	7	5	0,012	0,009	0,008	0,007	s
U_{PT}	11,3	19,7	31,2	44,3	50	53,1	66,4	70,8	74,8	V

Tabelle 5.5 Zusammenhang zwischen U_{PT} und t

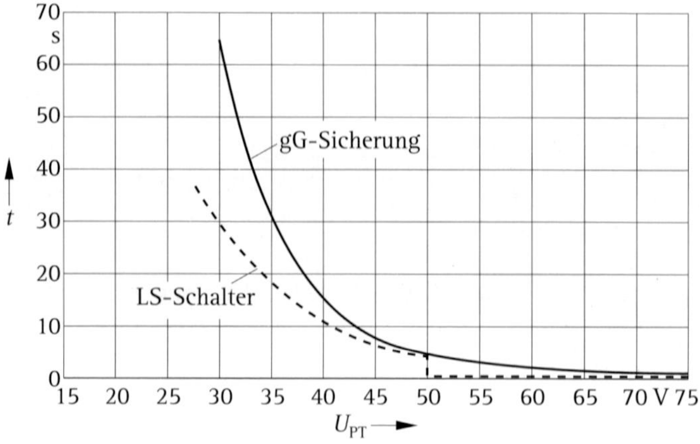

Bild 5.21 Zusammenhang zwischen U_{PT} und t

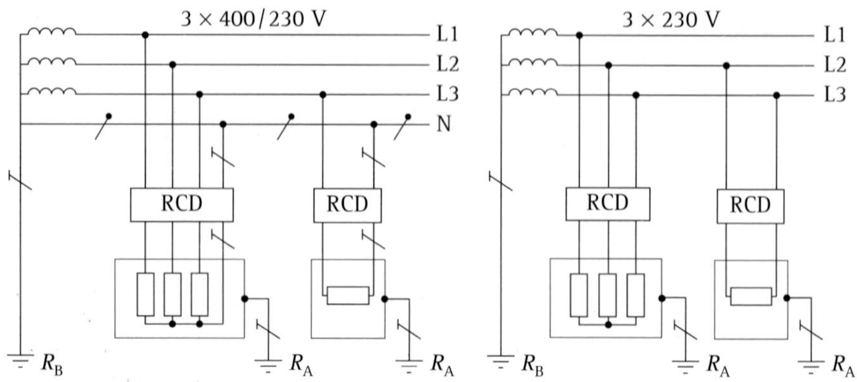

Bild 5.22 TT-Systeme mit RCDs

5.2.2 TT-System mit RCD

TT-Systeme mit RCDs zeigt **Bild 5.22.**

5.2.2.1 Allgemeines

Bedingt durch den Einsatz von RCDs liegt die Abschaltzeit immer bei $t \leq 0{,}3$ s, da der RCD diese Abschaltzeit erfüllen muss. Selektive, zeitverzögerte RCDs müssen nach DIN EN 61008-1 (VDE 0664-10) eine Abschaltzeit von $t \leq 0{,}5$ s einhalten. Jeder zu schützende Körper muss entweder direkt (natürlicher Erder) oder indirekt über Schutzleiter mit einem Erder verbunden werden. Unter Beachtung von Gl. (5.48) ergibt sich der Erdungswiderstand einer Anlage, die durch eine RCD geschützt ist, zu

$$R_A \leq \frac{U_L}{I_{\Delta n}} \tag{5.49}$$

bei normalem RCD, beziehungsweise zu

$$R_A \leq \frac{U_L}{2\, I_{\Delta n}} \tag{5.50}$$

bei Verwendung von selektiven (zeitverzögerten) RCDs. Für die zurzeit üblichen RCDs und die vereinbarten Berührungsspannungen von 50 V bzw. 25 V ergeben sich demnach die in **Tabelle 5.6** genannten Erdungswiderstände.

U_L in V	Bemessungsdifferenzstrom $I_{\Delta n}$									
	RCDs					selektive RCDs				
	0,01	0,03[1)]	0,1[1)]	0,3	0,5	0,1[1)]	0,3[1)]	0,5	1,0	A
50	5000	1660	500	166	100	250	83	50	25	Ω
25	2500	830	250	83	50	125	41	25	12	Ω

[1)] Vorzugswerte nach DIN VDE 0664-10

Tabelle 5.6 Maximal zulässige Erdungswiderstände R_A im TT-System mit RCDs

Bei der Herstellung des Erders ist Teil 540 (siehe Kapitel 10) zu beachten, wobei hinsichtlich des Erdungswiderstands, der in jahreszeitlicher Abhängigkeit großen Schwankungen unterliegt, ein angemessener Sicherheitszuschlag angebracht ist.

5.2.2.2 Parallelschaltung von RCDs

Eine Besonderheit ergibt sich bei der Bemessung des Erders, wenn mehrere RCDs parallel arbeiten und nur einen Erder besitzen. Dies kann vorkommen:

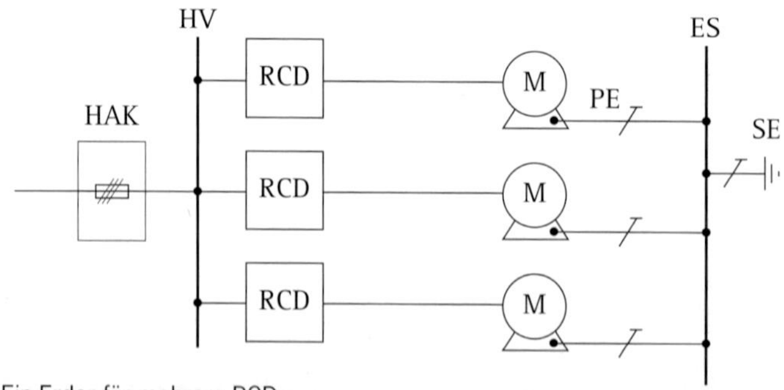

Bild 5.23 Ein Erder für mehrere RCDs
HAK Hausanschlusskasten
HV Hauptverteilung
RCD Residual Current protective Devices
M Motor (Verbraucher)
PE Schutzleiter
ES Erder-Sammelschiene
SE (Sammel-)Erder

- in Mehrfamilienhäusern mit einem Fundamenterder und mehreren Anlagen, die über mehrere RCDs geschützt sind (**Bild 5.23**)
- auf Baustellen, wenn in einem Baustromverteiler mehrere RCDs benötigt werden
- in größeren Anlagen mit mehreren RCDs
- bei Festplatzanschlüssen, wenn für mehrere Schausteller mehrere RCDs eingebaut sind

Da von jeder Anlage – über jeden Schalter – Fehler- und Ableitströme zu erwarten sind, darf der (Sammel-)Erder nicht mehr nach Gl. (5.49) bestimmt werden. Völlig sicher wäre es, die Gl. (5.51) anzuwenden:

$$R_{SE} \leq \frac{U_L}{\sum I_{\Delta n}} \tag{5.51}$$

Da aber nicht anzunehmen ist, dass über alle Schalter gleichzeitig Fehlerströme bzw. Differenzströme zum Fließen kommen, kann noch mit einem Gleichzeitigkeitsfaktor g gearbeitet werden. Damit ergibt sich:

$$R_{SE} \leq \frac{U_L}{g \cdot \sum I_{\Delta n}} \tag{5.52}$$

Es bedeuten:

R_{SE} Widerstand des Sammelerders in Ω

U_L zulässige Berührungsspannung in V
(Die Bezeichnung U_L ist heute nicht mehr üblich, wird aber hier noch angewandt.)

g Gleichzeitigkeitsfaktor
$g = 0{,}5$ für zwei bis vier RCDs
$g = 0{,}35$ für fünf bis zehn RCDs
$g = 0{,}25$ für mehr als zehn RCDs

$\Sigma I_{\Delta n}$ Summe der Bemessungsdifferenzströme in A. Werden normal empfindliche und hochempfindliche Schalter gleichzeitig eingesetzt, müssen die Bemessungsdifferenzströme der hochempfindlichen Schalter vernachlässigt werden, da sonst die Gefahr einer falschen Dimensionierung des Sammelerders besteht.

Selektive RCDs müssen mit dem doppelten Bemessungsdifferenzstrom berücksichtigt werden.

Bei unübersichtlichen Verhältnissen wird noch eine Kontrolle des Ergebnisses empfohlen. Dabei muss die Bedingung $R_{SE} \cdot I_{\Delta n\,(max)} \leq U_L$ erfüllt sein, wobei $I_{\Delta n\,(max)}$ der größte Bemessungsdifferenzstrom der eingesetzten RCDs ist. Selektive RCDs sind auch hierbei mit doppeltem Bemessungsdifferenzstrom anzusetzen.

Beispiel:

Gegeben ist die in **Bild 5.24** dargestellte Anlage mit acht parallel geschalteten RCDs. Gesucht ist der Erdungswiderstand für einen Sammelerder, wenn die Berührungsspannung 50 V nicht überschreiten soll.

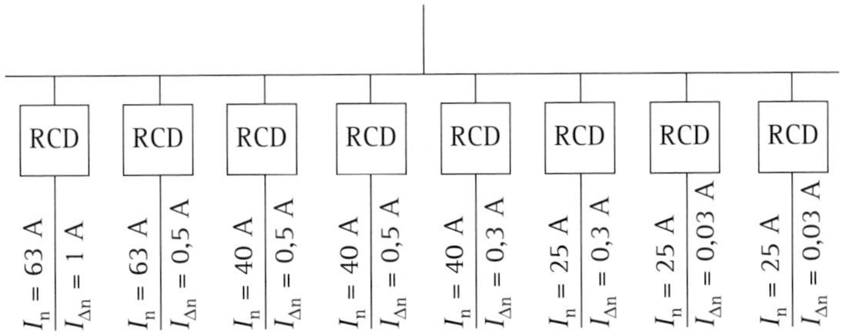

Bild 5.24 Beispiel: RCDs parallel geschaltet

Die Summe der Nennströme interessiert nicht. Die Summe der Bemessungsdifferenzströme beträgt:

$$\sum I_{\Delta n} = 1{,}0\ \text{A} + 3 \cdot 0{,}5\ \text{A} + 2 \cdot 0{,}3\ \text{A} = 3{,}1\ \text{A}$$

Die hochempfindlichen RCDs werden nicht berücksichtigt.

Bei sechs anrechenbaren RCDs ist $g = 0{,}35$ zu setzen. Der Widerstand des Sammelerders ist somit:

$$R_{SE} \leq \frac{U_L}{g \cdot \sum I_{\Delta n}} = \frac{50 \text{ V}}{0{,}35 \cdot 3{,}1 \text{ A}} = 46{,}1 \, \Omega$$

Die Zusatzbedingung $R_{SE} \cdot I_{\Delta n\,(max)} \leq U_L$ ist erfüllt!

5.2.2.3 Reihenschaltung von RCDs

Wenn eine Anlage mit mehreren parallel geschalteten RCDs noch zusätzlich mit einem zentralen RCD ausgerüstet werden soll (**Bild 5.25**), genügt es nicht, die Schalter nur hinsichtlich Nennstrom und Bemessungsdifferenzstrom zu staffeln. Da die Schalter selektiv arbeiten sollen, was aber bei größeren Fehlerströmen nach Ebene II nicht möglich ist, ist noch eine zeitliche Staffelung nötig. Das bedeutet, der vorgeschaltete RCD – Ebene I – muss zusätzlich eine Zeitverzögerung erhalten. Für eine derartige selektiv arbeitende RCD ist für Verteilungsstromkreise eine maximale Abschaltzeit von 1 s zulässig.

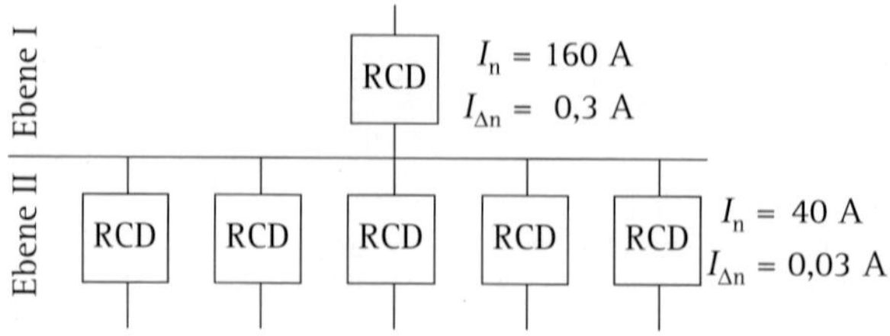

Bild 5.25 RCDs in Reihe geschaltet

5.3 Fehlerschutz im IT-System – DIN VDE 0100-410 Abschnitt 411.6

Während im TN- und TT-System eine automatische Abschaltung im Fehlerfall erfolgt, kann das IT-System im Fehlerfall noch einige Zeit weiterbetrieben werden.

Das System ist so konzipiert, dass im Fehlerfall (Erdschluss oder Körperschluss) nur ein geringer Fehlerstrom zum Fließen kommt und eine zu hohe Berührungsspannung nicht auftritt. Es erfolgt lediglich eine optische und/oder akustische Meldung, die anzeigt, dass ein Fehlerfall vorliegt, und der begonnene Arbeits- oder Produktionsprozess kann fortgesetzt und fertiggestellt werden. Eine automatische Abschaltung erfolgt erst, wenn während des Betriebs mit dem ersten Fehler ein zweiter Fehler auftritt, der elektrisch ungünstig zum ersten Fehler liegt. Deshalb sollte auch der erste Fehler baldmöglichst nach Meldung beseitigt werden. Die automatische Abschaltung beim zweiten Fehler muss entweder durch Überstrom-Schutzeinrichtungen oder durch RCD erfolgen.

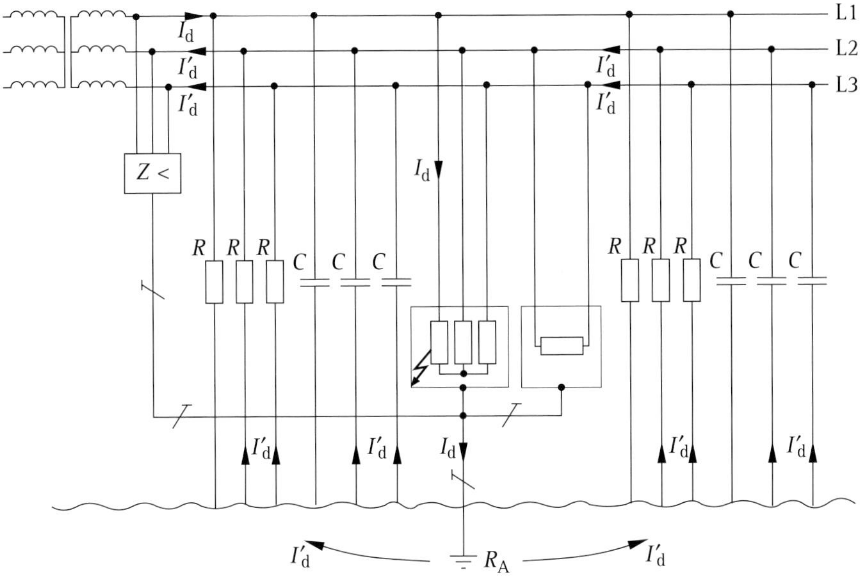

Bild 5.26 Ungeerdetes IT-System mit Körperschluss;
Darstellung ohne Überstrom-Schutzeinrichtungen
I_d Fehlerstrom als Summe der Ohm'schen und kapazitiven Ableitströme
I'_d Teilfehlerstrom von I_d
R Ohm'scher Widerstandsbelag (Ohm'scher Ableitwiderstand)
C kapazitiver Widerstandsbelag (kapazitiver Ableitwiderstand)
Z Isolationsüberwachungseinrichtung
R_A Anlagenerder

Um die Vorteile eines IT-Systems auch richtig nutzen zu können, ist eine ständige Isolationsüberwachung (Einbau einer Isolationsüberwachungseinrichtung) generell gefordert. IT-Systeme können als geerdete oder ungeerdete Netze betrieben werden.

Bei geerdeten Netzen ist aber nur eine hochohmige Erdung zulässig. Es ist auch freigestellt, je nach Versorgungsfall, einen Neutralleiter mitzuführen oder nicht mitzuführen.

In **Bild 5.26** ist ein ungeerdetes IT-System ohne Neutralleiter mit einem Körperschluss (erster Fehler) und eingetragenem Fehlerstrom dargestellt.

Beim ersten Fehler nehmen in einem Drehstromsystem alle miteinander verbundenen Körper, Schutzleiter, Potentialausgleichsleiter und Erder das Potential des fehlerbehafteten Außenleiters an, und die beiden nicht fehlerbehafteten Außenleiter nehmen im ungeerdeten Netz gegen Erde die Außenleiterspannung an. Da alle Körper und fremde leitfähige Teile miteinander verbunden sind, kann zwischen den Teilen keine Differenzspannung entstehen, und es entsteht auch keine zu hohe Berührungsspannung. Als Fehlerstrom fließt die Summe der Ohm'schen und induktiven Ableitströme der nicht fehlerbehafteten Außenleiter. Es ist durch entsprechende Netzgestaltung dafür zu sorgen, dass der Ableitstrom so klein ist, dass keine zu hohe Berührungsspannung entsteht, was durch entsprechende Bemessung des Anlagenerders R_A zu erreichen ist.

Das IT-System muss eine eigene Stromversorgung erhalten. Eine elektrische Verbindung zum vorgelagerten Netz (z. B. über Spartransformatoren) ist nicht zulässig.

Mögliche Einspeisequellen sind

- Transformatoren mit elektrisch getrennten Wicklungen
- Generatoren
- Umformer mit elektrisch getrennten Wicklungen
- Batterien
- Wechselrichter

Prädestinierte Einsatzmöglichkeiten für das IT-System sind Anwendungsfälle, bei denen es auf hohe Betriebs-, Unfall- und Brandsicherheit ankommt, oder besonders dort, wo eine Unterbrechung des Betriebs einen erheblichen wirtschaftlichen Schaden bedeuten würde.

Dies können sein:

- medizinisch genutzte Bereiche (Räume) in Krankenhäusern und größere Arztpraxen für Operationsräume, Anästhesieräume sowie Intensivstationen
- Bergbau unter Tage
- militärische Anlagen
- elektrische Ausrüstung von Schiffen
- Stromversorgung in informationstechnischen Anlagen
- chemische Industrie
- Ersatzstromerzeuger
- Steuer- und Regelstromkreise
- Betriebe mit störungsempfindlichem Produktionsablauf

Die Aufzählung stellt keine Rangordnung dar und erhebt auch keinen Anspruch auf Vollständigkeit.

Das IT-System ist also besonders geeignet für Versorgungsfälle, bei denen ein hoher Standard an die Sicherheit zu stellen ist und wo keine Unterbrechung des Betriebs erfolgen darf oder dort, wo eine Unterbrechung des Betriebs einen erheblichen wirtschaftlichen Schaden bedeuten würde.

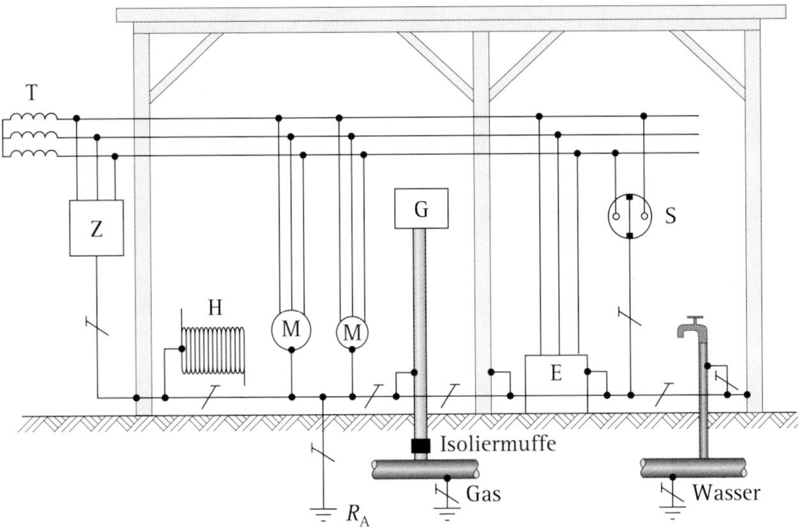

Bild 5.27 IT-System mit Isolations-Überwachungseinrichtung

T	Transformator	S	Steckdose
H	Heizungskörper	Z	Überwachungseinrichtung
M	Motor	R_A	Anlagenerder
G	Gasverbraucher	PA	Schutzpotentialausgleichsleiter
E	Elektrogerät	PE	Schutzleiter

Damit alle Betriebsbedingungen im IT-System (**Bild 5.27**) erfüllt werden können, ist eine Reihe von Forderungen einzuhalten.

Im IT-System müssen folgende Voraussetzungen erfüllt sein:

- die Versorgung muss entweder über einen separaten Transformator oder über einen eigenen Generator erfolgen
- der Sternpunkt des Stromerzeugers darf nicht direkt geerdet werden, wobei eine hochohmige Erdung zulässig ist
- alle Körper müssen einzeln oder gruppenweise mit dem Schutzleiter verbunden und geerdet werden
- ob und inwieweit auch fremde leitfähige Teile einzubeziehen sind, ist eine Ermessensfrage und hängt von der Art der Anlage ab
- die Erdung des Potentialausgleichsleiters an einem oder mehreren Erdern muss folgender Bedingung für jeden Erder genügen:
  - der erste auftretende Fehler muss gemeldet werden (optisch oder akustisch)
  - aktive Teile des IT-Systems dürfen nicht direkt geerdet werden

$$R_A \cdot I_d \leq U_L \tag{5.53}$$

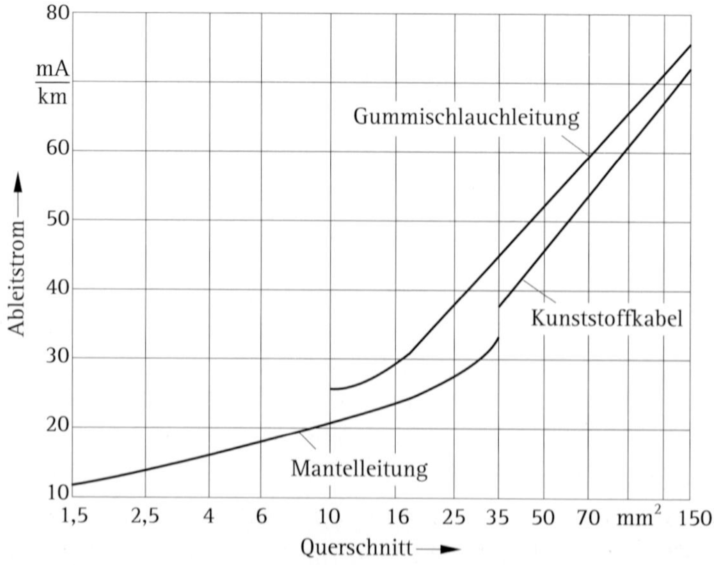

Bild 5.28 Kapazitive Ableitströme bei $U_0 = 230$ V

Darin bedeuten:

R_A Erdungswiderstand einschließlich Schutzleiterwiderstand in Ω

I_d Fehlerstrom im Falle des ersten Fehlers in A

U_L vereinbarte Grenze der zulässigen Berührungsspannung in V

Wesentlich beeinflusst wird die Höhe des Fehlerstroms beim ersten Fehler von dem im Netz entstehenden kapazitiven Ableitstrom und einer evtl. hochohmigen Erdung des Sternpunkts. Eine Hilfe, die Höhe des kapazitiven Ableitstroms abzuschätzen, gibt **Bild 5.28**.

Im Fehlerfall geht das IT-System je nach Lage des Fehlers entweder in ein TN- oder TT-System über. Deshalb sind nach dem Auftreten des ersten Fehlers folgende Bedingungen einzuhalten:

1) Wenn die Körper einzeln oder in Gruppen geerdet sind, sind die Bedingungen wie im TT-System einzuhalten, mit der Ausnahme, dass der Sternpunkt des Transformators betriebsmäßig nicht geerdet sein muss.

2) Wenn die Körper über einen Schutzleiter verbunden und gemeinsam geerdet sind, gelten die Bedingungen wie für das TN-System, mit der Ausnahme, dass der Sternpunkt des Transformators betriebsmäßig nicht geerdet sein muss und zusätzlich noch zu unterscheiden ist, ob der Neutralleiter im System mitgeführt wird oder nicht. Es gelten:

- wenn der Neutralleiter oder Mittelleiter nicht mitgeführt ist, gilt

$$Z_S \leq \frac{U}{2\,I_a} \tag{5.54}$$

wobei die für TN-Systeme geforderten Abschaltzeiten einzuhalten sind
- wenn der Neutralleiter bzw. Mittelleiter mitgeführt ist, gilt:

$$Z'_S \leq \frac{U_0}{2\,I_a} \tag{5.55}$$

wobei ebenfalls die für TN-Systeme geforderten Abschaltzeiten einzuhalten sind

In den Gln. (5.54) und (5.55) bedeuten:

U_0 Nennspannung in V zwischen Außenleiter und Neutralleiter

U Nennspannung in V zwischen den Außenleitern

Z_S Impedanz der Fehlerschleife in Ω, bestehend aus dem Außenleiter und dem Schutzleiter des Stromkreises

Z'_S Impedanz der Fehlerschleife in Ω, bestehend aus dem Neutralleiter und dem Schutzleiter des Stromkreises

I_a Strom in A, der die automatische Abschaltung innerhalb der geforderten Zeit bewirkt

Als Abschaltzeiten müssen die für das TN-System vorgegebenen Zeiten erfüllt werden. Es sind dies für Wechselspannung und Endstromkreise mit maximal 32 A Nennstrom

- 0,8 s bei 50 V $< U_0 \leq$ 120 V AC
- 0,4 s bei 120 V $< U_0 \leq$ 230 V AC
- 0,2 s bei 230 V $< U_0 \leq$ 400 V AC
- 0,1 s bei $U_0 >$ 400 V AC

Für Verteilerstromkreise und Endstromkreise mit Nennstrom $I_n > 32$ A ist eine Abschaltzeit von maximal 5 s zulässig.

Bei Gleichspannung gelten für Endstromkreise mit maximal 32 A Nennstrom

- 5,0 s bei 50 V $< U_0 \leq$ 120 V AC
- 5,0 s bei 120 V $< U_0 \leq$ 230 V AC
- 0,4 s bei 230 V $< U_0 \leq$ 400 V AC
- 0,1 s bei $U_0 >$ 400 V AC

Für Verteilerstromkreise und Endstromkreise mit Nennstrom $I_n > 32$ A ist eine Abschaltzeit von maximal 5 s zulässig.

Anmerkung: Für die Impedanz der Fehlerschleife sollte immer der ungünstigste Fall angesetzt werden.

Wenn Körper gruppenweise oder einzeln geerdet sind, gilt die Bedingung

$$R_A < \frac{50\ \text{V}}{I_a} \tag{5.56}$$

Dabei ist

R_A die Summe der Widerstände in Ω des Erders für die Körper

I_a der Strom in A, der die Funktion der Schutzeinrichtung innerhalb der für TT-Systeme geforderten Zeit bewirkt

Es gelten damit für Endstromkreise mit Nennstrom bis einschließlich 32 A folgende maximale Abschaltzeiten bei Wechselspannung:

- 0,3 s bei $50\ \text{V} < U_0 \leq 120\ \text{V}$ AC
- 0,2 s bei $120\ \text{V} < U_0 \leq 230\ \text{V}$ AC
- 0,07 s bei $230\ \text{V} < U_0 \leq 400\ \text{V}$ AC
- 0,04 s bei $U_0 > 400\ \text{V}$ AC

Bei Gleichspannung sind folgende Abschaltzeiten einzuhalten

- 5,0 s bei $50\ \text{V} < U_0 \leq 120\ \text{V}$ DC
- 0,4 s bei $120\ \text{V} < U_0 \leq 230\ \text{V}$ DC
- 0,2 s bei $230\ \text{V} < U_0 \leq 400\ \text{V}$ DC
- 0,1 s bei $U_0 > 400\ \text{V}$ AC

Für Verteilerstromkreise und Endstromkreise mit Nennstrom >32 A ist eine maximale Abschaltzeit von 1 s zulässig.

5.4 FELV Schutz durch Kleinspannung, die nicht sicher erzeugt wird – DIN VDE 0100-410 Abschnitt 411.7

Wenn aus Funktionsgründen eine Kleinspannung mit den Werten $U < 50\ \text{V}$ AC oder $U < 120\ \text{V}$ DC zur Anwendung gelangt, dabei aber nicht alle Bedingungen, die für die Schutzmaßnahmen SELV oder PELV gefordert sind, erfüllt werden, kann die Schutzmaßnahme FELV (en: Functional Extra Low Voltage) angewandt werden.

Dies kommt vor, wenn entweder die Stromquelle und/oder andere Betriebsmittel keine sichere Trennung gewährleisten. Dabei ist zu beachten, dass FELV-Stromquellen und FELV-Betriebsmittel keine direkte Verbindung zum einspeisenden System haben dürfen und mindestens eine Basisisolierung zu Systemen höherer Spannung aufweisen müssen. Dies bedeutet, dass Bauteile, wie Spartransformatoren, Potentiometer und Halbleiterbauelemente, als Stromquelle nicht verwendet werden können. Transformatoren nach DIN VDE 0550-1 und DIN VDE 0550-3 oder andere Stromquellen, die eine gleichwertige Sicherheit bieten, sind zulässig. **Bild 5.29** zeigt den prinzipiellen Aufbau eines FELV-Systems. Beim ersten

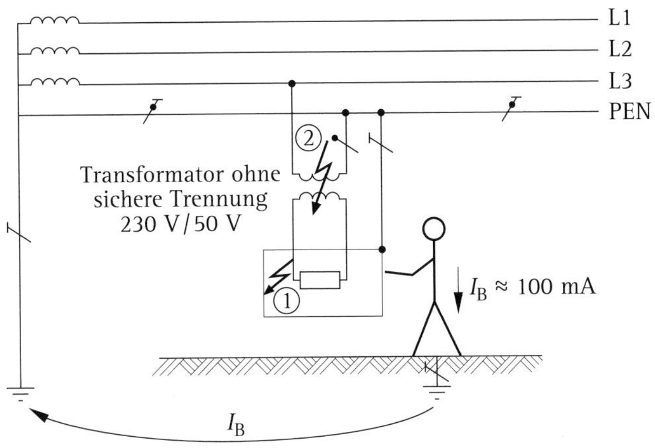

Bild 5.29 FELV; Schaltbild mit Isolationsfehlern

Isolationsfehler (Fehler) tritt noch keine Berührungsspannung auf, und es kommt kein Berührungsstrom zum Fließen. Nachteilig ist, dass dieser erste Fehler unter Umständen, je nach Lage der Fehlerstelle und der Schaltung, nicht bemerkt wird. Erst wenn ein zweiter Isolationsfehler (Fehler) oder ein Erdschluss, ungünstig zum ersten Fehler gelegen, hinzukommt, ist mit einem Berührungsstrom zu rechnen. Unter der Annahme, dass die Leiterwiderstände, von Außenleiter und Schutzleiter bzw. PEN-Leiter, von der Stromquelle bis zur zweiten Fehlerstelle annähernd gleich groß sind, wird durch den Menschen eine Berührungsspannung von $U_T = U_0/2$ überbrückt, und es kommt ein Berührungsstrom zum Fließen von

$$I_B = \frac{U/2}{Z_T} \tag{5.57}$$

Bei einem 400/230-V-Primärsystem und einer Körperimpedanz von $Z_T = 1\,150\ \Omega$ (Bild 3.4: 5-%-Kurve bei $U_T = 115$ V) würde dann ein Berührungsstrom fließen von

$$I_B = \frac{U/2}{Z_T} = \frac{230\ \text{V}/2}{1150\ \Omega} = 0{,}1\ \text{A} = 100\ \text{mA}$$

Dieser Strom liegt nach Bild 1.4 in dem Bereich, der bei längerer Durchströmungsdauer Herzkammerflimmern auslösen kann. Spätestens beim zweiten Fehler muss deshalb eine Abschaltung durch ein Schutzorgan in die Wege geleitet werden, was voraussetzt, dass die Körper der Betriebsmittel mit dem Schutzleiter des Primärsystems verbunden sind. Als Schutzmaßnahmen für FELV-Systeme sind notwendig:

5.4.1 Basisschutz (Schutz gegen direktes Berühren)

Der Basisschutz (Schutz gegen direktes Berühren) ist sicherzustellen durch:

- Abdeckungen oder Umhüllungen in der Schutzart IP2X bzw. IPXXB oder
- die Isolierung aktiver Teile, wobei die Prüfspannung, die für den Primärstromkreis gefordert wird, einzuhalten ist

5.4.2 Fehlerschutz (Schutz bei indirektem Berühren)

Der Fehlerschutz (Schutz bei indirektem Berühren) kann sichergestellt werden:

- durch Einbeziehen der Betriebsmittel in die Schutzmaßnahme des vorgelagerten Netzes; das heißt, bei den Maßnahmen mit Schutzleiter ist der Anschluss der Betriebsmittel an den Schutzleiter des Primärstromkreises vorzunehmen (**Bild** 5.30)
- bei der Anwendung der Schutzmaßnahme „Schutztrennung" sind über einen ungeerdeten Potentialausgleichsleiter die Körper der Betriebsmittel der FELV-Stromkreise mit den Körpern, die in die Schutztrennung einbezogen sind, zu verbinden (**Bild 5.31**)

5.4.3 Stromquellen

Das FELV-System muss über einen Transformator mit mindestens einfacher Trennung zwischen den Wicklungen verfügen. Auch die für SELV und PELV zugelassenen Stromquellen sind zulässig (siehe Abschnitt 8.1.1).

Anmerkung: Einfache Trennung zwischen einem Stromkreis und anderen Stromkreisen oder Erde muss durch eine vollständige Basisisolierung, bemessen für die höchste vorkommende Spannung, erreicht werden.

5.4.4 Steckvorrichtungen

Steckvorrichtungen von FELV-Stromkreisen dürfen nicht in Systemen höherer Spannung und auch nicht in anderen Systemen wie SELV oder PELV verwendet werden können. Es gelten folgende Festlegungen

- Stecker dürfen nicht in Steckdosen für andere Spannungssysteme eingeführt werden können
- in Steckdosen dürfen keine Stecker für andere Spannungssysteme eingeführt werden können
- Steckdosen müssen einen Schutzkontakt haben

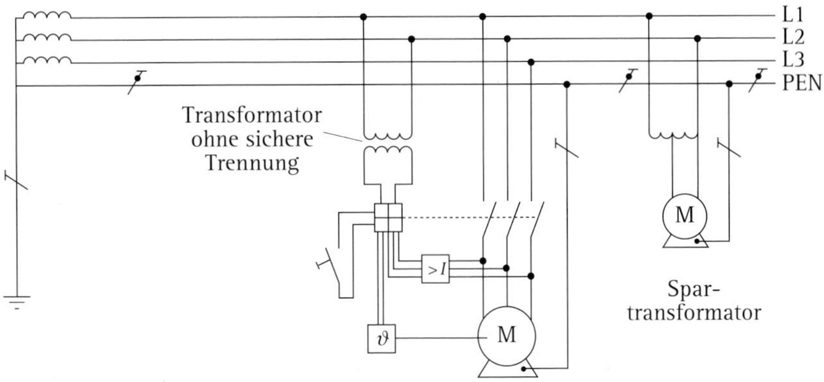

Bild 5.30 Schutz bei FELV-Stromkreisen

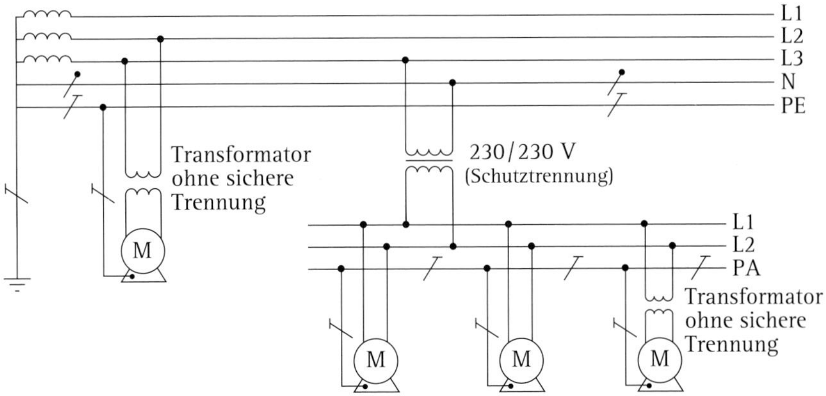

Bild 5.31 Schutz gegen indirektes Berühren bei FELV-Stromkreisen und Schutztrennung mit FELV-Stromkreis

5

5.5 Literatur zu den Kapiteln 5 bis 8

[1] Roeper, R.: Kurzschlussströme in Drehstromnetzen. Berlin/München: Siemens Aktiengesellschaft, 1984

[2] Edwin, K. W.; Jakli, G.; Thielen, H.: Zuverlässigkeitsuntersuchungen an Schutzmaßnahmen in Niederspannungsverbraucheranlagen. Forschungsbericht Nr. 221, Bundesanstalt für Arbeitsschutz und Unfallforschung, 1979

[3] Wierny, R.; Spindler, U.: Schutzisolierung: Die Schutzmaßnahme zur Verhinderung des Auftretens jeder Berührungsspannung. Der Elektriker 20 (1981) H. 11, S. 328 bis 333

[4] Hering, E.: Zur Erdung in Wechselstromanlagen bis 1 000 V. Elektropraktiker 43 (1989) H. 11, S. 346 bis 348

[5] Hering, E.: Betriebserdung von Niederspannungsnetzen. Elektropraktiker 48 (1994) H. 4, S. 330, 332 und 334 und 335

[6] Hering, E.: Schutzerder für das TT-System. Elektropraktiker 48 (1994) H. 5, S. 434 bis 437

[7] Hörmann, W.; Nienhaus, H.; Schröder, B.: Schnelleinstieg in die neue DIN VDE 0100-410: Schutz gegen elektrischen Schlag. VDE-Schriftenreihe, Bd. 140. 3. Aufl., Berlin und Offenbach: VDE VERLAG, 2007

[8] Pistora, G.: Berechnung von Kurzschluss-Strömen und Spannungsfällen. Überstrom-Schutzeinrichtungen, Selektivität, Schutz bei Kurzschluss, Berechnungen für die Praxis mit CALCKUS. VDE-Schriftenreihe, Bd. 118. Berlin und Offenbach: VDE VERLAG, 2004

[9] Hotopp, R.; Kammler, M.; Lange-Hüsken, M.: Schutzmaßnahmen gegen elektrischen Schlag. VDE-Schriftenreihe, Bd. 9. 11. Aufl., Berlin und Offenbach: VDE VERLAG, 1998

[10] Biegelmeier, G.; Kiefer, G.; Krefter, K-H.: Schutz in elektrischen Anlagen, Bd. 3: Schutz gegen gefährliche Körperströme. VDE-Schriftenreihe, Bd. 82. Berlin und Offenbach: VDE VERLAG, 1998

[11] Hofheinz, W.: Fehlerstrom-Überwachung in elektrischen Anlagen. VDE-Schriftenreihe, Bd. 113. 2. Aufl., Berlin und Offenbach: VDE VERLAG, 2008

[12] Kiefer, G.; Krefter, K.-H.: Schutz gegen elektrischen Schlag. VDE-Schriftenreihe, Bd. 130. Berlin und Offenbach: VDE VERLAG, 2008

[13] Hofheinz, W.: Schutztechnik mit Isolationsüberwachung. VDE-Schriftenreihe, Bd. 114, Berlin und Offenbach: VDE VERLAG, 2003

6 Schutzmaßnahme: Doppelte oder verstärkte Isolierung – DIN VDE 0100-410 Abschnitt 412

Die doppelte oder verstärkte Isolierung ist eine Schutzmaßnahme, bei der

- der Basisschutz (Schutz gegen direktes Berühren) durch Basisisolierung und der Fehlerschutz (Schutz bei indirektem Berühren) durch eine zusätzliche Isolierung vorgesehen ist oder
- der Basisschutz (Schutz gegen direktes Berühren) und der Fehlerschutz (Schutz bei indirektem Berühren) durch verstärkte Isolierung zwischen aktiven Teilen und berührbaren Teilen vorgesehen ist

Die Schutzmaßnahme **doppelte oder verstärkte** Isolierung (die früher übliche Bezeichnung war Schutzisolierung) soll bei Fehlern in der Basisisolierung das Auftreten einer gefährlichen Spannung an dann berührbaren Teilen der elektrischen Betriebsmittel verhindern (**Bild 6.1**). Sie ist in allen Situationen anwendbar, es sei denn, in der Gruppe 700 der DIN VDE 0100 gibt es Einschränkungen.

Die verwendeten Begriffe sind in DIN VDE 0100-200 (VDE 0100-200) und in DIN EN 61140 (VDE 0140-1) wie folgt definiert:

- **Basisisolierung** ist die Isolierung von gefährlichen aktiven Teilen (IEV 195-06-06)
  Anmerkung: Der Begriff Basisisolierung gilt nicht für eine Isolierung, die ausschließlich Funktionszwecken dient.
- **Zusätzliche Isolierung** ist eine unabhängige Isolierung, die zusätzlich zur Basisisolierung als Fehlerschutz angewendet wird (IEV 195-06-07)

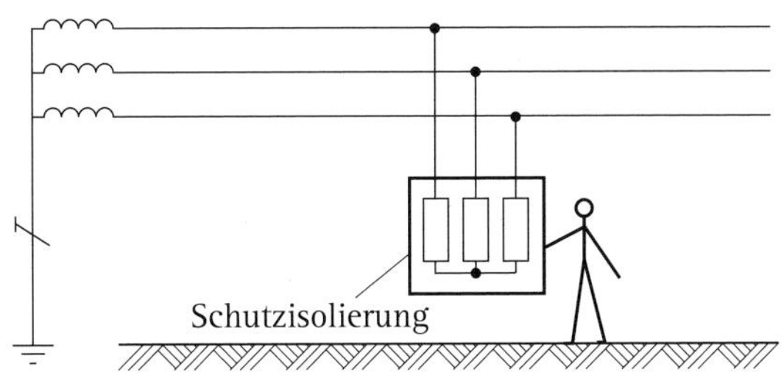

Bild 6.1 Doppelte oder verstärkte Isolierung, Prinzip

6

Die zusätzliche Isolierung muss so bemessen sein, dass sie den gleichen Beanspruchungen standhält, die für die Basisisolierung festgelegt sind.

- **Doppelte Isolierung** ist eine Isolierung, die aus der Basisisolierung und der zusätzlichen Isolierung besteht (IEV 195-06-08)
- **Verstärkte Isolierung** ist eine Isolierung von gefährlichen aktiven Teilen, die im gleichen Maße Schutz gegen elektrischen Schlag bietet wie die doppelte Isolierung (IEV 195-06-09)
  Anmerkung: Die verstärkte Isolierung kann aus mehreren Schichten bestehen, die nicht einzeln als Basisisolierung oder zusätzliche Isolierung geprüft werden können. Dies erfordert strengere Auslegungs- und Prüfparameter als die, die für die Basisisolierung festgelegt sind. Als ein Beispiel kann die Bemessung von verstärkter Isolierung bezüglich der Stoßspannungsbeanspruchung gelten. Dort wird unter Anwendung des Konzepts der Überspannungskategorien festgelegt, dass die Basisisolierung um eine Überspannungskategorie höher bemessen werden muss, als für die Basisisolierung eigentlich gefordert.

  Die verstärkte Isolierung muss so bemessen werden, dass sie den elektrischen, thermischen und mechanischen Umgebungsbeanspruchungen standhalten kann, mit derselben Zuverlässigkeit des Schutzes, wie sie durch doppelte Isolierung gegeben ist.

Erreicht werden kann der Schutz durch doppelte oder verstärkte Isolierung durch eine der drei folgenden Maßnahmen

- **Betriebsmittel mit doppelter oder verstärkter Isolierung**
  Verwendung elektrischer Betriebsmittel, die typgeprüft sind und nach den einschlägigen Normen gekennzeichnet sind, wie Betriebsmittel der Schutzklasse II (**Bild 6.2**) oder elektrische Betriebsmittel, die in den relevanten Produktnormen als Schutzklasse II gleichwertig deklariert sind, wie Betriebsmittelkombinationen mit vollständiger Isolierung nach DIN EN 60439-1 (VDE 0660-500). Diese Betriebsmittel sind mit dem Symbol ⧈ (Doppelquadrat) gekennzeichnet.

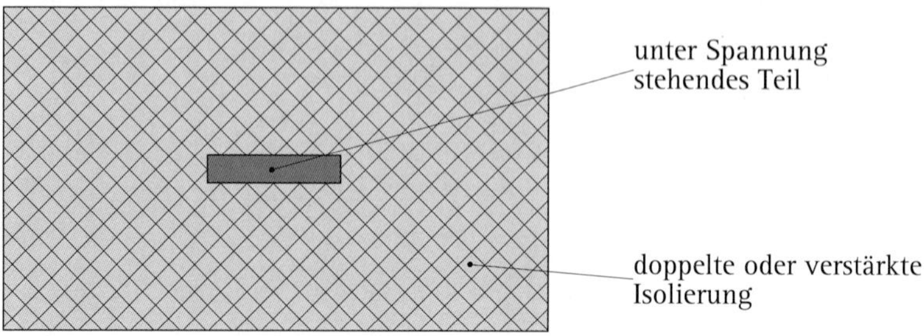

Bild 6.2 Doppelte oder verstärkte Isolierung

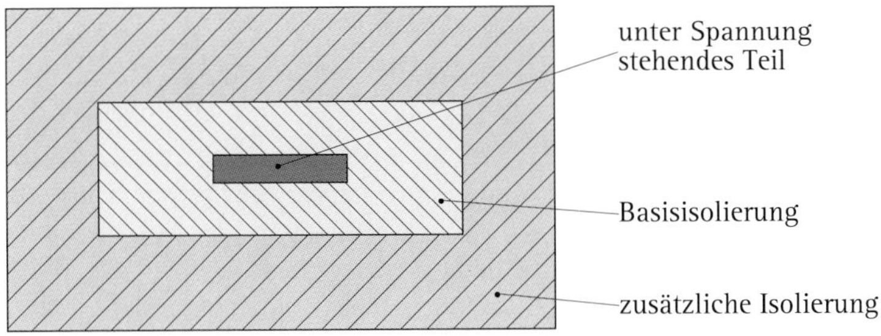

Bild 6.3 Zusätzliche Isolierung

- **Betriebsmittel, die nur eine Basisisolierung haben**
  Anbringen einer zusätzlichen Isolierung an Betriebsmitteln, die nur eine Basisisolierung haben (**Bild 6.3**), beim Errichten der elektrischen Anlage. Dabei muss der gleiche Grad an Sicherheit erreicht werden wie beim vorigen Punkt, und es sind zusätzliche Anforderungen einzuhalten. Das Symbol ⊗ muss an der Außen- und Innenseite des Gehäuses an gut sichtbarer Stelle fest angebracht werden.
- **Betriebsmittel mit nicht isolierten aktiven Teilen**
  Anbringen einer verstärkten Isolierung, die während des Errichtens der elektrischen Anlage angebracht wird und den gleichwertigen Grad an Sicherheit bietet, wie der erste Aufzählungspunkt. Dabei sind noch zusätzliche Bedingungen zu beachten. Diese Form der Isolierung ist nur zulässig in Fällen, wo die Konstruktionsmerkmale die Anbringung einer doppelten Isolierung nicht zulassen. Das Symbol ⊗ muss an der Außen- und Innenseite des Gehäuses an gut sichtbarer Stelle fest angebracht werden.

Als alleinige Schutzmaßnahme gegen elektrischen Schlag, z. B. in Teilen einer Anlage oder für einen Stromkreis, darf die doppelte oder verstärkte Isolierung nur dann angewendet werden, wenn nachgewiesen werden kann, dass die Anlage im normalen Betrieb wirksam überwacht wird. Dadurch soll vermieden werden, dass Teile der schutzisolierten Anlage durch den Anwender ausgewechselt werden und so die Wirksamkeit der Schutzmaßnahme beeinträchtigt werden könnte.

Die Wirksamkeit der Schutzisolierung beruht u. a. darauf, dass metallene Konstruktionsteile der Betriebsmittel nicht zugänglich und kein Schutzleiter vorhanden ist bzw. nicht angeschlossen werden darf. Daraus folgt, dass Stromkreise mit doppelter oder verstärkter Isolierung keine Steckdosen enthalten dürfen.

Die Schutzisolierung darf nicht angewendet werden, wenn Nutzer der Anlagen Teile der Betriebsmittel ohne Berechtigung auswechseln können.

6.1 Anforderungen an Betriebsmittel – DIN VDE 0100-410 Abschnitt 412.2.1

Folgende Anforderungen und Hinweise sind zu beachten

- Elektrische Betriebsmittel mit doppelter oder verstärkter Isolierung (Betriebsmittel der Schutzklasse II) sind nach den einschlägigen Normen herzustellen und mit dem Doppelquadrat ⧈ zu kennzeichnen. Dabei handelt es sich hauptsächlich um leichte Handgeräte im Haushalt oder um Werkzeuge, die vom Hersteller mit zweiadrigen (Wechselstrom) oder dreiadrigen (Drehstrom) Anschlussleitungen ohne Schutzleiter ausgerüstet und auch mit Steckern versehen werden, bei denen der Schutzkontakt fehlt (Konturenstecker) oder, falls er doch vorhanden ist, nicht angeschlossen wird. Bei einer Reparatur ist jedoch nichts einzuwenden, wenn in einer Leitung ein Schutzleiter mitgeführt wird und z. B. ein Wechselstromgerät mit einer dreiadrigen Anschlussleitung und einem Schutzkontaktstecker versehen wird. Der Schutzleiter wird im Stecker am Schutzkontakt angeschlossen (die Leitung wird geschützt), darf aber in keinem Fall auch am Gerät angeschlossen werden. Der Schutzleiter ist im Gerät möglichst kurz abzuschneiden und gegebenenfalls zu isolieren.
- Elektrische Betriebsmittel können in den einschlägigen Produktnormen als mit Schutzklasse II gleichwertig deklariert werden (z. B. schutzisolierte Schaltgerätekombinationen, gekennzeichnet mit dem Doppelquadrat ⧈). Die geerdeten Leiter, wie Schutzleiter, PEN-Leiter, Schutzpotentialausgleichsleiter usw., an berührbaren Körpern oder anderen leitfähigen Teilen, wie Tragkonstruktionen oder Tragschienen, dürfen nicht angeschlossen werden. Wenn in Einzelfällen ein solcher Leiter angeschlossen werden muss, so geht die Eigenschaft der Schutzisolierung für dieses Betriebsmittel verloren, und das Symbol ⧈ (Doppelquadrat) muss unkenntlich gemacht werden. Werden die geerdeten Leiter nur durchgeschleift, bleibt die schutzisolierende Eigenschaft der Schaltgerätekombination erhalten, und das Symbol ⧈ (Doppelquadrat) braucht nicht entfernt zu werden. Die Schiene oder das Tragorgan sind aber als geerdet zu kennzeichnen, was durch die Anbringung des Erdungszeichens mit dem Symbol ⏚, durch eine deutliche Beschriftung „PE“ oder durch ein Klebeband in den Farben „Grün-Gelb“ erfolgen kann. Auch das Durchschleifen von Kabeln und Leitungen mit geerdetem Schirm ist zulässig, wenn die Schirme auf isolierten Klemmen geführt werden.
- Die Wirksamkeit der Schutzmaßnahmen schutzisolierter Betriebsmittel hat der Hersteller durch die in den Normen vorgeschriebenen Typprüfungen nachzuweisen. Gefordert wird, die Nichtzugänglichkeit von gefährlichen Teilen und Körpern mit dem Prüfstift nach DIN EN 61032 (VDE 0470-2):1998-10 zu prüfen. Ferner ist das schutzisolierte Betriebsmittel in der Regel einer Spannungsprüfung zu unterziehen. Bei 230 V Bemessungsspannung beträgt die Prüfspannung je nach Geräteart zwischen 2000 V und 4000 V.

- Die zusätzliche Isolierung an Betriebsmitteln, die nur eine Basisisolierung haben, wird häufig vor Ort durch geeignete Abdeckungen und Umhüllungen hergestellt. Die Anforderungen werden in Abschnitt 4.2 beschrieben, die im Prinzip auch für die Verstärkung der Isolierung an nicht isolierten aktiven Teilen einer elektrischen Anlage gelten. Auch dabei handelt es sich um die Herstellung der Schutzisolierung vor Ort. Allerdings ist das Anbringen der verstärkten Isolierung nur zulässig, wenn Konstruktionsgründe die doppelte Isolierung nicht zulassen.

6.2 Anforderungen an Abdeckungen und Umhüllungen DIN VDE 0100-410 Abschnitt 412.2.2

Elektrische Betriebsmittel, die von aktiven Teilen nur durch eine Basisisolierung getrennt sind, können durch isolierende Abdeckungen oder Umhüllungen als zusätzliche Isolierung vor Ort soweit ertüchtigt werden, dass sie den Grad an Sicherheit wie Betriebsmittel der Schutzklasse II erreichen, wenn nachstehende Forderungen erfüllt werden:

- Isolierende Umhüllungen müssen einer Schutzart von mindestens IPXXB oder IP2X entsprechen. Prüfung mit dem Gelenktastfinder nach DIN EN 60529 (VDE 0470-1).
- Durch die isolierende Umhüllung dürfen keine leitfähigen Teile geführt werden, die ein Potential übertragen könnten.
- Die isolierende Umhüllung darf keine Schrauben oder andere Befestigungsmittel enthalten, die die vorgesehene Isolierung beeinträchtigen könnten.
- Wenn mechanische Verbindungen (z. B. Bedienungsgriffe eingebauter Geräte) durch die isolierende Umhüllung geführt werden müssen, sollten sie so angeordnet werden, dass eine Spannungsverschleppung auch im Fehlerfall nicht möglich ist, d. h. der Schutz bei indirektem Berühren nicht beeinträchtigt wird.
- Die isolierende Umhüllung muss den betriebsüblichen mechanischen, elektrischen und chemischen Beanspruchungen standhalten.
- Hinter Deckeln und Türen, die ohne Werkzeug geöffnet werden können, müssen alle leitfähigen Teile durch eine isolierende Abdeckung der Schutzart IP2X oder IPXXB geschützt sein.
- Die Umhüllung bzw. Abdeckung darf den Betrieb der durch sie geschützten Betriebsmittel nicht nachteilig beeinflussen.
- Wenn Zweifel an der Wirksamkeit der zusätzlichen bzw. verstärkten Isolierung auftreten, sollte eine geeignete Prüfung nach DIN VDE 0100-600 durchgeführt werden.

6.3 Anforderungen bei Errichtung – DIN VDE 0100-410 Abschnitt 412.2.3

Der Schutz, der in den Betriebsmittelnormen gefordert ist, muss erfüllt werden.

Bei einem Stromkreis, der Betriebsmittel der Schutzklasse II versorgt, muss ein Schutzleiter in der gesamten Leitungsanlage durchgehend mitgeführt werden und in jedem Installationsgerät an eine Klemme angeschlossen werden.

Ausnahme: Wenn nur Betriebsmittel mit doppelter oder verstärkter Isolierung verwendet werden und der Stromkreis ständig unter wirksamer Überwachung steht, sodass keine Änderung erfolgen kann, die die Wirksamkeit der Schutzmaßnahme beeinträchtigt.

Durch diese Forderung ist es problemlos möglich, Schutzklasse-II-Geräte durch Schutzklasse-I-Geräte zu ersetzen, ohne die Installation bzw. die Anschlussleitung zu erneuern.

6.4 Anforderungen an Kabel- und Leitungsanlagen DIN VDE 0100-410 Abschnitt 412.2.4

Kabel- und Leitungsanlagen, die ihren Produktnormen entsprechen und nach DIN VDE 0100-520 verlegt werden, müssen in Verbindung mit schutzisolierten Anlagen folgende Anforderungen erfüllen:

- Die Bemessungsspannung darf nicht geringer sein als die Nennspannung des Versorgungssystems, mindestens aber 300/500 V.
- Für Kabel und Leitungen ist in den Normen keine Überspannungsfestigkeit festgelegt. Es wird aber angenommen, dass ihre Isolierung mindestens gleichwertig zu den Anforderungen für verstärkte Isolierung ist.
- Die Basisisolierung erhält einen ausreichenden mechanischen Schutz z. B. durch einen nicht metallenen Mantel oder durch nicht metallene geschlossene oder zu öffnende Installationskanäle.
- Kabel- und Leitungsanlagen in schutzisolierten Stromkreisen sollten weder mit dem Doppelquadrat  noch mit dem Symbol  gekennzeichnet sein

7 Schutzmaßnahme: Schutztrennung mit nur einem Verbrauchsmittel – DIN VDE 0100-410 Abschnitt 413

Der Schutz bei der Schutztrennung mit nur einem Verbrauchsmittel wird durch folgende Maßnahmen erreicht

- Basisschutz (Schutz gegen direktes Berühren) wird erreicht durch Basisisolierung der aktiven Teile oder durch Abdeckungen oder Umhüllungen
- Fehlerschutz (Schutz bei indirektem Berühren) wird erreicht durch einfache Trennung eines Stromkreises mit Schutztrennung von anderen Stromkreisen und von Erde

Schutztrennung ist eine Schutzmaßnahme, bei der **ein Verbrauchsmittel** durch eine ungeerdete Stromquelle vom speisenden Netz durch einfache Trennung betrieben wird. Die Spannung eines Stromkreises mit Schutztrennung darf 500 V nicht überschreiten.

Die Schutztrennung trennt den Verbraucher durch einen Trenntransformator oder Motorgenerator vom speisenden Netz. Dabei soll verhindert werden, dass im Sekundärstromkreis Berührungsspannungen entstehen, die entweder vom Primärnetz übertreten oder im Sekundärnetz erzeugt werden. Die wichtigsten Forderungen sind deshalb

- im Sekundärnetz darf kein Erdschluss auftreten
- aus dem Primärnetz darf keine Spannung in das Sekundärnetz übertragen werden

Das Prinzip ist in **Bild 7.1** dargestellt.

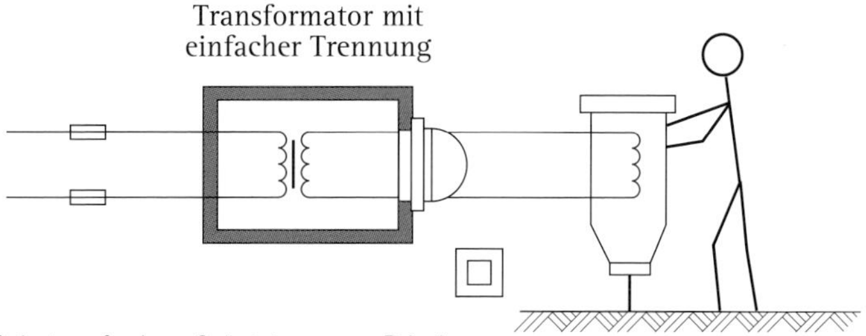

Bild 7.1 Schutzmaßnahme Schutztrennung; Prinzip

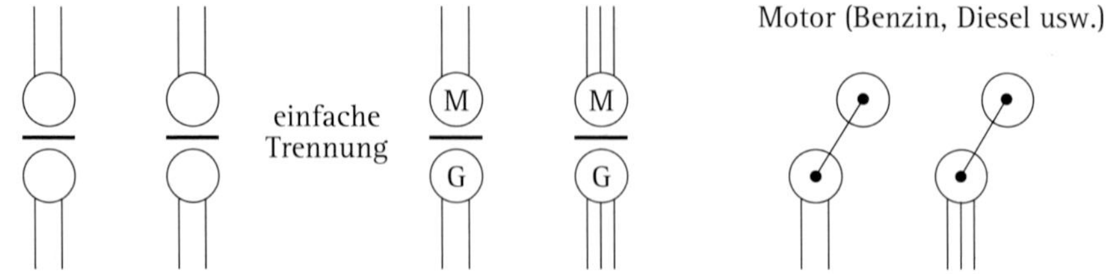

Bild 7.2 Stromquellen für Schutztrennung

Als Stromquellen können verwendet werden (**Bild 7.2**)

- Trenntransformatoren nach DIN EN 61558-2-4 (VDE 0570-2-4)
- Motorgeneratoren nach der Normreihe DIN EN 60034 (VDE 0530)
- Generatoren mit anderem (nicht elektrischem) Antrieb nach der Normenreihe DIN EN 60034 (VDE 0530)
- andere Stromquellen, die eine gleichwertige Sicherheit bieten

Für Trenntransformatoren nach DIN EN 60034-2-4 (VDE 0570-2-4) sind noch folgende technische Daten wichtig:

- die Bemessungs-Ausgangsspannung darf bei **ortsveränderlichen** Einphasentransformatoren AC 250 V nicht überschreiten und bei anderen Transformatoren nicht höher als AC 500 V sein
- die bevorzugten Bemessungs-Ausgangsspannungen sind
  - 120 V und 230 V für ortsveränderliche Einphasentransformatoren
  - 72 V, 120 V, 230 V, 400 V und 440 V für andere Transformatoren
- die Bemessungsleistung darf 25 kVA bei Einphasentransformatoren und 40 kVA bei Mehrphasentransformatoren nicht überschreiten
- die Bemessungs-Eingangsspannung darf AC 1 000 V und die Bemessungsfrequenz 500 Hz nicht überschreiten

Hinsichtlich der Kurzschlussfestigkeit von Trenntransformatoren gilt **Tabelle 7.1**.

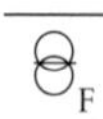 oder 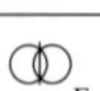	Fail-safe-Trenntransformator
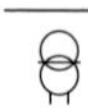 oder 	nicht kurzschlussfester Trenntransformator
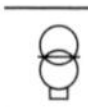 oder 	kurzschlussfester Trenntransformator (bedingt oder unbedingt kurzschlussfest)

Tabelle 7.1 Kurzschlussfestigkeit von Trenntransformatoren; Bildzeichen

Bei Anwendung der Schutztrennung ist es erforderlich, die Betriebsmittel so zu wählen, dass zwischen den verschiedenen Stromkreisen (Primär und Sekundär) Basisisolierung erreicht ist. Aktive Teile des Stromkreises mit Schutztrennung dürfen an keiner Stelle mit einem anderen Stromkreis, mit Erde, einem Schutzleiter oder einem Schutzpotentialausgleichsleiter verbunden sein. Ebenso dürfen die Körper des Stromkreises mit Schutztrennung nicht mit dem Schutzleiter anderer Stromkreise oder mit Körpern anderer Stromkreise oder mit Erde verbunden werden.

Wenn die Körper des Stromkreises für Schutztrennung entweder zufällig oder absichtlich mit Körpern anderer Stromkreise in Verbindung kommen, hängt der Schutz gegen elektrischen Schlag nicht mehr allein von der Schutzmaßnahme Schutztrennung ab, sondern auch von den Schutzvorkehrungen für die Körper der anderen Stromkreise.

Für Stromkreise mit Schutztrennung wird empfohlen, diese auf getrennten Trassen oder getrennten Rohren bzw. in getrennten Kanälen zu führen. Falls in derselben Anlage Stromkreise mit Schutztrennung und andere Stromkreise vorgesehen werden, müssen mehradrige Kabel/Leitungen ohne metallene Umhüllung vorgesehen werden. Es können auch isolierte Leiter in isolierenden Elektroinstallationsrohren oder isolierte Leiter in isolierenden Elektroinstallationskanälen verwendet werden, wobei vorausgesetzt wird, dass

- ihre Bemessungsspannung mindestens so groß wie die höchste Nennspannung ist
- jeder Stromkreis bei Überstrom geschützt ist

Flexible Kabel und Leitungen müssen an den Stellen, die mechanischen Beanspruchungen ausgesetzt sind, über ihre gesamte Länge sichtbar sein.

Häufig zur Anwendung gelangen Trenntransformatoren als „Rasiersteckdosen-Transformator“ oder als „Rasiersteckdosen-Einheit“ nach DIN EN 61558-2-5 (VDE 0570-2-5). Die Primär- und Sekundärspannung darf AC 250 V nicht überschreiten. Die Leerlaufspannung darf maximal AC 275 V sein. Die Bemessungsleistung muss zwischen 20 VA und 50 VA liegen. Es sind nur Transformatoren „unbedingt kurzschlussfester“ und „bedingt kurzschlussfester“ Ausführung zulässig.

Das Bildzeichen ist: 

8 Schutzmaßnahme: Schutz durch Kleinspannung mittels SELV und PELV – DIN VDE 0100-410 Abschnitt 414

Kleinspannung SELV und PELV sind Schutzmaßnahmen gegen elektrischen Schlag, die sowohl den Basisschutz (Schutz gegen direktes Berühren) als auch den Fehlerschutz (Schutz bei indirektem Berühren) sicherstellen. Die Kunstwörter SELV und PELV werden in der regionalen und internationalen Normung verwendet und lassen sich aus dem Englischen ableiten

- SELV – Safety Extra Low Voltage
- PELV – Protection Extra Low Voltage

Die Schutzwirkung von SELV und PELV beruht auf der geringen Nennspannung der Stromkreise bis maximal 50 V Wechselspannung (Effektivwert) oder 120 V Gleichspannung (oberschwingungsfrei) und auf der sicheren Trennung der Stromkreise von anderen Versorgungssystemen.

Die maximal zulässigen Spannungen entsprechen dem Spannungsbereich I (siehe Abschnitt 2.3 und Tabelle 2.4), der für Anlagen gilt, bei denen der Schutz gegen elektrischen Schlag durch die maximal zulässige Höhe der Spannung sichergestellt werden soll und in denen die Spannung aus Funktionsgründen begrenzt ist (z. B. Fernmeldeanlagen, Steuer- und Meldestromkreise, Signalanlagen). Für besondere Anlagen können auch niedrigere Werte festgelegt werden, wie z. B. für Spielzeugeisenbahnen. In den Normen der Gruppe 700 von DIN VDE 0100 werden für bestimmte Anwendungsfälle ebenfalls niedrigere Werte als AC 50 V und DC 120 V gefordert, z. B. bei besonderen Umgebungsbedingungen.

Für SELV- und PELV-Stromkreise zu Stromkreisen höherer Spannungen und zu Nicht-SELV- und PELV-Stromkreisen wird eine elektrisch **sichere Trennung** gefordert. Vorzusehen ist eine gegenseitige Trennung der Stromkreise durch

- doppelte Isolierung oder
- verstärkte Isolierung oder
- Basisisolierung und elektrische Schutzschirmung
  Anmerkung: Das bedeutet, dass mindestens Basisisolierung anzuwenden ist mit einem leitfähigen Schirm (Schutzschirm), z. B. eine Kabelbewehrung aus Metall, die mit dem Schutzleiter oder dem Schutzpotentialausgleichsleiter zu verbinden ist.

Zwischen SELV- oder PELV-Stromkreisen untereinander und zwischen SELV-Systemen und Erde reicht die **einfache Trennung (Basisisolierung)** aus.

Anmerkung: Zu den Begriffen **einfache Trennung** und **sichere Trennung** ist in DIN EN 60140 (VDE 0140-1) sinngemäß ausgeführt:

Einfache Trennung zwischen einem Stromkreis und anderen Stromkreisen oder Erde muss durch eine vollständige Basisisolierung, bemessen für die höchste vorkommende Spannung, erreicht werden. Falls ein Bauteil getrennte Stromkreise verbindet, muss dieses Bauteil den elektrischen Beanspruchungen, die für die überbrückte Isolierung festgelegt sind, standhalten, und die Impedanz muss den zu erwartenden Strom durch das Bauteil auf die Werte der Beharrungsberührungsströme begrenzen (siehe Abschnitt 8.2).

Sichere Trennung zwischen einem Stromkreis und anderen Stromkreisen muss erreicht werden durch Maßnahmen wie

- Basisisolierung und zusätzliche Isolierung, z. B. doppelte Isolierung, jede bemessen für die höchste vorkommende Spannung, oder verstärkte Isolierung, bemessen für die höchste vorkommende Spannung
- Schutzschirmung, wobei der Schutzschirm von jedem angrenzenden Stromkreis durch Basisisolierung getrennt ist, die für die Spannung des jeweils angrenzenden Stromkreises bemessen ist
- einer Kombination dieser Vorkehrungen

Falls Leiter des getrennten Stromkreises zusammen mit Leitern von anderen Stromkreisen in einem Mehrleiterkabel oder einer mehradrigen Leitung oder in einer anderen Gruppierung von Leitern enthalten sind, müssen sie einzeln oder gemeinsam für die höchste vorkommende Spannung isoliert sein, sodass doppelte Isolierung erreicht wird. Falls irgendein Bauteil zwischen den getrennten Stromkreisen eingefügt wird, muss dieses Teil die Anforderungen für Schutzimpedanzeinrichtungen erfüllen.

Eine sichere Trennung ist demnach eine Trennung, die den Übertritt der Spannung eines Stromkreises in einen anderen Stromkreis mit hinreichender Sicherheit verhindert.

Der Begriff „sichere Trennung“ tritt an die Stelle der bisher häufig verwendeten Begriffe „Elektrische Trennung“, „sichere elektrische Trennung“, „elektrische Trennung auf Dauer“ usw. Die sichere Trennung muss zuerst durch die Verwendung geeigneter, alterungsbeständiger Materialien und besondere konstruktive Maßnahmen sichergestellt sein.

Der Schutz durch die Kleinspannungen SELV und PELV unterscheidet sich durch die Erdung.

Aktive Teile der SELV-Stromkreise dürfen nicht geerdet werden. Auch die Erdung der Körper der Betriebsmittel ist nicht zulässig.

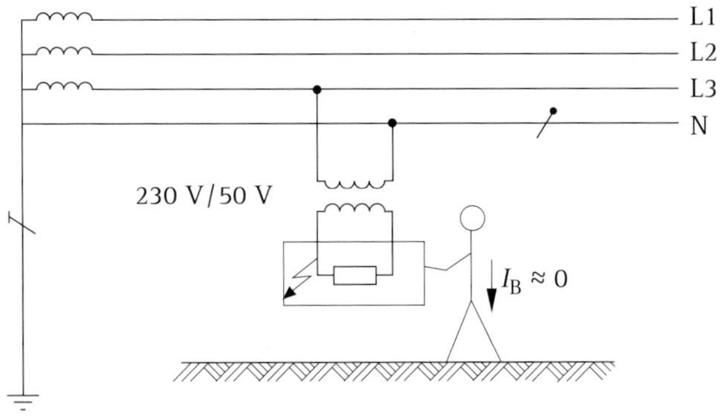

Bild 8.1 SELV; Schaltbild mit Isolationsfehler

Wenn ein Mensch ein mit einem Isolationsfehler (direkter Körperschluss) behaftetes Betriebsmittel berührt, kann kein merklicher Strom über den menschlichen Körper zum Fließen kommen. Der Berührungsstrom ist nahezu null. **Bild 8.1** zeigt die Situation.

Der über den menschlichen Körper gegen Erde fließende Strom wird durch die Leiterkapazität und die damit verbundenen kapazitiven Ableitströme gegen Erde bestimmt. Da die Spannung relativ gering ist, sind die in der Praxis hierbei auftretenden Ströme sehr klein und liegen normalerweise deutlich unterhalb der Wahrnehmbarkeitsschwelle.

Erst bei einem zweiten Fehler (vollkommener Erdschluss eines anderen Leiters), zusätzlich zum ersten Fehler, ist damit zu rechnen, dass ein Berührungsstrom zu Fließen kommt. Er dürfte in der gleichen Größenordnung liegen wie in der nachfolgenden Berechnung beim Schutz durch die Kleinspannung PELV.

Bei „Schutz durch Kleinspannung PELV“ darf ein Leiter des Systems direkt geerdet werden.

Im Fehlerfall kommt bei einem direkten Körperschluss ein Strom zustande, der eine Höhe von

$$I_B = \frac{U}{Z_T} \tag{8.1}$$

annehmen kann, wenn die anderen Widerstände im Fehlerstromkreis (Fehlerwiderstand, Standortwiderstand, Leitungswiderstand, Erdungswiderstand) als sehr klein gegenüber der Körperimpedanz angenommen werden. **Bild 8.2** zeigt die Situation.

Bei der Spannung von $U = 50$ V und $Z_T = 1\,450\ \Omega$ (Bild 1.12: 5-%-Kurve bei 50 V) fließt damit ein Berührungsstrom von

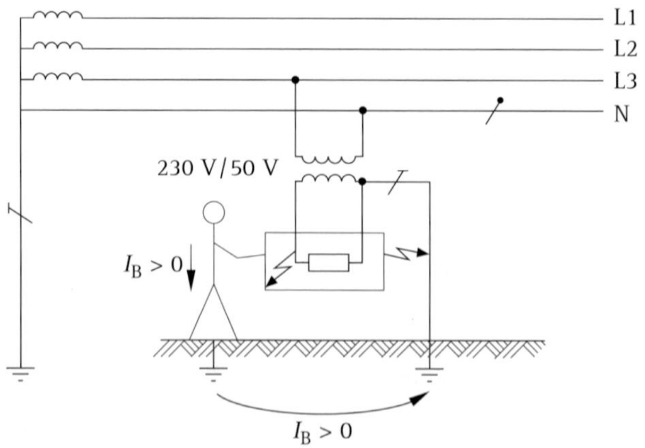

Bild 8.2 PELV; Schaltbild mit Isolationsfehler und Erdschluss

$$I_B = \frac{50\ \text{V}}{1450\ \Omega} = 0{,}0345\ \text{A} = 34{,}5\ \text{mA}$$

Dieser Strom ist unter den hier angenommenen Bedingungen, die als normal gelten können, nach Bild 1.4 ungefährlich. Er liegt bei längerer Einwirkungsdauer im Bereich AC 3, bei dem die physiologischen Wirkungen im Allgemeinen keinen organischen Schaden erwarten lassen.

8.1 Basisschutz (Schutz bei direktem Berühren) und Fehlerschutz (Schutz bei indirektem Berühren) – DIN VDE 0100-410 Abschnitt 414.2

Die Schutzmaßnahmen SELV und PELV stellen gleichzeitig den Basisschutz und den Fehlerschutz sicher, durch

- Verwenden kleiner Spannungen
- sichere Erzeugung der Spannung
- sichere Trennung zu Stromkreisen höherer Spannung
- sichere Trennung von SELV- und PELV-Stromkreisen untereinander
- Verwenden geeigneter Steckvorrichtungen

Die für SELV und PELV genannten Spannungen gelten für

- Wechselspannung als „Effektivwert"
- Gleichspannung als „oberschwingungsfrei", wobei eine oberschwingungsfreie Gleichspannung eine Welligkeit von nicht mehr als 10 % effektiv bei

überlagerter sinusförmiger Wechselspannung aufweisen darf. Der maximale Scheitelwert einer oberschwingungsfreien Gleichspannung darf demnach 140 V nicht überschreiten, wenn die Nennspannung 120 V beträgt. (U_{max} = 120 V + 10 % = 120 V + 12 V = 137 V). Bei U = 60 V darf ein maximaler Scheitelwert von U_{max} = 70 V nicht überschritten werden.

Für Anlagen, die mit den Kleinspannungen SELV und PELV betrieben werden, sind die Grenzen der Spannung im Beharrungszustand nach DIN EN 61140 (VDE 0140-1) für verschiedene Umgebungsbedingungen und den üblichen Fehlerbedingungen in **Tabelle 8.1** dargestellt. Die Tabelle gilt für Frequenzen von 15 Hz bis 100 Hz bei AC.

Hinsichtlich der Umgebungsbedingungen, die in IEC 61201:1992-08 behandelt sind, gilt:

- Umgebungsbedingung 1: Die Widerstände der Haut und zu Erde sind vernachlässigbar klein. Bedingung: Im Wasser untergetaucht.
- Umgebungsbedingung 2: Die Widerstände der Haut und zu Erde sind reduziert. Bedingung: Feuchtigkeit ist vorhanden.
- Umgebungsbedingung 3: Die Widerstände der Haut und zu Erde sind normal, also nicht reduziert. Bedingung: Trockener Zustand.
- Umgebungsbedingung 4: Besondere Situation, wie z. B. Schweißen oder Galvanisieren. Für die Festlegung der Situation sind die Technischen Komitees verantwortlich.

Umgebungsbedingungen	Fehlerbedingungen		
	kein Fehler	ein Fehler	zwei Fehler
1	0 V	0 V	16 V AC 35 V DC
2	16 V AC 35 V DC	33 V AC 70 V DC[3)]	nicht anwendbar
3	33 V AC[1)] 70 V DC[3)]	55 V AC[2)] 140 V DC[4)]	nicht anwendbar
4	besondere Anwendungen	besondere Anwendungen	besondere Anwendungen

[1)] 66 V für ein nicht greifbares Teil mit einem Kontaktbereich kleiner als 1 cm^2

[2)] 80 V für ein nicht greifbares Teil mit einem Kontaktbereich kleiner als 1 cm^2

[3)] 75 V zum Laden einer Batterie

[4)] 150 V zum Laden einer Batterie

Tabelle 8.1 Grenzen der Spannung im Beharrungszustand bei Kleinspannung (Quelle: DIN EN 61140 (VDE 0140-1):2007-03)

8.1.1 Stromquellen für SELV und PELV

Das sichere Erzeugen von Kleinspannungen SELV und PELV (**Bild 8.3**) kann erreicht werden durch die Verwendung von:

- **Sicherheitstransformatoren**
  Zulässig sind Sicherheitstransformatoren (Transformatoren, Netzgeräte und dergleichen) nach der Normenreihe DIN EN 61558 (VDE 0570) „Sicherheit von Transformatoren, Netzgeräten und dergleichen" in den Ausführungsarten
  - Sicherheitstransformator für allgemeine Anwendung nach DIN EN 61558-2-6 (VDE 0570-2-6)
  - Transformatoren für Spielzeuge nach DIN EN 61558-2-7 (VDE 0570-2-7)
  - Klingel- und Läutewerktransformatoren nach DIN EN 61558-2-8 (VDE 0570-2-8)
  - Transformatoren für Handleuchten der Schutzklasse III für Wolframdrahtlampen nach DIN EN 61558-2-9 (VDE 0570-2-9)

  Anmerkung: Diese Transformatoren waren früher in DIN EN 60742 (VDE 0551) „Trenntransformatoren und Sicherheitstransformatoren" behandelt. Die Norm wurde zurückgezogen.

  In **Tabelle 8.2** sind wichtige Spannungs- und Leistungsgrenzwerte der verschiedenen Transformatoren aufgezeigt.

Transformator Bauart	$U_{\text{Primär}}$	$U_{\text{Sekundär}}$	U_{Leerlauf}	Leistung P	Zeichen	maximale Frequenz
Sicherheits-Transformator	1000 V AC	50 V AC 120 V DC	50 V AC 120 V DC	10/16 kVA[1]	 F	500 Hz
Spielzeug-Transformator	250 V AC	24 V AC 33 V DC	33 V AC 46 V DC	200 VA		50/60 Hz
Klingel- und Läutewerk-Transformator	250 V AC	24 V AC 33 V DC	33 V AC 46 V DC	100 VA		500 Hz
Handleuchten-Transformator[2]	1000 V AC	50 V AC 120 V DC	50 V AC 120 V DC	10 VA		500 Hz

[1] 10 kVA für Einphasentransformator
16 kVA für Mehrphasentransformator

[2] Für Leuchten der Schutzklasse III und Lampen mit Wolframdraht

Die angegebenen Werte bei DC beziehen sich auf geglättete Gleichspannung

Tabelle 8.2 Bauarten von Sicherheitstransformatoren; Technische Angaben

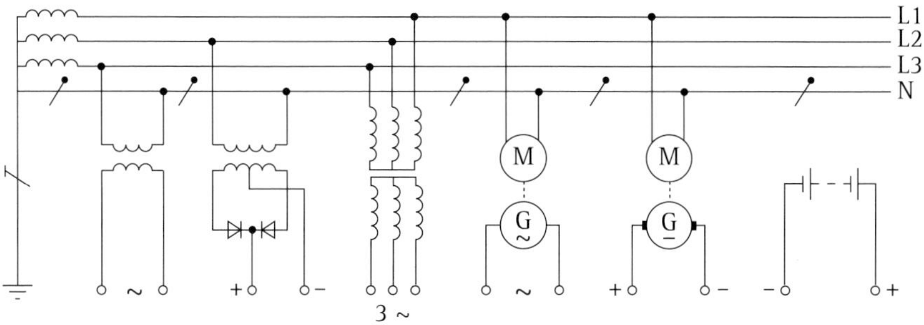

Bild 8.3 Erzeugen der Kleinspannung; SELV und PELV (Transformatoren und Motorgeneratoren mit sicherer Trennung)

- **Motorgeneratoren (Umformer)**

  Motorgeneratoren (Umformer) mit sicherer Trennung der Wicklungen, die dieselbe Sicherheit bieten wie Transformatoren mit sicherer Trennung, z. B. nach DIN EN 60034-1 (VDE 0530-1)

- **Generatoren**

  Generatoren nach DIN EN 60034-1 (VDE 0530-1) mit nicht elektrischem Antrieb, z. B. Dieselaggregat, Otto-Motor, Gas-Motor usw.

- **Galvanische Elemente** und ähnliche Betriebsmittel

  Galvanische Elemente, Akkumulatoren oder andere elektrochemische Stromquellen nach DIN VDE 0510

- **Elektronische Betriebsmittel**

  Elektronische Einrichtungen (nach den entsprechenden Normen gebaut, z. B. DIN EN 50178 (VDE 0160), bei denen sichergestellt ist, dass auch beim Auftreten eines Fehlers im Gerät die Ausgangsspannung die zulässigen Werte (z. B. AC 50 V oder DC 120 V) nicht überschritten werden. Bei PELV-Stromquellen sind auch höhere Spannungen zulässig, wenn sichergestellt ist, dass im Falle des direkten oder indirekten Berührens die Spannung an den Ausgangsklemmen innerhalb einer kurzen Zeitspanne auf AC 50 V oder DC 120 V zurückgeht.

  Als kurze Zeit gilt in diesen Fällen $t = 400$ ms bei $U \leq 230$ V, $t = 200$ ms bei $U > 230$ V ... ≤ 400 V und $t = 100$ ms bei $U > 400$ V. Geprüft kann dies werden durch Anlegen eines Voltmeters mit einem Innenwiderstand von etwa 3 000 Ω.

Umformer, Akkumulatoren und galvanische Elemente gelangen selten zur Anwendung. Üblich sind eigentlich nur Sicherheitstransformatoren, die in der Regel stationär verwendet werden. Zur vorübergehenden Stromversorgung bei Unfällen, Brand- und Katastrophenfällen dienen, falls Kleinspannung überhaupt angewendet wird, hauptsächlich Generatoren (Diesel- oder Benzinaggregate).

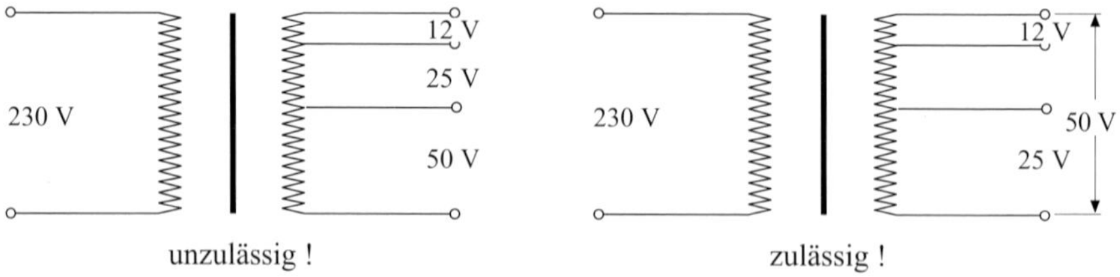

Bild 8.4 Transformatoren mit Anzapfungen

Wenn auch die zulässigen Spannungsgrenzen bei 50 V Wechselspannung und 120 V Gleichspannung liegen, ist nicht auszuschließen, dass für besondere Anwendungsfälle niedrigere Werte, wie z. B. 25 V Wechselspannung oder 60 V Gleichspannung, für Schwimmbäder und landwirtschaftliche Anlagen festgelegt werden. In diesen Fällen darf dann in der Regel auch auf den Schutz gegen direktes Berühren nicht verzichtet werden. Die genannten Spannungsgrenzen sind „Nennspannungen"; die Leerlaufspannung darf bei Wechselspannung bis zu 10 % höher liegen. Bei Gleichspannungen können die Ladeschlussspannung und Ladungserhaltungsspannung erheblich höhere Werte annehmen.

Erzeuger für Kleinspannung müssen so gebaut sein, dass auch bei Anzapfungen der Sekundärwicklung eine Erhöhung der zulässigen Nennspannungen nicht möglich ist. Die Anzapfungen müssen so gestaltet sein, dass keine Spannung abgegriffen werden kann, die über der zulässigen Nennspannung liegt. **Bild 8.4** zeigt Beispiele für Transformatoren.

Ortsveränderliche Stromquellen zum Erzeugen von Kleinspannung, die aus einem Netz höherer Spannung betrieben werden (Sicherheitstransformatoren, Motorgeneratoren), müssen in eine Schutzmaßnahme einbezogen werden. Die Verwendung von schutzisolierten Geräten ist dabei vorzuziehen (Sicherheitstransformator). Ansonsten ist der Körper (Gehäuse) der Stromquelle an den Schutzleiter anzuschließen und so in die Schutzmaßnahme des vorgelagerten Netzes einzubeziehen.

8.1.2 Anordnung von Stromkreisen

Bei SELV-Stromkreisen dürfen die aktiven Teile betriebsmäßig nicht geerdet oder mit einem Schutzleiter anderer Stromkreise verbunden werden. Auch Körper von Betriebsmitteln von SELV-Stromkreisen dürfen nicht absichtlich geerdet werden oder mit Schutzleitern und/oder Körpern anderer Stromkreise bzw. mit fremden leitfähigen Teilen verbunden werden.

Bei PELV-Stromkreisen dürfen aktive Teile und auch die Körper der Betriebsmittel geerdet werden. Auch eine Verbindung mit dem Schutzleiter des vorgelagerten Netzes ist zulässig.

Eine sichere Trennung muss sichergestellt sein von:

- SELV- zu SELV-Stromkreisen
- PELV- zu PELV-Stromkreisen
- SELV- zu PELV-Stromkreisen
- SELV-Stromkreisen zu Stromkreisen höherer Spannung
- PELV-Stromkreisen zu Stromkreisen höherer Spannung

Diese sichere Trennung ist besonders wichtig, wenn Betriebsmittel wie Relais, Schütze, Hilfsschalter usw. verwendet werden, die in Stromkreisen höherer Spannung für Steuer-, Melde- oder andere Hilfsfunktionen eingesetzt werden. Eine solch sichere Trennung der Stromkreise ist zu erreichen durch:

- eine räumlich getrennte Anordnung der Leiter, z. B. durch Führung der Leiter jeweils in einem Installationsrohr oder -kanal oder Verwendung von einadrigen NYM-Leitungen
- die Verwendung von Leitungen, die einen geerdeten Metallschirm oder eine geerdete metallene Umhüllung besitzen und die Leiter von Stromkreisen verschiedener Spannung trennen, z. B. NYRUZY-Leitungen

In oben genannten Fällen braucht die Basisisolierung für jeden Leiter nur für die Spannung des Stromkreises bemessen zu sein, zu dem der Leiter gehört. Mehradrige Kabel, Leitungen oder Leiterbündel dürfen Stromkreise verschiedener Spannung enthalten, wenn die Leiter von SELV- und PELV-Stromkreisen einzeln oder gemeinsam mit einer Isolierung versehen sind, die für die höchste vorkommende Spannung bemessen ist.

Steckvorrichtungen (Steckdosen, Stecker, Kupplungen und Gerätestecker) für SELV- und PELV-Stromkreise dürfen nicht in Steckvorrichtungen anderer Spannungssysteme eingeführt werden können. Auch Steckvorrichtungen für SELV-Stromkreise dürfen nicht in Steckvorrichtungen von PELV-Stromkreisen passen. Steckvorrichtungen für PELV-Stromkreise dürfen Schutzkontakte besitzen.

Die Forderung nach Unverwechselbarkeit der Steckvorrichtungen für SELV- und PELV-Stromkreise gilt nicht nur untereinander, sie gilt auch für Steckvorrichtungen von FELV-Stromkreisen. Zu verwenden sind Steckvorrichtungen für Kleinspannung nach DIN EN 60309 (VDE 0623), siehe hierzu Abschnitt 16.3.

8.1.3 Schutz gegen direktes Berühren

Bei Anwendung der Kleinspannung SELV ist als Schutz gegen direktes Berühren festgelegt:

- $U \leq 25$ V Wechselspannung und $U \leq 60$ V Gleichspannung
  Ein Schutz gegen direktes Berühren kann entfallen (Beispiele: Leitungen von Niedervolt-Halogenlampen; Spielzeugeisenbahnen). In Sonderfällen bei „bestimmten äußeren Einflüssen" kann ein Schutz gegen direktes Berühren jedoch erforderlich werden
- $U > 25$ V ... ≤ 50 V Wechselspannung und $U > 60$ V ... ≤ 120 V Gleichspannung
  Ein Schutz gegen direktes Berühren ist erforderlich durch Abdeckungen oder Umhüllungen der Schutzart IP2X oder IPXXB oder durch eine Isolierung, die einer Prüfspannung von 500 V Wechselspannung (Effektivwert) für eine Minute standhält

Bei Anwendung der Kleinspannung PELV sind als Schutz gegen direktes Berühren dieselben Maßnahmen wie bei SELV-Stromkreisen (Abdeckungen, Umhüllungen oder Isolierung) notwendig, wenn die Stromkreise geerdet sind. Abweichend davon gilt:

- $U \leq 6$ V Wechselspannung und $U \leq 15$ V Gleichspannung
  Es wird kein Schutz gegen direktes Berühren gefordert
- $U \leq 6$ V Wechselspannung und $U \leq 15$ V Gleichspannung
  Es wird kein Schutz gegen direktes Berühren gefordert, wenn ein Hauptpotentialausgleich vorgesehen ist und die Erdungsanlage und die Körper des PELV-Systems durch einen Schutzleiter mit der Haupterdungsschiene verbunden sind.
- $U > 6$ V ... ≤ 25 V Wechselspannung und $U > 15$ V ... ≤ 60 V Gleichspannung
  Ein Schutz gegen direktes Berühren wird nicht gefordert, wenn die Betriebsmittel üblicherweise nur in trockenen Räumen oder an trockenen Orten verwendet werden und eine großflächige Berührung von aktiven Teilen durch menschliche Körper nicht zu erwarten ist. Außerdem ist ein Hauptpotentialausgleich vorzusehen, und die Erdungsanlage und die Körper des PELV-Systems sind durch einen Schutzleiter mit der Haupterdungsschiene zu verbinden.

8.1.4 Schutz bei indirektem Berühren

Eine Schutzmaßnahme zum Schutz bei indirektem Berühren wird nicht gefordert.

8.1.5 Zusammenfassung

Die Kleinspannungen SELV und PELV sind vom Schutzwert her gesehen sehr gute Schutzmaßnahmen gegen elektrischen Schlag; sie können, da nur eine geringe Spannung zulässig ist, nicht überall zur Anwendung gelangen und werden auf Sonderfälle und dabei sogar auf einzelne Anlagen oder besonders gefährdete Geräte beschränkt anwendungsfähig sein.

8.2 Schutz von Beharrungsberührungsstrom und Ladung – DIN EN 61140 (VDE 0140-1)

In DIN VDE 0100 hat es in den letzten Ausgaben zum Thema „Schutz gegen Beharrungsberührungsstrom und Ladung die Aussage „in Bearbeitung“ gegeben. In der Ausgabe 2007-06 ist dieser Text nicht mehr erwähnt. Aussagen sind zurzeit in BGV A2 zu finden, wo festgelegt ist, dass ein Basisschutz (Schutz gegen direktes Berühren) nicht erforderlich ist, wenn die Entladeenergie nicht größer als 350 mJ ist oder wenn der Kurzschlussstrom an der Arbeitsstelle höchstens 3 mA bei Wechselstrom (Effektivwert) oder 12 mA bei Gleichstrom beträgt.

Eine Hilfe, die Grenzwerte festzulegen, bietet auch DIN EN 61140 (VDE 0140-1): 2007-03, Abschnitt 5.1.6. Die Grenzen von Beharrungsberührungsstrom und Ladung müssen so festgelegt werden, dass Menschen und Tiere im Falle einer Berührung geschützt sind. Folgende Werte für den Beharrungsberührungsstrom und die Ladung sollen den Technischen Komitees als Richtwerte dienen:

- Ein Beharrungsberührungsstrom, der über einen Widerstand von 2000 Ω die Wahrnehmbarkeitsgrenzen von AC 0,5 mA und DC 2,0 mA nicht überschreitet, wird empfohlen.
- Maximale Werte, die die Schmerzgrenze von AC 3,5 oder DC 10 mA nicht erreichen, dürfen festgelegt werden.
- Eine Ladung, die nicht größer ist als 0,5 µC (Wahrnehmbarkeitsgrenze), wird empfohlen. Wobei maximal eine Ladung von 50 µC (Schmerzgrenze) festgelegt werden darf.
- Die Technischen Komitees dürfen auch höhere Grenzen für den Beharrungsberührungsstrom und die Ladung festlegen, wenn besondere Reaktionen ausdrücklich erwünscht werden (z. B. Elektrischer Weidezaun). Die Grenzwerte für Herzkammerflimmern sind jedoch zu beachten.
- Die Grenze für den Beharrungsberührungsstrom gilt bei Wechselspannung für sinusförmige Ströme mit Frequenzen zwischen 15 Hz und 100 Hz. Für andere Frequenzen, andere Kurvenformen und für Wechselspannung mit überlagerter Gleichspannung sind Werte in Vorbereitung.
- Für elektromedizinische Betriebsmittel können andere Grenzwerte notwendig sein.

9 Zusätzlicher Schutz – DIN VDE 0100-410 Abschnitt 415

Der „**Zusatzschutz**“, in Teil 410 Abschnitt 415 als „**zusätzlicher Schutz** durch RCD“ beschrieben und in Teil 739 für die Anwendung im Wohnbereich seit längerer Zeit empfohlen, stellt die **dritte Schutzbarriere** gegen einen elektrischen Schlag dar. Durch die Anwendung von hochempfindlichen RCD mit einem $I_{\Delta n} \leq 30$ mA ist der Zusatzschutz einer Anlage in TN- und TT-Systemen zu realisieren. Falls in besonderen Bestimmungen keine Einschränkungen gemacht sind, dürfen dabei sowohl „Differenzstrom-Schutzeinrichtungen“ (RCD mit Hilfsspannungsquelle) als auch „Fehlerstrom-Schutzeinrichtungen“ (RCD ohne Hilfsspannungsquelle) verwendet werden.

Anmerkung: Die Anwendung von hochempfindlichen RCD ist nur ein zusätzlicher Schutz; sie rechtfertigt nicht, auf die Schutzmaßnahme – wie sie in den Kapiteln 4 bis 8 beschrieben sind – zu verzichten.

Durch den Zusatzschutz soll erreicht werden, dass die Gefährdung von Mensch und Tier auf ein Minimum begrenzt wird, wenn durch sie, aus welchen Gründen auch immer, ein aktives Teil einer Anlage direkt oder indirekt berührt wird (**Bild 9.1**).

Die direkte oder indirekte Berührung eines aktiven Teils einer elektrischen Anlage ist z. B. vorstellbar bei folgenden Ereignissen:

- Sorglosigkeit des Benutzers im Umgang mit elektrischen Betriebsmitteln wie Reparatur unter Spannung
- fehlerhafte Isolierung oder Umhüllung an einem Betriebsmittel mit frei liegenden aktiven Teilen
- Unterbrechung des Schutzleiters und gleichzeitiger Körperschluss an einem Betriebsmittel (**Bild 9.2 links**)
- Vertauschen von Außenleiter und Schutzleiter beim Anschluss eines Verbrauchsmittels (**Bild 9.2 rechts**)

Der Schutz wird sichergestellt durch einerseits den geringen Fehlerstrom bzw. Differenzstrom, bei dem eine hochempfindliche RCD anspricht, und andererseits durch die schnelle Abschaltung innerhalb 10 ms bis 40 ms im Bereich der zur Abschaltung in Frage kommenden Ströme. **Bild 9.3** zeigt die Wirkungsbereiche von Wechselströmen auf den menschlichen Körper (vergleiche Bild 1.3) mit eingetragenen maximalen Abschaltzeiten einer RCD mit $I_{\Delta n} = 30$ mA. Das Bild zeigt, dass ein hochwertiger Schutzpegel erreicht wird.

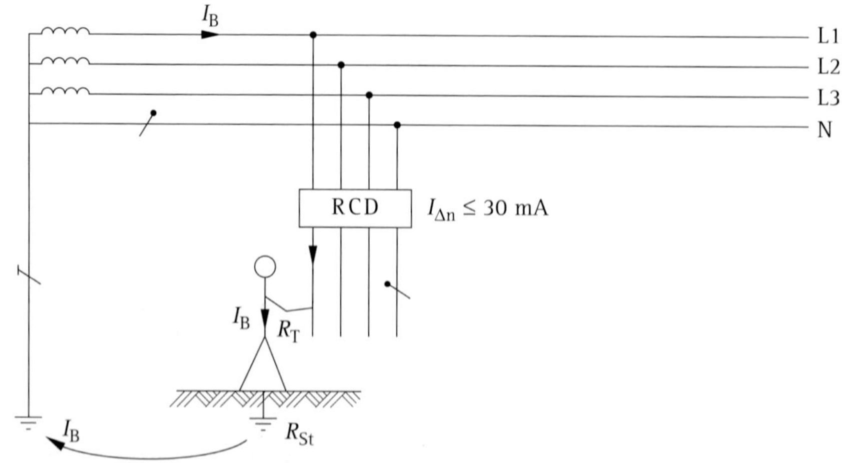

Bild 9.1 Direktes Berühren eines aktiven Teils einer Anlage im TT-System

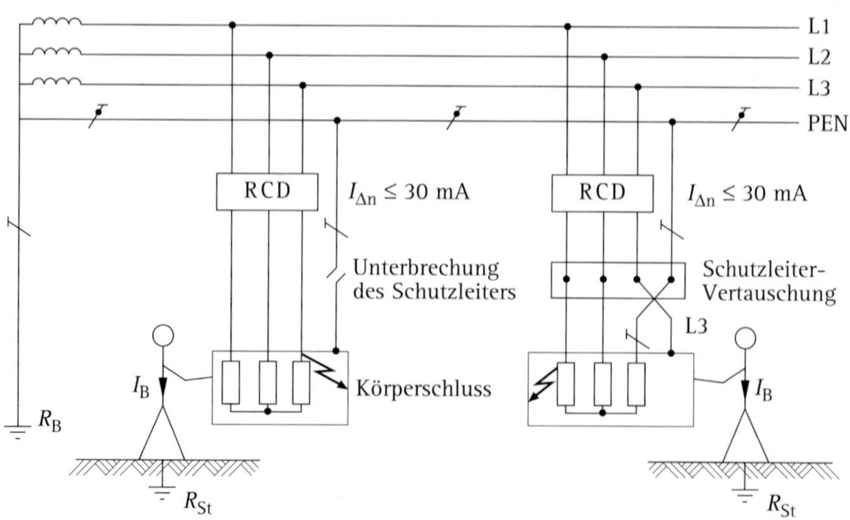

Bild 9.2 Möglichkeiten zum Berühren von aktiven Teilen
Links: durch Schutzleiterunterbrechung und gleichzeitigen Körperschluss
Rechts: durch Vertauschen von Außenleiter und Schutzleiter

Berührt ein Mensch ein aktives Teil, dann kommt es je nach den Verhältnissen (Standortwiderstand, Körperwiderstand usw.) zu einem Berührungsstrom. Dieser Berührungsstrom kann abgeschätzt werden mittels der Beziehung:

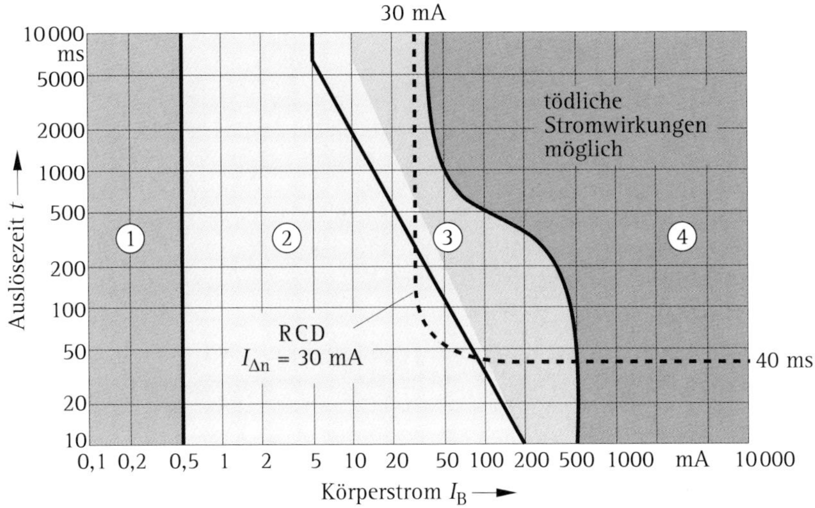

Bild 9.3 Wirkungsbereiche von Wechselströmen auf den menschlichen Körper mit maximalen Abschaltzeiten einer hochempfindlichen RCD. (Bezüglich Herzkammerflimmern gilt das Bild für den Stromweg linke Hand zu beiden Füßen; bei einem anderen Stromweg ist eine Korrektur erforderlich, siehe Kapitel 1.)
Bereich 1: AC 1 Üblicherweise keine Reaktion
Bereich 2: AC 2 Üblicherweise keine schädlichen Effekte
Bereich 3: AC 3 Üblicherweise kein organischer Schaden zu erwarten
Bereich 4: AC 4 Gefährliche Effekte wie Herzstillstand, Atemstillstand und Herzkammerflimmern zu erwarten

$$I_B = \frac{U_0}{R_{ges}} \tag{9.1}$$

Darin bedeuten:

I_B Berührungsstrom in A

U_0 Spannung des Systems gegen Erde in V

R_{ges} Gesamtwiderstand der Strombahn in Ω; wobei die Widerstände für Transformator, Leitungsnetz und der Gesamterdungswiderstand vernachlässigt werden können; es genügt im Allgemeinen, den Körperwiderstand und den Standortwiderstand anzusetzen

Liegt der Strom, der über den menschlichen Körper fließt, unter 30 mA, so ist er in der Regel ungefährlich; liegt der Strom über 30 mA, also im gefährlichen Bereich, so schaltet die RCD in einer Zeit unter 40 ms ab.

Es wird aber ausdrücklich darauf hingewiesen, dass der Zusatzschutz mit hochempfindlichen RCD nicht nur Vorteile bringt. Zu berücksichtigen ist, dass beim

Einsatz hochempfindlicher RCD nicht gefahrlos unter Spannung gearbeitet werden darf, wie häufig vermutet wird, da ja der Schalter beim Berühren eines aktiven Teils auslösen würde. Bei einer Hand-Hand-Durchströmung (rechte Hand L1 – linke Hand L2 oder Neutralleiter) kann der Schalter nicht auslösen, woraus zu erkennen ist, wie gefährlich solches Verhalten sein kann. Eine weitere Einschränkung der Betriebssicherheit liegt durch die hochempfindliche RCD noch vor: So sind betriebliche Fehlauslösungen durch hohe Ableitströme nicht auszuschließen. Besonders bei Verbrauchsmitteln mit hygroskopischen Isolierwerkstoffen, wie sie für Elektroherde, Speicherheizgeräte, Durchlauferhitzer und ähnliche Geräte Verwendung finden. Nach längeren Stillstandszeiten können hier durch zu hohe Ableitströme Probleme auftreten.

Der Zusatzschutz durch hochempfindliche RCD kann eine sinnvolle ergänzende Maßnahme zur Erhöhung des Schutzpegels einer Anlage darstellen, da für Mensch und Tier gefährliche Berührungsströme abgeschaltet werden, wenn der Basisschutz und/oder der Fehlerschutz nicht wirksam sind.

In verschiedenen Teilen der Gruppe 700 „Betriebsstätten, Räume und Anlagen besonderer Art“ sind für Stromkreise mit Steckdosen und auch für fest angeschlossene Betriebsmittel, die in der Hand gehalten werden, RCD mit $I_{\Delta n} \leq 30$ mA als Zusatzschutz gefordert (zum Beispiel: Teil 704 Baustellen, Abschnitt 410.3.10). Einzelfestlegungen hierzu sind den entsprechenden Bestimmungen zu entnehmen.

Für Wohnungen wird die Anwendung von Teil 739 „Zusätzlicher Schutz bei direktem Berühren in Wohnungen durch Schutzeinrichtungen mit $I_{\Delta n} \leq 30$ mA in TN- und TT-Systemen“ empfohlen.

Hier wird die Anwendung des Zusatzschutzes in Bereichen mit besonderer Gefährdung empfohlen, für die aufgrund langjähriger Unfallstatistik ein hohes Unfallrisiko besteht:

- Stromkreise mit Steckdosen ($I_n \leq 32$ A), an die handgeführte Betriebsmittel angeschlossen werden
- in bestehenden Anlagen, in denen nach früheren Normen kein Schutz durch Abschaltung bei indirekten Berühren erforderlich war
- in bestehenden Anlagen, bei Stromkreisen mit Steckdosen, für die bei einer Neuinstallation der Zusatzschutz gefordert wird

9.1 Zusätzlicher Schutz: Fehlerstrom-Schutzeinrichtungen (RCDs)

9.1.1 Zusatzschutz durch RCD in TN-Systemen

Je nach Aufbau und Größe der Anlage und nach den Anforderungen an den Betrieb sollte der Zusatzschutz zentral für mehrere Stromkreise oder dezentral für einen

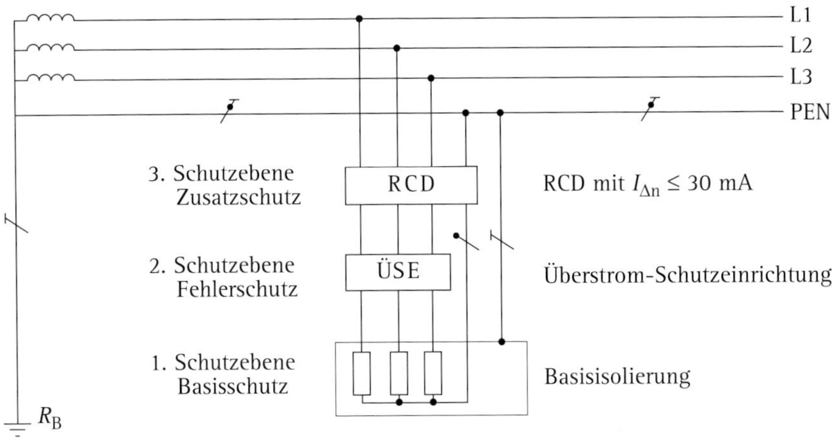

Bild 9.4 Zusatzschutz; Aufbau der Schutzebenen Basisschutz, Fehlerschutz und Zusatzschutz

oder mehrere Stromkreise angeordnet werden. Teil 739 gibt verschiedene Beispiele hierzu. **Bild 9.4** zeigt schematisch, wie das Zusammenwirken der drei Schutzebenen (Basisschutz, Fehlerschutz und Zusatzschutz) aufgebaut werden kann.

9.1.2 Zusatzschutz durch RCD im TT-System

Hier gilt das für das TN-System Gesagte sinngemäß. **Bild 9.5** zeigt den prinzipiellen Aufbau der Schutzebenen.

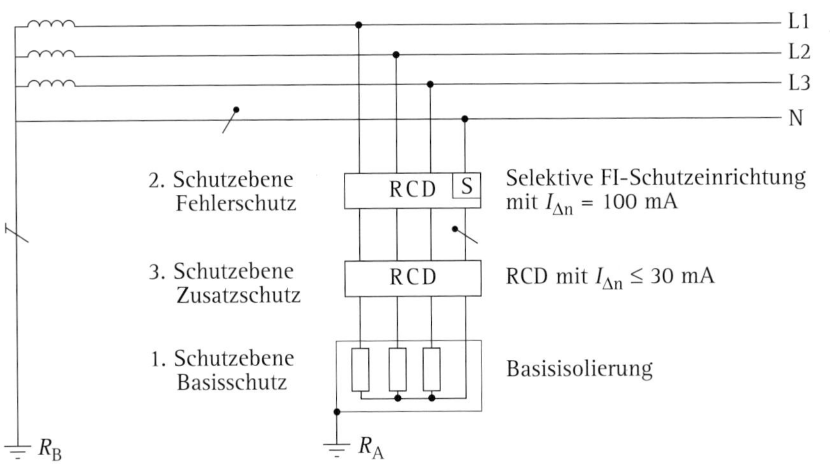

Bild 9.5 Zusatzschutz; Aufbau der Schutzebenen Basisschutz, Fehlerschutz und Zusatzschutz

9.1.3 Zusatzschutz durch RCD im IT-System

Im IT-System kann der Zusatzschutz mit RCD $I_{\Delta n} \leq 30$ mA nicht ohne Weiteres angewandt werden. Je nach Aufbau der Anlage, Einbaustelle der RCD und Berührungsstelle durch den Menschen, können Verhältnisse vorliegen, die dazu führen, dass bei direktem Berühren der RCD nicht auslöst. Wie **Bild 9.6** zeigt, wird von der RCD nur der Teil des Stroms I_{F1} als Fehlerstrom erkannt, der über die Betriebskapazitäten C_1 und die Ohm'schen Ableitwiderstände R_1 direkt zur Stromquelle zurückfließt. Der Anteil des Fehlerstroms I_{F2}, der nach der RCD in die Anlage zurückfließt, wird von der RCD nicht als Fehlerstrom erkannt. Verteilt sich z. B. der Berührungsstrom (Fehlerstrom I_F) im Verhältnis 50 : 50 für I_{F1} und I_{F2}, so wird die RCD erst bei etwa 50 mA bis 60 mA Berührungsstrom auslösen.

9

Der Zusatzschutz mit RCD im IT-System ist in seiner Anwendung problematisch und erfordert spezielle Kenntnisse und Erfahrungen im Umgang mit IT-Systemen. Erforderlich ist auch, dass genaue Kenntnisse über Art und Umfang der Anlage vorliegen.

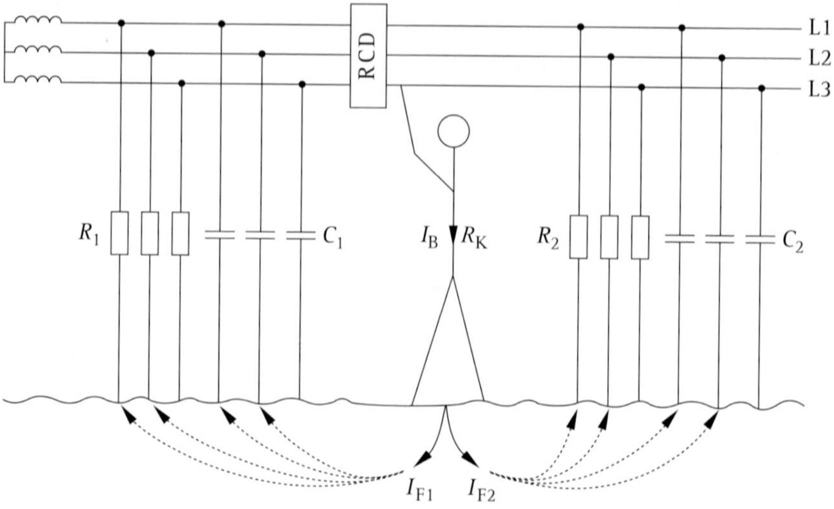

Bild 9.6 Zusatzschutz durch RCD im IT-System; Aufteilung des Fehlerstroms beim direkten Berühren durch den Menschen

9.1.4 Zusatzschutz durch RCD bei Schutzisolierung

Auch schutzisolierte Betriebsmittel können durch unsachgemäßen Umgang, fehlende Wartung oder ähnliche Umstände solche Beschädigungen aufweisen, dass metallene Umhüllungen (Gehäuse) gefährliche Spannungen annehmen oder aktive Teile freiliegen, sodass ein direktes Berühren nicht ausgeschlossen werden kann. Eine RCD mit $I_{\Delta n} \leq 30$ mA erfüllt dann bei einer Berührung durch einen Menschen voll die Funktion als Zusatzschutz.

9.1.5 Zusatzschutz durch RCD bei Schutztrennung

Der Zusatzschutz durch RCD mit $I_{\Delta n} \leq 30$ mA ist bei der Schutztrennung wegen der hochohmigen Trennung des geschützten Stromkreises zur Erde nicht möglich. Wird bei der Schutztrennung ein aktives Teil direkt berührt, so kann kein gefährlicher Berührungsstrom zum Fließen kommen. Der hohe Erdungswiderstand eines Stromkreises bei der Schutztrennung macht den Zusatzschutz durch RCD überflüssig.

9

9.2 Zusätzlicher Schutz durch zusätzlichen Schutzpotentialausgleich – Teil 410 Abschnitt 415.2

Bei der Anwendung des zusätzlichen Schutzpotentialausgleichs ist zu beachten:

- der zusätzliche Schutzpotentialausgleich ist ein Zusatz zum Fehlerschutz (Schutz bei indirektem Berühren)
- mit der zusätzlichen Schutzpotentialausgleichsanlage müssen verbunden werden
  - alle gleichzeitig berührbaren Körper der fest angebrachten Betriebsmittel
  - alle fremden leitfähigen Teile einschließlich, soweit praktikabel, die metallene Hauptbewehrung von Stahlbeton
  - Schutzleiter der Steckdosen
- Schutzleiter der Betriebsmittel
- Der Widerstand R zwischen gleichzeitig berührbaren Körpern und fremden leitfähigen Teilen muss folgende Bedingung erfüllen

$$R < \frac{50\ \text{V}}{I_\text{a}} \quad \text{für AC} \tag{9.2}$$

$$R < \frac{120\ \text{V}}{I_\text{a}} \quad \text{für DC} \tag{9.3}$$

I_a Strom in A, der das Abschalten der Schutzeinrichtung bewirkt:
- für Fehlerstrom-Schutzeinrichtungen (RCD) gilt $I_a = I_{\Delta n}$
- für Überstrom-Schutzeinrichtungen der Strom, der eine Abschaltung innerhalb von 5 s bewirkt

- der zusätzliche Schutzpotentialausgleich darf die gesamte Anlage, Teile der Anlage, einen Bereich oder ein Gerät erfassen
- der zusätzliche Schutzpotentialausgleich wird in einigen Teilen der Gruppe 700 der Normenreihe DIN VDE 0100 für bestimmte Anwendungsfälle verlangt
- Dimensionierung der Schutzpotentialausgleichsleiter siehe Abschnitt 10.13.2
- Der Teil 410 Abschnitt 415.2 macht darauf aufmerksam, dass – unabhängig vom zusätzlichen Schutzpotentialausgleich – für jeden Stromkreis eine Abschalteinrichtung aus Gründen des Brandschutzes oder der thermischen Überbeanspruchung der Betriebsmittel vorgesehen werden muss. Da es sich beim zusätzlichen Schutzpotentialausgleich um einen Zusatz zum Fehlerschutz handelt, muss aber auch im Fehlerfall der Stromkreis bei dem häufig angewendeten Schutz durch automatische Abschaltung durch eine Schutzeinrichtung unterbrochen werden.

9.3 Zusätzlicher Schutz für Endstromkreise für den Außenbereich und Steckdosen – Teil 410 Abschnitt 411.3.3

In Wechselspannungssystemen muss für Endstromkreise und für Steckdosen im Außenbereich ein zusätzlicher Schutz durch Fehlerstrom-Schutzeinrichtungen vorgesehen werden. Der Bemessungsdifferenzstrom dieser Fehlerstrom-Schutzeinrichtung darf nicht größer sein als 30 mA.

Fehlerstrom-Schutzeinrichtungen sind vorzusehen für

- **Steckdosen mit einem Bemessungsstrom nicht größer als 20 A, die für die Benutzung durch Laien und zur allgemeinen Verwendung bestimmt sind**

  Anmerkung: Hierzu gibt es Ausnahmen für Steckdosen, die nur durch Elektrofachkräfte oder elektrotechnisch unterwiesene Personen bedient und überwacht werden, wie zum Beispiel in gewerblichen Anlagen oder industriellen Betrieben. Auch Steckdosen, die jeweils für den Anschluss nur eines bestimmten Betriebsmittels errichtet werden, gehören zu diesen Ausnahmen.

- **Endstromkreise für im Außenbereich verwendete tragbare Betriebsmittel mit einem Bemessungsstrom nicht größer als 32 A**

  Anmerkung: Zur Erfüllung dieser Anforderungen empfiehlt sich der Einsatz einer netzspannungsunabhängigen Fehlerstrom-Schutzeinrichtung (RCD) mit eingebautem Überstromschutz (FI/LS-Schalter) nach DIN EN 61009-2-1

(VDE 0664-21) in jedem Endstromkreis. Diese Schutzeinrichtungen ermöglichen Personen-, Brand- und Leitungsschutz in einem Gerät.

9.4 Literatur zu Kapitel 9

[1] Hörmann, W.; Nienhaus, H.; Schröder, B.: Schnelleinstieg in die neue DIN VDE 0100-410 (VDE 0100-410):2007-06; Schutz gegen elektrischen Schlag. VDE-Schriftenreihe, Bd. 140. 3. Aufl., Berlin und Offenbach: VDE VERLAG, 2007

[2] Hotopp, R.; Kammler, M.; Lange-Hüsken, M.: Schutzmaßnahmen gegen elektrischen Schlag. VDE-Schriftenreihe, Bd. 9. 11. Aufl., Berlin und Offenbach: VDE VERLAG, 1998

[3] Biegelmeier, G.; Kiefer, G.; Krefter, K.-H.: Schutz in elektrischen Anlagen. Bd. 3: Schutz gegen gefährliche Körperströme. VDE-Schriftenreihe, Bd. 82. Berlin und Offenbach: VDE VERLAG, 1998

[4] Kiefer, G.; Krefter, K.-H.: Schutz gegen elektrischen Schlag. VDE-Schriftenreihe, Bd. 130. Berlin und Offenbach: VDE VERLAG, 2008

10 Auswahl und Errichtung von Erdungsanlagen, Schutzleiter und Schutzpotentialausgleichsleiter – DIN VDE 0100-540

Die Norm DIN VDE 0100-540:2007-06 „Auswahl und Errichtung elektrischer Betriebsmittel – Erdungsanlagen, Schutzleiter und Schutzpotentialausgleichsleiter" ist neu und gilt ab 01.06.2007, wobei für eine Übergangszeit bis zum 01.06.2009 auch die Festlegungen der alten Norm DIN VDE 0100-540:1991-11 noch gelten und angewandt werden dürfen.

Als Harmonisierungdokument ist die Norm unter HD 60364-5-54:2007 im europäischen Normenwerk geführt. Bei der IEC ist sie unter IEC 60364-5-54:2002 aufgenommen.

Die DIN VDE 0100-540:2007-06 ist „Sicherheitsgrundnorm zum Schutz gegen elektrischen Schlag". Das bedeutet, die in DIN VDE 0100-540 getroffenen Festlegungen gelten auch für andere Normen, und die entsprechenden Aussagen sind per Verweis aufzunehmen oder zu zitieren.

10.1 Allgemeines – DIN VDE 0100-540 Abschnitt 541

Die Festlegungen für die Auswahl und Errichtung von Erdungsanlagen, Erder, Erdungsleiter, Schutzleiter, PEN-Leiter, Schutzpotentialausgleichsleiter und die Leiter für den zusätzlichen Schutzpotentialausgleich sind in Teil 540 behandelt.

Neben DIN VDE 0100-540 sollten auch die Normen DIN VDE 0141 „Erdungen für spezielle Starkstromanlagen mit Nennspannungen über 1 kV" und DIN VDE 0101 „Starkstromanlagen mit Nennwechselspannungen über 1 kV" beachtet werden, da diese Bestimmungen für die Netze gelten, die normalerweise in das Niederspannungsnetz einspeisen und somit Schnittstellen vorhanden sind.

Wenn in einer elektrischen Anlage oder in einem Gebäude ein hoher Anteil von informationstechnischen Betriebsmitteln zum Einsatz gelangt, ist es empfehlenswert, auch die Norm DIN EN 50310 (VDE 0800-2-310) „Anwendungen von Maßnahmen für Potentialausgleich und Erdung in Gebäuden mit Einrichtungen für die Informationstechnik" zu beachten, um keine Probleme im Bereich der elektromagnetischen Verträglichkeit (EMV) zu bekommen.

Erfolgt die Einspeisung der elektrischen Anlage aus einem Hochspannungsnetz (Nennspannung AC > 1 000 V), müssen für den Fall eines Fehlers zwischen der Hochspannungsanlage und Erde Schutzmaßnahmen nach DIN VDE 0100-442 (VDE 0100-442) „Schutz von Niederspannungsanlagen bei Erdschlüssen mit höherer Spannung“ vorgesehen werden.

Wenn in einem Gebäude mit elektrischen Anlagen ein Blitzschutzsystem (LPS) vorhanden ist, sollten auch die Festlegungen von DIN EN 62305-1 (VDE 0185-305-1) „Blitzschutz – Teil 1: Allgemeine Grundsätze“ beachtet werden, sofern es Berührungspunkte zwischen den Anlagen gibt.

Sofern in einem Gebäude Funksignale, Fernsehsignale oder Signale für interaktive Dienste über eine Einzelempfangsantennen-Anlage oder Gemeinschaftsantennen-Anlage empfangen werden, sind die Festlegungen der DIN EN 60728-11 (VDE 0855-1) „Kabelnetze für Fernsehsignale, Tonsignale und interaktive Dienste – Sicherheitsanforderungen“ zu beachten.

Bei elektrischen Anlagen mit Streustrombeeinflussung und möglichen Korrosionsgefahren durch Streuströme aus Gleichstromanlagen wird empfohlen, die DIN EN 50162 (VDE 0150) „Schutz gegen Korrosion durch Streuströme aus Gleichstromanlagen“ zu beachten.

Die Auswahl der Werkstoffe und die Errichtung von Fundamenterdern wird in DIN 18014 „Fundamenterder“ behandelt.

10.2 Anwendungsbereich

Die Norm DIN VDE 0100-540 gilt für Niederspannungsanlagen mit Nennspannungen bis AC 1 000 V (Effektivwert) und DC 1 500 V. Die bevorzugten Frequenzen bei Wechselspannungen sind 50 Hz, 60 Hz und 400 Hz, wobei andere Frequenzen für besondere Anwendungsfälle nicht ausgeschlossen sind. Der Teil 540 gilt damit generell für alle Niederspannungsanlagen, die im Geltungsbereich der DIN VDE 0100-100 (VDE 0100-100) „Errichten von Niederspannungsanlagen – Anwendungsbereich, Zweck und Grundsätze“ genannt sind (siehe auch Abschnitt 1.7). Ziel der Anwendung von Teil 540 ist es, die Sicherheit von elektrischen Anlagen zu gewährleisten.

10.3 Begriffe

Nachfolgend werden die wichtigsten Begriffe, die für Teil 540 notwendig sind, dargestellt. Dabei wird unter (Quelle) auf die DIN-VDE-Norm und den Abschnitt verwiesen, in der der entsprechende Begriff zu finden ist. Auf die Angabe des Abschnitts im „Internationalen Elektrotechnischen Wörterbuch (IEV)“ wurde verzichtet.

Körper (eines elektrischen Betriebsmittels)
ist ein leitfähiges Teil eines elektrischen Betriebsmittels, das berührt werden kann und üblicherweise nicht unter Spannung steht, aber unter Spannung geraten kann, wenn die Basisisolierung versagt.
(Quelle: DIN VDE 0100-540:2007-06 Abschnitt 541.3.1)

Haupterdungsschiene/Haupterdungsklemme/Haupterdungs-Anschlusspunkt
ist der Anschlusspunkt oder die Schiene eines elektrischen Betriebsmittels, das berührt werden kann und üblicherweise nicht unter Spannung steht, aber unter Spannung geraten kann, wenn die Basisisolierung versagt.
(Quelle: DIN VDE 0100-540:2007-06 Abschnitt 541.3.2)

Erder
ist ein leitfähiges Teil, das in ein bestimmtes leitfähiges Medium, zum Beispiel Beton, eingebettet sein kann und in elektrischem Kontakt mit Erde steht.
(Quelle: DIN VDE 0100-540:2007-06 Abschnitt 541.3.3)

Erde
Anmerkung: Unter Erde ist hier der Planet mit seiner gesamten Substanz zu verstehen.
(Quelle: DIN EN 61140 (VDE 0140-1):2007-03 Abschnitt 3.17)

Erde (örtliche)/örtliche Erde
ist der Teil der Erde, der sich im elektrischen Kontakt mit einem Erder befindet und dessen elektrisches Potential nicht notwendigerweise null ist.
(Quelle: DIN EN 60140 (VDE 0140-1):2007-03 Abschnitt 3.17.2)

Bezugserde
ist der Teil der Erde, der als elektrisch leitfähig angesehen wird, außerhalb des Einflussbereichs von Erdungsanlagen liegt und dessen elektrisches Potential durch Vereinbarung gleich null gesetzt wird.
(Quelle: DIN EN 61140 (VDE 0140-1):2007-03 Abschnitt 3.17.1)

Schutzleiter (Bezeichnung PE)
ist ein Leiter zum Zweck der Sicherheit, zum Beispiel zum Schutz gegen elektrischen Schlag.
(Quelle: DIN VDE 0100-540:2007-06 Abschnitt 541.3.4)

Schutzpotentialausgleichsleiter
ist ein Schutzleiter zur Herstellung des Schutzpotentialausgleichs.
(Quelle: DIN VDE 0100-540:2007-06 Abschnitt 541.3.5)

Erdungsleiter
ist ein Leiter, der einen Strompfad oder einen Teil eines Strompfads zwischen einem geerdeten Punkt in einem Netz, in einer Anlage oder in einem Betriebsmittel und einem Erder herstellt.

Anmerkung: Im Sinne von DIN VDE 0100-540 ist ein Erdungsleiter ein Leiter, der den Erder mit einem Punkt des Potentialausgleichssystems, im Allgemeinen mit der Haupterdungsschiene, verbindet.
(Quelle: DIN VDE 0100-540:2007-06 Abschnitt 541.3.6)

PEN-Leiter
ist ein Leiter, der zugleich die Funktion des Schutzleiters und des Neutralleiters erfüllt.
(Quelle: DIN EN 61140 (VDE 0140):2007-03 Abschnitt 3.16.5)

Erdungsanlage
ist die Gesamtheit der zum Erden eines Netzes, einer Anlage und eines Betriebsmittels verwendeten elektrischen Verbindungen und Einrichtungen.
(Quelle: DIN EN 61140 (VDE 0140-1):2007-03 Abschnitt 3.17.5)

Schutzerdung
ist die Erdung eines oder mehrerer Punkte in einem Netz, in einer Anlage oder in einem Betriebsmittel zum Zweck der elektrischen Sicherheit.
(Quelle: DIN EN 61140 (VDE 0140-1):2007-03 Abschnitt 3.17.6)

Funktionserdung
ist die Erdung eines oder mehrerer Punkte in einem Netz, in einer Anlage oder in einem Betriebsmittel zu Zwecken, die nicht der elektrischen Sicherheit dienen.
(Quelle: DIN EN 61140 (VDE 0140-1):2007-03 Abschnitt 3.17.7)

Betriebserdung eines Netzes/Netzbetrieberdung
ist die Schutzerdung und Funktionserdung eines oder mehrerer Punkte in einem Elektrizitätsversorgungsnetz.
(Quelle: DIN VDE 0100-200:2006-06 Abschnitt 826-13-11)

Fundamenterder
ist ein leitfähiges Teil, das unter einem Gebäudefundament in das Erdreich oder bevorzugt im Beton eines Gebäudefundaments, im Allgemeinen als geschlossener Ring, eingebettet ist.
(Quelle: DIN VDE 0100-540:2007-06 Abschnitt 541.3.8)

Fremdes leitfähiges Teil
ist ein leitfähiges Teil, das nicht zur elektrischen Anlage gehört, das jedoch ein elektrisches Potential, im Allgemeinen das der örtlichen Erde, einführen kann.
(Quelle: DIN VDE 0100-540:2007-06 Abschnitt 541.3.7)

Funktionspotentialausgleich
ist ein Potentialausgleich aus betrieblichen Gründen, aber nicht zum Zweck der Sicherheit.
(Quelle: DIN VDE 0100-200:2006-06 Abschnitt 826-13-21)

Funktionspotentialausgleichsleiter
ist ein Leiter zum Zweck des Funktionspotentialausgleichs.
(Quelle: DIN VDE 0100-200:2006-06 Abschnitt 826-13-29)

Unabhängiger Erder
ist ein Erder, der sich in einem solchen Abstand zu anderen Erdern befindet, dass sein elektrisches Potential nicht nennenswert von Strömen zwischen der Erde und den anderen Erdern beeinflusst wird.
(Quelle: DIN VDE 0100-200:2006-06 Abschnitt 826-13-07)

Potentialgleichheit
ist ein Zustand, bei dem leitfähige Teile annähernd elektrisch gleiches Potential haben.
(Quelle: DIN VDE 0100-200:2006-06 Abschnitt 826-13-18)

Potentialausgleich
ist das Herstellen elektrischer Verbindungen zwischen leitfähigen Teilen, um Potentialgleichheit zu erzielen.
(Quelle: DIN VDE 0100-200:2006-06 Abschnitt 826-13-19)

Schutzpotentialausgleich
ist ein Potentialausgleich zum Zweck der Sicherheit.
(Quelle: DIN VDE 0100-200:2006-06 Abschnitt 826-13-20)

Potentialausgleichsschiene
ist eine Schiene als Teil einer Potentialausgleichsanlage für den elektrischen Anschluss einer Anzahl von Leitern zum Zweck des Potentialausgleichs.
(Quelle: DIN VDE 0100-200:2006-06 Abschnitt 826-13-35)

Erden (Verb)
ist das Herstellen einer elektrischen Verbindung zwischen einem geerdeten Punkt in einem Netz, in einer Anlage oder in einem Betriebsmittel und der örtlichen Erde.
Anmerkung: Die Verbindung zur örtlichen Erde kann
- beabsichtigt
- unbeabsichtigt (zufällig)
- dauerhaft oder zufällig sein
- und kann auch an mehreren Punkten erfolgen.

(Quelle: DIN VDE 0100-200:2006-06 Abschnitt 826-13-03)

Spezifischer Erdwiderstand
ist der spezifische elektrische Widerstand der Erde.
(Quelle: DIN VDE 0101:2000-01 Abschnitt 2.7.10.1)

Ausbreitungswiderstand
ist der Wirkwiderstand der Erde zwischen dem Erder und der Bezugserde.
(Quelle: DIN VDE 0101:2000-01 Abschnitt 2.7.10.2)

Blitzschutzsystem (LPS)
ist ein vollständiges System, das zur Verringerung physikalischer Schäden einer baulichen Anlage durch direkte Blitzeinschläge eingesetzt wird.
Anmerkung: Es besteht sowohl aus dem äußeren als auch dem inneren Blitzschutz.
(Quelle: DIN EN 62305-3 (VDE 0185-305-3):2006-10 Abschnitt 3.1)

In **Bild 10.1** sind die Zusammenhänge von Erdungsanlagen, Schutzleiter und Schutzpotentialausgleichsleiter schematisch gezeigt. Auf die Darstellung der elektrischen Installation (Versorgungsleitungen) wurde verzichtet.

C	Fremde leitfähige Teile
C1	Metallene Wasserleitung, von außen kommend
C2	Metallene Abwasserleitung, von außen kommend
C3	Metallene Gasleitung mit Isolierstück, von außen kommend
C4	Klimaanlage
C5	Heizung
C6	Metallene Wasserleitung, z. B. in einem Baderaum
C7	Fremdes leitfähiges Teil im Handbereich von Körpern
B	Haupterdungsschiene, Haupterdungsklemme, Haupterdungs-Anschlusspunkt
T	Erder
T1	Fundamenterder
T2	Erder für den Blitzschutz, falls erforderlich
LPS	Blitzschutzanlage
IS	Isolierstück in der Gasleitung
BR	Raum mit Badewanne oder Dusche
M	Körper eines elektrischen Betriebsmittels
NSV	Niederspannnungs-Verteiler
V	Verbindung von LPS und Fundamenterder oder zum separaten Blitzschutzerder
1	Schutzleiter PE
2	Schutzpotentialausgleichsleiter
3	Schutzpotentialausgleichsleiter für den zusätzlichen Schutzpotentialausgleich
4	Ableitung der Blitzschutzanlage
5	Erdungsleiter
6	Schutzleiteranschlussschiene in der Niederspannungs-Verteilung
x	Alternative Möglichkeiten der Verbindung

Erläuterungen

B	Haupterdungsschiene usw. entspricht der Potentialausgleichsschiene für den Schutzpotentialausgleich
T2	Die Erder für den Blitzschutz und die Anschlussleitungen sind nur erforderlich, wenn die Blitzschutzerdung nicht am Fundamenterder erfolgt
x	Nur eine der beiden dargestellten Verbindungen ist erforderlich. Die drei Wasserleitungen müssen in den zusätzlichen Potentialausgleich durch eine direkte Verbindung zur Schutzleiterschiene oder die Verbindung der Wasserleitungen zum Schutzleiter, der am Körper des elektrischen Betriebsmittels angeschlossen ist, einbezogen werden.

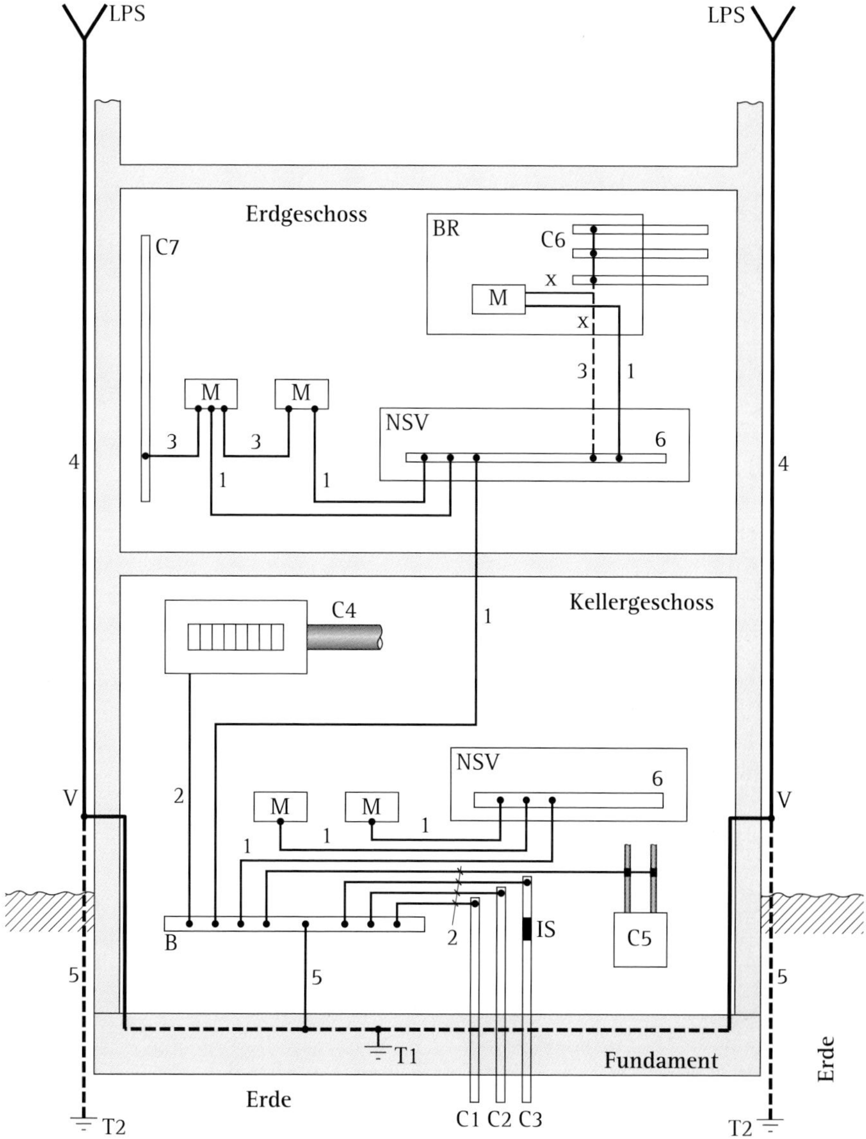

Bild 10.1 Darstellung von Erdungsanlagen, Schutzleiter und Schutzpotentialausgleichsleiter (Quelle: DIN VDE 0100-540:2007-06 Bild 54.1)

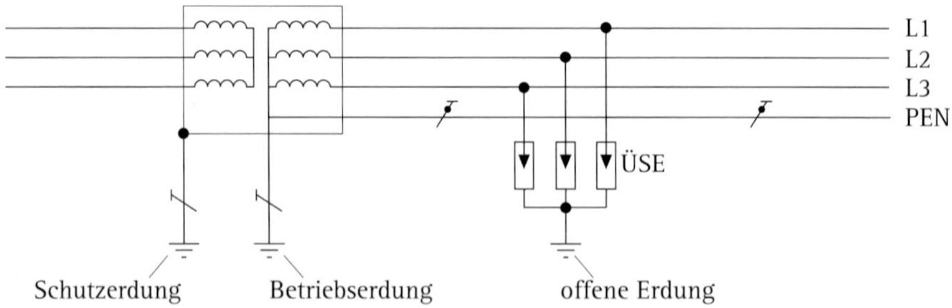

Bild 10.2 Erdungen

10.4 Erdungen

Erden ist das Verbinden eines Punkts des Betriebsstromkreises oder eines Körpers mit Erde. Die Gesamtheit aller Mittel und Maßnahmen zum Erden ist dann die **Erdung**. Zu unterscheiden sind **Betriebserdungen** (Erdungen, die aus betrieblichen Gründen notwendig sind) und **Schutzerdungen** (Erdungen, die zu Schutzzwecken errichtet werden). Es ist dabei zulässig und üblich, dass ein Erder diese beiden Funktionen gleichzeitig übernimmt. Eine Erdung wird als **offen** bezeichnet, wenn Trennfunkenstrecken oder Überspannungsableiter eingebaut sind (**Bild 10.2**).

10.5 Betriebserdung, Schutzerdung, offene Erdung

Wird ein Punkt des Betriebsstromkreises geerdet, handelt es sich um eine Betriebserdung. Wird ein Körper geerdet, dann ist es eine Schutzerdung.

Eine Betriebserdung, das ist also die Erdung eines PEN-Leiters oder eines anderen Teils eines Betriebsstromkreises (Leitungsnetzes), kann mittelbar oder unmittelbar sein. Eine Erdung ist:

- **unmittelbar,**
  wenn keine weiteren Widerstände zwischen zu erdendem Punkt und Erder vorhanden sind
- **mittelbar,**
  wenn der Fehlerstrom über das Erdreich durch Ohm'sche, induktive oder kapazitive Widerstände begrenzt werden soll

Eine mittelbare Betriebserdung im Niederspannungsbereich liegt bei der Anwendung des IT-Systems (**Bild 10.3**) vor, wenn z. B. der Sternpunkt des Transformators über eine Impedanz hochohmig geerdet ist.

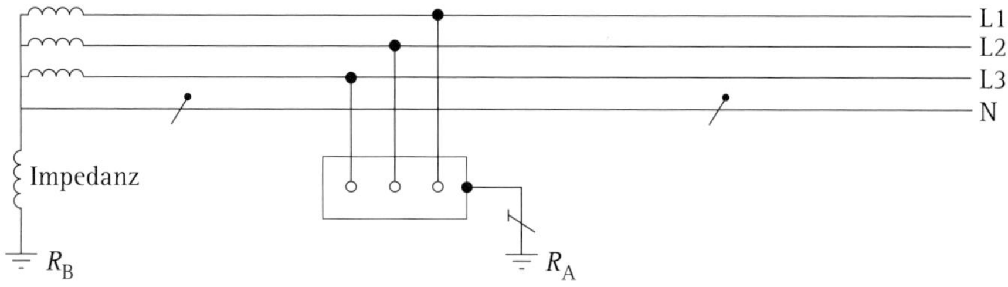

Bild 10.3 Mittelbare Erdung R_B und unmittelbare Erdung R_A (IT-System)

Diese Verbindung zur Erde erhält vor allem dann Gewicht, wenn im IT-System ständige Messungen gegen Erde zur Meldung oder Abschaltung vorgenommen werden, wie das beim Einsatz von Isolations-Überwachungseinrichtungen der Fall ist.

Eine Schutzerdung ist die Erdung eines nicht zum Betriebsstromkreis gehörenden leitfähigen Teils zum Schutz von Personen gegen zu hohe Berührungsspannungen.

Ein Schutzerder – das ist die Verbindung eines Punkts, der nicht zum Betriebsstromkreis gehört, mit dem Erdreich – dient hauptsächlich dem Schutz gegen das Auftreten zu hoher Berührungsspannungen.

Eine Sonderform der Erdung ist die offene Erdung. Der zu erdende Punkt wird dabei nicht unmittelbar oder mittelbar mit dem Erdreich verbunden. Dabei stehen sich zwei Elektroden in einem fest definierten Abstand gegenüber. Beim Anlegen einer bestimmten Spannung (Überspannung) schlägt die Funkenstrecke durch. Offene Erdungen können Trennfunkenstrecken, Blitzstromableiter oder Ventilableiter sein (siehe auch Normen der Reihe DIN VDE 0675).

10.6 Ausbreitungswiderstand und Potentialverlauf

Der Ausbreitungswiderstand eines Erders ist der Widerstand der Erde zwischen dem Erder und der Bezugserde, also dem dazwischen liegenden Erdkörper.

Wenn der Strom in das Erdreich eintritt, steht ihm anfänglich ein kleiner Querschnitt zur Verfügung. Der Querschnitt wird ständig größer, bis nach etwa 20 m der Querschnitt so groß ist, dass kein merklicher Widerstand mehr vorhanden ist. Der Widerstand des Erdreichs beträgt dann etwa 50 mΩ/km und braucht bei Niederspannungsanlagen im Allgemeinen nicht berücksichtigt zu werden. (50 mΩ/km entsprechen dem Widerstand eines Leiters mit einem Querschnitt von etwa 350 mm^2 Cu). Der Potentialverlauf eines Erders wird von seiner Form, dem Erdreich und dem spezifischen Erdwiderstand bestimmt (**Bild 10.4**).

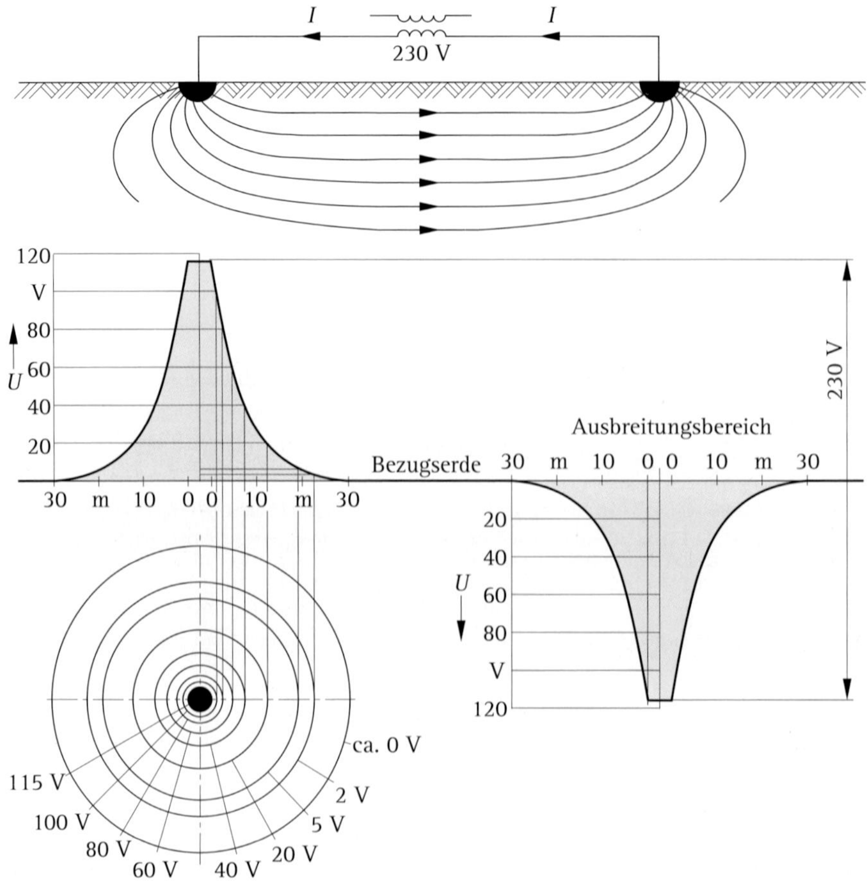

Bild 10.4 Potentialverlauf

Der in Bild 10.4 gezeigte Potentialverlauf ergibt sich so natürlich nur, wenn homogenes Erdreich vorliegt und wenn von halbkugelförmigen Erdern mit gleichen Abmessungen ausgegangen wird. Die Bezugserde (neutrales Erdreich) liegt dann vor, wenn der Spannungsunterschied zwischen zwei benachbarten Punkten an der Erdoberfläche als unmerklich anzusehen ist.

Bei einem Tiefenerder ergeben sich für die Potentiallinien in der Regel konzentrische Kreise. Bei Banderdern ergeben sich die Potentiallinien in der Art, wie sie **Bild 10.5** zeigt. Während sich die Potentiallinien anfangs der geometrischen Form des Erders anpassen, gehen sie, je größer der Abstand vom Erder wird, allmählich in konzentrische Kreise über. Der Durchmesser der sich ergebenden äußersten Potentiallinie hängt von der räumlichen Ausdehnung des Erders ab.

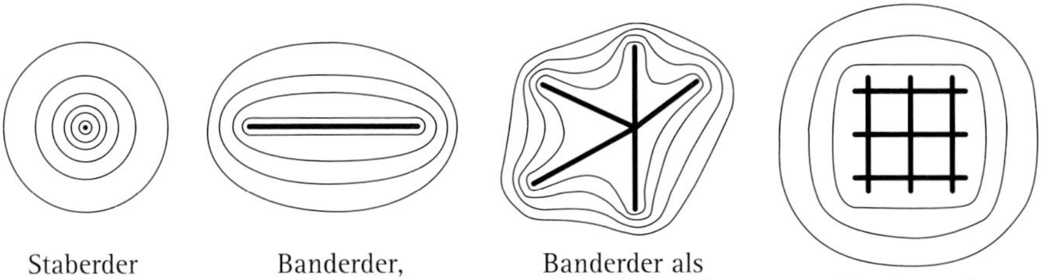

Bild 10.5 Potentialverlauf von Erdern

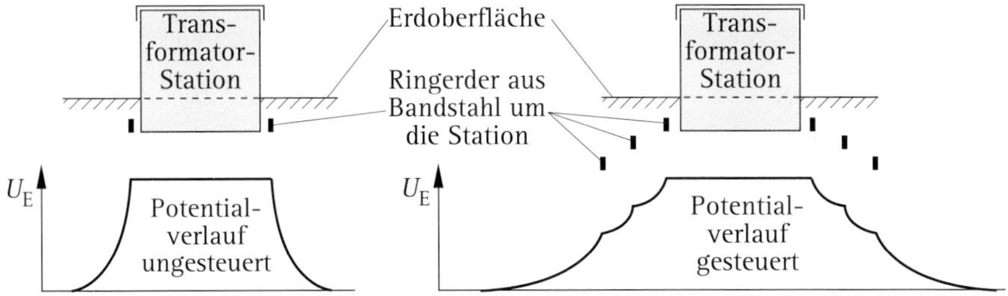

Bild 10.6 Potentialsteuerung

Der Potentialverlauf von Erdern kann beeinflusst werden. Üblich ist dabei die Verlegung von ringförmigen Erdern (Stationserdung, Masterdung) in der Art, dass die außen liegenden Ringe tiefer gelegt werden. Dabei werden in der Regel zwei bis drei Ringe eingebracht. Die horizontalen Abstände liegen jeweils bei 0,6 m bis 1 m, die vertikalen Abstände liegen bei 0,4 m bis 0,5 m. Die einzelnen Ringe sind untereinander zu verbinden. Die Beeinflussung des Potentialverlaufs auf diese Weise wird **Potentialsteuerung** genannt (**Bild 10.6**). Erder dieser Art werden auch **Steuererder** genannt.

10.7 Spezifischer Erdwiderstand

Definiert ist der **spezifische Erdwiderstand** als Erdwürfel von 1 m^3 mit jeweils 1 m Kantenlänge; der Widerstand ist dabei zwischen zwei gegenüberliegenden Flächen zu messen. Diese Definition kann nur als Denkmodell dienen. In der Praxis wird der spezifische Erdwiderstand durch Messung mit einem Teststab bestimmt (siehe Abschnitt 10.10).

Der spezifische Widerstand des Erdbodens wird nicht wie der von Metallen in $\Omega\,mm^2/m$, sondern in der Dimension $\Omega\,m^2/m = \Omega\,m$ angegeben. Der spezifische Erdwiderstand wird mit ρ_E bezeichnet.

Bodenart	Werte aus VDE in Ωm	Werte aus der Praxis in Ωm
Moor, Sumpf	5 bis 40	5 bis 60
Lehm, Ton, Humus	20 bis 200	20 bis 300
Sand	200 bis 2500	20 bis 2000
Kies	2000 bis 3000	200 bis 2000
Verwittertes Gestein	< 1000	600 bis 1200
Sandstein	2000 bis 3000	2000 bis 3000
Moränenschutt	bis 30000	–
Granit	bis 50000	1000 bis 50000
Beton $^{1}/_{3}$ (Zement/Sand)		150
Beton $^{1}/_{5}$		400
Beton $^{1}/_{7}$		500
Zement		50
Quellwasser, sehr sauber		≈ 1000
Regenwasser		≈ 1000
Bachwasser		≈ 100
Leitungswasser		≈ 100
Schmutzwasser		≈ 10
Salzwasser		≈ 0,3

Tabelle 10.1 Spezifische Erdwiderstände ρ_E

In **Tabelle 10.1** sind für verschiedene Bodenarten einige Werte aus der Praxis und aus DIN VDE 0101 dargestellt.

Der spezifische Erdwiderstand ρ_E ist im Wesentlichen von der Feuchtigkeit des Erdbodens (Niederschlagsmenge) und von der jahreszeitlich schwankenden Temperatur abhängig. Den Zusammenhang zwischen der Feuchtigkeit des Erdbodens und dem spezifischen Erdwiderstand zeigt **Bild 10.7**. Die Feuchtigkeit der Böden liegt normalerweise zwischen 10 % und 30 % (Moorboden ausgenommen), wobei die oberen Bodenschichten durch die Niederschläge beeinflusst werden. Dabei sind die Wasser-Aufnahmefähigkeit und die Wasser-Durchlässigkeit des Erdbodens von Bedeutung. Tiefere Bodenschichten werden dagegen durch Niederschläge kaum beeinflusst. Hier macht sich eher der Grundwasserspiegel – der auch jahreszeitlich schwanken kann – bemerkbar.

Der jahreszeitliche Verlauf des spezifischen Erdwiderstands, ohne Berücksichtigung der Niederschläge, ist im Wesentlichen von der Temperatur des Erdreichs abhängig (**Bild 10.8**). Die Schwankungen des jahreszeitlichen Verlaufs sind durch den negativen Temperaturkoeffizienten ($\alpha = -0{,}037$ 1/K bis $-0{,}023$ 1/K) bedingt, sodass in Mitteleuropa der Maximalwert eines Erders im Winter (Februar) und der Minimalwert im Sommer (August) auftritt.

Wenn für die Bemessung einer Erdungsanlage der gemessene spezifische Erdwiderstand zugrunde gelegt wird, ist entweder eine Korrektur des gemessenen Wertes angebracht oder bereits bei der Planung ein entsprechender Sicherheitszuschlag zu berücksichtigen.

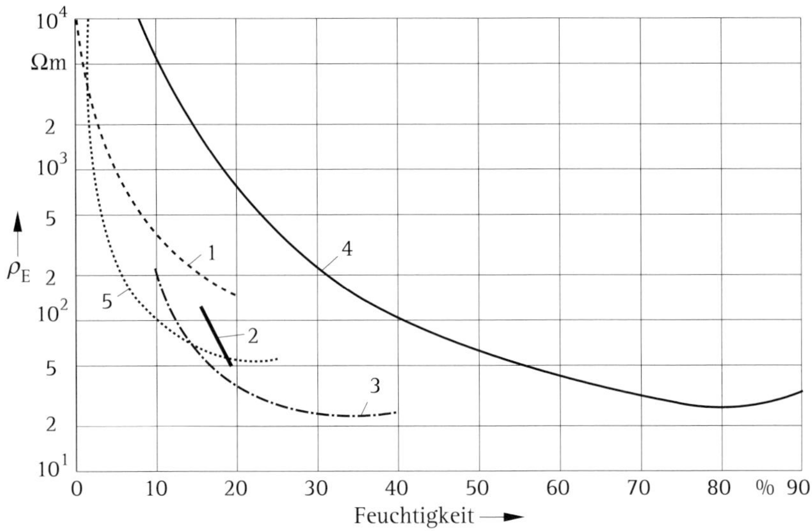

Bild 10.7 Zusammenhang zwischen Feuchtigkeit des Erdreichs und spezifischem Erdwiderstand ρ_E für verschiedene Bodenarten
1 Sand 3 Ton 5 sandiger Lehm
2 Lehm 4 Moor

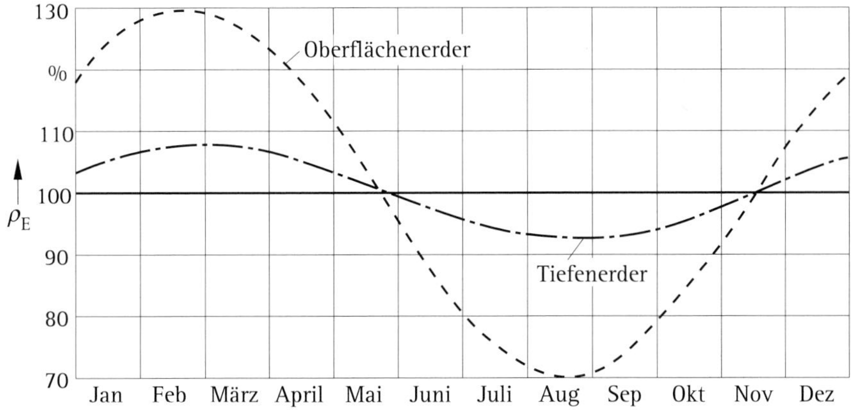

Bild 10.8 Jahreszeitliche Schwankungen von ρ_E, bedingt durch die Temperatur des Erdreichs

Die Größe des spezifischen Erdwiderstands ist bei Werten unter 100 Ωm auch als Maß für die Aggressivität des Bodens zu verwenden, d. h., die Korrosion in Erde verlegter Metalle ist von ρ_E abhängig (siehe hierzu Abschnitt 10.12).

10

10.8 Berechnung des Ausbreitungswiderstands

Bei der Herstellung eines Erders ist es oft notwendig, einen bestimmten Ausbreitungswiderstand zu erreichen. Dabei ist die Kenntnis des spezifischen Erdwiderstands oder dessen Schätzung sehr wichtig.

Zur Berechnung des Ausbreitungswiderstands eines Erders ist zu bemerken, dass dieser infolge der Bodenfeuchtigkeit im großen Bereich schwanken kann. ρ_E ist nicht konstant (siehe Bild 10.7 und Bild 10.8)!

Bereits bei der Planung von Erdungsanlagen ist deshalb ein entsprechender Sicherheitszuschlag – je nach Ansatz bzw. Messzeitpunkt des spezifischen Erdwiderstands – notwendig bzw. angebracht.

10.8.1 Genaue Berechnung des Ausbreitungswiderstands

Der Ausbreitungswiderstand kann präzise durch Gleichungen – die mathematisch abgeleitet sind – ausgedrückt werden. Es gilt für:

Oberflächenerder bei gestreckter Verlegung:

$$R_O = \frac{\rho_E}{\pi \cdot l} \cdot \ln \frac{2\,l}{d} \qquad (10.1)$$

Es bedeuten:

R_O Ausbreitungswiderstand des Oberflächenerders in Ω

ρ_E spezifischer Erdwiderstand in $\Omega\,\text{m}$

l Erderlänge in m

d Seildurchmesser des Erders aus Rundmaterial in m

d halbe Bandbreite des Banderders in m ($d = b/2$ bei Banderder)

ln natürlicher Logarithmus (Basis e = 2,7182818)

Tiefenerder:

$$R_T = \frac{\rho_E}{2\,\pi \cdot t_w} \cdot \ln \frac{4\,t_w}{d} \qquad (10.2)$$

Es bedeuten:

R_T Ausbreitungswiderstand des Tiefenerders in Ω

ρ_E spezifischer Erdwiderstand in $\Omega\,\text{m}$

t Stablänge in m

t_w wirksame Stablänge in m; $t_w = t - 0{,}7$ m

d Stabdurchmesser in m

ln natürlicher Logarithmus (Basis e = 2,7182818)

Anmerkung: Bei Tiefenerdern darf die Stablänge erst ab angenommener Frostgrenze angesetzt werden, weil die im Frostbereich eingebrachte Stablänge als Erder unwirksam ist. In Deutschland liegt die Frostgrenze bei etwa 0,7 m, sodass dieser Wert von der tatsächlichen Stablänge abzuziehen ist, um die wirksame Stablänge zu erhalten.

10.8.2 Überschlägige Berechnung des Ausbreitungswiderstands

Näherungsweise kann der Ausbreitungswiderstand eines Erders nach folgenden einfachen Beziehungen bestimmt werden:

10

Oberflächenerder:

$$R_0 \approx \frac{2\,\rho_E}{l} \quad \text{für} \quad l \leq 10\text{ m} \tag{10.3}$$

$$R_0 \approx \frac{3\,\rho_E}{l} \quad \text{für} \quad l > 10\text{ m} \tag{10.4}$$

Tiefenerder:

$$R_T \approx \frac{\rho_E}{t_w} \tag{10.5}$$

Die Formelzeichen der Gln. (10.3) bis (10.5) entsprechen den unter Abschnitt 10.5.1 angegebenen.

Fundamenterder:

$$R_F \approx \frac{2\,\rho_E}{\pi \cdot D} \tag{10.6}$$

Es bedeuten:

ρ_E spezifischer Erdwiderstand in Ω m

R_F Ausbreitungswiderstand des Fundamenterders in Ω

D Durchmesser eines Ersatzerders in Ringform in m, mit

$$D = \sqrt{\frac{4 \cdot L \cdot B}{\pi}} \tag{10.7}$$

wobei:

L Länge des Fundamenterders in m

B Breite des Fundamenterders in m

10.8.3 Abschätzung des Ausbreitungswiderstands nach DIN VDE 0101

Für spezifische Erdwiderstände von $\rho_E = 50\ \Omega m/100\ \Omega m/500\ \Omega m/1\,000\ \Omega m$ sind in DIN VDE 0101 Ausbreitungswiderstände angegeben; sie können **Bild 10.9** und **Bild 10.10** entnommen werden.

Bei Bodenarten mit von $\rho_E = 50\ \Omega m/100\ \Omega m/500\ \Omega m/1\,000\ \Omega m$ abweichenden spezifischen Bodenwiderständen ist das Interpolieren recht schwierig. Der in Bild 10.9 und Bild 10.10 abgelesene Wert des Ausbreitungswiderstands kann umgerechnet werden mittels der Beziehung:

10

$$R_x = R \cdot \frac{\rho_x}{\rho_E} \tag{10.8}$$

wobei immer die dem abzulesenden Wert nächstliegende Kurve für ρ_E zu verwenden ist.

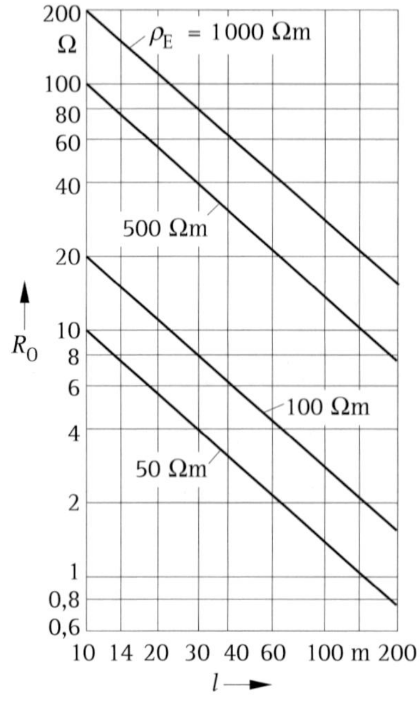

Bild 10.9 Ausbreitungswiderstand von Oberflächenerdern (Quelle: DIN VDE 0101:2000-01)

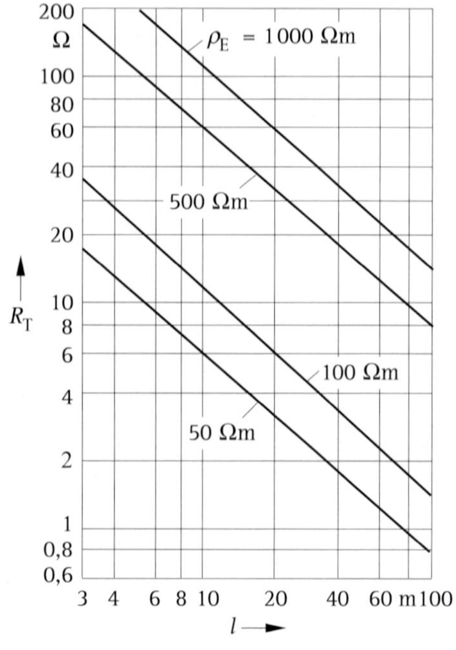

Bild 10.10 Ausbreitungswiderstand von Tiefenerdern (Quelle: DIN VDE 0101:2000-01)

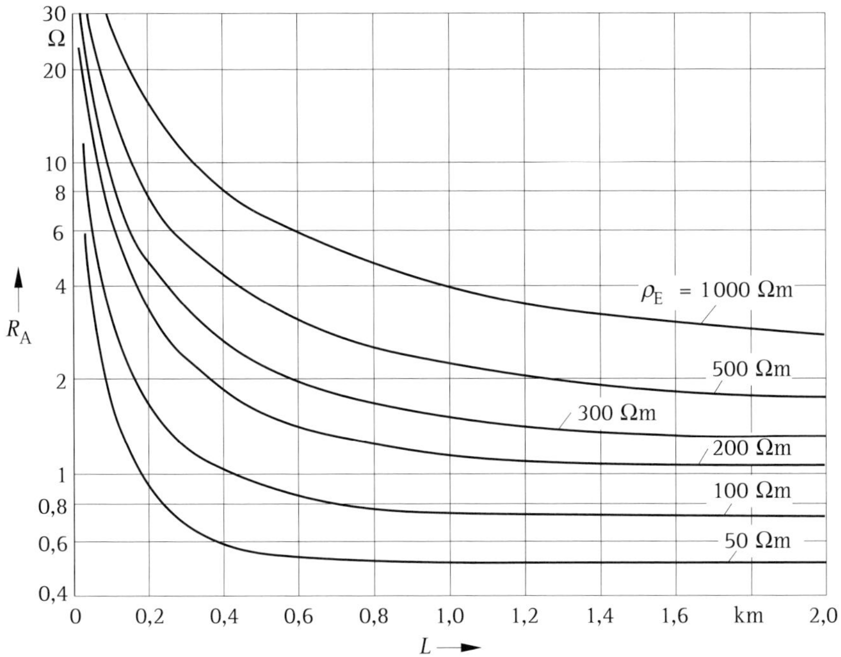

Bild 10.11 Ausbreitungswiderstand von Kabeln mit Erderwirkung, bei gestreckter Verlegung, abhängig von der Kabellänge L und dem spezifischen Erdwiderstand ρ_E; gilt mit hinreichender Genauigkeit auch für Wasserrohre aus Metall (Quelle: DIN VDE 0101:2000-01)

Bild 10.11 zeigt den Ausbreitungswiderstand eines erdfühligen Kabels bei verschiedenen spezifischen Bodenwiderständen in Abhängigkeit der Kabellänge. Das Bild zeigt deutlich, dass der Ausbreitungswiderstand mit wachsender Kabellänge einem Grenzwert zustrebt. Doppelte Kabellänge bedeutet also nicht halber Ausbreitungswiderstand.

10.8.4 Beispiele zur Ermittlung des Ausbreitungswiderstands eines Erders

Beispiel 1:

Gegeben ist ein Banderder mit $l = 40$ m bei gestreckter Verlegung. Der spezifische Erdwiderstand wurde mit $\rho_E = 180\ \Omega$m ermittelt. Es soll Bandstahl 30 mm × 4 mm verlegt werden. Welcher Ausbreitungswiderstand ist zu erwarten?

Lösung 1:

Berechnung nach genauer Gl. (10.1).

$$R_0 = \frac{\rho_E}{\pi \cdot l} \cdot \ln \frac{2\,l}{d}; \quad d = \frac{1}{2}\,b$$

$$= \frac{180\ \Omega\text{m}}{\pi \cdot 40\ \text{m}} \cdot \ln \left(\frac{2 \cdot 40\ \text{m}}{0{,}015\ \text{m}} \right) = 1{,}43\ \Omega \cdot \ln 5333$$

$$= 1{,}43\ \Omega \cdot 8{,}58 = 12{,}3\ \Omega$$

Lösung 2:

Näherung nach Gl. (10.4).

$$R_0 = \frac{3 \cdot \rho_E}{l} = \frac{3 \cdot 180\ \Omega\text{m}}{40\ \text{m}} = 13{,}5\ \Omega$$

10

Lösung 3:

Abschätzung nach Diagrammen in Abschnitt 10.5.3.

Aus Bild 10.9 kann für $l = 40$ m bei $\rho_E = 100\ \Omega$m ein Wert von $R = 6{,}1\ \Omega$ abgelesen werden. Dieser Wert muss noch auf $\rho_x = 180\ \Omega$m umgerechnet werden:

$$R_x = R \cdot \frac{\rho_x}{\rho_E} = 6{,}1\ \Omega \cdot \frac{180\ \Omega\text{m}}{100\ \Omega\text{m}} = 10{,}98\ \Omega$$

Sieht man die mit der genauen Formel ermittelte Lösung als richtig an, dann können die beiden anderen Lösungen bei Abweichungen von etwa 10 % als vertretbar angesehen werden.

Beispiel 2:

Der Ausbreitungswiderstand eines Fundamenterders für ein Einfamilienhaus, Länge 14 m, Breite 10,6 m, ist zu bestimmen. Der spezifische Erdwiderstand liegt bei 210 Ωm.

Lösung:

$$R_F = \frac{2\,\rho_E}{\pi \cdot D}, \quad \text{mit } D = \sqrt{\frac{4 \cdot L \cdot B}{\pi}} \text{ nach Gl. (10.6)}$$

$$D = \sqrt{\frac{4 \cdot 14\ \text{m} \cdot 10{,}6\ \text{m}}{\pi}} = 13{,}75\ \text{m}$$

$$R_F = \frac{2 \cdot 210\ \Omega\text{m}}{\pi \cdot 13{,}75\ \text{m}} = 9{,}7\ \Omega$$

10.9 Messung von Erdungswiderständen

Die Messung des Ausbreitungswiderstands eines Erders kann entweder nach dem Strom-Spannungs-Messverfahren oder mit einer Erdungsmessbrücke nach dem Kompensations-Messverfahren erfolgen.

10.9.1 Messung nach dem Strom-Spannungs-Messverfahren

Über einen Widerstand wird eine Spannung an den zu messenden Erder angelegt. Der dabei fließende Strom und die Spannung gegen das neutrale Erdreich werden gemessen. Das in **Bild 10.12** gezeigte Messverfahren ist nur in Netzen mit direkt geerdetem Sternpunkt möglich.

Der Strom, der durch das Erdreich fließt, soll nicht zu groß sein, damit durch die Stromwärmeverluste im Erdreich der Boden nicht austrocknet. Mit dieser Messmethode können bei der Messung des Gesamterdungswiderstands eines Netzes erhebliche Fehler durch Ausgleichsströme auftreten. Normalerweise – d. h. bei ungestörter Messung – liegt der Fehler unter ±5 %.

Die Messung kann auch – anstatt der Messung mit Netzspannung – mit einem Gerät, das eine eigene Spannungsquelle besitzt, durchgeführt werden. Geräte nach DIN EN 61557-5 (VDE 0413-5) „Geräte zum Prüfen, Messen oder Überwachen von Schutzmaßnahmen – Erdungswiderstand" arbeiten mit Wechselspannung.

Auch mit einer Gleichspannungsquelle ist eine solche Messung möglich, es muss dabei allerdings beachtet werden, dass nach wenigen Sekunden durch Polarisation eine Messwertänderung eintritt. Die Messung eines Erders sollte nach 10 s abgeschlossen sein.

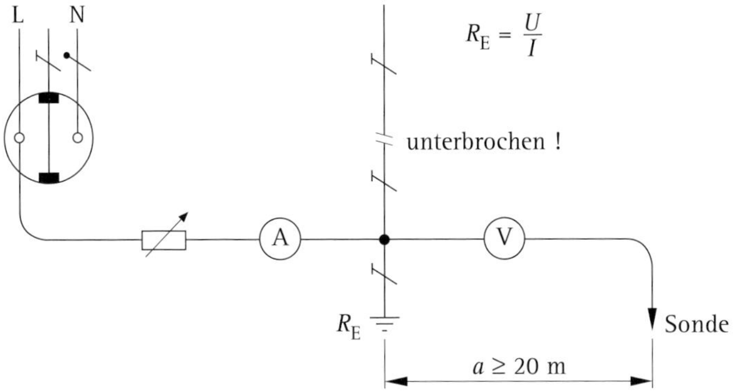

Bild 10.12 Beispiel einer Erdungsmessung nach dem *I*-*U*-Messverfahren

10.9.2 Messung mit der Erdungsmessbrücke nach dem Kompensations-Messverfahren

Die Messung von Ausbreitungswiderständen mit der Erdungsmessbrücke gelangt weit häufiger zur Anwendung als die Messung nach dem Strom-Spannungs-Messverfahren, besonders deshalb, weil die Messung einfacher ist und auf Netzspannung verzichtet werden kann.

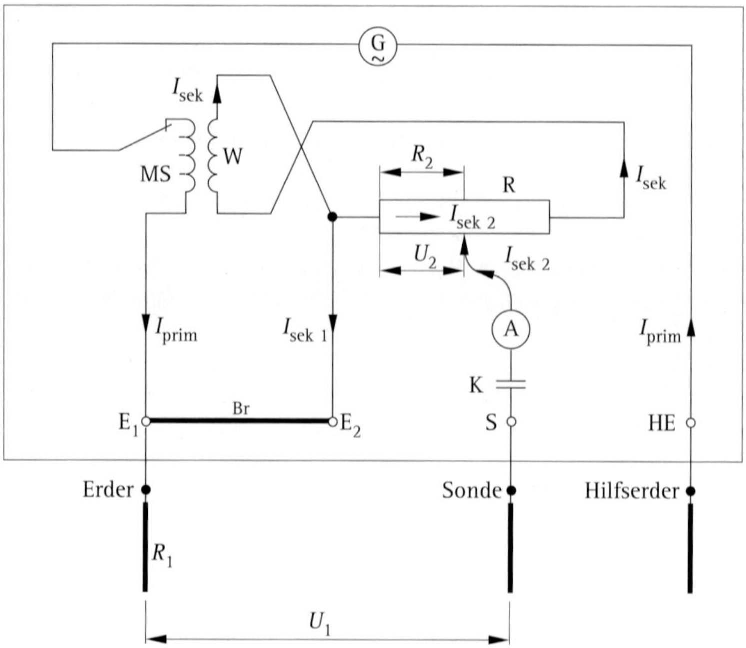

Bild 10.13 Erdungsmessbrücke

Einzelteile:
W Wandler; $ü = I_{sek}/I_{prim} = 0{,}1;\ 1;\ 10;\ 100$
MS Messbereichschalter
R Schiebewiderstand
A Amperemeter
G Generator 10 V bis 100 V
K Kondensator
Br Brücke

Funktion – Abgleich:
Forderung: $I_{sek\ 1} = 0$ A; $U_1 = U_2$
also ist mit $U_1 = R_1 \cdot I_{prim}$ und $U_2 = R_2 \cdot I_{sek\ 2}$ auch:

$R_1 = (I_{sek\ 2}/I_{prim}) \cdot R_2$

Durch Kalibrieren des Widerstands R kann $R_1 = ü \cdot R_2$ bestimmt werden.

Die Messgeräte müssen DIN EN 61557-5 (VDE 0413-5) „Geräte zum Prüfen, Messen oder Überwachen von Schutzmaßnahmen – Erdungswiderstand“ entsprechen. Die handelsüblichen Erdungsmessbrücken arbeiten mit Frequenzen von 70 Hz bis 140 Hz.

Bei der Messung werden durch einen Widerstandsabgleich die Spannungen zwischen dem Erder und der Sonde sowie dem Hilfserder verglichen (Aufbau der Messbrücke siehe **Bild 10.13**). Je nach Messaufgabe sind unterschiedliche Messanordnungen zu empfehlen. Für Einzelerder mit geringen räumlichen Ausdehnungen ist die „Linienmethode“ besonders geeignet. Sie ist einfach im Aufbau (**Bild 10.14**), und der Aufwand ist relativ gering. Bei dieser Messmethode ist besonders auf das richtige Einbringen von Sonde und Hilfserder zu achten. Geeignet sind Stäbe (z. B. ½ Zoll bis 1 Zoll Durchmesser und 0,5 m bis 0,8 m Länge), die eine Anschlussmöglichkeit für die Messleitung bieten. Sonde und Hilfserder sollten in einer Linie liegen, wobei die Sonde im neutralen Erdreich (Bereich für die Sonde) einzubringen ist. Für das Einbringen von Sonde und Hilfserder sind bei Einzelerdern mit geringer räumlicher Ausdehnung (Tiefenerder) 30 m bis 60 m für die Sonde und 60 m bis 100 m für den Hilfserder ausreichend. Bei flächenmäßig großen Erdern oder größeren Anlagen ist für den Erder bzw. die Erdungsanlage ein mittlerer Durchmesser D_m zu bestimmen. Von diesem Wert aus

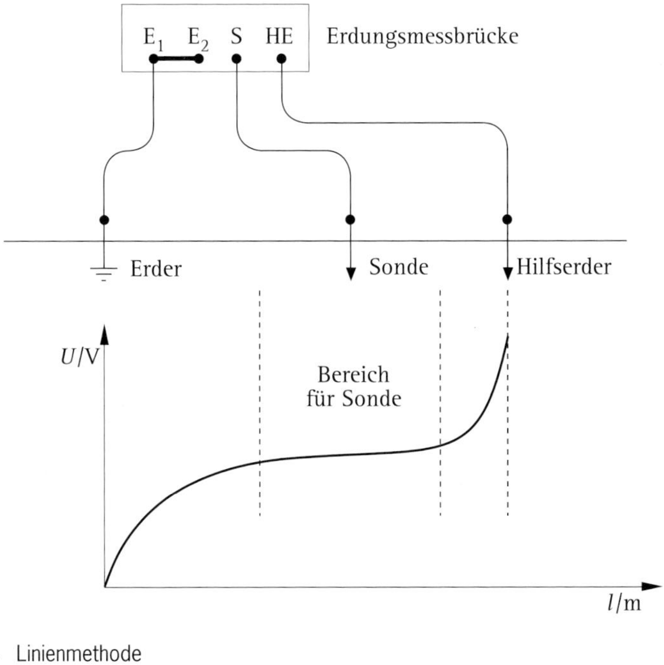

Bild 10.14 Linienmethode

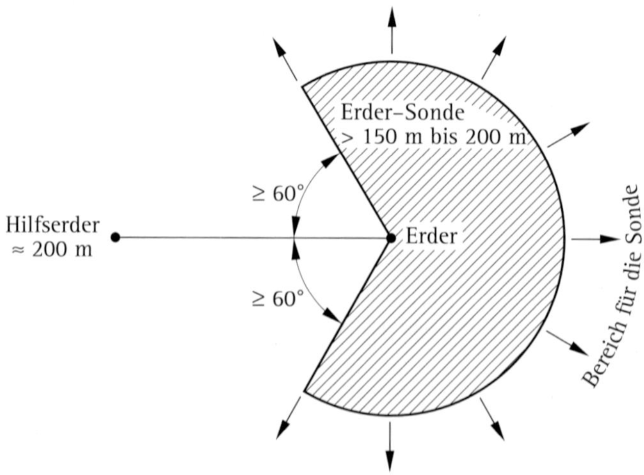

Bild 10.15 Winkelmethode

ist der Sondenabstand mit etwa $2 \cdot D_m$ und der Abstand des Hilfserders mit etwa $3 \cdot D_m$ oder größer zu bestimmen.

Besonders für räumlich größere Erder oder Erdungsanlagen eignet sich auch die „Winkelmethode“ (in der Literatur auch 90°-Methode genannt) zur Bestimmung des Erdungswiderstands. Diese Messmethode ist aufwändiger als die Linienmethode; sie ist allerdings auch genauer, und Fehler durch falsche Sonden- bzw. Hilfserderanordnung sind nicht möglich oder können leicht erkannt werden. Die Anordnung der Messung ist in **Bild 10.15** dargestellt. Der Abstand von Erder zu Hilfserder sollte etwa 200 m, der von Erder zu Sonde sollte über 150 m, besser bei 200 m, liegen. Die Messung kann durch einfaches Umstecken (Vertauschen) der Leitungen von Sonde und Hilfserder an der Messbrücke auf Richtigkeit kontrolliert werden. Die Messung ist richtig, wenn die Ergebnisse gleich (Größenordnung) sind. Bei beiden Messmethoden liegt die Genauigkeit der jeweiligen Messung in der Praxis bei ±10 %, obwohl nach DIN EN 61557-5 (VDE 0413-5) der Gebrauchsfehler einer Erdungsmessbrücke bei ±30 % liegen darf. Die jahreszeitlichen Schwankungen des spezifischen Erdwiderstands (siehe Bild 10.8), die dem Erdungswiderstand proportional sind, sind dabei nicht berücksichtigt.

10.9.3 Messung von Erdungswiderständen nach Teil 600

Der Widerstand eines Erders kann nach der nachfolgend beschriebenen Messmethode gemessen werden (**Bild 10.16**).

Zwischen dem zu messenden Erder E und einem Hilfserder (Hilfselektrode) HE, der so weit vom Erder entfernt einzubringen ist, dass sich die Spannungslinien

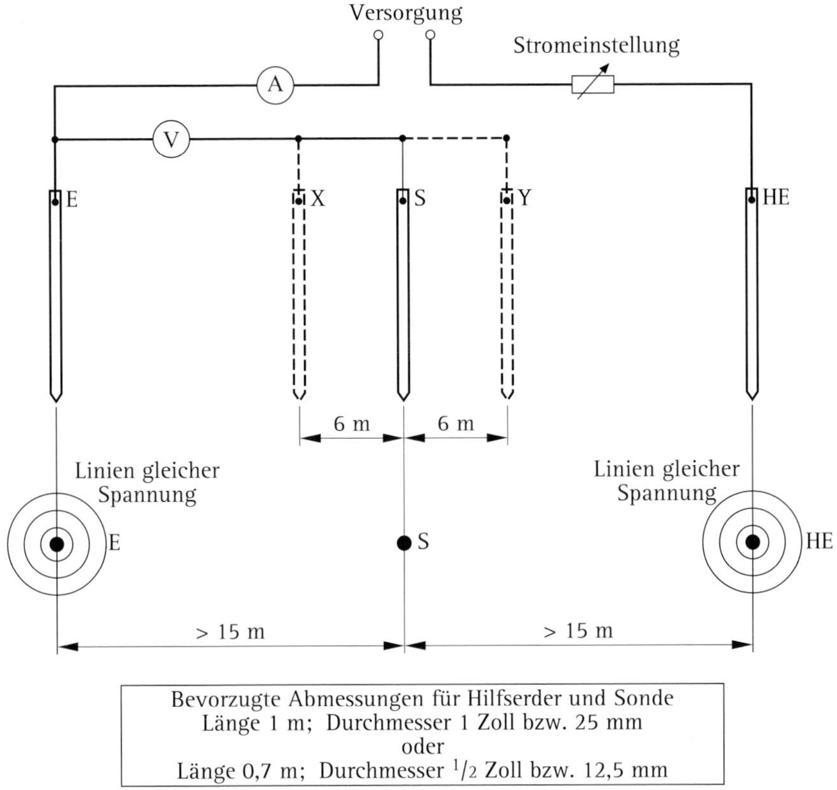

Bild 10.16 Messung des Ausbreitungswiderstands eines Erders
Seitenansicht (oben)
Draufsicht (unten)
(Quelle: DIN VDE 0100-600:2008-06 Bild B.1)

nicht überschneiden, wird ein konstanter Wechselstrom I zum Fließen gebracht. Die Stromquelle, die für die Messung verwendet wird, muss von der Einspeisung getrennt sein, z. B. durch einen Transformator mit getrennten Wicklungen.

In Bild 10.16 bedeuten

- E Erder (zu messendes Objekt), während der Messung von der Stromversorgung getrennt
- HE Hilfserder
- S Sonde
- X alternative Position der Sonde S
- Y weitere alternative Position der Sonde S

Der Ausbreitungswiderstand des Erders R_E ergibt sich zu

$$R_E = \frac{U_M}{I_M} \quad (10.9)$$

mit

R_E Ausbreitungswiderstand des Erders in Ω

U_M gemessene Spannung in V

I_M gemessener Strom in A

Dabei wird vorausgesetzt, dass sich Erder und Hilfserder gegenseitig nicht beeinflussen, das bedeutet, dass sich die Linien der Spannungswerte nicht schneiden bzw. überlappen.

Zum Nachweis, dass der gemessene Erdungswiderstand richtig ist, werden noch zwei weitere Messungen (X und Y) durchgeführt, bei denen der Abstand der Sonde jeweils um 6 m von der ursprünglichen Sonde S aus, verändert wird. Wenn die Ergebnisse annähernd übereinstimmen, wird der Mittelwert aus den drei Messungen als Erdungswiderstand angenommen. Falls es keine solche Übereinstimmung ergibt, muss die Messung mit einem größeren Abstand zwischen Erder und Hilfserder wiederholt werden.

Wird die Messung bei Netzfrequenz durchgeführt, muss der Innenwiderstand des Spannungsmessers mindestens 200 Ω/V betragen.

10.9.4 Messung des Erdschleifenwiderstands mit Stromzangen

Das Verfahren ist anwendbar in TN-Systemen und in TT-Systemen, wenn sehr viele Erdverbindungen vorhanden sind, sodass der Erdungswiderstand eines Einzelerders in der Regel sehr viel größer ist als der Gesamterdungswiderstand.

In **Bild 10.17** wird die Messanordnung mit zwei Stromzangen in einem TN-System gezeigt. Mit der ersten Zange wird eine Messspannung in die Schleife induziert, während mit der zweiten Zange der Strom, der in der Schleife zum Fließen kommt, gemessen wird.

Da der Gesamtwiderstand der parallelen Erdungswiderstände vernachlässigbar ist, ist der unbekannte Erderwiderstand gleich dem gemessenen Schleifenwiderstand, oder er ist etwas kleiner. Es gilt

$$R_X = \frac{U_M}{I_M} \quad (10.10)$$

Es sind

R_X zu messender unbekannter Erdwiderstand in Ω

U_M Messspannung in V

I_M Messstrom in A

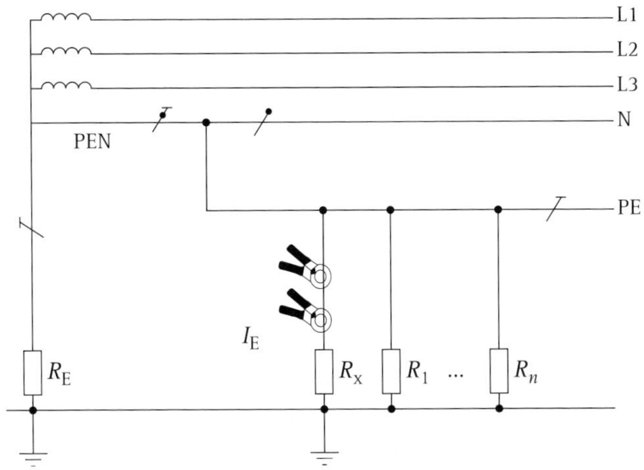

Bild 10.17 Messung des Erdschleifenwiderstands mit Stromzangen
R_T Erdverbindung des Transformators
R_X zu messender unbekannter Erdwiderstand
$R_1 \dots R_n$ parallele Erdverbindungen, verbunden über einen Schutzpotentialausgleich oder einen PEN-Leiter
(Quelle: DIN VDE 0100-600:2008-06 Bild B.3)

Die Zangen können einzeln an einem Messgerät angeschlossen werden, oder sie können in einer Spezialzange kombiniert sein.

In TT-Systemen, wo nur die unbekannte Verbindung zur Erde zur Verfügung steht, kann die Schleife durch eine kurzzeitige Verbindung zwischen dem Erder und dem Neutralleiter während der Messung geschlossen werden (Quasi-TN-System). Um mögliche Risiken aufgrund von Strömen, die durch Spannungsunterschiede zwischen Neutralleiter und Erde hervorgerufen werden, zu vermeiden, sollte das Netz beim Herstellen und Trennen dieser Verbindung abgeschaltet werden, was heute im Zeichen einer sicheren Stromversorgung fast nicht mehr möglich sein dürfte.

10.9.5 Messung des Gesamterdungswiderstands eines Netzes

Wenn für ein umfangreiches Netz mit einer Vielzahl von Erdern der Gesamterdungswiderstand bestimmt werden soll, muss dieser auf messtechnischem Wege ermittelt werden. Eine Berechnung aller Einzelerder und Berechnung als Parallelschaltung führt zu einem zu kleinen Gesamterdungswiderstand, da die Einzelerder sich im Netz gegenseitig beeinflussen. Bei der Messung ist es von entscheidender Bedeutung, welcher Messpunkt gewählt wird. Ein genaues Ergebnis ist zu erzielen, wenn von mehreren Messpunkten an der Peripherie des Netzes (nicht Ausläufer) gemessen wird. Der Abstand der Messpunkte sollte je nach Größe des Netzes zwischen 400 m und 1 000 m liegen (**Bild 10.18**). Aus diesen Einzelmessungen kann dann der Gesamterdungswiderstand des Netzes durch Berechnung des arithmetischen Mittels bestimmt werden. In der Regel liegt die Abweichung des so ermittelten Wertes bei ±10 % vom richtigen Wert des wirksamen Gesamterdungswiderstands. Als Messmethode ist die Winkelmethode – wie in Abschnitt 10.6.2 beschrieben – für Abstände zwischen Sonde und Hilfserder von jeweils 200 m bis 300 m geeignet. Sonde und Hilfserder sind – entfernt vom zu messenden Objekt – im freien Gelände einzubringen. Auch hier kann durch einfaches Umstecken (Vertauschen) von Sonde und Hilfserder an der Messbrücke leicht und einfach das Ergebnis kontrolliert werden, da bei beiden Messungen das gleiche Ergebnis angezeigt werden muss. Es ist zu empfehlen, Sonden- und Hilfserder-Abstände sowie deren Messrichtung in einem Plan zu dokumentieren.

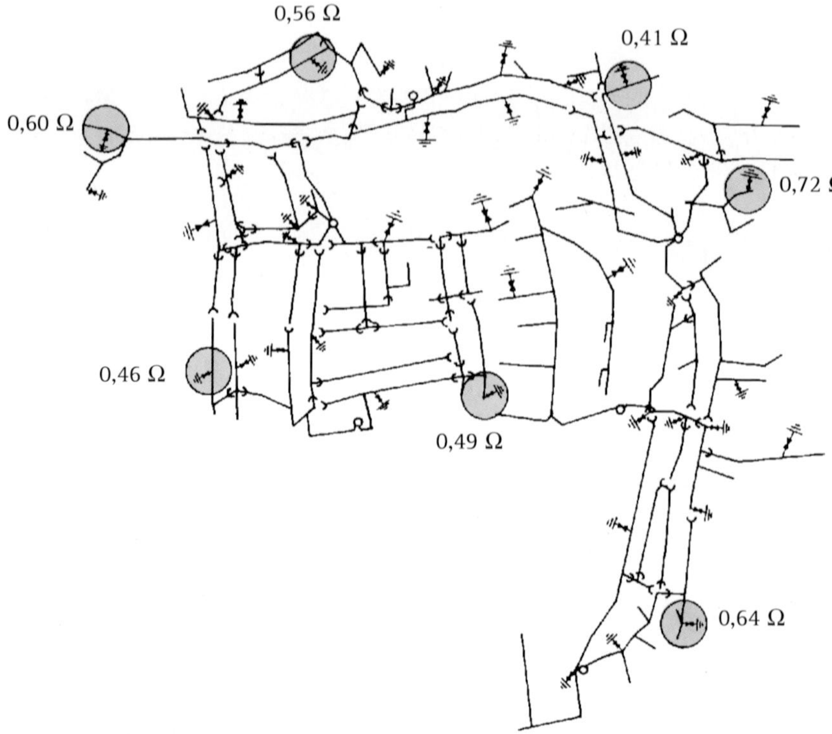

Bild 10.18 Messung von R_{ges} in einem Niederspannungsnetz

10.10 Messung des spezifischen Erdwiderstands

In der Praxis haben sich zwei Messmethoden durchgesetzt, um den spezifischen Erdwiderstand bzw. seine Änderung in tieferen Erdschichten zu bestimmen.

10.7.1 Messung mit fest definiertem Messstab

Ein in seinen Abmessungen fest definierter Messstab (üblich ist 1 Zoll Außendurchmesser, 1 m Länge) wird in das Erdreich eingebracht. Mit der Messbrücke wird sein Ausbreitungswiderstand wie bei einem Erder gemessen (**Bild 10.19a**). Dabei wird der spezifische Erdwiderstand im Bereich zwischen Erdoberfläche und Eindringtiefe des Messstabs erfasst.

Die für einen Tiefenerder bekannte Gl. (10.2):

$$R_\mathrm{T} = \frac{\rho_\mathrm{E}}{2 \cdot \pi \cdot t} \cdot \ln \frac{4 \cdot t}{d}$$

wird nach ρ_E umgestellt, und der Messwert R_M wird für R_T gesetzt. Für den genannten Stab ergibt sich damit:

$$\rho_\mathrm{E} = R_\mathrm{M} \frac{2 \cdot \pi \cdot t}{\ln \dfrac{4 \cdot t}{d}} = R_\mathrm{M} \frac{2 \cdot \pi \cdot 1\ \mathrm{m}}{\ln \dfrac{4 \cdot 1\ \mathrm{m}}{0{,}0254\ \mathrm{m}}} = R_\mathrm{M} \frac{6{,}28\ \mathrm{m}}{\ln 157{,}5} = 1{,}24\ \mathrm{m} \cdot R_\mathrm{M}$$

In dem gezeigten Fall ist der Messwert des Erders (Messstab) mit 1,24 zu multiplizieren, um den spezifischen Erdwiderstand zu erhalten. Bei einem Stab mit anderen Abmessungen ist der Faktor entsprechend zu bestimmen. Bei $t = 0{,}76$ m ist bei einem 1-Zoll-Stab der Faktor 1,0, das heißt, der Messwert entspricht dem spezifischen Erdwiderstand.

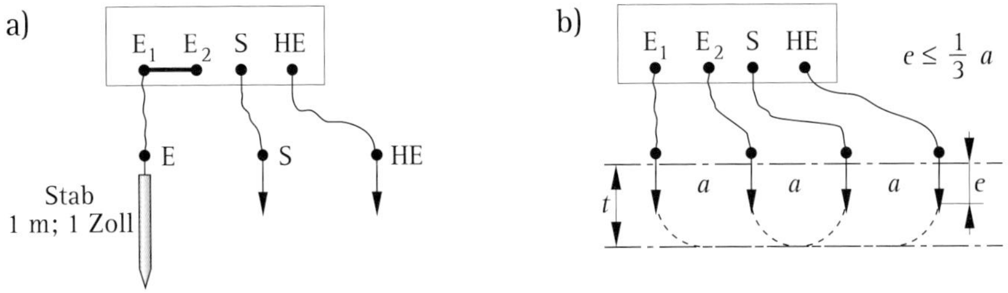

Bild 10.19 Messung des spezifischen Widerstands
a) Messstab
b) Methode nach Wenner

Werkstoff	Oberfläche	Form	Mindestmaße				
			Durchmesser	Querschnitt	Dicke	Dicke der Beschichtung/Umhüllung	
						Einzelwert	Mittelwert
			mm	mm^2	mm	µm	µm
Stahl	feuerverzinkt[1] oder nicht rostend[1), 2)]	Band[3]	–	90	3	63	70
		Profil	–	90	3	63	70
		Rundstab für Tiefenerder	16	–	–	63	70
		Runddraht für Oberflächenerder	10	–	–	–	50[5]
		Rohr	25	–	2	47	55
	mit Kupferumhüllung	Rundstab für Tiefenerder	15	–	–	2 000	
	elektrolytisch verkupfert	Rundstab für Tiefenerder	14	–	–	90	100
Kupfer	blank[1]	Band	–	50	2	–	–
		Runddraht für Oberflächenerder	–	25[6]	–	–	–
		Seil	1,8 für Einzeldraht	25	–	–	–
		Rohr	20	–	2	–	–
	verzinnt	Seil	1,8 für Einzeldraht	25	–	1	5
	verzinkt	Band[4]	–	50	2	20	40

1) verwendbar auch für Erder bei Einbettung in Beton

2) ohne Beschichtung

3) Band in gewalzter Form oder geschnitten und mit gerundeten Kanten

4) Band mit gerundeten Kanten

5) bei Verzinkung im Durchlaufbad z. B. fertigungstechnisch nur mit 50 µm Dicke herstellbar

6) Wenn erfahrungsgemäß das Risiko von Korrosion und mechanischer Beschädigung sehr gering ist, darf 16 mm^2 verwendet werden.

Tabelle 10.2 Gebräuchliche Werkstoffe und minimale Abmessungen für Erder, eingebettet im Erdreich unter Berücksichtigung von Korrosion und mechanischer Festigkeit (Quelle: DIN VDE 0100-540:2007-06 Tabelle 54.1)

Ungeeignet als Erder und deshalb nicht zulässig sind

- in Wasser eingetauchte Metallteile
  Anmerkung: Hier besteht die Gefahr der Austrocknung des Wassers. Außerdem besteht die Gefahr, dass, bei einem elektrischen Fehler in der Anlage, Personen mit dem Wasser in Berührung kommen, wodurch eine Gefährdung entstehen könnte.
- Spannbetonbauteile
  Anmerkung: Beim Durchgang von Blitzentladungsströmen können unzulässige mechanische Beanspruchungen auftreten

Bei der Planung und Errichtung von Erdern sind für alle Erderarten einige grundsätzliche Dinge zu beachten, um die Wirksamkeit einer Erdungsanlage auf Dauer zu gewährleisten.

Die Anschlussstelle der elektrischen Anlage zur Erdungsanlage muss lösbar und zugänglich sein, um den Ausbreitungswiderstand des Erders messen zu können.

Bei der Wahl der Erderart und der Verlegetiefe der Erder müssen die örtlichen Gegebenheiten berücksichtigt werden. Durch Bodenaustrocknung und Frost kann sich der Erdungswiderstand eines Erders so erhöhen, dass der Schutz gegen elektrischen Schlag beeinträchtigt wird oder nicht mehr wirksam ist.

Die elektrochemische Korrosion muss bei der Auswahl der Werkstoffe für Erder, vor allem bei unterschiedlichen Werkstoffen, berücksichtigt werden. Ein in Beton eingebetteter Stahl besitzt ein elektrochemisches Potential ähnlich dem von Kupfer in Erde. Den in Tabelle 10.2 genannten Materialien können hinsichtlich der Korrosionseigenschaften im Erdreich folgende Eigenschaften zugeschrieben werden

- **Stahl, feuerverzinkt (Feuerverzinkter Stahl)**
  Feuerverzinkter Stahl ist in fast allen Bodenarten sehr beständig. Der Grund hierfür liegt in den verschiedenartig zusammengesetzten Eisen-Zink-Legierungsschichten und in der abschließenden Reinzinkschicht, die zur Deckschichtbildung neigt. Voraussetzung für eine angemessene Lebensdauer ist eine ausreichend dicke, poren- und rissfreie Zinkauflage. Aus diesem Grund ist Bandstahl in gewalzter Form oder geschnitten mit gerundeten Kanten zu verwenden.
- **Stahl, nicht rostend (Nicht rostender Stahl)**
  Bestimmte hochlegierte nicht rostende Stähle sind im Erdboden passiv und korrosionsbeständig.
  Das freie Korrosionspotential von hochlegierten nicht rostenden Stählen im üblich belüfteten Boden liegt in den meisten Fällen in der Nähe des Wertes für Kupfer. Nicht rostende Stähle sind daher wie Kupfer zu beurteilen. Bei der Querschnittsbemessung ist die relativ niedrige elektrische Leitfähigkeit zu berücksichtigen ($\kappa = 1{,}35\ \text{Sm/mm}^2$).

Bei höherem Chloridgehalt im Boden kann es zu Lochfraß kommen, dem durch Stähle mit Molybdängehalt und erhöhten Titananteil entgegengewirkt werden kann (z. B. Werkstoffnummer 1.4571; V4A-Stahl).

- **Kupfer, blank**
  Kupfer ist im Erdboden im Allgemeinen sehr beständig. Erder aus Kupfer haben deshalb eine lange Lebensdauer. Wegen der wesentlich besseren elektrischen Leitfähigkeit gegenüber Stahl ist Kupfer als Erderwerkstoff in Starkstromanlagen mit hohen Fehlerströmen gut geeignet.
- **Kupfer, verzinnt oder verzinkt**
  Kupfer mit Zinn- oder Zinkauflage ist, ähnlich wie blankes Kupfer, im Erdboden im Allgemeinen sehr beständig. Für Erder wird verzinntes Kupfer zur Zeit ausschließlich in Seilform, verzinktes Kupfer ausschließlich in Bandform verwendet.

Die in Teil 540:1991-11 Tabelle 7 noch genannten Erdermaterialien für Oberflächenerder

- Stahl mit Bleimantel als Runddraht
- Kupfer mit Bleimantel für Seil und Runddraht

werden jetzt nicht mehr aufgeführt. Ganz abgesehen von der Tatsache, dass die genannten Materialien in Beton nicht verwendet werden durften, ist die Entscheidung, Blei als Material im Erdreich nicht mehr zu verwenden, aus Gründen des Umweltschutzes positiv zu sehen.

Konstruktionsteile aus Metall, die im Fundament eingebettet sind und als Erder verwendet werden, müssen zwischen dem Anschlusspunkt des Erdungsleiters und der unterirdischen Konstruktion fest miteinander verbunden sein. Gleiches gilt auch für Bewehrungen im Beton. Die Verbindungen müssen geschweißt oder mit geeigneten Verbindungselementen (z. B. Keilverbinder oder Verschraubungen mit Schrauben und Muttern) hergestellt werden.

Wenn Erder in Beton eingebettet werden, sollte beachtet werden, dass der Erder mindestens von einer allseitigen Betonschicht mit 5 cm Stärke bedeckt ist. Dies gilt nicht nur für Fundamenterder, es gilt für alle in Beton eingebettete Erder.

10.11.1 Oberflächenerder

Oberflächenerder werden etwa parallel zur Erdoberfläche in einer Verlegetiefe zwischen 0,5 m und 1 m im Erdreich eingebettet. In der Regel wird verzinkter Bandstahl (25 mm × 4 mm, 30 mm × 3,5 mm oder 40 mm × 3 mm) verlegt, aber auch verzinkte Rundstähle (≥ 10 mm Durchmesser) und Seile gelangen zur Anwendung. Bei Hochkant-Anordnung des Bandstahls wird ein besserer Ausbreitungswiderstand erzielt als bei flacher Verlegung. Die unmittelbare Umgebung des Erders sollte nicht aus steinigem Erdreich bestehen und gut verdichtet werden, da Steine und Kies in unmittelbarer Nähe des Erdermaterials den Ausbreitungswiderstand verschlechtern.

Hinsichtlich der Anordnung sind zu unterscheiden:

- Oberflächenerder in gestreckter Verlegung
- Oberflächenerder als Strahlenerder mit mehreren Strahlen (der Winkel zwischen den einzelnen Strahlen soll nicht kleiner als 60° sein; eine maximale Länge der Strahlen von 120 m bis 150 m sollte nicht überschritten werden)
- Oberflächenerder als Ringerder
- Oberflächenerder als Maschenerder

10.11.2 Tiefenerder

Tiefenerder (Staberder) werden senkrecht oder schräg in größere Tiefen (bis zu 30 m) des Erdreichs getrieben. Es kommen Vollstäbe, Rohre oder Profilstäbe zur Anwendung.

Die Tiefe richtet sich nach dem Ausbreitungswiderstand. Dabei ist zu empfehlen, dass beim Eintreiben der Stäbe von Zeit zu Zeit der Ausbreitungswiderstand gemessen wird, um unnötigen Aufwand zu vermeiden.

Wenn ein Tiefenerder in unterschiedlich leitfähige Bodenarten eingetrieben wird, so ist praktisch nur der gut leitende Teil des Erdreichs wirksam. In den Gln. (10.4) und (10.7) ist die Tiefe t dann durch die wirksame Tiefe (wirksame Länge) t_W zu ersetzen. Parallel eingetriebene Tiefenerder beeinflussen sich gegenseitig in ihrer Wirkung, weshalb der Abstand mindestens der wirksamen Länge des Tiefenerders entsprechen sollte; der doppelte Abstand ist anzustreben.

10.11.3 Fundamenterder

Fundamenterder sind Erder, die in das Fundament von Gebäuden eingebaut werden. Gefordert werden sie für alle Neubauten aufgrund DIN 18015-1. In einigen Bundesländern bestehen entsprechende Erlasse, die dem Bauherrn den Einbau von Fundamenterdern zwingend vorschreiben.

Für die Herstellung von Fundamenterdern waren bisher die „Richtlinien für das Einbetten von Fundamenterdern in Gebäudefundamente", herausgegeben vom VDEW, maßgebend. Hier gilt DIN 18014 „Fundamenterder"; die VDEW-Richtlinie ist zurückgezogen.

Der Fundamenterder ist als geschlossener Ring in den Außenmauern des Fundaments einzubringen (**Bild 10.21**). In den Hausanschlussraum oder in der Nähe der vorgesehenen Potentialausgleichsschiene für den Hauptpotentialausgleich ist eine Anschlussfahne herauszuführen. Die Ausführung des Fundamenterders mit mehreren Anschlussfahnen ist zulässig; sie kann für Prüfzwecke sehr von Nutzen sein.

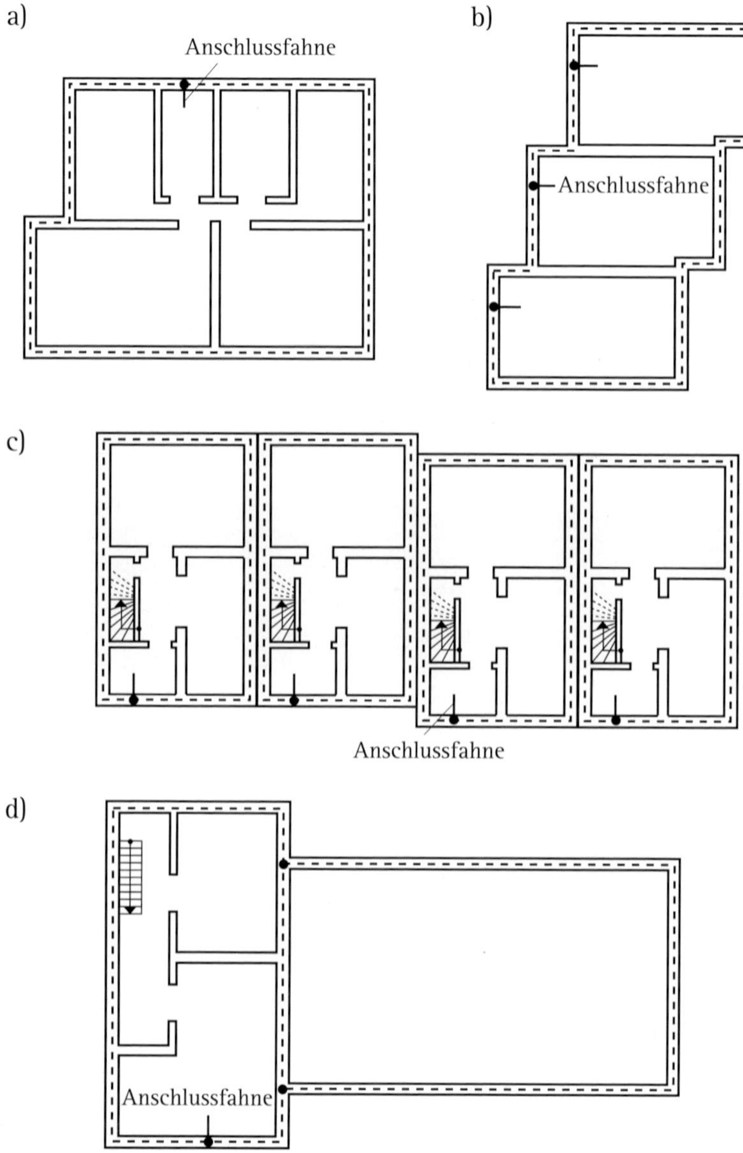

Bild 10.21 Fundamenterder
a) Einzelhaus
b) Reihenhäuser bzw. Wohnblock
c) Reihenhäuser
d) Gewerbebetrieb mit Büro

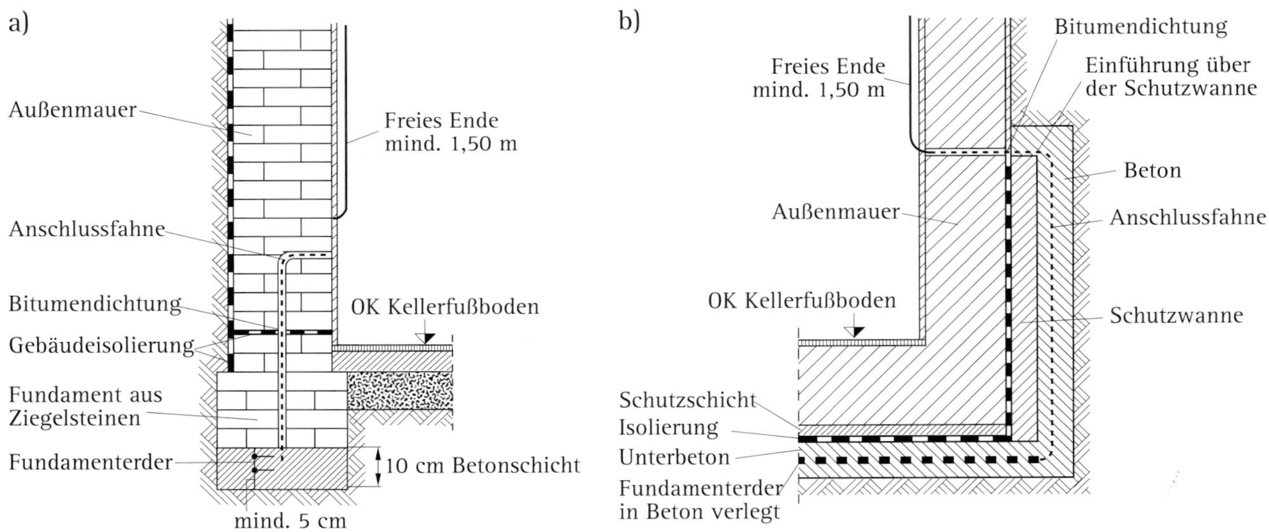

Bild 10.22 Fundamenterder; Schnittbilder
a) gemauertes Fundament
b) Fundamentwanne

Für Fundamenterder ist Bandstahl 30 mm × 3,5 mm oder Rundstahl von 10 mm Durchmesser in die Fundamentsohle, die etwa 10 cm stark sein soll, einzubetten. Es ist zweckmäßig, den Erder durch Abstandhalter in seiner Lage zu fixieren. Baustahlmatten und Bewehrungseisen sind nach Möglichkeit mit dem Fundamenterder zu verbinden.

Anmerkung: Früher waren verzinkter Bandstahl und verzinkter Rundstahl gefordert. Seit der Ausgabe 1984 der „Richtlinien für das Einbetten von Fundamenterdern in Gebäudefundamente" besteht diese Forderung nicht mehr. Es kann allerdings notwendig werden, die Anschlussfahnen (nach innen zur Potentialausgleichsschiene, nach außen für Blitzschutzanlage) besonders gegen Korrosion (Kunststoffumhüllung, Anstrich, Verzinkung) zu schützen.

Die Anschlussfahne soll im Hausanschlussraum in etwa 30 cm Höhe herausgeführt werden und eine Länge von etwa 1,5 m haben. Sie ist an die Potentialausgleichsschiene anzuschließen. Die Potentialausgleichsschiene ist oberhalb der Austrittsstelle der Anschlussfahne anzubringen. Ein Beispiel zur Anordnung des Fundamenterders und der Anschlussfahne bei einem gemauerten Fundament und bei einer Fundamentwanne zeigt **Bild 10.22**.

Ein bestimmter Wert des Ausbreitungswiderstands ist für Fundamenterder nicht gefordert. In der Praxis liegt der Ausbreitungswiderstand bei guten Bodenarten zwischen 1 Ω und 10 Ω. Der Ausbreitungswiderstand ist nahezu konstant, also vom Bodenzustand (feucht, trocken) unabhängig.

Der Fundamenterder kann auch als Blitzschutzerder verwendet werden, wenn außen am Gebäude an den Stellen, an denen Blitzableitungen vorhanden sind, Anschlussfahnen zur Verfügung stehen (**Bild 10.23**).

Es hat sich als zweckmäßig erwiesen, dass die Verbindungsleitungen (Anschlussfahnen) aus verzinktem Stahl vom Fundamenterder zu den Ableitungen (Erdableitungen) im Beton oder Mauerwerk verlegt werden (**Bild 10.24**, Leitungsführung a oder b). Diese Leitungen sind innerhalb des Mauerwerks gegen Korrosion zu schützen. Wird die Leitung durch das Erdreich geführt, so sind kunststoffisolierte Leitungen bzw. Kunststoffkabel NYY zu verwenden (**Bild 10.24**, Leitungsführung c).

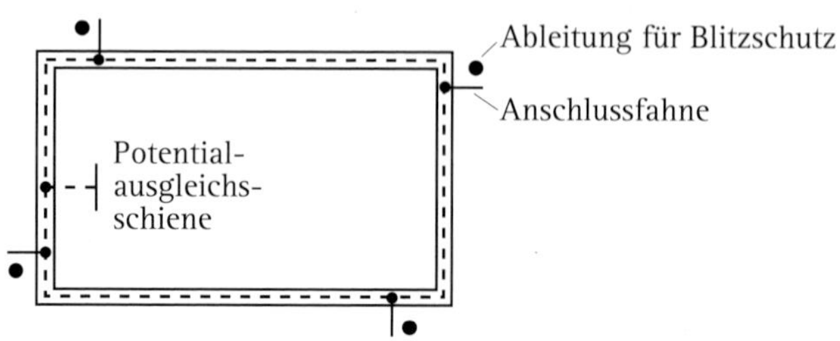

Bild 10.23 Fundamenterder als Blitzschutzerder

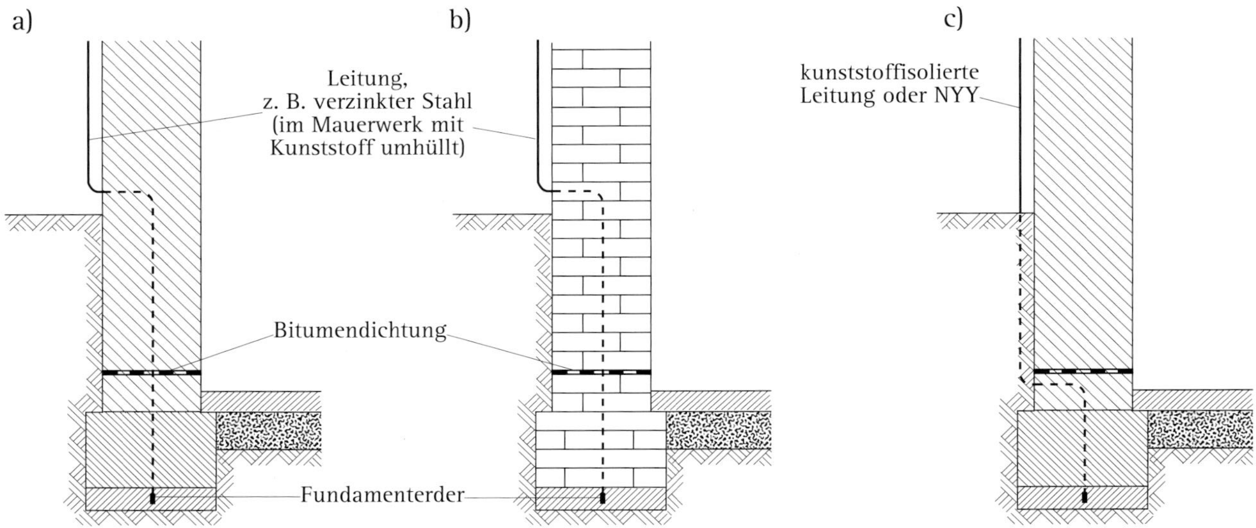

Bild 10.24 Anschlussfahnen an Fundamenterder und Ableitungen
a) Leitungsführung im Beton
b) Leitungsführung im Mauerwerk
c) Leitungsführung im Erdreich

Grundsätzlich gilt, dass Verbindungsstellen von

- Kupfer mit Stahl
- Kupfer mit verzinktem Stahl

gegen Korrosion zu schützen sind. Korrosionsschutzbinden oder Kabelvergussmasse bieten ausreichenden Schutz.

Üblich ist die Verwendung von verzinktem Stahl (Bandstahl, Rundstahl). Verbindungen dieser Art haben sich in der Praxis bisher hervorragend bewährt.

10.11.4 Natürliche Erder

Natürlicher Erder ist ein mit der Erde oder mit Wasser unmittelbar oder über Beton in Verbindung stehendes Metallteil, dessen ursprünglicher Zweck nicht die Erdung ist, das aber als Erder wirkt (Teil 200:1998-06 Abschnitt A 5.4).

Wenn natürliche Erder vorhanden sind, so ist ihre Einbeziehung in andere Erdungsanlagen sinnvoll, da natürliche Erder in der Regel einen geringen Erdungswiderstand haben und so der Gesamterdungswiderstand günstig beeinflusst werden kann. Zu den einzelnen, häufig vorkommenden natürlichen Erderarten ist noch zu bemerken:

1. Metallmäntel von Kabeln dürfen als Erder verwendet werden, wenn der Betreiber damit einverstanden und eine Korrosion nicht zu befürchten ist. Ein solches Kabel ist ein langer Oberflächenerder in gestreckter Verlegung, der einen von der Länge abhängigen, meist geringen Ausbreitungswiderstand aufweist. Eine Abschätzung des Ausbreitungswiderstands kann nach Gln. (10.3) oder (10.6) durchgeführt werden.
2. Bei Erdungen an Wasserrohren ist prinzipiell zu unterscheiden zwischen:
   - Wasserrohrnetz: Wasserverteilungs-Rohrnetz bis einschließlich Wasserzähler oder Wasserhaupthahn
   - Wasserverbrauchsleitungen: Wasserleitungen im Haus, nach dem Wasserzähler oder Wasserhaupthahn

   Bezüglich der Einbeziehung oder Verwendung als Erder ist gefordert:

   Wasserrohrnetze dürfen nicht als Erder benutzt werden. Ein Potentialausgleich zwischen dem PEN-Leiter und dem Wasserrohrnetz ist zulässig.

   In Sonderfällen darf das Wasserrohrnetz als Erder verwendet werden, wenn:
   - zwischen dem EVU und WVU eine Vereinbarung getroffen ist
   - die Eignung des Wasserrohrnetzes sichergestellt ist; eine Prüfung ist jedoch erforderlich

   Hinsichtlich des Ausbreitungswiderstands gilt das für Metallmäntel von Kabeln Gesagte sinngemäß.

3. Metallbewehrungen von Beton im Erdreich können allein, also ohne zusätzlichen Band- oder Rundstahl, als Erder verwendet werden. Dabei sind normalerweise die baulichen „Rödelverbindungen" der einzelnen Bewehrungseisen untereinander – bedingt durch ihre Vielzahl auch als elektrische Verbindung im Bereich der Starkstromtechnik – ausreichend.

   Anmerkung: Im Bereich der Nachrichtentechnik, mit besonderen Anforderungen an Erder, können zusätzliche Maßnahmen erforderlich werden.

   Besondere Sorgfalt ist geboten, wenn Anschlussfahnen für Erdungsleitungen in Spannbeton-Konstruktion auszuführen sind. Hier sollten immer Baufachleute hinzugezogen werden.
4. Leitungen, die dem Transport brennbarer Stoffe dienen, also z. B. Gasleitungen und Produktenleitungen, stellen zwar natürliche Erder dar, dürfen aber nicht als Erder für Schutzzwecke verwendet werden.

10.12 Korrosion von Metallen im Erdreich

Erder für elektrische Anlagen wie auch natürliche Erder bestehen aus Metallen, die unmittelbar im Erdreich eingebettet sind oder mit diesem über mehr oder weniger gut leitende Stoffe, wie z. B. Beton, großflächig in Verbindung stehen.

Grundsätzlich können für Erder folgende Einflüsse als Korrosionsursache genannt werden:

- chemische Einflüsse
- galvanische Elemente
- Streuströme im Erdreich

10.12.1 Korrosion durch chemische Einflüsse

Der chemische Einfluss des Erdreichs ist in normalem Erdreich gering. Die chemische Aggressivität des Erdreichs steht in Zusammenhang mit dem spezifischen Erdwiderstand. **Tabelle 10.3** zeigt die Zusammenhänge.

ρ_E in Ωm	Aggressivität
≤ 10	sehr stark; Stahl rostet schnell
> 10 bis 25	stark
> 25 bis 50	mäßig
> 50 bis 100	schwach
> 100	keine

Tabelle 10.3 Aggressivität verschiedener Böden

U_K Spannung der Katode
R_A Anodenwiderstand
R_E Erdwiderstand
S_a Fläche der Anode
S_k Fläche der Katode

Die in **Tabelle 10.4** dargestellten Werte für r_A und r_K gelten für eine anodische Stromdichte $J_A = 30$ mA/m².

	Stahl	Cr-Ni-Stahl	Kupfer	Stahl in Beton
r_A	0,4	14	0,6	–
r_K	10	80	50	≈ 300

10

Tabelle 10.4 Anodischer und katodischer Polarisationswiderstand in kΩ cm² bei $J_A = 30$ mA/m²

Wenn zwei verschiedene Metalle innerhalb des Erdreichs durch einen Elektrolyten verbunden sind und außerhalb des Erdreichs ebenfalls eine Verbindung haben, wird das Metall, das die Anode bildet, zerstört. Dieses Metall wird als das unedle Metall bezeichnet; das die Katode bildende Metall ist das edlere Metall. Einen Anhaltspunkt zur Einstufung der Metalle gibt die elektrochemische Spannungsreihe (**Tabelle 10.5**) der Metalle, wobei als Bezugspotential „Wasserstoff" verwendet wurde.

Stoff	Kurzzeichen	U in V	Bewertung
Magnesium	Mg	–2,34	unedel
Aluminium	Al	–1,67	↓
Zink	Zn	–0,76	
Chrom	Cr	–0,71	
Eisen	Fe	–0,44	
Nickel	Ni	–0,25	
Zinn	Sn	–0,14	
Blei	Pb	–0,13	
Wasserstoff	H_2	±0,00	
Kupfer	Cu	+0,35	
Silber	Ag	+0,81	
Gold	Au	+1,42	edel

Tabelle 10.5 Elektrochemische Spannungsreihe (Normpotentiale) einiger Metalle

Das unedlere Metall korrodiert, das edlere Metall ist geschützt. Je größer die Spannungsdifferenz, desto größer auch die Korrosion.

Die in der Technik häufig verwendeten Metalle Eisen, Aluminium, Zink und Chrom sind unedler als Wasserstoff, d. h., ihre Normpotentiale sind negativ. In der Praxis kann mit den Normpotentialen nicht gearbeitet werden; sie liefern aber nützliche Anhaltspunkte.

Im Gegensatz zu den Normpotentialen sind die praktischen Potentiale nicht genau festzulegen, da je nach Oberflächenbeschaffenheit des Metalls (z. B. Korrosionsgrad) und der Zusammensetzung des Elektrolyten (z. B. Karst- und Moorwasser) die Werte erheblich streuen. Gemessen werden die Potentiale gegen besondere Vergleichselektroden, deren Potential immer gleich bleibt und nicht wie z. B. bei einem Eisenstab davon abhängt, ob der Boden sauer oder alkalisch ist, ob er gut durchlüftet wird oder ob Sauerstoffmangel herrscht, ob der Eisenstab noch blank ist oder ob sich schon Deckschichten gebildet haben. In der Praxis hat sich als Bezugspotential die Verwendung einer „Kupfer/Kupfersulfat-Elektrode" ($Cu/CuSO_4$) mit gesättigtem Elektrolyten bewährt. Potentiale, die in der Praxis gegen eine $Cu/CuSO_4$-Elektrode gemessen wurden, sind in **Tabelle 10.6** dargestellt.

Werkstoff bzw. System	Korrosionspotential in V (Bezugspotential $Cu/CuSO_4$-Elektrode)		
	D	A	CH
Kupfer	-0,20 bis 0,00	-0,15	-0,20 bis 0,00
Kupfer-Nickel-Legierungen	-0,20 bis 0,00		
Blei	-0,50 bis -0,40	-0,85 bis -0,70	-0,70 bis -0,50
Eisen	-0,80 bis -0,50		
Eisen in Sandböden	-0,50 bis -0,30	-0,50 bis -0,40	
Eisen in Beton	-0,60 bis -0,10	-0,20 bis -0,05	-0,30 bis -0,10
Eisen verzinkt	-1,10 bis -0,90		-1,00 bis -0,70
Aluminium	-1,00 bis -0,50		
Zinn	-0,60 bis -0,40		
Zink	-1,10 bis -0,90		

Angaben aus: D Deutschland; DIN 30676 und DIN VDE 0151
A Österreich
CH Schweiz

Tabelle 10.6 Spannungen verschiedener Metalle im Erdreich, gemessen gegen eine Kupfer/Kupfersulfat-Elektrode

Die Angaben in der Tabelle 10.6 streuen stark, was zu der Annahme Anlass gibt, dass die Erkenntnisse noch nicht ausgereift sind. Trotzdem kann festgestellt werden:

- Das Potential von Kupfer liegt dicht bei dem Potential von Eisen in Beton, d. h., Eisen in Beton hat auf andere Metalle im Erdreich den gleichen elektrolytischen Einfluss wie Kupfer. Da für technische Anlagen im Allgemeinen große Stahlbetonfundamente erforderlich sind (Maschinenfundamente, Fabrikgebäude, Hochhäuser), ist fast überall mit elektrolytischem Einfluss „Eisen in Beton" zu rechnen. Zusätzlich zu großen Betonfundamenten eingebrachte Erdungsanlagen aus Bandstahl werden keine lange Lebensdauer haben. Es sind Fälle bekannt, in denen schon nach einigen Monaten oder wenigen Jahren durch den elektrolytischen Einfluss des Betonfundaments die Erdungsanlagen zerstört wurden.
- Wie die „Flächenregel" (Gl. (10.10)) zeigt, ist vor allem für das Flächenverhältnis $S_k/S_a < 100:1$ die Korrosionsfrage nicht von Bedeutung. Bei $S_k/S_a > 100:1$ können jedoch ernsthafte Probleme auftreten. Besonders gefährdet sind unterirdische Metallkonstruktionen und Rohrleitungen, die normalerweise mit einer Isolierumhüllung oder einem Anstrich gegen Korrosion geschützt sind, dieser Schutz aber an irgendeiner Stelle beschädigt ist, z. B. infolge Steinschlags beim Verfüllen des Grabens. Hier kommt eine vergleichsweise sehr kleine anodische Oberfläche mit dem umgebenden Elektrolyten „Erdreich" in Verbindung, und es entsteht sehr schnell ein Loch in dem nicht mehr geschützten Metallteil. Bei einer Wasserleitung tritt Wasser aus, bei einem bewehrten Kabel kann es der Beginn eines Isolationsfehlers sein.

Auch bei Kenntnis der Elementspannung und der Oberflächengröße der verschiedenen Metalle ist eine Abschätzung der Lebensdauer eines Anlageteils mit negativem Potential in der Praxis nur in Ausnahmefällen möglich. Nicht ausreichend bekannt sind häufig der wirksame spezifische Erdwiderstand, vor allem aber die anodischen und katodischen Polarisationswiderstände. Einen gewissen Anhaltspunkt für die jährliche Metallabtragung gibt **Tabelle 10.7**.

Material	Linearabtrag bei $J = 1$ mA/dm² in mm/a
Kupfer	0,12
Blei	0,3
Eisen	0,12
Zink	0,15
Zinn	0,27

Tabelle 10.7 Jährlicher Metallabtrag (Linearabtrag) durch Korrosion bei $J = 1{,}0$ mA/dm²

10.12.3 Korrosion durch Streuströme

Streustrom ist ein aus stromführenden Leitern elektrischer Anlagen in das umgebende Erdreich austretender Strom, der an anderer Stelle in die elektrische Anlage zurückfließt. Bei seinem Verlauf im Erdreich kann der Streustrom auch in Leitern aus Metall fließen, z. B. in Rohrleitungen, Kabelmänteln und Erdungsanlagen. Gleichstrom verursacht beim Austritt aus diesen Leitern in das umgebende Erdreich anodische Korrosion. Der Metallabtrag ist der Dichte des austretenden Stroms proportional und entspricht den Werten der Tabelle 10.7. Von der Streustromkorrosion sind alle erdverlegten Metalle betroffen, praktisch unabhängig von deren elektrochemischen Potentialen. Wechselströme mit den üblichen Frequenzen 50 Hz und $16^2/_3$ Hz sind dagegen bei den in der Praxis vorkommenden Stromdichten nicht schädlich.

10.12.4 Korrosionsschutzmaßnahmen gegen Elementbildung

Bei der Auswahl eines Erderwerkstoffs muss sowohl die Korrosionsgefahr für den Erder selbst als auch die Korrosionsgefahr für andere mit dem Erder verbundene Anlagen beachtet werden. So dürfen z. B. Erder aus Kupfer nicht mit erdverlegten Rohrleitungen und Behältern aus Stahl verbunden werden, da an den kleinen unvermeidbaren Fehlerstellen in deren Umhüllung wegen der hohen Elementspannung und der ungünstigen Flächenverhältnisse immer mit Korrosion in kurzer Zeit zu rechnen ist.

Wegen der vielen Parameter, die bei der Elementbildung eine Rolle spielen, kann zurzeit keine generelle Lösung des Problems angeboten werden. Eine Entscheidungshilfe kann jedoch die Messung der Metall-Erdreich-Potentiale bieten. Entsprechend den in DIN EN 50162 (VDE 0150) „Schutz gegen Korrosion durch Streuströme aus Gleichstromanlagen“ festgelegten Beeinflussungskriterien muss mit einer Korrosion der Anlage gerechnet werden, deren Potential sich beim Herstellen einer Verbindung mit einer anderen erdverlegten Anlage um einen Richtwert von etwa 0,1 V in positiver Richtung ändert. Bei sehr niedrigen spezifischen Erdwiderständen ($\rho_E < 100\ \Omega\,m$) ist bereits bei kleineren Potentialänderungen mit einer Korrosionsgefahr zu rechnen.

10.12.5 Korrosionsschutzmaßnahmen gegen Streuströme

Beim Betrieb von Gleichstromanlagen (z. B. Straßenbahnen) sind Streuströme unvermeidbar. Über die in den VDE-Bestimmungen für Bahnbetriebe festgelegten Maßnahmen hinaus sind häufig zusätzliche Streustromschutzmaßnahmen an beeinflussten Anlagen erforderlich, um Korrosionsschäden zu vermeiden. Für Kabel und Rohrleitungen aller Art haben sich seit Jahrzehnten Streustromableitungen und Streustromabsaugungen bewährt, deren Ausführung in DIN EN 50162

(VDE 0150) ausführlich beschrieben wird. Sie sind zweckmäßig, wenn Potentiale durch Streuströme im zeitlichen Mittel um mehr als 0,1 V in positiver Richtung verschoben werden.

Ein Erfolg kann im Allgemeinen nur erreicht werden, wenn alle Betreiber von Kabelnetzen und Rohrleitungen mit dem Bahnbetrieb eng zusammenarbeiten. Eine gute Hilfe bietet ein Vorgehen nach der AfK-Empfehlung Nr. 4 „Empfehlungen für Verfahren und Kostenverteilung bei Korrosionsschutzmaßnahmen an Kabeln und Rohrleitungen gegen Gleichstrombahnen und Obusanlagen".

In DIN EN 50162 (VDE 0150) sind zur Streustromableitung folgende Definitionen enthalten:

- **Streustromableitung** ist die Ableitung eines Streustroms von der beeinflussten Anlage zu der Streustromquelle durch eine beabsichtigte Verbindung.
- **Direkte Streustromableitung** ist die Vorrichtung, die durch Herstellen einer direkten, metallen leitenden Verbindung zwischen einer beeinflussten Anlage und der Streustromquelle eine Streustromableitung erlaubt. Die Verbindung kann einen in Reihe geschalteten Widerstand zur Strombegrenzung enthalten.
- **Gerichtete Streustromableitung** ist die Vorrichtung, die durch Herstellen einer gerichteten, metallen leitenden Verbindung zwischen einer beeinflussten Anlage und der Streustromquelle eine Streustromableitung erlaubt. Die Verbindung beinhaltet eine Vorrichtung, z. B. eine Diode, um sicherzustellen, dass der Strom nur in einer Richtung fließen kann.
- **Erzwungene Streustromableitung** (Streustromabsaugung) ist die Vorrichtung, die durch Herstellen einer metallen leitenden Verbindung zwischen einer beeinflussten Anlage und der Streustromquelle eine Streustromableitung erlaubt. Die Verbindung beinhaltet eine Gleichstromquelle zur Verstärkung der Streustromableitung.

Prinzipiell werden nach DIN EN 50162 (VDE 0150) folgende drei Arten von Streustromableitungen und Streustromabsaugungen unterschieden:

- **Direkte Streustromableitung (Bild 10.26)**

ist eine Kabelverbindung (Streustromrückleiter) von der gefährdeten Anlage zu stets negativen Punkten der die Streuströme erzeugenden Anlage, auch über einen einstellbaren Widerstand. Im Einflussbereich von Gleichstromableitungen ist die unmittelbare Streustromableitung im Allgemeinen nur zu Sammelschienen von ständig betriebenen Unterwerken möglich.

- **Gerichtete Streustromableitung (Bild 10.27)**

ist eine Kabelverbindung, jedoch mit einem stromrichtungsabhängigen Glied, z. B. Gleichrichterzellen. Durch diese wird eine Stromumkehr im Streustromrückleiter verhindert.

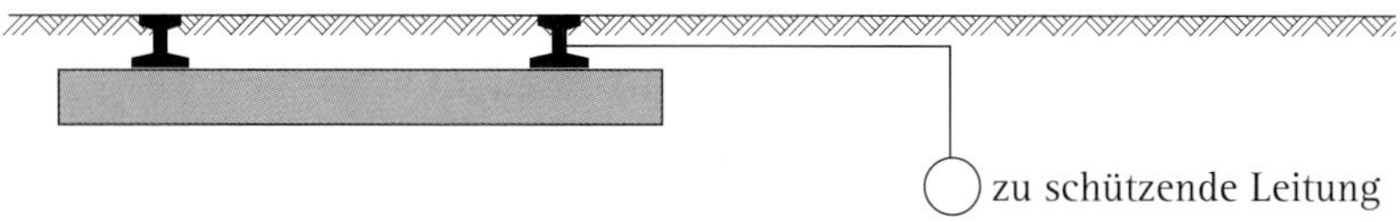

Bild 10.26 Direkte Streustromableitung

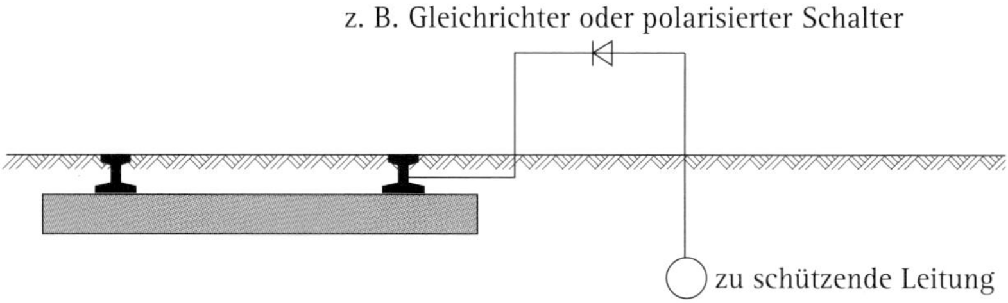

Bild 10.27 Gerichtete Streustromableitung

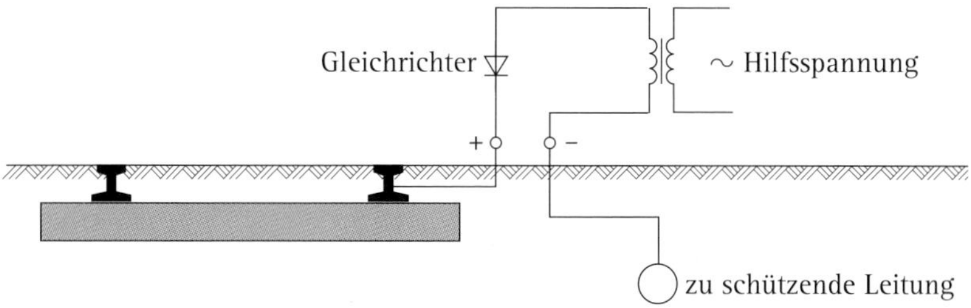

Bild 10.28 Erzwungene Streustromableitung

- **Erzwungene Streustromableitung (Bild 10.28)**

ist eine Streustromabsaugung, bei der im Streustromrückleiter eine Gleichstromquelle liegt. Durch sie kann an der gefährdeten Anlage auch dann ein negatives Potential gegenüber dem umgebenden Elektrolyten (Erdboden) erzwungen werden, wenn dies allein durch die Ableitung der Streuströme nicht erreicht wird.

Besondere Maßnahmen sind bei Tunnelanlagen für Gleichstrombahnen zu beachten. Weder die Fahrschienen noch Bewehrungen oder sonstige Metallteile der Tunnelanlagen dürfen mit anderen unterirdischen Anlagen metallisch leitend verbunden sein. Dies bedeutet, dass Kabel und Rohrleitungen isoliert in den Tunnel einzuführen sind und dass die Stromversorgung nicht nur für den Bahnbetrieb, sondern auch für alle sonstigen Einrichtungen über Transformatoren mit getrennten Wicklungen erfolgen muss.

Schädliche Beeinflussungen durch katodische Korrosionsschutzanlagen können u. a. durch Einbeziehen der beeinflussten Anlagen in die Korrosionsschutzmaßnahme vermieden werden. Hinweise für das Einbeziehen von EVU/VNB-Anlagen sind in den AfK-Empfehlungen Nr. 2 und 9 enthalten. Die Durchführung dieser Maßnahmen ist – im Einvernehmen mit dem EVU/VNB – Angelegenheit des Errichters oder Betreibers der Korrosionsschutzanlage.

10.12.6 Katodischer Korrosionsschutz

Das Prinzip des katodischen Korrosionsschutzverfahrens besteht darin, dass ein Gleichstromübergang von einem Metall in den Erdboden durch Überlagerung eines äußeren, entgegengesetzt gerichteten Gleichstroms verhindert wird; hierbei kann der Schutzstrom durch ein unedleres Metall (galvanische Anoden) oder durch eine technische Gleichstromquelle (netzgespeister Gleichrichter) erzeugt werden. Das Verfahren ist ausführlich im „Taschenbuch für den kathodischen Korrosionsschutz" beschrieben und wird seit Jahrzehnten mit sehr gutem Erfolg für unterirdische Rohrleitungen und Behälter aus Stahl mit Umhüllungen angewendet. Durch eine ausreichende Schutzstromdichte in unvermeidbaren Fehlerstellen der Umhüllung kann die Stahloberfläche so weit katodisch polarisiert werden, dass sie zu einer unangreifbaren Katode und damit vollständig gegen jede Art von Korrosion geschützt wird. Für Ölfernleitungen und Gasleitungen mit einem Betriebsdruck von über 16 bar sowie für Öl- und Benzintanks in bestimmten Fällen ist das katodische Korrosionsschutzverfahren durch Aufsichtsbehörden vorgeschrieben.

Bei Erdungsanlagen ist der katodische Korrosionsschutz nicht von Bedeutung.

10.12.7 Fundamenterder und Korrosion

10.12.7.1 Verhalten feuerverzinkter Stähle in Beton

Langzeitversuche haben gezeigt, dass sich der feuerverzinkte Stahl in Beton hinsichtlich seines Korrosionsverhaltens ausgezeichnet bewährt hat. Eine frühzeitige Zersetzung, wie früher oft behauptet, findet nicht statt.

Untersuchungen von Forschungsinstituten haben gezeigt, dass durch Einwirkung von Beton auf Zink an der Oberfläche des verzinkten Stahls eine passivierende Schutzschicht entsteht. Die Beständigkeit dieser Schutzschicht und damit auch das weitere Verhalten des verzinkten Stahls werden wesentlich durch die Beschaffenheit des Betons und die statische Beanspruchung des Stahls bestimmt. So liegen die Verhältnisse bei schlaff armierten Stählen gegenüber statisch hoch beanspruchten Stählen wesentlich günstiger. In jedem Fall ist eine dichte und blasenfreie Einbringung des Betons erforderlich, damit keine Eigenkorrosion auftreten kann.

10.12.7.2 Zusammenschluss von Fundamenterdern mit Erdern im Erdreich

Wenn separate Blitzschutzerder errichtet werden, sind diese nach Teil 410 an zentraler Stelle mit dem Potentialausgleich zu verbinden. Hierdurch wird bei Vorhandensein eines Fundamenterders ein Zusammenschluss vorgenommen, der zum Stromfluss zwischen den beiden in der Spannungsreihe unterschiedlichen Metallen führt. Wird beispielsweise als Blitzschutzerder verzinkter Stahl verwendet, so kann im ungünstigsten Fall eine Potentialdifferenz zwischen den beiden Metallen von 0,7 V auftreten. Hierbei wird das „unedlere" Metall, in diesem Falle verzinkter Stahl im Erdreich, zerstört. Solche Korrosionen sind nach bisheriger Erfahrung jedoch nicht von schwerwiegender Bedeutung, da in der Praxis die Potentialdifferenz wesentlich geringer ist. Andere Verhältnisse treten auf, wenn Kupfer im Erdboden mit anderen Metallen verbunden wird (**Bild 10.29**).

Blankes Kupfer im Erdboden hat ein weitaus höheres Potential als andere übliche Metalle im Erdboden, wie z. B. verzinkter Stahl, blanker Stahl und auch Stahl in Beton. Bei einer metallenen Verbindung mit Kupfer treten daher an den anderen Metallen stets erhebliche Korrosionen auf.

Nach der Flächenregel ist das Verhältnis der anodischen Fläche S_a (Stahl) zur katodischen Fläche S_k (Kupfer) bei der Bildung von Korrosionselementen von entscheidender Bedeutung. Mit größer werdender Kupferfläche steigt die Korrosionsgeschwindigkeit der anodischen Fläche (unedleres Metall) sehr stark an. Daher sind Erder aus Kupfer nur mit größter Vorsicht zu verwenden, besonders wenn sie mit dem Fundamenterder zu verbinden sind. Dies gilt sinngemäß auch für Rohrleitungen.

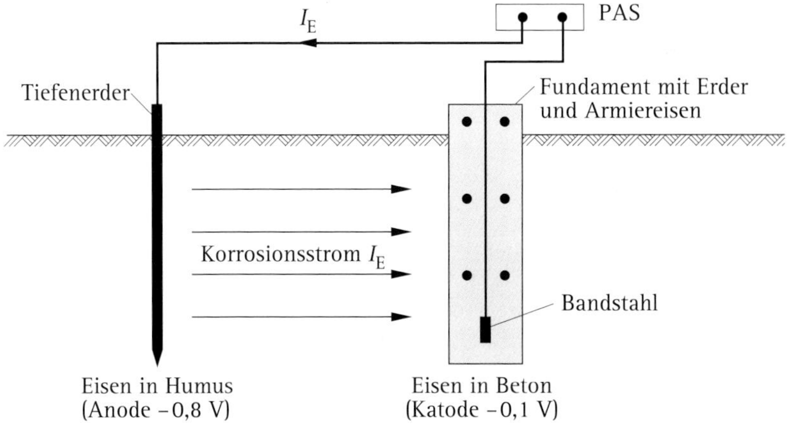

Bild 10.29 Korrosion bei einem Fundamenterder

Aufgrund des stark positiven Potentials von Kupfer im Beton entstehen durch Korrosion Abtragungen am Fundamenterder. Auch an anderen im Erdboden befindlichen Anlagen aus Metall können in solchen Fällen Korrosionserscheinungen auftreten. Um solche Korrosionsschäden zu vermeiden, müssen Rohrleitungen und Rohrschlangen aus Kupfer im Erdboden oder im Grundwasser von allen anderen Anlageteilen elektrisch getrennt sein. Dies kann z. B. durch Einbau von Rohrstücken aus Kunststoff an den Anschlussstellen vorgenommen werden.

10.12.7.3 Fundamenterder aus verzinktem Stahl und Armierungen

Wird in Fundamenten zusätzlich verzinkter Stahl als Fundamenterder verlegt und mit der Bewehrung verbunden, so ergibt diese Anordnung ein chemisches Element aus Stahl, Zink und feuchtem Beton als Elektrolyt. Die Spannung zwischen Stahl und Zink liegt dabei in der Größe von 500 mV bis 700 mV. Die metallische Verbindung zwischen Stahl und verzinktem Stahl und die gute elektrische Leitfähigkeit des feuchten Betons bewirken einen verhältnismäßig starken Korrosionsstrom, der das Zink auflöst.

Dieser Vorgang hört nach einigen Monaten auf, weil entweder das Zink restlos abgetragen ist oder weil der Beton so weit abgebunden hat, dass seine Feuchtigkeit weitgehend gebunden und sein Widerstand stark gestiegen ist.

Hierdurch treten in der Praxis keine Probleme auf.

10.12.7.4 Zusammenschluss von Armierungen mit Erdern im Erdreich

Der schwarze Stahl von Betonfundamenten bildet auch mit Erdern im Erdreich über die Elektrolyte des Erdreichs ein galvanisches Element. Die Spannung dieser Elemente liegt je nach Eigenschaft des Betons und des Erdreichs zwischen 0 mV und 500 mV. Bei einer metallischen Verbindung zwischen Bewehrung und Erder entsteht ein Korrosionsstrom, der den Erder zerstören kann. Ungünstigerweise kommt noch hinzu, dass das Flächenverhältnis Erder/Betonfundament sehr klein ist.

Nach den bisherigen Erfahrungen kommt eine derartige Korrosion im Erdboden nach Aufzehrung des Zinküberzugs im Gegensatz zur Korrosion im Beton nicht zum Stillstand. Vielmehr wird nach Aufzehrung der Zinkschicht der dann übrig bleibende Stahl oft sehr schnell vollständig aufgezehrt.

So ist z. B. ein Bandstahl 30 mm × 3,5 mm, der als Ringerder um ein Hochhaus verlegt war und mit dessen Fundamentbewehrung Verbindung hatte, binnen zwei Jahren fast vollständig zu Rost zerfallen.

Abhilfe bietet hier nur die geeignete Auswahl der Erdermaterialien nach der Spannungsreihe.

10.13 Erdungsleiter – Teil 540 Abschnitt 542.3

Im Sinne von Teil 540 ist ein Erdungsleiter ein Leiter, der den Erder mit einen Punkt des Potentialausgleichssystems, im Allgemeinen mit dem Hauptpotentialausgleich, verbindet.

Der Anschluss der Erdungsanlage an das Schutzsystem der elektrischen Anlage wird normalerweise an der Haupterdungsschiene oder an dem Betriebsmittel erfolgen, das die Aufgabe der Haupterdungsschiene übernimmt. Die Anschlussstelle muss zugänglich bleiben und lösbar sein. Die Verbindung muss so gestaltet sein, dass sie nur mittels Werkzeug lösbar ist.

Der Anschluss des Erdungsleiters an den Erder muss fest und elektrisch zuverlässig ausgeführt sein. Die Verbindung ist durch Schweißen, Pressverbinder, Klemm- oder andere mechanische Verbindung herzustellen. Wenn Klemmverbinder verwendet werden, darf weder der Erder noch der Erdungsleiter beschädigt werden.

Anmerkung: Gelötete Verbindungen oder Anschlüsse bieten keine ausreichend zuverlässige mechanische Festigkeit.

Erdungsleiter, die nicht im Erdreich verlegt sind, müssen dem Querschnitt des Schutzleiters entsprechen und sind nach Abschnitt 10.16 zu bemessen. Die Mindestquerschnitte müssen den Werten der Tabelle 10.9 genügen.

Erdungsleiter, die im Erdreich verlegt sind, sind nach **Tabelle 10.8** zu bemessen.

Anmerkung: In TN-Systemen, in denen keine nennenswerten Fehlerströme über den Erder zu erwarten sind, dürfen die Erdungsleiter, in Abweichung der in Tabelle 10.8 genannten Werte, bei Kupfer einen Mindestquerschnitt von 6 mm^2 haben. Die Anwendung dieser Festlegung erfordert genaue Kenntnisse über die Impedanzen und die Kurzschlussströme der elektrischen Anlage. Wenn z. B. ein Kurzschlussstrom von 1 000 A zu erwarten ist, und davon 30 %, also 300 A über die Erde und Erdungsleiter zur Stromquelle zurückfließen, ist das bei 6 mm^2 Kupfer ein Strom, der weitere Schäden verursachen kann, auch wenn davon ausgegangen werden kann, dass der Kurzschlussstrom innerhalb kurzer Zeit abgeschaltet wird.

Erdungsleiter	Mindestquerschnitt in mm^2			
	mechanisch geschützte Verlegung		mechanisch ungeschützte Verlegung	
	Kupfer	Stahl	Kupfer	Stahl
gegen Korrosion geschützt	2,5	10	16	16
gegen Korrosion nicht geschützt	25	50	25	50

Tabelle 10.8 Mindestquerschnitte für Erdungsleiter im Erdreich (Quelle: DIN VDE 0100-540:2007-06 Tabelle 54.2)

Nennquerschnitte				
Außenleiter	Schutzleiter		Schutzleiter getrennt verlegt[1)]	
	isolierte Starkstromleitungen	0,6/1-kV-Kabel mit vier Leitern	geschützt	ungeschützt
mm^2	mm^2	mm^2	mm^2	mm^2
bis 0,5	0,5	–	2,5	4
0,75	0,75	–	2,5	4
1	1	–	2,5	4
1,5	1,5	1,5	2,5	4
2,5	2,5	2,5	2,5	4
4	4	4	4	
6	6	6	6	
10	10	10	10	
16	16	16	16	
25	16	16	16	
35	16	16	16	
50	25	25	25	
70	35	35	35	
95	50	50	50	
120	70	70	70	
150	70	70	70	
185	95	95	95	
240	–	120	120	
300	–	150	150	
400	–	185	185	

1) Ab einem Querschnitt des Außenleiters von > 95 mm^2 sind vorzugsweise blanke Leiter anzuwenden.

Tabelle 10.10 Zuordnung des Schutzleiters zum Außenleiter; Werte für die praktische Anwendung

Bei der **Berechnung des Querschnitts für den Schutzleiter** wird die Grundbeziehung, die die adiabatische Erwärmung eines Leiters beschreibt, verwendet. Es gilt

$$I^2\,t \le k^2\,S^2 \tag{10.14}$$

Für eine Abschaltzeit von bis zu 5 s (diese Zeit ist die maximal zulässige Abschaltzeit für Schutzmaßnahmen mit Schutzleiter!) wird die Beziehung nach dem Schutzleiterquerschnitt S umgestellt, und es ergibt sich für die Berechnung des Querschnitts für den Schutzleiter folgende Gleichung

$$S \geq \frac{\sqrt{I^2\,t}}{k} \tag{10.15}$$

In den Gln. (10.14) und (10.15) bedeuten

S Schutzleiterquerschnitt in mm^2 (Mindestquerschnitt!)

I Fehlerstrom (Kurzschlussstrom) in A, der bei einem vollkommenen Kurzschluss fließt

t Ansprechzeit der verwendeten Schutzeinrichtung in s (maximal $t = 5$ s)

k Faktor in A $\sqrt{s}/mm^2$, der vom Leiterwerkstoff, der Verlegeart, von zulässigen Anfangs- und Endtemperaturen abhängig ist (k-Werte siehe Abschnitt 25.3, Anhang C)

Unabhängig vom Ergebnis der Berechnung des Schutzleiterquerschnitts, das in der Regel einen geringeren Querschnitt als nach Tabelle 10.8 oder Tabelle 10.9 zulässt, sind bei getrennter Verlegung folgende Mindestquerschnitte immer einzuhalten:

- 2,5 mm^2 Cu oder Al, wenn die Leitung mechanisch geschützt ist
- 4 mm^2 Cu oder Al, wenn die Leitung mechanisch nicht geschützt ist

Die Verwendung von Aluminium bei ungeschützter Verlegung war bisher in Deutschland nicht zulässig. Nach den internationalen Vereinbarungen ist dies aber künftig zugelassen. Bei der Verwendung von Aluminium als Schutzleiter bei ungeschützter Verlegung ist es empfehlenswert, die bei Aluminium gegebene Anfälligkeit gegen Korrosion zu beachten. Auch die geringe mechanische Festigkeit von Aluminium (gegenüber Kupfer) ist zu berücksichtigen.

Beispiel 1:

An einer Verteilung ($U = 230/400$ V), die eine Impedanz von $Z_V = 0{,}95\ \Omega$ aufweist, soll ein Drehstrommotor mit H07V 95 mm^2 angeschlossen werden. Die Leitungslänge beträgt 102 m; es werden Schutzorgane mit 160 A Nennstrom der Betriebsklasse gG verwendet. Der Schutzleiterquerschnitt ist zu bestimmen.

Nach Tabelle 10.8 und Tabelle 10.9 wird ein Schutzleiterquerschnitt von 50 mm^2 ermittelt. Die Impedanz an der Kurzschlussstelle im ungünstigsten Fall ergibt sich zu:

$$Z = Z_V + Z_A + Z_{PE}$$

10

Mit den Werten der Tabelle 7.4 b) ergeben sich für die Impedanz des Außenleiters:

$$Z_{\mathrm{A}} = Z_{\mathrm{L}}' \cdot L_{\mathrm{A}} = 0{,}257\ \Omega/\mathrm{km} \cdot 0{,}102\ \mathrm{km} = 0{,}026\ \Omega$$

und für die Impedanz des Schutzleiters:

$$Z_{\mathrm{PE}} = Z_{\mathrm{L}}' \cdot L_{\mathrm{PE}} = 0{,}489\ \Omega/\mathrm{km} \cdot 0{,}102\ \mathrm{km} = 0{,}050\ \Omega$$

Die Gesamtimpedanz beträgt damit:

$$Z = 0{,}095\ \Omega + 0{,}026\ \Omega + 0{,}050\ \Omega = 0{,}171\ \Omega$$

und der Kurzschlussstrom liegt bei:

$$I_{\mathrm{k}} = \frac{c \cdot U}{\sqrt{3} \cdot Z} = \frac{0{,}95 \cdot 400\ \mathrm{V}}{\sqrt{3} \cdot 0{,}171\ \Omega} = 1283{,}0\ \mathrm{A}$$

Die Abschaltzeit für diesen Kurzschlussstrom wird nach Bild 16.9 mit $t = 1{,}2$ s ermittelt. Mit dem Materialbeiwert aus Tabelle 10.10 für eine PVC-isolierte Kupferleitung von $k = 115\ \mathrm{A}\sqrt{\mathrm{s}}/\mathrm{mm}^2$ ergibt sich dann nach Gl. (10.11) ein zulässiger Schutzleiterquerschnitt von:

$$S = \frac{\sqrt{I^2 \cdot t}}{k} = \frac{\sqrt{1283^2\ \mathrm{A}^2 \cdot 1{,}2\ \mathrm{s}}}{115\ \mathrm{A}\sqrt{\mathrm{s}}/\mathrm{mm}^2} = 12{,}2\ \mathrm{mm}^2$$

Da dieser Wert aufzurunden ist, wird ein Querschnitt von 16 mm^2 gewählt. Es ist zu empfehlen, mit den geänderten Impedanzwerten des Schutzleiters eine Nachrechnung durchzuführen.

Mit der anderen Impedanz des Schutzleiters (16 mm^2 anstatt 50 mm^2) ergibt sich:

$$Z_{\mathrm{PE}} = Z_{\mathrm{L}}' \cdot L_{\mathrm{PE}} = 1{,}418\ \Omega/\mathrm{km} \cdot 0{,}102\ \mathrm{km} = 0{,}145\ \Omega$$

Die neue Gesamtimpedanz ist damit:

$$Z = Z_{\mathrm{V}} + Z_{\mathrm{A}} + Z_{\mathrm{PE}} = 0{,}095\ \Omega + 0{,}026\ \Omega + 0{,}145\ \Omega = 0{,}266\ \Omega$$

und der Kurzschlussstrom:

$$I_{\mathrm{k}} = \frac{c \cdot U}{\sqrt{3} \cdot Z} = \frac{0{,}95 \cdot 400\ \mathrm{V}}{\sqrt{3} \cdot 0{,}266\ \Omega} = 824{,}8\ \mathrm{A}$$

Dieser Strom wird von dem vorgeschalteten 160-A-Überstrom-Schutzorgan der Betriebsklasse gG in einer Zeit $t = 8$ s ($t > 5$ s) abgeschaltet. Der Schutzleiterquerschnitt mit 16 mm^2 ist nicht zulässig.

Die Nachrechnung für den Schutzleiterquerschnitt von 25 mm^2 ergibt einen Kurzschlussstrom von $I_k = 1\,030$ A und eine Abschaltzeit von $t = 3{,}9$ s also ($t < 5$ s) und geht in Ordnung.

Beispiel 2:

Eine Anlage in einem TN-System ist durch RCD geschützt. Der maximal fließende Strom über den Schutzleiter zum PEN-Leiter beträgt 2 100 A. Der Außenleiterquerschnitt beträgt 50 mm^2. Gesucht ist der Schutzleiterquerschnitt.

Der Querschnitt nach Tabelle 10.9 beträgt 25 mm^2.

Nach Gl. (10.11) ergibt sich, wenn als maximale Abschaltzeit für RCD mit 0,2 s (in der Praxis schneller) gerechnet wird, wenn der Schutzleiter blank verlegt werden soll und wenn normale Bedingungen vorliegen ($k = 159\ \text{A}\sqrt{\text{s}}/\text{mm}^2$ nach Tabelle C3; Anhang C), folgender Querschnitt:

10

$$S = \frac{\sqrt{I^2 \cdot t}}{k} = \frac{\sqrt{2100^2\ \text{A}^2 \cdot 0{,}2\ \text{s}}}{159\ \text{A}\sqrt{\text{s}}/\text{mm}^2} = 5{,}91\ \text{mm}^2 \approx 6\ \text{mm}^2$$

Beim Einsatz von RCDs erübrigt sich eine Nachrechnung wie in Beispiel 1.

Weitere Ausführungen zu diesem Thema sind in Abschnitt 25.3, Anhang C zu finden. Dort ist auch die Berechnung der k-Faktoren erläutert, und die Tabellen der k-Werte für die verschiedenen Anwendungsfälle sind aufgenommen.

Ergibt sich bei der Berechnung des Schutzleiterquerschnitts ein nicht genormter Querschnitt, was fast immer der Fall sein dürfte, ist stets der nächstgrößere Normquerschnitt zu wählen.

Anmerkung: Ein Rechenverfahren für Abschaltzeiten über 5 s ist in Vorbereitung.

Unabhängig vom Ergebnis der Berechnung des Schutzleiterquerschnitts, das in der Regel einen geringeren Querschnitt als nach Tabelle 10.9 oder Tabelle 10.10 zulässt, sind bei getrennter Verlegung des Schutzleiters folgende **Mindestquerschnitte** immer einzuhalten

- 2,5 mm^2 Cu oder 16 mm^2 Al, wenn der Leiter mechanisch geschützt ist
- 4 mm^2 Cu oder 16 mm^2 Al, wenn der Leiter mechanisch nicht geschützt ist

Wenn ein Schutzleiter für zwei oder mehrere Stromkreise verwendet werden soll, muss der Querschnitt ermittelt werden durch

- Berechnung des Querschnitts, mit den für diese Stromkreise ungünstigsten Bedingungen von Fehlerstrom und Abschaltzeit
- Auswahl nach Tabelle 10.9 entsprechend dem größten Außenleiterquerschnitt dieser Stromkreise

In TT-Systemen darf der Schutzleiterquerschnitt begrenzt werden auf 25 mm^2 Cu und 35 mm^2 Al, vorausgesetzt, die Erder des Neutralpunkts im Verteilungssystem (Sternpunkterdung des Transformators oder Generators) und die fremden leitfähigen Teile der Anlage sind elektrisch voneinander unabhängig.

10.17 Arten von Schutzleitern – Teil 540 Abschnitt 543.2

Als Schutzleiter dürfen verwendet werden

- Leiter in mehradrigen Kabeln und Leitungen
- isolierte und blanke Leiter in gemeinsamer Umhüllung mit Außenleitern und dem Neutralleiter, z. B. in Elektroinstallationsrohren und Elektroinstallationskanälen
- fest verlegte blanke oder isolierte Leiter
- metallene Umhüllungen, wie Mäntel, Schirme und konzentrische Leiter bestimmter Kabel, z. B. NKLEY, NYCY, NYCWY, vorausgesetzt sie entsprechen dem Schutzleiterquerschnitt und ihre Konstruktion ist so, dass die elektrischen Eigenschaften auf Dauer sichergestellt sind

Gehäuse von Niederspannungs-Schaltgerätekombinationen und metallgekapselten Stromschienensystemen dürfen als Schutzleiter verwendet werden, wenn die metallenen Konstruktionsteile folgende Bedingungen erfüllen

- die elektrisch durchgehende elektrische Verbindung muss auf Dauer sichergestellt sein und eine Verschlechterung der Verbindung infolge mechanischer, chemischer oder elektrochemischer Einwirkungen kann nicht auftreten
- der Querschnitt der Konstruktion und der Verbindungen entspricht dem erforderlichen Schutzleiterquerschnitt
- an allen Anschlussstellen für Schutzleiter müssen auch andere Schutzleiter angeschlossen werden können

Als Schutzleiter und Schutzpotentialausgleichsleiter dürfen nicht verwendet werden

- Wasserleitungen aus Metall
- Rohre, die brennbare Gase oder Flüssigkeiten enthalten oder transportieren
- Konstruktionsteile, die im normalen Betrieb mechanischen Beanspruchungen ausgesetzt sind
- flexible oder bewegliche Elektroinstallationsrohre aus Metall, es sei denn, sie sind für diesen Zweck geeignet und hergestellt
- flexible Metallteile

- Spanndrähte oder Tragseile
- Kabelwannen und Kabelpritschen

Zur Anschluss- und Verbindungstechnik von Schutzleitern untereinander und Schutzleitern mit anderen Teilen bzw. Anschlussstellen ist noch grundsätzlich zu bemerken:

- ein angemessener Schutz gegen chemische, elektrochemische, mechanische und elektromechanische Beanspruchungen sollte vorhanden sein, z. B. Zugentlastungen wo notwendig
- es sollte ein Schutz gegen Selbstlockern der Verbindung vorhanden sein (Anwendung von Zahnscheiben, Fächerscheiben oder Federringen)
- die Verbindung sollte zugänglich sein (ausgenommen vergossene Verbindungen)
- Befestigungs- und Verbindungsschrauben sollten nur dann als Anschlussstelle für den Schutzleiter verwendet werden, wenn sie dafür konstruiert und auch geeignet sind

Die Verwendung von Profilschienen (Hut-Schienen, G-Schienen) als Schutzleiter ist zulässig, wenn die Schienen den erforderlichen Querschnitt besitzen. **Tabelle 10.11** enthält Angaben über den Querschnitt verschiedener Profilschienen.

Schienenprofil Norm Bezeichnung	Werkstoff	entsprechender Querschnitt eines Kupferleiters mm^2
Hutschiene EN 50045 15 mm × 5 mm	Stahl Kupfer Aluminium	10 25 16
G-Schiene EN 50035 G 32	Stahl Kupfer Aluminium	35 120 70
Hutschiene EN 50022 35 mm × 7,5 mm	Stahl Kupfer Aluminium	16 50 35
Hutschiene EN 50022 35 mm × 15 mm	Stahl Kupfer Aluminium	50 150 95

Tabelle 10.11 Verwendung von Profilschienen als Schutzleiter

10.18 Erhalten der elektrischen Eigenschaften von Schutzleitern – Teil 540 Abschnitt 543.3

Schutzleiter sind wichtige Betriebsmittel, die dauerhaften Bestand aufweisen müssen und sind entsprechend zu schützen gegen

- mechanische Beschädigung
- chemische oder elektrochemische Zerstörung
- elektrodynamische oder thermodynamische Kräfte

Die Anschluss- und Verbindungsstellen von Schutzleitern müssen zugänglich sein, um Sichtprüfungen wie Erstprüfungen und Nachprüfungen sowie gegebenenfalls auch Durchgangsmessungen vornehmen zu können. Ausgenommen sind vergossene oder gekapselte Verbindungen, Verbindungen in Installationsrohren und in Schienenverteilern sowie Verbindungen, die Teil eines Betriebsmittels sind und der Betriebmittelnorm entsprechen.

Die Schutzleiterverbindungen (Klemmen und dgl.) dürfen so gestaltet sein, dass die Verbindungen für Prüfzwecke mit Werkzeug gelöst werden können.

Eine Unterbrechung des Schutzleiters darf in keinem Fall erfolgen, weshalb Schaltgeräte (Trenner, Schalter, Sicherungen, Leitungsschutzschalter und ähnliche Geräte) nicht in den Schutzleiter eingebaut werden dürfen. Bei einer elektrischen Überwachung der Erdung mittels Sensoren, Spulen oder dgl. dürfen diese Bauteile nicht in den Schutzleiter eingebaut werden.

Körper von Geräten dürfen als Teil eines Schutzleiters für andere Betriebsmittel nicht verwendet werden, es sei denn, dies ist ausdrücklich erlaubt und in Abschnitt 12.2 beschrieben. Wenn Teile einer Anlage vorübergehend ausgebaut werden, ist darauf zu achten, dass der Schutzleiter nicht unterbrochen wird.

10.19 PEN-Leiter – Teil 540 Abschnitt 543.4

Der PEN-Leiter ist im TN-C-System ein kombinierter Leiter, der gleichzeitig die Funktion des Schutzleiters als auch die des Neutralleiters übernimmt. Er muss deshalb den Anforderungen, die an den Schutzleiter bestehen, und den Anforderungen, die an den Neutralleiter gestellt werden, entsprechen. Die Schutzleiterfunktion hat dabei Vorrang gegenüber den betrieblichen Belangen, die durch den Neutralleiter gegeben sind. Das Kunstwort „PEN“ setzt sich zusammen aus den Bezeichnungen „PE“ für Schutzleiter und „N“ für Neutralleiter.

In TN-C-Systemen und im TN-C-Teil von TN-C-S-Systemen darf der PEN-Leiter nicht getrennt und nicht geschaltet werden (DIN VDE 0100-460 Abschnitt 461.2), weshalb in den PEN-Leiter keine Schalter, Schutzorgane oder andere Trennmöglichkeiten eingebaut werden dürfen.

Der PEN-Leiter muss bei fester Verlegung mindestens folgenden Querschnitt haben:

- 10 mm^2 Kupfer
- 16 mm^2 Aluminium

Weitere Festlegungen zum Querschnitt des PEN-Leiters sind in DIN VDE 0100-540 nicht getroffen. Da ein PEN-Leiter die Anforderungen an den Schutzleiter (Teil 540) und an den Neutralleiter (Teil 430) erfüllen muss, kann der Querschnitt aus diesen Festlegungen abgeleitet werden. In sinngemäßer Auslegung von Teil 430 Abschnitt 9.2 darf damit der Querschnitt des PEN-Leiters geringer sein als der Querschnitt der Außenleiter, wenn sichergestellt ist, dass

- entweder der größte Strom im PEN-Leiter bei normalem Betrieb die zulässige Strombelastbarkeit dieses Leiters nicht überschreitet und in den Außenleitern Schutzeinrichtungen vorhanden sind, die den Kurzschlussschutz des Systems, auch unter Berücksichtigung des reduzierten Querschnitts des PEN-Leiters, sicherstellen
- oder im PEN-Leiter eine Überstromerfassung (Überlast- und Kurzschlussschutz) eingebaut ist, die auf ein Schaltglied wirkt, das alle Außenleiter gleichzeitig abschaltet, wobei der PEN-Leiter nicht mitgeschaltet werden darf

Wenn also eine der genannten Bedingungen erfüllt ist, darf der PEN-Leiter-Querschnitt nach Tabelle 10.10, wie für den Schutzleiter vorgesehen, bemessen werden. Der PEN-Leiter-Querschnitt könnte auch nach Kapitel 18 berechnet werden.

Von besonderer Wichtigkeit ist die Stelle, an der der PEN-Leiter in Schutzleiter und Neutralleiter aufgeteilt wird (**Bild 10.30**). Der ankommende PEN-Leiter ist auf die Schutzleiterschiene oder Schutzleiterklemme zu führen, und von dort ist eine Verbindung zu Neutralleiterschiene oder Neutralleiterklemme herzustellen.

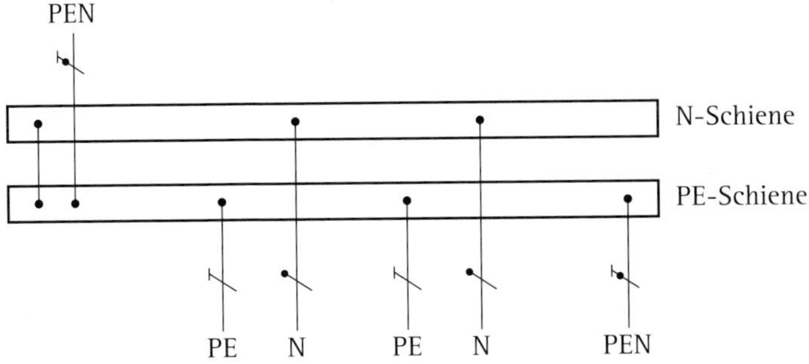

Bild 10.30 Aufteilung des PEN-Leiters in Schutzleiter und Neutralleiter an einer Verteilung ohne Darstellung der Schienen für die Außenleiter

Nach der Aufteilung des PEN-Leiters dürfen Schutzleiter und Neutralleiter nicht mehr verbunden werden; ebenso ist eine direkte oder indirekte Erdung des Neutralleiters nicht mehr zulässig.

Diese Maßnahme wäre eine Parallelschaltung von Schutzleiter und Neutralleiter, was auf alle Fälle zu verhindern ist. Geht von einer solchen Verteilung ein TN-C-Stromkreis in die Anlage (drei Außenleiter und ein PEN-Leiter), so ist der PEN-Leiter auf die PE-Schiene zu führen.

Zu erwähnen sind noch folgende Festlegungen

10

- fremde leitfähige Teile, Spannseile, Aufhängeseile, Installations-Metallrohre, Kabelkanäle, Metallschläuche, Profilschienen u. dgl. dürfen nicht als PEN-Leiter verwendet werden
- metallene Umhüllungen von Kabeln und Leitungen dürfen nicht als PEN-Leiter verwendet werden
- die Verwendung der metallenen Umhüllung von Schienenverteilern darf als PEN-Leiter verwendet werden, wenn der Querschnitt ausreicht und die Verbindungsstellen so ausgebildet sind, wie dies für PEN-Leiter gefordert ist
- PEN-Leiter müssen für die Netz-Nennspannung isoliert verlegt werden
  Anmerkung: Die Notwendigkeit der isolierten oder nicht isolierten Verlegung des PEN-Leiters innerhalb von Betriebsmitteln, z. B. Schaltanlagen, wird durch das entsprechende Betriebsmittel-Komitee festgelegt, dabei ist besonders die zu erwartende Beeinflussung bezüglich der EMV zu berücksichtigen
- innerhalb von Schaltanlagen braucht der PEN-Leiter nicht isoliert zu werden
- die farbige Kennzeichnung des PEN-Leiters und die Kennzeichnung von PEN-Schienen sind in Abschnitt 12.8 behandelt

10.20 Kombinierte Schutzerdungsleiter und Funktionserdungsleiter – Teil 540 Abschnitt 543.5

Wenn ein gemeinsamer Erdungsleiter, der als Schutzerdungsleiter und Funktionserdungsleiter dient, zum Einsatz gelangt, muss dieser Erdungsleiter

- die Anforderungen, die an einen Schutzerdungsleiter gestellt werden, erfüllen (siehe hierzu die Abschnitte 12.1 bis 12.3)
- die Bedingungen erfüllen, die an den Funktionserdungsleiter gestellt werden

Die Anforderungen an den Schutzerdungsleiter sind in den Abschnitten 12.1 bis 12.3 behandelt und ausführlich beschrieben.

Die Anforderungen an den Funktionserdungsleiter sind verschiedener Natur und unter anderem in folgenden Normen behandelt

- DIN VDE 0100-444 „Schutz gegen elektromagnetische Störungen (EMI) in Anlagen von Gebäuden“
- DIN EN 50178 (VDE 0160) „Ausrüstung von Starkstromanlagen mit elektronischen Betriebsmitteln“
- DIN EN 50310 (VDE 0800-2-310) „Anwendung von Maßnahmen für Potentialausgleich und Erdung in Gebäuden mit Einrichtungen für die Informationstechnik“
- DIN EN 60950 (VDE 0805) „Sicherheit von Einrichtungen der Informationstechnik“

Anmerkung: Die Aufzählung erhebt keinen Anspruch auf Vollständigkeit.

Die in den verschiedenen Anwendungsfällen aufgestellten Forderungen an den Funktionserdungsleiter sind den genannten Normen zu entnehmen. In der Regel sind dabei, um elektromagnetische Störungen zu verhindern, Betriebsmittel oder Geräte miteinander zu verbinden oder mit Erdungen zu verbinden, damit diese ein gleiches Potential annehmen und so einen störungsfreien Betrieb ermöglichen.

Der Funktionserdungsleiter wird nach DIN EN 60446 (VDE 0198) „Grund- und Sicherheitsregeln für die Mensch-Maschine-Schnittstelle – Kennzeichnung von Leitern durch Farben oder alphanumerische Zeichen“ mit der Buchstabenkombination FE gekennzeichnet (siehe Abschnitt 10.4).

Auch in Gleichstromsystemen darf ein geeigneter Mittelleiter (PEM-Leiter) oder ein geeigneter Außenleiter (PEL-Leiter) als kombinierter Schutzerdungsleiter und Funktionserdungsleiter verwendet werden. In diesen Fällen dürfen fremde leitfähige Teile nicht als PEM-Leiter oder PEL-Leiter verwendet werden. Obwohl solche Leiter in der Praxis selten vorkommen, werden sie nachfolgend definiert

- Ein **PEM-Leiter** ist ein geerdeter Leiter, der zugleich die Funktion eines Schutzleiters (PE) und die eines Mittelleiters (M) in einem Gleichstromsystem erfüllt (IEV 195-02-13)
- Ein **PEL-Leiter** ist ein geerdeter Leiter, der zugleich die Funktion eines Schutzleiters (PE) und die eines Außenleiters (L) in einem Gleichstromsystem erfüllt (IEV 195-02-14)

10.21 Anordnung von Schutzleitern – Teil 540 Abschnitt 543.6

Wenn in einer elektrischen Anlage zum Schutz gegen elektrischen Schlag Überstromschutz-Einrichtungen verwendet werden, muss der Schutzleiter in demselben

Kabel bzw. derselben Leitung verlegt sein wie die aktiven Leiter, also die Außenleiter und der Neutralleiter, d. h., er sollte in der Leitung einbezogen sein (der fünfte Leiter). Wird der Schutzleiter getrennt verlegt, so muss er in unmittelbarer Nähe der Außenleiter angeordnet sein.

10.22 Verstärkte Schutzleiter für Schutzleiterströme größer 10 mA – Teil 540 Abschnitt 543.7

Die zulässigen Ableitströme für elektrische Betriebsmittel und Geräte sind in den jeweiligen Betriebsmittelnormen festgelegt. In der Regel darf ein Gerät der Schutzklasse I einen Ableitstrom von 3,5 mA nicht überschreiten. Für Wärmegeräte und Leuchtenanlagen sind maximal 5 mA zulässig. Ableitströme können als reiner Wirkstrom und als Wirkstrom mit kapazitivem oder induktivem Anteil auftreten. Siehe hierzu auch Abschnitt 12.9.

Durch Summierung von Ableitströmen, wie dies beim Einsatz vieler Geräte vorkommen kann, ist es möglich, dass ein Ableitstrom auch auf Werte über 10 mA ansteigt.

Anmerkung: In solchen Fällen sind auch beim Einsatz von Fehlerstrom-Schutzeinrichtungen (RDCs) betriebliche Probleme durch ungewünschte Auslösungen zu erwarten.

Dort wo fest angeschlossene Verbrauchsmittel eingesetzt sind und Schutzleiterströme größer 10 mA zu erwarten sind, muss der Schutzleiter wie folgt bemessen werden

- der Schutzleiter muss in seinem gesamten Verlauf einen Querschnitt von mindestens
  - 10 mm^2 Kupfer oder
  - 16 mm^2 Aluminium

  aufweisen, oder
- ein zweiter Schutzleiter ist zusätzlich zu verlegen, der mindestens den gleichen Querschnitt hat, wie es für den Schutz bei indirektem Berühren (Fehlerschutz) festgelegt ist, und bis zu dem Punkt der Anlage verlegt werden muss, an dem der Schutzleiter einen Querschnitt von 10 mm^2 Cu oder 16 mm^2 Al aufweist. Dies erfordert eine getrennte (zweite) Anschlussklemme für den Schutzleiter am Betriebsmittel (Gerät).

In TN-C-Systemen, in denen ein PEN-Leiter bis zur Anschlussstelle des Betriebsmittels verlegt ist, darf der Schutzleiterstrom als Betriebsstrom behandelt werden. Ein nach Abschnitt 12.4 dimensionierter PEN-Leiter erfüllt die oben genannte Forderung.

10.23 Kennzeichnung von Schutzleiter und PEN-Leiter – Teil 510 Abschnitt 514.3

Grundsätzlich kann für isolierte Leiter gesagt werden:

- Schutzleiter und PEN-Leiter müssen in ihrem gesamten Verlauf durchgehend grün-gelb gekennzeichnet werden. Eine andere Kennzeichnung ist nicht zulässig. Der PEN-Leiter ist an den Anschlussstellen zusätzlich durch ein „blaues" Band zu markieren (siehe Abschnitt 14.7)
- Erdungsleiter und Potentialausgleichsleiter dürfen grün-gelb gekennzeichnet werden. Eine andere Kennzeichnung ist zulässig, sie darf aber nicht gelb, nicht grün und auch keine zweifarbige Kombination irgendwelcher Farben sein (ausgenommen grün-gelb)

10

Bei einadrigen Leitungen mit Mantel, z. B. NYM, oder Kabeln, z. B. NYY, kann auf die durchgehende Kennzeichnung verzichtet werden. An den Anschlussstellen ist jedoch eine dauerhafte Kennzeichnung grün-gelb und ggf. hellblau anzubringen.

Bei Konstruktionsteilen, in Schalt- und Verteilungsanlagen, bei Freileitungen, bei konzentrischen Leitern und Metallmänteln sowie bei blanken Leitern kann in allen Fällen auf eine Kennzeichnung verzichtet werden.

Für **Kabel und Leitungen** gilt für die farbliche Kennzeichnung der verschiedenen Adern die Norm DIN VDE 0293-308 „Kennzeichnung der Adern von Kabeln/Leitungen und flexiblen Leitungen durch Farben". Siehe hierzu auch Abschnitt 10.4. Danach gelten für die Kennzeichnung von Schutzleiter, PEN-Leiter und Neutralleiter folgende Festlegungen

- Die Farbkombination **grün-gelb** ist ausschließlich für die Kennzeichnung des **Schutzleiters** und des **PEN-Leiters** vorgesehen. Der PEN-Leiter ist an den Anschlussstellen zusätzlich durch eine Markierung in **blau** an den Leiterenden zu kennzeichnen (**Bild 10.31**). Somit ist ein Schutzleiter eindeutig von einem PEN-Leiter zu unterscheiden.
  Anmerkung 1: Die blaue Markierung an den Leiterenden darf in öffentlichen Verteilungsnetzen und in vergleichbaren Verteilungsnetzen der Industrie entfallen.

Bild 10.31 Kennzeichnung des PEN-Leiters grün-gelb und blaue Markierung am Leiterende

Anmerkung 2: Es muss darauf hingewiesen werden, dass in einigen CENELEC-Ländern der PEN-Leiter „blau“ gekennzeichnet wird und mit einer zusätzlichen Markierung in „grün-gelb“ an den Anschlussenden versehen ist. Diese Variante ist in Deutschland nicht zulässig.

- Die Farbe **blau** ist für die Kennzeichnung des Neutralleiters bei Wechselspannung und der Kennzeichnung der Mittelleiter bei Gleichspannung zu verwenden.
  Anmerkung: Beim Fehlen eines Neutralleiters/Mittelleiters darf der blaue Leiter in einem Kabel oder einer Leitung auch für andere Zwecke verwendet werden. Allerdings nicht als Schutzleiter.

Wenn blanke Leiter oder Sammelschienen grün-gelb oder blau zu kennzeichnen sind, so ist die Kennzeichnung in einer Breite zwischen 15 mm und 100 mm anzubringen. Bei der Kennzeichnung grün-gelb müssen gleich breite Streifen, die nebeneinander anzuordnen sind, aufgebracht werden.

10.24 Schutzleiterströme – Teil 510 Abschnitt 516

Das Thema Schutzleiterströme (Ableitströme) ist zur Zeit bei IEC in Beratung.

Ein Schutzleiterstrom im Sinne von DIN VDE 0100-510 (VDE 0100-510) Abschnitt 516 ist ein Strom, der im Schutzleiter fließt, wenn die Betriebsmittel fehlerfrei in Betrieb sind.

Die Hersteller von elektrischen Betriebsmitteln sind aufgefordert, in einer Dokumentation die Schutzleiterströme der Betriebsmittel anzugeben.

Schutzleiterströme, die von elektrischen Betriebsmitteln bei normalen Betriebsbedingungen erzeugt werden, und die elektrische Anlage müssen so aufeinander abgestimmt sein, dass eine ausreichende Sicherheit besteht und ein bestimmungsgemäßer Betrieb möglich ist. Die Größe der Ableitströme ist in der Regel in der Betriebsmittelnorm angegeben. Die zulässigen Schutzleiterströme (Ableitströme) von Betriebsmitteln und deren Grenzen sind in IEC 61140 und DIN EN 61140 (VDE 0140-1) festgelegt. Die zulässigen Werte für Schutzleiterströme sind in DIN VDE 0100-510 Anhang NA dargestellt.

Für Betriebsmittel mit einer Bemessungsfrequenz von 50 Hz oder 60 Hz gelten folgende Festlegungen

- Für steckbare Verbrauchsmittel, geeignet für den Anschluss mittels einpoliger oder mehrpoliger Steckvorrichtung bis einschließlich 32 A Bemessungsstrom sind die Grenzwerte der Schutzleiterströme nach **Tabelle 10.12** zu beachten.
- Für Verbrauchsmittel für dauerhaften Anschluss und ortsfeste Verbrauchsmittel, beide ohne spezielle Maßnahmen für den Schutzleiter, oder steckbare Verbrauchsmittel, geeignet für den Anschluss mittels einpoliger oder mehr-

poliger Steckvorrichtung mit einem Bemessungsstrom größer als 32 A, sind die Grenzwerte der Schutzleiterströme nach **Tabelle 10.13** zu beachten.

- Für Verbrauchsmittel für dauerhaften Anschluss, vorgesehen für den Anschluss eines verstärkten Schutzleiters (siehe Abschnitt 12.7), gilt, dass die Produktkomitees den maximalen Schutzleiterstrom so festlegen sollten, dass er in keinem Fall 5 % des Bemessungsstroms je Außenleiter überschreitet.

Die genannten Werte sind von den Produktkomitees zu berücksichtigen, um übermäßig große Schutzleiterströme zu vermeiden und um elektrische Betriebsmittel und Schutzmaßnahmen in der Anlage zu koordinieren.

Bei der Festlegung von Schutzleiterströmen muss von den Produktkomitees berücksichtigt werden, dass für Schutzzwecke auch Fehlerstrom-Schutzeinrichtungen in einer Anlage vorgesehen sein können. In diesen Fällen muss der Schutzleiterstrom mit der vorgesehenen Schutzeinrichtung verträglich sein, d. h., es darf zu keinen Fehlauslösungen durch die Fehlerstrom-Schutzeinrichtung kommen.

Anmerkung: Die Tabellen 10.12 und 10.13 sind auch in der Norm DIN EN 61140 (VDE 0140) „Schutz gegen elektrischen Schlag – Gemeinsame Anforderungen für Anlagen und Betriebsmittel" als Anhang B enthalten.

Betriebsmittel-bemessungsstrom	maximaler Schutzleiterstrom
≥ 4 A	2 mA
> 4 A, aber ≤ 10 A	0,5 mA/A
> 10 A	5 mA

Tabelle 10.12 Maximale Schutzleiterströme bei Bemessungsströmen bis 32 A und Anschluss über Steckvorrichtungen
(Quelle: DIN VDE 0100-510 (VDE 0100-510):2007-06 Anhang NA)

Betriebsmittel-bemessungsstrom	maximaler Schutzleiterstrom
≤ 7 A	3,5 mA
> 7 A, aber ≤ 20 A	0,5 mA/A
> 20 A	10 mA

Tabelle 10.13 Maximale Schutzleiterströme bei Bemessungsströmen über 32 A und Anschluss über Steckvorrichtungen sowie ortsfeste Verbrauchsmittel
(Quelle: DIN VDE 0100-510 (VDE 0100-510):2007-06 Anhang NA)

10.25 Schutzpotentialausgleichsleiter – DIN VDE 0100-540 Abschnitt 544

Der „Schutzpotentialausgleichsleiter“ wurde früher als Hauptpotentialausgleichsleiter bezeichnet, sinngemäß wird auch der Hauptpotentialausgleich nach den neuen Normen (Teil 410 und Teil 540) „Schutzpotentialausgleich“ genannt. Der zusätzliche Potentialausgleich ist künftig der „zusätzliche Schutzpotentialausgleich“.

10.25.1 Schutzpotentialausgleich

In einem größeren Gebäude sind heute eine Vielzahl elektrischer Einrichtungen mit unterschiedlichen Aufgaben und Anforderungen vorhanden. Wenn für jede Anlage ein separater Erder errichtet werden muss, ist die Erdungsanlage am Ende nicht mehr überschaubar, und die Abgrenzung der verschiedenen Erder nicht mehr beherrschbar. Die gegenseitige Beeinflussung der einzelnen Erder ist nicht zu vermeiden. Wenn die Bedingungen erfüllt werden können, ist es deshalb sinnvoll, für alle elektrischen Anlagen eine **„gemeinsame Erdungsanlage“**, zweckmäßigerweise mit dem Fundamenterder zusammen, zu schaffen. Alle Erdungsleiter können dann miteinander verbunden werden, und es wird ein Potentialausgleich für das gesamte Gebäude geschaffen. Folgende Normen sind für die verschiedenen Gewerke zu beachten

- Niederspannungsanlagen
  DIN VDE 0100 mit den Teilen 410 und 540 für den Schutz der elektrischen Anlagen und evtl. auch Teil 444 zum Schutz gegen Elektromagnetische Störungen (EMI)
- Informationstechnische Anlagen
  DIN EN 50310 (VDE 0800-2-310) für die Einrichtungen der Informationstechnik und DIN EN 60950 (VDE 0805) für die Sicherheit von Einrichtungen der Informationstechnik
- Blitzschutzanlage
  DIN EN 50164-2 (VDE 0185-202) für Leiter und Erder sowie DIN EN 62303-3 (VDE 0185-305-3) für den Blitzschutz von baulichen Anlagen und Personen
- Antennenanlagen und Kabelnetze für Fernsehsignale
  DIN EN 60728-11 (VDE 0855-1) für Antennenerdungen und Sicherheitsanforderungen an Fernsehsignale, Tonsignale und Interaktive Dienste
- Mittelspannungsanlagen und Stationen
  DIN VDE 0101 und DIN VDE 0141, wenn zum Beispiel Mittelspannungsanlagen (Stationen und Transformatoren) im Haus oder in unmittelbarer Nähe vorhanden sind

Alle genannten Komponenten sind in einem Bauwerk relativ selten vorhanden, aber heutzutage sind in fast allen Gebäuden Niederspannungsanlagen und mindestens auch informationstechnische Anlagen vorhanden. Es ist Sache des Planers, ein optimales Schutzkonzept für jede Anlage mit ihren Komponenten zu entwerfen.

Eine gemeinsame Erdungsanlage, zusammengeführt an einer **„gemeinsamen Potentialausgleichsanlage (CBN)"** (CBN; en: common bonding network), ist hier sicher als gute Lösung zu bezeichnen und auch anzustreben, da damit auch nahezu alle EMV-Probleme gelöst sind. In der Regel können an dieser CBN auch alle Funktionserdungsleiter unmittelbar oder mittelbar angeschlossen werden.

Eine CBN ist nach DIN EN 50310 (VDE 0800-2-310) sinngemäß ein wichtiges Mittel für einen wirksamen Potentialausgleich und Erdung innerhalb von Betriebsgebäuden der Telekommunikationstechnik. Die CBN besteht aus der Gesamtheit aller Metallteile, die gewollt oder zufällig miteinander verbunden sind. Hierzu gehören auch Stahlkonstruktionen, Bewehrungseisen, metallene Rohrleitungen, Leitungsrohre für die Wechselstromversorgung, Schutzleiter, Kabelpritschen und Potentialausgleichsleiter.

Zum Herstellen dieses umfassenden Potentialausgleichs, zusammen mit dem Fundamenterder, dient normalerweise die Haupterdungsschiene (früher: Hauptpotentialausgleichsschiene). An dieser Haupterdungsschiene sind alle Erdungsleitungen und Potentialausgleichsleitungen anzuschließen.

10.25.2 Schutzpotentialausgleichsleiter für die Verbindung mit der Haupterdungsschiene – Teil 540 Abschnitt 544.1

In jedem Gebäude müssen alle Erdungsleiter über einen Schutzpotentialausgleichsleiter mit dem Schutzpotentialausgleich verbunden werden, sind also an die Haupterdungsschiene (Haupterdungsklemme bzw. Haupterdungs-Anschlusspunkt) anzuschließen. Ebenso sind alle leitfähigen Teile, soweit sie aus Metall sind, mit der Haupterdungsschiene zu verbinden.

An die Haupterdungsschiene müssen angeschlossen werden (**Bild 10.32**)

- Fundamenterder
- Schutzleiter oder PEN-Leiter der elektrischen Anlage (**Bild 10.33**)
  (PEN-Leiter im TN-System oder Schutzleiter im TT-System und IT-System)
- metallene Schirme von elektrischen und elektronischen Leitungen
- Metallmäntel von Starkstromkabeln
- metallene Wasserverbrauchsleitung
- metallene Abwasserleitung
- Zentralheizung (Vor- und Rücklauf)
- Gasinnenleitung (Isolierstück vorsehen)

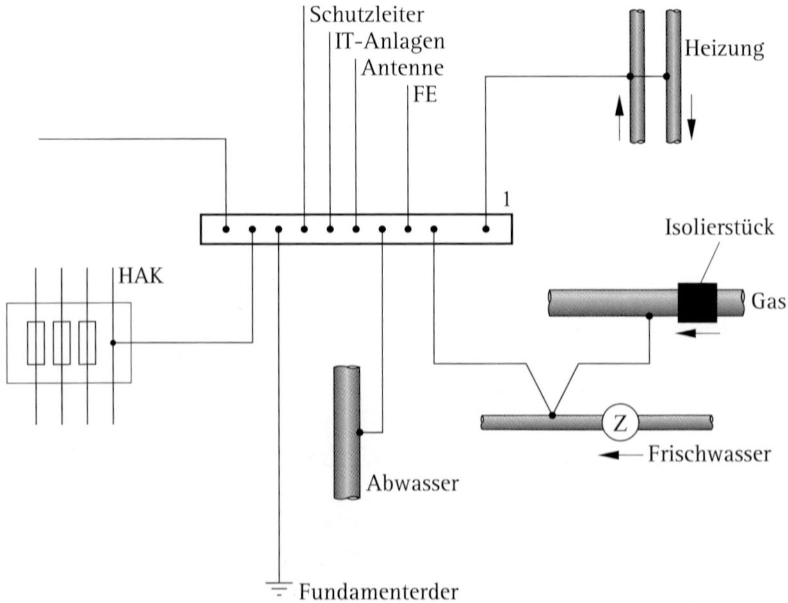

Bild 10.32 Haupterdungsschiene und Schutzpotentialausgleichsleiter
1 Haupterdungsschiene, Haupterdungsklemme oder Haupterdungs-Anschlusspunkt
FE Funktionserdungsleiter
HAK Hausanschlusskasten
Z Wasserzähler

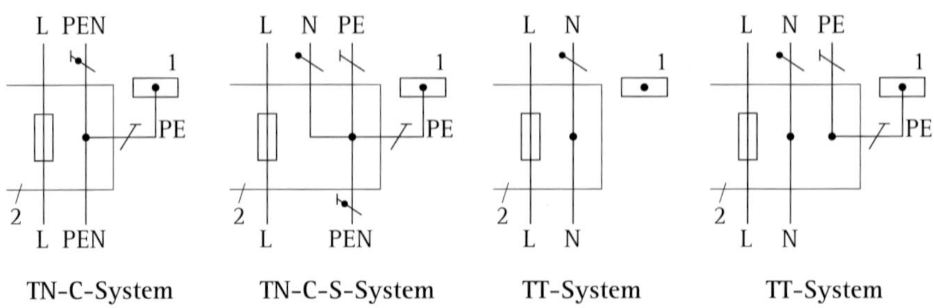

Bild 10.33 Einzelheit HAK mit Haupterdungsschiene
(Haupterdungsklemme bzw. Haupterdungs-Anschlusspunkt)
1 Haupterdungsschiene, Haupterdungsklemme oder Haupterdungs-Anschlusspunkt
2 Hausanschlusskasten (HAK)

- Erdungsleiter der Antennenanlage
- Erdungsleiter aller informationstechnischen Anlagen
- Metallteile der Gebäudekonstruktion wie Aufzugsschienen, Stahlskelett, Lüfter- und Klimakanäle (soweit dies technisch möglich)
- Leiter zur Blitzschutzanlage (Blitzschutzerder)

Die verschiedenen Schutzpotentialausgleichsleiter, die zur Haupterdungsschiene geführt werden, müssen mindestens folgende Querschnitte haben

- 6 mm^2 Kupfer
- 16 mm^2 Aluminium
- 50 mm^2 Stahl

Die früher übliche Bemessung des Querschnitts der Potentialausgleichsleiter in Abhängigkeit des Querschnitts des Hauptschutzleiters ist somit entfallen.

Wenn metallene Leitungen innerhalb eines Hauses (Wasser-, Gas- oder Abwasserleitungen sowie Lüftungskanäle u. dgl.) isolierende Verbindungsstellen enthalten, ist eine Überbrückung der Verbindungsstellen nicht erforderlich, da eine derartige Leitung keine Spannung verschleppen kann. Die Leitung oder das Konstruktionsteil kann als potentialfrei angesehen werden, je nachdem, welche zufälligen Verbindungen zu anderen Bauteilen bestehen, die in den Schutzpotentialausgleich einbezogen sind. Eine durchgehende Verbindung der fremden leitfähigen Teile ist nicht gefordert, da eine Gefährdung hierdurch nicht auftreten kann.

10.25.3 Schutzpotentialausgleichsleiter für den zusätzlichen Schutzpotentialausgleich – Teil 540 Abschnitt 544.2

Ein zusätzlicher Schutzpotentialausgleich wird erforderlich, wenn beim **„Schutz durch automatische Abschaltung im Fehlerfall“** die geforderte Abschaltzeit nicht erreicht werden kann.

Der zusätzliche Schutzpotentialausgleich ist quasi ein Ersatz für eine automatische Abschaltung im Fehlerfall, wenn die Abschaltung aus irgendwelchen Gründen nicht rechtzeitig erfolgt, oder aus betrieblichen Gründen nicht erwünscht ist. Die Maßnahme dürfte einen Sonderfall darstellen, da beim Einsatz einer Fehlerstrom-Schutzeinrichtung (RCD) die Abschaltzeit praktisch immer eingehalten werden kann.

In den zusätzlichen Schutzpotentialausgleich müssen alle gleichzeitig berührbaren metallenen Körper fest angebrachter elektrischer Betriebsmittel und alle fremden leitfähigen Teile einbezogen werden. Dabei ist dem Errichter überlassen, wie weit er den zusätzlichen Schutzpotentialausgleich ausdehnt. Er kann die gesamte Anlage, einen Teil der Anlage, ein Betriebsmittel oder einen bestimmten Bereich erfassen.

Anmerkung: Eine weitere Anwendung für den zusätzlichen Schutzpotentialausgleich kann sich bei Anlagen nach DIN VDE 0100 Gruppe 700 „Anforderungen für Betriebsstätten und Räume und Anlagen besonderer Art“ ergeben, wenn dort ein zusätzlicher Schutzpotentialausgleich gefordert wird. Durch diesen Schutz wird in der Regel die bestehende Schutzmaßnahme ergänzt oder verbessert.

10.25.3.1 Schutzpotentialausgleichsleiter zwischen zwei Körpern elektrischer Betriebsmittel – Teil 540 Abschnitt 544.2.1

Ein Schutzpotentialausgleichsleiter, der zwei Körper einer elektrischen Anlage miteinander verbindet, muss mindestens der Leitfähigkeit des kleineren der beiden Schutzleiter in den Anschlussleitungen der beiden Geräte entsprechen (**Bild 10.34**).

10

Der Mindestquerschnitt für den zusätzlichen Schutzpotentialausgleichsleiter ist in Abschnitt 13.3.3 beschrieben.

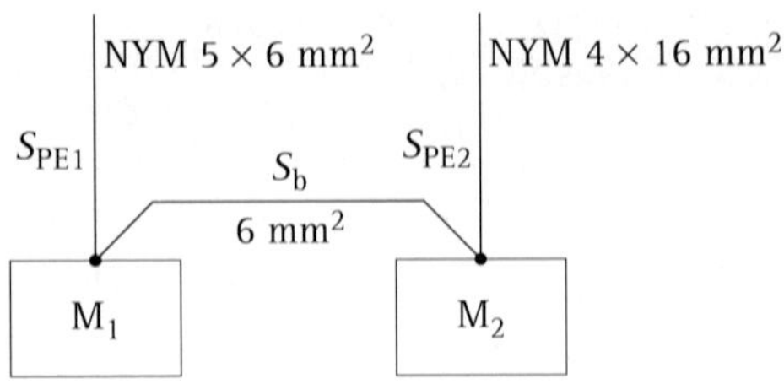

Forderung: $S_{PE1} \leq S_{PE2}$

$S_b \geq S_{PE1}$

Bild 10.34 Schutzpotentialausgleichsleiter zwischen zwei elektrischen Betriebsmitteln
M_1, M_2 Körper eines elektrischen Betriebsmittels
S_{PE1}, S_{PE2} Querschnitte der Schutzleiter
S_b Querschnitt des Schutzpotentialausgleichsleiter für den zusätzlichen Schutzpotentialausgleich

10.25.3.2 Schutzpotentialausgleichsleiter zwischen einem Körper und einem fremden leitfähigen Teil – Teil 540 Abschnitt 544.2.2

Ein Schutzpotentialausgleichsleiter, der einen Körper einer elektrischen Anlage mit einem fremden leitfähigen Teil verbindet, muss mindestens die halbe Leitfähigkeit besitzen wie der Schutzleiter in der Anschlussleitung für das Gerät (**Bild 10.35**).

Der Mindestquerschnitt für den zusätzlichen Schutzpotentialausgleichsleiter ist in Abschnitt 10.25.3.3 beschrieben.

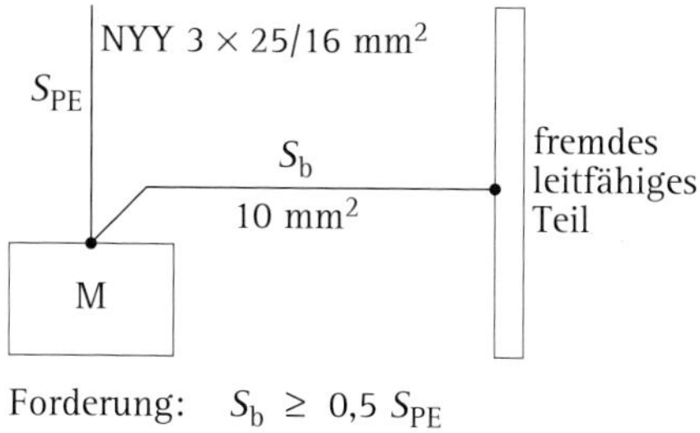

Bild 10.35 Schutzpotentialausgleichsleiter zwischen einem Körper und einem fremden leitfähigen Teil
M Körper eines elektrischen Betriebsmittels
S_{PE} Querschnitt des Schutzleiters
S_b Querschnitt des Schutzpotentialausgleichsleiters für den zusätzlichen Schutzpotentialausgleich

10

10.25.3.3 Mindestquerschnitte für den zusätzlichen Schutzpotentialausgleichsleiter

Der Mindestquerschnitt für den zusätzlichen Schutzpotentialausgleichsleiter beträgt dabei:

- 2,5 mm² Kupfer, wenn der Leiter mechanisch geschützt ist
- 4 mm² Kupfer, wenn der Leiter mechanisch ungeschützt ist
- 16 mm² Aluminium, gleichgültig wie der Leiter geschützt ist

Ein Schutzleiter gilt als geschützt, wenn er Bestandteil einer Leitung oder eines Kabels ist, in einem Installationsrohr, in einem Elektroinstallationskanal, in einem Hohlraum oder auf ähnliche Weise geschützt verlegt ist.

10.26 Fremdspannungsarmer Potentialausgleich

Anmerkung: Die Festlegungen zum fremdspannungsarmen Potentialausgleich sind zurzeit lediglich nationaler Art. Die Vorschläge werden international eingebracht und bei einer europäischen Akzeptanz in das Harmonisierungsdokument übernommen, Änderungen sind deshalb noch möglich.

Ein fremdspannungsarmer Potentialausgleich ist erforderlich, wenn in einer Anlage (Gebäude, Gebäudeabschnitt) Geräte der Informationstechnik mit Schutzklasse I (Schutzleiteranschluss) durch geschirmte Signalleitungen miteinander verbunden sind. Da diese Leitungen bei der Anwendung von TN-C-Systemen oder auch TN-C-S-Systemen dem PEN-Leiter parallel geschaltet sind, fließen, wenn der PEN-Leiter von einem Betriebsstrom durchflossen wird, Teilströme über die Schirme der verschiedenen Signalleitungen (**Bild 10.36**).

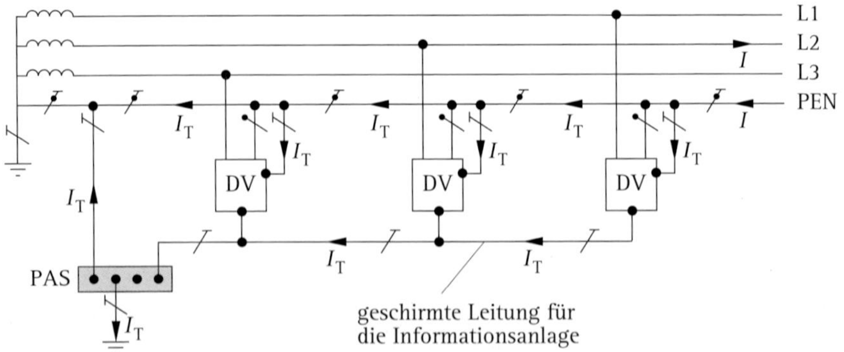

Bild 10.36 TN-C-S-System mit Teilströmen in den Signalleitungen der Informationsanlagen

Durch die Ströme in den Schirmen der Signalleitungen entsteht ein Spannungsfall, und es tritt gegen Erde, z. B. die Potentialausgleichsschiene, eine Spannung auf. Diese Spannung ist natürlich abhängig von der Größe der verschiedenen Teilströme und den Widerständen in den Stromschleifen. Obwohl die dabei auftretenden Spannungen sehr gering sind, führen sie zu Störungen in den angeschlossenen Anlagen der Informations- und Fernmeldetechnik.

Abhilfe kann geschaffen werden, wenn die gesamte Anlage als TN-S-System aufgebaut wird. Durch den konsequent getrennt geführten Neutralleiter, der die betriebsbedingte Stromrückführung zum Transformator-Sternpunkt übernimmt, fließen im Schutzleiter (Stromversorgungssystem und Informations-Netz) keine betriebsbedingten Ströme.

Da auch kein betriebsbedingter Strom zur Erde fließt, liegt eine „fremdspannungsarme Erde“ und ein „fremdspannungsarmer Potentialausgleich“ vor (**Bild 10.37**).

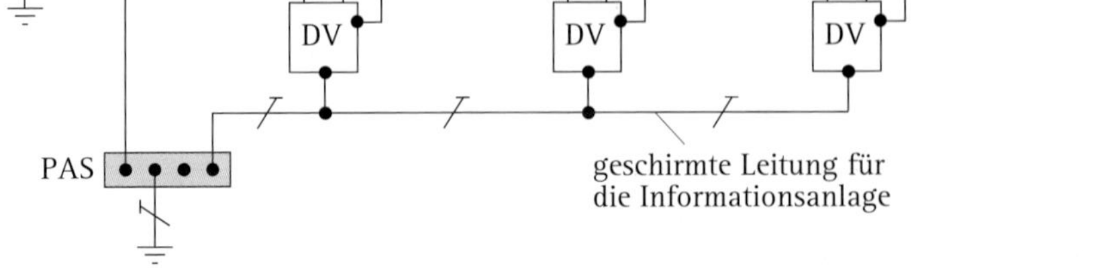

Bild 10.37 TN-S-System mit fremdspannungsarmer Erde und fremdspannungsarmem Potentialausgleich

10.27 Erdung von Antennenträgern – DIN EN 60728-11 (VDE 0855-1)

Obwohl nicht im Geltungsbereich von DIN VDE 0100 enthalten, ist die Erdung von Antennenträgern eine Arbeit, die häufig vom Elektroinstallateur im Zuge der Errichtung der elektrischen Anlage ausgeführt wird. Die Behandlung der wichtigsten Dinge dürfte deshalb sinnvoll sein.

Antennenträger, die außerhalb eines Gebäudes angebracht werden, müssen geerdet werden. Von der Erdung ausgenommen sind Zimmerantennen, Fensterantennen, Antennen, die in Geräten eingebaut sind, und Antennen unter der Dachhaut. Antennen, die an der Außenwand eines Gebäudes angebracht sind, brauchen nicht geerdet zu werden, wenn diese – von der Außenfront gemessen – nicht mehr als 1,5 m Ausladung haben und mindestens 2 m unterhalb der Dachkante angeordnet sind.

Die Erdung eines Antennenträgers muss auf kürzestem Wege erfolgen. Als Erder kommen dabei infrage:

- Fundamenterder
- Blitzschutzerder
- separater Erder, der ausschließlich für die Antennenanlage als Oberflächen- oder Tiefenerder errichtet wurde
- Stahlskelette und dergleichen
- im Erdreich liegende Rohrsysteme

Wird ein separater Erder errichtet, so ist mindestens gefordert:

- bei einem Staberder (Tiefenerder), verzinkter Rundstahl, Länge mindestens 2,5 m
- bei einem Banderder (Oberflächenerder), verzinkter Bandstahl, mit zwei Strahlen mit mindestens 5 m Gesamtlänge, der in einer Tiefe von mindestens 0,5 m und einem Abstand von 1 m vom Fundament verlegt werden muss

Die Mindestquerschnitte für Erder betragen 50 mm^2 Kupfer oder 80 mm^2 Stahl.

Als Erdungsleiter sind „Einzelmassivdrähte" mit mindestens folgenden Querschnitten gefordert:

- Kupfer $S \geq 16$ mm^2 blank oder isoliert
- Aluminium $S \geq 25$ mm^2 isoliert
- Stahl $S \geq 50$ mm^2 (entspricht Rundstahl verzinkt Rd8-St nach DIN 48801 mit 8 mm Durchmesser oder Bandstahl verzinkt Fl20-St nach DIN 48801, 2,5 mm × 20 mm

Der Erdungsleiter darf auch durch metallisch leitfähige Teile, die durchgehend miteinander verbunden sind und die entsprechende Eigenschaften aufweisen, ersetzt werden. Denkbar sind:

- durchgehende metallene Wasserverbrauchsleitungen
- Heizrohrleitungen, besonders dann, wenn diese senkrecht angeordnet sind (Regenfallrohre, Dachrinnen, Abwasserrohre und dgl. erfüllen in der Regel die Anforderungen an die durchgehende leitende Verbindung nicht; vor deren Verwendung ist eine eingehende Prüfung auf Tauglichkeit vorzunehmen)
- Stahlskelette
- Stahlbauten
- Armierungseisen in Beton, sofern diese leitend miteinander verbunden sind. Dabei ist ein Verschweißen der Armierungseisen untereinander nicht erforderlich. Es genügt eine ausreichende Anzahl von Rödelverbindungen (Bewehrungsstähle bzw. Spannglieder bei Spannbeton dürfen nicht verwendet werden)
- metallene Verkleidungen und Blenden
- Feuerleitern und Eisentreppen, soweit diese elektrisch gut leitend durchverbunden sind

Schutzleiter, PEN-Leiter und Neutralleiter der Starkstromanlage dürfen nicht als Erdungsleiter verwendet werden.

Isoliert verlegte Erdungsleiter und Potentialausgleichsleiter sind grün-gelb zu kennzeichnen.

10.28 Prüfungen

Schutzleiter, PEN-Leiter, Erdungsleiter und Potentialausgleichsleiter dienen der Sicherheit. Neben der sorgfältigen Errichtung sind deshalb auch Prüfungen notwendig. Internationale Festlegungen hierzu sind zurzeit in Arbeit, sodass auf die in DIN VDE 0100-600 enthaltenen Aussagen zur Prüfung zurückgegriffen werden muss.

Zunächst sollte eine ausgedehnte Sichtprüfung durchgeführt werden. Dabei sollten die Anschlüsse, Kennzeichnungen der Stromkreiszugehörigkeit, Farbkennzeichnung, Querschnitte, Verlegungsart und die Einhaltung der Bestimmungen überprüft werden.

Die Überprüfung der Wirksamkeit eines Erders kann nach den in Abschnitt 10.6 beschriebenen Möglichkeiten durchgeführt werden. Gegebenenfalls ist auch der Erdungswiderstand eines Fundamenterders zu messen, wenn an dessen Wirksamkeit (Existenz) gezweifelt werden muss.

Die durchgehend niederohmige Verbindung des Schutzleiters bzw. Potentialausgleichsleiters kann mit einem Widerstands-Messgerät nach DIN VDE 0413-4 „Widerstands-Messgeräte" geprüft werden. Dabei ist für den Widerstand kein bestimmter Wert gefordert; es könnte sinngemäß der früher geforderte Wert von 3 Ω genannt werden, was für ein Einfamilienhaus zweifelsohne zu hoch wäre, weshalb zu empfehlen ist, je nach Größe der Anlage und Querschnitte einen „vernünftigen Wert" einzuhalten.

Die Messung ist durchzuführen mit einer Gleich- oder Wechselspannung von 4 V bis 24 V, wobei ein Strom von mindestens 200 mA fließen muss.

Zu beachten ist, dass der Widerstand der Messleitungen vom Messwert abzuziehen ist, wenn dies nicht eine entsprechende Schaltung im Messwert berücksichtigt.

Nach Teil 600 „Prüfungen" (Durchgängigkeit der Leiter) ist bei der Prüfung des Widerstands für

- Schutzleiter und
- Schutzpotentialausgleichsleiter

sinngemäß vorgesehen, dass eine „ausreichend niederohmige Verbindung" besteht.

Leiterquerschnitt in mm^2	Leiterwiderstände in mΩ/m			
	$\vartheta = 15$ °C	$\vartheta = 20$ °C	$\vartheta = 25$ °C	$\vartheta = 30$ °C
1,5	11,862	12,100	12,339	12,576
2,5	7,137	7,280	7,424	7,566
4	4,470	4,560	4,650	4,739
6	2,970	3,030	3,090	3,149
10	1,774	1,810	1,846	1,881
16	1,119	1,141	1,164	1,186
25	0,710	0,724	0,738	0,753
35	0,516	0,526	0,536	0,547
50	0,381	0,389	0,397	0,404
70	0,266	0,271	0,276	0,282
95	0,193	0,197	0,201	0,205
120	0,154	0,157	0,160	0,163
150	0,126	0,129	0,132	0,134
185	0,103	0,105	0,107	0,109

Tabelle 10.14 Leiterwiderstände für Kupferleiter

Es ist somit zu prüfen, ob der Widerstand, der aufgrund des Querschnitts und der Länge der Leitung gefordert ist, auch eingehalten wird. Wenn z. B. ein Schutzleiterquerschnitt von 25 mm^2 Cu gefordert ist und dieser Schutzleiter eine Länge von 36 m aufweist, ist ein Widerstand von

$$R \leq 0{,}753\ \text{m}\Omega/\text{m} \cdot 36\ \text{m} \leq 27{,}11\ \text{m}\Omega$$

ausreichend, wenn bei einer Temperatur von 30 °C gemessen wird. **Tabelle 10.14** gibt entsprechende Widerstände bei verschiedenen Temperaturen an.

Die Umrechnung auf eine andere Leitertemperatur, ausgehend von einer Leitertemperatur von $\vartheta = 20$ °C, erfolgt nach der Beziehung

10

$$R_{\vartheta} = R_{20}\,(1 + \alpha \cdot \Delta\vartheta) \tag{10.16}$$

mit $\alpha = 0{,}00393\ \text{K}^{-1}$ für Kupfer (siehe auch Anhang D)

10.29 Literatur zu Kapitel 10

[1] Schmolke, H.; Vogt, D.: Potentialausgleich, Fundamenterder, Korrosionsgefährdung. DIN VDE 0100, DIN 18014 und viele mehr. VDE-Schriftenreihe, Bd. 35. 6. Aufl., Berlin und Offenbach: VDE VERLAG, 2004

[2] Hasse, P.; Wiesinger, J.; Zieschank, W.: Handbuch für Blitzschutz und Erdung, 5. Aufl., München: Richard Pflaum Verlag KG; Berlin und Offenbach: VDE VERLAG, 2005

[3] VDEW: Erdungen in Starkstromnetzen. 3. Aufl., Frankfurt a. M.: VWEW-Verlag, 1992

[4] Koch, W.: Erdungen in Wechselstromanlagen über 1 kV. Berlin/Göttingen/Heidelberg: Springer-Verlag, 1961

[5] Rudolph, W.: Erdung, Schutzleiter und Potentialausgleich für Niederspannungsanlagen. Der Elektromeister 54 (1979) H. 9, S. 729 bis 735

[6] Baeckmann, W. v.: Taschenbuch für den kathodischen Korrosionsschutz. Essen: Vulkan-Verlag, 1975

[7] AfK-Empfehlung Nr. 2: Beeinflussung von unterirdischen metallenen Anlagen durch kathodisch geschützte Rohrleitungen und Kabel, 1966

[8] AfK-Empfehlung Nr. 4: Empfehlungen für Verfahren und Kostenverteilung bei Korrosionsschutzmaßnahmen an Kabeln und Rohrleitungen gegen Streuströme aus Gleichstrombahnen und Obusanlagen, 1970

[9] AfK-Empfehlung Nr. 9: Lokaler kathodischer Korrosionsschutz von unterirdischen Anlagen in Verbindung mit Stahlbetonfundamenten, 1979

[10] Kiefer, G.: Die Bedeutung der Erdung für zuverlässigen Schutz gegen gefährliche Körperströme. Der Elektriker/Der Energieelektroniker 28 (1989) H. 5, S. 142 bis 147

[11] Vogt, D.: Überführung der „Fundamenterder-Richtlinien“ der VDEW in die Norm DIN 18014. EVU-Betriebspraxis 33 (1994) H. 4, S. 131 bis 138; H. 5, S. 161 bis 166 und H. 6, S. 209 bis 214

[12] Hering, E.: Fundamenterder. Gestaltung, Korrosionsschutz, praktische Ausführung. Berlin: Verlag Technik, 1996

[13] Niemand, T.; Kunz, H.: Erdungsanlagen. Berlin und Offenbach: VDE VERLAG, 1997; Frankfurt a. M.: VWEW-Verlag, 1997

[14] Biegelmeier, G.; Kiefer, G.; Krefter, K.-H.: Schutz in elektrischen Anlagen, Bd. 2: Erdungen. Berechnung, Ausführung und Messung. VDE-Schriftenreihe, Bd. 81. Berlin und Offenbach: VDE VERLAG, 1996

[15] Vogt, D.: Ausführung des Fundamenterders bei Perimeterdämmung. EVU-Betriebspraxis 36 (1997) H. 1-2, S. 14 bis 22

[16] Fitterer, G.; Schöneich, J.: Erdungsmessungen nach DIN VDE 0101. Netzpraxis 42 (2003) H. 4, S. 26 bis 31

[17] Hering, E.: Messungen von Erdungswiderständen. Elektropraktiker 60 (2006) H. 9, S. 732 bis 735; H. 10, S. 822 bis 826

[18] Kiefer, G.; Krefter, K.-H.: Schutz gegen elektrischen Schlag. VDE-Schriftenreihe, Bd. 130. Berlin und Offenbach: VDE VERLAG, 2008

11 Prüfungen – DIN VDE 0100-600

Elektrische Anlagen müssen vor ihrer ersten Inbetriebnahme vom Errichter der Anlage geprüft werden (Erstprüfung). Dies gilt auch für die Erweiterung oder Änderung bestehender Anlagen, wobei die Prüfung nur für den erweiterten oder geänderten Teil der Anlage durchzuführen ist. Grundlage für die Erstprüfung einer elektrischen Anlage ist DIN VDE 0100-600:2008-06 „Prüfungen".

Wiederholungsprüfungen von elektrischen Anlagen (z. B. in bestimmten Zeitabständen) sind eine betriebliche Angelegenheit, und sind vom Betreiber der Anlage zu veranlassen. Sie sind nach DIN VDE 0105-100/A1:2008-06 „Betrieb von elektrischen Anlagen" Abschnitt 5.3.101 „Wiederkehrende Prüfungen" auszuführen.

Die Prüfung elektrischer Betriebsmittel (z. B. Maschinen und Geräte) hat der Hersteller vorzunehmen. Die Prüfbestimmungen sind in den einschlägigen Normen für die Errichtung (Herstellung) der Betriebsmittel enthalten. Die erforderlichen Prüfungen nach einer Instandsetzung von Betriebsmitteln sind ebenfalls in den entsprechenden Normen beschrieben.

In der Norm DIN VDE 0701-0702 (VDE 0701-0702):2008-06 „Prüfung nach Instandsetzung, Änderung elektrischer Geräte – Wiederholungsprüfung elektrischer Geräte – Allgemeine Anforderungen für die elektrische Sicherheit" wird die Prüfung der elektrischen Sicherheit von elektrischen Geräten mit Bemessungsspannungen bis AC 1 000 V und DC 1 500 V nach Instandsetzungen, Änderung und bei Wiederholungsprüfungen behandelt.

In diesem Kapitel wird nur die Erstprüfung elektrischer Anlagen, die nach den Normen der Reihe DIN VDE 0100 errichtet wurden, behandelt.

11.1 Begriffe

Für die Anwendung von DIN VDE 0100-600 gelten folgende Begriffe.
(Quelle: DIN VDE 0100-600 Abschnitt 6.3)

Prüfung
besteht aus allen Maßnahmen, mit denen die Übereinstimmung der elektrischen Anlage mit den Anforderungen der Normen der Reihe DIN VDE 0100 (VDE 0100) überprüft wird.

Besichtigen
ist die Untersuchung der elektrischen Anlage mit allen Sinnen, um die richtige Auswahl und die ordnungsgemäße Errichtung der elektrischen Betriebsmittel nachzuweisen.

Erproben und Messen
ist das Durchführen von Maßnahmen, mit denen die ordnungsgemäße Funktion einer elektrischen Anlage nachgewiesen wird. Hierzu gehört auch die Ermittlung von Werten, die durch Besichtigen nicht festgestellt werden können, mit geeigneten Messgeräten.

Prüfbericht
besteht aus der Aufzeichnung der Ergebnisse aus Besichtigen, Erproben und Messen.

Instandhaltung
sind alle technischen und administrativen Maßnahmen, einschließlich deren Überwachung, die dazu vorgesehen sind, ein Teil in einem Zustand zu erhalten oder es wieder in einen Zustand zu bringen, mit dem es die gewünschte Funktion erfüllen kann.

11.2 Allgemeine Anforderungen an die Erstprüfung – Teil 600 Abschnitt 61

Eine elektrische Anlage muss während der Errichtung und nach Fertigstellung, bevor sie vom Benutzer in Betrieb genommen wird, geprüft werden. Dies gilt auch für die Erweiterung oder Änderung einer bestehenden Anlage, durch deren Prüfung nachgewiesen werden muss, dass die Änderung oder Erweiterungen der Normenreihe DIN VDE 0100 (VDE 0100) entsprechen und die Sicherheit der bestehenden Anlage nicht beeinträchtigt ist.

Bei der Prüfung ist vor allem zu beachten

- die Prüfung ist von einer Elektrofachkraft durchzuführen, die entsprechende Erfahrung besitzt und zur Durchführung der Prüfung befähigt ist
- den Prüfern müssen aussagefähige Unterlagen über die Anlage zur Verfügung gestellt werden (z. B. Schaltpläne, Berechnungsunterlagen, Diagramme, Tabellen usw., soweit vorhanden)
- die Prüfungen sind vorzunehmen, dass eine Gefährdung von Personen und Nutztieren oder eine Beschädigung von Eigentum sowie Betriebsmitteln vermieden wird, auch wenn Fehler in Stromkreisen vorhanden sind
- die Messungen müssen mit normgerechten Messgeräten durchgeführt werden
- von der Prüfung ist ein Prüfprotokoll zu erstellen

11.3 Besichtigen – Teil 600 Abschnitt 61.2

Das Besichtigen ist der erste Teil der Prüfung und sollte bereits während der Errichtung der Anlage durchgeführt werden. Wird die Anlage erst nach Fertigstellung besichtigt, so hat dies in spannungsfreiem Zustand der Anlage zu erfolgen. Beim Besichtigen sollten äußerlich erkennbare Mängel und Schäden an Betriebsmitteln und offensichtliche Installationsfehler festgestellt werden.

Die Anlagenteile, die Schutzzwecken dienen, sind besonders zu beachten und eingehend zu besichtigen.

Auf folgende Details ist bei der Besichtigung zu achten

- Schutz gegen elektrischen Schlag
- Vorhandensein von Brandabschottungen
- Auswahl der Leiter hinsichtlich Strombelastbarkeit
- Auswahl und Einstellung von Schutz- und Überwachungseinrichtungen
- richtige Anordnung von Schalt- und Trenngeräten
- Auswahl der Betriebsmittel unter Berücksichtigung der äußeren Einflüsse
- Kennzeichnung von Neutralleiter, Schutzleiter und PEN-Leiter
- Vorhandensein von Schaltungsunterlagen und Warnhinweisen
- Kennzeichnung der Stromkreise
- ordnungsgemäße Leiterverbindungen
- Zugänglichkeit zur leichten Bedienung, Identifizierung und Wartung

11.4 Erproben und Messen – Teil 600 Abschnitt 61.3

11.4.1 Allgemeine Anforderungen

Folgende Prüfungen (falls zutreffend) sind in der angegebenen Reihenfolge durchzuführen

- Durchgängigkeit der Verbindungen der Schutzleiter, der Schutzpotentialausgleichsleiter und der Leiter des zusätzlichen Schutzpotentialausgleichs
- Isolationswiderstand der elektrischen Anlage
- Schutz durch SELV und PELV oder Schutztrennung
- Widerstand von isolierenden Fußböden oder Wänden
- Schutz durch automatische Abschaltung der Stromversorgung
- Zusätzlicher Schutz
- Spannungspolarität

- Phasenfolge
- Funktionsprüfung
- Spannungsfall

Während der Prüfungen bzw. nach den Prüfungen ist ein Prüfbericht zu erstellen und so die Prüfung zu dokumentieren.

11.4.2 Durchgängigkeit der Leiter

Hierbei sind nicht nur die stromführenden Leiter (in der Regel die Außenleiter) zu prüfen, sondern auch alle Schutzleiter, Schutzpotentialausgleichsleiter und Leiter für den zusätzlichen Potentialausgleich. Die Prüfung dient in erster Linie dazu, die korrekte Ausführung der Klemmstellen und Verbindungen nachzuweisen. Ein zulässiger Höchstwert für die Leiter ist nicht vorgegeben. Anhaltswerte für Leiterwiderstandsbeläge der verschiedenen Querschnitte in Ω/km sind in **Tabelle 11.1** gegeben. Damit kann der Widerstand einer Leitung anhand ihrer Länge abgeschätzt und der ausreichende Widerstandswert festgestellt werden. Übergangswiderstände sind ggf. zu beachten.

Die Messung mit einer Stromquelle durchzuführen, deren Leerlaufspannung zwischen 4 V und 24 V Gleichspannung oder Wechselspannung liegt, hat sich in der Vergangenheit bewährt. Der Messstrom sollte mindestens 200 mA betragen.

11.4.3 Isolationswiderstand der elektrischen Anlage

Für die erste Prüfung des Isolationswiderstands einer elektrischen Anlage nach der Errichtung oder Änderung einer Verbraucheranlage, also vor deren Inbetriebnahme, ist der Errichter der Anlage verantwortlich.

In Verbraucheranlagen sind die in **Tabelle 11.2** festgelegten Mindestwerte für den Isolationswiderstand einzuhalten. Unter Berücksichtigung eines Gebrauchsfehlers der Isolationsmessgeräte von ±30 % ist es empfehlenswert, den Mindestmesswert nach Tabelle 11.2 einzuhalten.

Die Messspannung, mit der die Isolationsmessung durchgeführt wird, ist in Tabelle 11.2 festgelegt. Gemessen werden muss mit Gleichspannung, um den Einfluss der Kapazität zwischen den Leitern und Erde auszuschließen. Zu beachten sind elektronische Bauelemente, die durch die Prüfspannung zerstört werden könnten. Ggf. sind diese vor der Messung abzuklemmen.

Für die Messung des Isolationswiderstands sind Isolations-Messgeräte nach DIN EN 61557-2 (VDE 0413-2) „Geräte zum Prüfen, Messen oder Überwachen von Schutzmaßnahmen – Isolationswiderstand" zu verwenden. In der Bauart als Kurbelinduktor oder als batteriebetriebenes Gerät sind Prüfspannungen 100 V, 500 V, 1000 V, 5000 V und 10000 V Gleichspannung üblich.

Leiterquerschnitt in mm²	Leiterwiderstände in mΩ/m			
	$\Theta = 15$ °C	$\Theta = 20$ °C	$\Theta = 25$ °C	$\Theta = 30$ °C
1,5	11,862	12,100	12,339	12,576
2,5	7,137	7,280	7,424	7,566
4	4,470	4,560	4,650	4,739
6	2,970	3,030	3,090	3,149
10	1,774	1,810	1,846	1,881
16	1,119	1,141	1,164	1,186
25	0,710	0,724	0,738	0,753
35	0,516	0,526	0,536	0,547
50	0,381	0,389	0,397	0,404
70	0,266	0,271	0,276	0,282
95	0,193	0,197	0,201	0,205
120	0,154	0,157	0,160	0,163
150	0,126	0,129	0,132	0,134
185	0,103	0,105	0,107	0,109

Die Umrechnung auf eine andere Leitertemperatur, ausgehend von einer Leitertemperatur von $\Theta = 20$ °C, erfolgt nach der Beziehung

$R_\Theta = (1 + \alpha\ \Delta\Theta)$

Dabei bedeuten

R_Θ Leiterwiderstand (Resistanz) in mΩ/m bei der Leitertemperatur Θ

R_{20} Leiterwiderstand in mΩ/m bei 20 °C

α Temperaturkoeffizient bei 20 °C in K^{-1} mit $\alpha = 0{,}00393\ K^{-1}$ für Kupfer

$\Delta\Theta$ Temperaturdifferenz in K zwischen der Bezugstemperatur mit 20 °C und der Temperatur Θ, für die der Widerstand bestimmt werden soll

$\Delta\Theta = \Theta - 20$ °C

Tabelle 11.1 Leiterwiderstandsbeläge R' für Kupferleitungen bei verschiedenen Temperaturen in Abhängigkeit vom Leiterquerschnitt S zur überschlägigen Berechnung von Leiterwiderständen

Anlage bzw. Stromkreis	Mess-Gleichspannung V	Isolationswiderstand in kΩ	
		gefordert	Mindestmesswert[1)]
Kleinspannung SELV und PELV	250	≥ 500	≥ 715
Nennspannung $U \leq 500$ V sowie FELV	500	≥ 1000	≥ 1430
Nennspannung $U > 500$ V	1000	≥ 1000	≥ 1430

1) Die Werte gelten nur für Messgeräte mit einem Gebrauchsfehler von ±30 %.
Bei geringeren Fehlergrenzen gelten auch geringere Mindestmesswerte.

Tabelle 11.2 Isolationswiderstände und Messspannungen

11

Die wichtigsten Forderungen an Isolations-Messgeräte sind

- die Ausgangsspannung muss eine Gleichspannung sein (Wechselspannung ist wegen der induktiven und kapazitiven Einflüsse der Anlage ungeeignet)
- der Messstrom muss mindestens 1 mA betragen
- der Kurzschlussstrom darf 12 mA nicht überschreiten
- der Gebrauchsfehler zwischen 25 % und 75 % der Skalenlänge darf ±30 % nicht überschreiten

Kurzbeschreibung der wichtigsten Gerätekonstruktionen

- **Kurbelinduktor**
  Durch einen Dynamo mit Handkurbel wird die Prüfspannung von z. B. 500 V erzeugt. Eine annähernd konstante Drehzahl muss während der Messung eingehalten werden. Hierzu wird zunächst gekurbelt und die Prüfspannung gemessen. Verschiedene Geräte haben einen Fliehkraftregler, bei ihnen muss der Bedienende nur eine bestimmte Drehzahl überschreiten, um die Prüfspannung zu erzeugen. Geräte mit Kurbelinduktor gelangen kaum noch zur Anwendung.
- **Batteriegerät**
  Aus einer Batteriespannung erzeugt ein elektronischer Zerhacker zunächst eine Wechselspannung, die hochtransformiert und wieder gleichgerichtet wird. Die Elektronik erlaubt es, die Forderungen nach Strombegrenzung und Leerlaufspannung gut zu erfüllen. Es gibt diese Geräte in handlicher Ausführung.

Der Isolationswiderstand muss zwischen jedem aktiven Leiter und Erde gemessen werden. Als Erde angesehen werden darf der geerdete Schutzleiter einer Anlage oder auch in einem TN-C-System der PEN-Leiter. Zu prüfen sind alle nicht geerdeten Leiter gegen Erde bzw. gegen den Schutzleiter oder den PEN-Leiter, also

- L1 – Erde bzw. L1 – PE/PEN
- L2 – Erde bzw. L2 – PE/PEN
- L3 – Erde bzw. L3 – PE/PEN
- N – Erde bzw. N – PE/PEN

Zur Messung des Isolationswiderstands muss der Neutralleiter von der Erde getrennt werden. Er darf mit einem Außenleiter verbunden werden. Diese Verbindung ist wichtig, wenn in dem zu prüfenden Stromkreis elektronische Betriebsmittel vorhanden sind. Besser ist es, elektronische Betriebsmittel und solche Bauelemente, die bei einer Prüfung Schaden nehmen könnten, vor der Prüfung vom Netz zu trennen.

Bei der Prüfung ist zuerst die Anlage durch Herausnehmen der Überstrom-Schutzeinrichtungen (Unterverteilung, Hauptverteilung oder Hausanschlusskasten) vom

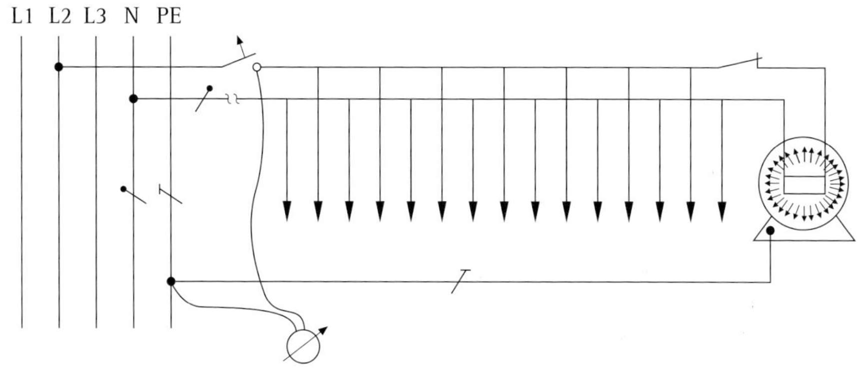

Bild 11.1 Isolationsprüfung mit angeschlossenen Verbrauchsmitteln

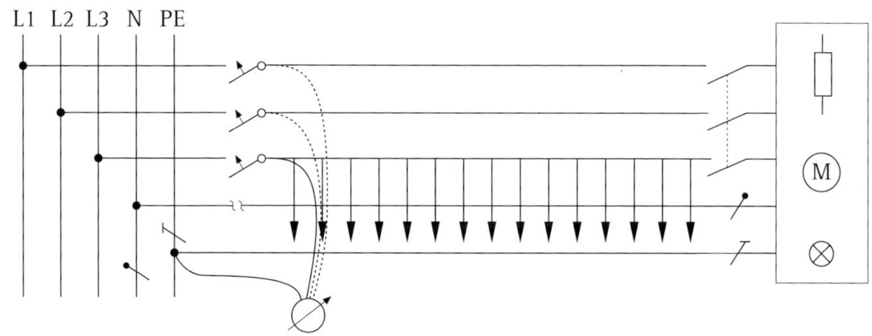

Bild 11.2 Isolationsprüfung bei abgetrennten Verbrauchsmitteln

Netz zu trennen. Danach sind alle Schalter in der Anlage zu schließen, was den Vorteil hat, dass alle Leitungen und die Verbrauchsmittel – die eigentlich nicht mitgeprüft werden müssen – geprüft werden (**Bild 11.1**). Reicht der so gemessene Wert nicht aus, können die Verbrauchsmittel abgetrennt und die Messung dann ohne angeschlossene Verbrauchsmittel wiederholt werden (**Bild 11.2**).

Bei den Messungen ist es zweckmäßig, zuerst die Gesamtanlage (alle Stromkreise) zu messen. Erst wenn diese Messung ein nicht befriedigendes Ergebnis bringt, ist eine Messung mit einzelnen Stromkreisen notwendig. Bei der Durchführung der Messung ist darauf zu achten, dass durch die Aufladung von Kabeln und Leitungen sowie Kondensatoren einige Sekunden vergehen, bis die Messspannung zur Verfügung steht. Der richtige Messwert wird bei stillstehendem Zeiger des Messgeräts abgelesen.

Obwohl eingangs erwähnt wurde, dass der Isolationswiderstand bei neuen Anlagen durch den Errichter zu prüfen ist, sollte beachtet werden, dass auch bestehende Anlagen von Zeit zu Zeit zu überprüfen sind. Den Auftrag zu dieser Messung muss der Betreiber der Anlage geben. In DIN VDE 0105-100/A1:2008-06 „Betrieb von elektrischen Anlagen – Allgemeine Festlegungen" Abschnitt 5.3.101.3.3 steht hierzu:

Elektrische Anlagen müssen in geeigneten Zeitabständen geprüft werden. Wiederkehrende Prüfungen sollen Mängel aufdecken, die nach der Inbetriebnahme aufgetreten sind und den Betrieb behindern oder Gefährdungen hervorrufen könnten.

Prüffristen können durch Gesetze, Verordnungen, Unfallverhütungsvorschriften oder andere Sicherheitsvorschriften vom Gesamtverband der Deutschen Versicherungswirtschaft (GDV) vorgegeben sein. In gewerblichen und landwirtschaftlichen Anlagen sowie in feuergefährdeten Betriebsstätten ist die Festlegung von Prüffristen häufig Bestandteil der Versicherungsverträge.

Beim Messen des Isolationswiderstands in Anlagen mit Nennspannungen bis AC 1 000 V und DC 1 500 V ist zu beachten, dass in TN- und TT-Systemen der Isolationswiderstand gemessen wird zwischen jedem aktiver Leiter (Außen- und Neutralleiter) gegen Erde oder Schutzleiter. Im TN-C- und TN-C-S-Systemen darf die Messung auch gegen den PEN-Leiter vorgenommen werden. Für diese Messung sind die Verbindungen zum Neutralleiter aufzutrennen.

Um den Messaufwand zu reduzieren und um Zerstörungen zu vermeiden, ist es zulässig, für die Messung alle aktiven Leiter miteinander zu verbinden.

Der Isolationswiderstand einer elektrischen Anlage darf bei Wiederholungsprüfungen folgende Mindestwerte in Ω/V Nennspannung nicht unterschreiten:

- 300 Ω/V sofern die Messung mit angeschlossenen und eingeschalteten Verbrauchsmitteln durchgeführt wird
- 1000 Ω/V sofern die Messung ohne eingeschaltete Verbrauchsmittel, aber geschlossenen Schalteinrichtungen durchgeführt wird

Bei Anlagen im Freien sowie in Räumen oder Bereichen, deren Fußböden, Wände und Einrichtungen zu Reinigungszwecken abgespritzt werden, darf bei Wiederholungsprüfungen der Isolationswiderstand folgende Werte in Ω/V Nennspannung der Anlage nicht unterschreiten:

- 150 Ω/V bei angeschlossenen und eingeschalteten Verbrauchsmitteln
- 500 Ω/V ohne angeschlossene Verbrauchsmittel

Abweichend von diesen Festlegungen muss der Isolationswiderstand im IT-System mindestens 50 Ω/V Nennspannung betragen.

Bei Schutzkleinspannung (SELV) und Funktionskleinspannung mit sicherer Trennung (PELV) ist der Isolationswiderstand der Leiter gegen Erde zu messen. Bei einer Messgleichspannung von 250 V ist ein Mindest-Isolationswiderstand von 0,25 MΩ erforderlich.

Bei Funktionskleinspannung ohne sichere Trennung (FELV) ist durch Messung nachzuweisen, dass die Körper ordnungsgemäß mit dem Schutzleiter des Stromkreises mit höherer Spannung bzw. dem Schutzpotentialausgleichsleiter des zugehörigen Stromkreises verbunden sind.

11.4.4 Schutz durch SELV, PELV oder durch Schutztrennung

Die Trennung aktiver Teile von Teilen anderer Stromkreise und Erde muss nachgewiesen werden. Dies erfolgt durch Messung des Isolationswiderstands, wobei die gemessenen Widerstandswerte und Messspannungen Tabelle 11.2 entsprechen müssen.

11.4.5 Widerstände isolierender Fußböden und Wände

Der Isolationswiderstand von Fußböden und Wänden gilt als ausreichend, wenn mindestens drei Messungen durchgeführt wurden und dabei der geforderte Isolationswiderstand erreicht oder überschritten wird. Wenn berührbare fremde leitfähige Teile vorhanden sind, muss eine dieser Messungen in ungefähr 1 m Abstand von diesen Teilen erfolgen. Die beiden anderen Messungen sind in größerem Abstand durchzuführen. Diese Messungen müssen für jede zu prüfende Oberfläche wiederholt werden.

Der Widerstand isolierender Fußböden und Wände darf an keinem der Messpunkte kleiner sein als

- 50 kΩ, wenn die Nennspannung der Anlage 500 V nicht überschreitet
- 100 kΩ, wenn die Nennspannung der Anlage 500 V überschreitet

Zum Nachweis, dass die genannten Werte eingehalten werden – die Fußböden oder Wände also als isolierend gelten können – sind folgende Messverfahren anzuwenden

- bei Gleichspannungs-Systemen
  Verwendung der Prüfelektrode 1 und ein Isolations-Messgerät, welches mit einer Gleichspannung mit mindestens der Nennspannung des Versorgungsnetzes betrieben wird
- bei Wechselspannungs-Systemen
  wahlweise Verwendung der Prüfelektroden 1 oder 2 und
  - entweder eine Messung mit Wechselspannung von mindestens der Nennspannung des Versorgungsnetzes und mit zusätzlichen Schutzvorkehrungen, die entweder durch den Hersteller der Messeinrichtung oder durch eine kompetente Person, die für die Messung verantwortlich ist, vorgesehen werden

- oder eine Messung mit einem Isolationswiderstands-Messgerät wie für Gleichspannungs-Systeme, kombiniert mit einer Wechselspannungsmessung mit einer Spannung von mindestens 25 V und kleiner als 50 V

Die Messung der Fußbodenimpedanz ist nach der Strom-Spannungs-Methode durchzuführen. Dabei wird vom Außenleiter L oder von einer anderen Wechselstromquelle mit sicherer Trennung über ein Strommessgerät eine Spannung auf die Prüfelektrode gegeben. Die Spannung U_x an der Prüfelektrode wird mit einem Spannungsmessgerät gegen den Schutzleiter gemessen. Die Impedanz des Fußbodenwiderstands oder der Wand ist dann

$$Z_x = \frac{U_x}{I} \tag{11.1}$$

11

Es bedeuten

Z_x Impedanz in Ω des Fußbodens oder der Wand

U_x Spannung in V an der Prüfelektrode

I Strom in A, der während der Messung zu Fließen kommt

Anmerkung: Bei Verwendung einer Wechselstromquelle mit sicherer Trennung sollte der Ausgang der Spannungsquelle einseitig geerdet werden.

Beschreibung und Anwendung der Prüfelektroden

Prüfelektrode 1 (**Bild 11.3**)

Die Elektrode besteht aus einem metallenen Dreifuß, wobei die mit dem Boden oder der Wand in Berührung kommenden Teile die Punkte eines gleichseitigen Dreiecks bilden. Jede Auflage erfolgt durch einen flexiblen Gummiklotz, der bei Belastung einen engen Kontakt mit der zu prüfenden Oberfläche über eine Fläche von ungefähr 900 mm^2 sicherstellt und einen Widerstand von weniger als 5000 Ω darstellt. Vor der Messung ist die zu prüfende Oberfläche anzufeuchten oder mit einem feuchten Tuch zu bedecken.

Prüfelektrode 2 (**Bild 11.4**)

Die Elektrode besteht aus einer quadratischen Metallplatte mit 250 mm × 250 mm Seitenlänge. Unter der Metallplatte ist ein feuchtes Tuch mit einer Seitenlänge von etwa 270 mm × 270 mm anzuordnen.

Beide Prüfelektroden sind während der Messung mit ungefähr 750 N (Gewicht einer Person) bei Fußböden oder 250 N (Anpressdruck mit einer Hand) bei Wänden anzudrücken. Die Belastung beeinflusst die Widerstandsmessung nicht wesentlich.

Bei Fußböden und Wänden, die nicht befeuchtet werden dürfen, wie bestimmte Teppichböden und Tapeten, sollte auf das feuchte Tuch verzichtet werden. Bei Befeuchtung werden normalerweise andere Werte gemessen.

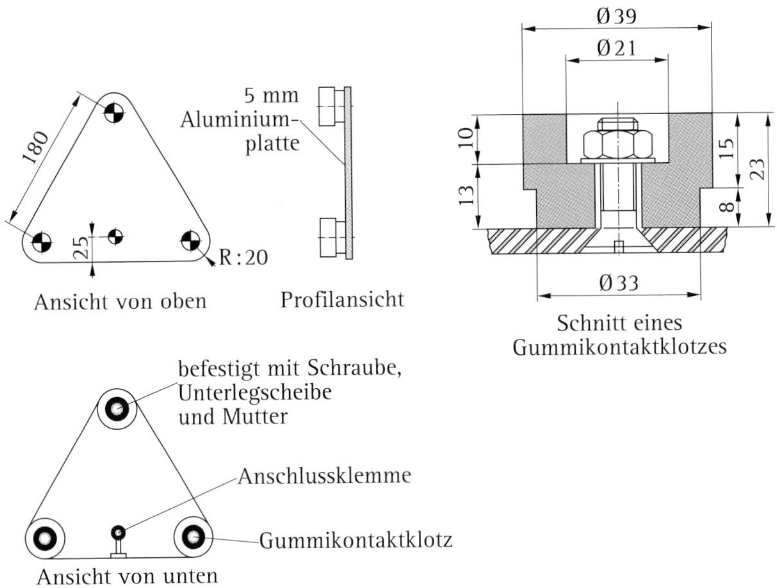

Bild 11.3 Prüfelektrode 1 (Maße in mm)
(Quelle: DIN VDE 0100-600:2008-06 Bild A.1)

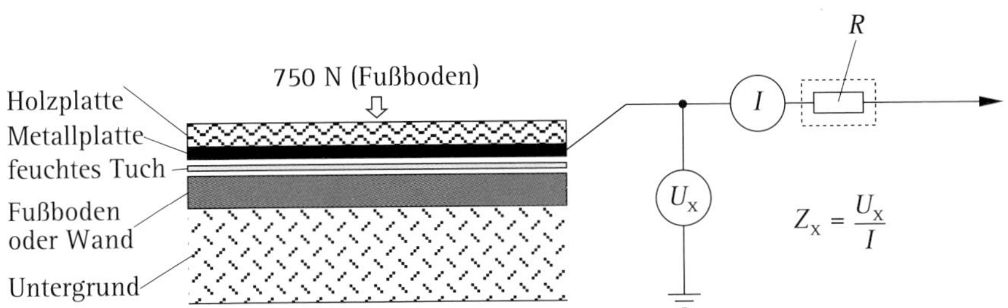

Bild 11.4 Prüfelektrode 2 (der Widerstand *R* dient dem Schutz gegen unabsichtliches Berühren zur Begrenzung des Stroms auf 3,5 mA)
(Quelle: DIN VDE 0100-600:2008-06 Bild A.2)

11.5 Schutz durch automatische Abschaltung der Stromversorgung – Teil 600 Abschnitt 61.3.6

11.5.1 Prüfung von TN-Systemen

Wichtige technische Daten zur Prüfung von TN-Systemen sind in **Tabelle 11.3** dargestellt.

I_n [1)]	Sicherungseinsatz nach DIN EN 60269-1 (VDE 0636-10) der Betriebsklasse gG				LS-Schalter DIN VDE 0641-11 (VDE 0641-11) und Leistungsschalter[2)] für die überschlägige Prüfung $t_a \leq 0{,}4$ s; $t_a \leq 0{,}5$ s (Die Kurzschlussauslösung erfolgt in der Regel in $t \leq 0{,}1$ s)					
	I_a (5 s)	Z_S (5 s)	I_a (0,4 s)	Z_S (0,4 s)	$I_a = 5\ I_n$ (Typ B)	Z_S	$I_a = 10\ I_n$ (Typ C)	Z_S	$I_a = 12\ I_n$	Z_S
A	A	Ω	A	Ω	A	Ω	A	Ω	A	Ω
2	9,2	25,00	16	14,38			20	11,5	24	9,58
4	19	12,11	32	7,19			40	5,75	48	4,79
6	27	8,52	47	4,89	30	7,67	60	3,83	72	3,19
10	47	4,89	82	2,80	50	4,60	100	2,30	120	1,92
16	65	3,54	107	2,15	80	2,88	160	1,44	192	1,20
20	85	2,71	145	1,59	100	2,30	200	1,15	240	0,96
25	110	2,09	180	1,28	125	1,84	250	0,92	300	0,77
32	150	1,53	265	0,87	160	1,44	320	0,72	384	0,60
35	173	1,33	295	0,78	175	1,31	350	0,66	420	0,55
40	190	1,21	310	0,74	200	1,15	400	0,58	480	0,48
50	260	0,88	460	0,50	250	0,92	500	0,46	600	0,38
63	320	0,72	550	0,42	315	0,73	630	0,36	756	0,30
80	440	0,52							960	0,24
100	580	0,40							1200	0,19
125	750	0,31							1440	0,16
160	930	0,25							1920	0,12

[1] Nennstrom für Nennwechselspannung gegen geerdeten Leiter U_0 von 230 V und 50 Hz.

[2] Für Leistungsschalter nach DIN EN 60947-2 (VDE 0660-101) sind die Werte für I_a als Vielfaches von I_n den jeweiligen Normen oder Herstellerkennlinien zu entnehmen und die Schleifenimpedanz Z_S zu ermitteln, wobei für die Ermittlung der Schleifenimpedanz die in der Norm enthaltene Fehlergrenze von +20 % zu berücksichtigen ist.

Beispiel

Ermittlung der Schleifenimpedanz bei Leistungsschaltern
Erforderlicher Kurzschlussstrom für die unverzögerte Auslösung 100 A
Erhöhung um die Grenzabweichung +20 % (von 100 A), also auf 120 A

Daraus folgt $Z_S = \frac{U_0}{I_a} = \frac{230\ \text{V}}{120\ \text{A}} = 1{,}916\ \Omega$

Für die überschlägige Prüfung dürfen mit hinreichender Genauigkeit verwendet werden

- $I_a = 5\ I_n$ für LS-Schalter nach Normen der Reihe DIN VDE 0641-11 mit Charakteristik B
- $I_a = 10\ I_n$ für LS-Schalter nach Normen der Reihe DIN VDE 0641-11 mit Charakteristik C und Leistungsschalter nach DIN EN 60947-2 (VDE 0660-101) bei entsprechender Einstellung
- $I_a = 12\ I_n$ für Leistungsschalter nach DIN EN 60947-2 (VDE 0660-101) bei entsprechender Einstellung und LS-Schalter mit Charakteristik K bis 63 A

Tabelle 11.3 Werte zur Beurteilung von Überstrom-Schutzeinrichtungen in TN-Systemen (Quelle: DIN VDE 0100-600:2008-06 Tabelle NA.1)

Folgende Messungen bzw. Überprüfungen sind erforderlich

- Messung oder Berechnung der Schleifenimpedanz
  Wenn Berechnungen der Schleifenimpedanz vorliegen oder die Schutzleiterimpedanz bekannt ist, und für die Anlage die Leitungslängen und Querschnitte bekannt sind, genügt es, die Durchgängigkeit der Schutzleiter zu prüfen.
- Überprüfung der Schutzeinrichtungen
  Durch Besichtigen des Nennstroms von Sicherungen, des Einstellstroms von Leistungsschaltern sowie durch Besichtigen und Erproben von RCDs.
- Prüfung von RCDs
  Die automatische Abschaltung durch RCDs im Fehlerfall ist durch Erzeugung eines Differenzstroms unter Verwendung geeigneter Prüfgeräte nachzuweisen. Die Messung der Abschaltzeit ist nicht gefordert.
- Prüfung auf Einhaltung der Bedingungen für die Spannungswaage
  Falls zutreffend, muss der wirksame Erdungswiderstand R_B nachgewiesen werden. Hierzu ist folgende Bedingung einzuhalten (siehe DIN VDE 0100-410: 2007-06 Abschnitt 411.4.1)

$$\frac{R_B}{R_E} \leq \frac{50\ \text{V}}{U_0 - 50\ \text{V}} \tag{11.2}$$

Es bedeuten

R_B Erdungswiderstand in Ω aller parallelen Erder im Netz

R_E kleinster Widerstand in Ω von fremden leitfähigen Teilen, die sich in Kontakt mit Erde befinden und nicht mit dem Schutzleiter verbunden sind und über die ein Fehler zwischen Außenleiter und Erde auftreten kann

U_0 Nennwechselspannung in V Außenleiter gegen Erde

11.5.2 Prüfung von TT-Systemen

Wichtige technische Daten zur Prüfung von TT-Systemen sind in **Tabelle 11.4** dargestellt.

Folgende Messungen bzw. Überprüfungen sind erforderlich.

- Messung des Erdungswiderstands
  Der Erdungswiderstand R_A für die Körper der elektrischen Betriebsmittel der elektrischen Anlage ist zu messen.
- Prüfung der Schutzeinrichtungen
  Die Kenndaten und/oder die Wirksamkeit der zugehörigen Schutzeinrichtungen sind zu prüfen.

- Prüfung von RCDs
  Die automatische Abschaltung durch RCDs im Fehlerfall ist durch Erzeugung eines Differenzstroms unter Verwendung geeigneter Prüfgeräte nachzuweisen. Die Messung der Abschaltzeit ist nicht gefordert. Technische Daten zur Prüfung von RCDs sind in **Tabelle 11.5** enthalten.
- Prüfung von Überstrom-Schutzeinrichtungen
  Durch Besichtigen ist der Nennstrom von Sicherungen festzustellen und der eingestellte Strom von Leistungsschaltern zu überprüfen.

11.5.3 Prüfung von IT-Systemen

Folgende Messungen bzw. Überprüfungen sind erforderlich.

- Besichtigen
  Durch Besichtigen ist zu prüfen, ob kein aktiver Leiter der Anlage direkt geerdet ist und die Körper einzeln, gruppenweise oder in ihrer Gesamtheit mit einem Schutzleiter verbunden sind.
- Erproben
  Die Funktion der Isolationsüberwachungseinrichtungen sollte durch Betätigen der Prüfeinrichtung erprobt werden.
- Fehlerstrom beim ersten Fehler
  Der Fehlerstrom beim ersten Fehler ist zu berechnen oder zu messen. Diese Messung ist nicht erforderlich, wenn alle Körper der Anlage mit dem Erder der Stromversorgung verbunden sind und das System über eine Impedanz mit Erde verbunden ist. Die Messung ist nur erforderlich, wenn eine Berechnung nicht möglich ist.
- Bedingungen beim zweiten Fehler
  Wenn beim zweiten Fehler ähnliche Bedingungen wie in einem TN-System auftreten, ist Abschnitt 11.5.1 sinngemäß anzuwenden.
  Wenn beim zweiten Fehler ähnliche Bedingungen wie in einem TT-System auftreten, ist Abschnitt 11.5.2 sinngemäß anzuwenden.

11.5.4 Messung von Erdungswiderständen nach Teil 600

Siehe Abschnitt 10.9.3.

11.5.5 Messung des Erdschleifenwiderstands mit Stromzangen

Siehe Abschnitt 10.9.4.

	Sicherungseinsatz nach DIN EN 60269-1 (VDE 0636-10) der Betriebsklasse gG			LS-Schalter nach DIN VDE 0641-11 (VDE 0641-11) und Leistungsschalter[1)] für die überschlägige Prüfung								
I_n A	I_a (5 s) A	R_A bei $U_L = 50$ V Ω	R_A bei $U_L = 25$ V Ω	$I_a = 5\ I_n$ A	R_A bei $U_L = 50$ V Ω	R_A bei $U_L = 25$ V Ω	$I_a = 10\ I_n$ A	R_A bei $U_L = 50$ V Ω	R_A bei $U_L = 25$ V Ω	$I_a = 10\ I_n$ A	R_A bei $U_L = 50$ V Ω	R_A bei $U_L = 25$ V Ω
2	9,2	5,4	2,7	10	5,0	2,5	20	2,5	1,25	24	2,10	1,05
4	19	2,6	1,3	20	2,5	1,25	40	1,25	0,63	48	1,04	0,52
6	27	1,8	0,9	30	1,7	0,83	60	0,83	0,41	72	0,69	0,34
10	47	1,1	0,53	50	1,0	0,50	100	0,50	0,25	120	0,42	0,21
16	65	0,77	0,38	80	0,63	0,32	160	0,32	0,16	192	0,26	0,13
20	85	0,59	0,29	100	0,50	0,25	200	0,25	0,13	240	0,21	–
25	110	0,45	0,23	125	0,40	0,20	250	0,20	0,10	300	0,17	–
32	150	0,33	0,16	160	0,31	0,16	320	0,16	–	384	0,13	–
35	173	0,29	0,14	175	0,29	0,14	350	0,14	–	420	0,12	–

1) Für Leistungsschalter nach DIN EN 60947-2 (VDE 0660-101) sind die Werte für I_a als Vielfaches von I_n den jeweiligen Normen oder Herstellerkennlinien zu entnehmen und die Schleifenimpedanz Z_S zu ermitteln, wobei für die Ermittlung der Schleifenimpedanz die in der Norm enthaltene Fehlergrenze von +20 % zu berücksichtigen ist.

Beispiel

Ermittlung der Schleifenimpedanz bei Leistungsschaltern
Erforderlicher Kurzschlussstrom für die unverzögerte Auslösung 100 A
Erhöhung um die Grenzabweichung +20 % (von 100 A), also auf 120 A

Daraus folgt $R_A = \frac{U_L}{I_a} = \frac{50\ \text{V}}{120\ \text{A}} = 0{,}417\ \Omega$

Für die überschlägige Prüfung dürfen mit hinreichender Genauigkeit verwendet werden:

- $I_a = 5\ I_n$ für LS-Schalter nach Normen der Reihe DIN VDE 0641-11 (VDE 0641-11) mit Charakteristik B
- $I_a = 10\ I_n$ für LS-Schalter nach Normen der Reihe DIN VDE 0641-11 (VDE 0641-11) mit Charakteristik C und Leistungsschalter nach DIN EN 60947-2 (VDE 0660-101) bei entsprechender Einstellung
- $I_a = 12\ I_n$ für Leistungsschalter nach DIN EN 60947-2 (VDE 0660-101) bei entsprechender Einstellung und für LS-Schalter mit Charakteristik K bis 63 A

Tabelle 11.4 Werte für Abschaltströme bei Sicherungen und Leistungsschaltern im TT-System (Quelle: DIN VDE 0100-600:2008-06 Tabelle NA.2)

Erdungswiderstand	Bemessungs-differenzstrom	$I_{\Delta n}$	10 mA	30 mA	100 mA	300 mA	500 mA
Maximal zulässiger Erdungswiderstand, gemessen an Körpern von Betriebsmitteln	R_A bei	$U_L = 50$ V	5 000 Ω	1 666 Ω	500 Ω	166 Ω	100 Ω
		$U_L = 25$ V	2 500 Ω	833 Ω	250 Ω	83 Ω	50 Ω

Diese Tabelle enthält theoretische Werte. Aufgrund der möglichen Schwankungen beim Erdungswiderstand sollten deutlich niedrigere Widerstandswerte gemessen werden, als in dieser Tabelle angegeben. Die Schwankungen zwischen trockenem und feuchtem Erdreich kann den fünffachen Wert ausmachen.

Tabelle 11.5 Bemessungsdifferenzstrom von RCDs und maximal zulässiger Erdungswiderstand, gemessen an den Körpern der Betriebsmittel (Quelle: DIN VDE 0100-600:2008-06 Tabelle NA.3)

11

11.5.6 Messung von Kurzschlussströmen bzw. Schleifenimpedanzen

Es gibt grundsätzlich zwei Methoden, den Kurzschlussstrom zu messen. Die beiden Messmethoden sind:

a) Durch Schaltgeräte wird ein direkter Kurzschluss zwischen einem Außenleiter und dem PEN-Leiter ggf. auch Schutzleiter hergestellt und nach kurzer Zeit (etwa 100 ms) wieder abgeschaltet. Nach dem Abklingen des Einschwingvorgangs wird der letzte Teil des Messwerts (etwa 40 ms) gespeichert und steht als Ergebnis zur Verfügung.

b) Durch Einschaltung eines Prüfwiderstands R_P wird der bei Belastung auftretende Spannungsfall gemessen und daraus der Kurzschlussstrom berechnet.

11

Geräte nach a) sind teuer und störanfällig und werden in der Praxis kaum noch verwendet. Nachfolgend wird nur die Messmethode nach b) behandelt.

Die prinzipielle Messschaltung ist in **Bild 11.5** gezeigt. Bei der Messung wird zunächst der Schalter S_V eingelegt und der Vorprüfwiderstand R_V (etwa 1 000 Ω bis 2 000 Ω) an das Netz geschaltet. Dabei wird festgestellt, ob eine Unterbrechung im PEN-Leiter vorliegt und die Prüfung abgebrochen werden muss. Danach erfolgt die Hauptprüfung, wobei durch den Schalter S_P der Widerstand R_P (etwa 5 Ω bis 25 Ω) eingeschaltet wird. Dabei wird der Spannungsfall U_{E1} am Hauptwiderstand gemessen. Die Netzspannung U_E wird nicht gleichzeitig gemessen; sie ist entweder kurz vor oder kurz nach der Belastungsmessung vorzunehmen. Die Zusammenhänge zeigt **Bild 11.6**. Aus den Messwerten ergeben sich der Kurzschlussstrom I_k und der Schleifenwiderstand R_S zu

$$I_k = \frac{U_E}{U_E - U_{E1}} I \tag{11.3}$$

$$R_S = \frac{\Delta U}{I} = \frac{U_E - U_{E1}}{I} \tag{11.4}$$

In den Gln. (11.3) bis (11.6) bedeuten

I_k	Kurzschlussstrom in A
R_S	Schleifenwiderstand in Ω
U_E	Netzspannung in V
U_{E1}	Spannungsfall in V am Hauptbelastungswiderstand
ΔU	Differenzspannung zwischen U_E und U_{E1}
$I_{k\,(\text{Messwert})}$	gemessener Kurzschlussstrom in A
$R_{S\,(\text{Messwert})}$	gemessener Schleifenwiderstand in Ω

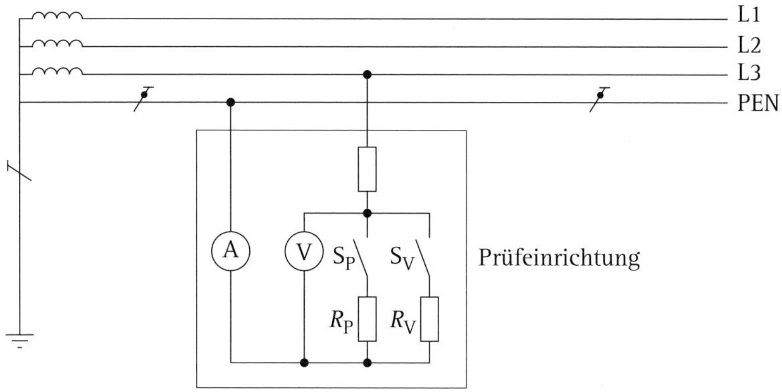

Bild 11.5 Messung des Kurzschlussstroms bzw. Schleifenwiderstands

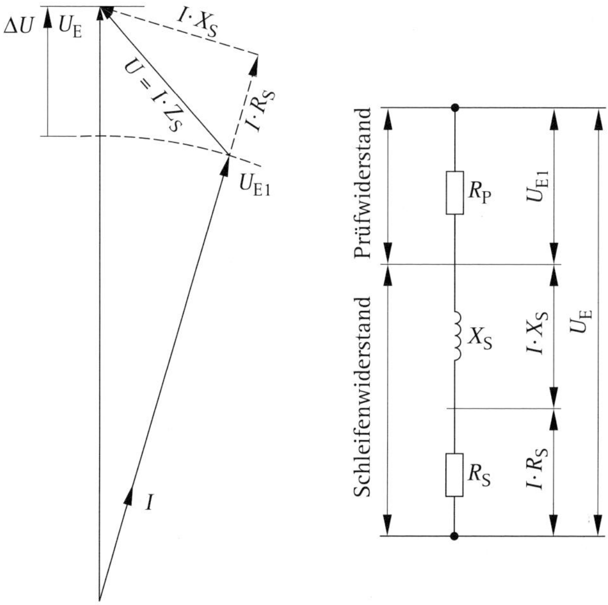

Bild 11.6 Ersatzschaltbild zur Messung des Kurzschlussstroms bzw. Schleifenwiderstands

Sind bei dieser Messung vorwiegend Resistanzen (Ohm'sche Widerstände) vorhanden, ist die Messung relativ genau. Bei größeren Reaktanzen (induktive Widerstände), wie sie bei Freileitungsnetzen vorkommen, sind Fehler zu erwarten. Auch bei der Messung in der Nähe von Transformatoren oder Generatoren und bei kapazitiven Widerständen ist mit erheblichen Fehlern zu rechnen.

Die Spannung $U_{E1} = I \cdot R_P$ ist die Spannung, die über dem Belastungswiderstand gemessen wird. Der Widerstand der Leiterschleife setzt sich aber aus einem Wirk- und Blindanteil zusammen, weshalb die Differenzspannung $\Delta U = U_E - U_{E1}$ kleiner ist als die tatsächliche (geometrische) Differenzspannung $U = I\ Z_S$. Da ΔU zu klein gemessen wird, ist auch der ermittelte Schleifenwiderstand zu klein, bzw. der Kurzschlussstrom wird zu groß errechnet, was zu gefährlichen Fehldimensionierungen führen kann. Es kommen noch systembedingte Messfehler von ±30 % hinzu, wobei durch Lastveränderungen während der Messung oder durch Spannungsschwankungen weitere Fehler auftreten können. Eine Korrektur der Messergebnisse ist deshalb unbedingt erforderlich. Dringend zu empfehlen sind folgende Korrekturen

$$I_k = \frac{I_{k\,(\text{Messwert})}}{1{,}5} \tag{11.5}$$

11

$$Z_S = 1{,}5\ Z_{S\,(\text{Messwert})} \tag{11.6}$$

11.5.7 Messung des Auslösestroms bei RCDs

Die Messung der Berührungsspannung und des Auslösestroms bei RCDs kann nach zwei Methoden gemessen werden

- Prüfschaltung mit Sonde (**Bild 11.7**)
- Prüfschaltung ohne Sonde (**Bild 11.8**)

Nachfolgend werden die Prüfungen beschrieben.

Bei der Prüfung nach Bild 11.7 wird zunächst der Widerstand R sehr hoch eingestellt, sodass kaum ein Strom fließen und keine Spannung gemessen werden kann. Danach wird der Widerstand langsam verkleinert, und es kommt ein Strom zum Fließen, bis der RCD auslöst. Am Spannungsmesser kann Berührungsspannung und am Strommesser der Auslösestrom abgelesen werden. Es wird empfohlen, diese Prüfung mehrmals durchzuführen und die Geschwindigkeit der Widerstandsverkleinerung zu variieren. Die in Bild 11.7 dargestellte Prüfschaltung ist nicht anwendbar, wenn aufgrund der Erdungsbedingungen oder des Umfangs der Anlage keine Sonde im neutralen Erdreich eingebracht werden kann. Außerdem kann das Einbringen einer Sonde oft so umständlich sein, dass gerne darauf verzichtet wird.

Die handelsüblichen Messgeräte arbeiten deshalb nach der in Bild 11.8 dargestellten Schaltung, wobei der Belastungswiderstand zwischen dem Schutzleiter und einem Außenleiter gelegt wird. Zunächst wird der Widerstand so eingestellt, dass kein oder nur ein minimaler Strom zum Fließen kommt. Danach wird der Widerstand verkleinert, sodass ein Strom zur Erde fließen kann. Der Widerstand R und der Erdungswiderstand R_A liegen jetzt in Reihe, und die Spannung teilt

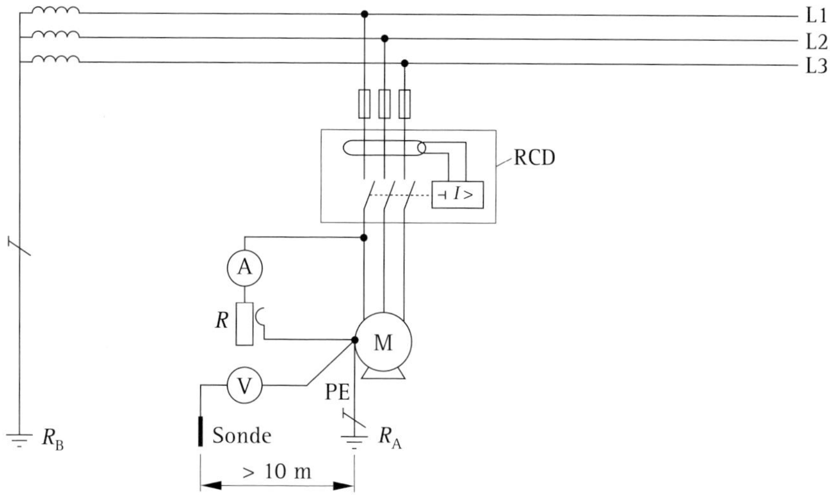

Bild 11.7 Prüfschaltung mit Sonde

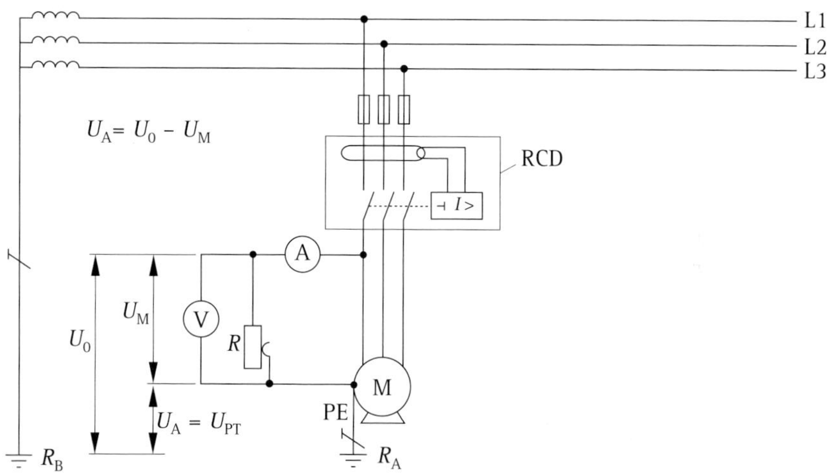

Bild 11.8 Prüfschaltung ohne Sonde

sich auf. Die Berührungsspannung ist die Differenz der Netzspannung gegen Erde und der am Spannungsmesser abgelesenen Spannung. Handelsübliche Geräte sind so ausgeführt, dass die Berührungsspannung direkt abgelesen werden kann. Der Auslösestrom kann direkt am Strommesser abgelesen werden. Wenn der RCD nicht auslöst, ist die Messung abzubrechen, sobald die für die Anlage zulässige Berührungsspannung erreicht ist.

11.6 Zusätzlicher Schutz – Teil 600 Abschnitt 61.3.7

Die Prüfung der Maßnahmen, die für den zusätzlichen Schutz getroffen wurden, sind durch Besichtigen und Messen durchzuführen. Bei der Prüfung von Fehlerstrom-Schutzeinrichtungen (RCDs) sind geeignete Messgeräte zu verwenden.

Anmerkung: Wenn Fehlerstrom-Schutzeinrichtungen (RCD) für den Fehlerschutz und den zusätzlichen Schutz gemeinsam eingesetzt werden, genügt es, die Anforderungen zum Fehlerschutz zu prüfen.

11.7 Prüfung der Spannungspolarität – Teil 600 Abschnitt 61.3.8

Wenn Regeln den Einbau von einpoligen Schalteinrichtungen in den Neutralleiter verbieten, muss durch eine Prüfung der Spannungspolarität festgestellt werden, dass Schalteinrichtungen nur in den Außenleitern eingebaut sind.

11.8 Prüfung der Phasenfolge – Teil 600 Abschnitt 61.3.9

Im Falle von mehrphasigen Stromkreisen muss die Einhaltung der Reihenfolge der Phasen geprüft werden. Bei Drehstrom-Steckdosen sollte im Normalfall ein Rechtsdrehfeld vorliegen.

11.9 Funktionsprüfungen – Teil 600 Abschnitt 61.3.10

An Baugruppen, wie Kombinationen von Schalt- und Steuergeräten, Antrieben, Steuerungen und Verriegelungen müssen Funktionsprüfungen durchgeführt werden. Dabei ist festzustellen, ob sie den Anforderungen der Normen entsprechen, richtig eingebaut, eingestellt und errichtet sind.

Folgende Funktionsprüfungen können erforderlich werden

- die Wirksamkeit von Sicherheitseinrichtungen (Not-Aus-Einrichtungen, Verriegelungen, Druckwächter)
- Funktion von RCDs, Isolationsüberwachungseinrichtungen und Differenzstrom-Überwachungseinrichtungen durch Betätigen der Prüftaste
- Funktionsfähigkeit von Melde- und Anzeigeeinrichtungen, wie die Rückmeldung der Schaltstellungsanzeige an ferngesteuerten Schaltern, Meldeleuchten

11.10 Spannungsfall – Teil 600 Abschnitt 61.3.11

Wenn die Einhaltung eines bestimmten Spannungsfalls gefordert wird, kann

- der Spannungsfall durch Messung der Impedanz des Stromkreises berechnet werden
- der Spannungsfall durch Anwendung von **Bild 11.9** abgeschätzt werden

Das Diagramm ist zur Ermittlung der maximalen Kabel-/Leitungslänge bei 4 % Spannungsfall anwendbar unter folgenden Voraussetzungen

- Nennwechselspannung 400 V
- Leitertemperatur 55 °C
- Drehstromsystem mit drei Außenleitern 400/230 V
- PVC-Isolierung der Adern
- Leitermaterial Kupfer

Bei Anwendung von Ein-Phasen-Wechselspannungssystemen ist die ermittelte Kabel-/Leitungslänge durch 2 zu teilen. Bei der Verwendung von Aluminium-Leitern ist die Kabel-/Leitungslänge durch 1,6 zu teilen.

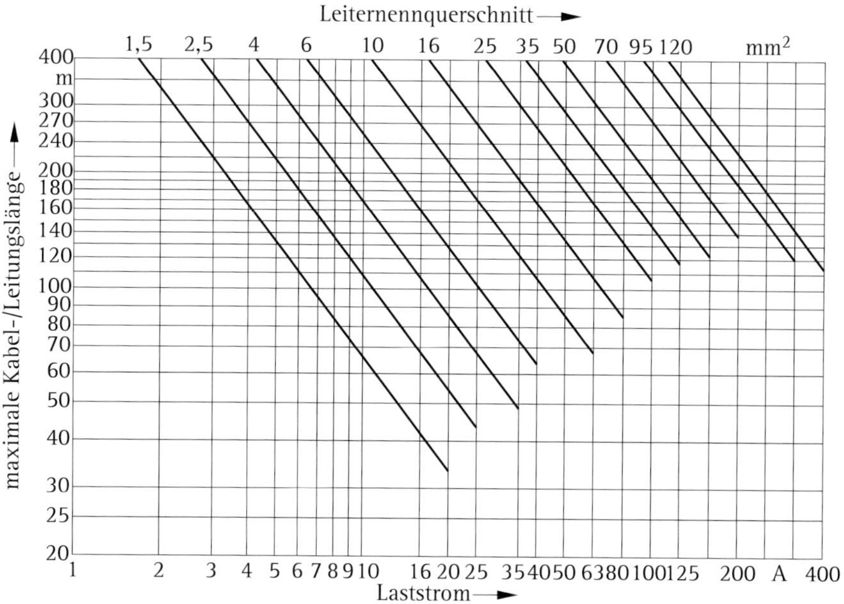

Bild 11.9 Diagramm zur Abschätzung des Spannungsfalls bzw. der maximalen Kabel-/Leitungslänge (Quelle: DIN VDE 0100-600:2008-06 Anhang D)

Die Anwendung des Diagramms ist nicht zur Ermittlung für die Strombelastbarkeit von Leitern vorgesehen.

11.11 Messgeräte

Die verwendeten Messgeräte müssen der Normenreihe DIN EN 60557 (VDE 0413) „Elektrische Sicherheit in Niederspannungsnetzen bis AC 1 000 V und DC 1 500 V“ entsprechen. Wichtig ist die Beachtung der maximal zulässigen Gebrauchsfehler der Messgeräte (**Tabelle 11.6**). Gegebenenfalls sind Fehlergrenzen (maximale Messabweichung) der Messgeräte bei der Durchführung von Messungen zu berücksichtigen, z. B. durch Anwendung eines Korrekturfaktors.

Prüfgeräte	DIN VDE	Fehlergrenzen
Isolations-Messgeräte	0413-2	±30 %
Schleifenwiderstands-Messgeräte	0413-3	±30 %
Widerstands-Messgeräte	0413-4	±30 %
Erdungs-Messgeräte	0413-5	±30 %
Geräte zum Prüfen von RCDs in TN-, TT- und IT-Systemen	0413-6	+20 % U[1)] ±10 % I[2)] ±10 % t[3)]
Drehfeldrichtungsanzeiger	0413-7	–
Isolations-Überwachungsgeräte für IT-Systeme zum Überwachen von Wechselspannungsnetzen mit galvanisch verbundenen Gleichstromkreisen und von Gleichspannungsnetzen	0413-8	+30 % bei Wechselspannung +50 % bei Gleichspannung
Isolationsfehlersucheinrichtung zum Überwachen von IT-Systemen für AC und DC und Lokalisieren von fehlerhaften Netzabschnitten bzw. Stromkreisen, in Verbindung mit mehreren Zusatzgeräten	0413-9	+30 % bei Wechselspannung +50 % bei Gleichspannung
Strom- und Spannungsmessgeräte	0411-1 0411-2-032	
Messgeräte zur Durchführung mehrerer Messaufgaben	0413-10	

[1)] U = Fehlerspannung

[2)] I = Auslösestrom

[3)] t = Auslösezeit

Tabelle 11.6 Geräte zum Prüfen elektrischer Anlagen

11.12 Dokumentation der Prüfung – Teil 600 Abschnitt 61.4

Die Prüfung der elektrischen Anlage und das Erstellen eines Prüfprotokolls sind zum Zwecke der Beweissicherung dringend zu empfehlen. Das Prüfprotokoll soll so ausführlich wie möglich angefertigt werden, sodass auch nach längerer Zeit über die durchgeführten Messungen und Prüfungen Auskünfte gegeben werden können.

Ein Prüfprotokoll sollte so ausgefertigt werden, dass folgende Angaben mindestens enthalten sind

- Anschrift des Kunden (Bezug zur elektrischen Anlage)
- Art der Erdverbindung (Netzsystem), Spannung, Stromkreise, Schutzmaßnahmen
- Beschreibung der Schutzeinrichtungen
- Darstellung der Messergebnisse
- Fabrikat und Typ der verwendeten Messgeräte
- Bemerkungen zum Messverfahren und zu den Berechnungen
- Hinweise auf Mängel und deren Beseitigung
- Datum und Unterschrift (Prüfer, Betreiber, ggf. auch Eigentümer)
- Verteilung des Prüfprotokolls (Prüfer und Betreiber je ein Exemplar)

Bewährt haben sich vorgedruckte Prüfprotokolle, wie sie von verschiedenen Verlagen – in der Regel in Blockform und zum Durchschreiben geeignet – angeboten werden. **Bild 11.10** zeigt ein Beispiel eines Vordrucks „Prüfung elektrischer Anlagen – Prüfprotokoll, Übergabebericht, Zustandsbericht“, der vom ZVEH, Fachbereich Technik, erarbeitet wurde.

Prüfung elektrischer Anlagen

Prüfprotokoll①

Nr. Blatt .... von .... Kunden Nr.:

Auftraggeber②: Auftrag Nr.: Auftragnehmer③:

Anlage:

Prüfung④ **nach:** DIN VDE 0100-600 ☐ DIN VDE 0105-100 ☐ BGV A3 ☐ .... / .... BSV ☐ E-CHECK ☐

Neuanlage ☐ Erweiterung ☐ Änderung ☐ Instandsetzung ☐ Wiederholungsprüfung ☐

Beginn der Prüfung: Beauftragter des Auftraggebers: Prüfer⑤:

Ende der Prüfung:

Netz .... / .... V Netzform: TN-C ☐ TN-S ☐ TN-C-S ☐ TT ☐ IT ☐

Netzbetreiber

Besichtigen	i.O.	n.i.O.		i.O.	n.i.O.		i.O.	n.i.O.
Auswahl der Betriebsmittel	☐	☐	Kennzeichnung Stromkreis, Betriebsmittel	☐	☐	Zugänglichkeit	☐	☐
Trenn- und Schaltgeräte	☐	☐	Kennzeichnung N- und PE-Leiter	☐	☐	Schutzpotenzialausgleich	☐	☐
Brandabschottungen	☐	☐	Leiterverbindungen	☐	☐	Zus. örtl. Potentialausgleich	☐	☐
Gebäudesystemtechnik	☐	☐	Schutz und Überwachungseinrichtungen	☐	☐	Dokumentation⑥	☐	☐
Kabel, Leitungen, Stromschienen	☐	☐	Basisschutz, Schutz gegen direktes Berühren	☐	☐	siehe Ergänzungsblätter ☐		
Erproben								
Funktionsprüfung der Anlage	☐	☐	Funktion der Schutz-, Sicherheits- und Überwachungseinrichtungen		☐	Rechtsdrehfeld der Drehstromsteckdose	☐	☐
FI-Schutzschalter (RCD)	☐	☐	Drehrichtung der Motoren		☐	Gebäudesystemtechnik	☐	☐

Messen Stromkreisverteiler Nr.:

Stromkreis Nr.	Stromkreis Zielbezeichnung	Leitung/Kabel Typ	Leitung/Kabel Leiter Anzahl Quers. (mm²)	Überstrom-Schutzeinrichtung Art Charakteristik	I_n (A)	Z_s (Ω) ☐ I_k (A)	R_{iso} (M... ☐ ☐ ...bra...r	...hlerstrom-Schutzeinrichtung (RCD) .../Art (A)	$I_{\Delta n}$ (mA)	I_{mess} (mA) ($\leq I_{\Delta n}$)	Ausl.-Zeit t_A (ms)	$U_L \leq$ ..... V U_{mess} (V)	Fehlercode siehe auch ⑦
	Hauptleitung		x										
			x										
			x										
			x										
			x										
			x										
			x										
			x										
			x										

Durchgängigkeit des S... ...leite... ≤ 1 Ω ☐ Erdungswiderstand: R_E .... Ω

Muster

Durchgängigkeit Potentiala... ...eich⑨**(≤ 1 Ω nachgewiesen)**

Fundamenterder	☐	Hauptwasserleitung	☐	Heizungsanlage	☐	EDV-Anlage	☐	Antennenanlage/BK	☐
Haupterdungsschiene	☐	Hauptschutzleiter	☐	Klimaanlage	☐	Telefonanlage	☐	Gebäudekonstruktion	☐
Wasserzwischenzähler	☐	Gasinnenleitung	☐	Aufzugsanlage	☐	Blitzschutzanlage	☐	....	☐

Verwendete Messgeräte nach VDE	Fabrikat: Typ:	Fabrikat: Typ:	Fabrikat: Typ:

Prüfergebnis: keine Mängel festgestellt ☐ Prüf-Plakette angebracht: ja ☐ Nächster Prüftermin:
Mängel festgestellt ☐ nein ☐

Auftraggeber②**:**
Gemäß Übergabebericht elektrische Anlage vollständig übernommen ☐
Zustandsbericht erhalten ☐
Ort Datum Unterschrift

Prüfer⑤**:**
Die elektrische Anlage entspricht den anerkannten Regeln der Elektrotechnik ☐
Die elektrische Anlage entspricht nicht den anerkannten Regeln der Elektrotechnik ☐
Ort Datum Unterschrift

Bild 11.10 Muster „Prüfung elektrischer Anlagen – Prüfprotokoll, Übergabebericht, Zustandsbericht"
Dieses ZVEH-Prüfprotokoll kann bezogen werden unter: www.wfe-shop.de

Prüfung elektrischer Anlagen

Übergabebericht[7] ☐ **Zustandsbericht**[7] ☐

Nr.	Blatt .... von	Kunden Nr.:
Auftraggeber[2]:	Auftrag Nr.:	Auftragnehmer[3]:
Anlage:	Zähler Nr.: / Zählerstand kWh	

	Ort/Anlagenteil[8] / Anzahl Betriebsmittel ☐ / Fehler-Code ☐																	
Elektroinstallationsgeräte	Stromkreisverteiler																	
Elektroinstallationsgeräte	Aus-/Wechselschalter																	
Elektroinstallationsgeräte	Serienschalter																	
Elektroinstallationsgeräte	Taster																	
Elektroinstallationsgeräte	Dimmer																	
Elektroinstallationsgeräte	Jalousietaster/-schalter																	
Elektroinstallationsgeräte	Schlüsseltaster/-schalter																	
Elektroinstallationsgeräte	Nottaster/-schalter																	
Elektroinstallationsgeräte	Zeitschalter/-taster																	
Elektroinstallationsgeräte	Steckdose																	
Elektroinstallationsgeräte	Bewegungsmelder																	
Elektroinstallationsgeräte	Geräteanschlussdose																	
Elektroinstallationsgeräte	Telefonanschlusseinheit																	
Elektroinstallationsgeräte	TV-Steckdose																	
Elektroinstallationsgeräte	EDV-Steckdose																	
Elektroinstallationsgeräte	Sprechstelle																	
Elektroinstallationsgeräte	Gong/Summer																	
Elektroinstallationsgeräte	EIB-Aktor																	
Elektroinstallationsgeräte	EIB-Sensor																	
Elektroinstallationsgeräte																		
Elektroinstallationsgeräte																		
Elektroinstallationsgeräte																		
Elektroinstallationsgeräte																		
Elektroinstallationsgeräte																		
	Leuchten-Auslass																	
	Leuchte																	

Auftraggeber[2]:	**Prüfer**[5]:
Gemäß Übergabebericht elektrische Anlage vollständig übernommen ☐	Die elektrische Anlage vollständig übergeben ☐ Dokumentation[6] übergeben ☐
Zustandsbericht erhalten ☐	In der Anlage wurden Mängel festgestellt ☐
Ort Datum Unterschrift	Ort Datum Unterschrift

Bild 11.10 (Fortsetzung) Muster „Prüfung elektrischer Anlagen – Prüfprotokoll, Übergabebericht, Zustandsbericht"
Dieses ZVEH-Prüfprotokoll kann bezogen werden unter: www.wfe-shop.de

11.13 Literatur zu Kapitel 11

[1] Kahnau, H. W.: Die Bedeutung der Prüfung elektrischer Anlagen. Der Elektromeister und Deutsches Elektrohandwerk 55 (1980) H. 14, S. 1000 bis 1002

[2] Winkler, A.: Schutztechnische Messungen in elektrischen Anlagen – Ziele, Probleme, Realisierung. Der Elektromeister und Deutsches Elektrohandwerk 55 (1980) H. 14, S. 1009 bis 1011

[3] Kammler, M.; Nienhaus, H.; Vogt, D.: Prüfungen vor Inbetriebnahme von Niederspannungsanlagen; Besichtigen, Erproben, Messen nach DIN VDE 0100 Teil 600. VDE-Schriftenreihe, Bd. 63. 3. Aufl., Berlin und Offenbach: VDE VERLAG, 2008

[4] Egyptien, H. H.: Die Prüfungen elektrischer Anlagen und Betriebsmittel. Der Elektromeister und Deutsches Elektrohandwerk 55 (1980) H. 8, S. 539 bis 545

[5] Leischner, M.: Prüfung von Schutzmaßnahmen. Der Elektromeister und Deutsches Elektrohandwerk 55 (1980) H. 2, S. 97 bis 99 und H. 5, S. 275 bis 279

[6] Winkler, A.: Messung des Schleifenwiderstandes. Der Elektromeister und Deutsches Elektrohandwerk 56 (1981) H. 6, S. 447 bis 450

[7] Reiß, K.-R.: Schleifenwiderstand und Kurzschlussstrom, gemessen mit Schleifenwiderstands-Messgeräten. etz Elektrotech. Z. 101 (1980) H. 2, S. 84 bis 87

[8] Dänzer, P.: Schleifenwiderstand und Kurzschlussstrom, gemessen mit Schleifenwiderstands-Messgeräten. etz Elektrotech. Z. 102 (1981) H. 14, S. 762 bis 764

[9] Denzel, P.; Vierfuß, H.: Beitrag zur Messung der Impedanz von Niederspannungsnetzen. etz Elektrotech. Z., Ausg. A, 87 (1966) H. 5, S. 159 bis 165

[10] Nienhaus, H.: Prüfungen vor Inbetriebnahme von Starkstromanlagen. de, der elektromeister + deutsches elektrohandwerk 69 (1994) H. 8, S. 537 bis 544 und H. 9, S. 649 bis 653

[11] Schröder, B.: Stichwörter zu DIN VDE 0100 Teil 610. de, der elektromeister + deutsches elektrohandwerk 69 (1994) H. 8, S. 560 bis 566

[12] Winkler, A.; Lienenklaus, E.; Rontz, A.: Sicherheitstechnische Prüfung in elektrischen Anlagen mit Spannungen bis 1 000 V. VDE-Schriftenreihe, Bd. 47. 2. Aufl., Berlin und Offenbach: VDE VERLAG, 1995

[13] Hennig, W.; Rosenberg, W.: VDE-Prüfung nach BGV A3 und BetrSichV. VDE-Schriftenreihe, Bd. 43. 8. Aufl., Berlin und Offenbach: VDE VERLAG, 2006

[14] Hasse, P.: Unerwünschte Auswirkungen statischer Elektrizität und ihre Beseitigung. Der Elektromeister 48 (1973) H. 15, S. 1063 bis 1065

[15] Hauptverband der gewerblichen Berufsgenossenschaften (Hrsg.): Richtlinien für die Vermeidung von Zündgefahren infolge elektrostatischer Auflagen, 1980

[16] Bödeker, K.; Kammerhoff, U.; Kindermann, R.; Matz, F.: Prüfung elektrischer Geräte in der betrieblichen Praxis. VDE-Schriftenreihe, Bd. 62. 5. Aufl., Berlin und Offenbach: VDE VERLAG, 2007

[17] Bödeker, K.; Kindermann, R.: Erstprüfungen elektrischer Gebäudeinstallationen. 2. Aufl., Berlin: Verlag Technik/Huss-Medien, 2003

[18] Faber, U.; Grapentin, M.; Wettingfeld, K.: Prüfung elektrischer Anlagen und Betriebsmittel – Grundlagen und Methoden. VDE-Schriftenreihe, Bd. 124. Berlin und Offenbach: VDE VERLAG 2008

[19] Grapentin, M.; Wettingfeld, K.: Prüfung elektrischer Anlagen, sicherheitstechnischer Einrichtungen und Prüfung des Explosionsschutzes. VDE-Schriftenreihe, Bd. 125. Berlin und Offenbach: VDE VERLAG 2008

12 Schutz gegen Überspannungen

Auf die DIN VDE 0184 (VDE 0184):2005-10 „Überspannungen und Schutz bei Überspannungen in Niederspannungs-Starkstromanlagen mit Wechselspannungen – Allgemeine grundlegende Informationen (IEC TR 62066:2002)“ wird hingewiesen. Der Überspannungsschutz, auch die theoretischen Grundlagen, sind dort ausführlich behandelt.

Nach DIN VDE 0100-100 Abschnitt 131.6 gelten für den Schutz bei Überspannungen folgende Grundsätze:

- **Personen und Nutztiere müssen gegen Verletzungen und Sachwerte müssen gegen alle schädigenden Einflüsse geschützt sein, die infolge eines Fehlers zwischen aktiven Teilen von Stromkreisen unterschiedlicher Spannungen auftreten können.**
- **Personen, Nutztiere und Sachen müssen gegen die Auswirkungen von Überspannungen (z. B. atmosphärische Einwirkungen oder Schaltüberspannungen), die erwartungsgemäß auftreten können, geschützt werden, wenn ein nicht akzeptables Risiko besteht.**

12.1 Schutz von Niederspannungsanlagen bei Erdschlüssen in Netzen mit höherer Spannung – DIN VDE 0100-442

Die Anforderungen an den Schutz von Personen und Einrichtungen von Transformatorstationen (Umspannstationen) durch die Art der Erdung im Hochspannungsbereich und im Niederspannungsbereich werden nachfolgend dargestellt.

Anmerkung 1: In diesem Abschnitt werden Spannungen über 1 000 V AC und 1 500 V DC als Hochspannung (HV) bezeichnet. Mit Niederspannung (LV) bezeichnet werden Anlagen, die mit Spannungen unter 1 000 V AC und 1 500 V DC betrieben werden.

Anmerkung 2: Die Festlegungen gelten nicht für Niederspannungsnetze der öffentlichen Elektrizitätsverteilungsnetze. Die Anwendung dieser Norm für öffentliche Netze wird jedoch dringend empfohlen.

Zum Schutz bei Fehlern im Hochspannungsbereich ist eine Erdung (Hochspannungsschutzerde, HSE) vorzusehen. Im Hochspannungsbereich müssen alle zugehörigen Körper (z. B. Transformatorgehäuse) und fremde leitfähige Teile (z. B. Konsolen, Kabelmäntel, Traggerüste für Schaltgeräte usw.) an diesen Hochspannungsschutzerder angeschlossen sein. Für den Sternpunkt des Transformators wird in TN- und TT-Systemen und evtl. auch im IT-System ein Niederspannungsbetriebserder (NBE) benötigt. Diese beiden Erder (HSE und NBE) sind entweder elektrisch getrennt voneinander zu errichten (getrennte Erdungsanlagen) oder sie werden als eine gemeinsame Erdungsanlage errichtet. Die Bedingungen hierfür werden nachfolgend dargestellt.

Bei einem Erdschluss in der Hochspannungsanlage fließt ein Erdschlussstrom, der eine Anhebung des Potentials gegen Erde hervorruft. Die Größe der Potentialanhebung wird bestimmt durch den Erdschlussstrom und den Erdungswiderstand des Hochspannungsschutzerders. Es gilt folgende Beziehung:

$$U_f = I_E \cdot R_E \tag{12.1}$$

Darin bedeuten:

U_f Fehlerspannung in der Niederspannungsanlage zwischen Körpern und der Bezugserde in V

I_E Teil des Erdschlussstroms in der Hochspannungsanlage in A, der über die Erdungsanlage der Transformatorenstation fließt

R_E Widerstand der Erde in Ω zwischen dem Erder der Transformatorstation und der Bezugserde

Bei einem Fehler im Hochspannungsbereich fließt ein hoher kapazitiver Strom gegen Erde. Dieser kapazitive Strom (Erdschlussstrom) ist abhängig von der Sternpunktbehandlung im Hochspannungsnetz. Er beträgt bei hochohmiger Sternpunkterdung:

$$I_C = \sqrt{3} \cdot U \cdot \omega \cdot C_E \tag{12.2}$$

Durch den Einbau einer Erdschlusslöschspule (Netze mit Erdschlusskompensation) wird der hohe kapazitive Erdschlussstrom I_C stark begrenzt, und es kommt nur noch der Erdschlussreststrom I_{Rest} zum Fließen (**Bild 12.1**).

In Netzen ohne Erdschlusskompensation liegt der Erdschlussstrom in 20-kV-Netzen bei etwa 4 A bis 6 A pro 100 km Netzlänge bei Freileitung und etwa 200 A bis 350 A pro 100 km Netzlänge bei Kabel.

Normalerweise werden Netze (10 kV bis 33 kV) mit Erdschlusskompensation so betrieben (aufgeteilt), dass der Erdschlussreststrom 30 A bis 60 A (maximal 80 A) nicht überschreitet.

Die Erdschlusskompensationsspule ist ein induktiver Widerstand und wird bemessen nach:

$$X_L \approx \frac{1}{3 \cdot \omega \cdot C_E} \tag{12.3}$$

In den Gln. (12.2) und (12.3) bedeuten:

I_C kapazitiver Erdschlussstrom in A

U Nennspannung (Außenleiterspannung) in V

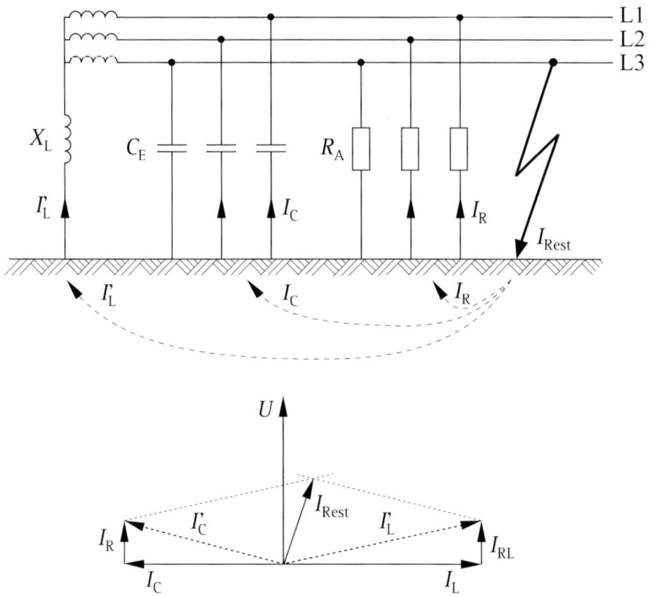

Bild 12.1 Erdschlusskompensation

ω Kreisfrequenz $\omega = 2\,\pi\,f$ in Hz

C_E Kapazität der Leitung/des Kabels gegen Erde in F

X_L induktiver Widerstand der Spule in Ω

Die Situation mit einem Erdschluss im Hochspannungsbereich mit den betriebsfrequenten Beanspruchungsspannungen U_1 und U_2 ist für das TN-System dargestellt in:

- **Bild 12.2** für eine Transformatorstation mit einer gemeinsamen Erdungsanlage für die Hochspannungsschutzerde und die Niederspannungsbetriebserde
- **Bild 12.3** für eine Transformatorstation mit getrennten Erdungsanlagen für die Hochspannungsschutzerde und die Niederspannungsbetriebserde

Die betriebsfrequente Beanspruchungsspannung ist die Spannung, die an der Isolierung der Niederspannungsbetriebsmittel in der Transformatorstation (z. B. Transformatoren, Überspannungs-Schutzeinrichtungen, Schalter usw.) anliegt. Die Größe und die Dauer der betriebsfrequenten Beanspruchungsspannung von Niederspannungsbetriebsmitteln in der Verbraucheranlage aufgrund eines Erdschlusses in der Hochspannungsanlage darf die in **Tabelle 12.1** angegebenen Werte nicht überschreiten.

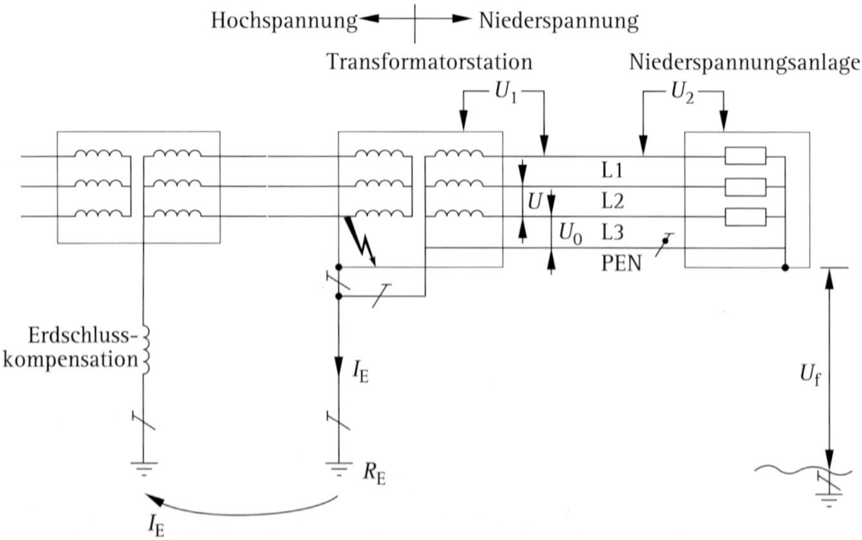

Bild 12.2 Beanspruchungsspannungen bei einer gemeinsamen Erdungsanlage für Hochspannungsschutzerder und Niederspannungsbetriebserder mit Erdschlusskompensation für das Hochspannungsnetz in einem TN-System. Es sind:
U_f Fehlerspannung in der Niederspannungsanlage zwischen Körpern und der Bezugserde
U_1 Betriebsfrequente Beanspruchungsspannung der Niederspannungsbetriebsmittel in der Transformatorstation
U_2 Betriebsfrequente Beanspruchungsspannung der Niederspannungsbetriebsmittel in der Verbraucheranlage
(Quelle: DIN VDE 0100-422:1997-11)

Abschaltzeit	Zulässige betriebsfrequente Beanspruchungsspannung an Betriebsmitteln in Niederspannungsanlagen; Effektivwerte			
	Forderung	Nennspannung der Anlage		
		230/400 V	277/480 V	400/690 V
> 5 s	U_0 + 250 V	480 V	527 V	650 V
≤ 5 s	U_0 + 1 200 V	1 430 V	1 477 V	1 600 V

Tabelle 12.1 Größe und Dauer der betriebsfrequenten Beanspruchungsspannung

Die erste Zeile der Tabelle 12.1 gilt für Hochspannungsnetze mit langer Abschaltzeit, z. B. für Netze mit isoliertem Sternpunkt und Netze mit Erdschlusskompensation. Die zweite Zeile gilt für Hochspannungsnetze mit kurzer Abschaltzeit, z. B. für Netze mit niederohmiger Sternpunkterdung.

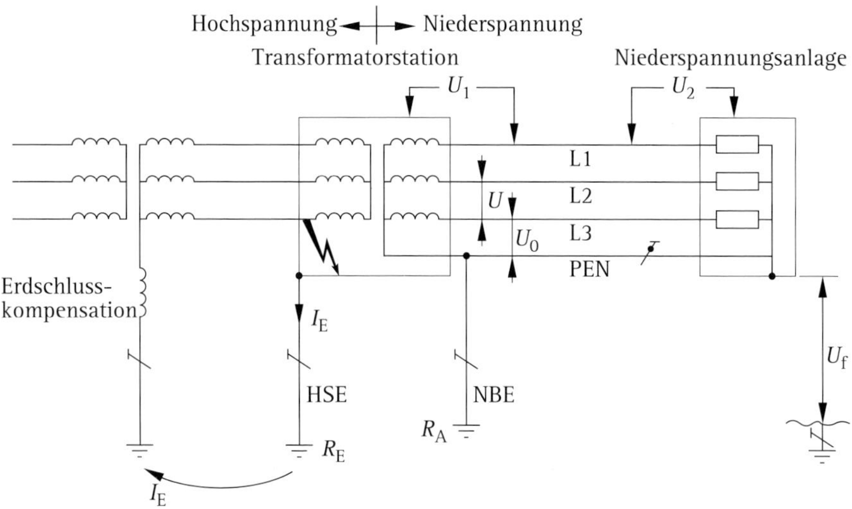

Bild 12.3 Beanspruchungsspannungen bei getrennten Erdungsanlagen für Hochspannungsschutzerder und Niederspannungsbetriebserder mit Erdschlusskompensation für das Hochspannungsnetz in einem TN-System. Es sind:
U_f Fehlerspannung in der Niederspannungsanlage zwischen Körpern und der Bezugserde
U_1 Betriebsfrequente Beanspruchungsspannung der Niederspannungsbetriebsmittel in der Transformatorstation
U_2 Betriebsfrequente Beanspruchungsspannung der Niederspannungsbetriebsmittel in der Verbraucheranlage
HSE Hochspannungsschutzerde
NBE Niederspannungsbetriebserde
(Quelle: DIN VDE 0100-442:1997-11)

Wird das Niederspannungsnetz als TN-System betrieben, darf eine gemeinsame Erdungsanlage errichtet werden, wenn die im Erdschlussfall auftretende Fehlerspannung $U_f = I_E \cdot R_E$ nach Gl. (12.1) innerhalb der in **Bild 12.4** vorgegebenen Zeit abgeschaltet wird.

Wenn in einem TN-System der PEN-Leiter an mehreren Stellen im Netz geerdet und die verschiedenen Erder in einem Gebiet mit dichter Bebauung liegen, sodass von einem globalen Erdungssystem ausgegangen werden kann, dann darf immer eine gemeinsame Erdungsanlage errichtet werden.

Anmerkung: In einem Gebiet mit enger, geschlossener Bebauung (Fundamenterder, Netzerder, Blitzschutzerder, metallene Rohrsysteme im Erdreich usw.) ist eine ordnungsgemäße Trennung der Erdungsanlagen (HSE und NBE) ohnehin nicht möglich.

Die gemeinsame Erdungsanlage muss dann einer der folgenden Bedingungen genügen:

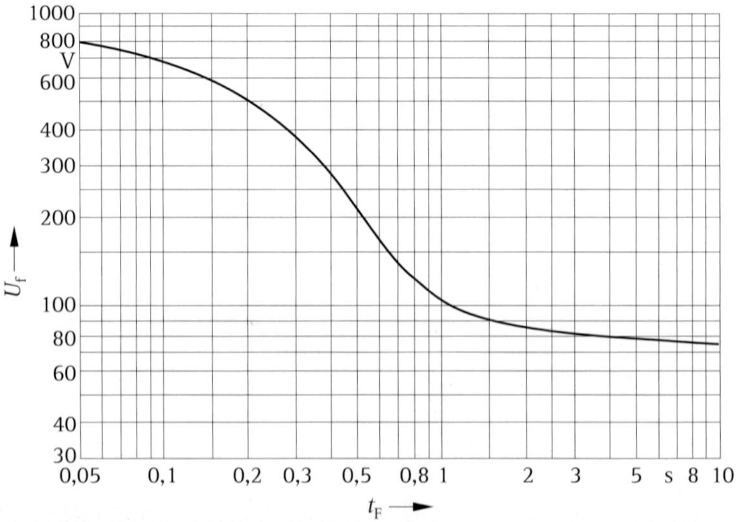

12

Bild 12.4 Höchste zulässige Fehlerspannung U_f mit begrenzter Stromflussdauer t bei einem Erdschluss im Hochspannungsnetz. Falls der Stromfluss wesentlich länger andauert, als im Diagramm angegeben, kann für $U_f = 75$ V eingesetzt werden. (Quelle: DIN VDE 0101:2000-01)

$$R_E \leq \frac{U_E}{I_E} \leq \frac{75\ \text{V}}{I_C} \quad \text{in Netzen ohne Erdschlusskompensation} \tag{12.4}$$

$$R_E \leq \frac{U_E}{I_E} \leq \frac{75\ \text{V}}{I_{Rest}} \quad \text{in Netzen mit Erdschlusskompensation} \tag{12.5}$$

In den Gln. (12.4) und (12.5) bedeuten:

R_E Erdungswiderstand in Ω

U_E Erdungsspannung in V

I_E Erdschlussstrom in A

I_C kapazitiver Erdschlussstrom in A

I_{Rest} Erdschlussreststrom in A

Können die genannten Bedingungen nicht eingehalten werden, sind getrennte Erdungsanlagen zu errichten. Der Sternpunkt des Niederspannungsnetzes muss an einer elektrisch unabhängigen Erdungsanlage angeschlossen werden. Der Isolationspegel der Niederspannungsbetriebsmittel in der Station muss der Beanspruchungsspannung U_1 entsprechen. Er muss folgender Bedingung genügen:

$$U_1 = I_E \cdot R_E + U_0 \tag{12.6}$$

Hochspannungsschutzerder und Niederspannungsbetriebserder	Stromversorgung	Beanspruchungsspannung		Fehlerspannung U_f
		U_1	U_2	
gemeinsam	TN-System	U_0	U_0	$I_E \cdot R_E$
	TT-System	U_0	$I_E \cdot R_E + U_0$	0
	IT-System	Siehe DIN VDE 0100-442		
getrennt	TN-System	$I_E \cdot R_E + U_0$	U_0	0
	TT-System	$I_E \cdot R_E + U_0$	U_0	0
	IT-System	Siehe DIN VDE 0100-442		

Tabelle 12.2 Beanspruchungsspannungen und Fehlerspannung in TN- und TT-Systemen bei gemeinsamen und getrennten Erdungsanlagen

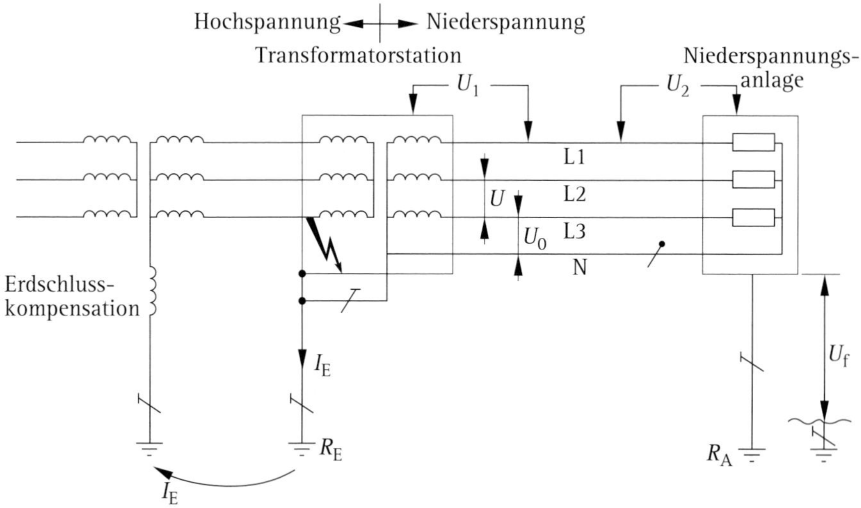

Bild 12.5 Beanspruchungsspannungen bei einer gemeinsamen Erdungsanlage für Hochspannungsschutzerder und Niederspannungsbetriebserder mit Erdschlusskompensation für das Hochspannungsnetz in einem TT-System. Es sind:

U_f Fehlerspannung in der Niederspannungsanlage zwischen Körpern und der Bezugserde

U_1 Betriebsfrequente Beanspruchungsspannung der Niederspannungsbetriebsmittel in der Transformatorstation

U_2 Betriebsfrequente Beanspruchungsspannung der Niederspannungsbetriebsmittel in der Verbraucheranlage

(Quelle: DIN VDE 0100-442:1997-11)

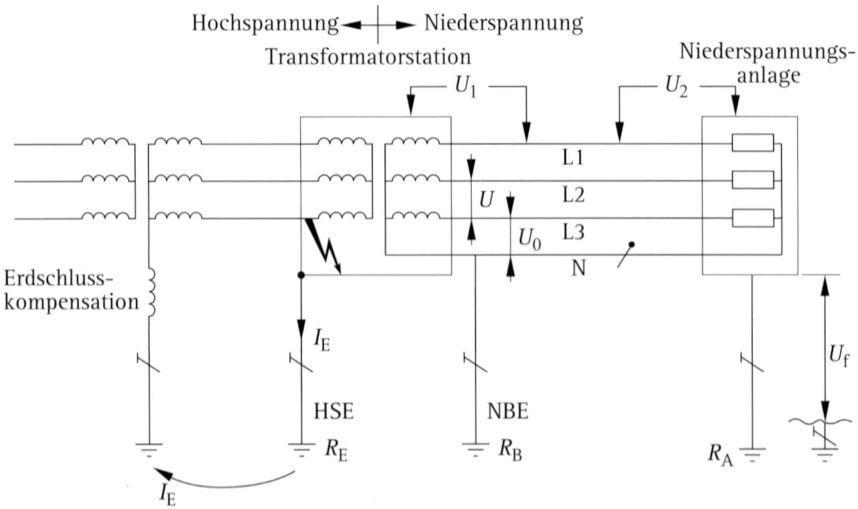

Bild 12.6 Beanspruchungsspannungen bei getrennten Erdungsanlagen für Hochspannungsschutzerder und Niederspannungsbetriebserder mit Erdschlusskompensation für das Hochspannungsnetz in einem TT-System. Es sind:
U_f Fehlerspannung in der Niederspannungsanlage zwischen Körpern und der Bezugserde
U_1 Betriebsfrequente Beanspruchungsspannung der Niederspannungsbetriebsmittel in der Transformatorstation
U_2 Betriebsfrequente Beanspruchungsspannung der Niederspannungsbetriebsmittel in der Verbraucheranlage
HSE Hochspannungsschutzerde
NBE Niederspannungsbetriebserde
(Quelle: DIN VDE 0100-442:1997-11)

Die verschiedenen Beanspruchungsspannungen U_1 und U_2 und die Fehlerspannung U_f sind für TN-Systeme und TT-Systeme in **Tabelle 12.2** zusammengestellt.

Für ein TT-System zeigen **Bild 12.5** und **Bild 12.6** bei einem Fehler im Hochspannungsbereich die Situation und die betriebsfrequenten Beanspruchungsspannungen U_1 und U_2 für eine gemeinsame Erdungsanlage und eine getrennte Erdungsanlage.

Für IT-Systeme sind die entsprechenden Schaltbilder und Spannungen DIN VDE 0100-442 Bilder 44 D, E, F, G und H zu entnehmen.

Wenn für eine Umspannanlage eine gemeinsame Erdungsanlage möglich ist, sind alle zu schützenden Anlageteile (Körper und fremde leitfähige Teile) an die gemeinsame Erdungsanlage anzuschließen. Beispiele zeigen **Bild 12.7** und **Bild 12.8**.

Können die Bedingungen für eine gemeinsame Erdungsanlage nicht erfüllt werden, so ist neben der Erdungsanlage der Umspannstation (HSE) noch eine wei-

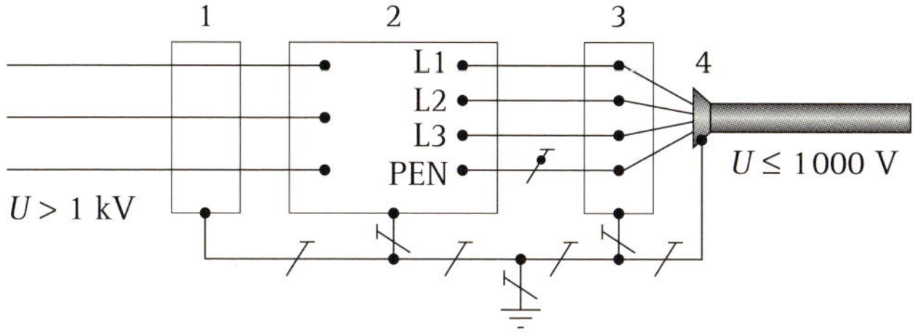

Bild 12.7 Gemeinsame Erdungsanlage, HV-Freileitung, LV-Kabel
1 Hochspannungs-Schalter
2 Transformatorgehäuse
3 Niederspannungs-Schaltgerüst
4 Kabelendverschluss

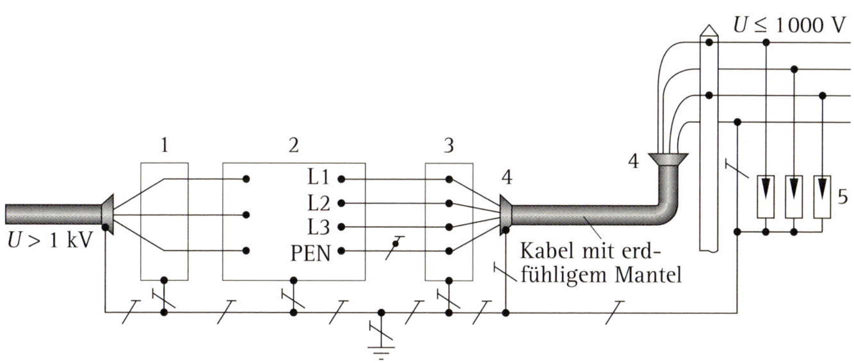

Bild 12.8 Gemeinsame Erdungsanlage, HV-Kabel, LV-Freileitung/Kabel
1 Hochspannungs-Schalter
2 Transformatorgehäuse
3 Niederspannungs-Schaltgerüst
4 Kabelendverschluss
5 Überspannungs-Schutzeinrichtungen (zulässig)

tere Erdungsanlage (NBE) zur getrennten Erdung des Transformatorsternpunkts notwendig. Der Abstand der beiden Erdungsanlagen muss mindestens 20 m betragen, wobei darauf zu achten ist, dass die elektrische Trennung nicht durch Fundamenterder, Kabelmäntel, Wasserleitungen oder andere im Erdreich liegende metallene Leitungen aufgehoben wird. Die innerhalb der Umspannstation zu schützenden Teile der Niederspannungsanlage sind in die Hochspannungsschutzerde einzubeziehen. Beispiele zeigen **Bild 12.9** und **Bild 12.10**.

Die Gewitterauswirkungen durch Überspannungen in einem elektrischen System können unterteilt werden in Schäden durch:

- Direkt- oder Naheinschlag
- Ferneinschlag

Bei einem Direkteinschlag trifft der Blitz das Gebäude oder die Leitung direkt. Ein Naheinschlag liegt vor, wenn ein Blitz in unmittelbarer Nähe eines Gebäudes oder einer elektrischen Leitung einschlägt. Bei einem Naheinschlag müssen von evtl. vorhandenen Überspannungs-Schutzeinrichtungen erhebliche Teile der Blitzströme so abgeleitet werden, dass eine Zerstörung der elektrischen Anlage nicht erfolgt.

Bei einem Ferneinschlag, bei dem z. B. eine Mittelspannungsfreileitung getroffen wird oder wenn durch Blitzeinschläge in der Umgebung einer zu schützenden Anlage eine Überspannung in die elektrische Anlage induziert wird, müssen von den Überspannungs-Schutzeinrichtungen nur relativ kleine Energien verkraftet werden. Ferneinschläge (indirekte Blitzeinwirkung) sind weitaus häufiger anzutreffen als Direkteinschläge.

12

Bei einem Gewitter entstehen aber auf Freileitungen auch atmosphärische Ladungen, die Schäden verursachen können. Die Entstehung einer elektrischen Ladung, die eine Wanderwelle auf einer Leitung auslöst, zeigt **Bild 12.12**.

Die Freileitung verläuft zwischen der elektrisch negativ geladenen Wolke und dem Erdreich mit positiver Ladung. In diesem elektrischen Feld stellt die Freileitung praktisch einen Kondensator dar, der je nach Feldstärke aufgeladen wird. Durch die negativ geladene Wolke wird die auf der Freileitung aufgebaute positive Ladung gebunden, während die negative Ladung, bedingt durch den geringen Abstand zur Erde und die Ableitwiderstände, zur Erde abfließt. Erfolgt nun zwischen Wolke und Erde ein Ladungsausgleich (Blitzentladung), dann ist die positive Ladung auf der Leitung nicht mehr gebunden und kann auf der Leitung beidseitig abfließen. Dabei entstehen unter Umständen sehr hohe Stoßspannungen (transiente Überspannungen), die sich durch Reflexionen an Endstellen, Abzweigen usw. noch verstärken können. Wenn keine Vorkehrungen getroffen sind, können diese transienten Überspannungen in elektrischen Anlagen Überschläge an blanken Teilen (z. B. Klemmen, Sammelschienen)

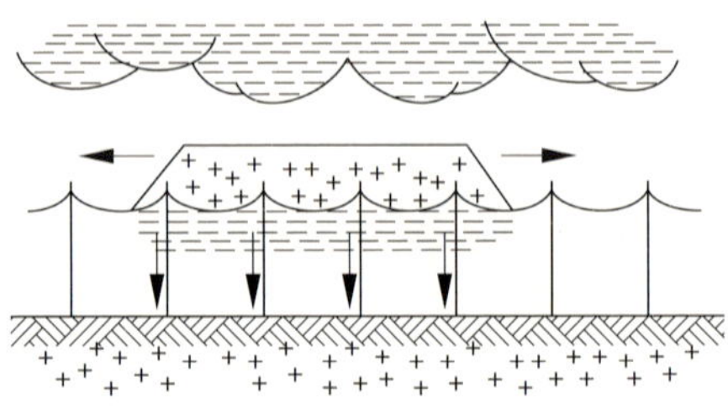

Bild 12.12 Ladung auf einer Freileitung

hervorrufen und Kurzschlüsse einleiten oder schwere Isolationsschäden verursachen.

b) Schaltüberspannungen entstehen durch Schalthandlungen in elektrischen Anlagen, z. B. beim Schalten von Motoren, Stromkreisen, Netzen usw. Dabei entstehen hochfrequente Ausgleichsvorgänge, die sich in Netzen aller Spannungsebenen fortpflanzen und somit auch von einem Hochspannungsnetz in ein Niederspannungsnetz eingekoppelt werden. Relativ hohe Überspannungen können auch beim Ansprechen von Sicherungen auftreten. Die Stromsteilheit von Schaltüberspannungen kann höhere Werte (1000 kA/µs) annehmen als die eines Blitzes mit maximal 120 kA/µs.

c) Elektrostatische Entladungen entstehen bei Kontakt und Trennung leitender und nicht leitender Materialien. Dabei bauen sich elektrische Felder auf, bei denen Spannungen bis 20 000 V Spitzenwert und mehr erreicht werden können. ESD führen hauptsächlich in der Elektronikindustrie zu Problemen, da elektronische Bauteile sehr empfindlich gegen Überspannungen sind. Elektrostatische Aufladungen können z. B. durch Erdung aller leitfähigen Materialien einschließlich der Personen oder durch Erhöhung der Luftfeuchtigkeit verhindert werden.

d) Bei Kernexplosionen entstehen starke nuklear-elektromagnetische Impulse. Der Impuls kann innerhalb weniger µs seinen Scheitelwert erreichen.

12

Die Auswirkungen dieser transienten Überspannungen führen zur Gefährdung von Menschen und Tieren, bewirken u. U. schwere Schäden in der Isolation von Betriebsmitteln und verursachen die Zerstörung von Bauteilen durch die dynamischen Kräfte. Hierzu gehören auch unerkannte Isolationsschäden, die erst später zu einem Fehler (Erdschlussstrom, Kurzschlussstrom und/oder Brand) führen. Besonders elektronische Bauteile sind sehr anfällig gegen transiente Überspannungen und können schon bei geringen Spannungserhöhungen zerstört werden. Durch den Einsatz von Überspannungs-Schutzeinrichtungen können die Auswirkungen der transienten Überspannungen herabgesetzt werden. Das bedeutet, dass in Anlagen mit richtig ausgewählten und eingebauten Überspannungs-Schutzeinrichtungen nur geringe oder auch gar keine Schäden durch transiente Überspannungen zu erwarten sind.

Durch den Einbau von Überspannungs-Schutzeinrichtungen in elektrischen Anlagen von Gebäuden soll eine Begrenzung der transienten Überspannungen sowohl infolge indirekter atmosphärischer Entladungen als auch direkter atmosphärischer Entladungen sowie durch Schaltvorgänge im Versorgungsnetz sichergestellt werden.

Die Anwendung von Überspannungs-Schutzeinrichtungen sollte aufgrund der vorliegenden Netzverhältnisse und der Anforderungen an den Blitzschutz entschieden werden. Dabei sollte auch der Wert der zu schützenden Betriebsmittel beachtet werden. Überspannungs-Schutzeinrichtungen sind nicht in allen elektrischen Anlagen eine Pflicht (siehe hierzu auch Abschnitt 12.2.4).

Die grundsätzliche Auswahl der Überspannungs-Schutzeinrichtungen erfolgt nach den Überspannungskategorien, die für elektrische Anlagen festgelegt sind.

Anmerkung: Die Überspannungskategorien sind in Abschnitt 14.5.1 beschrieben und in Bild 14.8 für eine elektrische Anlage dargestellt. Die erforderliche Bemessungs-Stoßspannung ist in Abhängigkeit von der Nennspannung der Anlage in Tabelle 14.3 angegeben. Die internationale Beratung der Spannungswerte für diese Tabelle ist noch nicht abgeschlossen; die Festlegungen können sich noch geringfügig ändern.

Bisher waren Überspannungs-Schutzeinrichtungen (ÜSE), en: Surge Protective Devices (SPD) in die Anforderungsklassen A, B, C und D nach DIN VDE 0100-534 eingeteilt. In DIN EN 61643-11 (VDE 0675-6-11) werden die Anforderungsklassen durch Prüfklassen und Typ-Klassen ersetzt (siehe hierzu auch Tabelle 12.3). Sie können kurz beschrieben werden:

12

- **ÜSE Typ 1/SPD Typ 1 (Anwendungsklasse B)**
  dienen dem Blitzschutz-Potentialausgleich bei direkten oder indirekten Blitzeinschlägen (Grobschutz) nach DIN VDE 0185-3. Der maximale Schutzpegel entspricht der Überspannungskategorie IV nach DIN VDE 0110-1 (siehe Tabelle 14.3).
- **ÜSE Typ 2/SPD Typ 2 (Anwendungsklasse C)**
  dienen dem Überspannungsschutz von Verbraucheranlagen, bei denen einlaufende Überspannungen aufgrund ferner Blitzschläge oder durch Schalthandlungen nach DIN VDE 0100-443 zu beherrschen sind (Mittelschutz). Der maximale Schutzpegel entspricht der Überspannungskategorie III nach DIN VDE 0110-1 (siehe Tabelle 14.3).
- **ÜSE Typ 3/SPD Typ 3 (Anwendungsklasse D)**
  sind bestimmt zum Überspannungsschutz ortsveränderlicher oder fest angebrachter Betriebsmittel (Feinschutz). Der maximale Schutzpegel entspricht der Überspannungskategorie II nach DIN VDE 0110-1 (siehe Tabelle 14.3).

12.2.2 Normen für den Überspannungsschutz

Die wichtigsten Normen für die Anwendung und den Einsatz von Überspannungs-Schutzeinrichtungen sind:

- DIN VDE 0100-443 (VDE 0100-443): „Schutz bei Überspannungen infolge atmosphärischer Einflüsse oder von Schaltvorgängen"
- DIN VDE 0100-534 (VDE 0100-534): „Auswahl und Errichtung elektrischer Betriebsmittel – Trennen, Schalten und Steuern – Überspannungs-Schutzeinrichtungen (ÜSE)"
- DIN EN 61643-11 (VDE 0675-6-11): „Überspannungsschutzgeräte für den Einsatz in Niederspannungsanlagen – Anforderungen und Prüfungen"

Neben diesen Normen sind weitere zu beachten, vor allem auch durch steigende Anforderungen an den Überspannungsschutz, bedingt durch den Einsatz spannungsempfindlicher elektronischer Bauteile.

- DIN EN 60664-1 (VDE 0110-1) „Isolationskoordination für elektrische Betriebsmittel in Niederspannungsanlagen – Grundsätze, Anforderungen und Prüfungen"
- DIN EN 62305-3 (VDE 0185-305-3) „Blitzschutz – Schutz von baulichen Anlagen und Personen"
- DIN EN 62305-4 (VDE 0185-305-4) „Blitzschutz – Elektrische und elektronische Systeme in baulichen Anlagen"
- DIN VDE 0845-1 (VDE 0845-1) „Schutz von Fernmeldeanlagen gegen Blitzeinwirkungen, statische Aufladungen und Überspannungen aus Starkstromanlagen – Maßnahmen gegen Überspannungen"
- DIN EN 61643-21 (VDE 0845-3-1) „Überspannungsschutzgeräte für den Einsatz in Telekommunikations- und signalverarbeitenden Netzwerken – Leistungsanforderungen und Prüfverfahren"

12.2.3 Überspannungs-Schutzeinrichtungen in Gebäuden – DIN VDE 0100-534

Die neue Norm DIN VDE 0100-534 (VDE 0100-534):2009-02 enthält gegenüber der Vornorm DIN V VDE V 0100-534 (VDE V 0100-534):1999-04 einige wichtige Änderungen. Besonders wichtig sind:

- Die Norm wurde komplett überarbeitet; die Gestaltung der Norm wurde geändert. Die Entscheidungskriterien zur Verwendung von ÜSE wurden neu formuliert.
- Überspannungs-Schutzeinrichtungen (ÜSE) Typ 1 (zum Zweck des Blitzschutzpotentialausgleichs) sind am Speisepunkt der Anlage zu installieren.
- Die Anforderungen für den Anschluss von ÜSE nach der Art der Erdverbindung wird neu gefasst, und die Anschlussschemata A, B und C werden neu eingeführt.

Weiter wurden neue Festlegungen getroffen oder Änderungen vorgenommen über Schutzpegel in Übereinstimmung mit der Bemessungsstehstoßspannung, die Auswahl der ÜSE im Hinblick auf zeitweilige (temporäre) Überspannungen. Die Vorgaben bezüglich des Mindestableitvermögens von ÜSE wurden überarbeitet, und die Anforderungen zur Auswahl auf den zu erwartenden Kurzschlussstrom und das Folgestromlöschvermögen sind aufgenommen. Die notwendigen Querschnitte der maximal zulässigen Länge und die Verlegeart der Anschlussleitungen der ÜSE sind neu festgelegt. Es wurden Auswahlkriterien für ÜSE definiert (Einzelheiten siehe DIN VDE 0100-534 (VDE 0100-534):2009-02).

12.2.3.1 Anschluss von Überspannungs-Schutzeinrichtungen (ÜSE)

ÜSE müssen angeschlossen werden, damit die Vorgaben der Anschlussschemata A, B oder C nach den Bildern 12.13 oder 12.14 erfüllt sind.

Anschlussschema A (**Bild 12.13**)

Für die Errichtung von ÜSE in TN-Systemen gilt Anschlussschema A. Wenn die ÜSE innerhalb eines Gebäudes gefordert sind, müssen diese ÜSE entweder in der Nähe des Speisepunkts der Anlage oder in der Hauptverteilungsanlage (Hauptschaltanlage), die dem Speisepunkt folgt, errichtet werden. Diese Anforderung gilt für den Einsatz von ÜSE Typ 1 zum Zweck des Blitzschutzpotentialausgleichs. Zusätzliche ÜSE können aufgrund des Blitzschutzzonenkonzepts notwendig sein oder wenn Überspannungen von der Lastseite zu erwarten sind.

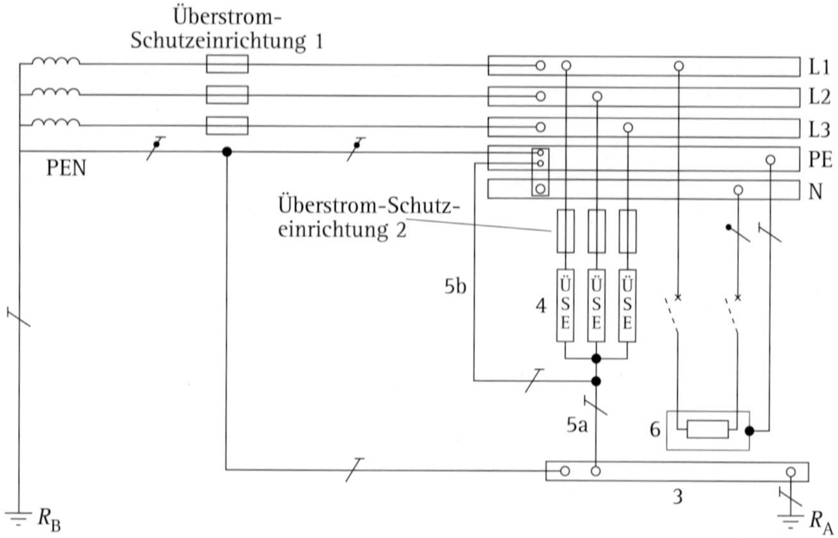

Bild 12.13 Überspannungs-Schutzeinrichtungen in TN-Systemen (Quelle: DIN VDE 0100-534:2009-02 Bild A.1)
3 Haupterdungsschiene oder Haupterdungsklemme
4 Überspannungs-Schutzeinrichtungen (ÜSE), die einen Schutzpegel entsprechend Überspannungskategorie II sicherstellen
5 Erdungsverbindungen der Überspannungs-Schutzeinrichtungen (ÜSE) 5a und 5b
6 Betriebsmittel
Überstrom-Schutzeinrichtung 1: am Speisepunkt der Anlage
Überstrom-Schutzeinrichtung 2: vom Hersteller der Überspannungs-Schutzeinrichtung (ÜSE) geforderte Überstrom-Schutzeinrichtung 2
R_A Erder (Erdungswiderstand) der Anlage
R_B Erder (Erdungswiderstand) des Versorgungssystems

Anschlussschema C (**Bild 12.14**)

Für die Errichtung von ÜSE auf der Versorgungsseite (Eingangsseite) einer Fehlerstrom-Schutzeinrichtung (RCD) nach DIN VDE 0100-534 Abschnitt 534 b).

Anmerkung: Der Einbau einer Überstrom-Schutzeinrichtung 2 im Pfad der Überspannungs-Schutzeinrichtung (ÜSE), die zwischen Neutralleiter und PE-Leiter angeschlossen ist, ist nicht gefordert, weil der Schutz bei Kurzschluss durch die Überstrom-Schutzeinrichtung übernommen wird.

Die Bilder 12.13 und 12.14 zeigen die grundsätzlich zur Anwendung gelangenden Schaltungen beim Einsatz von Überspannungs-Schutzeinrichtungen in den verschiedenen Netzsystemen. Auch andere Schaltungen sind möglich und erlaubt, was vom Planer festzulegen ist. Bei den gezeigten Schaltungen wird davon ausgegangen, dass die ÜSE in der Nähe des Hausanschlusskastens oder in der Nähe der Hauptverteilung angeordnet sind und die Anschlussleitungen nicht länger als 0,5 m sind. ÜSE sind so anzuordnen, dass sie keinen Brand auslösen können. Gegebenenfalls sind hierzu auch besondere Gehäuse vorzusehen.

Errichten von Überspannungs-Schutzeinrichtungen (ÜSE) Typ 1, Typ 2 und Typ 3 (**Bild 12.15**)

Eine komplette Anlage mit neuesten Festlegungen zum Überspannungs-Schutz mit Überspannungs-Schutzeinrichtungen Typ 1, Typ 2 und Typ 3 nach dem Blitzschutzzonenkonzept zeigt Bild 12.15.

Anmerkungen: Für weitere Informationen wird auf DIN EN 62305-4 (VDE 0185-305-4) und DIN CLC/TS 61643-12 (VDE V 0675-6-12) verwiesen. Die Überspannungs-Schutzeinrichtungen (ÜSE) 5 und 8 können in einer einzigen ÜSE zusammengefasst werden.

Wenn der Einsatz von ÜSE gefordert ist, müssen ÜSE, die am oder in der Nähe des Speisepunktes der Anlage installiert werden, nach den Vorgaben der **Tabelle 12.3** angeschlossen werden.

12.2.3.2 Auswahl im Hinblick auf die dauernde Betriebsspannung U_c

Die maximal zulässige dauernde Betriebsspannung (U_c) von Überspannungs-Schutzeinrichtungen (ÜSE) muss gleich oder höher den Werten sein, wie sie in **Tabelle 12.4** angegeben sind.

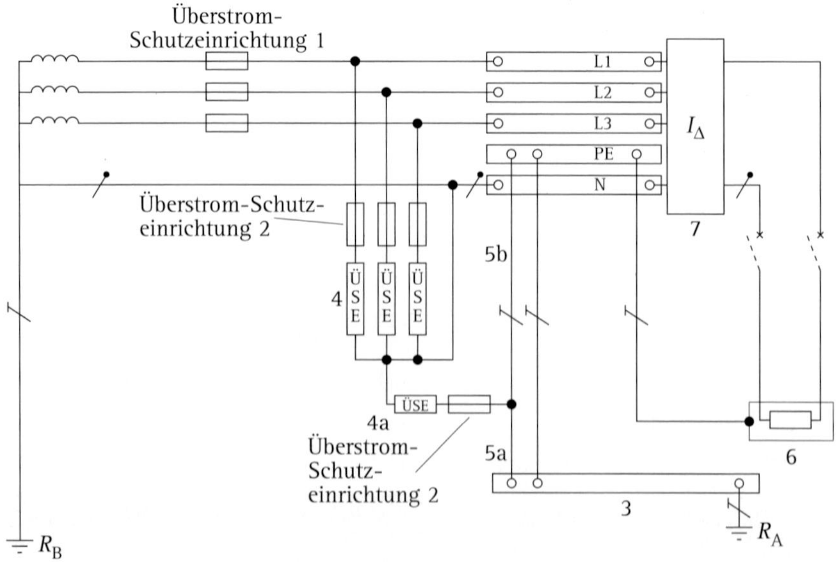

Bild 12.14 Überspannungs-Schutzeinrichtungen (ÜSE) auf der Versorgungsseite einer Fehlerstrom-Schutzeinrichtung (RCD)
(Quelle: DIN VDE 0100-534:2009-02 Bild B.2)
3 Haupterdungsschiene oder Haupterdungsklemme
4 Überspannungs-Schutzeinrichtungen (ÜSE)
4a Überspannungs-Schutzeinrichtung (ÜSE)
(die Kombination (Reihenschaltung) bestehend aus 4 und 4a, die einen Schutzpegel entsprechend Überspannungskategorie II sicherstellt)
5 Erdungsverbindungen der Überspannungs-Schutzeinrichtungen (ÜSE) 5a und 5b
6 Betriebsmittel
7 Fehlerstrom-Schutzeinrichtung (RCD), den Überspannungs-Schutzeinrichtungen (ÜSE) nachgeschaltet
Überstrom-Schutzeinrichtung 1: am Speisepunkt der Anlage
Überstrom-Schutzeinrichtung 2: vom Hersteller der Überspannungs-Schutzeinrichtung (ÜSE) geforderte Überstrom-Schutzeinrichtung 2
R_A Erder (Erdungswiderstand) der Anlage
R_B Erder (Erdungswiderstand) des Versorgungssystems

Anmerkung: Der Einbau einer Überstrom-Schutzeinrichtung 2 im Pfad der Überspannungs-Schutzeinrichtung (ÜSE), die zwischen Neutralleiter und PE-Leiter angeschlossen ist, ist nicht gefordert, weil der Schutz bei Kurzschluss durch die Überstrom-Schutzeinrichtung der Außenleiter übernommen wird.

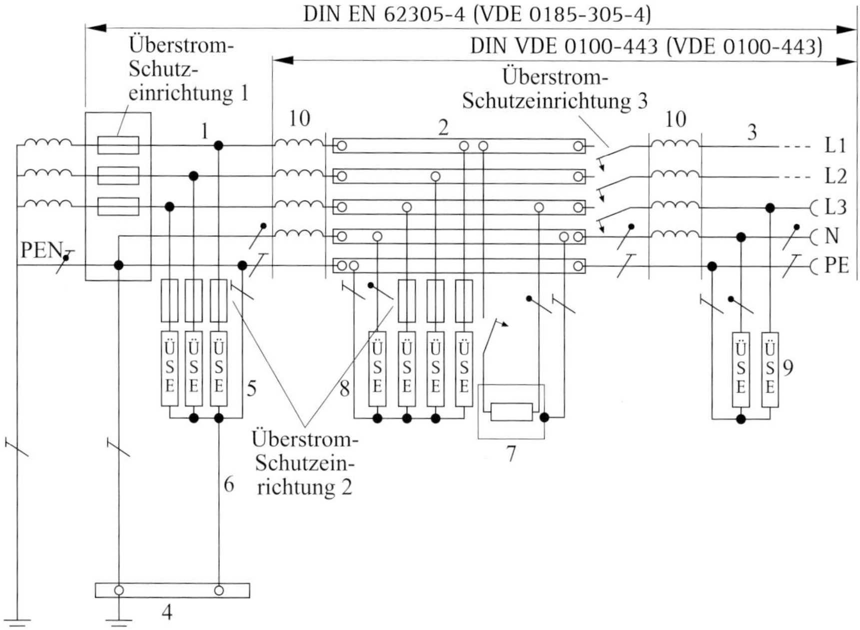

Bild 12.15 Errichtung von Überspannungs-Schutzeinrichtungen Typ 1, Typ 2 und Typ 3 nach dem Blitzschutzzonenkonzept
(Quelle: DIN VDE 0100-534:2009-02 Bild D.1)
1 Speisepunkt der Anlage
2 elektrischer Verteiler
3 Endstromkreise
4 Haupterdungsschiene oder Haupterdungsklemme
5 Überspannungs-Schutzeinrichtung (ÜSE) Typ 1
6 Erdungsverbindung (Erdungsleiter) der Überspannungs-Schutzeinrichtung (ÜSE)
7 fest angeschlossenes, zu schützendes Betriebsmittel
8 Überspannungs-Schutzeinrichtung (ÜSE) Typ 2
9 Überspannungs-Schutzeinrichtung (ÜSE) Typ 2 oder Typ 3
10 Entkopplungsbauteil oder Leiterlänge
Überstrom-Schutzeinrichtungen 1, 2, 3

Anmerkung 1: Für weitere Informationen wird auf DIN CLC/TS 61643-12 (VDE V 0675-6-12) verwiesen.
Anmerkung 2: Die Überspannungs-Schutzeinrichtungen (ÜSE) 5 und 8 können in einer einzigen Überspannungs-Schutzeinrichtung (ÜSE) zusammengefasst werden.

Überspannungs-Schutzeinrichtungen (ÜSE), angeschlossen zwischen:	Anschlussschema A (Beispiele siehe Bild 12.13 und Bild C.1 der Norm)	Anschlussschema B (Beispiel siehe Bild B.1 der Norm)	Anschlussschema C (Beispiel siehe Bild 12.14)
jedem Außenleiter und dem Neutralleiter	nicht anwendbar	nicht anwendbar	zwingend gefordert
jedem Außenleiter und dem PEN-Leiter	zwingend gefordert	nicht anwendbar	nicht anwendbar
jedem Außenleiter und dem PE-Leiter	nicht anwendbar	zwingend gefordert	nicht anwendbar
Neutralleiter und PE-Leiter	nicht anwendbar	zwingend gefordert	zwingend gefordert
Außenleitern	optional, zusätzlich	optional, zusätzlich	optional, zusätzlich

Anmerkung 1 Eine „3+1-Beschaltung" von Überspannungs-Schutzeinrichtungen in TN-S-Systemen ist zulässig. Um der Forderung nach einer sicheren Trennung zwischen Neutralleiter und PE-Leiter in TT-Systemen zu entsprechen, wird eine „3+1-Beschaltung" von Überspannungs-Schutzeinrichtungen für TT-Systeme gefordert.

Anmerkung 2 Es sind zum Anschluss von Überspannungs-Schutzeinrichtungen (ÜSE) auch noch folgende Bezeichnungen üblich:

Anschluss-schema			Anschluss der Überspannungs-Schutzeinrichtungen (ÜSE)	Anwendung im
HD 60364-5-534:2008	IEC 60364-5-53/ A1:2002	National übliche Benennung	Optional zwischen Außenleitern und gefordert zwischen jedem ...	System nach Art der Erdverbindung
Anschluss-schema A	Connection type 1	„3+0-Schaltung"	Außenleiter und PEN- bzw. PE-Leiter	TN-C IT ohne Neutralleiter
Anschluss-schema B		„4+0-Schaltung"	Außenleiter und PE-Leiter sowie zwischen Neutral-leiter und PE-Leiter	TN-S IT mit Neutralleiter
Anschluss-xchema C	Connection type 2	„3+1-Schaltung"	Außenleiter und Neutralleiter sowie zwischen Neutral-leiter und PE-Leiter	TT TN-S IT mit Neutralleiter

Tabelle 12.3 Errichtung von Überspannungs-Schutzeinrichtungen (ÜSE) entsprechend des Anschlussschemas
(Quelle: DIN VDE 0100-534:2009-02 Tabelle 53 B)

Überspannungs-Schutzeinrichtung (ÜSE), angeschlossen zwischen:	Netzform des Verteilungsnetzes			
	TN-System	TT-System	IT-System mit mitgeführtem Neutralleiter	IT-System ohne mitgeführten Neutralleiter
Außenleiter und Neutralleiter	1,1 U_0	1,1 U_0	1,1 U_0	NA
Außenleiter und PE-Leiter	1,1 U_0	1,1 U_0	U	1,1 U_0
Neutralleiter und PE-Leiter	U_0 [1)]	U_0 [1)]	U_0 [1)]	NA
Außenleiter und PEN-Leiter	1,1 U_0	NA	NA	NA
Außenleiter	1,1 U	1,1 U	1,1 U	1,1 U

NA Nicht anwendbar

Anmerkung 1 U_0 entspricht der Spannung Außenleiter zu Neutralleiter (L-N) des Niederspannungsnetzes.

Anmerkung 2 U entspricht der Spannung Außenleiter zu Außenleiter (L-L) des Niederspannungsnetzes.

Anmerkung 3 Diese Tabelle bezieht sich auf DIN EN 61643-11 (VDE 0675-6-11).

[1)] Diese Werte beziehen sich auf die Bedingungen im ungünstigsten Betriebsfall, deshalb wird die Toleranz von 10 % nicht berücksichtigt.

Tabelle 12.4 Geforderte Mindestwerte U_c von Überspannungs-Schutzeinrichtungen (ÜSE), abhängig von der Netzform (Quelle: DIN VDE 0100-534:2009-02 Tabelle 53 C)

12.2.3.3 Auswahl im Hinblick auf Nennableitstoßstrom (I_n) und Blitzstoßstrom (I_{imp})

Wenn ÜSE nach DIN VDE 0100-443 (VDE 0100-443) gefordert sind, muss für jeden Schutzpfad der Nennableitstoßstrom I_n mindestens 5 kA 8/20 µs betragen.

Bei einer ÜSE, die nach Anschlussschema C zwischen Neutralleiter und PE-Leiter liegt, muss der Nennableitstrom bei Drehstromsystemen mindestens 20 kA 8/20 µs und bei Wechselstromsystemen mindestens 50 kA 8/20 µs betragen.

Das Blitzstromableitvermögen I_{imp} muss nach DIN EN 62305-4 (VDE 0675-6-11) berechnet werden. Wenn der Stoßstromwert nicht ermittelt werden kann, muss für jeden Schutzpfad das Blitzstromableitvermögen I_{imp} mindestens 12,5 kA betragen.

Nach dem genannten Verfahren muss bei Anwendungsschema C das Blitzstromableitvermögen I_{imp} für die ÜSE, die zwischen Neutralleiter und PE-Leiter anzuschließen sind, berechnet werden. Kann der Stoßstromwert nicht ermittelt werden, muss bei Drehstromsystemen das Blitzstromableitvermögen I_{imp} mindestens 50 kA und bei Wechselstromsystemen mindestens 25 kA betragen.

12.2.3.4 Auswahl im Hinblick auf das ausgewiesene Folgestromlöschvermögen

ÜSE, die in TT- oder TN-Systemen zwischen Neutralleiter und PE-Leiter angeschlossen sind und bei denen nach dem Ansprechen ein netzfrequenter Folgestrom auftreten kann, müssen für ein Folgestromlöschvermögen von mindestens 100 A bemessen sein.

12.2.3.5 Schutz bei Überströmen und Folgen eines Fehlers an Überspannungs-Schutzeinrichtungen (ÜSE)

Der Schutz bei Kurzschlüssen von ÜSE wird durch die Überstrom-Schutzeinrichtungen 2 (siehe Bilder 12.13 und 12.14) sichergestellt. Diese Überstrom-Schutzeinrichtungen sind unter Berücksichtigung des in den Einbauanleitungen vom Hersteller der Überspannungs-Schutzeinrichtung (ÜSE) ausgewiesenen Bemessungsstroms auszuwählen.

Bei Schutzeinrichtungen, die im Falle eines Fehlers an Überspannungs-Schutzeinrichtungen (ÜSE) diese vom Netz trennen, kann, abhängig vom Einbauort der Abtrennvorrichtung, entweder der Versorgungssicherheit oder der Aufrechterhaltung des Schutzes bei Überspannung Vorrang eingeräumt werden. In allen Fällen ist die Selektivität dieser Schutzeinrichtungen (Abtrennvorrichtungen) sicherzustellen. Die **Bilder 12.16 bis 12.18** zeigen Beispiele.

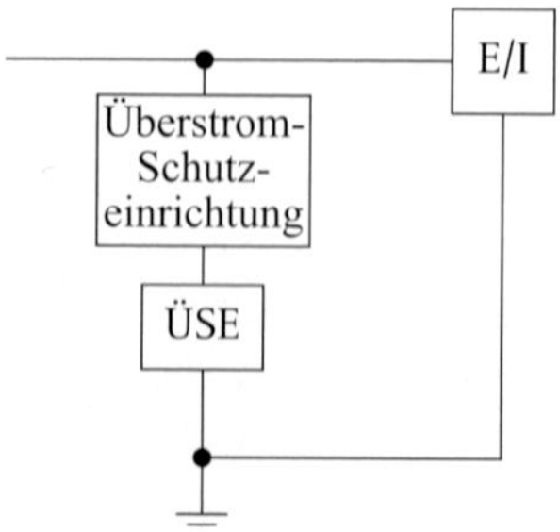

Bild 12.16 Vorrang der Versorgungssicherheit
(Quelle: DIN VDE 0100-534:2009-02 Bild 53A)
Überstrom-Schutzeinrichtung Vom Hersteller der Überspannungs-Schutzeinrichtung (ÜSE) geforderte Überstrom-Schutzeinrichtung
ÜSE Überspannungs-Schutzeinrichtung
E/I Betriebsmittel (= Equipment) oder Anlage (= Installation), die bei Überspannung zu schützen sind

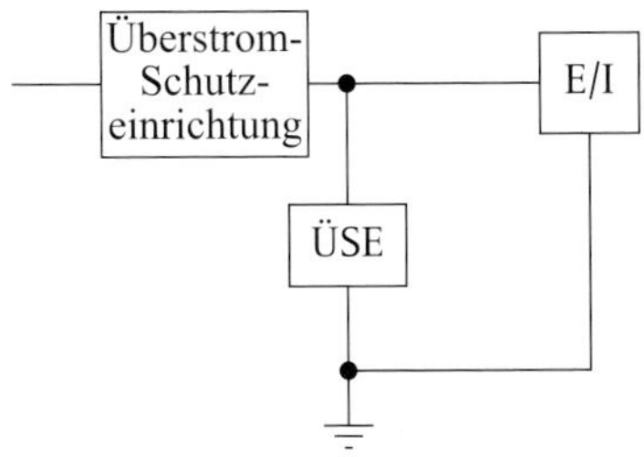

Bild 12.17 Vorrang der Aufrechterhaltung des Schutzes bei Überspannung
(Quelle: DIN VDE 0100-534:2009-02 Bild 53B)
Überstrom-Schutzeinrichtung Vom Hersteller der Überspannungs-Schutzeinrichtung (ÜSE) geforderte Überstrom-Schutzeinrichtung
ÜSE Überspannungs-Schutzeinrichtung
E/I Betriebsmittel (= Equipment) oder Anlage (= Installation), die bei Überspannung zu schützen sind

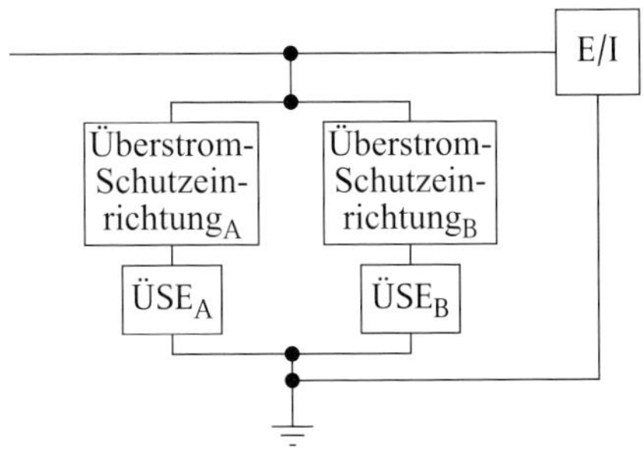

Bild 12.18 Kombination von Vorrang der Versorgungssicherheit und Vorrang der Aufrechterhaltung des Schutzes bei Überspannung
(Quelle: DIN VDE 0100-534:2009-02 Bild 53C)
Überstrom-Schutzeinrichtung Vom Hersteller der Überspannungs-Schutzeinrichtung (ÜSE) geforderte Überstrom-Schutzeinrichtung
ÜSE Überspannungs-Schutzeinrichtung
E/I Betriebsmittel (= Equipment) oder Anlage (= Installation), die bei Überspannung zu schützen sind

12.2.3.6 Anschlussleitungen

Anschlussleitungen sind die Verbindungsleitungen von den aktiven Leitern (Außenleiter und/oder Neutralleiter) zu den Überspannungs-Schutzeinrichtungen (ÜSE) und von den Überspannungs-Schutzeinrichtungen (ÜSE) zu der Haupterdungsschiene/Haupterdungsklemme oder zum Schutzleiter (PEN-Leiter oder PE-Leiter). Die gesamte Anschlusslänge sollte nicht mehr als 0,5 m sein und darf in keinem Fall 1,0 m überschreiten. Siehe hierzu die **Bilder 12.19 und 12.20.**

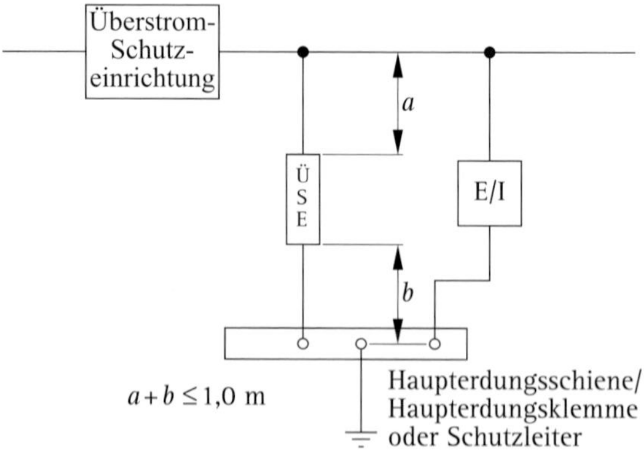

Bild 12.19 Beispiel für den Anschluss von Überspannungs-Schutzeinrichtungen (ÜSE) am oder in der Nähe des Speisepunkts der elektrischen Anlage
(Quelle: DIN VDE 0100-534:2009-02 Bild 53D)
(Quelle: DIN VDE 0100-534:2009-02 Bild 53C)
Überstrom-Schutzeinrichtung Vom Hersteller der Überspannungs-Schutzeinrichtung (ÜSE) geforderte Überstrom-Schutzeinrichtung
ÜSE Überspannungs-Schutzeinrichtung
E/I Betriebsmittel (= Equipment) oder Anlage (= Installation), die bei Überspannung zu schützen sind

12

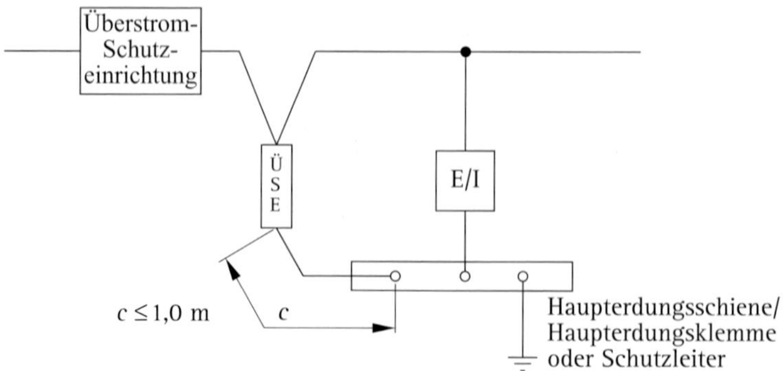

Bild 12.20 Beispiel für den Anschluss von Überspannungs-Schutzeinrichtungen (ÜSE) am oder in der Nähe des Speisepunkts der elektrischen Anlage
(Quelle: DIN VDE 0100-534:2009-02 Bild 53E)
(Quelle: DIN VDE 0100-534:2009-02 Bild 53C)
Überstrom-Schutzeinrichtung Vom Hersteller der Überspannungs-Schutzeinrichtung (ÜSE) geforderte Überstrom-Schutzeinrichtung
ÜSE Überspannungs-Schutzeinrichtung
E/I Betriebsmittel (= Equipment) oder Anlage (= Installation), die bei Überspannung zu schützen sind

Die Anschlussleitungen zu Überspannungs-Schutzeinrichtungen (ÜSE) müssen mindestens einen Querschnitt von 4 mm^2 Kupfer oder den leitwertgleichen Querschnitt eines anderen Materials aufweisen, falls die Außenleiter des dazugehörigen Stromkreises einen Querschnitt von gleich oder größer 4 mm^2 aufweisen.

Falls die Außenleiter des dazugehörigen Stromkreises einen Querschnitt kleiner 4 mm^2 aufweisen, müssen die Anschlussleitungen zu den Überspannungs-Schutzeinrichtungen (ÜSE) mindestens dem Querschnitt der Außenleiter entsprechen.

Ist ein Blitzschutzsystem vorhanden, ist für die Überspannungs-Schutzeinrichtungen (ÜSE) Typ 1 nach DIN EN 61643-11 (VDE 0675-6-11) mindestens ein Querschnitt von 16 mm^2 Kupfer oder ein leitwertgleicher Querschnitt eines anderen Materials gefordert.

12.2.3.7 Informationen zur Klassifizierung von Überspannungs-Schutzeinrichtungen (ÜSE)

Eine Zusammenstellung von Überspannungs-Schutzorganen zeigt **Tabelle 12.5** mit folgenden Erläuterungen.

Überspannungs-Schutzeinrichtung (ÜSE) entsprechend EN 62305	Überspannungs-Schutzeinrichtung (ÜSE) entsprechend DIN EN 61643-11 (VDE 0675-6-11)
Überspannungs-Schutzeinrichtung (ÜSE), getestet mit I_{imp}	Typ 1
Überspannungs-Schutzeinrichtung (ÜSE), getestet mit I_n	Typ 2
Überspannungs-Schutzeinrichtung (ÜSE), getestet mit einem kombinierten Stoß	Typ 3

Tabelle 12.5 Klassifizierung von Überspannungs-Schutzeinrichtungen (ÜSE) (Quelle: DIN VDE 0100-534:2009-02 Anhang ZA)

Überspannung-Schutzeinrichtungen (ÜSE), getestet mit I_{imp} DIN EN 62305-4 (VDE 0185-305-4)

Überspannungs-Schutzeinrichtungen (ÜSE), die einem Teilblitzstrom mit einer typischen Wellenform 10/350 µs widerstehen, müssen mit einem entsprechenden Impulsstrom I_{imp} geprüft werden. Entsprechend Prüfklasse I nach DIN EN 61643 (VDE 0675-6-11) ist mit I_{imp} für Niederspannungsanlagen ein geeigneter Prüfstrom definiert.

Überspannung-Schutzeinrichtungen (ÜSE), getestet mit I_n
DIN EN 62305-4 (VDE 0185-305-4)

Überspannungs-Schutzeinrichtungen (ÜSE), die induzierten Impulsströmen mit einer typischen Wellenform 8/20 µs widerstehen, müssen mit einem entsprechenden Impulsstrom I_n geprüft werden.

Entsprechend Prüfklasse II nach DIN EN 61643 (VDE 0675-6-11) ist mit I_n für Niederspannungsanlagen ein geeigneter Prüfstrom definiert.

Überspannung-Schutzeinrichtungen (ÜSE), getestet mit I_{imp}
DIN EN 62305-4 (VDE 0185-305-4)

Überspannungs-Schutzeinrichtungen (ÜSE), die induzierten Impulsströmen mit einer typischen Wellenform 8/20 µs widerstehen, müssen mit einem entsprechenden Impulsstrom I_{sc} geprüft werden.

Entsprechend Prüfklasse III nach DIN EN 61643-11 (VDE 0675-6-11) ist mit dem kombiniertem Stoß für Niederspannungsanlagen ein geeigneter Prüfstrom definiert. Der kombinierte Stoß wird von einem 2-Ω-Hybridgenerator erzeugt, der eine Leerlauf-Stoßspannung U_{oc} 1,2 µs und einen Kurzschluss-Stoßstrom I_{sc} 8/20 µs liefert.

12

12.2.4 Überspannungs-Schutzeinrichtungen im Niederspannungsnetz

Die Anwendung von Überspannungs-Schutzeinrichtungen ist eine Angelegenheit der Risikoabschätzung, durch transiente Überspannungen ggf. Schäden in Kauf nehmen zu müssen. Dabei sind für die Beurteilung folgende Faktoren wichtig:

- Gewitterhäufigkeit
- Art des Stromversorgungsnetzes
  - Freileitung
  - Kabel
  - Freileitung und Kabel gemischt
- Höhe der zu erwartenden Überspannung
- gewünschte Zuverlässigkeit der Versorgung
- Sicherheit von Personen

Grundsätzlich kann für Niederspannungsnetze festgestellt werden:

- Bei Kabelnetzen sind Überspannungs-Schutzeinrichtungen normalerweise nicht erforderlich.
- Bei Freileitungsnetzen in Gebieten mit vernachlässigbarer Gewitterhäufigkeit (weniger als 25 Gewittertage/Jahr) sind Überspannungs-Schutzeinrichtungen normalerweise nicht notwendig.

- Bei Freileitungsnetzen in einem Gebiet mit mehr als 25 Gewittertagen/Jahr gilt als Anhaltswert die transiente Überspannung U am Eingang (Hausanschlusskasten) einer elektrischen Anlage.
  - $U \leq 4$ kV Überspannungs-Schutzeinrichtungen nicht erforderlich
  - 4 kV $< U \leq 6$ kV Überspannungs-Schutzeinrichtungen empfehlenswert
  - $U > 6$ kV Überspannungs-Schutzeinrichtungen erforderlich
- Wenn ein Kabelabzweig von einem Freileitungsnetz ausgehend länger als 150 m ist, sind Überspannungs-Schutzeinrichtungen zwar am Kabelabgang zu empfehlen, am Hausanschlusskasten und in der Verbraucheranlage sind Überspannungs-Schutzeinrichtungen entbehrlich.

Anmerkung: Die Zahl der Gewittertage pro Jahr für Deutschland kann nach DIN EN 62305-2 Beiblatt 1 (VDE 0185-305-2 Beiblatt 1) „Blitzschutz – Risiko-Management: Abschätzung des Schadensrisikos für bauliche Anlagen – Beiblatt 1: Blitzgefährdung für Deutschland“ ermittelt werden. In dieser Norm ist die Erdblitzdichte in Deutschland für die Jahre 1999 bis 2005 bildlich dargestellt.

Wenn Überspannungs-Schutzeinrichtungen in einem Freileitungsnetz vorgesehen sind, so ist zu empfehlen, diese vorwiegend in Netzverzweigungspunkten und am Ende von Netzausläufern, die länger als 500 m sind, einzubauen. Der Einbauabstand der Überspannungs-Schutzeinrichtungen im Netz sollte 500 m nicht überschreiten. In keinem Fall aber darf der Einbauabstand mehr als 1000 m betragen (**Bild** 12.21).

Bei Niederspannungsnetzen, die teilweise aus Freileitung und teilweise aus Kabel bestehen, sollten Überspannungs-Schutzeinrichtungen an jedem Übergabepunkt vom Freileitungsnetz in das Kabelnetz vorgesehen werden (**Bild** 12.22). Auch bei einem reinen Kabelabgang ist der Einbau von Überspannungs-Schutzeinrichtungen zweckmäßig.

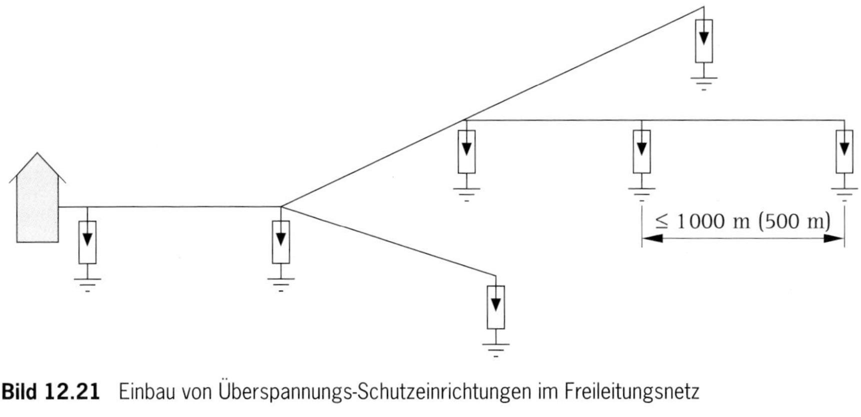

Bild 12.21 Einbau von Überspannungs-Schutzeinrichtungen im Freileitungsnetz

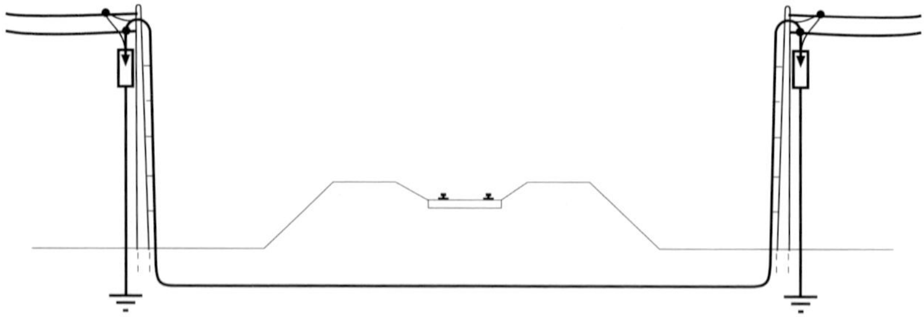

Bild 12.22 Überspannungs-Schutzeinrichtungen; Übergang von Freileitung auf Kabel

12.2.5 Überspannungsschutzgeräte im praktischen Einsatz

12.2.5.1 Einsatz in Verteilungsnetzen

Durch den Einbau von Überspannungs-Schutzeinrichtungen (**Bild 12.23**) können Stoßspannungen gefahrlos zur Erde abgeleitet werden. Die wichtigsten Bestandteile eines Überspannungsableiters sind die Funkenstrecke, der spannungsabhängige Widerstand (Halbleiterplatte) und die Schmelzsicherung mit Ansprechanzeige.

Tritt in einer geschützten Anlage eine hohe Überspannung auf, wird die Funkenstrecke durchschlagen, und es kann ein Strom zur Erde fließen. Dabei wird durch die gegen Erde anliegende Spannung der Widerstand der Halbleiterplatte gesteuert, sodass bei hoher Spannung auch ein großer Strom zur Erde fließen kann. **Bild 12.24** zeigt die Zusammenhänge für eine Überspannungs-Schutzeinrichtung, wie sie heute hauptsächlich in Verteilungsnetzen bei 230 V gegen Erde Verwendung findet. Wird durch den Ableitvorgang nach kurzer Zeit die Spannung wieder kleiner, so erlischt die Funkenstrecke, und der Strom wird unterbrochen. Die Schmelzsicherung (ein Strom von 5 A kann 1 min fließen) schützt die Halbleiterplatte vor thermischer Überlastung und löst aus, wenn keine Löschung der Funkenstrecke erfolgt und wenn Strom vom Netz zur Erde fließt.

Erwähnt soll noch werden, dass eine Überspannungs-Schutzeinrichtung eine offene Erdung darstellt.

In TN-Systemen genügt es, wenn in die drei Außenleiter je eine Überspannungs-Schutzeinrichtung eingebaut wird. Die Erdungsleitung der Ableiter ist mit dem PEN-Leiter zu verbinden und zu erden. In TT-Systemen ist auch für den Neutralleiter ein Ableiter vorzusehen, oder es ist in diesem Fall die Erdungsleitung isoliert zu verlegen (**Bild 12.25**). Bei Holzmasten genügt eine Isolierung der Erdungsleitung im Handbereich, z. B. durch eine Holzleiste von 2,5 m Länge über Erde; an Beton- oder Stahlmasten empfiehlt es sich, dabei NYY zu verwenden. In IT-Systemen ist im Neutralleiter, falls ein solcher überhaupt vorhanden ist, stets ein Ableiter einzubauen.

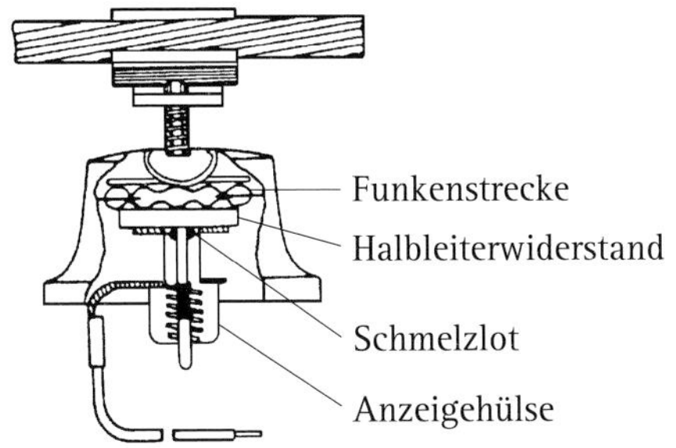

Bild 12.23 Überspannungs-Schutzeinrichtung (typische Bauweise für Freileitungen)

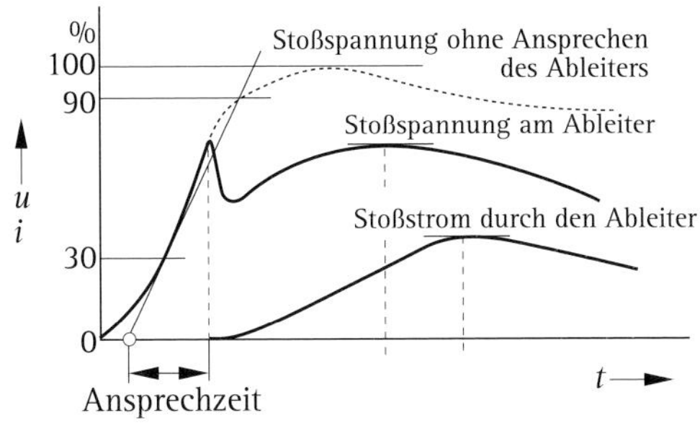

Bild 12.24 Arbeitswerte für Überspannungs-Schutzeinrichtungen

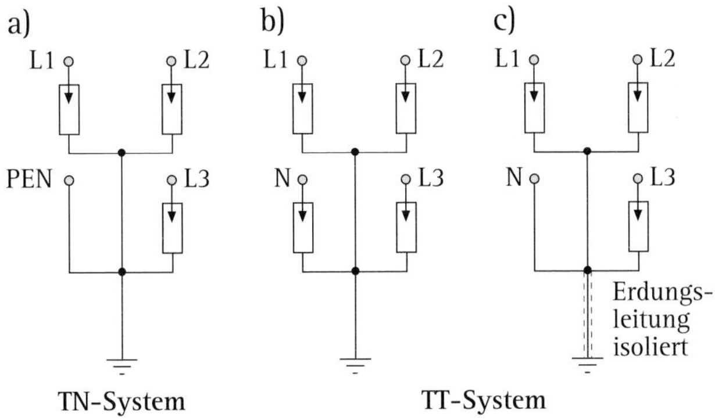

Bild 12.25 Anordnung von Überspannungs-Schutzeinrichtungen

12.2.5.2 Einsatz in Verbraucheranlagen

Überspannungs-Schutzeinrichtungen SPD Typ 1 in Verbraucheranlagen haben die beste Wirkung, wenn sie in der Nähe des Hausanschlusskastens angeordnet sind und die Ableitung auf möglichst kurzem Weg geerdet wird.

Mit der VDN-Richtlinie „Überspannungs-Schutzeinrichtungen Typ 1 – Richtlinie für den Einsatz von Überspannungs-Schutzeinrichtungen (ÜSE) Typ 1 (bisher Anforderungsklasse B) in Hauptstromversorgungssystemen" (2. Auflage 2004) wird nun auch die Möglichkeit geschaffen, Überspannungs-Schutzeinrichtungen im Vorzählerbereich von Verbraucheranlagen einzusetzen. Voraussetzung ist, dass für das Gebäude ein „Blitz-Schutzzonen-Konzept" nach den Normen der Reihe DIN VDE 0185 besteht. Bei Anwendung des Blitz-Schutzzonen-Konzepts wird das gesamte Gebäude in Schutzzonen mit unterschiedlichen Anforderungen an den Schutzgrad gegen eine mögliche Beeinflussung (Störung oder Beschädigung von Anlagen und Betriebsmitteln) eingeteilt. An den Übergängen von einer Schutzzone in die nächste mit höherem Schutzgrad werden Überspannungs-Schutzeinrichtungen installiert, deren Leistungsparameter entsprechend den festgelegten, erwarteten Bedrohungen am Einbauort auszuwählen sind.

Der Einsatz von Überspannungs-Schutzeinrichtungen SPD Typ 1 im ungezählten Bereich der elektrischen Gebäudeinstallation (Hauptstromversorgungssystem) soll nur dann erfolgen, wenn dies zum Schutz von Personen und baulichen Anlagen erforderlich ist. Die Entscheidung hierzu trifft der technische Gebäudeplaner in Abstimmung mit dem Auftraggeber und dem zuständigen Versorgungsnetzbetreiber VNB. Der VNB verlangt nicht, dass Überspannungs-Schutzeinrichtungen im Vorzählerbereich eingebaut werden.

SPD Typ 1 werden im ungezählten Bereich der elektrischen Gebäudeinstallation (Hauptstromversorgungssystem) dann eingesetzt, wenn diese zur Realisierung von Blitzschutz-Maßnahmen nach den Normen der Reihe DIN VDE 0185 erforderlich sind.

Voraussetzung für den Einsatz von Überspannungs-Schutzeinrichtungen SPD Typ 1 in Hauptstromversorgungssystemen (Vorzählerbereich) ist, dass nachfolgende Bedingungen erfüllt sind:

- Es sind SPD Typ 1 einzusetzen, die mit dem Impuls für den ersten Blitzstrom (Wellenform 10/350 µs nach DIN VDE 0185-1 Tabelle B.1 geprüft sind.
- SPD Typ 1 müssen den Anforderungen der Produktnorm DIN EN 61643-11 entsprechen, was durch ein Prüfzeichen (z. B. VDE-, Kema-Prüfzeichen) nachzuweisen ist.
- Es ist sicherzustellen, dass die SPD Typ 1 bei einem inneren Kurzschluss dauerhaft vom Netz getrennt werden.
- Die Blitzstromtragfähigkeit der SPD Typ 1 muss der Beanspruchung am Einbauort gemäß DIN VDE 0100-534 entsprechen. Ist diese nicht bekannt, so muss die Blitzstromtragfähigkeit der Blitzschutzklasse I entsprechen.
- Es dürfen ausschließlich SPD Typ 1 auf Funkenstreckenbasis eingesetzt werden. SPD Typ 1 dürfen keinen Betriebsstrom durch Zustandsüberwachungseinrichtungen, z. B. LED, verursachen.

- Die nach TAB 2007, Abschnitt 6.2.4, geforderte Kurzschlussfestigkeit der SPD Typ 1 muss vom Hersteller garantiert werden. Gefordert sind:
  - 25 kA für das Hauptstromversorgungssystem von der Übergabestelle des VNB bis einschließlich der letzten Überstrom-Schutzeinrichtung bzw. Hauptleitungsabzweigklemme vor der Zähl- und Messeinrichtung.
  - 10 kA für die Betriebsmittel zwischen der letzten Überstrom-Schutzeinrichtung bzw. Hauptleitungsabzweigklemme vor der Zähl- und Messeinrichtung und dem Stromkreisverteiler.

  Wenn für das Erfüllen dieser Anforderung zusätzliche Überstrom-Schutzeinrichtungen benötigt werden, so sind diese gemeinsam mit den SPD Typ 1 in einem plombierbaren, schutzisolierten Gehäuse anzuordnen.

Anmerkung 1: Überspannungs-Schutzeinrichtungen SPD Typ 1 dienen zum Blitzschutz-Potentialausgleich nach DIN VDE 0185-3 bei direkten oder nahen Blitzeinschlägen (Grobschutz). Sie werden auch Blitzstromableiter genannt. Der maximale Schutzpegel entspricht der Überspannungskategorie IV nach DIN VDE 0110-1 (siehe Abschnitt 14.5.1).

12

Anmerkung 2: Überspannungs-Schutzeinrichtungen SPD Typ 2 dienen zum Zwecke des Überspannungsschutzes nach DIN VDE 0100-443, bei denen über das Versorgungsnetz einlaufende Überspannungen aufgrund ferner Blitzeinschläge oder Schalthandlungen zu beherrschen sind (Mittelschutz). Der maximale Schutzpegel entspricht der Überspannungskategorie III nach DIN VDE 0110-1:1997-04 (siehe Abschnitt 14.5.1).

Eine typische, für Verbraucheranlagen geeignete Überspannungs-Schutzeinrichtung (Ventilableiter) SPD Typ 2 zeigt **Bild 12.26**.

Ventilableiter bestehen aus einer Reihenschaltung von Funkenstrecke, Varistor (spannungsabhängiger Widerstand) und Überwachungseinrichtung (Abtrennvorrichtung, Sicherung):

- Die Funkenstrecke spricht an, wenn eine zu hohe Spannung an ihr anliegt, also eine Überspannung abzuleiten ist. Im ungestörten Betrieb hat die Funkenstrecke eine hohe Isolationsfestigkeit.
- Der spannungsabhängige Widerstand (Varistor, Zinkoxidvaristor) begrenzt den aus dem Netz nachfließenden Folgestrom so rasch, dass die Funkenstrecke innerhalb einer halben Periode der Netzfrequenz (10 ms bei 50 Hz) gelöscht wird.
- Die eingebaute Sicherung – auch Abtrennvorrichtung oder Überwachungseinrichtung genannt – tritt nur dann in Funktion, wenn funktionswichtige Teile des Ableiters zerstört wurden. Das Ansprechen der Sicherung wird am Ableiter signalisiert. **Bild 12.27** zeigt die Auslösekennlinie einer solchen Sicherung.

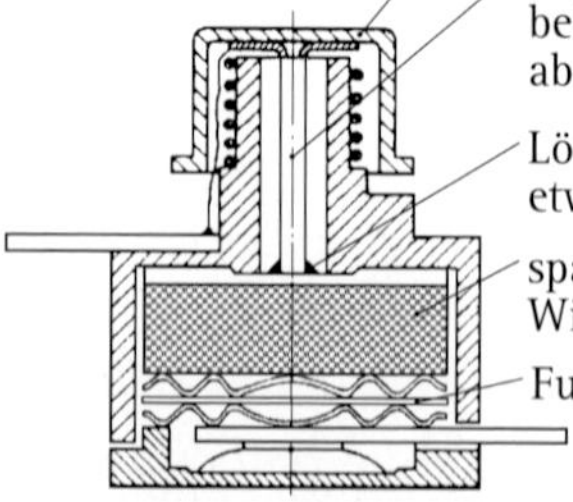

Bild 12.26 Überspannungs-Schutzeinrichtung (typische Bauart Typ 2 für Verbraucheranlagen)

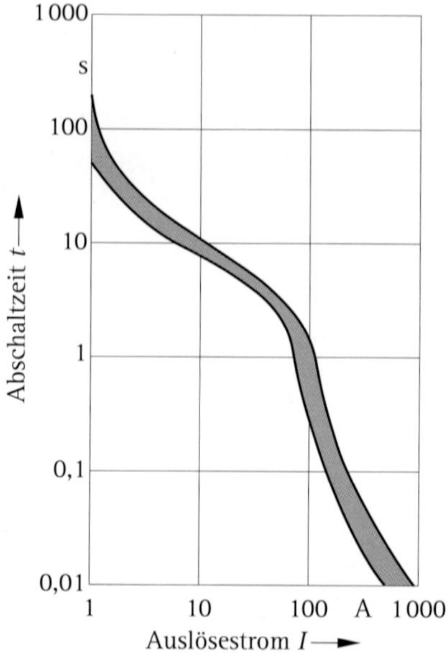

Bild 12.27 Auslösekennlinie einer in einem Ventilableiter eingesetzten Sicherung

12.2.5.3 Einsatz in Informationsnetzen und Informationsanlagen

Besonders empfindlich gegen Überspannungen sind elektronische Betriebsmittel in Informationsanlagen, wie sie in

- MSR-Anlagen
- EDV-Anlagen
- Fernmeldeanlagen

- Funkanlagen
- Datennetzen

und ähnlichen Anlagen eingebaut werden.

Für Anlagen dieser Art ist es deshalb ratsam, dem Überspannungsschutz besondere Aufmerksamkeit zu widmen. In solchen Anlagen können Überspannungs-Schutzeinrichtungen SPD Typ 3 zum Einsatz gelangen.

Anmerkung: Überspannungs-Schutzeinrichtungen SPD Typ 3 sind bestimmt zum Überspannungsschutz ortsveränderlicher Verbrauchsgeräte an Steckdosen (Feinschutz).

DIN VDE 0845 gibt Hinweise zur Realisierung dieses Schutzes durch Einsatz von Überspannungsschutzgeräten. Diese Geräte bestehen aus einer Kombination von:

- Varistoren zum Überspannungsschutz wie Metalloxid-(Zinkoxid-)Varistoren, Siliziumkarbid-Varistoren oder Zener-Dioden
- Netzentstörfilter-Kombinationen
- Sicherungen bzw. Überwachungseinrichtungen mit Anzeigevorrichtung

Durch gezielte Zusammenschaltung der genannten Bauteile zu einer Schutzschaltung entstehen sogenannte Schutzbausteine (Schutzgeräte) mit unterschiedlichen Eigenschaften:

- gasgefüllte Überspannungsableiter können Ströme bis zu einigen 10 kA innerhalb einiger Mikrosekunden ableiten
- Varistoren leiten, je nach Aufbau, Überspannungen im Nanosekundenbereich ab
- Zener-Dioden (Z-Dioden) können Ströme bis zu 200 A im Nanosekundenbereich ableiten
- Suppressor-Dioden (Z-Dioden mit besonderen Eigenschaften) haben ein hohes Ableitvermögen und können Ströme von einigen 100 A im Picosekundenbereich (Ansprechzeit < 10 ps) ableiten

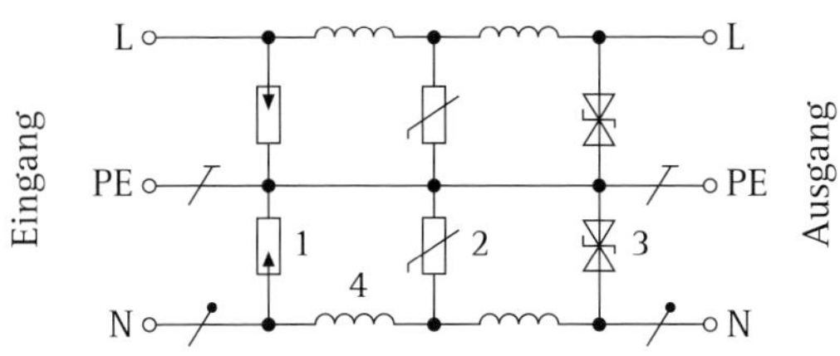

Bild 12.28 Schaltung eines Überspannungsschutzgeräts
1 Gasableiter — l Induktivität
2 Varistor — L Außenleiter
3 Suppressor-Diode — N Neutralleiter
PE Schutzleiter

Bild 12.28 zeigt die Schaltung eines handelsüblichen Überspannungsschutzgeräts; die Gasableiter übernehmen dabei den Grobschutz, während die Kombination aus Varistoren und Suppressor-Dioden als Feinschutz arbeitet.

Die Schutzbausteine sind für unterschiedliche Gleich- und Wechselspannungen konzipiert. Bei der Anwendung wird empfohlen, die Herstellervorschriften zum Anwendungs- und Einsatzbereich genauestens zu beachten. Durch Einbaumöglichkeiten in Unterverteilungen und/oder in bzw. in der Nähe der Steckdose bzw. beim Verbraucher ist es möglich, ein selektives Schutzkonzept für Überspannungs-Schutzeinrichtungen (Staffelschutz) zu erhalten (**Bild 12.29**).

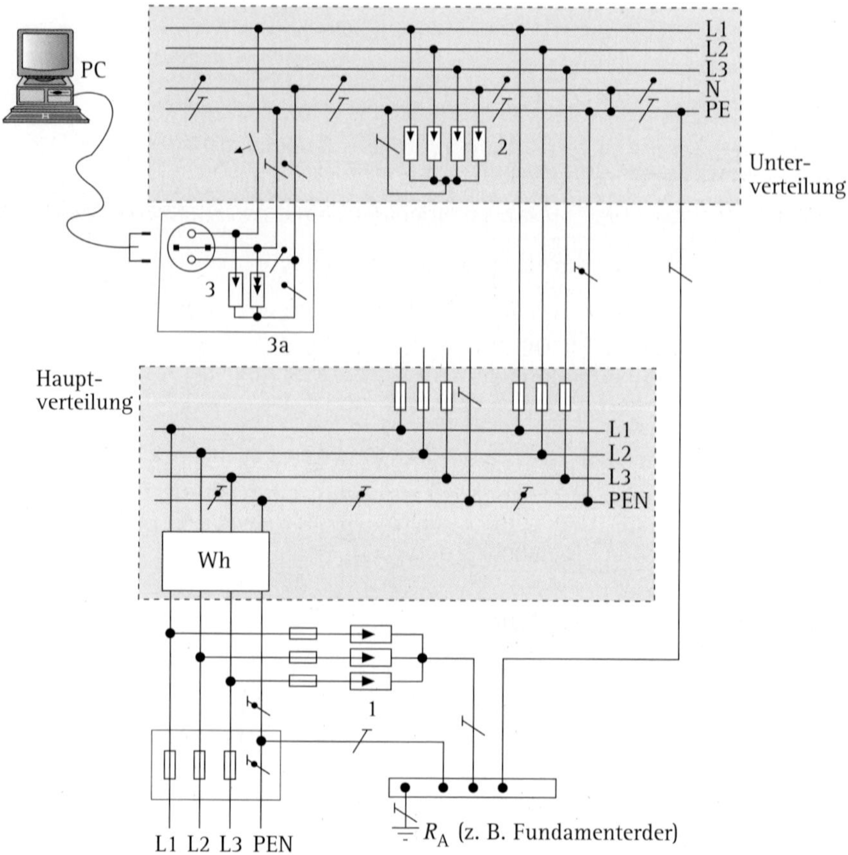

Bild 12.29 Dreistufiger Überspannungsschutz; Darstellung mit Überstrom-Schutzorganen vor den SPD
1 Überspannungs-Schutzeinrichtungen SPD Typ 1
2 Überspannungs-Schutzeinrichtungen SPD Typ 2
3 Überspannungs-Schutzeinrichtungen SPD Typ 3
3a Überspannungs-Schutzeinrichtungen SPD Typ 3 mit besonderen Eigenschaften

12.3 Überspannungsschutzgeräte – DIN VDE 0675

Überspannungsschutzgeräte (ÜSG) oder Überspannungsableiter werden im Sprachgebrauch von DIN VDE 0100 als Überspannungs-Schutzeinrichtungen (ÜSE) bezeichnet. Üblich ist bei der Fachmannschaft auch die Kurzbezeichnung „Ableiter". Auch die aus dem Englischen kommende Kurzbezeichnung **SPD** (en: Surge Protective Devices) wird in den Normen und in der Fachliteratur häufig verwendet.

Normen für Überspannungsschutzgeräte, die jedoch überwiegend den Spannungsbereich $U > 1\,000$ V abdecken, aber auch einige allgemeine Angaben enthalten, sind:

- DIN EN 60099-1 (VDE 0675-1): „Überspannungsableiter – Überspannungsableiter mit nicht linearen Widerständen für Wechselstromnetze"
- DIN EN 60099-4 (VDE 0675-4): „Überspannungsableiter – Metalloxidableiter ohne Funkenstrecken für Wechselspannungsnetze"
- DIN EN 60099-5 (VDE 0675-5): „Überspannungsableiter – Anleitung für die Auswahl und Anwendung"
- DIN EN 61643-11 (VDE 0675-6-11): „Überspannungsschutzgeräte für den Einsatz in Niederspannungsanlagen – Anforderungen und Prüfungen"
- DIN CLC/TS 61643-12 (VDE 0675-6-12): „Überspannungsschutzgeräte für den Einsatz in Niederspannungsanlagen – Auswahl und Anwendungsgrundsätze"

Die für den Niederspannungsbereich genannten Normen gelten speziell für Überspannungsschutzgeräte, die bei Nennspannungen bis 1 000 V Wechselspannung bei Frequenzen von 48 Hz bis 62 Hz (genormte Frequenzen sind 50 Hz und 60 Hz) und für Gleichspannung bis 1 500 V eingesetzt werden.

12.3.1 Technische Grundlagen

Ein **Überspannungsschutzgerät (SPD)**/(Ableiter) ist ein Gerät, das dazu bestimmt ist, transiente Überspannungen zu begrenzen und Stoßströme abzuleiten, um elektrische Anlagen und Betriebsmittel gegen unzulässig hohe Überspannungen zu schützen. Es enthält mindestens ein nicht lineares Bauelement und besteht im Wesentlichen aus spannungsabhängigen Widerständen und/oder Funkenstrecken. Beide Elemente können in Reihe oder parallel geschaltet sein oder auch einzeln verwendet werden. Durch die sinnvolle Zusammenschaltung der verschiedenen Einzelkomponenten kann der gewünschte Effekt der Spannungsbegrenzung bei temporären Überspannungen aus dem Netz in den verschiedenen Netzteilen (Niederspannungsnetz, Verbraucheranlage, Verbrauchsgeräte) bzw. in den verschiedenen Anforderungsfällen erreicht werden.

12

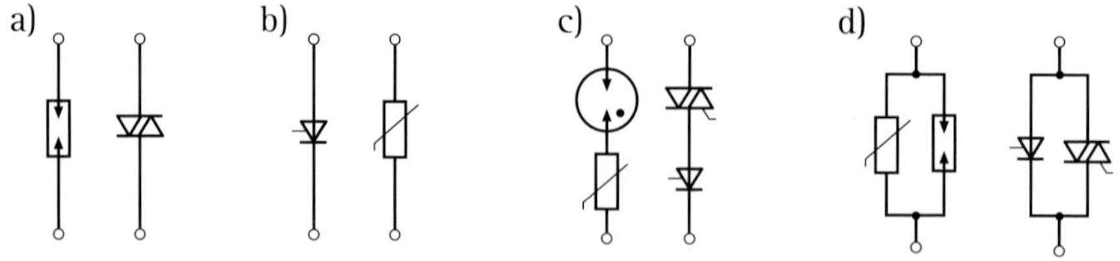

Bild 12.30 One-Port-SPD
a) Spannungsschaltende Bauteile
b) Spannungsbegrenzende Bauteile
c) Spannungsbegrenzende Bauteile in Reihe mit spannungsschaltenden Bauteilen
d) Spannungsbegrenzende Bauteile parallel zu spannungsschaltenden Bauteilen

SPD werden eingeteilt nach ihrem Verhalten bei Überspannungen in:

- Spannungsschaltende Ableiter (en: Voltage Switching Typ SPD)
- Spannungsbegrenzende Ableiter (en: Voltage Limiting Typ SPD)
- Kombinierte Ableiter (en: Combination Typ SPD)

12

Diese Ableiter oder Schaltkombinationen werden auch „One Port SPD“ genannt. In **Bild 12.30** sind die Einzelbauteile (Komponenten) in verschiedenen Anordnungen gezeigt.

One-Port-SPD werden dem zu schützenden Stromkreis parallel geschaltet. One Port SPD haben getrennte Eingangs- und Ausgangsklemmen, zwischen denen jedoch keine spezifizierte Reihenimpedanz liegt.

Spannungsschaltende SPD sind Ableiter mit diskontinuierlichem Strom-Spannungs-Verlauf, deren Impedanz sich beim Auftreten einer Stoßspannung schlagartig verringert. Beispiele für gängige Bauteile, die als spannungsschaltende Elemente eingesetzt werden, sind: Funkenstrecken, Gasentladungsstrecken, Thyristoren und Triacs.

Spannungsbegrenzende SPD sind Ableiter mit kontinuierlichem Strom-Spannungs-Verlauf, deren Impedanz sich beim Auftreten einer Stoßspannung bzw. eines Stoßstroms stetig verringert. Beispiele für gängige Bauteile, die als nicht lineare Elemente verwendet werden, sind: Varistoren und Begrenzungsdioden, wie z. B. Suppressor- und Zenerdioden.

Kombinierte SPD sind Ableiter, die belastungsabhängig beide Verhalten aufweisen, die sowohl spannungsschaltende als auch spannungsbegrenzende Bauteile enthalten. Abhängig von der angelegten Spannung kann ein SPD ein spannungsschaltendes, ein spannungsbegrenzendes oder sowohl ein spannungsschaltendes als auch ein spannungsbegrenzendes Verhalten aufweisen.

Ableiter, die mit einer Serienimpedanz (Reihenimpedanz) ausgerüstet sind, werden als **Two-Port-SPD** bezeichnet und besitzen drei oder vier Anschlussklemmen. Beispiele sind in **Bild 12.31** gezeigt.

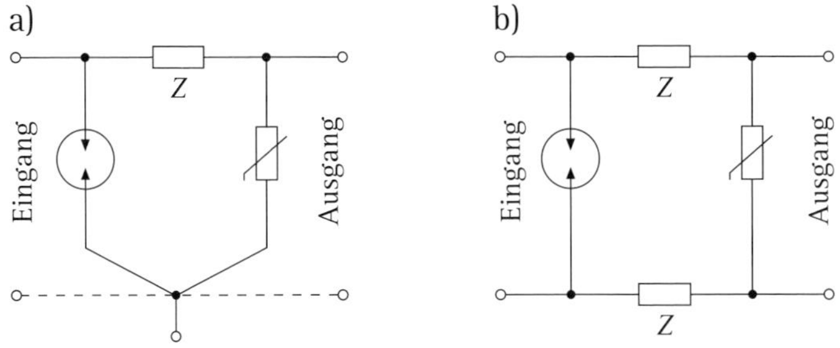

Bild 12.31 Beispiele für Two-Port-SPD
a) Two-Port-SPD mit 3-Klemmen-Schaltung
b) Two-Port-SPD mit 4-Klemmen-Schaltung
Z Serienimpedanz (Reihenimpedanz)

SPD können neben den in Bild 12.30 und Bild 12.31 gezeigten Bauteilen noch mit Indikatoren, Abtrennvorrichtungen, induktiven Bauelementen, Kondensatoren und anderen Komponenten ausgestattet sein.

Eine weitere Klassifizierung der SPD kann durch eine von der IEC vorgenommene Einteilung in die Prüfklasse oder Testklasse (en: Test Class), die mit I, II oder III bezeichnet werden, erfolgen. SPD mit der Testklasse I werden dabei der härtesten Prüfung unterzogen, während die SPD der Testklassen II und III durch die Prüfung weniger beansprucht werden. Zurzeit sind solche Anwendungen in der Praxis aber nur schwer durchführbar.

12.3.2 Überspannungsschutzgeräte für den Einsatz in Niederspannungsanlagen

Bisher waren Überspannungs-Schutzeinrichtungen (ÜSE) in die Anforderungsklassen A, B, C und D eingeteilt. In DIN VDE 0675-6-11 werden die Anforderungsklassen durch Prüfklassen und Typ-Klasse ersetzt. Die verschiedenen Bezeichnungen, die Zusammenhänge und die typischen Anwendungsfälle sind in **Tabelle 12.6** dargestellt.

Anmerkung: Der in DIN VDE 0100-534 gebrauchte Ausdruck Überspannungs-Schutzeinrichtung schließt die in DIN VDE 0675-6-11 verwendete Bezeichnung Überspannungsschutzgeräte (en: Surge Protective Device, Kurzbezeichnung: **SPD**) ein.

Die verschiedenen SPD-Typen und die Prüfklassen können, wie nachfolgend dargestellt, beschrieben werden:

Typische Anwendung	Anforderungsklasse DIN VDE 0100-534	Überspannungsschutz DIN VDE 0675-6-11	Prüf-klasse
Freileitungsnetze Blitzschutz Überspannungsschutz	A	SPD Typ 1 oder Typ 2 nicht zugänglich, da Freileitungsnetz	I oder II
Blitzschutz-Potentialausgleich	B	SPD Typ 1	I
Überspannungsschutz für elektrische Anlagen	C	SPD Typ 2	II
Überspannungsschutz für Endgeräte	D	SPD Typ 3	III

Tabelle 12.6 Zusammenhang zwischen Anforderungsklasse, Typ-Klasse und Prüfklasse von SPD

12

- SPD Typ 1 oder SPD Typ 2, Prüfklasse I oder II (Anforderungsklasse A), für Freileitungsnetze
  Für den Einbau in Niederspannungsnetzen kommen SPD anderer Bauart (Freiluftbauweise) zur Anwendung. Sie entsprechen hinsichtlich den elektrischen Daten einer SPD Typ 1. Im Netz auftretende Überspannungen werden gefahrlos zur Erde abgeleitet. Bei direkten Blitzeinschlägen dürfen sie überlastet werden und können auch zerstört werden.
- SPD-Typ 1, Prüfklasse I (Anforderungsklasse B)
  Die SPD dienen zum Blitzschutzpotentialausgleich nach DIN VDE 0185-3 bei direkten oder nahen Blitzeinschlägen (Grobschutz). Sie werden auch Blitzstromableiter genannt. Der maximale Schutzpegel entspricht der Überspannungskategorie IV nach DIN VDE 0110-1 (siehe auch Tabelle 14.3).
- SPD Typ 2, Prüfklasse II (Anforderungsklasse C)
  Die SPD dienen zum Überspannungsschutz nach DIN VDE 0100-443, bei denen über das Versorgungsnetz einlaufende Überspannungen aufgrund ferner Blitzeinschläge oder Schalthandlungen im Netz zu beherrschen sind (Mittelschutz). Der maximale Schutzpegel entspricht der Überspannungskategorie III nach DIN VDE 0110-1 (siehe auch Tabelle 14.3).
- SPD Typ 3, Prüfklasse III (Anforderungsklasse D)
  Diese SPD sind hauptsächlich zum Überspannungsschutz ortsveränderlicher oder fest angebrachter Betriebsmittel (Feinschutz) bestimmt. Der maximale Schutzpegel entspricht der Überspannungskategorie II nach DIN VDE 0110-1 (siehe auch Tabelle 14.3).

12.3.2.1 Überspannungsschutzgeräte für den Einbau in Niederspannungsnetzen

Zum Einsatz gelangen SPD Typ 1 und SPD Typ 2. In Kabelnetzen sind SPD normalerweise nicht erforderlich. In Freileitungsnetzen ist in der Regel ein Überspannungsschutz durch SPD zu empfehlen bzw. erforderlich.

SPD, die in 400/230-V-Netzen eingebaut werden, sollten nach der Norm eine Ansprechspannung von $2\ U_n + 1\,700\ V = 2\,500\ V$ aufweisen. Da die SPD eine Sicherung (Schmelzsicherung, Schmelzlot) hat, die einen Dauerstrom von 5 A zulässt, sollte der Erdungswiderstand nicht mehr als 50 V/5 A = 10 Ω betragen, damit keine zu hohe Berührungsspannung auftritt.

Die wichtigsten Bestandteile einer SPD sind die Funkenstrecke, der spannungsabhängige Widerstand (Halbleiterplatte) und die Sicherung, die in Reihe geschaltet sind. Wenn die Sicherung auslöst, wird eine Ansprechanzeige ausgelöst. Die Funkenstrecke im Ableiter wirkt im Normalbetrieb wie ein Isolator zwischen Netzpotential und Erde. Beim Auftreten einer zu hohen Spannung spricht die Funkenstrecke an, und der spannungsabhängige Widerstand wird niederohmig. Die Folge ist, dass ein Stoßstrom zur Erde fließt und die Spannung im Netz absinkt. Nach dem Abklingen des Stoßstroms erhöht sich der Widerstand des Halbleiters, sodass der Folgestrom immer kleiner wird und die Funkenstrecke den zur Erde fließenden Strom löscht.

12.3.2.2 Überspannungsschutzgeräte für den Einbau in Verbraucheranlagen

12

In Verbraucheranlagen gelangen SPD Typ 1 (Grobschutz), SPD Typ 2 (Mittelschutz) und ggf. auch SPD Typ 3 (Feinschutz) zum Einsatz. SPD haben in Verbraucheranlagen die beste Wirkung, wenn sie in unmittelbarer Nähe des Hausanschlusskastens angebracht sind und die Erdung auf kürzestem Wege erfolgt. Weitere Einzelheiten und Einbaubeispiele sind in Abschnitt 12.2.3 erläutert und dargestellt.

SPD in Verbraucheranlagen werden für den Einbau in genormte Verteiler mit den Abmessungen nach DIN 43880 und mit Befestigungsmöglichkeiten für eine Schnellbefestigung auf Tragschienen nach EN 40022 gebaut. Zum Schutz von Verbraucheranlagen gegen Schaltüberspannungen und Überspannungen durch Gewitter bei Ferneinschlägen sind folgende SPD geeignet und werden häufig eingesetzt:

- SPD mit Siliziumkarbid(SiO)-Varistor und Funkenstrecke
- SPD mit Zinkoxid(ZnO)-Varistor ohne Funkenstrecke
- SPD mit Zinkoxid(ZnO)-Varistor mit Funkenstrecke

Alle Bauarten haben eine thermische Abtrennvorrichtung mit Sichtanzeige, die bei Überlastung des SPD anspricht und einen eventuell nachfolgenden, dauernd fließenden Ableitstrom unterbrechen soll.

Bild 12.32 zeigt den grundsätzlichen Aufbau einer SPD mit Funkenstrecke, SiC-Varistor und Abtrennvorrichtung.

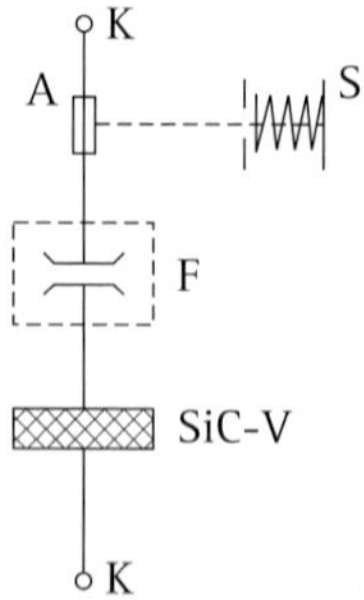

Bild 12.32 Grundsätzlicher Aufbau einer SPD Typ 2 (Mittelschutz) in Verbraucheranlagen
F Funkenstrecke (z. B. gekapselte Gasentladungsstrecke)
SiC-V SiC-Varistor
A Abtrennvorrichtung (Schmelzlot, Schmelzstreifen)
S Sichtanzeige der Abtrennvorrichtung
K Anschlussklemmen

12

12.3.2.3 Überspannungsschutzgeräte für ortsveränderliche Geräte

SPD für ortsveränderliche Geräte (Feinschutz) gelangen hauptsächlich zum Schutz elektronischer Betriebsmittel und Geräte zur Anwendung. Diese Überspannungs-Schutzgeräte bestehen aus einer Kombination von:

- Varistoren zum Überspannungsschutz
- Netzentstörfilter-Kombinationen
- Sicherungen bzw. Überwachungseinrichtungen mit Anzeigevorrichtung

Durch geeignete Schaltung dieser Bauteile zu einer Schutzschaltung entstehen SPD mit unterschiedlichen Eigenschaften, wie z. B.:

- gasgefüllte SPD können Ströme bis zu einigen 10 kA innerhalb einiger Mikrosekunden ableiten
- Varistoren leiten, je nach Aufbau, Überspannungen im Nanosekundenbereich ab
- Zener-Dioden (Z-Dioden) können Ströme bis zu 200 A im Nanosekundenbereich ableiten
- Suppressor-Dioden (Z-Dioden mit besonderen Eigenschaften) haben ein hohes Ableitvermögen und können Ströme von einigen 100 A im Picosekundenbereich (Ansprechzeit < 10 ps) ableiten

Die Schaltung einer handelsüblichen SPD mit Gasableiter als Grobschutz und einer Kombination aus Varistoren und Suppressor-Dioden als Feinschutz ist in Bild 12.28 gezeigt.

12.4 Elektrische Anlagen in Bauwerken mit Blitzschutzanlagen

Die elektrischen Anlagen müssen von der Blitzschutzanlage in ausreichender Entfernung verlegt werden. Ansonsten ist an den Näherungsstellen eine Überspannungs-Schutzeinrichtung (Trennfunkenstrecke) einzubauen.

Ausführliche Bestimmungen enthält die Normenreihe DIN VDE 0185. Dort wird streng unterteilt in äußeren und inneren Blitzschutz:

- Zum äußeren Blitzschutz gehören alle Maßnahmen, die zur Verhinderung von Bränden und Zerstörungen von Gebäuden durch Blitzschläge getroffen werden. Fangstangen, Ableitungen, Erdungsanlage und gebäudeseits vorhandene Metallteile sind Bestandteile des äußeren Blitzschutzes
- Der innere Blitzschutz besteht aus Blitzschutz-Potentialausgleich und dem Überspannungsschutz. Alle in das Gebäude hineinführenden, metallenen Versorgungsleitungen, also auch
  - Starkstromleitungen und -kabel
  - Nachrichtenleitungen und -kabel aller Art (Daten-, MSR-, Telefon- und Informationsleitungen)

  sind durch direkte Verbindung über Trennfunkenstrecken oder Überspannungsableiter an den Hauptpotentialausgleich anzuschließen

12

12.5 Dachständer und Blitzschutzanlagen

Dachständer und ihre Verankerungen dürfen nicht mit geerdeten Bauteilen verbunden werden (siehe DIN VDE 0211 Abschnitt 12.4.4), weshalb sie nicht direkt mit einer Blitzschutzanlage verbunden werden dürfen.

Zwischen Dachständer und eventuell vorhandenem Anker sowie der Blitzschutzanlage ist ein Mindestabstand von 0,5 m einzuhalten. Unter Umständen ist eine teilweise Isolation an Bauteilen der Blitzschutzanlage erforderlich. Eine Verbindung zwischen Dachständer und Blitzschutzanlage (**Bild 12.33**) mit einer Trennfunkenstrecke ist gestattet. Dabei ist eine Isolierung der Anschlussklemmen und der Anschlussleitung nicht zwingend notwendig.

Die Trennfunkenstrecke ist eine offene Erdung. In einem Porzellankörper stehen sich in einem fest definierten Abstand (meist 3 mm) bei annäherndem Vakuum zwei Metallelektroden gegenüber, deren Isolierstrecke beim Auftreten einer hohen Spannung durchschlagen wird (**Bild 12.34**). Die Stoßansprechspannung wird durch den Elektrodenabstand und die um die Elektrode befindliche Atmosphäre (Gas bzw. Druck) bestimmt.

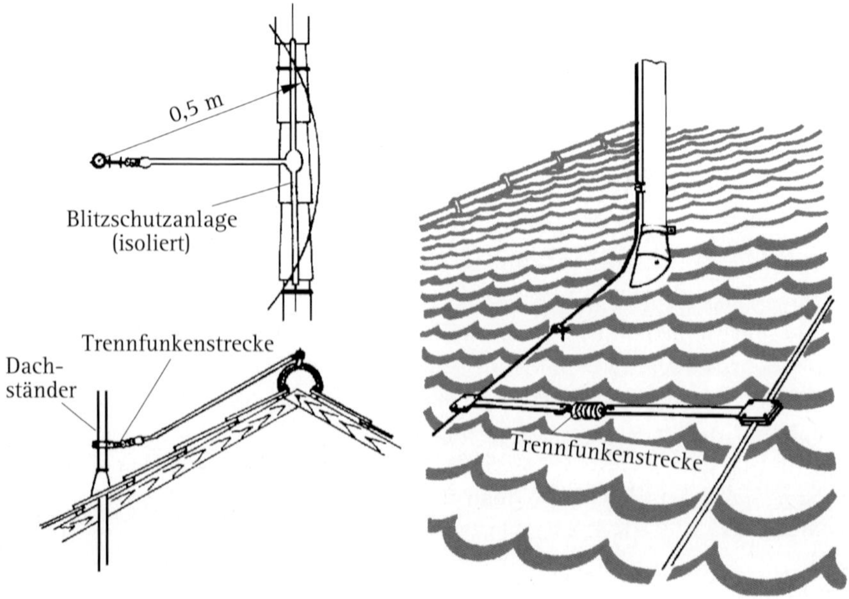

Bild 12.33 Näherung Blitzschutzanlage – Dachständer

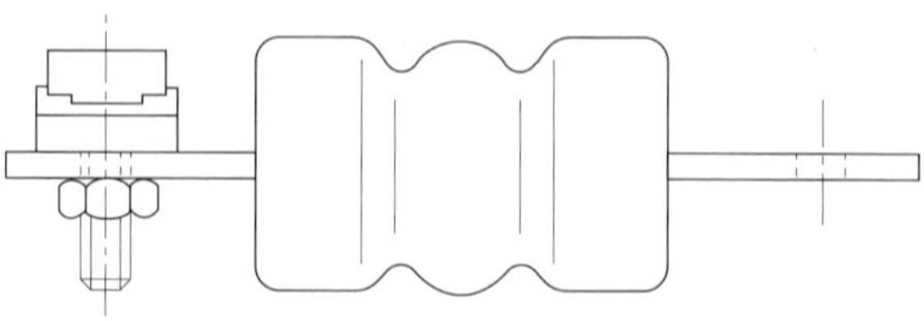

Bild 12.34 Trennfunkenstrecke

12.6 Schutz gegen elektromagnetische Störungen (EMI) – DIN VDE 0100-444

Die Ursache von elektromagnetischen Störungen (en: electromagnetic inferences; EMI) und Überspannungen, die negative Beeinflussungen oder Beschädigungen an Betriebsmitteln der Informationstechnik oder elektrischen Betriebsmitteln mit elektronischen Bauteilen hervorrufen können, sind in erster Linie:

- Blitzströme
- Schalthandlungen im Nieder- oder Hochspannungsbereich

- Kurzschlussströme
- andere elektromagnetische Störungen

Zu diesen Störungen kann es kommen, wenn große metallene Schleifen (sog. Kopplungsschleifen) über Potentialausgleichsleitungen, Metallkonstruktionen des Gebäudes und Rohrleitungen für Wasser, Gas, Heizung oder Klimatisierung im Gebäude vorhanden sind. Auch unterschiedliche elektrische Kabel- und Leitungsanlagen, die auf verschiedenen (unterschiedlichen) Trassen geführt sind, und sowohl der Energieversorgung oder der Informationstechnik dienen, können derartige Störungen verursachen.

Die Höhe der induzierten Spannung hängt von der Stromänderungsgeschwindigkeit, d. h. von der Steilheit des Stromanstiegs ($\mathrm{d}i/\mathrm{d}t$), des durch die Überspannung verursachten Ableitstroms und der Größe der Kopplungsschleife ab.

Auch Kabel und Leitungen der Stromversorgung, die Ströme mit hohen Stromänderungsgeschwindigkeiten ($\mathrm{d}i/\mathrm{d}t$) führen, können in Kabeln und Leitungen der Informationstechnik Überspannungen induzieren, die informationstechnische oder ähnliche elektrische Betriebsmittel (störanfällige Betriebsmittel) beeinflussen oder schädigen können. Dies ist möglich beim Starten von Aufzugsmotoren oder bei Strömen, die von Thyristoren gesteuert werden.

12

In medizinisch genutzten Räumen oder in der Nähe von derartigen Anlagen können elektrische oder magnetische Felder, hervorgerufen durch die elektrische Anlage, die elektromedizinischen Einrichtungen stören. So kann es zum Beispiel unmöglich werden, ein ordnungsgemäßes EKG zu schreiben.

Um einen einwandfreien Betrieb zu gewährleisten, müssen alle Betriebsmittel für „Elektromagnetische Verträglichkeit" (EMV) die zutreffenden EMV-Normen erfüllen. EMV einer Installation bedeutet, dass die Störaussendung einer installierten Anlage unterhalb der anerkannten, in der Norm festgelegten Grenzwerte bleibt und dass die installierte Anlage eine in einer bestimmten elektromagnetischen Umgebung festgestellte Störfestigkeit aufweist.

Der Planer einer umfangreichen elektrischen Anlage sollte möglichst frühzeitig in die Projektierung eines Objekts eingeschaltet werden, um eine Koordination zwischen allen in Frage kommenden Gewerken und einen optimalen Aufbau der Anlagen sicherstellen zu können. Um die Auswirkungen induzierter Überspannungen und elektromagnetischen Störungen zu verringern, sind einige wichtige Kriterien zu beachten:

- Anordnung möglicher Störquellen außerhalb des Empfindlichkeitsbereichs von störanfälligen Betriebsmitteln
- Anordnung störanfälliger Betriebsmittel außerhalb der Einflussbereiche von Hochleistungszentralen (Laststationen, Transformatorstationen), Hochstromschienen oder Betriebsmittel großer Leistung, z. B. Aufzugsantrieben

- Einbau von Entstörfiltern und/oder Überspannungs-Schutzeinrichtungen in den Stromkreisen für störanfällige Betriebsmittel
- Auswahl von Schutzeinrichtungen mit geeigneter Charakteristik mit Zeitverzögerung, um ein unerwünschtes Auslösen bei transienten Überspannungen zu vermeiden
- Herstellen eines Potentialausgleichs für metallene Umhüllungen oder Schirmungen und Verbindung mit dem Hauptpotentialausgleich
- Ausreichende räumliche Trennung zwischen Kabeln und Leitungen für Energieanlagen und Informationsanlagen durch Abstand oder Schirmung und rechtwinklige Kreuzung untereinander
- Ausreichende räumliche Trennung durch Abstand oder Schirmung von Kabeln und Leitungen der Energietechnik und Informationstechnik zu Leitungen von Blitzschutzsystemen
- Vermeiden von Induktionsschleifen durch die Wahl gemeinsamer Kabel- und Leitungstrassen verschiedener Systeme
- Verwenden von Kabeln und Leitungen für Informationszwecke, die geschirmt und/oder verdrillt ausgeführt sind
- Potentialausgleichsleiter oder -verbindungen sind so kurz wie möglich auszuführen
- Einadrige Kabel und Leitungen sind in metallenen Umhüllungen oder in gleichwertigen Vorrichtungen zu führen
- Vermeiden von TN-C-Systemen in Anlagen mit störanfälligen Betriebsmitteln
- Bei TN-C-S-Systemen eine Umwandlung des TN-C-Teils in einen TN-S-Teil innerhalb eines Gebäudes versuchen
- Rohrleitungen aus Metall (z. B. für Wasser, Gas oder Heizung) und Kabel zur Versorgung des Gebäudes sollten an derselben Stelle in das Gebäude eingeführt werden (z. B. Mehrspartenhausanschluss). Für Kabelmäntel, Leitungsschirme, Rohrleitungen aus Metall muss untereinander ein Potentialausgleich, der mit dem Hauptpotentialausgleich des Gebäudes zu verbinden ist, hergestellt werden. Die Leitungen hierfür sind möglichst kurz zu halten

In Fällen unterschiedlicher Bereiche (eines Gebäudes), in denen getrennte Potentialausgleichsanlagen bestehen, sollten die Verbindungen für die Informationstechnik zwischen den unterschiedlichen Bereichen aus metallfreien Lichtwellenleitern bestehen. Auch andere elektrisch nicht leitende Systeme, wie galvanische Trennung (Trenntransformatoren), Geräte der Schutzklasse II und SELV- oder PELV-Stromkreise, dürfen verwendet werden.

Weitere Maßnahmen, die zeigen, wie die „Elektromagnetische Verträglichkeit“ verbessert werden kann, sind:

- die Einspeisetransformatoren (HV/LV oder LV/LV) erheblich höher zu dimensionieren, als dies notwendig wäre, um eine niederohmige Spannungsquelle mit geringer Impedanz zu Verfügung zu haben
- eine sternförmige Stromverteilung mit verschiedenen Stromkreisen oder Transformatoren vorzusehen, um so die allgemeinen Verbrauchsgeräte (Beleuchtung, Motoren usw.) von den Informationstechnischen Einrichtungen zu trennen; **Bild 12.35** zeigt als Beispiel Lösungen für die Stromversorgung einer Anlage mit empfindlichen Geräten und Geräten, die Störungen verursachen
- einen Neutralleiterquerschnitt zu wählen, der mindestens dem Querschnitt der Außenleiter entspricht, um die Auswirkungen einer ungleichen Lastverteilung und der dritten Oberschwingung entgegenzuwirken
- die Lastverteilung auf die verschiedenen Außenleiter so auszugleichen, dass eine nahezu symmetrische Belastung vorliegt

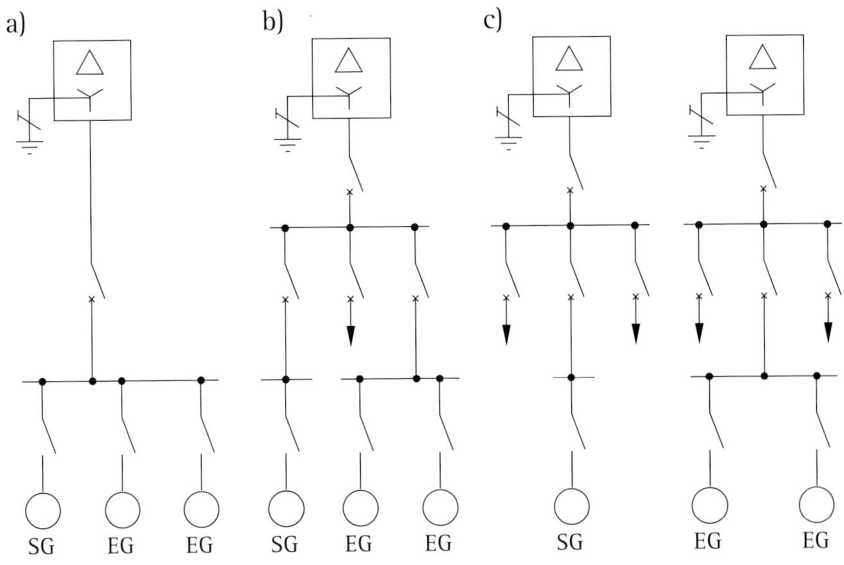

Bild 12.35 Aufbau und Aufteilung der Stromversorgung für verschiedene Anwendungen
a) nicht empfehlenswert
b) gute Lösung; Erfolg hängt vom Störpegel und den Netzimpedanzen ab
c) sehr gute Lösung
SG störendes Gerät
EG empfindliches Gerät

12.7 Literatur zu Kapitel 12

[1] VDEW: Erdungen in Starkstromnetzen. 3. Aufl., Frankfurt a. M.: VWEW-Verlag, 1992

[2] Hasse, P.; Wiesinger, J.; Zieschank, W.: Handbuch für Blitzschutz und Erdung. 5. Aufl., München: Richard Pflaum Verlag KG; Berlin und Offenbach: VDE VERLAG, 2005

[3] Neuhaus, H.: Blitzschutzanlagen. VDE-Schriftenreihe, Bd. 44. Berlin und Offenbach: VDE VERLAG, 1983

[4] Scheibe, K.: Überspannungsschutz elektronischer Bauteile. etz Elektrotech. Z. 105 (1984) H. 8, S. 396 bis 399

[5] Hasse, P.; Müller, K.-P.: Überspannungsschutz für elektronische Datenverarbeitungsanlagen. etz Elektrotech. Z. 108 (1987) H. 13, S. 602 bis 611

[6] Krefter, K.-R.; Niemand, T.: Erdungen in Hochspannungsanlagen – Die neue DIN VDE 0141. Elektrizitätswirtschaft 88 (1989) H. 15, S. 1002 bis 1009

[7] Rotter, K. P.; Bachl, H.: Sicherheitsprobleme bei der Installation von Überspannungsableitern in Niederspannungs-Verbraucheranlagen. e&i 107(1990) H. 4, S. 203 bis 210

[8] Altmaier, H.; Scheibe, K.: Blitzstromtragfähigkeit und Nachfolgestromlöschfähigkeit überspannungsbegrenzender Schutzbausteine. etz Elektrotech. Z. 115 (1994) H. 17, S. 972 bis 977

[9] VDE-Fachbericht 52: Neue Blitzschutznormen in der Praxis. Berlin und Offenbach: VDE VERLAG 1997

[10] Raab, V.: Überspannungsschutz in Verbraucheranlagen. 2. Aufl., Berlin: Verlag Technik, 2003

[11] Hering, E.: Modalitäten des Anschließens von Blitzstromableitern. Elektropraktiker 58 (2004) H. 11, S. 123 bis 127

[12] Pfeiffer, W.; Scheurer, F.: Überspannungen in Niederspannungsinstallationen. In: Jahrbuch Elektrotechnik, Bd. 13, S. 249 bis 262. Hrsg.: Grütz, A.: Berlin und Offenbach: VDE VERLAG, 1993

[13] Ackermann, G.; Hudasch, M.; Schwetz, S.; Stimper, K.: Überspannungen in Niederspannungsanlagen. In: Jahrbuch Elektrotechnik, Bd. 14, S. 231 bis 243. Hrsg.: Grütz, A.: Berlin und Offenbach: VDE VERLAG, 1994

[14] Altmaier, H.; Scheibe, K.: Netzfolgestromunterbrechung von Funkenstrecken. In: Jahrbuch Elektrotechnik, Bd. 17, S. 267 bis 275. Hrsg.: Grütz, A.: Berlin und Offenbach: VDE VERLAG, 1997

[15] Hasse, P.; Zahlmann, P.: Gekapselte Blitzstrom-Ableiter – Sicherheit auf kleinstem Raum. In: Jahrbuch Elektrotechnik, Bd. 17, S. 279 bis 289. Hrsg.: Grütz, A.: Berlin und Offenbach: VDE VERLAG, 1997

[16] Ackermann, G.; Scheibe, K.; Stimper, K.: Isolationsgefährdende Überspannungen im Niederspannungsbereich. In: Jahrbuch Elektrotechnik, Bd. 17, S. 291 bis 304. Hrsg.: Grütz, A.: Berlin und Offenbach: VDE VERLAG, 1997

[17] VDN (Hrsg.): Überspannungs-Schutzeinrichtungen Typ 1; Richtlinie für den Einsatz von Überspannungs-Schutzeinrichtungen (ÜSE) Typ 1 (bisher Anforderungsklasse B) in Hauptstromversorgungssystemen. 2. Aufl., Frankfurt a. M.: VDN e. V. beim VDEW, 2004

[18] Müller, K.-P.: Einsatz von Blitzstrom-Ableitern im Hauptstrom-Versorgungssystem. EVU-Betriebspraxis 37 (1998) H. 5, S. 21 bis 26

[19] Hering, E.: Blitzschutz-Potentialausgleich, Trennfunkenstrecken und Blitzstromableiter. Elektropraktiker 53 (1999) H. 2, S. 122 bis 126

[20] Hasse, P.: Überspannungsschutz in Niederspannungsanlagen – Betrieb elektronischer Geräte auch bei direkten Blitzeinschlägen. 4. Aufl., Köln: TÜV- Verlag, 1998

[21] Schröder, B.: Grundinformationen zu Überspannungen und Schutz bei Überspannungen in Niederspannungs-Starkstromanlagen. EVU-Betriebspraxis 38 (1999) H. 11, S. 20 bis 32

[22] Kopecky, V.: EMV, Blitz- und Überspannungsschutz von A bis Z. Sicher planen, prüfen und errichten. München, Heidelberg, Berlin: Hüthig und Pflaum, 2001

[23] Biegelmeier, G.; Kiefer, G.; Krefter, K.-H.: Schutz in elektrischen Anlagen. Bd. 4: Schutz gegen Überströme und Überspannungen. VDE-Schriftenreihe, Bd. 83. Berlin und Offenbach: VDE VERLAG, 2001

[24] Biegelmeier, G.; Kiefer, G.; Krefter, K.-H.: Schutz in elektrischen Anlagen. Bd. 5: Schutzeinrichtungen. VDE-Schriftenreihe, Bd. 84. Berlin und Offenbach: VDE VERLAG, 1999

[25] Scheibe, K.: Überspannungsschutz elektronischer Bauteile. etz Elektrotech. Z. 105 (1984) H. 8, S. 396 bis 399

[26] Rudolph, W.: EMV-Fibel für Elektroinstallateure und Planer. VDE-Schriftenreihe, Bd. 55. Berlin und Offenbach: VDE VERLAG, 2001

[27] Meuser, A.: Elektrische Sicherheit und Elektromagnetische Verträglichkeit. VDE-Schriftenreihe, Bd. 58. Berlin und Offenbach: VDE VERLAG, 1999

[28] Rudolph, W.; Winter, O.: EMV nach VDE 0100. VDE-Schriftenreihe, Bd. 66. 3. Aufl., Berlin und Offenbach: 2000

[29] Naumann, W.: Überspannungsschutz nach dem Blitzschutz-Zonenkonzept. Elektropraktiker 58 (2004) H. 8, S. 637 bis 641

[30] Hering, E.: Blitzstromableiter für Hauptstromversorgungssysteme. Elektropraktiker 59 (2005) H. 2, S. 123 bis 127

[31] Hering, E.: Neue Anschlussmöglichkeiten von Blitzstromableitern. Elektropraktiker 59 (2005) H. 8, S. 602 bis 603

[32] Raab, P.: Installationsfreundlicher Kombi-Ableiter für den Zählerplatz. Netzpraxis 44 (2005) H. 5, S. 22 bis 26

13 Trennen und Schalten – DIN VDE 0100-460 und DIN VDE 0100-537

In DIN VDE 0100-460 „Trennen und Schalten" sind die Maßnahmen beschrieben, die beim Trennen und Schalten aus Sicherheitsgründen einzuhalten sind. Die Anforderungen an die Schaltgeräte, die zum Trennen und Schalten verwendet werden können, und deren spezielle Eigenschaften sind in DIN VDE 0100-537 „Geräte zum Trennen und Schalten" behandelt. Künftig sollen beide Bestimmungen zusammen mit anderen Festlegungen in DIN IEC 60364-5-53 (VDE 0100-530) „Auswahl und Errichtung elektrischer Betriebsmittel – Trennen, Schalten und Steuern" behandelt werden.

Die Normen gelten für nicht-automatische, örtliche und ferngeschaltete (dezentrale) Trenn- und Schaltmaßnahmen, um Gefahren in Zusammenhang mit elektrischen Anlagen und elektrisch versorgten Betriebsmitteln sowie Maschinen zu verhindern oder zu beseitigen.

13.1 Allgemeines

Die Schutzmaßnahmen Trennen und Schalten können nicht den Schutz im Fehlerfall (Schutz gegen gefährliche Körperströme), den Schutz gegen zu hohe Erwärmung oder andere Schutzmaßnahmen, wie sie in DIN VDE 0100-410 bis DIN VDE 0100-450 beschrieben sind, ersetzen.

Durch Trennen und Schalten sollen Gefahren in elektrischen Anlagen durch die Ausschaltung von Betriebsmitteln mittels Hand- oder Fernbetätigung verhindert werden. Besondere Sorgfalt bei der Planung und der Errichtung einer Anlage ist bei parallelen Einspeisungen, bei der Anwendung von Ersatzstromversorgungsanlagen und beim Einsatz gespeicherter elektrischer Energie (Kondensatoren) erforderlich.

In TN-C-Systemen und im TN-C-Teil von TN-C-S-Systemen darf der PEN-Leiter nicht getrennt und nicht geschaltet werden. In TN-C-S-Systemen und in TN-S-Systemen braucht der Neutralleiter nicht getrennt oder geschaltet zu werden, wenn der Versorgungsnetzbetreiber (VNB) erklärt, dass im Stromversorgungssystem entweder der PEN-Leiter oder der Neutralleiter zuverlässig mit einem geeignet niedrigen Widerstand mit Erde verbunden ist.

Anmerkung 1: Die Frage der ausreichend niedrigen Erdung von PEN-Leiter und Neutralleiter wird in den entsprechenden Gremien noch beraten. In Deutschland wird normalerweise der PEN-Leiter oder der Neutralleiter als ausreichend niedrig geerdet betrachtet. Dies dürfte der Fall sein, wenn in einem Verteilungsnetz der Gesamterdungswiderstand bei etwa 2 Ω liegt oder kleiner ist. Im Zweifelsfall kann durch eine Messung des Gesamterdungswiderstands eines Netzes der entsprechende Nachweis erbracht werden.

Anmerkung 2: Beim Einsatz von Drosselspulen oder Netzfiltern sollte der Errichter der elektrischen Anlage sich auf alle Fälle durch eine Messung vergewissern, dass eine niederohmige Verbindung des Neutralleiters zur Erde besteht, wenn der Neutralleiter nicht geschaltet werden soll.

Anmerkung 3: Der Neutralleiter wird in den Ländern Belgien, Frankreich, Norwegen, Portugal, Spanien und Schweiz als nicht zuverlässig mit geeignet niedrigem Widerstand geerdet betrachtet.

Für Schaltgeräte zum Ausschalten gilt nach DIN VDE 0100-100 Abschnitt 132.10 folgender Grundsatz:

13

Geräte zum Ausschalten müssen so vorgesehen werden, dass sich elektrische Anlagen, Stromkreise oder einzelne Teile von Geräten so abschalten lassen, wie es für Instandhaltung, Prüfung oder Fehlererkennung erforderlich ist.

13.2 Begriffe

Die für Trennen und Schalten geltenden Begriffe sind in Abschnitt 2.13 behandelt.

13.3 Trennen

13.3.1 Maßnahmen zum Trennen

Trennen bedeutet, die Stromversorgung (alle Stromquellen), von einer Anlage oder von Teilen einer Anlage aus Sicherheitsgründen zu unterbrechen.

Die Maßnahme Trennen von Stromkreisen setzt voraus, dass folgende Funktionen erfüllt werden:

- Jeder Stromkreis muss von allen aktiven Leitern der Stromversorgung getrennt werden können (Ausnahme: PEN-Leiter und Neutralleiter in TN-Systemen).
- Zulässig ist auch die Trennung von Stromkreisgruppen durch ein gemeinsames Gerät. Dabei sollten die Stromkreise, die gemeinsam getrennt werden sollen, hauptsächlich nach betrieblichen Belangen ausgewählt werden.

- Gegen unbeabsichtigtes Wiedereinschalten sind geeignete Einrichtungen und Maßnahmen vorzusehen. Hierzu können Warnhinweise (Warnschilder), Verschließeinrichtungen (Vorhängeschloss, eingebautes Schloss), Sperren der Antriebe der Trenner/Schalter oder die Unterbringung der Schaltgeräte in einem abschließbaren Raum (Schaltschrank mit Schließeinrichtung) gehören.
- Bei Mehrfacheinspeisungen (Parallelbetrieb) muss ein Warnhinweis so angebracht sein, dass jede Person, die Zugang zu aktiven Teilen hat, auf die Notwendigkeit der Trennung dieser Teile von den verschiedenen Versorgungen hingewiesen wird, wenn nicht eine Verriegelungseinrichtung besteht, die die Trennung aller betreffenden Stromkreise sicherstellt. Hier eine sinnvolle Verriegelungseinrichtung vorzusehen, ist sicherlich die richtige Maßnahme.
- Beim Einsatz von gespeicherter elektrischer Energie (Kondensatoren) sind geeignete Mittel zur Entladung (Entladewiderstände) vorzusehen.

Anmerkung: Die hier behandelten Maßnahmen zum Trennen sollten nicht mit dem Freischalten und Trennen nach DIN EN 50110-1 (VDE 0105-1) und DIN VDE 0105-100 (VDE 0105-100) „Betrieb von elektrischen Anlagen“ in Zusammenhang gebracht werden. Nach der Definition bedeutet dort: „Freischalten ist das allseitige Abtrennen eines Betriebsmittels oder Stromkreises von allen nicht geerdeten Leitern.“

13.3.2 Geräte zum Trennen

Zum Trennen müssen Schaltgeräte verwendet werden, mit denen eine sichere Trennung der Stromkreise erreicht wird. Von den Schaltgeräten wird nicht erwartet, Ströme unterbrechen zu können. Es sollen vorzugsweise mehrpolige Schaltgeräte, die alle Außenleiter der Stromkreise trennen, verwendet werden. Einpolige Schaltgeräte sind aber nicht ausgeschlossen.

Geräte zum Trennen von Stromkreisen und/oder Anlagen müssen folgende Bedingungen erfüllen:

- In neuem, sauberem und trockenem Zustand müssen in geöffneter Stellung die Trennstreckenpole folgender Steh-Stoß-Spannung standhalten:
  - 5 kV bei 230/400 V (277/480 V) und Überspannungskategorie III
  - 8 kV bei 230/400 V (277/480 V) und Überspannungskategorie IV
  - 8 kV bei 400/690 V (577/1 000 V) und Überspannungskategorie III
  - 10 kV bei 400/690 V (577/1 000 V) und Überspannungskategorie IV

  Die Steh-Stoß-Spannung ist auf eine Höhe von 2000 m über NN bezogen.
- Der Ableitstrom zwischen den geöffneten Trennstreckenpolen darf
  - 5 mA je Trennstreckenpol im neuen, sauberen und trockenen Zustand und
  - 6 mA je Trennstreckenpol am Ende der üblichen Lebensdauer eines Geräts

nicht überschreiten, wobei bei Wechselspannung mit 110 % der Nennspannung geprüft wird. Bei einer Prüfung mit Gleichspannung muss deren Wert gleich dem Effektivwert der Prüf-Wechselspannung sein.

- Die Trennstrecke bei geöffneten Gerätekontakten muss sichtbar sein oder durch eine eindeutige Anzeige wie „Aus“ oder „Offen“ gekennzeichnet werden. Die Ein- und Ausstellungen dürfen auch durch die Symbole „0“ und „I“ angegeben werden, wenn die Verwendung dieser Symbole in der entsprechenden Gerätenorm erlaubt ist.
- Eine selbsttätige Einschaltung der Schaltgeräte durch Vibrationen, Stöße oder andere Einwirkungen muss mit Sicherheit verhindert werden.
- Geräte zum Trennen, die kein Lastschaltvermögen besitzen, müssen gegen zufälliges und/oder unbefugtes Öffnen geschützt werden. Möglich ist es zum Beispiel, die Schaltgeräte unter Verschluss zu halten oder das Gerät zum Trennen mit einem Lastschalter zu verriegeln.

Gängige Einrichtungen zum Trennen von Stromkreisen sind:

- ein- und mehrpolige Trennschalter (Trenner)
- ein- und mehrpolige Last-Trennschalter (Last-Trenner)
- Steckvorrichtungen
- austauschbare Sicherungen
- Trennlaschen
- Spezialklemmen, bei denen ein Abklemmen der Leiter nicht erforderlich ist

Anmerkung: Trennschalter, Sicherungen, Trennlaschen und Spezialklemmen dürfen nicht zum betriebsmäßigen Schalten verwendet werden.

Alle Einrichtungen, die zum Trennen verwendet werden, müssen den Stromkreisen bzw. Anlageteilen oder Maschinen eindeutig zugeordnet werden können. Eine ausreichende, eindeutige Kennzeichnung ist deshalb dringend erforderlich.

Halbleiter dürfen nicht als Geräte zum Trennen verwendet werden.

13.4 Ausschalten für mechanische Wartung (Instandhaltung)

13.4.1 Maßnahmen zur mechanischen Wartung (Instandhaltung)

Wenn bei mechanischen Wartungsarbeiten (Instandhaltung) an einer Maschine oder einer Anlage ein Verletzungsrisiko z. B. durch drehende elektrische Maschinen, Heizelemente, elektromagnetische Geräte oder andere Bauteile besteht, müssen geeignete Maßnahmen vorgesehen werden, die ein unbeabsichtigtes Wiedereinschalten während der Wartungsarbeiten (Instandhaltung) verhindern. Anlagen, die hierunter fallen können, sind zum Beispiel:

- Hebezeuge
- Aufzüge
- Fahrtreppen
- Förderbänder
- Pumpen

Dieser Schutz gegen unbeabsichtigtes Wiedereinschalten kann erreicht werden durch:

- Verschließeinrichtungen (Vorhängeschloss)
- Warnhinweise (Hinweisschilder)
- Unterbringung der Schaltgeräte in einem abschließbaren Raum oder einer abschließbaren Umhüllung (Schaltschrank, Gehäuse und dgl.)

Von besonderen Maßnahmen zum unbeabsichtigten Wiedereinschalten der elektrischen Betriebsmittel kann abgesehen werden, wenn die Einrichtung zum Einschalten dauernd unter der Kontrolle der Person ist, die die Wartungsarbeiten durchführt, wie z. B. in einem abschließbaren Schaltschrank.

13.4.2 Geräte zum Ausschalten bei mechanischer Wartung (Instandhaltung)

Geräte zum Ausschalten bei mechanischer Wartung (Instandhaltung) sind vorzugsweise im Hauptversorgungsstromkreis einzusetzen. Die Schaltgeräte müssen so ausgelegt sein, dass der volle Laststrom des entsprechenden Anlageteils abgeschaltet werden kann.

Die Abschaltung mithilfe der Unterbrechung von Steuerstromkreisen ist zulässig, wenn zusätzliche Sicherheitsvorkehrungen (z. B. mechanische Verriegelungen) vorgesehen sind oder die Festlegungen in den Normen für die angewendeten Steuerschalter einen gleichwertigen Zustand wie bei der direkten Unterbrechung des Hauptstromkreises erreichen. Häufig zum Einsatz gelangende Geräte zum Ausschalten bei mechanischer Wartung (Instandhaltung) sind z. B.:

- mehrpolige Lastschalter
- Leistungsschalter
- Steuerschalter zur Betätigung von Schützen
- Steckvorrichtungen

Geräte, die zum Ausschalten bei mechanischer Wartung (Instandhaltung) vorgesehen sind, müssen folgende Bedingungen erfüllen:

- Die Geräte zum Ausschalten bei mechanischer Wartung (Instandhaltung) und die Steuerschalter für diese Geräte müssen für Handbetätigung vorgesehen werden.
- Die Trennstrecke bei geöffneten Gerätekontakten muss sichtbar sein oder durch eine eindeutige Anzeige wie „Aus“ oder „Offen“ gekennzeichnet werden. Die Ein- und Ausstellungen dürfen auch durch die Symbole „O“ und „I“ angegeben werden, wenn die Verwendung dieser Symbole in der entsprechenden Gerätenorm erlaubt ist.
- Eine selbsttätige Einschaltung der Schaltgeräte durch Vibrationen, Stöße oder andere Einwirkungen muss mit Sicherheit verhindert werden.

Alle Einrichtungen, die zum Ausschalten bei mechanischer Wartung (Instandhaltung) verwendet werden, müssen den Stromkreisen bzw. Anlageteilen oder Maschinen eindeutig zugeordnet werden können. Eine ausreichende, eindeutige Kennzeichnung ist deshalb dringend erforderlich.

13.5 Schalthandlungen im Notfall

Für Schalthandlungen im Notfall gilt nach DIN VDE 0100-100 Abschnitt 132.9 folgender Grundsatz:

Wenn es im Falle einer Gefahr notwendig ist, sofort die Stromversorgung zu unterbrechen, muss eine Einrichtung zum Unterbrechen so errichtet werden, dass sie leicht erkannt sowie einfach und schnell bedient werden kann.

13.5.1 Maßnahmen bei Schaltungen im Notfall

Eine Schalthandlung im Notfall kann erforderlich werden, um eine Gefahr, die unerwartet aufgetreten ist, so schnell als möglich zu beseitigen. Das Schalten im Notfall kann dabei sowohl „Ausschalten im Notfall“ als auch „Einschalten im Notfall“ bedeuten. Dabei können im Notfall folgende Schalthandlungen entweder einzeln oder auch in Kombination vorkommen:

- Stillsetzen im Notfall ist eine Handlung, die dazu bestimmt ist, einen Prozess oder eine Bewegung anzuhalten, um eine Gefahr zu unterbinden.
- Ingangsetzen im Notfall dient dazu, einen Prozess oder eine Bewegung zu starten, um eine Gefahr zu beseitigen.

- Ausschalten im Notfall ist dazu bestimmt, die Versorgung mit elektrischer Energie zu einer Anlage oder einem Teil der Anlage abzuschalten, falls ein Risiko für einen elektrischen Schlag oder ein anderes Risiko elektrischer Art besteht.
- Einschalten im Notfall ist die Versorgung mit elektrischer Energie einer elektrischen Anlage oder das Einschalten eines Teils der Anlage, die für die Notfallsituation vorgesehen ist.

Anmerkung: Die verschiedenen Begriffe sind international noch in Beratung.

Für die Ausschaltung im Notfall sind Einrichtungen vorzusehen, die für jeden Anlageteil, bei dem es notwendig werden kann, die Versorgung ausschalten kann, um eine unvorhergesehene Gefährdung abzuwenden. Beispiele von typischen Anlagen, in denen Einrichtungen für Handlungen im Notfall erforderlich sein können, sind:

- Pumpeinrichtungen für brennbare Flüssigkeiten
- Lüftungsanlagen
- Informationsverarbeitungsanlagen z. B. große Rechenanlagen
- Beleuchtungsanlagen mit Hochspannungs-Entladungslampen, z. B. Neon-Schriftzüge
- bestimmte große Gebäude, z. B. Waren- und Geschäftshäuser
- elektrische Prüf- und Forschungseinrichtungen
- Heizungs- und Kesselanlagen
- Großküchen
- Laboratorien und Räume für Ausbildungszwecke

13

Die wichtigsten Maßnahmen, die beim Ausschalten im Notfall beachtet werden müssen, sind:

- Wenn die Gefahr eines elektrischen Schlags besteht, muss das Gerät zum Ausschalten im Notfall alle aktiven Leiter abschalten (Ausnahme: PEN-Leiter und Neutralleiter in TN-Systemen).
- Geräte zum Ausschalten im Notfall müssen so direkt wie möglich auf die Stromversorgung einwirken, wobei eine einzige Schalthandlung die entsprechende Versorgung ausschalten muss.
- Die Ausschaltung im Notfall muss so sein, dass ihre Betätigung weder eine neue Gefahr hervorruft noch den vollständigen Betriebsablauf beeinträchtigt.

  Anmerkung: Für das Stillsetzen im Notfall sind die Anforderungen nach DIN EN 60204-1 (VDE 0113-1) „Elektrische Ausrüstung von Maschinen" – Teil 1 „Allgemeine Anforderungen" zu beachten.

- Einrichtungen für das Ausschalten im Notfall (Not-Halt) müssen dort vorgesehen werden, wo Bewegungen, hervorgerufen durch elektrische Antriebe, eine Gefahr erzeugen können. Solche Anlagen sind z. B.
  - Fahrtreppen
  - Aufzüge
  - Förderbänder
  - Hebezeuge
  - Türantriebe
  - Krananlagen
  - Autowaschanlagen

13.5.2 Geräte zum Schalten im Notfall

Besondere Sorgfalt ist bei der Auswahl der Schaltgeräte hinsichtlich „Schaltvermögen" erforderlich.

Schaltgeräte für Ausschaltung im Notfall (Not-Ausschaltung) einschließlich Not-Halt müssen den Volllaststrom der zugeordneten Anlage oder einem Teil der Anlage unterbrechen können, einschließlich der Ströme bei festgebremsten Motoren.

Anmerkung: Die Forderung, dass auch Ströme bei festgebremsten Motoren geschaltet werden müssen, bedeutet, dass der Planer bzw. Errichter der Anlage genaue Kenntnisse über die Art der eingesetzten Motoren und deren Ströme in festgebremsten Zustand besitzt. Die Ströme sind je nach Bauart, Wicklung und Anlassmethode sehr unterschiedlich, und es können in festgebremstem Zustand Ströme vom doppelten bis zum zehnfachen Nennstrom fließen. Gegebenenfalls ist hier der Hersteller der Maschine bzw. der Motoren zu befragen.

Die Not-Ausschaltung darf vorgenommen werden durch ein Schaltgerät, das die Versorgung direkt unterbrechen kann (Schalter im Hauptstromkreis) oder einer Gerätekombination, bei der das Unterbrechen der Versorgung durch Betätigungseinrichtungen durch einen Steuerstromkreis (Hilfsstromkreis) erfolgt. Die Unterbrechung der Stromversorgung muss durch eine einzige Schalthandlung ausgelöst werden. Für die direkte Unterbrechung von Hauptstromkreisen im Notfall sollen vorzugsweise handbetätigte Schaltgeräte eingesetzt werden. Bei Fernbetätigung der Schaltgeräte (z. B. Leistungsschalter, Schütze und dgl.) müssen die Geräte durch Spannungsunterbrechung öffnen, oder es sind gleichwertige Sicherheitsmaßnahmen anzuwenden.

Bei Nothalt darf die notwendige Stromversorgung von bestimmten Teilen der Anlage, die aus betrieblichen Gründen nicht abgeschaltet werden dürfen, beibehalten werden (z. B. zum Bremsen sich bewegender Teile).

Schaltgeräte für Not-Ausschaltung müssen noch folgenden Anforderungen entsprechen:

- Betätigungseinrichtungen für Not-Ausschaltungen (Griffe, Druckknöpfe usw.) müssen eindeutig gekennzeichnet sein. Bevorzugt soll die Farbe Rot mit einem kontrastreichen Hintergrund verwendet werden.

  Anmerkung: An Arbeitsplätzen müssen die Betätigungseinrichtungen von Schaltgeräten für den Notfall zwingend rot mit gelbem Untergrund sein. Siehe hierzu die „Richtlinie des Rates der Europäischen Gemeinschaften vom 16. Januar 2007 (2006/95/EG)".
- Die Betätigungseinrichtungen eines Geräts für die Not-Ausschaltung müssen an Gefahrenstellen leicht zugänglich sein und, falls erforderlich, zusätzlich an entfernten Stellen angebracht sein, von denen aus eine Gefahr beseitigt werden kann.
- Die Betätigungseinrichtung eines Geräts für die Not-Ausschaltung muss in der „Aus"- oder „Halt"-Position verriegel- oder verklinkbar sein. Davon kann abgesehen werden, wenn die Betätigung der Geräte für die Not-Ausschaltung und für die Wiedereinschaltung unter Aufsicht derselben Person stehen.
- Das Loslassen der Betätigungseinrichtung eines Geräts für die Not-Ausschaltung darf den betreffenden Anlageteil nicht selbsttätig wieder unter Spannung setzen.
- Geräte für die Not-Ausschaltung und Not-Halt müssen so angebracht und gekennzeichnet sein, dass sie leicht erkennbar und für die vorgesehene Anwendung leicht zugänglich sind.

13.6 Betriebsmäßiges Schalten

13.6.1 Maßnahmen zum betriebsmäßigen Schalten

Betriebsmäßiges Schalten ist das Ein- und Ausschalten einer Anlage oder eines Teils einer Anlage im normalen Betrieb, also das Schalten eines Stromkreises.

Für jeden Stromkreis, der unabhängig getrennt von anderen Stromkreisen geschaltet werden soll, ist ein Schalter zum betriebsmäßigen Schalten vorzusehen. Auch für alle Verbrauchsmittel, für die ein betriebsmäßiges Schalten gefordert wird, sind geeignete Schalter vorzusehen. Dabei müssen nicht unbedingt alle aktiven Leiter eines Stromkreises geschaltet werden. Einpolige Schaltgeräte sind für PEN-Leiter und Neutralleiter nicht zulässig.

Steckvorrichtungen bis 16 A Bemessungsstrom dürfen für das betriebsmäßige Schalten verwendet werden.

Bei der Umschaltung auf eine andere Einspeisequelle (z. B. Ersatzstromversorgungsanlage) müssen alle aktiven Leiter geschaltet werden. Ein Parallelbetrieb ist nicht zulässig, es sei denn, die Anlage ist dafür ausgelegt. PEN-Leiter und Schutzleiter dürfen nicht getrennt werden.

13.6.1.1 Maßnahmen für Steuerstromkreise

Steuerstromkreise (Hilfsstromkreise) müssen so geplant, ausgeführt, angeordnet und geschützt werden, dass die Gefahren von Fehlfunktionen durch einen Fehler in der Anlage minimiert werden. Solche Fehler können auftreten, wenn zwischen Steuerstromkreis und anderen leitfähigen Teilen eine ungewollte Verbindung (z. B. durch einen Isolationsfehler) zustande kommt und so eine Fehlfunktion, wie z. B. ein ungewollter Betrieb, auftritt.

13.6.1.2 Maßnahmen für Motorsteuerungen

Bei der Planung und Ausführung von Motorsteuerungen sind unter anderem folgende Gesichtspunkte zu beachten:

- Steuerstromkreise von Motoren sind so auszulegen, dass sie den automatischen Wiederanlauf eines Motors nach Stillstand des Motors durch Einbruch oder Ausfall der Spannung mit Sicherheit verhindern, wenn dieser Wiederanlauf eine Gefahr hervorrufen kann.
- Wenn eine Motorgegenstrombremsung vorgesehen ist, müssen Vorkehrungen zur Vermeidung der Drehrichtungsumkehr nach Beendigung des Bremsvorgangs getroffen werden, falls diese Umkehr eine Gefahr hervorrufen kann.
- Wenn die Sicherheit von der Drehrichtung eines Motors abhängt, müssen Vorkehrungen zur Verhinderung der Gegen-Drehrichtung, verursacht durch Phasenvertauschung, getroffen werden. Auch die Gefahr, die durch die Unterbrechung eines Leiters entstehen kann, ist zu beachten.

13.6.2 Schaltgeräte für betriebsmäßiges Schalten

Schaltgeräte für betriebsmäßiges Schalten müssen für die härteste, zu erwartende Beanspruchung ausgelegt sein. Hier ist die Art der Anlage (Motoren, Heizungen usw.) für die Bemessung des Ausschaltstroms von entscheidender Bedeutung. Es ist zulässig, dass die Schaltgeräte den Strom unterbrechen, ohne gleichzeitig entsprechende Trennstrecken herzustellen. Dies ist bei Halbleiter-Schaltgeräten der Fall.

Schaltgeräte zum betriebsmäßigen Schalten sind zum Beispiel:

- Lastschalter
- Halbleiter-Schaltgeräte
- Leistungsschalter
- Schütze
- Relais
- Steckvorrichtungen bis 16 A

Trenner, Sicherungen, Trennlaschen und Spezialklemmen dürfen nicht für betriebsmäßiges Schalten verwendet werden.

14 Auswahl und Errichtung elektrischer Betriebsmittel – DIN VDE 0100-510

14.1 Allgemeine Anforderungen

Die DIN VDE 0100-510 „Auswahl und Errichtung elektrischer Betriebsmittel – Allgemeine Bestimmungen" behandelt die **Auswahl und Errichtung elektrischer Betriebsmittel.**

Ähnlich dem § 1 der Straßenverkehrsordnung, wonach sich jeder Verkehrsteilnehmer so zu verhalten hat, dass kein anderer geschädigt, gefährdet oder mehr als nach den Umständen unvermeidbar behindert oder belästigt wird, gilt für elektrische Anlagen, dass sie so ausgewählt, errichtet und betrieben werden müssen, dass Gefahren weitgehend vermieden werden.

Dabei ist bei der Auswahl elektrischer Betriebsmittel zu beachten, dass sie den für sie geltenden VDE-Bestimmungen oder den Regeln des in der EU gegebenen Stands der Sicherheitstechnik entsprechen und für den vorgesehenen Verwendungszweck geeignet sind. Die Betriebsmittel müssen ein Ursprungszeichen tragen und, soweit notwendig, mit den Bemessungsgrößen gekennzeichnet werden.

Bei der Errichtung elektrischer Anlagen ist besonders zu achten auf:

- fachgerechtes Errichten der elektrischen Anlage hinsichtlich der Schutzart gegen Fremdkörper-, Berührungs- und Wasserschutz (siehe Abschnitt 2.8)
- die allgemeinen Regeln zur Einhaltung der Schutzmaßnahmen zum Erreichen der Sicherheit (siehe die Kapitel 5 bis 9)
- Anforderungen hinsichtlich des zufriedenstellenden Betriebs der Anlagen bei bestimmungsgemäßer Verwendung
- Anforderungen der jeweiligen äußeren Einflüsse (siehe Abschnitt 25.8, Anhang H)

Darüber hinaus sind vor allem noch die Kurzschlussbeanspruchungen und die Umwelteinflüsse, die durch richtige Bemessung der Kriech- und Luftstrecken sicherzustellen sind, zu beachten.

Als Grundsatz zur Auswahl und Errichtung elektrischer Betriebsmittel gilt folgende Aussage:

Elektrische Betriebsmittel müssen so ausgewählt und errichtet werden, dass von den elektrischen Anlagen ausgehende Gefahren weitgehend vermieden werden. Bei der Auswahl und Errichtung elektrischer Betriebsmittel sind die einschlägigen Normen zu berücksichtigen.

Anmerkung: In DIN VDE 0100-510 wird nur von der Anwendung von IEC-Normen und ISO-Normen gesprochen. In der Praxis sollte diese Aussage so interpretiert werden, dass zunächst die nationalen harmonisierten Normen anzuwenden sind. Liegen solche nationalen Normen nicht vor, so sollten die regional geltenden CENELEC-Normen (Europäische Normen bzw. Harmonisierungsdokumente) oder CEN-Normen beachtet werden. Wenn auch hier keine gültigen Normen vorhanden sind, können die entsprechenden IEC-Publikationen oder ISO-Normen zurate gezogen werden. Wenn keine der genannten Normen vorhanden ist, kann auch auf bestehende Normen eines anderen Landes verwiesen werden. Liegen überhaupt keine gültigen Normen vor, so sind die Spezifikationen und Anforderungen an die elektrischen Betriebsmittel zwischen Auftraggeber und Auftragnehmer (Errichter der Anlage) zu vereinbaren. Siehe hierzu auch die Festlegungen in DIN VDE 0100-100 Abschnitt 133.1.

Bei der **Auswahl elektrischer Betriebsmittel** ist zu beachten, dass sie den für sie geltenden DIN-VDE-Bestimmungen oder den Regeln des in der EG gegebenen Stands der Sicherheitstechnik entsprechen und für den vorhergesehenen Zweck geeignet sind.

Die Kenngrößen der Betriebsmittel sind so zu wählen, dass sie für die elektrische Anlage geeignet sind und den Umgebungsbedingungen am Aufstellungsort oder Anwendungsort sicher standhalten.

Anmerkung: Wenn Betriebsmittel den entsprechenden Anforderungen nicht gerecht werden, können sie dennoch unter der Bedingung verwendet werden, dass ein geeigneter zusätzlicher Schutz als Teil der fertiggestellten Anlage vorgesehen wird.

Elektrische Betriebsmittel dürfen keine schädlichen Einflüsse auf andere Betriebsmittel verursachen oder die Stromversorgung im normalen Betrieb, einschließlich Schaltvorgänge, beeinträchtigen.

Beispiele hierfür sind:

- Einschaltströme von Motoren, Transformatoren usw.
- Ein- und Ausschaltströme bei Schalthandlungen
- unsymmetrische Belastungen
- Oberschwingungen

Bei der **Errichtung elektrischer Anlagen** sind folgende Punkte besonders zu beachten:

- Für das Errichten ist Facharbeit, ausgeführt von geeignetem, qualifiziertem Personal, und die Verwendung geeigneter Materialien erforderlich.
- Die Kenngrößen der elektrischen Betriebmittel dürfen durch die Errichtung nicht beeinträchtigt werden.

- Die Wirksamkeit der Schutzarten gegen Fremdkörper-, Berührungs- und Wasserschutz (Anwendung der IP-Schutzarten) muss gegeben sein, wobei auch die äußeren Einflüsse zu berücksichtigen sind.
- Die Wirksamkeit der Schutzmaßnahmen (Schutz gegen elektrischen Schlag und Schutz gegen zu hohe Temperaturen) muss gegeben sein.
- Die Anforderungen an einen zufriedenstellenden Betrieb der Anlage müssen vorliegen, und die vorgesehene Wärmeabfuhr (Kühlung) der Betriebsmittel muss gewährleistet sein.
- Leiter müssen nach DIN EN 60446 (VDE 0198) gekennzeichnet sein, und die Leiterverbindungen sind so herzustellen, dass ein sicherer und zuverlässiger Kontakt sichergestellt ist.
- Elektrische Betriebsmittel, die hohe Temperaturen oder Lichtbögen verursachen können, müssen so geschützt werden, dass keine Entzündungsgefahr brennbarer Materialien besteht.
- Berührbare Teile, die hohe Temperaturen annehmen können, müssen so geschützt werden, dass keine Verletzungen (Verbrennungen) von Personen verursacht werden.
- Elektrische Anlagen sind vor der ersten Inbetriebnahme zu besichtigen und zu prüfen, um die ordnungsgemäße Errichtung nachzuweisen.

14.2 Betriebsbedingungen

Damit Betriebsmittel ordnungsgemäß betrieben werden können, sind verschiedene Voraussetzungen zu erfüllen. Hierzu gehört, dass sie den einschlägigen Normen nach ISO, IEC, CENELEC, DIN oder DIN VDE entsprechen. Zusätzlich sind noch die Angaben der Hersteller zu beachten.

Die wichtigsten elektrischen Größen, die beachtet werden müssen, sind:

- Spannung
  Die Betriebsmittel müssen für die Nennspannung der Anlage ausgelegt sein, wobei es erforderlich sein kann, die höchste und/oder niedrigste bei normalem Betrieb auftretende Spannung zu berücksichtigen
- Strom
  Der im Normalbetrieb vom Betriebsmittel aufgenommene Strom ist zu berücksichtigen
- Frequenz
  Die Bemessungsfrequenz des Betriebsmittels muss mit der Frequenz des entsprechenden Stromkreises übereinstimmen, soweit die Betriebsmittel durch abweichende Frequenzen beeinträchtigt werden

- Für den größten einpoligen Dauerkurzschlussstrom

$$I_{\text{k1pol}} = \frac{c \cdot U}{\sqrt{3} \cdot Z_{\text{k1pol}}} \tag{14.1}$$

$$Z_{\text{k1pol}} = \sqrt{R_{\text{k}}^2 + X_{\text{k}}^2} = \sqrt{\left(R_{\text{Q}} + R_{\text{T}} + R_{\text{A}} + R_{\text{PEN}}\right)^2 + \left(X_{\text{Q}} + X_{\text{T}} + X_{\text{A}} + X_{\text{PEN}}\right)^2}$$

- Für den größten zweipoligen Dauerkurzschlussstrom

$$I_{\text{k2pol}} = \frac{c \cdot U}{2 \cdot Z_{\text{k2pol}}} \tag{14.3}$$

$$Z_{\text{k2pol}} = \sqrt{R_{\text{k}}^2 + X_{\text{k}}^2} = \sqrt{\left(R_{\text{Q}} + R_{\text{T}} + R_{\text{A}}\right)^2 + \left(X_{\text{Q}} + X_{\text{T}} + X_{\text{A}}\right)^2} \tag{14.4}$$

- Für den größten dreipoligen Dauerkurzschlussstrom

$$I_{\text{k3pol}} = \frac{c \cdot U}{\sqrt{3} \cdot Z_{\text{k3pol}}} \tag{14.5}$$

$$Z_{\text{k3pol}} = Z_{\text{k2pol}} \tag{14.6}$$

14

In den Gln. (14.1) bis (14.6) bedeuten:

I_{k}	größter Dauerkurzschlussstrom in A, kA (einpolig, zweipolig, dreipolig)
U	Spannung zwischen den Außenleitern in V
c	Faktor 1,0
Z_{k}	Kurzschlussimpedanz in Ω, mΩ (einpolig, zweipolig, dreipolig)
R_{Q}, X_{Q}	Ohm'scher, induktiver Widerstand des vorgelagerten Netzes in Ω, mΩ
R_{T}, X_{T}	Ohm'scher, induktiver Widerstand des Transformators in Ω, mΩ; die Ermittlung der Transformatorenwiderstände ist in Abschnitt 5.1.1.1 beschrieben
R_{A}, X_{A}	Ohm'scher, induktiver Widerstand des Außenleiters in Ω, mΩ
R_{PEN}, X_{PEN}	Ohm'scher, induktiver Widerstand des PEN-Leiters in Ω, mΩ

Die Ohm'schen Widerstände für die Leitungen sind für eine Leitertemperatur von 20 °C zu ermitteln; für häufig vorkommende Kabel (NYY, NAYY) sind Ohm'sche und induktive Widerstände in Ω/km in **Tabelle 14.1** dargestellt.

Weitere Widerstandswerte für Kabel und Leitungen können Anhang E entnommen werden. Auch im Beiblatt 4 zu DIN EN 60909-0 (VDE 0102) sind diese Werte zu finden.

Anzahl der Leiter und Querschnitt S	NYY			NAYY		
	Resistanz-belag	Reaktanz-belag	Impedanz-belag	Resistanz-belag	Reaktanz-belag	Impedanz-belag
in mm²	R'_L	X'_L	Z'_L	R'_L	X'_L	Z'_L
4 × 10	1,810	0,094	1,812	-	-	-
4 × 16	1,141	0,090	1,145	-	-	-
4 × 25	0,724	0,086	0,729	1,201	0,086	1,204
4 × 35	0,526	0,083	0,533	0,876	0,083	0,880
4 × 50	0,389	0,083	0,398	0,642	0,083	0,647
4 × 70	0,271	0,082	0,283	0,444	0,082	0,451
4 × 95	0,197	0,082	0,213	0,321	0,082	0,331
4 × 120	0,157	0,080	0,176	0,255	0,080	0,267
4 × 150	0,125	0,080	0,148	0,208	0,080	0,223
4 × 185	0,101	0,080	0,129	0,167	0,080	0,185
4 × 240	0,077	0,079	0,110	0,131	0,079	0,153
4 × 300	0,063	0,079	0,101	0,107	0,079	0,133

Die Umrechnung der Wirkwiderstandswerte auf andere Temperaturen ist in Abschnitt 25.4 beschrieben

Tabelle 14.1 Widerstände in Ω/km bei 20 °C Leitertemperatur für NYY und NAYY (Quelle: Beiblatt 4 zu DIN EN 60909-0 (VDE 0102):2003-02)

14

Die Impedanzwerte für Transformatoren sind in Abschnitt 5.1.1.1 beschrieben, wobei es bei der Berechnung der größten Kurzschlussströme auch den **Impedanzkorrekturfaktor** zu berücksichtigen gilt.

Widerstände von Sammelschienen müssen unter Umständen berücksichtigt werden. Der Wirkwiderstand (Resistanz) kann bei großen Schienenquerschnitten vernachlässigt werden. Er kann ermittelt werden nach:

$$R'_S = \frac{1}{\kappa \cdot S} = \frac{\rho}{S} \tag{14.7}$$

Die Reaktanz (induktiver Blindwiderstand) kann näherungsweise ermittelt werden mit:

$$X'_S = \omega \cdot L_S \approx 2 \cdot \pi \cdot f \left[\ln \left(2 \frac{\pi \cdot a + h}{\pi \cdot b + 2\,h} \right) + 0{,}03 \right] \cdot 10^{-7} \tag{14.8}$$

In den Gln. (14.7) und (14.8) bedeuten:

R'_S Reaktanz der Sammelschiene in Ω/m

L Länge der Sammelschiene in m

κ Leitwert des Materials der Sammelschiene in m/(Ω mm²)

ρ Spezifischer Widerstand des Materials der Sammelschiene in Ω mm²/m

S Querschnitt der Sammelschiene in mm²

S'_S Reaktanz der Sammelschiene in Ω/m

ω Kreisfrequenz in Hz ($\omega = 2\,\pi\,f$)

f Frequenz in Hz

L_S Induktivität der Sammelschienen in H/m

a mittlerer Abstand der Sammelschienen (Außenleiter) in cm mit
$a = \sqrt[3]{a_1 \cdot a_2 \cdot a_3}$
(vergleiche auch Abschnitt 5.1.1.1 und Gl. (5.29))

b Schienenbreite in cm

h Schienenhöhe in cm

Der Widerstand der Sammelschienen ergibt sich dann mit der infrage kommenden Länge L der Sammelschienen zu:

$$R_S = L \cdot R'_S \qquad (14.9)$$

$$X_S = L \cdot X'_S \qquad (14.10)$$

und die Gln. (14.2) und (14.4) sind dann jeweils um R_S und X_S zu erweitern.

Neben dem Querschnitt der Leiter sowie deren Anordnung hinsichtlich Abstand und Länge der Festpunkte ist der Stoßkurzschlussstrom von besonderer Wichtigkeit. **Bild 14.2** zeigt den prinzipiellen zeitlichen Verlauf des Kurzschlussstroms bei generatorfernem und generatornahem Kurzschluss.

Die Berechnung des Stoßkurzschlussstroms erfolgt nach der Beziehung:

$$i_p = \kappa \cdot \sqrt{2} \cdot I_k \qquad (14.11)$$

Darin bedeuten:

i_p Stoßkurzschlussstrom in kA; größter auftretender Scheitelwert des Kurzschlussstroms (Bild 14.2)

I_k Dauerkurzschlussstrom in kA

κ Stoßziffer; Faktor zur Ermittlung des Stoßkurzschlussstroms, ergibt sich aus dem Verhältnis der Ohm'schen und induktiven Widerstände der Kurzschlussbahn (**Bild 14.3**)

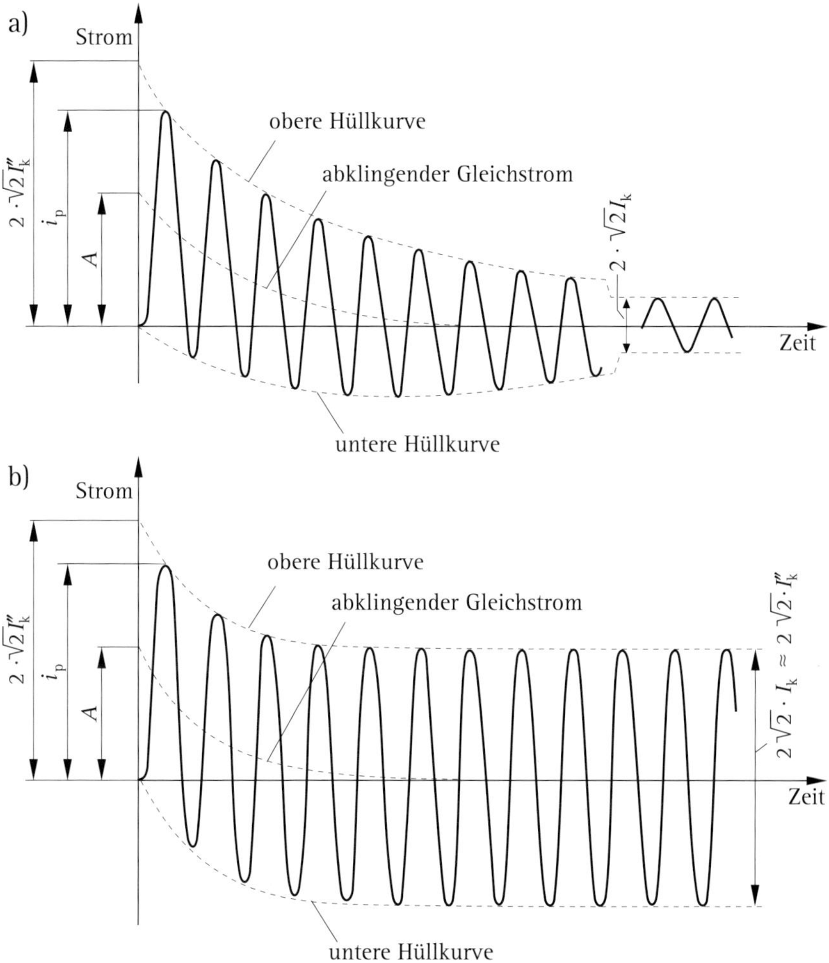

Bild 14.2 Verlauf des Kurzschlussstroms (Quelle: DIN EN 60909-0 (VDE 0102):2002-07)
a) generatornaher Kurzschluss
b) generatorferner Kurzschluss
I''_k Anfangs-Kurzschlusswechselstrom
i_p Stoßkurzschlussstrom
I_k Dauerkurzschlussstrom
A Anfangswert des Gleichstroms

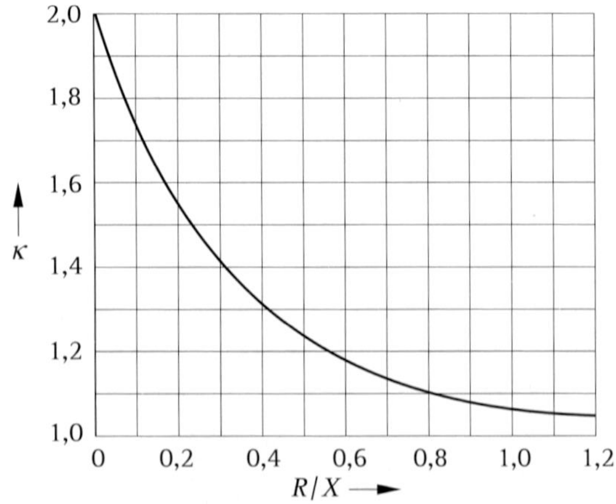

Bild 14.3 Stoßziffer (Quelle: DIN VDE 0102:2002-07)

Beispiel:

Aus einem 20-kV-Netz mit einer Anfangskurzschlusswechselstromleistung S''_{kQ} = 480 MVA wird ein 20/0,4-kV-Transformator nach DIN 42500 mit S_{rT} = 630 kVA, u_{kr} = 4 % versorgt. Über ein 30 m langes Kabel NYY 3 × 300/150 mm² ist eine Sammelschienen-Verteilung angeschlossen. Zu ermitteln sind der einpolige, zweipolige und dreipolige Dauerkurzschlussstrom sowie die entsprechenden Stoßkurzschlussströme.

Ermittlung der Einzelwiderstände (siehe Abschnitt 5.1.1.1):

- für das vorgelagerte Netz

$$R_Q = 0{,}1\ X_Q = 0{,}1 \cdot 0{,}333\ \text{m}\Omega = 0{,}033\ \text{m}\Omega$$

$$X_Q = \frac{1{,}0 \cdot U^2}{S''_{kQ} \cdot 10^6} = \frac{1{,}0 \cdot 400^2}{480 \cdot 10^6}\ \Omega = 0{,}000333\ \Omega = 0{,}333\ \text{m}\Omega$$

- für den Transformator

$$R_T = \frac{u_{Rr} \cdot U^2}{S_{rT} \cdot 10^5} = \frac{1{,}03 \cdot 400^2}{630 \cdot 10^5}\ \Omega = 0{,}002616\ \Omega = 2{,}616\ \text{m}\Omega$$

$$X_T = \frac{u_{Xr} \cdot U^2}{S_{rT} \cdot 10^5} = \frac{3{,}86 \cdot 400^2}{630 \cdot 10^5}\ \Omega = 0{,}009803\ \Omega = 9{,}803\ \text{m}\Omega$$

Nach Berücksichtigung des Impedanzkorrekturfaktors ergeben sich die korrigierten Impedanzwerte für den Transformator zu:

$$x_T = \frac{X_T \cdot S_{rT}}{U_{rT}^2} = \frac{15,44 \cdot 630}{400^2}\ \Omega = 0,0608\ \Omega$$

$$K_T = 0,95 \cdot \frac{1,05}{1,0608} = 0,940$$

$$R_{TK} = K_T \cdot R_T = 0,940 \cdot 2,616\ \text{m}\Omega = 2,459\ \text{m}\Omega$$

$$X_{TK} = K_T \cdot X_T = 0,940 \cdot 9,803\ \text{m}\Omega = 9,215\ \text{m}\Omega$$

- für das Kabel

$$R_A = R_L' \cdot L = 0,063\ \Omega/\text{km} \cdot 0,03\ \text{km} = 0,00189\ \Omega = 1,890\ \text{m}\Omega$$

$$X_A = X_L' \cdot L = 0,079\ \Omega/\text{km} \cdot 0,03\ \text{km} = 0,00237\ \Omega = 2,370\ \text{m}\Omega$$

$$R_{PEN} = R_L' \cdot L = 0,125\ \Omega/\text{km} \cdot 0,03\ \text{km} = 0,00375\ \Omega = 3,750\ \text{m}\Omega$$

$$X_{PEN} = X_L' \cdot L = 0,080\ \Omega/\text{km} \cdot 0,03\ \text{km} = 0,0024\ \Omega = 2,400\ \text{m}\Omega$$

Ermittlung der Kurzschlussimpedanzen:

14

- für Z_{k1pol}

$$R_k = R_Q + R_{TK} + R_A + R_{PEN}$$
$$= 0,033\ \text{m}\Omega + 2,459\ \text{m}\Omega + 1,890\ \text{m}\Omega + 3,750\ \text{m}\Omega = 8,132\ \text{m}\Omega$$

$$X_k = X_Q + X_{TK} + X_A + X_{PEN}$$
$$= 0,333\ \text{m}\Omega + 9,215\ \text{m}\Omega + 2,370\ \text{m}\Omega + 2,400\ \text{m}\Omega = 14,318\ \text{m}\Omega$$

$$Z_{k1pol} = \sqrt{R_k^2 + X_k^2} = \sqrt{(8,132\ \text{m}\Omega)^2 + (14,318\ \text{m}\Omega)^2} = 16,466\ \text{m}\Omega$$

- für $Z_{k2pol} = Z_{k3pol}$

$$R_k = R_Q + R_{TK} + R_A$$
$$= 0,033\ \text{m}\Omega + 2,459\ \text{m}\Omega + 1,890\ \text{m}\Omega = 4,382\ \text{m}\Omega$$

$$X_k = X_Q + X_{TK} + X_A$$
$$= 0,333\ \text{m}\Omega + 9,215\ \text{m}\Omega + 2,370\ \text{m}\Omega = 11,918\ \text{m}\Omega$$

$$Z_{k2pol} = \sqrt{R_k^2 + X_k^2} = \sqrt{(4,382\ \text{m}\Omega)^2 + (11,918\ \text{m}\Omega)^2} = 12,698\ \text{m}\Omega$$

Ermittlung der größten Dauerkurzschlussströme:

$$I_{\text{k1 pol}} = \frac{c \cdot U}{\sqrt{3} \cdot Z_{\text{k1 pol}}} = \frac{1{,}0 \cdot 400\ \text{V}}{\sqrt{3} \cdot 16{,}466\ \text{m}\Omega} = 14{,}025\ \text{kA}$$

$$I_{\text{k2 pol}} = \frac{c \cdot U}{2 \cdot Z_{\text{k2 pol}}} = \frac{1{,}0 \cdot 400\ \text{V}}{2 \cdot 12{,}698\ \text{m}\Omega} = 15{,}751\ \text{kA}$$

$$I_{\text{k3 pol}} = \frac{c \cdot U}{\sqrt{3} \cdot Z_{\text{k3 pol}}} = \frac{1{,}0 \cdot 400\ \text{V}}{\sqrt{3} \cdot 12{,}698\ \text{m}\Omega} = 18{,}178\ \text{kA}$$

Ermittlung der Stoßkurzschlussströme:

- für i_p einpolig

  $R : X = 8{,}132\ \text{m}\Omega : 14{,}318\ \text{m}\Omega = 0{,}568$

  $\kappa = 1{,}2$ (Bild 14.3)

  $i_{\text{p1 pol}} = \kappa \cdot \sqrt{2} \cdot I_{\text{k1 pol}} = 1{,}2 \cdot \sqrt{2} \cdot 14{,}025\ \text{kA} = 23{,}801\ \text{kA}$

14

- für i_p zweipolig

  $R : X = 4{,}382\ \text{m}\Omega : 12{,}698\ \text{m}\Omega = 0{,}345$

  $\kappa = 1{,}35$ (Bild 14.3)

  $i_{\text{p2 pol}} = \kappa \cdot \sqrt{2} \cdot I_{\text{k2 pol}} = 1{,}35 \cdot \sqrt{2} \cdot 15{,}751\ \text{kA} = 30{,}072\ \text{kA}$

- für i_p dreipolig

  $R : X = 4{,}382\ \text{m}\Omega : 12{,}698\ \text{m}\Omega = 0{,}345$

  $\kappa = 1{,}35$ (Bild 14.3)

  $i_{\text{p3 pol}} = \kappa \cdot \sqrt{2} \cdot I_{\text{k3 pol}} = 1{,}35 \cdot \sqrt{2} \cdot 18{,}178\ \text{kA} = 34{,}705\ \text{kA}$

Die durch den Kurzschlussstrom auf Stützer und Schienen (oder Drähte, Seile) wirkenden dynamischen Kräfte sind nach DIN EN 60865-1 (VDE 0103) zu berechnen. Für den in **Bild 14.4** dargestellten, häufigsten Fall der Praxis ergibt sich die Umbruchkraft, mit der die Stützer beansprucht werden, bzw. die Kraft, die auf die Schienen in Feldmitte wirkt, nach Gl. (14.12):

$$F = 0{,}2 \cdot i_p^2 \cdot \frac{l}{a} \tag{14.12}$$

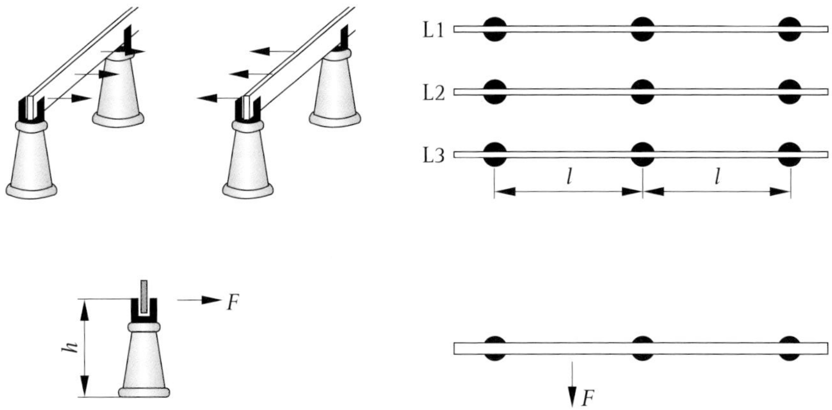

Bild 14.4 Kräfte auf Sammelschienen und Stützer

Hierin bedeuten (vgl. Bild 14.4):

F Beanspruchung der Schienen in Feldmitte in N oder Umbruchkraft, die die Stützer aufnehmen müssen

0,2 Faktor $0{,}2 = \mu_0/(2\pi) \cdot 10^7$ V · s/(A · m)

i_p Stoßkurzschlussstrom in kA

l Stützabstand in cm

a Abstand von Leitermitte zu Leitermitte in cm

Nach der so ermittelten Stützerbeanspruchung sind die Isolatoren auszuwählen, wobei gegebenenfalls noch Vorbelastungen wie Schienengewichte, Schaltkräfte und dgl. berücksichtigt werden müssen. Bei Stützisolatoren ist der Abstand h des Kraftangriffspunkts noch zu beachten (Moment = Kraft × Hebelarm; $M = F \cdot h$).

Die mechanische Festigkeit der Sammelschienen ist zu überprüfen. Dabei darf die materialbezogene zulässige Biegefestigkeit der Schienen nicht überschritten werden. Die durch den Kurzschlussstrom auftretenden Kräfte versuchen, die Sammelschienen in Querrichtung auseinanderzubiegen. Für die Berechnung wird angesetzt, dass die Stützer bzw. Befestigungselemente den auftretenden Kräften gewachsen sind. Die Beanspruchung der Schienen auf Biegung entspricht dann im ungünstigsten Fall einem gleichmäßig belasteten, frei aufliegenden Balken.

Nach den Gesetzmäßigkeiten der Festigkeitslehre ist dabei das Biegemoment:

$$M_b = \frac{F \cdot l}{8} \qquad (14.13)$$

M_b Biegemoment in N cm

F Kraft auf die Sammelschienen durch den Kurzschlussstrom in N nach Gl. (14.12)

l Stützabstand in cm

Für die gebräuchlichsten Sammelschienenarten wird das Widerstandsmoment nach den in **Tabelle 14.2** genannten Beziehungen ermittelt.

Darstellung	Trägheitsmoment in cm^4	Widerstandsmoment in cm^3
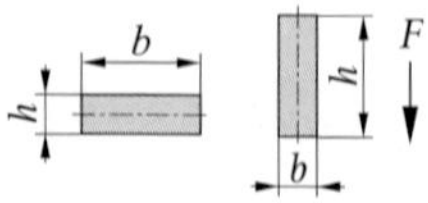	$J = \frac{b \cdot h^3}{12}$	$W = \frac{b \cdot h^2}{6}$
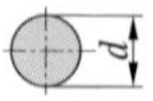	$J = \frac{\pi \cdot d^4}{64}$	$W = \frac{\pi \cdot d^3}{32}$
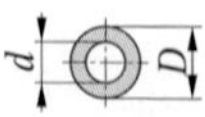	$J = \frac{\pi}{64} \cdot \left(D^4 - d^4\right)$	$W = \frac{\pi}{32} \cdot \frac{\left(D^4 - d^4\right)}{D}$

Tabelle 14.2 Widerstands- und Trägheitsmomente von Sammelschienen

Damit kann die Biegebeanspruchung ermittelt werden:

$$\sigma = \frac{M_b}{W} \qquad (14.14)$$

σ Biegebeanspruchung in N/cm^2

M_b Biegemoment in N cm

W Widerstandsmoment in cm^3

Zulässige Biegebeanspruchungen der für Sammelschienen üblichen Materialien sind:

- Kupfer 20 kN/cm^2 bis 30 kN/cm^2
- Aluminium 7 kN/cm^2 bis 12 kN/cm^2

} die Werte sind abhängig von der Materialgüte

Wenn die Berechnung der Biegebeanspruchung ergibt, dass die zulässigen Werte überschritten werden, müssen entweder stärkere Sammelschienen oder aber eine günstigere Anordnung gewählt werden. Bei rechteckigen Schienenquerschnitten wäre dabei eine flach liegende Anordnung gegenüber einer hochkant stehenden Anordnung zu erwägen. Ansonsten gibt es bei allen Sammelschienenarten die Möglichkeit, durch Vergrößerung der Abstände *a* oder aber durch Verringerung der Stützerabstände *l* die Biegebeanspruchung zu verringern.

Die Sammelschienenanordnung sollte außer auf Biegebeanspruchung auch auf mechanische Resonanz überprüft werden. Dabei darf die mechanische Eigenschwingungszahl nicht in der Nähe (±5 %) der einfachen, doppelten oder dreifachen Netzfrequenz liegen, damit keine Schäden durch Resonanzen auftreten:

$$f_0 = 112\sqrt{\frac{E \cdot J}{G \cdot l^4}} \tag{14.15}$$

f_0 Eigenschwingungszahl in s^{-1}

E Elastizitätsmodul des Sammelschienenmaterials
für Kupfer ist $E = 11 \cdot 10^4$ N/mm²
für Aluminium ist $E = 6{,}5 \cdot 10^4$ N/mm²

J Trägheitsmoment in cm⁴ nach Tabelle 14.2

G Gewicht der Schiene in kg/cm

l Stützerabstand in cm

Beispiel:

Für die in **Bild 14.5** dargestellte Anlage soll die statische und dynamische Festigkeit der Sammelschienen überprüft werden!

Widerstände der Sammelschienen:

Mit den Gln. (14.7) und (14.9) ist die Resistanz der Sammelschienen:

$$R_S = \frac{L}{\kappa \cdot S} = \frac{9}{36 \cdot 50 \cdot 10}\,\Omega = 0{,}5\ \text{m}\Omega$$

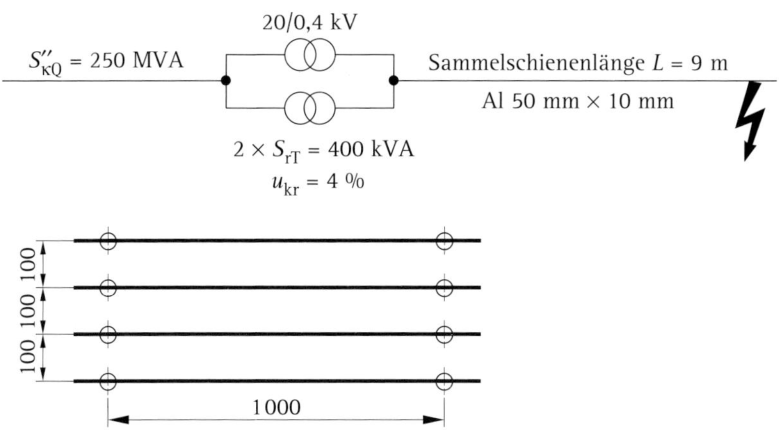

Bild 14.5 Beispiel; Berechnung von Sammelschienen (Maße in mm)

Zur Ermittlung der Reaktanz der Sammelschienen ist zunächst der mittlere Abstand der Sammelschienen zu berechnen:

$$a = \sqrt[3]{a_1 \cdot a_2 \cdot a_3} = \sqrt[3]{10\ \text{cm} \cdot 10\ \text{cm} \cdot 20\ \text{cm}} = 12{,}6\ \text{cm}$$

Nach den Gln. (14.8) und (14.10) wird die Reaktanz ermittelt zu:

$$X_\mathrm{S} = \omega \cdot L_\mathrm{S}$$

mit $\omega = 2 \cdot \pi \cdot f$

und $L_\mathrm{S} = 2 \cdot L \left[\ln \left(2 \dfrac{\pi \cdot a + h}{\pi \cdot b + 2\,h} \right) + 0{,}03 \right] \cdot 10^{-7}\ \text{H}$

ergibt sich X_S zu:

$$X_\mathrm{S} = 2 \cdot \pi \cdot f \cdot 2 \cdot L \left[\ln \left(2 \frac{\pi \cdot a + h}{\pi \cdot b + 2\,h} \right) + 0{,}03 \right] \cdot 10^{-7}\ \Omega$$

$$= 2 \cdot \pi \cdot 50 \cdot 2 \cdot 9 \left[\ln \left(2 \frac{\pi \cdot 12{,}6 + 5}{\pi \cdot 1 + 2 \cdot 5} \right) + 0{,}03 \right] \cdot 10^{-7}\ \Omega = 1{,}1\ \text{m}\Omega$$

14

Widerstände des vorgelagerten Netzes:

$$X_\mathrm{Q} = \frac{1{,}1 \cdot U^2}{S''_\mathrm{kn}} = \frac{1{,}1 \cdot 400^2}{250 \cdot 10^6}\ \Omega = 0{,}704\ \text{m}\Omega$$

$$R_\mathrm{Q} = X_\mathrm{Q} \cdot 0{,}1 = 0{,}704 \cdot 0{,}1\ \text{m}\Omega = 0{,}07\ \text{m}\Omega$$

Widerstände der Transformatoren (DIN 42500), u_Rr und u_Xr aus Tabelle 7.1:

$$X_\mathrm{T} = \frac{u_\mathrm{Xr} \cdot U^2}{S_\mathrm{rT} \cdot 10^5} = \frac{3{,}83 \cdot 400^2}{400 \cdot 10^5}\ \Omega = 15{,}32\ \text{m}\Omega$$

$$R_\mathrm{T} = \frac{u_\mathrm{Rr} \cdot U^2}{S_\mathrm{rT} \cdot 10^5} = \frac{1{,}15 \cdot 400^2}{400 \cdot 10^5}\ \Omega = 4{,}6\ \text{m}\Omega$$

$$u_\mathrm{Rr} = \frac{P_\mathrm{krT}}{S_\mathrm{rT}} \cdot 100\ \% = \frac{4\,600}{400 \cdot 10^3} \cdot 100\ \% = 1{,}15\ \%$$

$$u_\mathrm{Xr} = \sqrt{u_\mathrm{kr}^2 - u_\mathrm{Rr}^2} = \sqrt{4^2 - 1{,}15^2}\ \% = 3{,}83\ \%$$

Gesamtwiderstände:

$$X = X_Q + X_T/2 + X_S = 0{,}704\ \text{m}\Omega + 7{,}66\ \text{m}\Omega + 1{,}1\ \text{m}\Omega = 9{,}464\ \text{m}\Omega$$

$$R = R_Q + R_T/2 + R_S = 0{,}07\ \text{m}\Omega + 2{,}3\ \text{m}\Omega + 0{,}5\ \text{m}\Omega = 2{,}87\ \text{m}\Omega$$

$$Z = \sqrt{R^2 + X^2} = \sqrt{2{,}87^2 + 9{,}464^2}\ \text{m}\Omega = 9{,}89\ \text{m}\Omega$$

Verhältnis:

$$R : X = 2{,}87 : 9{,}464 = 0{,}30$$

Stoßziffer aus Bild 14.3: $\kappa = 1{,}41$

$$I_{\text{k2 pol}} = \frac{c \cdot U}{2 \cdot Z} = \frac{1 \cdot 400\ \text{V}}{2 \cdot 89\ \ \text{m}\Omega} = 20{,}22\ \text{kA}$$

Stoßkurzschlussstrom:

$$i_\text{p} = \kappa \cdot \sqrt{2} \cdot I_{\text{k2 pol}} = 1{,}41 \cdot \sqrt{2} \cdot 20{,}22\ \text{kA} = 40{,}33\ \text{kA}$$

$$F = 0{,}2 \cdot i_\text{p}^2 \cdot \frac{l}{a} = 0{,}2 \cdot 40{,}33^2 \cdot \frac{100}{10}\ \text{N} = 3252{,}4\ \text{N}$$

$$M = \frac{l \cdot F}{8} = \frac{100\ \text{cm} \cdot 3252{,}4\ \text{N}}{8} = 40655\ \text{Ncm}$$

Biegebeanspruchung bei senkrechter Schienenanordnung:

$$\sigma = \frac{M}{W} = \frac{40655\ \text{Ncm}}{0{,}833\ \text{cm}^3} = 48805\ \text{N/cm}^2$$

Biegebeanspruchung bei waagrechter Schienenanordnung:

$$\sigma = \frac{M}{W} = \frac{40655\ \text{Ncm}}{4{,}166\ \text{cm}^3} = 9759\ \text{N/cm}^2$$

Bei waagrechter Schienenanordnung ist die dynamische Festigkeit ausreichend.
Überprüfung der mechanischen Resonanz:

$$f_0 = 112 \cdot \sqrt{\frac{E \cdot J}{G \cdot l^4}} = 112 \cdot \sqrt{\frac{0{,}65 \cdot 10^6 \cdot 10{,}4}{13{,}5 \cdot 10^{-3} \cdot 100^4}}\ \text{s}^{-1} = 250\ \text{s}^{-1}$$

Es sind keine Schäden zu erwarten, da f_0 das Fünffache der Netzfrequenz beträgt.

14.5 Luftstrecken und Kriechstrecken

In der Normreihe DIN EN 60664-1 (VDE 0110-1) „Isolationskoordination für elektrische Betriebsmittel in Niederspannungsanlagen“ sind die Mindestisolationsstrecken für Luftstrecken und Kriechstrecken festgelegt. In Teil 1 sind dabei die „Grundsätze, Anforderungen und Prüfungen“ behandelt. Die Bestimmungen entstammen der internationalen Normung bei IEC und CENELEC und basieren auf der sachlichen Übernahme von IEC 60664-1 und EN 60664-1. Die genannte Norm gilt für Betriebsmittel mit einer Bemessungsgleichspannung bis 1 500 V und einer Bemessungswechselspannung bis 1 000 V mit Bemessungsfrequenzen bis 30 kHz und für den Einsatz dieser Betriebsmittel bis zu einer Höhenlage von 2 000 m NN.

Durch die Festlegung von Mindestisolationsstrecken sollen Schäden an elektrischen Betriebsmitteln oder Gefährdungen von Personen oder Sachwerten verhindert werden. Die Betriebsmittel sollen außerdem vor Funktionsversagen auf bestmögliche Weise geschützt werden.

Folgende Begriffe sind wichtig:

14

- Luftstrecke ist die kürzeste Entfernung in Luft zwischen zwei leitenden Teilen (Bild 14.6)
- Kriechstrecke ist die kürzeste Entfernung entlang der Oberfläche eines Isolierstoffs zwischen zwei leitenden Teilen (Bild 14.6)
- Arbeitsspannung ist der höchste Wert des Effektivwerts der Wechselspannung oder der Gleichspannung, der an der betrachteten Isolierung langzeitig auftreten kann; transiente Überspannungen werden nicht berücksichtigt
- Transiente Überspannungen sind:
  - Schalt-Überspannungen, die aufgrund eines Schaltvorgangs auftreten können
  - Blitz-Überspannungen, die aufgrund einer Blitzentladung entstehen können

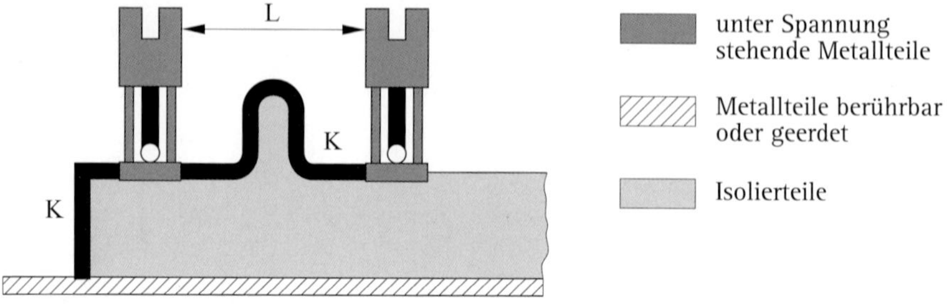

Bild 14.6 Luft- und Kriechstrecken

  - Funktions-Überspannungen, eine absichtlich erzeugte Überspannung, die zur Funktion eines Betriebsmittels notwendig ist
- Bemessungs-Stoßspannung für Luftstrecken ist der Spannungswert, nach dem die Luftstrecken bemessen werden
- Bemessungsspannung für Kriechstrecken ist der Spannungswert, nach dem die Kriechstrecken bemessen werden
- Steh-Stoßspannung ist der Größtwert der höchsten Stoßspannung von vorgeschriebener Form und Polarität, welcher unter vorgegebenen Prüfbedingungen zu keinem Durchschlag führt
- Steh-Wechselspannung ist der Effektivwert der höchsten sinusförmigen Spannung bei Netzfrequenz, der unter vorgegebenen Prüfbedingungen zu keinem Durchschlag führt
- Verschmutzung kann erfolgen durch alle festen, flüssigen oder gasförmigen Fremdstoffe, die die Durchschlagfestigkeit oder den Oberflächenwiderstand verringern können
- Überspannungs-Schutzvorkehrung ist ein Element, eine Gruppe oder eine Einrichtung, die die zu erwartende Überspannung begrenzt (Überspannungs-Schutzeinrichtungen siehe Abschnitt 12.2)
- Isolationskoordination ist die Zuordnung der Kenngrößen der Isolation eines Betriebsmittels zu:
  - den zu erwartenden Überspannungen und den Kenngrößen der Überspannungs-Schutzvorkehrungen
  - den zu erwartenden Umgebungsbedingungen und den Schutzmaßnahmen gegen Verschmutzung

Luft- und Kriechstrecken können auftreten zwischen:

- aktiven Teilen untereinander
- aktiven und geerdeten Teilen
- aktiven Teilen und der Befestigungsfläche

Die Betriebsmittel sind je nach Beanspruchung und Verwendungszweck gewissen Umwelteinflüssen, wie Staub, Feuchtigkeit, Alterung und aggressiver Atmosphäre, ausgesetzt. Dies wird berücksichtigt durch eine Einteilung in den entsprechenden Verschmutzungsgrad:

- Verschmutzungsgrad 1

  Es tritt keine oder nur trockene, nicht leitfähige Verschmutzung auf. Die Verschmutzung hat keinen Einfluss.

  Beispiele: Offene, ungeschützte Isolierungen in klimatisierten oder sauberen trockenen Räumen.

- Verschmutzungsgrad 2

  Es tritt nur nicht leitfähige Verschmutzung auf. Gelegentlich muss mit vorübergehender Leitfähigkeit durch Betauung gerechnet werden.

  Beispiele: Offene, ungeschützte Isolierungen in Wohn-, Verkaufs- und Geschäftsräumen, feinmechanischen Werkstätten, Laboratorien, Prüffeldern und medizinisch genutzten Räumen.

- Verschmutzungsgrad 3

  Es tritt leitfähige Verschmutzung auf oder trockene, nicht leitfähige Verschmutzung, die leitfähig wird, da Betauung zu erwarten ist.

  Beispiele: Offene, ungeschützte Isolierungen in Räumen von industriellen, gewerblichen und landwirtschaftlichen Betrieben, ungeheizte Lagerräume, Werkstätten und Kesselhäuser.

- Verschmutzungsgrad 4

  Die Verunreinigung führt zu einer beständigen Leitfähigkeit, hervorgerufen durch leitfähigen Staub, Regen oder Schnee.

  Beispiele: Offene, ungeschützte Isolierungen in Freiluft- oder Außenanlagen.

14.5.1 Bemessung der Luftstrecken

Für die verschiedenen Überspannungskategorien sind die Bemessungs-Stoßspannungen in **Tabelle 14.3** dargestellt. Als Spannungsform für die Bemessungs-Stoßspannung wird eine Stoßspannung mit 1,2/50 µs nach DIN IEC 60060-1 (VDE 0432-1) gewählt (**Bild 14.7**).

Eingeteilt werden die verschiedenen Beanspruchungen noch durch die Festlegung von Überspannungskategorien, wobei folgende Gesichtspunkte gelten:

- Überspannungskategorie I

  Die Betriebsmittel sind nur bestimmt zur Anwendung in Geräten oder Teilen von Anlagen, in denen keine Überspannungen auftreten können, oder besonders durch Überspannungs-Schutzeinrichtungen, Filter oder Kapazitäten gegen Überspannungen geschützt sind.

  Beispiel: Geräte mit Kleinspannung

- Überspannungskategorie II

  Die Betriebsmittel sind bestimmt zur Anwendung in Anlagen oder Anlagenteilen, in denen Blitzüberspannungen nicht berücksichtigt werden müssen.

  Beispiele: Elektrische Haushaltsgeräte

- Überspannungskategorie III

  Die Betriebsmittel sind bestimmt zur Anwendung in Anlagen oder Anlagenteilen, in denen Blitzüberspannungen nicht berücksichtigt werden müssen,

Nennspannung des Stromversorgungssystems[1] in V		Bemessungs-Stoßspannung in kV für			
dreiphasige Systeme	einphasige Systeme mit Mittelpunkt	Betriebsmittel an der Einspeisung der Installation (Überspannungskategorie IV)	Betriebsmittel als Teil der festen Installation (Überspannungskategorie III)	Betriebsmittel zum Anschluss an die feste Installation (Überspannungskategorie II)	besonders geschützte Betriebsmittel (Überspannungskategorie I)
	120 bis 240	4	2,5	1,5	0,8
230/400 277/480		6 8	4 6	2,5 4	1,5 2,5
400/690		12	8	6	4
1 000		Werte für die Projektierung im Einzelfall. Falls keine Werte verfügbar sind, gelten die Werte der vorangegangenen Zeile.			

[1] Nach IEC 60038

Kategorie I ist für besonders bemessene Geräte bestimmt

Kategorie II gilt für Technische Komitees, die für Betriebsmittel zuständig sind, die zum Anschluss an das Stromversorgungsnetz vorgegeben sind

Kategorie III gilt für Technische Komitees, die für Installationsmaterial zuständig sind, und für einige besondere Technische Komitees

Kategorie IV gilt für die Stromversorgungsunternehmen und für die Projektierung im Einzelfall

Tabelle 14.3 Bemessungs-Stoßspannung für Betriebsmittel (Quelle: DIN VDE 0110-1:2003-11)

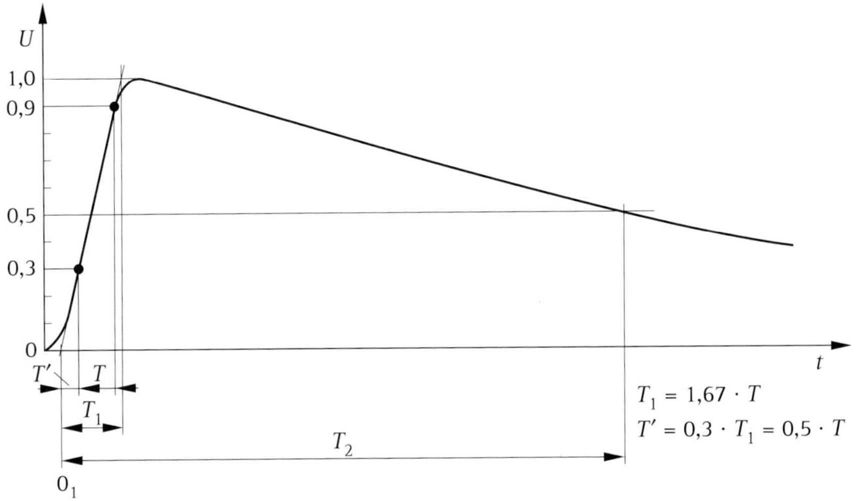

Bild 14.7 Stoßspannung 1,2/50 µs (Quelle: DIN IEC 60060-1 (VDE 0432-1):1994-06)

wobei aber im Hinblick auf die Sicherheit und Verfügbarkeit des Betriebsmittels besondere Anforderungen gestellt werden.

Beispiele: Betriebsmittel der festen Installation wie Schutzeinrichtungen, Schalter, Steckdosen, Schütze u. Ä.

- Überspannungskategorie IV

  Die Betriebsmittel sind bestimmt zur Anwendung in Anlagen oder Anlagenteilen, bei denen Blitzüberspannungen zu berücksichtigen sind.

  Beispiele: Betriebsmittel zum Anschluss an Freileitungsnetze wie Zähler, Hausanschlusskästen u. Ä.

In **Bild 14.8** sind in einer Übersicht die Überspannungskategorien dargestellt.

Anmerkung: Das Bild entspricht der Darstellung in IEC-Report 664, es wurde nicht in das Deutsche Normenwerk übernommen.

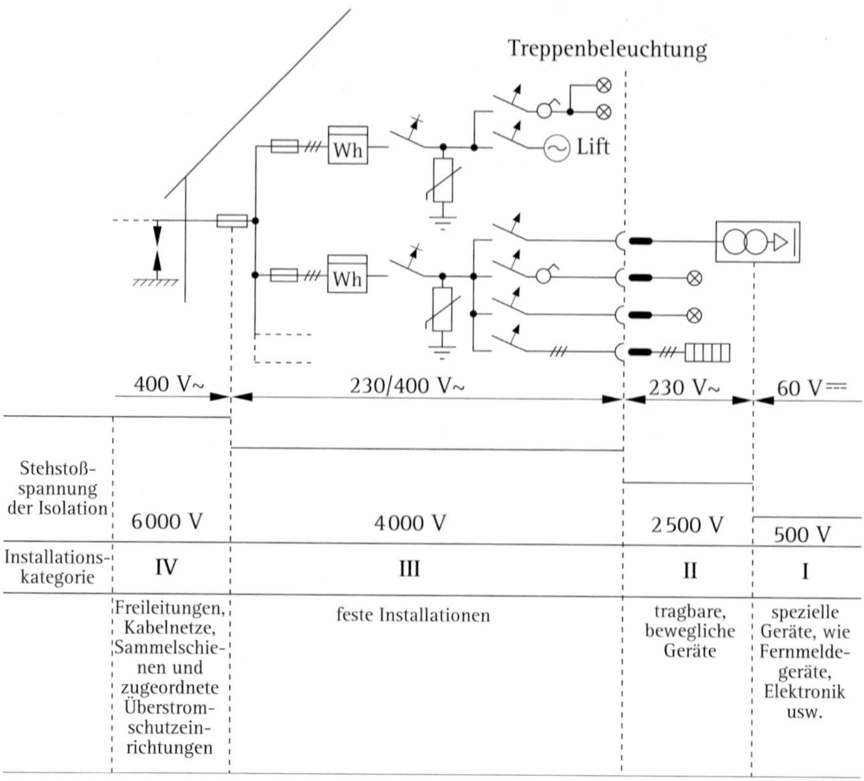

Bild 14.8 Überspannungskategorien

Unter Berücksichtigung von Überspannungskategorie und Verschmutzungsgrad kann die Isolationsstrecke in Luft der **Tabelle 14.4** für die verschiedenen Bemessungsspannungen nach Tabelle 14.3 entnommen werden. Dabei ist noch zwischen inhomogenem (ungleichförmigem) Feld und homogenem (gleichförmigem) Feld zu unterscheiden.

erforderliche Stehstoßspannung[1)]	Mindestluftstrecken bei Aufstellungshöhen bis 2000 m über Meereshöhe (NN)					
	inhomogenes Feld			homogenes Feld		
	Verschmutzungsgrad			Verschmutzungsgrad		
	1	2	3	1	2	3
kV	mm	mm	mm	mm	mm	mm
0,33[2)]	0,01			0,01		
0,40	0,02			0,02		
0,50[2)]	0,04			0,04		
0,60	0,06	[3)] 0,2[4)]	0,8[4)]	0,06	[3)] 0,2[4)]	
0,80[2)]	0,10			0,10		
1,0	0,15			0,15		0,8[4)]
1,2	0,25	0,25		0,20		
1,5[2)]	0,5	0,5		0,30	0,30	
2,0	1,0	1,0	1,0	0,45	0,45	
2,5[2)]	1,5	1,5	1,5	0,60	0,60	
3,0	2,0	2,0	2,0	0,80	0,80	
4,0[2)]	3,0	3,0	3,0	1,2	1,2	1,2
5,0	4,0	4,0	4,0	1,5	1,5	1,5
6,0[2)]	5,5	5,5	5,5	2,0	2,0	2,0
8,0[2)]	8,0	8,0	8,0	3,0	3,0	3,0
10,0	11,0	11,0	11,0	3,5	3,5	3,5
12,0[2)]	14,0	14,0	14,0	4,5	4,5	4,5

1) Diese Spannung ist
- für Funktionsisolierung: die höchste an der Luftstrecke zu erwartende Stoßspannung
- für Basisisolierung, falls direkt oder wesentlich beeinflusst durch transiente Überspannungen aus dem Niederspannungsnetz: die Bemessungs-Stoßspannung des Betriebsmittels
- für andere Basisisolierung: die höchste Stoßspannung, die im Stromkreis auftreten kann
- für verstärkte Isolierung siehe DIN EN 60664-1 (VDE 0110-1):2003-11

2) Vorzugswerte, wie in DIN EN 60664-1 (VDE 0110-1):2003-11 festgelegt

3) Bei Leiterplatten gelten die Werte des Verschmutzungsgrades 1 mit der Ausnahme, dass, wie in Tabelle 14.5 festgelegt, der Wert von 0,04 mm nicht unterschritten werden darf.

4) Die Mindestluftstrecken für die Verschmutzungsgrade 2 und 3 beruhen eher auf Erfahrung als auf Grundlagenwissen.

Tabelle 14.4 Mindestluftstrecken für die Isolationskoordination (Quelle: DIN VDE 0110-1:2003-11)

14.5.2 Bemessung der Kriechstrecken

Grundlage zur Bemessung einer Kriechstrecke ist die Arbeitsspannung, die normalerweise der Netz-Nennspannung entspricht. Neben der Verschmutzung, wie in Abschnitt 14.5.1 für Luftstrecken beschrieben, sind Art und Formgebung der Isolierstoffe wichtig. Die Isolierstoffe werden entsprechend ihren Vergleichszahlen der Kriechwegbildung (Comparative Tracking Index = *CTI*) in vier Gruppen eingeteilt:

Isolierstoff I: $600 \leq CTI$

Isolierstoff II: $400 \leq CTI < 600$

Isolierstoff IIIa: $175 \leq CTI < 400$

Isolierstoff IIIb: $100 \leq CTI < 175$

Die Vergleichszahlen der Kriechwegbildung sind nach DIN IEC 60112 (VDE 0303-1) zu bestimmen.

Isolierstoffoberflächen können mit Rippen und Nuten ausgestattet sein, um leitende Schichten zu unterbrechen oder Wassertropfen auf nicht leitende Flächen abzuleiten. Mindestkriechstrecken sind in **Tabelle 14.5** dargestellt.

14.6 Zugänglichkeit

Als Grundsatz gilt, dass genügend Platz für die Errichtung und das spätere Auswechseln der elektrischen Betriebsmittel vorhanden sein muss. Außerdem muss es möglich sein, folgende Tätigkeiten in der elektrischen Anlage vorzunehmen:

- die betriebsmäßige Bedienung
- die Wartung, Prüfung und Besichtigung
- die Instandhaltung und Reparatur der elektrischen Betriebsmittel

Auch durch den Einbau von elektrischen Betriebsmitteln in Gehäuse, Schränke oder andere Einbauräume darf die Zugänglichkeit nicht eingeschränkt werden. Der Zugang zu lösbaren Verbindungen muss möglich sein.

14.7 Kennzeichnungen

Schilder, Beschriftungen, Markierungen oder andere Kennzeichnungen, die in elektrischen Anlagen zum Einsatz gelangen, müssen dauerhaft sein. Sie sind so anzubringen, dass Zweck und Verwendung des gekennzeichneten Betriebsmittels jederzeit zu erkennen und nachzuvollziehen ist (siehe hierzu auch DIN EN 61293).

Spannung[1] Effektivwert	Mindestkriechstrecken								
	Gedruckte Schaltungen Verschmutzungsgrad		Verschmutzungsgrad	Verschmutzungsgrad			Verschmutzungsgrad		
	1	2	1	2			3		
	Alle Isolierstoffgruppen	Alle Isolierstoffgruppen außer IIIb	Alle Isolierstoffgruppen	Isolierstoffgruppe I	Isolierstoffgruppe II	Isolierstoffgruppe III	Isolierstoffgruppe I	Isolierstoffgruppe II	Isolierstoffgruppe III[2]
V	mm	mm	mm	mm	mm	mm	mm	mm	mm
10	0,025	0,04	0,08	0,4	0,4	0,4	1	1	1
12,5	0,025	0,04	0,09	0,42	0,42	0,42	1,05	1,05	1,05
16	0,025	0,04	0,1	0,45	0,45	0,45	1,1	1,1	1,1
20	0,025	0,04	0,11	0,48	0,48	0,48	1,2	1,2	1,2
25	0,025	0,04	0,125	0,5	0,5	0,5	1,25	1,25	1,25
32	0,025	0,04	0,14	0,53	0,53	0,53	1,3	1,3	1,3
40	0,025	0,04	0,16	0,56	0,8	1,1	1,4	1,6	1,8
50	0,025	0,04	0,18	0,6	0,85	1,2	1,5	1,7	1,9
63	0,04	0,063	0,2	0,63	0,9	1,25	1,6	1,8	2
80	0,063	0,1	0,22	0,67	0,95	1,3	1,7	1,9	2,1
100	0,1	0,16	0,25	0,71	1	1,4	1,8	2	2,2
125	0,16	0,25	0,28	0,75	1,05	1,5	1,9	2,1	2,4
160	0,25	0,4	0,32	0,8	1,1	1,6	2	2,2	2,5
200	0,4	0,63	0,42	1	1,4	2	2,5	2,8	3,2
250	0,56	1	0,56	1,25	1,8	2,5	3,2	3,6	4
320	0,75	1,6	0,75	1,6	2,2	3,2	4	4,5	5
400	1	2	1	2	2,8	4	5	5,6	6,3
500	1,3	2,5	1,3	2,5	3,6	5	6,3	7,1	8
630	1,8	3,2	1,8	3,2	4,5	6,3	8	9	10
800	2,4	4	2,4	4	5,6	8	10	11	12,5
1000	3,2	5	3,2	5	7,1	10	12,5	14	16

[1] Diese Spannung ist

- für Funktionsspannung: die Arbeitsspannung
- für Basis- und zusätzliche Isolierung eines direkt vom Niederspannungsnetz gespeisten Stromkreises: die auf der Grundlage der Bemessungsspannung des Betriebsmittels ausgewählte Spannung oder die Bemessungs-Isolationsspannung (siehe VDE 0110-1 Tabellen 3a und 3b)
- für Basis- und zusätzliche Isolierung von Betriebsmitteln und internen Stromkreisen, die nicht direkt vom Niederspannungsnetz gespeist werden: der höchste Effektivwert der Spannung, die im System, Betriebsmittel oder internen Stromkreis bei Versorgung mit Bemessungsspannung und bei der ungünstigen Kombination der Betriebsbedingungen im Rahmen der Bemessungsdaten auftreten kann (siehe VDE 0110-1 Abschnitt 2.2.1.1.2)

[2] Bei Verschmutzungsgrad 3 wird die Isolationsgruppe IIIb nicht für den Einsatz bei mehr als 630 V empfohlen

Tabelle 14.5 Mindestkriechstrecken für Betriebsmittel mit langzeitiger Spannungsbeanspruchung (Quelle: DIN EN 60664-1 (VDE 0110-1):2003-11)

Bei Schalt- und Steuergeräten muss der Betriebszustand der Anlage sicher erkennbar sein. Wenn der Schaltzustand der Anlage vom Bedienenden nicht zu erkennen ist, muss eine entsprechende Anzeige für den Bedienenden angebracht sein, wenn sich durch das Nichterkennen des Schaltzustands eine Gefahr ergeben könnte.

Die Kennzeichnungen von Kabel- und Leitungssystemen bzw. -anlagen müssen so angeordnet werden, dass sie jederzeit bei

- Reparaturen
- Prüfungen
- Änderungen

der Anlage richtig zugeordnet werden können.

Die Verwendung der Farben „blau“ und „grün-gelb“ zur Kennzeichnung für Schutzleiter und Neutralleiter ist in Abschnitt 19.9.2 ausführlich beschrieben. Grundsätzlich gilt für die Anwendung der genannten Farben:

- Die Farbe „blau“ ist für die Kennzeichnung der Neutralleiter bei Wechselspannung und des Mittelleiters bei Gleichspannung zu verwenden.

  Anmerkung: Beim Fehlen eines Neutralleiters/Mittelleiters darf der blaue Leiter in einem/einer mehradrigen Kabel/Leitung auch für andere Zwecke verwendet werden. Allerdings nicht als Schutzleiter!

- Die Farbkombination „grün-gelb“ ist ausschließlich für die Kennzeichnung des Schutzleiters und PEN-Leiters vorgesehen. Beim PEN-Leiter ist seit dem 01.01.1997 nach VDE 0100-510 an den Anschlussstellen zusätzlich eine „blaue“ Markierung an den Leiterenden anzubringen. Somit kann künftig ein PEN-Leiter von einem Schutzleiter eindeutig unterschieden werden (siehe **Bild 14.9**).

  Anmerkung 1: Die zusätzliche Markierung an den Leiterenden darf entfallen in öffentlichen Verteilungsnetzen und anderen vergleichbaren Verteilungsnetzen in der Industrie.

  Anmerkung 2: Es muss darauf hingewiesen werden, dass in einigen anderen CENELEC-Ländern der PEN-Leiter „blau“ gekennzeichnet wird und mit einer zusätzlichen Markierung in „grün-gelb“ an den Anschlussenden versehen ist.

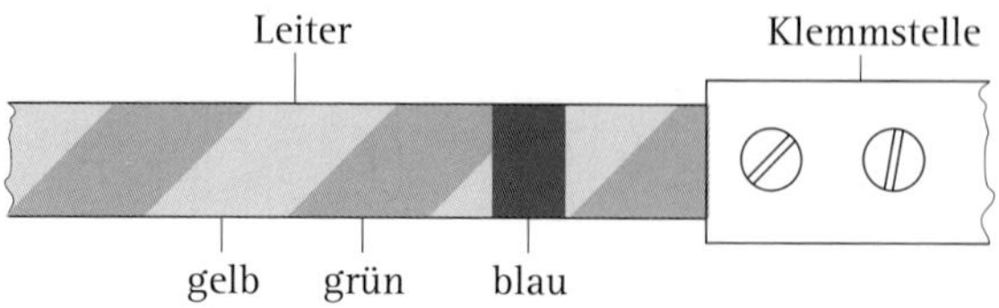

Bild 14.9 Blaue Markierung des PEN-Leiters am Leiterende

Wenn blanke Leiter oder Sammelschienen „blau“ oder „grün-gelb“ zu kennzeichnen sind, so ist die Kennzeichnung in einer Breite zwischen 15 mm und 100 mm anzubringen. Bei einer Kennzeichnung „grün-gelb“ müssen gleichbreite grüne und gelbe Streifen, die nebeneinander anzuordnen sind, gewählt werden.

Schutzeinrichtungen müssen so gekennzeichnet werden, dass die Stromkreise eindeutig identifiziert und zugeordnet werden können.

Schaltpläne einer Anlage können zweckmäßig sein und sind zu fertigen und mitzuliefern, wenn es sich um eine umfangreiche Anlage handelt. Dabei müssen die Art der Anlage, der Aufbau der Stromkreise sowie die Anzahl und Querschnitte der Leiter ersichtlich sein. Auch Schalt-, Schutz- und Trenneinrichtungen müssen eindeutig ihrem Verwendungszweck zugeordnet werden können.

14.8 Kennzeichnung von Leitern durch Farben oder alphanumerische Zeichen

14.8.1 Allgemeines

Die Kennzeichnung von Leitern durch Farben oder alphanumerische Zeichen ist in DIN EN 60446 (VDE 0198) „Grund- und Sicherheitsregeln für die Mensch-Maschine-Schnittstelle – Kennzeichnung von Leitern durch Farben oder alphanumerische Zeichen“ festgelegt. Für elektrische Anlagen (Starkstromanlagen bis AC 1 000 V), Verteilungssysteme, Versorgung von fest angebrachten oder ortsveränderlichen Verbrauchsmitteln und für Leitungen von transportablen Betriebsmitteln gilt außerdem DIN VDE 0293-308 „Kennzeichnung von Kabeln/Leitungen und flexiblen Leitungen durch Farben“.

14.8.2 Kennzeichnung durch Farben

14.8.2.1 Allgemeine Festlegungen

Für die Kennzeichnung elektrischer Leiter sind grundsätzlich folgende Farben erlaubt

Schwarz, Braun, Rot, Orange, Gelb, Grün, Blau, Violett, Grau, Weiß, Rosa und Türkis

Die Farbkennzeichnung muss an den Anschlüssen und über die gesamte Leiterlänge, entweder durch die Farbe der Isolierung oder durch Farbmarken, erfolgen. Ausgenommen hiervon sind blanke Leiter, bei denen eine Kennzeichnung an den Enden und allen Anschlusspunkten vorhanden sein muss.

Eine Kennzeichnung durch Farbe ist nicht erforderlich bei

- konzentrischen Leitern in Kabeln und Leitungen
- Metallmäntel oder Bewehrungen in Kabeln und Leitungen, die als Schutzleiter genutzt werden
- blanken Leitern, bei denen eine dauerhafte Kennzeichnung nicht durchführbar ist
- äußeren leitfähigen Teilen, die als Schutzleiter genutzt werden
- ungeschützten leitenden Teilen, die als Schutzleiter genutzt werden

Die Einzelfarben Grün und Gelb sind nur zulässig, wenn eine Verwechslungsgefahr mit der Farbkennzeichnung anderer Leiter ausgeschlossen ist.

14.8.2.2 Wechselstrom-Außenleiter

Für Wechselstrom-Außenleiter und auch für die Außenleiter von Drehstromsystemen sind die bevorzugten Farben

Schwarz, Braun und Grau

Durch die Festlegung bzw. Reihenfolge der Farben ist weder eine Reihenfolge der Außenleiter (Phasen) noch ein Drehsinn festgelegt.

14.8.2.3 Neutral- oder Mittelleiter

Wenn ein Stromkreis einen isolierten Neutral- oder Mittelleiter enthält, muss der Leiter gekennzeichnet werden mit der Farbe

Blau

Ist in einem Stromkreis kein Neutral- oder Mittelleiter enthalten, so darf der blau gekennzeichnete Leiter auch für andere Zwecke benutzt werden. Er darf aber nicht als Schutzleiter verwendet werden.

Blanke Leiter, die als Neutral- oder Mittelleiter eingesetzt werden, müssen entweder über ihre gesamte Länge blau gekennzeichnet sein oder in jeder Einheit, in jedem Gehäuse und an jeder zugänglichen Stelle mit einem blauen Streifen, der 15 mm bis 100 mm breit sein muss, gekennzeichnet werden.

14.8.3 Anwendung von Zwei-Farben-Kombinationen

Jede Möglichkeit der Kombination der unter 14.8.2.1 genannten Farben ist zulässig, vorausgesetzt, dass keine Verwechslungsgefahr besteht.

Die Farbe Grün und die Farbe Gelb dürfen in keiner anderen Farbkombination als der Zwei-Farb-Kombination „Grün-Gelb“ angewandt werden.

14.8.3.1 Schutzleiter

Für Schutzleiter gilt folgende Festlegung

Schutzleiter müssen durch die Zwei-Farben-Kombination „Grün-Gelb“ gekennzeichnet werden.

Die Kombination der Farben Grün und Gelb muss so sein, dass, bezogen auf eine Länge von 15 mm, eine dieser Farben mindestens 30 %, aber nicht mehr als 70 % der mit Farbe versehenen Oberfläche des Leiters bedeckt. Die andere Farbe bedeckt den Rest dieser Oberfläche.

Falls blanke Leiter mit den Farben „Grün-Gelb“ zu kennzeichnen sind, müssen diese, entweder über die gesamte Länge des Leiters oder in jedem Teil oder jeder Einheit oder jeder zugänglichen Stelle „grün-gelb“ gefärbt sein. Bei der Verwendung von Klebeband muss zweifarbiges Band verwendet werden.

Für PEN-Leiter, PEM-Leiter und PEL-Leiter ist eine zusätzliche farbige Markierung notwendig.

14.8.3.2 PEN-Leiter

Isolierte PEN-Leiter müssen durch eines der folgenden Verfahren markiert sein

- grün-gelbe Kennzeichnung im gesamten Verlauf mit zusätzlicher blauer Markierung an den Leiterenden
- blaue Kennzeichnung im gesamten Verlauf mit zusätzlicher grün-gelber Markierung an den Leiterenden

Anmerkung: In Deutschland gelangt die erste Variante zur Anwendung. Der PEN-Leiter ist grün-gelb gekennzeichnet und an den Anschlussenden blau markiert, falls eine Markierung erforderlich ist.

Die zusätzlichen blauen Markierungen an den Leiterenden dürfen entfallen, wenn eine der beiden folgenden Anforderungen erfüllt ist

- in elektrischen Geräten, wenn entsprechende Anforderungen in bestimmten Produktnormen enthalten oder in einem Land gegeben sind
- in Kabel- und Leitungssystemen, die in der Industrie eingesetzt werden, falls vom zuständigen Komitee so entschieden

14.8.3.3 PEL-Leiter

PEL-Leiter müssen, sofern sie isoliert sind, durchgehend über die gesamte Leitungslänge grün-gelb gekennzeichnet sein, und an den Leiterenden blau markiert werden.

Die zusätzlichen blauen Markierungen an den Leiterenden dürfen entfallen, wenn eine der beiden folgenden Anforderungen erfüllt ist

- in elektrischen Geräten, wenn entsprechende Anforderungen in bestimmten Produktnormen enthalten oder in einem Land gegeben sind
- in Kabel- und Leitungssystemen, die in der Industrie eingesetzt werden, falls vom zuständigen Komitee so entschieden

Wenn eine Verwechslung mit einem PEN- oder PEM-Leiter möglich ist, muss die in Tabelle 14.6 festgelegte alphanumerisch Kennzeichnung an den Leiterenden angebracht werden.

14.8.3.4 PEM-Leiter

PEM-Leiter müssen, sofern sie isoliert sind, durchgehend über die gesamte Leitungslänge grün-gelb gekennzeichnet sein und an den Leiterenden blau markiert werden.

Die zusätzlichen blauen Markierungen an den Leiterenden dürfen entfallen, wenn eine der beiden folgenden Anforderungen erfüllt ist

- in elektrischen Geräten, wenn entsprechende Anforderungen in bestimmten Produktnormen enthalten oder in einem Land gegeben sind
- in Kabel- und Leitungssystemen, die in der Industrie eingesetzt werden, falls vom zuständigen Komitee so entschieden

Wenn eine Verwechslung mit einem PEN- oder PEL-Leiter möglich ist, muss die in Tabelle 14.6 festgelegte alphanumerische Kennzeichnung an den Leiterenden angebracht werden.

14.8.4 Kennzeichnung durch alphanumerische Zeichen

Die Kennzeichnung durch alphanumerische Zeichen dient zur Kennzeichnung von Leitungen innerhalb einer Leitergruppe. Die Kennzeichnung muss eindeutig unterscheidbar, dauerhaft und gut erkennbar sein. Die alphanumerischen Zeichen müssen in starkem Kontrast zur Farbe der Isolierung stehen. Es sind arabische Ziffern zu verwenden. Die verschiedenen alphanumerischen Kennungen sind in **Tabelle 14.6** dargestellt.

14.9 Vermeidung gegenseitiger nachteiliger Beeinflussung

Grundsätzlich gilt, dass schädigende Beeinflussungen zwischen der elektrischen Anlage und den nicht elektrischen Einrichtungen ausgeschlossen werden.

vorgesehene Anschlüsse	Kennzeichnung von Leitern	
	alphanumerische Bezeichnung[1]	Farbkennzeichnung[2]
Wechselstromanschlüsse		
• Außenleiter 1	L1	Schwarz[3] oder
• Außenleiter 2	L2	Braun[3] oder
• Außenleiter 3	L3	Grau[3]
Mittelleiter	M	Blau[4]
Neutralleiter	N	Blau[4]
Gleichstromanschlüsse		
• positiv	L+	
• negativ	L–	
Schutzleiteranschlüsse	PE	Grün-Gelb
PEN-Leiteranschluss	PEN	
PEL-Leiteranschluss	PEL	Grün-Gelb[5]
PEM-Leiteranschluss	PEM	
Schutzpotentialausgleichsleiteranschlüsse	PB	
• geerdet	PBE	Grün-Gelb
• ungeerdet	PBU	
Funktionserdungsanschlüsse	FE	
Funktionspotentialausgleichsanschlüsse	FB	

[1] siehe DIN EN 60446 (VDE 0198) Abschnitt 6

[2] für Schwarzweiß-Kopien gilt der Farbcode nach IEC 60757

[3] durch die Farben ist weder eine implizite Reihenfolge der Leiter (Phasen) noch ein Drehsinn festgelegt

[4] siehe DIN EN 60446 (VDE 0198) Abschnitt 5.2.2

[5] siehe DIN EN 60446 (VDE 0198) Abschnitt 5.3.3 bis 5.3.5

Tabelle 14.6 Kennzeichnung von Leitern durch Farben oder alphanumerische Zeichen (Quelle: DIN EN 60446 (VDE 0198): 2008-02)

14.10 Literatur zu Kapitel 14

[1] Stimper, K.: Isolationskoordination in Niederspannungsanlagen. VDE-Schriftenreihe, Bd. 56. 2. Aufl., Berlin und Offenbach: VDE VERLAG, 2006

[2] Ackermann, G.; Hudasch, M.; Schwetz, S.; Stimper, K.: Überspannungen in Niederspannungsanlagen. etz Elektrotech. Z. Bd. 114 (1993) H. 3, S. 218 bis 223

[3] Rudolph, W.: Überspannungsfestigkeitskategorien. EVU-Betriebspraxis 33 (1994) H. 11, S. 373 bis 375

[4] Pfeiffer, W.: Isolationskoordination in Niederspannungsbetriebsmitteln. VDE-Schriftenreihe, Bd. 73. 2. Aufl., Berlin und Offenbach: VDE VERLAG, 2007

14

15 Maschinen, Transformatoren, Drosselspulen, Kondensatoren

15.1 Elektrische Maschinen

Für die Herstellung (Konstruktion und Bau) von elektrischen Maschinen gelten die Normen der Reihe DIN EN 60034 (VDE 0530) „Drehende elektrische Maschinen“. Die Norm DIN EN 60034 (VDE 0530-1) „Bemessung und Betriebsverhalten“ mit den eingearbeiteten Festlegungen nach der IEC-Publikation 60034-1 und EN 60034-1 gilt für alle drehenden elektrischen Maschinen und somit für Generatoren, Motoren und Umformer ohne Einschränkung der Leistung und Spannung.

Anmerkung: Für Maschinen bei Sonderanwendungen, wie in Bahnfahrzeugen, Luftfahrzeugen, Straßenfahrzeugen, Schiffen und Jachten sowie für explosionsgefährdete Bereiche gilt die Norm DIN EN 60034-1 (VDE 0530-1) nicht oder nur mit Einschränkungen.

Die thermische Klassifizierung der Isolationsmaterialien von elektrischen Maschinen ist in der Norm DIN EN 60085 (VDE 0301-1) „Elektrische Isolierung – Thermische Bewertung und Bezeichnung“ beschrieben. Geändert wurde, die thermische Klasse durch Buchstaben (z. B. Thermische Klasse E) auszudrücken. Da die Temperatur in elektrischen Betriebsmitteln sehr oft den dominierenden Alterungsfaktor darstellt, der die elektrisch isolierenden Materialien und deren Lebensdauer beeinflusst, sind thermische Klassen nützlich und werden als solche auch international und regional anerkannt. Wird für ein Isolationsmaterial eine thermische Klasse angegeben, dann gibt diese die für dieses Material höchstens zulässige Gebrauchstemperatur in °C an, für die das elektrische Isoliermaterial geeignet ist. Für die thermische Klassifikation von Isoliermaterialien gilt folgende Einteilung:

Thermische Klasse	90 °C	Buchstabenbezeichnung	Y
Thermische Klasse	105 °C	Buchstabenbezeichnung	A
Thermische Klasse	120 °C	Buchstabenbezeichnung	E
Thermische Klasse	130 °C	Buchstabenbezeichnung	F
Thermische Klasse	155 °C	Buchstabenbezeichnung	F
Thermische Klasse	180 °C	Buchstabenbezeichnung	H
Thermische Klasse	200 °C	Buchstabenbezeichnung	N
Thermische Klasse	220 °C	Buchstabenbezeichnung	R
Thermische Klasse	250 °C	Buchstabenbezeichnung	–

Bei der Auswahl, Aufstellung und für den Anschluss elektrischer Maschinen gelten bei Spannungen bis 1 000 V Wechselspannung und 1 500 V Gleichspannung DIN VDE 0100-510 und DIN VDE 0100-520, bei höheren Spannungen DIN VDE 0101. Zu empfehlen ist es, bei der Aufstellung von elektrischen Maschinen (Generatoren und Motoren) in Gebäuden die „Verordnung über den Bau von Betriebsräumen für elektrische Anlagen (EltBauVO)“ einzuhalten. Wortlaut der EltBauVO siehe Abschnitt 25.6 (Anhang F).

Maschinen sind so aufzustellen, dass sie während des Betriebs gefahrlos bedient und dass die Stell- und Überwachungseinrichtungen gefahrlos betätigt werden können. Diese Forderungen sind eigentlich ebenso selbstverständlich wie die Forderung nach guter und gefahrloser Ablesbarkeit der Leistungsschilder.

Besonders zu beachten sind bei der Auswahl und Aufstellung elektrischer Maschinen:

- die Schutzart der Maschine
- die Brandgefahr durch Überlastung
- die Wahl der Anschlussleitung

und außerdem bei besonderen Aufstellungsorten

- höhere Raumtemperaturen
- besondere geografische Höhenlagen

Im Einzelnen ist zu den verschiedenen Punkten zu bemerken:

Schutzart

Grundsätzlich gilt DIN EN 60529 (VDE 0470-1) „Schutzarten durch Gehäuse“ (siehe Abschnitt 2.8). Für elektrische Maschinen gilt darüber hinaus noch DIN EN 60034-5 (VDE 0530-5). Dabei wird unter Umständen die normal übliche Bezeichnung IPXX um zwei weitere Kennbuchstaben erweitert.

Das IP-Kennzeichen setzt sich dann so zusammen:

IP W 2 1 S

- Kennbuchstaben — IP
- 1. Zusatzbuchstabe — W
- 1. Kennziffer, Berührungs- und Fremdkörperschutz — 2
- 2. Kennziffer, Wasserschutz — 1
- 2. Zusatzbuchstabe — S

Für den ersten Zusatzbuchstaben gilt:
W wettergeschützte Maschine

Für den zweiten Zusatzbuchstaben gilt:
S Maschine wird im Stillstand auf Wasserschutz geprüft
M Maschine wird im Betrieb auf Wasserschutz geprüft

Der Buchstabe gibt an, ob der Schutz gegen schädlichen Wassereintritt bei stillstehender Maschine (S) oder bei laufender Maschine (M) nachgewiesen oder geprüft wurde. In diesem Fall muss die Schutzart für beide Betriebszustände der Maschine angegeben werden, z. B. IP55S/IP20M.

Das Fehlen der Buchstaben S bzw. M bedeutet, dass die Prüfung auf Wasserschutz der Maschine im Stillstand und bei laufender Maschine durchgeführt wird.

Die im internationalen Bereich häufigsten Schutzarten sind:
IP12, IP21, IP22, IP23, IP44, IP54, IP55

In Deutschland sind zusätzlich noch gebräuchlich:
IP12S, IP13, IP56

Brandgefahr durch Überlastung

Grundsätzlich gilt, dass elektrische Maschinen von leicht entzündlichen Stoffen getrennt aufzustellen sind. Unbeaufsichtigte Maschinen sollten einen Schutz gegen zu hohe thermische Belastung erhalten. Dies nicht nur wegen der Brandgefahr, sondern auch wegen der zu hohen Wicklungstemperatur und der damit verbundenen kürzeren Lebensdauer. Als Schutzeinrichtungen sind Motorstarter, Überstrom-Schutzeinrichtungen, Differential-Schutz, Temperaturfühler in der Wicklung, Rutschkupplungen, Fliehkraftschalter u. ä. Einrichtungen möglich. Der hier getriebene Aufwand muss natürlich mit der Aufgabe der Maschine in Einklang stehen. Die häufig verwendete Schutzeinrichtung Motorstarter mit Bimetallauslöser, aber ohne Kurzschlussauslöser, mit vorgeschalteten Sicherungen für den Kurzschlussschutz ist in **Bild 15.1** dargestellt (Kennlinien siehe Abschnitt 16.4).

15

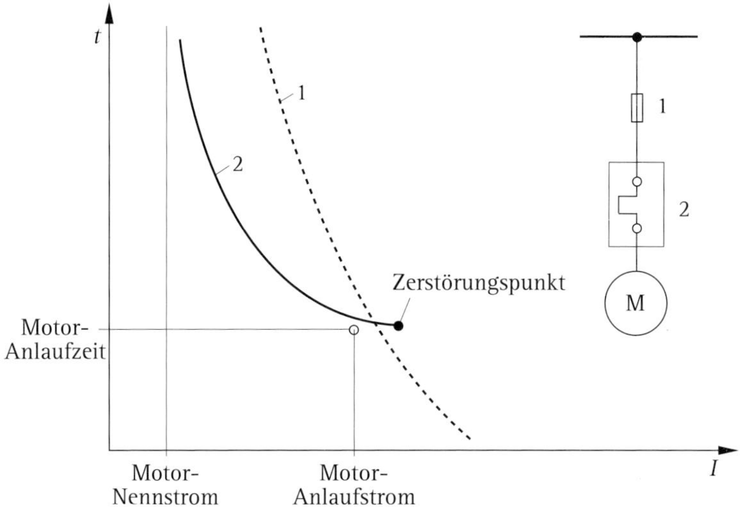

Bild 15.1 Zeit-Strom-Kennlinien für Kombination Motorstarter und Sicherung

Wahl der Anschlussleitung

Maschinen, die Schwingungsbeanspruchungen ausgesetzt sind, sollen möglichst mit fein- oder feinstdrähtigen Anschlussleitungen versehen werden. An Maschinen, die betriebsmäßig bewegt werden, dürfen Anschlussleitungen nicht in Metallschläuchen verlegt werden.

Raumtemperaturen

Als normale Betriebsbedingungen für elektrische Maschinen gelten Lufttemperaturen am Aufstellungsort von:

- –15 °C minimal
- +40 °C maximal

Treten davon abweichende Temperaturen auf, so ist dies zwischen dem Anwender und dem Hersteller der Maschine besonders zu vereinbaren, und es ist ggf. eine Belastungsreduzierung vorzusehen.

Geografische Höhenlage

Die auf dem Leistungsschild einer elektrischen Maschine angegebene Bemessungsleistung gilt für Höhenlagen bis 1000 m NN. Die Bemessungsleistung von Maschinen, die in größeren Höhenlagen betrieben werden, ist zu korrigieren. Wenn dabei in größeren Höhenlagen mit geringeren Kühlmitteltemperaturen gerechnet werden kann, können ggf. die normalen Grenzübertemperaturen auch beibehalten werden. Bei abweichenden Kühlmitteltemperaturen wird evtl. eine Korrektur der Grenzübertemperatur und der Bemessungsleistung erforderlich. **Bild 15.2** gibt einen Überblick, wie die Grenzübertemperatur bei Aufstellung der Maschine im Bereich 1000 m bis 4000 m über NN korrigiert werden könnte. **Bild 15.3** zeigt die erforderliche Kühlmitteltemperatur, die notwendig ist, wenn die Grenzübertemperatur auch in Höhenlagen zwischen 1000 m und 4000 m ausgenutzt werden soll.

Bei Höhenlagen zwischen 1000 m und 4000 m und bei Kühlmitteltemperaturen zwischen 40 °C und 60 °C ist die Grenzübertemperatur sowohl nach Bild 15.2 als auch hinsichtlich der höheren Raumtemperatur zu korrigieren. Bei der Isolationsklasse B, einer Aufstellung der Maschine in 2000 m und bei 52 °C Kühlmitteltemperatur ergibt sich dann folgende zulässige Grenzübertemperatur:

- Korrektur nach Bild 15.2: Grenzübertemperatur 85 °C
- Reduzierung der Grenzübertemperatur mit: 52 °C – 40 °C = 12 K
- Gesamtkorrektur: 85 °C – 12 K = 73 °C

In allen Fällen, in denen eine Änderung der Bemessungsleistung notwendig wird, ist es ratsam, den Hersteller der Maschine zu fragen bzw. eine entsprechende Vereinbarung zu treffen.

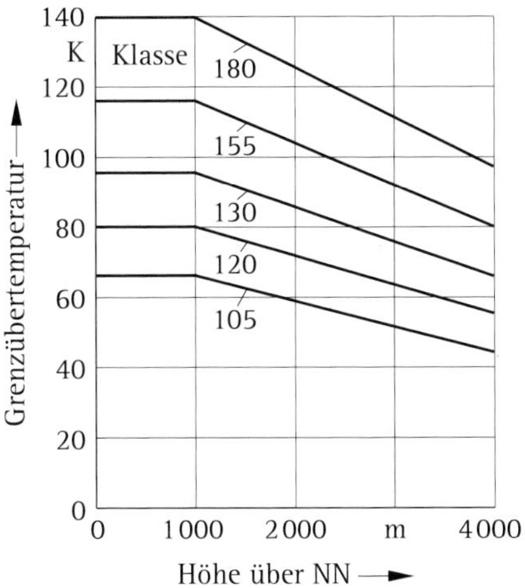

Bild 15.2 Grenzübertemperatur in größeren Höhenlagen

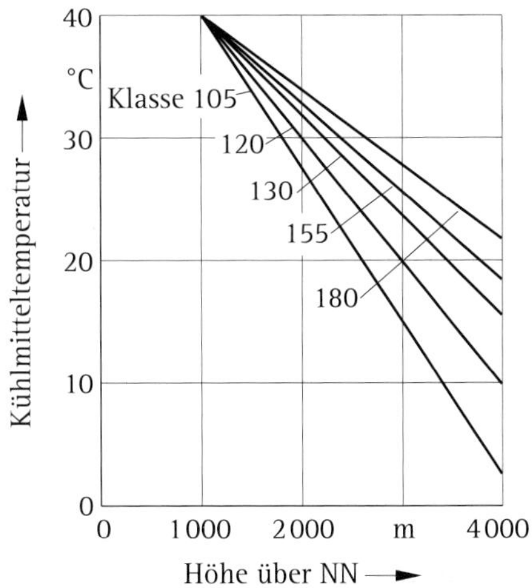

Bild 15.3 Kühlmitteltemperatur in größeren Höhenlagen

15.2 Transformatoren und Drosselspulen

15

Für die Herstellung und Anwendung von Transformatoren und Drosselspulen gelten je nach Art, Anwendung und Bemessungsleistung verschiedene Normen. Die wichtigsten sind:

- Normenreihe DIN EN 60076 (VDE 0532)
  Leistungstransformatoren
- DIN EN 60289 (VDE 0532-289)
  Drosselspulen
- DIN 57536 (VDE 0536)
  Belastbarkeit von Öltransformatoren [VDE-Richtlinie]
- Normenreihe DIN EN 60974 (VDE 0544)
  Lichtbogenschweißeinrichtungen
- DIN VDE 0550-1 (VDE 0550-1)
  Bestimmungen für Kleintransformatoren – Allgemeine Bestimmungen
- Normenreihe DIN EN 61558 (VDE 0570)
  Sicherheit von Transformatoren, Netzgeräten und dergleichen

Einige Symbole für häufig verwendete Transformatoren sind in **Tabelle 15.1** zusammengestellt.

Bildzeichen	Erläuterung	Teil
 oder 	Fail-safe-Netztransformator	
 oder 	Nicht kurzschlussfester Netztransformator	2–1
 oder 	Kurzschlussfester Netztransformator (bedingt oder unbedingt kurzschlussfest)	
	Fail-safe-Steuertransformator	
	Nicht kurzschlussfester Steuertransformator	2–2
	Kurzschlussfester Steuertransformator (unbedingt oder bedingt)	
 oder 	Fail-safe-Trenntransformator	
 oder 	Nicht kurzschlussfester Trenntransformator	2–4
 oder 	Kurzschlussfester Trenntransformator (bedingt oder unbedingt kurzschlussfest)	
	Rasiersteckdosen-Einheiten und Rasiersteckdosen-Transformatoren	2–5
	Fail-safe-Sicherheitstransformator	
	Nicht kurzschlussfester Sicherheitstransformator	2–6
	Kurzschlussfester Sicherheitstransformator (bedingt oder unbedingt kurzschlussfest)	
	Transformator für Spielzeuge	2–7
	Fail-safe-Klingel- und Läutewerkstransformator	2–8
	Kurzschlussfester Klingel- und Läutewerkstransformator (bedingt oder unbedingt kurzschlussfest)	
	Kurzschlussfester Transformator für Handleuchten der Schutzklasse III für Wolframdrahtlampen (bedingt oder unbedingt kurzschlussfest)	2–9
 oder 	Nicht kurzschlussfester Spartransformator	
 oder 	Kurzschlussfester Spartransformator	2–10
 oder 	Fail-safe-Spartransformator	

Tabelle 15.1 Bildzeichen und deren Bedeutung verschiedener Transformatoren (Quelle: DIN EN 61558 (VDE 0570))

Für die Aufstellung von Transformatoren gilt ganz allgemein, dass Leistungsschilder von Transformatoren so anzubringen oder Transformatoren so aufzustellen sind, dass Leistungsschilder gefahrlos abgelesen werden können. Außerdem sind Transformatoren so aufzustellen, dass Stell- und Überwachungseinrichtungen gefahrlos zugänglich sind.

Hinsichtlich der thermischen Klasse gelten auch für Transformatoren grundsätzlich die gleichen Ausführungen wie für drehende elektrische Maschinen (siehe Abschnitt 15.1).

15.2.1 Kleintransformatoren

Die Norm DIN VDE 0550-1 „Bestimmungen für Kleintransformatoren" gilt für Ein- und Dreiphasen-Trockentransformatoren mit einer Bemessungsleistung bis 16 kVA und Drosselspulen mit einer Bemessungsleistung bis 32 kVA, die für Eingangs- und Ausgangswechselspannungen bis 1 000 V und Bemessungsfrequenzen bis 500 Hz bestimmt sind.

15.2.2 Trenntransformatoren und Sicherheitstransformatoren

Trenntransformatoren und Sicherheitstransformatoren sind in der Normreihe DIN EN 61558 (VDE 0570) behandelt. Neben den allgemeinen Anforderungen in Teil 1 sind in den Teilen 2-1 bis 2-23 besondere Anforderungen für Transformatoren behandelt, die für spezielle Anwendungen eingesetzt werden.

Die Norm DIN EN 61558-1 (VDE 0570-1) „Sicherheit von Transformatoren, Netzgeräten, Drosselspulen und dergleichen – Allgemeine Anforderungen und Prüfungen" gilt für ortsfeste und ortsveränderliche, einphasige und mehrphasige, luftgekühlte (natürliche oder erzwungene Kühlung) Trenn- und Sicherheitstransformatoren, mit einer Bemessungs-Eingangsspannung von maximal 1 000 V Wechselspannung und einer Bemessungsfrequenz nicht über 1 MHz. Als Bemessungsleistung sind maximal zulässig:

- für Trenntransformatoren
  25 kVA bei Einphasen-Transformatoren
  40 kVA bei Mehrphasen-Transformatoren
- für Sicherheitstransformatoren
  10 kVA bei Einphasen-Transformatoren
  16 kVA bei Mehrphasen-Transformatoren

Die Leerlauf- und Bemessungs-Ausgangsspannung darf folgende Werte nicht überschreiten:

- für Trenntransformatoren
  500 V AC effektiv oder $500\ \text{V} \cdot \sqrt{2} = 708\ \text{V}$ DC ungeglättet

- für Sicherheitstransformatoren
  50 V AC effektiv oder 120 V DC oberschwingungsfrei zwischen den Leitern oder zwischen jedem Leiter und Erde

Hinsichtlich der Schutzart gilt grundsätzlich DIN EN 60529 (VDE 0470-1) „Schutzarten durch Gehäuse“ (siehe Abschnitt 2.8). Für Leistungstransformatoren über 16 kV sind folgende Vorzugsschutzarten üblich:

- für Trockentransformatoren einschließlich der Anschlussklemmen
  IP00, IP20, IP23, IP54
- für Öltransformatoren
  IP54, IP65
- für Anschlussklemmen von Öltransformatoren
  IP00, IP23, IP44, IP65
- für Antriebs- und Schaltschränke (Stufenschalter, Steller, Lüfter)
  IP44

Für Kleintransformatoren bis 16 kVA und Sicherheitstransformatoren sind folgende Schutzarten vorzuziehen:

IP00, IP20, IP21, IP23, IP40, IP44, IP55, IP67

Die Schutzarten IP40 und IP67 sind nur für Spielzeugtransformatoren vorgesehen, die auch besonderen Prüfbedingungen unterliegen.

Die in DIN VDE 0550 angegebenen Wasserschutzarten sind in **Tabelle 15.2** den vergleichbaren Schutzarten nach DIN EN 60529 (VDE 0470-1) gegenübergestellt.

Für die in den verschiedenen Teilen 2 von DIN EN 61558 (VDE 0570) beschriebenen Transformatoren gelten, abweichend von diesen allgemeinen Festlegungen, besondere Anforderungen, die nachfolgend für die wichtigsten Transformatoren kurz beschrieben sind.

Zeichen nach DIN VDE	Bezeichnung nach DIN VDE	Schutzarten nach DIN EN 60529
	tropfwassergeschützt	IP21
	regengeschützt	IP23
	spritzwassergeschützt	IP44
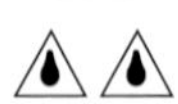	strahlwassergeschützt	IP55
	wasserdicht	IP66
 ...bar	druckwasserdicht	IP68

Tabelle 15.2 Schutzarten nach DIN VDE und DIN EN

- DIN EN 61558-2-1 (VDE 0570-2-1) „Besondere Anforderungen und Prüfungen an Netztransformatoren und Netzgeräte, die Netztransformatoren enthalten, für allgemeine Anwendungen“
  Teil 2-1 der Norm gilt für ortsfeste oder ortsveränderliche, luftgekühlte, einphasige oder mehrphasige Netztransformatoren mit einer Bemessungs-Eingangsspannung von maximal 1 000 V Wechselspannung, einer Bemessungsfrequenz von höchstens 500 Hz und einer Bemessungs-Ausgangsleistung von nicht mehr als
  - 1 kVA bei Einphasen-Transformatoren
  - 5 kVA bei Mehrphasen-Transformatoren

  Die Leerlauf-Ausgangsspannung darf 1 000 V Wechselspannung oder 1 415 V geglättete Gleichspannung nicht überschreiten.
- DIN EN 61558-2-2 (VDE 0570-2-2) „Besondere Anforderungen und Prüfungen an Steuertransformatoren und Netzgeräte, die Steuertransformatoren enthalten“
  Teil 2-2 der Norm gilt für ortsfeste oder ortsveränderliche, luftgekühlte, einphasige oder mehrphasige Steuertransformatoren mit einer Bemessungs-Eingangsspannung von maximal 1 000 V Wechselspannung, einer Bemessungsfrequenz von höchstens 500 Hz ohne Begrenzung der Bemessungs-Ausgangsleistung.

  Die Leerlauf-Ausgangsspannung darf 1 000 V Wechselspannung oder 1 415 V geglättete Gleichspannung nicht überschreiten, auch dann nicht, wenn unabhängige Ausgangswicklungen, die nicht dafür vorgesehen sind, in Reihe geschaltet zu werden, in Reihe geschaltet sind.
- DIN EN 61558-2-3 (VDE 0570-2-3) „Besondere Anforderungen an Zündtransformatoren für Gas- und Ölbrenner“
  Teil 2-3 der Norm gilt für fest montierte, einphasige, luftgekühlte Gerätetransformatoren, die im Zündsystem von Gas- und Ölbrennern eingesetzt werden, mit einer Bemessungs-Eingangsspannung von maximal 1 000 V Wechselspannung, einer Bemessungsfrequenz von höchstens 500 Hz.

  Der Bemessungs-Ausgangsstrom darf 500 mA nicht überschreiten. Die Bemessungs-Leerlauf-Ausgangsspannung und die Leerlauf-Ausgangsspannung darf 15 kV nicht überschreiten.
- DIN EN 61558-2-4 (VDE 0570-2-4) „Besondere Anforderungen an Trenntransformatoren für allgemeine Anwendungen“
  Teil 2-4 der Norm gilt für ortsfeste oder ortsveränderliche, luftgekühlte, einphasige oder mehrphasige Trenntransformatoren mit einer Bemessungs-Eingangsspannung von maximal 1 000 V Wechselspannung, einer Bemessungsfrequenz von höchstens 500 Hz und einer Bemessungs-Ausgangsleistung von nicht mehr als
  - 25 kVA bei Einphasen-Transformatoren
  - 40 kVA bei Mehrphasentransformatoren

Die Leerlauf-Ausgangsspannung oder die Bemessungs-Ausgangsspannung darf 500 V Wechselspannung oder 708 V Gleichspannung nicht überschreiten.

- DIN EN 61558-2-5 (VDE 0570-2-5) „Besondere Anforderungen an Rasiersteckdosen-Transformatoren und Rasiersteckdosen-Einheiten"
  Teil 2-5 der Norm gilt für Rasiersteckdosen-Einheiten mit einem luftgekühlten, einphasigen Trenntransformator mit einer Bemessungs-Eingangsspannung nicht über 250 V Wechselspannung. Die Bemessungsleistung muss zwischen 20 VA und 50 VA liegen.

  Die Bemessungs-Ausgangsspannung beträgt nicht mehr als 250 V Wechselspannung, die Bemessungsfrequenz nicht mehr als 500 Hz.

  Anmerkung: Rasiersteckdosen-Einheiten dürfen unter Putz oder auf Putz montiert werden oder in Leuchten und anderen Geräten eingebaut werden. Sie dürfen zur Versorgung von Rasiergeräten, Zahnbürsten und ähnlichen Geräten mit kleiner Leistung verwendet werden.

- DIN EN 61558-2-6 (VDE 0570-2-6) „Besondere Anforderungen an Sicherheitstransformatoren für allgemeine Anwendungen"
  Teil 2-6 der Norm gilt für ortsfeste oder ortsveränderliche, luftgekühlte, einphasige oder mehrphasige Sicherheitstransformatoren mit einer Bemessungs-Eingangsspannung von maximal 1 000 V Wechselspannung, einer Bemessungsfrequenz von höchstens 500 Hz und einer Bemessungs-Ausgangsleistung von nicht mehr als

  15

  - 10 kVA bei Einphasen-Transformatoren
  - 16 kVA bei Mehrphasen-Transformatoren

  Die Leerlauf-Ausgangsspannung und die Bemessungs-Ausgangsspannung dürfen nicht höher sein als 50 V Wechselspannung (Effektivwert) oder 120 V Gleichspannung geglättet.

- DIN EN 61558-2-7 (VDE 0570-2-7) „Besondere Anforderungen und Prüfungen an Transformatoren und Netzgeräte für Spielzeuge"
  Teil 2-7 der Norm gilt für Transformatoren für Spielzeuge mit einer Bemessungs-Eingangsspannung von maximal 250 V Wechselspannung, einer Bemessungsfrequenz von 50/60 Hz und einer Bemessungs-Ausgangsleistung von nicht mehr als 200 VA.

  Die Bemessungs-Ausgangsspannung darf nicht über 24 V Wechselspannung oder 33 V Gleichspannung liegen, und der Bemessungs-Ausgangsstrom darf 10 A nicht überschreiten.

- DIN EN 61558-2-8 (VDE 0570-2-8) „Besondere Anforderungen an Klingel- und Läutewerktransformatoren"
  Teil 2-8 der Norm gilt für ortsfeste, einphasige, luftgekühlte Geräte-Sicherheitstransformatoren für Klingeln und Läutewerke mit einer Bemessungs-Eingangsspannung von maximal 250 V Wechselspannung, einer Bemessungs-

frequenz von höchstens 500 Hz und einer Bemessungs-Ausgangsleistung von nicht mehr als 100 VA.

Die Leerlauf-Ausgangsspannung darf 33 V Wechselspannung oder 46 V geglättete Gleichspannung nicht überschreiten, und die Bemessungs-Ausgangsspannung darf nicht höher sein als 24 V Wechselspannung oder 33 V geglättete Gleichspannung.

- DIN EN 61558-2-9 (VDE 0570-2-9) „Besondere Anforderungen an Transformatoren für Handleuchten der Schutzklasse III für Wolframdrahtlampen"
  Teil 2-9 der Norm gilt für ortsfeste oder ortsveränderliche, einphasige, luftgekühlte Geräte-Sicherheitstransformatoren mit einer Bemessungs-Eingangsspannung von maximal 1 000 V Wechselspannung, einer Bemessungsfrequenz von höchstens 500 Hz und einer Bemessungs-Ausgangsleistung von nicht mehr als 10 kVA.

  Die Leerlauf-Ausgangsspannung und Bemessungs-Ausgangsspannung haben nur eine geringe Abweichung voneinander und dürfen 50 V Wechselspannung oder 120 V geglättete Gleichspannung nicht überschreiten.

15.2.3 Leistungstransformatoren

Für Leistungstransformatoren gilt die Normreihe DIN EN 60076 (VDE 0532) „Leistungstransformatoren". Parallel dazu gibt es bei rein nationalen Normen den Titel „Transformatoren und Drosselspulen". Die Bestimmungen gelten – ausgenommen einige Sondertransformatoren – für Transformatoren und Drosselspulen aller Art und Leistungsstufen, z. B. Öltransformatoren, Trockentransformatoren usw.

Die wichtigsten Normen sind:

- DIN EN 60076-1 (VDE 0532-76-1)
  Leistungstransformatoren – Allgemeines
- DIN EN 60076-11 (VDE 0532-76-11)
  Leistungstransformatoren – Trockentransformatoren
- DIN EN 60076-2 (VDE 0532-102)
  Leistungstransformatoren – Übertemperaturen

Für „Ölgefüllte Drehstrom-Verteiltransformatoren 50 Hz, 50 kVA bis 2 500 kVA mit einer höchsten Spannung für Betriebsmittel bis 36 kV" gelten unter anderem die Normen

- DIN EN 50464-2-1 (VDE 0532-222-1) „Verteilungstransformatoren mit Kabelanschlusskästen auf der Ober- und/oder Unterspannungsseite"
- DIN EN 50464-2-2 (VDE 0532-222-2) „Verteilungstransformatoren mit Kabelanschlusskästen auf der Ober- und/oder Unterspannungsseite – Kabelanschlusskästen Typ 1 für Verteiltransformatoren nach EN 50464-2-1"

15

- DIN EN 50464-2-2 (VDE 0532-222-2) „Verteilungstransformatoren mit Kabelanschlusskästen auf der Ober- und/oder Unterspannungsseite – Kabelanschlusskästen Typ 2 für Verteiltransformatoren nach EN 50464-2-1“
- DIN EN 50464-3 (VDE 0532-223) „Bestimmung der Bemessungsleistung eines Transformators bei nicht sinusförmigen Lastströmen“

Bei der Aufstellung von Leistungstransformatoren in Gebäuden ist zu empfehlen, die „Verordnung über den Bau von Betriebsräumen für elektrische Anlagen (EltBauVO)“ einzuhalten. Wortlaut der EltBauVO siehe Abschnitt 25.6 (Anhang F). Grundsätzlich sind bei der Aufstellung von Leistungstransformatoren besonders zu beachten:

- Einhaltung der geforderten Schutzart
- ausreichende Kühlung
- Gefahr von Bränden und deren Ausdehnung
- besondere geografische Höhenlage
- Wahl der Schutzeinrichtungen
- Belastbarkeit des Untergrunds am Aufstellungsort

Im Einzelnen ist zu diesen Punkten zu bemerken:

Schutzarten

Die verschiedenen Schutzarten sind in Abschnitt 2.8 und in Abschnitt 15.1 beschrieben.

Ausreichende Kühlung

Besonders bei Leistungstransformatoren kann es in kleinen Umspannstationen in Kompaktbauweise, oder wenn ein Transformator im Innern eines Gebäudes aufgestellt wird, schwierig sein, die durch Verluste erzeugte Wärme abzuführen. Die Gesamtverluste eines Transformators ergeben sich aus folgender Beziehung:

$$P = P_0 + a^2 \; P_{\mathrm{krT}} \qquad (15.1)$$

Es bedeuten:

P Gesamtverlust in W

P_0 Leerlaufverluste in W, Tabellen 15.3 bis 15.5

P_{krT} Kurzschlussverluste in W, Tabellen 15.3 bis 15.5

a Belastungsfaktor

$$a = \frac{\text{Betriebslast}}{\text{Bemessungsleistung}}$$

Zur Berechnung der Kühlleistung am Aufstellungsort eines Transformators ist $a = 1$ zu setzen.

Die Leerlauf- und Kurzschlussverluste von Leistungstransformatoren nach DIN 42500 (HD 428 S1:1992) für „Drehstrom-Öl-Verteilungstransformatoren 50 Hz, 50 kVA bis 2 500 kVA mit einer höchsten Spannung für Betriebsmittel bis $U_m \leq 24$ kV“ sind in **Tabelle 15.3** dargestellt. Die Tabelle gilt für Transformatoren mit den oberspannungsseitigen Bemessungsspannungen $U_r = 3$ kV bis 22 kV. Die unterspannungsseitige Bemessungsspannung kann gewählt werden mit $U_r = 400$ V – 410 V – 420 V – 433 V. International sind die Paarwerte der Listen A – A′, B – B′, C – C′, A – C′ und C – B′ bevorzugt. Für Deutschland gelten als Vorzugskombinationen A – C′, C – C′ und B – A′. U_m ist die höchste Spannung für Betriebsmittel zwischen Außenleiter und Außenleiter.

Liste	Kurzschluss-spannung	A	B	C	A′	B′	C′
S_{rT}	u_{kr}	Kurzschlussverluste P_{krT}			Leerlaufverluste P_0		
kVA	%	W	W	W	W	W	W
50		**1 100**	**1 350**	**875**	**190**	**145**	**125**
100		**1 750**	**2 150**	**1 475**	**320**	**260**	**210**
160		**2 350**	**3 100**	**2 000**	**460**	**375**	**300**
200		2 850	3 600	2 500	570	440	380
250	4	**3 250**	**4 200**	**2 750**	**650**	**530**	**425**
315		3 900	4 800	3 150	820	640	520
400		**4 600**	**6 000**	**3 850**	**930**	**750**	**610**
500		5 500	7 100	4 500	1 100	860	730
630		**6 500**	**8 400**	**5 400**	**1 300**	**1 030**	**860**
630		**6 750**	**8 700**	**5 600**	**1 200**	**940**	**800**
800		8 400	11 000	7 500	1 400	1 160	920
1 000		**10 500**	**13 000**	**9 500**	**1 700**	**1 400**	**1 100**
1 250	6	13 000	16 000	11 400	2 050	1 700	1 300
1 600		**17 000**	**20 000**	**14 000**	**2 600**	**2 200**	**1 700**
2 000		21 500	25 500	1 750	3 150	2 600	2 000
2 500		**26 500**	**32 000**	**22 000**	**3 800**	**3 200**	**2 500**

Die fett gedruckten Werte sind Vorzugswerte nach DIN 42500.
Die Verluste von Transformatoren, die keine Vorzugswerte sind, sind berechnet.

Tabelle 15.3 Verluste von Drehstrom-Transformatoren mit Ölkühlung für $f = 50$ Hz und einer höchsten Spannung von $U_m \leq 24$ kV
(Quelle: DIN 42500-1:1993-12)

Liste	Kurzschluss-spannung	D	E	D′	E′
S_{rT}	u_{kr}	Kurzschlussverluste P_{krT}		Leerlaufverluste P_0	
kVA	%	W	W	W	W
50	4 und 5 oder 6	1250	1450	230	190
100		1950	2350	380	320
160		2250	3350	520	460
250		3500	4250	780	650
400		4900	6200	1120	930
630		6650	8800	1450	1300
1000	6 oder 7	10500	13000	2000	1700
1600		17000	19200	2800	2600
2500		26500	29400	4100	3800

Tabelle 15.4 Verluste von Drehstrom-Transformatoren mit Ölkühlung und einer höchsten Spannung von U_m > 24 kV bis 36 kV (Quelle: DIN 42500-3:1995-04)

15

Die Leerlauf- und Kurzschlussverluste von Leistungstransformatoren nach DIN 42500-3 (HD 428.3 S1:1994) für „Drehstrom-Öl-Verteilungstransformatoren 50 Hz, 50 kVA bis 2500 kVA mit $U_m \leq 36$ kV“ sind in **Tabelle 15.4** zusammengestellt. Die Tabelle gilt für Transformatoren mit oberspannungsseitiger Bemessungsspannung $U_r = 25$ kV bis 34,5 kV. Es ist jede beliebige Kombination der Paarwerte der Listen zulässig. Die unterspannungsseitige Bemessungsspannung kann gewählt werden mit $U_r = 400$ V – 410 V – 420 V – 433 V.

Die Leerlauf- und Kurzschlussverluste von Drehstrom-Trockentransformatoren (Gießharztransformatoren) zeigt **Tabelle 15.5.** Die Verluste sind aus Angaben von Herstellern ermittelt und können von den Tabellenwerten abweichen. Eine Rücksprache beim Hersteller kann zweckmäßig sein. Bezüglich der Temperatur des Kühlmittels gelten für luftgekühlte Transformatoren folgende Festlegungen:

- Freilufttransformator
  Temperatur der Kühlluft von –25 °C bis +40 °C
- Innenraumtransformator
  Temperatur der Kühlluft von –5 °C bis +40 °C

Außerdem dürfen folgende Werte der Lufttemperatur nicht überschritten werden:

- 30 °C mittlere Tagestemperatur
- 20 °C mittlere Jahrestemperatur

Bauart	Normal-Reihe (N)				Reduzierte Reihe[1] (R)			
U_m u_{kr}[2]	12 kV 4 %/6 %		24 kV 4 %/6 %		12 kV 4 %/6 %		24 kV 4 %/6 %	
S_{rT} kVA	P_0 W	P_{krT} W	P_0 W	P_{krT} W	P_0 W	P_{krT} W	P_0 W	P_{krT} W
100	440	1 700	440	1 700	340	1 700	340	1 700
160	610	2 300	610	2 300	460	2 300	460	2 300
250	820	3 000	880	3 300	620	3 000	670	3 300
400	1 150	4 300	1 200	4 800	880	4 300	940	4 800
630	1 500	6 400	1 650	6 900	1 150	6 400	1 270	6 900
1 000	2 000	8 800	2 300	9 600	1 560	8 800	1 750	9 600
1 600	2 800	12 700	3 100	14 000	2 200	12 700	2 400	14 000

[1] Geräusche mehr als halbiert

[2] Bei $U_m = 12$ kV; $S_{rT} = 100$ kVA bis 630 kVA; $u_{kr} = 4$ %
$S_{rT} = 1\,000$ kVA bis 1 600 kVA; $u_{kr} = 6$ %
Bei $U_m = 24$ kV; $S_{rT} = 100$ kVA und 160 kVA; $u_{kr} = 4$ %
$S_{rT} = 200$ kVA bis 1 600 kVA; $u_{kr} = 6$ %

Tabelle 15.5 Verluste von Drehstrom-Trockentransformatoren (Gießharz-Transformatoren)

Treten höhere Kühllufttemperaturen auf, so sind die zulässigen Übertemperaturen zu verringern, und zwar um:

- 5 K, wenn die Temperaturüberschreitung bis zu 5 K beträgt
- 10 K, wenn die Temperaturüberschreitung zwischen 5 K und 10 K liegt
- einen vereinbarten Wert (zwischen Hersteller und Anwender), wenn die Temperaturüberschreitung > 10 K ist

Für Öltransformatoren mit Wicklungen der Isolierstoffklasse 105 (Isolierstoff: Papier- und Papierprodukte, lackbehandeltes Papier, Baumwolle, Naturseide, Holz usw.) sind folgende Übertemperaturen für die Wicklung zulässig:

- 65 K bei natürlicher oder erzwungener, nicht gerichteter Ölströmung
- 70 K bei erzwungener, gerichteter Ölströmung

Als Öltemperatur dürfen oben im Transformator folgende Übertemperaturen auftreten:

- 60 K bei Transformator mit Ausdehnungsgefäß oder bei luftdicht abgeschlossenem Transformator
- 55 K ohne luftdichten Abschluss des Transformators und ohne Ausdehnungsgefäß

15

Gefahr von Bränden und deren Ausdehnung

Die Gefahr von Bränden und die damit verbundene Ausdehnung von Bränden, wozu auch die Verqualmung von Rettungs- und Verkehrswegen gehört, besteht vor allem dann, wenn Transformatoren mit brennbaren Isolierflüssigkeiten (Öl) gefüllt sind.

Bei Leistungstransformatoren mit Primärspannungen über 1 kV muss hier außer DIN VDE 0100-420, -482 und -510 noch DIN VDE 0101 sowie die EltBauVO siehe Abschnitt 25.6 (Anhang F) beachtet werden. Folgende Brandschutzmaßnahmen sind möglich:

1) Herstellen von Ölauffanggruben, die mit Schotter oder Kies abzudecken sind (**Bild 15.4**). Bei Leistungen bis 630 kVA genügt es, wenn der Raum mit entsprechend hohen Türschwellen ausgestattet ist (**Bild 15.5**).

2) Ausrüstung der Transformatorzelle mit einer fest eingebauten Löscheinrichtung für zerstäubtes Wasser, Kohlensäure oder dergleichen (**Bild 15.6**).

3) Bauseitiges Einbringen von Brandschutzwänden.

4) Verwendung von Trockentransformatoren mit unbrennbaren Isolierstoffen.

5) Verwendung von Transformatoren mit nicht brennbaren oder schwer entflammbaren Flüssigkeiten (Silikonöle). Askarel-Transformatoren werden nicht mehr hergestellt. Noch vorhandene Transformatoren dürfen weiterbetrieben werden, sollten jedoch ausgetauscht und ordnungsgemäß entsorgt werden. Auch hier sind Maßnahmen zu treffen, die wie bei Punkt 1) in der Lage sind, die auslaufende Isolierflüssigkeit aufzunehmen.

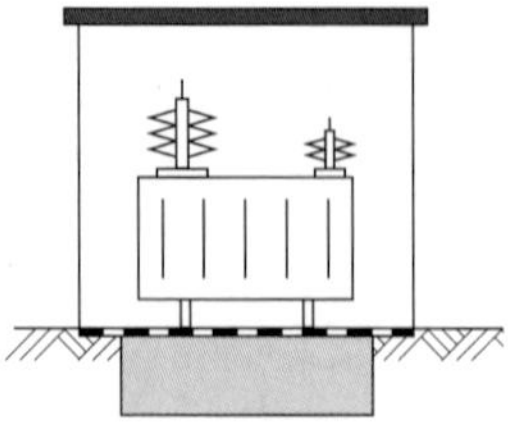

Bild 15.4 Ölauffanggrube

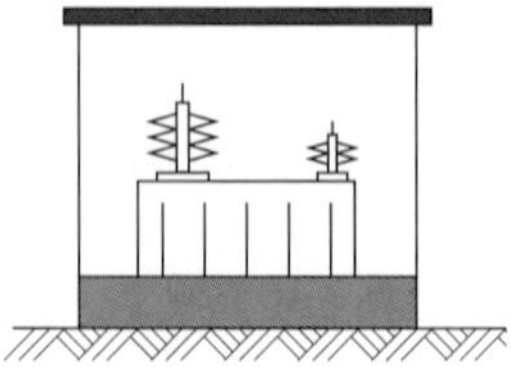

Bild 15.5 Hohe Türschwelle

Bild 15.6 Löscheinrichtung

Besondere geografische Höhenlage

Bei geografischen Höhenlagen über 1000 m NN ist eine Reduzierung der Belastung erforderlich, damit die zulässigen Übertemperaturen nicht überschritten werden. Dabei sind zulässige Übertemperaturen für je 500 m der vorgesehenen Aufstellungshöhe über 1000 m NN um folgende Beträge zu reduzieren:

- 2,0 % für Öltransformatoren mit natürlicher Luftkühlung
- 2,5 % für Trockentransformatoren mit natürlicher Luftkühlung
- 3,0 % für Öltransformatoren mit erzwungener Luftkühlung
- 5,0 % für Trockentransformatoren mit erzwungener Luftkühlung

Wahl der Schutzeinrichtungen

Die Anwendung eines Transformatorschutzes ist freigestellt; sie hängt in erster Linie von der Leistung, der Wichtigkeit und den Kosten des Transformators ab.

Der Schutz von Leistungs-Transformatoren kann auf vielfältige Art und Weise erfolgen. Verschiedene Möglichkeiten sind in **Bild 15.7** dargestellt.

Wichtig ist dabei die gegenseitige Abstimmung der Schutzeinrichtungen, um den gewünschten Schutz des Transformators (Überlast- und/oder Kurzschlussschutz) zu erreichen.

Primärseitig werden in der Regel HH-Sicherungen (Hochspannungs-Hochleistungs-Sicherungen), Trennschalter, Last- oder Leistungsschalter mit/ohne entsprechendem Schutzrelais verwendet. Durch HH-Sicherungen kann der Überlastschutz eines Transformators nicht sichergestellt werden; bei Trenn- und Lastschaltern dagegen kann der Kurzschlussschutz nicht sichergestellt werden. Den Kurzschlussschutz des Transformators muss die vorgelagerte Schutzeinrichtung im Mittelspannungsnetz (z. B. Distanzschutz mit Leistungsschalter oder HH-Sicherung) übernehmen.

15

Auf der Sekundärseite können Leitungsschutzsicherungen (Betriebsklasse gG bzw. gL), Transformatorschutzsicherungen (Betriebsklasse gTr), Last- oder Leistungsschalter mit entsprechendem Schutzrelais verwendet werden. Mit den genannten Überstrom-Schutzeinrichtungen kann der Überlastschutz eines Transformators auch dann sichergestellt werden, wenn dies durch die primärseitige Schutzeinrichtung nicht der Fall ist.

Zum primärseitigen Schutz des Transformators ist bei der Auswahl der HH-Sicherung oder der Einstellung des Auslösers eines Leistungsschalters zu beachten:

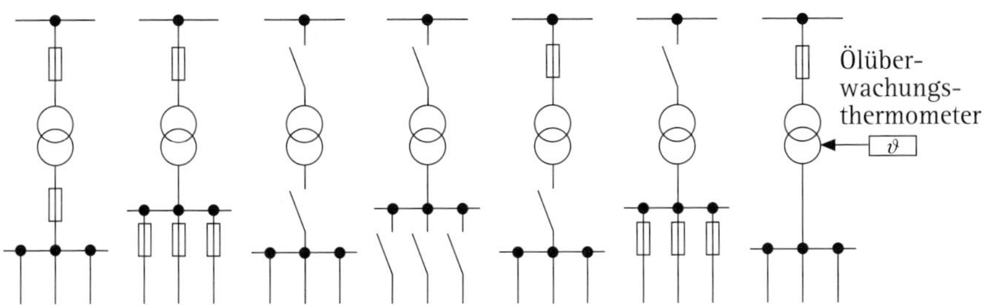

Bild 15.7 Möglicher Schutz bei weniger wichtigen Leistungstransformatoren

- Der Einschaltstrom I_R (rush current, Rush-Strom) eines Transformators liegt beim 15- bis 30-fachen Bemessungsstrom. Diese Einschaltspitze wird hervorgerufen durch elektromagnetische Ausgleichsvorgänge beim Aufbau des magnetischen Felds. Der Einschaltstrom klingt nach wenigen Perioden rasch ab und ist nach 20 ms bereits deutlich zurückgegangen. Die Höhe des Einschaltstroms ist abhängig von Bauart, Ausführung, Wicklungsaufbau und Bemessungsleistung des Transformators.
- Die Kurzschlussfestigkeit eines Transformators muss entsprechend den Forderungen nach DIN EN 60076-5 (VDE 0532-5) „Leistungstransformatoren – Kurzschlussfestigkeit" gewährleistet sein. Das bedeutet, die thermischen und dynamischen Wirkungen bei einem äußeren Kurzschluss dürfen den Transformator nicht beschädigen und nicht zerstören. Dies muss durch entsprechend kurze Abschaltzeiten erreicht werden. Für Transformatoren, die nach DIN 42500 gebaut sind, können folgende Abschaltzeiten t_a als ausreichend betrachtet werden:

$S_{rT} \leq 630$ kVA	$t_a \leq 2$ s
$S_{rT} > 630$ kVA bis $\leq 1\,250$ kVA	$t_a \leq 3$ s
$S_{rT} > 1\,250$ kVA bis $\leq 3\,150$ kVA	$t_a \leq 4$ s

- Die Selektivität der primär und sekundär vorgesehenen Schutzeinrichtungen zueinander sollte gewährleistet sein. Um hier sicherzugehen, sollten die Kennlinien der verschiedenen Schutzeinrichtungen auf eine Spannungsebene umgerechnet und in einem gemeinsamen Diagramm dargestellt werden. Dabei sind die Streubereiche der Schutzeinrichtungen zu berücksichtigen; noch besser ist es, bei der Untersuchung die Zeit-Strom-Bereiche zu beachten.

15

Wenn der Schutz durch HH-Sicherungen erfolgen soll, kann auf die Aussagen in DIN VDE 0670-402 zurückgegriffen werden. Unter der Beachtung der Bestimmungen für Niederspannungssicherungen nach der Normenreihe DIN VDE 0636 ergibt sich **Tabelle 15.6.**

In nachfolgendem Beispiel soll anhand konkreter Zahlen versucht werden, die Zusammenhänge darzustellen.

Beispiel:

Ein Transformator nach DIN 42500 mit den Daten $U = 12/0{,}4$ kV, $S_{rT} = 400$ kVA, $u_{kr} = 4$ % soll auf der Primärseite mit HH-Sicherungen ausgerüstet werden. Auf der Sekundärseite soll ein Niederspannungs-Leistungsschalter eingebaut werden. Die von der Sammelschiene abgehenden Stromkreise werden mit NH-Sicherungen abgesichert. Die größte NH-Stromkreissicherung hat einen Nennstrom von 200 A und die Betriebsklasse gG. Zu berücksichtigen ist noch, dass der Transformator kurzzeitig um bis zu 25 % überlastet wird und die Betriebsspannung oberspannungsseitig bei etwa 11 kV liegt.

Primärspannung	Transformator-Daten				Sicherungseinsatz[1]		
	Bemessungsleistung	u_{kr}	Bemessungsströme primär	Bemessungsströme sekundär	HH	NH gG bzw. gL	NH gTr
kV	kVA	%	A	A	A	A	kVA
10/12	100	4	4,8	144	16	125/160	100
	125		6,0	180	16	160/200	125
	160		7,7	231	20/25	200/250	160
	200		9,6	289	25/31,5	250/315	250
	250		12,0	361	31,5/40	315/400	250
	315		15,2	455	40/50	400/500	315
	400		19,3	577	50/63	500/630	400
	500		24,1	722	63/80	630/800	500
	630		30,3	909	80/100	800/1000	630
	800	6	38,5	1155	100/125	1000/1250	800
	1000		48,1	1443	125/160	1250	1000
20/24	100	4	2,4	144	10	125/160	100
	125		3,0	180	10	160/200	125
	160		3,9	231	16	200/250	160
	200		4,8	289	16	250/315	200
	250		6,0	361	16/20/25	315/400	250
	315		7,6	455	25	400/500	315
	400		9,6	577	25/31,5	500/630	400
	500		12,0	722	31,5/40	630/800	500
	630		15,2	909	40/50	800/1000	630
	800	6	19,3	1155	63	1000/1250	800
	1000		24,1	1443	63/80	1250	1000

[1] Die Angabe von zwei Werten besagt, dass beide Sicherungseinsätze verwendet werden können.

Tabelle 15.6 Empfohlene Absicherung von Transformatoren für $U_m = 12$ kV und 24 kV und einer höchstzulässigen Kurzschlussdauer von 2 s; Sekundärspannung 400 V

15

Die Schutzeinrichtungen sind auszuwählen, wobei auch der Nachweis für das selektive Verhalten zu erbringen ist.

Zunächst wird der Überlastschutz betrachtet. Der Bemessungsstrom des Transformators beträgt:

$$I_n = \frac{S_{rT}}{\sqrt{3} \cdot U_r} = \frac{400 \text{ kVA}}{\sqrt{3} \cdot 12 \text{ kV}} = 19{,}3 \text{ A}$$

Bei einer Betriebsspannung von 11 kV und 25 % Überlastung ergeben sich unter Berücksichtigung der Verlustleistung des Transformators:

$$S = 1{,}25\ S_{rT} + P_o + 1{,}25^2 \cdot P_{krT}$$

$$= 1{,}25 \cdot 400 \text{ kVA} + 0{,}93 \text{ kW} + 1{,}25^2 \cdot 4{,}6 \text{ kW} = 508 \text{ kVA}$$

Der oberspannungsseitige Betriebsstrom ist nun:

$$I_b = \frac{S}{\sqrt{3} \cdot U} = \frac{508 \text{ kVA}}{\sqrt{3} \cdot 11 \text{ kV}} = 26{,}7 \text{ A}$$

Der niederspannungsseitige Betriebsstrom ist unter Berücksichtigung der Überlast von 25 %:

15

$$I_b = \frac{1{,}25 \cdot S_{rT}}{\sqrt{3} \cdot U_r} = \frac{1{,}25 \cdot 400 \text{ kVA}}{\sqrt{3} \cdot 400 \text{ V}} = 0{,}722 \text{ kA} = 722 \text{ A}$$

Gewählt wird ein Leistungsschalter mit $I_n = 800$ A, dessen Bimetallauslöser zwischen 590 A und 800 A einstellbar ist. Damit wird der Überlastschutz des Transformators sichergestellt.

Zum Kurzschlussschutz des Transformators ist der maximal bei einem Klemmenkurzschluss auf der Niederspannungsseite fließende Strom I_{ku} zu beachten:

$$I_{ku} = I_r \cdot \frac{100 \%}{u_{kr}} = 577 \text{ A} \cdot \frac{100 \%}{4 \%} = 14\,425 \text{ A}$$

Bei 11 kV Einspeisespannung sind dies auf der Oberspannungsseite I_{ko}:

$$I_{ko} = I_{ku} = \frac{U_u}{U_o} = 14\,425 \text{ A} \cdot \frac{400 \text{ V}}{11000 \text{ V}} = 524{,}5 \text{ A}$$

Die gewählte HH-Sicherung mit $I_r = 63$ A schaltet diesen Strom nach Bild 15.8 in etwa 0,3 s (Mittelwert des Zeit-Strom-Bereichs), spätestens aber in 1,3 s (Obergrenze des Zeit-Strom-Bereichs) ab. Auch der Rush-Strom mit:

$$I_R = 30 \cdot I_r = 30 \cdot 19{,}3 \text{ A} = 579 \text{ A}$$

kann maximal 20 ms zum Fließen kommen, ohne dass die HH-Sicherung auslöst. Der Kurzschlussschutz des Transformators ist gewährleistet.

Um die Selektivität prüfen zu können, wird für die gewählten Schutzeinrichtungen der Zeit-Strom-Bereich für die Sicherungen und die Kennlinie für den Leistungsschalter in ein gemeinsames Diagramm (**Bild 15.8**), das auf 400 V bezogen ist, eingetragen.

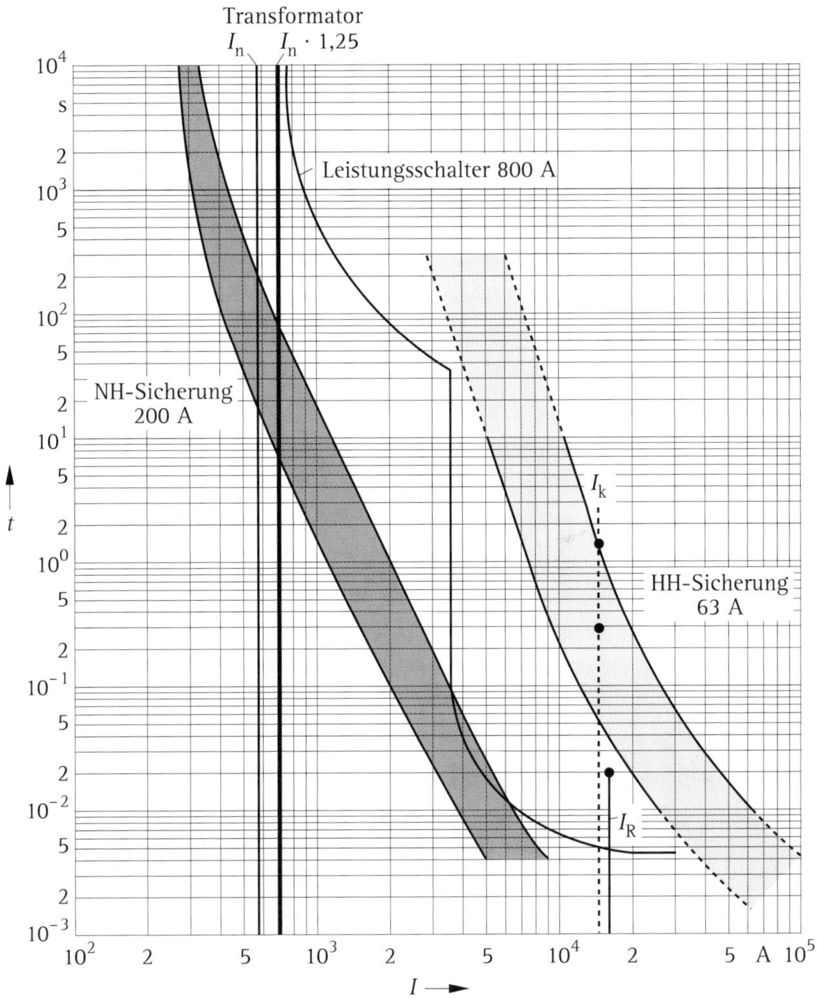

Bild 15.8 Zeit-Strom-Diagramm für HH-Sicherung 63 A, Leistungsschalter 800 A, NH-Sicherung 200 A Betriebsklasse gG und Transformator 400 kVA

15

Im vorliegenden Fall wurden alle die Mittelspannung betreffenden Ströme im Verhältnis 11 kV/0,4 kV = 27,5 umgerechnet.

Das Diagramm zeigt, dass die HH-Sicherung zum Niederspannungs-Leistungsschalter selektiv arbeitet. Erst bei einem Strom von ≥ 35 kA wäre dies nicht mehr der Fall. Da der maximale Strom nach dem Transformator jedoch nur 14,4 kA beträgt, ist dies in Ordnung. Die Kennlinie des Niederspannungs-Leistungsschalters und der Zeit-Strom-Bereich der 200-A-Sicherung schneiden sich im Strombereich von 3,5 kA bis 6,5 kA, d. h., bei einem Kurzschluss in einem Niederspannungs-Stromkreis in dieser Größenordnung wäre es denkbar, dass der Leistungsschalter den Kurzschluss schneller abschaltet als die NH-Sicherung. Da der Zeit-Strom-Bereich der NH-Sicherung die Kennlinie des Leistungsschalters nur im oberen Bereich des Toleranzbands geringfügig schneidet, ist dieser Fall noch tolerierbar. Besser wäre es natürlich, eine 160-A-Sicherung zu wählen.

Als Überwachungseinrichtung kommen auch Temperaturmessinstrumente (Messung der Öltemperatur) zur Anwendung. Der Überlastschutz kann dabei durch regelmäßige Kontrolle der Temperatur oder auch durch Ansteuerung einer Auslöseeinrichtung (Last-/Leistungsschalter) sichergestellt werden.

Für wichtige, insbesondere auch für Transformatoren großer Leistung werden auch Buchholzschutz (**Bild 15.9**) und/oder Differentialschutz (**Bild 15.10**) verwendet.

15

Ein **Buchholzrelais** (Buchholzschutz) ist eine Schutzeinrichtung für flüssigkeitsgefüllte Transformatoren und Drosselspulen mit Ausdehnungsgefäß. In die Rohrleitung zwischen Kessel und Ausdehnungsgefäß eingebaut, spricht es auf Fehler an, die im Innern des zu schützenden Geräts auftreten. Bei schweren Fehlern (Kurzschluss im Innern des Transformators) entsteht eine Druckwelle, die eine Stauklappe zum Ansprechen bringt, die wiederum die Abschaltung des

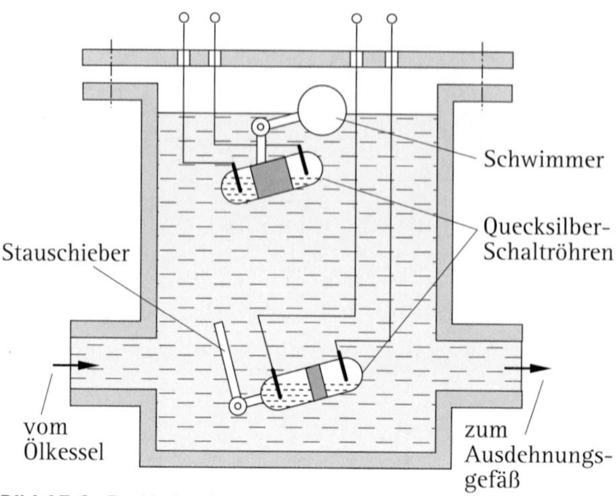

Bild 15.9 Buchholzschutz

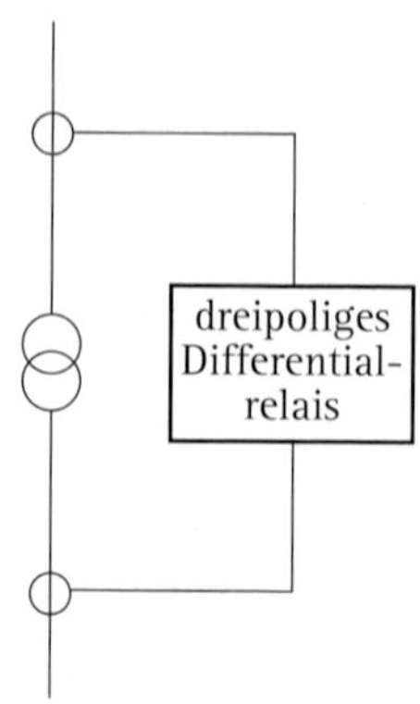

Bild 15.10 Differentialschutz

Transformators in die Wege leitet. Leichte oder schleichende Fehler erzeugen Gase, die sich im oberen Teil des Buchholzschutzes sammeln. Der Schwimmer sinkt mit dem Ölspiegel ab, und es wird eine Meldung (Warnung) abgegeben. Somit werden Schäden frühzeitig durch den Buchholzschutz erkannt.

Beim **Differentialschutz** werden durch Wandler und entsprechende Messwerke die Eingangsströme und Ausgangsströme gemessen und verglichen. Da im gesamten Transformator ein Ampere-Windungs-Gleichgewicht herrscht, ist das Verhältnis Primärstrom/Sekundärstrom stets $1/ü$, unabhängig von der Belastung. Bei einem Fehler wird dieses Verhältnis gestört, und der Differentialschutz spricht an.

Belastbarkeit des Untergrunds

Dem Untergrund des Transformators, also dem Fundament, ist besondere Aufmerksamkeit zu widmen. Die Gewichte von Leistungstransformatoren liegen z. B. zwischen

- 800 kg und 2 000 kg bei S_{rT} = 160 kVA bis 250 kVA
- 1 450 kg und 3 000 kg bei S_{rT} = 400 kVA bis 630 kVA
- 3 200 kg und 4 400 kg bei S_{rT} = 1 000 kVA
- 4 300 kg und 5 600 kg bei S_{rT} = 1 600 kVA

und müssen vom Fußboden und vom Fundament aufgenommen werden können. Normale Transformatoren liegen dabei an der unteren Grenze. Transformatoren, die verlust- und geräuscharm sind, liegen bei der oberen Grenze.

In bewohnten Gebäuden kann eine schwingungsfreie Aufstellung über Federelemente notwendig sein, um die Transformatorengeräusche nicht auf das Gebäude zu übertragen.

15.3 Kondensatoren – DIN VDE 0560

Für Kondensatoren gilt die Normenreihe DIN VDE 0560 „Bestimmungen für Kondensatoren".

Prinzipiell ist bei Kondensatoren in Verbraucheranlagen zu unterscheiden in:

- Kondensatoren für Entladungslampen, die in DIN EN 61048 (VDE 0560-61) und DIN EN 61049 (VDE 0560-62) behandelt sind (siehe Abschnitt 17.10)
- Leistungskondensatoren für die Blindstromkompensation einzelner Verbrauchsmittel oder Anlagen, die in DIN EN 60871-1 (VDE 0560-410) behandelt sind

Obwohl DIN VDE 0100 über Leistungskondensatoren nichts aussagt, gibt es einige Punkte, die aus Sicherheitsgründen unbedingt zu beachten sind bzw. deren Berücksichtigung zu empfehlen ist. Hier sind im Einzelnen zu nennen:

- Kondensatoren müssen allen zu erwartenden Beanspruchungen genügen
- Kondensatoren sind in Schutzmaßnahmen einzubeziehen
- die Bemessungsspannung des Kondensators muss der Nennspannung des Netzes entsprechen
- Kondensatoren müssen die 1,1-fache Nennspannung aushalten
- ausreichende Kühlung muss sichergestellt sein, wobei bei Aufstellung im Freien die Sonneneinstrahlung zu beachten ist
- die Schaltung von (größeren) Kondensatoren soll allpolig, möglichst gleichzeitig erfolgen, wobei Schalter mit Sprung- oder Speicherantrieb vorzuziehen sind
- das Leistungsschild muss abgelesen werden können

Leistungskondensatoren werden für die Blindstromkompensation bei Anlagen mit großem Blindleistungsbedarf eingesetzt. Durch die Blindstromkompensation wird bei gleich bleibender Wirkleistung die Blindleistung verkleinert und die Stromaufnahme verringert, der Leistungsfaktor $\cos\varphi$ dagegen vergrößert. Dies bedeutet, dass bei einer kompensierten Anlage geringere Leitungsverluste auftreten und deshalb auch geringere Leiterquerschnitte verwendet werden können.

Kondensatoren für die Blindstromkompensation müssen so bemessen sein, dass sie die Blindleistung aufnehmen können, die durch sie kompensiert werden soll.

15

Die Leistung eines Kondensators ergibt sich nach der Beziehung:

$$Q_c = C \cdot U^2 \cdot \omega \cdot 10^{-9} \tag{15.2}$$

Es bedeuten:

Q_c Leistung des Kondensators in kvar

C Kapazität des Kondensators in µF

U Spannung am Kondensator in V

ω Kreisfrequenz = $2\pi f$

Aus obiger Beziehung lässt sich ableiten, dass zur Kompensation einer Blindleistung von 1 kvar bei 230 V/50 Hz eine Kapazität von 60 µF und bei 400 V/50 Hz eine Kapazität von 20 µF erforderlich wird.

Soll der vorhandene Leistungsfaktor $\cos\varphi_1$ einer Verbraucheranlage auf einen $\cos\varphi_2$ verbessert werden, so ergibt sich die für die Kompensation erforderliche Kondensatorleistung aus der Beziehung:

$$Q_c = P\left(\tan\varphi_1 - \tan\varphi_2\right) = P \cdot f_c \tag{15.3}$$

Es bedeuten:

Q_c Leistung des Kondensators in kvar

cos φ_1 \ cos φ_2	gewünschter Leistungsfaktor									
vorhandener Leistungsfaktor	1,00	0,98	0,96	0,94	0,92	0,90	0,85	0,80	0,75	0,70
0,40	2,29	2,09	2,00	1,93	1,86	1,81	1,67	1,54	1,41	1,27
0,45	1,99	1,79	1,70	1,63	1,56	1,51	1,37	1,24	1,11	0,97
0,50	1,73	1,53	1,44	1,37	1,30	1,25	1,11	0,98	0,85	0,71
0,55	1,52	1,32	1,23	1,16	1,09	1,04	0,90	0,77	0,64	0,50
0,60	1,33	1,13	1,04	0,97	0,90	0,85	0,71	0,58	0,45	0,31
0,65	1,17	0,97	0,88	0,81	0,74	0,69	0,55	0,42	0,29	0,15
0,70	1,02	0,82	0,73	0,66	0,59	0,54	0,40	0,27	0,14	–
0,75	0,88	0,68	0,59	0,52	0,45	0,40	0,26	0,13	–	–
0,80	0,75	0,55	0,46	0,39	0,32	0,27	0,13	–	–	–
0,85	0,62	0,42	0,33	0,26	0,19	0,14	–	–	–	–
0,90	0,48	0,28	0,19	0,12	0,05	–	–	–	–	–

Tabelle 15.7 Faktor f_c zur Bestimmung der Kondensatorleistung bei Kompensation von cos φ_1 auf cos φ_2

P Wirkleistung der Verbraucheranlage in kW

f_c tan φ_1 – tan φ_2, Faktor zur Bestimmung der Kondensatorleistung (siehe **Tabelle 15.7**)

15

In der Praxis werden Anlagen in der Regel auf einen Leistungsfaktor von 0,9 bis 0,98 kompensiert.

Besondere Sorgfalt ist der Entladung von Kondensatoren zu widmen; bei Freischaltungen besteht sonst durch die Kondensatorladung – je nach ihrer Größe – akute Gefahr. Deshalb auch die Forderungen:

- Kondensatoren müssen entweder über das direkt angeschlossene Verbrauchsmittel (z. B. Motorwicklung) entladen werden **(Bild 15.11)** oder
- Kondensatoren müssen durch fest angeschlossene Widerstände entladen werden, wobei es verschiedene Grenzwerte für die Entladezeit und die zulässige Restspannung gibt. Häufig wird gefordert, dass bei einer gegebenen Entladezeit ($t_e = 3$ min = 180 s) die Restspannung vom Scheitelwert der Nennspannung auf eine Restspannung von $U_R < 75$ V sinken muss **(Bild 15.12)**.

Anmerkung: In DIN EN 50178 (VDE 0160) „Ausrüstung von Starkstromanlagen mit elektronischen Betriebsmitteln" sind in Abschnitt 5.2.5 „Entladung von Kondensatoren" folgende Forderungen enthalten:

Kondensatoren müssen nach Abschaltung des elektronischen Betriebsmittels innerhalb von 5 s auf eine Restladung von 50 µC oder eine Restspannung von

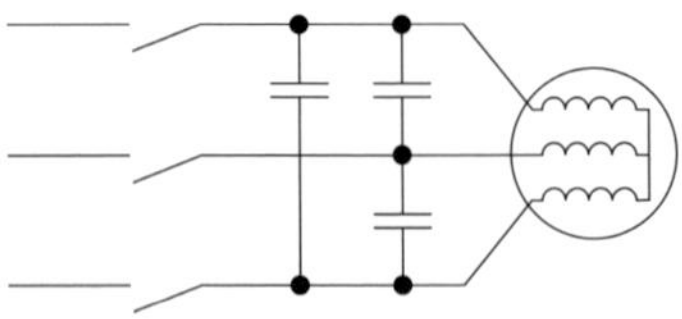

Bild 15.11 Entladung über Verbrauchsmittel

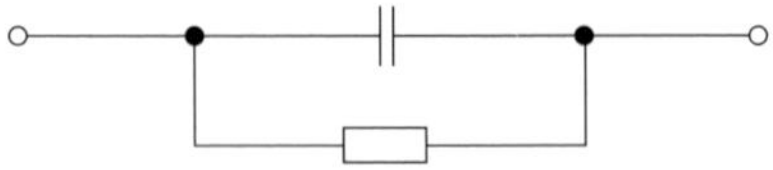

Bild 15.12 Entladung über Widerstände

50 V entladen sein. Kondensatoren müssen innerhalb 1 s entweder auf eine Ladung von 50 µC oder eine Restspannung von 60 V entladen sein, falls man mit ihrer Spannung an Steckern in Berührung kommen kann und diese Stecker ohne Verwendung von Werkzeug gezogen werden können, wenn sie spannungsführend sind. Im Hinblick auf diese Forderungen ist die Prüfung durch Nachrechnen oder Messen der Spannung 5 s oder 1 s nach dem Abschalten des elektronischen Betriebsmittels durchzuführen.

Dabei ist sicherzustellen, dass nicht unbeabsichtigt oder zufällig der Kondensator von der Entladeeinrichtung getrennt werden kann. Zwischen Kondensator und Entladeeinrichtung dürfen keine Schalter, Sicherungen oder andere Trennstellen vorhanden sein.

Diese Forderungen werden verständlich, wenn der Energieinhalt eines Kondensators mit den Gefahrengrenzen verglichen wird. Es gilt:

15

$$W = \frac{1}{2} C\, U^2 \qquad (15.4)$$

Es bedeuten:

W Energieinhalt eines Kondensators in Ws

C Kondensatorkapazität in F

U Spannung am Kondensator in V

Aus Versuchen und durch Unfälle ist bekannt, dass bei Entladung eines Kondensators über den menschlichen Körper ab einem Energieinhalt von 0,25 Ws mit schwerem Schock und ab 10 Ws bereits mit Lebensgefahr zu rechnen ist. Bei einer Spannung von 400 V und einer Kapazität von 100 µF beträgt der Energieinhalt eines Kondensators:

$$W = \frac{1}{2} \cdot C \cdot U^2 = \frac{1}{2} \cdot 10^2 \cdot 10^{-6}\ \text{F} \cdot \left(400\ \text{V}\right)^2 = 8\ \text{Ws}$$

Die Spannung an den Kondensatoren nimmt wegen der Entladewiderstände nach folgender Funktion ab:

$$U_R = \hat{U} \cdot e^{-t_e/t} = \sqrt{2} \cdot U_C \cdot e^{-t_e/t} \qquad (15.5)$$

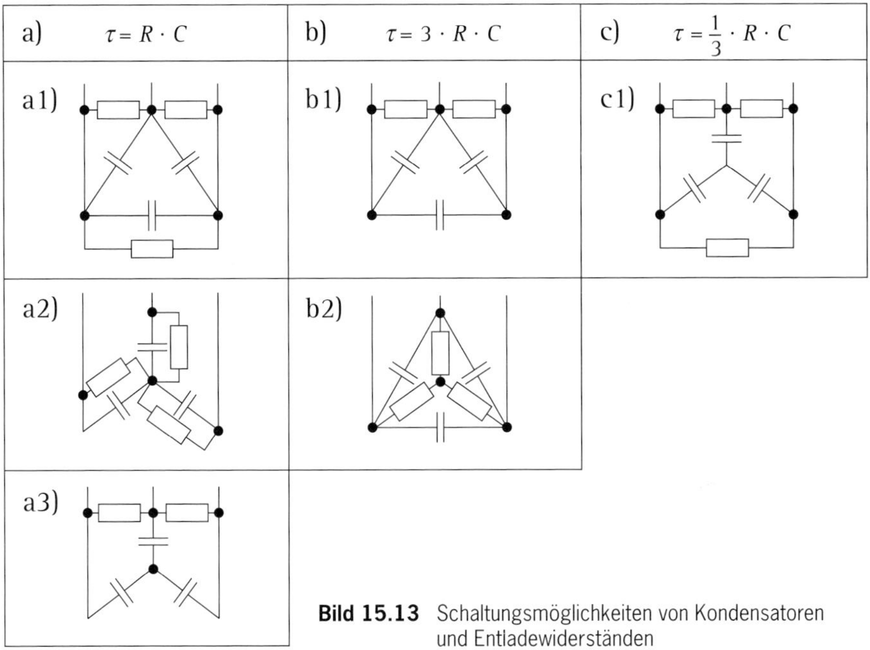

Bild 15.13 Schaltungsmöglichkeiten von Kondensatoren und Entladewiderständen

Es bedeuten:

- U_R Restspannung in V (Forderung < 75 V)
- $\hat{U}$ Scheitelwert der Netzspannung in V
- U_C Spannung am Kondensator in V (Effektivwert), je nach Schaltung U oder U_0
- e 2,71828 Basiszahl für den natürlichen Logarithmus
- t_e Entladezeit in s (Forderung 3 min = 180 s)
- τ Zeitkonstante in s, sie ergibt sich aus der Größe der Widerstände und Kondensatoren sowie aus deren Schaltung (**Bild 15.13**)

Nach den Gln. (15.6), (15.7) und (15.8) kann die Größe der Entladewiderstände bestimmt werden.

Durch Einsetzen der bekannten Größen und Umstellen nach der gesuchten Widerstandsgröße ergeben sich für die drei verschiedenen Möglichkeiten folgende Beziehungen:

Schaltung nach Bild 15.13a mit

$$\tau = R \cdot C \qquad R \le \frac{t_e}{C \cdot \ln \frac{\sqrt{2} \cdot U}{U_R}} \qquad (15.6)$$

Schaltung nach Bild 15.13b mit

$$\tau = 3 \cdot R \cdot C \qquad R \le \frac{t_e}{3 \cdot C \cdot \ln \dfrac{\sqrt{2} \cdot U}{U_R}} \tag{15.7}$$

Schaltung nach Bild 15.13c mit

$$\tau = \frac{1}{3} \cdot R \cdot C \qquad R \le \frac{3 \cdot t_e}{C \cdot \ln \dfrac{\sqrt{2} \cdot U}{U_R}} \tag{15.8}$$

Die Leistung, für die die Entladewiderstände zu bemessen sind, ergibt sich zu:

$$P = \frac{U^2}{R} \tag{15.9}$$

Bei der Berechnung der Widerstände ist zu empfehlen, die handelsüblichen und die nach den Normen zulässigen Toleranzen von Kondensatoren und Widerständen jeweils im ungünstigsten Fall zu berücksichtigen. Anzusetzen sind damit die:

- Kapazität C mit +0 %
- Größe des Widerstands R mit –20 %

Beispiel:

In einer Drehstromanlage 400/230 V wird durch eine Kondensatorbatterie 3×440 µF, die im Stern an das Netz angeschlossen ist, kompensiert. Wie groß und für welche Leistung sind die Entladewiderstände zu wählen, wenn sie:

a) im Stern (Schaltung nach Bild 15.13a2)

b) im Dreieck (Schaltung nach Bild 15.13c)

geschaltet werden sollen?

Zunächst werden die gegebenen Größen um die Toleranzen erweitert; damit sind gegeben:

$$C = 1{,}1 \cdot 440\ \mu\text{F} = 484\ \mu\text{F} = 484 \cdot 10^{6}\ \text{F} = 484 \cdot 10^{-6}\ \frac{\text{As}}{\text{V}}$$

Bekannt sind: $t_e = 180$ s; $U_R = 75$ V

Die Lösung für Frage a) ist nach Gl. (15.6):

$$R = \frac{t_e}{C \cdot \ln \dfrac{\sqrt{2} \cdot U}{U_R}} = \frac{180\ \text{s}}{484 \cdot 10^{-6}\ \dfrac{\text{As}}{\text{V}} \cdot \ln \dfrac{\sqrt{2} \cdot 230\ \text{V}}{75\ \text{V}}}$$

$$= \frac{180 \cdot 10^{6}}{484 \cdot \ln 4{,}34} \cdot \frac{\text{V}}{\text{A}} = 253{,}5 \cdot 10^{3}\ \Omega = 253{,}5\ \text{k}\Omega$$

Unter Beachtung der Toleranz darf der Widerstand dann noch 0,8 · 253,5 kΩ = 202,8 kΩ betragen. Gewählt wird der in der Normreihe aufgeführte nächstkleinere Widerstand mit 150 kΩ.

Die Leistung des Widerstands muss nach Gl. (15.9) betragen:

$$P = \frac{U^2}{R} = \frac{(230\ \text{V})^2}{0{,}8 \cdot 150\ \text{k}\Omega} = 0{,}44\ \text{W}$$

Gewählt wird ein Widerstand mit einer Leistung von 0,5 W

Die Lösung für Frage b) ist nach Gl. (15.8):

$$R = \frac{3 \cdot t_e}{C \cdot \ln \frac{\sqrt{2} \cdot U}{U_R}} = \frac{3 \cdot 180\ \text{s}}{484 \cdot 10^{-6}\ \frac{\text{As}}{\text{V}} \cdot \ln \frac{\sqrt{2} \cdot 400\ \text{V}}{75\ \text{V}}} = \frac{540 \cdot 10^6}{484 \cdot \ln 7{,}54}\ \frac{\text{V}}{\text{A}}$$

$$= 552{,}3 \cdot 10^3\ \Omega = 552{,}3\ \text{k}\Omega$$

Gewählt wird 0,8 · 552,3 kΩ = 441,9 kΩ, also 330 kΩ

Die Leistung des Widerstands ist:

$$P = \frac{U^2}{R} = \frac{(400\ \text{V})^2}{0{,}8 \cdot 330\ \text{k}\Omega} = 0{,}606\ \text{W};\ \text{gewählt wird ein Widerstand mit } 0{,}75\ \text{W}$$

Die Lösungen für die Fragen a) und b) werden noch in einem Schaltbild (**Bild 15.14**) dargestellt:

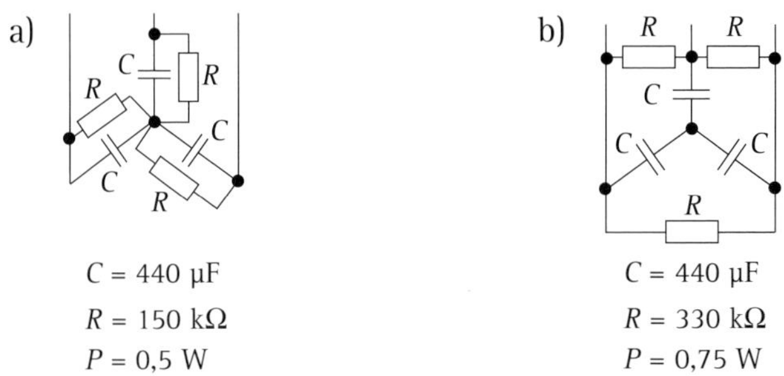

Bild 15.14 Beispiel; Schaltungen

Als Hilfe bei der Auswahl der Entladewiderstände kann **Tabelle 15.8** dienen. Die Tabelle ist unter Beachtung aller Toleranzen und unter Berücksichtigung genormter Widerstände (Widerstand und Leistung) berechnet.

Schaltung der Leistungskondensatoren und Entladewiderstände	Zeitkonstante τ	Bemessungsleistung der Kondensatoren in kvar		maximaler Entlade-widerstand	Leistung der Entladewiderstände in W	
	in s	230 V	400 V	in kΩ	230 V	400 V
Bild 15.13a	$\tau = R \cdot C$	> 0,9 bis 1,4	> 2,1 bis 3,2	1 000	0,125	0,25
		> 1,4 bis 2,1	> 3,2 bis 4,7	680	0,125	0,33
		> 2,1 bis 3,1	> 4,7 bis 6,9	470	0,25	0,5
		> 3,1 bis 4,4	> 6,9 bis 9,8	330	0,25	0,75
		> 4,4 bis 6,7	> 9,8 bis 14,7	220	0,33	1,0
		> 6,7 bis 9,8	> 14,7 bis 21,6	150	0,5	1,5
		> 9,8 bis 14,8	> 21,6 bis 32,5	100	0,75	2,0
		> 14,8 bis 21,7	> 32,5 bis 47,8	68	1,0	3,0
Bild 15.13b	$\tau = 3 \cdot R \cdot C$	> 0,7 bis 1,0	> 1,5 bis 2,3	470	0,25	0,5
		> 1,0 bis 1,4	> 2,3 bis 3,2	330	0,25	0,75
		> 1,4 bis 2,2	> 3,2 bis 4,9	220	0,33	1,0
		> 2,2 bis 3,2	> 4,9 bis 7,2	150	0,5	1,5
		> 3,2 bis 4,9	> 7,2 bis 10,8	100	0,75	2,0
		> 4,9 bis 7,2	> 10,8 bis 15,9	68	1,0	3,0
		> 7,2 bis 10,5	> 15,9 bis 23,0	47	1,5	5,0
		> 10,5 bis 14,9	> 23,0 bis 32,8	33	2,0	10,0
Bild 15.13c	$\tau = \frac{1}{3} \cdot R \cdot C$	> 0,9 bis 1,3	> 2,0 bis 2,9	3 300	0,05	0,125
		> 1,3 bis 2,0	> 2,9 bis 4,4	2 200	0,05	0,125
		> 2,0 bis 2,9	> 4,4 bis 6,5	1 500	0,05	0,25
		> 2,9 bis 4,4	> 6,5 bis 9,7	1 000	0,125	0,25
		> 4,4 bis 6,5	> 9,7 bis 14,3	680	0,125	0,33
		> 6,5 bis 9,4	> 14,3 bis 20,7	470	0,25	0,5
		> 9,4 bis 13,4	> 20,7 bis 29,5	330	0,25	0,75
		> 13,4 bis 20,2	> 29,5 bis 44,3	220	0,33	1,0

Tabelle 15.8 Größe und Leistung von Entladewiderständen

15.4 Literatur zu Kapitel 15

[1] Weiß, A.: Sind Askarele vom Typ der polychlorierten Biphenyle im Brandfall eine Gefahr? Der Maschinenschaden 56 (1983) H. 1, S. 9 bis 13

[2] Stein, R.: Askarele als Kühlmittel in Transformatoren und als Dielektrikum in Kondensatoren. Der Maschinenschaden 56 (1983) H. 1, S. 14 bis 20

[3] Just, W.; Hofmann, W.: Blindstromkompensation in der Betriebspraxis. 4. Aufl., Berlin und Offenbach: VDE VERLAG, 2003

[4] Sorg, F.; Hanov, R.; Raithel, H.: Gießharztransformatoren – beim Brandverhalten die Nase vorn. netzpraxis 45 (2006) H. 9, S. 32 bis 41

16 Schaltgeräte

16.1 Schalter

Schalter sind in den Normen der Reihe DIN VDE 0660 „Schaltgeräte“ genormt. Es sind Geräte zum mehrmaligen Ein- und Ausschalten von Strompfaden mithilfe mechanisch bewegter Teile. Der Schaltimpuls selbst muss dabei von außen kommen (Mensch, Relais). Nach dem Schaltvermögen sind zu unterscheiden:

Leerschalter (Trennschalter) sind Schalter zum annähernd stromlosen Schalten. Er kann nur dort verwendet werden, wo nicht unter Last geschaltet wird.

Lastschalter zum Schalten bis zum doppelten Bemessungsstrom. Er ist dort geeignet, wo nur normale Lastströme ein- und ausgeschaltet werden müssen. Zum Ein- und Ausschalten unter Kurzschlussbedingungen sind Lastschalter nicht geeignet.

Lasttrennschalter ist eine Kombination von Lastschalter und Trennschalter. Er erfüllt die Anforderungen, die an beide Schalter gestellt werden.

Motorstarter zum Ein- und Ausschalten von Motoren. Das Schaltvermögen genügt dem Anlaufstrom von Motoren. Motorstarter sind häufig mit thermischen Überstromauslösern kombiniert (Motorschutzschalter) und besitzen oft zusätzlich noch einen Kurzschlussschnellauslöser (Motorschutzschalter mit Kurzschlussauslöser).

Leistungsschalter sind zur Ein- und Ausschaltung unter Kurzschlussbedingungen geeignet. Der mit einem Kurzschlussschnellauslöser bestückte Schalter wird Leistungsselbstschalter genannt. Leistungsselbstschalter können zusätzlich mit einem thermischen Überstromauslöser oder einem bzw. mehreren anderen Auslöseorganen ausgerüstet sein.

Sicherungs-Lasttrennschalter sind Lasttrennschalter, die zusätzlich mit Sicherungen ausgerüstet sind.

16.2 Steckvorrichtungen, allgemein

Allgemeine Definitionen und Erläuterungen zu Steckvorrichtungen sind in Abschnitt 16.3 gegeben.

In der Übersichtsnorm DIN 49400 „Haushalt und Kragensteckvorrichtungen“ sind folgende Normen für Steckvorrichtungen aufgelistet:

- DIN 49406-1 Zweipoliger Stecker für schutzisolierte Geräte DC 10 A 250 V, AC 16 A 250 V
- DIN 49406-2 Zweipoliger Stecker für schutzisolierte Geräte DC 10 A 250 V, AC 16 A 250 V – spritzwassergeschützt
- DIN 49437 Adapter mit zwei Steckdosen 2,5 A 250 V
- Normen der Reihe DIN 49440 (Teil 1 und Teile 3 bis 6) Zweipolige Steckdosen mit Schutzkontakt DC 10 A 250 V, AC 16 A 250 V
- DIN 49440-2 Zweipolige Steckdosen mit Schutzkontakt DC 10 A 250 V, AC 16 A 250 V – Ortsveränderliche Mehrfachsteckdosen, Kombinationen von Steckdosen 10/16 A 250 V und Steckdosen 2,5 A 250 V – Hauptmaße
- DIN 49441 Zweipoliger Stecker mit Schutzkontakt AC/DC 10 A 250 V und DC 10 A 250 V AC, 16 A 250 V
- DIN 49441-2 Zweipoliger Stecker mit Schutzkontakt DC 10 A 250 V, AC 16 A 250 V – spritzwassergeschützt
- DIN 49442 Zweipoliger Stecker mit Schutzkontakt, druckwasserdicht AC/DC 10 A 250 V und DC 10 A 250 V, AC 16 A 250 V – Hauptmaße
- DIN 49443 Zweipoliger Stecker mit Schutzkontakt DC 10 A 250 V, AC 16 A 250 V – druckwasserdicht
- DIN 49445 Dreipolige Steckdosen mit N- und mit Schutzkontakt AC 16 A 400/231 V – Hauptmaße
- DIN 49446 Dreipolige Stecker mit N- und mit Schutzkontakt AC 16 A 400/231 V – Hauptmaße
- DIN 49447 Dreipolige Steckdosen mit N- und mit Schutzkontakt AC 25 A 400/231 V – Hauptmaße
- DIN 49448 Dreipolige Stecker mit N- und mit Schutzkontakt AC 25 A 400/231 V – Hauptmaße
- DIN EN 60309-2 (VDE 0623-2) Stecker, Steckdosen und Kupplungen für industrielle Anwendungen – Teil 2: Anforderungen und Hauptmaße für die Austauschbarkeit von Stift- und Buchsensteckvorrichtungen
- DIN VDE 0620-101 (VDE 0620-101) Steckvorrichtungen bis 400 V 25 A – Flache, nicht wieder anschließbare zweipolige Stecker, 2,5 A 250 V, mit Leitung, für die Verbindung mit Klasse-II-Geräten für Haushalt und ähnliche Zwecke
- DIN EN 60309-1 (VDE 0623-1): „Stecker, Steckdosen und Kupplungen für industrielle Anwendungen – Teil 1: Allgemeine Anforderungen“

16

Die Normen DIN 49406 bis DIN 49443 behandeln zweipolige Steckvorrichtungen für schutzisolierte Geräte und zweipolige Steckvorrichtungen mit Schutzkontakt für 10 A und 16 A Bemessungsstrom und 250 V Bemessungsspannung in den verschiedenen Ausführungen, die hauptsächlich in Haushalten und ähnlichen Anlagen üblich sind.

Steckvorrichtungen für Drehstrom, dreipolig mit Neutralleiter- und Schutzleiterkontakt (Handelsname: Perilex-Steckvorrichtungen) für 16 A und 25 A Bemessungsstrom und 400/230 V Bemessungsspannung sind in den Normen DIN 49446 bis DIN 49449 dargestellt. Einsatzgebiete sind überwiegend im Haushalt und ähnlichen Anlagen sowie im Gewerbe.

In der Norm DIN EN 60309-2 (VDE 0623-2) sind zweipolige bis fünfpolige Steckvorrichtungen für industrielle Anwendung genormt:

- Bemessungsströme 16 A und 32 A und Bemessungsspannungen bis 50 V für Kleinspannung
- Bemessungsströme 16 A bis 125 A und Bemessungsspannungen > 50 V bis 690 V

In der Norm DIN VDE 0620-101 (VDE 0620-101) sind die als „Eurostecker" bezeichneten Flachstecker mit 2,5 A Bemessungsstrom und 250 V Bemessungsspannung dargestellt.

Anmerkung: Steckvorrichtung mit Bemessungsströmen von 200 A und 750 V Bemessungsspannung werden hier nicht behandelt.

Eine Sonderstellung nehmen Steckvorrichtungen (Stecker und Kupplung) ein, die unter erschwerten Bedingungen eingesetzt werden. Diese Steckvorrichtungen werden hauptsächlich auf Baustellen eingesetzt und gelangen dort zur Anwendung, wo raue betriebliche Anforderungen auftreten. Die Steckvorrichtungen müssen DIN 49440 und DIN 49441 entsprechen und sind nach DIN VDE 0620 zu prüfen. Auf der betriebsfertig montierten Steckvorrichtung muss das Bildzeichen ⟨T⟩ nach DIN 30600 erkennbar aufgebracht sein. Die Steckvorrichtungen müssen so beschaffen sein, dass folgende Gummischlauchleitungen einwandfrei eingeführt und angeschlossen werden können:

- H07RN-F 3 G 1 mm^2
- NSSHÖU $3 \times 1{,}5$ mm^2

Im montierten Zustand müssen die Steckvorrichtungen mindestens der Schutzart „spritzwassergeschützt" (ein Tropfen im Dreieck) entsprechen.

Das betriebsmäßige Schalten (Ein- und Ausschaltung von Geräten) durch Steckvorrichtungen ist in Teil 460 „Trennen und Schalten" und Teil 537 „Geräte zum Trennen und Schalten" geregelt. Danach dürfen Steckvorrichtungen bis 16 A Bemessungsstrom für betriebsmäßiges Schalten verwendet werden.

16.3 Steckvorrichtungen für industrielle Anwendung

Steckvorrichtungen für vorwiegend industrielle Anwendung in Räumen und zur Verwendung im Freien sind nach EN 60309 „Stecker, Steckdosen und Kupplungen für industrielle Anwendung“ genormt. In dieser Europäischen Norm, die den Status einer Deutschen Norm hat, sind im Teil 1 „Allgemeine Anforderungen“ und im Teil 2 „Anforderungen und Hauptmaße für die Austauschbarkeit von Stift- und Buchsensteckvorrichtungen“ behandelt. Im Deutschen Normenwerk sind die Bestimmungen mit den Bezeichnungen DIN EN 60309-1 (VDE 0623-1) und DIN EN 60309-2 (VDE 0623-2) aufgenommen. Mit der Herausgabe dieser Bestimmungen wurden die Normen DIN 49462, DIN 49463 und DIN 49465 ungültig.

DIN EN 60309-2 (VDE 0623-2) gilt für Steckvorrichtungen (Stecker und Steckdosen, Leitungskupplungen und Gerätesteckvorrichtungen; siehe **Bild 16.1**) mit Nennbetriebsspannungen bis 690 V, einer Frequenz bis 500 Hz und Bemessungsströmen bis 125 A. Diese Steckvorrichtungen sind für den speziellen Einsatz in Räumen im industriellen Bereich und im Freien konzipiert. Die Anwendung auf Baustellen, in landwirtschaftlichen Betriebsstätten, in Gewerbebetrieben und auch im Haushalt ist zulässig. Es wird davon ausgegangen, dass die Steckvorrichtungen nur dort eingesetzt werden, wo die Umgebungstemperatur zwischen –25 °C und +40 °C liegt.

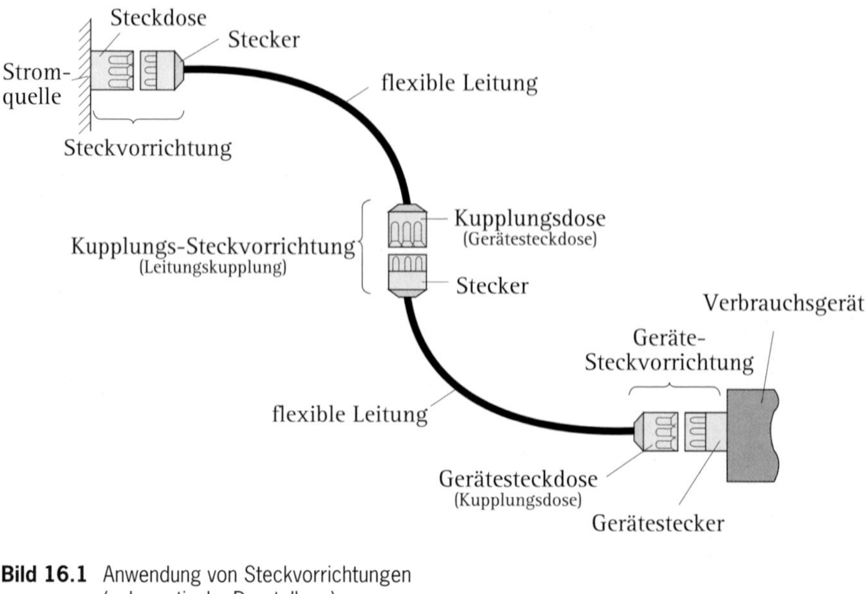

Bild 16.1 Anwendung von Steckvorrichtungen (schematische Darstellung)

Eine Steckvorrichtung dient zum Anschluss einer flexiblen Leitung an die ortsfeste Installation; sie besteht aus:

- Steckdose
- Stecker

Eine Kupplungssteckvorrichtung (Leitungskupplungen) dient zum Verbinden zweier flexibler Leitungen; sie besteht aus:

- Kupplung (Kupplungsdose)
- Stecker

Eine Gerätesteckvorrichtung dient zum Anschluss einer flexiblen Leitung an ein Gerät; sie besteht aus:

- Kupplung (Gerätesteckdose)
- Gerätestecker

Bei Steckern und Kupplungen wird noch unterschieden in:

- wieder anschließbare Stecker bzw. Kupplungen
- nicht wieder anschließbare Stecker bzw. Kupplungen

Weiter werden unterschieden:

- Steckvorrichtungen mit Schutzkontakt
- Steckvorrichtungen ohne Schutzkontakt

Die bevorzugten Spannungsbereiche reichen von 20 V ... 25 V bis zu 600 V ... 690 V und entsprechen den weltweit üblichen Spannungen, wie sie in der Praxis vorkommen. Sie sind in Tabelle 16.1 dargestellt. Bei den bevorzugten Bemessungsströmen sind zwei Reihen üblich. Die Bemessungsströme der Serie I mit I = 16 A/32 A/63 A/125 A ist die bevorzugte Reihe und entspricht den in Deutschland bisher üblichen Stromstärken. Die Serie II mit I = 20 A/30 A/60 A/100 A ist im Ausland zum Teil üblich.

Anmerkung: Steckvorrichtungen der Serie II sind nicht geeignet für die Verwendung in Europa und sind deshalb nicht zulässig. Verweise und Anforderungen für Erzeugnisse der Serie II sind in der Norm nur zur Information aufgenommen. Die genannten Normen gelten in Europa nur für Steckvorrichtungen der Serie I.

Die Steckvorrichtungen müssen gegen Wasser und Feuchtigkeit einen angemessenen Schutz bieten. Entweder sind sie auszustatten mit einem Schutzgrad nach DIN EN 60529 (VDE 0470-1):

- Schutzgrad IP44 (Schutz gegen Spritzwasser)
- Schutzgrad IP67 (Schutz gegen zeitweiliges Untertauchen)

oder es sind zu wählen:

- spritzwassergeschützte Ausführungen, gekennzeichnet durch einen Tropfen im Dreieck ⚠
- wasserdichte Ausführungen, gekennzeichnet durch zwei Tropfen 💧💧

Für die verschiedenen Nennbetriebsspannungen und Bemessungsströme sind unter Berücksichtigung des Schutzes gegen Wasser und Feuchtigkeit folgende Steckvorrichtungen zulässig:

- Steckvorrichtungen mit Schutzkontakt für $U > 50$ V ... 690 V und $I = 16$ A/32 A (Serie II 20 A/30 A) sind in folgenden Ausführungen zulässig:

  Schutzgrad gegen Feuchtigkeit:

  - IPX4 bzw. spritzwassergeschützt; Zeichen ⚠ (Tropfen im Dreieck) mit Klappdeckel
  - IPX7 bzw. wasserdicht; Zeichen 💧💧 (zwei Tropfen) mit Bajonettsystem

  Anzahl der Kontakte (Polzahl):

  Polzahl 3: 2P + (⏚) oder 2P + ⏚

  Polzahl 4: 3P + (⏚) oder 3P + ⏚

  Polzahl 5: 3P + N + (⏚) oder 3P + N + ⏚

- Steckvorrichtungen mit Schutzkontakt für $U > 50$ V ... 690 V und $I = 63$ A (Serie II 60 A) sind in folgenden Ausführungen zulässig:

  Schutzgrad gegen Feuchtigkeit:

  - IPX4 bzw. spritzwassergeschützt; Zeichen ⚠ (Tropfen im Dreieck) mit Klappdeckel und Bajonettsystem
  - IPX7 bzw. wasserdicht; Zeichen 💧💧 (zwei Tropfen) mit Bajonettsystem

  Anzahl der Kontakte (Polzahl):

  Polzahl 3: 2P + (⏚) oder 2P + ⏚

  Polzahl 4: 3P + (⏚) oder 3P + ⏚

  Polzahl 5: 3P + N + (⏚) oder 3P + N + ⏚

- Steckvorrichtungen mit Schutzkontakt für $U > 50$ V ... 690 V und $I = 125$ A (Serie II 100 A) sind in folgenden Ausführungen zulässig:

  Schutzgrad gegen Feuchtigkeit:

  - IPX4 bzw. spritzwassergeschützt; Zeichen ⚠ (Tropfen im Dreieck) mit Bajonettsystem, wenn die Steckdosen am Gehäuse befestigt sind oder mit diesem eine bauliche Einheit bilden
  - IPX7 bzw. wasserdicht; Zeichen 💧💧 (zwei Tropfen) mit Bajonettsystem

Anzahl der Kontakte (Polzahl):

Polzahl 3: 2P + ⏚ oder 2P + ⏚

Polzahl 4: 3P + ⏚ oder 3P + ⏚

Polzahl 5: 3P + N + ⏚ oder 3P + N + ⏚

- Steckvorrichtungen ohne Schutzkontakt für $U \leq 50$ V und $I = 16$ A/32 A (Serie II 20 A/30 A) sind in folgenden Ausführungen zulässig:

  Schutzgrad gegen Feuchtigkeit:

  - IPX4 bzw. spritzwassergeschützt; Zeichen ⚠ (Tropfen im Dreieck) mit Haltebügel oder Klappdeckel
  - IPX7 bzw. wasserdicht; Zeichen 💧💧 (zwei Tropfen) mit Bajonettsystem

  Anzahl der Kontakte (Polzahl):

  Polzahl 2: 2 P

  Polzahl 3: 3 P

Das Gehäuse der Steckvorrichtungen besteht aus schlagfestem Kunststoff. Sie besitzen je nach Nennbetriebspannung, Bemessungsstrom und Anzahl der Pole unterschiedliche Abmessungen.

Bei den Steckvorrichtungen für Nennbetriebspannungen über 50 V besitzen Stecker und Gerätestecker eine Nase; Steckdosen und Kupplungen sind mit einer Nut ausgerüstet. Durch die Unverwechselbarkeitsnut, die stets unten liegt (6 h) und durch die Lage der Schutzkontaktbuchse (PE-Kontakt), die je nach Nennbetriebsspannung, Frequenz, Polzahl und Bemessungsstrom verschieden angeordnet ist, ist durch den größeren Durchmesser des PE-Kontakts eine absolute Unverwechselbarkeit gewährleistet. Da die Buchse für den PE-Kontakt länger ist als die Buchsen der anderen Kontakte, ist der PE-Kontakt beim Zusammenstecken voreilend und beim Trennen nacheilend. Die Lage der Schutzkontaktbuchse ist in Anlehnung an die Uhrzeigerstellungen in Blickrichtung auf die Steckdose festgelegt: 30° ≙ 1 h. Sie ist entsprechend Nennbetriebsspannung und Frequenz für die verschiedenen Polzahlen und die Bemessungsstromstärke in **Tabelle 16.1** dargestellt. **Bild 16.2** zeigt einige ausgewählte Beispiele. Steckvorrichtung mit 63 A und 125 A Bemessungsstrom gibt es auch mit Pilotkontakt (P in Bild 16.2). Dieser kann als Hilfskontakt z. B. für Meldungen, Abschaltungen und dgl. verwendet werden.

Steckvorrichtungen mit Nennbetriebsspannungen bis 50 V haben keinen Schutzkontakt. Damit auch hier die Unverwechselbarkeit stets gewährleistet ist, haben Stecker und Gerätestecker eine Grundnase (unten) und eine Hilfsnase. Steckdosen und Kupplungsdosen haben entsprechende Nuten.

Die Lage der Hilfsnase markiert gegenüber der ortsunveränderlichen Grundnase die verschiedenen elektrischen Größen. Auch hier ist die Lage der Hilfsnase zur Grundnase durch die Uhrzeigerstellung festgelegt: 30° ≙ 1 h. **Tabelle 16.2** zeigt die genormten Werte, **Bild 16.3** eine Auswahl von Anordnungen.

Anzahl der Kontakte	Typ	Frequenz Hz	Nennbetriebsspannung V	Stellung des Schutzleiter-Kontakts[1] 16/20 A 32/30 A	Stellung des Schutzleiter-Kontakts[1] 63/60 A 125/100 A
3 Kontakte	1P + N + ⏚ Serie II	50 und 60	100 bis 130	4	4
		60	277	5	5
	2P + ⏚ Serien I und II	50 und 60	100 bis 130	4	4
			200 bis 250	6	6
		50 und 60	380 bis 415	9	9
			480 bis 500	7	7
			Versorgung nach einem Trenntransformator	12	12
		100 bis 300	über 50	–	–
		über 300 bis 500	über 50	2	–
		Gleichstrom	über 50 bis 250	3	3
			über 250	8	8
4 Kontakte	2P + N + ⏚ Serie II	50 und 60	125/250 einphasig	12	12
	3P + ⏚ Serien I und II	50 und 60	100 bis 130	4	4
			200 bis 250	9	9
			380 bis 415	6	6
		60	440 bis 460[2]	11	11
		50 und 60	480 bis 500	7	7
			600 bis 690	5	5
		50 60	380 440[3]	3	–
		100 bis 300	über 50	10	–
		über 300 bis 500	über 50	2	–
5 Kontakte	3P + N + ⏚ Serien I und II	50 und 60	57/100 bis 75/130	4	4
			120/208 bis 144/250	9	9
			200/346 bis 240/415	6	6
			277/480 bis 288/500	7	7
			347/600 bis 400/690	5	5
		60	250/440 bis 265/460[2]	11	11
		50 60	220/380 250/440[3]	3	–
		100 bis 300	über 50	–	–
		über 300 bis 500	über 50	2	
alle Typen		alle nicht durch andere Anordnungen abgedeckten Nennbetriebsspannungen und/oder Frequenzen		1	1

[1] Die Stellung des Schutzleiter-Kontakts ist durch die entsprechende Ziffer gekennzeichnet.
[2] Hauptsächlich für Schiffsinstallationen.
[3] Nur für Kühlcontainer (genormt durch ISO).

Anmerkung Mit einem Strich (–) gekennzeichnete Stellungen sind nicht genormt.

Tabelle 16.1 Lage der Schutzkontaktbuchse für verschiedene Nennbetriebsspannungen, Bemessungsströme und Frequenzen (Quelle: DIN EN 60309-2 (VDE 0623-2):2007-11)

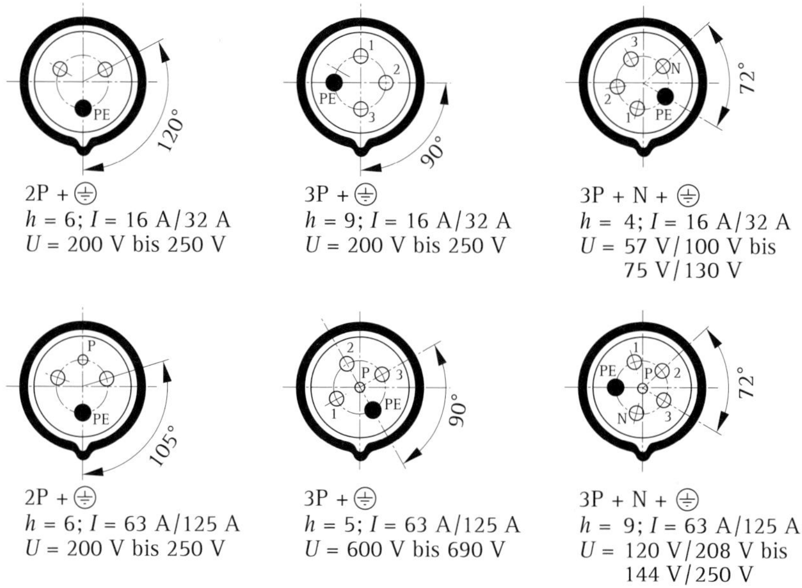

Bild 16.2 Beispiele für die Anordnung von Kontaktbuchsen für Steckvorrichtungen mit einer Nennbetriebsspannung > 50 V
(Ansicht von der Vorderseite einer Steckdose auf die Kontaktbuchsen)

Nennbetriebsspannung V	Frequenz Hz	Stellung der Hilfsnase bzw. Hilfsnut[1)]
20 bis 25	50 und 60	keine Hilfsnase oder Hilfsnut
40 bis 50	50 und 60	12
20 bis 25 und 40 bis 50	100 bis 200	4
	300	2
	400	3
	über 400 bis 500	11
	Gleichstrom	10

[1)] Die Stellung der Hilfsnase oder Hilfsnut wird durch eine entsprechende Ziffer gekennzeichnet.

Tabelle 16.2 Lage der Hilfsnase bei zwei- und dreipoligen Steckvorrichtungen für verschiedene Nennbetriebspannungen und Frequenzen; Bemessungsstrom 16 A und 32 A
(Quelle: DIN EN 60309-2 (VDE 0623-2):2007-11)

Zur leichteren Unterscheidungsmöglichkeit und um die Unverwechselbarkeit rein optisch besser kenntlich zu machen, sind die Steckvorrichtungen noch farbig gekennzeichnet (**Tabelle 16.3**).

Steckvorrichtungen müssen nachfolgend dargestellte Aufschriften tragen, wobei folgende Symbole verwendet werden können:

- Bemessungsstrom (A)
- Nennbetriebsspannung oder Spannungsbereiche (V)
- Symbol für die Stromart
  - Wechselstrom ~
  - Gleichstrom ⎓
- Frequenz (Hz), wenn diese > 60 Hz
- Name oder Markenzeichen des Herstellers
- Typzeichen oder Katalognummer
- Symbol für den Schutzgrad:
  - IPX4 oder ⚠ (Tropfen im Dreieck)
  - IPX7 oder 💧💧 (zwei Tropfen)
- Symbol für die Stellung des Schutzkontakts oder der Unverwechselbarkeitseinrichtung (h)

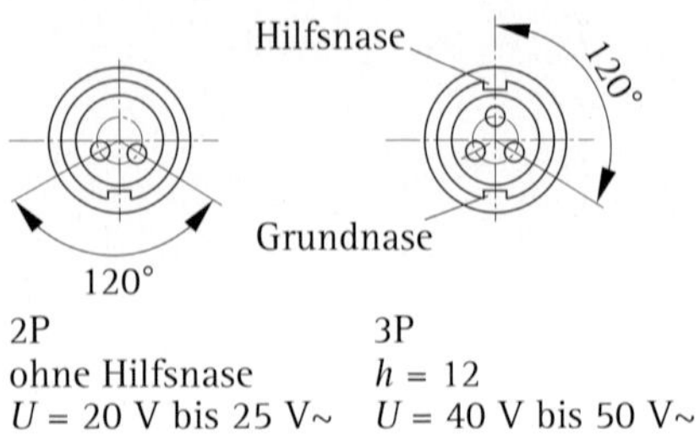

Bild 16.3 Beispiele für die Anordnung von Kontaktbuchsen für Steckvorrichtungen für Nennbetriebsspannungen bis 50 V

Nennbetriebsspannung in V (f = 50/60 Hz)	Kennfarbe
20 bis 25	violett
40 bis 50	weiß
100 bis 130	gelb
200 bis 250	blau
380 bis 480	rot
500 bis 690	schwarz
Frequenz in Hz	
> 60 bis 500	grün

Tabelle 16.3 Farbige Kennzeichnung von Steckvorrichtungen (Quelle: DIN EN 60309-1 (VDE 0623-1):2007-11)

Für die Aufschriften der Nennbetriebsspannungen, Spannungsbereiche und Bemessungsströme dürfen auch Zahlenangaben alleine verwendet werden.

Beispiele für verschiedene Möglichkeiten, wie die elektrischen Daten angegeben werden können:

- 32 A – 6 h/230/400 V ~
- 32 A – 6/230/400 ~
- $32\ \text{A}\ \dfrac{6\ \text{h}}{230\,/\,400 \sim}$
- 16 A – 7 h/500 V ~
- 16 – 7 h/500 ~
- $16\ \dfrac{7\ \text{h}}{500 \sim}$

Beispiele von Angaben verschiedener Hersteller

LINDNER	Ursprung, Hersteller
9275.06	Fabr.(Artikel)-Nummer
32/400 50 Hz 6 h	Elektrische Daten
3 P + N + ⏚ ⚠	Polzahl, Schutzgrad
- GEYER
4623/56
32/400 50 Hz 6 h
3 P + N + ⏚ ⚠
- AEG
910–694–726–00
32 A 50 Hz 6 h/400 V
3 P + N + ⏚ ⚠

Die bei den verschiedenen Steckvorrichtungen anschließbaren Leitungsquerschnitte sind in **Tabelle 16.4** dargestellt.

In Deutschland haben sich namhafte Hersteller von Steckvorrichtungen zusammengeschlossen. Die einzelnen Hersteller fertigen verschiedene Ausführungen des Programms und tauschen die Erzeugnisse untereinander aus. Die Steckvorrichtungen haben ein Feld für einen Aufkleber, der dann die erforderlichen Daten des Vertreibers trägt.

Angeboten werden z. B. Stecker, Gerätestecker, Einbaugerätestecker, Kupplungen, Einbausteckdosen, Steckdosen normal und abgesichert sowie abschaltbar oder mit eingebautem Motorstarter bzw. RCDs und viele andere Kombinationsgeräte.

Von einzelnen Herstellern werden auch siebenpolige Steckvorrichtungen (Nennbetriebspannungen 12 V bis 690 V; Gleich- und Wechselspannung bis 500 Hz;

Bemessungswerte der Steckvorrichtung		Stecker Kupplungen Gerätestecker	Steckdosen
U	I		
≤ 50 V	16 A (20 A)	4 mm² bis 10 mm²	4 mm² bis 10 mm²
	32 A (30 A)	4 mm² bis 10 mm²	4 mm² bis 10 mm²
> 50 V	16 A (20 A)	1 mm² bis 2,5 mm²	1,5 mm² bis 4 mm²
	32 A (30 A)	2,5 mm² bis 6 mm²	2,5 mm² bis 10 mm²
	63 A (60 A)	6 mm² bis 16 mm²	6 mm² bis 25 mm²
	125 A (100 A)	16 mm² bis 70 mm²	25 mm² bis 95 mm²

Als Leitungen liegen zugrunde:

- flexible Leitungen für Stecker und Kupplungen
- ein- oder mehrdrähtige Leitungen für Gerätestecker und Steckdosen

Tabelle 16.4 Nennquerschnitte der anschließbaren Leitungen (Quelle: DIN EN 60309-1 (VDE 0623-1):2007-11)

Bemessungsströme 16 A und 32 A; Polzahl 6 P+⏚) angeboten. Sie können angewendet werden für:

- Stern-Dreieck-Schaltungen von Motoren
- Elektrische Verriegelungen
- Regeln, Steuern, Melden, Quittieren und Überwachen

Steckvorrichtungen dieser Art sind nicht genormt; sie können ohne Bedenken eingesetzt werden (Eigenverantwortung nach VDE 0022).

16.4 Überstrom-Schutzeinrichtungen

Unter Überstrom-Schutzeinrichtungen werden alle Einrichtungen verstanden, die eine elektrische Anlage schützen, indem sie den Strom unterbrechen, wenn der Strom während einer bestimmten Zeit einen bestimmten Wert überschreitet. Elektrische Anlagen und Betriebsmittel (Verteilungen, Leitungen, Geräte usw.) werden damit vor den schädigenden Auswirkungen von Überströmen, wie sie durch Überlastungen und Kurzschlussströme entstehen, geschützt.

Im Niederspannungsbereich kommen für diese Anwendung hauptsächlich Überstrom-Schutzeinrichtungen in verschiedenen Ausführungen zum Einsatz

- Niederspannungssicherungen nach der Normenreihe DIN EN 60269 (VDE 0636)
- Leitungsschutzschalter (LS-Schalter) nach der Normenreihe DIN EN 60898 (VDE 0641)

- Geräteschutzschalter nach DIN EN 60934 (VDE 0642)
- Elektromechanische Schütze und Motorstarter nach DIN EN 60647-4-1 (VDE 0660-102)
- Selektive Haupt-Leitungsschalter (SH-Schalter) – SHA-Schalter nach E DIN VDE 0643 und SHU-Schalter nach E DIN VDE 0645

Beim gemeinsamen Einbau obiger Schutzeinrichtungen in einer Anlage ist den Selektivitätsbedingungen (Abschnitt 2.11) besondere Beachtung beizumessen.

16.4.1 Niederspannungssicherungen – DIN EN 60269 (VDE 0636)

Sicherungen für Sondereinsatzgebiete, wie Sicherungen für den Bergbau, Halbleiterschutzsicherungen und solche besonderer Bauart wie Geräteschutzsicherungen (Feinsicherungen, Kleinstsicherungen, modulare Sicherungen und dergleichen) werden hier nicht behandelt.

Eine **Sicherung** ist eine Schutzeinrichtung (Gerät), die durch das Abschmelzen eines oder mehrerer ihrer besonders ausgelegten und bemessenen Bauteile den Stromkreis, in dem sie eingesetzt ist, durch Unterbrechen des Stroms öffnet, wenn dieser einen bestimmten Wert während einer ausreichenden Zeit überschreitet. Die Sicherung umfasst alle Teile, die das vollständige Gerät bilden.

Sicherungen werden selbstverständlich hinsichtlich Bemessungsspannung und Bemessungsstrom ausgewählt. Weiter sind – wenn auch von untergeordneter Bedeutung – die Leistungsabgabe (Verlustleistung) und das Bemessungs-Ausschaltvermögen (Ausschaltstrom) zu beachten. Hinsichtlich der Arbeitsweise (Charakteristik) sind der Zeit-Strom-Bereich und die Zeit-Strom-Kennlinie besonders wichtig, wobei auch der „kleine Prüfstrom“ und der „große Prüfstrom“ zu berücksichtigen sind. Grundsätzlich kann zwischen Messer-Sicherungen (NH-Sicherungen), Schraubsicherungen (Diazed- und Neozed-Sicherungen) und Gerätesicherungen (Feinsicherungen) unterschieden werden.

Für Konstruktion, Bau und Prüfung von Niederspannungssicherungen gilt die Normenreihe DIN EN 60269 (VDE 0636), die auch als IEC-Publikation 60269 und als Europäische Norm EN 60269 veröffentlicht wurden. In VDE 0636-1 „Allgemeine Anforderungen“ sind grundsätzliche Festlegungen getroffen; in den Teilen 2 bis 4 sind die „zusätzlichen Anforderungen“ an die verschiedenen Sicherungen bzw. Sicherungssysteme festgelegt. Im Teil 5 sollen künftig die „Richtlinien für die Anwendung von Niederspannungssicherungen“ behandelt werden. Den Aufbau der Normenreihe DIN EN 20269 (VDE 0636) zeigt **Bild 16.4.**

Die Teile 1 bis 4 sind mit Datum 2008-03 erschienen. Teil 5 war bisher der Fachöffentlichkeit als IEC-Publikation 61818 „Anwendungsrichtlinie für Niederspannungssicherungen“ bekannt und liegt mittlerweile als Entwurf E DIN IEC 60269-5 (E VDE 0636-5):2008-11 der Fachmannschaft vor.

16

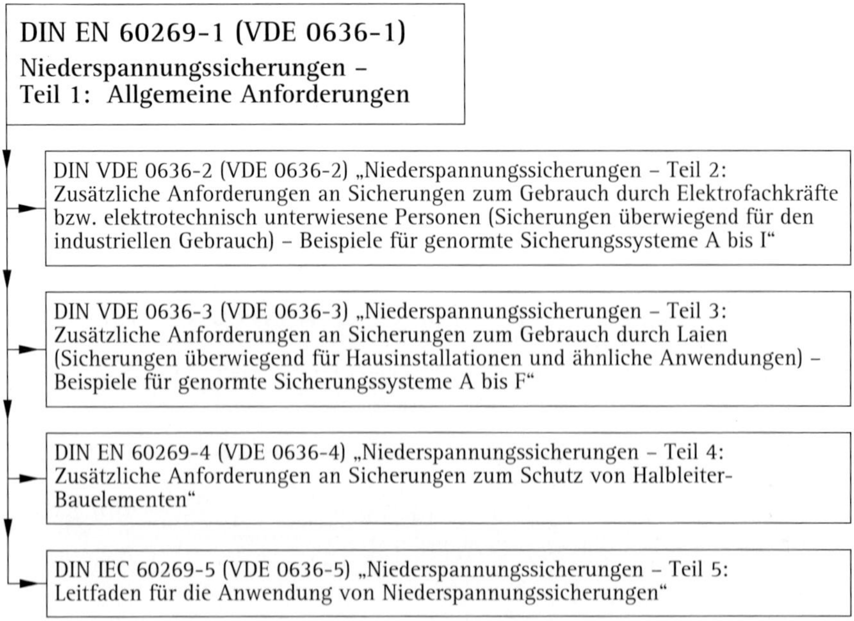

Bild 16.4 Aufbau der DIN EN 60269 (VDE 0636); Übersicht

Neben den in Bild 16.4 genannten Normen gibt es noch die Teile

- DIN VDE 0636-2011 (VDE 0636) „Niederspannungssicherungen (NH-System) – Zusätzliche Anforderungen an Sicherungen zum Gebrauch durch Elektrofachkräfte oder elektrotechnisch unterwiesene Personen (Sicherungen überwiegend für den industriellen Bereich)“
- DIN VDE 0636-3011 (VDE 0636) „Niederspannungssicherungen (D-System) – Zusätzliche Anforderungen an Sicherungen zum Gebrauch durch Laien (Sicherungen überwiegend für den Hausgebrauch und ähnliche Anwendungen)“

die aber lediglich nationalen Status besitzen und nationale Ergänzungen der internationalen Normen sind. Die Norm für NH-Sicherungen ist Teil 2011 für Sicherungen zum Schutz von besonderen Anlagen bzw. Betriebsmitteln (Transformatoren, Bergbau, Motoren mit 1 000 V Bemessungsspannung) und die Norm für Schraubsicherungen ist Teil 3011 für Anlagen und Betriebsmittel mit $U = 690$ V AC und $U = 600$ V DC.

Damit ist die Überführung der nationalen Normen für Sicherungen und Sicherungssysteme in internationale Normen (IEC und CENELEC) abgeschlossen. Wichtigste Änderung ist die Einführung von Sicherungen der Betriebsklasse gG als Ersatz für die Betriebsklasse gL. Die Unterschiede sind unerheblich und haben in der Anwendung keine praktische Bedeutung, weil die technischen Eigenschaften der Sicherungen annähernd gleich sind.

Daneben gibt es noch Spezialsicherungen für besondere Einsatzgebiete oder solche, die nur in bestimmten Industriezweigen verwendet werden.

Wichtigste Neuerung ist die Änderung der Formulierung für die Anwendungs- und Gebrauchseigenschaften in den Teilen 2 und 3.

- Teil 2: „Sicherungen zum Gebrauch durch Elektrofachkräfte und elektrotechnisch unterwiesene Personen" wird zu: **Sicherungen überwiegend für den industriellen Gebrauch**
- Teil 3: Sicherungen zum Gebrauch durch Laien" wird zu: **Sicherungen überwiegend für Hausinstallationen und ähnliche Anwendungen**

Für Sicherungen gelten folgende Definitionen bzw. Festlegungen:

Die **Bemessungsspannung** ist die Spannung, für die die Sicherung gebaut ist und mit der sie bezeichnet ist. Genormte Bemessungsspannungen sind in **Tabelle 16.5** dargestellt.

Der **Bemessungsstrom** eines Sicherungseinsatzes ist der Strom, mit dem die Sicherung dauernd belastet werden darf, ohne dass nachteilige, die Funktion beeinträchtigende Veränderungen zu erwarten sind. Die für Sicherungen genormten Bemessungsströme zeigt **Tabelle 16.6.**

Die **Leistungsabgabe** (Verlustleistung) ist die Verlustleistung eines Sicherungseinsatzes bei Belastung mit dem Nennstrom unter bestimmten Bedingungen.

16

Wechselspannung in V		Gleichspannung in V
Reihe 1	Reihe 2	
–	**120**	**110**
–	208	**125**
230	240	**220**
–	**277**	250
400	415	**440**
–	–	460
500	**480**	500
630	600	**600**
–	–	750

Die **fett** dargestellten Werte sind genormte Spannungen nach IEC 60038

Tabelle 16.5 Bemessungsspannungen von Sicherungen

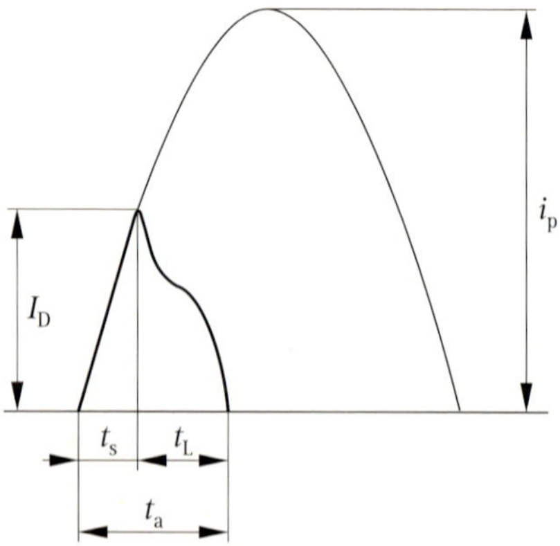

Bild 16.6 Begriffe
I_D Durchlassstrom
i_p Stoßkurzschlussstrom
t_s Schmelzzeit
t_L Lichtbogenzeit
t_a Ausschaltzeit

Der **Durchlassstrom** I_D ist der höchste Augenblickswert des Stroms, der während des Schaltvorgangs einer Sicherung erreicht wird. Die Höhe des Durchlassstroms kann anhand von „Strombegrenzungsdiagrammen" ermittelt werden.

Der **Stoßkurzschlussstrom** i_p (en: peak-short-current) ist der maximal mögliche Augenblickswert des zu erwartenden Kurzschlussstroms.

16

Den prinzipiellen Zusammenhang zwischen unbeeinflusstem Kurzschlussstrom, Stoßkurzschlussstrom und Durchlassstrom zeigt **Bild 16.7**.

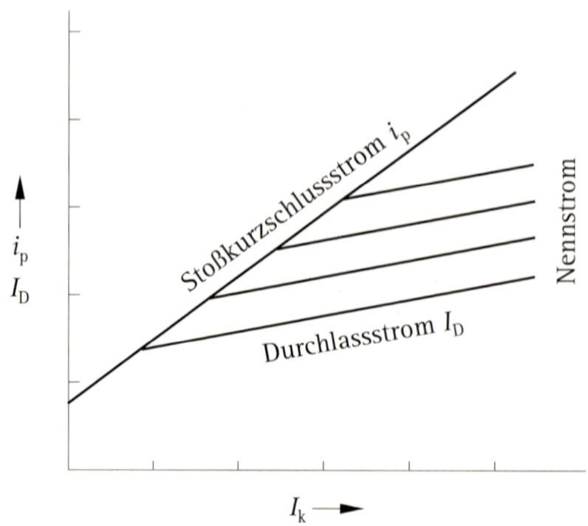

Bild 16.7 Strombegrenzungsdiagramm

Während bei Geräteschutz-Sicherungen (G-Sicherungen) die Bezeichnungen träg, flink, trägflink usw. noch üblich sind, werden die Sicherungen nach DIN EN 60269 (VDE 0636) durch die Angabe der Betriebsklasse gekennzeichnet.

Die **Betriebsklasse** einer Sicherung wird durch zwei Buchstaben ausgedrückt, von denen der erste Buchstabe die Funktionsklasse und der zweite Buchstabe das Schutzobjekt kennzeichnet.

Die **Funktionsklasse** eines Sicherungseinsatzes kennzeichnet seine Fähigkeit, bestimmte Ströme ohne Beschädigung zu führen und Überströme innerhalb eines bestimmten Bereichs ausschalten zu können. Es werden zwei Funktionsklassen unterschieden:

g Ganzbereichssicherungen, die Ströme bis wenigstens zu ihrem Bemessungsstrom dauernd führen und Ströme vom kleinsten Schmelzstrom bis zum Bemessungs-Ausschaltstrom ausschalten können.

a Teilbereichssicherungen, die Ströme bis wenigstens zu ihrem Bemessungsstrom dauernd führen und Ströme oberhalb eines bestimmten Vielfachen ihres Bemessungsstroms bis zum Bemessungs-Ausschaltstrom ausschalten können.

Hinsichtlich **Schutzobjekt** wird unterschieden in:

L Kabel- und Leitungsschutz
G Schutz für allgemeine Zwecke
M Schutz von Motorstromkreisen
R Halbleiterschutz
B Bergbauanlagenschutz
Tr Transformatorenschutz

Damit ergeben sich folgende Betriebsklassen:

gL Ganzbereichs-Kabel- und Leitungsschutz
gG Ganzbereichs-Schutz für allgemeine Zwecke
aM Teilbereichs-Schutz von Motorstromkreisen
gM Ganzbereichs-Schutz von Motorstromkreisen
aR Teilbereichs-Halbleiterschutz
gR Ganzbereichs-Halbleiterschutz
gS Ganzbereichs-Halbleiterschutz
gB Ganzbereichs-Bergbauanlagenschutz
gTr Ganzbereichs-Transformatorenschutz

Anmerkung: Sicherungen mit den Betriebsklassen „gD“ (verzögerte Sicherungen mit Ganzbereichs-Ausschaltvermögen) und „gN“ (nicht verzögerte Sicherung mit Ganzbereichs-Ausschaltvermögen) sind im deutschen Normenwerk nicht aufgenommen und werden deshalb auch nicht behandelt. Auch auf Sicherungen der Betriebsklasse „gB“ (Ganzbereichssicherung für Anwendungen im Bergbau) wird im Folgenden nicht weiter eingegangen.

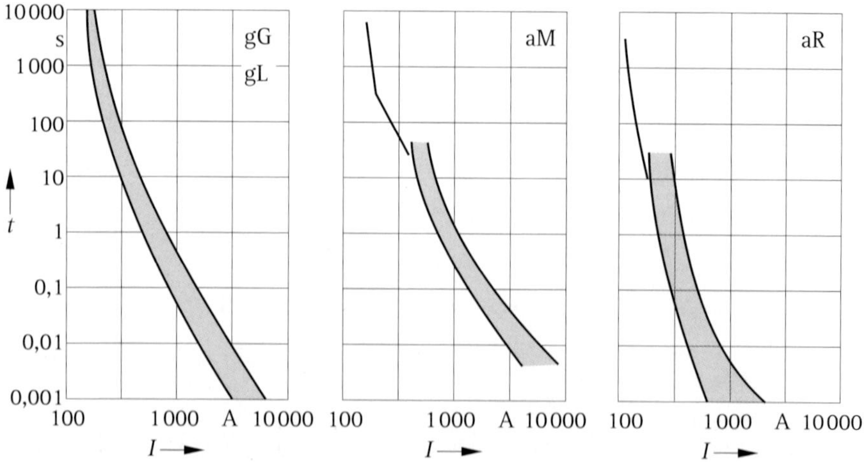

Bild 16.8 Zeit-Strom-Bereiche von verschiedenen 100-A-Sicherungen

Die Zeit-Strom-Bereiche für jeweils eine 100-A-Sicherung der Betriebsklassen gG bzw. gL, aR und aM sind in **Bild 16.8** dargestellt. Dem Hersteller ist es freigestellt, die Zeit-Strom-Kennlinie in die Mitte oder an den oberen bzw. auch unteren Grenzwert des Zeit-Strom-Bereichs zu legen. Die mittlere Abweichung der Zeit-Strom-Kennlinie (Toleranz) beträgt bei Schmelzsicherungen etwa ±5 % bis ±10 %, gerechnet in Stromrichtung.

16

Sicherungen der Betriebsklasse gG bzw. gL dienen dem Ganzbereichsschutz für allgemeine Zwecke bzw. für Kabel und Leitungen. Die Zeit-Strom-Bereiche sind in DIN VDE 0636-2 (VDE 0636-2) festgelegt; sie sind in **Bild 16.9** für Sicherungen mit Bemessungsströmen von 2 A bis 1 250 A dargestellt.

Sicherungen der Betriebsklasse aM gelangen zur Anwendung, wenn nur ein Kurzschlussschutz erforderlich ist. Der Überlastschutz von Anlagen, Motoren und Schaltgeräten wird entweder anderweitig sichergestellt oder ist nicht erforderlich.

Bild 16.10 zeigt für die genormten Bemessungsströme von aM-Sicherungen (35 A bis 1 250 A) nach DIN EN 60269-2 (VDE 0636-20):2002-09 die Zeit-Strom-Bereiche, wobei die Abszisse nicht die absoluten Stromwerte, sondern das Verhältnis I/I_n angibt. Die genannte Bestimmung wurde zurückgezogen. Das Bild 16.10 ist Stand der Technik.

Sicherungen der Betriebsklasse gTr wurden speziell für den Schutz von Leistungs-Transformatoren mit einer Sekundärspannung von 400 V entwickelt. Anstatt einer Bemessungs-Stromstärke sind die Sicherungen mit der Transformatoren-Bemessungsleistung bezeichnet. Üblich sind Sicherungen für 50 kVA, 75 kVA, **100 kVA,** 125 kVA, **160 kVA,** 200 kVA, **250 kVA,** 315 kVA, **400 kVA,** 500 kVA,

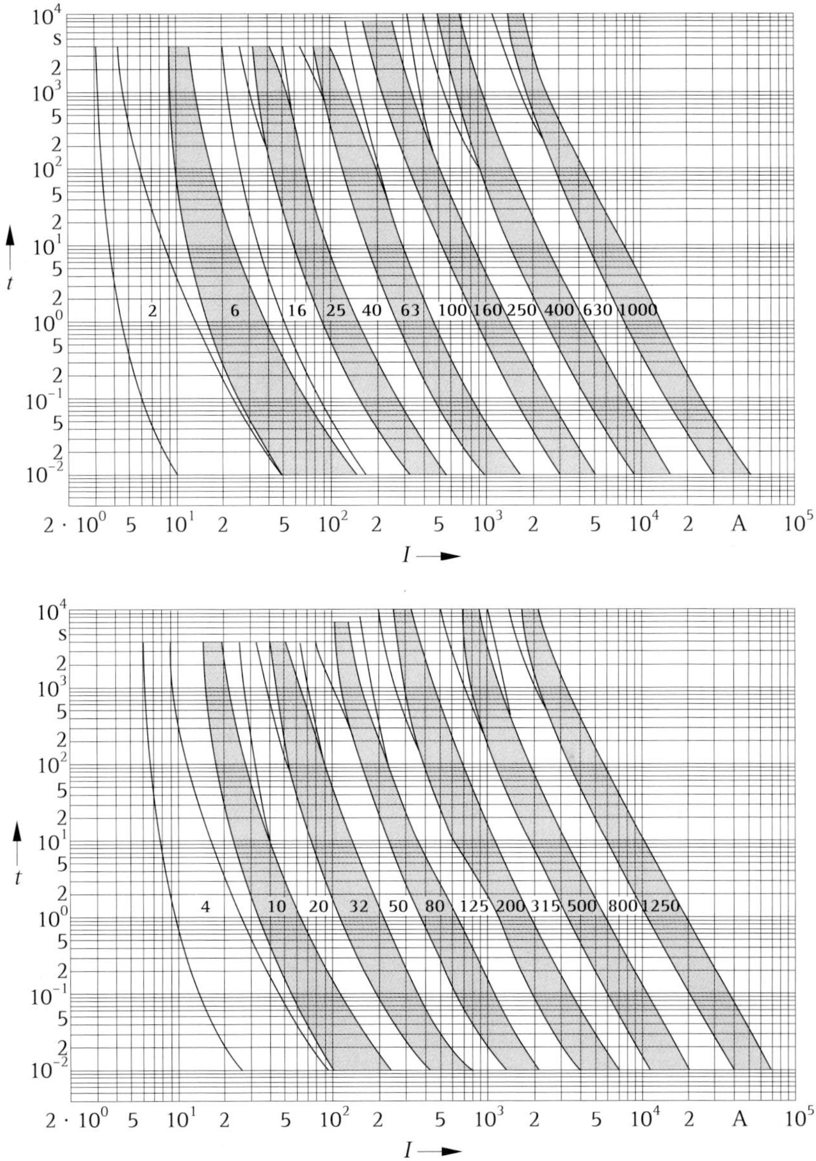

Bild 16.9 Strom-Zeit-Bereiche für NH-Sicherungen der Betriebsklasse gG (Quelle: DIN VDE 0636-2):2008-03
Anmerkung: Sicherungen mit Bemessungsstrom 35 A sind nicht mehr in der Norm enthalten. Der Strom-Zeit-Bereich wurde aber aufgenommen, weil noch viele dieser Sicherungen in Anlagen eingesetzt sind.

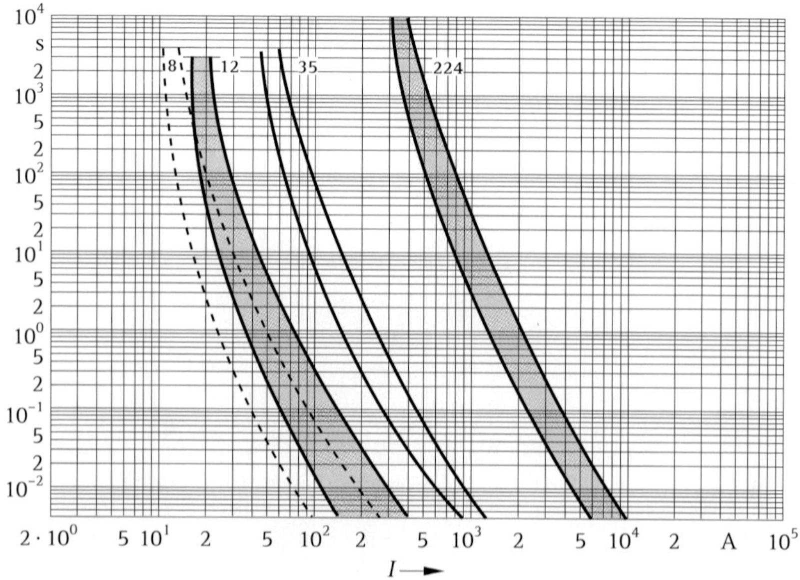

Bild 16.9 (Fortsetzung) Strom-Zeit-Bereiche für NH-Sicherungen der Betriebsklasse gG (Quelle: DIN VDE 0636-2):2008-03

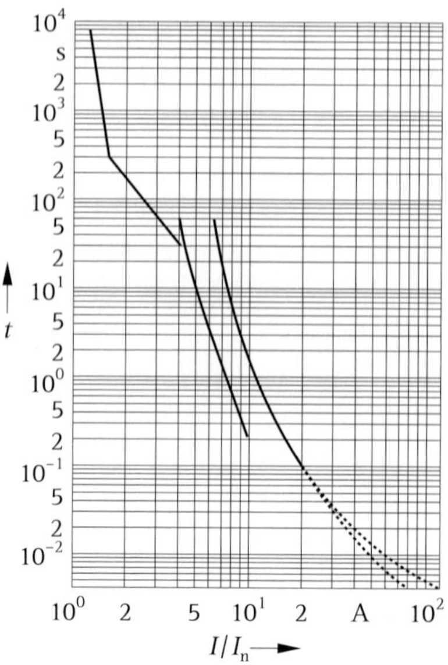

Bild 16.10 Zeit-Strom-Bereiche für aM-Sicherungen für alle Bemessungsströme (Quelle: DIN VDE 0636-20:2002-09)

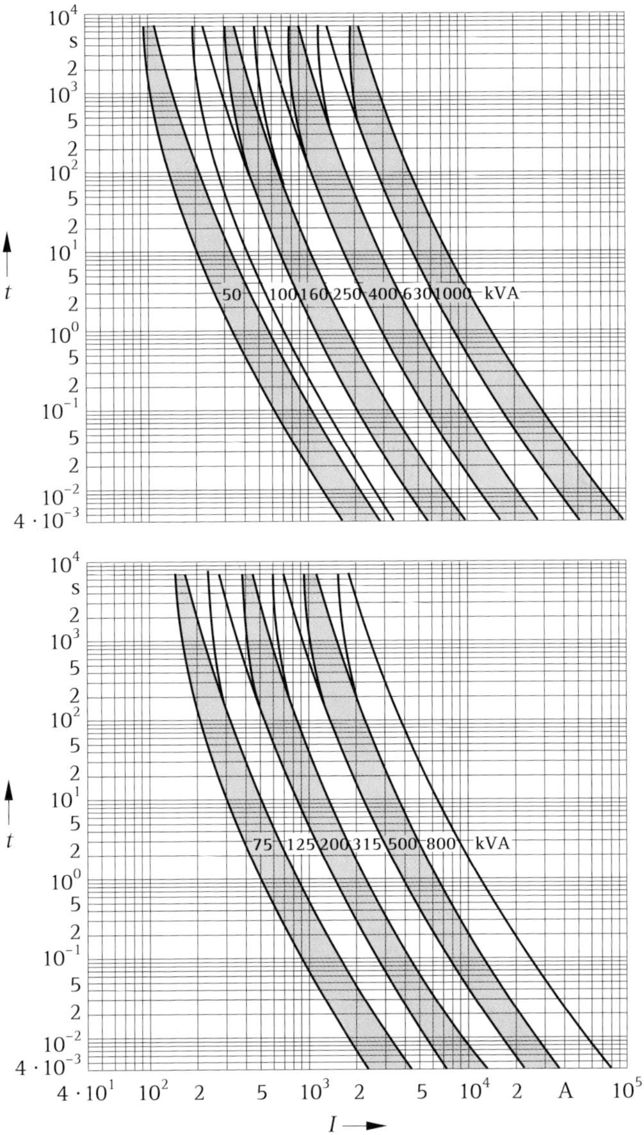

Bild 16.11 Zeit-Strom-Bereiche für gTr-Sicherungen

630 kVA, 800 kVA und **1 000 kVA** (die **fett gesetzten** Werte sind Vorzugswerte). Dabei entspricht der Bemessungsstrom der Sicherung der Bemessungsleistung des Transformators nach der Beziehung:

$$I_{rat} = \frac{S_{rT}}{\sqrt{3} \cdot U_r} \tag{16.1}$$

Es bedeuten:

I_{rat} Bemessungsstrom der Sicherung bzw. Nennstrom des Transformators in A

S_{rT} Bemessungsleistung des Transformators in kVA

U_r Bemessungsspannung des Transformators in kV, mit $U_r = 0{,}4$ kV

Die Zeit-Strom-Bereiche für Sicherungen der Betriebsklasse gTr sind nicht genormt; die in **Bild 16.11** dargestellten Kurven können deshalb nur als Anhaltswerte gelten.

Halbleiterschutz-Sicherungen dienen dem speziellen Schutz von Halbleiterbauteilen. Besonderes Kennzeichen der Sicherungen (Betriebsklassen aR, gR und gS) ist die schnelle Abschaltung, insbesondere im Kurzschlussbereich. Für Halbleiterschutz-Sicherungen der Betriebsklasse gR sind Zeit-Strom-Bereiche in **Bild 16.12**, für solche der Betriebsklasse aR in **Bild 16.13** dargestellt.

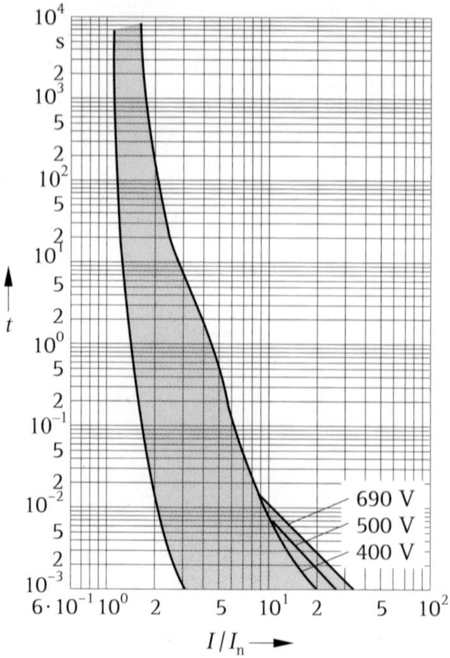

Bild 16.12 Zeit-Strom-Bereiche für gR-Sicherungen
(Quelle: DIN VDE 0636-23:1984-12; diese Norm wurde zurückgezogen und ist durch DIN EN 60269-4 (VDE 0636-40) ersetzt; das Bild 16.12 ist in der Norm nicht mehr enthalten, die Kurven sind aber Stand der Technik)

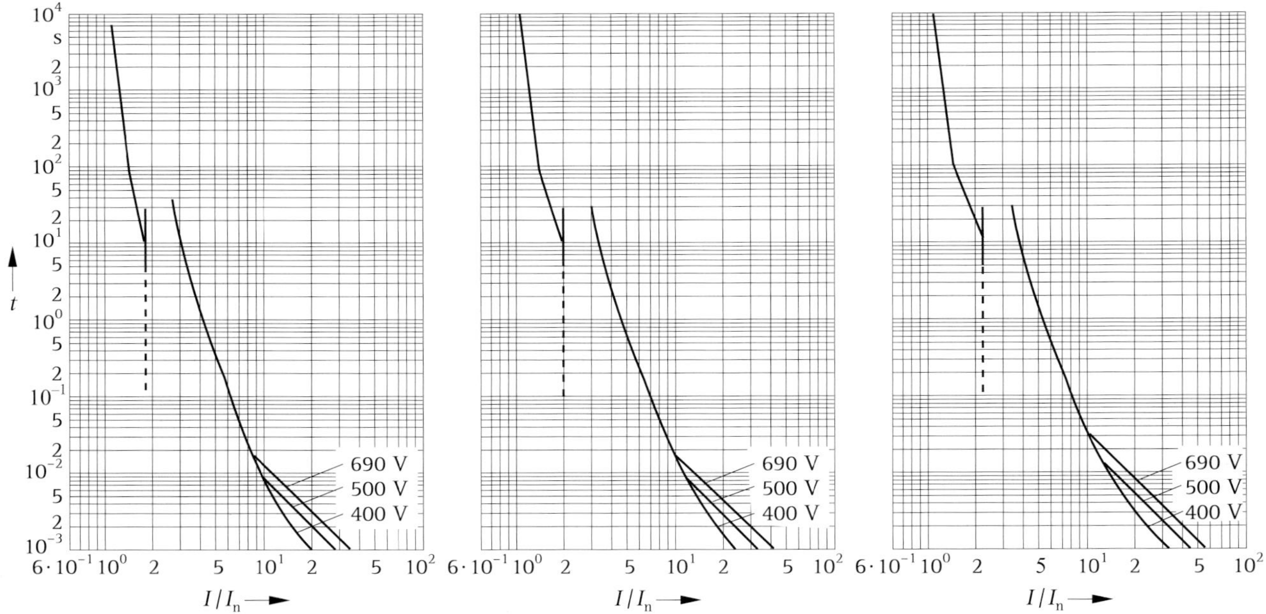

Bild 16.13 Zeit-Strom-Bereiche für aR-Sicherungen
links: $U \leq 690$ V, $I \leq 100$ A
Mitte: $U \leq 690$ V, $I > 100$ A bis 250 A
rechts: $U \leq 690$ V, $I > 250$ A bis 630 A
(Quelle: DIN VDE 0636-23:1984-12; diese Norm wurde inzwischen zurückgezogen und ersetzt durch DIN EN 60269-4 (VDE 0636-40).
Die Bilder sind in der neuen Norm nicht mehr enthalten, die Kurven sind aber Stand der Technik.)

Die Zeit-Strom-Bereiche sind in der Norm nicht mehr enthalten, sie können aber als Stand der Technik angesehen werden. In der Praxis sind die Kennlinien vom Hersteller anzufordern.

Für Halbleiterschutz-Sicherungen sind nach DIN EN 60269-4 (VDE 0636-4) folgende Sicherungseinsätze genormt:

- Halbleiterschutz-Sicherungen mit geschraubten Verbindungen, Typ A, Typ B, Typ C
- Halbleiterschutz-Sicherungen mit stirnseitigen Flachkontakten, Typ A, Typ B
- Halbleiterschutz-Sicherungen mit zylindrischen Kontaktkappen, Typ A

16.4.1.1 NH-Sicherungen

Das NH-System (Niederspannung-Hochleistungs-Sicherungssystem) ist ein nach DIN EN 60269-2 (VDE 0636-2) genormtes Sicherungssystem, das aus einem Sicherungsunterteil, dem auswechselbaren Schmelzeinsatz und dem Bedienungselement zum Auswechseln des Sicherungseinsatzes besteht. NH-Sicherungen können zusätzlich noch über Schaltzustandsgeber und Auslösevorrichtung verfügen. Unverwechselbarkeit hinsichtlich des Nennstroms und ein absoluter Berührungsschutz sind nicht gegeben; das NH-System ist deshalb für die Betätigung durch Laien nicht geeignet.

16

NH-Sicherungen haben je nach Betriebsklasse die Aufgabe, nachgeschaltete Kabel und Leitungen (Betriebsklasse gG bzw. gL), Anlagenteile wie Transformatoren, Motoren, Schaltanlagen usw. (Betriebsklassen aM, gTr) oder Halbleiterbauelemente (Betriebsklassen aR, gR und gS) gegen thermische und dynamische Überbeanspruchungen zu schützen. Eine sichere Energieversorgung stellt dabei an die Sicherungen die Aufgabe, sowohl im Kurzschlussbereich als auch im Überstrombereich sicher abzuschalten (Ganzbereichssicherung) oder zumindest im Kurzschlussbereich sicher zu schalten (Teilbereichssicherung).

Aufbau und Wirkungsweise: Ein NH-Sicherungseinsatz besteht aus einem Porzellan-, Kunststoff- oder Gießharzkörper, an dessen Stirnseiten Kontaktmesser angebracht sind (**Bild 16.14**). Im Innern des Körpers – Gießharzsicherungen ausgenommen – befinden sich ein oder mehrere in Quarzsand eingebettete Schmelzleiter, die aus Bandmaterial mit hoher Leitfähigkeit (Kupfer, verzinnt oder versilbert, Neusilber) bestehen. Das möglichst genaue Einhalten der vom Hersteller angegebenen Zeit-Strom-Kennlinie wird durch die Fertigungsgenauigkeit der Schmelzleiter erreicht. Aussehen, Art, Form und Material des Schmelzleiters sind von Hersteller zu Hersteller sehr verschieden. Für die am häufigsten vorkommenden NH-Sicherungen der Betriebsklasse gG bzw. gL sind die Zeit-Strom-Kennlinien in **Bild 16.15** dargestellt.

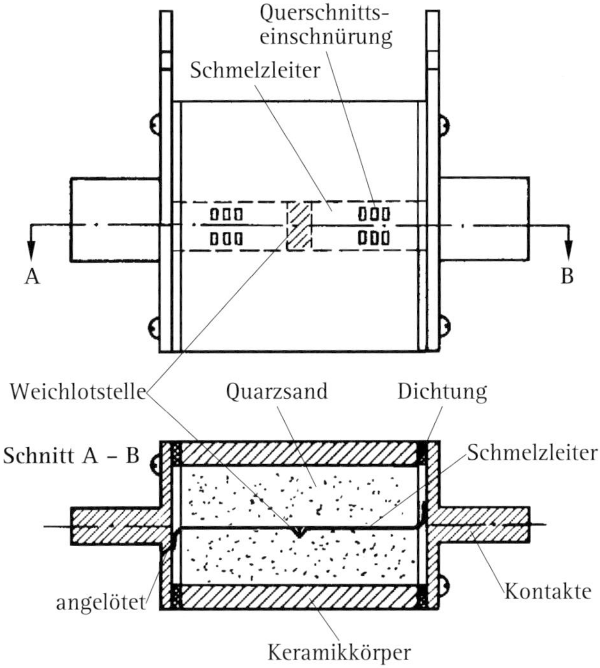

Bild 16.14 Schnittbild einer NH 00-Sicherung

16

Zur Auslösung der Sicherungen bei Überlast (bis zum zweifachen Nennstrom) ist der Schmelzleiter mit einem Weichlotauftrag versehen, der bei Erwärmung durch einen Überstrom schmilzt, wobei Lot und Schmelzleiter eine schlechter leitende Legierung als der ursprüngliche Schmelzleiter darstellen, sodass der Schmelzleiter wärmemäßig immer höher beansprucht wird (Grenzstromgebiet). Dieser Lotauftrag, der bei einer Überlastung der Sicherung dabei „anschmilzt", aber nicht zum Ansprechen der Sicherung führt, trägt zur Alterung der Sicherung wesentlich bei. Bei entsprechendem, evtl. auch mehrmaligem „Anschmelzen" ist es unter Umständen auch möglich, dass eine Sicherung anspricht, obwohl der Bemessungsstrom nicht zum Fließen kam. Durch Ausstanzungen, die gleichmäßig oder ungleichmäßig verteilt sein können, werden über die Länge des Schmelzleiters Querschnittschwächungen erreicht, die bei großen Strömen (ab zehnfachem Nennstrom) eine Aufteilung des Lichtbogens in mehrere kleine Teillichtbögen bewirken. Die Löschung der Teillichtbögen durch den Quarzsand ist dann wesentlich einfacher als die Löschung eines großen Lichtbogens (Kurzschlussstromgebiet).

Die Erwärmung des Schmelzleiters bei großen Kurzschlussströmen erfolgt so rasch, dass die Abschaltung erfolgt, bevor der Strom seinen Höchstwert (Stoßkurzschlussstrom) erreicht hat. Dies bedeutet, dass eine Sicherung bei großen Strömen

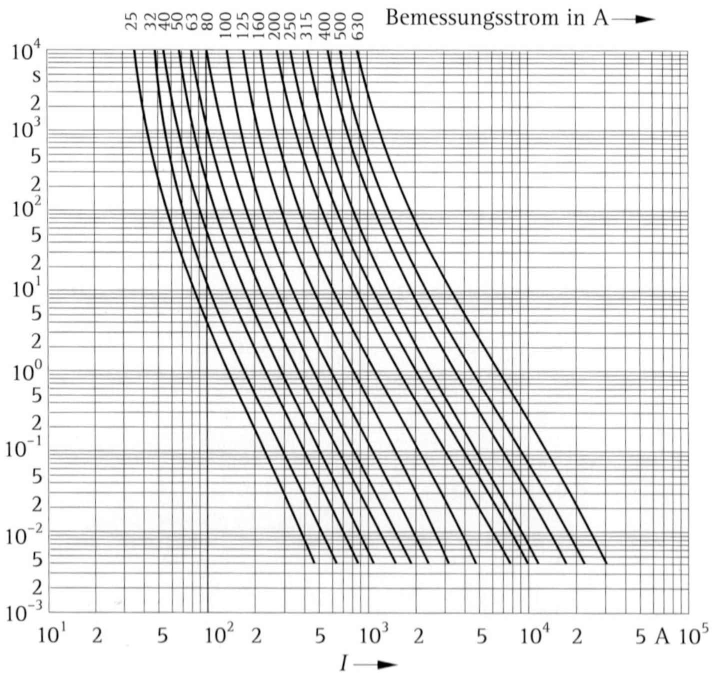

Bild 16.15 Zeit-Strom-Kennlinien von NH-Sicherungen der Betriebsklassen gG bzw. gL (Kennlinien eines Herstellers)

eine strombegrenzende Wirkung hat, die durch den Durchlassstrom ausgedrückt wird (vergleiche Bild 16.6 und Bild 16.7). Das Strombegrenzungsdiagramm für Sicherungen der Betriebsklasse gG bzw. gL ist in **Bild 16.16** dargestellt.

NH-Sicherungen können mit einer Anzeigevorrichtung (Anzeiger) versehen sein, die den Schaltzustand (betriebsfähig oder unterbrochen) der Sicherung angibt. Bei Sicherungen mit Stirnkennmelder erscheint an der Stirnseite der Sicherung die Anzeige, bei Sicherungen mit Bauchkennmelder (Mittekennmelder) erfolgt die Anzeige vorn in der Mitte der Sicherung. Bei Sicherungen mit Schlagvorrichtung wird beim Ansprechen der Sicherung, in der Regel durch eine Feder, ein Schlagbolzen freigegeben, der zu einer mechanischen Verriegelung, zur Signalgebung oder zur Abschaltung des Stromkreises, zum Beispiel durch einen Leistungsschalter, verwendet werden kann.

Beispiel:

Eine Sicherung der Betriebsklasse gG bzw. gL, Nennstrom 100 A, sichert einen Kabelabgang. Unmittelbar nach der Sicherung ist mit einem Anfangskurzschluss-

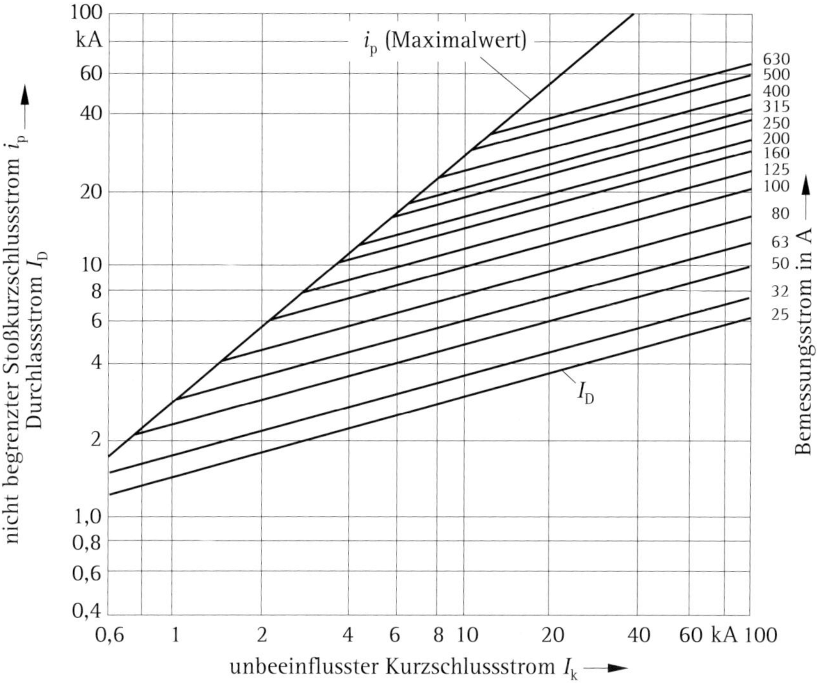

Bild 16.16 Strombegrenzungsdiagramm für NH-Sicherungen der Betriebsklassen gG bzw. gL

16

wechselstrom von 20 kA zu rechnen. Zu bestimmen sind der Stoßkurzschlussstrom – ohne Berücksichtigung der Sicherung – und der Durchlassstrom.

Der Stoßkurzschlussstrom beträgt (vgl. Kapitel 14):

$$i_p = \kappa \cdot \sqrt{2} \cdot I_k = 2 \cdot \sqrt{2} \cdot 20\ \text{kA} = 56{,}6\ \text{kA}$$

Dieser Wert kann auch auf der Hüllgeraden in Bild 16.16 abgelesen werden.

Der Durchlassstrom wird ermittelt zu:

$$I_D = 14\ \text{kA}$$

Das Verhalten von Sicherungen wird auch durch die Prüfströme beeinflusst. Die Prüfströme, die in **Tabelle 16.7** dargestellt sind, bedeuten:

Eine Sicherung, belastet mit dem kleinen Prüfstrom, darf in der vorgegebenen Zeit nicht ansprechen. Bei Belastung mit dem großen Prüfstrom muss die Sicherung innerhalb der vorgegebenen Prüfdauer ansprechen.

Sicherung		kleiner Prüfstrom I_{nf}	großer Prüfstrom I_f	konventionelle Prüfdauer t
Betriebsklasse	Bemessungsstrom I_r in A			
gG gM	bis 4	$1{,}5 \cdot I_n$	$2{,}1 \cdot I_n$	1 h
	über 4 bis 16	$1{,}5 \cdot I_n$	$1{,}9 \cdot I_n$	1 h
	über 16 bis 63	$1{,}25 \cdot I_n$	$1{,}6 \cdot I_n$	1 h
	über 63 bis 160	$1{,}25 \cdot I_n$	$1{,}6 \cdot I_n$	2 h
	über 160 bis 400	$1{,}25 \cdot I_n$	$1{,}6 \cdot I_n$	3 h
	über 400	$1{,}25 \cdot I_n$	$1{,}6 \cdot I_n$	4 h
aM	alle I_n	$4 \cdot I_n$	$6{,}3 \cdot I_n$	60 s
gTr	alle I_{rat}[1]	$1{,}3 \cdot I_{rat}$	–	10 h
		–	$1{,}5 \cdot I_{rat}$	2 h
gR	bis 63	$1{,}1 \cdot I_n$	$1{,}6 \cdot I_n$	1 h
	über 63 bis 160	$1{,}1 \cdot I_n$	$1{,}6 \cdot I_n$	2 h
	über 160 bis 400	$1{,}1 \cdot I_n$	$1{,}6 \cdot I_n$	3 h
	über 400	$1{,}1 \cdot I_n$	$1{,}6 \cdot I_n$	4 h
gS	bis 63	$1{,}25 \cdot I_n$	$1{,}6 \cdot I_n$	1 h
	über 63 bis 160	$1{,}25 \cdot I_n$	$1{,}6 \cdot I_n$	2 h
	über 160 bis 400	$1{,}25 \cdot I_n$	$1{,}6 \cdot I_n$	3 h
	über 400	$1{,}25 \cdot I_n$	$1{,}6 \cdot I_n$	4 h

[1] Bei Sicherungen der Betriebsklasse gTr entspricht der Bemessungsstrom des Sicherungseinsatzes dem Bemessungsstrom des Transformators. Es gilt:

$$I_{rat} = \frac{S_{rT}}{\sqrt{3} \cdot U_r}, \text{ mit:}$$

I_{rat} Bemessungsstrom der Sicherung bzw. des Transformators in A
S_{rT} Bemessungsleistung des Transformators in kVA
U_r Bemessungsspannung des Transformators in kV, mit $U_r = 0{,}4$ kV

Tabelle 16.7 Prüfströme von NH-Sicherungen

Die Bemessungsstrombereiche nach DIN VDE 0636 und die Bemessungsstrombereiche der von Herstellern gefertigten Sicherungen sowie die Abmessungen von NH 00 bis NH 4a sind in **Tabelle 16.8** dargestellt.

Die Prüfströme I_f und I_{nf}, wie in Tabelle 16.7 festgelegt, werden an offen angeordneten Sicherungen bei einer Umgebungstemperatur von 20 °C ± 5 K nachgewiesen. Sicherungen, die in Verteilungen usw. eingebaut sind, erfüllen – soweit es sich um Sicherungen der Betriebsklassen gG bzw. gL handelt – die Bedingungen des Teils 430 mit $I_2 \leq 1{,}45\ I_n$ der jeweils festgelegten Prüfdauer (siehe auch Abschnitt 20.4.1).

Die **Leistungsabgabe** (Verlustleistung) eines Sicherungseinsatzes ist die vom Hersteller angegebene Verlustleistung bei Bemessungsstrom und Bemessungsfrequenz. Sie darf die in DIN VDE 0636 angegebenen Werte der zulässigen Leistungsabgabe – siehe **Tabelle 16.9** – nicht überschreiten.

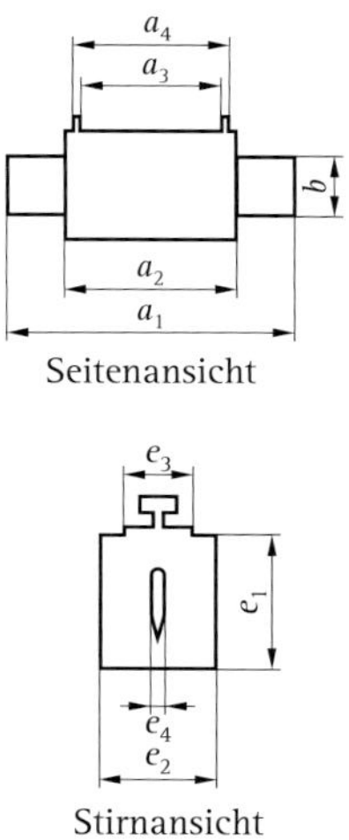

Baugröße	Bemessungsströme in A		Abmessungen in mm								
	nach VDE 0636	Hersteller	a_1	a_2	a_3	a_4	b	e_1	e_2	e_3	e_4
NH 000	2 bis 100	2 bis 100	78,5	54	45	49	15	41	21	16	6
NH 00	2 bis 160	2 bis 160	78,5	54	45	49	15	48	30	20	6
NH 0[1)]	6 bis 160	2 bis 160	125	68	62	68	15	48	40	20	6
NH 1	80 bis 250	2 bis 250	135	75	62	68	20	53	52	20	6
NH 2	125 bis 400	25 bis 400	150	75	62	68	25	61	60	20	6
NH 3	315 bis 630	50 bis 630	150	75	62	68	32	76	75	20	6
NH 4	500 bis 1 000	500 bis 1 000	200	max. 90	62	68	49	110	105	20	8
NH 4a	500 bis 1 250	500 bis 1 250	200	max. 100	84	90	49	110	102	30	6

1) NH 0 ist nur noch für Ersatzbeschaffung zugelassen

Tabelle 16.8 NH-Sicherungen; Abmessungen ohne Toleranzangaben

Baugröße		00	00	0	0	1	1	2	2	3	3	4	4	4a	4a
Bemessungsstrom in A		100	160	100	160	200	250	315	400	500	630	800	1 000	1 000	1 250
Betriebs-klasse	U_n in V	Leistungsabgabe in W[1]													
gG	400 und 500 ~	7,5	12	–	16	–	23	–	34	–	48	–	90	–	110
gG	690 ~	12	–	25	–	32	–	45	–	60	–	90	–	110	–
aM	400 und 500 ~	7,5	–	–	16	–	23	–	34	–	48	–	90	–	110
aM	690 ~	12	–	25	–	–	32	–	45	–	60	–	90	–	110
aM	1 000 ~	–	25	–	–	–	32	45	–	60	–	–	–	–	–
gTr[2]	400 ~	–	–	–	–	–		–	34	–	48	–	–	–	115
aR gR		Werte sind beim Hersteller zu erfragen													

[1] Die Leistungsabgabe bezieht sich auf den größten Bemessungsstrom einer Baureihe bei Belastung mit 50 Hz Wechselspannung und nach Erreichen der Endtemperatur bei einer Umgebungstemperatur von +20 °C

[2] Die Leistungsabgaben für Sicherungen der Betriebsklasse gTr (U_n = 400 V) gelten für:
Größe 2: P_v = 34 W; S_{rT} = 250 kVA; I_{rat} = 361 A
Größe 3: P_v = 48 W; S_{rT} = 400 kVA; I_{rat} = 577 A
Größe 4a: P_v = 115 W; S_{rT} = 1 000 kVA; I_{rat} = 1 443 A

Tabelle 16.9 Leistungsabgabe (Verlustleistung) verschiedener NH-Sicherungen

16

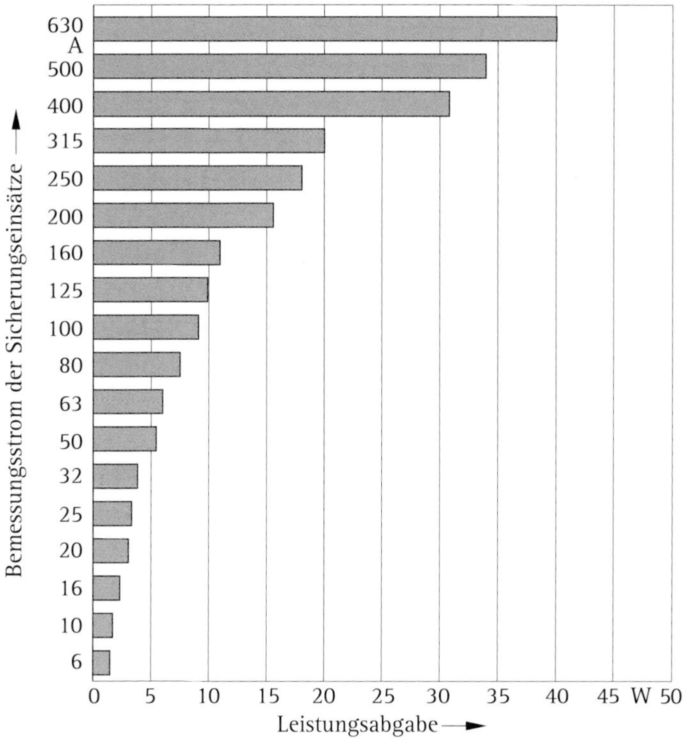

Bild 16.17 Leistungsabgabe; Verlustleistungen (Serie eines Herstellers, Baugröße NH 2)

Die Leistungsabgabe einer NH-Sicherungsreihe eines Herstellers zeigt **Bild 16.17.**

Das Bemessungsausschaltvermögen (Ausschaltstrom) eines Sicherungseinsatzes ist vom Hersteller anzugeben. Es muss nach DIN VDE 0636 mindestens nachfolgend dargestellte Werte erreichen.

- Betriebsklasse gG, gL, aM und gM
  50 kA bei $U_n \leq 690$ V AC
  25 kA bei $U_n \leq 750$ V DC
- Betriebsklasse aM
  25 kA bei $U_n \leq 1\,000$ V AC
- Betriebsklasse gTr
  25 kA bei $U_n \leq 400$ V
- Betriebsklassen aR, gR und gS
  50 kA bei Wechselspannung $U \leq 1\,000$ V
  8 kA bei Gleichspannung $U \leq 1\,500$ V

Baugröße NH	NH-Sicherungseinsätze							NH-Sicherungs-	
	400 V ~ gG A	500 V ~ gG A	690 V ~ gG A	400 V ~ 500 V ~ aM A	690 V ~ aM A	1 000 V ~ aM A	400 V ~ gTr kVa	Unterteile A	Schaltleisten A
00	6 bis 160	6 bis 160	6 bis 100	6 bis 100	6 bis 100	6 bis 160	–	160	160
00C	–	–	–	–	–	6 bis 100	–	100	–
0[1)]	6 bis 160	6 bis 160	6 bis 100	6 bis 160	6 bis 160	–	–	160	160
1	80 bis 250	80 bis 250	80 bis 200	80 bis 250	80 bis 250	50 bis 250	–	250	250
2	125 bis 400	125 bis 400	125 bis 315	125 bis 400	125 bis 400	125 bis 315	50 bis 250	400	400
3	315 bis 630	315 bis 630	315 bis 500	315 bis 630	315 bis 630	200 bis 500	250 bis 400	630	630
3C	–	–	–	–	–	200 bis 500	–	630	–
4	–	500 bis 1 000	500 bis 800	500 bis 1 000	500 bis 1 000	–	–	1 000	1 000
4a	500 bis 1 250	500 bis 1 250	500 bis 1 000	500 bis 1 250	500 bis 1 250	–	400 bis 1 000	1 250[2)]	–

1) Für Neuanlagen nicht mehr zulässig, außer für Sicherungseinsätze mit Schlagvorrichtung

2) In Verbindung mit Sicherungseinsätzen der Betriebsklasse gTr auch für 1 600 A zulässig

3) Die Baugrößen NH 00C und NH 3C sind Sicherungen in kompakter Bauweise für Spannungen bis 1 000 V AC zur Anwendung bei Motoren und im Bergbau

Tabelle 16.10 Bemessungsstrombereiche für NH-Sicherungseinsätze der Betriebsklassen gG und aM für verschiedene Spannungen und Leistungsangaben für Sicherungseinsätze der Betriebsklasse gTr

Die Hersteller geben als Ausschaltvermögen wesentlich größere Werte als das Bemessungs-Ausschaltvermögen an. Für Sicherungen der Betriebsklasse gG bzw. gL werden mindestens 80 kA, größtenteils sogar 100 kA und mehr angegeben. Auch hierbei macht sich die strombegrenzende Wirkung von Sicherungen bemerkbar. Sicherungen der Betriebsklassen gL, gG, gM, gTr und gR sind in der Lage, alle Ströme zwischen dem kleinsten Schmelzstrom und dem Bemessungsausschaltstrom sicher abzuschalten.

Sicherungen der Betriebsklasse aM schalten alle Ströme zwischen dem 6,3-fachen Bemessungsstrom und dem Bemessungsausschaltstrom sicher ab. Sicherungen der Betriebsklasse aR schalten alle Ströme zwischen dem großen Prüfstrom (siehe Tabelle 16.7) und dem Bemessungsausschaltstrom sicher ab.

Die Bemessungsstrombereiche für Sicherungseinsätze und die Bemessungsströme für die Unterteile sowie Sicherungsschaltleisten sind in **Tabelle 16.10** dargestellt.

Erwähnt soll noch werden, dass Sicherungen, die für Bemessungsspannung 400 V AC gebaut sind, gegenüber Sicherungen für 500 V AC Bemessungsspannung eine um etwa 15 % bis 30 % geringere Leistungsabgabe (Verlustleistung) haben.

NH-Sicherungseinsätze, NH-Sicherungsunterteile und NH-Sicherungsleisten müssen durch gut lesbare Aufschriften (ggf. auch farbig) dauerhaft gekennzeichnet werden.

Für Sicherungsunterteile und Sicherungsleisten (Sicherungshalter) sind folgende Angaben erforderlich:

16

- Ursprungszeichen (Name des Herstellers oder Handelsname)
- Typkurzzeichen oder Listennummer des Herstellers
- Bemessungsspannung in V
- Bemessungsstrom in A
- Stromart und Bemessungsfrequenz in Hz, soweit zutreffend
- Baugröße

NH-Sicherungsunterteile der Baugrößen 00 bis 4a und NH-Sicherungsleisten und Sicherungseinsätze dürfen, wenn sie DIN EN 60269 (VDE 0636) entsprechen (alle Prüfungen bestehen), mit der Aufschrift „60269-2-1“ gekennzeichnet werden.

Für Sicherungseinsätze sind folgende Angaben erforderlich:

- Ursprungszeichen (Name des Herstellers oder Handelsname)
- Typkurzzeichen oder Listennummer des Herstellers
- Bemessungsspannung in V
- Bemessungsstrom in A (bei Sicherungen der Betriebsklasse gTr die Bemessungsleistung des Transformators)

- Stromart und Bemessungsfrequenz in Hz, soweit zutreffend
- Bemessungsausschaltvermögen in kA
- Baugröße oder Kurzzeichen

Die Angaben für den Bemessungsstrom und die Bemessungsspannung müssen von vorn erkennbar sein. Weiter sind sie durch Schriftart und Farbe der Aufschrift zu kennzeichnen. Es gilt:

- Sicherungen der Betriebsklasse gG sind „schwarz" zu beschriften. (Für Sicherungen mit 400 V als Bemessungsspannung ist auch „blau" als Farbe zugelassen.)
- Sicherungen der Betriebsklasse aM sind „grün" zu beschriften

Bei den Bemessungsspannungen von AC 400 V und AC 690 V ist die Bemessungsspannung in einem Streifen mit Umkehrschrift anzugeben (siehe Bild 16.18 b und Bild 16.18 c). Sicherungen für die Bemessungsspannung von AC 500 V sind mit normaler Schrift zu versehen.

Dabei dürfen Stromart und Frequenz auch mittels Schaltzeichen angegeben werden. Bemessungsstrom und Bemessungsspannung können wie folgt dargestellt werden:

10 A 500 V oder 10/500 oder $\frac{50}{500}$

16

Auf Sicherungshaltern (Sicherungsunterteile oder Sicherungseinsatzhalter) müssen die Angaben für die Bemessungsspannung und den Bemessungsstrom von vorn erkennbar sein, wenn der Sicherungseinsatz nicht eingesetzt ist. Auch auf Sicherungseinsätzen müssen Bemessungsspannung und Bemessungsstrom von vorn erkennbar sein. NH-Sicherungseinsätze mit einer Bemessungsspannung von 690 V müssen deutlich gekennzeichnet werden, zum Beispiel durch einen Streifen, der sich über den mittleren Teil des Beschriftungsfelds erstreckt und die Inschrift „~ 690 V" trägt.

Bei Sonderanlagenschutz-Sicherungen (Betriebsklassen gB, aM und gTr) sind die Aufschriften farbig aufzubringen. Die Aufschrift muss gut lesbar und dauerhaft sein. Hierzu sind folgende Farben zu wählen:

- Betriebsklasse aM Aufschrift grün
- Betriebsklasse gTr Aufschrift braun
- Betriebsklasse gB Aufschrift rot

Beispiele zur Kennzeichnung von NH-Sicherungseinsätzen zeigt **Bild 16.18.**

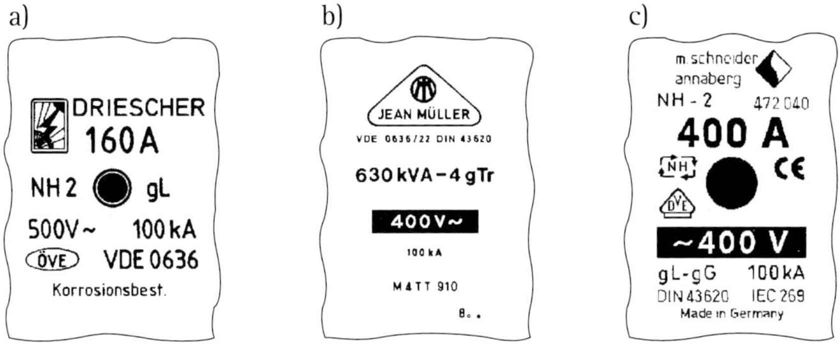

Bild 16.18 Aufschriften von NH-Sicherungen
a) Sicherung nach alter nationaler Norm
b) Sicherung der Betriebsklasse gTr
c) Sicherung nach neuer Norm (IEC, CENELEC)

16.4.1.2 D-Sicherungen

Das D-System ist gekennzeichnet durch Unverwechselbarkeit des Sicherungseinsatzes hinsichtlich des Bemessungsstroms und durch den Berührungsschutz. Es ist für industrielle Anwendungen und Hausinstallationen geeignet und durch Laien bedienbar. D-Sicherungen bestehen aus Sicherungssockel, Sicherungseinsatz, Schraubkappe und Passeinsatz oder Passring.

Für D-Sicherungen bis 500 V und Bemessungsströme von 2 A bis 100 A der Betriebsklasse gG gilt DIN VDE 0636-3 (VDE 0636-3) „Niederspannungssicherungen – Zusätzliche Anforderungen an Sicherungen zum Gebrauch durch Laien (Sicherungen überwiegend für Hausinstallationen und ähnliche Anwendungen)“, die auf Grundlage der internationalen Festlegungen in IEC 60269-3-1 erarbeitet wurde.

In DIN 57635 (VDE 0635) „Niederspannungssicherungen“ sind folgende Sonderbauformen behandelt:

- D-Sicherungen E 16 (Gewinde E 16) für Bemessungsströme bis 25 A und Bemessungsspannungen bis 500 V zur Anwendung bei Mess- und Steuereinrichtungen
- D-Sicherungen für Bemessungsströme bis 100 A und Bemessungsspannungen bis 750 V zur Anwendung bei elektrischen Bahnen
- D-Sicherungen für Bemessungsströme bis 100 A und Bemessungsspannungen bis 500 V zur Anwendung im Bergbau

Die Norm DIN 57635 (VDE 0635) stellt einen Kompromiss für Sicherungssysteme und Sicherungseinsätze dar, die sich seit Jahrzehnten in der Praxis bewährt haben, in der internationalen Normung aber kein Interesse fand. Für Neuanlagen sollten vorzugsweise bei Spannungen bis 500 V AC „D-Sicherungen“ oder bei Spannungen bis 400 V AC „D0-Sicherungen“ nach DIN VDE 0636-3 (VDE 0636-3) eingesetzt werden.

Aufbau eines Schmelzeinsatzes: In einem Porzellankörper liegt, eingebettet in dichten, körnigen Sand, ein Schmelzleiter, der meist aus Feinsilber oder auch aus Kupfer besteht. Der Schmelzleiter ist bei Sicherungseinsätzen kleiner Bemessungsströme als dünnes Drähtchen, bei Sicherungseinsätzen mittlerer Bemessungsströme als Bändchen und bei Sicherungseinsätzen großer Bemessungsströme als Flachband – evtl. auch in Parallelschaltung – ausgeführt. Der Sand dient zur normalen Kühlung bei Belastung und zur Löschung des Lichtbogens beim Abschmelzen des Sicherungseinsatzes. Die Unverwechselbarkeit eines Sicherungseinsatzes gegen einen solchen mit größerer Bemessungsstromstärke ist durch den Passeinsatz (Passschrauben, Passringe) gegeben.

Die am weitesten verbreiteten Sicherungssysteme haben die Gewinde:

Bezeichnung	Bemessungsstrom	Gewinde
DII	2 A bis 25 A	E 27
DIII	35 A bis 63 A	E 33
DIV	80 A bis 100 A	R 1¼ Zoll

Die Sicherungssysteme E 21 (2 A bis 16 A) und E 16 (2 A bis 25 A) verlieren immer mehr an Bedeutung. Das System R 2 Zoll (125 A bis 200 A) ist für Neuanlagen nicht mehr zulässig.

Die Zeit-Strom-Bereiche für Sicherungseinsätze der Betriebsklassen gG bzw. gL sind nahezu identisch mit denen von NH-Sicherungen. Zeichnerisch können die Unterschiede nicht dargestellt werden; sie können lediglich durch Vergleiche der Tabellen ermittelt werden.

Das Bild 16.9 gibt den Zeit-Strom-Bereich ausreichend genau an; die Zeit-Strom-Kennlinien eines Herstellers zeigt **Bild 16.19.** Auch für Sicherungseinsätze der Betriebsklasse gR (nicht mehr genormt) kann als Zeit-Strom-Bereich Bild 16.12 verwendet werden.

Das Bemessungsausschaltvermögen (Bemessungsausschaltstrom) für D-Sicherungseinsätze der Betriebsklassen gG und aR muss für Wechselstrom bei mindestens 50 kA und bei Gleichstrom bei mindestens 8 kA liegen. Dabei können alle Ströme vom kleinsten Schmelzstrom bis zum Bemessungsausschaltstrom sicher geschaltet werden.

Das Zeit-Strom-Verhalten wird durch den kleinen und den großen Prüfstrom beeinflusst. Dabei ist gefordert, dass ein Sicherungseinsatz innerhalb der Prüfdauer, belastet mit dem kleinen Prüfstrom, nicht anspricht, beim großen Prüf-

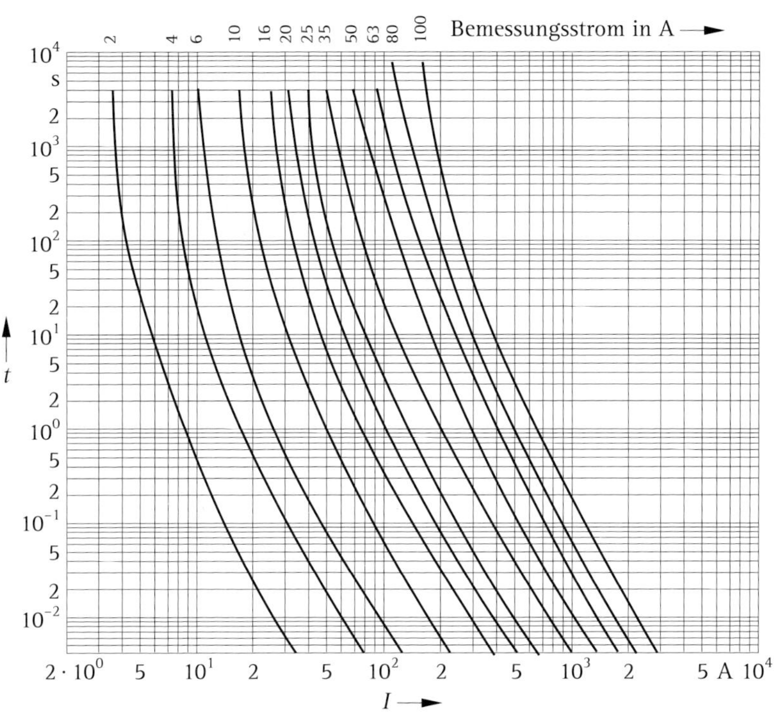

Bild 16.19 Zeit-Strom-Kennlinien von D-Sicherungen der Betriebsklasse gG (Kennlinien eines Herstellers)

Sicherung		kleiner Prüfstrom I_{nf}	großer Prüfstrom I_f	Prüfdauer t in h
Betriebsklasse	Bemessungsstrom I_n in A			
gG, gM	bis 4	$1{,}5 \cdot I_n$	$2{,}1 \cdot I_n$	1
	über 4 bis 10	$1{,}5 \cdot I_n$	$1{,}9 \cdot I_n$	1
	über 10 bis 35	$1{,}25 \cdot I_n$	$1{,}6 \cdot I_n$	1
	über 35 bis 63	$1{,}25 \cdot I_n$	$1{,}6 \cdot I_n$	1
	über 63 bis 100	$1{,}25 \cdot I_n$	$1{,}6 \cdot I_n$	2

Tabelle gilt für gM-Sicherungen nur von 16 A bis 100 A

Tabelle 16.11 Prüfströme und Prüfdauer von D-Sicherungen

strom hingegen anspricht. Die Prüfströme und Prüfdauer für D-Sicherungen der Betriebsklassen gG und gM zeigt **Tabelle 16.11**. Für aR- und gR-Sicherungen siehe Tabelle 16.7.

Die Prüfströme I_f und I_{nf}, wie in Tabelle 16.11 festgelegt, werden an offen angeordneten Sicherungen bei einer Umgebungstemperatur von 20 °C ± 5 K nachgewiesen. Sicherungen, die in Verteilungen usw. eingebaut sind, erfüllen – soweit es sich um Sicherungen der Betriebsklassen gG, gL bzw. gM handelt – die Bedingungen des Teils 430 mit $I_2 \leq 1{,}45\ I_n$ in der jeweils festgelegten Prüfdauer (siehe auch Abschnitt 20.4.1).

Die zulässige Leistungsabgabe (Verlustleistung) der Sicherungseinsätze ist in **Tabelle 16.12** dargestellt.

Den Schaltzustand eines Schmelzeinsatzes muss ein Anzeiger sicher und zuverlässig angeben. Die Farbe des Anzeigers ist in **Tabelle 16.13** gegeben. Die Farbe des Anzeigers darf sich im Betrieb nicht wesentlich ändern.

Bemessungsstrom eines Sicherungseinsatzes in A	2	4	6	10	13	16	20	25	35[1]	50	63	80	100
Leistungsabgabe P_v in W	3,3	2,3	2,3	2,6	2,8	3,2	3,5	4,5	5,2	6,5	7,0	8,0	9,0

[1] In einigen Ländern werden anstelle von 35 A Sicherungen mit Bemessungsströmen von 32 A und 40 A verwendet.

Tabelle 16.12 Höchstwerte der Leistungsabgabe (Verlustleistung) von D-Sicherungen (DII bis DIV) der Betriebsklasse gG

16

Bemessungsstrom des Sicherungseinsatzes in A	Farbe des Anzeigers
2	rosa
4	braun
6	grün
10	rot
13	schwarz
16	grau
20	blau
25	gelb
35	schwarz
50	weiß
63	kupfer
80	silber
100	rot

Tabelle 16.13 Farbe des Anzeigers bei D- und D0-Sicherungen

Hinsichtlich der Beschriftung der D-Sicherungseinsätze gelten die für NH-Sicherungen genannten Festlegungen. Kleinere Sicherungseinsätze, auf denen die Anbringung sämtlicher festgelegter Angaben nicht möglich ist, müssen mindestens gekennzeichnet sein mit

- Handelsmarke oder Namen des Herstellers
- Typnummer des Herstellers, die ein Auffinden weiterer Kenngrößen ermöglicht
- Bemessungsspannung
- Bemessungsstrom

16.4.1.3 D0-Sicherungen

Das D0-System ist gekennzeichnet durch Unverwechselbarkeit des Sicherungseinsatzes hinsichtlich des Bemessungsstroms und durch den Berührungsschutz. Es ist für industrielle Anwendungen und Hausinstallationen geeignet und durch Laien bedienbar. D0-Sicherungen bestehen aus Sicherungssockel, Sicherungseinsatz, Schraubkappe und Passeinsatz. Das D0-System unterscheidet sich vom D-System durch andere Abmessungen und andere Bemessungsspannung.

Das D0-Sicherungssystem (Neozed-System) nach DIN VDE 0636-3 (VDE 0636-3) für 400 V Wechselspannung und 250 V Gleichspannung – für Bemessungsströme von 2 A bis 100 A – ist speziell auf die Praxis zugeschnitten. Dabei wurde dem Trend zur kleineren Bauweise besonders Rechnung getragen, denn das Neozed-System bietet gegenüber normalen D-Sicherungen erhebliche Platzeinsparungen (Raumeinsparung 48 % bis 59 %, Flächeneinsparung 36 % bis 45 % je nach Bemessungsstrom). Für D0-Sicherungen sind folgende Größen genormt:

Bezeichnung	Bemessungsstrom	Gewinde
D01	2 A bis 16 A	E 14
D02	20 A bis 63 A	E 18
D03	80 A bis 100 A	M 30×2

Der Aufbau der Sicherungen entspricht etwa dem der D-Sicherung, nur dass die Sicherungseinsätze kürzer sind und einen kleineren Durchmesser aufweisen. Das Unverwechselbarkeitssystem verhindert den Austausch eines Sicherungseinsatzes gegen einen mit größerer Bemessungsstromstärke. Für das häufig zur Anwendung gelangende D02-System gibt es noch Einsatzhülsen, die auch die Verwendung von D01-Sicherungen von 2 A bis 16 A zulassen. Das Bemessungs-Ausschaltvermögen muss bei Wechselstrom 50 kA, bei Gleichstrom 8 kA betragen. Das von den Herstellern angegebene Bemessungs-Ausschaltvermögen liegt mit ≥ 50 kA bei Wechselstrom und ≥ 10 kA bei Gleichstrom über den geforderten Werten.

16

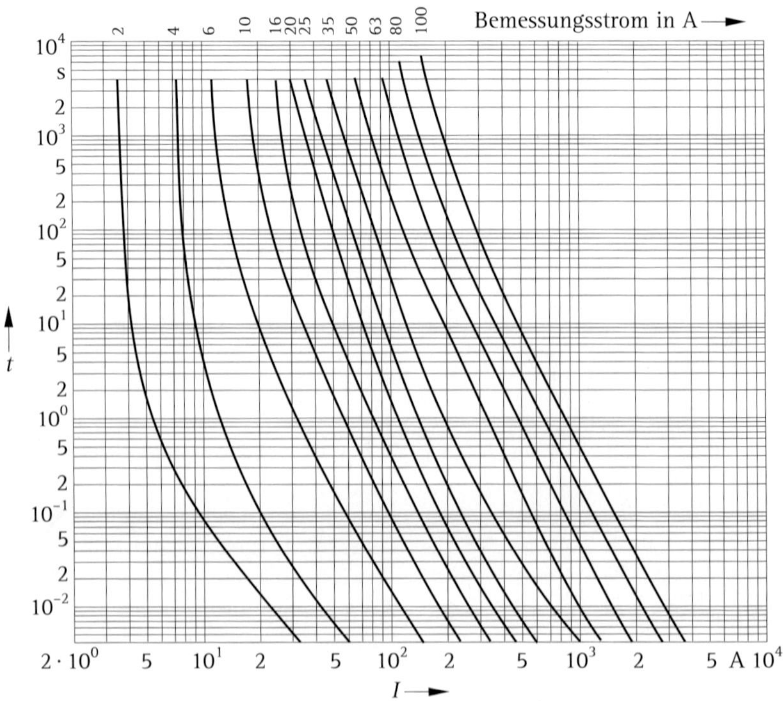

Bild 16.20 Zeit-Strom-Kennlinien von DO-Sicherungen der Betriebsklasse gG (Kennlinien eines Herstellers)

Betriebsklasse	Bemessungsstrom I_n in A	kleiner Prüfstrom I_{nf}	großer Prüfstrom I_f	Prüfdauer t in h
gG, gM	bis 4	$1{,}5 \cdot I_n$	$2{,}1 \cdot I_n$	1
	über 4 bis 10	$1{,}5 \cdot I_n$	$1{,}9 \cdot I_n$	1
	über 10 bis 35	$1{,}25 \cdot I_n$	$1{,}6 \cdot I_n$	1
	über 35 bis 63	$1{,}25 \cdot I_n$	$1{,}6 \cdot I_n$	1
	über 63 bis 100	$1{,}25 \cdot I_n$	$1{,}6 \cdot I_n$	2
Tabelle gilt für gM-Sicherungen nur von 16 A bis 100 A				

Tabelle 16.14 Prüfströme und Prüfdauer von DO-Sicherungen

Die Zeit-Strom-Kennlinien entsprechen der Betriebsklasse gG bzw. gL; sie sind in **Bild 16.20** dargestellt.

Die Prüfströme sind genau wie bei D-Sicherungen festgelegt; siehe Tabelle 16.11. Die Prüfströme für gG- und gM-Sicherungen sind in **Tabelle 16.14** dargestellt.

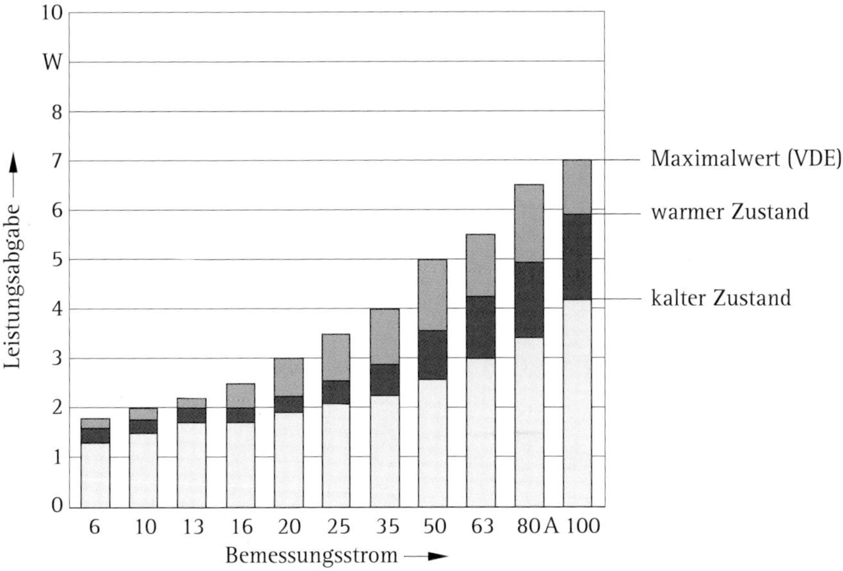

Bild 16.21 Leistungsabgabe (Verlustleistungen) von D0-Sicherungen

Bemessungsstrom eines Sicherungseinsatzes in A	2	4	6	10	13	16	20	25	35[1]	50	63	80	100
Leistungsabgabe P_v in W	2,5	1,8	1,8	2,0	2,2	2,5	3,0	3,5	4,0	5,0	5,5	6,5	7,0

[1] In einigen Ländern werden anstelle von 35 A Sicherungen mit Bemessungsströmen von 32 A und 40 A verwendet.

Tabelle 16.15 Höchstwerte der Leistungsabgabe (Verlustleistung) von D0-Sicherungen (D01–D03) der Betriebsklasse gG

Die zulässige Leistungsabgabe (Verlustleistung) ist in **Tabelle 16.15** dargestellt. Ein Beispiel aus einer Herstellerliste zeigt **Bild 16.21**.

Die Prüfströme I_f und I_{nf}, wie in Tabelle 16.14 festgelegt, werden an offen angeordneten Sicherungen bei einer Umgebungstemperatur von 20 °C ± 5 K nachgewiesen. Sicherungen, die in Verteilungen usw. eingebaut sind, erfüllen die Bedingungen des Teils 430 mit $I_2 \leq 1{,}45\ I_n$ in der jeweils festgelegten Prüfdauer (siehe auch Abschnitt 20.4.1).

16.4.1.4 Geräteschutzsicherungen (G-Sicherungen)

Für Geräteschutzsicherungen (auch Feinsicherungen genannt) gibt es internationale (IEC 60127), regionale (EN 60127) und nationale (DIN VDE 0820) Normenreihen. In DIN EN 60127-1 (VDE 0820-1) sind Begriffe, allgemeine Anforderungen, Prüfungen, Maße und Aufbau sowie die elektrischen Anforderungen für G-Sicherungseinsätze beschrieben. Besondere Anforderungen an G-Sicherungseinsätze mit den Abmessungen 5 mm × 20 mm und 6,3 mm × 32 mm enthält DIN EN 60217-2 (VDE 0820-2). Daneben gilt noch DIN 41571-2 für mittelträge G-Sicherungen, die regional und international nicht genormt sind. Für G-Sicherungshalter gilt DIN EN 60127-6 (VDE 0820-6).

Kleinstsicherungseinsätze nach DIN EN 60127-3 (VDE 0820-3) und welteinheitliche modulare Sicherungseinsätze nach DIN EN 60127-4 (VDE 0820-4) werden hauptsächlich für gedruckte Schaltungen und Leiterplatten gebraucht. Sie werden hier nicht behandelt.

Zu erwähnen ist noch DIN EN 60127-10 (VDE 0820-10) „Geräteschutzsicherungen – Leitfaden für die Anwendung von Geräteschutzsicherungen" mit weiteren Einzelheiten über G-Sicherungen und G-Sicherungshalter.

Ein G-Sicherungseinsatz besteht aus einem Isolierrohr und zwei stirnseitigen Kontaktkappen. Als Isolierrohr wird Glas, Porzellan, Keramik oder Kunststoff verwendet. Bei kleinem Schaltvermögen wird Glas oder Kunststoff verwendet; bei großem Schaltvermögen gelangen Porzellan oder Keramik zur Anwendung, wobei das Isolierrohr zusätzlich mit einem Löschmittel (Quarzsand, Gips, Kalk, Kieselgur) gefüllt ist. Die Kontaktkappen sind aus einer Kupferlegierung gefertigt, die als Korrosionsschutz eine Nickel- oder Silberschicht (2 µm bis 3 µm) erhält. Die Sicherungen sind zylindrisch, haben 5 mm Durchmesser und sind 20 mm lang. Sicherungen mit den Abmessungen 6,3 mm Durchmesser und 32 mm Länge gelangen hauptsächlich in den angelsächsischen Ländern zur Anwendung.

G-Sicherungen dienen zum Schutz elektrischer Geräte, elektronischer Ausrüstung und Teilen davon, die üblicherweise für den Einsatz in Innenräumen bestimmt sind.

Die charakteristischen Daten eines G-Sicherungseinsatzes werden bestimmt von den Bemessungswerten für:

- Bemessungsspannung U_n
- Bemessungsstrom I_n
- Bemessungsausschaltvermögen

und der Zeit-Strom-Charakteristik. Eine weitere wichtige Größe ist die maximale Verlustleistung eines G-Sicherungseinsatzes.

Das Ausschaltvermögen für G-Sicherungseinsätze ist in **Tabelle 16.16** dargestellt.

Bezeichnung	Schaltvermögen	Bemerkung
kleines Ausschaltvermögen	35 A oder $10 \cdot I_n$ [1]	DIN IEC 60127
erhöhtes Ausschaltvermögen	150 A	
großes Ausschaltvermögen	1 500 A	
Gruppe C	80 A	DIN 41571- 2
Gruppe D	300 A	
Gruppe E	1 000 A	

[1] Der größere der beiden Werte ist zugrunde zu legen.

Tabelle 16.16 Bemessungsausschaltvermögen von G-Sicherungseinsätzen

Als Kurzzeichen für das Bemessungsausschaltvermögen (Schaltvermögen) gelten die Buchstaben:

- L für kleines Ausschaltvermögen
- E für erhöhtes Ausschaltvermögen
- H für großes Ausschaltvermögen

Für die Angabe der Zeit-Strom-Charakteristik gelangen folgende Abkürzungen zur Anwendung:

- FF superflinke Sicherung
- F flinke Sicherung
- M mittelträge Sicherung
- T träge Sicherung
- TT superträge Sicherung

Die Verlustleistungen der verschiedenen Sicherungseinsätze sind in **Tabelle 16.17** gegeben. Die Zeit-Strom-Charakteristik ist für G-Sicherungseinsätze nach DIN EN 60127-2 (VDE 0820-2) in **Bild 16.22** dargestellt.

G-Sicherungseinsätze und deren Verpackung müssen dauerhaft und gut lesbar folgende Aufschriften tragen:

- die Angabe des Bemessungsstroms in Milliampere bei Stromstärken unter 1 A und in Ampere bei Stromstärken von 1 A und höher
- die Bemessungsspannung in Volt
- Angabe des Herstellers (Schriftzug oder Firmenzeichen)
- die Kennzeichnung der Charakteristik
- die Kennzeichnung des Schaltvermögens

<table>
<tr><th>Charakteristik</th><th>F</th><th>F</th><th>T</th><th>F</th><th>T</th><th>T</th></tr>
<tr><td>Schaltvermögen</td><td>H</td><td>L</td><td>L</td><td>L</td><td>H</td><td>E</td></tr>
<tr><td>Abmessungen
mm × mm</td><td>5 × 20</td><td>5 × 20</td><td>5 × 20</td><td>6,3 × 32</td><td>5 × 20</td><td>5 × 20</td></tr>
<tr><td>Bemessungsstrom
I_n</td><td colspan="6">maximale Verlustleistung
W</td></tr>
<tr><td>32 mA</td><td rowspan="2"></td><td rowspan="20">1,6</td><td rowspan="24">1,6</td><td rowspan="2"></td><td rowspan="4"></td><td rowspan="24">1,6</td></tr>
<tr><td>40 mA</td></tr>
<tr><td>50 mA</td><td rowspan="7">1,6</td><td rowspan="14">1,6</td></tr>
<tr><td>63 mA</td></tr>
<tr><td>80 mA</td></tr>
<tr><td>100 mA</td><td rowspan="10">1,6</td></tr>
<tr><td>125 mA</td></tr>
<tr><td>160 mA</td></tr>
<tr><td>200 mA</td></tr>
<tr><td>250 mA</td><td rowspan="7">2,5</td></tr>
<tr><td>315 mA</td></tr>
<tr><td>400 mA</td></tr>
<tr><td>500 mA</td></tr>
<tr><td>630 mA</td></tr>
<tr><td>800 mA</td></tr>
<tr><td>1 A</td><td rowspan="5">2,5</td></tr>
<tr><td>1,25 A</td><td rowspan="10">4,0</td><td rowspan="4">2,5</td></tr>
<tr><td>1,6 A</td></tr>
<tr><td>2 A</td></tr>
<tr><td>2,5 A</td></tr>
<tr><td>3,15 A</td><td rowspan="4">2,5</td><td rowspan="6">4,0</td><td rowspan="6">4,0</td></tr>
<tr><td>4 A</td></tr>
<tr><td>5 A</td></tr>
<tr><td>6,3 A</td></tr>
<tr><td>8 A</td><td rowspan="2">4,0</td><td rowspan="2">4,0</td><td rowspan="2">4,0</td></tr>
<tr><td>10 A</td></tr>
</table>

Tabelle 16.17 Maximale Verlustleistungen von G-Sicherungseinsätzen

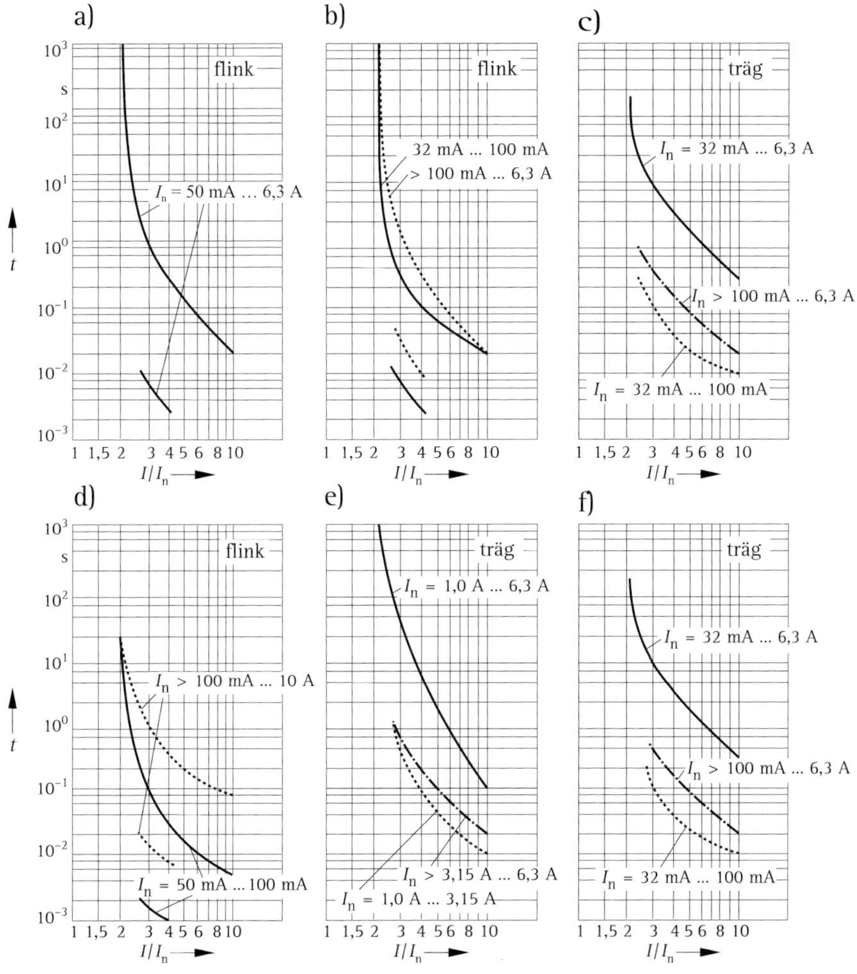

Bild 16.22 Zeit-Strom-Kennlinien von G-Sicherungen
a) großes Ausschaltvermögen 1 500 A
b) kleines Ausschaltvermögen 35 A oder 10 I_n
c) kleines Ausschaltvermögen 35 A oder 10 I_n
d) kleines Ausschaltvermögen 35 A oder 10 I_n
e) großes Ausschaltvermögen 1 500 A
f) erhöhtes Ausschaltvermögen 150 A

Beispiele für die Beschriftung (ohne Herstellerkennzeichnung)

T	2	0	0	L	2	5	0	V	Sicherung träge, $I_n = 200$ mA, kleines Schaltvermögen, $U_n = 250$ V
	F	8	0	H	2	5	0	V	Sicherung flink, $I_n = 80$ mA, großes Schaltvermögen, $U_n = 250$ V
M	3	1	5	C	2	5	0	V	Sicherung mittelträge, $I_n = 315$ mA, Schaltvermögen Gruppe C, $U_n = 250$ V $U_n = 250$ V

Der Bemessungsstrom und die Charakteristik von G-Sicherungseinsätzen kann auch durch eine Farbcodierung – ähnlich wie bei Widerständen – angegeben werden. Der G-Sicherungseinsatz ist mit vier Farbringen zu versehen, wobei die ersten drei Farbringe den Bemessungsstrom, angegeben in mA, und der vierte, doppelt so breite Farbring die Zeit-Strom-Charakteristik kennzeichnet und auch die Leserichtung angibt. Der Farbcode ist in **Tabelle 16.18** gezeigt.

Ein G-Sicherungseinsatz mit 250 mA Bemessungsstrom und einer trägen Zeit-Strom-Charakteristik hat also folgende Farbringe:

- 1. Farbring rot = 2 (erste Ziffer)
- 2. Farbring grün = 5 (zweite Ziffer)
- 3. Farbring braun = $\times\ 10 = 25 \times 10 = 250$ mA
- 4. Farbring blau = träge Charakteristik

Farbe	Farbring		
	1./2. Ring	3. Ring	4. Ring
schwarz	0	× 1	FF
braun	1	× 10	
rot	2	× 100	F
orange	3	× 1000	
gelb	4		M
grün	5		
blau	6		T
violett	7		
grau	8		TT
weiß	9		

Tabelle 16.18 Farbcode für G-Sicherungen

Für G-Sicherungshalter gilt DIN EN 60127-6 (VDE 0820-6). Die Norm gilt für Bemessungsströme bis 16 A, Bemessungsspannungen von AC 1000 V und DC 1500 V und bis zu 2000 m NN. Unter den Begriff G-Sicherungshalter fallen definitionsgemäß G-Sicherungsunterteile, G-Sicherungseinsatzträger und G-Sicherungshalter in offener und geschlossener Bauweise. Als bevorzugte Bemessungswerte für G-Sicherungshalter sind AC 250 V und 6,3 A bzw. 10 A genormt.

16.4.2 Überstromschutzschalter

Die wichtigsten Überstromschutzschalten im Bereich bis 1000 V sind Leitungsschutzschalter, die nach der Normenreihe DIN EN 60898 (VDE 0641) genormt sind, und Leistungsschalter sowie Motorstarter, die in der Normenreihe DIN EN 60947 (VDE 0660) behandelt sind.

Schalter sind Schaltgeräte zum mehrmaligen Ein- und Ausschalten von Strompfaden mithilfe mechanisch bewegter Teile.

Bei der Löschung eines beim Schaltvorgang entstehenden Lichtbogens tritt je nach Intensität des Lichtbogens eine große thermische und mechanische Beanspruchung im Schalter auf. Die Intensität eines Lichtbogens ist abhängig von:

- der Ausschaltleistung
- der Spannung in Verbindung mit der Länge des Lichtbogens
- der Phasenverschiebung
- den umgebenden Medien (Luft, Wasser, Öl, Gas, Sand)

Der Auftritt eines Lichtbogens ist mit Temperaturen von 5000 °C bis 10000 °C, in Einzelfällen auch bis 20000 °C, verbunden.

Physikalisch wird in zwei Grundprinzipien der Lichtbogenlöschung unterschieden, nämlich in Wechselstrom- und in Gleichstromlöschung. Als Löschmittel werden bei beiden Löschungsarten Öl, Wasser, Luft, Gas (Anwendung bei Schaltern) und Quarzsand (Anwendung bei Sicherungen) verwendet.

Wechselstromlöschung

Ein sinusförmiger Wechselstrom nimmt nach jeder Halbschwingung den Wert null an. Dies hat zur Folge, dass auch ein Lichtbogen nach jeder Halbschwingung beim Stromnulldurchgang erlischt.

Bei der Wechselstromlöschung wird während des Stromnulldurchgangs die leitende Strecke des Lichtbogenkanals durch intensive Kühlung entionisiert. Nach der Entionisierung ist das Isoliermedium „spannungsfest“, und eine erneute Entstehung des Lichtbogens kann beim Anschwingen der Spannung nicht mehr erfolgen (**Bild 16.23**). Die Wechselstromlöschung kann nur bei Wechselstrom angewendet werden.

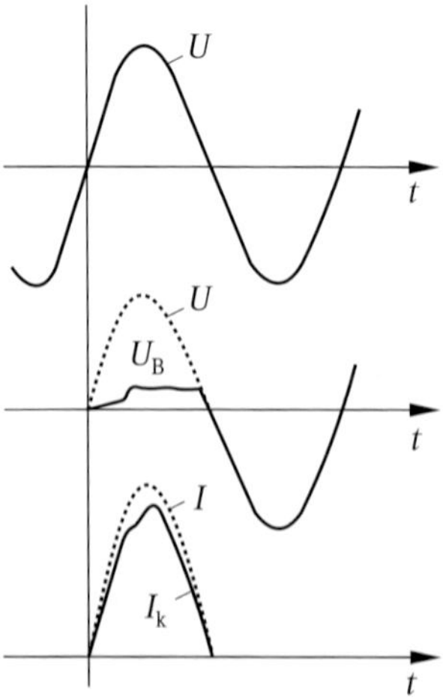

Bild 16.23 Wechselstromlöschung
U Netzspannung bzw. wiederkehrende Spannung
U_B Lichtbogenspannung
I_k tatsächlich fließender Kurzschlussstrom
I unbeeinflusster (prospektiver) Kurzschlussstrom

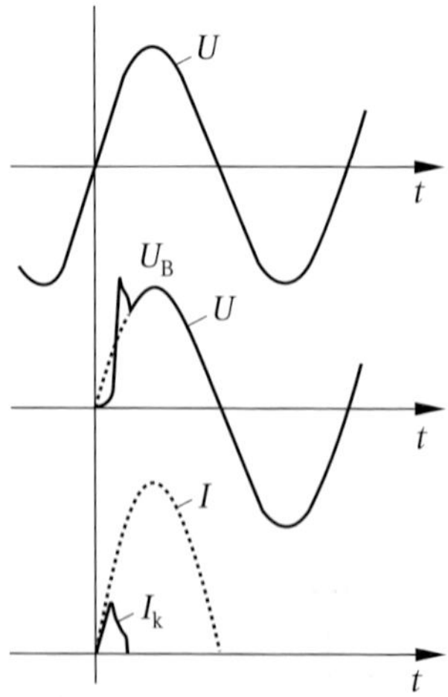

Bild 16.24 Gleichstromlöschung
U Netzspannung bzw. wiederkehrende Spannung
U_B Lichtbogenspannung
I_k tatsächlich fließender Kurzschlussstrom
I unbeeinflusster (prospektiver) Kurzschlussstrom

16

Gleichstromlöschung

Bei der Gleichstromlöschung wird der Lichtbogen durch Vergrößerung der Impedanz der Strombahn gelöscht. Durch konstruktive Maßnahmen wird eine Verlängerung des Lichtbogenwegs erreicht. Dies hat zur Folge, dass die Impedanz des Stromkreises größer und dadurch der Strom immer kleiner wird und der Lichtbogen schließlich erlischt (**Bild 16.24**).

Die Gleichstromlöschung wird bei LS-Schaltern, Sicherungen und neuerdings auch bei Niederspannungs-Leistungsschaltern angewendet. Sie eignet sich nicht für Hochspannung, da z. B. bei 100 kV der Lichtbogen in Luft 5 m lang sein müsste. Dieses Löschprinzip kann bei Gleich- und Wechselstrom verwendet werden. Die Beanspruchung einer Anlage ist durch die kurze Abschaltzeit, die noch mit einer strombegrenzenden Wirkung verbunden ist, wesentlich geringer als bei der Wechselstromlöschung.

16.4.2.1 Leitungsschutzschalter (LS-Schalter) – VDE 0641

Ein **Leitungsschutzschalter** (LS-Schalter) ist ein mechanisches Schaltgerät, das in der Lage ist, unter üblichen Stromkreisbedingungen Ströme einzuschalten, zu

führen und abzuschalten und außerdem in der Lage ist, unter festgelegten außergewöhnlichen Stromkreisbedingungen wie im Kurzschlussfall Ströme einzuschalten, eine bestimmte Zeit zu führen und automatisch abzuschalten.
(Quelle: DIN EN 60898-1 (VDE 0641-11):2006-03, Abschnitt 3.1.4).

Die allgemeinen Anforderungen für Leitungsschutzschalter (LS-Schalter) sind in der Normenreihe DIN EN 60898 (VDE 0641) festgelegt. Es gelten:

- DIN EN 60898-1 (VDE 0641-11) „Elektrisches Installationsmaterial – Leitungsschutzschalter für Hausinstallationen und ähnliche Zwecke – Teil 1: Leitungsschutzschalter für Wechselstrom (AC)“
- DIN EN 60898-2 (VDE 0641-12) „Leitungsschutzschalter für Hausinstallationen und ähnliche Zwecke – Teil 2: Leitungsschutzschalter für Wechsel- und Gleichstrom (AC und DC)“

Im Weiteren werden nur **LS-Schalter für Wechselspannungen**, also die nach DIN EN 60898 (VDE 0641-11), behandelt, da diese Norm den derzeit verwendeten LS-Schalter beschreibt. Die Norm DIN EN 60898-2 (VDE 0641-12) gelangt praktisch nur beim Bau und bei der Prüfung von LS-Schaltern für Gleichspannung zur Anwendung.

Die Norm VDE 0641-11 stellt die Deutsche Fassung der Europäischen Norm EN 60898-1 dar. LS-Schalter nach dieser Norm sind für den wartungslosen Einsatz und Gebrauch durch Laien bestimmt. Sie sind für den Schutz gegen zu hohe Erwärmung von Kabeln und Leitungen (Überstrom-, Überlast- und Kurzschlussschutz) und für den Schutz gegen gefährliche Körperströme geeignet. Weniger geeignet sind sie zum Schutz von Motoren. Die Bemessungsspannung reicht bis AC 440 V, die Bemessungsströme sind genormt für 6 A bis 125 A, und die Bemessungsschaltleistung liegt bei maximal 25 kA. LS-Schalter sind zum Trennen von Stromkreisen geeignet, aber nicht zum betriebsmäßigen Schalten bestimmt. Die Bezugsumgebungstemperatur liegt bei 30 °C, wobei die Umgebungstemperatur gelegentlich auch Werte zwischen –5 °C und +40 °C annehmen kann. Der tägliche Mittelwert der Umgebungstemperatur darf +35 °C nicht überschreiten. Sie sind für Frequenzen von 50 Hz bzw. 60 Hz gebaut. Der Einbauort sollte nicht über 2 000 m NN liegen.

Für LS-Schalter sind folgende Daten bzw. Angaben besonders wichtig:

- Bemessungsspannung
- Bemessungsstrom
- Bemessungsfrequenz
- Ausschaltcharakteristik
- Strom-Zeit-Bereiche
- Leistungsabgabe, Verlustleistung

- Bemessungsschaltvermögen
- festgelegte (konventionelle) Prüfströme
- Energiebegrenzungsklasse
- Aufschriften

Die genormten Bemessungsspannungen sind nach DIN EN 60898-1 (VDE 0641-11) festgelegt und in **Tabelle 16.19** zusammengestellt.

Dabei sind noch folgende Festlegungen zu beachten:

- zweipolige LS-Schalter für 230 V können einen oder zwei geschützte Pole haben
- zweipolige LS-Schalter für 400 V müssen zwei geschützte Pole haben
- dreipolige LS-Schalter müssen drei geschützte Pole haben
- vierpolige LS-Schalter müssen drei oder vier geschützte Pole haben

LS-Schalter	**Stromkreis, der den LS-Schalter versorgt**	**Bemessungs-spannung des LS-Schalters**
einpolig	einphasig (Außenleiter–Neutralleiter oder Außenleiter–Außenleiter)	230 V
	dreiphasig 4-Leiter	230 V
	einphasig (Außenleiter–Neutralleiter) oder dreiphasig, bei Verwendung von drei einpoligen LS-Schaltern (3-Leiter oder 4-Leiter)	230/400 V
zweipolig	einphasig (Außenleiter–Neutralleiter oder Außenleiter–Außenleiter)	230 V
	einphasig (Außenleiter–Außenleiter)	400 V
	dreiphasig (4-Leiter)	230 V
dreipolig	dreiphasig (3-Leiter oder 4-Leiter)	400 V
vierpolig	dreiphasig (4-Leiter)	400 V

Anmerkung: In IEC 60038 wurden die Spannungswerte von 230 V und 400 V festgelegt. Diese Werte sollen zunehmend die Spannungen von 220 V und 240 V bzw. 380 V oder 415 V ersetzen. Überall, wo es in dieser Norm 230 V und 400 V heißt, kann 220 V oder 240 V bzw. 380 V und 415 V gelesen werden.

Tabelle 16.19 Normwerte für die Bemessungsspannungen von LS-Schaltern (Quelle: DIN EN 60898-1 (VDE 0641-11) : 2006-03)

Für LS-Schalter nach Normen der Reihe DIN EN 60898 (VDE 0641) kann grundsätzlich festgestellt werden:

- LS-Schalter sind nicht für den Schutz von Motoren bestimmt
- ein LS-Schalter ist zum Trennen von Stromkreisen geeignet, nicht aber zum betriebsmäßigen Schalten bestimmt
- die Umgebungstemperatur der Luft darf +40 °C nicht überschreiten, wobei der Mittelwert der Umgebungstemperatur über einen Zeitraum von 24 Stunden +35 °C nicht überschreiten darf; die Untergrenze der Umgebungstemperatur darf –5 °C nicht unterschreiten
- der Einbauort sollte 2000 m NN nicht überschreiten
- LS-Schalter müssen entsprechenden Anweisungen des Herstellers eingebaut werden

Neben Bemessungsstrom und Bemessungsspannung sind für LS-Schalter besonders wichtig:

- Charakteristik
- Prüfströme
- Bemessungsschaltvermögen
- Energiebegrenzungsklasse
- Verlustleistung

LS-Schalter mit der Charakteristik H (Haushalt) sind seit Ende der 1970er-Jahre nicht mehr für den Einsatz in neuen Anlagen zulässig. Die bisher genormten LS-Schalter mit der Charakteristik L (Leitungsschutz) nach DIN VDE 0641:1978-06 durften noch bis zum 30.06.1990 hergestellt und bis zum 30.09.1990 in den Verkehr gebracht werden. Zurzeit gibt es nach DIN EN 60898-1 (VDE 0641-11) LS-Schalter mit den Charakteristiken B, C und D.

LS-Schalter besitzen zwei Auslöseorgane, einen thermischen Auslöser (Bimetall) für den Bereich der Überströme (Überlast) und einen magnetischen Auslöser für den Bereich der Kurzschlussströme. Die Charakteristik eines LS-Schalters (**Bild 16.25**) ergibt sich durch das Zusammenwirken von thermischem und elektromagnetischem Auslöseglied; sie kann, auch bei Einhaltung der vorgegebenen Toleranzen, je nach Hersteller verschieden sein. Der elektromagnetische Auslöser (Kurzschlussschnellauslöser) löst beim Schalter mit Charakteristik B zwischen dem drei- bis fünffachen und beim Schalter mit der Charakteristik C zwischen dem fünf- bis zehnfachen Bemessungsstrom des LS-Schalters aus. Der LS-Schalter mit der Charakteristik D löst zwischen dem zehn- und zwanzigfachen Bemessungsstrom aus und findet seine Anwendung bei Anlagen und Geräten mit hohen Einschaltspitzen, z. B. bei Transformatoren, Mikrowellengeräten und Beleuchtungsanlagen mit Halogenglühlampen.

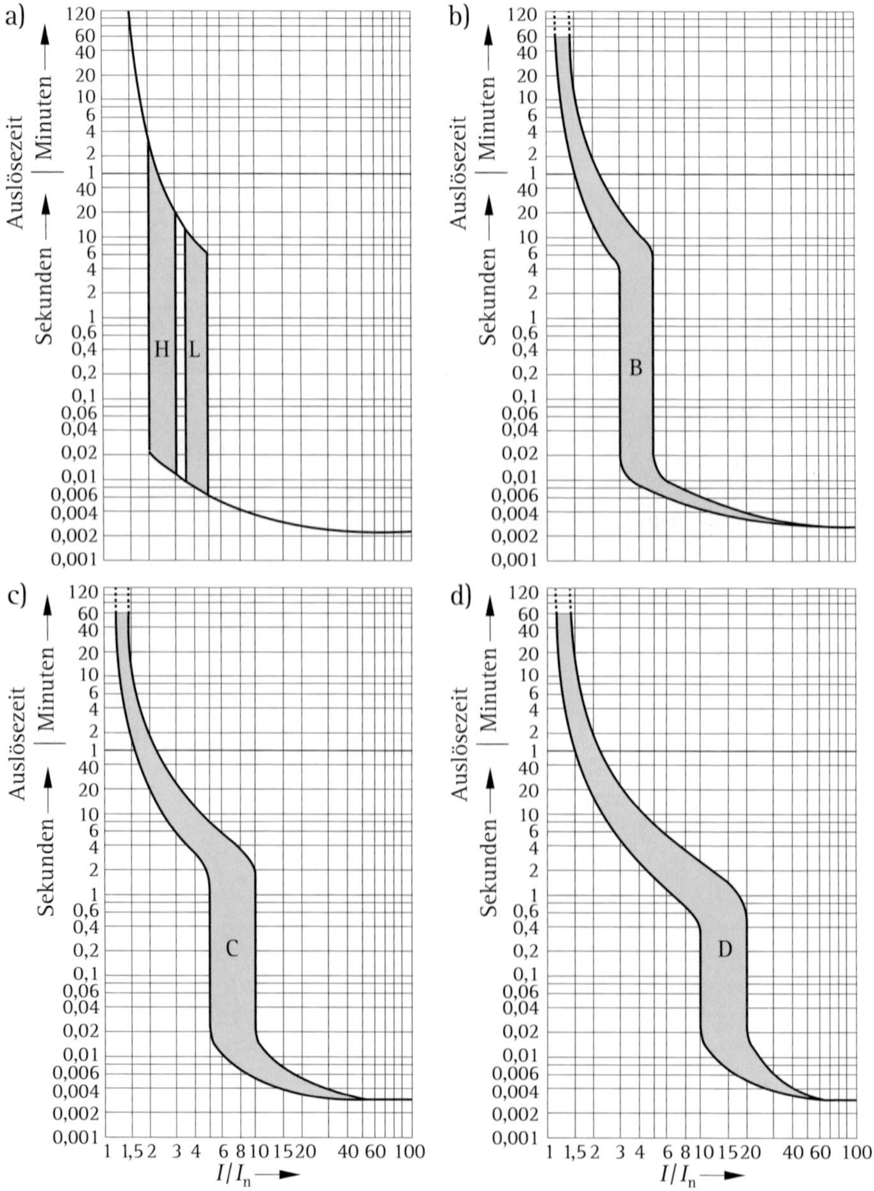

Bild 16.25 Zeit-Strom-Bereiche von LS-Schaltern für AC nach VDE 0641-11
a) Charakteristik H und L
b) Charakteristik B
c) Charakteristik C
d) Charakteristik D

Bei den Schutzmaßnahmen mit automatischer Abschaltung muss – damit das Ergebnis auf der sicheren Seite liegt (oberer Grenzwert) – beim Schalter mit der Charakteristik B sowohl bei einer Abschaltzeit von 5 s als auch bei 0,1 s der fünffache Bemessungsstrom zum Fließen kommen. Beim Schalter mit der Charakteristik C muss bei einer Abschaltzeit von 5 s der siebenfache und bei 0,1 s der zehnfache Bemessungsstrom zum Fließen kommen. Beim Schalter mit der Charakteristik D muss bei einer Abschaltzeit von 5 s der siebenfache und bei 0,1 s der zwanzigfache Bemessungsstrom zum Fließen kommen. Obwohl in neuen Anlagen nur noch Schalter der Charakteristiken B, C oder D eingesetzt werden dürfen, wurde in Bild 16.25 auch die H- und L-Charakteristik aufgenommen, da es auch noch Anlagen mit alten LS-Schaltern gibt, die ja weiterbetrieben werden dürfen.

Die Prüfströme für LS-Schalter für Wechselspannungen bis 440 V und 125 A nach der Norm DIN EN 60898-1 (VDE 0641-11) sind für alle Bemessungsstromstärken festgelegt, wie nachfolgend dargestellt:

- Der Nichtauslösestrom I_{nt} (früher kleiner Prüfstrom I_1) ist mit $I_{nt} = 1{,}13\ I_n$ festgelegt. Mit diesem Strom belastet, darf der LS-Schalter vom kalten Zustand aus, also ohne Vorbelastung, innerhalb einer Stunde (bei $I_n \leq 63$ A) und innerhalb zwei Stunden (bei $I_n > 63$ A) nicht auslösen.
- Der Auslösestrom I_t (früher großer Prüfstrom I_2) ist mit $I_t = 1{,}45\ I_n$ festgelegt. Mit diesem Strom belastet, muss der LS-Schalter innerhalb einer Stunde (bei $I_n \leq 63$ A) und innerhalb zwei Stunden (bei $I_n > 63$ A) auslösen. Die Prüfung muss unmittelbar nach der Prüfung des Nichtauslösestroms durchgeführt werden, wobei eine stetige Steigerung des Stroms in 5 s erfolgen muss.
- Der Prüfstrom mit $I = 2{,}55\ I_n$ dient zur Prüfung der thermischen Auslösung, wobei, ausgehend vom kalten Zustand, gefordert wird:

  Auslösezeit: 1 s $< t <$ 60 s für $I_n \leq 32$ A
  Auslösezeit: 1 s $< t <$ 120 s für $I_n > 32$ A
- Die Prüfströme und Auslöse- bzw. Nichtauslösezeiten zur Prüfung der unverzögerten Auslösung sind festgelegt mit:

  $I = 3\ I_n$ (B-Charakteristik)

  Auslösezeit: 0,1 s $< t <$ 45 s für $I_n \leq 32$ A
  Auslösezeit: 0,1 s $< t <$ 90 s für $I_n > 32$ A

  $I = 5\ I_n$ (C-Charakteristik)

  Auslösezeit: 0,1 s $< t <$ 15 s für $I_n \leq 32$ A
  Auslösezeit: 0,1 s $< t <$ 30 s für $I_n > 32$ A

  $I = 10\ I_n$ (D-Charakteristik)

  Auslösezeit: 0,1 s $< t <$ 8 s für $I_n \leq 10$ A
  Auslösezeit: 0,1 s $< t <$ 4 s für $I_n > 10$ A bis ≤ 32 A
  Auslösezeit: 0,1 s $< t <$ 8 s für $I_n > 32$ A

  Die Prüfung muss vom kalten Zustand aus erfolgen.

- Die Prüfströme zur Prüfung der unmittelbaren Auslösung des elektromagnetischen Auslösers sind festgelegt mit:

  $I = 5\ I_n$ (B-Charakteristik)
  $I = 10\ I_n$ (C-Charakteristik)
  $I = 20\ I_n$ (D-Charakteristik)

  Mit diesen Strömen belastet muss der LS-Schalter in einer Zeit $t < 0{,}1$ s auslösen. Geprüft wird vom kalten Zustand aus.

Auch für LS-Schalter nach DIN EN 60898-2 (VDE 0641-12), der Norm, die für LS-Schalter gilt, die für Gleich- und Wechselspannung geeignet sind, gelten für die Wechselstromschalter mit den Charakteristiken B und C die bereits genannten Prüfströme und Abschaltzeiten. Für LS-Schalter der Gleichstromversion mit den Charakteristiken B und C gelten für die Prüfströme I_{nt}, I_t und $I = 2{,}55\ I_n$ ebenfalls die bereits genannten Zeiten. Für die Überprüfung der Kurzschlussauslösung gelten anstatt der Prüfströme $I = 3\ I_n / 5\ I_n / 10\ I_n$ für Wechselstrom die Prüfströme $I = 4\ I_n / 7\ I_n / 15\ I_n$ für Gleichstrom, wobei die bereits genannten Prüfzeiten einzuhalten sind.

Anmerkung: LS-Schalter nach DIN EN 60898-2 (VDE 0641-12), die für Gleich- und Wechselstrom geeignet sind, gibt es nicht mit der Charakteristik D.

LS-Schalter, die den derzeitigen Normen entsprechen, müssen ein Bemessungsschaltvermögen besitzen, das folgenden Werten entspricht:

16

- LS-Schalter für Wechselstrom nach DIN VDE 60898 (VDE 0641-11) und DIN EN 60898-2 (VDE 0641-12)

  $I =$ 1 500 A, 3 000 A, 4 500 A, 6 000 A, 10 000 A, 15 000 A, 20 000 A und 25 000 A

- LS-Schalter für Gleichstrom nach DIN EN 60898-2 (VDE 0641-12)

  $I =$ 1 500 A, 3 000 A, 4 500 A, 6 000 A und 10 000 A

Die Anforderungen an die Kurzschlussstrombegrenzung ist für LS-Schalter in drei Klassen vorgenommen. Festgelegt sind diese Klassen durch die maximal zulässigen Durchlass-$I^2\,t$-Werte (Joule-Integral). Dabei bedeuten bezüglich der Prüfanforderungen für die Energiebegrenzungsklasse (früher Strombegrenzungsklasse):

- Energiebegrenzungsklasse 1 – keine Anforderungen
- Energiebegrenzungsklasse 2 – mittlere Anforderungen
- Energiebegrenzungsklasse 3 – hohe Anforderungen

In Anlagen, die nach der Niederspannungsanschlussverordnung (NAV) versorgt werden, dürfen nach den Festlegungen in TAB nur LS-Schalter mit einer Schaltleistung von mindestens 6 kA und der Energiebegrenzungsklasse 3 (bei Bemessungsströmen bis 32 A) eingesetzt werden.

Für LS-Schalter für Gleichstrom ist die Zeitkonstante ein Kriterium. Es werden LS-Schalter, geeignet für Gleichströme mit Zeitkonstanten $T \leq 4$ ms und $T \leq 15$ ms unterschieden. Mit der Zeitkonstante wird die Anstiegsgeschwindigkeit des Stroms aufgrund der elektrischen Größen der Anlage dargestellt. Die Zeitkonstante mit $T = L/R$ in ms ist die Anstiegszeit des unbeeinflussten Gleichstroms bis zum 0,63-fachen Spitzenwert. Dabei wird für LS-Schalter angenommen, dass in elektrischen Gleichstromanlagen, in denen aufgrund der angeschlossenen Verbraucher im Normalzustand Zeitkonstanten bis $T = 15$ ms vorkommen, auch Kurzschlussströme von 1 500 A nicht überschritten werden. Wo höhere Kurzschlussströme vorkommen können, wird die Zeitkonstante von $T = 4$ ms als ausreichend betrachtet.

Die Verlustleistung von LS-Schaltern ist erheblich größer als die von Schmelzsicherungen, wenn gleiche Stromstärken verglichen werden. Sie ist besonders in Anlagen zu beachten, bei denen eine große Anzahl von hochbelasteten LS-Schaltern in einer Verteilung auf engstem Raum angeordnet werden. **In Tabelle 16.20** sind die Verlustleistungen und der Nichtauslösestrom sowie der Auslösestrom von LS-Schaltern dargestellt.

LS-Schalter nach den Normen der Reihe DIN EN 60898 (VDE 0641) müssen – gut leserlich und dauerhaft aufgebracht – folgende Aufschriften tragen:

a) Name oder Warenzeichen des Herstellers

b) Typbezeichnung oder Warenzeichen des Herstellers

c) Bemessungsspannung
mit dem Zeichen ~ bei Wechselspannung
mit dem Zeichen ⎓ bei Gleichspannung

d) das Zeichen für die Charakteristik (B, C oder D) in Verbindung mit dem Bemessungsstrom ohne Einheitszeichen, z. B. „C 16“

e) Bemessungsfrequenz, falls der LS-Schalter nur für eine Frequenz gebaut ist

f) Bemessungsschaltvermögen (Bemessungskurzschlussfestigkeit) bei AC und DC, angegeben in Ampere, in einem Rechteck ohne das Einheitszeichen A, wenn für AC und DC gültig

Beispiel: [6000]

Wenn die Bemessungskurzschlussfestigkeit bei AC und DC unterschiedlich ist, muss sie in jeweils getrennten Rechtecken ohne das Einheitszeichen A, mit dem Zeichen ~ für AC und dem Zeichen ⎓ für DC neben dem Rechteck angegeben werden

Beispiel: [10000] ~ [6000] ⎓

g) Schaltplan, sofern die richtige Art des Anschlusses nicht eindeutig ist

h) Bezugstemperatur, wenn abweichend von 30 °C

16

Bemessungsstrom I_n	Nichtauslösestrom I_{nt}	Auslösestrom I_t	maximal zulässige Verlustleistung bei I_n nach VDE 0641-11	Verlustleistung bei I_n nach Hersteller[1)] P_v in W	
in A	in A	in A	in W	kalt[2)]	warm[3)]
4	4,5	5,8	3	1,5	1,8
6	6,8	8,7	3	1,7	2,0
8	9,0	11,6	3	2,6	3,0
10	11,3	14,5	3	1,7	2,1
13	14,7	18,9	3,5	–	–
16	18,1	23,2	3,5	2,0	2,3
20	22,6	29,0	4,5	2,4	2,7
25	28,3	36,2	4,5	2,9	3,4
32	36,1	46,4	6	3,4	3,9
40	45,2	58,0	7,5	4,0	4,6
50	56,5	72,7	9	5,8	6,7
63	71,2	91,4	13	–	–
80	90,4	116,0	15	–	–
100	113,0	145,0	15	–	–
125	141,3	181,3	20	–	–

1) Angabe gilt für einpolige Schalter
2) kalt bedeutet: gemessen in unbelastetem Zustand
3) warm bedeutet: gemessen vom belasteten Zustand ausgehend

Tabelle 16.20 Kennwerte von LS-Schaltern nach EN 60898-1 (VDE 0641-11)

i) Energiebegrenzungsklasse, sofern verwendet (für LS-Schalter bis $I_n < 32$ A), angegeben in einem Quadrat, das mit dem Rechteck für die Angabe des Bemessungsausschaltvermögens verbunden wird

j) Zeitkonstante T 15 in einem Rechteck, falls zutreffend, in Verbindung mit der Angabe für das Bemessungskurzschlussschaltvermögen bei einer Zeitkonstante von $T = 15$ ms

Beispiel: | 1500 | T 15 |

Wenn bei kleinen Geräten der verfügbare Platz nicht ausreicht, um alle oben genannten Daten aufzubringen, müssen mindestens die Angaben c) und d) sichtbar sein, wenn der LS-Schalter installiert ist. Die restlichen Angaben dürfen auf der Seite oder auf der Rückseite angebracht werden und müssen nur erkennbar sein, bevor der LS-Schalter montiert wird.

In **Bild 16.26** ist ein Beispiel für die Anordnung der nach DIN EN 60898-1 (VDE 0641-11) geforderten Aufschriften dargestellt und erläutert. **Bild 16.27** zeigt einige Beispiele von Aufschriften.

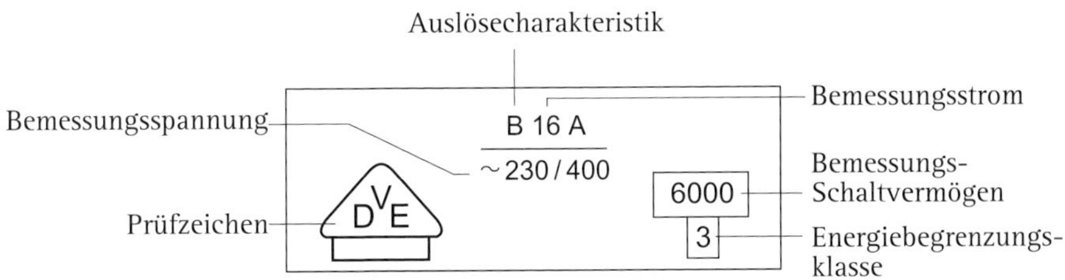

Bild 16.26 Aufschriften auf LS-Schalter für AC (Quelle: DIN EN 60898 (VDE 0641-11:2006-03)

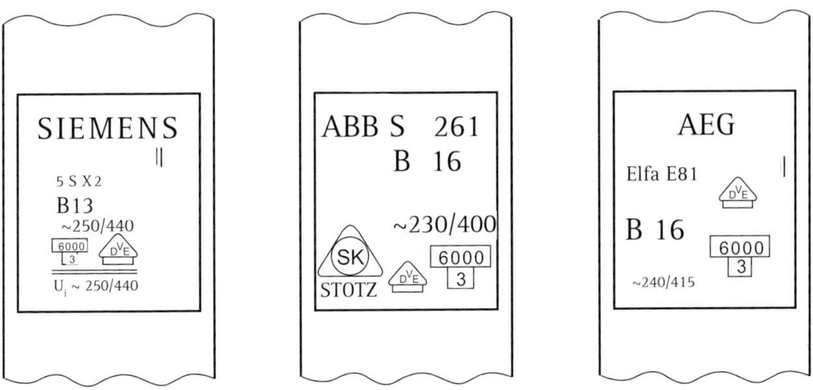

Bild 16.27 Aufschriften von LS-Schaltern verschiedener Hersteller

In den internationalen Normen ist auch ein LS-Schalter mit der Charakteristik U aufgenommen. Das Zeit-Strom-Verhalten entspricht der Charakteristik für den Geräteschutzschalter Typ G. Das Bemessungs-Ausschaltvermögen des LS-Schalters mit der Charakteristik U liegt bei 3 000 A, 6 000 A bzw. 10 000 A. Der LS-Schalter Typ U wird – obwohl in Deutschland nicht genormt – am Markt angeboten. Da er der Europäischen Normung entspricht, ist gegen seine Anwendung nichts einzuwenden. Zu beachten ist allerdings, dass zum Schutz bei indirektem Berühren bei einer Abschaltzeit von 5 s der fünffache Bemessungsstrom und bei 0,1 s / 0,2 s / 0,4 s der zehnfache Bemessungsstrom zum Fließen kommen muss.

16.4.2.2 Geräteschutzschalter – DIN EN 60934 (VDE 0642)

Geräteschutzschalter (GS) sind für den Schutz von Stromkreisen innerhalb elektrischer Betriebsmittel (Geräte) bestimmt. GS sind für den Schutz von Motoren, Transformatoren und internen Verdrahtungen ausgelegt. Die Norm gilt für GS mit einer höchsten Spannung von AC 440 V und DC 250 V, Bemessungsströme bis 125 A und bei AC für die Frequenzen 50 Hz, 60 Hz und 400 Hz. Die genormten Spannungen reichen bei AC von 60 V bis 440 V und bei DC von 12 V bis 250 V und decken die jeweils genormten Spannungen ab. Normwerte für den Bemessungskurzschlussstrom sind 300 A, 600 A, 1 000 A, 1 500 A und 3 000 A. Das Bemessungskurzschlussschaltvermögen darf nicht unter $6 \cdot I_n$ bei AC und $4 \cdot I_n$ bei DC liegen. Die Bezugsumgebungstemperatur beträgt (23 ± 2) °C. Im Betrieb darf die höchste Temperatur 40 °C nicht überschreiten und die niedrigste Temperatur –5 °C nicht unterschreiten, wobei während 24 Stunden ein Mittelwert von 35 °C nicht überschritten werden darf. Die maximale Höhe für den Einbau ist mit 2 000 m NN angegeben. Bei Abweichungen von diesen Referenzbedingungen sind Korrekturen erforderlich. Hierzu ist der Hersteller zu befragen.

16

GS können mit verschiedenen Auslöseorganen ausgerüstet sein. Die Auslöseart wird durch Buchstabenkurzzeichen angegeben. Es werden folgende Auslösearten unterschieden:

- TO Auslösung thermisch
- TM Auslösung thermisch-magnetisch
- MO Auslösung magnetisch
- HM Auslösung hydraulisch-magnetisch
- EM Auslösung elektronisch-hybrid

Zeit-Strom-Kennlinien für die verschiedenen Auslöseorgane sind in **Bild 16.28** angegeben. Die Prüfströme und Prüfzeiten können **Tabelle 16.21** entnommen werden. Auslösezeiten und Auslösebereiche sind vom Hersteller im Katalog anzugeben.

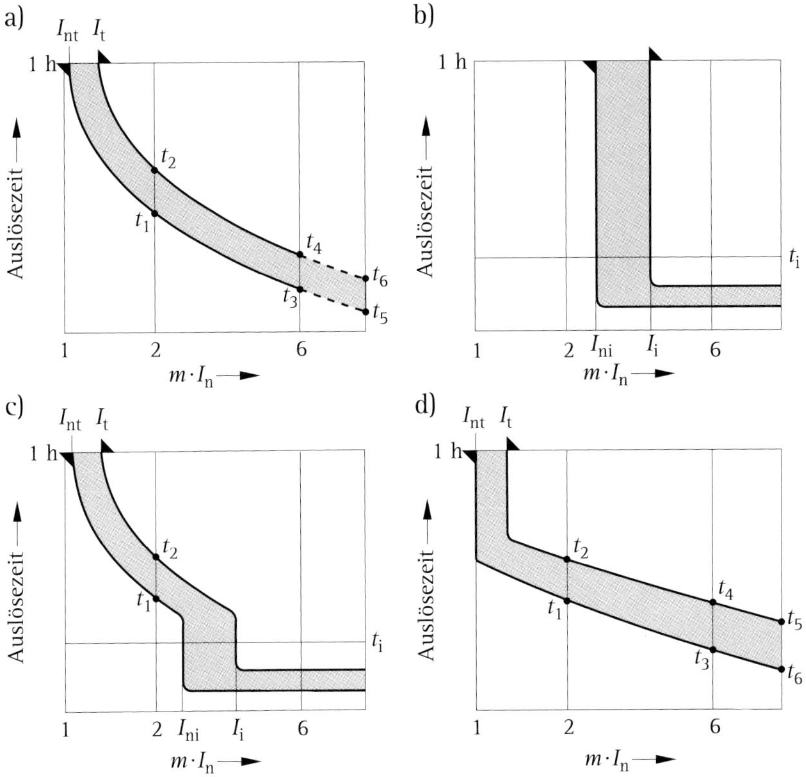

Bild 16.28 Zeit-Strom-Kennlinienbereiche für GS (Quelle: DIN EN 60934 (VDE 0642))
a) Auslöser thermisch
b) Auslöser magnetisch
c) Auslöser thermisch-magnetisch
d) Auslöser hydraulisch-magnetisch

Prüfstrom	Ausgangsbedingung	Zeit t	Erwartetes Ereignis
I_{nt}	Kalt[1]	1 h	Keine Auslösung
I_t	Sofort nach der Nichtauslöseprüfung	$\leq$ 1 h	Auslösung
2 I_n	Kalt[1]	$t_1 \leq t \leq t_2$	Auslösung
6 I_n	Kalt[1]	$t_3 \leq t \leq t_4$	Auslösung
$m\ I_n$[2]	Kalt[1]	$t_5 \leq t \leq t_6$	Auslösung
I_{ni}	Kalt[1]	0,1 s	Keine Auslösung
I_i	Kalt[1]	< 0,1 s	Auslösung

[1] Der Ausdruck „Kalt“ bedeutet: ohne vorherige Belastung
[2] Wahlweise Prüfung

Tabelle 16.21 Zeit-Strom-Auslösekennlinien (Quelle: DIN EN 60934 (VDE 0642))

16

Die Kennlinien in Bild 16.28 zeigen den prinzipiellen Verlauf für die verschiedenen Auslöser. Konkrete Zeiten $t_1 \dots t_6$ und verschiedene Ströme werden vom Hersteller angegeben. Für Auslöser, die elektronisch-hybrid arbeiten, sind die Auslösewerte in Beratung. Die in Bild 16.28 und Tabelle 16.21 genannten Ströme und Auslösezeiten bedeuten:

I_n Bemessungsstrom des GS

I_i unmittelbarer Auslösestrom, Auslösung in $t < 0,1$ s

I_{ni} unmittelbarer Nichtauslösestrom, keine Auslösung innerhalb $t = 0,1$ s

I_{nt} festgelegter Nichtauslösestrom

I_t festgelegter Auslösestrom

t_i unmittelbare Auslösezeit $t = 0,1$ s

$t_1 \dots t_6$ Auslösezeiten, die vom Hersteller festzulegen sind

m Faktor: $m = I/I_n$; vom Hersteller festzulegen

Die Koordination der elektrischen Daten von GS und vorgeschalteten Sicherungen und/oder LS-Schaltern einer Anlage sollte sehr sorgfältig durchgeführt werden. Ein möglichst selektives Verhalten im Überstrom- und Kurzschlussstrombereich und ggf. ein Back-up-Schutz erfordern einen genauen Vergleich der Kennlinien der verschiedenen Schutzeinrichtungen.

16.4.2.3 Motorstarter – DIN EN 60947-4-1 (VDE 0660-102)

16

Motorstarter dienen dazu, Motoren zu starten, auf die normale Drehzahl zu beschleunigen, den Motorbetrieb sicherzustellen, den Motor von der Stromversorgung abzuschalten und durch geeignete Schutzeinrichtungen den Motor sowie den zugehörigen Stromkreis bei Überlastung zu schützen.

Hauptaufgabe eines Motorstarters ist es, Motoren und ggf. auch die entsprechende Zuleitung gegen unzulässige Erwärmung zu schützen. Der Schalter darf nicht auslösen, wenn der Motor innerhalb der vorgegebenen Betriebsart mit seiner Bemessungsleistung betrieben wird und beim Einschalten einen hohen Anlaufstrom führt. Bei andauernder Überlast, zu großem Anlaufstrom, zu langer Hochlaufzeit, beim Blockieren des Motors und bei Ausfall eines Außenleiters muss der Motorstarter zuverlässig und exakt abschalten. Um dieser Aufgabe gerecht zu werden, besitzen Motorstarter Auslöseorgane, die mit einer Zeit-Strom-Charakteristik (z. B. Bimetallauslöser) arbeiten. Weiter gibt es auch Motorstarter, die noch zusätzlich einen Kurzschlussauslöser besitzen und somit einen vollständigen Schutz des Motors und ggf. auch der Zuleitung gewährleisten.

Motorstarter sind je nach Einsatz in Gebrauchskategorien (siehe Abschnitt 16.8) eingeteilt.

Die Gebrauchskategorie gibt an, für welchen typischen Anwendungsfall ein Motorstarter am besten geeignet ist.

Häufig zur Anwendung gelangen Motorstarter (Motorschalter) mit fest eingestelltem thermischen Auslöser und fest eingestelltem Kurzschlussauslöser in der Baugröße von LS-Schaltern. In der Praxis werden diese Schalter normalerweise nicht zum Ein- und Ausschalten von Motoren verwendet; sie werden nur zum Schutz gegen Überströme und Kurzschlussströme eingebaut.

Dieser Motorstarter – verschiedentlich auch K-, M-Schalter und fälschlicherweise G-Schalter genannt – ist nach DIN EN 60947-4-1 (VDE 0660-102) zu bauen. Aufbau und Wirkungsweise ist wie bei den LS-Schaltern beschrieben. Der thermische Auslöser ist aber nicht mehr abgestimmt auf den Leitungsschutz (Leiter), sondern auf den Motorschutz (Wicklung). Mit Rücksicht auf die Anlaufströme von Motoren löst der magnetische Auslöser erst beim acht- bis 14-fachen Bemessungsstrom aus. Die Zeit-Strom-Kennlinie (**Bild 16.29**) zeigt auch, dass der Schalter für den Leitungsschutz zwar verwendet werden kann, sich aber nicht gut eignet. Das Bemessungs-Schaltvermögen muss bei 400 V Wechselspannung mindestens 1,5 kA betragen. Hinsichtlich der Kennlinie muss DIN EN 60947-4-1 (VDE 0660-102) eingehalten werden. Der große Prüfstrom liegt beim 1,2-fachen Bemessungsstrom. Der kleine Prüfstrom liegt beim 1,05-fachen Bemessungsstrom.

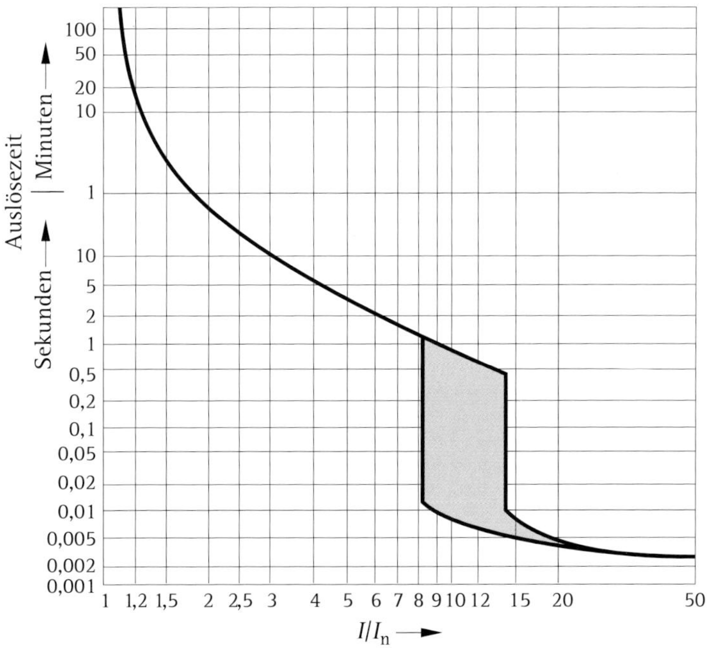

Bild 16.29 Zeit-Strom-Bereich eines Motorstarters

Einstellbereich der thermischen Überstromauslöser	Ansprechstrom des Kurzschlussauslösers	größter Nennstrom der Kurzschlusssicherungen							
		bei 230 V ~		bei 400 V ~		bei 500 V ~		bei 690 V ~	
		gG/gL	aM	gG/gL	aM	gG/gL	aM	gG/gL	aM
in A	in A	A	A	A	A	A	A	A	A
0,1 bis 0,16	1,8	eigenfest bis zu den höchsten Kurzschlussströmen							
0,16 bis 0,25	2,6								
0,25 bis 0,40	4,4								
0,40 bis 0,63	7							4	2
0,63 bis 1,0	11							6	4
1,0 bis 1,6	18					10	6	10	6
1,6 bis 2,5	26					16	10	16	10
2,5 bis 4,0	44			25	16	25	16	25	26
4,0 bis 6,3	70	35	20	35	20	35	20	35	20
6,3 bis 10	110	50	25	50	25	50	25	unzulässig	
10 bis 16	175	50	25	50	25	50	25		
1,0 bis 1,6	18	eigenfest bis zu den höchsten Kurzschlussströmen							
1,6 bis 2,5	26							35	20
2,5 bis 4,0	44							50	25
4,0 bis 6,3	70					63	35	63	35
6,3 bis 10	110			80	50	80	50	63	35
10 bis 16	175	80	50	80	50	80	50	63	35
16 bis 25	275	100	63	100	63	100	63	63	35
25 bis 40	440	125	80	125	80	125	80	63	35

Tabelle 16.22 Technische Daten von Motorstartern mit Kurzschlussauslöser (Auszug aus einer Firmenliste; zwei verschiedene Ausführungen)

Bei Schutzmaßnahmen mit Abschaltung muss bei einer Abschaltzeit von 5 s der vierfache Bemessungsstrom, bei 0,1 s der 14-fache Bemessungsstrom der vorgeschalteten Schutzeinrichtung zum Fließen kommen.

Damit der Schalter sinnvoll eingesetzt werden kann, wird er in wesentlich kleineren Bemessungsstromintervallen als Sicherungen oder LS-Schalter angeboten. Ein Auszug aus einer Firmenliste für Motorstarter mit fest eingestelltem Auslöser zeigt folgende Bemessungsströme $I = 0{,}5$ A; 1,0 A; 1,6 A; 2 A; 3 A; 4 A; 6 A; 8 A; 10 A; 16 A; 20 A; 25 A; 32 A; 40 A; 50 A und 63 A.

Eine andere Bauart von Motorstartern ist der Schalter, der einen einstellbaren Überstromauslöser besitzt. Häufig sind diese Schalter noch mit einem elektromagnetischen Auslöser (Kurzschlussschnellauslöser) für den Kurzschlussschutz ausgestattet. Auch diese Motorstarter sind nach DIN EN 60947-4-1 (VDE 0660-102) zu bauen und zu prüfen.

Motorstarter, die nur mit einem Bimetallauslöser ausgerüstet sind – also keinen Kurzschlussschnellauslöser besitzen –, benötigen in bestimmten Fällen noch ein vorgeschaltetes Schutzorgan für den Kurzschlussfall, da der Bimetallauslöser geschützt werden muss, um bei einem Kurzschluss nicht zerstört zu werden.

Zum Schutz werden meist Sicherungen (Betriebsklasse aM oder gG bzw. gL) verwendet. **Tabelle 16.22** zeigt als Beispiel einen Auszug aus der Liste eines Herstellers, welche größte Sicherung einem Motorstarter vorgeschaltet werden darf. Es gibt auch Motorstarter (hauptsächlich für kleine Bemessungsströme), deren Bimetallauslöser einen so hohen Eigenwiderstand haben, dass der Kurzschlussstrom begrenzt wird und das Schaltvermögen des Schalters ausreicht, den Kurzschlussstrom sicher abzuschalten. Motorstarter dieser Bauart werden „eigenfeste Schalter" genannt.

16

Zeit-Strom-Kennlinien von Motorstartern mit und ohne Kurzschlussschnellauslöser sind in **Bild 16.30** dargestellt. Dabei handelt es sich nur um Beispiele; in der Praxis sind die Firmenunterlagen heranzuziehen. Der prinzipielle Verlauf der Kennlinien ist in DIN EN 60947-4-1 (VDE 0660-102) festgelegt.

16.4.2.4 Leistungsschalter – DIN EN 60947-2 (VDE 0660-101)

Leistungsschalter sind Schalter mit einem Schaltvermögen, das den beim Ein- und Ausschalten von Betriebsmitteln und Anlageteilen in ungestörtem und gestörtem Zustand, insbesondere unter Kurzschlussbedingungen auftretenden Belastungen genügt.

Ein Leistungsschalter muss also allen in einer Anlage zu erwartenden Beanspruchungen genügen. Leistungsschalter müssen DIN EN 60947-2 (VDE 0660-101) entsprechen. Wenn der Leistungsschalter zum Schutz der Anlagen noch mit thermischen und magnetischen Auslösern ausgestattet ist (Prinzip wie beim LS-Schalter), wird er *Leistungsselbstschalter* genannt.

a) ohne Kurzschlussschnellauslöser

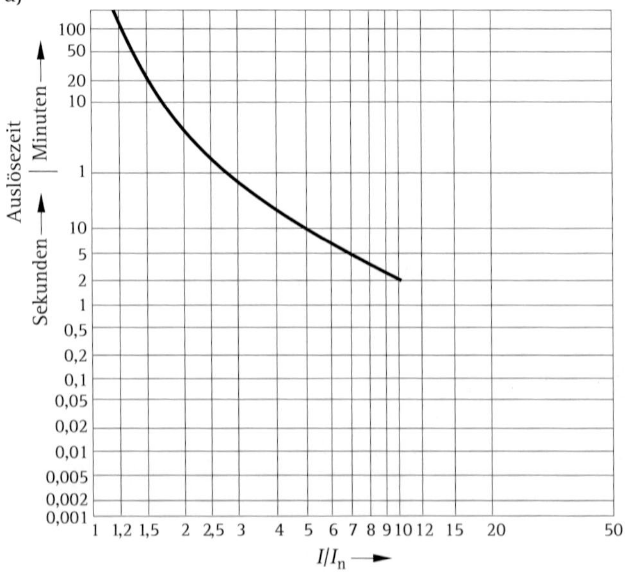

b) mit Kurzschlussschnellauslöser

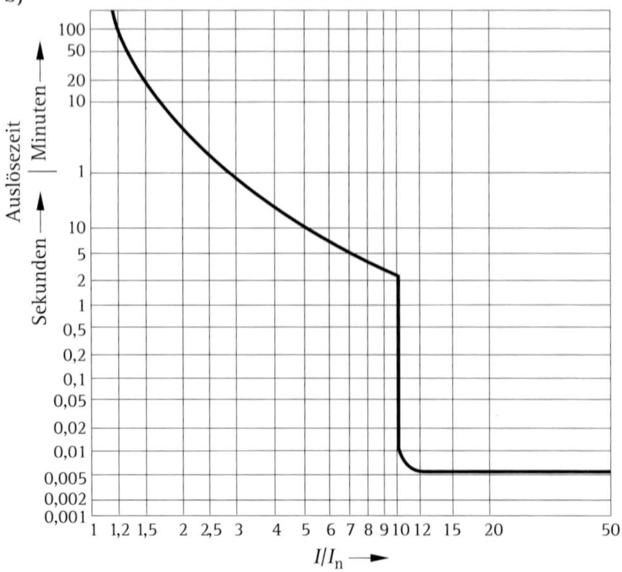

Bild 16.30 Zeit-Strom-Kennlinien von Motorstartern
a) ohne Kurzschlussschnellauslöser
b) mit Kurzschlussschnellauslöser

Leistungsschalter werden von den Firmen in Baureihen von 25 A bis 4000 A Bemessungsstrom mit den verschiedensten Bemessungs-Schaltvermögen angeboten. Auch Leistungsschalter mit Kurzverzögerung – für selektives Schalten – und Hochleistungsschalter mit extrem kurzen Ausschaltzeiten werden angeboten. In **Bild 16.31** sind prinzipielle Auslösekurven von Leistungsselbstschaltern angegeben. Bei Anwendung der Verzögerung im Überlast- und Kurzschlussbereich ist dies bei der Leitungsbemessung zu berücksichtigen.

Bei Schutzmaßnahmen mit Abschaltung muss von der jeweiligen Kennlinie des thermischen und magnetischen Auslöseorgans der Leistungsschalter ausgegangen werden. Entsprechende Einstellungen, in Verbindung mit den zu erwartenden Kurzschlussströmen, stellen die Abschaltzeit sicher. Leistungsselbstschalter, also Leistungsschalter mit stromabhängiger Auslösung, haben einen Nichtauslösestrom vom 1,05-fachen Stromeinstellwert und einen Auslösestrom vom 1,3-fachen Stromeinstellwert, wobei konventionelle Prüfzeiten von 1 h bei $I_n \leq 63$ A und 2 h bei $I_n > 63$ A festgelegt sind.

Tabelle 16.23 zeigt einen Auszug aus einer Firmenliste von Leistungsselbstschaltern.

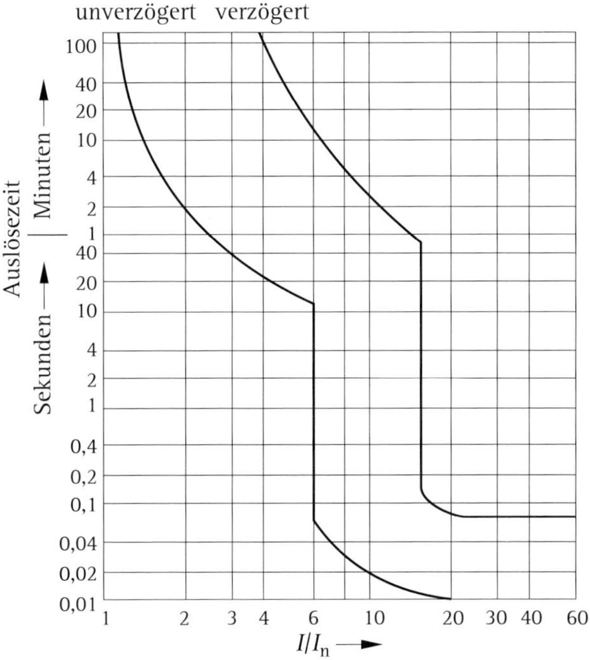

Bild 16.31 Zeit-Strom-Kennlinien von Leistungsselbstschaltern

Bemessungsstrom	63/100/160	250	400	630/800	1000/1250	1600/2000	A
Bemessungs-Schaltvermögen	10	15	20	50	50	50	kA
$\cos\varphi$	0,5	0,3	0,3	0,25	0,25	0,25	
Bimetallauslöser	25 bis 40 40 bis 63 63 bis 100 100 bis 160	25 bis 40 40 bis 63 63 bis 100 100 bis 160 160 bis 200 200 bis 250	130 bis 200 200 bis 310 310 bis 400 350 bis 500	240 bis 400 380 bis 630 590 bis 800	590 bis 1000 720 bis 1200	970 bis 1600 1200 bis 2000	A
magnetischer Schnellauslöser	250/300 600/900 600/750 1200/1900	125/200 315/500 800/1250 2000	600/900 1200/1900 2800/3600 5000/6000 7500	1200 bis 2400 1600 bis 3200 2500 bis 5000 4000 bis 8000 5000 bis 10000 7500 bis 15000		2400 bis 4800 5000 bis 10000 7500 bis 15000 8000 bis 16000 10000 bis 20000 15000 bis 30000	A

Tabelle 16.23 Technische Daten von Leistungsselbstschaltern (Herstellerdaten)

16.4.2.5 Leistungsschalter mit Fehlerstromschutz – DIN EN 60947 (VDE 0660-101) Anhang B

16

Die Anforderungen an Leistungsschalter, die auch zum Fehlerstromschutz vorgesehen sind, sind in DIN EN 60947 (VDE 0660-101), Anhang B, festgelegt.

Leistungsschalter mit Fehlerstromschutz (CBR) sind Leistungsschalter, die als Auslöseorgan einen Fehlerstrom-Schutzschalter aufweisen. Dabei kann die Fehlerstromfunktion im Leistungsschalter integriert sein (CBR integriert), oder der CBR kann aus einer Kombination von einem Fehlerstromgerät (r. c.-Einheit) und Leistungsschalter bestehen. Die Kombination kann fabrikfertig sein oder durch den Anwender vor Ort, nach den Anweisungen des Herstellers, durchgeführt werden.

Die Funktion der Fehlerstromauslösung kann netzspannungsunabhängig oder netzspannungsabhängig sein. CBRs, die von einer anderen (fremden) Spannungsquelle abhängig sind, werden in der genannten Norm nicht behandelt.

Als Vorzugswerte für den Bemessungsfehlerstrom werden genannt:

$I_{\Delta n}$ = 0,006 A; 0,01 A; 0,03 A; 0,1 A; 0,3 A; 0,5 A; 1 A; 3 A; 10 A und 30 A

Dabei sind auch CBR mit einstellbarem Bemessungsfehlerstrom (stufenlos oder stufenweise) möglich. Auch CBR mit Verzögerungsgliedern (selektive Schalter) sind zulässig, wobei die Verzögerungszeit entweder fest eingestellt oder einstellbar sein kann.

Anmerkung: CBR mit Bemessungsfehlerströmen $I_{\Delta n} \leq 30$ mA dürfen keine Zeitverzögerung aufweisen.

Hinsichtlich der Auslösung bei Fehlerströmen ist zu beachten, dass zwei Bauarten zur Verfügung stehen:

- CBR der Bauart AC, bei dem eine Ausführung sowohl bei plötzlich auftretenden als auch bei langsam ansteigenden sinusförmigen Fehlerwechselströmen ohne Gleichstromkomponente sichergestellt ist.

  Zeichen: 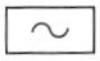
- CBR der Bauart A, bei dem eine Auslösung sowohl bei plötzlich auftretenden als auch bei langsam ansteigenden sinusförmigen Fehlerwechselströmen mit bestimmten pulsierenden Fehlergleichströmen sichergestellt ist.

  Zeichen: 

Ansonsten müssen CBR alle Anforderungen, die an Leistungsschalter und an RCD gestellt werden, erfüllen (zum Beispiel: Einhaltung der Abschaltzeiten im Fehlerfall, Kurzschlussfestigkeit, Auslöseströme usw.). Auch die Aufschriften und sonstigen Kennzeichnungen müssen den jeweils entsprechenden Normen entsprechen (siehe Abschnitt 16.5.2).

Das Hauptanwendungsgebiet von CBR sind gewerbliche und industrielle Stromversorgung und ähnliche Anwendungen.

16.4.2.6 Selektive Haupt-Leitungsschutzschalter (SH-Schalter) E DIN VDE 0643 (SHA-Schalter) und E DIN VDE 0645 (SHU-Schalter)

Ein SH-Schalter ist ein strombegrenzendes, mechanisches Schaltgerät ohne aktive elektronische Bauteile, das in der Lage ist, unter betriebsmäßigen Bedingungen Ströme einzuschalten, zu führen und abzuschalten. Er muss bis zu einer bestimmten Grenze Überströme führen ohne abzuschalten, wenn diese Überströme im nachgeschalteten Einzelstromkreis auftreten und die Abschaltung durch eine nachgeschaltete Überstrom-Schutzeinrichtung erfolgt. Der SH-Schalter muss besonderen Selektivitätsanforderungen zu vor- und nachgeschalteten Überstrom-Schutzeinrichtungen genügen.

Selektive Haupt-Leitungsschutzschalter sind moderne Schaltgeräte, die entweder als Ersatz für die Hausanschlusssicherungen oder als Zählervorsicherungen Anwendung finden. Die Schalter haben, wie normale LS-Schalter, zwei Auslöseorgane. Überströme werden durch thermische Auslöser mit entsprechender Charakteristik beherrscht, und Kurzschlüsse werden durch elektromagnetische Auslöser abgeschaltet. Grundsätzlich sind zu unterscheiden:

- **netzspannungsabhängige** Schalter nach E DIN VDE 0643 (SHA-Schalter)
- **spannungsunabhängige** Schalter nach E DIN VDE 0645 (SHU-Schalter)

Die Normentwürfe sind mit Ermächtigung versehen, das bedeutet, die Geräte entsprechen den VDE-Bestimmungen, obwohl bisher nur Entwürfe dazu vorliegen.

Die Schalter sind zum Schutz von elektrischen Leitungen in Gebäuden gegen Überströme, zum Trennen von Verbraucheranlagen und zur Sicherstellung einer entnehmbaren Leistung in einem weiten Temperaturbereich bestimmt. Sie sind für die Benutzung durch Laien und für wartungsarmen Betrieb gebaut. Der Einbau erfolgt im unteren Anschlussraum von Zählerplätzen oder im speziellen Hausanschlusskasten. Eine Sicherung der Schaltstellung Aus ist möglich. Die Schalter müssen Freiauslösung besitzen. Die Einschaltstellung muss mit einem Strich, die Ausschaltstellung mit einem Kreis gekennzeichnet sein.

Die Schalter sind genormt für Bemessungsspannungen bis 440 V, für Bemessungsströme bis 125 A und besitzen ein Schaltvermögen von maximal 50 kA. Die Bemessungsfrequenz liegt bei 50 Hz und 60 Hz. Die Höhenlage des Einbaus sollte 2000 m NN nicht überschreiten. Die Schalter sind bei Umgebungstemperaturen von –25 °C und +55 °C einsetzbar.

Die thermischen Auslösecharakteristiken für die beiden Schalter sind:

- SHA-Schalter: Zeit-Strom-Charakteristik Cs und E
- SHU-Schalter: Zeit-Strom-Charakteristik E

Die Normwerte für die Temperatur sind 30 °C für Schalter mit der Auslösecharakteristik Cs und 20 °C für die Auslösecharakteristik E. Die Charakteristik der Kennlinien ist speziell auf den Leitungsschutz zugeschnitten, die Schalter sind deshalb für den Motorschutz nicht geeignet.

Normwerte für die Bemessungsspannung sind:

- 230/400 V für einpolige SH-Schalter
- 230 V für zweipolige SH-Schalter
- 400 V für zweipolige, dreipolige und vierpolige SH-Schalter

Die Schalter sind genormt für folgende Nennströme: 16 A; 20 A; 25 A; 32 A; 40 A; 63 A; 80 A; 100 A und 125 A. Das Bemessungsschaltvermögen ist entweder 25 kA oder 50 kA.

Die Schalter besitzen selektives Verhalten zu vor- und nachgeschalteten Überstromschutzorganen, z. B. zu 16-A-Leitungsschutzschaltern der nachgeschalteten Anlage.

Die wichtigsten Aufschriften und Angaben für die Geräte sind:

- Name oder Warenzeichen des Herstellers
- Typbezeichnung, Katalognummer oder andere Identifizierungsnummer
- Bemessungsspannung mit dem Zeichen $\boxed{\sim}$

- Bemessungsstrom ohne das Einheitszeichen A, davor das Zeichen für die Auslösecharakteristik z. B. E 25
- Bemessungsfrequenz, falls der Schalter nur für eine Frequenz gebaut ist
- Bemessungsschaltvermögen in A innerhalb eines Rechtecks, ohne Angabe eines Einheitszeichens, z. B. 25 kA [25000]
- Schaltplan, sofern die richtige Art des Anschlusses nicht eindeutig ersichtlich ist
- Selektivität zu nachgeschalteten Überstrom-Schutzeinrichtungen
- für Bemessungsströme $I_n < 25$ A die Selektivitätsgrenze zu LS-Schalter B 16 der Energiebegrenzungsklasse 3 nach DIN VDE 0641-11 (VDE 0641-11), z. B. [6000] [3]
- Schaltzeichen für SHU-Schalter oder SHA-Schalter 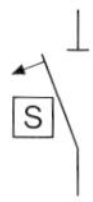

16.4.3 Hochspannungssicherungen

Hochspannungs-Hochleistungssicherungen (HH-Sicherungen) werden im Mittelspannungsbereich von 3 kV bis 72 kV eingesetzt. Sie schützen Mittelspannungsschaltgeräte, Transformatoren und Anlagen vor den thermischen und dynamischen Auswirkungen von Überlast- und Kurzschlussströmen. Herstellung und Prüfung hat nach DIN EN 60282-1 (VDE 0670-4) „Hochspannungssicherungen – Strombegrenzende Sicherungen“ zu erfolgen. Für Transformatorenstromkreise gilt außerdem DIN VDE 0670-402 (VDE 0670-402) „Wechselstromschaltgeräte für Spannungen über 1 kV – Auswahl von strombegrenzenden Sicherungseinsätzen für Transformatorenstromkreise“.

Entsprechend dem Ausschaltbereich sind zwei Arten strombegrenzender Sicherungen definiert:

- **Teilbereichssicherungen**

  Eine strombegrenzende Sicherung, die unter festgelegten Bedingungen für Anwendung und Verhalten alle Ströme, vom Bemessungsausschaltstrom bis herab zum Bemessungs-Mindestausschaltstrom, ausschalten kann.

- **Vollbereichssicherungen**

  Eine strombegrenzende Sicherung, die unter festgelegten Bedingungen für Anwendung und Verhalten alle Ströme, vom Bemessungsausschaltstrom bis herab zu dem Strom, der in einer Stunde zum Abschmelzen des Schmelzeinsatzes führt, ausschalten kann.

Eine HH-Sicherung besteht aus Sicherungsunterteil, dessen Aufgabe es ist, die Isolation gegen Erde und andere Bauteile sicherzustellen, sowie dem Sicherungseinsatz, der den Schmelzleiter enthält (**Bild 16.32**).

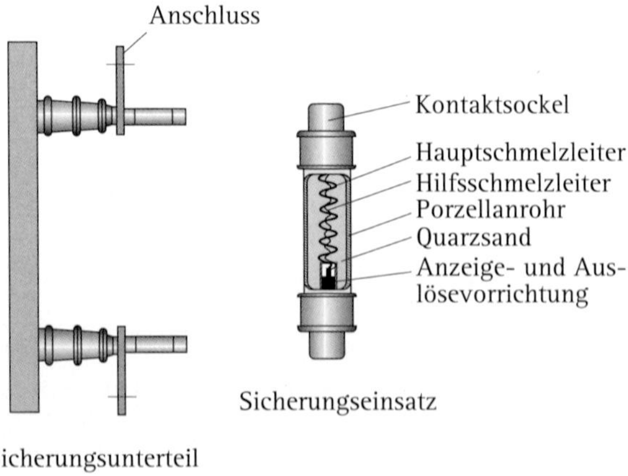

Bild 16.32 HH-Sicherung

16.4.3.1 Teilbereichssicherungen

Bei HH-Sicherungen sind in einem Porzellanrohr meist mehrere Schmelzleiter aus Feinsilber in Löschmittel (Quarzsand) eingebettet. Zur Erzielung eines längeren Lichtbogenwegs sind die Schmelzleiter spiralförmig angeordnet. Die Schmelzleiter werden durch Tragorgane oder durch besonders dichtes Löschmittel in ihrer Lage fixiert. Die Schmelzleiter besitzen in regelmäßigen Abständen „Engstellen" (Querschnittschwächung), die bei erhöhtem Stromdurchgang aufgrund der geringeren Wärmekapazität als Heizzonen wirken und an diesen Stellen den Abschaltvorgang einleiten. Die Anzahl der Engstellen ist von der Bemessungsspannung des Sicherungseinsatzes abhängig. Bei einem Kurzschluss schmilzt so der Schmelzleiter an mehreren Stellen gleichzeitig, und es entstehen mehrere kleine Lichtbögen, d. h., die gesamte Lichtbogenenergie wird auf mehrere Stellen gleichmäßig über die gesamte Länge des Sicherungseinsatzes aufgeteilt. Durch das dichte Löschmittel erfolgt sofort eine intensive Kühlung, die eine rasche Löschung der Lichtbögen bewirkt (Gleichstromlöschung).

Das Ansprechen des Sicherungseinsatzes wird entweder durch einen Kennmelder angezeigt oder durch einen Schlagstift gemeldet bzw. zu einer Information verarbeitet. Bei Sicherungseinsätzen mit Kennmelder (optische Anzeige) wird dabei ein Kennorgan in ein an der Sicherungskappe angebrachtes Schauglas gedrückt. Ein defekter Sicherungseinsatz ist damit deutlich zu erkennen. Bei Sicherungseinsätzen mit Schlagstift erscheint an der Stirnseite der Sicherungskappe ein Stift von etwa 30 mm Länge. Der Schlagstift kann zur mechanischen Auslösung eines Schaltschlosses, eines Last- oder Leistungsschalters bzw. zur Betätigung einer Auslösevorrichtung, die optische oder akustische Signale auslöst, verwendet werden.

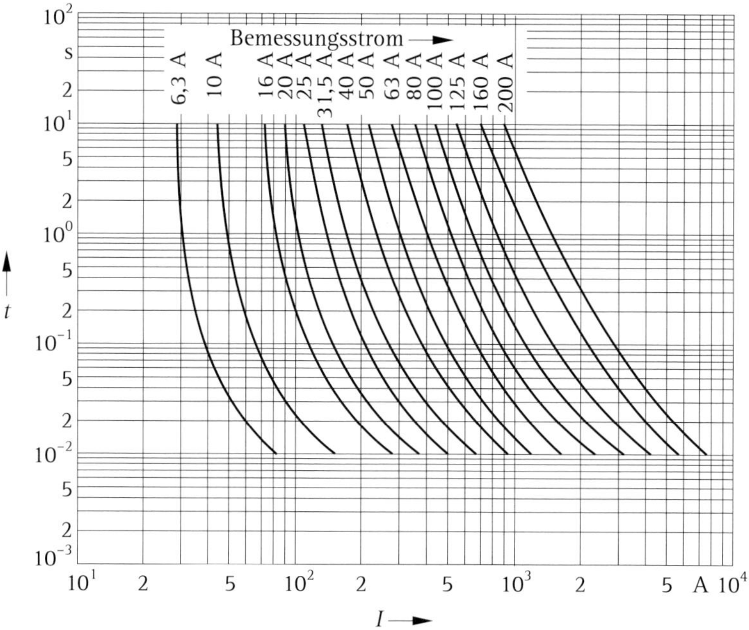

Bild 16.33 Mittlere Zeit-Strom-Kennlinien für HH-Sicherungseinsätze (Kennlinien eines Herstellers)

In DIN VDE 0670-402 sind für die Zeiten 10 s, 0,1 s und 0,01 s minimale und maximale Ströme (Stromtore) und auch untere und obere Grenzkurven für die Zeit-Strom-Bereiche angegeben. Mittlere Zeit-Strom-Kennlinien zeigt **Bild 16.33.**

Die Zeit-Strom-Kennlinien der verschiedenen Hersteller sind unterschiedlich. Wenn von einer Zeit-Strom-Kennlinie ausgegangen wird, ist zu beachten, dass die Toleranz etwa ±10 % in Stromrichtung beträgt. Wie auch die Zeit-Strom-Kennlinien der HH-Sicherungseinsätze in Bild 16.33 zeigen, können HH-Sicherungseinsätze Überströme nur ab einem bestimmten Strom sicher abschalten. Dieser Strom wird Mindestausschaltstrom (I_{min}) genannt und liegt je nach Hersteller beim zwei- bis dreifachen Bemessungsstrom des Sicherungseinsatzes. Im Bereich zwischen I_n und I_{min} besitzt der Sicherungseinsatz kein definiertes Auslöseverhalten (Teilbereichssicherung) und kann beim Betrieb unterhalb des Mindestausschaltstroms versagen. Dies könnte bei kleinen Erdschlussströmen, geringen Überlastströmen und Windungsfehlern in einem Transformator der Fall sein. HH-Sicherungseinsätze sind also nicht zur Abschaltung geringer Überströme geeignet. Der Überlastschutz kann nicht oder nur bedingt übernommen werden; Haupteinsatzgebiet ist deshalb der Kurzschlussschutz.

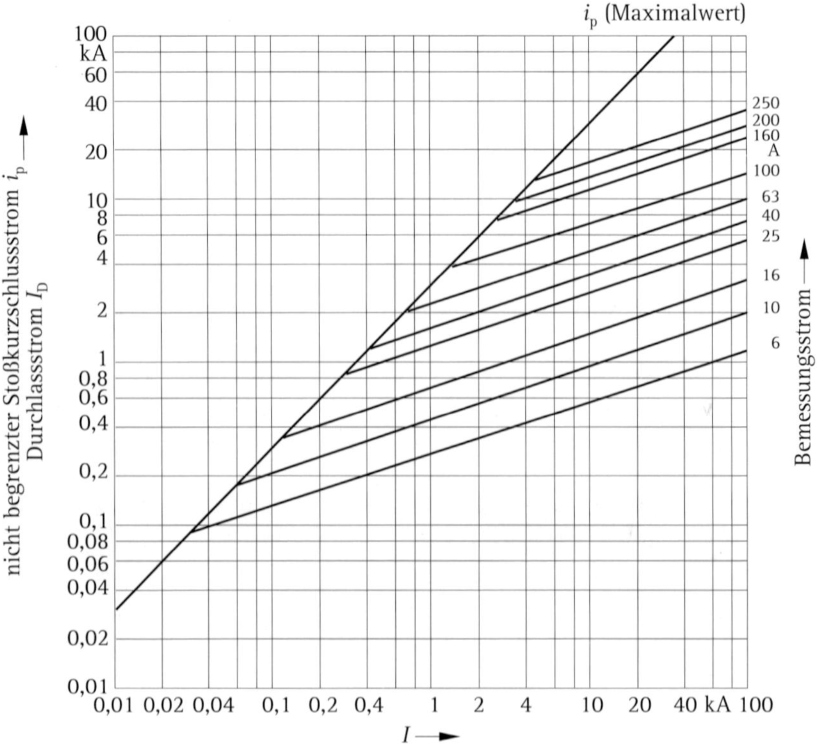

16

Bild 16.34 Strombegrenzungsdiagramm

Bedingt durch ihren Aufbau und ihre Konstruktion haben HH-Sicherungseinsätze strombegrenzende Wirkung. Bei großen Kurzschlussströmen wird die Abschaltung noch während des Stromanstiegs erfolgen. Es kommt also nicht der Stoßkurzschlussstrom i_p zum Fließen, da dieser auf den Durchlassstrom I_D begrenzt wird.

Ein Strombegrenzungsdiagramm für eine Sicherungs-Baureihe ist in **Bild 16.34** dargestellt.

HH-Teilbereichssicherungen werden eingesetzt für den Kurzschlussstrom von Mittelspannungsanlagen und -betriebsmitteln, wobei noch folgende Auswahlkriterien zu beachten sind:

- **Schutz von Kabeln**

  Der Sicherungseinsatz sollte nach dem zulässigen Belastungsstrom der Kabelanlage (Kabelquerschnitt, Verlegeart, Umgebungsbedingungen usw. beachten) ausgewählt werden. Die Belastbarkeit von Kabeln mit Spannungen > 3,6 kV bis 36 kV kann DIN VDE 0276-620 entnommen werden.

- **Schutz von Transformatoren**

  Zu beachten sind der Einschaltstrom (I_R, rush current) und die maximal zulässige Kurzschlussdauer des Transformators. Die Anforderungen an die Selektivität der Schutzeinrichtungen auf der Primär- und der Sekundärseite (NH-Sicherungen, Leistungsschalter) sollten berücksichtigt werden. Siehe hierzu Abschnitt 15.2.

- **Schutz von Motoren**

  Es sind die Höhe und Dauer der Anlaufströme sowie die Häufigkeit des Anlaufs zu beachten. Bei geringer Anlaufhäufigkeit genügt es, die Zeit-Strom-Kennlinie zu beachten. Wenn die Anlaufhäufigkeit so groß ist, dass die Sicherungseinsätze zwischendurch nicht abkühlen können, sollte der Sicherungs-Hersteller zurate gezogen werden.

- **Schutz von Kondensatoren**

  Es wird empfohlen, den Bemessungsstrom des Sicherungseinsatzes mit $(1{,}5 \ldots 2{,}0) \cdot I_n$ des Kondensators auszulegen. Damit werden Einschaltströme und Spannungserhöhungen durch die Kondensatoren sowie die Einflüsse von Netz-Oberschwingungen berücksichtigt.

- **Schutz von Spannungswandlern**

  Es sollte der kleinste Sicherungseinsatz einer Baureihe als Kurzschlussschutz eingesetzt werden; in der Regel also ein 4-A- oder 6,3-A-Sicherungseinsatz.

16.4.3.2 Vollbereichssicherungen

16

HH-Vollbereichs-Sicherungseinsätze können alle Ströme vom Bemessungs-Ausschaltstrom bis zu dem Strom abschalten, der den Sicherungseinsatz in einer Stunde zum Ansprechen bringt.

Die zurzeit angebotenen Sicherungen sind Neuentwicklungen.

Für Vollbereichssicherungen gelten grundsätzlich die für Teilbereichssicherungen beschriebenen Eigenschaften. Ausnahme ist, dass es keinen Mindestausschaltstrom gibt, dafür aber der Strom die untere Grenze der Anwendung festlegt, der den Schmelzeinsatz in einer Stunde zum Ansprechen bringt.

16.4.3.3 Einsatz von HH-Sicherungen

Der Einsatz von HH-Sicherungen ist für folgende Umgebungsbedingungen vorgesehen.

- Die Umgebungstemperatur (Lufttemperatur) soll maximal 40 °C betragen und während einer Zeitspanne von 24 h nicht mehr als 35 °C sein. Die niedrigste Temperatur der Luft darf –25 °C betragen. Dabei ist zu beachten, dass bei niedrigen und hohen Umgebungstemperaturen die Zeit-Strom-Kennlinien eine merkliche Änderung erfahren.

Höhenlage	Korrekturfaktoren			
	Prüfspannung	Bemessungs-spannung	Bemessungs-strom	Erwärmung
1 000 m	1,0	1,0	1,0	1,0
1 500 m	1,05	0,95	0,99	0,98
3 000 m	1,25	0,8	0,96	0,92
Zwischenwerte dürfen linear interpoliert werden				

Tabelle 16.24 Höhen-Korrekturfaktoren bei HH-Sicherungen

- Die Bemessungswerte einer HH-Sicherung gelten für eine Höhenlage bis 1 000 m über NN. Wenn HH-Sicherungen in Höhenlagen über 1 000 m gebraucht werden, muss entweder die Bemessungsspannung oder die Prüfspannung nach **Tabelle 16.24** korrigiert werden. Die Tabelle gibt auch Korrekturfaktoren für den Bemessungsstrom und die Erwärmung an.
- Die Umgebungsluft darf nicht wesentlich verunreinigt sein durch Staub, Rauch, Dämpfe, Salze, korrodierende oder entzündliche Gase.
- Der Durchschnittswert der relativen Luftfeuchte darf über 24 h nicht mehr als 95 % und über einen Monat nicht mehr als 90 % betragen. Der Durchschnittswert des Dampfdrucks darf über 24 h höchstens 22 mbar und über einen Monat höchstens 18 mbar betragen.
- Erschütterungen und Erdbeben können vernachlässigt werden.

Für den Freilufteinsatz sind zusätzlich zu beachten:

- Kondensation, Regen, Schnee, Eis und schnelle Temperaturänderungen können auftreten
- Winddruck mit höchstens 700 Pa, entsprechend einer Windgeschwindigkeit von 34 m/s (122,4 km/h), muss beachtet werden
- die maximale Sonneneinstrahlung beträgt 1,1 kW/m^2

Die Auswahl der Bemessungsströme von HH-Sicherungen für die Absicherungen von Leistungstransformatoren sind Tabelle 15.6 zu entnehmen.

16.5 Fehlerstrom-/Differenzstrom-Schutzeinrichtungen

16.5.1 Allgemeines

Unter Fehlerstrom-/Differenzstrom-Schutzeinrichtungen werden alle auf der Basis von Differenzströmen (I_Δ) arbeitenden Schutzeinrichtungen verstanden.

Den häufigsten Anwendungsfall stellt dabei der Fehlerstrom-Schutzschalter (FI-Schutzschalter) dar.

Nach den internationalen Normungsarbeiten bei IEC und CENELEC wird künftig für diese Schalter der Ausdruck RCD (en: Residual Current protective Device) als Oberbegriff gewählt (siehe auch Abschnitt 2.12). Der bisher verwendete Ausdruck „Nennfehlerstrom“ wurde in „Bemessungsdifferenzstrom“ geändert.

Fehlerstrom-Schutzeinrichtungen sind dann „RCD ohne Hilfsspannungsquelle“ und entsprechen dem bisher im nationalen Bereich hauptsächlich verwendeten Schalter.

Differenzstrom-Schutzeinrichtungen sind „RCD mit Hilfsspannungsquelle“ und fanden bisher hauptsächlich im Ausland Anwendung.

Da die Normungsarbeiten noch nicht abgeschlossen sind, wird nachfolgend der derzeitige Stand der Technik im nationalen Bereich beschrieben.

Wichtige und in der Praxis häufig vorkommende Begriffe für Fehlerstrom-/Differenzstrom-Schutzeinrichtungen sind:

- **Fehlerstrom-/Differenzstrom-Schutzeinrichtung (RCD)**
  ist ein mechanisches Schaltgerät oder eine Zusammenschaltung von Geräten, deren Aufgabe es ist, die Öffnung der Kontakte zu veranlassen, wenn der Fehlerstrom/Differenzstrom unter festgelegten Bedingungen einen vorgegebenen Wert erreicht (IEC-Publikation 60755).
  Anmerkung: Die IEC-Publikation 60755 ist nur als Report herausgegeben; sie umfasst alle international gebräuchlichen Fehlerstrom-/Differenzstrom-Schutzeinrichtungen.
- **Fehlerstrom-Schutzschalter**
  ist ein mechanisches Schaltgerät, das dazu bestimmt ist, Ströme unter üblichen Betriebsbedingungen einzuschalten, zu führen und auszuschalten und die Öffnung der Kontakte zu veranlassen, wenn der Fehlerstrom unter bestimmten Bedingungen einen vorgegebenen Wert erreicht.
- **Fehlerstrom-Schutzschalter ohne integrierten Überstromschutz (RCCB)**
  ist ein Fehlerstrom-Schutzschalter, der nicht dazu vorgesehen ist, auch die Schutzfunktion gegen Überlast und/oder Kurzschluss zu übernehmen.
- **Fehlerstrom-Schutzschalter mit integriertem Überstromschutz (RCBO)**
  ist ein Fehlerstrom-Schutzschalter, der dazu vorgesehen ist, auch die Schutzfunktion gegen Überlast und/oder Kurzschluss zu übernehmen.
- **Netzspannungsunabhängiger Fehlerstrom-Schutzschalter (FI)**
  ist ein Fehlerstrom-Schutzschalter, bei dem die Funktionen der Erfassung, der Auswertung und der Abschaltung nicht von der Netzspannung abhängen (Fehlerstrom-Schutzeinrichtung ohne Hilfsenergiequelle).
- **Netzspannungsabhängiger Fehlerstrom-Schutzschalter (DI)**
  ist ein Fehlerstrom-Schutzschalter, bei dem die Funktion der Erfassung, der

Auswertung und der Abschaltung nicht von der Netzspannung abhängen (Fehlerstrom-Schutzeinrichtung mit Hilfsenergiequelle).

- **Differenzstrom-Überwachungsgerät (RCM)**
  Aufgabe eines Differenzstrom-Überwachungsgeräts ist es, eine elektrische Installation oder einen Stromkreis auf das Auftreten eines Differenzstroms zu überwachen und durch einen Alarm anzuzeigen, wenn dieser einen festgelegten Wert überschreitet.

Fehlerstrom-/Differenzstrom-Schutzschalter für Hausinstallationen und ähnliche Anwendungen sind nach IEC, CENELEC und VDE genormt. Wichtig sind folgende Normen bzw. Entwürfe:

- DIN EN 61008-1 (VDE 0664-10) „Fehlerstrom-/Differenzstrom-Schutzschalter ohne eingebauten Überstromschutz (RCCBs) für Hausinstallationen und ähnliche Anwendungen – Allgemeine Anforderungen“
- DIN EN 61008-2-1 (VDE 0664-11) „Fehlerstrom-/Differenzstrom-Schutzschalter ohne eingebauten Überstromschutz (RCCBs) für Hausinstallationen und ähnliche Anwendungen – Anwendung der allgemeinen Anforderungen auf netzspannungsunabhängige RCCBs“
- DIN EN 61009-1 (VDE 0664-20) „Fehlerstrom-/Differenzstrom-Schutzschalter mit eingebautem Überstromschutz (RCBOs) für Hausinstallationen und ähnliche Anwendungen – Allgemeine Anforderungen“
- DIN EN 61009-2-1 (VDE 0664-21) „Fehlerstrom-/Differenzstrom-Schutzschalter mit eingebautem Überstromschutz (RCCBs) für Hausinstallationen und ähnliche Anwendungen – Anwendung der allgemeinen Anforderungen auf netzspannungsunabhängige RCBOs“
- DIN VDE 0664-101 (VDE 0664-101) „Fehlerstrom/Differenzstrom-Schutzschalter ohne eingebauten Überstromschutz für Hausinstallationen und ähnliche Anwendungen (RCCB) – Teil 101: Anwendung der allgemeinen Anforderungen auf RCCB für Wechselspannungen über 440 V bzw. Bemessungsströme über 125 A“
- DIN VDE 0661 (VDE 0661) „Ortsveränderliche Schutzeinrichtungen zur Schutzpegelerhöhung für Nennwechselspannungen $U_n = 230$ V, Nennstrom $I_n = 16$ A, Nenndifferenzstrom $I_{\Delta n} < 30$ mA“
- DIN VDE 0661-10 (VDE 0661-10) „Elektrisches Installationsmaterial – Ortsveränderliche Fehlerstrom-Schutzeinrichtungen ohne eingebauten Überstromschutz für Hausinstallationen und für ähnliche Anwendungen (PRCD)“
- Entwurf DIN VDE 0662 (VDE 0662):1993-08 „Ortsfeste Schutzeinrichtungen in Steckdosenausführung zur Schutzpegelerhöhung (SRCD)“
- DIN EN 62020 (VDE 0663) „Elektrisches Installationsmaterial – Differenzstrom-Überwachungsgeräte für Hausinstallationen und ähnliche Verwendungen (RCMs)“

16

16.5.2 FI-Schutzschalter, geschichtliche Entwicklung

Die technische Entwicklung der FI-Schutzschalter ist naturgemäß zeitlich sehr eng an die Schutzmaßnahme „FI-Schutzschaltung" gekoppelt. Die FI-Schutzschaltung wurde 1928 vom RWE (Rheinisch-Westfälisches Elektrizitätswerk AG) zum Patent angemeldet. Ausgehend von der in der Hochspannungstechnik bekannten Erdschlussrelais-Schutztechnik wurde der Summenstrom-Schutzschalter zunächst „Differential-Schutzschalter" und später dann „Fehlerstrom-Schutzschalter" genannt. Mit diesem Schalter sollten bei einer Auslösezeit von 100 ms und bei Auslöseströmen erheblich unter 50 mA (gedacht war an 5 mA bis 10 mA) Unfallgefahren für Menschen und Tiere auch beim Berühren eines unter Spannung stehenden Leiters und Brände durch Erdschlüsse sicher verhindert werden. Der erste Schalter, ein Handmodell der Firma Paris & Co., hatte einen Auslösestrom von 10 mA bei einer Auslösezeit innerhalb 100 ms. Bald stellte sich aber heraus, dass es mit der damals üblichen Technik nicht möglich war, FI-Schutzschalter mit den genannten Eigenschaften technisch zuverlässig und wirtschaftlich herzustellen. Beim nächsten Handmodell, das im Jahr 1940 vorgestellt wurde, lag der Nenn-Fehlerstrom bei 80 mA, wobei die Abschaltzeit ebenfalls bei 100 ms lag. Auch dieser Schalter konnte nicht zu einem serienfabrikationsreifen Modell entwickelt werden. Im Jahr 1951 wurden dann die ersten serienmäßig gefertigten FI-Schutzschalter angeboten, mit Nenn-Fehlerströmen von 0,3 A und 3 A. In den VDE-Bestimmungen wurde die FI-Schutzschaltung durch VDE 0100:1958-11 erstmals im „Weißdruck" veröffentlicht, nachdem zuvor die FI-Schutzschaltung in VDE 0100:1956-... (2. Entwurf) vorgestellt worden war. Die erste Bau- und Prüfvorschrift für FI-Schutzschalter war VDE 0664:1963-03, während zurzeit die Normenreihe DIN EN 61008 (VDE 0664) gilt.

Nachdem 1966/1967 die ersten „hochempfindlichen" FI-Schutzschalter (Nenn-Fehlerstrom $I_{\Delta N} \leq 30$ mA) auf den Markt kamen, war ein weiterer Schritt getan. Moderne elektronische Bauteile, durch die pulsierende Gleichströme als Fehlerströme entstehen können, machten eine Weiterentwicklung des FI-Schutzschalters zu einem „pulsstromempfindlichen" FI-Schutzschalter notwendig, der seit 1981 auf dem Markt ist. Eine große Zahl von Einflussgrößen ist dabei von entscheidender Bedeutung, wie die Größe des Gleichstroms, die Art der Gleichrichtung, die Welligkeit der Ströme, die Größe der Aussteuerung (Steuerwinkel) und die Fehlerstelle im Gleichstromkreis. Bei pulsierenden Fehlerströmen kann ein Ansprechen der Auslöseeinrichtung nur dann erfolgen, wenn der vom Summenstromwandler übertragene Impuls eine ausreichende Amplitude und Energie aufweist. Die Auslösewerte sind außerdem noch abhängig von der Art und Wirkungsweise der Auslöseeinrichtung.

Die Formen von Belastungsströmen und Fehlerströmen, wie sie bei den verschiedenen Gleichrichter-Schaltungen entstehen können, sind in **Bild 16.35** dargestellt.

Nr.	Schaltung; Benennung	Prinzipschaltung mit Fehlerstelle	Form des Belastungsstroms	Form des Fehlerstroms
1	Einweggleichrichtung ohne Glättung	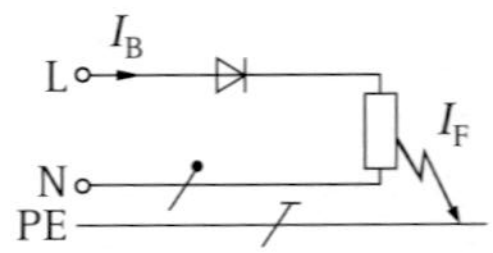	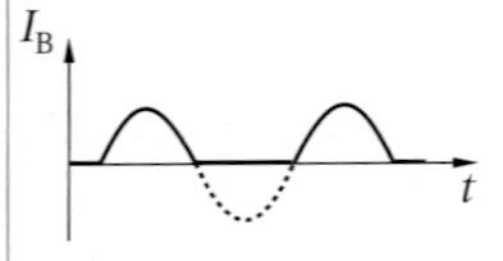	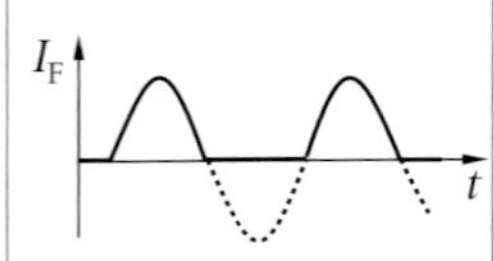
2	Einweggleichrichtung mit Glättung	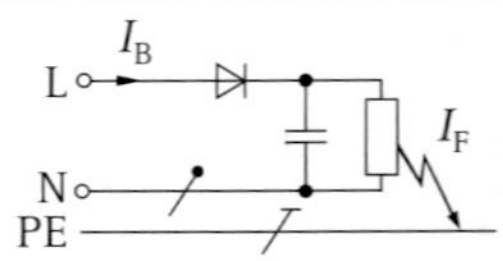	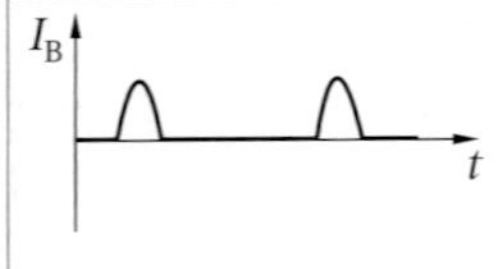	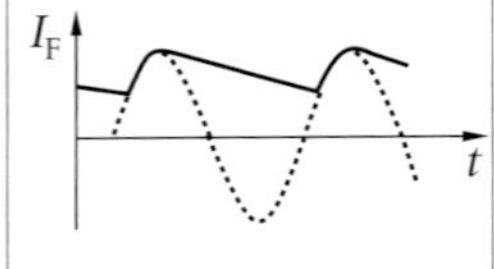
3	Drehstromgleichrichtung (Mittelpunktschaltung)	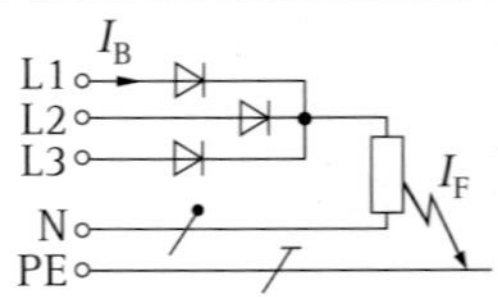	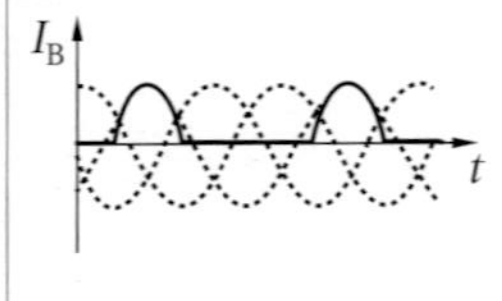	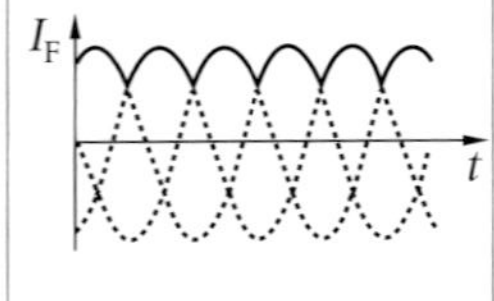
4	Zweipuls-Brückenschaltung mit Glättung (Graetzbrücke mit Glättung)	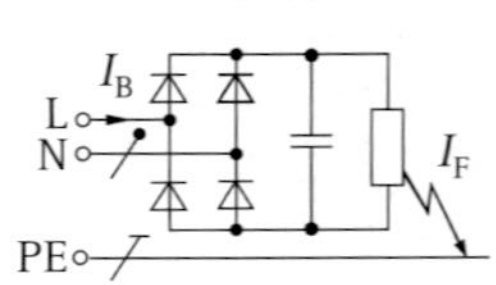	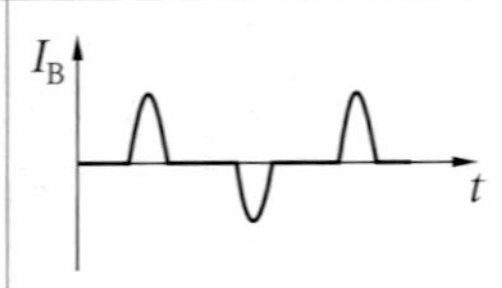	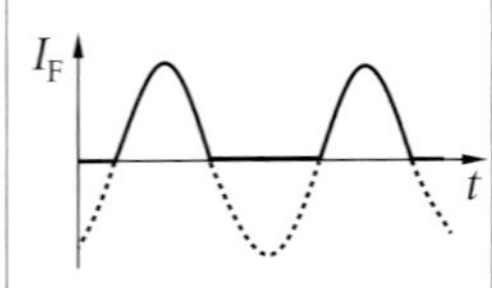
5	Zweipuls-Brückenschaltung halbgesteuert (unsymmetrische Phasenanschnittsteuerung)	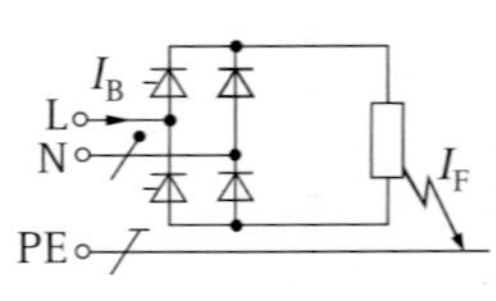	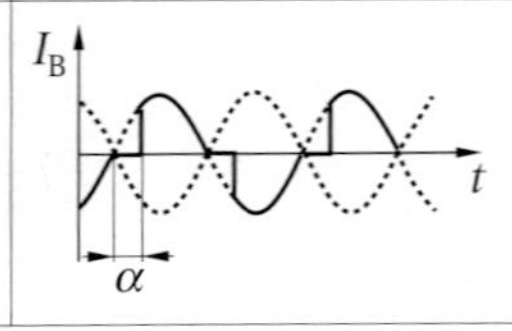	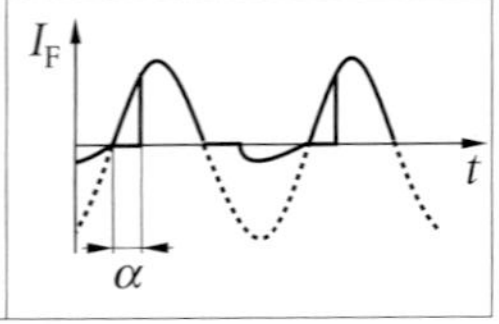

Bild 16.35 Belastungs- und Fehlerstromformen bei verschiedenen Gleichrichterschaltungen

Nr.	Schaltung; Benennung	Prinzipschaltung mit Fehlerstelle	Form des Belastungsstroms	Form des Fehlerstroms
6	Zweipuls-Brückenschaltung Anschluss Leiter gegen Leiter (Graetzbrücke mit Glättung)	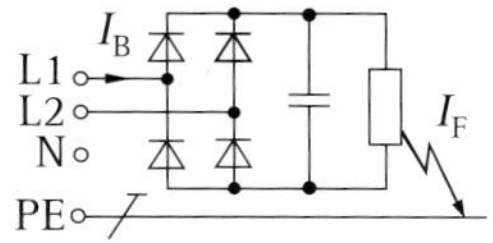	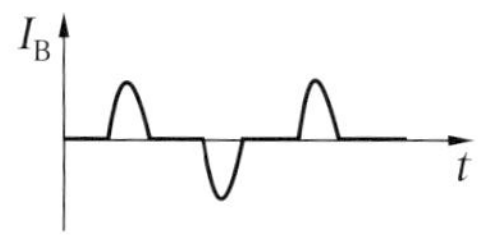	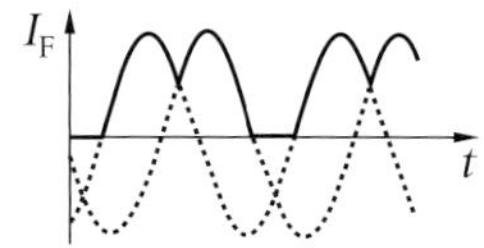
7	Sechspuls-Brückenschaltung (Drehstrom-Brückenschaltung) Drehstrom-Graetzbrücke)	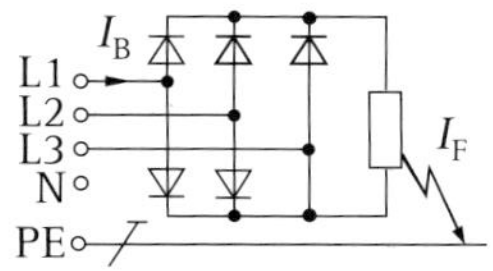	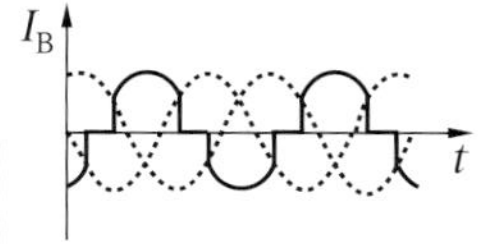	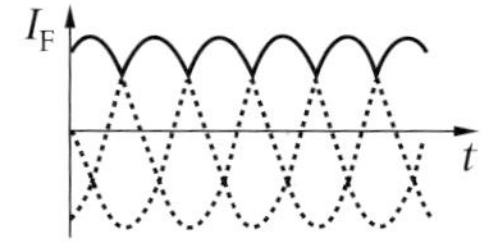
8	Wechselstromsteller mit Zündwinkelsteuerung (symmetrische Phasenanschnittsteuerung)	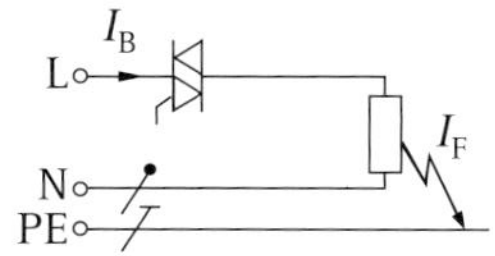	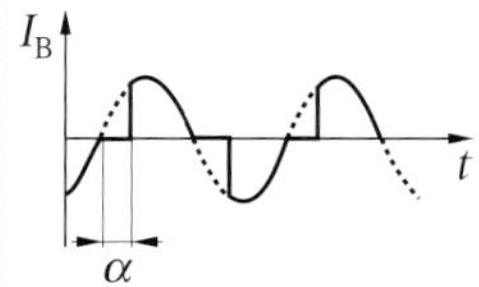	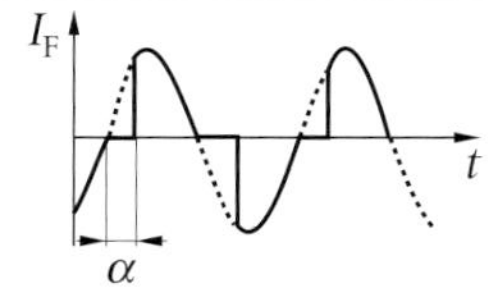
9	Wechselstromsteller (Schwingungspaketsteuerung) (Wellenpaketsteuerung)	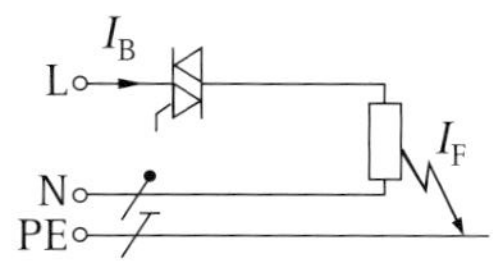	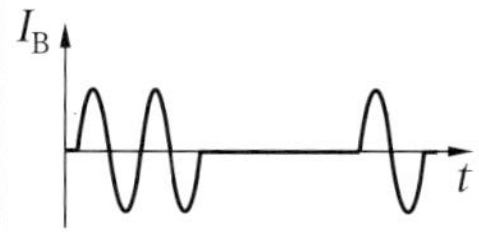	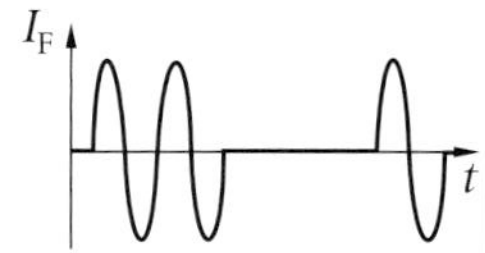

Bild 16.35 (Fortsetzung) Belastungs- und Fehlerstromformen bei verschiedenen Gleichrichterschaltungen

Mit dem „pulsstromempfindlichen FI-Schutzschalter" (Typ A), der also wechselstromsensitiv und pulsstromsensitiv arbeitet, werden Fehlerströme beherrscht, die als reine sinusförmige Wechselströme oder als pulsierende Gleichströme zeitweise den Wert null annehmen oder Nulldurchgänge aufweisen. Der FI-Schutzschalter Typ A ist somit in der Lage, Fehlerströme abzuschalten, wie sie bei folgenden Schaltungen in Bild 16.35 auftreten:

- Einweggleichrichtung ohne Glättung
- Zweipuls-Brückenschaltung mit Glättung (Graetzbrücke mit Glättung)
- Zweipuls-Brückenschaltung halbgesteuert (unsymmetrische Phasenanschnittsteuerung
- Wechselstromsteller mit Zündwinkelsteuerung (symmetrische Phasenanschnittsteuerung)
- Wechselstromsteller (Schwingungspaketsteuerung, Wellenpaketsteuerung)

FI-Schutzschalter vom Typ A, die wechselstromsensitiv und pulsstromsensitiv sind, werden wie folgt gekennzeichnet:

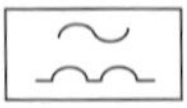

Die Weiterentwicklung war dann der allstromsensitive FI-Schutzschalter, Typ B, der auch in der Lage ist, reine Gleichströme als Fehlerstrom zu erkennen. Der FI-Schutzschalter Typ B ist somit für alle in Bild 16.35 gezeigte Schaltungen geeignet. FI-Schutzschalter vom Typ B, die allstromsensitiv arbeiten, werden wie folgt gekennzeichnet:

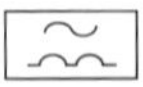 

Während der beschriebenen Entwicklung wurden auch die Betriebssicherheit und Funktionalität der FI-Schutzschalter ständig verbessert. So wurde der anfänglich große Mangel des FI-Schalters, die unzulängliche Festigkeit gegen Stoßströme, die vor allem bei Gewittern zu häufigen Fehlauslösungen führten, verbessert. Die heute angebotenen FI-Schutzschalter sind in bestimmten Bereichen stoßstromfest.

Bei der Reihenschaltung von FI-Schutzschaltern genügt es nicht, die Schalter nach Bemessungsströmen und Bemessungs-Differenzströmen zu staffeln, da so kein selektives Abschalten gewährleistet werden kann. Abhilfe schafft hier der selektive FI-Schutzschalter – ein FI-Schutzschalter, der mit einer Zeitverzögerung ausgestattet ist und dadurch als Haupt-FI-Schutzschalter Verwendung finden kann. Trotz Zeitverzögerung erfolgt die Abschaltung innerhalb der vorgegebenen Zeit. Selektive FI-Schutzschalter besitzen auch verbesserte Eigenschaften gegen Stoßströme. Sie sind mit folgendem Kennzeichen versehen:

S 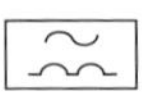

Die anfangs nur eingeschränkte Verwendungsfähigkeit der FI-Schutzschalter bei Temperaturen von +5 °C bis +40 °C wurde erweitert. FI-Schutzschalter mit dem Kennzeichen

können bei Temperaturen von –25 °C bis +40 °C eingesetzt werden. Die Anwendung im Freien, z. B. auf Baustellen, Campingplätzen, Kieswerken u. Ä., ist ohne Probleme möglich.

Die Entwicklung ist noch längst nicht abgeschlossen. Zurzeit liegen aus der internationalen Arbeit zahlreiche Entwürfe vor, die eine beachtliche Palette von Einsatzmöglichkeiten ergeben. Folgende Konzeptionen, die auch die Kombination mit LS-Schaltern und den Einsatz von DI-Schaltern vorsehen, sind gegenwärtig im Gespräch:

RCBO Residual Current operated Circuit-Breaker with integral Overcurrent Protection
(FI- oder DI-Schalter mit eingebautem Überstromauslöser, FI/LS-Schalter oder DI/LS-Schalter)

RCCB Residual Current operated Circuit-Breaker without integral overcurrent protection
(FI- oder DI-Schalter ohne eingebauten Überstromauslöser)

RCM Residual Current Monitor for household and similar uses
(Differenzstrom-Überwachungsgerät)

SRCD Socket outlet with Residual Current operated Device
(FI-Steckdose, DI-Steckdose)

PRCD Portable Residual Current operated Device
(ortsveränderliche Fehlerstrom-Schutzeinrichtung)

16.5.3 RCCB und RCBO – VDE 0664

Fehlerstrom-/Differenzstrom-Schutzschalter **ohne eingebauten Überstromschutz** (RCCB) sind nach DIN EN 61008-1 (VDE 0664-10) genormt.

Fehlerstrom-/Differenzstrom-Schutzschalter **mit eingebautem Überstromschutz** (RCBO) sind nach DIN EN 61009-1 (VDE 0664-20) genormt. Die Norm beschreibt Schaltgeräte, die zwei Funktionen ausüben und deshalb auch zwei Auslöseorgane (FI-Schutz oder DI-Schutz und Überstromschutz) besitzen. RCBOs dienen als Fehlerschutz, Brandschutz und Zusatzschutz (Voraussetzung $I_{\Delta n} < 30$ mA) sowie zum Schutz gegen Überströme. Der FI-/DI-Teil muss den Anforderungen der Norm DIN EN 61008-1 (VDE 0664-10) für „Fehlerstrom-Schutzschalter/Differenzstrom-Schutzschalter“ entsprechen, und der Teil für den Überstromschutz muss die Festlegungen der Norm DIN EN 60898-1 (VDE 0641-10) für „Leitungsschutzschalter“ erfüllen.

Die genannten Normen gelten für Fehlerstrom/Differenzstrom-Schutzschalter bis zu einer Bemessungsspannung von 440 V AC, einem Bemessungsstrom nicht über 125 A, einem Bemessungsschaltvermögen bis 25 kA und zum Betrieb bei 50 Hz.

16.5.3.1 Technische Anforderungen

Den prinzipiellen Aufbau eines Fehlerstrom-Schutzschalters mit netzspannungsunabhängiger Ausschaltung ohne Überstromschutz zeigt **Bild 16.36**.

In **Bild 16.37** ist der prinzipielle Aufbau für einen zweipoligen Differenzstrom-Schutzschalter mit spannungsabhängiger Ausschaltung und Überstromschutz gezeigt.

Ein wichtiges Bauteil der FI-Schutzschalter und DI-Schutzschalter ist der Summenstromwandler (auch Ringkernwandler genannt). Beim ungestörten Betrieb eines Stromkreises ist nach dem ersten Kirchhoff'schen Gesetz die Summe der Ströme in jedem Augenblick gleich null.

$$\sum_{1}^{n} I_i = 0 \qquad (16.2)$$

16

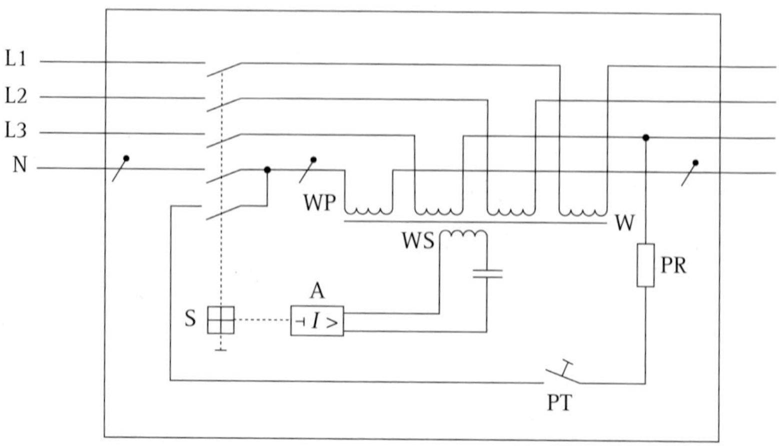

Bild 16.36 FI-Schutzschalter mit spannungsunabhängiger Ausschaltung ohne Überstromschutz

A Auslöser
PR Prüfwiderstand
PT Prüftaste
S Schaltschloss, Betätigungsorgan
W Summenstromwandler
WP Wandler, Primärwicklungen
WS Wandler, Sekundärwicklung

Das bedeutet, dass durch die Summe der in die Anlage hineinfließenden Ströme im Summenstromwandler theoretisch ein magnetischer Fluss erzeugt wird, der aber durch die zurückfließenden Ströme sofort wieder aufgehoben wird. Im Summenstromwandler entsteht also kein magnetischer Fluss, und in der Sekundärwicklung wird keine Spannung induziert, wenn kein Fehler- oder Ableitstrom I_Δ zur Erde oder zum Schutzleiter fließt (Fehlerstrom $I_\Delta = 0$). Wird dieser Zustand gestört, weil z. B. ein Fehler- oder Ableitstrom I_Δ, in ausreichender Höhe, zu einem Schutzleiter oder zur Erde fließt, so ist $I_\Delta > 0$, und in der Sekundärwicklung des Summenstromwandlers wird durch den entstehenden magnetischen Fluss eine Spannung induziert. Durch den Auslöser wird dabei der Stromkreis abgeschaltet, sobald I_Δ einen bestimmten Wert erreicht, d. h., die Abschaltung erfolgt spätestens, wenn der Bemessungsfehlerstrom $I_{\Delta n}$ erreicht wird. Die zulässige Abschaltzeit liegt maximal bei $\Delta t = 0{,}3$ s (für stoßstromfeste, selektive Schalter sind maximal $\Delta t = 0{,}5$ s zugelassen). Die Auslösung des Schalters darf zwischen dem Bemessungsnichtauslösefehlerstrom $I_{\Delta no}$, den der Hersteller angibt und dessen Normwert $I_{\Delta no} = 0{,}5\ I_{\Delta n}$ beträgt, und dem Bemessungsfehlerstrom $I_{\Delta n}$ liegen. Es gilt also für eine Auslösung des Schalters nach der Norm $I_\Delta = I_{\Delta no} \dots I_{\Delta n} = (0{,}5 \dots 1{,}0)\ I_{\Delta n}$. In der Praxis erfolgt die Auslösung bei handelsüblichen RCCD und RCBO etwa bei $I_\Delta = 0{,}8\ I_{\Delta n}$.

An das Auslöseorgan eines FI-Schutzschalters ist die Forderung gestellt, dass die Auslösung ohne Hilfsenergie (Netzspannung oder Batterie) auskommen muss. Die Auslösung muss allein durch die Energie erfolgen, die durch den Fehlerstrom im Summenstromwandler induziert wird. Bei normal empfindlichen Schaltern mit $I_{\Delta n} = 300$ mA und 500 mA wird dabei ohne Kondensator gearbeitet, da der magnetische Auslöser ausreicht. Bei hochempfindlichen Schaltern mit $I_{\Delta n} = 10$ mA

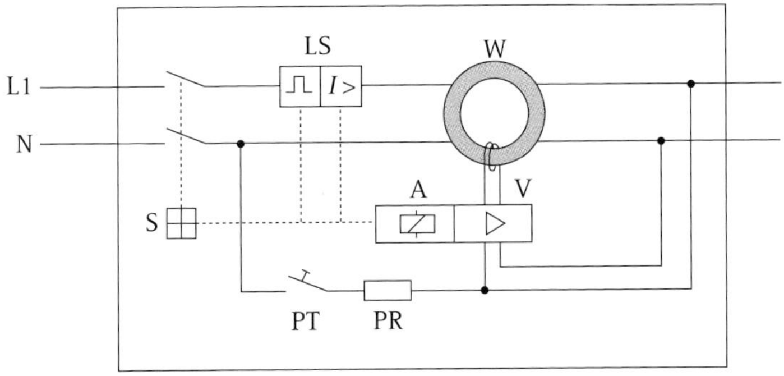

Bild 16.37 DI-Schutzschalter mit spannungsabhängiger Ausschaltung und Überstromschutz

A Auslöser
LS Leitungsschutzschalter mit thermischer und magnetischer Auslösung
PR Prüfwiderstand
PT Prüftaste
S Schaltschloss, Betätigungsorgan
V Verstärker
W Summenstromwandler

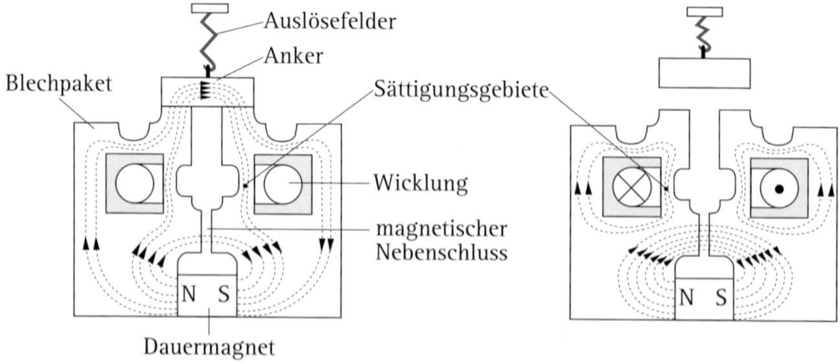

Bild 16.38 Auslöser eines FI-Schutzschalters mit Haltemagnet (Sperrmagnet)

und 30 mA wird je nach Auslösertyp zusätzlich ein Kondensator so eingebaut und abgestimmt, dass ein Resonanzkreis entsteht, bestehend aus Summenstromwandler, magnetischem Auslöser und Kondensator. Ein magnetischer Auslöser, z. B. ein Sperrmagnet-Auslöser, wie in **Bild 16.38** gezeigt, besitzt einen Permanent-Magneten, der im normalen Betrieb das Auslöseglied des Schalters hält. Bei einem Fehlerstrom wird der permanente magnetische Fluss durch einen Wechselfluss, hervorgerufen durch den Fehlerstrom, so geschwächt, dass das Auslöseglied durch eine Feder abgezogen werden kann.

Die grundsätzlichen technischen Anforderungen an RCCB und RCBO sind annähernd gleich. Der Unterschied besteht lediglich darin, dass

- RCCB ohne eingebauten Überstromschutz
- RCBO mit eingebautem Überstromschutz

ausgerüstet sind. Für alle Geräte gelten deshalb auch die Aussagen, dass RCCB und RCBO verwendet werden können:

- zum Schutz von Personen bei indirektem Berühren (Fehlerschutz)
- zum Schutz gegen Brandgefahren infolge länger andauernder Erdfehlerströme ohne Ansprechen der Überstrom-Schutzeinrichtung (Brandschutz)
- zum Schutz von Personen bei direktem Berühren, wenn der Bemessungsfehlerstrom $I_{\Delta n} < 30$ mA ist (Zusatzschutz)
- zum selektiven Schutz von Anlagen, die durch Schalter des normalen Typs geschützt sind und zusätzlich einen vorangeschalteten Schalter haben; ein selektiver Schalter – Kennzeichen [S] – ist mit einer Zeitverzögerung ausgerüstet, um ein selektives Verhalten der Schalter untereinander zu gewährleisten

Weiter gelten folgende Festlegungen:

- Geräte des allgemeinen Typs sind unempfindlich gegen ungewolltes Auslösen einschließlich des Falles, bei dem Stoßspannungen infolge von Schaltüberspannungen oder induziert durch Blitze in der Installation Ladeströme bewirken, ohne dass ein Überschlag erfolgt.
- Selektive Fehlerstrom-Schutzschalter gelten gegen ungewolltes Auslösen als ausreichend unempfindlich, auch wenn durch die Stoßspannungen ein Überschlag und ein Folgestrom erzeugt werden.
- Der Einsatzbereich ist bis zu einer Höhenlage von 2000 m über NN zulässig.
- Als Bezugstemperatur gilt +20 °C, wobei für die Umgebungstemperaturen Werte gelten, die zwischen –5 °C und +40 °C liegen können. Bei einem zulässigen Bereich der Umgebungstemperatur zwischen –25 °C und +40 °C für die Anwendung im Freien, z. B. auf Baustellen, Campingplätzen, Kieswerken usw., ist das Kennzeichen: Schneeflocke, die –25 umschließt, anzubringen.

  Kennzeichnung: 

Die Geräte (RCCB und RCBO) werden auch eingeteilt hinsichtlich ihres Auslöseverhaltens durch die Ausschaltcharakteristik bei verschiedenen Fehlerströmen, wenn z. B. der Fehlerstrom Gleichstromanteile enthält.

- Der Schalter **Typ AC** löst aus bei sinusförmigen Wechselfehlerströmen, die plötzlich oder langsam ansteigend auftreten.

  Kennzeichnung: 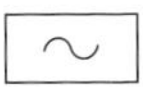
- Der Schalter **Typ A** löst aus bei sinusförmigen Wechselfehlerströmen und pulsierenden Gleichfehlerströmen, die plötzlich oder langsam ansteigend auftreten (sogenannter pulsstromempfindlicher FI-Schutzschalter)

  Kennzeichnung: 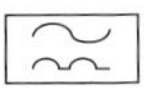
- Der Schalter **Typ B** löst aus bei sinusförmigen Wechselfehlerströmen, pulsierenden Gleichfehlerströmen und glatten Gleichfehlerströmen, die plötzlich oder langsam ansteigend auftreten (sogenannter allstromempfindlicher oder allstromsensitiver FI-Schutzschalter).

  Kennzeichnung: 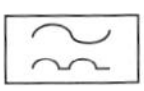 

Grundlage des FI-Schutzschalters Typ B (allstromsensitiver Fehlerstrom-Schutzschalter) ist das bereits bewährte Auslöseglied des pulsstromempfindlichen FI-Schutzschalters (Bild 16.38), das durch eine Zusatzeinheit zur Erfassung von glatten Gleichfehlerströmen erweitert wird. Wie in **Bild 16.39** gezeigt, überwacht der Summenstromwandler W1 die elektrische Anlage auf Wechselfehlerströme und pulsierende Gleichfehlerströme. Der Summenstromwandler W2 dient zur Erfas-

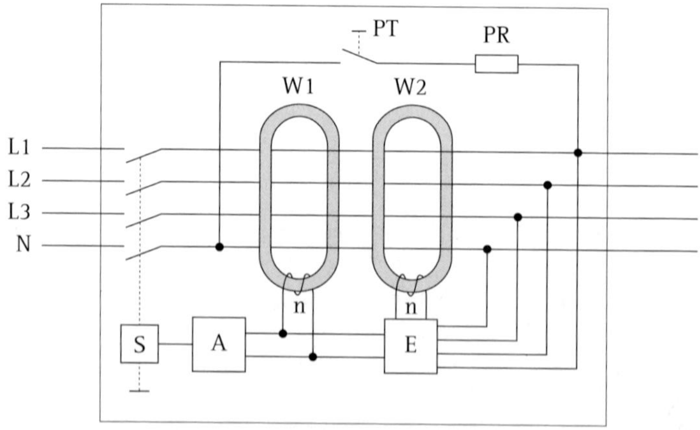

Bild 16.39 Allstromsensitiver FI-Schutzschalter (Prinzipschaltbild)
W1 Summenstromwandler für sinusförmige Wechselfehlerströme und pulsartige Gleichfehlerströme
W2 Summenstromwandler für glatte Gleichfehlerströme
PT Prüftaste
S Schaltschloss, Betätigungsorgan
A Mechanik der Schutzeinrichtung
E Elektronik zur Auslösung bei glatten Gleichfehlerströmen
n Sekundärwicklung

sung der glatten Gleichfehlerströme. Dabei wird durch einen Frequenzgenerator über die Sekundärwicklung n der Summenstromwandler W2 in einen konstanten wechselmagnetischen Zustand versetzt. Wenn ein glatter Gleichfehlerstrom bestimmter Größe in der elektrischen Anlage zum Fließen kommt, dann verändert sich auch der wechselmagnetische Zustand des Summenstromwandlers. Die Auswert-Elektronik-Einheit E erkennt den nun bestehenden Zustand als Fehler, und die Abschaltung wird über den Auslöser A in die Wege geleitet.

16.5.3.2 Produktinformationen

16.5.3.2.1 Bemessungswerte

Vorzugswerte für die Bemessungsspannung U_n von RCCB und RCBO sind Wechselspannungen mit 230 V und 400 V. Geräte mit 230 V können auch in Netzen mit einer Spannung von 240 V und solche mit 400 V in Netzen mit 415 V eingesetzt werden.

Die Bemessungsströme I_n sind genormt für:

RCCB: 10 A, 13 A, 16 A, 20 A, 25 A, 32 A, 40 A, 63 A, 80 A, 100 A, 125 A

RCBO: 6 A, 10 A, 13 A, 16 A, 20 A, 25 A, 32 A, 40 A, 50 A, 63 A, 80 A, 100 A, 125 A

Für den Bemessungsfehlerstrom $I_{\Delta n}$ sind folgende Werte genormt:

0,01 A, 0,03 A, 0,1 A, 0,3 A, 0,5 A

16.5.3.2.2 Abschaltzeiten und Nichtauslösezeiten

Unter Abschaltzeit (auch Ausschaltzeit) Δt ist die Zeit zu verstehen, die vergeht zwischen dem Augenblick, in dem der Auslösestrom plötzlich erreicht wird, und dem Augenblick der Lichtbogenlöschung. Die Nichtauslösezeit ist die größte Zeitspanne zwischen dem Augenblick, in der ein Wert des Fehlerstroms I_{Δ}, der größer ist als der Nichtauslösefehlerstrom $I_{\Delta no}$, an den Schalter angelegt werden kann, ohne eine Abschaltung zu bewirken.

Die geforderten Abschaltzeiten und Nichtauslösezeiten für RCCB Typ AC sind in **Tabelle 16.25** zusammengestellt.

Für RCBO sind die geforderten Abschaltzeiten und die Nichtauslösezeiten in **Tabelle 16.26** dargestellt.

Für Fehlerstrom-Schutzschalter RCCB Typ B und RCBO Typ B gelten die in **Tabelle 16.27** angegebenen Abschaltzeiten.

Typ	I_n	$I_{\Delta n}$	Normwerte der Abschaltzeit (in s) und der Nichtauslösezeit (in s) bei einem Fehlerstrom (I_{Δ}) gleich:				
	A	A	$I_{\Delta n}$	$2\ I_{\Delta n}$	$5\ I_{\Delta n}$[1]	5 A 10 A 20 A 50 A 100 A 200 A[2] 500 A[2]	
allgemein	jeder Wert	jeder Wert	0,3	0,15	0,04	0,04	höchstzulässige Abschaltzeiten
S	≥ 25	> 0,030	0,5	0, 2	0,15	0,15	höchstzulässige Abschaltzeiten
			0,13	0,06	0,05	0,04	kürzeste Nichtauslösezeiten

[1] Für RCCB des allgemeinen Typs mit $I_{\Delta n} < 30$ mA darf anstelle von 5 $I_{\Delta n}$ auch 0,25 A verwendet werden

[2] Zur Anwendung dieser Prüfströme gibt es besondere Festlegungen (siehe Norm)

Auch für RCCB vom Typ A gelten die in der Tabelle angegebenen höchstzulässigen Abschaltzeiten, wobei jedoch die Stromwerte (d. h. $I_{\Delta n}$, 2 $I_{\Delta n}$, 5 $I_{\Delta n}$, 0,25 A und 500 A) für RCCB mit $I_{\Delta n} > 0{,}01$ A um den Faktor 1,4 und für RCCB mit $I_{\Delta n} < 0{,}01$ A um den Faktor 2 erhöht werden

Tabelle 16.25 Normwerte der Abschaltzeit und der Nichtauslösezeit für RCCB des Typs AC (Quelle: DIN EN 61008-1 (VDE 0664-10:2008-04)

Typ	I_n	$I_{\Delta n}$	Normwerte der Abschaltzeit (in s) und der Nichtauslösezeit (in s) bei einem Fehlerstrom gleich:					
	A	A	$I_{\Delta n}$	$2\,I_{\Delta n}$	$5\,I_{\Delta n}$ [1]	5 A 10 A 20 A 50 A 100 A 200 A 500 A [2]	I_n [3]	
allgemein	jeder Wert	jeder Wert	0,3	0,15	0,04	0,04	0,04	höchstzulässige Abschaltzeiten
S	≥ 25	> 0,03	0,5	0,2	0,15	0,15	0,15	höchstzulässige Abschaltzeiten
			0,13	0,06	0,05	–	0,04	kürzeste Nichtauslösezeiten

[1] Für RCBOs des allgemeinen Typs mit $I_{\Delta n} < 30$ mA darf anstelle von $5\,I_{\Delta n}$ auch ein Prüfstrom von 0,25 A verwendet werden

[2] Diese Prüfung bei 5 A, 10 A, 20 A, 50 A, 100 A, 200 A und 500 A werden nur bei der Überprüfung des ordnungsgemäßen Betriebs durchgeführt, aber in keinem Fall werden Werte geprüft, die den unteren Grenzwert des Überstromschnellauslösebereichs überschreiten

[3] Die Prüfung wird mit einem Strom $I_{\Delta n}$ durchgeführt, der dem unteren Grenzwert des Überstromschnellauslösungsbereichs nach Typ B, C und D entspricht, je nachdem, welcher zutreffend ist.

Auch für RCBO vom Typ A gelten die in der Tabelle angegebenen höchstzulässigen Abschaltzeiten, wobei jedoch die Stromwerte (d. h. $I_{\Delta n}$, $2\,I_{\Delta n}$, $5\,I_{\Delta n}$, 0,25 A und 500 A) für RCBO mit $I_{\Delta n} > 0{,}01$ A um den Faktor 1,4 und für RCBO mit $I_{\Delta n} < 0{,}01$ A um den Faktor 2 erhöht werden

Tabelle 16.26 Normwerte der Abschaltzeit und der Nichtauslösezeit für den Betrieb unter Fehlerbedingungen für RCBO des Typs AC (Quelle: DIN EN 61009-1 (VDE 0664-20:2008-12)

Effektivwert des Fehlerstromes	Halbschwingungs-Gleichfehlerstrom			Fehlerstrom aus Zweipuls-, Sechspuls-, Drehstrom-Mittelpunkt-Gleichrichterschaltung und glatter Gleichfehlerstrom	
	Typ S	Allgemeiner Typ $I_{\Delta n} > 0{,}01$ A	Allgemeiner Typ $I_{\Delta n} < 0{,}01$ A	Typ S	Allgemeiner Typ
$1{,}4\,I_{\Delta n}$	0,5 s	0,3 s			
$2\,I_{\Delta n}$			0,3 s	0,5 s	0,3 s
$2 \times 1{,}4\,I_{\Delta n}$	0,2 s	0,15 s			
$2 \times 2\,I_{\Delta n}$			0,15 s	0,2 s	0,15 s
$5 \times 1{,}4\,I_{\Delta n}$	0,15 s	0,04 s			
$5 \times 2\,I_{\Delta n}$			0,04 s	0,15 s	0,04 s

Tabelle 16.27 Normwerte der Abschaltzeiten für RCCB Typ B und RCBO Typ B für den Betrieb unter Fehlerbedingungen (Quelle: Entwurf VDE 0664-100:2002-05 und Entwurf VDE 0664-200:2003-07)

16.5.3.2.3 Bemessungsschaltvermögen und Bemessungsfehlerschaltvermögen

Das **Bemessungsschaltvermögen** I_m eines RCCB ist der Effektivwert der Wechselstromkomponente des vom Hersteller bestimmten unbeeinflussten Stroms, den ein RCCB unter festgelegten Bedingungen einschalten, führen und ausschalten kann. Das **Bemessungsschaltvermögen (Bemessungskurzschlussstrom)** I_{nc} eines RCBO ist der vom Hersteller für diesen RCBO bestimmte Wert des Grenz-Kurzschlussschaltvermögens.

Das **Bemessungsfehlerschaltvermögen** $I_{\Delta m}$ für RCCB und RCBO ist der Effektivwert des vom Hersteller bestimmten unbeeinflussten Fehlerstroms, den ein Schalter unter festgelegten Bedingungen einschalten, führen und ausschalten kann.

Der Bemessungskurzschlussstrom I_{nc} ist für RCCB und RCBO mit folgenden Werten genormt: 3 kA, 4,5 kA, 6 kA, 10 kA, 20 kA, 25 kA.

Der Kleinstwert des Bemessungsschaltvermögens I_m ist entweder 10 I_n oder 500 A, je nachdem, welcher Wert größer ist.

In Beratung ist noch die Angabe des Bemessungskurzschlussstroms in Verbindung mit einer Sicherung. Die Angabe erfolgt in Ampere, jeweils ohne Einheit, durch das Bildzeichen:

Kennzeichnung: 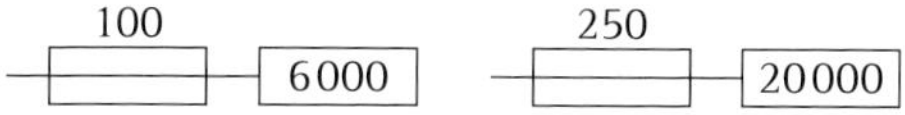

16.5.3.2.4 Kurzschlussfestigkeit und maximale Vorsicherung

Während früher (ältere) FI-Schutzschalter eine relativ geringe Kurzschlussstromfestigkeit hatten und deshalb die Stromstärke der maximal zulässigen Vorsicherung den Schalter-Bemessungsstrom nicht wesentlich überschreiten durfte, müssen FI-Schutzschalter heute eine Bemessungs-Kurzschlussfestigkeit von 3000 A, 6000 A oder 10000 A aufweisen. Dabei muss die Bemessungs-Kurzschlussfestigkeit auf dem Leistungsschild angegeben werden. Welche Vorsicherungsgröße erforderlich ist, ist den Herstellerlisten zu entnehmen. FI-Schutzeinrichtungen, die von deutschen Herstellern am Markt angeboten werden, können bei Schalter-Bemessungsströmen bis zu 63 A generell durch eine vorgeschaltete gG- bzw. gL-Sicherung mit einem maximalen Bemessungsstrom von 63 A geschützt werden. Bei Schaltern mit größeren Bemessungsströmen kann der Bemessungsstrom der Vorsicherung entsprechend dem Bemessungsstrom des Schalters gewählt werden.

16.5.3.2.5 Stoßspannungsfestigkeit und Stoßstromfestigkeit

FI-Schutzschalter müssen nach VDE 0664 stoßspannungsfest und stoßstromfest sein. Die hierzu notwendigen Prüfungen sind in den Normen für FI-Schutzschalter (Normen der Reihe VDE 0664) beschrieben.

Bei der Prüfung auf Stoßspannungsfestigkeit wird der betriebsbereite Schalter mit der Stoßspannung $T_1/T_2 = 1{,}2/50$ µs (siehe hierzu Bild 14.7) mit einem Scheitelwert der Spannung von 8 kV geprüft.

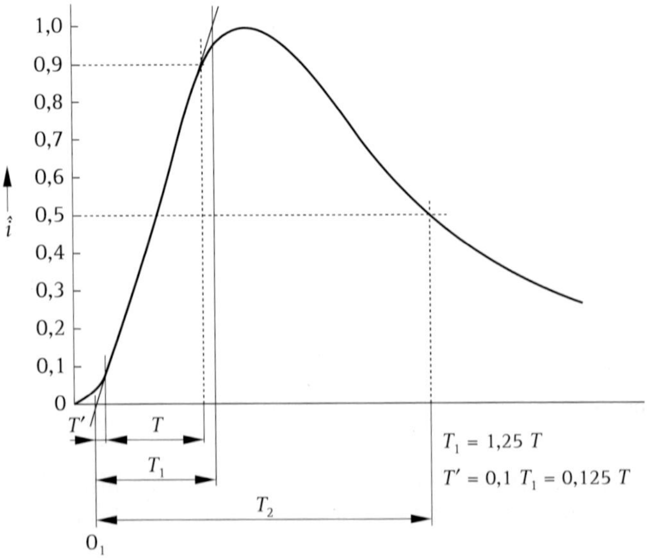

Bild 16.40 Stoßstrom 8/20 µs

16

Die Stoßstromfestigkeit eines normalen FI-Schutzschalters wird mit einem Stoßstrom von $T_1/T_2 = 8/20$ µs (Normstoß) bei einer Amplitude von 250 A geprüft. Der Verlauf des Stoßstroms der Impulsform 8/20 µs ist in **Bild 16.40** gezeigt. Dabei beträgt die Stirnzeit $T_1 = 8$ µs und die Rückenhalbwertzeit $T_2 = 20$ µs. Selektive FI-Schutzschalter werden mit einer Amplitude von 3000 A geprüft. Der selektive FI-Schutzschalter ist besonders für die Reihenschaltung mit normalen FI-Schutzschaltern geeignet. Er wird hauptsächlich in Haupt- und Unterverteilungen eingesetzt.

16.5.3.2.6 Aufschriften (Normbeschriftung)

RCCBs und RCBOs müssen dauerhaft mit allen oder bei kleinen Geräten mit einigen (den wichtigsten) Daten versehen sein:

a) Name oder Warenzeichen des Herstellers
b) Typenbezeichnung, Katalognummer oder Seriennummer
c) Bemessungsspannungen mit dem Zeichen [~]
d) Bemessungsfrequenz, wenn von 50 Hz abweichend
e) Bemessungsstrom
f) Bemessungsfehlerstrom ($I_{\Delta n}$) in A oder mA
g) bleibt frei

h) Bemessungsschaltvermögen (I_m)

j) Schutzgrad, falls abweichend von IP20

k) Gebrauchslagen, sofern notwendig

l) Bemessungsfehlerschaltvermögen ($I_{\Delta m}$), wenn es vom Bemessungsschaltvermögen I_{cn} abweicht

m) das Zeichen [S] (S im Quadrat), für Geräte des Typs S (nicht für Typ B)

n) Kennzeichen für die Arbeitsweise, wenn das Gerät netzspannungsabhängig ist

o) Betätigungstaste der Prüfeinrichtung durch den Buchstaben T

p) Schaltbild, es sei denn, der korrekte Anschluss ist ersichtlich

r) Auslösecharakteristik in Anwesenheit von Differenzströmen mit Gleichstromkomponente
   - Typ AC mit dem Zeichen [∿]
   - Typ A mit dem Zeichen [∿ ⌒⌒]
   - Typ B mit dem Zeichen [∿ ⌒⌒] [⎓]

s) Bildzeichen [-25] (Schneeflocke, die –25 umschließt)

Die Aufschriften müssen so angebracht sein, dass sie bei eingebautem Gerät lesbar sind. Wenn bei kleinen Geräten der Platz für alle Angaben nicht ausreicht, müssen mindestens die Angaben nach e), f), m), o), und r) angebracht und sichtbar sein, wenn das Gerät eingebaut ist. Die Angaben nach a), b), c), k), p), r) und s) können auf der Seite oder der Rückseite des Geräts angebracht sein und brauchen nur sichtbar zu sein, bevor das Gerät eingebaut wird. Alle übrigen Angaben müssen im Herstellerkatalog angegeben werden.

Bei RCBOs sind noch folgende Angaben zusätzlich erforderlich:

d) Bemessungsstrom ohne das Zeichen „A", dem das Zeichen für die Überstromauslösung (B, C oder D) vorangestellt wird z. B. B20

j) Referenzkalibriertemperatur, falls von 30 °C abweichend

t) Energiebegrenzungsklasse in einem Quadrat, soweit zutreffend. I_{cn} und die Energiebegrenzungsklasse, falls zutreffend, müssen gemeinsam angegeben sein

Für RCCBs Typ B gilt unter der Aufzählung n) nicht.

Selektive FI-Schutzschalter werden durch das Bildzeichen [S] gekennzeichnet. Außerdem ist der maximal zulässige Erdungswiderstand anzugeben, berechnet nach der Beziehung

$$R_A \leq \frac{U_L}{2 \cdot I_{\Delta n}} \qquad (16.3)$$

also zum Beispiel:

$$R_A = \frac{50\ \text{V}}{2 \cdot 0{,}3\ \text{A}} = 83{,}3\ \Omega \approx 83\ \Omega$$

Ein FI-Schutzschalter, der in einem Temperaturbereich von +40 °C bis –25 °C so arbeitet, dass sein Auslöseverhalten nicht unzulässig beeinflusst wird, darf zusätzlich nach DIN 30600 gekennzeichnet werden mit dem Zeichen -25. Weiterhin ist es möglich, Bemessungsfrequenz, Gebrauchslage und Schaltbild anzugeben. **Bild 16.41** zeigt vier Beispiele.

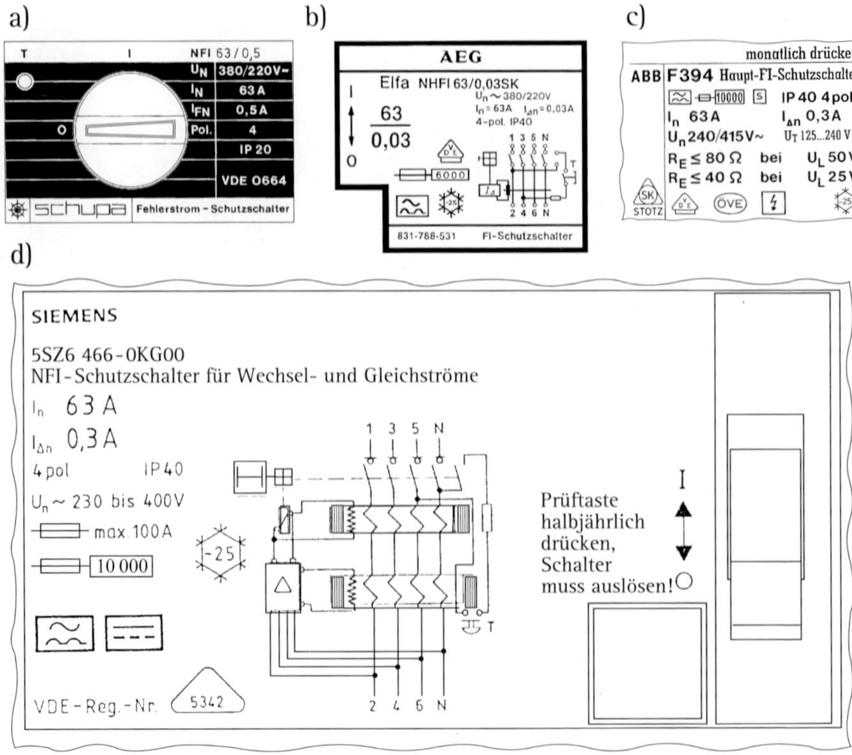

Bild 16.41 Beispiele von Aufschriften auf FI-Schutzschaltern
a) Schalter älterer Bauart
b) pulsstromsensitiver Schalter
c) pulsstromsensitiver, stoßstromfester, selektiver Haupt-FI-Schalter
d) allstromsensitiver Schalter

16.5.4 Auswahl und Errichtung von Fehlerstrom-Schutzeinrichtungen (RCD)

RCD sind so auszuwählen, dass die in einer Anlage auftretenden Fehlerströme erkannt und ausgeschaltet werden können. Die verschiedenen RCD sind für folgende Fehlerströme geeignet:

- Typ AC zum Schutz bei sinusförmigen Wechselfehlerströmen
- Typ A zum Schutz bei sinusförmigen Wechselfehlerströmen und bei pulsierenden Gleichfehlerströmen

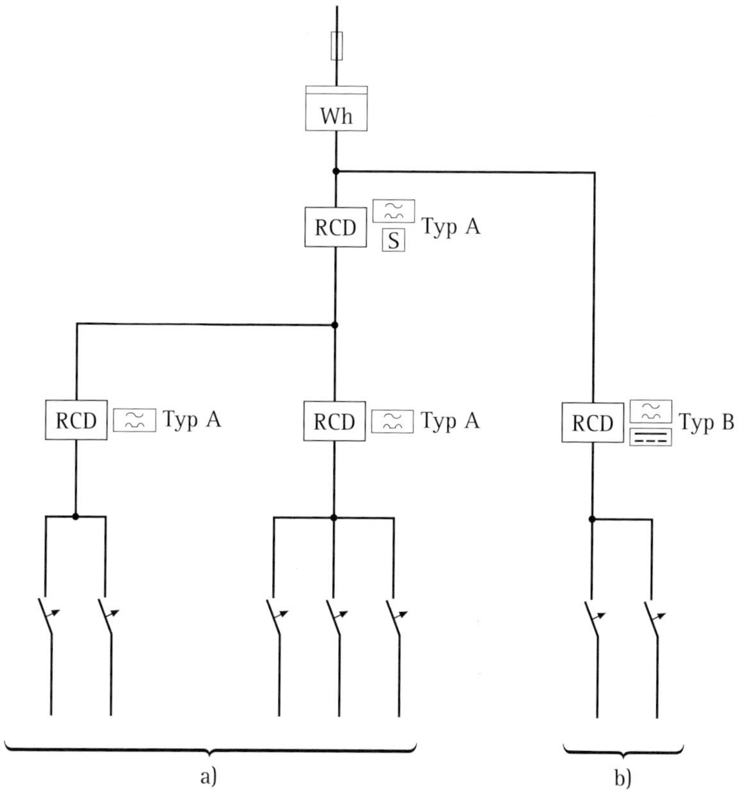

Bild 16.42 Beispiel für den Einsatz von Fehlerstrom-Schutzeinrichtungen von Typ A und Typ B
a) Stromkreise, bei denen im Fehlerfall Wechselfehlerströme und/oder pulsierende Gleichfehlerströme auftreten können
b) Stromkreise, bei denen im Fehlerfall Wechselfehlerströme und/oder pulsierende Gleichfehlerströme und/oder glatte Gleichfehlerströme auftreten können
(Quelle: DIN VDE 0100-530 (VDE 0100-530):2005-06)

16

- Typ B zum Schutz bei sinusförmigen Wechselfehlerströmen, pulsierenden Wechselfehlerströmen und glatten Gleichfehlerströmen in Wechselspannungsnetzen

Fehlerstrom-Schutzeinrichtungen (RCD) vom Typ B dürfen keine RCD vom Typ A vorgeschaltet werden.

Bild 16.42 zeigt hierzu ein Planungsbeispiel.

16.5.4.1 RCD zum Schutz gegen elektrischen Schlag

Zum Schutz gegen elektrischen Schlag dürfen folgende RDC eingesetzt werden:

a) Netzspannungsunabhängige Fehlerstrom-Schutzschalter Typ A zur Auslösung bei Wechselfehlerströmen und pulsierenden Gleichfehlerströmen
   - ohne eingebaute Überstrom-Schutzeinrichtung (RCCB)
   - mit eingebauter Überstrom-Schutzeinrichtung (RCBO)

b) Fehlerstrom-Schutzeinrichtungen Typ B zur Auslösung bei Wechselfehlerströmen, pulsierenden und glatten Gleichfehlerströmen
   - ohne eingebaute Überstrom-Schutzeinrichtung (RCCB)
   - mit eingebauter Überstrom-Schutzeinrichtung (RCBO)

   Anmerkung: Fehlerstrom-Schutzschalter Typ B arbeiten bei Wechselfehlerströmen und pulsierenden Gleichfehlerströmen **netzspannungsunabhängig** und bei glatten Gleichfehlerströmen **netzspannungsabhängig.**

16

c) Fehlerstrom-Auslöser (RCU oder RC Unit) zum Anbau an Leitungsschutzschalter nach DIN EN 61009-1 (VDE 0664-20):2005-06, Anhang G

d) Leistungsschalter mit Fehlerstrom-Auslöser (CBR) nach DIN EN 60947-2 (VDE 0660-101): 2002-09, Anhang B

Wenn in einer elektrischen Anlage glatte Gleichfehlerströme zu erwarten sind, müssen Fehlerstrom-Schutzschalter (RCB) Typ B verwendet werden.

16.5.4.2 RCD zum Brandschutz

Es dürfen für den Brandschutz die in Abschnitt 16.5.4.1 beschriebenen Fehlerstrom-Schutzschalter (RCD) verwendet werden, wobei noch zu beachten ist, dass der Bemessungsdifferenzstrom nicht größer als 300 mA ist. Dabei müssen Fehlerstrom-Schutzschalter vom Typ A oder Typ B eingesetzt werden. Wenn in der Anlage glatte Gleichfehlerströme zu erwarten sind, müssen RCD vom Typ B zur Anwendung gelangen.

16.5.4.3 RCD zum zusätzlichen Schutz (Zusatzschutz)

Fehlerstrom-Schutzschalter mit einem Bemessungsdifferenzstrom von 30 mA oder kleiner dürfen als Zusatzschutz eingesetzt werden. Die Anwendung schließt die Notwendigkeit von Schutzmaßnahmen zum Basisschutz und zum Fehlerschutz nach VDE 0100-410 nicht aus. Der Fehlerschutz und der Zusatzschutz dürfen durch dieselbe Schutzeinrichtung erfüllt werden, vorausgesetzt, der Bemessungsdifferenzstrom der RCD ist < 30 mA, und der RCD ist am Anfang des Stromkreises eingebaut.

16.5.5 RCCB für höhere Spannungen bzw. höhere Ströme – VDE 0664-101

Die Norm DIN VDE 0664-101 (VDE 0664-101) gilt für spannungsunabhängige Fehlerstrom-Schutzschalter ohne Überstromschutz für Hausinstallationen und ähnliche Anwendungen mit einer Bemessungsspannung $U_n > 440$ V AC bis $U_n < 690$ V AC und einem Bemessungsstrom zwischen $I_n > 125$ A und $I_n < 250$ A. Das Bemessungsschaltvermögen liegt bei 25 kA.

Bevorzugte Bemessungswerte sind für:

- Bemessungsspannungen

  230 V, 400 V, 500 V, 660 V und 690 V

- Bemessungsströme

  10 A, 13 A, 16 A, 20 A, 25 A, 32 A, 40 A, 63 A, 80 A, 100 A, 125 A, 160 A, 200 A, 225 A und 250 A

- Bemessungsfehlerströme

  0,01 A, 0,03 A, 0,1 A, 0,3 A, 0,5 A und 1 A

- Bemessungsschaltvermögen

  20 kA

Ansonsten gelten die wesentlichen Forderungen, wie sie in DIN EN 61008-1 (VDE 0664-10) für RCCB ohne Überstromschutz für spannungsunabhängige Fehlerstrom-Schutzschalter beschrieben sind.

16.5.6 PRCD – DIN VDE 0661

Ortsveränderliche Fehlerstromschutzeinrichtungen ohne eingebauten Überstromschutz (PRCD) für Hausinstallationen und ähnliche Anwendungen sind seit 1975 im Handel und in Gebrauch. Sie sind nach DIN VDE 0661:1988-04 „Ortsveränderliche Schutzeinrichtungen“ zur Schutzpegelerhöhung mit folgenden Bemessungsdaten genormt:

- Bemessungsspannung $U_n = 230$ V
- Bemessungsstrom $I_n = 16$ A
- Bemessungsdifferenzstrom $I_{\Delta n} < 30$ mA

PRCD gibt es sowohl als Fehlerstrom-Schutzschalter als auch als Differenzstrom-Schutzschalter. Die grundsätzlichen Schaltbilder sind in **Bild 16.43** gezeigt.

Die Fehlerstromschutzeinrichtungen sind für Umgebungstemperaturen von –25 °C bis +40 °C geeignet und sind entsprechend zu kennzeichnen (Schneeflocke).

Kennzeichen: 

Der Bemessungsdifferenzstrom muss $I_{\Delta n} < 30$ mA (handelsüblich sind Schalter mit 10 mA und 30 mA Bemessungsstrom) sein, wobei die Auslösezeit im Fehlerfall $\Delta t = 200$ ms nicht überschreiten darf. In der Regel wird eine Auslösezeit von

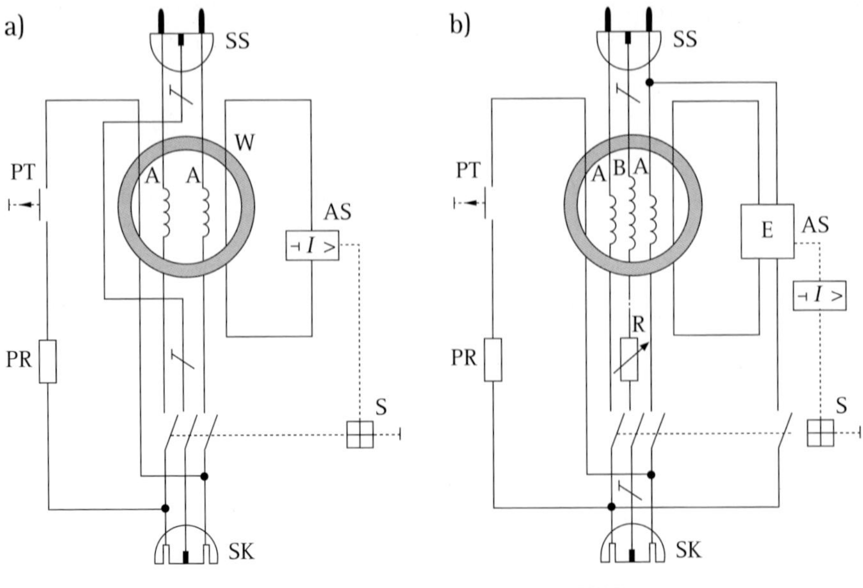

Bild 16.43 Schaltungen ortsveränderlicher Schutzeinrichtungen PRCD
a) Fehlerstromprinzip
b) Differenzstromprinzip
A Hauptwicklung
B Hilfswicklung
AS Auslösespule
PR Prüfwiderstand
PT Prüftaste
E elektronischer Verstärker
W Summenstromwandler
R spannungsabhängiger Widerstand
S Schaltschloss, Betätigungsorgan
SK Schutzkontakt-Kupplung
SS Schutzkontakt-Stecker

$\Delta t < 40$ ms erreicht. Die Abschaltung erfolgt allpolig, d. h., es werden Außenleiter, Neutralleiter und Schutzleiter vom Netz getrennt. Die Schutzeinrichtung löst aus beim Auftreten von Wechselfehlerströmen und/oder pulsierenden Gleichfehlerströmen, die innerhalb einer Periode der Netzfrequenz mindestens eine Halbperiode lang null oder nahezu null werden.

Die Norm „Elektrisches Installationsmaterial – Ortsveränderliche Fehlerstrom-schutzeinrichtungen ohne eingebauten Überstromschutz für Hausinstallationen und für ähnliche Anwendungen" nach DIN VDE 0661-10 (VDE 0661-10) ist international und regional abgestimmt.

Die Geräte bestehen aus einem Stecker, einer Fehlerstrom-Schutzeinrichtung und einer oder mehreren Steckdosen oder einer anderen Anschlussmöglichkeit und sind entweder netzspannungsunabhängig oder netzspannungsabhängig und enthalten keinen eingebauten Überstromschutz. Sie sind für einphasige Stromkreise für Bemessungsströme bis zu 16 A und Bemessungsspannungen von maximal 250 V AC ausgelegt. Vorzugswert der Bemessungsspannung sind 230 V AC. Bevorzugte Bemessungsströme sind 6 A, 10 A, 13 A und 16 A. Der Bemessungsfehlerstrom liegt bei 0,01 A oder 0,03 A. Normwerte für die maximal zulässigen Ausschaltzeiten für Wechselfehlerströme sind in Abhängigkeit vom Fehlerstrom

- $t = 0{,}3$ s bei $I_\Delta = I_{\Delta n}$
- $t = 0{,}15$ s bei $I_\Delta = 2\ I_{\Delta n}$
- $t = 0{,}04$ s bei $I_\Delta = 5\ I_{\Delta n}$
- $t = 0{,}04$ s bei $I_\Delta = 250$ A

Hinsichtlich Umgebungstemperatur kann gewählt werden:

- Anwendung zwischen: –5 °C und +40 °C mit einer Grenztemperatur von –20 °C und +60 °C
- Anwendung zwischen: –25 °C und +40 °C mit einer Grenztemperatur von –35 °C und +60 °C

Die genannten Grenztemperaturen gelten für die Lagerung und während des Transports, was die Hersteller bei der Konstruktion und Materialauswahl zu beachten haben.

16.6 Differenzstrom-Überwachungsgeräte (RCMs)

16.6.1 Allgemeines

Ein Differenzstrom-Überwachungsgerät (en: Residual Current Monitor = RCD) für Haushalt und ähnliche Zwecke ist ein Gerät, das durch einen Alarm meldet, wenn der Differenzstrom in einer Anlage oder in einem Stromkreis einen bestimmten Grenzwert überschreitet. Differenzstrom-Überwachungsgeräte sind nach DIN EN 62020 (VDE 0663) „Elektrisches Installationsmaterial – Differenzstrom-Überwachungsgeräte für Haushalt und ähnliche Verwendungen (RCMs)“ genormt, regional mit CENELEC und international mit IEC abgestimmt.

Die Norm gilt für Bemessungsspannungen bis 440 V AC und für Bemessungsströme bis 125 A bei Bemessungsfrequenzen von 50 Hz und/oder 60 Hz. Die Anwendung ist im Temperaturbereich von –5 °C und +40 °C vorgesehen; die Höhenlage von 2000 m NN darf nicht überschritten werden.

Es ist nicht vorgesehen, Differenzstrom-Überwachungsgeräte als Schutzgeräte einzusetzen; sie sind lediglich als Überwachungsgeräte gedacht. Andere Schutzeinrichtungen nach DIN VDE 0100 müssen demnach noch vorgesehen werden.

Der Anschluss einer RCM entweder nicht direkt, d. h., die stromführenden Leiter – die es zu überwachen gilt – sind nicht an der RCD angeschlossen (**Bild 16.44**), oder direkt, d. h., die stromführenden Leiter – die es zu überwachen gilt – sind an der RDM angeschlossen (**Bild 16.45**).

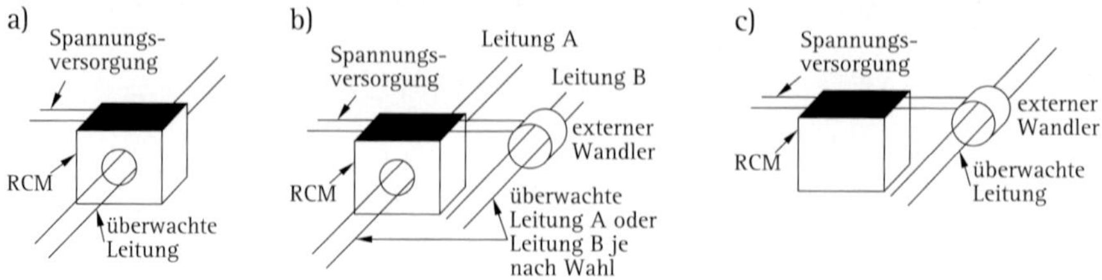

Bild 16.44 RCMs ohne angeschlossene, überwachte Leiter
a) RCM mit eingebautem Wandler
b) RCM mit selektierbarem internen Wandler oder externem Wandler
c) RCM mit externem Wandler

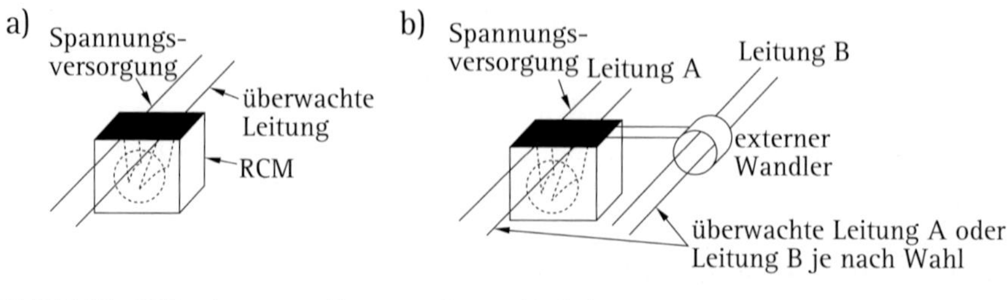

Bild 16.45 RCMs ohne angeschlossene, überwachte Leiter
a) RCM mit angeschlossener, überwachter Leitung und internem Wandler
b) RCM mit angeschlossenen, überwachten Leitungen mit selektivem internen oder externen Wandler

Ein RCM erfasst plötzlich auftretende oder auch langsam ansteigende Differenzwechselströme und pulsierende Differenzgleichströme. Für die Fehleranzeige sind folgende Varianten zugelassen:

- optisch, nicht abstellbar während des Bestehens des Fehlers (Minimalforderung)
- optisch und akustisch, wobei die akustische Meldung während des Bestehens des Fehlers abgestellt werden kann
- optisch, mit Relaisausgang, wobei das Relais während des Bestehens des Fehlers vom Benutzer abgestellt werden kann
- optisch, mit einem anderen Ausgangsignal

16.6.2 Bemessungsgrößen

Die wichtigstem Bemessungsgrößen für RCMs sind:

- Bemessungsströme I_n

  Die Vorzugswerte für die Bemessungsströme von direkt betriebenen, nicht über Wandler angeschlossene RCMs sind:

  10 A, 13 A, 16 A, 20 A, 25 A, 32 A, 40 A, 63 A, 80 A, 100 A und 125 A
- Bemessungs-Differenzstrom $I_{\Delta n}$

  Vorzugswerte für den Bemessungs-Differenzstrom sind:

  6 mA, 10 mA, 30 mA, 100 mA und 500 mA
- Nichtansprechdifferenzstrom $I_{\Delta n0}$

  Der Normwert des Nichtansprechdifferenzstroms beträgt $I_{\Delta n} = 0{,}5\ I_{\Delta n0}$

  Anmerkung: Die pulsierenden Differenzgleichströme hängen die Nichtansprechdifferenzströme vom Stromverzögerungswinkel ab.
- Bemessungskurzschlussstrom I_{nc}

  Norm- und Vorzugswerte des bedingten Bemessungskurzschlussstroms für RCMs, die direkt, also nicht über Stromwandler, an der zu überwachenden Leitung betrieben werden, sind:

  3000 A, 4500 A, 6000 A und 10000 A

  Für Werte über 10000 A bis 25000 A ist der Vorzugswert 20000 A; Werte über 25000 A werden in der vorliegenden Norm nicht behandelt.

16.6.3 Aufschriften und Produktinformationen

Aussagen zu Aufschriften und Produktinformationen sind in der Norm sehr ausführlich beschrieben. Der folgende Auszug zeigt die wichtigsten Aufschriften, die erforderlich sind:

- Name oder Warenzeichen des Herstellers
- Typenbezeichnung, Katalognummer oder Seriennummer
- Bemessungsspannung
- Bemessungsstrom
- Bemessungsfrequenz
- Bemessungs-Ansprechdifferenzstrom

16.6.4 Konstruktion und Betrieb

- RCMs müssen eine sichtbare „Ein-Anzeige" haben, die grün sein muss
- RCMs müssen mit Mitteln zur Anzeige eines Fehlerzustands ausgerüstet sein, wenn der Differenzstrom den voreingestellten Ansprechwert überschreitet, wobei die primäre Anzeige optisch ist
- RCMs müssen mit einer Prüfeinrichtung versehen sein, um eine regelmäßige Prüfung der RCMs vornehmen zu können

16.7 Isolationsüberwachungsgeräte (IMD) – VDE 0413-8

16

Isolationsüberwachungsgeräte (IMD) (en: Insulating Monitoring Device), in DIN VDE 0100-410 Isolationsüberwachungseinrichtungen genannt, gelangen in ungeerdeten IT-Systemen, hauptsächlich in medizinisch genutzten Räumen, auf Schiffen, in der Industrie und im Bergbau, zur Anwendung. Um einen sicheren Betrieb dieser ungeerdet betriebenen Anlagen sicherzustellen, ist es wichtig, Erdschlüsse, die durch Isolationsfehler entstehen können, zu vermeiden. Deshalb wird in diesen Anlagen der Isolationswiderstand gegen Erde dauernd überwacht, und die Geräte haben die Aufgabe, die Unterschreitung eines Mindestwerts des Isolationswiderstands der Anlage akustisch und optisch zu melden.

Isolationsüberwachungsgeräte für diese Aufgaben sind nach DIN EN 61557-8 (VDE 0413-8) „Isolationsüberwachungsgeräte für IT-Netze" genormt und können eingesetzt werden für

- IT-Wechselspannungsnetze mit Bemessungsspannungen bis 1 000 V
- IT-Wechselspannungsnetze mit galvanisch verbundenen Gleichstromkreisen mit Bemessungsspannungen bis 1 000 V
- IT-Gleichspannungsnetze mit Bemessungsspannungen bis 1 500 V

Dabei ist das Messverfahren für den Erdschlussstrom bzw. für den Isolationswiderstand nicht vorgeschrieben, um dem Hersteller der Geräte größtmöglichen Spielraum für Weiterentwicklungen zu lassen. Isolationsüberwachungsgeräte müssen in der Lage sein, sowohl symmetrische als auch unsymmetrische Isolationsverschlechterungen zu erkennen.

Anmerkung: Eine symmetrische Isolationsverschlechterung liegt dann vor, wenn sich der Isolationswiderstand des zu überwachenden Netzes (annähernd) gleichmäßig verringert. Eine unsymmetrische Isolationsverschlechterung liegt dann vor, wenn sich der Isolationswiderstand eines Leiters wesentlich stärker verringert als der der übrigen Leiter.

16.7.1 Technische Anforderungen

Die technischen Anforderungen an Isolationsüberwachungsgeräte sind in **Tabelle 16.29** dargestellt.

Die in der Tabelle 16.29 gebrauchten Begriffe bedeuten

- Ansprechzeit t_{an} ist die Zeit, die ein Isolationsüberwachungsgerät unter vorgegebenen Bedingungen zum Ansprechen benötigt
- Scheitelwert der Messspannung U_m ist der Scheitelwert der Spannung, der während der Messung an den Messanschlüssen vorhanden ist
- Messstrom I_m ist der maximale Strom, der aus der Messspannungsquelle, begrenzt durch den Innenwiderstand R_i des Isolationsüberwachungsgeräts, zwischen Netz und Erde fließen kann
- Wechselstrominnenwiderstand Z_i ist die Gesamtimpedanz des Isolationsüberwachungsgeräts zwischen Netz- und Erdanschlüssen
- Gleichstrominnenwiderstand R_i ist der Wirkwiderstand des Isolationsüberwachungsgeräts zwischen Netz- und Erdanschlüssen
- Nennspannung/Bemessungsspannung U_n ist die Spannung, nach der ein Netz oder ein Gerät benannt ist und auf die sich bestimmte Betriebsmerkmale beziehen
- Fremdgleichspannung U_{fg} ist die Gleichspannung, die in einem Wechselspannungsnetz zwischen den Leitern des Wechselspannungsnetzes und Erde auftritt (hervorgerufen durch Gleichstromanteile)
- Netzableitkapazität C_E ist der maximal zulässige Wert der Gesamtkapazität des zu überwachenden Netzes einschließlich aller angeschlossenen Betriebsmittel gegen Erde, bis zu dem ein Isolationsüberwachungsgerät bestimmungsgemäß arbeiten kann
- Versorgungsspannung U_v ist die Spannung eines Messgeräts an einer Stelle, an der dieses elektrische Leistung zum Zweck der Stromversorgung aufnimmt oder aufnehmen kann

Isolationsüberwachungsgeräte für IT-Wechselstromnetze oder IT-Drehstromnetze arbeiten in der Regel mit einer überlagerten Gleichspannung mit 24 V Bemessungsspannung. Ein prinzipielles Schaltbild für ein Isolationsüberwachungsgerät in einem Wechselstromnetz ist in **Bild 16.46** gezeigt.

Kennzeichnung	reine Wechselspannungsnetze	Wechselspannungsnetze mit galvanisch verbundenen Gleichstromkreisen und Gleichspannungsnetze
Ansprechzeit t_{an}[1]	$\leq$ 10 s bei 0,5 · R_{an} und $C_e = 1\ \mu F$	$\leq$ 100 s bei 0,5 · R_{an} und $C_e = 1\ \mu F$
Scheitelwert der Messspannung U_m	bei 1,1 · U_n und 1,1 · U_v sowie $R_F = \infty$: $\leq$ 120 V	bei 1,1 · U_n und 1,1 · Uv sowie $R_F = \infty$: $\leq$ 120 V
Messstrom I_m	$\leq$ 10 mA bei $R_F = 0\ \Omega$	$\leq$ 10 mA bei $R_F = 0\ \Omega$
Wechselstrominnenwiderstand Z_i[2]	$\geq$ 250 Ω/V Netznennspannung, mindestens $\geq$ 15 kΩ	$\geq$ 250 Ω/V Netznennspannung, mindestens $\geq$ 15 kΩ
Innenwiderstand R_i[2]	$\geq$ 30 Ω/V Netznennspannung, mindestens $\geq$ 1,8 kΩ	$\geq$ 30 Ω/V Netznennspannung, mindestens $\geq$ 1,8 kΩ
dauernd zulässige Netzspannung	$\leq$ 1,15 · U_n	$\leq$ 1,15 · U_n
dauernd zulässige Fremdgleichspannung U_{fg}	nach Angaben des Herstellers	$\leq$ Scheitelwert 1,15 · U_n, entfällt bei Gleichspannungsnetzen
Ansprechabweichung[3]	0 % bis +30 % vom Sollansprechwert R_{an}	0 % bis +50 % vom Sollansprechwert R_{an}
Netzableitkapazität C_E	$C_E < 1\ \mu F$	$C_E < 1\ \mu F$
Temperaturbereich	0 °C bis +35 °C	0 °C bis +35 °C
Umgebungsbedingungen	Betrieb:[4] Klasse 3K5 (IEC 60721-3-3), –5 °C bis +45 °C Transport: Klasse 2K3 (IEC 60721-3-2), –25 °C bis +70 °C Lagerung: Klasse 1K4 (IEC 60721-3-1), –25 °C bis +55 °C	Betrieb:[4] Klasse 3K5 (IEC 60721-3-3), –5 °C bis +45 °C Transport: Klasse 2K3 (IEC 60721-3-2), –25 °C bis +70 °C Lagerung: Klasse 1K4 (IEC 60721-3-1), –25 °C bis +55 °C
Kontaktkreise	IIB (IEC 60255-23)	IIB (IEC 60255-23)
Kontaktklasse	AC 250 V / DC 300 V	AC 250 V / DC 300 V
Kontaktbemessungsspannung	UC 5 A	UC 5 A
Einschaltvermögen	2 A, AC 230 V, cos $\varphi = 0,4$	2 A, AC 230 V, cos $\varphi = 0,4$
Ausschaltvermögen	0,2 A, DC 220 V, $L/R = 0,04$ s	0,2 A, DC 220 V, $L/R = 0,04$ s

Die Anmerkungen bedeuten:

1) Bei IT-Netzen, deren Spannung betriebsbedingt mit niedriger Frequenz variiert wird (z. B. bei Umrichternetzen mit niederfrequenten Regelvorgängen oder Gleichstrommotoren mit niederfrequenten Stellvorgängen), richtet sich die Ansprechzeit nach den im Betrieb zwischen Netz und Erde niedrigsten auftretenden Frequenzen. Diese Ansprechzeiten können von den oben angegebenen Ansprechzeiten abweichen.

2) In IT-Netzen, in denen die Impedanz zwischen Netz und Erde während des Betriebs unter 30 Ω/V beträgt, kann der Wechselstrominnenwiderstand R_i niedriger als 250 Ω/V und der Gleichstrominnenwiderstand R_i niedriger als 30 Ω/V sein.

3) Die Ansprechabweichung darf bei einer Umgebungstemperatur zwischen –5 °C und +45 °C bei Spannungen zwischen 0 % und 115 % der Nennspannung an den Messanschlussklemmen des Messkreises und bei einer Versorgungsspannung U_V zwischen 85 % und 110 % ihres Nennwerts sowie bei Netzableitkapazitäten C_E zwischen 0 µF und 1 µF nicht überschritten werden. Ist der Ansprechwert einstellbar, so ist der Bereich der Ansprechwerte zu kennzeichnen, bei dem diese Fehlergrenzen nicht eingehalten werden, z. B. durch Punkte an den Grenzen des Bereichs oder der Bereiche.

4) Ausnahme: Betauung und Vereisung.

Tabelle 16.29 Anforderungen an Isolationsüberwachungsgeräte (Quelle: DIN EN 61557-8 (VDE 0413-8):2007-12)

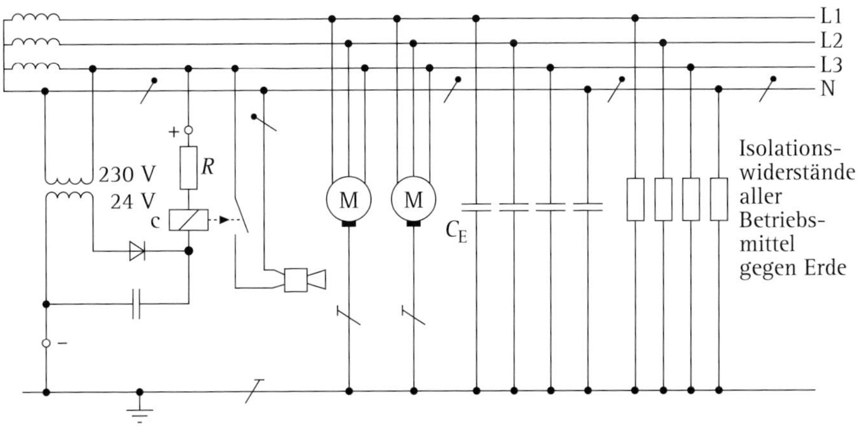

Bild 16.46 Isolationsüberwachungsgerät in einem IT-Drehstromnetz mit vier Leitern

Es gibt auch Isolationsüberwachungsgeräte mit einstellbarem Ansprechwert (z. B. 2 kΩ bis 60 kΩ), dabei darf die Einstellung dieses Werts nur mittels Schlüssel oder Werkzeug vorgenommen oder verändert werden können.

16.7.2 Aufschriften auf Isolationsüberwachungsgeräten

Auf einem Isolationsüberwachungsgerät sind dauerhaft folgende Aufschriften so anzubringen, dass sie in eingebautem Zustand gut lesbar sind

- Typ des Geräts sowie Ursprungszeichen oder Name des Herstellers
- Art des zu überwachenden IT-Netzes
- Anschlussschaltbild oder Nummer des Anschlussschaltbilds oder Nummer der Betriebsanleitung
- Bemessungsspannung oder Bemessungsspannungsbereich
- Nennwert der Versorgungsspannung
- Frequenz der Versorgungsspannung, falls abweichend von 50 Hz
- Sollansprechwert R_{an} oder minimaler und maximaler Ansprechwert R_{an} und, wenn zutreffend, der Bereich der Sollansprechwerte, in denen eine höhere Abweichung, als in Tabelle 14.15 angegeben, auftritt

Außen und, wenn notwendig, auch innen sind in dem Gerät noch Herstellungsnummer, Herstellungsjahr oder Herstellerbezeichnung anzugeben.

Zusätzlich sind in der Betriebsanleitung noch folgende Daten anzugeben

- Wechselstrominnenwiderstand Z_i des Messkreises als Funktion der Bemessungsfrequenz
- Gleichstrominnenwiderstand R_i des Messkreises
- Scheitelwert der Messspannung U_m nach Tabelle 14.15 bei Speisung mit dem Bemessungswert der Versorgungsspannung U_v
- Höchstwert des Messstroms I_m nach Tabelle 14.15 bei kurzgeschlossenen Messklemmen
- Schaltvermögen der eingebauten Schaltglieder
- Hinweis, dass Isolationsüberwachungsgeräte nicht parallel geschaltet werden dürfen (z. B. bei Netzkopplungen)
- Anschlussplan, falls dieser nicht auf dem Gerät angebracht ist
- Hinweis auf den Einfluss von Netzableitkapazitäten C_E und auf deren maximal zulässigen Werten
- Hinweis auf den Spannungsbereich bei Versorgung aus dem zu überwachenden Netz
- Fremdgleichspannung U_{fg} beliebiger Polarität, die dauernd an dem Isolationsüberwachungsgerät anliegen kann, ohne dass das Gerät beschädigt wird
- Prüfspannung/Schärfegrad für Spannungs-/EMV-Prüfungen bzw. Angabe der Prüfbedingungen

16.8 Isolationsfehlersucheinrichtung – VDE 0413-9

Zusammen mit weiteren Komponenten kann eine Isolationsüberwachungseinrichtung im IT-System auch als **Isolationsfehlersucheinrichtung** zur Anwendung gelangen. Die Norm DIN EN 61557-9 (VDE 0413-9) „Einrichtungen zur Isolationsfehlersuche in IT-Systemen" behandelt diesen Fall. Eine Einrichtung zur Isolationsfehlersuche besteht aus einem Isolationsüberwachungsgerät (IMD) und verschiedenen Zusatzgeräten, die in tragbarer Ausführung sein können oder fest installiert sind. Die Komponenten der Isolationsfehlersucheinrichtung prägen einen Prüfstrom zwischen Netz und Erde ein und lokalisieren die fehlerbehafteten Netzabschnitte oder Stromkreise. Die verschiedenen Komponenten dürfen aus mehreren Einheiten bestehen oder in einem Gerät zusammengefasst werden. Es müssen sowohl symmetrische als auch unsymmetrische Isolationsfehler lokalisiert werden können. Die einzelnen Komponenten und ihre Funktion sind:

- Isolationsüberwachungsgerät (IMD): überwacht den Isolationszustand einer Anlage
- Steuergerät (CD): das Steuergerät legt die Reihenfolge der Prüfung fest und bestimmt die logischen Verknüpfungen zur Suche von Isolationsfehlern und zur Fehlersignalisierung
- Prüfgerät (TD): das Prüfgerät beinhaltet den Prüfgenerator
- Ankoppelgerät (CU): das Ankoppelgerät bildet in Verbindung mit dem Prüfgerät die Verbindung zum zu überwachenden Netz
- Stromwandler oder Messzange (RCT): die Stromwandler dienen zur Erfassung des Prüfstroms und sind an ein Auswertegerät angeschlossen
- Auswertegerät (EV): an das Auswertegerät sind die Stromwandler für die Erfassung des Prüfstroms angeschlossen

16

Ein Beispiel für ein IT-System mit mehreren Stromkreisen und den Komponenten für eine Isolationsfehlersucheinrichtung zeigt **Bild 16.47**.

Isolationsfehlersucheinrichtungen mit netzfremder Prüfstromquelle können auch zur Überwachung und Fehlersuche in abgeschalteten Netzen oder Stromkreisen eingesetzt werden.

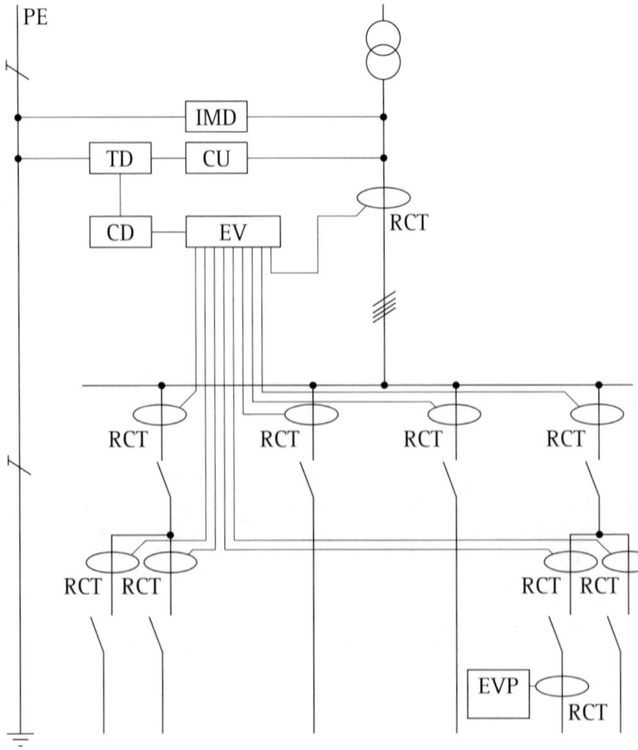

Bild 16.47 Komponenten einer Isolationsfehlersucheinrichtung
IMD Isolationsüberwachungsgerät
TD Prüfgerät
CU Ankoppelgerät
CD Steuergerät
EV Auswertegerät
RCT Stromwandler
EVP Tragbares Auswertegerät

16.9 Schütze, Motorstarter und Relais – DIN EN 60947-4-1 (VDE 0660-102)

16.9.1 Allgemeines

Schütze und Motorstarter sind in der Elektrotechnik sehr häufig eingesetzte Betriebsmittel, die in allen Bereichen ihr Einsatzgebiet haben. In der Industrie und in gewerblichen Betrieben werden dabei besondere Anforderungen an die Betriebssicherheit gestellt, da z. B. durch Fehlschaltungen Produktionsausfälle auftreten können, die u. U. mit hohen Kosten verbunden sind.

Schütze und Motorstarter (Motorstarter siehe Abschnitt 16.4.2.3) sind nach DIN EN 60947-4-1 (VDE 0660-102) zu bauen und zu prüfen. Die genannte Norm gilt für Schütze und Motorstarter mit $U_n \leq 1\,000$ V Wechselspannung und $U_n \leq 1\,500$ V Gleichspannung.

Ein *Schütz* ist ein mechanisches Schaltgerät mit nur einer Ruhestellung, das nicht von Hand betätigt wird und Ströme unter Betriebsbedingungen im Stromkreis einschließlich betriebsmäßiger Überlast einschalten, führen und ausschalten kann.

Wenn ein Schütz hinsichtlich seines Bemessungs-Schaltvermögens entsprechend ausgelegt ist, kann ein Schütz auch Kurzschlussströme ein- und ausschalten. Dazu sind Schütze mit entsprechenden Auslösegliedern (verzögerter oder unverzögerter Kurzschlussauslöser) auszurüsten.

Bei einem Schütz, das nicht für Kurzschlussabschaltung ausgelegt ist, dürfen im Kurzschlussfall die Schaltkontakte (Schaltstücke) verschweißen. Es ist deshalb ratsam, nach einer Kurzschlussabschaltung die Schaltkontakte zu prüfen.

Ein Schütz ist im Allgemeinen nicht zum Trennen bestimmt; es wird keine sichtbare Trennstrecke hergestellt.

Schütze sind vorzugsweise für hohe Schalthäufigkeit bestimmt. Unterschieden werden Leistungsschütze (z. B. zum Schalten von Motoren, Beleuchtungsanlagen usw.) und Hilfsschütze (z. B. zum Steuern von Produktionsabläufen).

16

Schütze müssen bei Gleich- und Wechselspannung in folgenden Spannungsbereichen noch sicher schalten:

- Schließen $(0{,}85 \ldots 1{,}1) \cdot U_s$
- Öffnen $(0{,}1 \ldots 0{,}75) \cdot U_s$

U_s ist die Steuerspannung

16.9.2 Gebrauchskategorien

Einsatz und Auswahl von Schützen werden nach Gebrauchskategorien vorgenommen. Jede Gebrauchskategorie ist durch festgelegte Ströme, Spannungen, Leistungsfaktoren, Zeitkonstanten und andere elektrische Daten sowie Prüfbedingungen gekennzeichnet. Nähere Einzelheiten sind DIN EN 60947-4-1 (VDE 0660-102) oder der einschlägigen Fachliteratur zu entnehmen.

Wenn die Gebrauchskategorie eines Schützes angegeben ist, braucht daher das Ein- und Ausschaltvermögen nicht angegeben zu werden. Die wichtigsten Gebrauchskategorien und typischen Anwendungsfälle sind in **Tabelle 16.29** dargestellt.

Gebrauchs-kategorie	typischer Anwendungsfall
AC1	nicht induktive oder schwach induktive Last
AC2	Schleifringläufermotoren; Anlassen, Ausschalten
AC3	Käfigläufermotoren; Anlassen, Ausschalten während des Laufes
AC4	Käfigläufermotoren; Anlassen, Gegenstrombremsen, Reversieren, Tippen
AC5a	Schalten von Gasentladungslampen
AC5b	Schalten von Glühlampen
AC6a	Schalten von Transformatoren
AC6b	Schalten von Kondensatorbatterien
AC7a	schwach induktive Last in Haushaltsgeräten und ähnliche Anwendung
AC7b	Motorlast für Haushaltsgeräte
AC8a	Schalten von hermetisch gekapselten Kühlkompressoren mit manueller Rückstellung der Überlastauslöser
AC9a	Schalten von hermetisch gekapselten Kühlkompressoren mit automatischer Rückstellung der Überlastauslöser
DC1	nicht induktive oder schwach induktive Last
DC3	Nebenschlussmotoren; Anlassen, Gegenstrombremsen, Reversieren, Tippen, Widerstandsbremsen
DC5	Reihenschlussmotoren; Anlassen, Gegenstrombremsen, Reversieren, Tippen, Widerstandsbremsen
DC6	Schalten von Glühlampen

Tabelle 16.29 Gebrauchskategorien für Schütze

16.9.3 Verlustleistungen

Da Schütze häufig in kleinen Schaltschränken oder Gehäusen, zusammen mit anderen verlustbehafteten Betriebsmitteln, eingebaut werden, ist der Verlustleistung großes Gewicht beizumessen. Die Verlustleistung eines Schützes setzt sich zusammen aus den Verlusten der Hauptstrombahnen und den Verlusten des Antriebs (Halteleistung) sowie ggf. noch den Verlusten eines thermischen Auslösers (Bimetallauslöser). Es gilt:

$$P_V = P_{VH} + P_{VA} + P_{VT} \tag{16.4}$$

mit:

P_V gesamte Verlustleistung

P_{VH} Verlustleistung der Hauptstrombahnen

P_{VA} Verlustleistung für Antrieb/Halteleistung

P_{VT} Verlustleistung des thermischen Auslösers

Da die Verlustleistungen von Hersteller zu Hersteller sehr verschieden sein können und auch bei verschiedenen Baureihen eines Herstellers beträchtlich voneinander abweichen, ist es zu empfehlen, die Verlustleistungen von Schützen und Relais beim Hersteller zu erfragen oder diese den entsprechenden Katalogen zu entnehmen.

Die Verlustleistung der Hauptstrombahnen können nach folgender Beziehung ermittelt werden:

$$P_{\mathrm{VH}} = n \cdot P_{\mathrm{VH1}} \cdot \left(\frac{I_{\mathrm{b}}}{I_{\mathrm{n}}}\right)^2 \tag{16.5}$$

Für Kurzzeitbetrieb mit einer Spieldauer $t \leq 10$ min ist Gl. (16.5), bedingt durch die intermittierende Strombelastung, zu erweitern, sodass gilt:

$$P_{\mathrm{VH}} = n \cdot P_{\mathrm{VH1}} \cdot \left(\frac{I_{\mathrm{b}}}{I_{\mathrm{n}}}\right)^2 \cdot \frac{t_{\mathrm{B}}}{t_{\mathrm{s}}} \tag{16.6}$$

In den Gln. (16.5) und (16.6) bedeuten:

P_{VH} Verlustleistung der Hauptstrombahnen

n Anzahl der Hauptstrombahnen

P_{VH1} Verlustleistung einer Hauptstrombahn, z. B. nach Bild 16.47

I_{b} Betriebsstrom

I_{n} Bemessungsstrom des Schützes

t_{B} Belastungsdauer

t_{s} Spieldauer (Belastungsdauer + Pausenzeit)

Die Verlustleistung einer Hauptstrombahn (Angaben eines Herstellers) kann **Bild 16.48** entnommen werden.

Die Hilfsstrombahnen eines Leistungsschützes sind in der Regel nur so gering belastet, dass ihre Verlustleistung vernachlässigbar klein ist.

Die Anzugsverlustleistung kann, obwohl ein Schütz einen Einschaltstrom vom sechsfachen bis 25-fachen Bemessungsstrom zieht, ebenfalls vernachlässigt werden, da sie nur kurzzeitig auftritt. Ein typisches Diagramm der Einschaltung eines Schützes zeigt **Bild 16.49**.

Die Halteverlustleistung braucht bei mechanisch verklinkten Schützen nicht berücksichtigt zu werden. Halteverlustleistungen für gängige Baureihen eines Herstellers sind in **Tabelle 16.30** angegeben und können als Anhaltswerte verwendet werden. Auch hier ist es zu empfehlen, die Werte vom Hersteller zu erfragen oder sie Katalogen zu entnehmen.

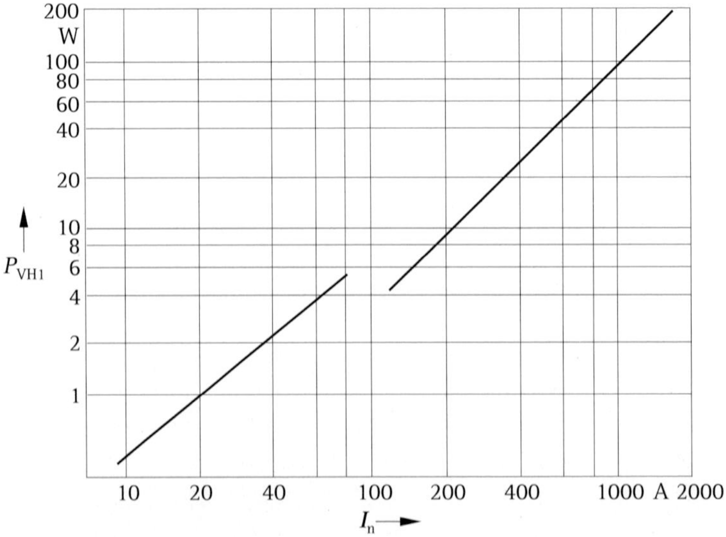

Bild 16.48 Verlustleistung einer Hauptstrombahn (Angaben eines Herstellers)

16

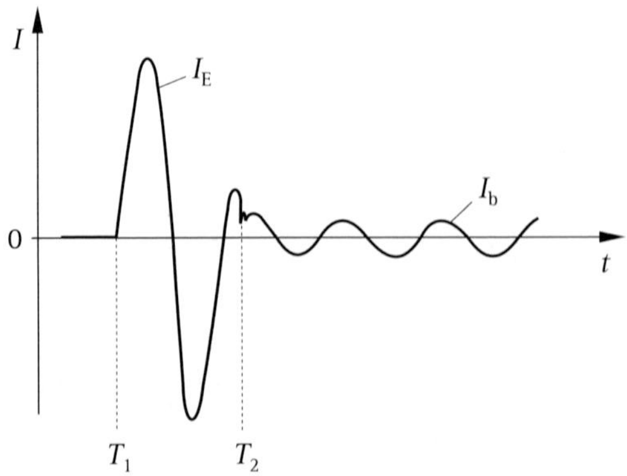

Bild 16.49 Einschaltverhalten und Einschaltstrom eines Wechselstromschützes
I_b Betriebsstrom der Spule
I_E Einschaltstrom der Spule, je nach Schütz $I_E = (6 \dots 25)\ I_b$
T_1 Zeitpunkt „Einschaltbefehl"
T_2 Zeitpunkt „Magnet geschlossen"

Bemessungsstrom I_n in A	Halteverlust P_{VH} in W	
	AC	DC
≤ 9	1,4	2,5
> 9 bis 16	2,2	7,4
> 16 bis 30	2,5	3,8
> 30 bis 43	5,0	5,0
> 43 bis 72	5,8	5,5
> 60 bis 140	10	45[1)]
> 140 bis 170	18	60[1)]
> 150 bis 250	18	75[1)]
> 250 bis 480	24	80[1)]
> 480 bis 800	60	60[1)]
> 800 bis 1000	75	80[1)]

[1)] Wert einschließlich Vorwiderstand

Tabelle 16.30 Halteverlustleistung P_{VH} von Schützen (Baureihen eines Herstellers)

Die Verlustleistung des thermischen Auslösers ergibt sich für den entsprechenden Betriebszustand nach der Beziehung

$$P_{VT} = P_3 \cdot \left(\frac{I_b}{I_{e\,max}} \right)^2 \tag{16.7}$$

Dabei bedeuten:

P_{VT} gesamte Verlustleistung des thermischen Auslösers bei Betriebsbedingungen

P_3 Verlustleistung des thermischen Auslösers bei Nennbetriebbedingungen (Angabe für drei überwachte Leiter)

I_b Betriebsstrom

$I_{e\,max}$ maximal möglicher Einstellstrom

Auch hier ist es zweckmäßig, die Verlustleistung P_3 vom Hersteller zu erfragen oder sie den Katalogen zu entnehmen. Anhaltswerte eines Herstellers für die Verlustleistung P_3 gibt folgende Zusammenstellung:

- bei $I_{e\,max}$ von 0,1 A bis 32 A ist $P_3 = (5 \ldots 10)$ W
- bei $I_{e\,max}$ von 12 A bis 200 A ist $P_3 = (6 \ldots 16)$ W
- bei $I_{e\,max}$ von 200 A bis 1 250 A ist $P_3 = (13 \ldots 50)$ W

16.10 Literatur zu Kapitel 16

[1] Tix, U.: Steckvorrichtungen für Gewerbe und Industrie. Der Elektromeister und Deutsches Elektrohandwerk 58 (1983) H. 10, S. 642 bis 645

[2] Krefter, H.-H.: Neue Bestimmungen für Niederspannungs-Hochleistungssicherungen. Elektrizitätswirtschaft 82 (1983) H. 8, S. 274 bis 276

[3] Johann, H.: Elektrische Schmelzsicherungen für Niederspannung. Berlin/Heidelberg/New York: Springer-Verlag, 1982

[4] Dörries, E. A.: Leitungsschutzschalter, Anforderungen an Ausschaltzeit und strombegrenzende Eigenschaften nach heutigen Vorschriften. etz-b Elektrotech. Z., Ausg. B, 30 (1978) H. 17, S. 673 bis 676

[5] Runtsch, E.: Schutzschaltgeräte in Niederspannungs-Gebäudeinstallationen. etz Elektrotech. Z. 103 (1982) H. 19, S. 1087 bis 1089 und H. 21, S. 1203 bis 1205

[6] Franken, H.: Niederspannungs-Leistungsschalter. Berlin/Heidelberg/New York: Springer-Verlag, 1970

[7] Schnell, P.: Die Geschichte der Fehlerstrom-Schutzschaltung. etz-b Elektrotech. Z., Ausg. B, 18 (1966) H. 6, S. 165 bis 167

[8] Scherbaum, R.; Schreyer, L.: Fehlerstrom-Schutzschaltung und -Schutzschalter. Der Elektromeister und Deutsches Elektrohandwerk 58 (1983) H. 7, S. 369 bis 371

[9] Thielen, H.; Valentin, U.: Beeinflussung der Fehlerstromschutzschalter durch Fehlergleichströme. etz Elektrotech. Z. 100 (1979) H. 15, S. 834

[10] Zürneck, H.: Sinusförmige und nichtsinusförmige Fehlerströme in elektrischen Anlagen – Konsequenzen für FI-Schutzschalter. Der Elektromeister und Deutsches Elektrohandwerk 57 (1982) H. 16, S. 1153 bis 1156

[11] Kahnau, H.-W.: Neufassung der VDE 0664 „FI-Schutzschalter" und ihre Einordnung im internationalen Bereich. Der Elektromeister und Deutsches Elektrohandwerk. Sonderheft 30 Jahre Fehlerstrom-Schutzschalter (1981) S. 28 bis 34

[12] Nowak, K.: Zwanzig Jahre FI-Schutzschaltung. Chronologie und Entwicklungsvarianten. Der Elektromeister und Deutsches Elektrohandwerk 53 (1978) H. 16, S. 1159 bis 1166

[13] Lauerer, F.: Unfallverhütung bei Stromverbraucheranlagen durch empfindliche Fehlerstrom-Schutzschalter. Forschungsbericht F 78, 3. Aufl., Bundesanstalt für Arbeitsschutz und Unfallforschung (Hrsg.), 1972

[14] Eisler, H.; Heindorf, H.: Mehr Schutz mit LS/FI-Schalter. Elektrotechnik 61 (1979) H. 6, S. 18 bis 24

[15] Neumeyer, V.; Scholler, W.: STOTZ-Personenschutz-Automaten für erweiterten Personenschutz. BBC-Nachr. 66 (1979) H. 6

[16] Hering, E.: Schraubsicherungssysteme für Starkstromanlagen. Elektropraktiker 49 (1995) H. 7, S. 579 bis 581

[17] Solleder, R.: Allstromsensitive Fehlerstrom-Schutzeinrichtung für Industrieanwendung. etz Elektrotech. Z. 115 (1994) H. 16, S. 896 bis 901

[18] Biegelmeier, G.; Kiefer, G.; Krefter, K. H.: Schutz in elektrischen Anlagen, Bd. 5: Schutzeinrichtungen. VDE-Schriftenreihe, Bd. 84. Berlin und Offenbach: VDE VERLAG, 1999

[19] Zentgraf, L.: Niederspannungs-Schaltgerätekombinationen; Erläuterungen zu DIN EN 60439-1 (VDE 0660-500):2005-01. VDE-Schriftenreihe, Bd. 28, 4. Aufl., Berlin und Offenbach: VDE VERLAG, 2005

[20] Dreischke, W.: Hochspannungs-Hochleistungssicherungen haben sich seit Jahrzehnten bewährt. EVU-Betriebspraxis 40 (2001) H. 11, S. 22 bis 26 und H. 12, S. 20 bis 22; EVU-Betriebspraxis 41 (2002) H. 4, S. 22 bis 24; H. 5, S. 28 und 29; H. 6, S. 28; H. 11-12, S. 34 und 35; netzpraxis 42 (2003) H. 1-2, S. 40 und 41; H. 3, S. 34 und 35; H. 4, S. 32 und 33

[21] Hofheinz, W.: Fehlerstrom-Überwachung in elektrischen Anlagen. VDE-Schriftenreihe, Bd. 113. Berlin und Offenbach: VDE VERLAG, 2008

[22] Hofheinz, W.: Schutztechnik mit Isolationsüberwachung. VDE-Schriftenreihe, Bd. 114. Berlin und Offenbach: VDE VERLAG, 2007

[23] Haas, H. U.; Wilhelm, D.: Sicherer Schutz von Verteiltransformatoren mit Lastschalter-Sicherungs-Kombinationen. netzpraxis 44 (2005) H. 3, S.14 bis 19

[24] Falkenberg, T.: D0 und D-Sicherungen für den kombinierten Halbleiter- und Leiterschutz. etz 127 (2006) Sonderausgabe S3, S. 14 bis 19

17 Leuchten und Beleuchtungsanlagen – DIN VDE 0100-559

Für die Auswahl von Leuchten und die Errichtung von Beleuchtungsanlagen gilt die Norm DIN VDE 0100-559 (VDE 0100-559) „Leuchten und Beleuchtungsanlagen". Zusätzliche Anforderungen für besondere Arten von Beleuchtungsanlagen sind enthalten in den Bestimmungen:

- DIN VDE 0100-714 (VDE 0100-714) „Beleuchtungsanlagen im Freien"
- DIN VDE 0100-715 (VDE 0100-715) „Kleinspannungsbeleuchtungsanlagen"

Bei der Auswahl von Leuchten und deren Zubehör sowie bei der Errichtung von Beleuchtungsanlagen gilt als Schutzziel, dass keine Gefährdung auftreten darf

- **von Personen und Nutztieren durch gefährliche Körperströme**
- **von Sachen durch zu hohe Temperaturen**

Hierzu gehören die richtige Auswahl der Leuchten und deren normgerechte Anbringung auf Bauteilen und Einrichtungsgegenständen. Neben den Schutzmaßnahmen gegen gefährliche Körperströme ist wichtig, dass die im Normalbetrieb von Lampen und Vorschaltgeräten (Drosselspulen, Kondensatoren, Transformatoren, Zündgeräte, Konverter usw.) abgegebene Wärmeleistung keine zu hohen Temperaturen an Befestigungsflächen und in der unmittelbaren Umgebung hervorrufen. Vorschaltgeräte dürfen auch im Fehlerfall (Körper- oder Windungsschluss) für die Umgebung und die Befestigungsfläche keine Brandgefahr darstellen. Beide Forderungen gelten sinngemäß auch für extern angebrachte Vorschaltgeräte.

Leuchten sind Betriebsmittel, durch die das von einer oder mehreren Lampen erzeugte Licht verteilt, gefiltert oder umgewandelt wird. Sie umfassen alle Teile, die zur Befestigung und zum Schutz der Leuchten erforderlich sind, einschließlich des erforderlichen Zubehörs (Vorschaltgeräte) und der Vorrichtungen zum Anschluss an das Netz, nicht aber die Lampen selbst.

Für die Herstellung von Leuchten gelten DIN VDE 0710 und DIN EN 60589-1 (VDE 0711-1). Für die Errichtung von Beleuchtungsanlagen und die Anbringung von Leuchten auf Gebäudeteilen und an Einrichtungsgegenständen gilt DIN VDE 0100-559.

Dabei sind grundsätzlich zu unterscheiden:

- Leuchten für Glühlampen
- Leuchten für Entladungslampen

Bei Glühlampen werden, je nach Bauart, etwa 85 % bis 95 % der zugeführten elektrischen Leistung in Wärme umgesetzt. Bei einer 100-W-Glühlampe können dabei, je nach Brennlage der Lampe, Temperaturen von 200 °C bis 260 °C an der Glaskolbenoberfläche auftreten. Bei Niedervolt-Halogen-Glühlampen treten sogar Temperaturen von über 500 °C auf. Auch bei Entladungslampen wird ein erheblicher Teil der zugeführten elektrischen Leistung in Wärme umgesetzt. Die Verlustleistung, die fast ausschließlich in Wärme umgesetzt wird, liegt bei Leuchtstofflampen mit den entsprechenden Vorschaltgeräten bei etwa 75 % bis 85 %. Bei anderen Entladungslampen liegt dieser Wert noch zwischen 65 % und 85 %.

Grundsätzliche Festlegungen, die einzuhalten sind, werden nachfolgend angegeben:

- Der Teil 559 ist bei der Auswahl und Errichtung von Leuchten und Beleuchtungsanlagen, die Teil einer festen elektrischen Anlage sind, anzuwenden.
- Bei **normalem Betrieb** darf an allen brennbaren Flächen, die durch Leuchten thermisch beansprucht werden, keine höhere Temperatur als 90 °C auftreten.
- Bei **gestörtem Betrieb** (z. B. nicht abschaltende Vorheizung, nicht zündende Lampe, Windungsschluss einer Drosselspule) sind für Leuchten mit Entladungslampen in den entsprechenden Normen (DIN EN 61347-1 (VDE 0712-30)) Grenztemperaturen vorgegeben. Werden diese Grenztemperaturen infolge gestörten Betriebs überschritten, so müssen Lampenbetriebsgeräte nach der genannten Norm innerhalb von 5 s abschalten. Bei anderen Leuchten muss die Sicherheit durch Einhalten von Sicherheitsabständen zu brennbaren Materialien hergestellt werden.
- Leuchten sind in der Regel für Umgebungstemperaturen von 25 °C ausgelegt. Höhere Umgebungstemperaturen müssen bei der Auswahl der Leuchten berücksichtigt werden.
- Für Leuchten mit Entladungslampen werden Glimmstarter nach DIN EN 60155 (VDE 0712-101) empfohlen, um Brandgefahren vorzubeugen.

17.1 Anbringen von Leuchten auf Gebäudeteilen

In Leuchten wird ein hoher Prozentsatz (65 % bis 95 %) der zugeführten elektrischen Energie in Wärme umgesetzt. In ihrer thermischen Wirkung können Leuchten deshalb mit elektrischen Wärmegeräten verglichen werden und können bei unsachgemäßer Montage bzw. Verwendung zur Brandgefahr werden.

Die Baustoffe, die in Gebäuden verwendet werden, können eingeteilt werden in:

- nicht brennbare Baustoffe
- schwer entflammbare Baustoffe
- normal entflammbare Baustoffe

Anmerkung 1: Leicht entflammbare Baustoffe dürfen nach den Bauverordnungen der Länder in Gebäuden nicht verwendet werden.

Anmerkung 2: Oben genannte Baustoffe sind in Kapitel 22 erläutert.

Welche Leuchten mit welchen Kennzeichnungen auf den verschiedenen Baustoffen angebracht werden dürfen, zeigt **Tabelle 17.1.**

Installationsorte, Installationsflächen			Leuchten nach Normenreihe DIN VDE 0710 (VDE 0710) Normenreihen DIN EN 60598 (VDE 0711)
nicht brennbar			F, $\overline{F}$, FF, D, M, MM, ~~F~~ und Leuchten ohne diese Zeichen
brennbar, schwer oder normal entflammbarer Baustoff			F, $\overline{F}$, FF, D, M, MM, ~~F~~
Besondere Bereiche	Überdeckung mit Wärmedämmung		$\overline{F}$
	Einrichtungsgegenstände, Möbel[1]		M[3], MM
	Feuergefährdete Betriebsstätten[2]		MM, FF, D
		Staub und/oder Faserentfall	FF, D[4]

[1] DIN VDE 0100-724 (VDE 0100-724)

[2] DIN VDE 0100-482 (VDE 0100-482)

[3] Nur zulässig, wenn Werkstoff mindestens normal entflammbar ist

[4] Nur zulässig, wenn Leuchten einschließlich Lampen der Schutzart IP5X genügen

Tabelle 17.1 Auswahl von Leuchten in Abhängigkeit von Installationsorten bzw. -flächen

17.2 Anbringung von Leuchten auf Einrichtungsgegenständen

Als Einrichtungsgegenstände gelten alle Möbelstücke wie Schränke, Wandschränke, Schreibtische, Betten u. dgl., aber auch Gardinenleisten, Holzblenden usw.

Auch für die Befestigung von Leuchten auf Einrichtungsgegenständen gelten die Festlegungen der Tabelle 17.1.

17

Strahlerleuchten, z. B. in Möbeln, Schaufenstern, Vitrinen usw., sind so anzuordnen, dass der vom Hersteller angegebene Mindestabstand zu brennbaren Gegenständen eingehalten wird.

17.3 Lampenbetriebsgeräte

Definitionsgemäß ist ein **Lampenbetriebsgerät** ein Bauteil zwischen dem Netz und einer Lampe oder mehrere Bauteile zwischen dem Netz und einer oder mehreren Lampen, das/die dazu dienen kann/können, die Netzspannung zu transformieren, den Strom der Lampe/Lampen auf den vorgeschriebenen Wert zu begrenzen, die Startspannung und den Vorheizstrom zu liefern, den Kaltstart zu verhindern, den Leistungsfaktor zu verbessern oder Funkstörungen zu verhindern.

Die Anbringungsmöglichkeiten auf Gebäudeteilen und Einrichtungsgegenständen als unabhängiges Vorschaltgerät von Lampenbetriebsgeräten zeigt **Tabelle 17.2**.

Installationsorte, Installationsflächen			Lampenbetriebsgeräte als unabhängiges Zubehör DIN VDE 0712 (VDE 0712)
nicht brennbar			
brennbar, schwer oder normal entflammbarer Baustoff			, 
Besondere Bereiche	Überdeckung mit Wärmedämmung		 3)
	Einrichtungsgegenstände, Möbel[1]		 c), 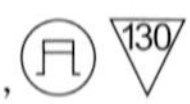
	Feuergefährdete Betriebsstätten[2]		
		Staub und/oder Faserentfall	 3),  3)

[1] DIN VDE 0100-724 (VDE 0100-724)

[2] DIN VDE 0100-482 (VDE 0100-482)

[3] Diese Kennzeichenkombinationen sind nicht genormt; die Sicherheitskriterien müssen denen der Leuchte entsprechen; Bestätigung vom Hersteller einholen

[4] Nur zulässig, wenn Werkstoff mindestens normal entflammbar ist

Tabelle 17.2 Auswahl von Lampenbetriebsgeräten in Abhängigkeit von Installationsorten bzw. -flächen

Lampenbetriebsgerät ist der Oberbegriff für alle Vorschaltgeräte, Starter, Transformatoren Konverter, Kondensatoren und ähnliche Bauteile. Die grundlegende Norm ist DIN EN 61347-1 (VDE 0712-30) „Geräte für Lampen – Allgemeine und Sicherheitsanforderungen".

17.3.1 Vorschaltgeräte

Werden Vorschaltgeräte außerhalb von Leuchten montiert, dürfen diese auf nicht brennbaren Bauteilen ohne Einschränkung angebracht werden. Auf brennbaren Baustoffen dürfen nur Vorschaltgeräte und Transformatoren mit dem Zeichen  direkt montiert werden.

Bei allen anderen Vorschaltgeräten und Transformatoren ist ein Abstand von mindestens 35 mm einzuhalten. Auch zu anderen brennbaren Baustoffen ist ein ausreichender Abstand einzuhalten. Werden diese Vorschaltgeräte oder Transformatoren in Gehäuse eingebaut, ist eine ausreichende Belüftung sicherzustellen.

Anmerkung: Für Vorschaltgeräte und Transformatoren, die außerhalb von Leuchten montiert werden, ist künftig vorgesehen, nur noch Geräte mit dem Zeichen  zuzulassen.

17.3.2 Kompensationskondensatoren

Kondensatoren sollten die Bezeichnung „Typ B" tragen. Kompensationskondensatoren mit einer Gesamtkapazität von über 0,5 µF dürfen nur in Verbindung mit Entladewiderständen vorgesehen werden (siehe Abschnitt 15.3).

17.4 Sicherheitszeichen und technisch relevante Bildzeichen für Leuchten und deren Zubehör

Leuchten und deren Zubehör sind elektrische Betriebsmittel, die nach den einschlägigen Normen zu fertigen sind und das VDE-Zeichen tragen müssen. Nach dem Geräte- und Produktsicherheitsgesetz (GPSG) sind Leuchten technische Arbeitsmittel, die den anerkannten Regeln der Technik entsprechen müssen, was durch das GS-Zeichen dokumentiert wird.

Für Leuchten gibt es Bildzeichen, die die Eigenschaften der Leuchte beschreiben und die Montagemöglichkeiten angeben. Die wichtigsten, technisch relevanten Bildzeichen für Leuchten und Vorschaltgeräte sind in **Tabelle 17.3** dargestellt und erläutert.

Bildzeichen	Bedeutung
	Leuchten nach DIN EN 60598-1 (VDE 0711-1), geeignet zur Montage auf nicht brennbaren, schwer entflammbaren und normal entflammbaren Baustoffen. Die Temperatur an der Befestigungsfläche darf 130 °C bei anormalem Betrieb und 180 °C bei einem Fehler im Vorschaltgerät nicht überschreiten. Das Bildzeichen wird sinngemäß auch für Konverter und Transformatoren verwendet.
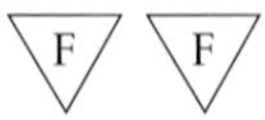	Leuchten mit begrenzter Oberflächentemperatur und Schutzart IP5X nach DIN VDE 0710-5 (zurückgezogen), geeignet für feuergefährdete Betriebsstätten (nur mit Schutzart IP54) und geeignet für die Montage auf nicht brennbaren, normal entflammbaren und schwer entflammbaren Baustoffen. *Anmerkung:* FF-gekennzeichnete Leuchten durften nur bis zum 01.08.2005 hergestellt werden.
	Leuchten mit begrenzter Oberflächentemperatur und der Schutzart IP5X nach EN 60598-2-24 (VDE 0711-2-24), geeignet für feuergefährdete Betriebsstätten (nur mit Schutzart IP54) und geeignet für die Montage auf nicht brennbaren, normal entflammbaren und schwer entflammbaren Baustoffen. Die Temperaturbegrenzung an der Außenfläche ist so, dass sich brennbarer Staub, der sich auf der Leuchte ansammelt, nicht entzünden kann. Verwendung auch in Betriebsstätten, in denen Textilstoffe gelagert und verarbeitet werden, und in Räumen, in denen brennbarer Staub in großen Mengen auftritt.
	Leuchten für Entladungslampen mit eingebautem oder getrenntem Vorschaltgerät nach DIN VDE 0710-14 (VDE 0710-14), geeignet zur Montage in und an Einrichtungsgegenständen (Möbel) aus nicht brennbaren, schwer entflammbaren oder normal entflammbaren Werkstoffen. Die Montage auf Gebäudeteilen ist ebenfalls zulässig. Die Vorgaben der Montageanweisung und die Sicherheitsabstände sind einzuhalten.
	Leuchten für Glühlampen und Entladungslampen mit eingebautem oder getrenntem Vorschaltgerät nach DIN VDE 0710-14 (VDE 0710-14), geeignet zur Montage in und an Einrichtungsgegenständen (Möbel) aus nicht brennbaren, schwer entflammbaren oder normal entflammbaren Werkstoffen. Die Montage auf Gebäudeteilen ist ebenfalls zulässig. Die Vorgaben der Montageanweisung und die Sicherheitsabstände sind einzuhalten.
	Kennzeichen für Leuchten, die unmittelbar auf nicht brennbaren, schwer entflammbaren oder normal entflammbaren Baustoffen bzw. brennbaren Baustoffen mit einer Entzündungstemperatur ≥ 200 °C angebracht werden, selbst wenn Wärmedämmstoffe die Leuchte (Gehäuse) berühren.
	Kennzeichen für Leuchten, die ausschließlich auf nicht brennbaren Baustoffen angebracht werden dürfen. *Anmerkung:* Das Kennzeichen dient als Warnhinweis.

Tabelle 17.3 Bildkennzeichen für Leuchten

Tabelle 17.4 zeigt Bildzeichen für die wichtigsten Lampenbetriebsgeräte (Vorschaltgeräte und Kondensatoren).

Bildzeichen	Bedeutung
	Kennzeichen für unabhängiges Lampenbetriebsgerät (z. B. elektronisches Vorschaltgerät (EVG) nach DIN EN 60046 (VDE 0712-24)), das den Anforderungen für unabhängiges Zubehör gerecht wird und auch ohne mechanischen Schutz montiert werden darf.
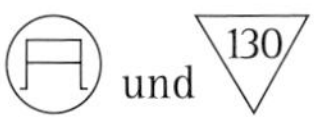	Kennzeichen für unabhängige Lampenbetriebsgeräte (z. B. Vorschaltgeräte), die unmittelbar auf nicht brennbaren, schwer oder normal entflammbaren Baustoffen angebracht werden dürfen. Die Lampenbetriebsgeräte können an ihrer Oberfläche keine höhere Temperatur als 130 °C annehmen.
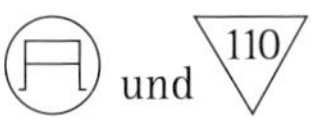	Kennzeichen für unabhängige Lampenbetriebsgeräte, die auch in und an Einrichtungsgegenständen (Möbeln) angebracht werden dürfen. Die Werkstoffe der Einrichtungsgegenstände können beschichtet, lackiert oder furniert sein, und ihr Brandverhalten muss nicht bekannt sein. Die Lampenbetriebsgeräte können an ihrer Oberfläche keine höhere Temperatur als 110 °C annehmen.
	Kennzeichen für thermisch geschützte Vorschaltgeräte bzw. Transformatoren, die auch auf brennbaren Materialien montiert werden dürfen.
	Kennzeichen für Kondensatoren, die bei Ausfall weder sich selbst noch die Umgebung entzünden. *Anmerkung:* Das Kennzeichen wird seit 01.12.1998 nicht mehr verwendet.
	Kennzeichen für Kondensatoren, die bei Ausfall weder sich selbst noch die Umgebung entzünden und auch nicht aufplatzen und benachbarte Teile beschädigen. *Anmerkung:* Das Kennzeichen wird seit 01.12.1998 nicht mehr verwendet.
Typ B	Kennzeichen für Kondensatoren des Typ B, die sicherheitstechnisch dem FP-Kondensator gleichzusetzen sind, wenn sie in einen Metallbecher integriert sind, oder Kondensatoren im Kunststoffbecher, wenn diese sich in einer metallenen Umhüllung befinden.

Tabelle 17.4 Bildkennzeichen für Lampenbetriebsgeräte und Kondensatoren

Einige häufig vorkommende Bildzeichen sind nachfolgend dargestellt. Weitere bildliche Kennzeichnungen für Leuchten und Zubehör sind den einschlägigen Normen der Reihen DIN VDE 0710, DIN VDE 0711 und DIN VDE 0712 zu entnehmen.

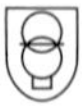

Bedingt oder unbedingt kurzschlussfester Sicherheitstransformator nach DIN EN 61558-2-6 (VDE 0570-2-6).

Verwendung von wärmefesten Netz-Anschlussleitungen, Verbindungsleitungen oder äußeren Leitungen (die Anzahl der gezeigten Leiter ist freigestellt).

Die Verwendung von „cool beam"-Lampen ist nicht zulässig (Warnhinweis).

Leuchten zum Betrieb von Natriumdampf-Hochdrucklampen, die ein außerhalb der Lampe angebrachtes Zündgerät erfordern.

Leuchten zum Betrieb von Natriumdampf-Hochdrucklampen mit eingebautem Zündgerät.

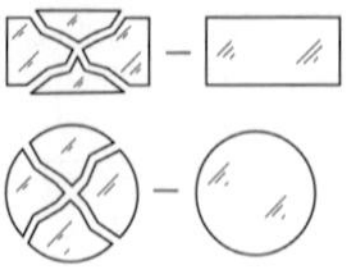

Jede zersprungene Scheibe (rechteckig oder rund) ist zu ersetzen.

Leuchten, die nur für „self-shieldes"-Halogenglühlampen ausgelegt sind.

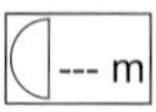

Kennzeichen für Strahlerleuchten. Das Kennzeichen gibt den Abstand in Metern zur angestrahlten Fläche an, der eingehalten werden muss, damit die maximal zulässige Temperatur der angestrahlten Fläche von 90 °C nicht überschritten wird.

t_a ... °C

Das Kennzeichen t_a ... °C kennzeichnet die Bemessungstemperatur der Leuchten in °C, die geeignet sind, um bei höheren Temperaturen als 25 °C betrieben zu werden. „t_a 45" bedeutet, dass die Leuchte bei 45 °C Umgebungstemperatur eingesetzt werden darf.

Kennzeichen für baumustergeprüfte Leuchten, die für explosionsgefährdete Bereiche geeignet sind.

Kennzeichen für Leuchten, die geeignet sind, in rauen Betrieben, in denen eine höhere mechanische Beanspruchung der Leuchten zu erwarten ist, eingesetzt zu werden, z. B. Schwerindustrie, Baustellen; Werkstätten und ähnliche Einsatzorte.

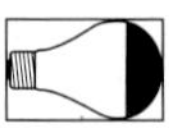

Kennzeichen für Leuchten, die für Kopfspiegellampen geeignet sind.

17.5 Aufschriften auf Leuchten

Nach DIN EN 60598-1 (VDE 0711-1) muss eine Leuchte, falls zutreffend, dauerhaft und gut lesbar (Buchstaben und Ziffern mindestens 2 mm Höhe und Zeichen mindestens 5 mm Höhe) folgende Aufschriften tragen:

- Ursprungszeichen; alternativ Herstellerkennzeichen, Handelsname, Name des Herstellers
- Bemessungsspannung in Volt; Leuchten für Glühlampen, nur wenn die Bemessungsspannung von 250 V abweicht
- Höchstwert der Umgebungstemperatur, falls von 25 °C abweichend
- Bildzeichen für Leuchten der Schutzklasse II oder III, falls zutreffend
- Kennzeichnung der IP-Schutzart
- Typ- oder Bestellnummer des Herstellers
- Bemessungsleistung der Lampe bzw. Lampen in Watt; bei Leuchten für Glühlampen mit mehreren Fassungen darf die Angabe $n \times$... W stehen; (n gibt die Anzahl der Fassungen an)
- Bildzeichen (z. B. F-Zeichen) bei Leuchten mit eingebauten Vorschaltgeräten oder Transformatoren, die zur direkten Befestigung auf normal entflammbaren Baustoffen geeignet sind
- Angaben zu besonderen Lampen; z. B. Hochdruck-Natriumdampf-Lampen, mit getrenntem oder eingebautem Startgerät
- Bildzeichen für Leuchten mit „cool beam"-Lampen (Kaltlicht-Spiegellampe), falls die Sicherheit beeinträchtigt wird
- eindeutige Beschriftung oder Bezeichnung der Anschlussklemmen
- Bildzeichen für den Mindestabstand zu beleuchteten Gegenständen
- Bildzeichen für Leuchten für rauen Betrieb
- Bildzeichen für Leuchten, die für Kopfspiegellampen gebaut sind

Zusätzlich zu diesen Angaben müssen weitere Einzelheiten, die für den ordnungsgemäßen Anschluss, Verwendung und Wartung erforderlich sind, entweder auf der Leuchte oder der Montageanweisung angegeben werden. Hierzu können gehören:

- Angabe der Bemessungsfrequenz in Hertz
- Angabe von Betriebstemperaturen, z. B. für Wicklungen, Kondensatoren oder Anschlussleitungen
- ein Warnhinweis, wenn die Leuchte nicht zur Befestigung auf normal entflammbaren Baustoffen geeignet ist
- ein Anschlussbild, wenn die Leuchte nicht für den unmittelbaren Anschluss an das Netz geeignet ist

Nr.	Montage	Kennzeichen für die Montageart	
		geeignet	nicht geeignet
1	an der Decke	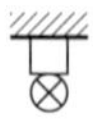	
2	an der Wand	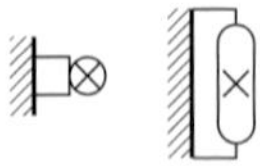	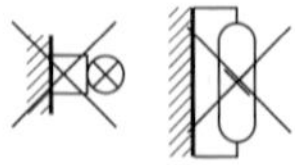
3	waagrecht an der Wand	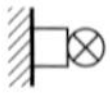	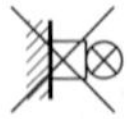
4	senkrecht an der Wand		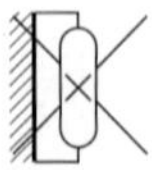
5	an der Decke und waagrecht an der Wand		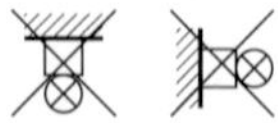
6	an der Decke und senkrecht an der Wand	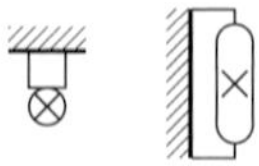	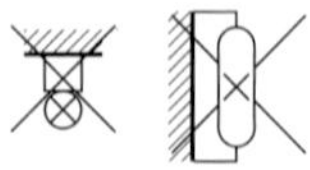
7	in der waagrechten Ecke, Lampe seitlich	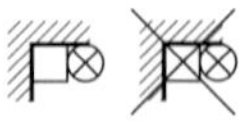	
8	in der waagrechten Ecke, Lampe unterhalb		
9	in der waagrechten Ecke, Lampe seitlich und unterhalb		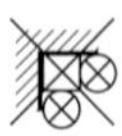
10	im U-Profil		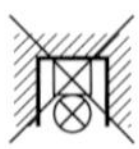
11	am Pendel	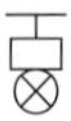	

Tabelle 17.5 Kennzeichen der Montagearten

17.6 Befestigung von Leuchten

Es müssen geeignete Mittel zur Befestigung von Leuchten verwendet werden. Mechanische Mittel (Dübel, Haken, Schrauben o. Ä.), Dosen oder Gehäuse, die geeignet sind, Leuchten zu tragen, dürfen verwendet werden.

Für Hängeleuchten muss ein Befestigungsmittel eine Masse von mindestens 5 kg tragen können. Ansonsten muss der Errichter der Anlage sicherstellen, dass die Befestigungsmittel das Gewicht der Leuchte tragen können. Die Angaben des Herstellers zur Befestigung von Leuchten sind zu beachten.

Bei allen Installationen muss die Zuleitung in einer fest installierten Installationsdose, einer entsprechenden Wanddose, in einer Steckdose oder in einem elektrischen Betriebsmittel enden, das für den direkten Anschluss an die Kabel- und Leitungsanlage vorgesehen ist. Bei einer Unterputzinstallation muss die Zuleitung für eine Wandleuchte in eine Wanddose eingeführt werden.

Die zulässige bzw. nicht zulässige Montageart einer Leuchte ist vom Hersteller anzugeben. Das entsprechende Symbol (**Tabelle 17.5**) ist vom Hersteller entweder auf der Leuchte aufzubringen oder in der Montageanleitung anzugeben. Hierbei muss ggf. auch auf besondere Maßnahmen, wie Sicherheitsabstände, hingewiesen werden.

17.7 Schutzarten für Leuchten

Grundsätzlich gilt DIN EN 60529 (VDE 0470-1) „Schutzarten durch Gehäuse" (siehe Abschnitt 2.8). Für Leuchten gelten zusätzlich die Festlegungen nach DIN EN 60598-1 (VDE 0711-1). Eine Zusammenstellung ist in **Tabelle 17.6** durchgeführt.

Wenn bei der Auswahl bzw. Festlegung hinsichtlich der Einordnung Zweifel bestehen, so ist zweckmäßigerweise die nächsthöhere Schutzart anzuwenden. Das Symbol der Schutzart muss nach DIN VDE 0710 und nach DIN EN 60598-1 (VDE 0711-1) auf dem Leuchtengehäuse angegeben sein.

Schutzart nach DIN VDE 0710	Schutzumfang über Schutz gegen Berührung hinaus	Kurzzeichen nach DIN VDE 0710		Schutzart nach DIN EN 60529 etwa	Zuordnung zu den Raumarten nach DIN VDE 0100
abgedeckt	kein Schutz	–	–	IP X0	trockene Räume ohne besondere Staubentwicklung
tropfwasser-geschützt	Schutz gegen hohe Luftfeuchte und senkrecht fallende Wassertropfen	1 Tropfen		IP X1	feuchte und feuchtwarme Räume; Orte im Freien unter Dach
regengeschützt	Schutz gegen von oben bis zu 30° über der Waagrechten auftreffende Wassertropfen	1 Tropfen in 1 Quadrat		IP X3	Orte im Freien
spritzwasser-geschützt	Schutz gegen aus allen Richtungen auftreffende Wassertropfen	1 Tropfen in 1 Dreieck		IP X4	feuchte und feuchtwarme Orte im Freien
strahlwasser-geschützt	Schutz gegen aus allen Richtungen auftreffenden Wasserstrahl	2 Tropfen in 2 Dreiecken		IP X5	nasse und durchtränkte Räume, in denen abgespritzt wird
wasserdicht	Schutz gegen Eindringen von Wasser ohne Druck	2 Tropfen		IP X6 (IP X7)	nasse und durchtränkte Räume; unter Wasser ohne Druck
druckwasser-dicht	Schutz gegen Eindringen von Wasser unter Druck	2 Tropfen mit Angabe der zulässigen Eintauchtiefe	 ... m	IP X6 (IP X7) (IP X8)	Abspritzen bei hohem Druck; unter Wasser mit Druck
staubgeschützt	Schutz gegen Eindringen von Staub ohne Druck	Gitter		IP 5X	Räume mit nicht brennbaren Stäuben
staubdicht	Schutz gegen Eindringen von Staub unter Druck	Gitter mit Umrandung		IP 6X	Räume mit brennbaren Stäuben

Tabelle 17.6 Schutzarten für Leuchten

17.8 Lampengruppen und Lichtbänder

Lampengruppen bzw. Lichtbänder (bei einem Lichtband muss nicht unbedingt Leuchte an Leuchte angeordnet sein; zwischen den einzelnen Leuchten dürfen Abstände vorhanden sein), die an Drehstrom angeschlossen werden, müssen einen Schalter besitzen, der die gesamte Anlage freischaltet. Einzelschalter in den verschiedenen Außenleitern oder auch für verschiedene Lampengruppen sind darüber hinaus noch zulässig. **Bild 17.1** zeigt ein Beispiel.

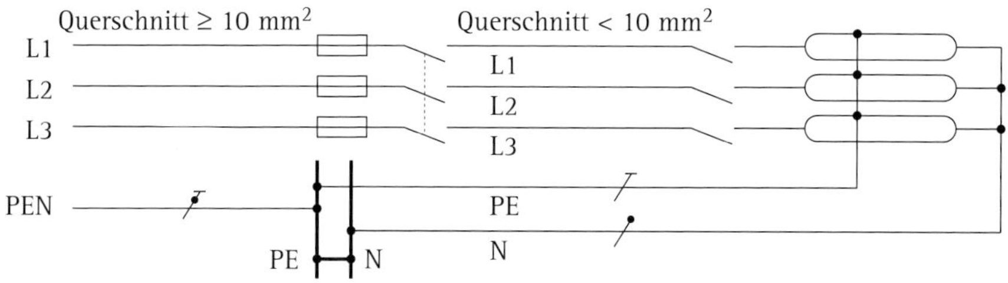

Bild 17.1 Schaltung einer Lampengruppe an Drehstrom

Die Leiter eines Drehstromkreises sind dabei in einer mehradrigen Leitung in einem Kabel, in einem Rohr oder in demselben Hohlraum (Voute) zu verlegen. Außerdem dürfen die Leiter mehrerer Drehstromkreise in einer vieladrigen Mantelleitung oder einem Kabel zusammengefasst werden. Bei Durchgangsverdrahtungen ist zu beachten, dass nur geeignete Hohlräume verwendet werden, wobei der Wärmeabfuhr besonderes Gewicht beizumessen ist.

17

17.9 Leitungsbemessung bei Leuchten

Hinsichtlich der Mindestquerschnitte gilt Teil 520 Tabelle 1 (siehe Tabelle 20.1). Für die Belastbarkeit der Stromkreise (auch bei Hausinstallationen) gilt DIN VDE 0298-4 (siehe Tabelle 20.4). Die Absicherung der Stromkreise mit $I_n \leq I_z$ kann Tabelle 20.27 entnommen werden.

Auch bei Leuchten, besonders bei Durchgangsverdrahtungen, gilt eine kritische Temperatur von 55 °C an der Verlegestelle. Wird diese Temperatur überschritten, müssen wärmebeständige Leitungen verwendet werden. Unabhängig davon ist bei normalen Leitungen und Temperaturen über 30 °C an der Verlegestelle eine Reduzierung vorzunehmen (siehe Abschnitt 20.3).

Außer der Leitungsbelastung ist bei Beleuchtungsanlagen auch der „Spannungsfall" zu beachten, da Lampen in ihrer Leistung stark spannungsabhängig sind (**Bild 17.2**).

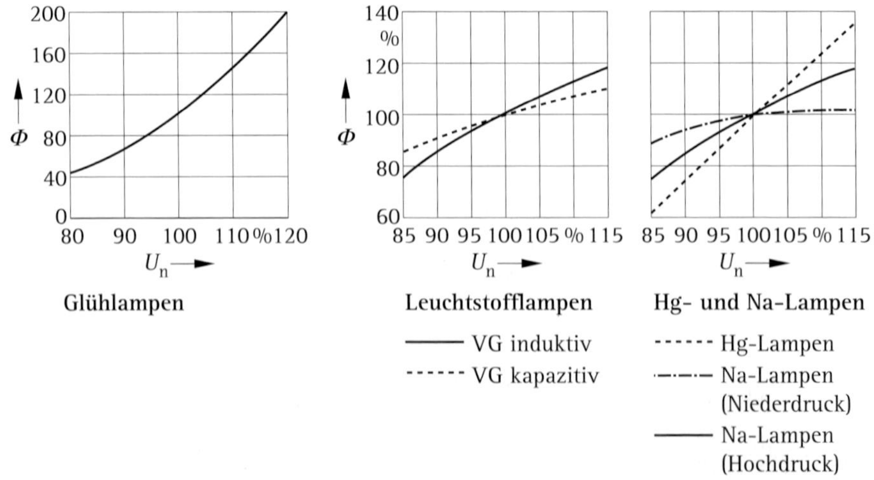

Bild 17.2 Lichtstrom Φ verschiedener Lampen in Abhängigkeit von der Spannung U_n

Forderungen bezüglich des zulässigen Spannungsfalls sind in den VDE-Bestimmungen nicht aufgenommen. Nach den TAB sind in Verbraucheranlagen zwischen Hausanschlusskasten und Zähler 0,5 % und zwischen Zähler und Verbraucher 3,0 % Spannungsfall zulässig.

17

17.10 Kompensation von Entladungslampen

Eine Kompensation von Beleuchtungsanlagen ist nach den VDE-Bestimmungen nicht gefordert. Bei Anlagen, die nach den TAB versorgt werden, dürfen Entladungslampen bis zu einer Lampenleistung von insgesamt 250 W je Außenleiter unkompensiert angeschlossen werden. Bei größeren Leistungen ist eine Kompensation erforderlich. Bis zu einer Leistung von 5 kVA je Beleuchtungsanlage ist der $\cos \varphi$ zwischen 0,9 kapazitiv und 0,8 induktiv zu halten. Die Art der Kompensation (z. B. Einzel- oder Zentralkompensation) ist freigestellt. Ab einer Leistung der Beleuchtungsanlage von 5 kVA pro Kundenanlage ist eine der folgenden Lösungen vorzusehen:

- Duo-Schaltung
- eine Schaltung von Einzellampen in Gruppen, die je zur Hälfte mit gleichmäßig auf die Außenleiter aufgeteilten kapazitiven und induktiven Vorschaltgeräten betrieben werden
- elektronische Vorschaltgeräte (EVG), sodass für den Lampenstrom der $\cos \varphi = 1$ ist

- Kompensation durch eine zentrale Kompensationsanlage des Betreibers, die gegen Rundsteuersignale genügend gesperrt oder verdrosselt ist

Bei allen anderen Schaltungen ist Rückfrage beim EVU dann erforderlich, wenn vom EVU eine Tonfrequenz-Rundsteueranlage mit einer höheren Frequenz als 250 Hz betrieben wird.

Da die Hersteller jeden Leuchtentyp in kompensierter und unkompensierter Ausführung anbieten, ist die Auswahl der Leuchten unproblematisch. Auch die Auswahl des Kompensationskondensators ist problemlos, denn die Hersteller geben in ihren Katalogen die erforderliche Kondensatorgröße an.

17.11 Besondere Beleuchtungsanlagen

17.11.1 Leuchten für Vorführstände

Bei der Vorführung von Leuchten, z. B. in einem Kaufhaus, muss davon ausgegangen werden, dass Leuchten von Laien angeschlossen und in Betrieb genommen werden. Dieses Personal gilt es besonders zu schützen, weshalb folgende Forderungen bestehen:

- Betrieb mit Kleinspannung
- oder es sind die Stromkreise für die Vorführstände mit RCDs mit $I_{\Delta n} \leq 30$ mA auszurüsten

Weiter sind einzusetzen:

- zweipolige Steckdosen mit Schutzkontakt (10 A bzw. 16 A/250 V AC/DC)
- Stromschienensysteme für Leuchten nach DIN IEC 60570 (VDE 0711-300)

Für Wandleuchten ist auch ein Anschluss über Klemmen zulässig, wenn die Klemmen erst nach zwangsläufiger Freischaltung zugänglich sind.

17.11.2 Beleuchtungsanlagen im Freien

Für die Errichtung von Beleuchtungsanlagen im Freien gilt die Norm DIN VDE 0100-714 (VDE 0100-714) „Beleuchtungsanlagen im Freien“, die in gleicher Fassung auch als Europäisches Harmonisierungsdokument vorliegt. Die Norm ist für fest installierte Beleuchtungsanlagen im Freien zusätzlich zu den allgemeinen Anforderungen der DIN VDE 0100 anzuwenden.

Die Norm gilt für:

- Beleuchtungsanlagen, wie zum Beispiel für Straßen, Parks, Gärten, Plätze mit öffentlichem Zugang, Sportplätze, Beleuchtung von Denkmälern und Flutlichtanlagen
- andere Einrichtungen mit integrierter Beleuchtung, wie zum Beispiel Telefonzellen, Autobuswartehäuschen, Hinweistafeln, Stadtpläne und Verkehrszeichen

Die Anforderungen gelten nicht für:

- öffentliche Beleuchtungsanlagen, die Teil des öffentlichen Versorgungsnetzes sind

  Anmerkung: Wenn zwischen Verteilungsnetz und Leuchte Überstrom-Schutzeinrichtungen angeordnet sind, beginnt ab diesen – in Energierichtung gesehen – die Verbraucheranlage. Die Anforderungen dieser Norm gelten für den Endstromkreis ab dieser Überstrom-Schutzeinrichtung.
- vorübergehende Girlandenbeleuchtung
- Straßenverkehr-Signalanlagen
- außen an einem Gebäude angebrachte Leuchten, die direkt vom inneren Leitungssystem dieses Gebäudes versorgt werden
- Beleuchtungsanlagen von Schwimmbädern und Springbrunnen; hier gilt DIN VDE 0100-702

Die äußeren Einflüsse sind von den Umgebungstemperaturen, den Umweltbedingungen und den örtlichen Verhältnissen abhängig. Die Anwendung folgender Klassen wird empfohlen:

- Umgebungstemperatur: AA2 und AA4 (von –40 °C bis +40 °C)
- Umweltbedingung: AB2 und AB4 (relative Feuchte zwischen 5 % und 100 %)
- Auftreten von Wasser: AD3 (Sprühwasser, entsprechend etwa IP33) als Mindestanforderung
- Auftreten von festen Fremdkörpern: AE2 (kleine Fremdkörper, entsprechend etwa IP33) als Mindestanforderung

  Anmerkung: Für die letzten beiden Punkte ist noch zu beachten, dass durch besondere Betriebsbedingungen und/oder die Reinigungstätigkeiten es notwendig sein kann, einen höheren Schutzgrad zu wählen.

Beim Basisschutz (Schutz gegen direktes Berühren) ist zu beachten, dass alle aktiven Teile elektrischer Betriebsmittel den Schutz durch Isolierung von aktiven Teilen oder den Schutz durch Abdeckungen oder Umhüllungen erfüllen, um ein direktes

Berühren zu verhindern. Gehäuse, in denen sich zugängliche aktive Teile befinden, müssen mit Schlüssel oder Werkzeug verschlossen sein. Türen für den Zugang zu elektrischen Betriebsmitteln, die weniger als 2,5 m über der Standfläche angebracht sind, müssen mit einem Schlüssel oder Werkzeug verschlossen sein. Wenn die Tür geöffnet ist, muss ein Schutz gegen direktes Berühren vorhanden sein.

Der Fehlerschutz (Schutz bei indirektem Berühren) kann durch automatische Abschaltung oder Verwendung von Betriebsmitteln der Schutzklasse II oder durch gleichwertige Isolierung realisiert werden. Hierzu ist zu bemerken:

- **Schutz durch automatische Abschaltung**
  Betriebsmittel mit integrierter Beleuchtung (Telefonzellen, Wartehäuschen, Hinweistafeln, Stadtpläne, Verkehrszeichen usw.) sollten durch eine RCD mit einem Bemessungsdifferenzstrom von $I_{\Delta n} < 30$ mA geschützt sein. Die Sicherheit von Personen wird hier höher eingestuft als die der Beleuchtung dieser Einrichtungen.
  Eine unterschiedliche Schutzmaßnahme darf für jede Leuchte angewandt werden.
- **Schutz durch Betriebsmittel der Schutzklasse II oder durch gleichwertige Isolierung**
  An Betriebsmittel der Schutzklasse II darf kein Schutzleiter angeschlossen werden, und die leitfähigen Teile des Lichtmastes dürfen nicht absichtlich mit der Erdungsanlage verbunden werden. Eine zufällige Verbindung über das Erdreich ist nicht zu umgehen.

  Anmerkung: Lichtmaste, die Bestandteil des Betriebsmittels „Außenleuchte der Schutzklasse II“ sind, dürfen somit nicht an den Schutzleiter angeschlossen werden.
  Lichtmaste, die nicht Bestandteil eines Betriebsmittels der Schutzklasse II sind, dürfen mit dem Schutzleiter verbunden werden.

17

17.11.3 Kleinspannungsbeleuchtungsanlagen

Für die Errichtung von Anlagen mit Niedervolt-Halogenlampen und den zugehörigen Bauteilen gilt die Norm DIN VDE 0100-715 (VDE 0100-715) „Kleinspannungsbeleuchtungsanlagen“, die aus Stromquellen mit einer maximalen Bemessungsspannung von AC 50 V oder DC 120 V gespeist werden.

Niedervolt-Halogenlampen werden in der Regel mit einer Spannung von 12 V betrieben. Anlagen für 6 V und 24 V Nennspannung kommen selten vor. Der Hauptanwendungsbereich ist dort, wo durch dekorative Lampen und Stromzuleitungen besondere Akzente gesetzt werden sollen. Dabei gelangen auch blanke Freileitungen und Leuchten mit Wurfleitungen zum Einsatz. Die Stromversorgung erfolgt entweder über Transformatoren oder neuerdings auch über elektronische Betriebsgeräte.

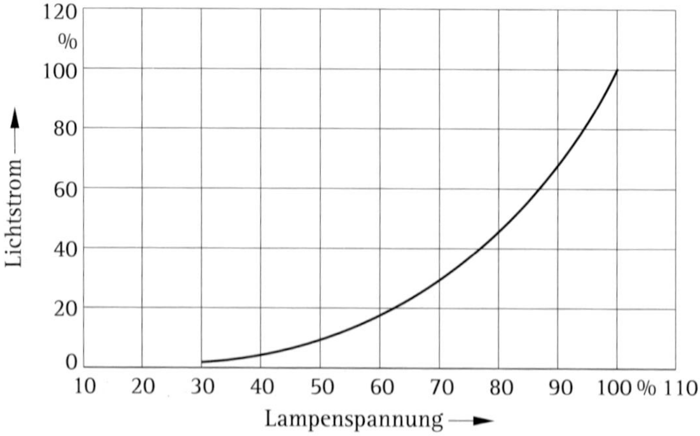

Bild 17.3 Lichtstrom in Abhängigkeit von der Spannung

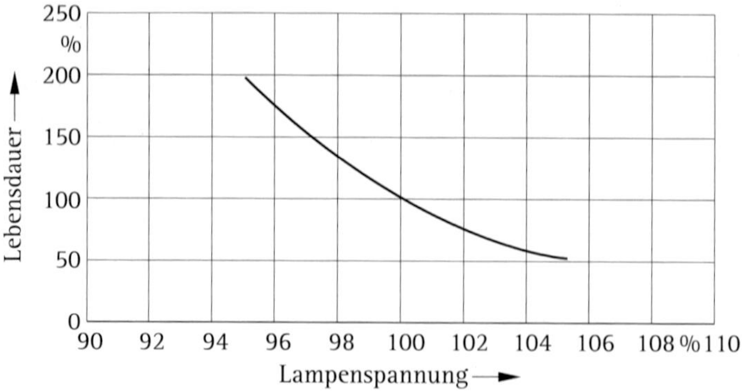

Bild 17.4 Lebensdauer in Abhängigkeit von der Spannung

17

Besonders wichtig ist bei Halogen-Niedervoltlampen der Spannungsfall, da relativ hohe Ströme fließen und die Lampen sehr spannungsempfindlich sind. Die Abhängigkeit des Lichtstroms von der angelegten Spannung ist in **Bild 17.3** dargestellt. Die Lebensdauer nimmt bei zu hoher Betriebsspannung sehr rasch ab, wie dies **Bild 17.4** zeigt.

Mathematisch beschreiben lassen sich die Lichtstrom- und Lebensdauerabhängigkeit in Abhängigkeit von der Spannung durch die Beziehungen:

$$\Phi_2 = \Phi_1 \cdot \left(\frac{U_2}{U_1}\right)^{3,4} \tag{17.1}$$

$$L_2 = L_1 \cdot \left(\frac{U_1}{U_2} \right)^{13} \tag{17.2}$$

Es bedeuten in Gln. (17.1) und (17.2):

Φ_1 Lichtstrom bei Lampen-Bemessungsspannung

Φ_2 Lichtstrom bei variabler Lampenspannung

L_1 Lebensdauer bei Lampen-Bemessungsspannung

L_2 Lebensdauer bei variabler Lampenspannung

U_1 Lampen-Bemessungsspannung

U_2 variable Lampenspannung

Brandgefahr besteht durch das Platzen von Lampen, weshalb zu empfehlen ist, die Lampen zusätzlich mit einem Sicherheitsglas abzudecken oder das Herausfallen zerplatzter Lampenteile durch einen engmaschigen Drahtkorb zu verhindern.

Durch die aus dekorativen Zwecken eingesetzten Freileitungen, die größtenteils blank verlegt werden, können bei einem Kurzschluss erhebliche Ströme zum Fließen kommen, sodass auch hier Brandgefahr besteht. Die Höhe des Kurzschlussstroms ist dabei hauptsächlich vom verwendeten Transformator abhängig.

Zu beachten ist, dass bei Niedervolt-Halogenglühlampen etwa 85 % der zugeführten elektrischen Energie in Wärmeenergie umgesetzt wird.

Dabei können am Lampenkolben Temperaturen von mehr als 500 °C und am Reflektor von mehr als 200 °C auftreten. Der Errichter einer solchen Anlage sollte darauf achten, dass

- durch platzende Lampen kein Brand entstehen kann, also abgedeckte Lampen oder Schutzkorb anwenden
- durch Kurzschlüsse im Freileitungsbereich keine Schäden eintreten, was zu verhindern ist durch die Verwendung:
  - isolierter Freileitungen mit speziellen Klemmen für die Stromabnahme
  - elektronisch gesicherter Betriebsgeräte oder sekundärseitig eingesetzter Sicherungen bei blanken Freileitungen

Ein Kleinspannungsbeleuchtungssystem besteht aus Glühlampen (sehr häufig Niedervolt-Halogenlampen), Transformator oder Konverter, Trägerleiter und Leuchten sowie allen erforderlichen Befestigungselementen und den elektrischen/mechanischen Verbindern. Für die Errichtung von Kleinspannungsbeleuchtungsanlagen sind folgende Bedingungen einzuhalten:

- es ist nur die Schutzmaßnahme SELV zulässig
- werden blanke Leiter verwendet, darf die Spannung maximal AC 25 V oder DC 60 V sein
- Sicherheitstransformatoren müssen DIN EN 61558-2-6 (VDE 0711-206) entsprechen; die Parallelschaltung von Transformatoren auf der Sekundärseite ist nur zulässig, wenn sie auch auf der Primärseite parallel geschaltet sind und die Transformatoren gleiche elektrische Eigenschaften besitzen
- Konverter mit sicherer Trennung müssen DIN EN 61347-2-2 (VDE 0712-32), Anhang I entsprechen; die Parallelschaltung von Konvertern ist unzulässig
- der SELV-Stromkreis muss gegen Überstrom geschützt sein, entweder durch eine gemeinsame Schutzeinrichtung oder durch eine Schutzeinrichtung für jeden SELV-Stromkreis
- werden Transformatoren parallel geschaltet, muss der Primärstromkreis mit einer gemeinsamen Trenneinrichtung verbunden sein
- bei der Errichtung einer Kleinspannungsbeleuchtungsanlage müssen die Vorgaben des Herstellers eingehalten werden, und die Angaben zu der Montage auf entflammbaren und nicht entflammbaren Stoffen sind zu beachten
- Transformatoren müssen entweder
  - auf der Primärseite durch Schutzeinrichtungen geschützt sein oder
  - es müssen kurzschlussfeste Transformatoren verwendet werden
- elektronische Konverter müssen DIN EN 61347-2-2 (VDE 0712-32) entsprechen und die Anforderungen nach DIN EN 61598-2-23 (VDE 0711-2-23) erfüllen
- wenn beide Leiter blank sind, muss entweder
  - eine besondere Schutzeinrichtung gegen Brandgefahr, die eine dauernde Überwachung des Leistungsbedarfs der Leuchten übernimmt und ggf. eine automatische Abschaltung in die Wege leitet, verwendet werden oder
  - ein Kleinspannungsbeleuchtungssystem nach DIN EN 60598-2-23 (VDE 0711-23) muss zur Anwendung gelangen
- als Kabel- und Leitungsanlagen sind zu verwenden:
  - isolierte Leiter in Elektroinstallationsrohr
  - Kabel oder Mantelleitungen
  - flexible Leitungen
  - Kleinspannungsbeleuchtungssysteme nach DIN EN 60598-2-23 (VDE 0711-2-23)
  - Stromschienensysteme nach DIN EN 60570 (VDE 0711-300)

Leiter dürfen nicht für fremde Zwecke verwendet werden, z. B. zur Aufhängung von Schildern aller Art, Kleiderbügel usw.

- metallene Konstruktionsteile von Gebäuden oder Teile von Möbeln dürfen nicht als aktive Leiter verwendet werden
- blanke Leiter dürfen verwendet werden, wenn die nachfolgenden Bedingungen erfüllt sind:
  - die Nennspannung ist nicht größer als AC 25 V oder DC 60 V
  - die Beleuchtungsanlage ist so ausgeführt, dass die Gefahr eines Kurzschlusses auf ein Minimum begrenzt ist
  - der Querschnitt der Leiter ist mindestens 4 mm^2 Cu
  - die Leiter oder Adern sind nicht auf brennbaren Materialien angeordnet
- bei hängenden Systemen müssen die Hängemittel einschließlich der tragenden Leiter mindestens die fünffache Masse der angeschlossenen Leuchten, einschließlich ihrer Lampen, jedoch nicht weniger als 5 kg, tragen können; Anschlüsse und Verbindungen der Leiter müssen als Schraubklemmen oder schraubenlose Verbindungen nach DIN EN 60998-2-1 (VDE 0613-2-1) oder DIN EN 60998-2-2 (VDE 0613-2-2) ausgeführt sein
- die Mindestquerschnitte von Leitern für Kleinspannungsstromkreise müssen betragen:
  - 1,5 mm^2 Cu für die genannten Kabel- und Leitungsanlagen
  - 1 mm^2 Cu für flexible Leitungen bis zu 3 m Länge
  - 4 mm^2 Cu für frei hängende flexible oder isolierte Leiter
  - 4 mm^2 Cu bei Leitungen in Gemischtbauweise, bestehend aus einem Außengeflecht aus verzinntem Kupfer mit einem inneren Kern aus einem Werkstoff hoher Zugbelastbarkeit
- der Spannungsfall zwischen Transformator und der in der größten Entfernung installierten Leuchte sollte 5 % der Nennspannung der Anlage nicht überschreiten

17

17.11.4 Stromschienensysteme für Leuchten

Für Stromschienensysteme zur Montage auf oder an Wänden und auch an oder auf abgehängten Decken in normalen Räumen gilt DIN EN 60570 (VDE 0711-300) „Elektrische Stromschienensysteme für Leuchten". Sie gilt für Stromschienen mit zwei oder mehr Leitern und Schutzleiteranschluss (Schutzklasse I) für Nennspannungen bis 440 V zwischen den Leitern, Bemessungsfrequenz bis 60 Hz und Nennstrom bis 16 A je Leiter.

Stromschienensysteme müssen für Bemessungsströme von 10 A oder 16 A gebaut sein. Die einzelnen Bauteile sind aus den Bemessungsströmen 3 A, 6 A, 10 A oder 16 A auszuwählen.

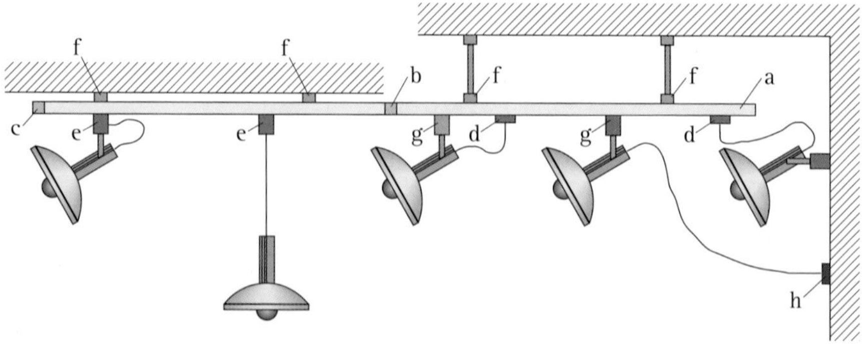

Bild 17.5 Bauteile von Stromschienensystemen für Leuchten
a Stromschiene
b Verbinder
c Anschlussstück (Stromversorgung der Schiene)
d Anschlussstück für Leuchte (Stromversorgung erfolgt von der Schiene)
e Adapter (mechanische und elektrische Verbindung mit der Schiene)
f Aufhängevorrichtung für Stromschiene (an der Decke oder zu Pendelrohren)
g Aufhängevorrichtung für Leuchten (nur mechanische Verbindung zur Schiene)
h unabhängige Anschlussdose

17

Bei bestimmungsgemäßem Gebrauch dürfen Stromschienensysteme keine Gefahr für den Benutzer und die Umgebung darstellen. Die Bauteile müssen so gestaltet sein, dass keine Gefahr der Berührung von aktiven Teilen der Stromschiene und gleichzeitiger zufälliger Berührung des Schutzleiters besteht, wenn der Benutzer Bauteile an der Stromschiene anbringt oder entfernt. Die Bauteile eines Stromschienensystems zeigt **Bild 17.5**.

Zu beachten ist bei der Montage von Stromschienensystemen noch:

- Verbinder, Anschlussstücke und Endstücke müssen mit der Stromschiene mechanisch verriegelt werden können
- Verbinder und Anschlussstücke müssen eine zuverlässige elektrische Verbindung sicherstellen
- Teillängen von Stromschienen müssen untereinander mechanisch verriegelt werden

Wenn erforderlich, müssen Vorkehrungen getroffen sein, dass die ordnungsgemäße Leiterfolge im gesamten System erhalten bleibt.

17.12 Literatur zu Kapitel 17

[1] Verband der Sachversicherer: Richtlinien für den Brandschutz. Elektrische Leuchten, Form 2005

[2] Verband der Sachversicherer: Niedervoltbeleuchtungsanlagen und -systeme; VdS 2324, 10/92

[3] Rödiger, W.; Hans, H.: Parallelkompensation – Zukunftsweisende Technik zur Blindstromkompensation bei Leuchten mit induktiven Vorschaltgeräten. EVU-Betriebspraxis 39 (2000) H. 3, S. 36 bis 38

[4] Halbritter, H.-P.; Sattler, J.: Leuchten – Erläuterungen zu DIN VDE 0711/EN 60598 und VDE 0710. VDE-Schriftenreihe, Bd. 12. 4. Aufl., Berlin und Offenbach: VDE VERLAG, 2001

[5] Nienhaus, H., Thaele, R.: Halogenbeleuchtungsanlagen mit Kleinspannung. VDE-Schriftenreihe, Bd. 75. 3. Aufl., Berlin und Offenbach: VDE VERLAG, 2007

[6] Verband der Sachversicherer (Hrsg.): Leuchten; Richtlinien zur Schadensverhütung. VdS 2005: 2001-11 (04)

18 Akkumulatoren und Batterieanlagen – DIN VDE 0510

Für Akkumulatoren und Batterieanlagen gilt die Normenreihe DIN VDE 0510. Wichtige Bestimmungen sind:

- DIN 57510 (VDE 0510) „VDE-Bestimmungen für Akkumulatoren und Batterie-Anlagen"
- DIN EN 50272-2 (VDE 0510-2) „Sicherheitsanforderungen an Batterien und Batterieanlagen – Teil 2: Stationäre Batterien"

18.1 Allgemeines

Ein **Akkumulator** (Sekundär-Batterie, nachfolgend nur Batterie genannt) ist ein reversibler, elektrochemischer Energiespeicher, der die bei der Aufladung zugeführte Energie speichert und bei Bedarf wieder abgibt. Die kleinste Einheit einer Batterie ist eine Zelle. Um brauchbare Spannungen zu erhalten, werden mehrere Zellen in Reihe geschaltet.

Eine **Zelle** ist die kleinste Einheit einer Batterie. Sie besteht aus positiven und negativen Elektroden und dem Elektrolyt.

Eine **Batterie** besteht aus mehreren Zellen, die elektrisch miteinander verbunden sind.

Die **Kapazität** einer Batterie ist die unter den jeweiligen Bedingungen entnehmbare Elektrizitätsmenge in Amperestunden (Ah). Sie ist abhängig von Entladestrom, Entladeschlussspannung und der Temperatur.

Die **Nennspannung einer Batterie** ist das Produkt aus der Anzahl der in Reihe geschalteten Zellen und der Nennspannung einer Zelle.

Die **Nennspannung einer Zelle** ist ein festgelegter Wert. Sie liegt für die verschiedenen Akkumulatoren bei:

- Blei-Akkumulatoren 2,0 V
- Nickel-Cadmium-Akkumulatoren 1,2 V
- Nickel-Eisen-Akkumulatoren 1,2 V
- Silber-Zink-Akkumulatoren 1,5 V

Neben der Nennspannung sind für Akkumulatoren weitere Spannungen von Wichtigkeit. Diese sind für die genannten Akkumulatoren in **Tabelle 18.1** dargestellt.

Spannung	Akkumulator			
	Blei	Nickel–Cadmium	Nickel–Eisen	Silber–Zink
Nennspannung	2,00	1,20	1,20	1,50
Ruhespannung	2,04	1,30	1,35	1,82 bis 1,86
Ladungserhaltungsspannung	2,23	1,40	1,42[1])	–[2])
Gasungsspannung	2,40	1,55	1,70	2,05
Ladeschlussspannung	2,70	1,65 bis 1,75	1,80	2,05 bis 2,10

[1]) Wird kaum angewendet, da die Selbstentladung zu hoch wird und eine Plattenvergiftung durch das Eisen stattfindet.

[2]) Wird überhaupt nicht angewendet, da die Lebensdauer erheblich verkürzt wird.

Tabelle 18.1 Spannungen von Akkumulatoren in Volt je Zelle

18.2 Betriebsarten

Unter **Betriebsart** wird das Zusammenwirken von Gleichstromquelle (G), Batterie (B) und Verbraucher (V) verstanden. Die wichtigsten Betriebsarten sind:

- **Batteriebetrieb** (Lade-Entlade-Betrieb)

  Der Verbraucher wird ausschließlich durch die Batterie versorgt. Eine leitende Verbindung zwischen Verbraucher und Gleichstromquelle besteht nicht. Die Gleichstromquelle lädt lediglich die Batterie (**Bild 18.1**).

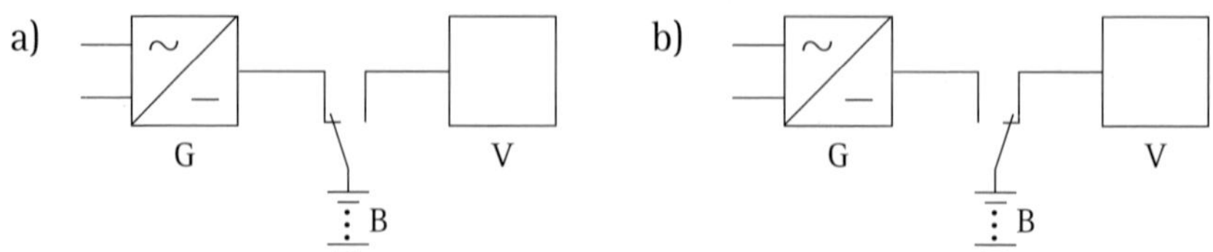

Bild 18.1 Batteriebetrieb
a) Laden der Batterie
b) Entladen der Batterie

- **Umschaltbetrieb**

  Eine Gleichstromquelle versorgt den Verbraucher. Die Batterie wird gegebenenfalls von einer zweiten Gleichstromquelle geladen und in vollem Ladezustand erhalten. Eine leitende Verbindung zwischen beiden Stromkreisen besteht zunächst nicht. Fällt die Gleichstromquelle der Verbraucher aus, wird die Batterie auf den Verbraucher geschaltet (**Bild 18.2**).

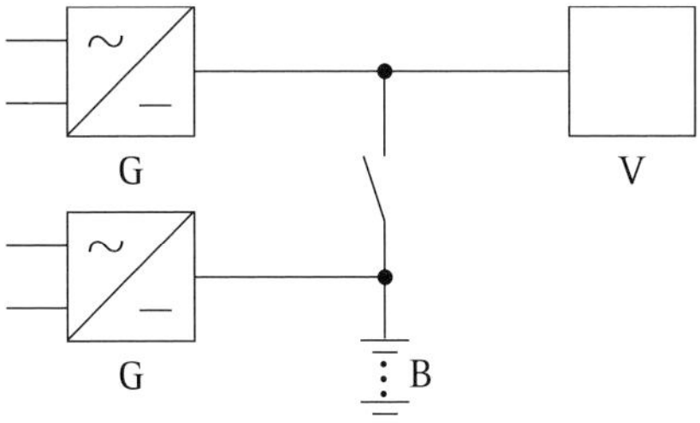

Bild 18.2 Umschaltbetrieb

- **Parallelbetrieb**

Verbraucher, Gleichstromquelle und Batterie sind ständig parallel geschaltet (**Bild 18.3**).

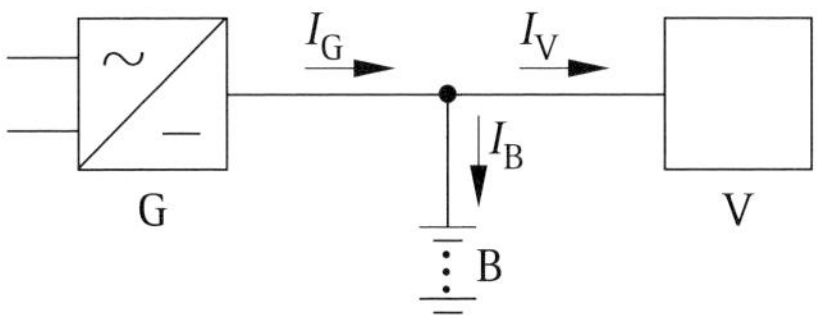

Bild 18.3 Parallelbetrieb

Dabei sind die Betriebsarten „Bereitschaftsparallelbetrieb" und „Pufferbetrieb" zu unterscheiden:

- Beim **Bereitschaftsparallelbetrieb** muss die Gleichstromquelle in der Lage sein, die Batterie und den Verbraucher ständig zu versorgen. Die Batterie wird ständig in vollem Ladezustand erhalten und gibt nur Leistung ab, wenn die Gleichstromquelle ausfällt:

  $I_G = I_V + I_B$ (dauernd)

  Der Bemessungsstrom des Gleichrichters muss mindestens 110 % der maximalen Gleichstrombelastung (Stromentnahme) betragen.
- Beim **Pufferbetrieb** übersteigt die Verbraucherleistung die Bemessungsleistung der Gleichstromquelle, sodass die fehlende Leistung durch die Batterie aufzubringen ist. Die Batterie dient zur Spitzenlastdeckung und ist nicht immer voll geladen. Beim Ausfall der Gleichstromquelle übernimmt die Batterie die Versorgung der Verbraucher:

  $I_G = I_V + I_B$ (zeitweilig)

- **Unterbrechungslose Stromversorgung** (USV-Anlage)

  Bei Ausfall des Netzes übernimmt die Batterie über den Wechselrichter unterbrechungslos die Stromversorgung des Verbrauchers für eine bestimmte Zeit. Im Normalbetrieb (Netzbetrieb) wird der Verbraucher über die Gleichstromquelle und den Wechselrichter betrieben. Die Gleichstromquelle sorgt auch für die ständige Ladung der Batterie (**Bild 18.4**). Es gilt:

  $I_G = I_V + I_B$ (Netzbetrieb)

  $I_V = I_B$ (Netzausfall)

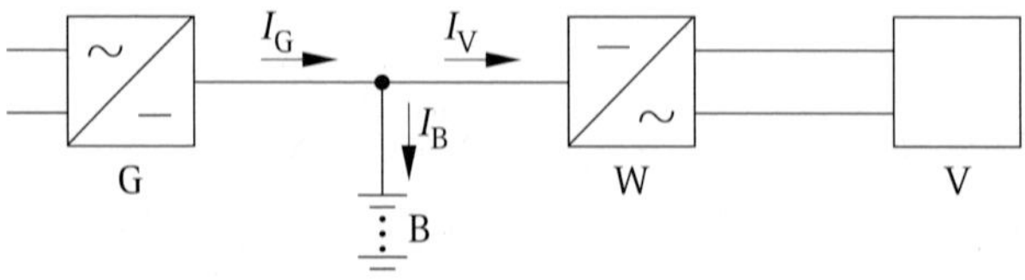

Bild 18.4 USV-Anlage

18.3 Schutz gegen elektrischen Schlag

Es gelten grundsätzlich die in DIN VDE 0100-410 getroffenen Festlegungen. Dabei sind folgende Schutzmaßnahmen zu unterscheiden:

- Schutz sowohl gegen direktes und bei indirektem Berühren
- Schutz gegen elektrischen Schlag unter normalen Bedingungen
- Schutz gegen elektrischen Schlag unter Fehlerbedingungen

18.3.1 Schutz sowohl gegen direktes als auch bei indirektem Berühren

Schutzmaßnahmen, die gleichzeitig den Schutz gegen direktes Berühren und bei indirektem Berühren sicherstellen, sind die Kleinspannungen SELV und PELV.

18.3.2 Schutz gegen elektrischen Schlag unter normalen Bedingungen

Als Maßnahmen zum Schutz gegen elektrischen Schlag unter normalen Bedingungen (Basisschutz) können zur Anwendung gelangen:

- Schutz durch Isolierung
- Schutz durch Abdeckungen oder Umhüllungen

- Schutz durch Hindernisse
- Schutz durch Abstand

Zum Aufstellungsort von Batterien ist festzustellen:

- Wird der Schutz durch „Isolieren“, „Abdecken“ oder „Umhüllen“ sichergestellt, so können alle Aufstellungsorte gewählt werden
- Wird der Schutz durch „Hindernisse“ oder „Abstand“ sichergestellt, so ist die Aufstellung von Batterien für Nenngleichspannungen bis 120 V in elektrischen Betriebsstätten und für eine Nenngleichspannung über 120 V in abgeschlossenen elektrischen Betriebsstätten gefordert

18.3.3 Schutz gegen elektrischen Schlag im Fehlerfall

Als Maßnahmen zum Schutz gegen elektrischen Schlag im Fehlerfall sind möglich:

- Schutz durch automatische Abschaltung der Stromversorgung
- Schutz durch Verwendung von Geräten der Schutzklasse II oder Geräte mit gleichwertiger Isolierung, z. B. Schutzisolierung
- Schutz durch nicht leitende Räume (nur bei besonderen Anwendungsfällen)
- Schutz durch erdfreien, örtlichen Potentialausgleich (nur bei besonderen Anwendungsfällen)
- Schutztrennung

Die genannten Schutzmaßnahmen sind in den Kapiteln 7 und 8 ausführlich beschrieben. Das dort Gesagte gilt grundsätzlich auch bei Gleichstromanlagen. Für die Maßnahmen, die Schutz durch Abschaltung oder Meldung bieten, sind nachfolgend einige gleichstromspezifische Festlegungen erläutert.

a) TN-System

Auch bei Gleichstromsystemen gibt es die Systeme nach der Art der Erdverbindung TN-S, TN-C und TN-C-S. Der Plus- oder Minuspol oder der Mittelpunkt wird direkt geerdet (Erdung der Stromquelle = T). Als ein Beispiel sind zwei TN-C-S-Systeme in **Bild 18.5** dargestellt.

Als Schutzeinrichtungen können, sofern sie für Gleichstrom geeignet sind, verwendet werden:

- Sicherungen
- Schutzeinrichtungen mit Überstromauslöser, z. B. Leitungsschutzschalter, Leistungsschalter
- Differenzstromschutzeinrichtungen

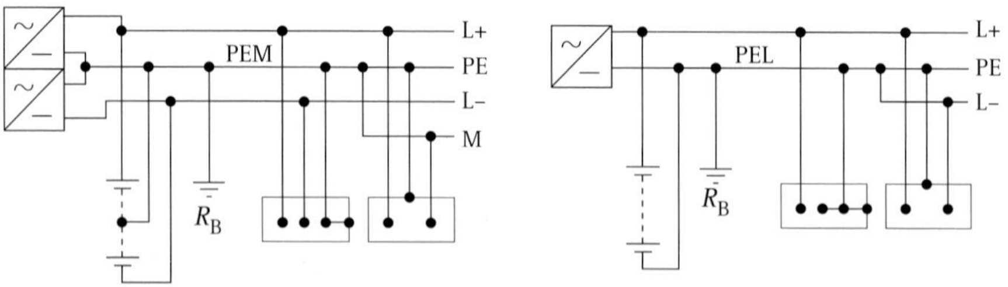

Bild 18.5 TN-C-S-Systeme für Gleichstrom
Die Funktionen des Mittelleiters bzw. des geerdeten Außenleiters und des Schutzleiters sind in einem Teil des Netzes zusammengefasst.

- RCD, z. B. Fehler-Stromschutzschalter Typ B (allstromsensitive RCD)
- Isolations-Überwachungseinrichtungen, z. B. in IT-Systemen
- Fehlerspannungs-Schutzeinrichtungen in Sonderfällen

b) TT-System

Der Plus- oder Minuspol oder der Mittelpunkt der Batterie ist direkt geerdet. Die Körper sind geerdet, wobei keine direkte Verbindung zwischen den Erdern bestehen darf. Zwei Beispiele zeigt **Bild 18.6**.

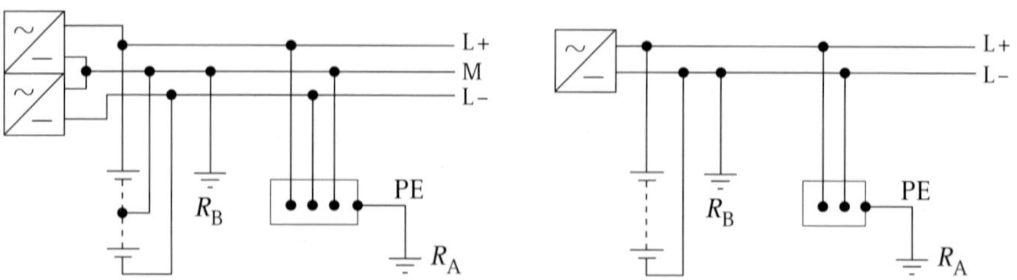

Bild 18.6 TT-Systeme für Gleichstrom

Zusätzlich zu den beim TN-System genannten Schutzeinrichtungen können im TT-System noch Fehlerspannungsschutzeinrichtungen zur Anwendung gelangen.

c) IT-System

Die Stromquelle ist nicht geerdet. Die Körper der Betriebsmittel sind einzeln geerdet oder über einen Schutzleiter miteinander verbunden und geerdet. Zwei Beispiele zeigt **Bild 18.7**.

Gleichzeitig berührbare Körper sind an denselben Erder anzuschließen.

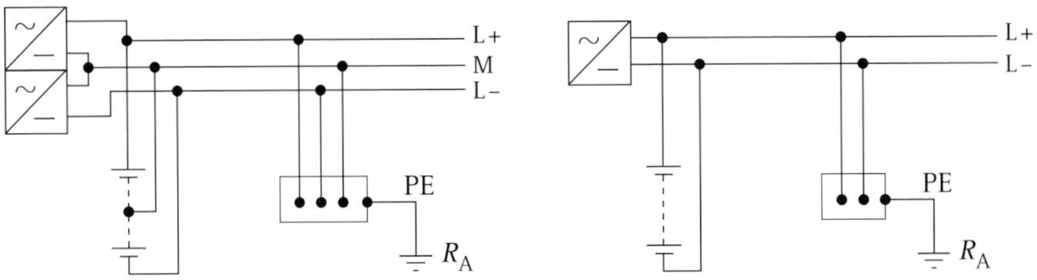

Bild 18.7 IT-Systeme für Gleichstrom

Zusätzlich zu den beim TT-System genannten Schutzeinrichtungen kommen im IT-System noch Isolations-Überwachungseinrichtungen zur Anwendung, die für Gleichstromnetze geeignet sind (Geräte nach DIN VDE 0413-8 für Wechselspannung sind ungeeignet).

18.3.4 Schutz bei Gleichstromzwischenkreisen mit galvanischer Verbindung zum speisenden Netz

Systeme dieser Art (**Bild 18.8**) werden z. B. in Gleichstromzwischenkreisen von Umformereinrichtungen angewendet.

An den Batteriepolen darf keine Spannung auftreten, deren Effektivwert über der maximalen Batterieladespannung liegt. Das Gleichstromsystem kann zur Abschaltung oder Meldung mit einer Überwachungseinrichtung ausgestattet werden. Als Schutzmaßnahme für den Gleichstromkreis ist möglichst die im speisenden Netz angewandte Schutzmaßnahme beizubehalten. Falls erforderlich, können geeignete Zusatzeinrichtungen die Schutzmaßnahme so ergänzen, dass im Fehlerfall keine unzulässig hohe Berührungsspannung (50 V Wechselspannung; 120 V Gleichspannung) bestehen bleiben kann.

18

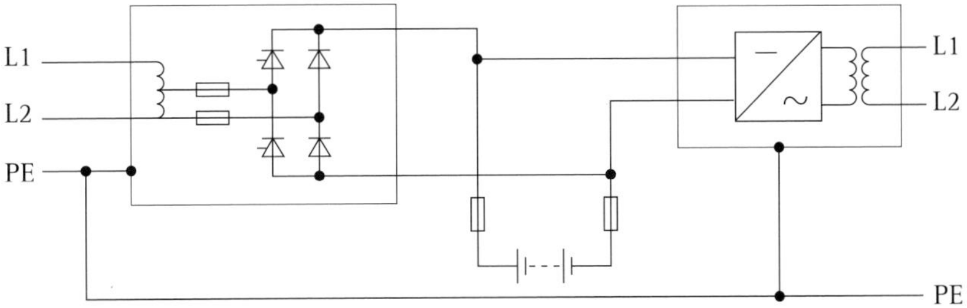

Bild 18.8 Umformereinrichtung mit Gleichstromzwischenkreis (Beispiel)

18.4 Vorkehrungen gegen Verpuffungs- und Explosionsgefahr

Eine Batterie erzeugt gegen Ende der Ladung und bei Überladung durch die elektrolytische Zersetzung von Wasser ein Gasgemisch, bestehend aus Wasserstoff und Sauerstoff. Dabei werden durch 1 Ah Überladung 0,34 g Wasser pro Zelle zersetzt, wobei 0,42 l Wasserstoff und 0,2 l Sauerstoff entstehen (bei 0 °C und 1013 hPa). Explosionsgefahr besteht, wenn in einem Wasserstoff-Luft-Gemisch der Wasserstoffanteil 4,0 % oder mehr beträgt.

Batterien sind deshalb so aufzustellen, dass das beim Laden und Entladen entstehende Gasgemisch durch *Belüftung* (natürlich oder künstlich) so verdünnt wird, dass es seine Explosionsfähigkeit verliert.

Die Zu- und Abluftöffnungen müssen nach folgender Beziehung bemessen werden:

$$A = 28 \cdot Q \qquad (18.1)$$

darin bedeuten:

A Mindestquerschnitt für Zu- und Abluftöffnungen in cm^2

Q erforderlicher Luftersatz in m^3/h

Dabei wird eine Luftgeschwindigkeit von 0,1 m/s angenommen. Das stündlich erforderliche Luftvolumen ergibt sich aus:

$$Q = v \cdot q \cdot s \cdot n \cdot I \qquad (18.2)$$

18

Es bedeutet:

v Verdünnungsfaktor (z. B. 96 % / 4 % = 24)

q Wasserstoffvolumen, bezogen auf 0 °C und 1,013 bar, das je Zelle, Ampere und Stunde entwickelt wird ($q = 0{,}42 \cdot 10^{-3}\ m^3 = 0{,}42\ l$)

s Sicherheitsfaktor (meist 5, für Schiffe gelten höhere Faktoren)

n Anzahl der Zellen

I Strom in A, der die Entwicklung des Wasserstoffs verursacht. (Der Strom liegt bei Blei-Batterien maximal bei 2 A/100 Ah und bei Nickel-Cadmium-Batterien bei maximal 4 A/100 Ah und ist stark von der Betriebsart abhängig.)

Nach Zusammenfassung der konstanten Größen $v \cdot q \cdot s$ ergibt sich:

$$Q = 0{,}05 \cdot n \cdot I \qquad (18.3)$$

Beispiel:

Für eine Bleibatterie mit 160 Zellen und einem Ladestrom von 4 A (Batteriekapazität 200 Ah) soll der erforderliche Querschnitt der Zu- und Abluftöffnungen ermittelt werden.

Lösung:

Der Querschnitt der Lüftungsöffnungen beträgt:

$$A = 28 \cdot Q$$

$$= 28 \cdot 0{,}05 \cdot n \cdot I$$

$$= 28 \cdot 0{,}05 \cdot 160 \cdot 4 \text{ cm}^2 = 896 \text{ cm}^2$$

Bei der Konzeption der Belüftung ist zu beachten:

- die Zuluft soll möglichst sauber sein und in Bodennähe eintreten
- die Luft soll über die Zellen streichen
- die Luft soll auf der gegenüberliegenden Seite, möglichst hoch, wieder austreten

18.5 Räume für ortsfeste Batterien

Batterieräume müssen trocken, gut lüftbar, möglichst kühl sowie möglichst frei von Erschütterungen sein. Große Temperaturschwankungen sollten nicht auftreten. Die Anforderungen an die Lüftung sind in Abschnitt 18.4 beschrieben. Zu empfehlen ist, bei der Einrichtung von Batterieräumen auch die „Verordnung über den Bau von Betriebsräumen für elektrische Anlagen (EltBauVO)“ zu beachten. Wortlaut der EltBauVO siehe Anhang F (Abschnitt 25.6).

Bezüglich der Einteilung der Raumart für Batterieräume gilt:

- Räume mit Batterien für Anlagen bis 220 V Nennspannung gelten als elektrische Betriebsstätten
- Räume mit Batterien für Anlagen über 220 V Nennspannung gelten als abgeschlossene elektrische Betriebsstätten

19 Allgemeines über Kabel und Leitungen

19.1 Kurzzeichen für Kabel

Kabel werden bezeichnet durch folgende Angaben:

- Bauartkurzzeichen, z. B. NYY
- Aderzahl × Nennquerschnitt in mm^2, z. B. 4 × 95
- Kurzzeichen für Leiterform und Leiterart, z. B. SM
- ggf. Nennquerschnitt des Schirms oder konzentrischen Leiters
- Nennspannungen U_0/U in kV, z. B. 0,6/1 kV

  wobei folgende Spannungsangaben gelten:
  U_0 Effektivwert der Spannung zwischen Außenleiter und Erde
  U Effektivwert der Spannung zwischen zwei Außenleitern

Das Bauartkurzzeichen ergibt sich durch Anfügen weiterer Buchstaben an den Anfangsbuchstaben „N“, und zwar in der Reihenfolge des Kabelaufbaus von innen, also ausgehend vom Leiter. Der Anfangsbuchstabe „N“ in der Bezeichnung bedeutet, dass das Kabel „genormt = Norm“ und nach den entsprechenden VDE-Bestimmungen gebaut ist. Die wichtigsten Bezeichnungen werden nachfolgend dargestellt:

A Leiter aus Aluminium

H Schirm bei Höchstädter-Kabel

K Bleimantel

KL glatter Aluminiummantel

G Isolierung bzw. Mantel aus Gummi

Y Isolierung bzw. Mantel aus Kunststoff PVC

2Y Isolierung bzw. Mantel aus Kunststoff PE

2X Isolierung bzw. Mantel aus Kunststoff VPE

C konzentrischer Leiter aus Kupfer

CW konzentrischer Leiter aus Kupfer, wellenförmig aufgebracht

B Stahldrahtbewehrung

F Stahlflachdrahtbewehrung

R Stahlrunddrahtbewehrung

A Schutzhülle aus Faserstoffen

Nach der Querschnittsangabe folgen die Kurzzeichen für den Leiteraufbau:

RE eindrähtiger Rundleiter
RM mehrdrähtiger Rundleiter
SE eindrähtiger Sektorleiter
SM mehrdrähtiger Sektorleiter
RF feindrähtiger Rundleiter

Kabel für Niederspannung $U_0/U = 0{,}6/1$ kV werden zusätzlich gekennzeichnet mit:

-J Kabel mit grün-gelb gekennzeichneter Ader
-O Kabel ohne grün-gelb gekennzeichnete Ader

Dies gilt nicht für Kabel mit konzentrischem Leiter.

19.2 Häufig verwendete Kabel

Bis etwa Mitte der fünfziger Jahre wurden fast ausschließlich massegetränkte, papierisolierte Kabel mit verschiedenen Aufbauformen verwendet (**Bild 19.1**).

Heute werden fast ausschließlich Kabel mit einer Aderisolation und einer Mantelisolation aus thermoplastischem Kunststoff auf PVC-Basis verwendet. Kabel mit VPE-Aderisolierung und mit PVC-Mantel sind ebenfalls im Einsatz, haben sich aber noch nicht richtig durchsetzen können. Als Leiterwerkstoff hat Aluminium in vielen Anwendungsgebieten Kupfer abgelöst. Aluminiumkabel werden hauptsächlich als eindrähtige Sektorleiter eingesetzt. Beispiele häufig verwendeter Kabel zeigen **Bild 19.2**, **Bild 19.3** und **Bild 19.4**.

Beispiele für Kabelbezeichnungen mit Querschnittsangabe:

NKBA-J 3×95 SM/50 SM 0,6/1 kV
NAYY-J 4×120 SE 0,6/1 kV
NYY-O 4×35 SM 0,6/1 kV
NAYCWY 3×150 SE/150 0,6/1 kV

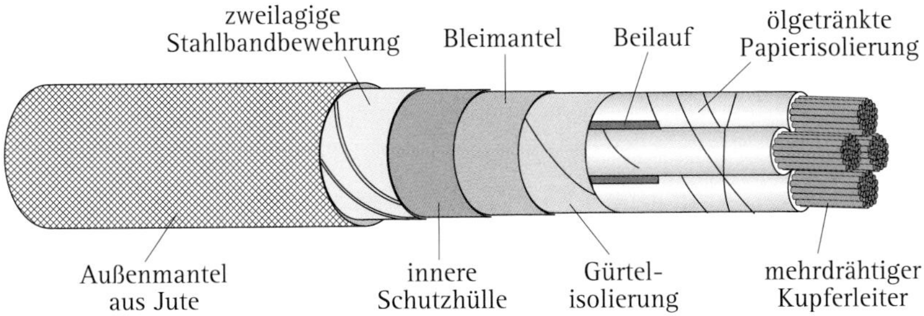

Bild 19.1 Gürtelkabel, Typ NKBA

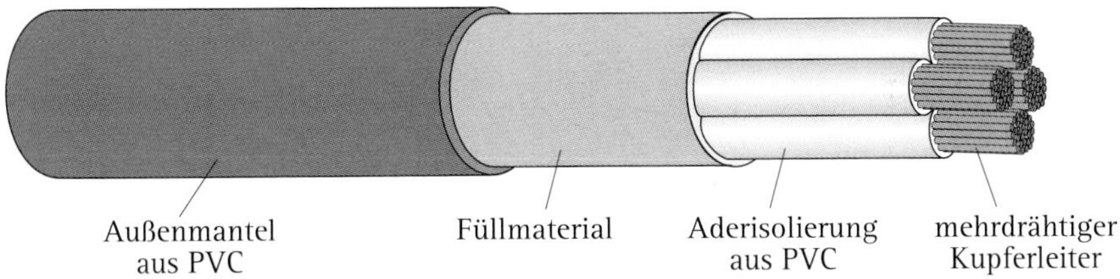

Bild 19.2 Kunststoffkabel, Typ NYY-J

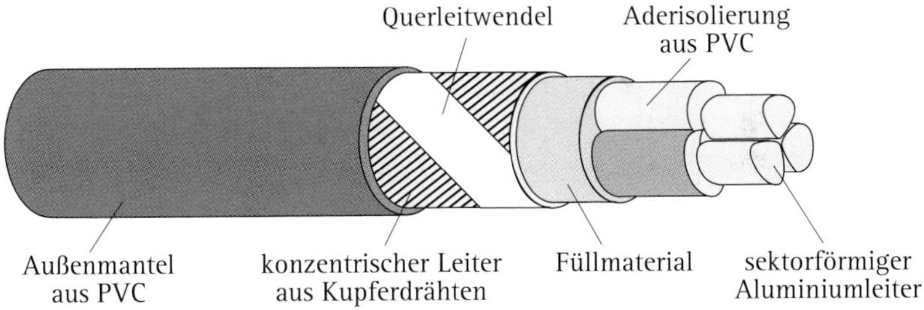

Bild 19.3 Kunststoff-Ceanderkabel, Typ NAYCWY

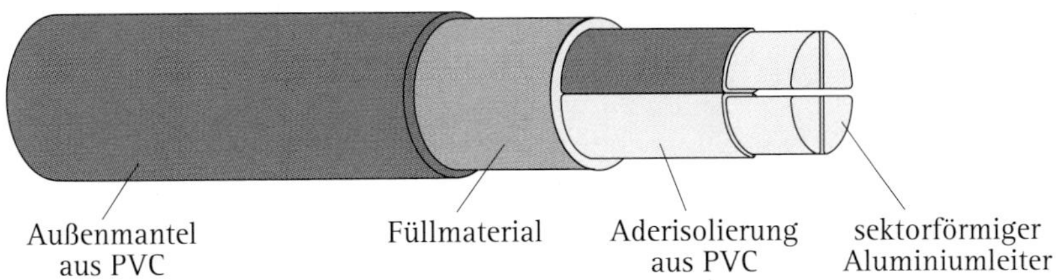

Bild 19.4 Kunststoffkabel, Typ NAYY-J

19.3 Halogenfreie Kabel und Leitungen mit verbessertem Verhalten im Brandfall

Aus Sicherheits- und Umweltschutzgründen werden die Einsatzbereiche von Kabeln und Leitungen, die im Brandfall keine schädlichen Produkte freisetzen, immer größer, sodass der Bedarf ständig zunimmt. Halogenfreie Kabel und Leitungen mit verbessertem Verhalten im Brandfall werden eingesetzt, wenn spezielle Anforderungen an das Brandverhalten dieser Anlageteile gestellt werden. Die Isolierstoffe dieser Kabel und Leitungen enthalten keine Halogene oder andere Werkstoffe, die im Falle eines Brandes korrosiv wirkende Gase abspalten. Halogenfreie Kabel und Leitungen mit verbessertem Verhalten im Brandfall haben zwar etwa die gleiche Verbrennungswärme wie halogenhaltige Kabel und Leitungen, sie haben aber erhebliche Vorteile hinsichtlich ihres Brandverhaltens.

Halogenfreie Kabel und Leitungen haben folgende Vorteile:

- keine Abspaltung von giftigen und korrosiven Halogenverbindungen
- raucharm, geringe Beeinflussung von Fluchtmöglichkeiten und des Löscheinsatzes sowie geringe Verschmutzung der Räume
- schwer entflammbar; nach Entzug der Zündquelle verlöschen die Kabel und Leitungen nach wenigen Sekunden, während Kabel und Leitungen mit PVC- und VPE-Isolierung nach Entzug der Zündquelle aus sich heraus weiterbrennen
- geringe Brandfortleitung aufgrund des günstigen Brandverhaltens

Die in bestimmten Bereichen, z. B. in Krankenhäusern, Gebäuden mit Publikumsverkehr oder Gebäude mit hohen Sachwertkonzentrationen, notwendigen Maßnahmen für den vorbeugenden Brandschutz sind in Abschnitt 22.12 beschrieben.

Zur normgerechten Kennzeichnung halogenfreier Kabel und Leitungen sind zu den im Abschnitt 19.1 für Kabel und im Abschnitt 19.4 für Leitungen dargestellten Abkürzungen noch folgende Buchstaben zusätzlich erforderlich:

HX	Isolierung (Aderisolierung) und/oder Mantelisolierung aus vernetzter halogenfreier Polymer-Mischung
C	konzentrischer Leiter aus Kupfer
FE 180	Isolationserhalt im Brandfall $\geq$ 180 min
A	Aderleitung
AF	Aderleitung mit feindrähtigem Leiter

Für halogenfreie Kabel und Leitungen gibt es einige gültige Normen; weitere sind in Vorbereitung. Von den Herstellern werden auch andere, nicht genormte Kabel und Leitungen mit ähnlichen Eigenschaften angeboten. Eine sorgfältige Prüfung der verschiedenen Eigenschaften der Kabel und Leitungen vor Einsatz wird empfohlen.

19.3.1 Halogenfreie Kabel

19.3.1.1 Halogenfreie Kabel mit verbessertem Verhalten im Brandfall

Grundsätzliche Festlegungen für halogenfreie Kabel mit verbessertem Verhalten im Brandfall, vor allem zum Einsatz in Kraftwerken, sind in DIN VDE 0276-604 (VDE 0276-604) enthalten. Die Norm behandelt Kabel mit und ohne konzentrischen Leiter, mit folgenden Aderzahlen und Querschnitten:

- für einadrige Kabel
  RE 1,5 mm^2 bis 16 mm^2
  RM 1,5 mm^2 bis 500 mm^2
- für zweiadrige Kabel
  RE 1,5 mm^2 bis 16 mm^2
  RM 1,5 mm^2 bis 50 mm^2
- für drei- und vieradrige Kabel
  RE 1,5 mm^2 bis 16 mm^2
  RM 1,5 mm^2 bis 500 mm^2
  SM 35 mm^2 bis 300 mm^2
- für fünfadrige Kabel
  RE 1,5 mm^2 bis 16 mm^2
  RM 1,5 mm^2 bis 500 mm^2

Das Bauartkurzzeichen, in der Norm als „vorläufig“ bezeichnet, ergibt sich unter Anwendung folgender Kurzzeichen:

N	Kabel nach DIN VDE 0276-604
2X	Aderisolierung aus vernetztem Polyethylen
C	konzentrischer Leiter aus Kupfer (wendelförmig)
CW	konzentrischer Leiter aus Kupfer (wellenförmig)
H	Mantelisolierung aus thermoplastischem, halogenfreiem Polyolefin
-J	mit „grün-gelb“ gekennzeichneter Ader
-O	ohne „grün-gelb“ gekennzeichnete Ader
R	Rundleiter
S	Sektorleiter
E	eindrähtiger Leiter
M	mehrdrähtiger Leiter

Zusammen mit den Abschnitt 19.1 angegebenen Bauartkurzzeichen können folgende Beispiele für Kabel mit verbessertem Verhalten im Brandfall genannt werden:

N2XH-J 4×35 RM 0,6/1 kV

N	Normkabel
2X	Aderisolierung aus vernetztem Polyethylen
H	Mantelisolierung aus thermoplastischem, halogenfreiem Polyolefin
-J	mit grün-gelb gekennzeichneter Ader
4×35	Anzahl der Adern mit Querschnitt in mm^2
RM	runde, mehrdrähtige Leiter
0,6/1 kV	Nennspannung U_0/U

N2XCH-0 3×150 SM/70 0,6/1 kV

N	Normkabel
2X	Aderisolierung aus vernetztem Polyethylen
C	konzentrischer Leiter aus Kupfer
H	Mantelisolierung aus thermoplastischem, halogenfreiem Polyolefin
-0	ohne grün-gelb gekennzeichnete Ader
3×150	Anzahl der Adern und Querschnitt in mm^2
SM	Sektorleiter, mehrdrähtig
70	Querschnitt des konzentrischen Leiters in mm^2
0,6/1 kV	Nennspannung U_0/U

Halogenfreie Kabel mit verbessertem Verhalten im Brandfall nach DIN VDE 0276-604 dürfen in Innenräumen, in Luft oder in Beton verlegt werden. Direkte Verlegung in Erde oder in Wasser ist nicht zulässig. Kabel ohne konzentrischen Leiter sind für Schutzklasse II (Schutzisolierung) geeignet. Der konzentrische Leiter darf als Schutzleiter, PEN-Leiter oder als Schirm verwendet werden.

Die Spannungsangabe $U_0/U = 0{,}6/1$ kV bedeutet, dass die Kabel mit folgenden höchsten Betriebsspannungen verwendet werden dürfen:

19

- höchste zulässige Spannung im Drehstromsystem $U_m = 1{,}2$ kV
- höchste zulässige Spannung im Einphasensystem
  - zwei isolierte Außenleiter $U_m = 1{,}4$ kV
  - ein Außenleiter isoliert, ein Außenleiter geerdet $U_m = 0{,}7$ kV
- höchste zulässige Spannung in Gleichstromsystemen zwischen den Außenleitern oder zwischen Außenleiter und Erde $U_m = 1{,}8$ kV

Die maximal zulässige Leitertemperatur im Betrieb liegt bei 90 °C, die Temperatur im Kurzschlussfall darf 250 °C betragen. Die Belastbarkeit (Verlegung in Luft) kann aus Tabelle 20.14 den Spalten für VPE-Kabel entnommen werden. Der Außenmantel der Kabel ist entweder schwarz oder grau eingefärbt. Kabel für Bergbaubetrieb sind gelb und Kabel für eigensichere Stromkreise blau eingefärbt.

Die Kabel müssen, neben dem Bauartkurzzeichen, mit einer Angabe des Herstellers gekennzeichnet werden. Entweder ist ein Herstellerkennfaden einzubringen oder es ist der Firmenname (Warenzeichen, falls gesetzlich geschützt) mit Identifizierungsnummer anzugeben. Alternativ sind folgende Angaben möglich:

- auf einem bedruckten Band im Kabel
- durch eine farbliche Bedruckung auf der Isolierhülle, mindestens einer Ader
- durch eine Bedruckung, Tiefprägung oder erhabene Prägung auf dem Mantel des Kabels

Die Kennzeichnung ist fortlaufend vorzunehmen. Dabei gilt ein Abstand zwischen Ende des Kennzeichens und Beginn des nächsten (gleichen) Kennzeichens als ausreichend, wenn folgende Abstände nicht überschritten werden:

- 550 mm bei der Kennzeichnung auf der Manteloberfläche
- 275 mm bei der Kennzeichnung auf der Isolierhülle einer Ader oder auf einem Band in einem ummantelten Kabel

Weiter sind noch das Herstelljahr, die Normnummer, eine Längenmarkierung und die Nennspannung in kV auf dem Kabelmantel anzugeben.

Der Querschnitt des konzentrischen Leiters darf normalerweise bei bestimmten Querschnitten verringert werden. Bei vieladrigen Leitungen (mehr als fünf Adern) ist der Querschnitt des konzentrischen Leiters nach **Tabelle 19.1** zu bemessen.

Anzahl der Adern[1] (Vorzugswerte)	Nennquerschnitt der Leiter		
	1,5 mm²	2,5 mm²	4 mm²
	Nennquerschnitt des konzentrischen Leiters in mm²		
7	2,5	2,5	4
10	2,5	4	6
12	2,5	4	6
14	2,5	4	6
19	4	6	10
24	6	10	–
30	6	10	–
40	10	10	–

[1] Bei abweichenden Aderanzahlen muss der nächsthöhere Wert des Nennquerschnitts des Leiters gewählt werden

Tabelle 19.1 Zuordnung des konzentrischen Leiters von Kabeln mit mehr als fünf Adern zur Anzahl der Adern und zum Leiterquerschnitt
(Quelle: DIN VDE 0276-604:1995-10 Tabelle 8)
Die Norm ist zurückgezogen, die Angaben entsprechen aber dem Stand der Technik.

19.3.1.2 Halogenfreie Kabel mit verbessertem Verhalten im Brandfall und Isolationserhalt

Die in Abschnitt 19.3.1.1 beschriebenen Kabel mit verbessertem Verhalten im Brandfall gibt es auch in der Ausführung mit Isolationserhalt (Funktionserhalt) im Brandfall von mindestens 180 min und verminderter Brandfortleitung. Diese Kabel sind nach DIN VDE 0266 (VDE 0266) genormt, wobei für die allgemeinen Angaben die Festlegungen der Norm DIN VDE 0276-604 (VDE 0276-604) gelten.

Als weitere Bauartkurzzeichen kommen, neben den bereits in Abschnitt 19.3.1.1 genannten, noch folgende hinzu:

HX	Isolierung der Leiter aus vernetzter halogenfreier Polyolefin-Mischung
HX	Mantel aus vernetzter halogenfreier Polyolefinmischung
FE 180	Isolationserhalt ≥ 180 min

Das Kurzzeichen FE bedeutet, dass das Kabel im Brandfall einen gewissen Isolationserhalt bietet und die elektrische Anlage noch eine bestimmte Zeit weiter betrieben werden kann. Die Prüfung wird nach DIN VDE 0472-814 durchgeführt. Dabei wird die Leitung auf einer Länge von 60 cm durch einen Gasbrenner mit einer Temperatur zwischen 750 °C und 850 °C bei einem Abstand von 7,5 cm beflammt. Ein Funktionserhalt des Kabels muss über eine Zeit von 20 min gegeben sein. Es ist selbstverständlich, dass diese Prüfung nicht mit einer Prüfung des Brandverhaltens nach DIN 4102 verglichen werden kann. Auch ein Vergleich mit den Feuerwiderstandsklassen kann deshalb nicht vorgenommen werden.

Beispiel für ein Kurzzeichen für ein vieladriges, halogenfreies Kabel mit verbessertem Verhalten im Brandfall und Isolationserhalt:

NHXCHX-J 12 × 2,5 RE FE 180 0,6/1 kV

N	Normkabel
HX	Aderisolierung aus vernetzter, halogenfreier Polymer-Mischung
C	konzentrischer Leiter aus Kupfer
HX	Mantelisolierung aus vernetzter halogenfreier Polymer-Mischung
-J	mit grün-gelb gekennzeichneter Ader
12 × 2,5	Adernanzahl und Querschnitt in mm^2
RE	Einleiter, rund
FE 180	Isolationserhalt im Brandfall ≥ 180 min
0,6/1 kV	Nennspannung U_0/U

19.3.2 Einadrige Leitungen ohne Mantel für feste Verlegung mit geringer Entwicklung von Rauch und korrosiven Gasen im Brandfall

Halogenfreie, raucharme einadrige Aderleitungen (H07Z) und Verdrahtungsleitungen (H05Z), beide mit einer Gummi-Isolierung der Ader ohne Mantel, für feste Verlegung, sind in DIN VDE 0282-9 (VDE 0282-9) behandelt.

Die Leitungen sind hauptsächlich zu verwenden in Gebäuden mit Menschenansammlungen und dort, wo hohe Sachwerte vorhanden sind, also Brände Personen gefährden und/oder hohe Schäden anrichten. Die Leitungen sind für den Einsatz in trockenen Räumen, zur Verdrahtung von Leuchten, Geräten, Schaltanlagen und Verteilern sowie für Verkehrsmittel geeignet. Auch die Verlegung in Rohren auf, in und unter Putz sowie in geschlossenen Installationskanälen ist zulässig. Im Brandfall geben die Leitungen nur geringe Rauchmengen und nur geringe Mengen an säurehaltigen, korrosiven Gasen an die Umgebung ab. Aus der maximal zulässigen Leiterendtemperatur von 90 °C ergibt sich eine Strombelastbarkeit, die etwa 22 % höher liegt als die Werte, die in Tabelle 20.4 angegeben sind, sofern die entsprechenden Anforderungen an die Verlegeart vorliegen.

Auf der Isolierhülle der Leitung sind Herstellername und/oder Herstellerkennzeichen sowie das Bauartkurzzeichen anzugeben. Zusätzlich ist das Symbol „Z" auf der Isolierhülle (als Kennzeichnung für das gute Brennverhalten) anzugeben. Diese Angaben sind als Aufdruck oder Prägung (erhaben oder vertieft) auszuführen. Das VDE-Harmonisierungszeichen ist entweder ebenso aufzudrucken oder es ist durch den VDE-Harmonisierungskennfaden zu ersetzen.

19.3.2.1 Halogenfreie Aderleitungen H07Z

19

Die Aderleitungen, die auch für allgemeine Anwendungsfälle zulässig sind, sind in folgenden Bauarten und Querschnitten genormt:

- H07Z-U mit eindrähtigem Leiter 1,5 mm^2 bis 630 mm^2
- H07Z-R mit mehrdrähtigem Leiter 1,5 mm^2 bis 630 mm^2
- H07Z-K mit feindrähtigem Leiter 1,5 mm^2 bis 240 mm^2

Die Nennspannung liegt bei $U_0/U = 450/750$ V. Bei mechanisch geschützter fester Verlegung der Leitung ist für $U_0/U = 600/1\,000$ V zulässig. Die zulässige Endtemperatur am Leiter beträgt 90 °C.

Beispiel für ein vollständiges Bauartkurzzeichen, unter Verwendung der in Abschnitt 19.5 dargestellten Kurzzeichen:

H07Z-R 6 BK

H	harmonisierter Leitungstyp
07	Nennspannung $U_0/U = 450/750$ V
Z	Isolierhülle (Aderisolierung) aus vernetzter Polyolefin-Mischung
R	mehrdrähtiger Leiter
6	Nennquerschnitt 6 mm^2
BK	Aderkennzeichnung: schwarz

19.3.2.2 Halogenfreie Verdrahtungsleitungen H05Z

Die Verdrahtungsleitungen sind in folgenden Bauarten und Querschnitten genormt:

- H05Z-U mit eindrähtigem Leiter 0,5 mm^2 bis 1 mm^2
- H05Z-K mit feindrähtigem Leiter 0,5 mm^2 bis 1 mm^2

Die Nennspannung liegt bei $U_0/U = 300/500$ V; die zulässige Leiterendtemperatur beträgt 90 °C.

Beispiel für ein vollständiges Bauartkurzzeichen, unter Verwendung der in Abschnitt 19.5 dargestellten Kurzzeichen:

H05Z-K 1 GNGE

H	harmonisierter Leitungstyp
05	Nennspannung $U_0/U = 300/500$ V
Z	Isolierhülle (Aderisolierung) aus vernetzter Polyolefin-Mischung
K	feindrähtiger Leiter
1	Nennquerschnitt 1 mm^2
GNGE	Aderkennzeichnung: grün-gelb

19.3.3 Halogenfreie Mantelleitung NHXMH

Halogenfreie Mantelleitungen (Installationsleitungen) mit verbessertem Verhalten im Brandfall sind nach DIN VDE 0250-214 (VDE 0250-214) genormt. Die Nennspannung beträgt $U_0/U = 300/500$ V.

Die genormten Querschnitte sind für:

- einadrige Leitungen 1,5 mm^2 bis 16 mm^2
- zwei- bis fünfadrige Leitungen 1,5 mm^2 bis 35 mm^2
- siebenadrige Leitungen 1,5 mm^2 und 2,5 mm^2

Beispiel für ein vollständiges Bauartkurzzeichen, unter Verwendung der in Abschnitt 19.3 und Abschnitt 19.4 dargestellten Kurzzeichen:

NHXMH-J 4×35

N	genormte Leitung
HX	Aderisolierung aus vernetzter halogenfreier Polymer-Mischung
M	Mantelleitung
H	halogenfreie Polymer-Mischung
J	Leitung mit grün-gelb gekennzeichneter Ader
4×35	Adernanzahl und Nennquerschnitt in mm^2

Die maximal zulässige Leitertemperatur beträgt 70 °C; daraus ergibt sich eine Strombelastbarkeit, die Tabelle 20.4 zu entnehmen ist, wenn die Verlegung den entsprechenden Anforderungen entspricht.

Zum Einsatz gelangen halogenfreie Mantelleitungen vorwiegend in Gebäuden mit hohen Personen- und/oder Sachwertkonzentrationen. Verwendet werden können halogenfreie Mantelleitungen zur Verlegung über, auf, im und unter Putz in trockenen, feuchten und nassen Räumen. Die Verlegung im Mauerwerk und im Beton ist zulässig, ausgenommen direkte (unmittelbare) Einbettung in Rüttel-, Schüttel- oder Stampfbeton (Schutzrohre sind hier erforderlich). Die Leitungen dürfen auch im Freien verwendet werden. Auf dem Mantel der Leitung sind neben dem VDE-Kennzeichen noch Herstellername und/oder Herstellerzeichen und zusätzlich das Bauartkurzzeichen anzugeben.

Zu beachten ist, dass halogenfreie Mantelleitungen mit verbessertem Verhalten im Brandfall keinen Isolationserhalt im Brandfall gewährleisten. Wenn dies gefordert wird, müssen halogenfreie Kabel (siehe Abschnitt 19.3.1) verwendet werden.

19.3.4 Halogenfreie Installationsleitung NHMH

Halogenfreie Installationsleitungen NHMH mit speziellen Eigenschaften im Brandfall sind in DIN VDE 0250-215 (VDE 0250-215) behandelt. Die Leitungen haben die Nennspannung $U_0/U = 300/500$ V.

Die Leitung ist für folgende Querschnitte genormt:

- einadrig 1,5 mm^2 bis 16 mm^2
- zwei- bis fünfadrig 1,5 mm^2 bis 35 mm^2
- siebenadrig 1,5 mm^2 und 2,5 mm^2

Die Leitungen sind bis 10 mm^2 eindrähtig und ab 16 mm^2 mehrdrähtig.

Beispiel für ein vollständiges Bauartkurzzeichen, unter Verwendung der im Abschnitt 19.4 dargestellten Kennzeichen:

NHMH-J 4 × 16

N	genormte Leitung
H	Aderisolierung aus halogenfreier, thermoplastischer Polymer-Mischung
M	Mantelleitung
H	Mantelisolierung aus halogenfreier, thermoplastischer Polymer-Mischung
J	Leitung mit grün-gelb gekennzeichneter Ader
4 × 16	Adernanzahl und Nennquerschnitt in mm^2

Die maximal zulässige Leitertemperatur liegt bei 70 °C. Die Leitung ist demnach nach den Werten von Tabelle 20.4 belastbar. Die Verlegung kann wie bei NYM-Leitungen erfolgen.

Auf dem Mantel der Leitung sind neben dem VDE-Zeichen der Herstellername und/oder Herstellerzeichen noch zusätzlich das Bauartkurzzeichen anzugeben.

19.3.5 Halogenfreie Sonder-Gummiaderleitung NSHXAÖ und NSHXAFÖ

Halogenfreie Sonder-Gummiaderleitungen mit verbessertem Verhalten im Brandfall sind im Entwurf DIN VDE 0250-606 behandelt. Dieser Entwurf besitzt die Ermächtigung zur Verwendung eines Norm-Entwurfs als Grundlage für den Konformitätsnachweis. Das bedeutet, dass Leitungen nach dem genannten Norm-Entwurf gefertigt, in den Verkehr gebracht und zur Verwendung zugelassen sind. Die Leitungen gibt es für Nennspannungen $U_0/U = 0{,}6/1$ kV, 1,8/3 kV und 3,6/6 kV. (Die Leitungen für $U_0/U = 3{,}6/6$ kV werden hier nicht behandelt.)

Die ausschließlich einadrigen Leitungen gibt es in folgenden Querschnitten:

- eindrähtig 1,5 mm^2 bis 10 mm^2
- mehrdrähtig 16 mm^2 bis 300 mm^2
- feindrähtig 1,5 mm^2 bis 300 mm^2

19

Beispiel für ein vollständiges Bauartkurzzeichen, unter Verwendung der in Abschnitt 19.3 und Abschnitt 19.4 dargestellten Kurzzeichen:

NSHXAFÖ 1 × 95 0,6/1 kV

N	genormte Leitung
S	schwere Leitung
HX	äußere Umhüllung aus vernetzter halogenfreier Polymer-Mischung
A	Aderleitung
F	feindrähtig
Ö	ölbeständig
1 × 95	Aderzahl und Nennquerschnitt in mm^2

Die maximal zulässige Leitertemperatur beträgt 90 °C; daraus ergibt sich eine Strombelastbarkeit, die etwa 22 % höher liegt als die Werte, die Tabelle 20.4 angibt, sofern die Verlegung den entsprechenden Anforderungen entspricht.

Verwendet werden können halogenfreie Sonder-Gummiaderleitungen für Omnibusse, Schienenfahrzeuge und in trockenen Räumen. Leitungen mit einer Nennspannung $U_0/U = 1{,}8/3$ kV gelten für Anlagen bis 1 000 V als kurzschluss- und erdschlusssichere Ausführung.

Auf dem Mantel der Leitung sind neben dem VDE-Zeichen der Herstellername und/oder Herstellerzeichen noch das Bauartkurzzeichen und die Nennspannung anzugeben.

19.4 Kurzzeichen für Leitungen nach nationalen Normen – DIN VDE 0250

Die Kenn- und Kurzzeichen für Leitungen sind im Umbruch, bedingt durch die Harmonisierung verschiedener Leitungstypen. Wichtige Kenn- und Kurzzeichen für Leitungen nach nationalen Normen sind nachfolgend dargestellt:

A	Aderleitung
M	Mantelleitung
Al	Leiter aus Aluminium
B	Bleimantel
C	Abschirmung
F	Flachleitung
G	Gummiisolierung
2G	Silikon-Kautschuk
3G	Butyl-Kautschuk
4G	Ethylen-Vinylacetat-Kautschuk
I	Imputz-Leitung
H	Handgeräteleitung
L	leichte Leitung
M	mittlere Leitung
P	Pendelschnüre
R	Rohrdraht
S	schwere Leitung
T	Leitungstrosse
W	wetterfest
Y	Kunststoff PVC

2X	Kunststoff VPE
7Y	Kunststoff Ethylen-Tetrafluorethylen
Z	Ziffernaufdruck
e	eindrähtige Leiter
fl (FL)	flache Leitung
k	kältebeständig
m	mehrdrähtige Leiter
ö (Ö)	ölbeständig
rd	runder Leiter
u (U)	unbrennbar
vers	verseilte Leitung
w (W)	wärmebeständig

Auch für Leitungen wird dem Kurzzeichen noch angefügt:

-J	Leitung mit grün-gelb gekennzeichneter Ader
-0	Leitung ohne grün-gelb gekennzeichnete Ader

19.5 Kurzzeichen für harmonisierte Leitungen – DIN VDE 0281 und DIN VDE 0282

Nachdem mit Wirkung vom 01.04.1976 die von CENELEC erarbeiteten Harmonisierungsdokumente 21 und 22 in Kraft getreten sind, gelten für die gebräuchlichsten Leitungen mit Kunststoff- bzw. Gummiisolierung seit diesem Zeitpunkt neue Bauart-Kurzbezeichnungen.

Die harmonisierten Leitungstypen sind in folgenden Normenreihen behandelt:

- DIN VDE 0281 (VDE 0281) „Starkstromleitungen mit thermoplastischer Isolierhülle für Nennspannungen bis 450/750 V"
- DIN VDE 0282 (VDE 0282) „Starkstromleitungen mit vernetzter Isolierhülle für Nennspannungen bis 450/750 V"

Anmerkung: Bei beiden Normen wurde der Titel geändert. So wurde in DIN VDE 0281 der Begriff **Polyvinylchlorid-isoliert** durch **thermoplastische Isolierhülle** ersetzt, um den Einsatz weiterer geeigneter Werkstoffe zu ermöglichen. In DIN VDE 0282 wurde der Begriff **Gummi-isoliert** durch **vernetzte Isolierhülle** ersetzt.

Beide Normen bestehen aus zwei Grundteilen, dem Teil 1 „Allgemeine Anforderungen", dem Teil 2 „Prüfverfahren" und weiteren Teilen mit den jeweiligen Bestimmungen für die verschiedenen Leitungstypen.

Das Bezeichnungssystem für harmonisierte Leitungen ist dargestellt in der Norm:

> DIN VDE 0292 (VDE 0292)
> „System für Typkurzzeichen von isolierten Leitungen“

Das neue Typkurzzeichen, das aus drei Abschnitten zusammengesetzt ist, wird nachfolgend gezeigt:

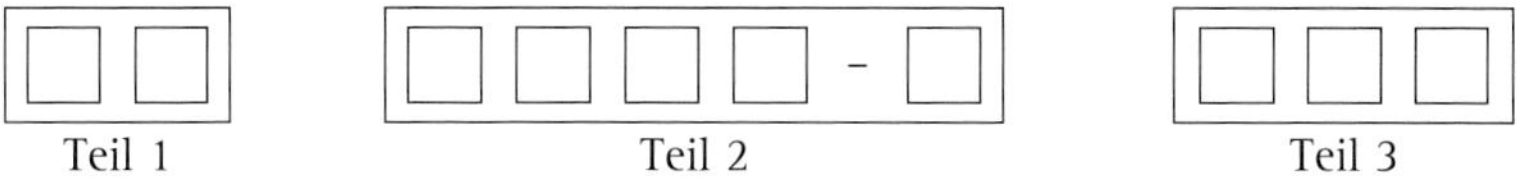

Im ersten Teil wird die Harmonisierungsart (Bezug zu Normen) und die Spannung, für die die Leitung gebaut ist, in Form eines Kürzels, gezeigt. Im zweiten Teil folgen Angaben über den Aufbau der Leitung in radialer Form, ausgehend von der Leiterisolierung zur Mantelisolierung, sowie Angaben über die Leiterart und Besonderheiten im Aufbau. Im dritten Teil werden Angaben über Leiteranzahl, die Querschnittsangabe und Angaben über den Schutzleiter (mit oder ohne grün-gelb gekennzeichnete Ader) hinzugefügt. Die Zusammensetzung des gesamten Kennzeichens und die erforderlichen Erklärungen zeigt nachfolgende Zusammenstellung.

Anmerkung: Das Kennzeichen „A“ für die anerkannten nationalen Leitungsbauarten wurde zurückgezogen; über die weitere Verwendung des Kurzzeichens wird derzeit international und regional beraten.

Beispiele:

H07RN-F 3G2,5	Harmonisierte Leitung (H) mit Nennspannung $U_0/U = 450/750$ V (07), Aderisolierung aus Natur-Kautschuk (R), Mantelisolierung aus Chloroprenkautschuk (N), mit feindrähtigen Leitern (F), dreiadrig (3), mit grün-gelb gekennzeichneter Ader (G) und 2,5 mm^2 Querschnitt (2,5)
H03VVH2-F 2X1	Harmonisierte Leitung (H) mit Nennspannung $U_0/U = 300/300$ V (03), Aderisolierung aus PVC (V), Mantelisolierung aus temperaturbeständigem PVC (V2), flache, nicht aufteilbare Leitung (H2), mit feindrähtigen Leitern (F), zweiadrig (2), ohne grün-gelb gekennzeichnete Ader (X) und 1 mm^2 Querschnitt (1)
H05SJ-K 1X6	Harmonisierte Leitung (H) mit Nennspannung $U_0/U = 300/500$ V (05), Aderisolierung aus Silikon-Gummi (S), mit Glasfaserbeflechtung (J), feindrähtiger Leiter für feste Verlegung (K), einadrig (1), nicht grün-gelb gekennzeichnet (X) und 6 mm^2 Querschnitt (6)

19

Teil	Merkmal	Kurzzeichen	Bedeutung
Teil 1	Kennzeichen	H	harmonisierter Leitungstyp
		N	nationaler Leitungstyp
	Nennspannung	01	100/100 V (< 300/300 V)
		03	300/300 V
		05	300/500 V
		07	450/750 V
Teil 2	Leiterisolierung und Mantelisolierung	V	PVC
		V2	PVC, weich, erhöht temperaturbeständig (90 °C)
		V3	PVC, weich, für niedrige Temperatur (–25 °C)
		V4	PVC, weich, vernetzt
		R	Natur- u./o. Styrol-Butadien-Kautschuk
		S	Silikonkautschuk
		G	Kautschuk, temperaturbeständig (110 °C)
		B	EPR (90 °C)
		Z	Polyolefin-Mischung, vernetzt
		N	Polychloroprenkautschuk
		N2	Chloroprenkautschuk, Spezialmischung
		J	Glasfasergeflecht
		T	Textilgeflecht
		T2	Textilgeflecht mit flammwidriger Masse
		T6	Textilgeflecht auf jeder Ader
		Q4	Polyamidumhüllung auf jeder Ader
	Metallene Umhüllung	C	konzentrischer Kupferleiter
		C4	Kupferschirm als Geflecht
	Besonderheiten	H	flache, aufteilbare Leitung
		H2	flache, nicht aufteilbare Leitung
		H6	flache Leitung mit drei oder mehr Adern
		H7	Isolierhülle zweischichtig
		H8	Wendelleitung
		D3	mit Zugentlastungselement/Tragorgan
		D5	Kerneinlauf (kein Tragelement)
	Leiterwerkstoff		Kupfer (ohne Kennzeichen)
		A	Aluminium
	Leiterart	U	runder eindrähtiger Leiter
		R	runder mehrdrähtiger Leiter
		K	feindrähtiger Leiter für feste Verlegung
		F	feindrähtiger Leiter für bewegliche Leitungen
		H	feinstdrähtiger Leiter für bewegliche Leitungen
		D	feindrähtiger Leiter für Schweißleitungen
		E	feinstdrähtiger Leiter für Schweißleitungen
		Y	Lahnlitzenleiter
Teil 3	Anzahl der Leiter	...	Ziffer/Ziffern
	Farbkennzeichnung	G	mit grün-gelb gekennzeichneter Ader
		X	ohne grün-gelb gekennzeichneter Ader
		Y	Lahnlitzenleiter, dessen Querschnitt nicht festgelegt ist
	Leiterquerschnitt	...	in mm^2

19.6 Häufig verwendete Leitungen

Die wichtigsten Ader- und Verdrahtungsleitungen sowie die wichtigsten Leitungen zum Anschluss beweglicher Verbrauchsmittel sind harmonisiert. Eine Auswahl dieser Leitungen aus Kunststoff – DIN VDE 0281 – ist in **Tabelle 19.2** dargestellt. Die wichtigsten gummi-isolierten Leitungen (Gummiaderschnüre und Gummischlauchleitungen) sowie wärmebeständige Silikonaderleitungen sind harmonisiert. Eine Auswahl dieser Leitungen – DIN VDE 0282 – zeigt **Tabelle 19.3.**

Nicht harmonisierte Leitungen sind in DIN VDE 0250 behandelt. Eine Auswahl häufig gebrauchter Leitungen zeigt **Tabelle 19.4.**

19.7 Anwendungsbereiche von Kabeln und Leitungen

Bei flexiblen Leitungen kann durch die Beschreibung der „Beanspruchung" die Verwendbarkeit einer Leitung in und an einem Betriebsmittel beschrieben werden. Für bestimmte Geräte sind die geeigneten Anschlussleitungen in den jeweiligen Gerätenormen festgelegt. Folgende Einteilung bezüglich der „Beanspruchung" kann für flexible Leitungen vorgenommen werden:

- **Sehr geringe mechanische Beanspruchung (sehr leichte Beanspruchung)**
  Anwendungen, bei denen die Gefahr einer mechanischen Beschädigung und mechanischer Beanspruchungen vernachlässigbar ist (d. h. unter den äußeren Einflüssen, die bei normalem Gebrauch von leichtgewichtigen Geräten in Haushalten und Büroräumen zu erwarten sind) und bei denen Leitungen mit größerem mechanischen Schutz die Bewegungsfreiheit der Geräte einschränken oder ihren Gebrauch auf andere Weise einschränken würden.

  Zu solchen Geräten gehören Elektrorasierer, Elektrische Zahnbürsten, elektrische Uhren usw.

- **Geringe mechanische Beanspruchung (leichte Beanspruchung)**
  Anwendungen, bei denen die Gefahr einer mechanischen Beschädigung und mechanischen Beanspruchung gering ist, wie es z B. bei der üblichen Verwendung leichter, handgeführter Geräte und leichter Betriebsmittel in Haushalten, Büroräumen oder Läden zu erwarten ist.

  Zu solchen Geräten können Haartrockner und Haarwickler im Haushalt, Rundfunkgeräte, Tisch- und Stehlampen sowie kleine Tischgeräte von Büromaschinen gehören.

- **Mittlere mechanische Beanspruchung (normale Beanspruchung)**
  Anwendungen, bei denen Leitungen geringen mechanischen Beanspruchungen ausgesetzt sind und die Gefahr einer mechanischen Beschädigung gering ist, wie es bei der Verwendung mittelschwerer Geräte in häuslichen und gewerblichen sowie leichtindustriellen Räumen zu erwarten ist.

Bezeichnung der Leitung	Bauart	Nenn-spannung U_0/U	Anzahl der Adern	Querschnitt mm^2	Zul. Betriebs-temperatur °C	Norm DIN VDE
Leichte Zwillingsleitung	H03VH-Y	300/300 V	2	0,1	70	0281-5
PVC-Schlauchleitung runde Ausführung flache Ausführung	 H03VV-F H03VVH2-F	 300/300 V	 2 bis 4 2	 0,5 und 0,75	 70	 0281-5
PVC-Schlauchleitung runde Ausführung flache Ausführung	 H05VV-F H05VVH2-F	 300/500 V	 2 bis 5 7 2	 0,75 bis 4 1 bis 2,5 0,75	 70	 0281-5
PVC-Verdrahtungsleitung mit eindrähtigem Leiter mit feindrähtigem Leiter	 H05V-U H05V-K	 300/500 V	 1	 0,5 bis 1	 70	 0281-3
Wärmebeständige PVC-Verdrahtungsleitung mit eindrähtigem Leiter mit mehrdrähtigem Leiter mit feindrähtigem Leiter	 H05V2-U H05V2-R H05V2-K	 300/500 V	 1	 0,5 bis 1	 90	 0281-7
PVC-Lichterkettenleitung	H03VH7-H	300/300 V	1	0,5 und 0,75	70	0281-8
PVC-Aderleitung mit eindrähtigem Leiter mit mehrdrähtigem Leiter mit feindrähtigem Leiter	 H07V-U H07V-R H07V-K	 450/750 V	 1	 1,5 bis 10 1,5 bis 400 1,5 bis 240	 70	 0281-3

Tabelle 19.2 Harmonisierte PVC-isolierte Leitungen nach Normen der Reihe DIN VDE 0281

Bezeichnung der Leitung	Bauart	Nenn-spannung U_0/U	Anzahl der Adern	Querschnitt mm^2	Zul. Betriebs-temperatur °C	Norm DIN VDE
Wärmebeständige PVC-Aderleitung						
mit eindrähtigem Leiter	H07V2-U			1,5 und 2,5		
mit mehrdrähtigem Leiter	H07V2-R	450/750 V	1	1,5 bis 35	90	0281-7
mit feindrähtigem Leiter	H07V2-K			1,5 bis 35		
Kältebeständige PVC-Aderleitung						
mit eindrähtigem Leiter	H07V3-U			1,5 bis 10		
mit mehrdrähtigem Leiter	H07V3-R	450/750 V	1	1,5 bis 400	70	0281-9
mit feindrähtigem Leiter	H07V3-K			1,5 bis 240		
Leichte PVC-Schlauchleitung						
runde Ausführung	H03V2V2-F	300/300 V	2 bis 4	0,5 und 0,75		
flache Ausführung	H03V2V2H2-F					
Mittlere PVC-Schlauchleitung					90	0281-12
runde Ausführung	H05V2V2-F	300/500 V	2 bis 4[1]	0,5 bis 4[1]		
flache Ausführung	H05V2V2H2-F		5[1]	0,75 bis 4[1]		
Ölbeständige PVC-Steuerleitung	H05VV5-F H05VVC4V5-K	300/500 V	2 bis 7[1] und 12 bis 60[1) 2)]	0,5 bis 2,5[1]	70	0281-13

1) Anzahl der Adern und Leiterquerschnitte gelten für beide Leitungstypen

2) Vorzugsaderanzahl: 12, 18, 27, 36, 48 und 60

Tabelle 19.2 (Fortsetzung) Harmonisierte PVC-isolierte Leitungen nach Normen der Reihe DIN VDE 0281

19

19

Bezeichnung der Leitung	Bauart	Nennspannung U_0/U	Anzahl der Adern	Querschnitt mm^2	Zul. Betriebstemperatur °C	Norm DIN VDE
Starkstromleitung für Lichterketten	H05RN-F	300/500 V	1	0,75 bis 1,5	60	0282-8
	H05RNH2-F		2	1,5 bis 2,5		
	H03RN-F	300/300 V	1	0,5 und 0,75		
Wärmebeständige Silikon-Aderleitung						
mit feindrähtigem Leiter	H05SJ-K	300/500 V	1	0,5 bis 95	180	0282-3
mit eindrähtigem Leiter	H05SJ-U			1 bis 10		
Wärmebeständige Silikon-Mantelleitung	H05SS-K H05SS-U	300/500 V	1	0,5 bis 2,5	180	0282-3
Lichtbogen-Schweißleitungen						
mit normaler Flexibilität	H01N2-D	100/100 V	1	10 bis 185	90	0282-6
mit besonders hoher Flexibilität	H02N2-E					
Wärmebeständige Gummi-Aderleitung	H05G-U H05G-K					
mit eindrähtigem Leiter mit feindrähtigem Leiter		300/500 V	1	0,5 bis 1	110	0282-7
mit eindrähtigem Leiter	H07G-U			0,5 bis 10		
mit mehrdrähtigem Leiter	H07G-R	450/750 V	1	1,5 bis 240	110	0282-7
mit feindrähtigem Leiter	H07G-K			1,5 bis 240		
Gummi-Schlauchleitung	H05RR-F	300/500 V	2 bis 5	0,75 bis 4	60	0282-4
			3 und 4	0,75 bis 6		
	H05RN-F	300/500 V	2 und 3	0,75 und 1		

Tabelle 19.3 Harmonisierte Gummi-isolierte Leitungen nach Normen der Reihe DIN VDE 0282

Bezeichnung der Leitung	Bauart	Nenn-spannung U_0/U	Anzahl der Adern	Querschnitt mm^2	Zul. Betriebs-temperatur °C	Norm DIN VDE
Schwere Gummischlauchleitung	H07RN-F	450-750 V	1 2 und 5 3 und 4 6, 12, 18, 24, 36 6, 12, 18	1 bis 630 1 bis 25 1 bis 300 1,5 und 2,5 4	60	0282-4
Wärme- und kältebeständige Gummischlauchleitung	H05BQ-F H07BQ-F	300/500 V 450/750 V	2 bis 5 2 bis 5	0,75 und 1 1 bis 16	90	0282-10
Mittlere wärme- und kälte-beständige Schlauchleitung	H05BB-F	300/500 V	2 und 5 3 und 4	0,75 bis 2,5 0,75 bis 6	90	0282-12
Schwere wärme- und kälte-beständige Schlauchleitung	H07BB-F	450/750 V	1 2 3, 4 und 5	1,5 bis 630 1 bis 25 1 bis 300	90	0282-12
Mittlere wärmebeständige Schlauchleitung	H05BN4-F	300/500 V	2 und 3	0,75 und 1	90	0282-12
Schwere wärmebeständige Schlauchleitung	H07BN4-F	450/750 V	1 2 und 5 3 und 4 6, 12, 18, 24, 36 6, 12, 18	1,5 bis 630 1 bis 25 1 bis 300 1,5 und 2,5 4	90	0282-12

Tabelle 19.3 (Fortsetzung) Harmonisierte Gummi-isolierte Leitungen nach Normen der Reihe DIN VDE 0282

Bezeichnung der Leitung	Bauart	Nennspannung U_0/U	Anzahl der Adern	Querschnitt mm^2	Zul. Betriebstemperatur °C	Norm DIN VDE
PVC-Mantelleitung	NYM	300/500	1 2 bis 5 7	1,5 bis 16 1,5 bis 35 1,5 und 2,5	70	0250-204
Stegleitung	NYIF/NYIFY	230/400 V	2 und 3 4 und 5	1,5 bis 2,5	70	0250-201
Bleimantelleitung	NYBUY	300/500	2 bis 4 5	1,5 bis 35 1,5 bis 6	70	0250-210
Gummi-Schlauchleitung	NSSHÖU	0,6/1 kV	1 2 bis 4 3 + PE[1)] 5 bis 7 5 + PE[2)] 12 und 18	2,5 bis 400 1,5 bis 185 2,5 bis 150 1,5 bis 95 2,5 bis 6 1,5 bis 4	90	0250-812
Gummi-Flachleitung	NGFLGÖU	300/500 V	3 bis 24 3 bis 8 3 bis 7 3 und 4	1 bis 2,5 1 bis 4 1 bis 35 1 bis 95	60	0250-809
Leitungstrosse	NTMWÖU und NTSWÖU	0,6/1 kV bis 20/35 kV	1 bis 4 3 + PE[1)] 5 bis 7 12 und 18	2,5 bis 185 2,5 bis 150 2,5 bis 95 2,5 bis 4	90	0250-813
ETFE[3)]-Aderleitung	N7YA/N7YAF	450/750 V	1	0,25 bis 6	135	0250-106

Tabelle 19.4 Nicht harmonisierte Leitungen nach Normen der Reihen DIN VDE 0250 und DIN VDE 0284

Bezeichnung der Leitung	Bauart	Nennspannung U_0/U	Anzahl der Adern	Querschnitt mm^2	Zul. Betriebstemperatur °C	Norm DIN VDE
Silikon-Fassungsader	N2GFA/N2GFAF	300/300 V	1	0,75	180	0250-502
Sonder-Gummi-Aderleitung	NSGAÖU/ NSGAFÖU	0,6/1 und 1,8/3 kV	1	1,5 bis 300	90	0250-602
Gummischlauchleitung	NMHVÖU	230/400V	2 bis 4 3 und 4	0,75 1,5	90	0250-806
Gummischlauchleitung	NSHCÖU	0,6/1 kV	2 bis 4	1,5 bis 16	60	0250-811
Gummischlauchleitung	NSHTÖU	0,6/1 kV	3 und 4 5 und 7 12 und 18	1,5 bis 240 1,5 bis 95 1,5 bis 4	60	0250-814
Mineralisolierte Leitung	Leichte Bauart	500 V	1 und 2 3 und 4 und 7	1 bis 25 1 bis 2,5	–	0284-1
	Schwere Bauart	750 V	1 2 bis 4 7 12 19	1 bis 400 1 bis 25 1 bis 4 1 bis 2,5 1 und 1,5	–	

[1] Dreiadrige Leitung mit gleichmäßig aufgeteiltem oder konzentrischem Schutzleiter

[2] Fünfadrige Leitung mit konzentrischem Schutzleiter

[3] ETFE: Ethylen-Tetrafluorethylen

Tabelle 19.4 (Fortsetzung) Nicht harmonisierte Leitungen nach Normen der Reihen DIN VDE 0250 und DIN VDE 0284

19

Zu solchen Geräten können Toaster, kleine Herde, Staubsauger, Wäscheschleudern, Waschmaschinen, Nähmaschinen und Kühlschränke gehören.

- **Hohe mechanische Beanspruchungen (schwere Beanspruchung)**
  Anwendungen, bei denen die Gefahr einer mechanischen Beschädigung oder einer mechanischen Beanspruchung von mittlerer Schwere ist, wie es z. B. bei der üblichen Verwendung von Geräten in mittelschweren Industriezweigen oder in landwirtschaftlichen Betrieben und der zeitweiligen Verwendung auf Baustellen erwartet werden muss.

  Zu solchen Geräten können Handlampen, Heizplatten, große Heißwasser-Aufbereitungsanlagen, mittelschwere transportable Motoren, Maschinen und Transformatoren auf Baustellen oder in landwirtschaftlichen Betrieben, Hebezeuge und feste Anlagen in temporären Gebäuden gehören.

  Vieladrige Leitungen (Leitungen mit mehr als fünf Adern), die in erster Linie für die Verbindung von Werkzeugmaschinen und handgeführten Betriebsmitteln dienen, dürfen innerhalb und außerhalb von Gebäuden verwendet werden, wenn die Umgebungstemperaturen im Bereich von –25 °C bis +50 °C liegen und die Endtemperatur am Leiter 60 °C nicht überschreitet.

- **Sehr hohe mechanische Beanspruchungen (sehr schwere Beanspruchung)**
  Anwendungen, bei denen die Beanspruchungen sehr schwer sind, also noch höher sind, als bei den hohen mechanischen Anforderungen beschrieben, wenn schwere Geräte ständig unter schweren oder schwersten Bedingungen eingesetzt werden. Zum Beispiel ständiger Betrieb von schweren elektrischen Maschinen auf größeren Baustellen, Einsatz von elektrischen Maschinen im Bergbau oder Tagebau und in der Schwerindustrie.

19.7.1 Leichte Zwillingsleitung H03VH

19

Polyvinylchlorid (PVC)-isolierte Leitung, zulässig für leichte Handgeräte (Rasierapparat) bei sehr leichten mechanischen Beanspruchungen mit höchstens 2 m Leitungslänge und einer zulässigen Strombelastung von maximal 2 A. Querschnitt 0,1 mm^2 Lahnlitzenleiter. Die Leitung muss am Ende mit nicht lösbarem Stecker ausgerüstet sein.

19.7.2 PVC-Schlauchleitung H03VV

PVC-isolierte Leitung, zulässig für leichte Elektrogeräte (Küchengeräte, Haushaltstaubsauger, Radiogeräte, Tischleuchten, Stehleuchten, Büromaschinen usw.) bei geringen mechanischen Beanspruchungen. Nicht zulässig für Koch- und Wärmegeräte, gewerbliche Elektrowerkzeuge, im Freien, in gewerblichen und landwirtschaftlichen Betrieben.

19.7.3 PVC-Schlauchleitung H05VV

PVC-isolierte Leitung, zulässig für Elektrogeräte (Küchengeräte, Büromaschinen, Wärmegeräte usw.) bei mittleren mechanischen Beanspruchungen. Zulässig auch in feuchten Räumen z. B. für Waschmaschinen, Wäscheschleudern und Kühlschränke. Nicht zulässig für Koch- und Wärmegeräte, im Freien, in gewerblichen und landwirtschaftlichen Betrieben.

19.7.4 PVC-Verdrahtungsleitung H05V

PVC-isolierte Aderleitung für feste Verlegung, zulässig für die innere Verdrahtung von Geräten sowie für geschützte Verlegung in und an Leuchten. Für Signalanlagen (Klingelanlagen) in Elektroinstallationsrohren auf und unter Putz zugelassen.

19.7.5 Wärmebeständige PVC-Verdrahtungsleitung H05V2

PVC-isolierte, wärmebeständige einadrige Aderleitung ohne Mantel für die innere Verdrahtung von Betriebsmitteln (Leuchten, Wärmegeräte) mit einer höchstzulässigen Temperatur am Leiter von 90 °C. Nicht geeignet für die direkte Berührung mit Gegenständen, die heißer als 85 °C sind. Die Leitungen müssen mit dem Zeichen „V2“ als fortlaufend aufgebrachtes Kennzeichen für die höchste Temperatur am Leiter gekennzeichnet sein.

19.7.6 PVC-Lichterkettenleitung H03VH7

PVC-isolierte einadrige Leitung ohne Mantel, zweischichtig isoliert mit feinstdrähtigem Leiter für dekorative Lichterketten in Innenräumen mit in Reihe geschalteten Lampenfassungen mit maximal 100 W Leistung. Geeignet auch für die Weihnachtsbaumbeleuchtung in Innenräumen. Nicht zulässig im Freien, in feuchten Räumen, für industrielle Anwendung, für handgeführte Elektrowerkzeuge und für Koch- und Heizgeräte.

19.7.7 PVC-Aderleitung H07V

PVC-isolierte Aderleitung für feste Verlegung und allgemeine Anwendung. Zulässig in Elektroinstallationsrohren auf und unter Putz, in Installationskanälen und für die innere Verdrahtung von Geräten, Schaltanlagen und Verteilern. Nicht zulässig für die direkte Verlegung auf Pritschen, Rinnen oder Wannen.

19.7.8 Wärmebeständige PVC-Aderleitung H07V2

Einadrige, wärmebeständige PVC-isolierte Leitung ohne Mantel für innere Verdrahtungen in Geräten und Leuchten mit einer höchstzulässigen Temperatur am

Leiter von 90 °C. Nicht geeignet für die direkte Berührung mit Gegenständen, die heißer als 85 °C sind. Nicht zulässig für die direkte Verlegung auf Pritschen, Rinnen oder Wannen. Die Leitungen müssen mit dem Zeichen „V2“ als fortlaufend aufgebrachtes Kennzeichen für die höchste Temperatur am Leiter gekennzeichnet sein.

19.7.9 Kältebeständige PVC-Aderleitung H07V3

Einadrige Leitungen ohne Mantel zur Verlegung bei tiefen Temperaturen mit einer niedrigsten Gebrauchstemperatur von –25 °C. Zulässig in Elektroinstallationsrohren auf und unter Putz oder ähnlichen geschlossenen Systemen. Auch für die innere Verdrahtung von Leuchten, Schaltanlagen und Steuergeräten.

19.7.10 Leichte und mittlere PVC-Schlauchleitungen H03V2V2/H03V2V2H2 und H05V2V2/H05V2V2H2

Leichte und mittlere, flexible, wärmebeständige Schlauchleitung mit PVC-Isolierung und PVC-Mantel für eine höchste Temperatur am Leiter von 90 °C. Verwendung bei leichten (H03) und mittleren (H05) mechanischen Beanspruchungen für Haushaltgeräte, in Küchen und Büroräumen. Auch für innere Verdrahtungen von Geräten anwendbar. Nicht geeignet für die Verwendung im Freien, in gewerblichen und landwirtschaftlichen Werkstätten oder für gewerblich genutzte Elektrowerkzeuge. Die Leitungen müssen mit dem Zeichen „V2V2“ als fortlaufend aufgebrachtes Kennzeichen für die höchste Temperatur am Leiter gekennzeichnet sein.

19.7.11 Ölbeständige PVC-Steuerleitungen H05VV5 und H05VVC4V5

Ölbeständige PVC-isolierte Steuerleitung mit maximal 60 Adern. Vorzugsweise angewandte Aderzahlen sind: 2, 3, 4, 5, 6, 7 und 12, 18, 27, 36, 48, 60. Geeignet für den Anschluss von Produktions- sowie Werkzeugmaschinen-Komponenten untereinander. Die Leitungen dürfen nach der Installation, zur Ein- und Ausrichtung sowie zur Inspektion der Maschinen bewegt werden. Sie sind gegen Allzweckmineralöle beständig, sind aber nicht ausgelegt, um permanent in Mineralöl zu verbleiben. Sie sind für die Verwendung in Innenräumen bestimmt.

19.7.12 Lichterkettenleitungen H05RN/H05RNH2 und H03RN-F

Starkstromleitung (H05RN einadrig)/(H05RNH2 zweiadrig) mit einem Mantel aus Polychloropren oder gleichwertigem synthetischen Gummi. Geeignet für Lichterketten zu dekorativen Zwecken, die nur vorübergehend in Betrieb sind (Weihnachtsbaumbeleuchtung). Bevorzugte Mantelfarben sind grün oder schwarz.

Einadrige Starkstromleitung (H03RN-F) mit einem Mantel aus Polychloropren oder gleichwertigem synthetischen Gummi für Lichterketten mit speziellen Lampenfassungen. Die Kettenlänge darf 20 m nicht überschreiten.

19.7.13 Wärmebeständige Silikon-Aderleitung H05SJ

Einadrige, wärmebeständige, silikonisolierte Aderleitung mit Silikonmantel für eine höchstzulässige Leitertemperatur von 180 °C. Die Leitung besitzt eine Glasfaserbeflechtung und ist für feste Verlegung geeignet. Zulässig für den Einsatz zur inneren Verdrahtung von Leuchten, Wärmegeräten und dgl. Leitungen mit Querschnitten von 1,5 mm^2 und darüber sind auch für die Verlegung in Elektroinstallationsrohren auf und unter Putz zugelassen.

19.7.14 Wärmebeständige Silikon-Mantelleitung H05SS

Einadrige, wärmebeständige Mantelleitung mit Silikonisolierung und einem Mantel, der nicht aus Silikon sein muss, für eine höchstzulässige Leitertemperatur von 180 °C. Die Leitung ist für feste Verlegung beim Auftreten hoher Temperaturen in und an Leuchten sowie in Geräten konzipiert.

19.7.15 Lichtbogen-Schweißleitungen H01N2

Flexible und hochflexible Lichtbogenschweißleitungen mit vernetzter Isolierhülle (Gummiisolierung) mit einer Nennspannung von 100/100 V. Zulässig für Lichtbogenschweißen zur Verbindung zwischen Schweißgenerator, Handelektrode und Werkstück.

19.7.16 Wärmebeständige Gummi-Aderleitungen H05G und H07G

Aderleitung mit vernetzter Isolierhülle mit erhöhter Wärmebeständigkeit und einer zulässigen Leitertemperatur am Leiter von 110 °C. Zulässig für die innere Verdrahtung von Betriebsmitteln, die im Bereich hoher Temperaturen betrieben werden. Einsetzbar zur Verdrahtung von Leuchten (Durchgangsverdrahtung) und für Wärmegeräte sowie die innere Verdrahtung von Schaltanlagen und Verteilern in trockenen Räumen.

19.7.17 Gummi-Schlauchleitungen H05RR und H05RN

Schlauchleitungen H05RR mit Isolierhülle und Mantel aus Ethylen-Propylen-Kautschuk (EPR) sind zulässig für den Anschluss von Elektrogeräten (Staubsauger, Bügeleisen, Küchengeräte, Lötkolben, Toaster, Handleuchten usw.) bei geringen mechanischen Beanspruchungen in Haushalten, Küchen und Büroräumen. Die

Leitungen sind nicht geeignet für die ständige Verwendung im Freien, in gewerblichen und landwirtschaftlichen Betrieben und zum Anschluss von gewerblich genutzten Elektrowerkzeugen.

Schlauchleitungen H05RN mit Mantel aus Polychloropren oder gleichwertigem synthetischen Gummi sind bestimmt für den Anschluss von Elektrogeräten bei geringen mechanischen Beanspruchungen, wie bei H05RR beschrieben. H05RN ist auch geeignet für die Verwendung im Freien, wenn normale Beanspruchungen vorliegen.

19.7.18 Schwere Gummi-Schlauchleitung H07RN

Leitung mit Mantel aus Polychloropren oder gleichwertigem synthetischen Gummi. Die Leitungen sind zulässig für bei mittleren mechanischen Beanspruchungen in trockenen, feuchten und nassen Räumen, in explosionsgefährdeten Betrieben, im Freien für Geräte in gewerblichen und landwirtschaftlichen Werkstätten, z. B. große Kochkessel, Heizplatten, Handleuchten, Elektrowerkzeuge, Bohrmaschinen, Kreissägen, Heimwerkergeräte usw. Die Leitungen sind auch für transportable Motoren oder Maschinen auf Baustellen oder in landwirtschaftlichen Betrieben zulässig. Auf Putz, in provisorischen Bauten und in Wohnbaracken dürfen die Leitungen auch fest verlegt werden. Die Leitung ist nicht geeignet für ständiges Eintauchen in Wasser.

19.7.19 Wärme- und kältebeständige Leitungen H05BQ und H07BQ

Ethylen-Propylen-Gummi-isolierte und mit thermoplastischem Polyurethan ummantelte Leitungen für eine maximale Temperatur am Leiter von 90 °C sowie einer tiefsten Gebrauchstemperatur von –40 °C. Anwendung in trockenen, feuchten und nassen Räumen und im Freien bei mittleren mechanischen Beanspruchungen. Geeignet zum Anschluss gewerblicher oder landwirtschaftlicher Geräte, von Wärmegeräten und Elektrowerkzeugen (Bohrmaschinen, Handkreissägen, Handleuchten). Zulässig auch für transportable Motoren oder Maschinen auf Baustellen, in der Landwirtschaft und auf Werften. Anwendung auch in Zusammenhang mit Kühlhäusern. Zur Unterscheidung von Leitungen mit vernetztem Gummimantel ist mindestens die Kennzeichnung „BQ" auf dem Mantel fortlaufend anzubringen.

19.7.20 Wärmebeständige Schlauchleitung H05BB

Mittlere wärme- und kältebeständige Schlauchleitung aus EPR oder gleichwertigem Gummi für eine höchste Temperatur am Leiter von 90 °C sowie einer tiefsten Gebrauchstemperatur von –40 °C. Für allgemeine Anwendungen in Haushalten, Küchen und Büroräumen bei geringen mechanischen Beanspruchungen, wie sie bei Kochgeräten, Lötkolben und Toastern vorliegen. Nicht geeignet für den ständigen Einsatz im Freien, in der Landwirtschaft in gewerblichen und landwirtschaftlichen Werkstätten und für den Anschluss gewerblicher Elektrowerkzeuge. Zur Unterscheidung von Leitungen mit normalem EPR oder äquivalentem Werkstoff bis 60 °C ist mindestens die Bezeichnung „BB“ auf dem Mantel fortlaufend aufzubringen.

19.7.21 Schwere wärmebeständige Schlauchleitung H07BB

Schwere wärme- und kältebeständige Schlauchleitung aus EPR oder gleichwertigem Gummi für eine höchste Temperatur am Leiter von 90 °C sowie einer tiefsten Gebrauchstemperatur von –40 °C. Verwendung in trockenen, feuchten und nassen Räumen, im Freien, in explosionsgefährdeten Betriebsstätten bei mittleren mechanischen Beanspruchungen. Verwendung auch für Geräte in gewerblichen und landwirtschaftlichen Werkstätten, z. B. große Kochkessel, Heizplatten, Handleuchten, Elektrowerkzeuge, Bohrmaschinen, Kreissägen, Heimwerkergeräte usw. Die Leitungen sind auch für transportable Motoren oder Maschinen auf Baustellen oder in landwirtschaftlichen Betrieben zulässig. Auf Putz, in provisorischen Bauten und in Wohnbaracken dürfen die Leitungen auch fest verlegt werden. Einsatz auch bei tiefen Temperaturen im Freien, in Wohnwagen an Fahrzeugheizungen sowie auf Campingplätzen. Zur Unterscheidung von normalem EPR oder äquivalentem Werkstoff bis 60 °C ist mindestens die Bezeichnung „BB“ auf dem Mantel fortlaufend aufzubringen.

19.7.22 Mittlere wärmebeständige Schlauchleitung H05BN4

Mittlere wärmebeständige Schlauchleitung mit Isolierhülle aus EPR oder gleichwertigem synthetischen Gummi und Mantel aus CSP oder gleichwertigem synthetischen Gummi für eine höchste Temperatur am Leiter von 90 °C. Für allgemeine Anwendungen in Haushalten, Küchen und Büroräumen bei geringen mechanischen Beanspruchungen, wie sie bei Kochgeräten, Lötkolben und Toastern vorliegen. Nicht geeignet für den ständigen Einsatz im Freien, in der Landwirtschaft, in gewerblichen und landwirtschaftlichen Werkstätten und für den Anschluss gewerblicher Elektrowerkzeuge. Zur Unterscheidung von normalem EPR oder äquivalentem Werkstoff bis 60 °C ist mindestens die Bezeichnung „BN“ auf dem Mantel fortlaufend aufzubringen.

19.7.23 Schwere wärmebeständige Schlauchleitung H07BN4

Schwere wärmebeständige Schlauchleitung mit Isolierhülle aus EPR oder gleichwertigem synthetischen Gummi und Mantel aus CSP oder gleichwertigem synthetischen Gummi für eine höchste Temperatur am Leiter von 90 °C. Verwendung in trockenen, feuchten und nassen Räumen, im Freien, in explosionsgefährdeten

Betriebsstätten bei mittleren mechanischen Beanspruchungen. Verwendung auch für Geräte in gewerblichen und landwirtschaftlichen Betrieben, z. B. große Kochkessel, Heizplatten, Handleuchten, Elektrowerkzeuge, Bohrmaschinen, Kreissägen, Heimwerkergeräte usw. Die Leitungen sind auch für transportable Motoren oder Maschinen auf Baustellen oder in landwirtschaftlichen Betrieben zulässig. Auf Putz, in provisorischen Bauten und in Wohnbaracken dürfen die Leitungen auch fest verlegt werden. Einsatz auch bei tiefen Temperaturen im Freien, in Wohnwagen an Fahrzeugheizungen sowie auf Campingplätzen. Zur Unterscheidung von normalem EPR oder äquivalentem Werkstoff bis 60 °C ist mindestens die Bezeichnung „BN" auf dem Mantel fortlaufend aufzubringen.

19.7.24 PVC-Mantelleitung NYM

Installationsleitung mit PVC-isolierten Adern und Mantel aus PVC. Zulässig für Verlegung auf, im und unter Putz, in Beton und im Mauerwerk, in trockenen und feuchten Räumen. Im Freien zulässig, wenn direkte Sonneneinstrahlung verhindert ist. Nicht zulässig für direkte Verlegung in Schütt-, Rüttel- oder Stampfbeton (Verlegung in Rohr ist zulässig).

19.7.25 Stegleitungen NYIF und NYIFY

Stegleitung mit PVC-isolierten Adern und äußerer Umhüllung aus Gummi (NYIF) oder äußerer Umhüllung aus PVC (NYIFY). Zulässig für Verlegung in oder unter Putz in trockenen Räumen. Nicht zulässig in Holzhäusern.

19.7.26 Bleimantelleitung NYBUY

Bleimantelleitungen mit Aderumhüllung aus PVC, einem Bleimantel und einer äußeren PVC-Umhüllung. Zulässig für Verlegung, wenn Einwirkungen durch Lösungsmittel oder Chemikalien (Benzin) zu erwarten sind.

19.7.27 Gummi-Schlauchleitung NSSHÖU

Gummischlauchleitung mit Aderisolierung, innerem Mantel und äußerem Mantel aus Gummi. Ggf. auch mit aufgeteiltem bzw. konzentrischem Schutzleiter und mit Steueradern, Überwachungsleitungen und/oder Fernmeldeleitungen für eine maximale Temperatur am Leiter von 90 °C. Zulässig für den Anschluss von Elektrogeräten bei sehr hohen mechanischen Beanspruchungen in trockenen, feuchten und nassen Räumen sowie im Freien z. B. im Bergbau unter Tage, auf Baustellen, in Industriebetrieben, in landwirtschaftlichen Anlagen usw. Auch für die feste Verlegung auf Putz zulässig.

19.7.28 Gummi-Flachleitung NGFLGÖU

Gummi-Flachleitung mit drei bis 24 Adern mit einer Isolierhülle aus extrudierter Gummimischung mit einem Mantel aus Gummi auf der Basis von Polychloropren. Für den Anschluss beweglicher Teile von Werkzeugmaschinen, Förderanlagen (z. B. Krane) und Großgeräten, wenn die Leitungen Biegungen in nur einer Ebene ausgesetzt sind. Zulässig in trockenen, feuchten und nassen Räumen sowie im Freien.

19.7.29 Leitungstrossen NMTWÖU und NMSWÖU

Leitungstrosse mit einer extrudierten Gummimischung als Isolierhülle, einem Gummi-Innenmantel und einem Außenmantel aus einer Gummimischung. Ggf. auch mit aufgeteiltem bzw. konzentrischem Schutzleiter und mit Steueradern, Überwachungsleitungen und/oder Fernmeldeleitungen für eine maximale Temperatur am Leiter von 90 °C. Leitungen für sehr hohe mechanische Beanspruchungen, zur Verwendung im Bergbau unter Tage, im Tagebau, auf Baustellen, in der Industrie usw.

19.7.30 ETFE-Aderleitungen N7YA und N7YAF

Aderleitung mit eindrähtigem oder feindrähtigem Leiter aus Kupfer mit Isolierung aus Ethylen-Tetrafluorethylen (ETFE). Geeignet für den Einsatz bei Umgebungstemperaturen über 55 °C, zur inneren Verdrahtung von Leuchten, Wärmegeräten und Geräten der Leistungselektronik bei einer maximalen Temperatur am Leiter von 135 °C. Bei Querschnitten > 1 mm^2 auch für die Verlegung in Elektroinstallationsrohren auf und unter Putz zulässig.

19.7.31 Silikon-Fassungsaderleitungen N2GFA und N2GFAF

Wärmebeständige Silikon-Fassungsader mit eindrähtigem oder feindrähtigem Leiter aus Kupfer mit einer maximal zulässigen Temperatur am Leiter von 180 °C. Geeignet für den Einsatz bei Umgebungstemperaturen über 55 °C, zur inneren Verdrahtung, insbesondere für Leuchten.

19.7.32 Sonder-Gummiaderleitung NSGAFÖU

Einadrige wärmebeständige Sonder-Gummiaderleitung mit einer maximal zulässigen Temperatur am Leiter von 90 °C. Die Isolierhülle besteht aus einer extrudierten Gummimischung, der Mantel aus Gummi auf Polychloroprenbasis. Zulässig in trockenen Räumen sowie in Schienenfahrzeugen und Omnibussen.

Bei $U_0/U = 1{,}8/3$ kV gilt die Leitung für den Niederspannungsbereich, z. B. in Schalt- und Verteilungsanlagen, als kurzschluss- und erdschlusssicher.

Firmenkennfäden gibt es in verschiedenen Ausführungen. Dabei ist zu beachten:

- Bei einem Einzelfaden, der in Längsrichtung unterschiedlich gefärbt (bedruckt) ist, werden die Farben durch einen Bindestrich getrennt. Beispiel rot-blau.
- Bei einem verdrillten Kennfaden, der aus zwei oder mehreren Einzelfäden besteht, werden die Farben durch einen Schrägstrich getrennt. Beispiel rot/blau.
- Bei einem Kennfaden, der aus zwei oder mehreren parallel verlaufenden Einzelfäden besteht, werden die Farben durch ein Pluszeichen getrennt. Beispiel rot + blau.
- Bei einem kombinierten Kennfaden, der aus Einzelfäden und aus verdrillten oder parallelen Fäden besteht, werden die Farben durch Klammern gekennzeichnet. Beispiel schwarz/(gelb-grün): Ein schwarzer Einzelfaden, der mit einem gelb-grün (bedruckten) Einzelfaden verdrillt ist.

Beispiele für Firmenkennfäden:

resedagrün	Bergmann Kabelwerke
rot-grün	Wiener Kabel- und Metallwerke
rot/grün	Kabelmetal
rot/(rot-blau-weiß)	Norsk Kabelfabrik
rot-weiß-grün-weiß	Siemens

Eine vollständige Aufstellung gibt Band 33 der VDE-Schriftenreihe (siehe Abschnitt 19.11 [5]).

Nach neuen Normen (z. B. DIN VDE 0276-604) ist es neben der Bedruckung auf dem Kabel bzw. dem Herstellerkennfaden auch möglich, die Angaben

- auf einem bedruckten Band oder
- durch eine farbliche Bedruckung auf der Isolierhülle einer Ader anzugeben

Die Kennzeichnung gilt als fortlaufend, wenn der nachfolgende Abstand zwischen dem Ende eines Kennzeichens und dem Beginn des nächsten folgende Werte nicht überschritten werden:

- 55 cm bei der Kennzeichnung auf der Manteloberfläche
- 27,5 cm bei der Kennzeichnung auf der Isolierhülle einer Ader oder auf einem Band in einem ummantelten Kabel

19.9 Farbige Kennzeichnung von Kabeln, Leitungen und blanken Schienen

19.9.1 Farbige Kennzeichnung für Mäntel von Kabeln und Leitungen

Die Farben von Kabel- und Leitungsaußenmänteln aus Gummi und Kunststoff waren bisher in DIN VDE 0206 (ersatzlos zurückgezogen) festgelegt und sind in **Tabelle 19.5** dargestellt. Tabelle 19.5 kann deshalb nur als Empfehlung angesehen werden. Es gibt inzwischen zahlreiche Ausnahmen.

Kabel- bzw. Leitungsart		Farbe
Starkstrom	bis 1 kV	Schwarz
	über 1 kV	Rot[1]
Starkstromleitungen bis 1 kV		Schwarz
Ausnahme: Feuchtraumleitungen		Weiß
Starkstromleitungen über 1 kV		Rot[1]
Ausnahme: Leuchtröhrenleitungen		Gelb
Kabel und Leitungen bis 1 kV		
für Bergwerke unter Tage		Gelb
für eigensichere Anlagen		Blau
Fernmeldekabel		
Außenkabel		Schwarz
Industrieanlagen		Grau
für eigensichere Anlagen		Blau
Fernmelde-Installationsleitungen		Schwarz
		Grau
		Elfenbein

[1] Kabel und Leitungen mit PE- oder VPE-Mantel sind schwarz

Tabelle 19.5 Farbfestlegung für Außenmäntel

Stegleitungen, bewegliche Leitungen für Leuchten, Haushalts- und Kleingeräte, einadrige Leitungen ohne Außenhülle und Sonder-Gummi-Aderleitungen sind von obigen Festlegungen ausgenommen.

Für Feuchtraumleitungen gelangen in der Praxis auch die Farben Grau und Elfenbein zur Anwendung. Halogenfreie Mantelleitungen sind lichtgrau eingefärbt.

Die Mäntel der Leitungen und Kabel sollen durchgehend gefärbt sein; eine Oberflächenfärbung allein genügt nicht.

19.9.2 Farbige Kennzeichnung für Adern von Kabeln und Leitungen

Für Leitungen und Kabel bestanden vor 1966 allein in Deutschland drei verschiedene Farbsysteme. Hinzu kam ein Farbsystem für blanke und isolierte Stromschienen in Schaltanlagen und Verteilungen.

Da in anderen Ländern ähnliche Situationen bestanden, wurde von IEC unter Mitarbeit von CENELEC eine neue Farbkennzeichnung erarbeitet. Die neue Farbkennzeichnung galt zunächst nur für Leitungen, später auch für Kabel.

Danach gelten heute die in **Tabelle 19.6** und **Tabelle 19.7** genannten Farben für die Aderkennzeichnung von Leitungen und Kabeln (siehe auch DIN VDE 0293). Zu beachten ist bei der Farbkennzeichnung noch, dass die bisher übliche Kennzeichnung **Hellblau** durch **Blau** ersetzt wurde.

Anzahl der Adern	Farben der Adern				
	Schutzleiter	Aktive Leiter			
3	Grün-Gelb	Blau	Braun		
4	Grün-Gelb	–	Braun	Schwarz	Grau
5	Grün-Gelb	Blau	Braun	Schwarz	Grau

Blanke konzentrische Leiter, wie metallene Mäntel, Armierungen oder Schirme, werden in dieser Tabelle nicht berücksichtigt. Ein konzentrischer Leiter ist durch seine Anordnung gekennzeichnet und braucht daher nicht durch Farben gezeichnet zu werden.

Tabelle 19.6 Farbkennzeichnung für Kabel und Leitungen mit grün-gelber Ader (Quelle: DIN VDE 0293-308:2003-01)

Anzahl der Adern	Farben der Adern				
2	Blau	Braun			
3	–	Braun	Schwarz	Grau	
4	Blau	Braun	Schwarz	Grau	
5	Blau	Braun	Schwarz	Grau	Schwarz

Blanke konzentrische Leiter, wie metallene Mäntel, Armierungen oder Schirme, werden in dieser Tabelle nicht berücksichtigt. Ein konzentrischer Leiter ist durch seine Anordnung gekennzeichnet und braucht daher nicht durch Farben gezeichnet zu werden.

Tabelle 19.7 Farbkennzeichnung von Kabeln und Leitungen ohne grün-gelbe Ader (Quelle: DIN VDE 0293-308:2003-01)

Für die in den Tabellen genannten Farben sind folgende Abkürzungen festgelegt:

- Grün-Gelb gn-ge
- Blau bl
- Braun br
- Schwarz sw
- Grau gr

Leitungen und Kabel mit sechs und mehr Adern sind, wenn eine grün-gelb gekennzeichnete Ader vorhanden ist, mit einer Ader gn-ge und den restlichen Adern sw mit Zahlenaufdruck versehen. Leitungen und Kabel ohne grün-gelb gekennzeichnete Ader besitzen nur schwarze Adern mit Zahlenaufdruck.

Leitungen mit grün-gelb gekennzeichneter Ader erhalten nach dem Buchstabenkennzeichen den Zusatz „-J" (z. B. NYM-J), Leitungen ohne grün-gelb gekennzeichnete Ader den Zusatz „-O" (z. B. NYM-O).

Die Kennzeichnung grün-gelb einer Ader muss so ausgeführt sein, dass aus jeder Sicht zu erkennen ist, dass der Leiter zweifarbig ist. Die Kennzeichnung muss so angebracht werden, dass auf jedem beliebigen 15 mm langen Leitungsstück das Verhältnis der Farben so ist, dass nicht weniger als 30 % und nicht mehr als 70 % einer Farbe vorhanden ist.

Hinsichtlich der Verwendung der verschieden gekennzeichneten Adern gilt für Kabel und Leitungen:

gn-ge sind der Schutzleiter und/bzw. der PEN-Leiter zu kennzeichnen; kein anderer Leiter darf diese Kennzeichnung erhalten

bl ist der Neutralleiter zu kennzeichnen; wenn kein Neutralleiter vorhanden ist, darf die bl gekennzeichnete Ader auch anderweitig verwendet werden (nicht als Schutzleiter!)

sw, br sind alle anderen Leiter – Außenleiter, Korrespondierender, Schalterdraht usw. – zu kennzeichnen; für den Schutzleiter und den PEN-Leiter dürfen sw und br keinesfalls verwendet werden

Anmerkung: Der PEN-Leiter ist an den Leiterenden (Anschlussstellen) zusätzlich „blau" zu markieren (siehe Abschnitt 14.7).

Für in Rohr verlegte einadrige Leitungen (z. B. H07V) ist folgende Regelung festgelegt. Der Schutzleiter bzw. PEN-Leiter ist auf alle Fälle gn-ge zu kennzeichnen. Der Neutralleiter und die Außenleiter dürfen beliebig gekennzeichnet werden. Die Einzelfarben Grün und Gelb und alle anderen mehrfarbigen Kennzeichnungen sind nicht zulässig.

Für blanke und isolierte Schienen sowie ähnliche Leiter gilt DIN 40705. In der Ausgabe Mai 1957 waren folgende Farben festgelegt:

Gelb	Außenleiter L1 (früher R)
Grün	Außenleiter L2 (früher S)
Violett	Außenleiter L3 (früher T)
Schwarz oder Grau	Schutzerde
Schwarz oder Grau mit weißen Querstreifen	vereinigte Schutz- und Betriebserde
Weiß mit schwarzen oder grauen Querstreifen	Betriebserde

Die genannte Norm wurde überarbeitet. Danach sind seit Januar 1975 die Außenleiter nicht mehr farbig zu kennzeichnen, sondern mit alphanumerischen Zeichen zu versehen (**Tabelle 19.8**). Die Isolation der Schienen oder Leiter soll vorzugsweise in Schwarz oder Braun ausgeführt werden. Es ist zulässig, den Neutralleiter hellblau zu kennzeichnen. Schutzleiter und PEN-Leiter müssen grün-gelb gekennzeichnet werden. Die Einzelfarben Grün und Gelb dürfen nicht verwendet werden. Ebenso sind alle zweifarbigen Kennzeichnungen (außer Grün-Gelb) nicht zulässig. Die Farbkennzeichnung muss durch geschlossene Streifen von 15 mm bis 100 mm Breite erfolgen.

Leiterbezeichnung	Kennzeichnung		
	alphanumerisch	Symbol	Farbe
Drehstrom-Außenleiter 1	L1		
Drehstrom-Außenleiter 2	L2		
Drehstrom-Außenleiter 3	L3		
Neutralleiter	N		bl
Gleichstrom Positiv	L+		
Gleichstrom Negativ	L–		
Mittelpunktsleiter	M		bl
Schutzleiter	PE	⏚	gn-ge
PEN-Leiter	PEN		gn-ge

Tabelle 19.8 Alphanumerische und farbliche Kennzeichnung von Schienen

Für „Fabrikfertige Schaltgeräte-Kombinationen“ gilt nach DIN EN 60439-1 (VDE 0660-500) bezüglich der Farbkennzeichnung:

Außenleiter und Neutralleiter sind vorzugsweise gleichfarbig in beliebiger Farbe auszuführen. Schutzleiter und PEN-Leiter sind in einer anderen Farbe zu halten als die Außenleiter und der Neutralleiter; eine Kennzeichnung grün-gelb ist zulässig. Die Anschlussstelle für den Schutzleiter bzw. PEN-Leiter ist gn-ge oder mit dem Schutzleiter-Kennzeichen ⏚ zu kennzeichnen.

Für Kleinverteilungen – hierzu gehören Zählertafeln – gilt nach DIN VDE 0606 bezüglich der Farbkennzeichnung das für „Fabrikfertige Schaltgeräte-Kombinationen“ Gesagte sinngemäß.

Für Bearbeitungs- und Verarbeitungsmaschinen gilt nach DIN EN 60204-1 (VDE 0113-1) bezüglich der Farbkennzeichnung:

- Bei mehradrigen Leitungen und Kabeln ist die Kennzeichnung nach DIN VDE 0293 vorzunehmen
- Bei einadrigen Leitungen und Kabeln sind folgende Farben zu wählen:
  - Schutzleiter Grün-Gelb
  - PEN-Leiter Grün-Gelb
  - Neutralleiter Blau
  - Hauptstromkreise Schwarz (Wechsel- und Gleichspannung)
  - Steuerstromkreise Rot bei Wechselspannung
Blau bei Gleichspannung
  - Verriegelungsstromkreise Orange (Wechsel- und Gleichspannung)

In **Bild 19.5** sind für verschiedene Anlageteile und Verlegearten die jeweils nach DIN VDE 0293 in Verbindung mit DIN IEC 60757 sowie DIN 40705 geforderten Farbkennzeichnungen dargestellt.

19.9.3 Zusammentreffen von Kabeln und Leitungen mit alter und neuer Farbkennzeichnung

Die neue Farbkennzeichnung, wie in Abschnitt 19.9.2 beschrieben, wurde durch VDE 0293:1966-11 eingeführt. Nachdem zunächst eine Übergangsfrist von etwa zwei Jahren bis zum 31.01.1969 vorgesehen war, wurde diese aus praktischen Gründen verlängert bis zum 30.06.1970 (siehe VDE 0100 e:1969-08).

Da es in der Praxis immer wieder vorkommt, dass bei Erweiterung einer Anlage ein Anschluss an eine Leitung/Kabel mit alter Farbkennzeichnung durchzuführen ist oder dass bei einer beweglichen Anschlussleitung mit alter Farbkennzeichnung eine Steckvorrichtung neu angeschlossen werden muss, ist es notwendig, auch die alten Farbfestlegungen zu kennen. In **Tabelle 19.9** ist die alte Farbkennzeichnung dargestellt.

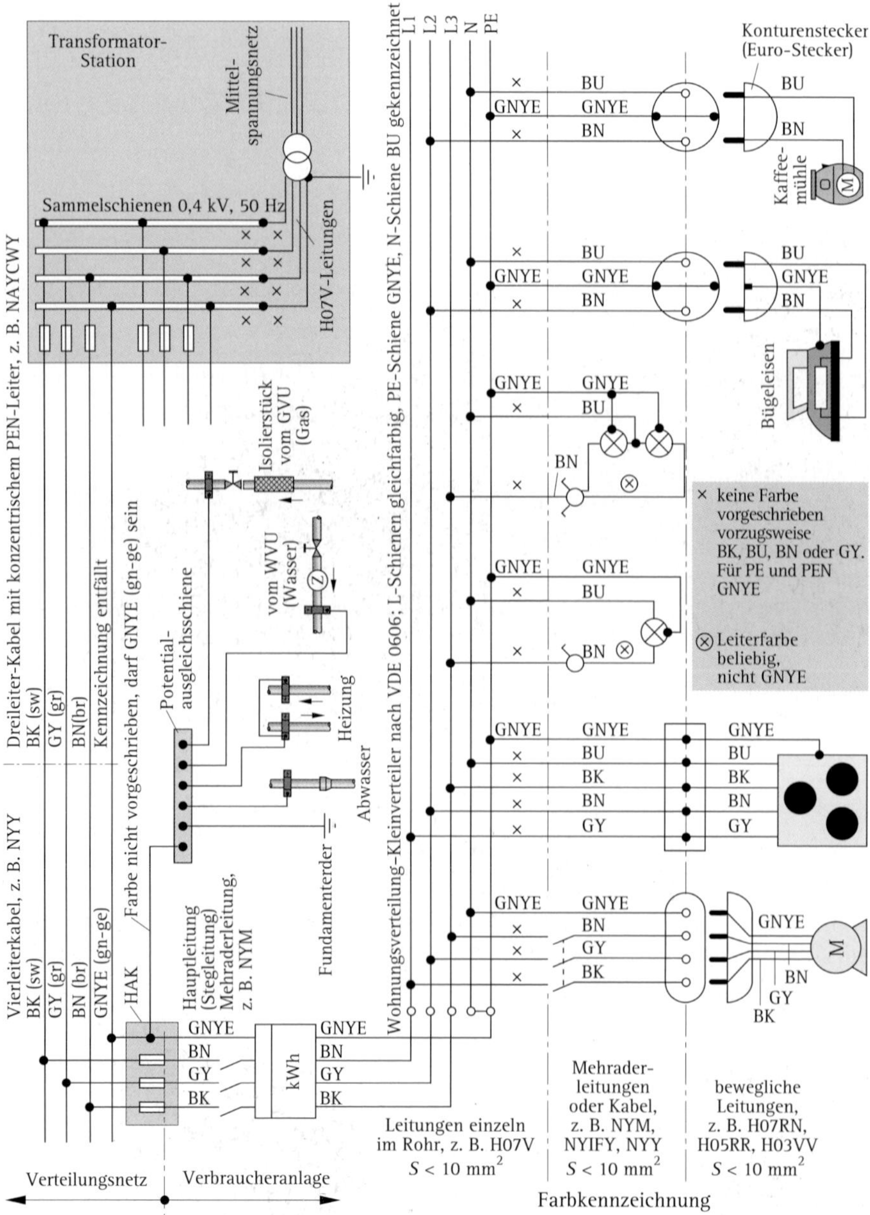

Bild 19.5 Farbkennzeichnung von Leitern

Anzahl der Adern	Farbkennzeichnung	Kurzzeichen
2	Grau/Schwarz	gr/sw
3	Grau/Schwarz/Rot	gr/sw/rt
4	Grau/Schwarz/Rot/Blau	gr/sw/rt/bl
5	Grau/Schwarz/Rot/Blau/Schwarz[1)]	gr/sw/rt/bl/sw[1)]

[1)] Bei Kabeln nach VDE 0265 und VDE 0271 war die fünfte Ader „gelb" gekennzeichnet.

Tabelle 19.9 Farbkennzeichnung von Leitungen nach VDE 0250 und Kabel nach VDE 0265 sowie VDE 0271, gültig für neue Anlagen bis 30.06.1970

Hinsichtlich der Verwendung galt für die feste Installation und für bewegliche Anschlüsse (alte Leiterbezeichnungen sind in Klammern angegeben):

- Farbkennzeichnung „Grau"

  zur Kennzeichnung der PEN-Leiter (Nullleiter, MpSL, Mp-SL oder Mp/SL), also dem vereinigten Schutzleiter (Schutzleiter, SL) und Neutralleiter (Mittelpunkt- oder Sternpunktleiter, Mp). Keine Ausschließlichkeit gefordert, kann auch als Außenleiter oder Schalterdraht verwendet werden
- Farbkennzeichnung „Rot"

  zur Kennzeichnung des Schutzleiters (Schutzleiter, SL). Keine Ausschließlichkeit gefordert, kann auch als Außenleiter oder Schalterdraht verwendet werden
- Farbkennzeichnung „Schwarz/Blau/Gelb"

  zur Kennzeichnung der Außenleiter L1/L2/L3 (Phasenleiter R, S, T) als Schalterdraht oder andere Leiter. Nicht zulässig zur Kennzeichnung von PEN- Leitern, Neutralleiter oder Schutzleiter

Da für die Farben „Rot" und „Grau" keine Ausschließlichkeit gefordert war, konnte z. B. die „rot" gekennzeichnete Ader einmal als Schutzleiter (Drehstromleitung mit fünf Adern) und einmal als Außenleiter (Drehstromleitung mit vier Adern) verwendet werden.

Bild 19.6, **Bild 19.7** und **Bild 19.8** zeigen Beispiele zur Anwendung der alten Farbkennzeichnung in Verbindung mit der neuen Farbkennzeichnung.

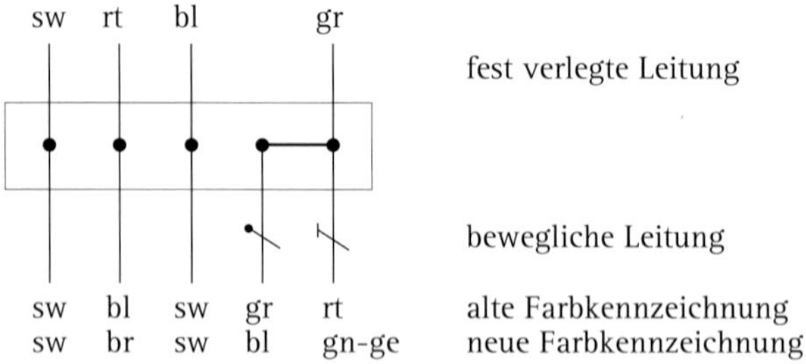

Bild 19.6 Alte Farbkennzeichnung bei einer Herdanschlussdose

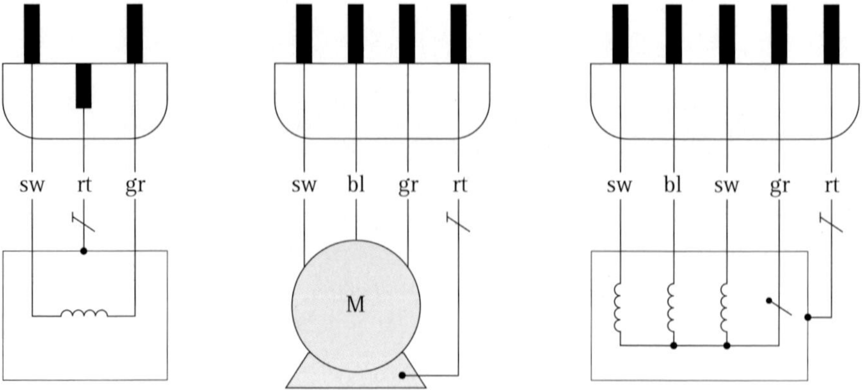

Bild 19.7 Alte Farbkennzeichnung für drei-, vier- und fünfadrige bewegliche Leitungen

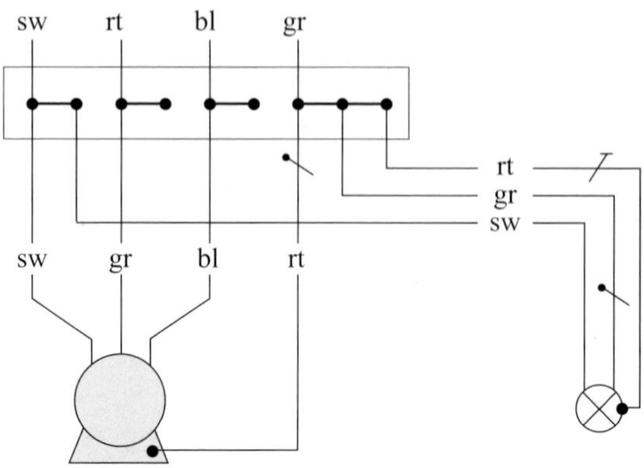

Bild 19.8 Alte Farbkennzeichnung beim Anschluss eines Motors und einer Leuchte

19.10 Farbcode zur Beschreibung von Leitungen

Bei Texten und Beschreibungen, in Zeichnungen und Schaltplänen werden häufig Kurzzeichen verwendet. Im Zuge der internationalen Normung sollen die Kurzbezeichnungen für die verschiedenen Farben festgelegt werden. Nach DIN IEC 60757 gelten seit 01.07.1986 die in **Tabelle 19.10** dargestellten Kurzzeichen.

Farbe	Kurzzeichen		Englischer Ausdruck, von dem das Kurzzeichen abgeleitet ist
	DIN 47002	DIN IEC 60757	
Schwarz	sw	BK	Black
Braun	br	BN	Brown
Rot	rt	RD	Red
Orange	or	OG	Orange
Gelb	ge	YE	Yellow
Grün	gn	GN	Green
Blau	bl	BU	Blue
Violett	vi	VT	Violet
Grau	gr	GY	Grey
Weiß	ws	WH	White
Rosa	rs	PK	Pink
Gold	–	GD	Gold
Türkis	tk	TQ	Turquoise
Silber	–	SR	Silver
Grün-Gelb	gn-ge	GNYE	Green-and-Yellow

Tabelle 19.10 Code zur Farbkennzeichnung

19.11 Literatur zu Kapitel 19

[1] Warner, A. (Hrsg.): Firmenzeichen an VDE-geprüften elektrotechnischen Erzeugnissen. VDE-Schriftenreihe, Bd. 24. 4. Aufl., Berlin und Offenbach: VDE VERLAG, 1993

[2] Heinhold, C.; Stubbe, R.: Kabel und Leitungen für Starkstrom. 5. Aufl., Erlangen: Publicis MCD Verlag, 1999

[3] Brüggemann, H.: Starkstrom-Kabelanlagen. Fachbuchreihe: Anlagentechnik für elektrische Verteilungsnetze. Bd. 1. VWEW-Verlag, Frankfurt a. M., und VDE VERLAG, Berlin, 1992

[4] Rittinghaus, D.; Retzlaff, E.: Lexikon der Kurzzeichen für Kabel und isolierte Leitungen nach VDE, CENELEC und IEC. VDE-Schriftenreihe, Bd. 29. 6. Aufl., Berlin und Offenbach: VDE VERLAG, 2003

[5] Warner, A. (Hrsg.): Internationales Register von Firmenkennfäden und Firmenkennzeichen für Kabel und isolierte Leitungen. VDE-Schriftenreihe, Bd. 33. 3. Aufl., Berlin und Offenbach: VDE VERLAG, 1996

[6] Warner, A.; Kloska, S.: Kurzzeichen an elektrischen Betriebsmitteln. VDE-Schriftenreihe, Bd. 15. 5. Aufl., Berlin und Offenbach: VDE VERLAG, 2006

[7] Hochbaum, A.; Hof, B.: Kabel- und Leitungsanlagen. Auswahl und Errichtung nach DIN VDE 0100-520. VDE-Schriftenreihe, Bd. 68. 2. Aufl., Berlin und Offenbach: VDE VERLAG, 2003

20 Bemessung von Leitungen und Kabeln und deren Schutz gegen zu hohe Erwärmung – DIN VDE 0100-430

Nach DIN VDE 0100-100 Abschnitt 131.4 gilt für den Schutz bei Überstrom folgender Merksatz:

Personen und Nutztiere müssen gegen Verletzungen und Sachwerte müssen gegen Schäden geschützt sein, die infolge zu hoher Temperaturen oder elektromechanischer Beanspruchungen entstehen können, verursacht durch jeden Überstrom, der erwartungsgemäß in den aktiven Leitern auftreten kann.

Dieser Schutz kann durch eine der folgenden Maßnahmen erreicht werden:

- automatische Abschaltung beim Auftreten eines Überstroms, bevor dieser Überstrom unter Berücksichtigung seiner Dauer einen gefährlichen Zustand bewirkt
- Begrenzen des maximalen Überstroms auf einen sicheren Wert entsprechend seiner Dauer

Nach DIN VDE 0100-430 (VDE 0100-430) Abschnitt 3 gilt: „Kabel und Leitungen müssen mit Überstromschutzeinrichtungen gegen zu hohe Erwärmung geschützt werden, die sowohl durch betriebsmäßige Überlast als auch bei vollkommenem Kurzschluss auftreten kann.“ Beim Schutz gegen Überströme (Überstromschutz) wird also unterschieden in

- **Schutz bei Überlast (Überlastschutz)**
- **Schutz bei Kurzschluss (Kurzschlussschutz)**

Durch die richtige Auswahl der Überstrom-Schutzeinrichtungen und die richtige Wahl der Einbaustelle können diese Forderungen erfüllt werden.

Anmerkung: Im Folgenden wird immer nur von Kabeln und Leitungen gesprochen; sinngemäß gleiche Aussagen gelten natürlich auch für Sammelschienen, Stromschienensysteme und ähnliche Anlagen.

20.1 Mindestquerschnitte – Teil 520 Abschnitt 524

Je nach Leitungstyp und Verlegeart sind aus mechanischen Gründen bestimmte Mindestquerschnitte vorgeschrieben. Sie sind in **Tabelle 20.1** (Teil 520 Tabelle 52J) wiedergegeben.

Arten von Kabel- und Leitungssystemen (-anlagen)		Anwendung des Stromkreises	Leiter	
			Werkstoff	Mindestquerschnitt in mm^2
feste Verlegung	Kabel, Mantelleitungen und Aderleitungen	Leistungs- und Lichtstromkreise	Cu Al[1)]	1,5 16[1)] (siehe Anmerkung 1)
		Melde- und Steuerstromkreise	Cu	0,5 (siehe Anmerkung 2)
	blanke Leiter	Leistungsstromkreise	Cu Al	10 16 (siehe Anmerkung 4)
		Melde- und Steuerstromkreise	Cu	4 (siehe Anmerkung 4)
bewegliche Verbindungen mit isolierten Leitern und Kabeln		für ein besonderes Betriebsmittel	Cu	wie in der entsprechenden IEC-Publikation angegeben
		für andere Anwendungen		0,75 (siehe Anmerkung 3)
		Kleinspannung für besondere Anwendung		0,75

Anmerkung 1: Verbinder zum Anschluss von Aluminiumleitern sollten für diesen Werkstoff geprüft und zugelassen sein

Anmerkung 2: In Melde- und Steuerstromkreisen für elektronische Betriebsmittel ist ein Mindestquerschnitt von 0,1 mm^2 zulässig

Anmerkung 3: Für vieladrige flexible Leitungen mit sieben oder mehr Adern gilt Anmerkung 2

Anmerkung 4: Besondere Anforderungen an Lichtstromkreise mit Kleinspannung (ELV) sind in Beratung

[1)] 16 mm^2 ist der kleinste bei Aluminium genormte Querschnitt

Tabelle 20.1 Mindestquerschnitte für Leitungen (Quelle: DIN VDE 0100-520:2003-06)

20.2 Spannungsfall – Teil 520 Abschnitt 525

Um einen ordnungsgemäßen Betrieb zu gewährleisten, dürfen bestimmte Grenzwerte der Spannung nicht unter- bzw. überschritten werden. In den Gerätebestimmungen ist in der Regel eine Spannungsdifferenz von ±10 % zugelassen, bezogen auf die Bemessungsspannungen des Betriebsmittels. Nach Teil 520 muss bei einem Spannungsfall von 4 % der einwandfreie Betrieb einer Anlage immer gewährleistet sein. Abweichungen hiervon sind zulässig bei Verbrauchsmitteln mit hohen Einschaltströmen, z. B. beim Anlaufen von Motoren.

Für Anlagen im Wohnungsbereich sind in den TAB Abschnitt 6.2.5 für Hauptstromversorgungssysteme, d. h. für die Leitung zwischen der Übergabestelle des EVU/VNB (Haushaltsanschlusskasten oder Umspannstation im Gebäude) und den Messeinrichtungen (Zähler), die in **Tabelle 20.2** geforderten Werte genannt.

Leistungsbedarf	zulässiger maximaler Spannungsfall
bis 100 kVA	0,5 %
über 100 kVA bis 250 kVA	1,0 %
über 250 kVA bis 400 kVA	1,25 %
über 400 kVA	1,5 %

Tabelle 20.2 Zulässiger Spannungsfall für Hauptstromversorgungssysteme nach TAB

In Verbraucheranlagen ist nach DIN 18015-1 Abschnitt 5.2.1 für die einzelnen Stromkreise folgender maximaler Spannungsfall zulässig:

- 3,0 % (früher 1,5 %) für Beleuchtungs- und/oder Steckdosenstromkreise von der Messeinrichtung (Zähler) bis zu den Steckdosen bzw. Leuchten
- 3,0 % für Verbrauchsmittel mit separatem Stromkreis von der Messeinrichtung (Zähler) bis zur Verbrauchseinrichtung (Beispiele: Separate Stromkreise für Elektro-Herde, Durchlauferhitzer, Warmwasserspeicher, Nachtstromspeichergeräte usw.)

Bei der Berechnung des Spannungsfalls ist der Nennstrom der vorgeschalteten Überstrom-Schutzeinrichtung zugrunde zu legen.

Tabellen und weitere Aussagen zum Spannungsfall siehe Anhang B.

Die Berechnung des Spannungsfalls kann nach folgenden grundsätzlichen Beziehungen erfolgen:

Gleichstrom

$$\Delta U = \frac{2 \cdot L \cdot I}{\kappa \cdot S} = \frac{2 \cdot L \cdot P}{\kappa \cdot S \cdot U} \tag{20.1}$$

Einphasen-Wechselstrom

$$\Delta U = \frac{2 \cdot I \cdot L}{\kappa \cdot S} \cdot \cos\varphi \tag{20.2}$$

Drehstrom

$$\Delta U = \frac{\sqrt{3} \cdot I \cdot L}{\kappa \cdot S} \cdot \cos\varphi \tag{20.3}$$

Der absolute Spannungsfall ΔU in Volt wird durch folgende Beziehung in den prozentualen Spannungsfall ε umgerechnet:

$$\varepsilon = \frac{\Delta U}{U} \cdot 100\ \% \tag{20.4}$$

In den Gln. (20.1) bis (20.4) bedeuten:

ΔU Spannungsfall in V (absolut)

ε prozentualer Spannungsfall in %

L Leitungslänge in m

I Strom in A

P Wirkleistung in W

S Querschnitt in mm^2

κ spezifische Leitfähigkeit in $m/(\Omega\, mm^2)$

U Nennspannung in V

φ Phasenverschiebung (Winkel zwischen Strom und Spannung)

Beispiel:

Von einer Verteilung aus soll ein 230-V-Wechselstrommotor, Leistungsaufnahme 2,5 kW, $\cos\varphi = 0{,}7$, angeschlossen werden. Die Leitungslänge ist 16 m; es gelangt NYM $3 \times 2{,}5\ mm^2$ zur Anwendung. Gesucht ist der Spannungsfall!

$$I = \frac{P}{U \cdot \cos\varphi} = \frac{2500\ W}{230\ V \cdot 0{,}7} = 15{,}5\ A$$

20

$$\Delta U = \frac{2 \cdot I \cdot L}{\kappa \cdot S} \cdot \cos\varphi = \frac{2 \cdot 15{,}5\ A \cdot 16\ m}{56\ m/\left(\Omega\ mm^2\right) \cdot 2{,}5\ mm^2} \cdot 0{,}7 = 2{,}48\ V$$

$$\varepsilon = \frac{\Delta U}{U} \cdot 100\ \% = \frac{2{,}48\ V}{230\ V} \cdot 100\ \% = 1{,}08\ \%$$

Für den häufig vorkommenden Fall bei Drehstrom mit $U_0/U = 230/400$ V und einer symmetrischen Belastung mit $\cos\varphi = 0{,}9$ (normale Versorgung) oder $\cos\varphi = 1{,}0$ (Wärmegeräte für Warmwasser oder Raumheizung) empfiehlt sich die Anwendung folgender vereinfachter Berechnungsmethode. Aus **Bild 20.1** ergibt sich der Spannungsfall allgemein zu:

$$\Delta U = I\left(R \cdot \cos\varphi + X \cdot \sin\varphi\right) + \delta_u \tag{20.5}$$

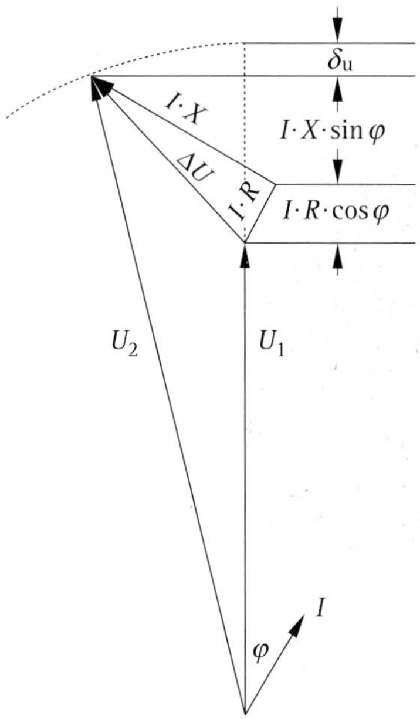

Bild 20.1 Spannungsfall

Dabei ist U_2 die Einspeisespannung und U_1 die Spannung, die am Verbraucher zur Verfügung steht. Der Wert δ_u ist in der Praxis so klein, dass er bedenkenlos vernachlässigt werden kann. Für eine symmetrisch belastete Drehstromleitung ergibt sich daraus folgende Beziehung:

$$\Delta U = \sqrt{3} \cdot I \left(R \cdot \cos\varphi + X \cdot \sin\varphi\right) \tag{20.6}$$

Mit den folgenden allgemein gültigen Gleichungen:

$$I = \frac{P}{\sqrt{3} \cdot U \cdot \cos\varphi}, \quad R = L \cdot r \cdot 10^{-3}, \quad X = L \cdot x \cdot 10^{-3} \quad \text{und} \quad \varepsilon = \frac{\Delta U}{U} \cdot 100$$

die in Gl. (20.6) eingesetzt werden, ergibt sich nach Umstellung die zugeschnittene Größengleichung für den prozentualen Spannungsfall zu:

$$\varepsilon = P \cdot L \cdot \frac{100 \cdot r}{U^2} \left(1 + \frac{x}{r} \tan\varphi\right) \tag{20.7}$$

Nach Zusammenfassung der konstanten Größen zu einem Faktor (v-Faktor) lässt sich folgende einfache Beziehung angeben:

$$\varepsilon = P \cdot L \cdot v \cdot 10^{-4} \tag{20.8}$$

Der v-Faktor ergibt sich dann zu:

$$v = \frac{10^6 \cdot r}{U^2} \left(1 + \frac{x}{r} \tan\varphi\right) \tag{20.9}$$

Für $\cos\varphi = 0{,}9$ und $U = 400$ V gilt:

$$v = 6{,}25\,(r + 0{,}484 \cdot x)$$

Für $\cos\varphi = 1{,}0$ und $U = 400$ V gilt:

$$v = 6{,}25 \cdot r$$

Die v-Faktoren der gebräuchlichsten Leitungen und Kabel sind in **Tabelle 20.3** zusammengestellt. Die v-Faktoren gelten für eine Leitertemperatur von 20 °C, die sicherlich nicht in allen Fällen zutreffend ist. Eine höhere Leitertemperatur führt zu einem höheren Leiterwiderstand und so auch zu einem größeren Spannungsfall. In der Praxis kann dies berücksichtigt werden, wenn pro 10 K Temperatur-

Querschnitt	v-Faktoren in $W^{-1} \cdot km^{-1}$					
	NYM; NYY[1]		NAYCWY		NAYY	
mm^2	$\cos\varphi = 0{,}9$	$\cos\varphi = 1{,}0$	$\cos\varphi = 0{,}9$	$\cos\varphi = 1{,}0$	$\cos\varphi = 0{,}9$	$\cos\varphi = 1{,}0$
1,5	74,035	73,688	–	–	–	–
2,5	44,537	44,204	–	–	–	–
4	27,945	27,621	–	–	–	–
6	18,750	8,448	–	–	–	–
10	11,597	11,313	–	–	–	–
16	7,404	7,131	–	–	–	–
25	4,785	4,525	7,748	7,506	7,766	7,506
35	3,539	3,288	5,708	5,475	5,726	5,475
50	2,682	2,431	4,245	4,013	4,264	4,013
70	1,942	1,694	2,999	2,775	3,023	2,775
95	1,479	1,231	2,230	2,006	2,254	2,006
120	1,223	0,981	1,812	1,594	1,836	1,594
150	1,023	0,781	1,518	1,300	1,542	1,300
185	0,873	0,631	1,261	1,044	1,286	1,044

[1] Die Werte für NYM und NYY können mit ausreichender Genauigkeit auch für Stegleitungen, Bleimantelleitungen, Kunststoffschlauch- und Gummischlauchleitungen verwendet werden.

Tabelle 20.3 v-Faktoren für Leitungen und Kabel

erhöhung das Ergebnis um 4 % (Korrekturfaktor 1,04) korrigiert wird. Bei einer angenommenen Leitertemperatur von 50 °C, also 30 K Temperaturerhöhung, würde eine Korrektur um 3 · 4 % = 12 % erforderlich, d. h., der Korrekturfaktor liegt bei 1,12.

Bei mehreren, hintereinander geschalteten Leitungsstücken ist Gl. (20.8) mehrmals, also für jedes Leitungsstück getrennt, anzuwenden, wobei P dann die durch den betreffenden Leitungsabschnitt zu übertragende Leistung darstellt.

$$P_1 = P_A + P_B + \ldots + P_N$$

$$P_2 = P_B + \ldots + P_N$$

Mit dem so aufgestellten Lastflussplan, den **Bild 20.2** zeigt, ist die Berechnung des Spannungsfalls dann möglich.

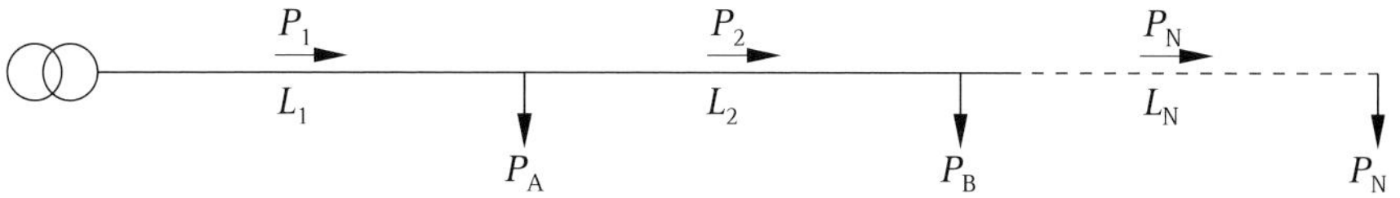

Bild 20.2 Spannungsfall; Lastflussdarstellung

Die Berechnung des Spannungsfalls für das in Bild 20.2 dargestellte Leitungsgebilde ergibt, in ausführlicher Schreibweise dargestellt:

$$\varepsilon = \left(P_1 \cdot L_1 \cdot v_1 + P_2 \cdot L_2 \cdot v_2 + \ldots + P_N \cdot L_N \cdot v_N\right) \cdot 10^{-4}$$

Vereinfacht lässt sich die Beziehung auch wie folgt schreiben:

$$\varepsilon = \sum_{i=1}^{N} (P_i \cdot L_i \cdot v_i) \cdot 10^{-4} \qquad (20.10)$$

Gl. (20.10) gilt für eine symmetrisch belastete Drehstromleitung. Aus den Gln. (20.2) und (20.3) kann ermittelt werden, dass bei Belastung mit Wechselstrom (gleiche Leistung vorausgesetzt) der Spannungsfall das Sechsfache des Spannungsfalls bei Drehstrom beträgt. Es gilt deshalb für Einphasen-Wechselströme:

$$\varepsilon = 6 \sum_{i=1}^{N} (P_i \cdot L_i \cdot v_i) \cdot 10^{-4} \qquad (20.11)$$

In den Gln. (20.5) bis (20.11) bedeuten:

ΔU Spannungsfall in V (absolut)

ε Spannungsfall in %

R Ohm'scher Widerstand in Ω

r Ohm'scher Widerstand in Ω/km

X induktiver Widerstand in Ω

x induktiver Widerstand in Ω/km

L einfache Leitungslänge in m

U Spannung zwischen den Außenleitern in V

φ Phasenverschiebung (zwischen U und I)

P Wirkleistung in kW

I Strom in A

v v-Faktor (siehe Tabelle 20.3) in $W^{-1} \cdot km^{-1}$

i Laufindex zwischen 1 und N

Beispiel:

Ein Schmelzofen mit einer Drehstromleistung von 116 kW bei $\cos\varphi = 1{,}0$ soll über ein Kabel NAYY $4 \times 120\ mm^2$, Länge 160 m von einer Verteilung aus, angeschlossen werden (**Bild 20.3**). Der Spannungsfall ist zu bestimmen!

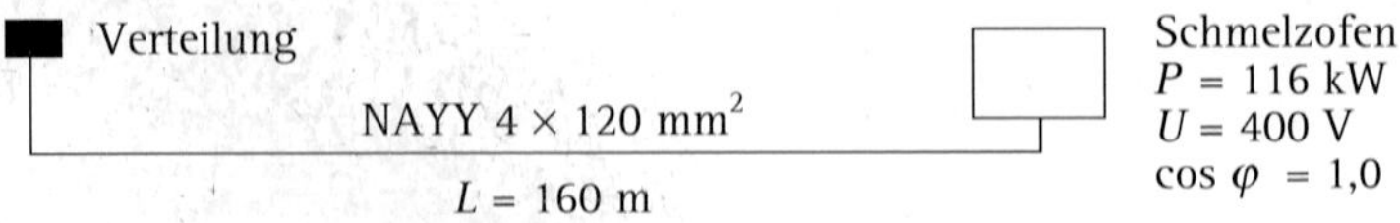

Bild 20.3 Beispiel Schmelzofen

Berechnung des Spannungsfalls nach den Gln. (20.3) und (20.4):

$$I = \frac{P}{\sqrt{3} \cdot U \cdot \cos\varphi} = \frac{116\,000\ \text{W}}{\sqrt{3} \cdot 400\ \text{V} \cdot 1{,}0} = 167{,}4\ \text{A}$$

$$\Delta U = \sqrt{3} \cdot I \cdot L\,(r \cdot \cos\varphi + x \cdot \sin\varphi)$$

$$= \sqrt{3} \cdot 167{,}4\ \text{A} \cdot 0{,}16\ \text{km}\left(0{,}255\ \Omega/\text{km} \cdot 1{,}0 + 0{,}080\ \Omega/\text{km} \cdot 0{,}0\right) = 11{,}83\ \text{V}$$

$$\varepsilon = \frac{\Delta U}{U} \cdot 100\ \% = \frac{11{,}83\ \text{V}}{400\ \text{V}} \cdot 100\ \% = 2{,}958\ \%$$

Berechnung des Spannungsfalls nach Gl. (20.8):

$$\varepsilon = P \cdot L \cdot v \cdot 10^{-4}$$

$$= 116\ \text{kW} \cdot 160\ \text{m} \cdot 1{,}594\ \text{W}^{-1} \cdot \text{km}^{-1} = 2{,}958\ \%$$

Beispiel:

In einem Industriebetrieb ist der in **Bild 20.4** dargestellte Versorgungsfall gegeben. Die Versorgungsspannung beträgt 400 V; alle Verbraucher sind auf $\cos\varphi = 0{,}9$ kompensiert. Der Spannungsfall ist für die Unterverteilungen und an den Anschlussstellen der Verbraucher zu bestimmen!

Zunächst ist ein Lastflussbild zu erstellen (**Bild 20.5**):

Berechnung des Spannungsfalls für die verschiedenen Einzelstrecken:

Leitungsstück L_1 von der HV zur UV 1:

$$\varepsilon_1 = P \cdot L_1 \cdot v \cdot 10^{-4} = 135 \cdot 80 \cdot 1{,}223 \cdot 10^{-4}\ \% = 1{,}32\ \%$$

Leitungsstück L_2 von der UV 1 zur UV 2:

$$\varepsilon = P \cdot L_2 \cdot v \cdot 10^{-4} = 75 \cdot 120 \cdot 1{,}942 \cdot 10^{-4}\ \% = 1{,}75\ \%$$

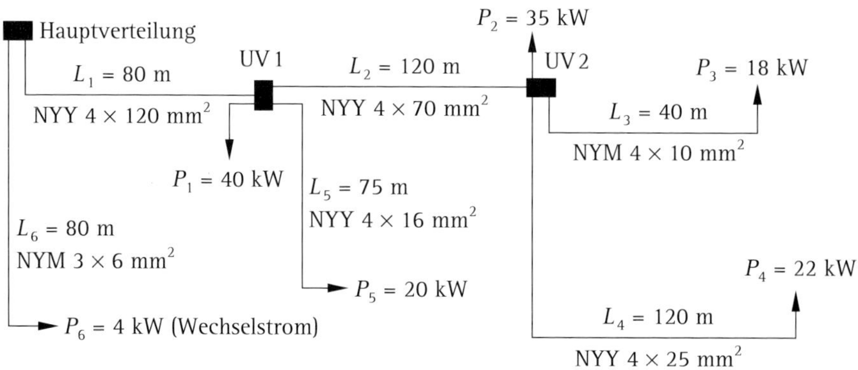

Bild 20.4 Beispiel Industriebetrieb

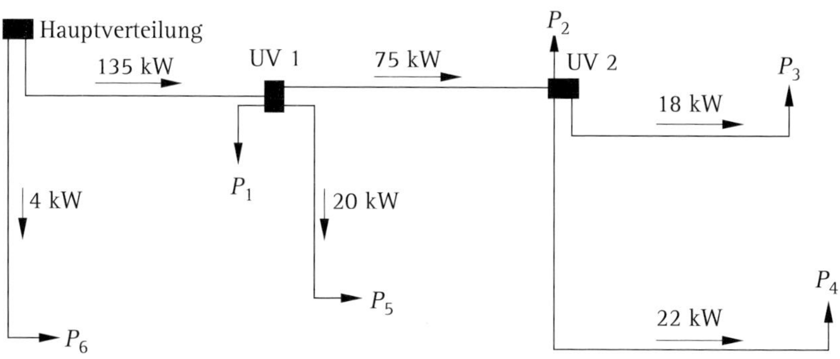

Bild 20.5 Lastflussbild

20

Leitungsstück L_3 von der UV 2 zum Verbraucher 3:

$$\varepsilon_3 = P_3 \cdot L_3 \cdot v \cdot 10^{-4} = 18 \cdot 40 \cdot 11{,}579 \cdot 10^{-4}\ \% = 0{,}83\ \%$$

Leitungsstück L_4 von der UV 2 zum Verbraucher 4:

$$\varepsilon_4 = P_4 \cdot L_4 \cdot v \cdot 10^{-4} = 22 \cdot 120 \cdot 4{,}785 \cdot 10^{-4}\ \% = 1{,}26\ \%$$

Leitungsstück L_5 von der UV 1 zum Verbraucher 5:

$$\varepsilon_5 = P_5 \cdot L_5 \cdot v \cdot 10^{-4} = 20 \cdot 75 \cdot 7{,}404 \cdot 10^{-4}\ \% = 1{,}11\ \%$$

Leitungsstück L_6 von der HV zum Verbraucher 6 (P_6 = Wechselstrombelastung):

$$\varepsilon_6 = 6 \cdot P_6 \cdot L_6 \cdot v \cdot 10^{-4} = 6 \cdot 4 \cdot 80 \cdot 18{,}750 \cdot 10^{-4}\ \% = 3{,}60\ \%$$

Damit ergeben sich für die gefragten Stellen folgende Spannungsfälle:

$$\varepsilon_{UV1} = \varepsilon_1 = 1{,}32\ \%$$

$$\varepsilon_{UV2} = \varepsilon_1 + \varepsilon_2 = 1{,}32\ \% + 1{,}75\ \% = 3{,}07\ \%$$

$$\varepsilon_{P3} = \varepsilon_{UV2} + \varepsilon_3 = 3{,}07\ \% + 0{,}83\ \% = 3{,}90\ \%$$

$$\varepsilon_{P4} = \varepsilon_{UV2} + \varepsilon_4 = 3{,}07\ \% + 1{,}26\ \% = 4{,}33\ \%$$

$$\varepsilon_{P5} = \varepsilon_{UV1} + \varepsilon_5 = 1{,}32\ \% + 1{,}11\ \% = 2{,}43\ \%$$

$$\varepsilon_{P6} = \varepsilon_6 = 3{,}6\ \%$$

20.3 Strombelastbarkeit

20.3.1 Strombelastbarkeit isolierter Leitungen und nicht im Erdreich verlegter Kabel

20

Es gilt folgende Grundregel:

Die Strombelastbarkeit (Dauerstrombelastbarkeit, Dauerbelastung) ist von der Verlegeart, von der Umgebungstemperatur und von den Umgebungsbedingungen abhängig.

20.3.1.1 Referenzverlegearten

Nach DIN VDE 0298-4 sind die Werte für die Strombelastbarkeit bei verschiedenen Umgebungsbedingungen (Referenzbedingungen) festgelegt. Vereinbarte Referenzbedingungen hinsichtlich der Verlegeart als Grundlage der zulässigen Strombelastbarkeit sind:

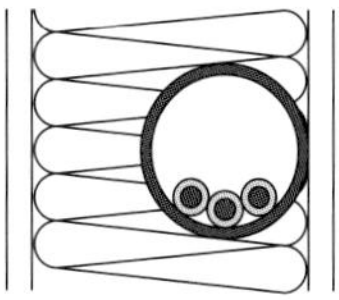

Bild 20.6 Verlegeart A1

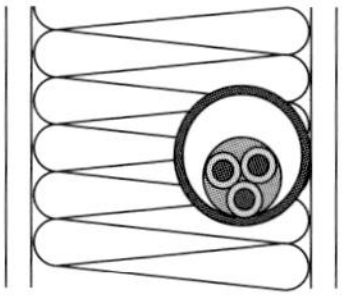

Bild 20.7 Verlegeart A2

- Verlegeart A1 (**Bild 20.6**)
  Aderleitungen im Elektroinstallationsrohr in einer wärmegedämmten Wand. Es wird angenommen, dass die wärmegedämmte Wand aus einer äußeren wetterfesten Platte und einer inneren Platte aus Holz oder holzähnlichem Material besteht. Der Wärmeleitwiderstand der inneren Platte darf höchstens bei 0,1 K·m/W liegen. Das Elektroinstallationsrohr ist so auf der inneren Wand angebracht, dass es dicht an diese Wand anschließt, sie aber nicht unbedingt berühren muss. Die Verlustwärme wird nur über die innere Platte abgeführt. Das Elektroinstallationsrohr kann aus Metall oder Kunststoff bestehen.
- Verlegeart A2 (**Bild 20.7**)
  Mehradrige Kabel oder mehradrige Mantelleitungen im Elektroinstallationsrohr in einer wärmegedämmten Wand. Für den Aufbau der Wand gelten die Randbedingungen wie bei Verlegeart A1 beschrieben.
- Verlegeart B1 (**Bild 20.8**)
  Verlegung von Aderleitungen, einadrigen Mantelleitungen oder einadrigen Kabeln auf oder in Wänden in Elektroinstallationsrohren oder Elektroinstallationskanälen. Gilt auch für die freie Verlegung, wenn der Abstand des Elektroinstallationsrohrs zur Wand kleiner als der 0,3-fache Rohrdurchmesser ist.
- Verlegeart B2 (**Bild 20.9**)
  Mehradrige Leitungen und mehradrige Kabel in Elektroinstallationsrohren auf oder in der Wand oder in Elektroinstallationskanälen auf der Wand. Gilt auch, wie bei Verlegeart B1, wenn der Abstand des Elektroinstallationsrohrs kleiner als der 0,3-fache Außendurchmesser des Elektroinstallationsrohrs ist.
- Verlegeart C (**Bild 20.10**)
  Ein- oder mehradrige Mantelleitungen oder Kabel auf einer Wand und direkt im Mauerwerk oder Beton mit einem spezifischem Wärmeleitwiderstand von höchstens 2 K·m/W. Stegleitungen im und unter Putz.

Anmerkung: Die Belastbarkeit für die Verlegearten B1, B2 und C wurden ermittelt für die Verlegung auf einer Holzwand als thermisch ungünstigste Bedingung. Für andere Wandarten, z. B. Mauerwerk, Putz, Gipskartonplatten usw., liegen diese Belastbarkeiten auf der sicheren Seite. Dies gilt ebenso für die Verlegung in der Wand.

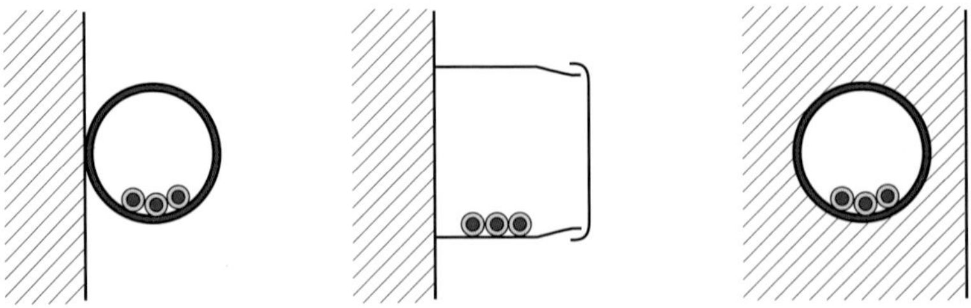

Bild 20.8 Verlegeart B1

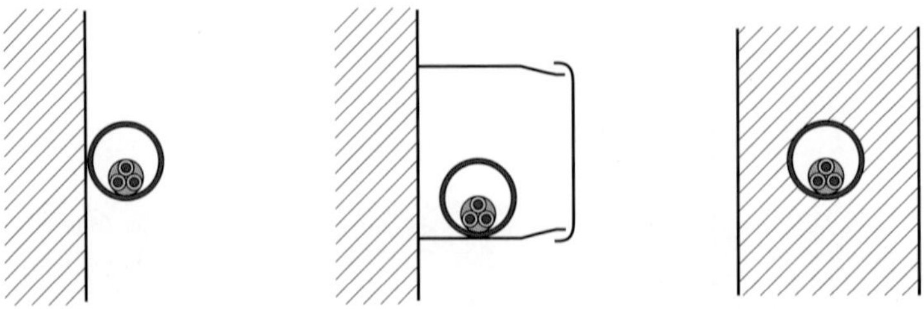

Bild 20.9 Verlegeart B2

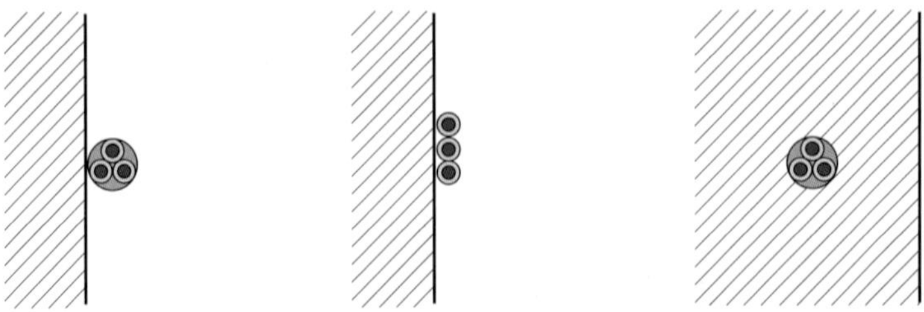

Bild 20.10 Verlegeart C

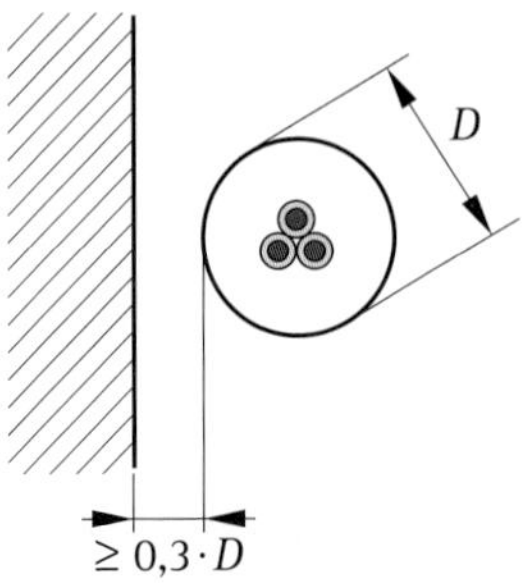

Bild 20.11 Verlegeart E

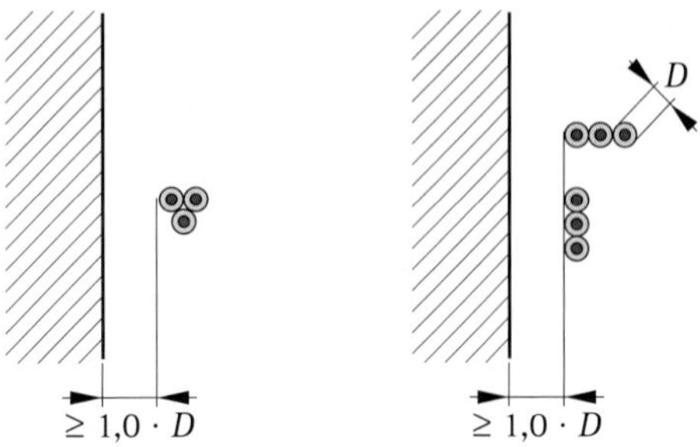

Bild 20.12 Verlegeart F

- Verlegeart E (**Bild 20.11**)
  Mehradrige Mantelleitung oder mehradrige Kabel frei in Luft verlegt, wobei ein Abstand zur Wand von mindestens 0,3 · D einzuhalten ist.
- Verlegeart F (**Bild 20.12**)
  Einadrige Mantelleitung oder einadrige Kabel mit gegenseitiger Berührung frei in Luft verlegt, wobei ein Abstand zur Wand von mindestens 1,0 · D einzuhalten ist.
- Verlegeart G (**Bild 20.13**)
  Einadrige Mantelleitungen oder einadrige Kabel mit gegenseitigem Abstand (mindestens 1.0 · D) frei in Luft verlegt, bei einem Abstand von mindestens 1.0 · D zur Wand.

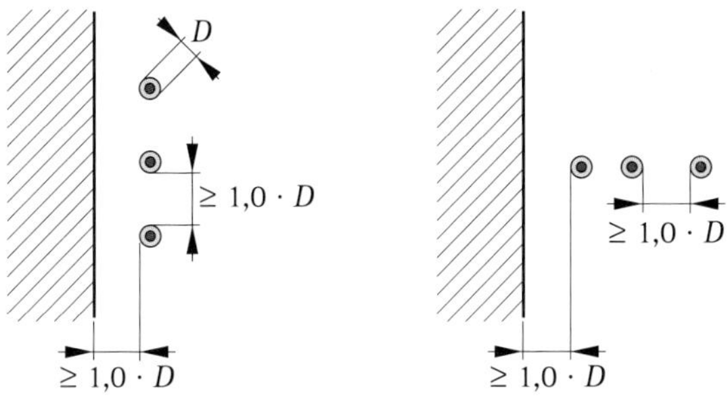

Bild 20.13 Verlegeart G

20.3.1.2 Strombelastbarkeit bei Referenzbedingungen

Die zulässige Strombelastbarkeit I_z bei den verschiedenen Verlegearten für Leitungen und Kabel mit zwei oder drei belasteten Adern ist in **Tabelle 20.4** für eine Umgebungstemperatur (Raumtemperatur) von 30 °C aufgezeigt. Die Tabellenwerte wurden von CENELEC für den regionalen Bereich (Europa) erarbeitet. Für Deutschland kann im Jahresmittel mit einer Umgebungstemperatur von 25 °C gerechnet werden, sodass die zulässige Strombelastbarkeit um etwa 6 % höher liegt. **Tabelle 20.5** zeigt die entsprechenden Werte.

Die Strombelastbarkeit I_z von frei in Luft verlegten einadrigen Leitungen und auf oder an Flächen verlegten mehradrigen Leitungen sowie von wärmebeständigen Leitungen enthält **Tabelle 20.6**.

Für Gummischlauchleitungen der Bauarten H07RN-F und A07RN-F im industriellen Anwendungsbereich sind die Strombelastbarkeitswerte I_z für einadrige bis fünfadrige Ausführung der **Tabelle 20.7** zu entnehmen.

Werte für die Strombelastbarkeit I_z von schweren Gummischlauchleitungen NSSHÖU und Leitungstrossen NTMWÖU und NTSWÖU können **Tabelle 20.8** entnommen werden.

20

zulässige Betriebstemperatur am Leiter	70 °C																
Umgebungstemperatur	30 °C																
Referenzverlegeart[1]	A1		A2		B1		B2		C		E		F			G	
Anzahl der belasteten Adern	2	3	2	3	2	3	2	3	2	3	2	3	2	3			
Nennquerschnitt, Kupferleiter in mm^2	Strombelastbarkeit I_z in A																
1,5	15,5[2]	13,5	15,5[2]	13,0	17,5	15,5	16,5	15,0	19,5	17,5	22	18,5	–	–	–	–	–
2,5	19,5	18,0	18,5	17,5	24	21	23	20	27	24	30	25	–	–	–	–	–
4	26	24	25	23	32	28	30	27	36	32	40	34	–	–	–	–	–
6	34	31	32	29	41	36	38	34	46	41	51	43	–	–	–	–	–
10	46	42	43	39	57	50	52	46	63	57	70	60	–	–	–	–	–
10	–	–	–	–	–	–	–	47,17[3]		59,43[3]	–	–	–	–	–	–	–
16	61	56	57	52	76	68	69	62	85	76	94	80	–	–	–	–	–
25	80	73	75	68	101	89	90	80	112	96	119	101	131	114	110	146	130
35	99	89	92	83	125	110	111	99	138	119	148	126	162	143	137	181	162
50	119	108	110	99	151	134	133	118	168	144	180	153	196	174	167	219	197
70	151	136	139	125	192	171	168	149	213	184	232	196	251	225	216	281	254
95	182	164	167	150	232	207	201	179	258	223	282	238	304	275	264	341	311
120	210	188	192	172	269	239	232	206	299	259	328	276	352	321	308	396	362
150	240	216	219	196	–	–	–	–	344	299	379	319	406	372	356	456	419
185	273	245	248	223	–	–	–	–	392	341	434	364	463	427	409	521	480
240	320	286	291	261	–	–	–	–	461	403	514	430	546	507	485	615	569
300	367	328	334	298	–	–	–	–	530	464	593	497	629	587	561	709	659

[1] Bei Kabeln mit konzentrischem Leiter gilt die Belastbarkeit nur für mehradrige Ausführungen. Weitere Belastbarkeiten für Kabel siehe auch DIN VDE 0276-603, Hauptabschnitt 3G, Tabelle 15.
[2] Weitere Verlegearten siehe DIN VDE 0298-4, Tabelle 7.
[3] Gilt nicht für Verlegungen auf einer Holzwand und nicht für die Anwendung von Umrechnungsfaktoren.

Tabelle 20.4 Strombelastbarkeit I_z von Leitungen und Kabeln für feste Verlegung in Gebäuden; Betriebstemperatur 70 °C; Umgebungstemperatur 30 °C (Quelle: DIN VDE 0298-4:2003-08)

zulässige Betriebstemperatur am Leiter	70 °C																
Umgebungstemperatur	25 °C																
Referenzverlegeart[1]	A1		A2		B1		B2		C		E		F			G	
Anzahl der belasteten Adern	2	3	2	3	2	3	2	3	2	3	2	3	2	3			
Nennquerschnitt, Kupferleiter in mm^2	Strombelastbarkeit I_z in A																
1,5	16,5[2]	14,5	16,5[2]	14,0	18,5	16,5	17,5	16,0	21	18,5	23	19,5	–	–	–	–	–
2,5	21	19,0	19,5	18,5	25	22	24	21	29	25	32	27	–	–	–	–	–
4	28	25	27	24	34	30	32	29	38	34	42	36	–	–	–	–	–
6	36	33	34	31	43	38	40	36	49	43	54	46	–	–	–	–	–
10	49	45	46	41	60	53	55	49	67	60	74	64	–	–	–	–	–
10	–	–	–	–	–	–	–	50[3]	–	63	–	–	–	–	–	–	–
16	65	59	60	55	81	72	73	66	90	81	100	85	–	–	–	–	–
25	85	77	80	72	107	94	95	85	119	102	126	107	139	121	117	155	138
35	105	94	98	88	133	117	118	105	146	126	157	134	172	152	145	192	172
50	126	114	117	105	160	142	141	125	178	153	191	162	208	184	177	232	209
70	160	144	147	133	204	181	178	158	226	195	246	208	266	239	229	298	269
95	193	174	177	159	246	219	213	190	273	236	299	252	322	292	280	361	330
120	223	199	204	182	285	253	246	218	317	275	348	293	373	340	326	420	384
150	254	229	232	208	–	–	–	–	365	317	402	338	430	394	377	483	444
185	289	260	263	236	–	–	–	–	416	361	460	386	491	453	434	552	509
240	339	303	308	277	–	–	–	–	489	427	545	456	579	537	514	652	603
300	389	348	354	316	–	–	–	–	562	492	629	527	667	622	595	752	699

[1] Bei Kabeln mit konzentrischem Leiter gilt die Belastbarkeit nur für mehradrige Ausführungen. Weitere Belastbarkeiten für Kabel siehe auch DIN VDE 0276-603, Hauptabschnitt 3G, Tabelle 15.
[2] Weitere Verlegearten siehe DIN VDE 0298-4, Tabelle 7.
[3] Gilt nicht für Verlegungen auf einer Holzwand und nicht für die Anwendung von Umrechnungsfaktoren.

Tabelle 20.5 Strombelastbarkeit I_z von Leitungen und Kabeln für feste Verlegung in Gebäuden; Betriebstemperatur 70 °C; Umgebungstemperatur 25 °C (Quelle: DIN VDE 0298-4:2003-08)

20

1	2	3	4	5
Verlegeart	frei in Luft	auf oder an Flächen		
	einadrige Leitungen • gummi-isoliert • PVC-isoliert • wärmebeständig 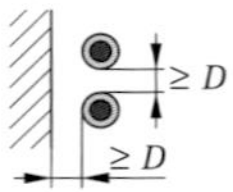 	mehradrige Leitungen für Haus- oder Handgeräte • gummi-isoliert • PVC-isoliert 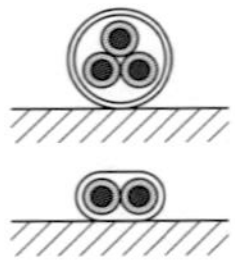		mehradrige Leitungen (außer für Haus- oder Handgeräte) • gummi-isoliert • PVC-isoliert • wärmebeständig 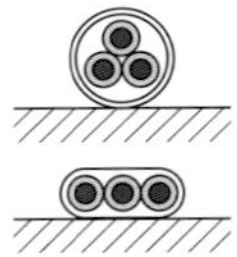
Beispiele für die Leitungsart	Gummi-Lichterkettenleitungen PVC-Verdrahtungsleitungen PVC-Aderleitungen kältebeständige PVC-Aderleitungen wärmebeständige PVC-Verdrahtungsleitungen wärmebeständige Gummi-Verdrahtungsleitungen wärmebeständige Gummi-Verdrahtungsleitungen PVC-Flachleitungen ETFE-Aderleitungen	Gummi-Lichterkettenleitungen Gummi-Pendelschnur-Leitungen PVC-Schlauchleitungen Gummi-Schlauchleitung Gummi-Flachleitungen Zwillingsleitungen		
Anzahl der belasteten Adern	1	2	3	2 oder 3

Tabelle 20.6 Strombelastbarkeit I_z für Leitungen bis 1 000 V und von wärmebeständigen Leitungen (Quelle: DIN VDE 0298-4:2003-08)

Nennquerschnitt, Kupferleiter in mm	Strombelastbarkeit I_z in A			
0,5	–	3	3	
0,75	15	6	6	12
1	19	10	10	15
1,5	24	16	16	18
2,5	32	25	20	26
4	42	32	25	34
6	54	40	–	44
10	73	63	–	61
16	98	–	–	82
25	129	–	–	108
35	158	–	–	135
50	198	–	–	168
70	245	–	–	207
95	292	–	–	250
120	344	–	–	292
150	391	–	–	335
185	448	–	–	382
240	528	–	–	453
300	608	–	–	523
400	726	–	–	–
500	830	–	–	–

Anmerkung: Die Aufzählung ist nicht vollständig; eine vollständige Übersicht gibt DIN VDE 0298-4:2003-08, Tabelle 1.

Tabelle 20.6 (Fortsetzung) Strombelastbarkeit I_z für Leitungen bis 1 000 V und von wärmebeständigen Leitungen (Quelle: DIN VDE 0298-4:2003-08)

20

zulässige Betriebstemperatur am Leiter	60 °C						
Umgebungstemperatur	30 °C						
Verlegeart	frei in Luft						
	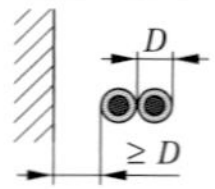	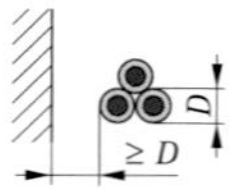	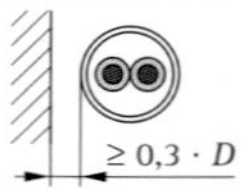	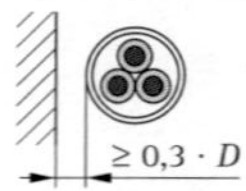	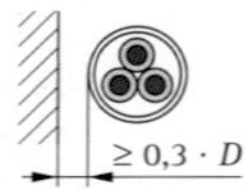	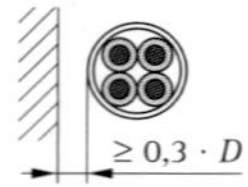	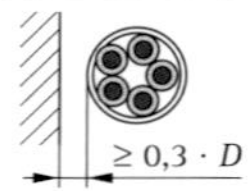
Anzahl der belasteten Adern	2	3	2	2	3	3	3
Nennquerschnitt, Kupferleiter in mm²	Strombelastbarkeit I_z in A						
1	–	–	15,0	15,5	12,5	13,0	13,5
1,5	19,0	16,5	18,5	19,5	15,5	16,0	16,5
2,5	26	22	25	26	21	22	23
4	34	30	34	35	29	30	30
6	43	38	43	44	36	37	38
10	60	53	60	62	51	52	54
16	79	71	79	82	67	69	71
25	104	94	105	109	89	92	94
35	129	117	–	135	110	114	–
50	162	148	–	169	138	143	–
70	202	186	–	211	172	178	–
95	240	222	–	250	204	210	–
120	280	260	–	292	238	246	–
150	321	300	–	335	273	282	–
185	363	341	–	378	309	319	–
240	433	407	–	447	365	377	–
300	497	468	–	509	415	430	–
400	586	553	–	–	–	–	–
500	670	634	–	–	–	–	–
630	784	742	–	–	–	–	–

Tabelle 20.7 Strombelastbarkeit I_z von Gummischlauchleitungen H07RN-F und A07RN-F für industrielle Anwendungen; Betriebstemperatur 60 °C; Umgebungstemperatur 30 °C (Quelle: DIN VDE 0298-4:2003-08)

zulässige oder empfohlene Betriebstemperatur am Leiter	80 °C	80 °C	90 °C
Umgebungstemperatur	30 °C		
Verlegeart	frei in Luft	auf oder an Flächen	
	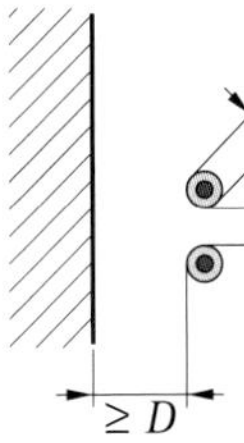	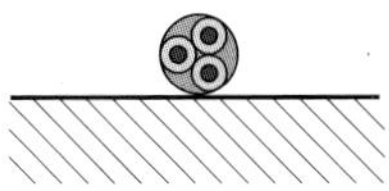	
	Sonder-Gummi-Aderleitung	schwere Gummi-Schlauchleitung Leitungstrosse	
Nennquerschnitt, Kupferleiter in mm²	Strombelastbarkeit I_z in A		
1,5	30	–	–
2,5	41	30	33
4	55	41	45
6	70	53	58
10	98	74	81
16	132	99	108
25	176	131	144
35	218	162	177
50	276	202	221
70	347	250	274
95	416	301	330
120	488	352	386
150	566	404	443
185	644	461	505

Tabelle 20.8 Strombelastbarkeit I_z für schwere Gummi-Schlauchleitungen und Leitungstrossen

20.3.1.3 Umrechnung auf andere Randbedingungen

Bei Umgebungstemperaturen, die von 30 °C abweichen, ist die zulässige Strombelastbarkeit I_Z zu korrigieren, damit die höchstzulässigen Leitertemperaturen (Grenztemperaturen) für folgende Isolationsmaterialien nicht überschritten werden:

- 60 °C übliches EPR (Ethylen-Propylen-Kautschuk)
- 70 °C übliches PVC (Polyvinylchlorid)
- 90 °C wärmebeständiges PVC (Polyvinylchlorid)
- 90 °C VPE (vernetztes Polyethylen)
- 90 °C halogenfreies Polyolefin
- 110 °C EVA (Ethylen-Vinylacetat)
- 180 °C SiR (Silikon-Gummi)

Die Angaben können DIN VDE 0100-520 Beiblatt 1 (VDE 0100-520 Beiblatt 1) entnommen werden. Die Korrektur von I_z (Tabelle 20.4, Tabelle 20.6, Tabelle 20.7 und Tabelle 20.8) kann mit den in **Tabelle 20.9** angegebenen Korrekturfaktoren durchgeführt werden.

	zulässige bzw. empfohlene Betriebstemperatur					
	40 °C	60 °C	70 °C	80 °C	85 °C	90 °C
Umgebungs-temperatur °C	Korrekturfaktoren, anzuwenden auf die Belastbarkeitsangaben in den Tabellen 20.4, 20.6, 20.7, 20.8					
10	1,73	1,29	1,22	1,18	1,17	1,15
15	1,58	1,22	1,17	1,14	1,13	1,12
20	1,41	1,15	1,12	1,10	1,09	1,08
25	1,22	1,08	1,06	1,05	1,04	1,04
30	1,00	1,00	1,00	1,00	1,00	1,00
35	0,71	0,91	0,94	0,95	0,95	0,96
40	–	0,82	0,87	0,89	0,90	0,91
45	–	0,71	0,79	0,84	0,85	0,87
50	–	0,58	0,71	0,77	–	0,82
55	–	0,41	0,61	0,71	–	0,76
60	–	–	0,50	0,63	–	0,71
65	–	–	0,35	0,55	–	0,65
70	–	–	–	0,45	–	0,58
75	–	–	–	0,32	–	0,50
80	–	–	–	–	–	0,41
85	–	–	–	–	–	0,29

Tabelle 20.9 Korrekturfaktoren für die Strombelastbarkeit I_z bei anderen Umgebungstemperaturen als 30 °C (Quelle: DIN VDE 0298-4:2003-08)

20

Für wärmebeständige Leitungen ist der Korrekturfaktor nach **Tabelle 20.10** anzuwenden.

	zulässige Betriebstemperatur				
	80 °C	90 °C	110 °C	135 °C	180 °C
Umgebungstemperatur °C	Umrechnungsfaktoren, anzuwenden auf die Belastbarkeitsangaben für wärmebeständige Leitungen in der Tabelle 20.6, Spalten 2 und 5				
bis 50	1,00	1,00	1,00	1,00	1,00
55	0,91	0,94	1,00	1,00	1,00
60	0,82	0,87	1,00	1,00	1,00
65	0,71	0,79	1,00	1,00	1,00
70	0,58	0,71	1,00	1,00	1,00
75	0,41	0,61	1,00	1,00	1,00
80	–	0,50	1,00	1,00	1,00
85	–	0,35	0,91	1,00	1,00
90	–	–	0,82	1,00	1,00
95	–	–	0,71	1,00	1,00
100	–	–	0,58	0,94	1,00
105	–	–	0,41	0,87	1,00
110	–	–	–	0,79	1,00
115	–	–	–	0,71	1,00
120	–	–	–	0,61	1,00
125	–	–	–	0,50	1,00
130	–	–	–	0,35	1,00
135	–	–	–	–	1,00
140	–	–	–	–	1,00
145	–	–	–	–	1,00
150	–	–	–	–	1,00
155	–	–	–	–	0,91
160	–	–	–	–	0,82
165	–	–	–	–	0,71
170	–	–	–	–	0,58
175	–	–	–	–	0,41

Tabelle 20.10 Korrekturfaktoren für die Strombelastbarkeit I_z von wärmebeständigen Leitungen, anzuwenden auf die Werte der Tabelle 20.6, Spalten 2 und 5 (Quelle: DIN VDE 0298-4:2003-08)

20

Bei anderen Umgebungstemperaturen, z. B. auch wenn Zwischenwerte vorkommen, kann die Strombelastbarkeit I_z ermittelt werden mit der Beziehung:

$$I'_z = I_z \sqrt{\frac{\vartheta_L - \vartheta_u}{\vartheta_L - \vartheta_{un}}} \tag{20.12}$$

Für Leitungen und Kabel mit anderen höchstzulässigen Temperaturen am Leiter gilt die Beziehung:

$$I'_z = I_z \sqrt{\frac{\vartheta_x - \vartheta_{un}}{\vartheta_L - \vartheta_{un}}} \tag{20.13}$$

In den Gln. (20.12) und (20.13) bedeuten:

I'_z korrigierte Strombelastbarkeit

I_z Strombelastbarkeit bei Referenzbedingungen

ϑ_L zulässige Betriebstemperatur am Leiter der Referenzleitung, z. B. 70 °C für Tabelle 20.4

ϑ_u abweichende Umgebungstemperatur

ϑ_{un} normale Umgebungstemperatur (Raumtemperatur) für die Referenzbedingungen; 30 °C

ϑ_x zulässige Betriebstemperatur am Leiter anderer Leitungen, z. B. 60 °C für gummi-isolierte Leitungen

Beispiel:

In einem Raum mit einer geregelten Temperatur von 46 °C ist die nachfolgend dargestellte Versorgung zu dimensionieren. Die NYM-Leitung ist so verlegt, dass die Verlegeart C mit drei belasteten Adern angesetzt werden kann (**Bild 20.14**).

Nach Tabelle 20.9 sind unter Ansatz der Tabellenwerte für 50 °C für PVC-isolierte Leitungen und Kabel ein Korrekturfaktor von 0,71 und für gummi-isolierte Leitungen ein Korrekturfaktor von 0,58 bezogen auf Strombelastbarkeit nach Tabelle 20.4 (NYM-Leitung) bzw. Tabelle 20.7 (H07RN-F-Leitung) anzuwenden. Die Leitungen müssten in der Lage sein, folgende (theoretische) Ströme zu führen:

NYM-Leitung:

$$I_z = \frac{65\ \text{A}}{0{,}71} = 91{,}5\ \text{A}$$

H07RN-F-Leitung:

$$I_z = \frac{65\ \text{A}}{0{,}58} = 112{,}1\ \text{A}$$

Somit sind für die NYM-Leitung 25 mm² und für die H07RN-F-Leitung 35 mm² erforderlich.

Nach der Gl. (20.12) berechnet, ergeben sich folgende Korrekturfaktoren und theoretischen Ströme:

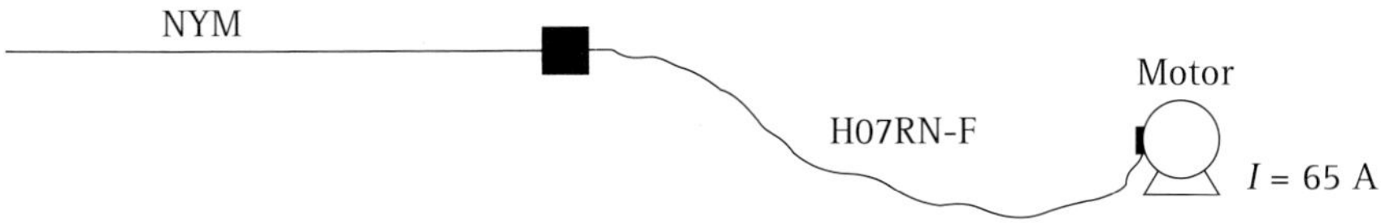

Bild 20.14 Beispiel; Raum mit höherer Umgebungstemperatur

NYM-Leitung:

$$f_1 = \sqrt{\frac{70\ °C - 46\ °C}{70\ °C - 30\ °C}} = 0{,}775$$

$$I_z = \frac{65\ A}{0{,}775} = 83{,}9\ A$$

H07RN-F-Leitung

$$f_1 = \sqrt{\frac{60\ °C - 46\ °C}{70\ °C - 30\ °C}} = 0{,}591$$

$$I_z = \frac{65\ A}{0{,}591} = 110{,}0\ A$$

An der Leitungsdimensionierung würde sich durch die genaue Berechnung nichts ändern.

Mit der Gl. (20.13) kann ein Belastungswert auf eine Leitung mit anderer höchstzulässiger Leitertemperatur umgerechnet werden. Voraussetzung ist, dass die Werkstoffe gleiche Eigenschaften haben und die Abmessungen gleich sind.

Beispiel:

Die Strombelastbarkeit einer nach der Verlegeart B2 verlegten Leitung (Querschnitt 16 mm²; bei drei belasteten Adern) mit einer höchstzulässigen Temperatur am Leiter von 90 °C soll ermittelt werden. Umgebungstemperatur 30 °C.

Ausgehend von Tabelle 20.4 mit einer zulässigen Strombelastbarkeit $I_z = 62$ A bei 70 °C Betriebstemperatur am Leiter ist die korrigierte Strombelastbarkeit nach Gl. (20.13):

$$I_z' = I_z \sqrt{\frac{\vartheta_x - \vartheta_{un}}{\vartheta_L - \vartheta_{un}}} = 62\ A \sqrt{\frac{90\ °C - 30\ °C}{70\ °C - 30\ °C}} = I_z = 62\ A \cdot 1{,}225 = 75{,}9\ A$$

Anmerkung 1: Der exakte Tabellenwert nach DIN VDE 0298-4:2003-08, Tabelle 5, liegt bei 80 A.

Anmerkung 2: Bei der Umrechnung auf andere Leiterendtemperaturen ergibt die Berechnung der zulässigen Strombelastbarkeit einen geringeren Wert, als in den Tabellen nach DIN VDE 0298-4 angegeben. Das Ergebnis liegt also auf der sicheren Seite. Die Tabellenwerte sind exakt berechnet und berücksichtigen bei höherer Temperatur ϑ_x die erhöhte Wärmeabgabe an die Umgebung und ein evtl. anderes Temperaturverhalten der Leitung. Die Abweichung ist bei kleinen Querschnitten nahezu null und erreicht für die größten Querschnitte etwa 7 %.

Verlegeanordnung		Anzahl der Wannen oder Pritschen	Anzahl der mehradrigen Kabel oder Leitungen					
			1	2	3	4	6	9
			Korrekturfaktor					
ungelochte Kabelwannen	mit Berührung 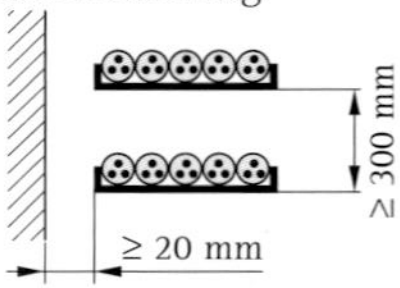	1	0,97	0,84	0,78	0,75	0,71	0,68
		2	0,97	0,83	0,76	0,72	0,68	0,63
		3	0,97	0,82	0,75	0,71	0,66	0,61
		6	0,97	0,81	0,73	0,69	0,63	0,58
gelochte Kabelwannen	mit Berührung 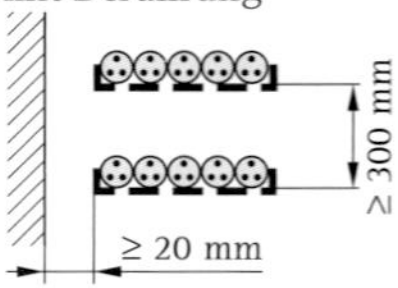	1	1,00	0,88	0,82	0,79	0,76	0,73
		2	1,00	0,87	0,80	0,77	0,73	0,68
		3	1,00	0,86	0,79	0,76	0,71	0,66
		6	1,00	0,84	0,77	0,73	0,68	0,64
	mit Abstand 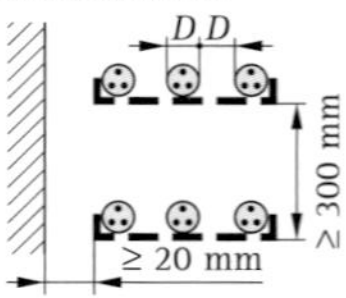	1	1,00	1,00	0,98	0,95	0,91	–
		2	1,00	0,99	0,96	0,92	0,87	–
		3	1,00	0,98	0,95	0,91	0,85	–

Tabelle 20.11 Korrekturfaktoren für die Häufung von Leitungen auf Kabelwannen und Kabelpritschen (Quelle: DIN VDE 0298-4:2003-08)

gelochte Kabelwannen	mit Berührung 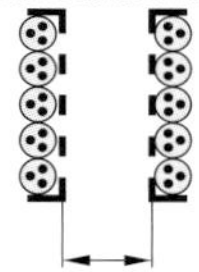	1	1,00	0,88	0,82	0,78	0,73	0,72
		2	1,00	0,88	0,81	0,76	0,71	0,70
	mit Abstand 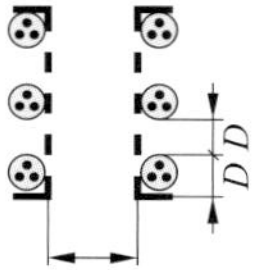	1	1,00	0,91	0,89	0,88	0,87	–
		2	1,00	0,91	0,88	0,87	0,85	–
Kabelpritschen	mit Berührung 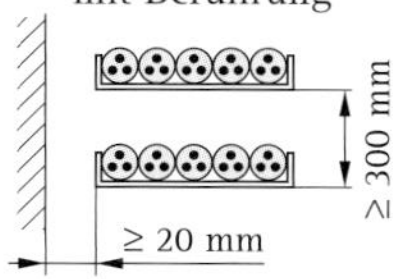	1	1,00	0,87	0,82	0,80	0,79	0,78
		2	1,00	0,86	0,81	0,78	0,76	0,73
		3	1,00	0,85	0,79	0,76	0,73	0,70
		6	1,00	0,83	0,76	0,73	0,69	0,66
	mit Abstand 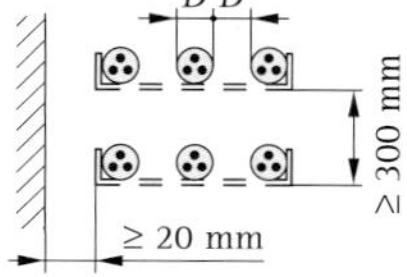	1	1,00	1,00	1,00	1,00	1,00	–
		2	1,00	0,99	0,98	0,97	0,96	–
		3	1,00	0,98	0,97	0,96	0,93	–

Die Korrekturfaktoren gelten nur für einlagig verlegte Gruppen von Kabeln oder Leitungen, wie oben dargestellt; sie gelten nicht, wenn die Kabel oder Leitungen mit Berührung übereinander verlegt sind oder die ebenfalls angegebenen Abstände zwischen den Kabelwannen oder Kabelpritschen unterschritten werden. In solchen Fällen sind die Umrechnungsfaktoren zu reduzieren, z. B. nach Tabelle 20.12.

Tabelle 20.11 (Fortsetzung) Korrekturfaktoren für die Häufung von Leitungen auf Kabelwannen und Kabelpritschen (Quelle: DIN VDE 0298-4:2003-08)

20

Verlegeanordnung		Anzahl der Wannen oder Pritschen	Anzahl der dreipoligen Stromkreise aus einadrigen Kabeln oder Leitungen			zu verwenden als Multiplikator für den Bemessungswert für
			1	2	3	
			Korrekturfaktor			
gelochte Kabelwannen	mit Berührung 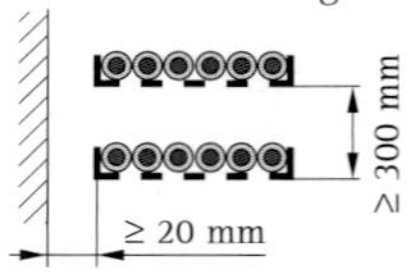	1 2 3	0,98 0,96 0,95	0,91 0,87 0,85	0,87 0,81 0,78	drei Kabel oder Leitungen in horizontaler ebener Anordnung
gelochte Kabelwannen	mit Berührung 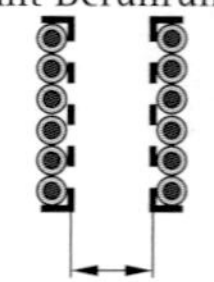	1 2	0,96 0,95	0,86 0,84	– –	drei Kabel oder Leitungen in vertikaler ebener Anordnung
Kabelpritschen	mit Berührung 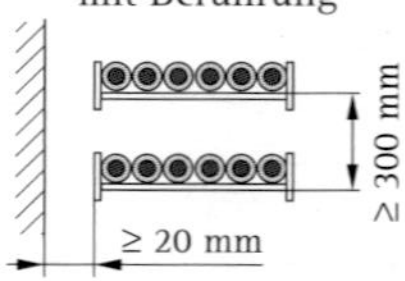	1 2 3	1,00 0,98 0,97	0,97 0,93 0,90	0,96 0,89 0,86	drei Kabel oder Leitungen in horizontaler Dreiecksanordnung

Tabelle 20.11 (Fortsetzung) Korrekturfaktoren für die Häufung von Leitungen auf Kabelwannen und Kabelpritschen (Quelle: DIN VDE 0298-4:2003-08)

gelochte Kabelwannen	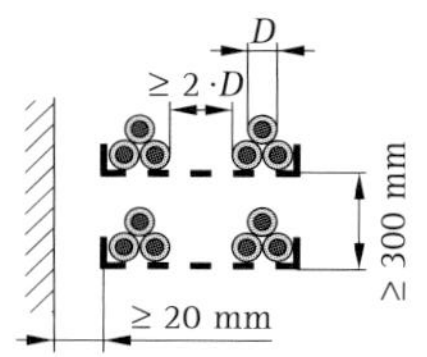	1 2 3	1,00 0,97 0,96	0,98 0,93 0,92	0,96 0,89 0,86	drei Kabel oder Leitungen in horizontaler Dreiecksanordnung
	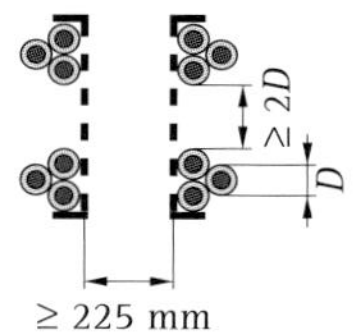	1 2	1,00 1,00	0,91 0,90	0,89 0,86	drei Kabel oder Leitungen in vertikaler Dreiecksanordnung
Kabelpritschen	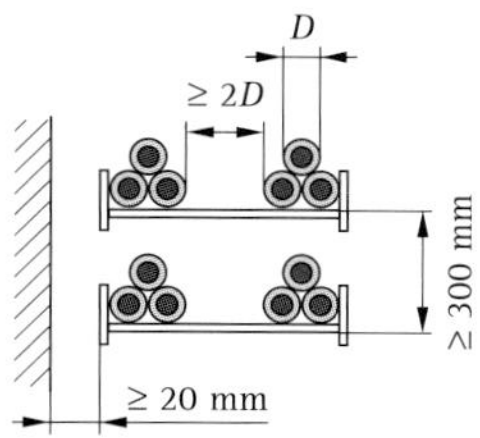	1 2 3	1,00 0,97 0,96	1,00 0,95 0,94	1,00 0,93 0,90	drei Kabel oder Leitungen in horizontaler Dreiecksanordnung

Die Korrekturfaktoren gelten nur für einlagig verlegte Gruppen von Kabeln und Leitungen, wie oben dargestellt; sie gelten nicht, wenn die Kabel oder Leitungen mit Berührung übereinander verlegt sind oder die ebenfalls angegebenen Abstände zwischen den Kabelwannen oder Kabelpritschen unterschritten werden. In solchen Fällen sind die Umrechnungsfaktoren zu reduzieren, z. B. nach Tabelle 20.12. Bei parallel geschalteten Stromkreisen ist jedes Bündel von drei Leitern der Parallelschaltung wie ein Stromkreis zu betrachten.

Tabelle 20.11 (Fortsetzung) Korrekturfaktoren für die Häufung von Leitungen auf Kabelwannen und Kabelpritschen (Quelle: DIN VDE 0298-4:2003-08)

20

20.3.1.4 Häufung von Leitungen

Die zulässige Strombelastbarkeit I_z muss gemindert werden, wenn eine Häufung von Kabeln oder Leitungen vorliegt. In **Tabelle 20.11** sind Korrekturfaktoren für Leitungen auf Kabelwannen und Kabelpritschen dargestellt. Als Ausgangswerte für die Strombelastbarkeit I_z können die Verlegearten nach Tabelle 20.4 verwendet werden.

Anmerkung: Eine Kabelwanne ist eine fortlaufende Tragplatte mit hochgezogenen Seitenteilen, aber ohne Abdeckung. Eine Kabelwanne gilt als gelocht, wenn die Lochungen mindestens 30 % der Gesamtfläche betragen. Eine Kabelpritsche ist eine Tragkonstruktion, bei der die Auflagefläche nicht mehr als 10 % der Gesamtfläche dieser Konstruktion beträgt.

Auch bei vieladrigen Leitungen mit fünf und mehr belasteten Adern ist eine Belastungsreduktion vorzunehmen. Für vieladrige Leitungen bis zu einem Querschnitt von 10 mm^2 ist der Korrekturfaktor in **Bild 20.15** angegeben.

Bei Bündelungen von Leitungen bzw. auch bei Häufung von Leitungen in Installationskanälen sind z. T. erhebliche Reduktionen der Belastung in Kauf zu nehmen. Korrekturfaktoren gibt **Tabelle 20.12** an.

Sofern es betrieblich notwendig ist, kann es erforderlich werden, mehrere Korrekturfaktoren anzusetzen. Dies kann z. B. bei Häufungen in einem Raum mit höherer Temperatur als 30 °C der Fall sein.

Beispiel:

In einem Raum mit einer regelmäßigen Temperatur von bis zu 44 °C werden auf einer unperforierten Kabelwanne vier Leitungen (2 × NYM 5 × 1,5 mm^2, NYM 4 × 16 mm^2, NYM 4 × 35 mm^2) unmittelbar nebeneinander verlegt. Wie hoch dürfen die einzelnen Leitungen belastet werden?

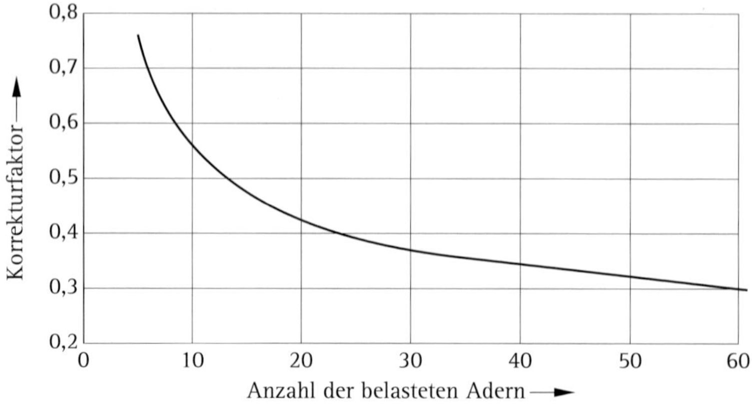

Bild 20.15 Korrekturfaktoren für vieladrige Leitungen bis zu einem Querschnitt von 10 mm^2

1		2	3	4	5	6	7	8	9	10	11	12	13	14	15	16
Anordnung		Anzahl der Gruppen (Stromkreise) aus einadrigen Leitungen oder Anzahl der mehradrigen Leitungen														
		1	2	3	4	5	6	7	8	9	10	12	14	16	18	20
gebündelt direkt auf der Wand, dem Fußboden, im Elektroinstallationsrohr oder -kanal, auf oder in der Wand	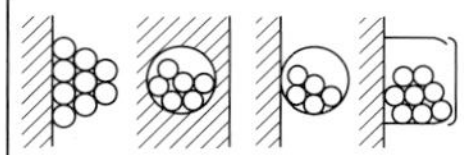	1,00	0,80	0,70	0,65	0,60	0,57	0,54	0,52	0,50	0,48	0,45	0,43	0,41	0,39	0,38
einlagig auf der Wand oder dem Fußboden mit Berührung	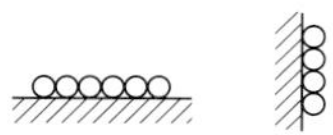	1,00	0,85	0,79	0,75	0,73	0,72	0,72	0,71	0,70						
einlagig auf der Wand oder dem Fußboden, mit Zwischenraum gleich Leitungsdurchmesser	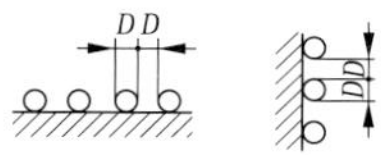	1,00	0,94	0,90	0,90	0,90	0,90	0,90	0,90	0,90	0,90	0,90	0,90	0,90	0,90	0,90
einlagig unter der Decke, mit Berührung	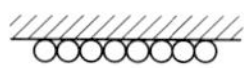	0,95	0,81	0,72	0,68	0,66	0,64	0,63	0,62	0,61						
einlagig unter der Decke, mit Zwischenraum gleich Leitungsdurchmesser	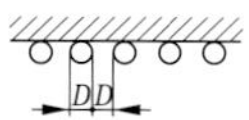	0,95	0,85	0,85	0,85	0,85	0,85	0,85	0,85	0,85	0,85	0,85	0,85	0,85	0,85	0,85

Tabelle 20.12 Korrekturfaktoren für Leitungen bei Häufung (Quelle: DIN VDE 0298-4:2003-08)

20

Zulässige Dauerbelastung bei 30 °C nach Tabelle 20.4 bei Verlegeart E (frei in Luft):

NYM $5 \times 11{,}5\ \text{mm}^2$ $\quad I_z = 18{,}5$ A

NYM $4 \times 116\ \text{mm}^2$ $\quad I_z = 80{,}0$ A

NYM $4 \times 135\ \text{mm}^2$ $\quad I_z = 126{,}0$ A

Ermittlung des Korrekturfaktors aufgrund der höheren Temperatur nach Gl. (20.12):

$t_L = 70\ °C; \quad t_u = 44\ °C; \quad t_{un} = 30\ °C$

$$I'_z = I_z \sqrt{\frac{\vartheta_L - \vartheta_u}{\vartheta_L - \vartheta_{un}}} = I_z \cdot \sqrt{\frac{70\ °C - 44\ °C}{70\ °C - 30\ °C}} = I_z \cdot \sqrt{0{,}65} = 0{,}81 \cdot I_z$$

Ermittlung des Korrekturfaktors aufgrund der Leitungshäufung:

Nach Tabelle 20.11 ergibt sich für vier auf einer ungelochten Kabelwanne unmittelbar nebeneinander liegende Leitungen:

$$I'_z = 0{,}75 \cdot I_z$$

Die gesamte reduzierte Strombelastbarkeit ist somit:

$$I''_z = 0{,}81 \cdot 0{,}75 \cdot I_z = 0{,}61 \cdot I_z$$

Die zulässigen Belastungen ergeben sich zu:

NYM $5 \times 1{,}5\ \text{mm}^2$ $\quad I''_z = 0{,}61 \cdot 18{,}5 = 11{,}3$ A

NYM $4 \times 16\ \text{mm}^2$ $\quad I''_z = 0{,}61 \cdot 80{,}0 = 48{,}8$ A

NYM $4 \times 35\ \text{mm}^2$ $\quad I''_z = 0{,}61 \cdot 126{,}0 = 76{,}9$ A

20.3.2 Strombelastbarkeit von Kabeln in Luft und im Erdreich

Für die Belastbarkeit von kunststoffisolierten Kabeln im Erdreich und in Luft gilt DIN VDE 0276-603 „Starkstromkabel; Energiekabel mit Nennspannungen U_0/U 0,6/1 kV“. Korrekturfaktoren für vom Normalfall abweichende Verlegebedingungen enthält DIN VDE 0276-1000 „Starkstromkabel; Strombelastbarkeit, Allgemeines, Umrechnungsfaktoren“.

Für Papier-Masse-Kabel galt früher DIN VDE 0255 „Kabel mit massegetränkter Papierisolierung und Metallmantel“. Für kunststoffisolierte Kabel mit Bleimantel gilt DIN VDE 0265 „Kabel mit Kunststoffisolierung und Bleimantel für Starkstromanlagen“.

Die zulässige Strombelastbarkeit bei EVU-Last für Umgebungstemperaturen von 20 °C bei Verlegung in Erde und 30 °C bei Verlegung in Luft sind in **Tabelle 20.13** und **Tabelle 20.14** für die gebräuchlichsten Kabeltypen zusammengestellt. Die Tabellenwerte für Papier-Masse-Kabel und Kabel mit Bleimantel stammen aus der nicht mehr gültigen DIN VDE 0298-2:1979-11; neuere Werte gibt es nicht.

Die Belastbarkeitswerte von Tabelle 20.13 gelten für einen spezifischen Erdbodenwärmewiderstand von 1,0 K · m/W. Der spezifische Erdbodenwärmewiderstand ist abhängig von der Dichte und dem Wassergehalt des Erdreichs. Für die in unseren Breiten anzutreffenden Bodenarten liegt der Mittelwert bei etwa 0,9 K · m/W, sodass die Tabellenwerte für alle vorkommenden, natürlich gewachsenen Bodenarten anzuwenden sind. Den Tabellenwerten liegt weiter eine in EVU-Netzen übliche Betriebsart (EVU-Last) zugrunde. Diese Last wird durch ein Tageslastspiel mit ausgeprägter Höchstlast dargestellt. Die Zusammenhänge zeigt **Bild 20.16.** Der Belastungsgrad ist der Quotient aus Durchschnittslast zu Höchstlast. Die Höchstlast ist die größte Last, die Durchschnittslast ist der Mittelwert des Tageslastspiels. Zur Ermittlung der Durchschnittslast wird die Fläche unter dem Tageslastspiel durch die Fläche des Rechtecks geteilt. Bei abweichenden spezifischen Erdbodenwärmewiderständen oder bei einem von 0,7 abweichenden Belastungsgrad ist zu empfehlen, eine Belastbarkeitskorrektur vorzunehmen. Entsprechende Korrekturfaktoren enthält **Tabelle 20.15.**

Bei Kabelhäufungen in Erde sind die in **Tabelle 20.16** angegebenen Korrekturfaktoren anzuwenden. Dabei wurde ein Belastungsgrad von 0,7 und ein spezifischer Erdbodenwärmewiderstand von 1,0 K · m/W angesetzt.

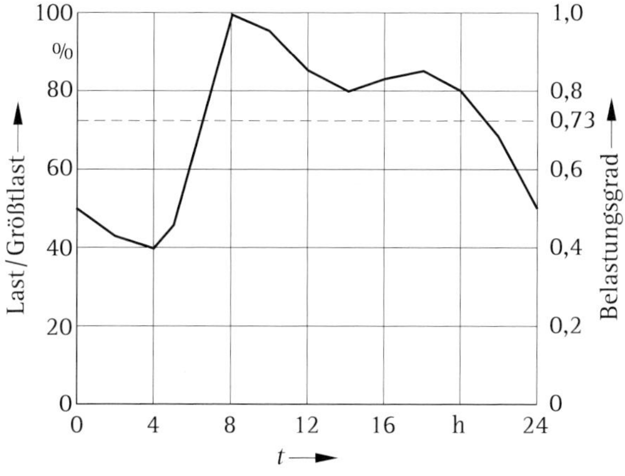

Bild 20.16 Tageslastspiel und Bestimmung des Belastungsgrads (Beispiel)
——— Verhältnis der Last zur Größtlast in %
- - - - Verhältnis der Durchschnittslast zur Größtlast in %
(Quelle: DIN VDE 0276-1000:1995-06)

Isolierwerkstoff		Papier-Masse						PVC							VPE				
Metallmantel		Blei			Aluminium			–					Blei		–				
zulässige Betriebstemperatur		80 °C						70 °C							90 °C				
Bauartkurzzeichen		NKBA	NKA		NKLEY			NYY			NYCWY		NYKY		N2XY N2X2Y			N2CWY N2XCW2Y	
Anordnung		⊛⊞	∴	⊙⊙⊙	⊛⊞	∴	⊙⊙⊙	⊙[1]	⊛⊞	∴	⊛⊞	∴	⊙	⊛⊞	⊙[1]	⊛⊞	∴	⊛⊞	∴
Anzahl der belasteten Adern		3	3	3	3	3	3	1	3	3	3	3	2	3	1	3	3	3	3
Querschnitt in mm²		Strombelastbarkeit I_z in A																	
1,5	Kupferleiter Verlegung in Erde	–	–	–	–	–	–	41	27	30	27	31	31	27	48	31	33	31	33
2,5		–	–	–	–	–	–	55	36	39	36	40	41	35	63	40	42	40	43
4		–	–	–	–	–	–	71	47	50	47	51	54	46	82	52	54	52	55
6		–	–	–	–	–	–	90	59	62	59	63	68	58	102	64	67	65	68
10		–	–	–	–	–	–	124	79	83	79	84	92	78	136	86	89	87	91
16		–	–	–	–	–	–	160	102	107	102	108	121	101	176	111	115	113	117
25		133	147	172	135	146	169	208	133	138	133	139	153	131	229	145	148	146	150
35		161	175	205	162	174	200	250	159	164	160	166	187	162	275	174	177	176	179
50		191	207	241	192	206	234	296	188	195	190	196	222	192	326	206	209	208	211
70		235	254	294	237	251	282	365	232	238	234	238	272	236	400	254	256	256	257
95		281	303	350	284	299	331	438	280	286	280	281	328	283	480	305	307	307	304
120		320	345	395	324	339	367	501	318	325	319	315	375	323	548	348	349	349	341
150		361	387	441	364	379	402	563	359	365	357	347	419	362	616	392	393	391	377
185		410	437	494	411	426	443	639	406	413	402	385	475	409	698	444	445	442	418
240		474	507	567	475	488	488	746	473	479	463	432	550	474	815	517	517	509	469
300		533	571	631	533	544	529	848	535	541	518	473	–	533	927	585	583	569	514
400		602	654	711	603	610	571	975	613	614	579	521	–	603	1064	671	663	637	565
500		–	731	781	–	665	603	1125	687	693	624	574	–	–	1227	758	749	691	623
630		–	–	–	–	–	–	1304	–	777	–	636	–	–	1421	–	843	–	690
800		–	–	–	–	–	–	1507	–	859	–	–	–	–	1638	–	935	–	–
1000		–	–	–	–	–	–	1715	–	936	–	–	–	–	1869	–	1023	–	–
Bauartkurzzeichen		NAKBA	NAKA		NAKLEY			NAYY			NAYCWY		–		NA2XY NA2X2Y			NA2CWY NA2XC-W2Y	
25	Aluminiumleiter Verlegung in Erde	103	–	–	104	–	–	160	102	106	103	108	–	–	177	112	114	113	116
35		124	135	158	125	135	155	193	123	127	123	129	–	–	212	135	136	136	138
50		148	161	188	149	160	184	230	144	151	145	153	–	–	252	158	162	159	164
70		182	197	229	184	195	222	283	179	185	180	187	–	–	310	196	199	197	201
95		218	236	273	221	233	263	340	215	222	216	223	–	–	372	234	238	236	240
120		249	268	309	252	265	294	389	245	253	246	252	–	–	425	268	272	269	272
150		281	301	345	283	297	325	436	275	284	276	280	–	–	476	300	305	302	303
185		320	341	389	322	335	361	496	313	322	313	314	–	–	541	342	347	342	340
240		372	398	449	373	388	406	578	364	375	362	358	–	–	631	398	404	397	387
300		420	449	503	421	435	446	656	419	425	415	397	–	–	716	457	457	454	430
400		481	520	573	483	496	491	756	484	487	474	441	–	–	825	529	525	520	479
500		–	587	639	–	552	529	873	553	558	528	489	–	–	952	609	601	584	531
630		–	–	–	–	–	–	1011	–	635	–	539	–	–	1102	–	687	–	587
800		–	–	–	–	–	–	1166	–	716	–	–	–	–	1267	–	776	–	–
1000		–	–	–	–	–	–	1332	–	796	–	–	–	–	1448	–	865	–	–

[1] Bemessungsstrom in Gleichstromanlagen mit weit entferntem Rückleiter

Tabelle 20.13 Strombelastbarkeit I_z von Kabeln 0,6/1 kV (EVU-Last); Verlegung in Erde (Quelle: DIN VDE 0276-603:2005-01 für PVC- und VPE-Kabel)
Anmerkung: Die Belastungswerte für Papier-Masse-Kabel sind nicht genormt.

20

Isolierwerkstoff		Papier-Masse						PVC							VPE				
Metallmantel		Blei			Aluminium			–					Blei		–				
zulässige Betriebstemperatur		80 °C						70 °C							90 °C				
Bauartkurzzeichen		NKBA	NKA		NKLEY			NYY			NYCWY		NYKY		N2XY N2X2Y			N2CWY N2XCW2Y	
Anordnung		⊛ ⊛	⁂	⊙⊙⊙	⊛ ⊛	⁂	⊙⊙⊙	⊙ 1)	⊛ ⊛	⁂	⊛ ⊛	⁂	⊙	⊛ ⊛	⊙ 1)	⊛ ⊛	⁂	⊛ ⊛	⁂
Anzahl der belasteten Adern		3	3	3	3	3	3	1	3	3	3	3	2	3	1	3	3	3	3
Querschnitt in mm²		Strombelastbarkeit I_z in A																	
1,5	Kupferleiter Verlegung in Luft	–	–	–	–	–	–	27	19,5	21	19,5	22	20	18,5	33	24	26	25	27
2,5		–	–	–	–	–	–	35	25	28	26	29	27	25	43	32	34	33	36
4		–	–	–	–	–	–	47	34	37	34	39	37	34	57	42	44	43	47
6		–	–	–	–	–	–	59	43	47	44	49	48	43	72	53	56	54	59
10		–	–	–	–	–	–	81	59	64	60	67	66	60	99	74	77	75	81
16		–	–	–	–	–	–	107	79	84	80	89	89	80	131	98	102	100	109
25		114	138	167	114	136	163	144	106	114	108	119	118	106	177	133	138	136	146
35		140	168	203	139	166	199	176	129	139	132	146	145	131	217	162	170	165	179
50		169	203	246	168	200	239	214	157	169	160	177	176	159	265	197	207	201	218
70		212	255	310	213	251	299	270	199	213	202	221	224	202	336	250	263	255	275
95		259	312	378	262	306	361	334	246	264	249	270	271	244	415	308	325	314	336
120		299	364	439	304	354	412	389	285	307	289	310	314	282	485	359	380	364	388
150		343	415	500	350	403	463	446	326	352	329	350	361	324	557	412	437	416	438
185		397	479	575	402	462	522	516	374	406	377	399	412	371	646	475	507	480	501
240		467	570	678	474	545	594	618	445	483	443	462	484	436	774	564	604	565	580
300		533	654	772	542	619	657	717	511	557	504	519	–	492	901	649	697	643	654
400		611	783	912	628	726	734	843	597	646	577	583	–	563	1060	761	811	737	733
500		–	893	1023	–	809	786	994	669	747	626	657	–	–	1252	866	940	807	825
630		–	–	–	–	–	–	1180	–	858	–	744	–	–	1486	–	1083	–	934
800		–	–	–	–	–	–	1396	–	971	–	–	–	–	1751	–	1228	–	–
1000		–	–	–	–	–	–	1620	–	1078	–	–	–	–	2039	–	1368	–	–
Bauartkurzzeichen		NAKBA	NAKA		NAKLEY			NAYY			NAYCWY		–		NA2XY NA2X2Y			NA2CWY NA2XC-W2Y	
25	Aluminiumleiter Verlegung in Luft	89	–	–	88	–	–	110	82	87	83	91	–	–	136	102	106	104	112
35		108	130	157	107	128	154	135	100	107	101	112	–	–	166	126	130	128	137
50		131	157	191	130	155	186	166	119	131	121	137	–	–	205	149	161	152	169
70		165	198	240	166	195	234	210	152	166	155	173	–	–	260	191	204	194	214
95		201	243	294	203	238	284	259	186	205	189	212	–	–	321	234	252	239	263
120		233	283	343	237	277	328	302	216	239	220	247	–	–	376	273	295	278	308
150		267	323	390	272	316	370	345	246	273	249	280	–	–	431	311	339	316	349
185		310	374	450	314	363	421	401	285	317	287	321	–	–	501	360	395	365	401
240		366	447	535	372	432	489	479	338	378	339	374	–	–	600	427	472	430	469
300		420	515	613	428	494	548	555	400	437	401	426	–	–	696	507	547	506	535
400		488	623	733	503	589	627	653	472	513	468	488	–	–	821	600	643	575	615
500		–	718	833	–	669	687	772	539	600	524	556	–	–	971	695	754	682	700
630		–	–	–	–	–	–	915	–	701	–	628	–	–	1151	–	882	–	790
800		–	–	–	–	–	–	1080	–	809	–	–	–	–	1355	–	1019	–	–
1000		–	–	–	–	–	–	1258	–	916	–	–	–	–	1580	–	1157	–	–

1) Bemessungsstrom in Gleichstromanlagen mit weit entferntem Rückleiter

Tabelle 20.14 Strombelastbarkeit I_z von Kabeln 0,6/1 kV (EVU-Last und Dauerlast); Verlegung in Luft (Quelle: DIN VDE 0276-603:2005-01 für PVC- und VPE-Kabel)
Anmerkung: Die Belastungswerte für Papier-Masse-Kabel sind nicht genormt.

Kabelart Isolierwerkstoff		Papier-Masse-Kabel				PVC-Kabel				VPE-Kabel			
spezifischer Erdbodenwärme-widerstand (K · m/W)		0,7	1,0	1,5	2,5	0,7	1,0	1,5	2,5	0,7	1,0	1,5	2,5
Belastungs-grad	0,50	1,20	1,05	0,91		1,23	1,06	0,90		1,19	1,05	0,92	
	0,60	1,17	1,03	0,90		1,18	1,03	0,89		1,15	1,02	0,91	
	0,70	1,13	1,00	0,89	0,78	1,14	1,00	0,87	0,76	1,12	1,00	0,90	0,81
	0,85	1,07	0,96	0,87		1,08	0,96	0,85		1,06	0,96	0,88	
	1,00	1,01	0,92	0,85		1,01	0,91	0,83		1,00	0,93	0,86	

Tabelle 20.15 Korrekturfaktoren bei abweichenden spezifischen Erdbodenwärmewiderständen und Belastungsgraden für Kabel in Erde bei 20 °C

Anzahl der Kabel	2	3	4	5	6	8	10
Papier-Masse-Kabel	0,86	0,77	0,72	0,68	0,65	0,61	0,58
PVC-Kabel	0,86	0,76	0,71	0,67	0,64	0,60	0,57
VPE-Kabel	0,85	0,75	0,70	0,66	0,63	0,59	0,56

Tabelle 20.16 Korrekturfaktoren bei Häufung von Kabeln im Erdreich

Umgebungs-temperatur °C	Kabelart, Isolierwerkstoff		
	Papier-Masse-Kabel	PVC-Kabel	VPE-Kabel
	Leiterendtemperatur		
	80 °C	70 °C	90 °C
10	1,18	1,22	1,15
15	1,14	1,17	1,12
20	1,10	1,12	1,08
25	1,05	1,06	1,04
30	1,00	1,00	1,00
35	0,95	0,94	0,96
40	0,89	0,87	0,91
45	0,84	0,79	0,87
50	0,77	0,71	0,82

Tabelle 20.17 Korrekturfaktoren bei abweichenden Umgebungstemperaturen für Kabel in Luft

Bei der Verlegung von Kabeln in Rohren ist besonders der Einfluss der wärmedämmenden Luftschicht zwischen Kabel und Rohrinnenwand zu berücksichtigen. Hier wird eine Korrektur der Belastung mit dem Faktor 0,85 empfohlen, falls eine genaue Berechnung zu aufwändig ist. Bei Verlegearten mit nur stellenweiser Rohrverlegung (Straßenkreuzung) kann auf eine Reduktion der Belastung verzichtet werden, wenn die Rohrstrecken nicht länger sind als 6 m. Ebenso können die in Luft verlegten Anschlussenden der Kabel außer Ansatz bleiben.

Weitere Umrechnungsfaktoren bei einem anderen spezifischen Erdbodenwärmewiderstand, bei anderen Verlegearten, z. B. mehrere Kabel parallel, oder bei anderen Erdbodentemperaturen als 20 °C können DIN VDE 0276-1000 entnommen werden.

Die Belastungsangaben für Kabel in Luft (Tabelle 20.14) basieren auf einer Umgebungstemperatur von 30 °C und gelten sowohl für EVU-Last als auch für Dauerlast. Liegen andere Umgebungstemperaturen vor, so ist auch hier die zulässige Belastung zu korrigieren; **Tabelle 20.17** gibt Korrekturfaktoren für die gebräuchlichsten Kabeltypen an.

Wenn bei einer Kabel- oder Leitungsverlegung solche Verhältnisse vorliegen, dass mehrere Korrekturfaktoren gleichzeitig anzusetzen sind, also z. B. abweichende Temperatur, Häufung und abweichender Belastungsgrad, so sind alle Korrekturfaktoren anzusetzen.

Es gilt

$$I_z' = I_z \cdot f_1 \cdot f_2 \cdot f_3 \ldots \qquad (20.14)$$

Hierin bedeuten:

I_z' zulässige Belastbarkeit unter Berücksichtigung aller Korrekturfaktoren

I_z zulässige Belastbarkeit unter Zugrundelegung vereinbarter Referenzbedingungen (Tabellen 20.4, 20.6, 20.7, 20.8, 20.13 und 20.14)

f_1 Korrekturfaktor, z. B. für abweichende Temperatur

f_2 Korrekturfaktor, z. B. für Häufung

f_3 Korrekturfaktor, z. B. für abweichenden Belastungsgrad

Die Belastungsangaben für Kabel in Luft gelten sowohl für EVU-Last als auch für Dauerbelastung. Bei Kabelhäufungen auf Rosten, Wannen, in Kanälen und dgl. gelten die Korrekturfaktoren von **Tabelle 20.18** und **Tabelle 20.19.** Für andere Umgebungstemperaturen als 30 °C kann die für Leitungen angegebene Gl. (20.12) zur Umrechnung verwendet werden.

Für vieladrige Kabel, das sind Kabel mit mehr als fünf belasteten Adern, ist in DIN VDE 0276-1000:1995-06 für Kunststoffkabel mit PVC-Isolierung eine Tabelle für die Belastungsreduzierung in Abhängigkeit von der Anzahl der belasteten Kabeladern angegeben. Die in **Bild 20.17** dargestellten Korrekturfaktoren können mit genügender Genauigkeit auch für andere Kabelarten verwendet werden.

1		2	3	4	5
Verlegeanordnung ebene Verlegung Zwischenraum = Kabeldurchmesser D		Anzahl der Wannen/ Pritschen übereinander	Anzahl der Systeme[2] nebeneinander		
			1	2	3
auf dem Boden liegend	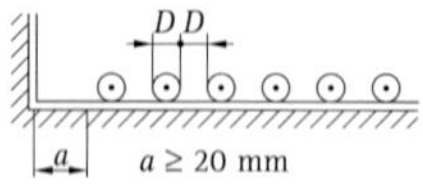	1	0,92	0,89	0,88
ungelochte Kabelwannen[3]	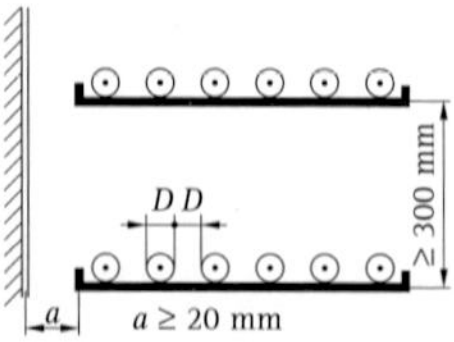	1	0,92	0,89	0,88
		2	0,87	0,84	0,83
		3	0,84	0,82	0,81
		6	0,82	0,80	0,79
gelochte Kabelwannen[3]	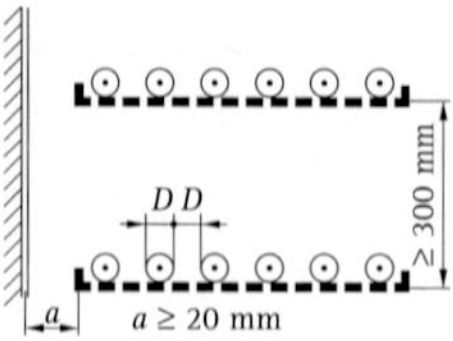	1	1,0	0,93	0,90
		2	0,97	0,89	0,85
		3	0,96	0,88	0,82
		6	0,94	0,85	0,80
Kabelpritschen[4] (Kabelroste)	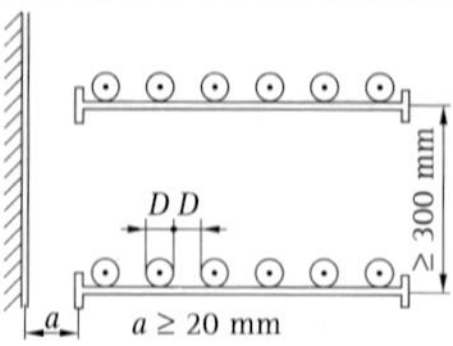	1	1,0	0,97	0,96
		2	0,97	0,94	0,93
		3	0,96	0,93	0,92
		6	0,94	0,91	0,90
auf Gerüsten oder an der Wand oder auf gelochten Kabelwannen in senkrechter Anordnung	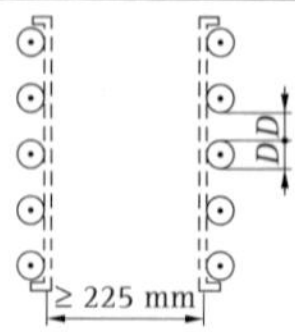	Anzahl der Wannen nebeneinander	Anzahl der Systeme übereinander		
			1	2	3
		1	0,94	0,91	0,89
		2	0,94	0,90	0,86

[1] Wird in engen Räumen oder bei großer Häufung die Lufttemperatur durch die Verlustwärme der Kabel erhöht, so sind zusätzlich die Umrechnungsfaktoren für abweichende Lufttemperaturen in Tabelle 20.17 anzuwenden.
[2] Faktoren nach DIN VDE 0255:1972-11.
[3] Eine Kabelwanne ist eine fortlaufende Tragplatte mit hochgezogenen Seitenteilen, aber ohne Abdeckung. Eine Kabelwanne wird als gelocht angesehen, wenn die Lochung mindestens 30 % der Gesamtfläche beträgt.
[4] Eine Kabelpritsche ist eine Tragkonstruktion, bei der die Auflagefläche nicht mehr als 10 % der Gesamtfläche dieser Konstruktion beträgt.

Bei ebener Verlegung von Kabeln mit Metallmantel oder -schirm wirken bei vergrößertem Abstand der verringerten gegenseitigen Erwärmung die vermehrten Mantel- oder Schirmverluste entgegen. Daher können hier Angaben über reduktionsfreie Anordnungen nicht gemacht werden.

Tabelle 20.18 Korrekturfaktoren für Kabel bei Häufung in Luft[1]; einadrige Kabel in Drehstromsystemen (Quelle: DIN VDE 0276-1000:1995-06)

6		7	8	9	10
Verlegeanordnung gebündelte Verlegung Zwischenraum = 2 *D*		Anzahl der Wannen/ Pritschen übereinander	Anzahl der Systeme[2] nebeneinander		
			1	2	3
auf dem Boden liegend	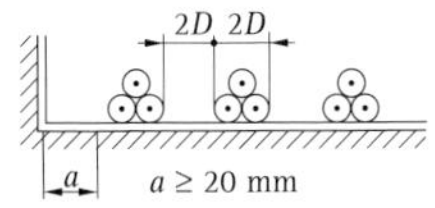	1	0,98	0,96	0,94
ungelochte Kabelwannen[3]	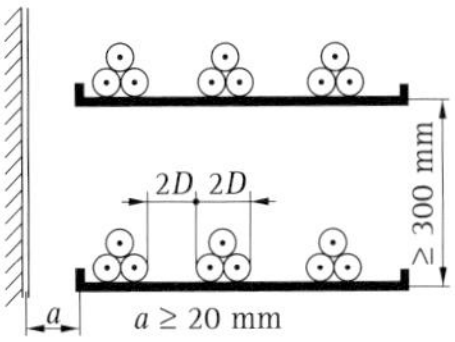	1	0,98	0,96	0,94
		2	0,95	0,91	0,87
		3	0,94	0,90	0,85
		6	0,93	0,88	0,82
gelochte Kabelwannen[3]	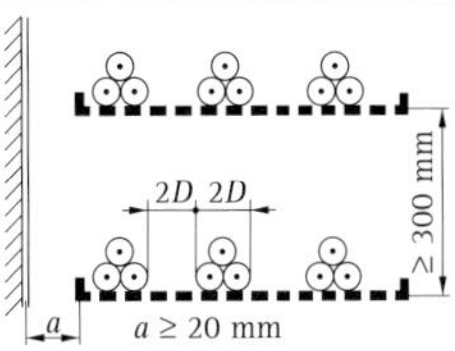	1	1,0	0,98	0,96
		2	0,97	0,93	0,89
		3	0,96	0,92	0,85
		6	0,95	0,90	0,83
Kabelpritschen[4] (Kabelroste)	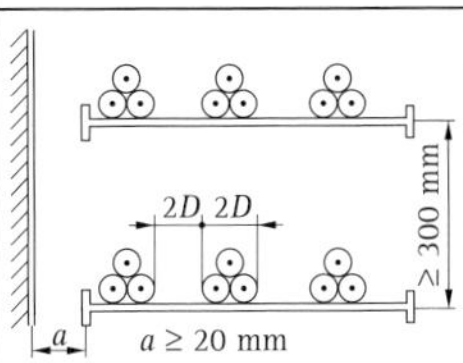	1	1,0	1,0	1,0
		2	0,97	0,95	0,93
		3	0,96	0,94	0,90
		6	0,95	0,93	0,87
auf Gerüsten oder an der Wand oder auf gelochten Kabelwannen in senkrechter Anordnung	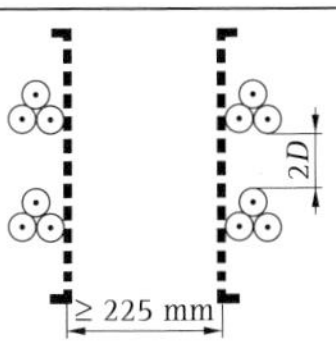	Anzahl der Wannen nebeneinander	Anzahl der Systeme übereinander		
			1	2	3
		1	1,0	0,91	0,89
		2	1,0	0,90	0,86

[1] Wird in engen Räumen oder bei großer Häufung die Lufttemperatur durch die Verlustwärme der Kabel erhöht, so sind zusätzlich die Umrechnungsfaktoren für abweichende Lufttemperaturen in Tabelle 20.17 anzuwenden.
[2] Faktoren nach CENELEC-Report R064.001 zu HD 384.5.523:1991.
[3] Eine Kabelwanne ist eine fortlaufende Tragplatte mit hochgezogenen Seitenteilen, aber ohne Abdeckung. Eine Kabelwanne wird als gelocht angesehen, wenn die Lochung mindestens 30 % der Gesamtfläche beträgt.
[4] Eine Kabelpritsche ist eine Tragkonstruktion, bei der die Auflagefläche nicht mehr als 10 % der Gesamtfläche dieser Konstruktion beträgt.

Bei gebündelter Verlegung ist keine Belastbarkeitsreduktion erforderlich, wenn der Zwischenraum benachbarter Systeme mindestens gleich dem vierfachen Kabeldurchmesser ist, sofern die Umgebungstemperatur durch die Verlustwärme nicht ansteigt (siehe Fußnote 1).

Tabelle 20.18 (Fortsetzung) Korrekturfaktoren für Kabel bei Häufung in Luft[1]; einadrige Kabel in Drehstromsystemen (Quelle: DIN VDE 0276-1000:1995-06)

1		2	3	4	5	6	7
Verlegeanordnung Zwischenraum = Kabeldurchmesser *D*		Anzahl der Wannen/ Pritschen übereinander	Anzahl der Kabel nebeneinander[4]				
			1	2	3	4	6
auf dem Boden liegend	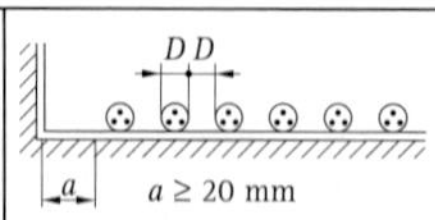	1	0,97	0,96	0,94	0,93	0,90
ungelochte Kabelwannen[2]	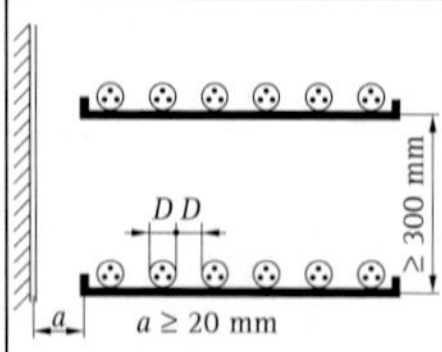	1	0,97	0,96	0,94	0,93	0,90
		2	0,97	0,95	0,92	0,90	0,86
		3	0,97	0,94	0,91	0,89	0,84
		6	0,97	0,93	0,90	0,88	0,83
gelochte Kabelwannen[2]	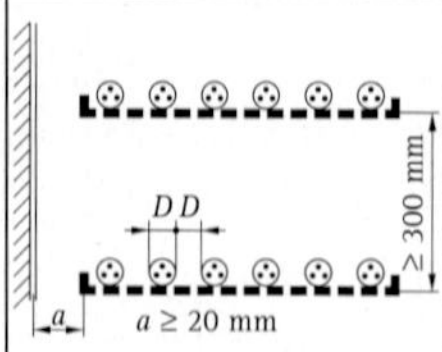	1	1,0	1,0	0,98	0,95	0,91
		2	1,0	0,99	0,96	0,92	0,87
		3	1,0	0,98	0,95	0,91	0,85
		6	1,0	0,97	0,94	0,90	0,84
Kabelpritschen[3] (Kabelroste)	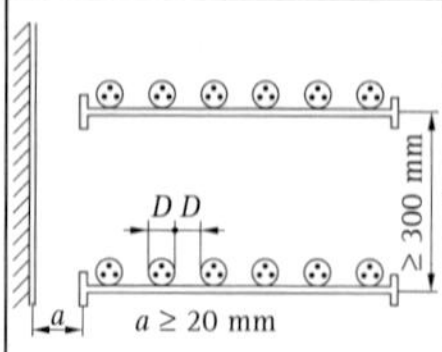	1	1,0	1,0	1,0	1,0	1,0
		2	1,0	0,99	0,98	0,97	0,96
		3	1,0	0,98	0,97	0,96	0,93
		6	1,0	0,97	0,97	0,94	0,91
auf Gerüsten oder an der Wand oder auf gelochten Kabelwannen in senkrechter Anordnung	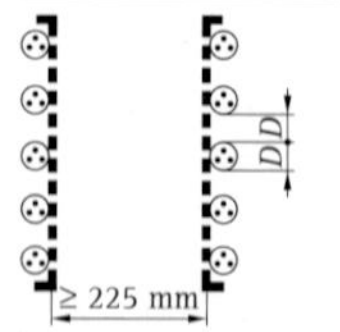	Anzahl der Wannen nebeneinander	Anzahl der Kabel übereinander				
			1	2	3	4	6
		1	1,0	0,91	0,89	0,88	0,87
		2	1,0	0,91	0,88	0,87	0,85

1) Wird in engen Räumen oder bei großer Häufung die Lufttemperatur durch die Verlustwärme der Kabel erhöht, so sind zusätzlich die Umrechnungsfaktoren für abweichende Lufttemperaturen in Tabelle 20.17 anzuwenden.

2) Eine Kabelwanne ist eine fortlaufende Tragplatte mit hochgezogenen Seitenteilen, aber ohne Abdeckung. Eine Kabelwanne wird als gelocht angesehen, wenn die Lochung mindestens 30 % der Gesamtfläche beträgt.

3) Eine Kabelpritsche ist eine Tragkonstruktion, bei der die Auflagefläche nicht mehr als 10 % der Gesamtfläche dieser Konstruktion beträgt.

4) Faktoren nach CENELEC-Report R064.001 zu HD 384.5.523:1991.

Keine Belastbarkeitsreduktion ist erforderlich, wenn der horizontale oder vertikale Zwischenraum benachbarter Kabel mindestens gleich dem zweifachen Kabeldurchmesser ist, sofern die Umgebungstemperatur durch die Verlustwärme nicht ansteigt (siehe Fußnote 1).

Tabelle 20.19 Korrekturfaktoren für Kabel bei Häufung in Luft[1]; mehradrige Kabel und einadrige Kabel und einadrige Gleichstromkabel (Quelle: DIN VDE 0276-1000:1995-06)

20

8		9	10	11	12	13	14	15
Verlegeanordnung gegenseitige Berührung		Anzahl der Wannen/ Pritschen übereinander	Anzahl der Kabel nebeneinander[4]					
			1	2	3	4	6	9
auf dem Boden liegend	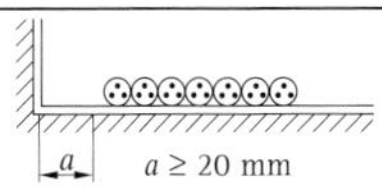	1	0,97	0,85	0,78	0,75	0,71	0,68
ungelochte Kabelwannen[2]	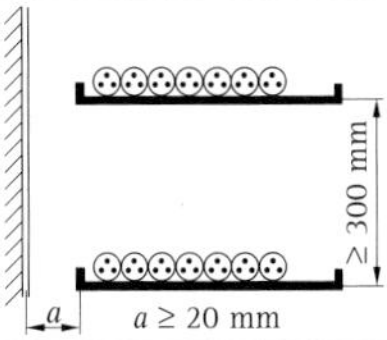	1	0,97	0,85	0,78	0,75	0,71	0,68
		2	0,97	0,84	0,76	0,73	0,68	0,63
		3	0,97	0,83	0,75	0,72	0,66	0,61
		6	0,97	0,81	0,73	0,69	0,63	0,58
gelochte Kabelwannen[2]	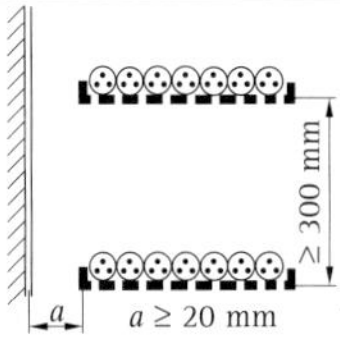	1	1,0	0,88	0,82	0,79	0,76	0,73
		2	1,0	0,87	0,80	0,77	0,73	0,68
		3	1,0	0,86	0,79	0,76	0,71	0,66
		6	1,0	0,84	0,77	0,73	0,68	0,64
Kabelpritschen[3] (Kabelroste)	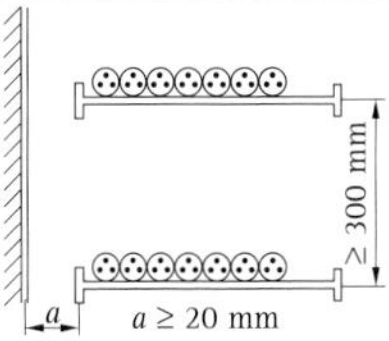	1	1,0	0,87	0,82	0,80	0,79	0,78
		2	1,0	0,86	0,80	0,78	0,76	0,73
		3	1,0	0,85	0,79	0,76	0,73	0,70
		6	1,0	0,83	0,76	0,73	0,69	0,66
gelochte Kabelwannen senkrechter Anordnung	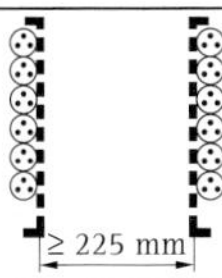	Anzahl der Wannen nebeneinander	Anzahl der Kabel übereinander					
			1	2	3	4	6	9
		1	1,0	0,88	0,82	0,78	0,73	0,72
		2	1,0	0,88	0,81	0,76	0,71	0,70
auf Gerüsten oder an der Wand angeordnet	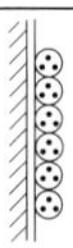		Anzahl der Kabel übereinander					
			1	2	3	4	6	9
			0,95	0,78	0,73	0,72	0,68	0,66

[1] Wird in engen Räumen oder bei großer Häufung die Lufttemperatur durch die Verlustwärme der Kabel erhöht, so sind zusätzlich die Umrechnungsfaktoren für abweichende Lufttemperaturen in Tabelle 20.14 anzuwenden.
[2] Eine Kabelwanne ist eine fortlaufende Tragplatte mit hochgezogenen Seitenteilen, aber ohne Abdeckung. Eine Kabelwanne wird als gelocht angesehen, wenn die Lochung mindestens 30 % der Gesamtfläche beträgt.
[3] Eine Kabelpritsche ist eine Tragkonstruktion, bei der die Auflagefläche nicht mehr als 10 % der Gesamtfläche dieser Konstruktion beträgt.
[4] Faktoren nach CENELEC-Report R064.001 zu HD 384.5.523:1991.
Keine Belastbarkeitsreduktion ist erforderlich, wenn der horizontale oder vertikale Zwischenraum benachbarter Kabel mindestens gleich dem zweifachen Kabeldurchmesser ist, sofern die Umgebungstemperatur durch die Verlustwärme nicht ansteigt (siehe Fußnote 1).

Tabelle 20.19 (Fortsetzung) Korrekturfaktoren für Kabel bei Häufung in Luft[1]; mehradrige Kabel und einadrige Kabel und einadrige Gleichstromkabel (Quelle: DIN VDE 0276-1000:1995-06)

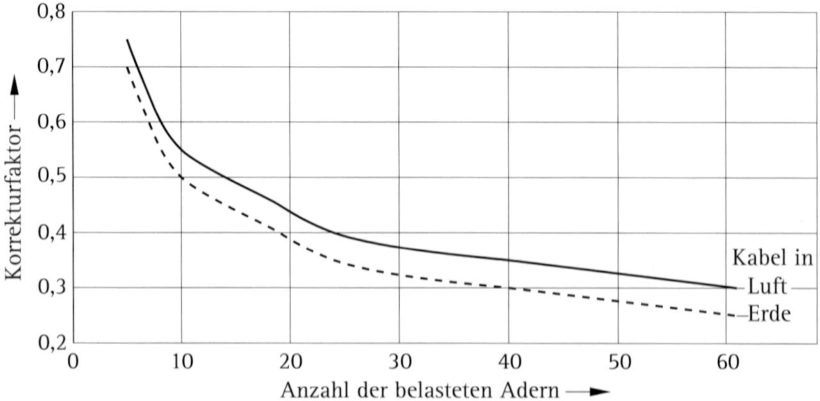

Bild 20.17 Korrekturfaktoren für Kunststoffkabel für unterschiedliche Anzahl belasteter Adern vieladriger Kabel in Erde oder in Luft (Quelle: DIN VDE 0276-627:2006-09)

20.3.3 Strombelastbarkeit von Stromschienensystemen

Die Dauerstrombelastbarkeit von fabrikfertigen Stromschienensystemen ist vom Hersteller anzugeben.

Die Dauerstrombelastbarkeit von nicht fabrikfertigen Stromschienensystemen kann nach DIN 43671 für Kupfer- und nach DIN 43670 für Aluminiumschienen bestimmt werden. Einen Auszug aus DIN 43670 und DIN 43671 zeigen die Tabellen 20.20 bis 20.22 für:

- Stromschienen mit rechteckigen Querschnitten (**Tabelle 20.20**)
- Stromschienen aus Rundmaterial (**Tabelle 20.21**)
- Stromschienen mit Kreisring-Querschnitt (**Tabelle 20.22**)

20

Die Belastungswerte gelten für eine Umgebungstemperatur von 35 °C und berücksichtigen eine Erwärmung von 30 K, bedingt durch die Stromwärmeverluste.

Den Belastungswerten liegen die elektrischen Leitfähigkeiten zugrunde von:

- 56,0 $m/(\Omega\, mm^2)$ für Kupfer
- 35,1 $m/(\Omega\, mm^2)$ für Aluminium

Gelangen Schienen mit hiervon abweichender elektrischer Leitfähigkeit zur Anwendung, so sind die Belastungswerte zu korrigieren (siehe Bild 20.19). Bei den Belastbarkeitswerten wurden für Freiluftanlagen mitteleuropäische Verhältnisse zugrunde gelegt. Dabei wird eine leichte Luftbewegung, d. h. eine Windgeschwindigkeit von 0,6 m/s, angenommen. Für die Sonneneinstrahlung wird bei

	Abmessung	Querschnitt	eine Schiene				zwei Schienen			
			blank		gestrichen		blank		gestrichen	
	mm	mm²	⎓	~	⎓	~	⎓	~	⎓	~
Kupfer	12×2	23,5	108	108	123	123	182	182	202	202
	15×2	29,5	128	128	148	148	212	212	240	240
	15×3	44,5	162	162	187	187	282	282	316	316
	20×3	59,5	204	204	237	237	348	348	394	394
	25×3	74,5	245	245	287	287	414	412	470	470
	30×5	149	380	379	448	447	676	672	766	760
	40×5	199	484	482	576	573	848	836	966	952
	50×5	249	588	583	703	697	1020	994	1 170	1 140
	40×10	399	728	715	865	850	1350	1 290	1 530	1 470
	50×10	499	875	852	1 050	1 020	1 610	1 510	1 830	1 720
	60×10	599	1 020	985	1 230	1 180	1 870	1 720	2 130	1 960
	80×10	799	1 310	1 240	1 590	1 500	2 380	2 110	2 730	2 410
	100×10	990	1 600	1 490	1 940	1 810	2 890	2 480	3 310	2 850
Aluminium	12×2	23,5	84	84	97	97	142	142	160	160
	15×2	29,5	100	100	118	118	166	166	190	190
	15×3	44,5	126	126	148	148	222	222	252	252
	20×3	59,5	159	159	188	188	272	272	312	312
	25×3	74,5	191	190	228	228	322	322	372	372
	30×5	149	296	295	356	356	528	526	608	606
	40×5	199	376	376	457	456	662	658	766	762
	50×5	249	456	455	558	556	794	786	924	913
	40×10	399	561	557	682	677	1 040	1 030	1 200	1 180
	50×10	499	674	667	824	815	1 250	1 210	1 440	1 400
	60×10	599	787	774	966	951	1 450	1 390	1 680	1 610
	80×10	799	1 010	983	1 250	1 220	1 840	1 720	2 150	2 000
	100×10	999	1 240	1 190	1 540	1 480	2 250	2 050	2 630	2 390

Die Belastungswerte der Tabelle gelten für Innenraumanlagen mit senkrecht angeordneten Schienen; der Schienenabstand muss der Schienendicke entsprechen. Die Belastungswerte für Gleichstrom ⎓ gelten auch für Wechselstrom mit $16^2/_3$ Hz.

Tabelle 20.20 Dauerstrombelastbarkeit I_z in A von Stromschienen bei einer Umgebungstemperatur von 35 °C und einer Erwärmung um 30 K (Auszug aus DIN 43670:1975-12 und DIN 43671:1975-12)

blanken Schienen, die normal oxidiert sind, mit 0,45 kW/m² für Kupfer- und mit 0,35 kW/m² für Aluminium-Stromschienen gerechnet. Für gestrichene Schienen wurde mit 0,7 kW/m² gerechnet.

Die Dauerstrombelastbarkeiten von Stromschienen aus Kupfer und Aluminium gelten für die vereinbarten Ausgangsbedingungen mit einer Umgebungstemperatur (Lufttemperatur) von 35 °C und einer Erwärmung um 30 K, also einer Schienenendtemperatur von 65 °C. Bei hiervon abweichenden Bedingungen bestehen die Zusammenhänge wie in **Bild 20.18** gezeigt.

Durchmesser in mm²	Querschnitt in mm²	Cu		Al	
		blank	gestrichen	blank	gestrichen
5	19,6	85	95	67	75
8	50,3	159	179	124	142
10	78,5	213	243	167	193
16	201	401	464	314	370
20	314	539	629	424	504
32	804	976	1160	789	954
50	1960	1610	1930	1360	1680

Die Belastungswerte der Tabelle gelten für Innenraumanlagen für Gleichstrom und Wechselstrom bis 60 Hz. Leiterabstand ≥ 2 Außendurchmesser.

Tabelle 20.21 Dauerstrombelastbarkeit I_z in A von Stromschienen aus Rundmaterial für Kupfer und Aluminium bei einer Umgebungstemperatur von 35 °C und einer Erwärmung um 30 K
(Auszug aus DIN 43670:1975-12 und DIN 43671:1975-12)

Außendurchmesser	Wandstärke	Querschnitt	Kupferrohr				Aluminiumrohr			
			Innenraum		Freiluft		Innenraum		Freiluft	
mm	mm	mm²	blank	gestrichen	blank	gestrichen	blank	gestrichen	blank	gestrichen
20	2	113	329	384	449	460	257	305	354	365
	3	160	392	457	535	548	305	363	421	435
	4	201	438	512	599	613	342	407	472	487
32	3	273	611	725	794	818	476	575	624	649
	4	352	693	821	900	927	539	653	708	737
	5	424	760	900	987	1020	592	716	777	808
40	3	349	753	899	955	986	585	714	750	783
	4	452	857	1020	1090	1120	667	813	854	892
	5	550	944	1130	1200	1240	734	896	941	982

Die Belastungswerte der Tabelle gelten für Gleichstrom und Wechselstrom bis 60 Hz. Leiterabstand ≥ 2 Außendurchmesser.

Tabelle 20.22 Dauerstrombelastbarkeit I_z in A von Stromschienen mit Kreisring-Querschnitt für Kupfer und Aluminium bei einer Umgebungstemperatur von 35 °C und einer Erwärmung um 30 K
(Auszug aus DIN 43670:1975-12 und DIN 43671:1975-12)

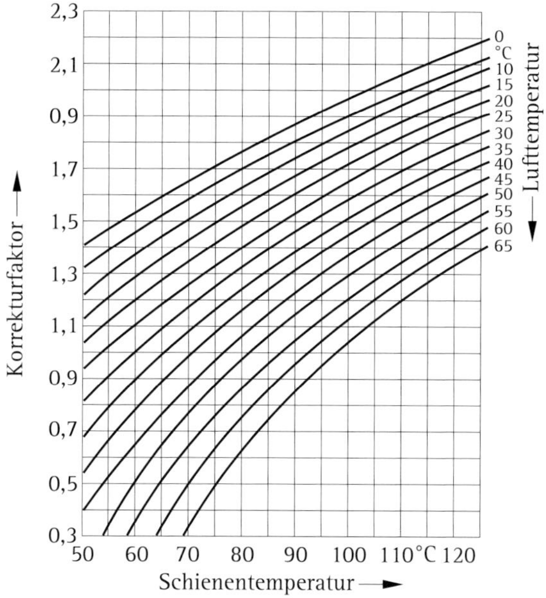

Bild 20.18 Korrekturfaktoren für die Belastungsänderung bei anderen Lufttemperaturen als 35 °C und/oder anderen Schienentemperaturen als 65 °C

Die für Wechselstrom genannten Belastungswerte gelten für Frequenzen von 40 Hz bis 60 Hz. Für höhere Frequenzen ist die Belastbarkeit wie folgt umzurechnen:

$$I'_z = I_{z50} \cdot \sqrt{\frac{50}{f_x}} \qquad (20.15)$$

Es bedeuten:

I'_z zulässige Strombelastbarkeit in A bei der Frequenz f_x

I_{z50} zulässige Strombelastbarkeit bei Frequenzen von 40 Hz bis 60 Hz (Tabellen 20.20 bis 20.24)

f_x Frequenz in Hz, für die die Umrechnung erfolgen soll

Für Stromschienen aus Rundmaterial ist für die gebräuchlichsten Durchmesser die zulässige Dauerstrombelastbarkeit in Tabelle 20.21 angegeben. Die Belastungswerte gelten für Gleichstrom und Wechselstrom bis 60 Hz. Der Hauptleitermittelabstand muss mindestens dem doppelten Durchmesser entsprechen.

In Tabelle 20.22 ist die Dauerstrombelastbarkeit für Stromschienen mit Kreisring-Querschnitt dargestellt. Die Werte gelten für Gleichstrom und Wechselstrom bis

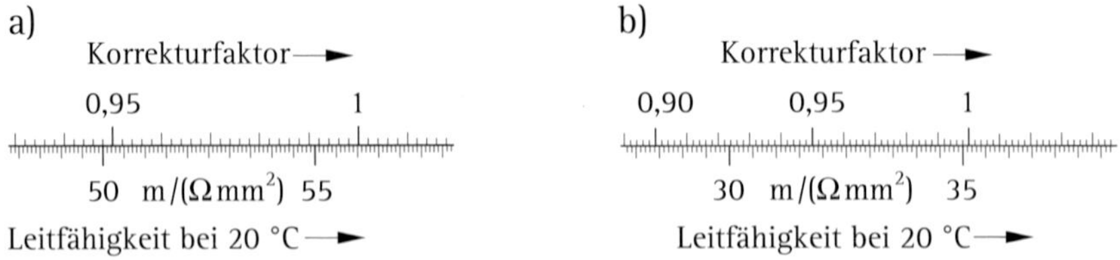

Bild 20.19 Korrekturfaktor bei abweichender elektrischer Leitfähigkeit
a) für Kupferschienen
b) für Aluminiumschienen

60 Hz. Für Freiluftanlagen wurden dabei mitteleuropäische Verhältnisse zugrunde gelegt.

Bei abweichender elektrischer Leitfähigkeit der Schienenmaterialien von den vorgegebenen Werten ($\kappa_{Cu} = 56$ m/(Ω mm²) und $\kappa_{Al} = 35{,}1$ m/(Ω mm²)) ist nach **Bild 20.19** ein Korrekturfaktor zu ermitteln und die zulässige Dauerstrombelastbarkeit zu korrigieren.

Solche Korrekturen können erforderlich werden bei der Verwendung folgender Materialien:

- Kupfer

  E-Cu F 20 mit $\kappa = (57 \ldots 58)$ m/(Ω mm²)

  E-Cu F 25 mit $\kappa = (56 \ldots 57)$ m/(Ω mm²)

  E-Cu F 30 mit $\kappa = (56 \ldots 56{,}7)$ m/(Ω mm²)

  E-Cu F 37 mit $\kappa = (55 \ldots 56)$ m/(Ω mm²)

- Aluminium

  E-Al F 6,5 … F 8 mit $\kappa = (35{,}15 \ldots 36{,}5)$ m/(Ω mm²)

  E-Al F 10 mit $\kappa = (34{,}8 \ldots 35{,}8)$ m/(Ω mm²)

  E-Al F 13 mit $\kappa = (34{,}5 \ldots 35{,}5)$ m/(Ω mm²)

  E-Al Mg Si 0,5 F 17 mit $\kappa = (32 \ldots 34)$ m/(Ω mm²)

  E-Al Mg Si 0,5 F 22 mit $\kappa = (32 \ldots 33)$ m/(Ω mm²)

Beispiel:

Für eine Anlage mit rechteckigen, blanken Cu-Schienen 40 mm × 10 mm, die mit 50 Hz betrieben werden, gelten als abweichende Betriebsbedingungen eine Lufttemperatur von 20 °C, wobei aus sicherheitstechnischen Gründen die Schienentemperatur 60 °C nicht überschritten werden sollte. Es sollen Schienen E-Cu F 20 mit einer Leitfähigkeit $\kappa = 57$ m/(Ω mm²) verwendet werden. Wie dürfen die Schienen belastet werden?

Lösung:

Die unter Referenzbedingungen (Lufttemperatur 35 °C, Schienentemperatur 65 °C) zulässige Belastung ist nach Tabelle 20.20 $I_z = 715$ A.

Der Korrekturfaktor f_1 für die Umgebungstemperatur 20 °C und Schienentemperatur 60 °C ergibt sich nach Bild 20.18 zu $f_1 = 1{,}2$.

Der Korrekturfaktor f_2 für die abweichende elektrische Leitfähigkeit wird nach Bild 20.19 mit $f_2 = 1{,}009$ ermittelt.

Damit ergibt sich als zulässige korrigierte Belastbarkeit I'_z:

$$I'_z = I_z \cdot f_1 \cdot f_2$$
$$= 715 \text{ A} \cdot 1{,}2 \cdot 1{,}009 = 865 \text{ A}$$

20.3.4 Strombelastbarkeit von Freileitungen

Die zulässige Dauerstrombelastbarkeit von Freileitungsseilen ist in folgenden Normen festgelegt:

- DIN 48201-1:1981-04 „Leitungsseile – Seile aus Kupfer“
  für Freileitungen aus Kupferseilen
- EN 50182:2001-12 „Leiter für Freileitungen“
  für Leitungsseile aus Aluminium, Aluminiumlegierung (Aldrey/E-AlMgSi) und Aluminium/Stahl

Die Werte für die Belastbarkeit sind in **Tabelle 20.23** und **Tabelle 20.24** dargestellt.

Nennquerschnitt	Sollquerschnitt	Anzahl × Durchmesser	Seildurchmesser	Dauerstrombelastbarkeit A		
mm^2	mm^2	mm^2	mm	Kupfer	Aluminium	Aldrey
16	15,89	7 × 1,7	5,1	125	110	105
25	24,25	7 × 2,1	6,3	160	145	135
35	34,36	7 × 2,5	7,5	200	180	170
50	48,35	19 × 1,8	9,0	250	225	210
70	65,81	19 × 2,1	10,5	310	270	255
95	93,27	19 × 2,5	12,5	380	340	320
120	117,00	19 × 2,8	14,0	440	390	365

Tabelle 20.23 Dauerstrombelastbarkeit I_z für Freileitungsseile aus Kupfer, Aluminium und Aluminiumlegierung (Aldrey/E-AlMgSi)
(Quelle: DIN 48201-1:1981-04 und EN 50182:2001-12)

20

Nenn-querschnitt	Soll-querschnitt	Querschnitts-verhältnis Al/St	Seil-durchmesser	Dauerstrom-belastbarkeit Al/St 1/6
mm^2	mm^2		mm	A
16/2,5	17,8	6	5,4	105
25/4	27,8	6	6,8	140
35/6	40,1	6	8,1	170
50/8	56,3	6	9,6	210
70/12	81,3	6	11,7	290
95/15	109,7	6	13,6	350
120/20	141,4	6	15,5	410

Tabelle 20.24 Dauerstrombelastbarkeit I_z für Freileitungsseile aus Aluminium/Stahl (Quelle: EN 50182:2001-12)

Die angegebenen Belastungswerte gelten bei Dauerlast für Gleichstrom und Wechselstrom bis 60 Hz. Sie sind für eine Windgeschwindigkeit von 0,6 m/s, Sonneneinstrahlung (wie in Deutschland üblich) und eine Umgebungstemperatur von 35 °C berechnet. Die Leiterseilendtemperatur beträgt:

- 70 °C für Leiterseile aus Kupfer
- 80 °C für Leiterseile aus Aluminium und Aluminiumlegierung
- 80 °C für Leiterseile aus Aluminium/Stahl 6/1

Bei ruhender Luft sind oben genannte Belastungswerte um etwa 30 % herabzusetzen.

20.3.5 Belastungssonderfälle

20

Bei Mehrmotorenantrieben kann der Leitungsquerschnitt aufgrund des „quadratischen Mittelwerts“ ermittelt werden. Anlassströme, Belastungsgröße und dergleichen sind dabei zu berücksichtigen (siehe hierzu **Bild 20.20**).

Der quadratische Mittelwert ergibt sich zu:

$$I_m = \sqrt{\frac{I_1^2 \cdot t_1 + I_2^2 \cdot t_2 + \ldots + I_n^2 \cdot t_n}{t_1 + t_2 + \ldots + t_n}} \qquad (20.16)$$

Es bedeuten:

I_m quadratischer Mittelwert

I_1, I_2, I_n Belastungsströme

t_1, t_2, t_n Einschaltdauer der Belastungsströme

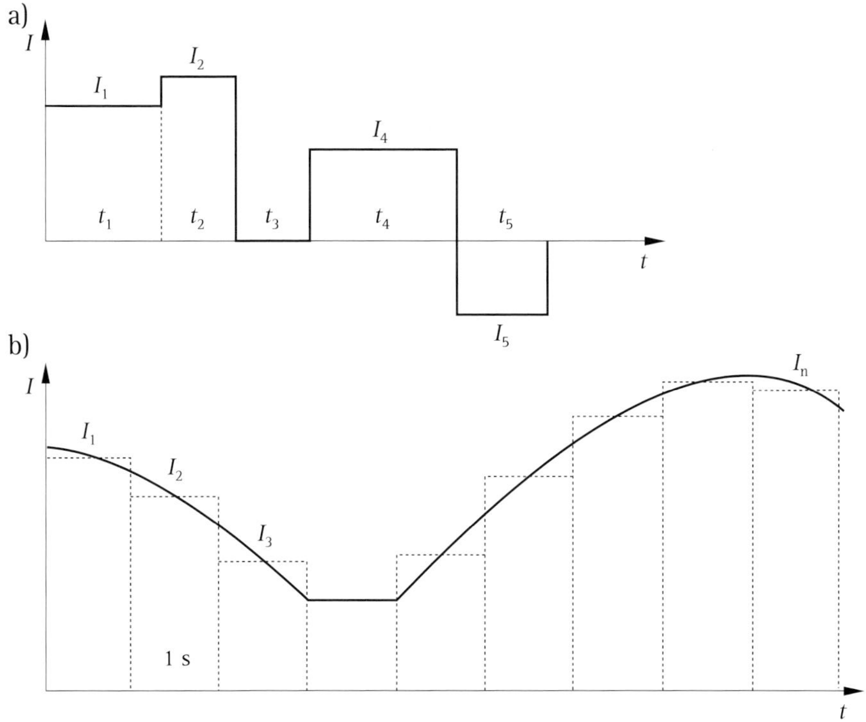

Bild 20.20 Belastungsdiagramme
a) Belastung mit konstanten Strömen
b) Belastung mit variablem Strom

Die Gl. (20.16) kann besonders auf einfache Belastungsdiagramme angewandt werden (Bild 20.20 a)). Bei Belastungsdiagrammen mit unregelmäßigem Verlauf (Bild 20.20 b)) ist es zweckmäßig, die Belastung in Zeitabschnitte von 1 s zu zerlegen. Die einzelnen „Sekundenströme" sind dann als „Mittelwert" einzusetzen.

20

Aus dem in „Sekundenströme" zerlegten Belastungsdiagramm ergibt sich aus Gl. (20.16):

$$I_m = \sqrt{\frac{I_1^2 + I_2^2 + I_3^2 + \ldots + I_n^2}{t_1 + t_2 + t_3 + \ldots + t_n}} \qquad (20.17)$$

Die Multiplikation mit der Zeit darf im Zähler von Gl. (20.17) nur dann vernachlässigt werden, wenn die jeweilige Zeit 1 s beträgt.

Bei beiden Verfahren ist zu prüfen, ob die Leistung, die über dem ermittelten quadratischen Mittelwert liegt, in ihrer Dauer den in **Tabelle 20.25** angegebenen

Nennquerschnitt mm^2	zulässige Einschaltdauer s
bis 6	4
von 10 bis 25	8
von 35 bis 50	15
von 70 bis 150	30
von 185 und mehr	60

Tabelle 20.25 Zulässige Einschaltdauer für die Strombelastbarkeit nach dem quadratischen Mittelwert

Zeitgrenzwert nicht überschreitet. Eine Überlastschutzeinrichtung braucht nicht eingebaut zu werden.

Beispiel:

Ein Mehrmotorenantrieb hat das in **Bild 20.21** dargestellte zyklische Belastungsdiagramm. Zu bestimmen ist der Querschnitt, wenn NYM auf Putz verlegt werden soll!

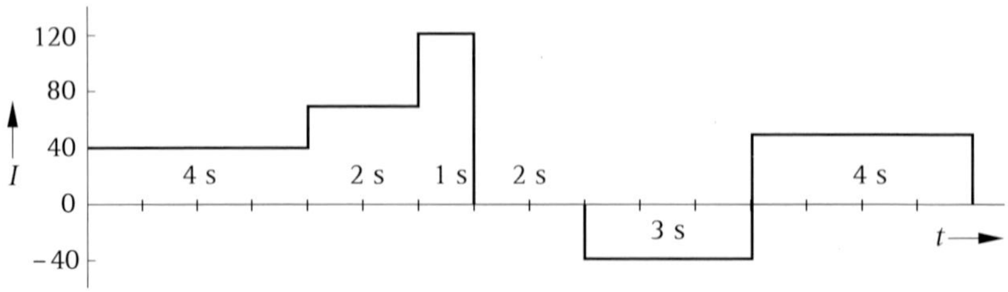

Bild 20.21 Beispiel quadratischer Mittelwert

20

Bestimmung des quadratischen Mittelwerts:

$$I_m = \sqrt{\frac{40^2 \cdot 4 + 70^2 \cdot 2 + 120^2 \cdot 1 + (-40)^2 \cdot 3 + 50^2 \cdot 4}{4+2+1+2+3+4}}\ \text{A}$$

$$= \sqrt{2837{,}5}\ \text{A} = 53{,}27\ \text{A}$$

$S = 10\ \text{m}^2$ (NYM nach Tabelle 20.4, Verlegeart C, drei belastete Adern)

Beispiel:

Der quadratische Mittelwert des Anlaufstroms für den in **Bild 20.22** dargestellten Anlauf soll bestimmt werden!

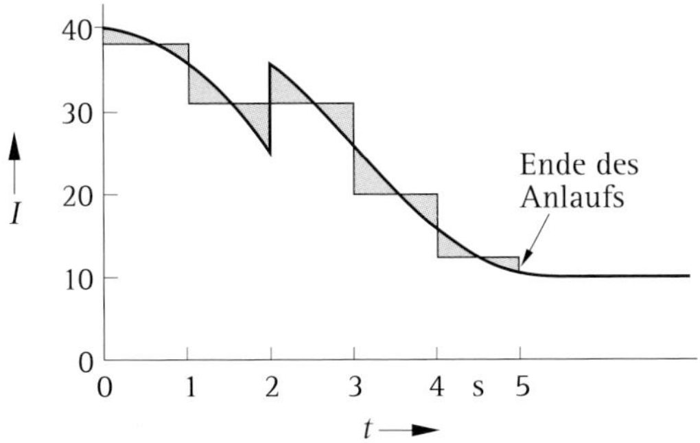

Bild 20.22 Beispiel Anlauf eines Motors

Aus dem Diagramm ergibt sich:

$I_1 = 38$ A
$I_2 = 32$ A
$I_3 = 32$ A
$I_4 = 20$ A
$I_5 = 12{,}5$ A

Bestimmung des quadratischen Mittelwerts:

$$I_\mathrm{m} = \sqrt{\frac{38^2 + 32^2 + 32^2 + 20^2 + 12{,}5^2}{5}}\ \mathrm{A} = \sqrt{\frac{4\,048{,}25}{5}}\ \mathrm{A}$$

Bei Kurzzeitbetrieb, das ist eine kurze Belastungszeit, bei der die Kabel bzw. Leitungen nur kurzzeitig mit Strom belastet bzw. erwärmt werden und sich danach wieder auf Raumtemperatur abkühlen können **(Bild 20.23)**, ist es zweckmäßig, den Leitungsquerschnitt durch Berechnung festzulegen, damit die Anlage nicht überdimensioniert wird.

Zur Berechnung des zu verlegenden Querschnitts wird von der relativen Einschaltdauer ausgegangen, mit deren Hilfe nach **Bild 20.24** ein Überlastfaktor bestimmt wird.

20

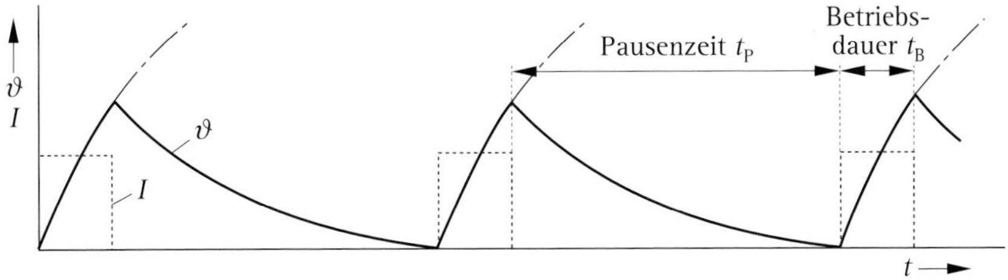

Bild 20.23 Temperatur- und Belastungsverlauf bei Kurzzeitbetrieb

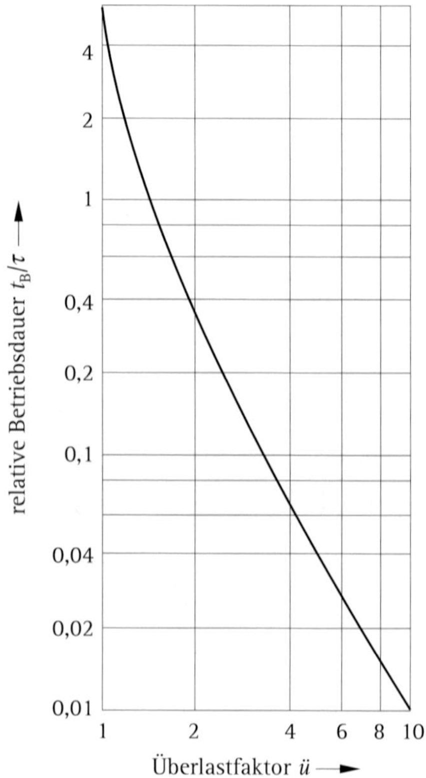

Bild 20.24 Überlastfaktor in Abhängigkeit der relativen Betriebsdauer

20

$$ü = f\left(\frac{\tau_B}{\tau}\right) = \frac{I_b}{I_z} \tag{20.18}$$

Darin bedeuten:

$ü$ Überlastfaktor aus I_b/I_z

f Funktion für den Überlastfaktor, zu ermitteln aus t_B/τ nach Bild 20.24

t_B Betriebszeit

τ Zeitkonstante (**Bild 20.25**); die Zeitkonstante gibt das Erwärmungsverhalten von Betriebsmitteln an

I_b Kurzzeitstrom

I_z zulässige Strombelastbarkeit bei Dauerlast

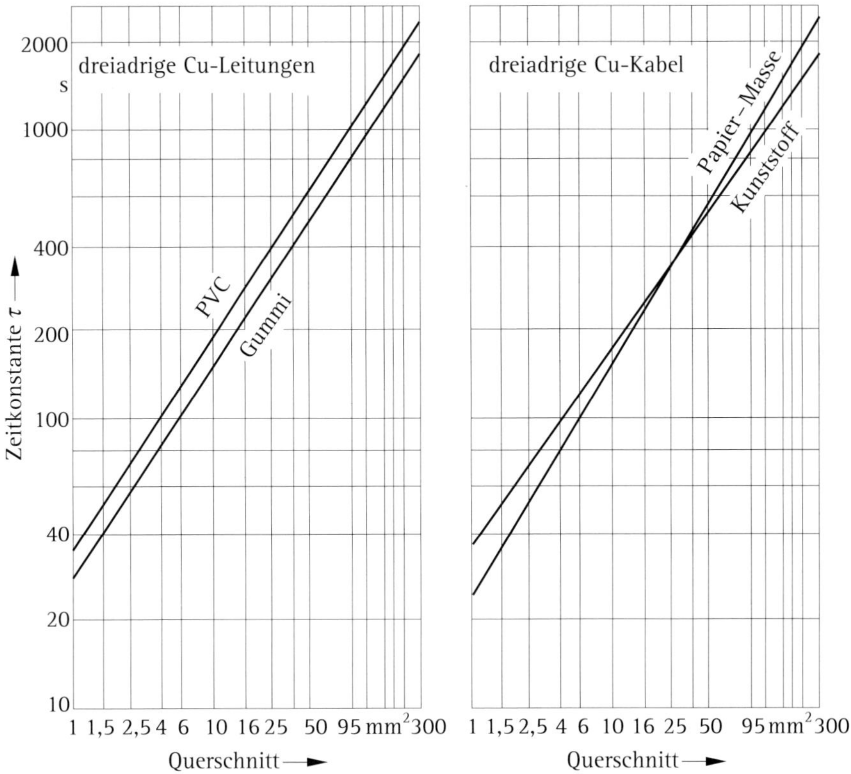

Bild 20.25 Zeitkonstante τ für Cu-Leitungen und Cu-Kabel (drei belastete Adern)

Beispiel:

Eine Leitung muss 20 s lang einen Strom von 386 A führen und hat in der nachfolgenden Pausenzeit von 2½ h genügend Zeit, sich auf Raumtemperatur abzukühlen. Welcher Querschnitt reicht aus, wenn NYY (Verlegung in Luft) verwendet wird?

Zunächst muss ein Querschnitt angenommen werden, da ohne diesen weder τ noch I_z in Gl. (20.18) bekannt sind.

Gewählt wird NYY 4×25 mm², und damit wird

τ = 330 s (nach Bild 20.25)
I_z = 106 A (nach Tabelle 20.14)

Die relative Einschaltdauer wird

$$\frac{t_B}{\tau} = \frac{20 \text{ s}}{300 \text{ s}} = 0{,}061$$

womit nach Bild 20.24 ein Überlastfaktor von

$$\ddot{u} = 4{,}0$$

ermittelt wird; das heißt, der gewählte Querschnitt darf (20 s lang) bis zum vierfachen zulässigen Belastungsstrom belastet werden. Das 25-mm²-NYY-Kabel in Luft dürfte also mit

$$I_b = \ddot{u} \cdot I_z = 4{,}0 \cdot 106\ \text{A} = 424\ \text{A}$$

belastet werden, wird aber nur mit 386 A belastet, weshalb noch untersucht werden soll, ob nicht bereits NYY 16 mm² ausreicht.

Bei NYY 16 mm² ermittelt man:

$\tau = 260$ s
$I_z = 79$ A

Somit ist:

$$\frac{t_B}{\tau} = \frac{20\ \text{s}}{260\ \text{s}} = 0{,}077$$

Daraus folgt

$$\ddot{u} = 3{,}8$$

und damit

$$I_b = \ddot{u} \cdot I_z = 3{,}8 \cdot 79\ \text{A} = 300{,}2\ \text{A}$$

Der Querschnitt 16 mm² reicht nicht aus, es muss also doch 25 mm² NYY verlegt werden.

20.3.6 Erwärmung von Kabeln und Leitungen

20

Ein Leiter, der von Strom durchflossen wird, erwärmt sich durch die physikalisch bedingten Stromwärmeverluste. Ohne Berücksichtigung der Abkühlung ergibt sich die in einer Zeiteinheit zugeführte Wärme zu:

$$Q = I^2 \cdot R \cdot t = I^2 \, \frac{\rho \cdot L}{S} \cdot t \qquad (20.19)$$

Die von einem kalten Leiter aufgenommene Wärmemenge (ohne Berücksichtigung der gegebenenfalls an die Umgebung abgegebenen Wärmemenge $\hat{=}$ adiabatische Erwärmung) ist:

$$Q = \gamma \cdot c \cdot L \cdot S \cdot \Delta\vartheta \qquad (20.20)$$

Die in den Gln. (20.19) und (20.20) verwendeten Formelzeichen bedeuten:

Q Wärmemenge in Ws
I Strom in A
R Widerstand in Ω
t Zeit in s
ρ spezifischer Widerstand in $\Omega\,mm^2/m$
L Leiterlänge in m
S Querschnitt in mm^2
c spezifische Wärme eines Stoffes in $kJ/(kg \cdot K)$
γ Dichte in kg/dm^3
$\Delta\vartheta$ Temperaturerhöhung in K

Die Gln. (20.19) und (20.20) können gleichgesetzt und nach $\Delta\vartheta$ aufgelöst werden. Damit ergibt sich folgende Beziehung für die Temperaturerhöhung

$$\Delta\vartheta = \left(\frac{I}{S}\right)^2 \cdot t \cdot K \qquad (20.21)$$

wobei

$$\vartheta_a = \vartheta_R + \Delta\vartheta \qquad (20.22)$$

Es bedeuten:

ϑ_a Leiterendtemperatur in °C
ϑ_R Raumtemperatur (Ausgangstemperatur in °C)
$\Delta\vartheta$ Temperaturerhöhung in K
K Materialkonstante, gebildet aus Materialkennwerten

$$K = \frac{\rho}{\gamma \cdot c}$$

Die zur Berechnung der Materialkonstante erforderlichen Materialkennwerte sind in **Tabelle 20.26** gegeben.

20

Beispiel:

Eine Leitung 25 mm^2 Cu wird 20 s mit 386 A belastet (vergleiche Beispiel Kurzzeitbelastung). Die Ausgangstemperatur ist 30 °C. Wie hoch ist die Temperaturerhöhung, und wie hoch ist die Endtemperatur am Leiter?

Nach Gl. (20.21) ist:

$$\Delta\vartheta = \left(\frac{I}{S}\right)^2 \cdot t \cdot K = \left(\frac{386\ \text{A}}{25\ \text{mm}^2}\right)^2 \cdot 20\ \text{s} \cdot 5{,}00 \cdot 10^{-3}\ \frac{\text{mm}^4\text{K}}{\text{s} \cdot \text{A}^2} = 23{,}84\ \text{K}$$

und nach Gl. (20.21) damit:

$$\vartheta_a = \vartheta_R + \Delta\vartheta = 30\ °\text{C} + 23{,}84\ \text{K} = 53{,}84\ °\text{C}$$

	Al	Cu	Fe	Pb	Dimension
ρ	0,028	0,0172	0,138[1)]	0,21	$\Omega\,mm^2/m$
γ	2,70	8,92	7,85	11,34	kg/dm^3
c	0,896	0,386	0,4523	0,1298	$kJ/(kg \cdot K)$
K	$11{,}57 \cdot 10^{-3}$	$5{,}00 \cdot 10^{-3}$	$38{,}87 \cdot 10^{-3}$	$142{,}7 \cdot 10^{-3}$	$mm^4 \cdot K/(s \cdot A^2)$

[1)] Wert liegt zwischen 0,10 $\Omega\,mm^2/m$ und 0,15 $\Omega\,mm^2/m$, bei Stahl für elektrotechnische Zwecke ist ρ = 0,138 $\Omega\,mm^2/m$.

Tabelle 20.26 Materialkennwerte und Materialkonstante K

20.4 Schutz gegen zu hohe Erwärmung – Teil 430

Leitungen und Kabel sind durch Überstrom-Schutzeinrichtungen zu schützen gegen:

- betriebsmäßige Überlastung
- vollkommene und unvollkommene Kurzschlüsse

Im Folgenden wird deshalb unterschieden zwischen:

- Überlastschutz (Schutz bei Überlast; Abschnitt 20.4.1)
- Kurzschlussschutz (Schutz bei Kurzschluss; Abschnitt 20.4.2)

Als Überstrom-Schutzeinrichtungen können verwendet werden:

- Einrichtungen, die sowohl bei Überlast als auch bei Kurzschluss schützen
- Einrichtungen, die nur bei Überlast schützen
- Einrichtungen, die nur bei Kurzschluss schützen

20

20.4.1 Schutz bei Überlast

Kabel, Leitungen und Stromschienen werden gegen die Auswirkungen von Überströmen durch Überstrom-Schutzeinrichtungen auf die zulässige Belastbarkeit abgesichert, die entweder den Belastungstabellen direkt entnommen oder ggf. auch korrigiert wurde. Folgende Bedingungen müssen dabei erfüllt sein:

$$I_b \leq I_n \leq I_z \qquad \text{(Nennstromregel)} \qquad (20.23)$$

$$I_2 \leq 1{,}45 \cdot I_z \qquad \text{(Auslöseregel)} \qquad (20.24)$$

Die LS-Schalter der neuen Generation (Charakteristiken B, C und D) haben einen großen Prüfstrom (Auslösestrom) von $I_t = 1{,}45\ I_n$. Bei Sicherungen mit einem großen Prüfstrom von $I_f = 1{,}6\ I_n$ für den Sicherungseinsatz kann in eingebautem Zustand ebenfalls mit $I_2 = 1{,}45\ I_n$ gerechnet werden. Bei Leistungsschaltern liegt der große Prüfstrom sogar bei nur $I_2 = 1{,}3\ I_n$. Damit gilt für die Gln. (20.23) und (20.24) jetzt:

$$I_n \leq I_z \tag{20.25}$$

In den Gln. (20.23) bis (20.25) sind:

- I_b Betriebsstrom in A, der über eine Leitung bzw. ein Kabel zum Fließen kommt
- I_n Bemessungsstrom der Schutzeinrichtung in A, die das Kabel/die Leitung schützen soll
- I_z Strombelastbarkeit (ggf. korrigiert) einer Leitung/eines Kabels in A
- I_2 großer Prüfstrom einer Überstrom-Schutzeinrichtung in A, der in der Regel als Vielfaches des Bemessungsstroms angegeben ist

Die Koordinierung der verschiedenen Kenngrößen ist in **Bild 20.26** dargestellt.

Von großer Wichtigkeit ist der große Prüfstrom I_2. Er wird in DIN VDE 0636 für Sicherungen mit I_f (conventional fusing current) bezeichnet und gilt für einen Sicherungseinsatz bei festgelegter Prüfanordnung. Dabei kann davon ausgegangen werden, dass bei eingebauten Sicherungseinsätzen unter Berücksichtigung

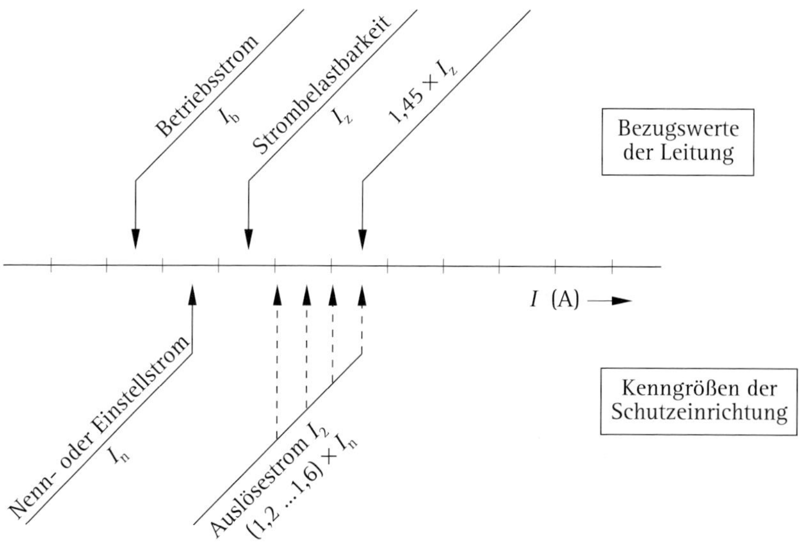

Bild 20.26 Koordinierung der Kenngrößen (Quelle: DIN VDE 0100-430:1991-11)

20

der Verhältnisse (verringerte Wärmeabfuhr) ein Sicherungseinsatz mit $I_f = 1{,}6\ I_n$ die Bedingung $I_2 \leq 1{,}45\ I_n$ erfüllt. Für Leitungsschutzschalter nach DIN VDE 0641 gilt als festgelegter Auslösestrom I_t (conventional tripping current) die Beziehung $I_t = 1{,}45\ I_n$. Damit ist auch für LS-Schalter die Bedingung $I_2 \leq 1{,}45\ I_n$ erfüllt.

Überstromschutzeinrichtungen, die die Bedingung $I_2 \leq 1{,}45\ I_n$ erfüllen, sind zum Beispiel:

- NH-Sicherungen der Betriebsklasse gG mit Nennströmen über 16 A
- NH-Sicherungen der Betriebsklasse gTr
- D- und D0-Sicherungen mit Nennströmen über 10 A
- Leitungsschutzschalter
- Leistungsschalter

Unter Zugrundelegung der in DIN VDE 0298-4 üblichen Verlegebedingungen kann für eine in Deutschland bedenkenlos anzusetzende Umgebungstemperatur von 25 °C (Jahresmittel) **Tabelle 20.27** zur Auswahl der Schutzeinrichtungen angewandt werden. Wichtigste Voraussetzung ist dabei, dass der große Prüfstrom für LS-Schalter und Sicherungen die Bedingung $I_2 \leq 1{,}45 \cdot I_n$ erfüllt, was für LS-Schalter exakt gilt und für D- und D0-Sicherungseinsätze mit $I_n > 10$ A der Betriebsklasse gG bzw. gL unter realistischen Betriebsbedingungen angenommen werden kann. Wenn andere Bedingungen vorliegen, kann Tabelle 20.27 nicht verwendet werden, d. h., die Anwendung der Gln. (20.23), (20.24) und (20.25) ist unumgänglich, wenn:

- andere Schutzeinrichtungen als die genannten verwendet werden, z. B. Sicherungen der Betriebsklasse aM, gR o. Ä.
- andere Verlegungsbedingungen vorliegen, z. B. höhere Temperaturen zu berücksichtigen sind
- Häufungen zu beachten sind
- Kabel im Erdreich verlegt werden
- Stromschienensysteme zu schützen sind

Beispiel:

Welche Bemessungsstromstärke darf eine Leitungsschutzsicherung höchstens haben, wenn ein im Erdreich verlegtes Kabel NAYY $4 \times 120\ \text{mm}^2$, das mit Dauerlast betrieben wird, geschützt werden soll?

Aus der Tabelle 20.13 kann die Belastung bei EVU-Last mit 245 A entnommen werden; bei Dauerlast ist dann nach Tabelle 20.15 (Belastungsgrad 1,0 und spezifischer Erdbodenwärmewiderstand 1,0 K · m/W):

$$I_z' = 0{,}91 \cdot 245\ \text{A} = 223\ \text{A}$$

Leitermaterial	Kupfer											
Leitungsart	Isolierstoff PVC											
	Bauartkennzeichen [1] NYY, NYCWY, NYKY, NYM, NYBUY, NHYRUZY, NYIF, NYIFY, H07V-U, H07V-R, H07V-K, NYMT, NYMZ											
	zulässige Betriebstemperatur 70 °C											
Umgebungs-temperatur	Bezugstemperatur 25 °C											
Betriebs- und Belastungsart	Dauerbetrieb											
Verlegeart[2]	Gruppe A1		Gruppe A2		Gruppe B1		Gruppe B2		Gruppe C		Gruppe E	
Anzahl der belasteten Adern	2	3	2	3	2	3	2	3	2	3	2	3
Nennquerschnitt mm^2	Bemessungsstrom der Schutzeinrichtung in A											
1,5	16	13	16	13	16	16	16	13	20	16	20	20
2,5	20	16	16	16	25	20	20	20	25	25	25	25
4	25	25	25	20	35	25	25	25	35	35	40	35
6	35	32	32	25	40	35	40	35	50	40	50	40
10	40	40	40	40	50	50	50	50	63	63	63	63
16	63	50	50	50	80	63	63	63	80	80	80	80
25	80	63	80	63	100	80	80	80	100	100	125	100
35	100	80	80	80	125	100	100	100	125	125	160	125
50	125	100	100	100	160	125	–	125	–	160	–	160
70	160	125	125	125	200	160	–	160	–	200	–	200

[1] Auflistung der Bauart-Kurzzeichen der Leitungen mit Angaben, welchen Normen die Leitungen entsprechen, siehe DIN VDE 0298-3

[2] Verlegearten nach DIN VDE 0298-4, Tabelle 2

Tabelle 20.27 Zuordnung von Leitungsschutzsicherungen nach DIN VDE 0636 und Leitungsschutzschaltern nach DIN VDE 0641 zu den Querschnitten von Kabeln und Leitungen; Beispiele für übliche Anwendungsfälle in der Hausinstallation

Bei Sicherungen der Betriebsklasse gG bzw. gL mit $I_2 = 1{,}45 \cdot I_n$ kann nun folgender Bemessungsstrom ermittelt werden:

$$I_n \leq I_z \leq 223\ \text{A}$$

$$I_n = 200\ \text{A}$$

Dies veranschaulicht **Bild 20.27.**

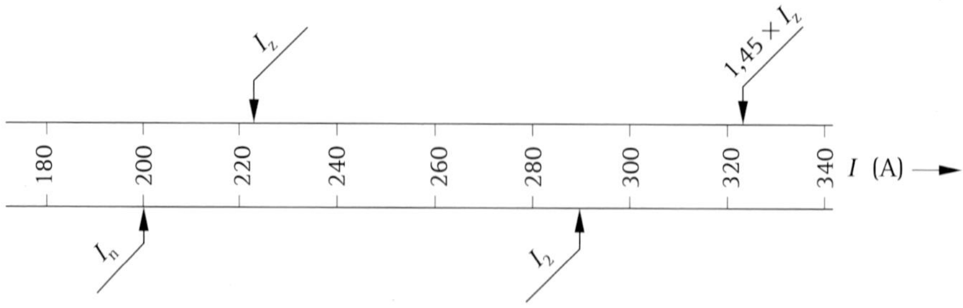

Bild 20.27 Beispiel

Beispiel:

In einem Raum mit einer regelmäßig auftretenden Höchsttemperatur von $\vartheta = 50$ °C muss ein Gerät angeschlossen werden, das eine Stromaufnahme $I_b = 48$ A hat. Verlegt werden soll NYM. Welcher Leitungsquerschnitt und welche Absicherung sind zu wählen?

Zunächst ist mithilfe der Reduktionsfaktoren nach Tabelle 20.9 zu bestimmen, welche Strombelastung die Leitung theoretisch halten muss, damit sie bei erhöhter Temperatur auch mit 48 A belastet werden darf.

Es ist demnach mit dem Korrekturfaktor 0,71 nach Tabelle 20.9:

$$I_z' = \frac{48\text{ A}}{0{,}71} = 67{,}6\text{ A}$$

Aus Tabelle 20.4 kann damit für die Verlegeart C bei drei belasteten Adern ein Leitungsquerschnitt von 16 mm^2 bestimmt werden.

Die für diesen Querschnitt bei $\vartheta = 50$ °C zugelassene Belastung I_z ist nach Tabelle 20.4 und dem Korrekturfaktor nach Tabelle 20.9:

20

$$I_z = 0{,}71 \cdot 76\text{ A} = 54\text{ A}$$

Der Bemessungsstrom der Sicherung wird ermittelt aus Gl. (20.25) bei einem großen Prüfstrom $I_2 = 1{,}45 \cdot I_n$:

$$I_n \le I_z \le 54\text{ A}$$

$$I_n = 50\text{ A}$$

Bild 20.28 zeigt dies auf anschauliche Weise.

Anmerkung: Zu beachten ist, dass bei einem Korrekturfaktor von 30 °C auf 50 °C nach Tabelle 20.9 auch die Belastbarkeit bei 30 °C nach Tabelle 20.4 anzusetzen ist.

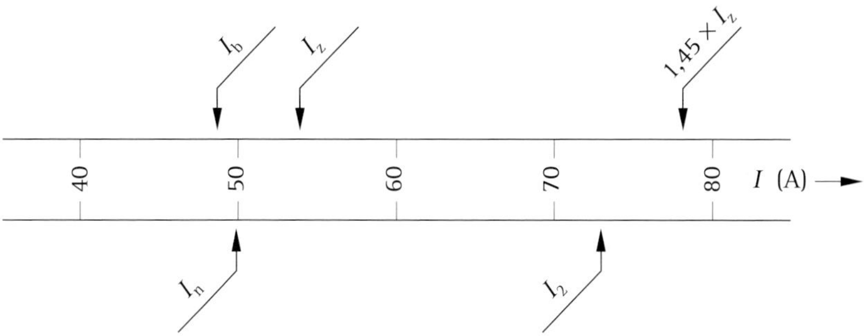

Bild 20.28 Beispiel

Hinsichtlich der Anordnung der Schutzeinrichtungen zum Schutz bei Überlast gilt folgender Grundsatz:

Schutzeinrichtungen zum Schutz bei Überlast müssen am Anfang jedes Stromkreises sowie an allen Stellen eingebaut werden, an denen die Strombelastbarkeit gemindert wird, sofern eine vorgeschaltete Schutzeinrichtung den Schutz nicht sicherstellen kann.

Dies bedeutet, dass Schutzeinrichtungen zum Schutz bei Überlast nicht an beliebiger Stelle des Stromkreises angeordnet werden dürfen, sondern stets am Anfang des Stromkreises anzuordnen sind. Weitere Schutzeinrichtungen im Zuge des Stromkreises sind dann an den Stellen erforderlich, an denen sich die Strombelastbarkeit des Stromkreises reduziert (**Bild 20.29**).

Es gibt hinsichtlich der Anordnung der Schutzeinrichtungen einige Ausnahmen, und zwar in Fällen, in denen:

- die Schutzeinrichtung im Zuge der Leitung beliebig versetzt werden darf (Teil 430 Abschnitt 5.4.2)
- auf die Schutzeinrichtung verzichtet werden darf (Teil 430, Abschnitt 5.5)
- auf die Schutzeinrichtung verzichtet werden sollte (Teil 430, Abschnitt 5.7)

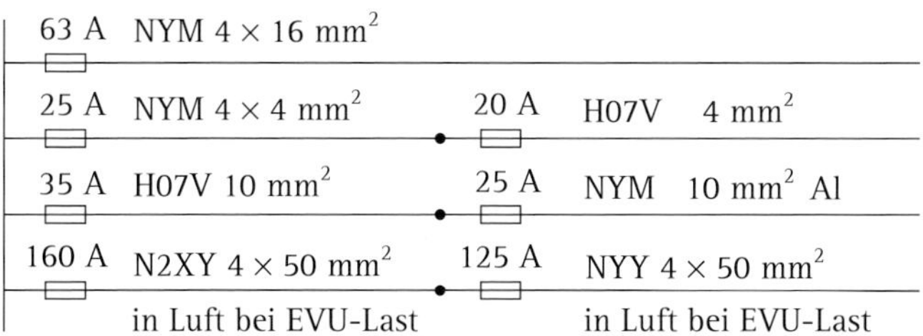

Bild 20.29 Anordnung der „Schutzeinrichtungen zum Schutz bei Überlast“

Diese Fälle können aber nur im Zusammenhang mit dem Schutz bei Kurzschluss gesehen werden, sodass ihre Behandlung in Abschnitt 20.4.3 „Koordinieren des Schutzes bei Überlast und Kurzschluss" erfolgt.

20.4.2 Schutz bei Kurzschluss

Durch Schutzeinrichtungen muss der Schutz bei Kurzschluss in der Art erreicht werden, dass die Schutzeinrichtung den Stromkreis abschaltet, bevor eine schädliche Erwärmung der Leiterisolation bzw. der Anschluss- und Verbindungsstellen eintritt. Das Bemessungs-Ausschaltvermögen muss mindestens dem größten Strom bei vollkommenem Kurzschluss entsprechen.

Der Strom, der bei vollkommenem Kurzschluss zum Fließen kommt, kann bestimmt werden:

- durch ein geeignetes Rechenverfahren
- durch Untersuchungen an einer Netznachbildung
- durch Messungen in der Anlage
- anhand von Angaben des EVU

Maßgebend ist der kleinste einpolige Kurzschlussstrom bei vollkommenem Kurzschluss (Kurzschluss ohne Widerstand an der Fehlerstelle). Zu den verschiedenen Möglichkeiten, den kleinsten einpoligen Kurzschluss zu ermitteln, ist festzustellen:

- Rechenverfahren
  Die Grundlagen der Kurzschlussstromberechnung sind in DIN EN 60909-0 (VDE 0102) „Kurzschlussströme in Drehstromnetzen – Berechnung der Ströme" ausführlich behandelt. Die Berechnungsergebnisse sind sehr genau; sie werden im Wesentlichen von der Genauigkeit der Eingabedaten (Leitungslänge) bestimmt (siehe hierzu auch Abschnitte 5.1.1.1 bis 5.1.1.3).
- Netznachbildung
  Die Ermittlung des Kurzschlussstroms mittels Netzmodell erfolgt bei Gleichstrommodellen nach der vereinfachten Methode der Kurzschlussstromberechnung und bei Wechselstrommodellen nach der genauen Methode. Die Ergebnisse sind als relativ genau (–5 %) anzusehen.
- Kurzschlussstrommessung
  Die Messung des Kurzschlussstroms bzw. der Schleifenimpedanz wird in der Regel die ungenaueste Methode sein. Die üblichen Messgeräte nach DIN VDE 0413-3 lassen gerätebedingte Fehler von ±30 % zu. Hinzu kommen noch Fehler, die systembedingt sind, wie z. B. Spannungsschwankungen, Lastveränderungen und dergleichen während der Messung. Eine Korrektur des Messergebnisses ist deshalb unbedingt erforderlich. Zu empfehlen ist ein Korrekturfaktor von 1,5, sodass gilt:

20

$$I_k = \frac{I_{k\,(\text{Messwert})}}{1,5}$$

$$Z_S = 1,5 \cdot Z_{S\,(\text{Messwert})}$$

Anmerkung: Es gibt Geräte (sehr teuer), die eine Genauigkeit von ±5 % aufweisen und damit oben genannte Korrektur entbehrlich machen.

- Angaben des EVU

  Die Angaben des EVU beruhen auf einem der vorgenannten Rechen- oder Messverfahren. Sie sind mit der jeweils angegebenen Fehlerquote behaftet. Die Angabe eines Kurzschlussstroms oder einer Schleifenimpedanz bezieht sich immer auf den Hausanschlusskasten oder eine Anschlussstelle im Netz.

Die Berechnung der Ausschaltzeit erfolgt entweder nach DIN VDE 0100-430 oder nach DIN VDE 0103.

Wichtig bei der Bemessung von Leitungen und Kabeln im Kurzschlussfall ist die Leitertemperatur bei Kurzschlussbeginn und die höchste zulässige Leitertemperatur, bei der eine Überstrom-Schutzeinrichtung abschalten muss. Die Zusammenhänge zeigt **Bild 20.30**, das für die genannten Temperaturen nur für PVC-Leitungen oder PVC-Kabel gilt.

Die Ausschaltzeit t_k, in der die Leitung beim Auftreten eines Kurzschlusses abzuschalten ist, muss kleiner sein als die Zeit, in der dieser Strom die Leitung auf die

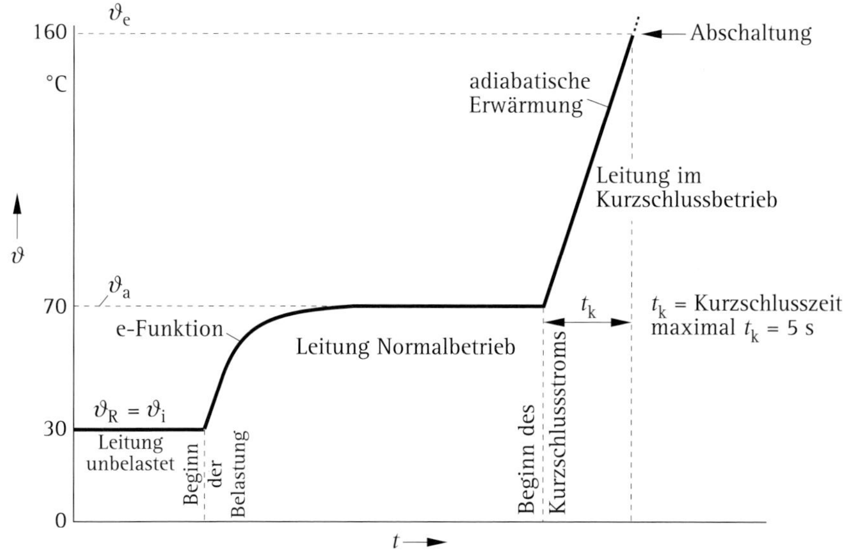

Bild 20.30 Temperaturverlauf am Leiter einer Leitung/eines Kabels im Normalbetrieb und im Kurzschlussfall; Temperaturangaben gelten für PVC

höchstzulässige Kurzschlusstemperatur erwärmt. Für die zulässige Ausschaltzeit für Kurzschlüsse bis zu 5 s Dauer gilt die Beziehung:

$$t_k = \left(k \cdot \frac{S}{I}\right)^2 \tag{20.26}$$

Darin bedeuten:

t_k zulässige Ausschaltzeit im Kurzschlussfall in s

S Leiterquerschnitt in mm²

I Strom bei vollkommenem Kurzschluss in A

k k-Faktor in $A \cdot \sqrt{s}/mm^2$ nach **Tabelle 20.28**

Bei der Berechnung wird von der Vereinfachung ausgegangen, dass der Leiter beim Eintritt des Kurzschlusses bereits die höchstzulässige Betriebstemperatur angenommen hat, wie dies in Bild 20.30 auch dargestellt ist.

Die höchsten am Leiter im Kurzschlussfall auftretenden Temperaturen sind für die verschiedenen Isolierwerkstoffe:

- 200 °C bei einer Isolierung aus Gummi (NR, SR)
- 160 °C bei einer Isolierung aus Polyvinylchlorid (PVC)
- 250 °C bei einer Isolierung aus vernetztem Polyethylen (VPE)
- 250 °C bei einer Isolierung aus Ethylen-Propylen-Kautschuk (EPR)
- 220 °C bei einer Isolierung aus Butyl-Kautschuk (IIK)
- 250 °C bei einer Isolierung aus Ethylen-Vinylacetat-Copolymer (EVA)
- 250 °C bei einer Isolierung aus Ethylen-Tetrafluorethylen (ETFE)
- 350 °C bei einer Isolierung aus Silikon-Kautschuk (SIR)

Die in Tabelle 20.28 genannten Materialbeiwerte können z. T. auch Teil 540 entnommen werden (siehe auch Anhang C, Abschnitt 25.3).

Anmerkung: Für Freileitungsseile ist die zulässige Leiterendtemperatur im Kurzschlussfall nach DIN VDE 0211 festgelegt. Es gilt für

- Einleiterwerkstoffe
  - Kupfer 170 °C
  - Aluminium 130 °C
  - E-AlMgSi (Aldrey) 160 °C
  - Stahl 200 °C
- Verbundleiter
  - Aluminium/Stahl 160 °C
  - E-AlMgSi/Stahl (Aldrey/Stahl) 160 °C

Leitermaterial	Werkstoff der Isolierung			
	NR SR	PVC	VPE EPR	IIK
Cu	141	115	143	134
Al	87	76	94	89
Für Weichlotverbindungen in Kupferleitungen gilt $k = 115\ \mathrm{A} \cdot \sqrt{\mathrm{s}}/\mathrm{mm}^2$				

Tabelle 20.28 Faktor k in $\mathrm{A} \cdot \sqrt{\mathrm{s}}/\mathrm{mm}^2$ für Al- und Cu-Leiter bei verschiedenen Isolierwerkstoffen

Die Auswertung von Gl. (20.26) und die Ergebnisse in ein Diagramm eingetragen zeigt **Bild 20.31**. In Abhängigkeit vom Leiterquerschnitt kann für PVC-isolierte Kupferleiter die maximale Kurzschlussdauer und der maximale Kurzschlussstrom abgelesen werden.

Beispiel:

Ein PVC-isolierter Kupferleiter, Querschnitt 50 mm², wird mit einem Kurzschlussstrom von 5 kA belastet. Wie groß ist die maximal zulässige Kurzschlussdauer?

Aus Bild 20.31 wird abgelesen für $I_k = 5$ kA und $S = 50$ mm² eine Kurzschlussdauer von $t_k = 1{,}3$ s.

Nach Gl. (20.26) wird ermittelt:

$$t_k = \left(k \cdot \frac{S}{I_k}\right)^2 = \left(115\ \frac{\mathrm{A}\sqrt{\mathrm{s}}}{\mathrm{mm}^2} \cdot \frac{50\ \mathrm{mm}^2}{5000\ \mathrm{A}}\right) = 1{,}3225\ \mathrm{s}$$

Eine weitere Möglichkeit, die Kurzschlussfestigkeit einer Anlage nachzuweisen, ist die Berechnung nach DIN VDE 0103, die zum gleichen Ergebnis führt wie die Berechnung nach Teil 430. Die Kurzschlussfestigkeit einer Leitungs- bzw. Kabelanlage wird nachgewiesen mithilfe der Beziehung:

$$I_{\mathrm{thz}} \geq I_k \qquad (20.27)$$

20

mit:

I_{thz} zulässige Kurzschlussstrombelastbarkeit einer Leitung bzw. eines Kabels in A oder kA

I_k Kurzschlussstrom

Die zulässige Kurzschlussstrombelastbarkeit kann ermittelt werden mit den Beziehungen:

$$I_{\mathrm{thz}} \geq I_{\mathrm{thr}} \cdot \sqrt{\frac{t_{\mathrm{kr}}}{t_k}} \qquad (20.28)$$

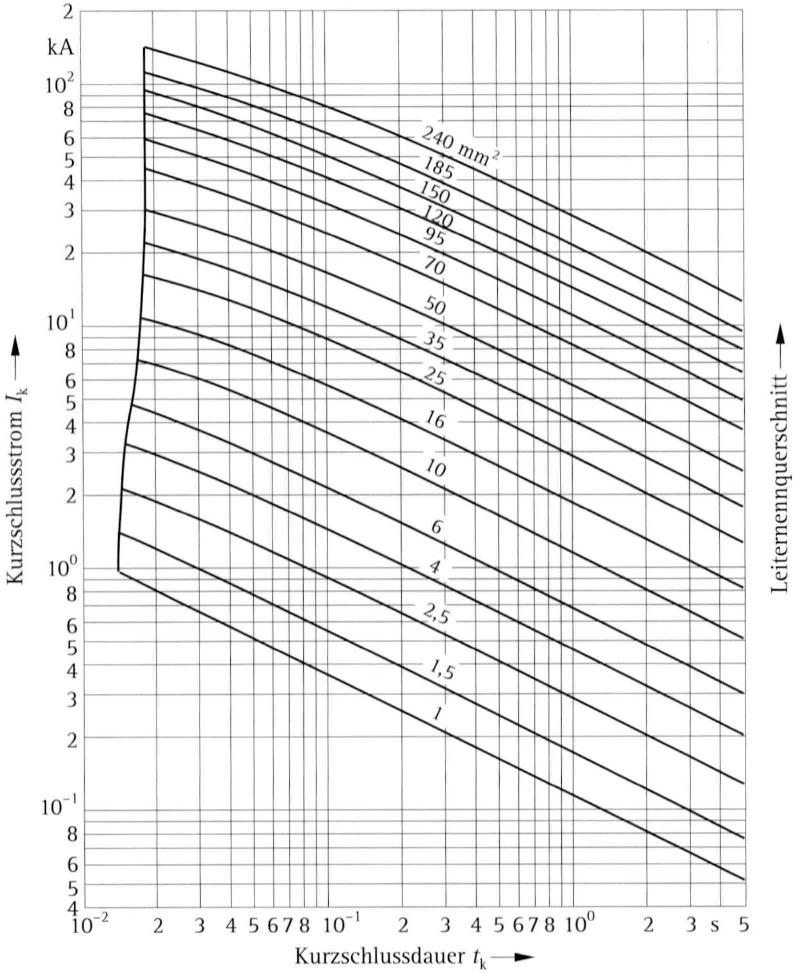

Bild 20.31 Maximaler Kurzschlussstrom und maximale Kurzschlussdauer von PVC-isolierten Kupferleitungen

dabei ist:

$$I_{thr} = J_{kr} \cdot S \tag{20.29}$$

Die Einzelgrößen in den Gln. (20.28) und (20.29) sind:

I_{thr} Bemessungs-Kurzzeitstrom in A oder kA. Gibt an, welchen Strom eine Leitung bzw. ein Kabel 1 s lang führen kann, ohne dass die zulässige Temperatur im Kurzschlussfall am Leiter überschritten wird

t_{kr} Bemessungs-Kurzschlussdauer in s; für Leitungen und Kabel ist normalerweise $t_{kr} = 1$ s

t_k Kurzschlussdauer in s

J_{kr} Bemessungs-Kurzzeitstromdichte in A/mm² nach **Tabelle 20.29**; der Wert gibt an, mit welcher Stromdichte eine Leitung bzw. ein Kabel für die Zeit $t_{kr} = 1$ s belastet werden darf

S Leiternennquerschnitt in mm²

Beispiel:

Der bereits berechnete Fall (nach Teil 430) mit einem Kurzschlussstrom von 5000 A bei einem PVC-isolierten Kupferleiter mit 50 mm² soll nach DIN VDE 0103 nachgerechnet werden.

Die Gl. (20.28) wird nach t_k aufgelöst. Eingesetzt werden Gl. (20.29) für $I_{thr} = i_k \cdot S$ und Gl. (20.27) mit $I_{thz} = I_k$, sodass sich die gesuchte Abschaltzeit ergibt mit:

$$t_k = t_{kr}\left(\frac{i_k \cdot S}{I_k}\right)^2 = 1\,\text{s}\left(\frac{115\,\text{A/mm}^2 \cdot 50\,\text{mm}^2}{5000\,\text{A}}\right) = 1{,}3225\,\text{s}$$

also denselben Wert, wie nach Teil 430 berechnet.

Der Schutz einer Leitung gegen die Auswirkungen von Kurzschlussströmen besteht praktisch darin, die Kennlinie der zulässigen Belastung einer Leitung mit der Zeit-Strom-Kennlinie der Überstrom-Schutzeinrichtung zu vergleichen bzw. eine Überstrom-Schutzeinrichtung auszuwählen, deren Zeit-Strom-Kennlinie so liegt, dass eine zu hohe Beanspruchung der Leitung nicht möglich ist. Die entsprechenden Zusammenhänge zeigt **Bild 20.32**.

Wenn die Kennlinien wie in Bild 20.32 gezeigt verlaufen und so die Überstrom-Schutzeinrichtung die Leitung im gesamten Bereich schützt, sind keine weiteren Überlegungen erforderlich. Dies wird der Fall sein, wenn die Überstrom-Schutzeinrichtungen nach Teil 430 Abschnitt 7.1 ausgewählt werden.

Beim Einsatz von Sicherungen, die nur bei Kurzschluss schützen sollen, oder bei LS-Schaltern und auch Leistungsselbstschaltern, können sich die verschiedenen Kennlinien untereinander auch schneiden. Dabei sind einige wichtige Gesichtspunkte zu beachten.

In **Bild 20.33** ist ein Fall gezeigt, wo eine Sicherung nur den Kurzschlussschutz übernimmt, und zwar nur für Ströme, die größer als I_A sind. Es ist selbstverständlich, dass die Leitung auch für Ströme geschützt werden muss, die kleiner als I_A sind, da mit dem Auftreten von Kurzschlussströmen, die kleiner als I_A sind, immer gerechnet werden muss (z. B. bei unvollkommenem Kurzschluss). Es ist in solchen Fällen ratsam, den Überlastschutz so auszulegen, dass durch ihn auch Kurzschlussströme bis zur Größe I_A beherrscht und in ausreichend kurzer Zeit abgeschaltet werden.

Isolierwerkstoff	zulässige Betriebstemperatur am Leiter °C	zulässige Kurzschlusstemperatur ϑ_e °C	Leitertemperatur zu Beginn des Kurzschlusses ϑ_a in °C												
			180	165	150	135	110	90	85	80	70	60	50	40	30
			Bemessungs-Kurzzeitstromdichte J_k für 1 s in A/mm²												
NR, SR	60	200[1)]	–	–	–	–	–	–	–	–	–	141	147	153	159
EPR	60	250[2)]	–	–	–	–	–	–	–	–	–	159	165	170	176
PVC, flexible Leitung $S \leq 300$ mm²	70	150	–	–	–	–	–	–	–	–	109	117	124	131	138
PVC-Leitungen/Kabel für feste Verlegung $S \leq 300$ mm²	70	160	–	–	–	–	–	–	–	–	115	122	129	136	143
$S > 300$ mm²		140	–	–	–	–	–	–	–	–	103	111	118	126	133
CR	85	250[2)]	–	–	–	–	–	–	146	149	154	159	165	170	176
PVC, wärmebeständig	90	150	–	–	–	–	–	93	97	101	109	117	124	131	138
halogenfreie Polymermischung	90	250[2)]	–	–	–	–	–	143	146	149	154	159	165	170	176
VPE	90	250[2)]	–	–	–	–	–	143	146	149	154	159	165	170	176
EPR	90	250[2)]	–	–	–	–	–	143	146	149	154	159	165	170	176

Tabelle 20.29 Bemessungs-Kurzzeitstromdichte für Leitungen und Kabel mit Kupferleiter (Quelle: DIN VDE 0298-4:2003-08)

Isolierwerkstoff	zulässige Betriebs-temperatur am Leiter °C	zulässige Kurzschluss-temperatur ϑ_e °C	Leitertemperatur zu Beginn des Kurzschlusses ϑ_a in °C												
			180	165	150	135	110	90	85	80	70	60	50	40	30
			Bemessungs-Kurzzeitstromdichte J_k für 1 s in A/mm²												
EVA	110	250[2)]	–	–	–		132	143	146	149	154	159	165	170	176
ETFE	135	250[2)]	–	–	–	118	132	143	146	149	154	159	165	170	176
SIR	180	350[2)]	132	139	146	153	164	173	176	178	182	187	192	196	201
verzinnte Leiter	–	200[1)]	49	65	79	91	109	122	125	128	135	141	147	153	159
Weichlotverbindungen	–	160	–	–	36	58		100	104	108	115	122	129	136	143

[1)] Bei Weichlotverbindungen ist die Temperatur auf 160 °C begrenzt.

[2)] Bei verzinnten Leitern ist die Temperatur auf 200 °C und bei Weichlotverbindungen auf 160 °C begrenzt.

NR Naturkautschuk
SR Synthetischer Kautschuk
EPR Ethylen-Propylen-Kautschuk (EPM) oder Ethylen-Propylen-Dien-Kautschuk (EPDM)
PVC Polyvinylchlorid
CR Chloropren-Kautschuk
VPE vernetztes Polyethylen
EVA Ethylen-Vinylacetat-Copolymer
ETFE Ethylen-Tetrafluorethylen
SIR Silikon-Kautschuk

Tabelle 20.29 (Fortsetzung) Bemessungs-Kurzzeitstromdichte für Leitungen und Kabel mit Kupferleiter (Quelle: DIN VDE 0298-4:2003-08)

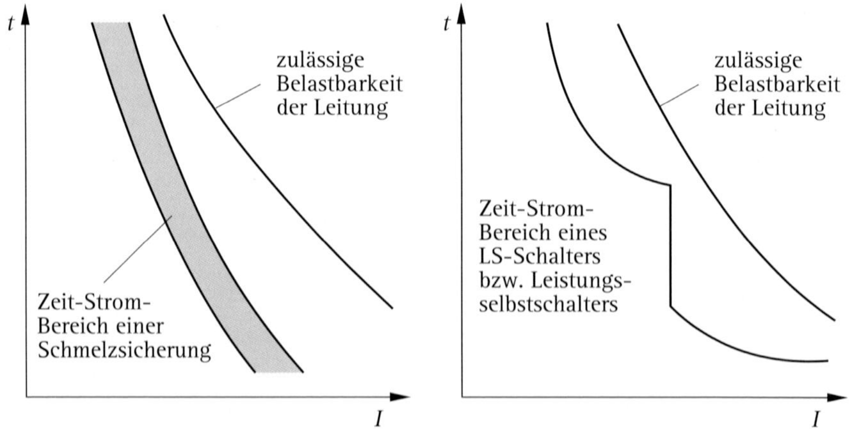

Bild 20.32 Prinzipieller Verlauf von Kennlinien

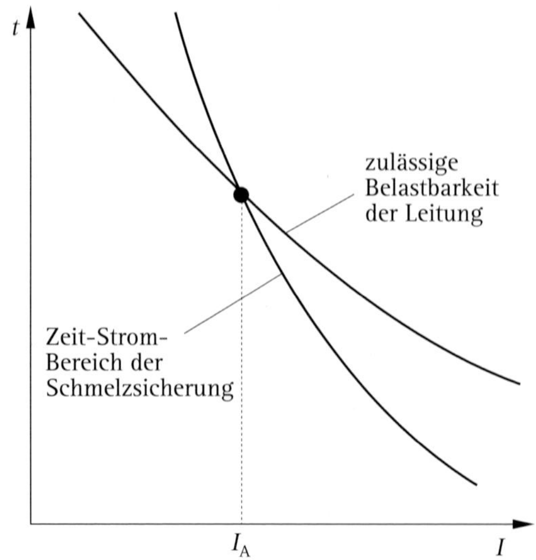

Bild 20.33 Sicherung übernimmt nur Kurzschlussschutz

Bild 20.34 zeigt den Fall, wo der Kurzschlussschutz durch Schalter (LS-Schalter oder Leistungsselbstschalter) übernommen wird. Der Kennlinienverlauf macht deutlich, dass der Schalter nur im Bereich der Ströme I_A bis I_B schützt. Für Kurzschlussströme kleiner als I_A muss der Schutz durch eine andere Schutzeinrichtung erreicht werden. Auch hier bietet sich u. U. die Schutzeinrichtung an, die den Überlastschutz übernimmt.

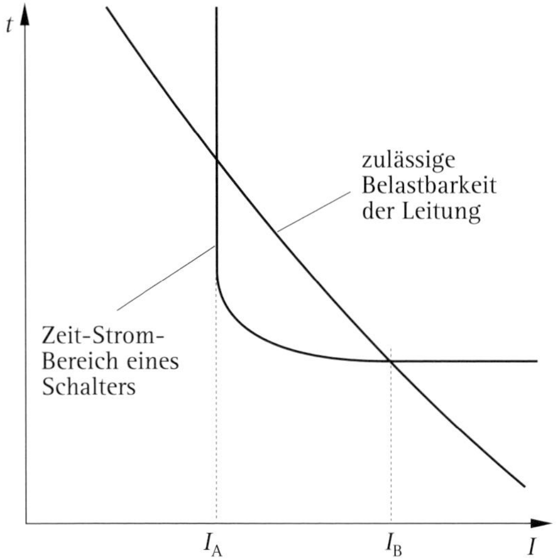

Bild 20.34 Kurzschlussschutz durch Schalter

Für Ströme größer als I_B ist zunächst zu prüfen, ob Ströme in der hier vorliegenden Größe aufgrund der Anlagenkonzeption (Transformatoren-Bemessungsleistung, Leitungsimpedanzen) überhaupt auftreten können. Ist mit dem Auftreten höherer Kurzschlussströme als I_B zu rechnen, so ist der Einsatz von Sicherungen oder Schaltern mit strombegrenzender Wirkung in Erwägung zu ziehen. Dabei ist die von der Schutzeinrichtung während der Kurzschlusszeit durchgelassene Energie mit der Energie zu vergleichen, die die Leitung aufnehmen kann, ohne Schaden zu erleiden. Die von einer Leitung aufgenommene Energie ist $W = R \cdot \int I^2 \, dt$ oder vereinfacht ausgedrückt $I^2 \cdot t$, da R als konstant angesehen werden kann. Ein Maß, welche Energie eine Leitung aufnehmen kann, ist durch den $(k^2 \cdot S^2)$-Wert gemäß Gl. (20.26) gegeben (**Bild 20.35**). Deshalb darf bei sehr kurzen Ausschaltzeiten kleiner als 0,1 s (fünf Perioden) der $(k^2 \cdot S^2)$-Wert einer Leitung nicht kleiner sein als der $(I^2 \cdot t)$-Wert eines Schalters (Teil 430 Abschnitt 6.3.2.2). Den $(I^2 \cdot t)$-Wert eines Schalters kann der Errichter einer Anlage in der Regel nicht selbst berechnen, hierfür sind die vom Hersteller angegebenen $(I^2 \cdot t)$-Werte heranzuziehen. Der $(k^2 \cdot S^2)$-Wert einer Leitung kann berechnet werden mit den in Tabelle 20.28 genannten Materialbeiwerten. Eine 2,5-mm^2-Cu-Leitung hat demnach folgenden $(k^2 \cdot S^2)$-Wert:

$$k^2 \cdot S^2 = 115^2 \left(\mathrm{A}\sqrt{\mathrm{s}}/\mathrm{mm}^2\right)^2 \cdot 2{,}5^2 \left(\mathrm{mm}^2\right)^2 = 82\,656 \ \mathrm{A}^2\,\mathrm{s}$$

Häufig werden von den Herstellern von Schaltgeräten nicht die $(I^2 \cdot t)$-Werte angegeben, sondern die maximale Stromstärke der Vorsicherung.

20

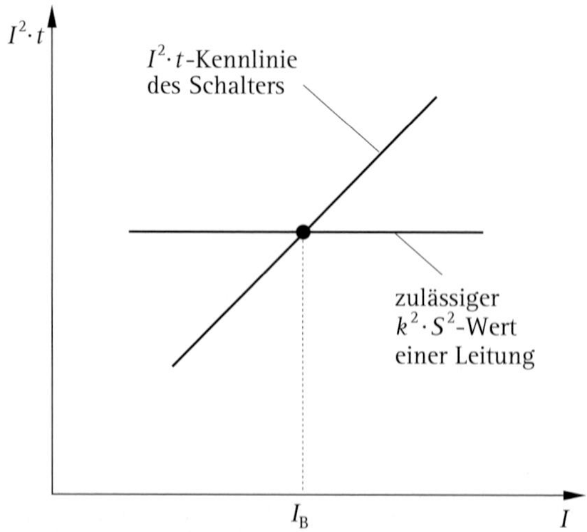

Bild 20.35 Durchlassenergie von Schaltern und Leitungen

Die maximalen Stromkreislängen, die ab einem bestimmten Anschlusspunkt im Netz zulässig sind, können für verschiedene Schutzeinrichtungen dem Anhang A entnommen werden. Wenn bei Anwendung der Bilder oder der Tabellen im Anhang A die „Schleifenimpedanz von der Stromquelle bis zur Sicherung" (Vorimpedanz) nicht bekannt ist, muss sie u. U. geschätzt werden. Als Anhaltswerte können gelten:

- 10 mΩ bis 20 mΩ in größeren Industriebetrieben und Kraftwerken
- 100 mΩ bis 300 mΩ in Kabelnetzen, je nach Abstand von der Einspeisestelle
- 300 mΩ bis 600 mΩ in Freileitungsnetzen, je nach Abstand von der Einspeisestelle

20

Die Grundlagen zur Ermittlung der zulässigen Stromkreislänge sind in Kapitel 5 beschrieben.

Wenn der Schutz bei Überlast einer Leitung sichergestellt ist, kann die Schutzeinrichtung, die den Schutz bei Kurzschluss übernimmt, abhängig vom Querschnitt und von der Leitungslänge festgelegt werden. Dabei gilt für eine Kurzschlussdauer von $t_k = 5$ s die Gl. (20.26). Die Zusammenhänge soll nachfolgendes Beispiel zeigen.

Beispiel:

An einer Verteilung sollen mehrere Stromkreise, die nur einen Schutz bei Kurzschluss benötigen, angeschlossen werden. Die Impedanz bis zur Anschlussstelle beträgt 40 mΩ. Die Querschnitte und die erforderlichen Bemessungsströme der Sicherungen zeigt **Bild 20.36**. Gesucht ist die jeweils maximale zulässige Stromkreislänge!

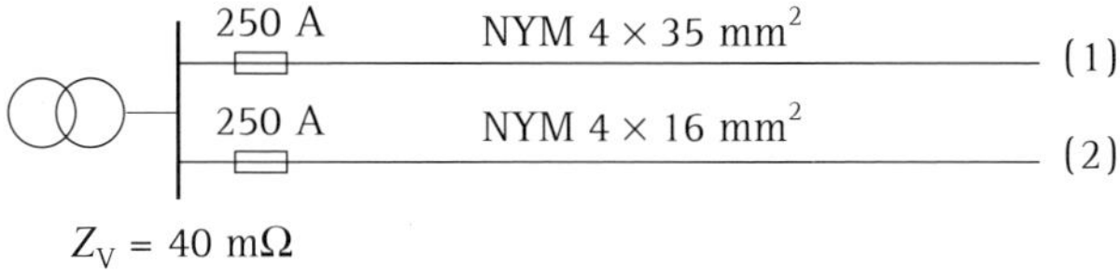

Bild 20.36 Beispiel

Für Leitung (1) mit 4×35 mm² und Leitungsschutzsicherungen 250 A ist zunächst der Strom zu ermitteln, der eine Abschaltung in 5 s gewährleistet. Nach DIN VDE 0636 sind dies 1 580 A. Nun kann nach Gl. (20.26) geprüft werden, ob die Abschaltung so rechtzeitig erfolgt, dass die Temperatur am Leiter nicht höher als 160 °C (maximal zulässige Temperatur im Kurzschlussfall bei PVC) wird. Es gilt:

$$t_\mathrm{k} = \left(k \cdot \frac{S}{I}\right)^2 = \left(115\,\frac{\mathrm{A}\sqrt{\mathrm{s}}}{\mathrm{mm}^2} \cdot \frac{35\ \mathrm{mm}^2}{1580\ \mathrm{A}}\right)^2 = 6{,}49\ \mathrm{s}$$

das heißt, dass die zulässige Temperatur im Kurzschlussfall nicht erreicht wird, da die Leitungsschutzsicherung den Strom bereits vorher, nach 5 s, abschaltet. Nach den Regeln der vereinfachten Berechnung für den Kurzschlussstrom (siehe Abschnitt 5.1.1.3) ergibt sich dann die einfache Stromkreislänge zu:

$$L = \frac{\dfrac{c \cdot U}{\sqrt{3} \cdot I_\mathrm{k}} - Z_\mathrm{V}}{2 \cdot z} = \frac{\dfrac{0{,}95 \cdot 400\ \mathrm{V}}{\sqrt{3} \cdot 1580\ \mathrm{A}}}{2 \cdot 0{,}657\ \Omega/\mathrm{km}} = 0{,}0752\ \mathrm{km} = 75{,}2\ \mathrm{m}$$

Der Stromkreis (1) darf eine maximale Länge von 75,2 m aufweisen.

Für Stromkreis (2) ergibt die Überprüfung nach Gl. (20.25) bei einem Strom von 1 580 A eine Abschaltzeit von:

$$t_\mathrm{k} = \left(k \cdot \frac{S}{I}\right)^2 = \left(115\,\frac{\mathrm{A}\sqrt{\mathrm{s}}}{\mathrm{mm}^2} \cdot \frac{16\ \mathrm{mm}^2}{1580\ \mathrm{A}}\right)^2 = 1{,}356\ \mathrm{s}$$

Dies bedeutet, dass die Temperatur am Leiter im Kurzschlussfall nach $t = 1{,}356$ s bei 160 °C liegt und dass, da die Sicherung erst nach 5 s abschaltet, eine zu hohe

Temperatur am Leiter auftreten würde. Da dies nicht zugelassen werden kann, muss die Abschaltung schneller erfolgen, d. h., der Kurzschlussstrom muss größer werden. Unter Anwendung der Zeit-Strom-Charakteristik der Sicherungen und von Gl. (20.26) ist nun der Strom zu ermitteln, der in ausreichend kurzer Zeit die Abschaltung der Leitung gewährleistet. Durch u. U. mehrmalige Berechnung ergibt sich nun, dass bei einem Kurzschlussstrom von 3 000 A die Abschaltzeit etwa 0,40 s beträgt, womit sich eine Zeit von

$$t_\mathrm{k} = \left(k \cdot \frac{S}{I}\right)^2 = \left(115\,\frac{\mathrm{A}\sqrt{\mathrm{s}}}{\mathrm{mm}^2} \cdot \frac{16\ \mathrm{mm}^2}{3000\ \mathrm{A}}\right)^2 = 0{,}376\ \mathrm{s}$$

ergibt, sodass die Abschaltbedingung erfüllt ist. Bei Anwendung von Bild 20.31 ist die Abschaltzeit $t_\mathrm{k} = 0{,}4$ s bei einem Kurzschlussstrom $I_\mathrm{k} = 3\,000$ A und einem Leiterquerschnitt von $S = 16\ \mathrm{mm}^2$ sofort zu ermitteln. Die maximal zulässige Stromkreislänge ergibt sich unter Ansatz eines Kurzschlussstroms von 3 000 A zu:

$$L = \frac{\dfrac{c \cdot U}{\sqrt{3} \cdot I_\mathrm{k}} - Z_\mathrm{V}}{2 \cdot z} = \frac{\dfrac{0{,}95 \cdot 400\ \mathrm{V}}{\sqrt{3} \cdot 3000\ \mathrm{A}}}{2 \cdot 1{,}418\ \Omega/\mathrm{km}} = 0{,}0117\ \mathrm{km} = 11{,}7\ \mathrm{m}$$

Der Stromkreis (2) darf eine maximale Länge von 11,7 m aufweisen.

Hinsichtlich der Anordnung der Schutzeinrichtungen zum Schutz bei Kurzschluss gilt folgender Grundsatz:

Schutzeinrichtungen für den Schutz bei Kurzschluss müssen am Anfang jedes Stromkreises sowie an allen Stellen eingebaut werden, an denen die Kurzschlussstrom-Belastbarkeit gemindert wird, sofern eine vorgeschaltete Schutzeinrichtung den geforderten Schutz bei Kurzschluss nicht sicherstellen kann.

Schutzeinrichtungen zum Schutz bei Kurzschluss sind also stets am Leitungsanfang einzubauen. Dies auch dort, wo durch andere Querschnitte oder anderes Isolationsmaterial die Kurzschlussstrom-Belastbarkeit gemindert wird (**Bild 20.37**).

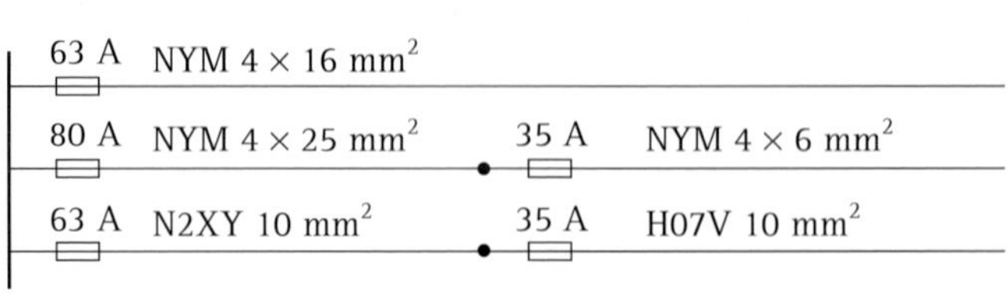

Bild 20.37 Anordnung der Schutzeinrichtungen zum Schutz bei Kurzschluss

Es gibt hinsichtlich des Einbaus der Kurzschlussschutzeinrichtungen einige Ausnahmen, und zwar Fälle, in denen:

- die Schutzeinrichtung im Zuge der zu schützenden Leitung bis zu 3 m versetzt werden darf (Teil 430 Abschnitt 6.4.2)
- auf die Schutzeinrichtung verzichtet werden darf (Teil 430 Abschnitt 6.4.3)
- auf die Schutzeinrichtung verzichtet werden sollte (Teil 430 Abschnitt 6.4.4)

Diese Fälle können aber nur im Zusammenhang mit dem Schutz bei Überlast gesehen werden, sodass ihre Behandlung in Abschnitt 20.4.3 „Koordinieren des Schutzes bei Überlast und Kurzschluss“ erfolgt.

20.4.3 Koordinieren des Schutzes bei Überlast und Kurzschluss – Teil 430 Abschnitt 7

20.4.3.1 Schutz durch eine gemeinsame Schutzeinrichtung

Der einfachste Anwendungsfall liegt dann vor, wenn am Anfang eines Stromkreises eine Überstrom-Schutzeinrichtung eingebaut wird, die sowohl den Schutz bei Überlast als auch den Schutz bei Kurzschluss übernimmt. Dieser Fall liegt dann vor, wenn:

- Leitungsschutzsicherungen nach DIN EN 60269 (VDE 0636) oder Leitungsschutzschalter nach DIN EN 60898 (VDE 0641) entsprechend dem zu schützenden Leitungsquerschnitt nach Tabelle 20.27 zugeordnet werden
- Überlastschutzeinrichtungen nach der zulässigen Strombelastbarkeit I_z unter Anwendung der Gln. (20.23) Nennstromregel“ und (20.24) „Auslöseregel“ berechnet werden und die jeweils ausgewählte Schutzeinrichtung auch das erforderliche Ausschaltvermögen besitzt.

Dabei ist selbstverständlich, dass bei jeder Änderung des Querschnitts (kleinerer Querschnitt) oder bei Änderung der zulässigen Belastbarkeit (andere Verlegungsbedingungen) weitere Überstrom-Schutzeinrichtungen vorzusehen sind (Bild 20.38).

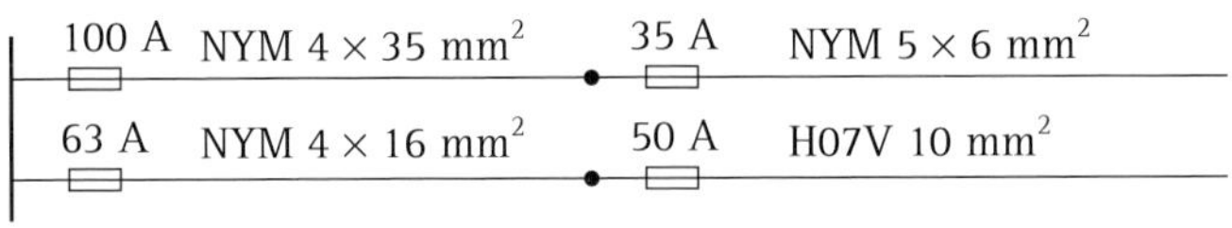

Bild 20.38 Auswahl von Überstrom-Schutzeinrichtungen bei gleichzeitigem Schutz bei Überlast und Kurzschluss für Dauerlast und $\vartheta = 30$ °C

Wenn beim Vorliegen normaler Umgebungs- und Verlegebedingungen eine Überstrom-Schutzeinrichtung am Anfang eines Stromkreises eingebaut und nach Tabelle 20.27 ausgewählt wird, brauchen normalerweise keine weiteren Überlegungen hinsichtlich des Schutzes bei Überlast und Kurzschluss angestellt zu werden.

20.4.3.2 Schutz durch getrennte Schutzeinrichtungen

Schutzeinrichtungen für Überlast dürfen im Zuge der Leitung beliebig versetzt werden, wenn die Leitung keine Abzweige und keine Steckdosen enthält. Der Überlastschutz der Leitung wird in diesem Fall dann von der Schutzeinrichtung für Überlast „rückwärts" übernommen. Durch eine Schutzeinrichtung für den Schutz bei Kurzschluss am Anfang der Leitung ist diese dann sowohl gegen Kurzschluss als auch gegen Überlast geschützt (**Bild 20.39**).

Hinsichtlich der Auswahl der Schutzeinrichtungen ist zu beachten:

- Schutzeinrichtungen für Überlast sind nach den in Abschnitt 20.4.1 (DIN VDE 0100-430 Abschnitt 5) beschriebenen Gesichtspunkten auszuwählen. Ausgehend von dem vorliegenden Belastungsfall und der zulässigen Strombelastbarkeit I_z ist unter Anwendung der Nennstromregel (Gl. (20.23)) und der Auslöseregel (Gl. (20.24)) die Schutzeinrichtung für Überlast zu bestimmen.
- Schutzeinrichtungen für Kurzschluss sind nach den in Abschnitt 20.4.2 (DIN VDE 0100-430 Abschnitt 6) beschriebenen Gesichtspunkten auszuwählen. Zu beachten ist, dass die Schutzeinrichtung die zu schützende Leitung/das Kabel im Kurzschlussfall in spätestens 5 s abschaltet, d. h., die Leitung/das Kabel darf nur so lang sein, dass ein ausreichend hoher Kurzschlussstrom zum Fließen kommt. Außerdem ist Gl. (20.26) zu beachten. Die zulässige Leitungs-/Kabellänge muss in der Regel berechnet werden.

Wenn eine Leitung/ein Kabel mit getrennt angeordneten Schutzeinrichtungen Abzweige enthält, so gelten die Forderungen an die Schutzeinrichtungen für jeden Abzweig sinngemäß. Die zulässigen Längen der Leitungen/Kabel, die abzweigen, können unter Anwendung des Strahlensatzes nach **Bild 20.40** ermittelt werden.

Es sind:

$\overline{AB}$ zulässige Länge des Stromkreises mit dem Querschnitt S_1, beim Anschluss in Punkt A

$\overline{AC}$ zulässige Länge des Stromkreises mit dem Querschnitt S_2, beim Anschluss in Punkt A

$\overline{DE}$ zulässige Länge des Stromkreises mit dem Querschnitt S_2, beim Anschluss in Punkt D

Die zulässige Länge des Stromkreises mit dem Querschnitt S_2 beim Anschluss in Punkt D kann entweder durch eine maßstabsgerechte Skizze oder durch Anwendung des Strahlensatzes ermittelt werden. Es ist

$$\frac{\overline{AB}}{\overline{AC}} = \frac{\overline{BD}}{\overline{DE}};$$ und mit $\overline{BD} = \overline{AB} - \overline{AD}$ ergibt sich:

$$\overline{DE} = \left(\overline{AB} - \overline{AD}\right) \frac{\overline{AC}}{\overline{AB}} \tag{20.30}$$

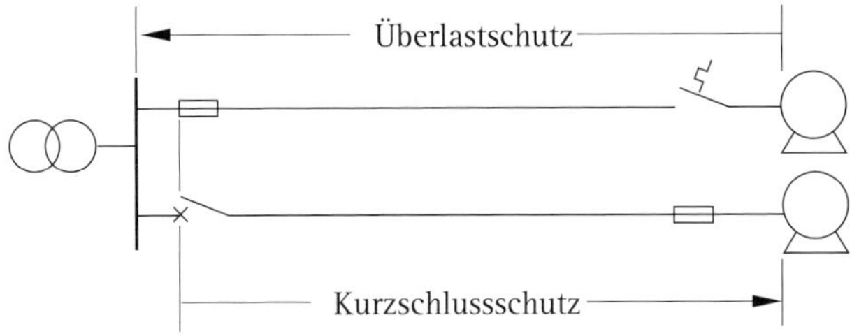

Bild 20.39 Getrennte Anordnung der Schutzeinrichtungen für Überlast- und Kurzschlussschutz

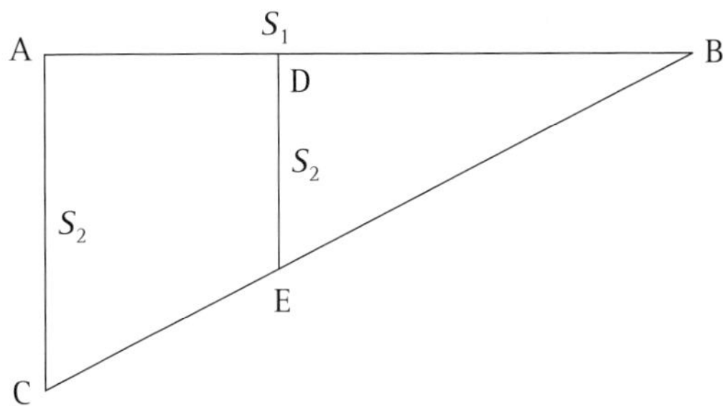

Bild 20.40 Diagramm zur Ermittlung der Stromkreislänge bei Abzweigen

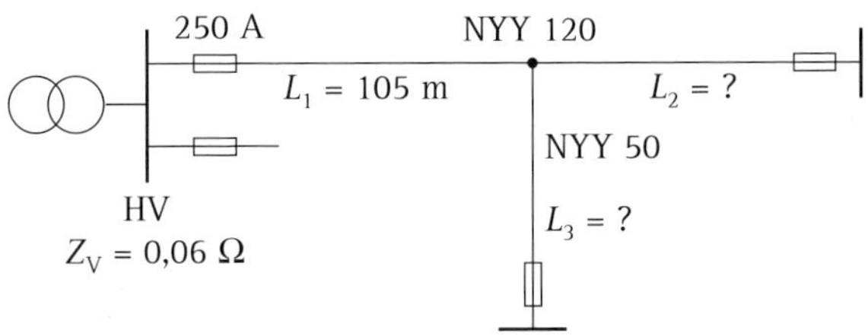

Bild 20.41 Beispiel

Beispiel:

Es sind die jeweils zulässigen Längen für die Stromkreisabschnitte $L_2 + L_3$ für die in **Bild 20.41** dargestellte Anlage zu bestimmen!

Der Strom, der eine 250-A-Sicherung der Betriebsklasse gL in 5 s zum Ansprechen bringt, beträgt 1 580 A (siehe Bild 16.9). Die zulässige Länge ($L_1 + L_2$) des Kabels mit 120 mm² ist damit:

$$L_1 + L_2 = \frac{\dfrac{c \cdot U}{\sqrt{3} \cdot I_k} - Z_V}{2 \cdot z} = \frac{\dfrac{0{,}95 \cdot 400\ \text{V}}{\sqrt{3} \cdot 1580\ \text{A}} - 0{,}06\ \Omega}{2 \cdot 0{,}211\ \Omega/\text{km}} = 0{,}1869\ \text{km} = 186{,}9\ \text{m}$$

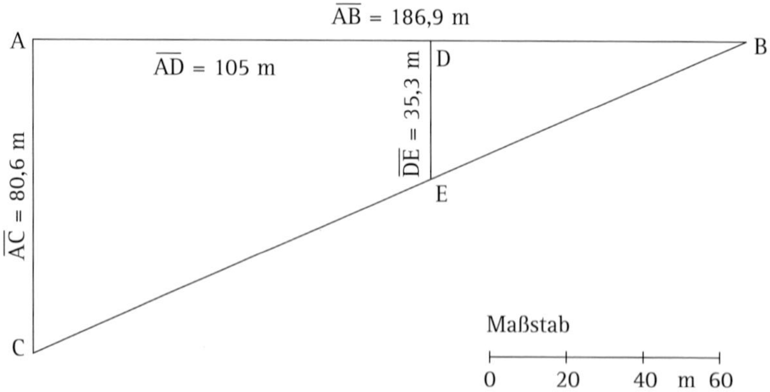

Bild 20.42 Ergebnis

Wäre das Kabel mit 50 mm² an der Hauptverteilung (HV) angeschlossen, so ergäbe sich die zulässige Länge:

$$L = \frac{\frac{c \cdot U}{\sqrt{3} \cdot I_k} - Z_V}{2 \cdot z} = \frac{\frac{0,95 \cdot 400\ \text{V}}{\sqrt{3} \cdot 1580\ \text{A}}}{2 \cdot 0,489\ \Omega/\text{km}} = 0,0806\ \text{km} = 80,6\ \text{m}$$

Damit kann das Diagramm (**Bild 20.42**) gezeichnet werden:

Aus dem Diagramm kann für die Strecke $\overline{DE}$ eine Länge von $L_3 = 35,5$ m abgelesen werden. Bei Anwendung des Strahlensatzes ergibt sich nach Gl. (20.30) für:

$$L_3 = \overline{DE} = \left(\overline{AB} - \overline{AD}\right) \cdot \frac{\overline{AC}}{\overline{AB}} = \left(186,9\ \text{m} - 105\ \text{m}\right) \cdot \frac{80,6\ \text{m}}{186,9\ \text{m}} = 35,3\ \text{m}$$

Eine Nachprüfung des Ergebnisses durch Berechnung der Kurzschlussströme für die Punkte B und E zeigt:

Für Punkt B:

$$Z_V = 0,06\ \Omega$$

$$Z_L = 2 \cdot L_{AB} \cdot z_{120} = 2 \cdot 0,1869\ \text{km} \cdot 0,211\ \Omega/\text{km} = 0,079\ \Omega$$

$$Z = Z_V + T_L = 0,06\ \Omega + 0,079\ \Omega = 0,139\ \Omega$$

$$I_k = \frac{c \cdot U}{\sqrt{3} \cdot Z} = \frac{0,95 \cdot 400\ \text{V}}{\sqrt{3} \cdot 0,139\ \Omega} = 1578,4\ \text{A}$$

Für Punkt E:

$$Z_V = 0{,}06\ \Omega$$

$$Z_L = 2 \cdot (L_{AB} \cdot z_{120} + L_{DE} \cdot z_{50})$$

$$= 2 \cdot (0{,}105\ \text{km} \cdot 0{,}211\ \Omega/\text{km} + 0{,}0353\ \text{km} \cdot 0{,}489\ \Omega/\text{km})$$

$$= 0{,}079\ \Omega$$

$$Z = Z_V + Z_L = 0{,}06\ \Omega + 0{,}079\ \Omega = 0{,}139\ \Omega$$

$$I_k = \frac{c \cdot U}{\sqrt{3} \cdot Z} = \frac{0{,}95 \cdot 400\ \text{V}}{\sqrt{3} \cdot 0{,}139\ \Omega} = 1578{,}4\ \text{A} \quad \text{wie für Punkt B}$$

20.4.3.3 Gemeinsame Versetzung der Schutzeinrichtungen für Überlast- und Kurzschlussschutz

Sowohl Überlastschutzeinrichtungen als auch Kurzschlussschutzeinrichtungen dürfen im Zuge der Leitung um 3 m versetzt werden, wenn die Leitungen/Kabel erd- und kurzschlusssicher verlegt sind (**Bild 20.43**). Dabei sind für die Leitungsquerschnitte keine Einschränkungen festgelegt. Diese Erleichterung ist notwendig für interne Verdrahtungen von Schaltanlagen und Verteilern, zum Beispiel auch Zählertafelverdrahtungen in Hausinstallationen. Die erd- und kurzschlusssichere Verlegung ist in Abschnitt 21.6 beschrieben.

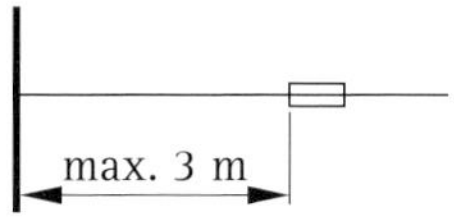

Bild 20.43 Versetzen von Schutzeinrichtungen

20.4.3.4 Verzicht auf Schutzeinrichtungen für Überlast- und Kurzschlussschutz

Auf Schutzeinrichtungen sowohl für Überlast als auch für Kurzschluss darf verzichtet werden:

- in Verteilungsnetzen, die als Freileitung oder als im Erdreich verlegte Kabel ausgeführt sind
- bei Messstromkreisen und bei Verbindungsleitungen zwischen elektrischen Maschinen, Anlassern, Transformatoren, Gleichrichtern, Akkumulatoren, Schaltanlagen und dergleichen, wenn die Leitungen/Kabel kurz- und erdschlusssicher verlegt sind und nicht in der Nähe brennbarer Stoffe zu liegen kommen, also gefahrlos ausbrennen können

Auf Schutzeinrichtungen muss verzichtet werden, wenn die Unterbrechung des Stromkreises eine Gefahr darstellt; dies gilt für:

- Erregerstromkreise von umlaufenden Maschinen
- Speisestromkreise von Hubmagneten
- Sekundärstromkreise von Stromwandlern
- Stromkreise, die der Sicherheit dienen

20.4.4 Schutz parallel geschalteter Kabel und Leitungen

Als Grundsatz gilt, dass die Kabel und Leitungen nicht zu hoch belastet werden dürfen, gleichgültig, wie sie geschaltet und geschützt werden.

Besonders kritisch ist eine Parallelschaltung dann, wenn unterschiedliche Querschnitte und unterschiedlich lange Kabel und Leitungen parallel geschaltet werden. Eine Berechnung der Belastungs- und Kurzschlussverhältnisse ist wohl immer erforderlich, es sei denn, dass jeweils am Anfang und am Ende der parallelen Kabel und Leitungen eine Schutzeinrichtung eingebaut wird, die entweder nach Tabelle 20.27 ausgewählt oder nach Gl. (20.25) berechnet wurde (Bild 20.44).

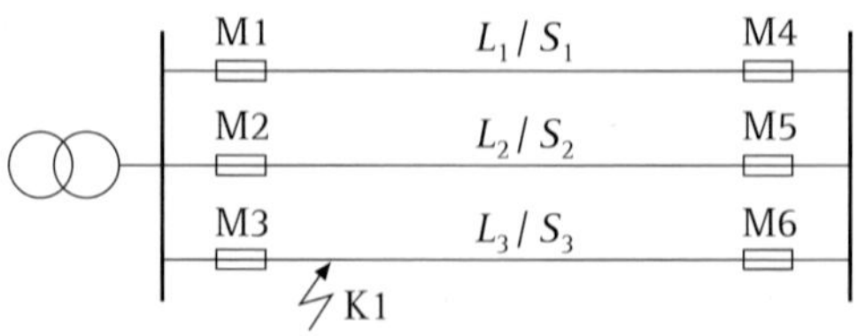

Bild 20.44 Parallelschaltung von Kabeln und Leitungen mit Schutzeinrichtungen in jedem Zweig

20

Beispiel:

Nach Bild 20.44 für Kabel in Luft, verlegt nach Tabelle 20.14 unter Anwendung der Beziehung $I_n \leq I_z$:

S_1 = NYY 150 mm², M1 und M 4: I_n = 315 A

S_2 = NYY 120 mm², M2 und M 5: I_n = 250 A

S_3 = NYY 70 mm², M3 und M 6: I_n = 200 A

Hinsichtlich des Kurzschlussschutzes ist zu beachten, dass im Kurzschlussfall an der ungünstigsten Stelle (im Bild 20.44 die Stelle K1) nach Auslösung von M3 der Kurzschluss durch L_1 mit L_2 über L_3 „rückwärts" weiter gespeist wird. Die Schutzeinrichtung M6 muss den Kurzschluss in spätestens 5 s abschalten.

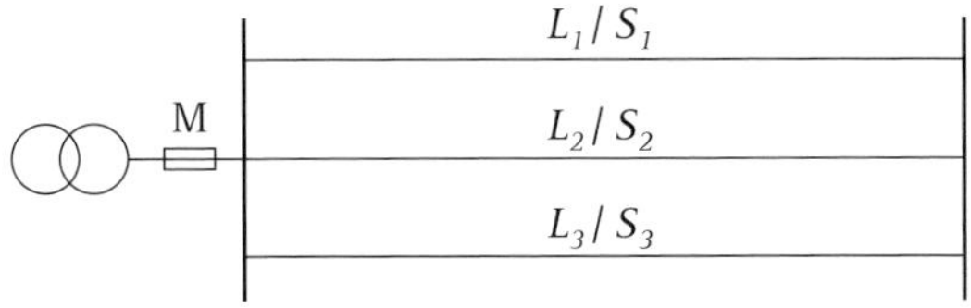

Bild 20.45 Parallelschaltung von Kabeln und Leitungen mit gemeinsamer Schutzeinrichtung

Zu Bild 20.44 ist noch zu erwähnen, dass es natürlich auch zulässig ist, die Schutzeinrichtungen M1 bis M3 eine Stufe höher zu wählen. Auch könnten die Schutzeinrichtungen M4 bis M6 entfallen. In beiden Fällen müssten selbstverständlich die Bedingungen der Kurzschlussabschaltung eingehalten sein.

Wenn mehrere parallel geschaltete Kabel und Leitungen durch eine gemeinsame Schutzeinrichtung abgesichert werden sollen (**Bild 20.45**), ist eine Berechnung der zulässigen Strombelastbarkeit in der Regel erforderlich.

Dabei sind zu beachten:

- Leiterquerschnitte
- Leitermaterial
- Leitungslänge
- Strombelastbarkeit
- Verlegebedingungen
- Umgebungstemperatur
- Häufung von Kabeln und Leitungen

Auch hier ist zu berücksichtigen, dass bei einem Kurzschluss, an beliebiger Stelle des Systems, die vorgeschaltete gemeinsame Schutzeinrichtung M den Kurzschluss in maximal 5 s abschalten muss.

20.4.4.1 Parallelschaltung von Kabeln und Leitungen mit gleichen elektrischen Eigenschaften – Teil 430 Abschnitt 5.3

20

Sollen die Leiter mehrerer parallel geschalteter Kabel und Leitungen durch eine gemeinsame Schutzeinrichtung gegen Überlast geschützt werden, so gilt als Strombelastbarkeit I_z die Summe der Strombelastbarkeit der parallel geschalteten Leiter. Voraussetzung ist, dass die elektrischen Eigenschaften der Leiter (Material, Querschnitt, Länge) und die Verlegebedingungen (Umgebungstemperatur, Verlegeart) gleich sind und die Stromkreise keine Abzweige aufweisen. Reduktionsfaktoren sind zu berücksichtigen.

Es gilt damit:

$$I_z = n \cdot I_{zn} \tag{20.31}$$

Dabei bedeuten:

I_z zulässige Gesamtbelastung des parallel geschalteten Systems

n Anzahl der parallel geschalteten Leiter mit gleichen elektrischen Eigenschaften

I_{zn} zulässige Strombelastbarkeit eines Systems

Beispiel:

Vier Leitungen NYM 4×25 mm², die durch eine gemeinsame Überlastschutzeinrichtung geschützt werden sollen, sind parallel verlegt. Die Leitungen sind nebeneinander auf einer Wand verlegt und berühren sich gegenseitig. Wie kann das System belastet und abgesichert werden, wenn als Umgebungstemperatur 40 °C berücksichtigt werden muss?

Die Verlegeart entspricht nach Tabelle 20.4 Verlegeart C. Für eine Leitung ergibt sich bei der Umgebungstemperatur 30 °C eine Strombelastbarkeit von $I_{z1} = 96$ A bei drei belasteten Adern. Für das System mit vier Leitungen ist damit:

$$I_{ze} = n \cdot I_{z1} = 4 \cdot 96 \text{ A} = 384 \text{ A}$$

Zu berücksichtigen sind noch die Reduktionsfaktoren für:

- vier Leitungen nebeneinander auf einer Wand mit gegenseitiger Berührung nach Tabelle 20.12:

  $f_1 = 0{,}75$

- die Umgebungstemperatur von 40 °C nach Tabelle 20.9 bei PVC-isolierten Leitungen:

  $f_2 = 0{,}87$

Die korrigierte Gesamtbelastbarkeit I_z des Systems ist damit:

20

$$I_z = f_1 \cdot f_2 \cdot I_{z4} = 0{,}75 \cdot 0{,}87 \cdot 384 = 250{,}56 \text{ A}$$

Mit $I_n \leq I_z$ (Gl. (20.25)) ist die maximal zulässige Absicherung des Systems mit $I_n = 250$ A möglich, wenn Sicherungen der Betriebsklasse gG oder gL zur Anwendung gelangen.

20.4.4.2 Parallelschaltung von Kabeln und Leitungen bei ungleichen Querschnitten, aber sonst gleichen elektrischen Eigenschaften

Bei der Parallelschaltung von Kabeln und Leitungen mit ungleichen Querschnitten, sonst aber gleichen elektrischen Eigenschaften der Leiter (Länge, Material) und gleichen Verlegungsbedingungen (Umgebungstemperatur, Verlegeart), gibt es zwei Möglichkeiten, die zulässige Gesamtbelastung I_z des Systems zu ermitteln:

a) Die zulässige Gesamtbelastung des Systems kann nach folgender Beziehung berechnet werden:

$$I_z = I_{z1} \cdot \left(1 + \frac{S_2}{S_1} + \frac{S_3}{S_1} + \ldots + \frac{S_n}{S_1}\right) \quad (20.32)$$

b) Die Addition der Einzelquerschnitte mit:

$$S = S_1 + S_2 + S_3 + \ldots + S_n \quad (20.33)$$

und der Ermittlung von I_z durch Abrunden oder Interpolieren nach der entsprechenden Belastbarkeitstabelle und der Festlegung der Schutzeinrichtung nach $I_n \leq I_z$ (Gl. (20.25)) bringt normalerweise ein schlechteres Ergebnis als die unter a) gezeigte Lösung.

In den Gln. (20.32) und (20.33) bedeuten:

I_z zulässige Gesamtbelastung des parallel geschalteten Systems

I_{z1} zulässige Belastung der Leitung 1 mit dem Querschnitt S_1, wobei als Leitung 1 die Leitung mit der höchstzulässigen Belastung (in der Regel die querschnittsstärkste Leitung) des Systems einzusetzen ist

S_1 Querschnitt der Leitung 1
S_2 Querschnitt der Leitung 2
S_3 Querschnitt der Leitung 3
S_n Querschnitt der Leitung L_n
} gleiches Leitermaterial ist Voraussetzung!

S rechnerisch ermittelter Summenquerschnitt

Beispiel:

Drei in Luft verlegte Kabel sind parallel geschaltet und mit einer Schutzeinrichtung zu schützen. Wie darf das System belastet und abgesichert werden, wenn von Dauerlast und $\vartheta = 30$ °C ausgegangen werden muss (**Bild 20.46**)?

Nach Gl. (20.32) ergibt sich I_z für das System zu:

$$I_z = I_{z120} \cdot \left(1 + \frac{S_2}{S_1} + \frac{S_3}{S_1}\right) = 285\ \text{A} \cdot \left(1 + \frac{95\ \text{mm}^2}{120\ \text{mm}^2} + \frac{50\ \text{mm}^2}{120\ \text{mm}^2}\right)$$

$$= 285\ \text{A}\ (1 + 0{,}729 + 0{,}417) = 630\ \text{A}$$

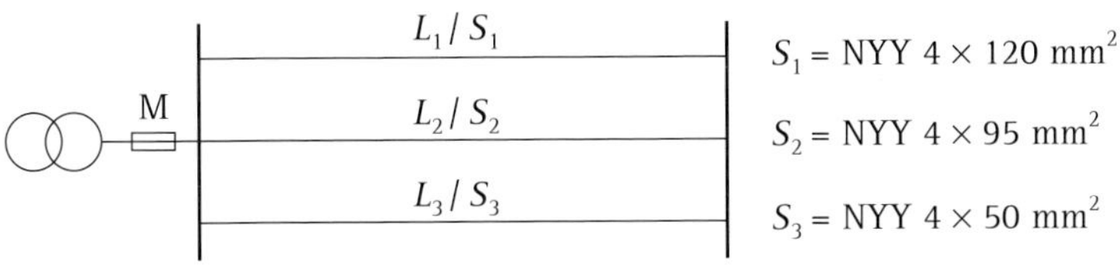

Bild 20.46 Beispiel Parallelschaltung

Mit der Beziehung $I_n \leq I_z$ (Gl. (20.25)) ergibt sich eine Leitungsschutzsicherung nach DIN VDE 0636 von:

$$I_n \leq I_z \leq 630 \text{ A} \rightarrow I_n = 630 \text{ A}$$

Nach Gl. (20.33) ergibt sich ein Summenquerschnitt für das System zu:

$$S = S_1 + S_2 + S_3 = 120 \text{ mm}^2 + 95 \text{ mm}^2 + 50 \text{ mm}^2 = 265 \text{ mm}^2$$

Nach Tabelle 20.14 ist für 240 mm² ein $I_z = 445$ A zulässig. Extrapoliert ergibt sich eine zulässige Belastung von:

$$I_z = I_{z240} \cdot \frac{265 \text{ mm}^2}{240 \text{ mm}^2} = 445 \text{ A} \cdot \frac{265 \text{ mm}^2}{240 \text{ mm}^2} = 491 \text{ A}$$

Mit der Beziehung $I_n \leq I_z$ (Gl. (20.25)) ergibt sich als Schutzeinrichtung:

$$I_n \leq I_z \leq 491 \text{ A} \rightarrow I_n = 400 \text{ A}$$

20.4.4.3 Parallelschaltung von Kabeln und Leitungen bei ungleichen Leitungslängen, aber sonst gleichen elektrischen Eigenschaften

Beim Schutz gegen Überlast parallel geschalteter Kabel und Leitungen mit ungleichen Leitungslängen, sonst aber gleichen elektrischen Eigenschaften der Leiter (Material, Querschnitt) und gleichen Verlegebedingungen (Umgebungstemperatur, Verlegeart), durch eine gemeinsame Schutzeinrichtung, kann folgende Beziehung verwendet werden:

$$I_z = I_{z1} \cdot \left(1 + \frac{L_1}{L_2} + \frac{L_1}{L_3} + \ldots + \frac{L_1}{L_n}\right) \qquad (20.34)$$

Dabei sind:

20

I_z zulässige Gesamtbelastung des parallel geschalteten Systems

I_{z1} zulässige Belastung der Leitung 1 mit der Länge L_1, wobei als Leitung 1 die Leitung mit der geringsten Länge des Systems einzusetzen ist

L_1 Länge der Leitung L_1

L_2 Länge der Leitung L_2

L_3 Länge der Leitung L_3

L_n Länge der Leitung L_n

Beispiel:

Es sind vier Kabel NYY 4 × 70 mm² im Erdreich auf verschiedenen Trassen verlegt. Die Längen der Kabel sind für Kabel A = 126 m, Kabel B = 110 m, Kabel C = 130 m und Kabel D = 115 m. Die zulässige Gesamtbelastung des Systems ist zu ermitteln. Es liegt EVU-Last vor.

Nach Tabelle 20.13 kann ein Kabel NYY 4 × 70 mit $I = 232$ A belastet werden. Als Leitung 1 wird das kürzeste Kabel B mit $L_1 = 110$ m eingesetzt. Damit ist:

$$I_z = 232\ \text{A} \left(1 + \frac{110\ \text{m}}{126\ \text{m}} + \frac{110\ \text{m}}{130\ \text{m}} + \frac{110\ \text{m}}{115\ \text{m}}\right) = 853\ \text{A}$$

Die maximal mögliche Absicherung mit $I_n \leq I_z$ (Gl. (20.25)) ist damit $I_n = 800$ A, wenn Sicherungen der Betriebsklasse gG oder gL zur Anwendung gelangen.

20.4.4.4 Parallelschaltung von Kabeln und Leitungen bei ungleichen Leitungslängen, Materialien und Querschnitten

Beim Schutz gegen Überlast parallel geschalteter Kabel und Leitungen mit unterschiedlichen Längen, Materialien und Querschnitten, sonst aber gleichen Verlegebedingungen (Umgebungstemperatur, Verlegeart), durch eine gemeinsame Schutzeinrichtung, kann folgende Beziehung verwendet werden:

$$I_z = I_{z1} \cdot \left(1 + \frac{Z_1}{Z_2} + \frac{Z_1}{Z_3} + \ldots + \frac{Z_1}{Z_n}\right) \tag{20.35}$$

Als Bezugsleitung mit der Strombelastbarkeit I_{z1} ist die Leitung mit dem geringsten Spannungsfall bei parallelem Betrieb zu wählen. Die Bezugsleitung wird ermittelt nach:

$$\Delta U = I \cdot Z = I \cdot z \cdot L \tag{20.36}$$

Die Leitung, für die das kleinste Produkt nach Gl. (20.36) und damit der geringste Spannungsfall ermittelt wird, ist als Bezugsleitung zu wählen. Bei Nichtbeachtung dieser Regel kommt es zwangsläufig zu einer falschen Ermittlung der zulässigen Gesamtbelastung, die auch zu einer Überlastung einzelner Zweige führen würde.

In den Gln. (20.35) und (20.36) bedeuten:

I_z zulässige Gesamtbelastung des parallel geschalteten Systems

I_{z1} zulässige Belastung der Bezugsleitung mit der Impedanz Z_1, ermittelt nach Gl. (20.36)

Z_1 Impedanz der Leitung 1 (Bezugsleitung)

Z_2 Impedanz der Leitung 2

Z_3 Impedanz der Leitung 3

Z_n Impedanz der Leitung n

ΔU Spannungsfall

I zulässige Strombelastbarkeit einer Leitung

Z Impedanz der Leitung $Z = z \cdot L$ in Ω

z Impedanz einer Leitung in Ω/km

L Leitungslänge in km

Die Impedanzwerte z in Ω/km für Kabel und Leitungen bei Leitertemperaturen von 20 °C können Tabelle 14.1 entnommen oder nach Abschnitt 25.5 (Anhang E) berechnet werden.

Beispiel:

Drei Kabel sollen parallel geschaltet und mit einer gemeinsamen Überstrom-Schutzeinrichtung abgesichert werden. Die Verlegung erfolgt im Erdreich auf verschiedenen Trassen. EVU-Last kann unterstellt werden.

Kabel A: NYY 4×25 mm², Länge 100 m

Kabel B: NAYY 4×35 mm², Länge 150 m

Kabel C: NYY 4×35 mm², Länge 125 m

Die maximal mögliche Strombelastbarkeit und die zulässige Absicherung des Systems sollen bestimmt werden.

Zur Festlegung der Bezugsleitung ist zunächst, unter Anwendung der Gl. (20.36), die Leitung zu ermitteln, die den geringsten Spannungsfall im Parallelbetrieb aufweist. Die Einzelströme der Kabel können Tabelle 20.13, die Impedanzen Tabelle 14.1 entnommen werden. Damit ergeben sich für die verschiedenen Kabel:

Kabel A: $I_z = 133$ A, $z = 0{,}729$ Ω/km

Kabel B: $I_z = 123$ A, $z = 0{,}880$ Ω/km

Kabel C: $I_z = 159$ A, $z = 0{,}533$ Ω/km

Das Ergebnis für $U = I \cdot z \cdot L$ ist mit diesen Werten:

20

Kabel A: $\Delta U = 133\ \text{A} \cdot 0{,}729\ \Omega/\text{km} \cdot 0{,}1\ \text{km} = 9{,}70\ \text{V}$

Kabel B: $\Delta U = 123\ \text{A} \cdot 0{,}880\ \Omega/\text{km} \cdot 0{,}15\ \text{km} = 16{,}24\ \text{V}$

Kabel C: $\Delta U = 159\ \text{A} \cdot 0{,}533\ \Omega/\text{km} \cdot 0{,}125\ \text{km} = 10{,}59\ \text{V}$

Damit wird Kabel A als Bezugsleitung 1 festgelegt. Kabel B wird Leitung 2 und Kabel C wird Leitung 3.

Mit $Z = z \cdot L$ ergeben sich die Impedanzen der Einzelleitungen zu:

$$Z_1 = 0{,}729\ \Omega/\text{km} \cdot 0{,}1\ \text{km} = 0{,}0729\ \Omega$$

$$Z_2 = 0{,}880\ \Omega/\text{km} \cdot 0{,}15\ \text{km} = 0{,}132\ \Omega$$

$$Z_3 = 0{,}533\ \Omega/\text{km} \cdot 0{,}125\ \text{km} = 0{,}0666\ \Omega$$

Die zulässige Gesamtbelastung für das parallel geschaltete System ergibt sich damit zu:

$$I_z = 133\ \text{A}\left(1+\frac{0{,}0729\ \Omega}{0{,}132\ \Omega}+\frac{0{,}0729\ \Omega}{0{,}0666\ \Omega}\right) = 352\ \text{A}$$

was nach $I_n \leq I_z$ (Gl. (20.25)) eine Absicherung von $I_n = 315$ A ermöglicht.

Durch eine Kontrollrechnung soll noch überprüft werden, wie sich die Teilströme aufteilen und ob einzelne Zweige überlastet werden könnten. Die Teilströme für die verschiedenen Kabel und die zulässigen Strombelastbarkeiten sind:

Kabel A: $I_z = 133\ \text{A}$

$$I_1 = 133\ \text{A}$$

Kabel B: $I_z = 123\ \text{A}$

$$I_2 = 133\ \text{A}\cdot\frac{0{,}0729\ \Omega}{0{,}132\ \Omega} = 73{,}5\ \text{A}$$

Kabel C: $I_z = 159\ \text{A}$

$$I_3 = 133\ \text{A}\cdot\frac{0{,}0729\ \Omega}{0{,}0666\ \Omega} = 145{,}6\ \text{A}$$

Die Kontrolle zeigt, dass kein Kabel überlastet wird, vorausgesetzt, die Gesamtbelastung überschreitet $I = 352$ A nicht.

Es sollen noch die Verhältnisse aufgezeigt werden, die bei falscher Wahl der Bezugsleitung entstehen. Bei der „falschen Wahl" des Kabels C als Bezugsleitung ist die Gesamtbelastbarkeit:

20

$$I_z = 159\ \text{A}\left(1+\frac{0{,}0666\ \Omega}{0{,}0729\ \Omega}+\frac{0{,}0666\ \Omega}{0{,}132\ \Omega}\right) = 384\ \text{A}$$

Die zulässige Strombelastbarkeit und die zugehörigen Teilströme in den Kabeln betragen:

Kabel A: $I_z = 133\ \text{A}$

$$I_1 = 159\ \text{A}\cdot\frac{0{,}0666\ \Omega}{0{,}0729\ \Omega} = 145{,}3\ \text{A}$$

Kabel B: $I_z = 123\ \text{A}$

$$I_2 = 159\ \text{A} \cdot \frac{0{,}0666\ \Omega}{0{,}132\ \Omega} = 80{,}2\ \text{A}$$

Kabel C: $I_z = 159\ \text{A}$

$$I_3 = 159\ \text{A}$$

Das Rechenergebnis ergibt eine zu hohe Gesamtbelastbarkeit des Systems, was zu einer Überlastung von Kabel A führen würde, wenn als Bezugsleitung fälschlicherweise Kabel C gewählt werden würde

20.4.5 Besondere Festlegungen

20.4.5.1 Beleuchtungsstromkreise

Auf die zulässige Belastung des Installationsmaterials und der Leitungen ist zu achten.

20.4.5.2 Steckdosenstromkreise

Die Absicherung ist nach dem kleinsten zulässigen Wert für die Leitungsbelastung bzw. nach dem Nennstrom der Steckdosen zu wählen, je nachdem, welches der kleinere Stromwert ist.

20.4.5.3 Neutralleiter

Im Neutralleiter brauchen normalerweise keine Überstrom-Schutzeinrichtungen vorgesehen zu werden. Nur wenn damit zu rechnen ist, dass der Neutralleiter überlastet werden kann, z. B. bei Kombinationen mit induktiver und kapazitiver Belastung, sind Überstrom-Schutzeinrichtungen vorzusehen. Neutralleiter dürfen jedoch nicht alleine (ohne zugehörige Außenleiter) abgeschaltet werden.

20.4.5.4 Schutzleiter

Im Schutzleiter dürfen keine Überstrom-Schutzeinrichtungen eingebaut sein.

20.4.5.5 PEN-Leiter

Im PEN-Leiter darf ein Überstrom-Schutz eingebaut sein, wenn sichergestellt ist, dass beim Ansprechen entweder die Außenleiter oder die Außenleiter und der PEN-Leiter gleichzeitig geschaltet werden.

20.4.5.6 Öffentliche und andere Verteilungsnetze

Auf Schutzeinrichtungen gegen Überlast und bei Kurzschluss darf verzichtet werden (Teil 430 Abschnitte 5.5 und 6.4.3).

20.4.5.7 Schalt- und Verteilungsanlagen

Verbindungsleitungen zwischen elektrischen Maschinen, Akkumulatoren und Transformatoren in Schaltanlagen – hier ist an größere Anlagen, keine Zählertafeln, Kleinverteiler und dgl. gedacht – brauchen nicht gegen Überlast und Kurzschluss geschützt zu werden (Teil 430 Abschnitte 5.5 und 6.4.3).

20.4.5.8 Gefahr durch Überstrom-Schutzeinrichtung

Wenn durch den Einbau einer Überstrom-Schutzeinrichtung eine Gefahr hervorgerufen wird (Erreger- oder Bremsstromkreis), kann auf eine Absicherung verzichtet werden.

20.4.5.9 Bewegliche Leitungen

Bei beweglichen Leitungen unter 1 mm^2, die über Stecker angeschlossen werden, gelten die Absicherungen, wie sie für Hausinstallationen zugelassen sind. Die Bestimmung, dass die Überstrom-Schutzeinrichtungen auch auf verjüngte Querschnitte zugeschnitten sein müssen, gilt hier nicht.

20.5 Literatur zu Kapitel 20

[1] Nienhaus, H.; Spindler, U.; Vogt, D.: Schutz bei Überlast und Kurzschluss in elektrischen Anlagen. VDE-Schriftenreihe, Bd. 143. 2. Auflage. Berlin und Offenbach: VDE VERLAG, 2006

[2] Spindler, U.: Moderner Überstrom-Schutz von Kabeln und Leitungen. Der Elektriker 56 (1981) H. 12, S. 365 bis 371

[3] Rudolph, W.: Überstrom-Schutz in elektrischen Gebäudeinstallationen; Einfluss von IEC-Standards auf die VDE-Bestimmungen. Der Elektromeister 54 (1979) H. 14, S. 1095 bis 1099; H. 15, S. 1142 bis 1144

[4] Krefter, K.-H.: Strombelastbarkeit von Niederspannungsleitungen und -kabeln und ihr Schutz gegen zu hohe Erwärmung. Der Elektriker/Der Energieelektroniker 28 (1989) H. 7/8, S. 211 bis 229

[5] Krefter, K.-H.; Niemand, T.: Strombelastbarkeit elektrischer Leitungen bei unterschiedlichen Verlegearten. etz Elektrotech. Z. 110 (1989) H. 18, S. 964 bis 973

[6] Biegelmeier, G., Kiefer, G., Krefter, K.-H.: Schutz in elektrischen Anlagen, Bd. 3, Schutz gegen Überströme und Überspannungen. VDE-Schriftenreihe, Bd. 83. Berlin und Offenbach: VDE VERLAG, 2001

[7] Hochbaum, A.; Hof, B.: Kabel- und Leitungsanlagen. Auswahl und Errichtung nach DIN VDE 0100-520. VDE-Schriftenreihe, Bd. 68. 2. Auflage. Berlin und Offenbach: VDE VERLAG, 2003

21 Verlegen von Kabeln und Leitungen – DIN VDE 0100-520

21.1 Allgemeines

Grundsätzlich gilt für das Verlegen von Kabeln und Leitungen als Schutzziel:

Kabel und Leitungen sind so zu planen, auszuwählen und anzuordnen, dass eine Gefährdung von Personen und Tieren sowie der Umgebung ausgeschlossen ist.

Hierzu gehören in erster Linie:

- die Auswahl von Kabeln und Leitungen nach den einschlägigen DIN VDE-Normen der Gruppe 2 „Energieleiter“
- die Verwendung von Zubehör, wie es die Beanspruchung erfordert

Für Kabel kommen als Leitermaterial Kupfer und Aluminium zur Anwendung. Für Leitungen gelangt in der Regel nur Kupfer, in Ausnahmefällen auch Aluminium, zur Verwendung. Für Kabel kommt häufig auch Aluminium als Leitermaterial als massiver Einzelleiter von 25 mm^2 bis 185 mm^2 zur Anwendung. Bei Kabeln und Leitungen aus Kupfer werden die Leiter je nach Querschnitt und Verwendungszweck eingesetzt als:

- eindrähtiger Leiter
- mehrdrähtiger Leiter
- feindrähtiger Leiter } für flexible Leitungen!
- feinstdrähtiger Leiter }

Bei dem Leitermaterial Aluminium sind fein- und feinstdrähtige Leiter nicht möglich. Die von den Herstellern angebotenen Leiter-Typen aus Kupfer sind in **Tabelle 21.1** dargestellt. Bei der Auswahl sind die Listen der Hersteller zu beachten; sie können von Tabelle 21.1 abweichen.

Mehr-, fein- und feinstdrähtige Leiter müssen gegen Abspleißen oder Abquetschen einzelner Drähte an den Anschlussstellen geschützt werden. Verlöten und Verzinnen der Leiterenden sind bei Schraubklemmen und bei betriebsbedingten Erschütterungen (Vibrationen) unzulässig. Die Verwendung von Press- oder Quetschhülsen hat sich bisher ausgezeichnet bewährt.

Für Kabel und Leitungen sind bei der Verlegung „Biegeradien“ vorgeschrieben, die nicht unterschritten werden sollten, da bei einer Verringerung der zulässigen

Querschnitt in mm²	eindrähtiger Leiter ∅ in mm	mehrdrähtiger Leiter Anzahl × ∅ in mm	feindrähtiger Leiter Anzahl × ∅ in mm	feinstdrähtiger Leiter Anzahl × ∅ in mm
0,5	0,80		16 × 0,20/28 × 0,15	256 × 0,05
0,75	0,98		24 × 0,20/42 × 0,15	384 × 0,05
1,0	1,13		32 × 0,20	512 × 0,05
1,5	1,38	7 × 0,52	30 × 0,25	392 × 0,07
2,5	1,78	7 × 0,67	50 × 0,25	651 × 0,07
4	2,26	7 × 0,85	56 × 0,30/82 × 0,25	510 × 0,10
6	2,76	7 × 1,05	84 × 0,30	764 × 0,10
10	3,57	7 × 1,35	80 × 0,40	320 × 0,20
16	4,51	7 × 1,70	128 × 0,40	512 × 0,20
25	–	7 × 2,13	200 × 0,40	796 × 0,20
35	–	7 × 2,52/19 × 1,53	280 × 0,40	1 115 × 0,20
50	–	7 × 3,02/19 × 1,83	400 × 0,40	1 592 × 0,20
70	–	19 × 2,17	560 × 0,40	1 427 × 0,25
95	–	19 × 2,52	485 × 0,50	1 936 × 0,25
120	–	19 × 2,84/37 × 2,03	614 × 0,50	2 445 × 0,25
150	–	37 × 2,27	765 × 0,50	2 123 × 0,30
185	–	37 × 2,52	944 × 0,50	2 618 × 0,30
240	–	37 × 2,87/61 × 2,24	1 225 × 0,50	3 396 × 0,30

Tabelle 21.1 Leiterarten (Anzahl × Durchmesser); Angaben aus Normen bzw. Hersteller-Listen

Biegeradien mit der Verkürzung der Lebensdauer zu rechnen ist. Die für Kabel zugelassenen Biegeradien sind in **Tabelle 21.2** aufgezeigt. Dabei kann beim einmaligen Biegen über eine Schablone, Erwärmung des Kabels auf 30 °C und fachgerechter Verlegung der in Tabelle 21.2 genannte Biegeradius auf die Hälfte verringert werden. Für nicht harmonisierte Leitungen sind die kleinsten Biegeradien in **Tabelle 21.3** angegeben.

Für harmonisierte Leitungen sind die zulässigen Biegeradien in DIN VDE 0298-300 (VDE 0298-300) „Verwendung von Kabeln und isolierten Starkstromleitungen – Leitfaden für die Verwendung harmonisierter Niederspannungsstarkstromleitungen“ festgelegt. Dabei sind die kleinsten zulässigen Biegeradien bei einer Leitertemperatur von 20 °C ± 10 K angegeben. **Tabelle 21.4** zeigt die Biegeradien für kunststoff-isolierte und gummi-isolierte Leitungen für feste Verlegung, **Tabelle 21.5** die Biegeradien von flexiblen Leitungen.

Die Verlegung von Kabeln und Leitungen innerhalb von Bauwerken ist in DIN 18015 festgelegt. Unter Putz ist nur senkrechte und waagrechte Verlegung, parallel zu den Raumkanten, zulässig. Die Steckdosen sind im Wohnbereich in 30 cm, in der Küche in 105 cm Höhe vorgesehen. Schalter sind in Türklinkenhöhe, etwa in 105 cm, anzubringen (**Bild 21.1**). Einbaugeräte (Schalter, Steckdosen usw.) sind so anzuordnen, dass sie innerhalb der Installationszonen liegen.

Kabel	papierisolierte Kabel		Kunststoffkabel $U_0 = 0{,}6$ kV
	mit Bleimantel oder gewelltem Al-Mantel	mit glattem Al-Mantel	PVC und VPE
einadrig	$25 \times D$	$30 \times D$	$15 \times D$
mehradrig vieladrig	$15 \times D$	$25 \times D$	$12 \times D$

D ist der Außendurchmesser

Eine Verringerung der Biegeradien auf 50 % der genannten Werte ist zulässig, wenn folgende Voraussetzungen erfüllt sind:

- einmaliges Biegen
- fachgerechte Verlegung
- Erwärmung des Kabels auf 30 °C
- Biegen des Kabels über Schablone

Tabelle 21.2 Zulässige Biegeradien für Kabel

Leitungsart	Leitungsdurchmesser in mm			
	$D \leq 8$	$8 < D \leq 12$	$12 < D \leq 20$	$D > 20$
Leitungen für feste Verlegung	$4 \times D$			
flexible Leitungen				
• bei fester Verlegung	$3 \times D$	$3 \times D$	$4 \times D$	$4 \times D$
• bei freier Bewegung	$3 \times D$	$4 \times D$	$5 \times D$	$5 \times D$
• bei Einführungen	$3 \times D$	$4 \times D$	$5 \times D$	$5 \times D$
• bei zwangsweiser Führung wie				
– Trommelbetrieb	$5 \times D$	$5 \times D$	$5 \times D$	$6 \times D$
– Leitungswagen	$3 \times D$	$4 \times D$	$5 \times D$	$5 \times D$
– Schleppketten	$4 \times D$	$4 \times D$	$5 \times D$	$5 \times D$
– Rollenumlenkung	$7{,}5 \times D$	$7{,}5 \times D$	$7{,}5 \times D$	$7{,}5 \times D$

D ist der Außendurchmesser der Leitung oder die Dicke der Flachleitung

Tabelle 21.3 Zulässige Biegeradien für nicht harmonisierte Starkstromleitungen mit Nennspannungen bis 0,6/1 kV (Quelle: DIN VDE 0298-3:2006-06)

Verwendung	Leitungsdurchmesser in mm			
	$D \leq 8$	$8 < D \leq 12$	$12 < D \leq 20$	$D > 20$
übliche Verwendung	$4 \times D$	$5 \times D$	$6 \times D$	$6 \times D$
vorsichtige Biegung	$2 \times D$	$3 \times D$	$4 \times D$	$4 \times D$
D ist der Außendurchmesser bei runden Leitungen oder die kleinere Abmessung bei flachen Leitungen				

Tabelle 21.4 Zulässige Biegeradien für harmonisierte Leitungen bei fester Verlegung (Quelle: DIN VDE 0298-300:2004-02)

Verwendung	Leitungsdurchmesser in mm			
	$D \leq 8$	$8 < D \leq 12$	$12 < D \leq 20$	$D > 20$
PVC-isolierte Leitungen nach DIN VDE 0281				
fest verlegt	$3 \times D$	$3 \times D$	$4 \times D$	$4 \times D$
frei beweglich	$5 \times D$	$5 \times D$	$6 \times D$	$6 \times D$
an der Einführung ortsveränderlicher Betriebsmittel				
• ohne mechanische Beanspruchung	$5 \times D$	$5 \times D$	$6 \times D$	$6 \times D$
• mit mechanischer Beanspruchung	$9 \times D$	$9 \times D$	$9 \times D$	$10 \times D$
girlandenförmig wie bei Portalkränen	$10 \times D$	$10 \times D$	$11 \times D$	$12 \times D$
bei wiederholten Wickelvorgängen	$7 \times D$	$7 \times D$	$8 \times D$	$8 \times D$
umgelenkt über Umlenkrollen	$10 \times D$	$10 \times D$	$10 \times D$	$10 \times D$
Gummi-isolierte Leitungen nach DIN VDE 0282				
fest verlegt	$3 \times D$	$3 \times D$	$4 \times D$	$4 \times D$
frei beweglich	$4 \times D$	$4 \times D$	$5 \times D$	$6 \times D$
an der Einführung ortsveränderlicher Betriebsmittel				
• ohne mechanische Beanspruchung	$4 \times D$	$4 \times D$	$5 \times D$	$6 \times D$
• mit mechanischer Beanspruchung	$6 \times D$	$6 \times D$	$6 \times D$	$8 \times D$
girlandenförmig wie bei Portalkränen	$6 \times D$	$6 \times D$	$6 \times D$	$8 \times D$
bei wiederholten Wickelvorgängen	$6 \times D$	$6 \times D$	$6 \times D$	$8 \times D$
umgelenkt über Umlenkrollen	$6 \times D$	$8 \times D$	$8 \times D$	$8 \times D$
D ist der Außendurchmesser bei runden Leitungen oder die kleinere Abmessung bei flachen Leitungen				

Tabelle 21.5 Zulässige Biegeradien für flexible harmonisierte Leitungen (Quelle: DIN VDE 0298-300:2004-02)

a)

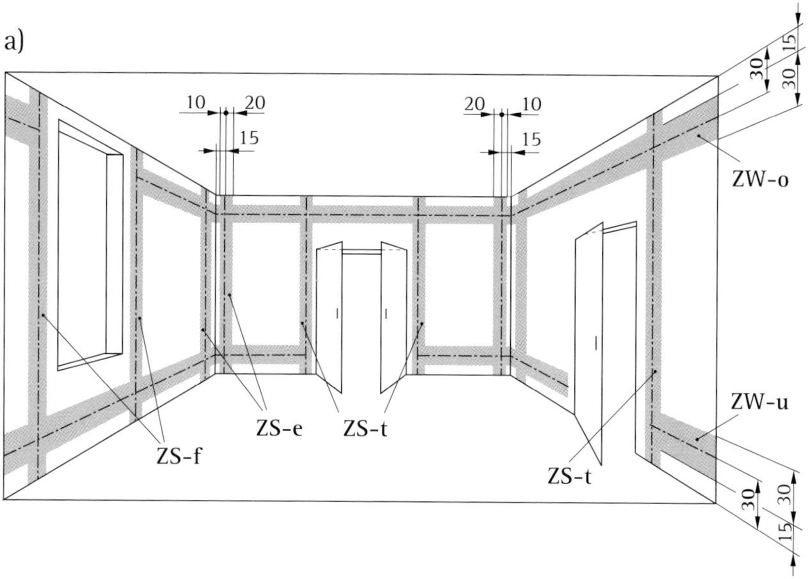

b)

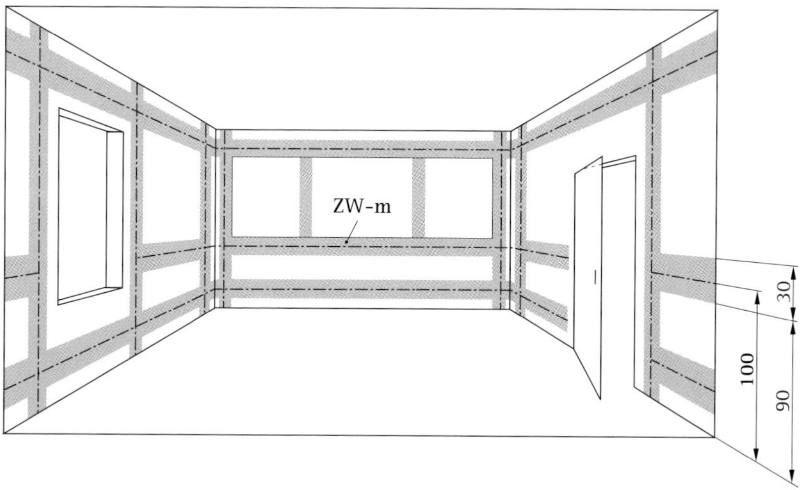

Bild 21.1 Leitungsführung nach DIN 18015 (Quelle: DIN 18015-3:2007-09)
a) Installationszonen und Vorzugsmaße (**fett gesetzt**) für Räume ohne Arbeitsflächen an den Wänden
b) Installationszonen und Vorzugsmaße (**fett gesetzt**) für Räume mit Arbeitsflächen an den Wänden, z. B. Küchen. Nicht angegebene Maße wie in Bild 21.1 a)

Die Installationszonen (Z) bedeuten:

Waagrechte Installationszonen (ZW), 30 cm breit

- ZW-o, obere waagrechte Installationszone von 15 cm bis 45 cm unter der fertigen Deckenfläche
- ZW-u, untere waagrechte Installationszone von 15 cm bis 45 cm über der fertigen Fußbodenfläche
- ZW-m, mittlere waagrechte Installationszone von 90 cm bis 120 cm über der fertigen Fußbodenfläche

Senkrechte Installationszonen (ZS), 20 cm breit

- ZS-t, senkrechte Installationszonen an Türen von 10 cm bis 30 cm neben den Rohbaukanten
- ZS-f, senkrechte Installationszonen an Fenstern von 10 cm bis 30 cm neben den Rohbaukanten
- ZS-e, senkrechte Installationszonen an Wandecken von 10 cm bis 30 cm neben den Rohbaukanten

Oberhalb von Fenstern entfällt die obere Installationszone (ZW-o), wenn das Fenster zu hoch angeordnet ist, wie in Bild 21.1 b) gezeigt.

Von den festgelegten Installationszonen darf abgewichen werden, wenn die elektrischen Leitungen

- in den Wänden in Schutzrohren verlegt werden und eine Überdeckung der Schutzrohre von mindestens 6 cm sichergestellt ist
- in Wandbau-Fertigteilen untergebracht sind, bei denen eine nachträgliche Beschädigung der Leitungen weitgehend ausgeschlossen ist

Bei **Leitungsführung auf der Decke** (also im Fußboden) erfolgt die Installation der Leitungen unmittelbar auf der Rohdecke. Über den Leitungen befinden sich der Trittschallschutz, Estrich und Bodenbelag. Die Installation der elektrischen Leitungen und der Leitungen bzw. Rohre anderer Gewerke ist so vorzunehmen, dass eine geradlinige, parallele und möglichst kreuzungsfreie Anordnung erreicht wird. Bei der Planung sollte Heizungs- und Wasserleitungen Priorität vor elektrischen Leitungen und Leerrohren eingeräumt werden.

Die Anordnung der elektrischen Leitungen auf der Decke erfolgt parallel zu den Wänden. Die hierfür vorgesehenen Installationszonen (ZD) zeigt **Bild 21.2** und gilt, wenn ausschließlich elektrische Leitungen verlegt werden.

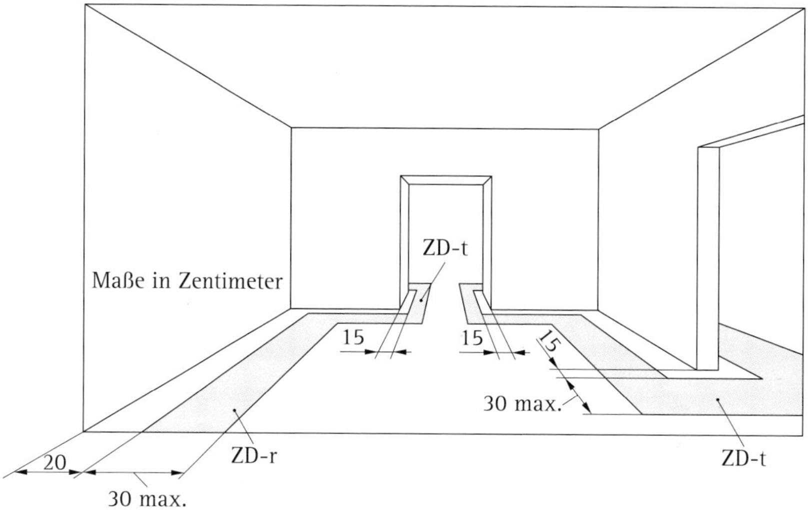

Bild 21.2 Leitungsführung auf der Decke bei ausschließlich elektrischen Leitungen (Quelle: DIN 18015-3:2007-09)

Die Installationszonen (ZD) sind festgelegt mit

ZD-r Installationszone im Raum
mit einer Breite von maximal 30 cm
mit einem Wandabstand von mindestens 20 cm

ZD-t Installationszone mit Türdurchgang
mit einer Breite von maximal 30 cm
mit einem Wandabstand von mindestens 15 cm

Wenn mehrere Installationszonen, auch solche für unterschiedliche Gewerke, nebeneinander erforderlich sind, ist ein Mindestabstand zwischen den Zonen von 20 cm einzuhalten (**Bild 21.3**).

Unter **Leitungsführung in der Decke** ist die Installation von Leitungen direkt oder innerhalb von Leerrohren in der Rohdecke zu verstehen. Für die Leitungsanordnung sind keine Installationszonen festgelegt, die Leitungen können in diesem Fall auf kürzestem Weg – auch schräg – verlegt werden.

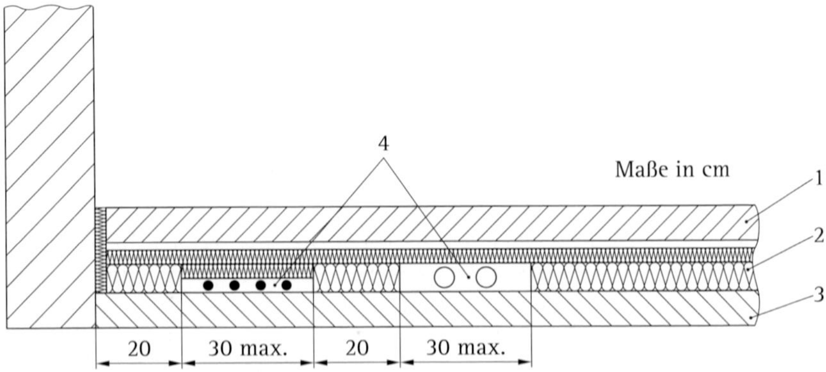

Bild 21.3 Leitungsführung auf der Decke bei mehreren Gewerken (Maße in Zentimeter) (Quelle: DIN 18015-3:2007-09)
1 Estrich
2 Dämmung
3 Decke
4 Leitungen

21.2 Anforderungen an die Verlegung von Kabeln und Leitungen

21.2.1 Verdrahtungsleitungen

Verdrahtungsleitungen dienen zur internen Verdrahtung von Geräten, z. B. Leuchten, Verteilertafeln, Schaltschränke usw. Bei ihrer Auswahl müssen hauptsächlich die thermischen Anforderungen berücksichtigt werden.

21.2.2 Aderleitungen

21

Aderleitungen werden in erster Linie in Elektro-Installationsrohren und Elektro-Installationskanälen angewendet. Sie sind auch für die interne Verdrahtung von Geräten geeignet.

21.2.3 Stegleitungen

Stegleitungen dürfen nur in trockenen Räumen in und unter Putz verlegt werden, wobei im gesamten Verlauf eine Putzabdeckung von 4 mm bestehen muss. In Hohlräumen von Decken und Wänden aus unbrennbaren Baustoffen (z. B. Beton, Stein) ist eine Putzabdeckung nicht erforderlich.

Die Verlegung von Stegleitungen ist nicht zulässig:

- auf brennbaren Baustoffen, wie z. B. Holz, auch wenn eine Putzabdeckung vorhanden ist
- in Elektro-Installationskanälen

Die Befestigung darf nur so erfolgen, dass eine Formänderung oder Beschädigung der Isolierung ausgeschlossen ist. Zur Befestigung sind Gipspflaster, Klebeschellen oder Nägel mit Isolierstoffunterlage zu verwenden. Hakennägel bzw. normale Nägel (krumm geschlagen) sind als Befestigungsmaterial ungeeignet. Eine Bündelung von Stegleitungen ist nicht zulässig; ausgenommen sind die Einführungsstellen in Verteilungen. Abzweig- und Verteilungsdosen dürfen nur aus Isolierstoff sein.

21.2.4 Mantelleitungen

Mantelleitungen dürfen in trockenen und feuchten Räumen auf Putz, in Putz und unter Putz verlegt werden. Die Befestigung mit krumm geschlagenen Nägeln, Hakennägeln oder ähnlichen Befestigungsmitteln ist nicht zulässig.

21.2.5 Flexible Leitungen

Flexible Leitungen dienen zum Anschluss von ortsveränderlichen, also beweglichen und begrenzt beweglichen Betriebsmitteln. Verwendet werden Kunststoff- oder Gummi-Schlauchleitungen, aber auch Pendel- und Aderschnüre aus Gummi oder Kunststoff.

21.2.6 Kabel

Kabel sind im Niederspannungsbereich immer für eine Spannung von $U_0/U=$ 0,6/1 kV gebaut. Die papierisolierten, massegetränkten Kabel wurden durch kunststoffisolierte Kabel mit Kunststoffmantel weitgehend ersetzt.

21.3 Verlegung von Kabeln und Leitungen

21.3.1 Elektroinstallationsrohrsysteme für elektrische Installationen

Elektroinstallationsrohrsysteme, bestehend aus Rohren und Zubehör, sind nach der Reihe DIN EN 61386 (VDE 0605) „Elektroinstallationsrohrsysteme für elektrische Energie und für Informationen“ genormt. In Teil 1 „Allgemeine Anforderungen“ sind die grundlegenden Anforderungen beschrieben. In den weiteren Teilen sind die besonderen Anforderungen an spezielle Rohrsysteme enthalten. Es gelten für:

- starre Rohrsysteme – DIN EN 61386-21 (VDE 0605-21)
- biegsame Rohrsysteme – DIN EN 61386-22 (VDE 0606-22)
- flexible Rohrsysteme – DIN EN 61386-23 (VDE 0605-23)
- erdverlegte Rohrsysteme nach DIN EN 50086-2-4 (VDE 0605-2-4) nehmen eine Sonderstellung ein und sind in Abschnitt 21.3.6 behandelt

Die Rohrsysteme dienen zum Schutz und zur Führung von isolierten Leitungen sowie Kabeln und Leitungen in elektrischen Installationen oder Kommunikationssystemen bis AC 1 000 V und DC 1 500 V. Die Normen sind anwendbar auf metallene Rohrsysteme, nicht metallene Rohrsysteme und Rohrsysteme in gemischter Bauweise und beinhalten auch die Anschlüsse und Verbindungen mit und ohne Gewinde.

Die Rohrsysteme müssen verschiedene Eigenschaften aufweisen und dabei bestimmte Forderungen und Prüfungen erfüllen. Eingeteilt werden die Eigenschaften in:

- mechanische Eigenschaften, wie Widerstand gegenüber Druckbelastung, Schlagbeanspruchung und Biegung sowie die Zugfestigkeit und Hängelast-Aufnahmefähigkeit
- zulässige Temperaturen, mit Angaben über Mindest- und Höchsttemperaturbereich
- elektrische Eigenschaften, wie leitende Eigenschaften und Isolationseigenschaften
- Widerstand gegen äußere Einflüsse, wie Schutz gegen Wasser und Fremdkörper
- Widerstand gegen Flammenausbreitung, wie nicht flammenausbreitend und flammenausbreitend

Zur Kennzeichnung der Eigenschaften wurde ein zwölfstelliger „Klassifizierungscode für Elektroinstallationsrohrsysteme“ eingeführt. Er kann DIN EN 61386-1 (VDE 0605-1) Anhang A entnommen werden. Die Kennzeichnung muss dauerhaft lesbar sein. Sie kann durch Einpressen, Prägen, Gravieren, Bedrucken, Aufklebeetiketten oder Abziehbilder aufgebracht werden.

Auf dem Produkt (Elektroinstallationsrohr) muss der Name oder das Warenzeichen des Herstellers oder verantwortlichen Vertreibers und auch ein Produkterkennungszeichen angegeben sein. Hinzu kommt ein mindestens vierstelliger Code, d. h. vier Ziffern, die die wichtigsten Eigenschaften des Rohrsystems beschreiben. Die Ziffern an den ersten vier Stellen bedeuten:

- Erste Stelle: Druckfestigkeit
  1 sehr leichte Druckfestigkeit (Druckkraft 125 N)
  2 leichte Druckfestigkeit (Druckkraft 320 N)

3 mittlere Druckfestigkeit (Druckkraft 750 N)

4 schwere Druckfestigkeit (Druckkraft 1 250 N)

5 sehr schwere Druckfestigkeit (Druckkraft 4 000 N)

Bei der Prüfung wird ein 200 mm langes Rohr auf einer Länge von 50 mm der angegebenen Prüfkraft für eine Zeit von 60 s ausgesetzt, wobei es sich um nicht mehr als 25 % verformen darf. Nach Entfernen der Kraft darf die Verformung nicht mehr als 10 % betragen.

- Zweite Stelle: Schlagfestigkeit

1 sehr leichte Schlagfestigkeit (Fallgewicht 0,5 kg, Fallhöhe 100 mm)

2 leichte Schlagfestigkeit (Fallgewicht 1,0 kg, Fallhöhe 100 mm)

3 mittlere Schlagfestigkeit (Fallgewicht 2,0 kg, Fallhöhe 100 mm)

4 schwere Schlagfestigkeit (Fallgewicht 2,0 kg, Fallhöhe 300 mm)

5 sehr schwere Schlagfestigkeit (Fallgewicht 6,8 kg, Fallhöhe 300 mm)

Nach Abkühlung auf die minimale Dauergebrauchstemperatur wird das Rohr oder Zubehörteil durch das Fallgewicht bei angegebener Fallhöhe beansprucht. Dabei dürfen keine Bruchstellen, Deformationen oder Risse entstehen.

- Dritte Stelle: Minimale Transport-, Dauergebrauchs- und Installationstemperatur siehe **Tabelle 21.6**
- Vierte Stelle: Maximale Dauergebrauchs- und Installationstemperatur siehe Tabelle 21.6

Dauer- und Gebrauchstemperatur			
dritte Ziffer	minimal	vierte Ziffer	maximal
1	+5 °C	1	+60 °C
2	−5 °C	2	+90 °C
3	−15 °C	3	+105 °C
4	−25 °C	4	+120 °C
5	−45 °C	6	+150 °C
		6	+250 °C
		7	+400 °C

Tabelle 21.6 Temperaturbereiche für Elektroinstallationsrohrsysteme

Beispiel:

Ein Elektroinstallationsrohr trägt folgende Angaben (Hersteller, Produktinformationen und Zifferncode für die ersten vier Stellen).

FPKu-EM-F 25 3322

Hersteller

F Fränkische

Produktinformationen

P Panzerrohr

Ku Kunststoff

E Europäische Norm

M Mittlere Druckfestigkeit

F Flammwidrig

25 Nenngröße bzw. Außendurchmesser

Zifferncode

3 Mittlere Druckfestigkeit

3 Mittlere Schlagfestigkeit

2 Für –5 °C Dauer- und Gebrauchstemperatur

2 Für +90 °C Dauer- und Gebrauchstemperatur

Die technischen Angaben für die restlichen Ziffern des Codes, also die Ziffern 5 bis 12, müssen, soweit sie zutreffen, in den Herstellerkatalogen angegeben sein. Die verschiedenen Ziffern bedeuten:

- Fünfte Stelle: Widerstand gegen Biegung
  - 1 Starr
  - 2 Biegsam
  - 3 Biegsam/sich selbst zurückbiegend
  - 4 Flexibel
- Sechste Stelle: Elektrische Eigenschaften
  - 0 Nicht erklärt
  - 1 Mit elektrischen Leiteigenschaften
  - 2 Mit elektrischen Isolationseigenschaften
  - 3 Mit elektrischen Leit- und Isolationseigenschaften
- Siebte Stelle: Widerstand gegen das Eindringen von Fremdkörpern (Festkörpern) (siehe auch Abschnitt 2.8)
  - 3 Schutz gegen Fremdkörper mit 2,5 mm Durchmesser und größer
  - 4 Schutz gegen Fremdkörper mit 1,0 mm Durchmesser und größer
  - 5 Staubgeschützt
  - 6 Staubdicht

- Achte Stelle: Widerstand gegen das Eindringen von Wasser (siehe auch Abschnitt 2.8)
  0 Nicht erklärt
  1 Schutz gegen vertikal fallende Wassertropfen
  2 Schutz gegen vertikal fallende Wassertropfen, wenn das Rohrsystem bis zu 15° gekippt ist
  3 Schutz gegen sprühendes Wasser
  4 Schutz gegen spritzendes Wasser
  5 Schutz gegen Wasserstrahlen
  6 Schutz gegen kraftvolle Wasserstrahlen
  7 Schutz gegen die Auswirkungen von zeitweiligem Eintauchen in Wasser
- Neunte Stelle: Korrosionsbeständigkeit von metallenen Elektroinstallationssystemen und Elektroinstallationsrohrsystemen in Gemischtbauweise
  1 Geringer Schutz innen und außen
  2 Mittlerer Schutz innen und außen
  3 Mittlerer Schutz innen und hoher Schutz außen
  4 Hoher Schutz innen und außen
- Zehnte Stelle: Zugfestigkeit
  0 Nicht erklärt
  1 Sehr leichte Zugfestigkeit
  2 Leichte Zugfestigkeit
  3 Mittlere Zugfestigkeit
  4 Schwere Zugfestigkeit
  5 Sehr schwere Zugfestigkeit
- Elfte Stelle: Widerstand gegen Flammenausbreitung
  1 Nicht flammenausbreitend
  2 Flammenausbreitend
- Zwölfte Stelle: Hängelastaufnahmefähigkeit
  0 Nicht erklärte Hängelastaufnahmefähigkeit
  1 Sehr leichte Hängelastaufnahmefähigkeit
  2 Leichte Hängelastaufnahmefähigkeit
  3 Mittlere Hängelastaufnahmefähigkeit
  4 Schwere Hängelastaufnahmefähigkeit
  5 Sehr schwere Hängelastaufnahmefähigkeit

Flammenausbreitende Elektroinstallationsrohre und deren Zubehör müssen orange eingefärbt sein. Nicht flammenausbreitende Materialien dürfen jede Farbe, außer Gelb, Orange oder Rot, haben.

Die Nennweiten der Rohre (Außendurchmesser) sind nach DIN EN 60423 „Elektroinstallationsrohre" festgelegt. Die gängigsten Außendurchmesser sind: 16, 20, 25, 32 40, 50 und 63 mm. Als Gewinde kommen die entsprechenden metrischen Gewinde M 16, M 20 usw. zur Anwendung. Der Mindest-Innendurchmesser eines Elektroinstallationsrohrsystems muss vom Hersteller angegeben werden.

Die Abmessungen der Zubehörteile, wie Muffen, Bögen, Übergangsstücke usw., sind in den genannten EN-Normen festgelegt; sie werden außerdem von den Herstellern in ihren Katalogen angegeben und können dort entnommen werden.

Elektroinstallationsrohre aus nicht flammwidrigen Kunststoffen müssen in ihrem gesamten Verlauf mit Putz, Beton oder ähnlichen nicht brennbaren Baustoffen bedeckt sein. Bei Verlegung im Freien müssen Elektroinstallationsrohre aus Kunststoff UV-stabilisiert sein. Elektroinstallationsrohre aus flammwidrigen Kunststoffen dürfen auf Putz verlegt werden und müssen entsprechend gekennzeichnet sein.

Die Rohrsysteme sollten so angeordnet werden, dass möglichst wenig Richtungsänderungen auftreten. Bei nicht zugänglichen Elektroinstallationsrohren mit Längen > 15 m und mit mehr als zwei Richtungsänderungen sollten Durchzugskästen/Durchzugsdosen vorgesehen werden.

Die Nennweite der Rohre ist so zu wählen, dass beim Einziehen der Leitungen keine Beschädigungen zu erwarten sind. Die maximale Belegung mit Kabeln und Leitungen der verschiedenen Rohrtypen, wie z. B.

- dickwandige Rohre
- dünnwandige Rohre

sind Herstellerunterlagen zu entnehmen oder der Hersteller ist zu befragen. Als Richtwerte können die Angaben eines Herstellers, die in **Tabelle 21.7** wiedergegeben sind, dienen.

21

Die Auswahl von Elektroinstallationsrohren hinsichtlich der Mindestdruckfestigkeit und unter Berücksichtigung des Verlegeorts nach DIN VDE 0100-520 (VDE 0100-520) hat nach **Tabelle 21.8** zu erfolgen.

Für weitere, andere Verlegeorte/Verlegearten ist die Tabelle 21.8 sinngemäß anzuwenden.

Zum Schutz flexibler Anschlussleitungen für Geräte, Maschinen und dergleichen sind zulässig:

- Kunststoffschutzschläuche
- Metallschutzschläuche ohne Kunststoffauskleidung
- Metallschutzschläuche mit Kunststoffauskleidung

Anzahl der Leiter	Dünnwandige Rohre, maximale Belegung mit NYM Querschnitt in mm²					
	1,5	2,5	4	6	10	16
1	16	16	16	16	20	20
2	20	25	25	32	32	32
3	20	25	25	32	32	40
4	25	25	32	32	40	50
5	25	25	32	32	40	50

Anzahl der Leiter	Dickwandige Rohre, maximale Belegung mit H07V-U Querschnitt in mm²					
	1,5	2,5	4	6	10	16
1	16	16	16	16	16	20
2	16	16	16	20	25	25
3	16	20	20	20	25	32
4	20	20	20	25	32	40
5	20	20	25	25	32	40

Tabelle 21.7 Zuordnung von Kabeln und Leitungen zu Installationsrohrsystemen (Angaben eines Herstellers)

Verlegeart	Klassifizierungscode nach DIN EN 61386 (Mindestanforderung der Druckfestigkeit)
In Beton	3
Auf Putz	2
In Hohlwand/auf Holz	2
In und auf brennbaren Materialien	2
Im Putz und unter Putz	2
Unter Estrich	2
In Heißasphalt	3
In baulichen Hohlräumen	2
In abgehängten Decken	2
In Erde	3
Im Außenbereich/im Freien	2

Tabelle 21.8 Auswahl von Elektroinstallationssystemen hinsichtlich der Druckbeanspruchung (Quelle: DIN VDE 0100-520: 2003-06)

Metallschutzschläuche dürfen nicht als Schutzleiter verwendet werden, sind aber in die Schutzmaßnahme – zum Schutz bei indirektem Berühren – einzubeziehen. Sie müssen fabrikationsmäßig so ausgeführt sein, dass ein Schutzleiteranschluss möglich ist.

21.3.2 Verlegung in Elektro-Installationskanälen

Im Handel werden eine Vielzahl von Kanälen, z. B.:

- Brüstungskanäle
- Fensterbankkanäle
- Sockelleistenkanäle
- Installationskanäle
- Verdrahtungskanäle
- Unterflurkanäle

vor allem aus Kunststoff, aber auch aus Aluminium oder Stahl, angeboten. Neben den Zubehörteilen, wie End-Stücke, T-Stücke, Kreuz-Stücke, Kupplungen und dgl., gibt es auch Kanäle, die Einbaugeräte aufnehmen können, wie:

- Schalter
- Steckdosen (Schutzkontakt-, Perilex- und CEE-Steckdosen)
- Telefonsteckdosen
- Antennendosen
- Lautsprecherdosen usw.

In allen Anwendungsfällen sind die jeweiligen Vorschriften der Hersteller zu beachten. Ansonsten gelten die gleichen Verlegebedingungen wie für Elektro-Installationsrohre, wobei zusätzlich besonders geachtet werden sollte auf:

21

- Reduzierung der Belastung (Herstellerangaben oder Abschnitt 20.3.1.4 beachten)
- Schutz gegen direktes Berühren muss auch bei geöffnetem Kanal gewährleistet sein
- Einbaugeräte dürfen den Platz für Leitungen nicht so verringern, dass eine Gefährdung entsteht
- Starkstromleitungen müssen von Fernmeldeleitungen entweder durch Stege getrennt sein, oder es ist ein Abstand von mindestens 10 mm einzuhalten (gilt nicht für Mantelleitungen und Kabel)

21.3.3 Verlegung in unterirdischen Kanälen und Schutzrohren

In unterirdischen Kanälen dürfen nur:

- Kabel
- schwere Gummischlauchleitungen
- Leitungstrossen

und Leitungen ähnlicher Bauart verlegt werden. In unterirdischen Schutzrohren dürfen Mantelleitungen, z. B. NYM und NYBUY, nur dann verlegt werden, wenn die Leitung zugänglich und auswechselbar bleibt, das Rohr mechanisch fest ist und das Eindringen von Flüssigkeiten (Wasser) nicht möglich ist.

21.3.4 Verlegung in Beton

Aderleitungen müssen in einem lückenlos geschlossenen System aus Elektroinstallationsrohren, Dosen und Kästen verlegt werden, wobei alle Zubehörteile aus Kunststoff bestehen müssen. Die früher gestellte Forderung nach Elektroinstallationsrohren der Bauart AS besteht nicht mehr.

Mantelleitungen dürfen direkt im Beton verlegt werden, wenn es sich nicht um mechanisch verdichteten Beton (Rüttel-, Schüttel- oder Stampfbeton) handelt. Die Forderung nach Elektroinstallationsrohren der Bauart AS besteht nicht mehr. Die Verlegung in vorgesehenen Aussparungen und das Bedecken mit Beton, in einer Art ähnlich wie bei einer Unterputzverlegung, ist zugelassen.

Aderleitungen und Mantelleitungen dürfen nach DIN VDE 0100-520 in Beton in Rohren mit Klassifizierungscode 3 für die Druckfestigkeit verlegt werden (siehe Tabelle 21.8).

Anmerkung: Die früher gestellte Forderung nach Elektroinstallationsrohren der Bauart AS bedeutete die Verwendung von Rohren für schwere mechanische Beanspruchung (Prüfung mit 1 000 N für die Druckfestigkeit). Als äquivalente Elektroinstallationsrohre wären Rohre in schwerer Ausführung (Kennziffer 4 an erster Stelle) zu wählen, um etwa gleichen Schutzpegel zu erreichen (Prüfung mit 1 250 N für die Druckfestigkeit). Die Prüfungen und auch deren Ergebnisse sind zwar ähnlich, können aber nicht exakt miteinander verglichen werden.

Kabel dürfen ohne zusätzlichen Schutz verlegt werden.

Zubehör (Dosen und Kästen) müssen der Normenreihe DIN VDE 0606 entsprechen, für die Verlegung in Beton geeignet sein und das Kennzeichen ▽B tragen. Sie müssen geeignet sein, zusammen mit den Elektroinstallationsrohren, ein lückenloses System zu bilden.

21.3.5 Verlegung in Luft frei gespannt

Die Leitungen müssen so befestigt und aufgehängt werden, dass eine Beschädigung ausgeschlossen ist. Die Aufhängehöhe ergibt sich aus DIN VDE 0211, wobei der maximal mögliche Durchhang der Leitung zu beachten ist. Folgende Mindestabstände sind einzuhalten:

- Abstand bei der Überspannung von Straßen 6 m
- Abstand bei der Überspannung von Wegen 5 m
- Abstand bei der Überspannung von Dächern (Dachneigung ≤ 15°) 2,5 m
- Abstand bei der Überspannung von Dächern (Dachneigung > 15°) 0,4 m

21.3.6 Verlegung von Kabeln in Erde

Kabel dürfen – im Gegensatz zu Leitungen – im Erdreich verlegt werden. Sie sind mindestens 0,6 m unter der Erdoberfläche (0,8 m unter Straßen) auf glatter, steinfreier Grabensohle zu verlegen. Ein zusätzlicher Schutz durch Abdeckung (Backsteine, Holzbretter, Kabelhauben, Betonplatten usw.), wie früher üblich, wird nicht gefordert und wird nur noch selten durchgeführt. Bewährt hat sich stattdessen der Einsatz von Trassenwarnbändern aus Kunststoff.

Wenn Kabel im Erdreich in Rohren zu verlegen sind, ist es empfehlenswert, genormte Rohre nach Normen der Reihe DIN EN 50086 (VDE 0605) „Elektroinstallationsrohrsysteme" zu verwenden. Es gelten DIN EN 61386-1 (VDE 0605-1) „Allgemeine Anforderungen" im Zusammenhang mit DIN EN 50086-2-4 (VDE 0605-2-4) „Besondere Anforderungen für erdverlegte Installationsrohrsysteme". Die Normen gelten für metallische und nicht metallische und gemischte Systeme sowie die das System begrenzenden Einlässe mit und ohne Gewinde. Die allgemeinen Anforderungen sind in Abschnitt 21.3.1 beschrieben. Hinsichtlich der besonderen Anforderungen gelten:

- Gegen Druckbeanspruchung gibt es die Rohrtypen 250, 450 und 750, wobei die Typen 450 und 750 ohne zusätzlichen Schutz in die Erde eingebracht werden dürfen.
- Hinsichtlich Widerstand gegen Schlagbeanspruchung gibt es die Ausführungen leicht mit dem Kurzzeichen L und normal mit dem Kurzzeichen N.
- Der Klassifizierungscode L oder N ist vor dem Klassifizierungscode „250", „450" oder „750" aufzubringen.
- Die Rohre müssen in gleichen Abständen von vorzugsweise 1 m, nicht aber mehr als 3 m, entlang ihrer Länge gekennzeichnet werden.
- Bevorzugte Werte für den Außendurchmesser (Nenngröße) sind: 25, 32, 40, 50, 63, 75, 90, 110, 125, 140, 160, 180, 200, 225 und 250 mm. Der minimale Innendurchmesser der Rohre ist gleich Nennaußendurchmesser geteilt durch 1,33.

21.3.7 Verlegung von Kabeln an Decken, auf Wänden und auf Pritschen

Kabel und Kabelbündel sind so zu befestigen, dass sie die mechanischen Beanspruchungen aufnehmen können und dass Beschädigungen durch Druckstellen infolge der Wärmedehnung vermieden werden. Einadrige Kabel müssen außerdem so befestigt werden, dass durch die Auswirkungen von Kurzschlussströmen (Stoßkurzschlussstrom) keine Beschädigungen auftreten.

Als Richtwerte für die Befestigung von Kabeln sind zu nennen:

- Kabel an Decken und bei waagrechtem Verlauf an Wänden sind ordnungsgemäß und mit geeigneten Schellen zu befestigen. Die Schellenabstände dürfen maximal betragen (mit D = Kabeldurchmesser):
  - $20 \times D$ für unbewehrte Kabel
  - $(30 \ldots 35) \times D$ für bewehrte Kabel

  wobei ein Abstand von maximal 80 cm nicht überschritten werden darf.
- Kabel auf Pritschen erfordern Auflagestellen, die oben genannte Abstände nicht überschreiten dürfen.
- Kabel können bei senkrechtem Verlauf an Wänden mit größeren Schellenabständen befestigt werden. Ein maximaler Schellenabstand von 1,5 m darf nicht überschritten werden.
- Einadrige Kabel können:
  - einzeln verlegt und befestigt werden
  - systemweise gebündelt werden

  Bei der Auswahl von Schellen für die Einzelbefestigung von einadrigen Kabeln bei Wechsel- und Drehstromsystemen ist darauf zu achten, dass kein magnetisch geschlossener Eisenkreis entsteht (Wirbelstromverluste). Es sind deshalb vorzugsweise Schellen aus Kunststoff oder nicht magnetischen Werkstoffen zu verwenden. Schellen aus Stahl sind nur zulässig, wenn kein magnetisch geschlossener Kreis entsteht.

Außendurchmesser der Leitungen	maximale Abstände der Befestigungsmittel	
D mm	waagrecht mm	senkrecht mm
≤ 9	250	400
$> 9 \leq 15$	300	400
$> 15 \leq 20$	350	450
$> 20 \leq 40$	400	550

Tabelle 21.9 Abstand der Befestigungsmittel bei leicht zugänglichen Leitungen (Quelle: DIN VDE 0298-300:2004-02)

21

Richtwerte für die Abstände von Befestigungen bei leicht zugänglichen Leitungen sind in DIN VDE 0298-300 (VDE 0298-300) „Verwendung von Kabeln und isolierten Starkstromleitungen – Leitfaden für die Verwendung harmonisierter Niederspannungsstarkstromleitungen" festgelegt (**Tabelle 21.9**).

21.3.8 Zugbeanspruchungen für Kabel und Leitungen

Bei Kabeln und Leitungen ist darauf zu achten, dass bei der Verlegung, z. B. beim Einziehen in Rohre, die maximal zulässige Zugbeanspruchung nicht überschritten wird. Wenn die Beanspruchung überschritten wird, ist damit zu rechnen, dass Kabel oder Leitungen so beschädigt werden, dass mit einer wesentlichen Verkürzung der Lebensdauer zu rechnen ist.

Beim Einziehen von Kabeln mittels Ziehkopf an den Leitern wird als maximale Zugspannungen zugelassen für:

- Kabel mit Kupferleitern $\sigma = 50\ \text{N/mm}^2$
- Kabel mit Aluminiumleitern $\sigma = 30\ \text{N/mm}^2$

Die Zugkraft für ein Kabel wird aus der Summe der Leiterquerschnitte ohne Ansatz des Querschnitts von Schirmen oder konzentrischen Leitern ermittelt.

$$P = \sigma \cdot S \tag{21.1}$$

Es bedeuten:

P maximal zulässige Zugkraft eines Kabels in N

σ zulässige Zugspannung in N/mm^2

S Summe der Leiterquerschnitte in mm^2 (ohne Schirme bzw. konzentrische Leiter)

Beispiel:

Ein Kunststoff-Ceanderkabel der Bauart NYCWY $3 \times 70/70\ \text{mm}^2$ darf belastet werden mit maximal

$$P = \sigma \cdot S = 50\ \text{N/mm}^2 \cdot \left(3 \times 70\ \text{mm}^2\right) = 10\,500\ \text{N} = 10{,}5\ \text{kN}$$

Dies gilt auch für:

- Kunststoffkabel ohne Metallmantel und ohne Bewehrung, die mittels Ziehstrumpf verlegt werden
- drei Einleiterkabel, die mittels gemeinsamen Ziehstrumpfs eingezogen werden, wobei bei drei verseilten einadrigen Kabeln drei Kabel und bei drei nicht verseilten einadrigen Kabeln nur zwei Kabel angesetzt werden dürfen

Bei Kabeln mit Metallmantel oder Bewehrung wird beim Einziehen mittels Ziehstrumpfs keine kraftschlüssige Verbindung erreicht, sodass die Zugkräfte reduziert werden müssen.

Für Leitungen (auch für harmonisierte Leitungen) gelten folgende Zugspannungen:

- $\sigma = 50\ \text{N/mm}^2$ bei der Montage von Leitungen für feste Verlegung
- $\sigma = 15\ \text{N/mm}^2$ bei der Montage von flexiblen Leitungen bei fester Verlegung und beim Betrieb von Leitungen für ortsveränderliche Betriebsmittel

Auch hier werden Schirme, konzentrische Leiter, aufgeteilte Schutzleiter, Steueradern und Überwachungsleitungen nicht berücksichtigt.

Diese Werte gelten bis zu einem Höchstwert von 1 000 N für die Zugbeanspruchung aller Leiter, sofern der Leitungshersteller keine abweichenden Werte angibt.

21.3.9 Kabelverlegung bei tiefen Temperaturen

Für die Kabelverlegung und die Garniturenmontage gelten als tiefste zulässige Temperaturen:

- +5 °C Massekabel
- −5 °C Kunststoffkabel mit PVC-Mantel
- −20 °C Kunststoffkabel mit PE-Mantel

Dies gilt für die Verlegung (Neuverlegung und Umlegung) sowie das Biegen der Kabel für die Endverschlussmontage und für Anschlussarbeiten aller Art.

Maßgebend ist dabei die Kabeltemperatur und nicht die Umgebungstemperatur an der Baustelle. Es ist zu empfehlen, bei tiefen Temperaturen die Kabel durch Lagerung in einem beheizten Raum aufzuwärmen. Bei einer Raumtemperatur von ungefähr +20 °C sind zum Aufwärmen für vollbewickelte Kabeltrommeln mindestens folgende Zeiten einzuhalten:

- 1-kV-Kabel auf Metalltrommel ≈ 24 Std.
- 1-kV-Kabel auf Holztrommel ≈ 48 Std.

Für den Transport muss die Trommel wärmedämmend verpackt werden, damit der Fahrtwind sie nicht wieder abkühlt. Während der gesamten Verlege- und Montagearbeiten ist darauf zu achten, dass die Kabeltemperatur nicht unter die oben genannten, für die Verlegung zulässigen Temperaturen absinkt.

21.4 Zusammenfassen der Leiter verschiedener Stromkreise

21.4.1 Aderleitungen in Elektro-Installationsrohren und Elektro-Installationskanälen

Hauptstromkreise und Hilfsstromkreise dürfen zusammen verlegt werden, wenn sie zusammengehören. Querschnitt und Spannung spielen dabei keine Rolle (**Bild 21.4**).

21.4.2 Mehraderleitungen und Kabel

Haupt- und Hilfsstromkreise dürfen auch bei mehreren Stromkreisen zusammen verlegt werden. Die Spannung spielt keine Rolle; bei unterschiedlicher Spannung der verschiedenen Stromkreise ist die höchste Spannung für die Bemessung maßgebend. Hinsichtlich des Querschnitts ist man vom Markt (Angebot) abhängig (**Bild 21.5**).

21.4.3 Haupt- und Hilfsstromkreise getrennt verlegt

Die Hauptstromkreise können in einer Mehraderleitung oder in einem Kabel verlegt werden, die Hilfsstromkreise dagegen in einem Rohr, in einer Mehraderleitung oder in einem Kabel (**Bild 21.6**).

21.4.4 Stromkreise, die mit Kleinspannung betrieben werden

Stromkreise mit Kleinspannung sollen nicht zusammengefasst werden. Dies gilt für Haupt- und Hilfsstromkreise.

21.4.5 Stromkreise mit unterschiedlicher Spannung

Bei unterschiedlichen Spannungen ist beim Zusammenfassen von Stromkreisen die höchste Spannung maßgebend. Die Isolation aller Leiter muss für diese Spannung bemessen sein.

21.4.6 Neutralleiter bzw. PEN-Leiter

Jeder Stromkreis muss seinen eigenen Neutral- bzw. PEN-Leiter erhalten. Eine Zusammenfassung der Leiter ist nicht zulässig.

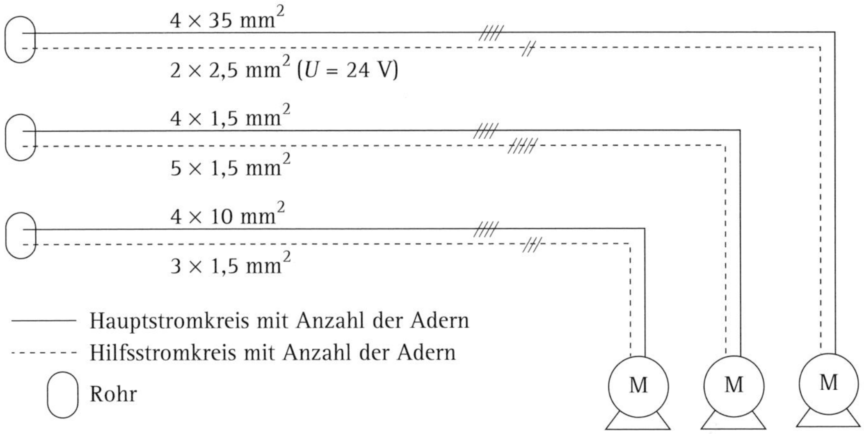

Bild 21.4 Zusammenfassen von Stromkreisen in Rohren und Kanälen

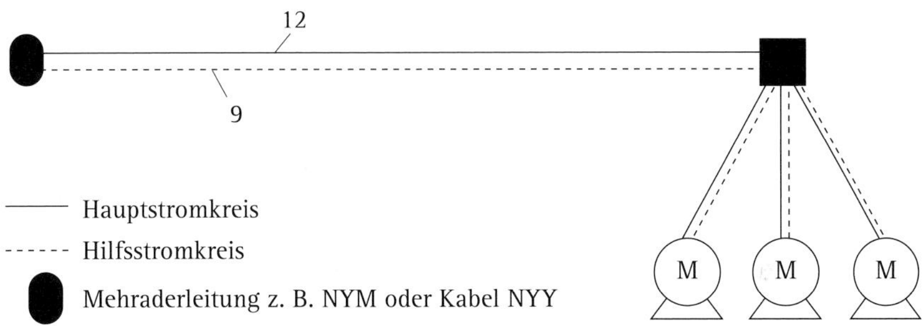

Bild 21.5 Zusammenfassen von Haupt- und Hilfsstromkreisen

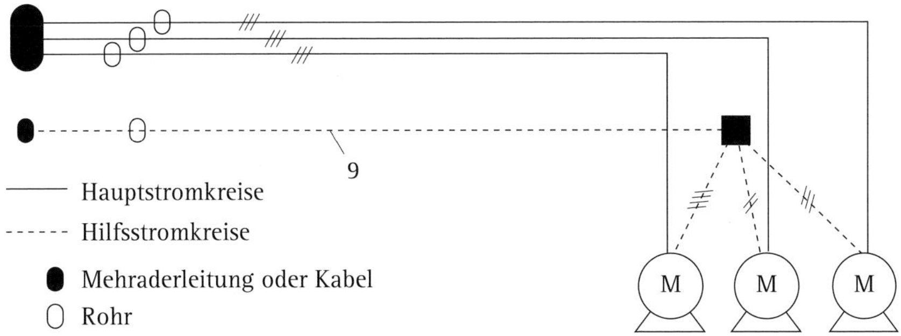

Bild 21.6 Getrennt verlegte Haupt- und Hilfsstromkreise

21

21.4.7 Schutzleiter

Gegen einen gemeinsamen Schutzleiter ist nichts einzuwenden, vorausgesetzt, er entspricht bei unterschiedlichen Leiterquerschnitten dem größten erforderlichen Schutzleiter-Querschnitt.

21.5 Spannungsfall

Ein maximal zulässiger Spannungsfall von 4 % gilt als Richtwert bei der Planung. Bei Einhaltung dieses Werts kann davon ausgegangen werden, dass keine betrieblichen Einschränkungen auftreten werden. Die Berechnung des Spannungsfalls ist in Abschnitt 20.2 beschrieben. Tabellen und weitere Aussagen zum Spannungsfall siehe Anhang B (Abschnitt 25.2).

21.6 Erdschluss- und kurzschlusssichere Verlegung

Kurzschlusssicher und erdschlusssicher sind Kabel und Leitungen dann, wenn bei bestimmungsgemäßen Betriebsbedingungen weder mit einem Kurzschluss noch mit einem Erdschluss zu rechnen ist. Als erd- und kurzschlusssichere Verlegung gelten:

a) starre Leiter, die gegenseitiges Berühren und eine Berührung mit Erde ausschließen (**Bild 21.7**), zum Beispiel Sammelschienen, Schienenverteiler

b) Einaderleitungen, die so verlegt sind, dass eine gegenseitige Berührung und eine Berührung mit Erde ausgeschlossen werden kann durch:
   - Abstandshalter (**Bild 21.8**)
   - Verlegung jedes einzelnen Leiters in jeweils einem Elektro-Installationsrohr (**Bild 21.9**)
   - Verlegung jedes einzelnen Leiters in jeweils einem Elektro-Installationskanal

c) einadrige Kabel und Mantelleitungen, z. B. NYY oder NYM, oder einadrige flexible Gummischlauchleitungen, z. B. H07RN-F (**Bild 21.10**)

d) Einaderleitungen für eine Nennspannung von mindestens 3 kV oder gleichwertige Ausführungen. NSGAFÖU (Sonder-Gummiaderleitung) nach DIN VDE 0250-602 mit einer Nennspannung von U_0/U= 1,8/3 kV gibt es von 1,5 mm^2 bis 10 mm^2 als eindrähtige Aderleitung und als mehrdrähtige Aderleitung von 16 mm^2 bis 300 mm^2. Die Betriebstemperatur beträgt 90 °C

e) Kabel und Mantelleitungen, die nicht in der Nähe brennbarer Stoffe verlegt sind und bei denen die Gefahr einer mechanischen Beschädigung nicht gegeben ist, z. B. in abgeschlossenen elektrischen Betriebsstätten

f) Kabel und Leitungen, die so verlegt sind, dass sie gefahrlos ausbrennen können

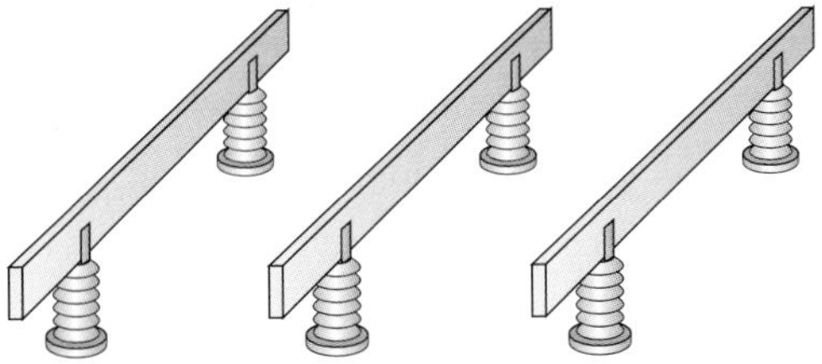

Bild 21.7 Sammelschienen

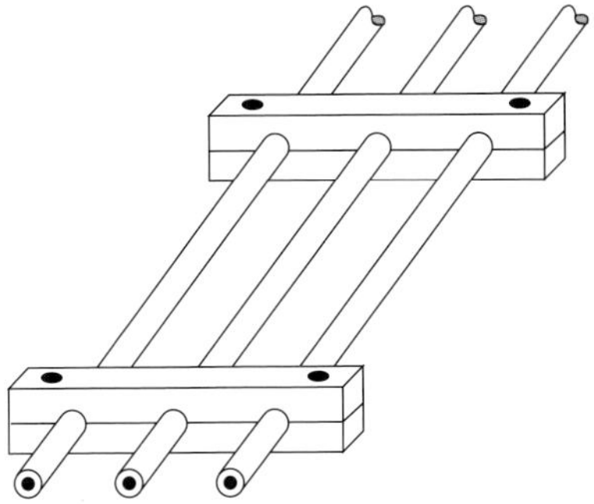

Bild 21.8 H07V-Leitung mit Abstandshalter

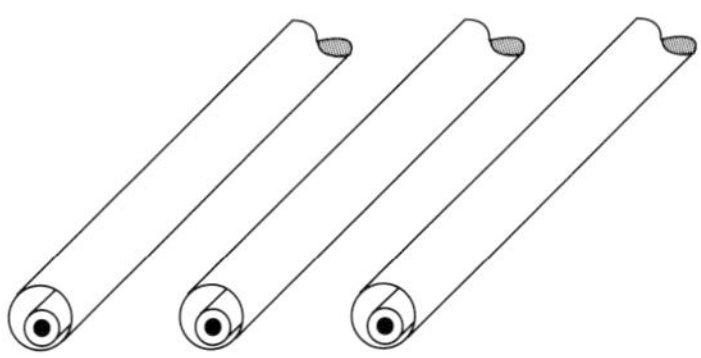

Bild 21.9 H07V-Leitung in Elektro-Installationsrohren

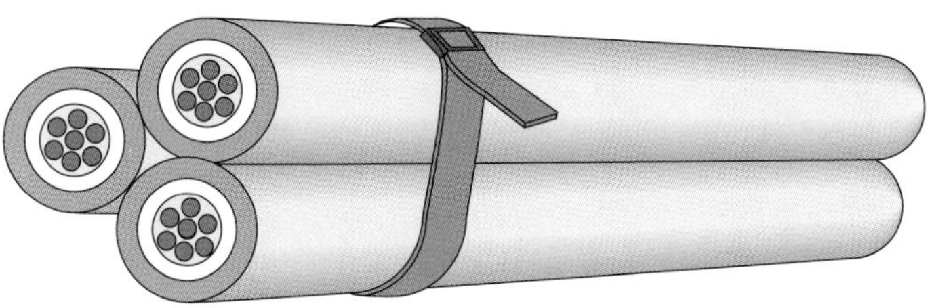

Bild 21.10 Einadrige Kabel bzw. Leitungen als:
- Kabel, z. B. NYY
- Mantelleitungen NYM
- Gummischlauchleitungen, z. B. H07RN-F
- Sonder-Gummiaderleitungen NSGAFÖU

21

21.7 Anschlussstellen und Verbindungen

Anschlüsse und Verbindungen von Anschluss- und Verbindungsklemmen mit Leitern und von Leitern untereinander müssen mit geeigneten Mitteln in dafür geeigneten Anschlussräumen ausgeführt werden.

Zur Verwendung gelangen:

- Schraubklemmen
- schraubenlose Klemmen
- Pressverbinder
- Steckverbinder

wobei auch Löten und Schweißen möglich sind.

Die Anschlussräume müssen, ebenso wie Verbindungsdosen oder -kästen, ausreichend groß dimensioniert werden. Hierzu sind die Festlegungen von DIN VDE 0606 zu beachten. Die Zuordnung der Klemmraumeinheit in cm^3 ist in Abhängigkeit von der maximalen Anzahl der Klemmen und der maximalen Anzahl der Leiter in **Tabelle 21.10** dargestellt.

Falls Zugentlastungen erforderlich sind, müssen sie vorhanden sein. Verknoten oder Festbinden der Leitungen, als Ersatz für eine Zugentlastung, ist nicht zulässig. An den Einführungsstellen der Kabel und Leitungen sind Maßnahmen zum Knickschutz durch trichterförmige Einführungen oder Einführungstüllen vorzusehen.

Bei mehr-, fein- oder feinstdrähtigen Leitungen müssen die Leiterenden besonders hergerichtet werden. Das Verlöten (Verzinnen) der Leiterenden ist nicht zulässig, wenn für fein- oder feinstdrähtige Leiter:

- Schraubklemmen verwendet werden, da durch Fließen des Zinns der Kontaktdruck nicht auf Dauer gewährleistet ist
- die Anschluss- oder Verbindungsstelle betrieblichen Erschütterungen ausgesetzt wird, da hier Schwingungsbrüche zu befürchten sind

21.8 Kreuzungen und Näherungen

Im Installationsbereich muss bei Näherungen (Parallelführung) und Kreuzungen Folgendes beachtet werden:

- Mantelleitungen und Kabel dürfen ohne Abstand verlegt werden
- andere Leitungen sind so anzuordnen, dass ein Abstand von 10 mm gewährleistet ist, oder es sind Trennstege vorzusehen

Die Klemmen sind voneinander getrennt anzuordnen.

Verbindungsdosengröße		Maximale Anzahl der Klemmen, Klemmraumeinheiten in cm^3 und Anzahl der Leiter je Verbindungsdose in Abhängigkeit der Leiterquerschnitte						
Bemessungs-querschnitte mm^2	Dosen-volumen cm^3 mindestens		Leiterquerschnitte mm^2					
			1,5	2,5	4	6	10	16
1,5	95	Anzahl der Klemmen	5	–	–	–	–	–
		Klemmraumeinheit	19	–	–	–	–	–
		Anzahl der Leiter	15	–	–	–	–	–
1,5 bis 2,5	115	Anzahl der Klemmen	6	5	–	–	–	–
		Klemmraumeinheit	19	23	–	–	–	–
		Anzahl der Leiter	20	15	–	–	–	–
1,5 bis 4	200	Anzahl der Klemmen	8	6	5	–	–	–
		Klemmraumeinheit	25	33	40	–	–	–
		Anzahl der Leiter	24	20	15	–	–	–
1,5 bis 6	300	Anzahl der Klemmen	10	8	6	5	–	–
		Klemmraumeinheit	30	38	50	60	–	–
		Anzahl der Leiter	30	24	20	15	–	–
1,5 bis 10	500	Anzahl der Klemmen	12	10	8	6	5	–
		Klemmraumeinheit	41	50	62	83	100	–
		Anzahl der Leiter	36	30	24	20	15	–
1,5 bis 16	825	Anzahl der Klemmen	18	15	12	8	6	5
		Klemmraumeinheit	46	55	68	103	137	165
		Anzahl der Leiter	54	45	36	24	20	15

Anmerkung 1: Die Festlegung der Anzahl der Leiter je Verbindungsdose bedeutet nicht, dass die verwendeten Klemmen nicht auch noch weitere Leiter des Bemessungsquerschnitts aufnehmen dürfen

Anmerkung 2: Der Anwendungsbereich einer Verbindungsdose kann vom Hersteller für bestimmte Leitungsquerschnitte begrenzt werden

Tabelle 21.10 Mindestvolumen von Verbindungsdosen für Bemessungsquerschnitte bis 16 mm^2 in Abhängigkeit von der Klemmen- und Leiteranzahl

Bei Kabeln im Erdreich ist bei Kreuzungen und Näherungen von Starkstrom- und Fernmeldekabeln ein Abstand von 10 cm einzuhalten.

21.9 Maßnahmen gegen Brände und Brandfolgen

Die Gefahr von Bränden und deren Ausdehnung muss verhindert werden. Bestimmungen sind in Vorbereitung (siehe Kapitel 22).

21.10 Literatur zu Kapitel 21

[1] Hochbaum, A.; Hof, B.: Kabel- und Leitungsanlagen. Auswahl und Errichtung nach DIN VDE 0100-520. VDE-Schriftenreihe, Bd. 68. 2. Aufl., Berlin und Offenbach: VDE VERLAG, 2003

22 Brandgefahren und Brandverhütung in elektrischen Anlagen

22.1 Allgemeines zur Wärmelehre

Die ganze Wärmelehre lässt sich in einem Satz zusammenfassen: **Wärme** ist ungeordnete Molekülbewegung. Die **Wärmeenergie** ist nichts anderes als die kinetische Energie der sich ungeordnet bewegenden Moleküle oder Atome. Die in einem Körper enthaltene Wärmemenge ist gegeben durch die Eigenschaften des Materials (seine spezifische Wärme) und die Temperatur, die auf das Engste mit der Bewegungsenergie seiner Atome zusammenhängt. Je schneller die Bewegungsabläufe stattfinden, desto höher ist die Temperatur des betreffenden Stoffs.

Damit ein Brand entstehen kann, müssen folgende drei Voraussetzungen erfüllt sein:

- brennbare Stoffe mit entsprechender Zündtemperatur (normal bei 200 °C bis 500 °C) müssen vorhanden sein
- die Zündenergie, geliefert von einer Wärmequelle mit ausreichender Leistung und Einwirkungsdauer
- Sauerstoff in ausreichender Menge

Fehlt auch nur eine dieser drei Komponenten, so kann kein Brand entstehen.

Eine **Verbrennung** (Brand) ist im engeren Sinne die Reaktion von Stoffen mit Sauerstoff unter Wärme- und Lichtentwicklung (Feuer), die nach Erreichen einer bestimmten Entzündungstemperatur sehr rasch verlaufen kann. Dieser Vorgang spielt sich hauptsächlich in der Gasphase ab, wobei flüssige Brennstoffe vorher verdampfen und feste Brennstoffe entgasen. Das entzündete Gas-Luft-Gemisch brennt dann bei Normaldruck oberhalb des flüssigen oder festen Brennstoffs oftmals mit heller Flamme.

Im weiteren Sinne ist die Verbrennung ein Oxidationsprozess, der ohne Flammenbildung vor sich geht. Bei Kohle z. B. zünden pyrolytisch abgespaltene Gase und leiten die Verbrennung ein, bei Koks beginnt die Verbrennung an der festen Substanz.

Bei der Verbrennung von Gasen und Dämpfen entstehen Flammen, während sich bei festen Stoffen ein Glutbrand bildet.

22.2 Brennbare Stoffe und Zündtemperatur

Brennbare Stoffe können nach DIN 4102 eingeteilt werden in (siehe auch Abschnitt 22.9.2):

- leicht entflammbar (leicht entzündlich)
- normal entflammbar
- schwer entflammbar

Leicht entflammbare Stoffe (leicht entzündliche Stoffe) liegen vor, wenn diese durch ein Streichholz innerhalb von 10 s entzündet werden können und dann nach Entfernen der Zündquelle von sich aus weiterbrennen. Zur Entzündung genügt ein Energieinhalt der Zündquelle von wenigen Ws (Streichholz 10 Ws).

Beispiele:

Heu, Stroh, Strohstaub, Hobelspäne, lose Holzwolle, Baumwolle, Chemiefasern (Nylon, Diolen, Trevira, Orlon usw.), Reisig, loses Papier, Magnesiumspäne, Holz bis zu einer Dicke von 2 mm.

Normal entflammbare Stoffe und **schwer entflammbare Stoffe** benötigen zur Entzündung eine Zündenergie von einigen kWs bis mehrere 100 kWs, je nach Material und Zustand.

Die Entflammbarkeit und auch die Brandgefährlichkeit eines Stoffs ist nicht nur von seiner chemischen Zusammensetzung, sondern auch von seinem Zustand abhängig. So bestimmen Oberfläche, Temperatur, Druck, Verteilung und Dichte seine Brandgefährlichkeit, was nachfolgendes *Beispiel* deutlich machen soll:

- Holz in Form dickerer Bretter oder Balken: schwer brennbar
- Holzspäne, Holzwolle, dünne Bretter: leicht brennbar
- Holzstaub: explosiv

Auch die Einwirkungsdauer der Wärmequelle ist von großer Wichtigkeit für die Brandentstehung, was am Beispiel des Werkstoffs Holz gezeigt werden soll.

22

Holz verändert, wenn es längere Zeit auf über 100 °C erhitzt wird, seinen Zellzustand. Dabei reißen die Zellwände auf, und das Holz wird in einen pyrophoren Zustand gebracht. Danach genügen dann Temperaturen von 120 °C bis 180 °C und entsprechende Sauerstoffzufuhr zur Entzündung, obwohl die normale Zündtemperatur von Hölzern bei etwa 250 °C (Mittelwert) liegt. Den Zusammenhang zwischen Entzündungstemperatur und Einwirkungsdauer, gültig für Hart- und Weichholz, zeigt **Bild 22.1**.

Die gezeigte Kurve kann auch als „Grenzkurve zur Entzündung von Holz“ angesehen werden, wobei sich zeigt, dass unter Berücksichtigung einer Sicherheitsspanne die Temperatur für Holz 80 °C nicht überschreiten sollte.

Stoff	Temperatur in °C
Organische feste Stoffe	
Anthrazit	250 bis 258
Braunkohle	250 bis 280
Steinkohle	330 bis 440
Teer	500
Torf	230
Hölzer, allgemein	250 bis 300
Fichtenholz	280
Weißkiefer	260
Hartholz	295
Papier	185 bis 363
Zeitungspapier, Stücke	230
Baumwolle	255
Zucker	410
Stäube	
20 % Hafer, 20 % Hirse, 50 % Weizen, 10 % Verschiedenes	266
Hartweizenstaub	267
40 % Winterweizen, 35 % Gerste, 25 % Hopfen	278
60 % Hafer, 35 % Winterweizen, 5 % Roggen	280
Kakao	292
Kornstärke	477
Weißes Weizenmehl	493
Roggenmehl	501
Kunststoffe	
Polystyrol	360
Polyethylen	340
Polyamid	420
Polyester-, Glasfaser-Laminat	400
Polyvinylchlorid	390
Flüssigkeiten und Gase	
Alkohol	558
Benzin	470 bis 530
Benzol	555
Braunkohlen-Teeröl	370
Gasöl	350 bis 400
Heizöl	≈ 600
Methan	595 bis 700
Spiritus	425 bis 650
Teeröl	600 bis 620
Terpentinöl	275
Wasserstoff	560

Tabelle 22.1 Entzündungstemperatur verschiedener Stoffe

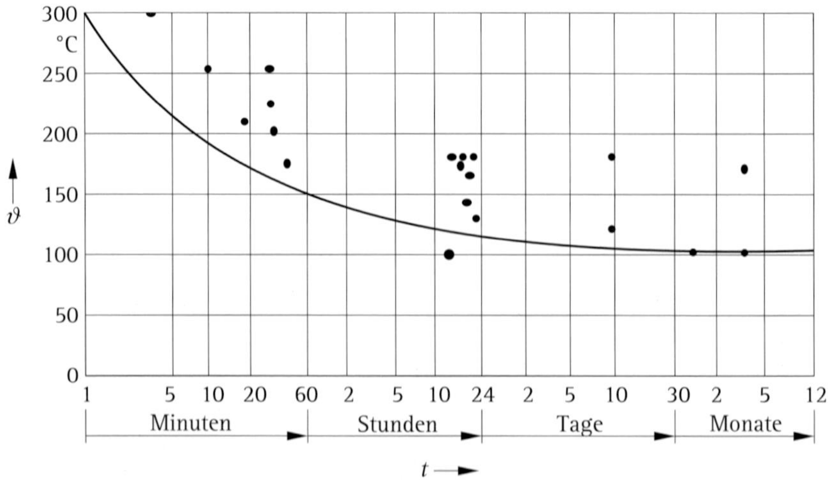

Bild 22.1 Entzündungstemperatur von Holz

Die Zündtemperatur (Fremdzündung) ist wesentlich davon abhängig, in welcher Form der Stoff vorliegt. Bei festen Stoffen spielt auch die geometrische Form des zu entzündenden Körpers eine Rolle. Holzspäne sind leichter zu entzünden als massives Holz. Auch Verunreinigungen können den Entzündungsvorgang erheblich beeinflussen. Reiner Zucker brennt schwer; Zucker, gemischt mit Asche, kann leicht entzündet werden; Zucker, vermengt mit Fußbodenstaub, brennt rascher als reiner Zucker.

Tabelle 22.1 zeigt für häufig vorkommende Stoffe die Entzündungstemperatur, auch Zündpunkt genannt.

22.3 Wärmequelle und Zündenergie

Neben dem Vorhandensein eines brennbaren Stoffs ist die wesentliche Voraussetzung zum Entzünden dieses Stoffs das Vorhandensein einer Wärmequelle (Zündquelle), die genügend Wärmeenergie (Zündenergie) an der Zündstelle abgeben kann.

22

Zündquellen können sein:

- offene Flammen, wie
  - Funken elektrischer oder mechanischer Herkunft
  - Streichholz mit 800 °C bis 1 000 °C
  - Kerze mit 1 000 °C bis 1 100 °C
  - Leuchtgasbrenner mit 1 500 °C bis 1 800 °C

  - Bunsenbrenner mit 1981 °C
  - Schweißbrenner (Acetylen-Sauerstoff) mit ca. 2850 °C
  - Lichtbogen mit ca. 3000 °C bis 4000 °C
  - Funken durch Schweißarbeiten
- Strahlungserzeuger, Wärmestrahlung, wie
  - Glühlampen
  - Gasentladungslampen
  - Lötkolben
  - Bügeleisen
  - Heizkörper
  - Heiße Gase oder Flüssigkeiten
  - Heiße Oberflächen
- chemische Prozesse, wie
  - chemische Reaktionen, bei denen Wärme freigesetzt wird
  - Oxidation, die zur Selbstentzündung eines Stoffs führt

Während eine offene Flamme einen brennbaren Stoff fast immer entzündet, sind bei der Wärmestrahlung noch Zeitdauer und Intensität von Bedeutung. Die elektrischen Zündquellen werden nachfolgend näher betrachtet.

22.4 Zündquellen elektrischen Ursprungs

Die wichtigsten und häufigsten Zündquellen elektrischen Ursprungs sollen nachfolgend beschrieben werden.

22.4.1 Heiße Oberfläche als Zündquelle

Eine Staubschicht von 5 mm Stärke, die sich auf einer ebenen Fläche abgelagert hat, kommt schon ab einer Temperatur der Oberfläche von 300 °C zur Entzündung bzw. zum Glimmen. Bei entsprechender Sauerstoffzufuhr kommt es schnell zur Flammenbildung.

Je nach Staubart und Staubzusammensetzung liegt die Grenztemperatur zwischen 230 °C bis 450 °C (siehe Tabelle 22.1). Bei sehr feinem Staub kann die Entzündung auch schon bei 130 °C einsetzen.

22.4.2 Falsch verwendetes Elektrogerät als Zündquelle

Ein Elektrogerät mit einer Leistung von 15 W bis 20 W ist in der Lage, sofern sich Wärme staut, nach etwa einer Stunde einen Schwelbrand auszulösen: Beispielsweise wenn Leuchten zugedeckt sind mit Sägemehl, Heu, Gerberlohe, Faserstoff und dergleichen.

Geräte mit einer Leistung von 25 W bis 30 W können leicht entzündliche Stoffe entzünden, wenn die Wärmeabfuhr behindert ist.

Geräte mit einer Leistung von etwa 100 W können auch normal entflammbare Stoffe entzünden, selbst wenn die Wärmeabfuhr nicht behindert ist. Bei Wärmestau ist es möglich, auch schwer entflammbare Stoffe zu entzünden, wenn die Leistung längere Zeit einwirken kann. Beispiele hierfür sind Lötkolben, Bügeleisen, Tauchsieder, Kocher, Toaster, Glühlampen, Entladungslampen und dgl., die unmittelbar auf Holz oder Kunststoff einwirken.

Bild 22.2 zeigt für jeweils eine 25-W-Glühlampe und eine 100-W-Glühlampe die Oberflächentemperatur bei verschiedenen Brennlagen.

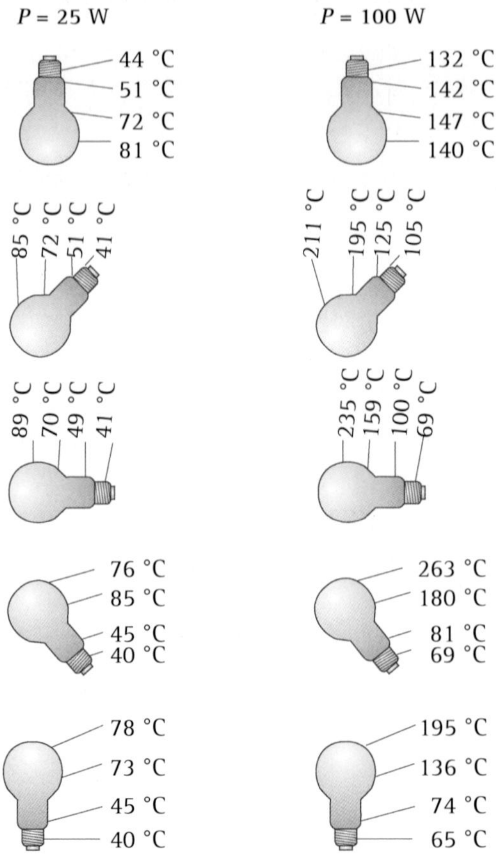

Bild 22.2 Oberflächentemperaturen in °C von Glühlampen

22.4.3 Wärmestrahler als Zündquelle

Durch leistungsstarke Wärmegeräte, wie Infrarotstrahler, Leuchten, Scheinwerfer und ähnliche Strahler, können sich leicht entzündliche Stoffe, die zu nah vor der Strahlungsquelle angeordnet sind, entzünden. Brandgefahr besteht ab einer Strahlungsleistung von etwa 0,2 W/cm^2, wenn diese über längere Zeit zur Verfügung steht. Mit größer werdendem Abstand geht die Gefahr merklich zurück. Die Entzündungsgefahr hängt von der Art des Materials und auch von seiner Farbe ab. Materialien mit hellen Farben verhalten sich günstiger gegen Entflammung als solche mit dunkler Farbe.

Tabelle 22.2 zeigt die Wärmestrahlungsarbeit für verschiedene Stoffe, die zur Entzündung führen können.

Stoff	Wärmestrahlungsarbeit	
	kal/cm^2	Ws/cm^2
Taft, Kunstseide rot	2 bis 3	0,5 bis 0,7
Zeitungspapier, zerfetzt	2 bis 4	0,5 bis 1,0
Zeitungspapier, einzelnes Blatt	3 bis 6	0,7 bis 1,4
Kunstseide, schwarz	3 bis 6	0,7 bis 1,4
Baumwolle, grün	5 bis 9	1,2 bis 2,2
Kiefernholz, hellgelb	5 bis 12	1,2 bis 2,9
Pappe	8 bis 15	1,9 bis 3,6
Sackleinen	8 bis 16	1,9 bis 3,8
Schreibmaschinenpapier	15 bis 30	3,6 bis 7,2
Werte der Tabelle aus: „Effects of the Nuclear weapons“		

Tabelle 22.2 Wärmestrahlungsarbeit für verschiedene Stoffe, die zur Entzündung führt

22.4.4 Elektrische Fehler als Zündquelle

Bei Beschädigungen oder Alterung der Isolierung einer elektrischen Leitung kann es direkt durch die Erwärmung an der Fehlerstelle zur Entzündung kommen, oder aber der Isolationsfehler geht in einen Lichtbogenkurzschluss über und leitet damit die Entzündung ein. Die Entstehung und Zusammenhänge von Isolationsfehlern und Lichtbogen werden in den Abschnitten 22.5 und 22.6 ausführlich behandelt.

22

22.4.5 Kontakterwärmung als Zündquelle

Die Verbindung elektrischer Leiter untereinander erfolgt in der Regel durch Klemmen oder Steckvorrichtungen. Eine solche Verbindung muss mit entsprechend hohem Kontaktdruck hergestellt werden. Mit größer werdendem Querschnitt muss auch der Kontaktdruck zunehmen. Bei einem Leitungsquerschnitt von 1,5 mm^2 genügt z. B. eine Kraft von 80 N, während bei 50 mm^2 schon 500 N erforderlich sind. Bei zu geringem Kontaktdruck erhöht sich der Widerstand an der Klemmstelle beträchtlich, und die Temperatur steigt rasch an. Da in die Kontaktstelle Sauerstoff eindringen kann, der das erwärmte blanke Kupfer in das schlecht leitende Kupferoxid umwandelt, verschlechtert sich der Widerstand weiter. Auch fremde Substanzen (Wasser, Öl usw.) können als Fremdschicht die Kontakte überziehen und deren Leitfähigkeit herabsetzen.

Wenn sich zwei Leiter nur lose berühren, weil die Klemmschrauben überhaupt nicht angezogen wurden oder weil die Drähte ohne Klemme nur verwürgt wurden, ist es nur eine Frage der Zeit, bis ein brandgefährlicher Zustand eintritt. Bei großen Strömen erwärmt sich die Kontaktstelle schnell, zum Teil auch mit Lichtbogenerscheinungen. Temperaturen von 500 °C bis 2 000 °C können auftreten. Fließt nur ein kleiner Strom über die Fehlerstelle, entstehen nur energiearme kleine Fünkchen. Das Kupfer oxidiert, und der Stromfluss hört auf. Auch hier ist jedoch die Bildung eines Lichtbogens nicht auszuschließen.

22.5 Isolationsfehler als Brandgefahr

Die Zerstörung bzw. Beschädigung eines Isolierstoffs, besonders der Isolierung eines Leiters, kann hervorgerufen werden durch

- elektrische Einwirkungen, wie
  - Überspannungen
  - Überströme
- mechanische Einwirkungen, wie
  - Schlag, Stoß, Knickung
  - Biegung
  - Schwingungen
  - Einschlagen von Fremdkörpern
- Umwelteinwirkungen, wie
  - Feuchtigkeit
  - Wärme
  - Licht
  - Strahlung (UV-Strahlung)
  - Alterung
  - chemische Einflüsse

Die Schädigung des Isolierstoffs hat je nach Fehlerart und Schwere des Fehlers unterschiedliche Fehlerströme zur Folge. Diese können in Erscheinung treten als:

- geringste Fehlerströme, z. B. durch Alterung, die im Bereich der zulässigen Ableitströme liegen
- Ströme von Glimmentladungen
- kleine Fehlerströme
- Lichtbogen-Kurzschlussströme (unvollkommener Kurzschluss)
- Kurzschlussströme (vollkommener Kurzschluss)

Die Entstehung eines Lichtbogens aus einem anfangs sehr kleinen Isolationsfehler kann ein Vorgang von Monaten oder gar Jahren sein. Nach dem ersten Isolationsfehler zwischen zwei gegeneinander unter Spannung stehenden Leitern muss in trockenem Zustand nicht unbedingt ein Strom zum Fließen kommen (**Bild 22.3 a**). Kommt Feuchtigkeit zusammen mit Schmutz (Kondensat, verunreinigt durch Staub) hinzu und wird dadurch eine leitende Verbindung (Brücke) hergestellt, so fließt ein Fehlerstrom, der sogenannte Kriechstrom. Der Strom ist zunächst sehr klein (weniger als 1 mA) und liegt in der Größenordnung von zulässigen Ableitströmen. Es wird nur wenig Wärme erzeugt, die aber anfangs ausreichen kann, die Feuchtigkeit zu trocknen, sodass zunächst der Stromfluss aufhört und erst bei erneuter Feuchtigkeitseinwirkung wieder ein Stromfluss beginnt. Dabei kann der Isolierstoff durch jahrelange Einwirkung so zerstört werden, dass sich Kohlebrücken (Verkohlungen längs der Kriechstromwege, in Richtung des elektrischen Felds) bilden. Die Fehlerstelle wird langsam, aber sicher größer; ebenso nimmt der Fehlerstrom ständig an Stärke zu und beträgt etwa 5 mA bis 50 mA (**Bild 22.3 b**). Der Strom fließt nun – begünstigt durch die Kohlebrücken – ständig und wird immer größer. Dadurch entstehen weitere, bessere Leiterbahnen aus Verkohlungen, was wiederum einen größeren Strom zur Folge hat (**Bild 22.3 c**). Dieser Vorgang läuft nun wesentlich rascher ab als am Anfang. Bei Strömen von über 150 mA ist es nun möglich, dass auch brennbare leicht entzündliche Stoffe, die sich in unmittelbarer Nähe der Fehlerstelle befinden, durch die Wärmeentwicklung an der Fehlerstelle ($P = U \cdot I = 230\ \text{V} \cdot 150\ \text{mA} = 33\ \text{W}$) entzündet werden. Da es sich

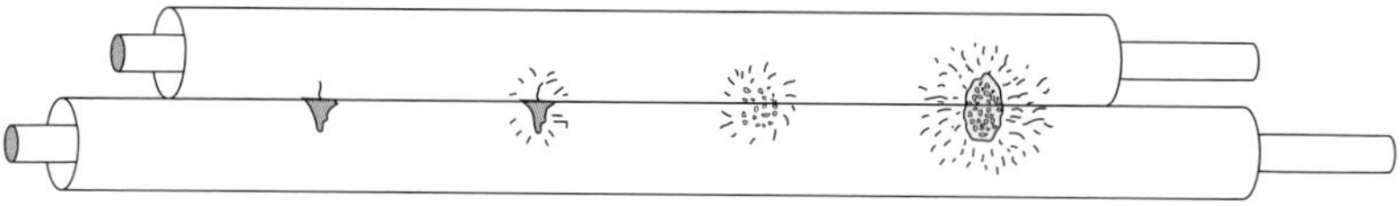

Bild 22.3 Entwicklung eines Isolationsfehlers
a erster Isolationsfehler
b gelegentlich entstehen Glimmentladungen
c ständige Glimmentladungen
d Lichtbogen

bei den Kohlebrücken um sogenannte „Heißleiterwiderstände“ handelt, die also im warmen Zustand mehr Strom durchlassen als in kaltem Zustand, wird der Vorgang weiter beschleunigt. Der Kriechstrom entwickelt sich weiter, wird rasch stärker und erreicht etwa 300 mA bis 500 mA. Dabei bilden sich zwischen den einzelnen Kohlekörnchen weißglühende Funkenbrücken. Aus der immer heller werdenden Glut springt der Fehlerstrom dann plötzlich in einen Lichtbogen über (**Bild 22.3 d**).

Ist der Lichtbogen gezündet, so wird Kohle auf die Kupferleiter aufgedampft. Bereits nach einigen Halbschwingungen kommt die Kohle zum Glühen und emittiert auch während des Stromnulldurchgangs Elektronen, sodass der Lichtbogen nicht mehr erlischt. Der Lichtbogen selbst versucht, sich ständig zu vergrößern und entfernt sich dabei von der Stromquelle. Der Lichtbogen brennt, bis der Strom durch eine Schutzeinrichtung unterbrochen wird oder durch zu großen Kontaktabstand von selbst erlischt.

22.6 Lichtbogen

Ein Lichtbogen kann entstehen durch

- eine Kohlebrücke, als Folge eines Isolationsfehlers, wie in Abschnitt 22.5 beschrieben
- eine unmittelbare atmosphärische Überspannung
- eine Überbrückung unter Spannung stehender Teile aus Metall, z. B. Draht in Freileitung oder Schlüssel auf Sammelschienen

Die physikalischen Vorgänge, die sich in einem Lichtbogen abspielen, sind andere als bei festen Leitern. Der Lichtbogen stellt eine Gasentladung dar, dessen besondere Vorgänge eine hohe Temperatur (3 000 °C bis 4 000 °C), ein großer Strom und eine verhältnismäßig kleine Spannung sind. Wenn ein Lichtbogen ungehindert (ohne Fremdkörper) brennen kann, nimmt er einen zylindrischen Raum ein und schnürt sich kurz vor den Fußpunkten (Elektroden) ein. Physikalisch wird ein Lichtbogen in drei wichtige Gebiete unterteilt (**Bild 22.4**):

22

a) **Katodenfall**

Die Tiefenausdehnung des sich an die Katode anschließenden Katodenfallgebiets liegt bei 10^{-4} cm bis 10^{-5} cm (1 µm bis 0,1 µm). Die Katodenfallspannung liegt für Kupferelektroden bei etwa 8 V bis 9 V.

b) **Anodenfall**

Für die Tiefenausdehnung des Anodenfallgebiets liegen keine gesicherten Kenntnisse vor. Einigermaßen sicher ist nur, dass sie größer ist als das Katodenfallgebiet. Die Anodenfallspannung liegt für Kupferelektroden bei etwa 2 V bis 6 V.

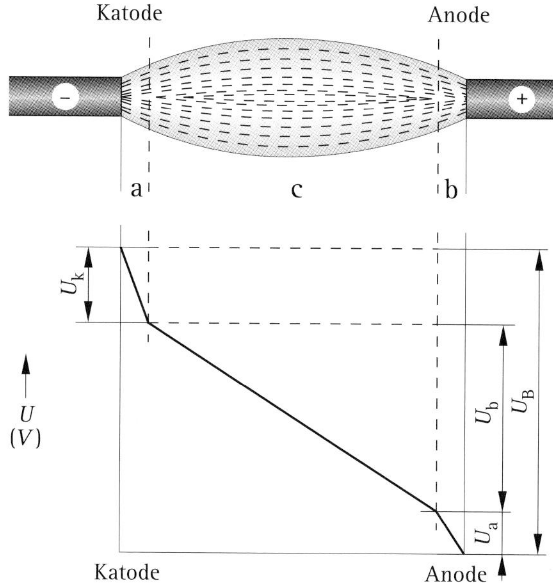

Bild 22.4 Lichtbogen, Lichtbogenspannungen
a Katodenfallgebiet (U_k Katodenfallspannung)
b Anodenfallgebiet (U_a Anodenfallspannung)
c Bogensäule (U_b Bogenspannung)

c) Bogensäule

Die Bogensäule, auch positive Säule oder Bogenplasma genannt, ist von der angelegten Spannung, von der Lichtbogenlänge und von der Kühlung des Lichtbogens abhängig.

Nach der Art der Elektronenerzeugung werden physikalisch zwei verschiedene Lichtbogenarten unterschieden:

- Thermischer Lichtbogen

  Wenn an der Katode Temperaturen von etwa 3 000 °C auftreten können, ohne dass das Katodenmaterial verdampft, tritt die Glühemission der Elektronen ein. Dies trifft zu z. B. bei Katoden aus Wolfram und Kohle. Der thermische Lichtbogen ist ein gewollter Lichtbogen.

- Feldbogen

  Bei Verdampfungstemperaturen um etwa 2 000 °C tritt keine Glühemission auf. Durch die Verdampfung des Katodenmaterials entsteht unmittelbar vor der Katode eine sehr hohe Dampfdichte, und es bildet sich eine starke positive Raumladung.

22

Die Bindekräfte der Elektronen an den Kern werden vom starken elektrischen Feld überwunden, dadurch werden dem Metall Elektronen entzogen. Die Katode emittiert Elektronen also nicht wegen der hohen Temperatur, sondern wegen der hohen Feldstärke an der Oberfläche. Bei Silber- und Kupferelektroden liegt die Feldstärke bei etwa 10^6 V/cm. Die aus der Katode emittierten Elektronen werden durch das Katodenfallgebiet beschleunigt und erreichen große Geschwindigkeiten. Am Rande des Katodenfallgebiets werden dann durch Stoßionisationen weitere Elektronen und Ionen erzeugt. Die positiven Ionen fliegen zur Katode zurück und geben ihre kinetische Energie und Ionisierungsenergie an die Katode ab. Durch diese Energieabgabe wird der Wärmeverlust, der an der Katode durch die normale Abstrahlung entsteht, ausgeglichen, und es entsteht ein stationärer Zustand.

Mathematisch kann ein Lichtbogen, der frei in Luft brennt, durch die allgemein anerkannte, von Ayrton entwickelte empirische Beziehung für die Lichtbogenspannung beschrieben werden:

$$U_{\mathrm{B}} = \alpha + \frac{\beta}{I} + \left(\gamma + \frac{\delta}{I}\right) l \tag{22.1}$$

Darin bedeuten:

U_{B} Lichtbogenspannung in V

I Strom in A

l Lichtbogenlänge in cm

$\alpha, \beta, \gamma, \delta$ Konstanten nach **Tabelle 22.3**

Für einen frei in Luft brennenden Lichtbogen mit Kupferelektroden werden in der Literatur unterschiedliche Werte der Konstanten angegeben. Einige Werte sind in **Tabelle 22.3** genannt.

Konstante	nach		
	Rüdinger	Franken	Einsele
α	30 V	21 V	15 V
β	10 VA	11 VA	10 VA
γ	10 V/cm	30 V/cm	10 V/cm
δ	30 VA/cm	152 VA/cm	50 VA/cm

Tabelle 22.3 Konstanten für die Lichtbogenberechnung bei Kupferelektroden

Bei Strömen > 30 A können das zweite und vierte Glied von Gl. (22.1) vernachlässigt werden; es ergibt sich damit:

$$U_{\mathrm{B}} = \alpha + \gamma\, l \tag{22.2}$$

Die Lichtbogenspannung ist also bei Strömen > 30 A vom Strom unabhängig.

Die Gln. (22.1) und (22.2) gelten, wenn ein Lichtbogen frei in Luft brennt. Bei Fehlern mit Lichtbögen in elektrischen Anlagen brennt der Lichtbogen in der Regel nicht frei in Luft, da die Isoliermaterialien noch eine bedeutende Rolle spielen. Eine überschlägige Berechnung für die Lichtbogenspannung liefert die Beziehung

$$U_B = 40\ \text{V} + 10\ \text{V/cm} \cdot l \quad (22.3)$$

da in der Praxis die Ströme in der Regel über 30 A liegen und die Lichtbogenspannung somit stromunabhängig ist. Die Lichtbogenspannung kann als eine „Gegen-EMK" zur treibenden Spannung angesehen werden, sodass folgende Beziehungen gelten:

- für den Strom bei einem Fehler mit einem Lichtbogen

$$I_F = \frac{U - U_B}{Z} \quad (22.4)$$

- für die an der Fehlerstelle frei werdende Lichtbogenleistung

$$P_F = U_B \cdot I_F \quad (22.5)$$

- für die Lichtbogenarbeit

$$W_F = U_B \cdot I_F \cdot t \quad (22.6)$$

In den Gln. (22.4) bis (22.6) bedeuten:

I_F Strom in A

U Spannung in V

U_B Lichtbogenspannung in V

P_F Lichtbogenleistung in W

Z Schleifenimpedanz in Ω, wobei in der Regel der Ohm'sche Widerstand *R* zur Berechnung ausreicht

W_F Lichtbogenarbeit in Ws (1 Ws = 1 J)

t Zeit in s

Durch nachfolgendes Beispiel sollen Lichtbogenleistung und Lichtbogenarbeit näher erläutert werden.

Beispiel:

Gegeben ist ein TN-S-System. Verschiedene Fehler mit einer Lichtbogenlänge von jeweils 2 cm sollen betrachtet werden (**Bild 22.5**).

22

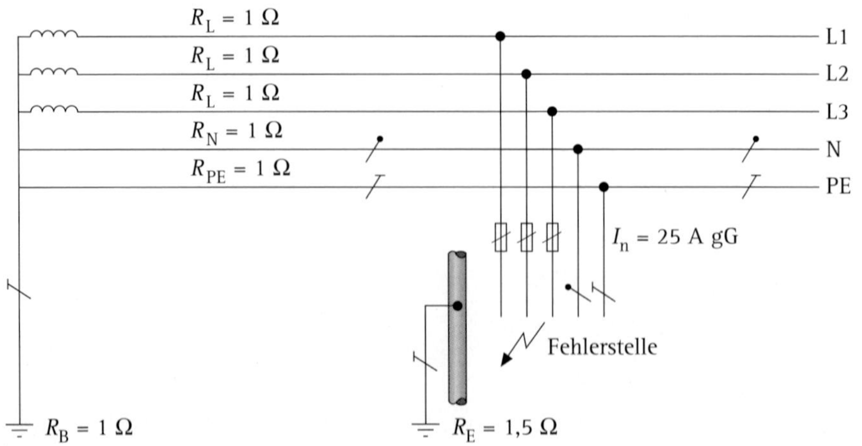

Bild 22.5 Beispiel; Lichtbogen

Die Lichtbogenspannung beträgt bei 2 cm Lichtbogenlänge nach der vereinfachten Berechnung, Gl. (22.3):

$$U_B = 40\ \text{V} + 10\ \text{V/cm} \cdot l = 40\ \text{V} + 10\ \text{V/cm} \cdot 2\ \text{cm} = 60\ \text{V}$$

Fehler zwischen Außenleiter und Außenleiter:

$$I_F = \frac{U - U_B}{2\,R_L} = \frac{400\ \text{V} - 60\ \text{V}}{2 \cdot 1\,\Omega} = 170\ \text{A}$$

$$t = 1{,}0\ \text{s}$$

$$P_F = U_B \cdot I_F = 60\ \text{V} \cdot 170\ \text{A} = 10{,}2\ \text{kW}$$

$$W_F = U_B \cdot I_F \cdot t = 60\ \text{V} \cdot 170\ \text{A} \cdot 1\ \text{s} = 10{,}2\ \text{kWs}$$

Fehler zwischen einem Außenleiter und dem Neutralleiter:

$$I_F = \frac{U_0 - U_B}{R_L + R_N} = \frac{230\ \text{V} - 60\ \text{V}}{1\,\Omega + 1\,\Omega} = 85\ \text{A}$$

$$t = 30\ \text{s}$$

$$P_F = U_B \cdot I_F = 60\ \text{V} \cdot 85\ \text{A} = 5{,}1\ \text{kW}$$

$$W_F = U_B \cdot I_F \cdot t = 60\ \text{V} \cdot 85\ \text{A} \cdot 30\ \text{s} = 153\ \text{kWs}$$

Fehler zwischen einem Außenleiter und den geerdeten Bauteilen:

$$I_F = \frac{U_0 - U_B}{R_L + R_e + R_B} = \frac{230\ \text{V} - 60\ \text{V}}{1\ \Omega + 1{,}5\ \Omega + 1\ \Omega} = 48{,}6\ \text{A}$$

$t = 1000$ s, das sind nahezu 17 min!

$$P_F = U_B \cdot I_F = 60\ \text{V} \cdot 48{,}6\ \text{A} = 2{,}9\ \text{kW}$$

$$W_F = U_B \cdot I_F \cdot t = 60\ \text{V} \cdot 48{,}6\ \text{A} \cdot 1000\ \text{s} = 2\,916\ \text{kWs}$$

Das Beispiel zeigt, dass ein Fehler mit einem Lichtbogen unter Umständen sehr lange Zeit bestehen kann. Dies trifft besonders dann zu, wenn es sich um Lichtbogen-Erdschlüsse handelt.

Die Lichtbogenleistung und die Lichtbogenarbeit können noch erheblich höher sein als bereits beschrieben. Dies trifft zu, wenn zum Beispiel an der Fehlerstelle zwei Lichtbögen über einen Metallmantel oder ein Rohr in Reihe geschaltet werden **(Bild 22.6)**. Wird dieser Fehler mit einer Lichtbogenlänge von jeweils 1 cm für obiges Beispiel bei einem Fehler zwischen Außenleiter und Neutralleiter angenommen, so ergeben sich für:

$$U_B = 40\ \text{V} + 10\ \text{V/cm} \cdot l = 40\ \text{V} + 10\ \text{V/cm} \cdot 1\ \text{cm} = 50\ \text{V}$$

$$I_F = \frac{U_0 - 2\,U_B}{R_L + R_N} = \frac{230\ \text{V} - 2 \cdot 50\ \text{V}}{1\ \Omega + 1\ \Omega} = 65\ \text{A}$$

$t = 120$ s

$$P_F = 2 \cdot U_B \cdot I_F = 2 \cdot 50\ \text{V} \cdot 65\ \text{A} = 6{,}5\ \text{kW}$$

$$W_F = 2 \cdot U_B \cdot I_F \cdot t = 2 \cdot 50\ \text{V} \cdot 65\ \text{A} \cdot 120\ \text{s} = 780\ \text{kWs}$$

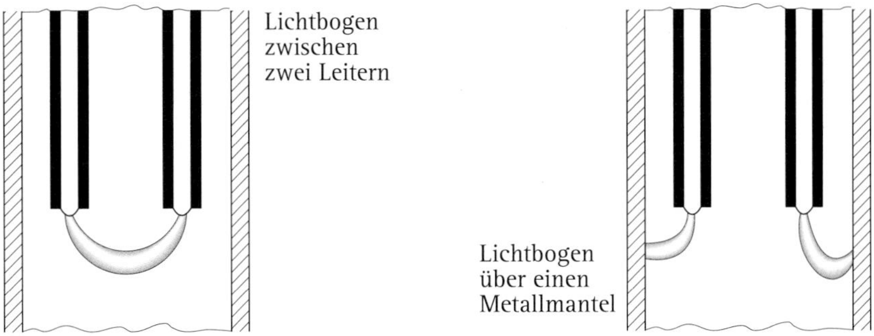

Bild 22.6 Verschiedene Lichtbogenfehler

Unter Berücksichtigung der Lichtbogentemperatur von etwa 3 000 °C bis 4 000 °C ist mit der Entstehung eines Brands immer zu rechnen, wenn brennbare Materialien in ausreichender Menge vorhanden sind. Zu beachten ist auch, dass der Lichtbogen wandert. Er brennt der Leitung entlang immer in Richtung Stromquelle. Die Abbrandgeschwindigkeit liegt bei etwa 1 mm/s. Die Lichtbogenlänge wird durch den Abstand der Leiter bestimmt, wobei seine maximale Länge von der treibenden Spannung und von der im Netz bis zur Fehlerstelle vorhandenen Impedanz beeinflusst wird. Bei einer Spannung von $U_0 = 230$ V liegt die maximale Länge bei etwa 8 cm bis 12 cm; bei $U = 400$ V kann eine maximale Länge von etwa 15 cm bis 20 cm erreicht werden.

22.7 Brandschäden

22.7.1 Unmittelbare Brandschäden

Die unmittelbaren Brandschäden durch Zerstörung von Gebäuden, Mobiliar und elektrischen Anlagen reichen von wenigen 1 000 Euro bis zu mehreren Mio. Euro, wobei das Brandobjekt, die Brandausdehnung und die Branddauer den Schaden erheblich beeinflussen.

22.7.2 Brandfolgeschäden

Neben den Verlusten durch Wasserschäden infolge der Löscharbeiten und durch Betriebsausfälle kommen noch chemische Schäden hinzu, wenn Polyvinylchlorid (PVC) vom Brand betroffen wurde.

Bei Verbrennung von PVC wird Chlor frei, wobei durch Wasserzufuhr Salzsäure entsteht. So entstehen bei der Verbrennung von 1 kg PVC etwa 400 Liter Chlor- Wasserstoffgas (HCl-Gas), das in Wasser gelöst etwa einen Liter 35%ige Salzsäure ergibt. Das Chlor-Wasserstoffgas legt sich wie Nebel auf Gebäude, Mobiliar und elektrische Anlageteile, die unter der korrosiven Einwirkung des HCl-Gases in Verbindung mit Wasser besonders leiden. Durch den abgelagerten Nebel korrodieren Metalle. Kalkhaltiger Innenputz sowie Beton geringer Dichte nehmen Salzsäure auf, wobei Kalziumchlorid entsteht, ein hygroskopisches Salz, das Luftfeuchtigkeit aufnimmt.

22.8 Temperaturen von Bränden

Die Temperatur, die bei einem Brand auftritt, hängt vom Energieinhalt der brennbaren Stoffe der Gebäudeteile, des Mobiliars und der gelagerten Materialien sowie von den Einflüssen durch das Gebäude (z. B. Luftzufuhr, Kaminwirkung) und von den Löschmaßnahmen ab.

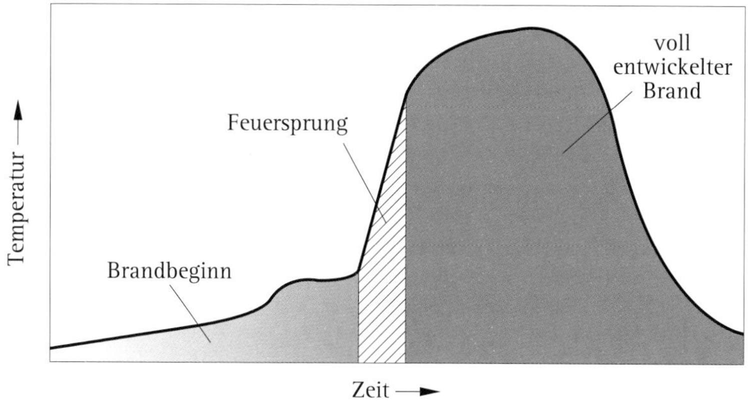

Bild 22.7 Brandentstehung

Ein Brand beginnt in der Entstehungsphase (Entstehungsbrand) mit einer mehr oder minder langsamen Aufheizung des Raums bis zu einer Grenztemperatur, dem Feuersprung, bei dem alle brennbaren Stoffe im Raum entflammen (**Bild 22.7**). In dieser Anfangsphase eines Brands ist das Brandverhalten der Stoffe von ausschlaggebender Bedeutung in Bezug auf die Entflammbarkeit, die Flammenausbreitung und den Brandbeitrag (Brandlast). Nach der Oberflächenentflammung spricht man vom Vollbrand (voll entwickelter Brand). Dieser stellt besondere Anforderungen an die Konstruktion des Bauwerks bzw. an die tragenden Bauteile und erfordert eine raumabschließende Wirkung.

Bei Großbränden mit besonders großer Anhäufung von brennbaren Stoffen können Temperaturen bis zu 1 650 °C auftreten. Wenn brennbare Stoffe in normal üblicher Menge vorhanden sind, liegt die Brandtemperatur im Bereich von 1 000 °C bis 1 500 °C. Liegen keine besonders günstigen Voraussetzungen für den Brand vor und sind keine großen Mengen brennbarer Stoffe vorhanden, so liegt die Brand-

Stoff	Verbrennungstemperatur °C
Phosphor	800
Magnesium	2 000 bis 3 000
Holz	1 100 bis 1 300
Koks	1 400 bis 1 600
Leuchtgas	1 550
Wasserstoff	2 900
Acetylen	3 100

Tabelle 22.4 Verbrennungstemperaturen verschiedener Stoffe

22

temperatur im Allgemeinen nicht über 1000 °C. Bei Wohngebäuden liegen im Brandfall die Temperaturen bei nur 800 °C bis 1000 °C.

Tabelle 22.4 zeigt eine Übersicht der Verbrennungstemperaturen verschiedener Stoffe. Die Verbrennungstemperaturen sind abhängig vom Heizwert und von der Verbrennungsgeschwindigkeit des brennenden Stoffs.

22.9 Brandverhalten von Baustoffen

Das Brandverhalten von Baustoffen wird nicht nur von der Art des Stoffs beeinflusst, sondern auch von der Gestalt, der spezifischen Oberfläche und von der Masse, dem Verbund mit anderen Stoffen und von der Verarbeitungstechnik.

Baustoffe sind ursprüngliche Materialien, die beim Bau verwendet werden, wie Lehm, Beton, Holz, Kunststoffe, Glas usw. Sie werden nach ihrer Brennbarkeit unterschieden. Die Baustoffe können hinsichtlich ihres Brandverhaltens entsprechend **Tabelle 22.5** in Klassen eingeteilt werden.

Baustoffklasse		Bauaufsichtliche Benennung	Beispiele[1]
A	nicht brennbare Baustoffe		
	A1		Gips, Sand, Ton, Kies, Ziegel, Stein, Erde, Beton, Zement, Glas Metalle, Legierungen, Mineralwolle ohne organische Zusätze
	A2		Gipskarton-Platten, Mineralfaser-Erzeugnisse
B	brennbare Baustoffe		
	B1	schwer entflammbar	Holzwolle-Leichtbauplatten, PVC
	B2	normal entflammbar	Holz > 2 mm Dicke, Normdachpappen
	B3	leicht entflammbar	Holz ≤ 2 mm Dicke, loses Papier, Stroh, Reet, Heu, Holzwolle, Baumwolle, Reisig

[1] Ausführliche Beispiele mit Einzelfestlegungen sind in DIN 4102-4 enthalten.

Tabelle 22.5 Brandverhalten von Baustoffen

22.9.1 Nicht brennbare Baustoffe

Nicht brennbare Baustoffe sind Stoffe, die nicht zur Entflammung gebracht werden können und auch nicht ohne Flammenbildung veraschen.

Baustoffe der Klasse A1 bedürfen in der Regel keiner besonderen Prüfung. Die Eigenschaften von Baustoffen der Klasse A2 müssen durch Prüfzeugnis bzw. Prüfzeichen auf der Grundlage von Brandversuchen nach DIN 4102-2 nachgewiesen werden. Wenn nicht brennbare Baustoffe der Klasse A brennbare Bestandteile enthalten, ist ein Prüfzeichen des Instituts für Bautechnik, Berlin, erforderlich.

Die Prüf- und Beurteilungskriterien für nicht brennbare Baustoffe der Klassen A1 und A2 reichen in den Bereich des voll entwickelten Brands. Geprüft wird, ob der Heizwert nach Gewichtseinheit und Fläche begrenzt ist, oder es wird bei Temperaturen von 750 °C geprüft.

22.9.2 Brennbare Baustoffe

Brennbare Baustoffe sind Stoffe, die nach der Entflammung ohne zusätzliche Wärmequelle weiterbrennen.

Nach den Kriterien des Entstehungsbrands (siehe Abschnitt 22.8) werden die brennbaren Stoffe hinsichtlich der Entflammbarkeit und der Flammenausbreitungsgeschwindigkeit beurteilt. Danach ist festzustellen:

- Schwer entflammbare Baustoffe (Klasse B1) lassen sich nur durch größere Zündquellen (Wärmequellen) zum Entflammen oder zu einer thermischen Reaktion bringen. Sie brennen nur bei zusätzlicher Wärmezufuhr mit geringer Geschwindigkeit weiter, wobei die Flammenausbreitung örtlich stark begrenzt ist. Nach Entfernen der Wärmequelle verlöscht der Baustoff in kurzer Zeit. Darüber hinaus darf der Baustoff nur kurze Zeit nachglimmen.
- Normal entflammbare Baustoffe (Klasse B2) lassen sich auch durch kleinere Zündquellen (Wärmequellen) entflammen, wobei die Flammenausbreitung ohne weitere Wärmezufuhr jedoch gering ist, sodass eine Selbstverlöschung auftreten kann.
- Leicht entflammbare Baustoffe (Klasse B3) lassen sich mit kleinen Zündquellen (z. B. Streichholz) entflammen und brennen dann ohne weitere Wärmezufuhr mit gleich bleibender oder zunehmender Geschwindigkeit ab.

  Der Begriff „leicht entflammbar" kann nur bedingt mit dem Begriff „leicht entzündlich" nach Teil 482 gleichgesetzt werden, da dort festgelegt ist:

  - Leicht entzündlich sind feste Stoffe, die – der Flamme eines Zündholzes 10 s lang ausgesetzt – nach Entfernen der Zündquelle von selbst weiterbrennen oder weiterglimmen.
  - Hierunter können fallen: Heu, Stroh, Strohstaub, Hobelspäne, lose Holzwolle, Magnesiumspäne, Reisig, loses Papier, Baum- und Zellwollfasern.

Brennbare Baustoffe (Klasse B) der Klassen B1 und B2 bedürfen in jedem Fall einer Prüfung zur Einordnung. Baustoffe, die den Anforderungen an die Klassen B1 und B2 nicht gerecht werden, sind in die Klasse B3 einzuordnen.

22.10 Brandverhalten von Bauteilen

Bauteile sind aus Baustoffen errichtete Elemente wie Wände, Decken, Dächer, Fenster, Türen, Schächte, Kanäle usw. Wichtig ist, wie lange die Bauteile unter Belastung durch einen Brand die ihnen zugedachte Funktion noch erfüllen können. Eine Wand schließt einen Raum gegen die Umgebung ab, sie kann darüber hinaus das Gebäude tragen (tragende Wand). Stützen, Pfeiler und Balken sind tragende Bauteile, Türen und Fenster sorgen für den Raumabschluss und haben keine tragende Funktion. Die Dachkonstruktion trägt das Dach, die Dacheindeckung schließt das Gebäude nach außen hin ab.

Eingeteilt werden Bauteile nach der Feuerwiderstandsdauer, wobei die Bauteile stets unter den Verhältnissen des Vollbrands geprüft werden. Zur Nachbildung des Brandverlaufs wird die international genormte Einheitstemperaturzeitkurve (ETK) zugrunde gelegt. **Bild 22.8** zeigt die ETK, die mit Bild 22.7 recht gute Übereinstimmung zeigt. In Gl. (22.7) ist die ETK mathematisch beschrieben:

$$\vartheta - \vartheta_0 = 345 \lg (8 \cdot t + 1) \qquad (22.7)$$

Es bedeuten:

ϑ Brandraumtemperatur in K

ϑ_0 Temperatur der Probekörper bei Versuchsbeginn in K

lg Zehnerlogarithmus oder dekadischer Logarithmus

t Zeit in Minuten

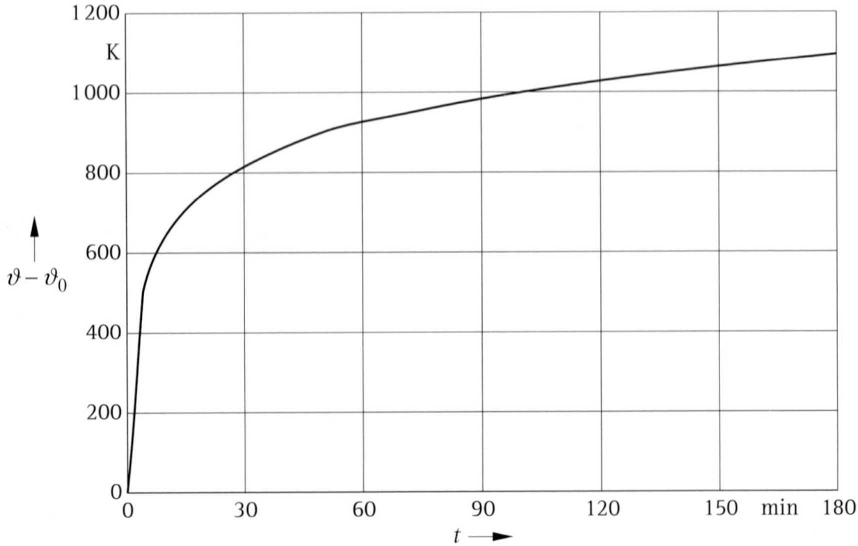

Bild 22.8 Einheitstemperaturzeitkurve (ETK)

Feuerwiderstandsklasse	Feuerwiderstandsdauer	brandschutztechnische Forderung[1]
F 30 F 60	≥ 30 min ≥ 60 min	feuerhemmend
F 90 F 120	≥ 90 min ≥ 120 min	feuerbeständig
F 180	≥ 180 min	hochfeuerbeständig

[1] Im Sprachgebrauch üblich und auch in verschiedenen Landesbauordnungen gebräuchlich.

Tabelle 22.6 Feuerwiderstandsklasse F

Die Feuerwiderstandsklasse von Bauteilen muss durch ein Prüfzeugnis auf der Grundlage von DIN 4102-2 nachgewiesen werden. Die Einteilung der Baustoffe in die verschiedenen Feuerwiderstandsklassen zeigt **Tabelle 22.6.**

Die Feuerwiderstandsklasse wird von der Zeit (Feuerwiderstandsdauer) bestimmt, in der das Versagenskriterium eintritt. Versagenskriterien sind Verlust der Tragfähigkeit von Bauteilen oder Verlust des Raumabschlusses bzw. Übertragung von Feuer und/oder Rauch, je nachdem, welche Aufgabe das Bauteil im Bauwerk zu erfüllen hat.

Die brandschutztechnischen Begriffe „feuerhemmend", „feuerbeständig" und „hochfeuerbeständig" werden vor allem in den Landesbauordnungen noch gebraucht; sie können wie folgt interpretiert werden:

- **Feuerhemmend** (Feuerwiderstandsklasse F 30) sind Bauteile, die beim Brandversuch nach DIN 4102 während einer Prüfzeit von 30 min nicht entflammen und den Durchgang des Feuers während der Prüfzeit, ihre Standfestigkeit und Tragfähigkeit unter Zugrundelegung der rechnerisch zulässigen Belastung nicht verlieren. Bei Stahlstützen, die nicht unter Gebrauchslast stehen, darf der Stahl nicht über 500 °C warm werden
- **Feuerbeständig** (Feuerwiderstandsklasse F 90) sind Bauteile, die bei einem Brandversuch nach DIN 4102 während einer Prüfzeit von 90 min ihre Aufgabe (Trag- und Standfestigkeit) erfüllen und unmittelbar nach dem Brandversuch der Löschwasserbeanspruchung standhalten. Dabei dürfen tragende Stahlteile oder lotrechte Bewehrungsstäbe nicht in gefahrdrohender Weise freigelegt werden
- **Hochfeuerbeständig** (Feuerwiderstandsklasse F 180) sind Bauteile, die bei einem Brandversuch nach DIN 4102 während einer Prüfzeit von 180 min ihre Aufgabe erfüllen

Für die Bewertung im bauaufsichtlichen Nachweisverfahren werden die Bezeichnungen der Feuerwiderstandsklassen für die verschiedenen Baustoffe mit Zusatzbezeichnungen versehen. Es bedeuten:

A Das Bauteil besteht in dem für die Klassifizierung maßgebenden Querschnitt aus nicht brennbaren Stoffen (z. B. F 30-A)

AB Das Bauteil besteht in den wesentlichen Bauteilen aus nicht brennbaren Baustoffen (z. B. F 90-AB). Als wesentliche Bauteile gelten alle tragenden und aussteifenden Teile

B Das Bauteil enthält über die Klassifizierung AB hinausgehend brennbare Bauteile (z. B. F 30-B)

Während für die Feuerschutzklasse von Wänden, Decken und Stützen das Kurzzeichen „F" gilt, werden für andere Bauteile auch andere Kurzzeichen verwendet. So gelten als Kurzzeichen:

W für nicht tragende Außenwände (z. B. W 30)
T für Feuerschutzabschlüsse, wie Türen, Tore, Klappen (z. B. T 120)
G für Brandschutzverglasungen (z. B. G 90)
L für Rohre und Formstücke von Lüfteranlagen (z. B. L 60)
K für Absperrvorrichtungen in Lüfterleitungen (z. B. K 90)
R für Rohrleitungen (z. B. R 60)
I für Installationsschächte und Revisionsöffnungen (z. B. I 120)

22.11 Bauliche Brandschutzmaßnahmen

Ziel des baulichen Brandschutzes ist es, Gebäude so zu konstruieren, dass die Möglichkeit einer Brandentstehung und Brandausdehnung auf ein erträgliches Maß verringert wird. Dabei ist der Staat, der verpflichtet ist, die öffentliche Ordnung aufrechtzuerhalten, auch verpflichtet, für den baulichen Brandschutz zu sorgen.

In der Bundesrepublik Deutschland sind die einzelnen Bundesländer für den Erlass von Bauordnungen zuständig. Somit gibt es 16 Bauordnungen mit teilweise unterschiedlichen Inhalten, die allerdings jeweils nur in dem entsprechenden Bundesland Rechtskraft besitzen. Um dem entgegenzuwirken, haben Bund und Länder eine Musterbauordnung (MBO) aufgestellt. Die MBO selbst hat keine Rechtskraft, aber die Bundesländer haben sich verpflichtet, ihre eigene Bauordnung der MBO, soweit dies irgendwie möglich ist, anzugleichen.

Hinsichtlich Brandschutzmaßnahmen ist in der MBO gefordert (Auszüge, die nur sinngemäß wiedergegeben werden):

§ 1 Anwendungsbereich

(3) Gebäude werden in folgende Gebäudeklassen eingeteilt:

- Gebäudeklasse 1: freistehende Gebäude mit einer Höhe bis zu 7 m und nicht mehr als zwei Nutzungseinheiten von nicht mehr als 400 m^2 und freistehende land- und forstwirtschaftliche Gebäude

- Gebäudeklasse 2: Gebäude mit einer Höhe bis zu 7 m und nicht mehr als zwei Nutzungseinheiten von nicht mehr als 400 m^2
- Gebäudeklasse 3: sonstige Gebäude mit einer Höhe bis zu 7 m
- Gebäudeklasse 4: Gebäude mit einer Höhe bis zu 13 m und Nutzungseinheiten mit jeweils nicht mehr als 400 m^2
- Gebäudeklasse 5: sonstige Gebäude einschließlich unterirdischer Gebäude

(4) Sonderbauten sind Anlagen und Räume besonderer Art oder Nutzung; hierzu können zum Beispiel gehören (Aufzählung nicht vollständig):

- Hochhäuser mit mehr als 22 m Höhe
- Bauliche Anlagen mit mehr als 30 m Höhe
- Verkaufsstätten und Ladenstraßen mit mehr als 800 m^2 Grundfläche
- Büro- und Verwaltungsgebäude mit mehr als 400 m^2 Nutzfläche
- Gebäude mit Räumen, die mehr als 100 Personen fassen
- Versammlungsstätten, die mehr als 200 Personen fassen
- Freilufttheater und Sportanlagen, die mehr als 1 000 Besucher fassen
- Schank- und Speisegaststätten mit mehr als 40 Plätzen
- Beherbergungsstätten mit mehr als 12 Betten
- Krankenhäuser, Heime zur Unterbringung und Pflege von Personen
- Tageseinrichtungen für behinderte und alte Menschen
- Schulen, Hochschulen und ähnliche Gebäude

§ 14 Brandschutz

Bauliche Anlagen sind so anzuordnen, zu errichten, zu ändern und instand zu halten, dass der Entstehung eines Brandes und der Ausbreitung von Feuer und Rauch (Brandausbreitung) vorgebeugt wird und bei einem Brand die Rettung von Menschen und Tieren sowie wirksame Löscharbeiten möglich sind.

§ 26 Allgemeine Anforderungen an das Brandverhalten von Baustoffen und Bauteilen

Baustoffe werden nach den Anforderungen an ihr Brandverhalten unterschieden in:

- nicht brennbare
- schwer entflammbare
- normal entflammbare

Bauteile werden nach den Anforderungen an ihre Feuerwiderstandsfähigkeit unterschieden in:

- feuerbeständige
- hochfeuerhemmende
- feuerhemmende

Die Feuerwiderstandsfähigkeit bezieht sich bei den tragenden und aussteifenden Bauteilen auf deren Standsicherheit im Brandfall, bei raumabschließenden Bauteilen auf deren Widerstand gegen die Brandausbreitung.

§ 27 Tragende Wände, Stützen

Tragende und aussteifende Wände und Stützen müssen im Brandfall ausreichend standsicher sein. Sie müssen:

- in Gebäuden der Gebäudeklasse 5 feuerbeständig sein
- in Gebäuden der Gebäudeklasse 4 hochfeuerhemmend sein
- in Gebäuden der Gebäudeklassen 2 und 3 feuerhemmend sein

§ 35 Notwendige Treppenräume, Ausgänge

Jede notwendige Treppe muss zur Sicherstellung der Rettungswege aus den Geschossen ins Freie in einem eigenen, durchgehenden Treppenraum liegen. Notwendige Treppenräume müssen so angeordnet und ausgebildet sein, dass die Nutzung der notwendigen Treppen im Brandfall ausreichend lang möglich ist.

§ 40 Leitungsanlagen, Installationsschächte und -kanäle

Leitungen dürfen durch raumabschließende Bauteile, für die eine Feuerwiderstandsfähigkeit vorgeschrieben ist, nur hindurchgeführt werden, wenn eine Brandausbreitung ausreichend lang nicht zu befürchten ist oder Vorkehrungen hiergegen getroffen sind; dies gilt nicht für Decken

- in Gebäuden der Gebäudeklassen 1 und 2
- innerhalb von Wohnungen
- innerhalb der Nutzungseinheit mit nicht mehr als 400 m^2 in nicht mehr als zwei Geschossen

22

In notwendigen Treppenräumen und in notwendigen Fluren sind Leitungsanlagen nur zulässig, wenn eine Nutzung als Rettungsweg im Brandfall ausreichend lang möglich ist. Für Installationsschächte gilt § 41 sinngemäß.

§ 41 Lüftungsanlagen

Lüftungsanlagen dürfen raumabschließende Bauteile, für die eine Feuerwiderstandsfähigkeit vorgeschrieben ist, nur überbrücken, wenn eine Brandausbreitung ausreichend lang nicht zu befürchten ist oder wenn Vorkehrungen hiergegen getroffen sind.

Nach der MBO sind:

- feuerbeständige Wände
- Brandschutzwände
- feuerbeständige Decken

raumabschließende Bauteile, durch die Leitungen nur hindurchgeführt werden dürfen, wenn eine Übertragung von Feuer und Rauch nicht zu befürchten ist oder wenn entsprechende Vorkehrungen dagegen getroffen sind.

Werden nur Einzelleitungen oder Einzelkabel durch o. g. raumabschließende Bauteile hindurchgeführt, genügt es, wenn die verbliebene Öffnung mit nicht brennbaren Baustoffen, z. B. Mörtel, Beton, Mineralfaserstoffe mit oberflächigem Putz, ordnungsgemäß verschlossen wird.

Besondere Vorkehrungen gegen die Übertragung von Feuer und Rauch sind in jedem Fall bei der Durchführung von gebündelten elektrischen Leitungen und/ oder Kabeln erforderlich. Dies gilt auch für Stromschienensysteme und Rohrleitungen. Damit besteht die Forderung, eine sogenannte „Abschottung für Kabel- und Rohrdurchführungen" zu verwenden, wobei nach Einbau derselben die ursprünglich geforderte Feuerwiderstandsklasse wieder erreicht werden muss. Kabel- und Rohrschotte gelten im Sinne der Landesbauordnung als „neue Bauart", die noch nicht allgemein gebräuchlich und bewährt ist, also Bauteile darstellen, deren Brauchbarkeit geprüft werden muss und somit einer Zulassung bedarf. Die Zulassung wird vom Institut für Bautechnik, Berlin, nach Beratung mit dem Sachverständigen-Ausschuss „Brandverhalten von Bauteilen" erteilt. Die Zulassung wird zeitlich befristet, sie wird für höchstens fünf Jahre ausgestellt.

Ein Zulassungsbescheid zum Nachweis ausreichender Brauchbarkeit bei der geforderten Feuerwiderstandsklasse gibt Auskunft über:

- die Bauart von Decken und Wänden, in die die Abschottung eingebaut werden darf
- die Mindestdicke der Decken und Wände sowie die Mindestdicke der Abschottung
- die Art der durchzuführenden Kabel bzw. Leitungen hinsichtlich Leitermaterial, Querschnitt und Mantelwerkstoff
- Größe der Öffnung in der Decke oder Wand, die mit der Abschottung verschlossen werden soll
- Festlegung, ob Kabelpritschen hindurchgeführt werden dürfen oder ob diese unterbrochen werden müssen
- die Bauart der Abschottung mit Beschreibung der zu verwendenden Materialien, ggf. erläutert durch Zeichnungen
- die Beschreibung des sachgerechten Einbaus

- die notwendige Kennzeichnung durch dauerhafte Schilder, die neben der Abschottung an der Wand zu befestigen sind. Folgende Aufschriften sind erforderlich:
  - Name des Herstellers
  - Bezeichnung des Systems
  - Zulassungs-Nummer
  - Herstellungsjahr

Bild 22.9 zeigt als Beispiel ein Kabel-Schottungs-System für einen Wanddurchbruch. Bei der Planung sind folgende Auswahlkriterien von Bedeutung:

- Einbaustelle in der Wand oder in der Decke?
- Nachweis der geforderten Feuerwiderstandsdauer von 30 min, 60 min, 90 min, 120 min oder 180 min. Bei feuerbeständigen Wänden und Decken sind Schotts für 90 min Feuerwiderstandsdauer erforderlich. Bei feuerhemmenden Wänden und Decken sind Schotts mit einer Feuerwiderstandsdauer von mindestens 30 min einzusetzen.
- Ist eine Durchführung der Kabeltragekonstruktion (Kabelpritsche) zugelassen oder nicht?
- Wie ist das Brandschott aufgebaut? Wenn die Öffnung mit mineralischen Baustoffen und zusätzlichem Brandschutzanstrich versehen ist, handelt es sich um ein „weiches Schott“. Besteht die Abdichtung der Öffnung aus nachhärtenden Vergussmassen, handelt es sich um ein „hartes Schott“.

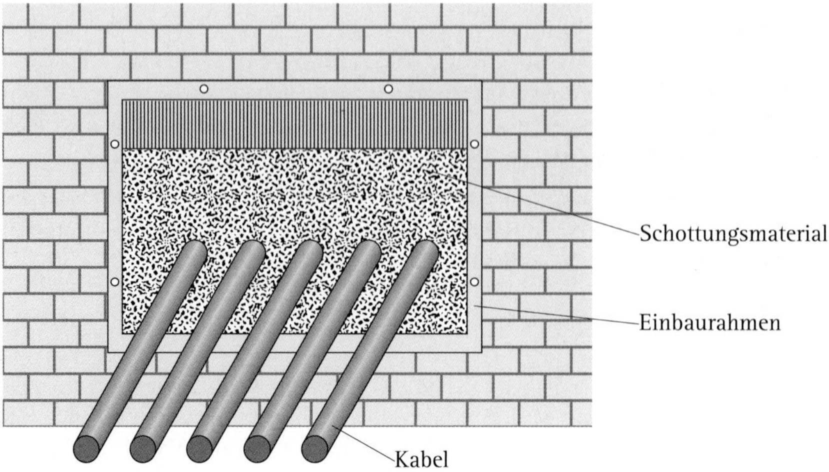

Bild 22.9 Kabel-Schottungs-System

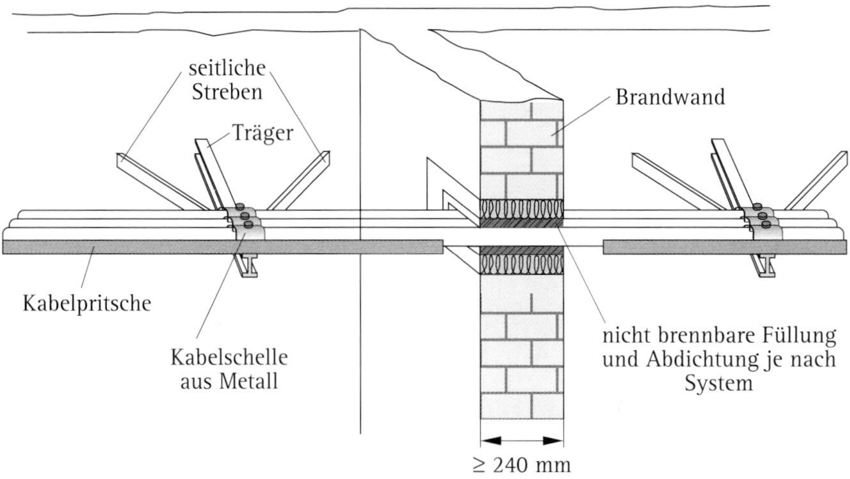

Bild 22.10 Wandschott ohne eigene Zugfestigkeit (weiches Schott)

Bei einem weichen Schott muss dafür gesorgt werden, dass im Brandfall die Kabel keinen Zugbelastungen ausgesetzt werden. Treten Zugbelastungen auf, so ist zu befürchten, dass das Schottungsmaterial durch die Last der Kabel eingedrückt wird, oder sie werden völlig aus der Wand herausgerissen. In beiden Fällen entstehen Öffnungen, und das Schott kann seine Aufgabe nicht erfüllen. Wo derartige Gefahren bestehen, müssen Zugentlastungen vor und hinter dem Schott angebracht werden, die die Zugkräfte in beliebiger Richtung aufnehmen können (**Bild** 22.10).

Ein weiches Schott bietet sich demnach dort an, wo keine statisch festen Trennwände vorhanden sind. An derartigen Stellen sollte dann auch auf das Hindurchführen von Kabelpritschen durch das Schott verzichtet werden.

Bei einem harten Schott werden Kabel auch beim Einsturz der Tragekonstruktionen nicht aus den Bauteilen herausgerissen (**Bild** 22.11).

Dabei ist Voraussetzung, dass die Wände und Decken eine solche statische Festigkeit haben, dass sie die auftretenden Kräfte aufnehmen können. In größeren elektrischen Anlagen sollte deshalb sorgfältig geprüft werden, ob es nicht sinnvoller ist, weniger, dafür aber gute Kabelschottungen zu verwenden, als viele, die zwar den Prüfbedingungen entsprechen, jedoch den harten Anforderungen eines Brands nicht standhalten.

Kabelbeschichtungen und Schaumschichtbildner sind Maßnahmen mit Kurzzeiteffekt. Wichtig ist, dass die Mindestauftragsdicke, die der Hersteller vorgibt, auch tatsächlich aufgebracht wird. Dies führt bei Kabelbündelungen auf Pritschen und Bühnen sowie bei Kabeltrassen mit geringem Abstand zur Befestigung mitunter zu Schwierigkeiten, weil die Rückseiten nicht ausreichend beschichtet werden können.

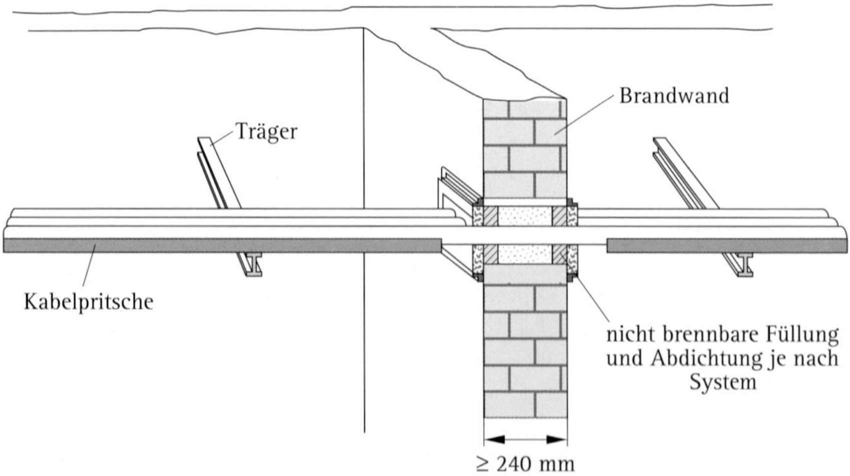

Bild 22.11 Wandschott mit eigener Zugfestigkeit (hartes Schott)

Besonders bei vertikaler Leitungsführung kann dabei die Brandausbreitungsgeschwindigkeit infolge der Kaminwirkung zunehmen. Schaumschichtbildner haben noch den Nachteil, dass ihre Schutzwirkung erst in Temperaturbereichen einsetzt, in denen auch bereits Weichmacher und Halogene von PVC-isolierten Kabeln und Leitungen freigesetzt werden. Gegebenenfalls muss die Strombelastbarkeit wegen behinderter Wärmeabführung verringert werden.

Besondere Bedingungen hinsichtlich des Brandschutzes sind gegebenenfalls in „baulichen Anlagen oder Räumen besonderer Art oder Nutzung“ (MBO § 1(4)) zu beachten.

Bei der Planung umfangreicher Anlagen kann es unter Umständen auch sinnvoll sein, innerhalb eines Brandabschnitts zusätzliche Abschottungen vorzusehen, um hochwertige Anlageteile (z. B. Elektronische Datenverarbeitungsanlage) besonders zu schützen.

Zu beachten ist auch die von der ARGEBAU ausgearbeitete „Muster-Richtlinie über brandschutztechnische Anforderungen an Leitungsanlagen (Muster-Leitungsanlagen-Richtlinie MLAR)“. Die MLAR wurden oder werden von den einzelnen Bundesländern baurechtlich eingeführt.

Hinsichtlich des Brandschutzes an Leitungsanlagen werden

- in notwendigen Treppenräumen
- in Räumen zwischen notwendigen Treppenräumen und Ausgängen ins Freie
- in notwendigen Fluren und in offenen Gängen von Gebäudeaußenwänden

sowie an die Führung von elektrischen Leitungen durch bestimmte Wände und Decken spezielle Anforderungen gestellt.

Anmerkung: Zur Zeit gilt die MLAR in der Fassung vom März 2000; eine Überarbeitung ist zurzeit im Gange. Der jeweilige Stand der Ausgabe und die verbindliche Übernahme in den Bundesländern sollte deshalb bei der zuständigen Aufsichtsbehörde erfragt werden.

Wichtige Maßnahmen zur Verhinderung und Ausdehnung von Bränden sind:

- Vorkehrungen innerhalb eines Brandabschnitts durch die Verwendung geeigneter Materialien. Danach müssen Kabel- und Leitungsanlagen so errichtet werden, dass die allgemeine Gebäudebetriebs- und die Feuersicherheit nicht verringert werden. Entweder gelangen Kabel, Leitungen und Zubehör mit der notwendigen Flammwidrigkeit zur Anwendung oder sie werden vollständig von geeigneten nicht brennbaren Baustoffen umschlossen.
- Durchbrüche für Kabel und Leitungen, wie Fußböden, Wände, Decken, Zwischenwände, Hohlräume und Dächer müssen nach der Durchführung der Kabel oder Leitungen so verschlossen werden, dass die Feuerwiderstandsdauer, die für das entsprechende Gebäudeelement vorgeschrieben ist, nicht vermindert wird.
- Auch Kabel- und Leitungsanlagen, wie Elektroinstallationsrohre, geschlossene Elektroinstallationskanäle, zu öffnende Elektroinstallationskanäle, Stromschienen oder Stromschienensysteme, die durch Gebäudeelemente mit vorgegebener Feuerwiderstandsdauer geführt werden, müssen im Innern so verschlossen werden, dass die Feuerwiderstandsdauer erhalten bleibt.

22.12 Brandschutz durch vorbeugende Installationstechnik

Nach DIN VDE 0100-100 Abschnitt 131.3 gilt für den Schutz gegen thermische Auswirkungen folgender Grundsatz:

Die elektrische Anlage muss so angeordnet sein, dass von ihr keine Gefahr der Entzündung brennbaren Materials infolge zu hoher Temperatur oder eines Lichtbogens ausgeht. Zusätzlich dürfen während des normalen Betriebs von elektrischen Betriebsmitteln Personen und Nutztiere keiner Gefahr von Verbrennungen ausgesetzt sein.

Für die Verminderung der Brandgefahr ist die schnelle Abschaltung eines Fehlers in der elektrischen Anlage wichtig. Richtig bemessene und einwandfrei ausgeführte Schutzmaßnahmen gegen elektrischen Schlag (DIN VDE 0100-410) und der Überstromschutz von Kabeln und Leitungen gegen zu hohe Erwärmung (DIN VDE 0100-430) sorgen unter Beachtung aller Umgebungs- und Verlegebedingungen für einen ausreichenden Brandschutz. Je empfindlicher eine Schutzeinrichtung arbeitet, d. h. je schneller sie im Fehlerfall anspricht, desto wirksamer übernimmt sie auch den Brandschutz. Ebenso logisch ist allerdings auch, dass eine Schutzeinrichtung bei mangelhafter Ausführung der Anlage den Schutz nur bedingt oder überhaupt nicht übernehmen kann. Werden Leitungshäufungen oder höhere Umgebungstemperaturen nicht berücksichtigt, oder liegen mangelhafte Übergangswiderstände an Kontakten vor, so kommen Ströme zum Fließen, die einen Brand auslösen können, ohne dass die vorgeschaltete Schutzeinrichtung anspricht. RCDs mit Bemessungsfehlerströmen $I_{\Delta n} \leq 100$ mA bieten einen ausgezeichneten Brandschutz, da Fehler gegen Erde oder gegen geerdete Bauteile sehr schnell erkannt und abgeschaltet werden.

Werden zum Brandschutz Fehlerstrom-Schutzeinrichtungen (RDC) verwendet, müssen solche vom Typ A oder Typ B (wenn glatte Gleichfehlerströme zu erwarten sind) mit einem Bemessungsdifferenzstrom $I_{\Delta n} \leq 300$ mA eingesetzt werden. Einen sehr hohen Schutzwert bieten Fehlerstrom-Schutzeinrichtungen mit einem Bemessungsfehlerstrom $I_{\Delta n} \leq 100$ mA, da Fehler gegen Erde oder geerdete Bauteile sehr schnell erkannt und abgeschaltet werden. Bei Anwendung von Differenzstrom-Schutzeinrichtungen (RCM) ist ein Gerät mit einem Ansprechstrom $I_{\Delta n} \leq 300$ mA zu verwenden. Die Differenzstrom-Schutzeinrichtung muss bei einem Spannungsausfall eine Abschaltung in die Wege leiten.

Elektrische Leitungen bzw. Kabel, die zur Versorgung besonderer Anlagen dienen, sollten auch einen besonderen Schutz über ihre gesamte Länge (Längsschutz) erhalten. Dieser Längsschutz kann für folgende Anlagen erforderlich sein:

- Rettungswege (Flure, Treppenhäuser)
- Räume für Menschenansammlungen
- Räume mit einer Konzentration hoher Sachwerte
- Netzersatz- und Notstromanlagen
- Feuerwehraufzüge
- Sprinkleranlagen
- Sicherheitsbeleuchtung

Der Längsschutz in diesen Anlagen soll im Zusammenhang mit elektrischen Kabeln und Leitungen eine Brandschutzmaßnahme darstellen, die den Übergriff eines äußeren Brands auf Kabel- bzw. Leitungsanlagen erschwert oder verhindert. Gleichzeitig sollen die von einem Kabel- bzw. Leitungsbrand ausgehenden Folgewirkungen abgeschwächt oder verhindert werden. Dieser Schutz kann durch bauliche Maßnahmen, durch die Auswahl entsprechender Kabel bzw. Leitungen oder durch eine entsprechende Verlegeart erreicht werden. Den Längsschutz könnten alternativ sicherstellen:

- die Verlegung mineralisolierter Leitungen bzw. Kabel
- die Verlegung halogenfreier Leitungen bzw. Kabel

- PVC-Kabel und PVC-Leitungen mit verbessertem Brandverhalten
- das Auftragen von Dämmschichtbildnern
- die Ummantelung von Leitungen und Kabeln mit Streckmetall, das mit Dämmschichtbildnern gestrichen ist
- Herstellen von Schächten und Kanälen aus nicht brennbaren Baustoffen
- besondere Wahl der Kabel- bzw. Leitungstrasse mit räumlich getrennter Verlegung, z. B. in Zwischenböden und anderen Hohlräumen aus nicht brennbaren Baustoffen
- die Verlegung im Erdreich
- die Verlegung in Beton, in Putz oder unter Putz

Mineralisolierte Kabel und Leitungen sind bis etwa 1 000 °C (Kupfermantel) und bis etwa 2 000 °C (Magnesiumoxid als Leiterisolierung) temperaturbeständig. Sie verursachen im Brandfall weder Rauch- noch gefährliche Brandgase.

Kunststoffisolierten Kabeln und Leitungen ist als Füllstoff häufig Aluminiumhydroxid beigemischt, das bis zu 30 % Wasser in chemisch gebundener Form enthält. Das Wasser wird bei Erhitzung freigesetzt, wobei Wärme gebunden wird. Diese Kabel und Leitungen sind mit „schwer entflammbaren Baustoffen“ vergleichbar, d. h., sie brennen unter Prüfbedingungen nicht selbsttätig weiter, zersetzen sich aber unter Flammeneinwirkung. Im Brandfall verbrennt die Isolierung, die Füllstoffe veraschen, und das Aluminiumhydroxid bleibt als weiße pulvrige Masse zwischen den Leitern erhalten. Der mit trockenem Pulver gefüllte Abstand zwischen den Leitern gewährleistet den Funktionserhalt. Durch Erschütterungen kann das Pulver herausfallen und so das Betriebsverhalten im Brandfall beeinträchtigen. Die von den Herstellern gebrauchte Aussage eines „Funktionserhalts im Brandfall“ ist also mit Vorsicht zu betrachten. Halogenfreie Kabel und Leitungen haben im Brandfall gegenüber PVC-isolierten Kabeln und Leitungen folgende Vorteile:

- keine Abspaltung von korrosiven Gasen
- geringe Rauchentwicklung

Kabel und Leitungen aus PVC oder VPE haben die Eigenschaft, im Brandfall auch nach Entzug der Zündquelle aus sich heraus weiterzubrennen.

Kabel und Leitungen, die im Brandfall „Verbrennungswärme“ entwickeln, erhöhen die Brandbelastung eines Gebäudes. Die Verbrennungswärmen in kWh/m gängiger Kabel und Leitungen (Typ und Querschnitt) sind in **Tabelle 22.7** dargestellt. Ein Vergleich zeigt, dass die Verbrennungswärmen von halogenhaltigen und halogenfreien Kabeln und Leitungen nahezu gleich sind.

Die Verbrennungswärme für Elektro-Installationsrohre kann aus **Tabelle 22.8** näherungsweise entnommen werden. Die von den Herstellern angegebenen Werte sind nicht einheitlich.

22

Technische Daten der Kabel und Leitungen		Bauart der Kabel und Leitungen								
		halogenhaltig			halogenfrei					
Aderzahl und Nennquerschnitt		NYM	NYY	NYCY/ NYCWY	NHXHX	NHXCHX	NHMH	NHXMH	NSHXAÖ NSHXAFÖ	NSHXAÖ NSHXAFÖ
U_0/U in V bzw. kV		300/500	0,6/1	0,6/1	0,6/1	0,6/1	450/750	300/500	0,6/1	1,8/3
$n \times mm^2$	$n \times mm^2/mm^2$	kWh/m								
1 × 1,5		0,17					0,16	0,33	0,13	0,20
1 × 2,5		0,22	0,22		0,22		0,19	0,36	0,16	0,22
1 × 4		0,25	0,33		0,28		0,23	0,42	0,20	0,25
1 × 6		0,28	0,33		0,28		0,26	0,44	0,22	0,28
1 × 10		0,36	0,33		0,28		0,34	0,53	0,30	0,37
1 × 16		0,42	0,42		0,39		0,41	0,64	0,35	0,43
1 × 25		0,58	0,58		0,53				0,47	0,59
1 × 35			0,67		0,58				0,54	0,73
1 × 50			0,81		0,69				0,75	0,83
1 × 70			0,92		0,81				0,85	0,94
1 × 95			1,17		1,03				1,06	1,26
1 × 120			1,31		1,14				1,17	1,38
1 × 150			1,58		1,39				1,39	1,51
1 × 185									1,75	1,88
1 × 240									2,10	2,24
1 × 300									2,46	2,62
1 × 400										

Tabelle 22.7 Verbrennungswärme von Kabeln und Leitungen mit Nennspannungen bis 3 kV

2 × 1,5		0,42	0,69		0,69		0,41	0,36		
2 × 2,5		0,53	0,78		0,78		0,47	0,42		
2 × 4		0,67	1,00		0,89		0,62	0,56		
2 × 6		0,75	1,11		1,00		0,71	0,64		
2 × 10		1,17	1,31		1,19		1,09	0,97		
2 × 16							1,37	1,30		
2 × 25							1,98	1,80		
2 × 35							2,52	2,30		
3 × 1,5		0,44	0,75		0,78		0,46	0,42		
3 × 2,5		0,58	0,83		0,86		0,53	0,47		
3 × 4		0,72	1,08		1,00		0,70	0,61		
3 × 6		0,92	1,22		1,08		0,89	0,78		
3 × 10		1,28	1,42		1,28		1,23	1,10		
3 × 16		1,53	1,69		1,53		1,59	1,50		
3 × 25		2,39	2,47		2,25		2,37	2,10		
3 × 35		2,78	2,14		2,56		2,82	2,50		
3 × 50			2,60		3,19					
3 × 70			3,08		3,94					
3 × 95			4,06		5,14					
3 × 120			4,47		5,89					
3 × 150			5,42		7,25					

Tabelle 22.7 (Fortsetzung) Verbrennungswärme von Kabeln und Leitungen mit Nennspannungen bis 3 kV

Technische Daten der Kabel und Leitungen		Bauart der Kabel und Leitungen								
		halogenhaltig			halogenfrei					
Aderzahl und Nennquerschnitt		NYM	NYY	NYCY/ NYCWY	NHXHX	NHXCHX	NHMH	NHXMH	NSHXAÖ NSHXAFÖ	NSHXAÖ NSHXAFÖ
U_0/U in V bzw. kV		300/500	0,6/1	0,6/1	0,6/1	0,6/1	450/750	300/500	0,6/1	1,8/3
$n \times mm^2$	$n \times mm^2/mm^2$	kWh/m								
3 × 1,5		0,44	0,75		0,78		0,46	0,42		
3 × 2,5		0,58	0,83		0,86		0,53	0,47		
3 × 4		0,72	1,08		1,00		0,70	0,61		
3 × 6		0,92	1,22		1,08		0,89	0,78		
3 × 10		1,28	1,42		1,28		1,23	1,10		
3 × 16		1,53	1,69		1,53		1,59	1,50		
3 × 25		2,39	2,47		2,25		2,37	2,10		
3 × 35		2,78	2,14		2,56		2,82	2,50		
3 × 50			2,60		3,19					
3 × 70			3,08		3,94					
3 × 95			4,06		5,14					
3 × 120			4,47		5,89					
3 × 150			5,42		7,25					
4 × 1,5	3 × 1,5/1,5	0,53	0,83	0,78	0,89		0,53	0,47		
4 × 2,5	3 × 2,5/2,5	0,67	0,94	0,86	1,00		0,62	0,56		
4 × 4	3 × 4/4	0,92	1,25	1,11	1,14		0,90	0,78		
4 × 6	3 × 6/6	1,08	1,42	1,25	1,28		1,07	0,94		
4 × 10	3 × 10/10	1,50	1,67	1,47	1,50		1,44	1,30		

Tabelle 22.7 (Fortsetzung) Verbrennungswärme von Kabeln und Leitungen mit Nennspannungen bis 3 kV

4 × 16	3 × 16/10	1,86	2,03	1,75	1,86		1,87	1,80		
	3 × 16/16			1,75						
4 × 25		2,89	2,89		2,64		2,88	2,60		
	3 × 25/16		2,67	2,53	2,42		3,33			
	3 × 25/25	3,28		2,53				3,10		
4 × 35			2,61		3,00					
	3 × 35/16		2,67	2,22	2,69					
	3 × 35/35			2,22						
4 × 50			3,31		3,92					
	3 × 50/25		3,31	2,78	3,53					
	3 × 50/50			2,75						
4 × 70			4,08		4,81					
	3 × 70/35		4,06	3,28	4,31					
	3 × 70/70									
4 × 95			5,11		6,25					
	3 × 95/50		5,19	4,28	5,58					
	3 × 95/95			4,28						
4 × 120			5,69		7,14					
	3 × 120/70		5,81	4,72	6,58					
	3 × 120/120			4,72						
4 × 150			6,97		7,14					
	3 × 150/70		7,03	5,72	7,64					
	3 × 150/150			5,72						

Tabelle 22.7 (Fortsetzung) Verbrennungswärme von Kabeln und Leitungen mit Nennspannungen bis 3 kV

22

22

Technische Daten der Kabel und Leitungen		Bauart der Kabel und Leitungen								
		halogenhaltig			halogenfrei					
Aderzahl und Nennquerschnitt		NYM	NYY	NYCY/ NYCWY	NHXHX	NHXCHX	NHMH	NHXMH	NSHXAÖ NSHXAFÖ	NSHXAÖ NSHXAFÖ
U_0/U in V bzw. kV		300/500	0,6/1	0,6/1	0,6/1	0,6/1	450/750	300/500	0,6/1	1,8/3
$n \times mm^2$	$n \times mm^2/mm^2$	kWh/m								
5 × 1,5	4 × 1,5/1,5	0,58	0,94	0,86	1,03	0,89	0,61	0,56		
5 × 2,5	4 × 2,5/2,5	0,75	1,08	0,97	1,14	1,03	0,72	0,64		
5 × 4	4 × 4/4	1,11	1,44	1,28	1,31	1,17	1,08	0,98		
5 × 6	4 × 6/6	1,28	1,64	1,44	1,47	1,31	1,25	1,10		
5 × 10	4 × 10/10	1,83	2,00	1,69	1,83	1,53	1,69	1,50		
5 × 16	4 × 16/16	2,31	2,39	2,08	2,17	1,89	2,33	2,20		
5 × 25	4 × 25/16	3,42	3,42	2,92	3,14	2,69	2,39	3,10		
5 × 35	4 × 35/16			2,67		3,06	4,01	3,70		
	4 × 50/25			3,44		4,00				
	4 × 70/35			4,17		4,89				
	4 × 95/50			5,33		6,44				
	4 × 120/70			5,94		7,36				
	4 × 150/70			7,22		8,97				

Tabelle 22.7 (Fortsetzung) Verbrennungswärme von Kabeln und Leitungen mit Nennspannungen bis 3 kV

6 × 1,5		0,67								
7 × 1,5		0,67	1,08		1,17		0,69	0,64		
7 × 2,5			1,22		1,31		0,89	0,81		
7 × 4			1,67		1,50					
12 × 1,5			1,56		1,69					
12 × 2,5			1,78		2,00					
12 × 4			2,53		2,31					
19 × 1,5			2,06		2,36					
19 × 2,5			2,44		2,69					
19 × 4			3,42		3,14					
24 × 1,5			2,56		2,86					
24 × 2,5			2,94		3,28					
24 × 4			4,33		3,97					
37 × 1,5			3,39		3,92					
37 × 2,5			4,00		4,69					
37 × 4			6,03		5,53					

Tabelle 22.7 (Fortsetzung) Verbrennungswärme von Kabeln und Leitungen mit Nennspannungen bis 3 kV

Rohrmaterial	Durchmesser mm	Wandstärke mm	Verbrennungswärme kWh/m	Wandstärke mm	Verbrennungswärme kWh/m
Rohre aus PVC-hart	16	1,2	0,45	1,8	0,62
	20	1,5	0,69	2,3	0,98
	25	1,9	1,06	2,8	1,47
	32	2,4	1,71	3,6	2,41
	40	3,0	2,63	4,5	3,75
	50	3,7	4,05	5,6	5,80
	63	4,7	6,45	7,0	9,10
Rohre aus PE-hart	16	–	–	2,0	1,11
	20	–	–	2,0	1,43
	25	2,0	1,83	2,3	2,09
	32	2,0	2,39	3,0	3,40
	40	2,3	3,48	3,7	5,25
	50	2,9	5,37	4,6	8,13
	63	3,6	8,39	5,8	12,80
Rohre aus PP	16	–	–	2,0	1,14
	20	1,8	1,34	2,5	1,78
	25	1,8	1,72	2,7	2,34
	32	2,0	2,46	3,0	3,49
	40	2,3	3,57	3,7	5,39
	50	2,9	5,32	4,6	8,35
	63	3,6	8,61	5,8	13,20

Tabelle 22.8 Verbrennungswärme von Elektro-Installationsrohren in kWh/m in Abhängigkeit vom Rohrdurchmesser und der Wandstärke

Die zulässige Brandbelastung eines Gebäudes wird entweder in kWh/m^2 oder in MJ/m^2 angegeben. Unter **Brandbelastung** (Brandlast) wird die Verbrennungsenergie der dort vorhandenen brennbaren Stoffe verstanden. Sie wird festgelegt durch entsprechende brandschutztechnische Forderung an die Begrenzung der Menge brennbarer Stoffe. Diese Forderung gilt nicht nur für die Elektrotechnik, sondern auch für andere Gewerke. Die Verbrennungswärme verschiedener Stoffe zeigt **Tabelle 22.9**.

Stoff	Verbrennungswärme	
	kcal/kg	kWh/kg
Holz	3600 bis 4000	4,2 bis 4,7
PVC	4000 bis 4300	4,7 bis 5,0
PE	11000	12,8
PP	11000	12,8
Benzin	11000	12,8
Propan	12000	14,0
Acetylen	12000	14,0
Wasserstoff	30000	35,0

Umrechnungsfaktoren für verschiedene Einheiten:
1 kWh = 860,11 kcal
1 MJ = 0,278 kWh
1 kWh = 3,6 MJ
1 kcal = $1{,}1626 \cdot 10^{-3}$ kWh

Tabelle 22.9 Verbrennungswärme (Heizwert) wichtiger Stoffe

Für Betriebsmittel von elektrischen Starkstromanlagen, die baulichen brandschutztechnischen Forderungen unterliegen, regelt der Gesetzgeber die wesentlichen Grundanforderungen im Bauordnungsrecht. Hierzu wurde ein „Muster für Richtlinien über brandschutztechnische Anforderungen an Leitungsanlagen" (Wortlaut siehe Anhang G; Abschnitt 25.7) ausgearbeitet. Diese Muster-Richtlinien behandeln u. a. die Installation von Starkstromanlagen in bestimmten Rettungswegen, die Durchführung von Kabeln und Leitungen durch bestimmte Decken und Wände mit notwendiger Feuerwiderstandsklasse sowie den Funktionserhalt für Sicherheitseinrichtungen.

22.13 Schutz gegen Verbrennungen (Brandwunden)

Im Handbereich befindliche elektrische Betriebsmittel, die zugänglich sind, dürfen keine Oberflächentemperaturen annehmen, die bei Personen Verbrennungen verursachen können. **Tabelle 22.10** gibt Grenzwerte für Temperaturen an, die nicht überschritten werden dürfen. Alle Teile einer Anlage, die bei normalem Betrieb, wenn auch nur für kurze Zeiträume, die zulässigen Grenztemperaturen überschreiten können, müssen gegen zufällige Berührung geschützt sein.

Die Tabelle 22.10 gilt nicht, wenn die Betriebsmittelnormen andere Werte für die zulässige Grenztemperatur vorgibt.

Art der Berührung	maximale Temperatur in °C	
	Oberfläche	
	Metall	Nichtmetall
Teile, die beim Betrieb in der Hand gehalten werden müssen	55	65
Teile, die berührt werden müssen, aber nicht in der Hand gehalten werden	70	80
Teile, die bei normalem Betrieb nicht berührt werden müssen	80	90

Tabelle 22.10 Temperaturgrenzen für berührbare Teile von Oberflächen elektrischer Betriebsmittel im Handbereich bei bestimmungsgemäßem Betrieb

22.14 Brandschutz bei feuergefährdeten Betriebsstätten nach DIN VDE 0100-482

Beim Vorliegen besonderer Risiken, z. B. in feuergefährdeten Betriebsstätten, muss zusätzlich noch DIN VDE 0100-482 (VDE 0100-482) „Brandschutz bei besonderen Risiken oder Gefahren" beachtet werden.

Die Einstufung in eine feuergefährdete Betriebsstätte ist vom Betreiber der elektrischen Anlage unter Berücksichtigung der Unfallverhütungsvorschriften, ggf. unter Hinzuziehung von Sachverständigen und Versicherungsfachleuten, vorzunehmen.

Feuergefährdete Betriebsstätten sind Räume oder Teile von Räumen oder Orte im Freien, bei denen die Gefahr besteht, dass sich nach den örtlichen und betrieblichen Verhältnissen leicht entzündliche Stoffe in gefahrdrohender Menge den elektrischen Betriebsmitteln so nähern können, dass höhere Temperaturen an diesen Betriebsmitteln oder Lichtbögen eine Brandgefahr darstellen. Hierzu können gehören: Arbeits-, Trocken- und Lageräume, Heu-, Stroh- Jute- und Flachslager sowie derartige Stätten im Freien, z. B. Holzverarbeitungsbetriebe, Papier- und Textilfabriken.

22

Leicht entzündlich sind brennbare feste Stoffe, die, wenn sie der Flamme eines Zündholzes für 10 s ausgesetzt sind, nach Entfernen der Zündquelle von selbst weiterbrennen und weiterglimmen. Hierunter fallen folgende Materialien: Heu, Stroh, Strohstaub, Hobelspäne, lose Holzwolle, Magnesiumspäne, Reisig, loses Papier, Baum- und Zellwollfasern.

Als Grundsatz für die Errichtung von elektrischen Anlagen in feuergefährdeten Betriebstätten gilt:

Elektrische Betriebsmittel müssen unter Berücksichtigung äußerer Einflüsse so ausgewählt und errichtet werden, dass ihre Erwärmung bei üblichem Be-

trieb und der vorhersehbaren Temperaturerhöhung im Fehlerfall kein Feuer verursachen kann.

Diese Forderung kann durch geeignete Bauart der Betriebsmittel oder durch zusätzliche Schutzmaßnahmen bei der Errichtung der Anlage erreicht werden. Als wichtige Maßnahmen, die es zu beachten gilt, sind zu nennen:

- Die elektrischen Anlagen sind auf solche zu beschränken, die in der Anlage benötigt werden.
- Wenn sich Staub auf Umhüllungen (Gehäusen) von elektrischen Betriebsmitteln ansammeln kann, sind Maßnahmen zu treffen, die verhindern, dass die Umhüllungen zu hohe Temperaturen annehmen.
- Die Betriebmittel müssen eine IP-Schutzart aufweisen, die der Beanspruchung gerecht wird:
  - IP5X, wenn mit Ansammlung von Staub und/oder Fasern zu rechnen ist,
  - IP4X, wenn mit der Ansammlung von Staub und/oder Fasern nicht zu rechnen ist und die Feuergefährdung durch andere leicht entzündliche Stoffe besteht, ausgenommen Elektrowärmegeräte, für die die Schutzart IP2X zugelassen ist. Dabei sind die vom Hersteller angegebenen Mindestabstände zu brennbaren Bauteilen einzuhalten.
- Kabel und Leitungen müssen in ihrem gesamten Verlauf vollständig in nicht brennbaren Materialien, wie Putz oder Beton, eingebettet oder anderweitig vor Feuer geschützt sein. Kann diese Forderung nicht erfüllt werden, müssen die Kabel und Leitungen schwer entflammbare Eigenschaften besitzen. Halogenfreie Kabel und Leitungen mit verbessertem Verhalten im Brandfall erfüllen diese Forderungen normalerweise und bieten einen verbesserten Schutz vor Korrosionsschäden.
- Kabel und Leitungen, die feuergefährdete Betriebsstätten versorgen oder durchqueren, müssen gegen Überlast und Kurzschluss geschützt sein. Die Schutzeinrichtungen müssen außerhalb der feuergefährdeten Betriebstätten angeordnet werden.
- Kabel und Leitungen, ausgenommen mineralisolierte Leitungen und Stromschienensysteme, benötigen einen Schutz gegen langsam auftretende Isolationsfehler. Sie sind zu schützen durch:
  - Einbau von Fehlerstrom-Schutzeinrichtungen (RCD) Typ A oder Typ B (wenn glatte Fehlergleichströme zu erwarten sind) mit einem Bemessungsdifferenzstrom $I_{\Delta n} \leq 300$ mA in TN- und TT-Systemen, wobei für Flächenheizelemente nur $I_{\Delta n} \leq 30$ mA zugelassen sind
  - Einbau von Isolationsüberwachungseinrichtungen mit akustischer oder optischer Meldung und einer Abschaltung innerhalb 5 s im Doppelfehlerfall

  - bei Schutz durch automatische Abschaltung der Stromversorgung ist in den Kabeln und Leitungen ein Schutzleiter als Überwachungsleiter mitzuführen, wenn möglich sogar als konzentrischer Leiter

- PEN-Leiter sind nicht zulässig, es sei denn, die Kabel oder Leitungen durchqueren die feuergefährdeten Betriebsstätten nur.
- Alle Neutralleiter, die in die Anlage geführt sind, müssen mit einer Trenneinrichtung versehen sein, z. B. Neutralleiter-Trennklemme.
- Flexible Leitungen sollten in schwerer Ausführung, mindestens in der Bauart H07RN-F oder als gleichwertige Bauart, ausgeführt sein.
- Schaltgeräte müssen, sofern sie nicht außerhalb der feuergefährdeten Betriebsstätte angeordnet werden, mindestens die bereits angegebenen Schutzarten aufweisen.
- Motoren, die automatisch gesteuert oder fernbedient oder nicht ständig beaufsichtigt werden, müssen gegen unzulässig hohe Temperaturen geschützt werden. Hierzu dienen Einrichtungen zum Schutz bei Überlast mit manueller Rückstellung oder eine gleichwertige Einrichtung zum Schutz bei Überlast. Motoren mit Stern-Dreieck-Anlauf müssen auch in der Sternstufe gegen unzulässig hohe Temperaturen geschützt werden.
- Es dürfen nur Leuchten mit begrenzter Oberflächentemperatur verwendet werden. Die höchsten zulässigen Temperaturen sind:
  - bei normalen Bedingungen 90 °C
  - unter Fehlerbedingungen 115 °C

  Leuchten mit den Symbolen ▽D, ▽F▽F und ▽M▽M (siehe Tabelle 17.1) erfüllen diese Anforderungen, wenn die vom Hersteller angegebenen Einbauanweisungen und Sicherheitsabstände eingehalten werden. Bei Staub- und/oder Faseranfall sind nur Leuchten zulässig, bei denen sichergestellt ist, dass sich Staub und/oder Fasern nicht in gefahrdrohender Menge ansammeln können. Es sind nur Leuchten mit den Zeichen ▽F▽F oder ▽D zulässig. Die mit ▽D gekennzeichneten Leuchten müssen mit einer zusätzlichen Abdeckung, die der Schutzart IP5X entspricht, versehen werden.
- Kleine Scheinwerfer und Projektoren müssen zu brennbaren Materialien folgende Abstände aufweisen, es sei denn, der Hersteller gibt andere Abstände an:
  - bis zu 100 W 0,5 m
  - > 100 W bis 300 W 0,8 m
  - > 300 W bis 500 W 1,0 m
- Lampen und andere Bauteile von Leuchten müssen gegen die zu erwartenden mechanischen Beanspruchungen geschützt sein. Außerdem muss verhindert werden, dass Bauteile von Leuchten, wie Lampen oder andere heiße Teile, aus der Leuchte herausfallen können.

- Heizgeräte sind auf nicht brennbaren Unterlagen zu befestigen und solche, die in brennbarer Umgebung aufgestellt werden, sind mit geeigneten Abdeckungen zu versehen, um eine Entzündung dieser Materialien zu verhindern.
- Wenn elektrische Beheizungs- und Belüftungssysteme verwendet werden, dürfen Lufttemperatur und Staubgehalt nur so sein, dass eine Feuergefahr nicht entsteht. Temperaturbegrenzer dürfen nur manuell rückstellbar sein.
- Umhüllungen (Gehäuse) von Elektrowärmegeräten dürfen keine höheren Temperaturen erreichen als die für Leuchten festgelegten. Außerdem müssen die Geräte so ausgeführt und angebracht sein, dass eine Ansammlung von Stoffen die Wärmeabfuhr nicht behindert.

22.15 Literatur zu Kapitel 22

[1] Der Elektromeister und Deutsches Elektrohandwerk. Sonderheft: Brandschadenverhütung in elektrischen Anlagen (1977)

[2] VdS-Fachtagungen: Brandschadenverhütung in elektrischen Anlagen – 100 Jahre Sicherheitsvorschriften in Deutschland. Sonderheft VdS (1983)

[3] Schwartz, E.: Handbuch der Feuer- und Explosionsgefahr. 6. Aufl., München: Feuerschutz-Verlag Ph. L. Jung, 1964

[4] Hösl, A.: Elektroinstallation in feuergefährdeten und landwirtschaftlichen Betriebsstätten. Taschenbuchreihe Elektrik + Elektronik Bd. 304, München: Richard-Pflaum-Verlag KG, 1974

[5] Verband der Sachversicherer e. V.: Brandschutz in Kabel-, Leitungs- und Stromschienensystemen. Form 2025, Köln, 1983

[6] Verband der Sachversicherer e. V.: Richtlinien für den Brandschutz bei freiliegenden Kabelbündeln innerhalb von Gebäuden sowie in Kanälen und Schächten. Form 2013, Köln, 1983

[7] Verband der Sachversicherer e. V.: Verbrennungswärme der Isolierstoffe von Kabeln und Leitungen. Form 3319, Köln, 1983

[8] Musterbauordnung (MBO); Textausgabe. November 2002

[9] Stein, R.: Brandschutz für elektrische Anlagen. Der Elektriker/Der Energieelektroniker 29 (1990) H. 1, S. 16 bis 21

[10] Pieper, D.; Schröter, O.-E.: Halogenfreie Starkstromkabel und Installationsleitungen mit verbessertem Verhalten im Brandfall. Siemens-Energietechnik (1984) H. 5, S. 234 bis 240

[11] Krefter, K.-H.; Wührmann, B.: Vorbeugender Brandschutz bei der Errichtung elektrischer Anlagen. In: Jahrbuch Elektrotechnik, Bd. 10, S. 291 bis 310. Hrsg.: Grütz, A. Berlin und Offenbach: VDE VERLAG, 1990

[12] Hochbaum, A.: Schadenverhütung in elektrischen Anlagen. VDE-Schriftenreihe, Bd. 85. 2. Aufl., Berlin und Offenbach: VDE VERLAG, 2002

23 Stromversorgungsanlagen für Sicherheitszwecke – DIN VDE 0100-560

Eine elektrische Stromversorgungsanlage für Sicherheitszwecke ist eine Anlage, die aus Gründen der Sicherheit von Personen zur Verfügung gehalten wird für den Fall, dass die allgemeine Stromversorgung ausfällt.

Stromversorgungsanlagen für Sicherheitszwecke dürfen keinesfalls mit dem Netz des EVU/VNB parallel betrieben werden (Forderung nach TAB), was schaltungstechnisch verhindert werden muss. Die in DIN VDE 0100-560 getroffenen Festlegungen gelten deshalb nicht für:

- Eigenerzeugungsanlagen, die unter Ausnutzung regenerativer Energiequellen mit dem Niederspannungsnetz des EVU/VNB parallel betrieben werden (siehe hierzu Abschnitt 3.2.3)
- Ersatzstromversorgungsanlagen nach DIN VDE 0100-551, die die elektrische Energieversorgung von Netzteilen, Verbraucheranlagen oder einzelnen Verbrauchsmitteln nach Ausfall oder Abschaltung der normalen Energieversorgung übernehmen

Ob und in welchem Umfang eine Stromversorgung für Sicherheitszwecke vorgesehen werden muss, wird anhand der Art und Nutzung eines Gebäudes entweder in behördlichen Vorschriften generell festgelegt oder von Fall zu Fall von der zuständigen Behörde entschieden. Grundforderung ist, beim Ausfall der öffentlichen Stromversorgung eine Panik zu verhindern bzw. Rettungsarbeiten durchführen zu können. Gestützt werden diese Forderungen durch Verordnungen der Bundesländer, wie Landesbauordnung, Garagenverordnung, Versammlungsstätten-Verordnung, Arbeitsstätten-Verordnung, Waren- und Geschäftshaus-Verordnung, Schulbaurichtlinien u. a.

Danach können Stromversorgungen für Sicherheitszwecke notwendig werden für:

- Versammlungsstätten
- Waren- und Geschäftshäuser (Banken, Kaufhäuser, Supermärkte, Einkaufszentren, Behörden- und Verwaltungsgebäude)
- Hochhäuser aller Art und Nutzung
- Beherbergungsstätten
- Krankenanstalten, ggf. größere Arztpraxen
- geschlossene Großgaragen

Darüber hinaus gibt es noch Anlagen bzw. Betriebsstätten, bei denen durch Ausfall des Netzes, je nach Art des gefertigten Produkts, erhebliche Produktionsschäden auftreten können, sodass der Einsatz einer Stromversorgung für Sicherheitszwecke zu überlegen ist.

Beispiele sind:

- landwirtschaftliche Betriebe (Intensivtierhaltung, Treibhäuser)
- Großbaustellen (Wasserhaltung, Beleuchtung, Betoniervorgänge)
- EDV-Anlagen (Abfahren der Anlage)
- Rundfunk- und Fernsehanlagen (Sendebereich)
- Militärische Anlagen (Radarstationen, Flugsicherungsanlagen)

Der Umfang der Versorgung (Leistungsbereitstellung) richtet sich dabei nach der Größe der einzelnen Systeme, wie Beleuchtung, Kommunikationssystem, Antriebssysteme, Lüftung und Klimageräte.

Die technischen Anforderungen (Umschaltzeit, Betriebsdauer, Wartungsintervalle, Probeläufe usw.) an Stromversorgungsanlagen für Sicherheitszwecke sind zum Teil in

- DIN VDE 0100-710 (VDE 0100-710) „Errichten von Niederspannungsanlagen – Anforderungen für Betriebsstätten, Räume und Anlagen besonderer Art – Medizinisch genutzte Bereiche“
- Normenreihe DIN VDE 0108 (VDE 0108) „Starkstromanlagen und Sicherheitsstromversorgung in baulichen Anlagen für Menschenansammlungen“

für die genannten Anlagen festgelegt. Bei anderen Anlagen sind die technischen Anforderungen zweck- und sicherheitsgerecht zu wählen.

Wenn es sich um eine Stromversorgung für Sicherheitszwecke handelt, wobei gleichzeitig eine Versorgung durch das EVU/VNB auf der Grundlage der „Niederspannungsanschlussverordnung“ erfolgt, sind zusätzlich die Forderungen zu beachten nach

- Verordnung über Allgemeinen Bedingungen für den Netzanschluss und dessen Nutzung für die Elektrizitätsversorgung in Niederspannung (Niederspannungsanschlussverordnung – NAV) vom 08.11.2006
- Technischen Anschlussbedingungen für den Anschluss an das Niederspannungsnetz (TAB 2007)
- VDEW-Richtlinien für Planung, Errichtung und Betrieb von Anlagen mit Notstromaggregaten

Die wichtigsten Anforderungen sind:

- Die technische Ausführung des Anschlusses, die Schutzeinrichtungen und der Betrieb der Eigenerzeugungsanlage sind im Einzelnen mit dem EVU/VNB abzustimmen (TAB Abschnitt 13)
- Möglichkeiten der Rückspeisung in das EVU/VNB-Netz, des Parallelbetriebs mit dem EVU/VNB-Netz oder der Potentialanhebung des Neutralleiters bzw. PEN-Leiters des EVU/VNB-Netzes sind auszuschließen
- Bei der Umschaltung der Verbrauchsanlage vom EVU/VNB-Netz auf die Stromversorgung für Sicherheitszwecke muss eine zwangsläufige allpolige Trennung der Außenleiter (L1, L2, L3) und des Neutralleiters (N) bzw. PEN-Leiters vom EVU/VNB-Netz erfolgen

  Ausnahme: Ist wegen der Vermaschung von Erdungen und Potentialausgleichsleitern eine einwandfreie Trennung des PEN-Leiters bzw. des Schutzleiters und des Neutralleiters bei Anwendung des TN-Systems nicht praktikabel, kann nach Zustimmung des EVU/VNB darauf verzichtet werden; das bedeutet, die Trennung der Außenleiter reicht aus
- Die Umschalter bzw. Schützkombinationen müssen eine Stellung zwischen der Schaltung EVU/VNB-Netz/Ersatzstromquelle besitzen, in der die zu versorgende Installationsanlage sowohl vom EVU/VNB-Netz als auch von der Ersatzstromquelle getrennt ist

Wenn die Stromversorgung für Sicherheitszwecke auch während eines Brandfalls betrieben werden soll, müssen alle Betriebsmittel durch

- Konstruktion, z. B. Kabel mit verbessertem Verhalten im Brandfall und mit Isolationserhalt (siehe Abschnitt 19.3), oder durch
- geeignete Anordnung, z. B. Verlegung von Kabeln und Leitungen unter Putz

einem Brand eine angemessene Zeit widerstehen.

23.1 Anforderungen an Stromquellen für Sicherheitszwecke

Eine Stromquelle für Sicherheitszwecke muss in der Lage sein, die geforderte Leistung über eine festgelegte Zeit (Versorgungsdauer) zu liefern. Als Stromquellen können verwendet werden:

- Akkumulatoren-Batterien
- Primärelemente
- Generatoren mit netzunabhängiger Antriebsmaschine, z. B. Dieselmotor

- zusätzliche Netzeinspeisung, unabhängig von der normalen Versorgung, wobei hinreichend sichergestellt sein muss, dass nicht beide Einspeisungen gleichzeitig ausfallen können

Nach der Art der Umschaltung im Störungsfall von Netzbetrieb auf Betrieb für Sicherheitszwecke wird unterschieden in:

- Stromquellen, die selbsttätig anlaufen und automatisch zugeschaltet werden
- Stromquellen, die von Hand in Betrieb gesetzt werden müssen

Selbsttätig anlaufende Ersatzstromquellen werden nach ihrer Unterbrechungszeit (Einschaltverzögerung) (**Tabelle 23.1**) eingeteilt.

Unterbrechung	Unterbrechungszeit in s	Bezeichnung der Anlage
unterbrechungslos	0	USV-Anlage[1)]
sehr kurz kurz	≤ 0,15 > 0,15 bis ≤ 0,5	Schnellbereitschaftsanlage[2)]
mittel lang	> 0,5 bis ≤ 15 > 15	automatische Sicherheitsversorgung

[1)] Unterbrechungsfreie Stromversorgungs-Anlage,
auch: Sofortbereitschafts-Anlage
No-break-Anlage

[2)] auch: Short-break-Anlage

Tabelle 23.1 Einteilung der Stromquellen nach der Unterbrechungszeit

Eine unterbrechungsfreie Stromversorgung (USV) ist möglich durch

- statische USV-Anlagen mit Gleichrichter, Batterien und Wechselrichter (**Bild 23.1**)
- rotierende USV-Anlagen als
  - eine Kombination von Gleichrichter, Batterien, Gleichstrommotor und Generator (**Bild 23.2**)
  - eine Kombination von Motor, Schwungrad und Generator, die ständig in Betrieb sind, und einer Verbrennungskraftmaschine (z. B. Gas-, Diesel- oder Ottomotor), die bei Spannungsausfall durch das Schwungrad hochgefahren wird und danach den Antrieb übernimmt (**Bild 23.3**)

23

Bei Schnellbereitschafts- und anderen Anlagen, die verzögert einschalten, erfolgt im Störungsfall eine Umschaltung der Stromversorgung für Sicherheitszwecke auf die für Sicherheitszwecke vorhandene Stromquelle. Die Umschaltzeit richtet sich dabei nach der An- und Hochlaufdauer des Ersatzantriebsaggregats.

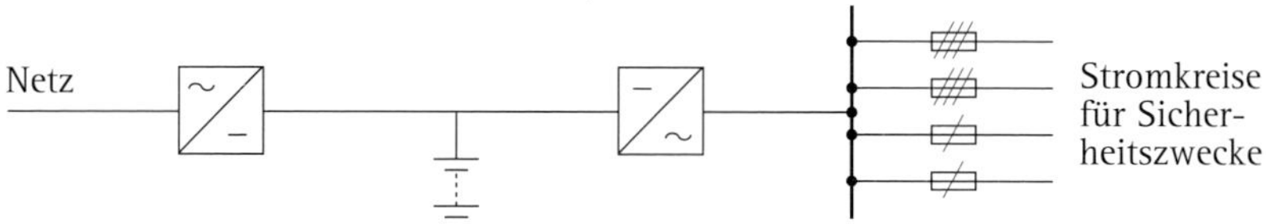

Bild 23.1 Statische USV-Anlage

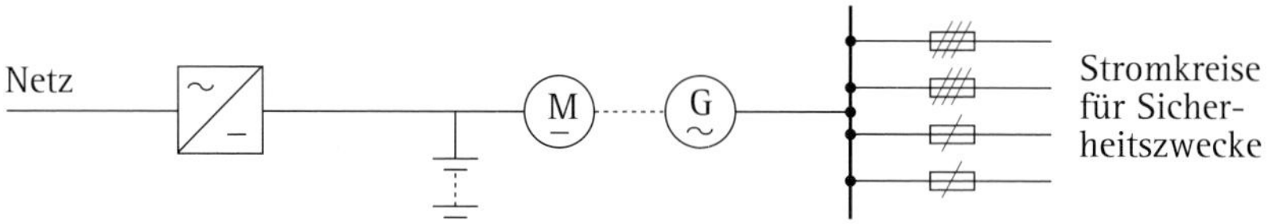

Bild 23.2 Statische und rotierende USV-Kombination

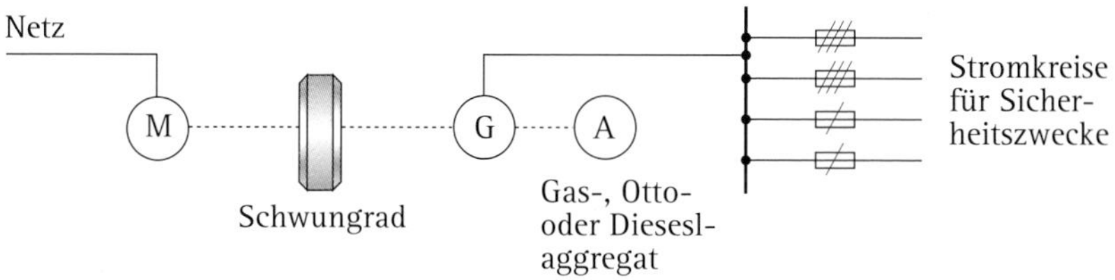

Bild 23.3 Rotierende USV-Anlage

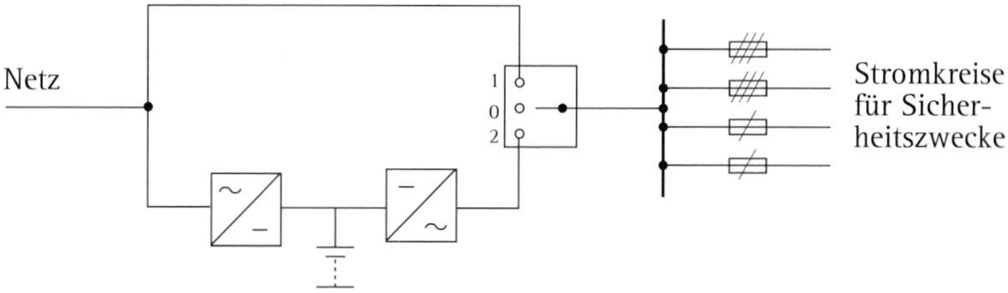

Bild 23.4 Statische Schnellbereitschaftsanlage

Für kurze und sehr kurze Umschaltzeiten kommen Akkumulatoren-Batterien (**Bild 23.4**) zum Einsatz.

Rotierende Schnellbereitschaftsanlagen (**Bild 23.5**) erfordern einen hohen Aufwand, wie z. B. eine Anlaufvorrichtung durch Pressluft, wobei das Antriebsaggregat durch Pressluft in kürzester Zeit hochgefahren wird.

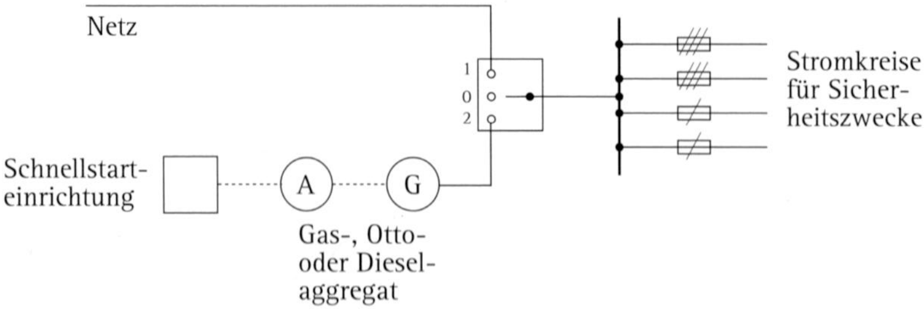

Bild 23.5 Rotierende Schnellbereitschaftsanlage

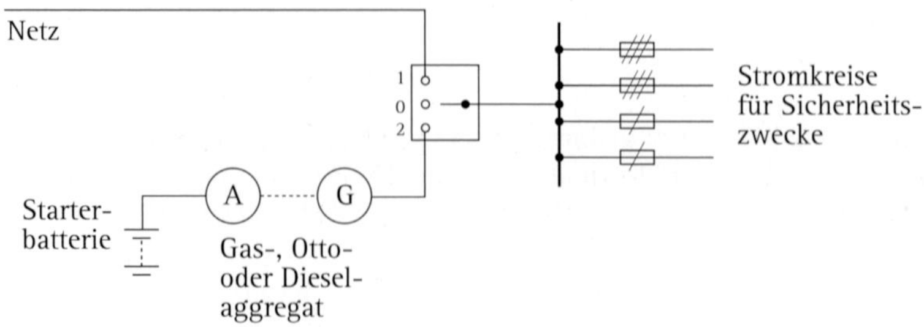

Bild 23.6 Stromversorgung bei mittleren und langen Umschaltzeiten

Anlagen mit mittleren und langen Umschaltzeiten sind in der Regel einfache Kombinationen von Antriebsaggregat mit Starterbatterie und Generator (**Bild 23.6**).

Anlagen, die von Hand gestartet werden, sind ebenfalls so aufgebaut, wie in Bild 23.6 dargestellt, nur erfolgen das Starten des Aggregats und die Zuschaltung nicht automatisch, sondern von Hand. Ebenso muss bei Wiederkehr der Netzspannung die Umschaltung auf das Netz und die Stillsetzung des Aggregats für Sicherheitszwecke von Hand vorgenommen werden.

23.2 Schutz bei indirektem Berühren (Fehlerschutz)

Alle in DIN VDE 0100-410 beschriebenen Schutzmaßnahmen bei indirektem Berühren (Kapitel 5 bis 8) sind zulässig.

23

23.2.1 Schutzmaßnahmen ohne Abschaltung im Fehlerfall

Bevorzugt angewandt werden sollen Schutzmaßnahmen, bei denen im Fehlerfall keine automatische Abschaltung eingeleitet wird. Danach wären bevorzugt anzuwenden:

- IT-System mit Isolations-Überwachungseinrichtung (Abschnitt 5.3)
- Schutz durch doppelte oder verstärkte Isolierung (Kapitel 6)
- Schutztrennung (Kapitel 7)
- Schutz durch Kleinspannung SELV oder PELV (Kapitel 8)

Dieser Empfehlung liegt der Gedanke zugrunde, dass während des Betriebs der Anlage für Sicherheitszwecke – auch im Fehlerfall – keine Abschaltung durch ein Schutzorgan erfolgt. Die Entscheidung, welche Maßnahme zur Anwendung gelangt, ist je nach Art, Betriebsweise und Wichtigkeit der Anlage zu treffen.

Kleinere Anlagen, z. B. Beleuchtungsanlagen, können sicherlich gut mit Schutzkleinspannung – ggf. auch mit Gleichspannung – ausgeführt werden. Auch ein schutzisoliertes System – alle Betriebsmittel in schutzisolierter Ausführung – ist sicher leicht realisierbar.

Bei größeren Anlagen sollte für das Stromversorgungssystem für Sicherheitszwecke ein IT-System mit Isolations-Überwachungseinrichtung aufgebaut werden. Dies schließt nicht aus, dass im Normalbetrieb ein TN-System oder ein TT-System mit den entsprechenden Schutzeinrichtungen vorhanden ist (**Bild 23.7**).

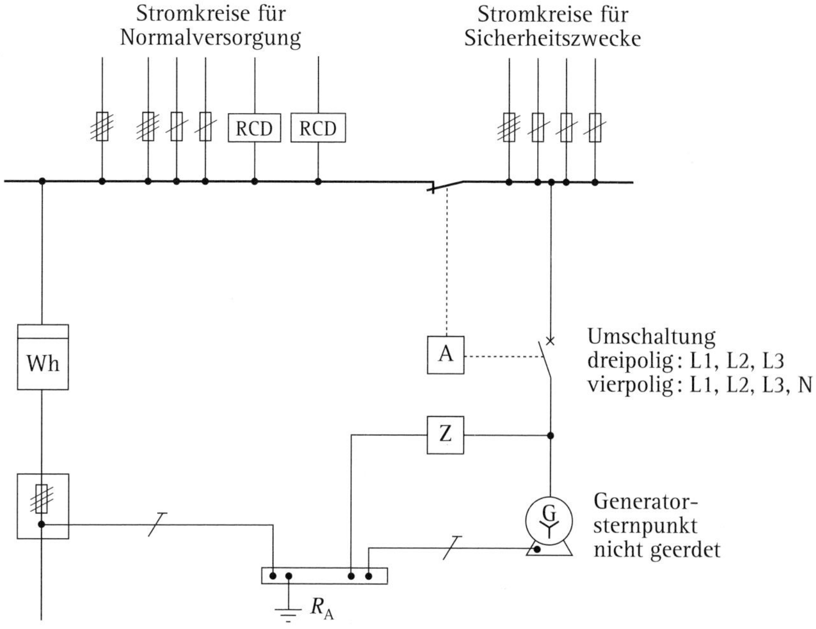

Bild 23.7 Stromversorgungsanlage für Sicherheitszwecke mit IT-System und Isolations-Überwachungseinrichtung

Der Generatorsternpunkt wird nicht geerdet. Das Gehäuse des Generators muss in den Hauptpotentialausgleich einbezogen werden, es sei denn, der Generator ist schutzisoliert. Die Bemessung des Anlagenerders ist unter Zugrundelegung von Gl. (5.53) vorzunehmen. Damit ist:

$$R_A \cdot I_d \leq U_L \tag{23.1}$$

23.2.2 Schutzmaßnahmen mit Abschaltung im Fehlerfall

Die in Abschnitt 23.2.1 genannten Schutzmaßnahmen sind zum Teil sehr aufwändig, sodass im Einzelfall – nach Abwägung der erforderlichen Sicherheit für die Stromversorgungsanlage für Sicherheitszwecke – auch eine Schutzmaßnahme, bei der im ersten Fehlerfall eine Abschaltung in die Wege geleitet wird, in Erwägung zu ziehen ist. So können auch die Schutzmaßnahmen

- TN-System mit Überstrom-Schutzeinrichtungen (Abschnitt 5.1.1)
- TN-System mit RCDs (Abschnitt 5.1.2)
- TT-System mit RCDs (Abschnitt 5.2.2)

zur Anwendung gelangen. In **Bild 23.8** ist ein TN-Netz mit Überstrom-Schutzeinrichtungen dargestellt.

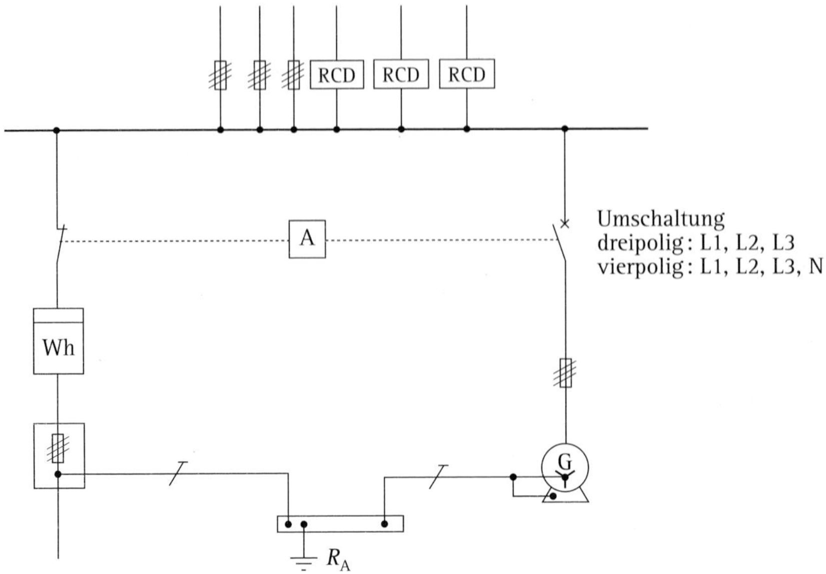

Bild 23.8 Stromversorgungsanlage für Sicherheitszwecke mit TN-System und Überstrom-Schutzeinrichtungen

Der Erdungswiderstand der Anlage soll möglichst klein sein ($R_A \leq 2\ \Omega$). Bei kleineren Anlagen (ein Gebäude, ein Erder, z. B. Fundamenterder) ist der Widerstandswert des Erders ohne Bedeutung; er kann also auch höhere Werte als 2 Ω haben. Bei ausgedehnten Anlagen (mehrere Gebäude, längere Versorgungswege, mehrere separate Erder) kann beim Vorliegen entsprechender Verhältnisse unter Anwendung der „Spannungswaage" auch ein größerer Wert zugelassen werden. Auf alle Fälle ist dem Potentialausgleich in der Anlage großes Gewicht beizumessen.

Die Abschaltbedingungen mit 0,1/0,2/0,4 s bzw. 5 s müssen aber auf alle Fälle eingehalten werden. Das bedeutet eine sorgfältige Planung und Berechnung der Kurzschlussströme, wozu die Generatorimpedanz und das Verhalten des Generators im Kurzschlussfall bekannt sein müssen.

Ein TT-System mit RCDs ist in **Bild 23.9** dargestellt.

Damit beim Betrieb der Sicherheitsversorgung ein Fehlerstrom zum Fließen kommen kann, muss der Sternpunkt des Generators geerdet werden.

Der Erder des Generatorsternpunkts muss außerhalb des Einflussbereichs des Erders der Anlage eingebracht werden.

Der Gesamterdungswiderstand soll auch hier möglichst niedrig ($R_A \leq 2\ \Omega$) sein. Kann dieser Wert nicht erreicht werden, so bestehen auch hier keine Bedenken, den Betrieb bei größeren Gesamterdungswiderständen durchzuführen. Für den Erder der Anlage gilt $R_A = U_L / I_{\Delta n}$ bzw. $R_A = U_L / (2 \cdot I_{\Delta n})$, wenn selektive RCDs eingesetzt werden.

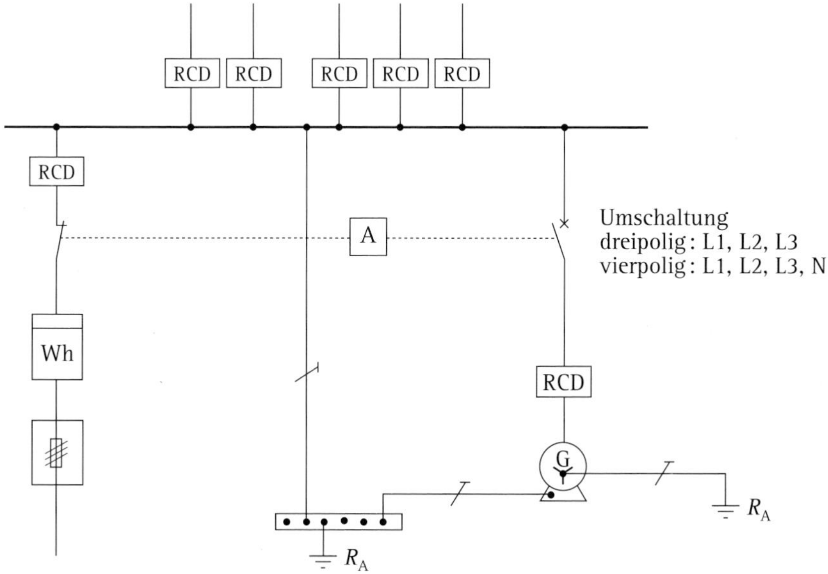

Bild 23.9 Stromversorgungsanlage für Sicherheitszwecke mit TT-System und RCDs

Es zeigt sich, dass die Stromversorgung für Sicherheitszwecke bei Anwendung von TN- oder TT-Systemen nicht ganz unproblematisch ist, da die Erdungs- und Abschaltbedingungen nicht außer Acht gelassen werden dürfen. Die unproblematischste Betriebsart ist sicherlich eine Versorgung durch ein IT-System mit einer Isolations-Überwachungseinrichtung.

23.3 Aufstellung der Stromquellen

Für die Aufstellung der Stromquellen sind in erster Linie wieder behördliche Vorschriften zu beachten (Landesbauordnung der verschiedenen Bundesländer).

Folgende grundsätzliche Anforderungen sind zu beachten:

- Die Stromquelle muss ortsfest errichtet (aufgestellt) werden, wobei auch ein fahrbares Aggregat, das während der Betriebsdauer ortsfest aufgestellt wird, zulässig ist.
- Ein Fehler in der allgemeinen Stromversorgung darf die Stromquelle nicht beeinflussen.
- Der Raum, in dem die Ersatzstromquelle (Aggregat oder Batterie) untergebracht wird, muss als abgeschlossene elektrische Betriebsstätte (DIN VDE 0100-731) errichtet werden. Er muss entsprechend beschildert sein und darf nur von Elektrofachkräften oder elektrotechnisch unterwiesenen Personen betreten werden.
- Für eine gute Belüftung ist Sorge zu tragen; Auspuffgase, Rauch und Dämpfe dürfen nicht in Räume geleitet werden, die von Personen betreten werden.

Zu empfehlen ist es, bei der Aufstellung von Generatoren, Batterien oder dgl. für Sicherheitszwecke die „Verordnung über den Bau von Betriebsräumen für elektrische Anlagen (EltBauVO)“ einzuhalten. Wortlaut der EltBauVO siehe Anhang F; Abschnitt 25.6.

23.4 Stromkreise für Stromversorgungsanlagen für Sicherheitszwecke

Die Stromkreise für Sicherheitszwecke müssen getrennt von den Stromkreisen für die Normalversorgung verlegt werden. Das bedeutet, dass die Stromkreise entweder räumlich getrennt, auf separater Trasse oder aber mindestens in getrennten Kanälen oder Rohren verlegt werden müssen. Gegebenenfalls sind auch schwer entflammbare Baustoffe einzusetzen, um eine Trennung durch bauliche Maßnahmen sicherzustellen.

Nach Möglichkeit sind die Stromkreise so zu verlegen, dass sie nicht durch feuergefährliche Betriebsstätten geführt werden müssen. Ist dies nicht zu vermeiden, müssen Kabel und Leitungen mindestens dem Verhalten von schwer entflammbaren Baustoffen entsprechen. Dies kann erreicht werden durch die Bauart der Kabel/Leitungen (Kabel/Leitungen mit PVC-Isolierung oder halogenfreie Kabel/Leitungen; siehe Abschnitt 19.3) oder durch die Anordnung (Verlegung unter Putz oder Verlegung in flammwidrigen PVC-Rohren; siehe Abschnitt 21.3). Leitungen oder Kabel mit PVC-Isolierung können in ihren brandtechnischen Eigenschaften mit schwer entflammbaren Baustoffen gleichgesetzt werden.

Stromkreise für Sicherheitszwecke dürfen nicht durch explosionsgefährdete Bereiche geführt werden.

Es ist nicht erforderlich, die Stromkreise gegen Überlast zu schützen; ein Kurzschlussschutz ist hingegen zwingend erforderlich.

23.5 Verbrauchsmittel

Beim Betrieb von Beleuchtungsanlagen muss beachtet werden, dass verschiedene Entladungslampen (Natriumdampf-Hochdrucklampen, Natriumdampf-Niederdrucklampen, Quecksilberdampf-Hochdrucklampen, Halogen-Metalldampflampen) eine Anlaufzeit benötigen und im Störungsfall, auch bei einem kurzzeitigen Spannungsausfall, erlöschen. Sie müssen dann zunächst auf Normaltemperatur abkühlen, sodass der Zündvorgang wieder erfolgen kann. Bei einigen Lampen kann dies durch Zündgeräte zur sofortigen Wiederzündung beherrscht werden.

23.6 Literatur zu Kapitel 23

[1] VDEW (Hrsg.): Technische Anschlussbedingungen für den Anschluss an das Niederspannungsnetz, TAB 2000. Frankfurt a. M.: VWEW-Verlag, 2000

[2] VDN (Hrsg.): Notstromaggregate – Richtlinie für Planung, Errichtung und Betrieb von Anlagen mit Notstromaggregaten. 5. Aufl., Berlin, 2004

[3] Lange-Hüsken, M.: Aufbau, Struktur und wesentlich neue Inhalte der TAB 2000. EVU-Betriebspraxis 39 (2000) H. 11, S. 18 bis 22

24 Prüfung nach Instandsetzung, Änderung elektrischer Geräte – Wiederholungsprüfung elektrischer Geräte – Allgemeine Anforderungen für die elektrische Sicherheit – DIN VDE 0701-0702 (VDE 0701-0702)

Die Bestimmungen der Reihe DIN VDE 0701 „Instandsetzung, Änderung und Prüfung elektrischer Geräte“ und DIN VDE 0702 „Wiederholungsprüfungen an elektrischen Geräten“ wurden zusammengeführt und mit Datum 2008-06 unter oben genanntem Titel veröffentlicht. Ziel war es, gleiche Prüfungen einheitlich zu beschreiben und dadurch eine bessere Übersicht bei der Anwendung zu erreichen. Außerdem sollten doppelte Texte in den Bestimmungen vermieden werden.

24.1 Anwendungsbereich – DIN VDE 0701-0702 Abschnitt 1

DIN VDE 0701-0702 legt die Anforderungen für die elektrische Sicherheit von Geräten mit elektrischer Ausrüstung nach der Instandsetzung oder Änderung und bei Wiederholungsprüfungen fest. Die in DIN VDE 0701-0702 vorgegebenen Anforderungen gelten z. B. für

- Laborgeräte
- Mess-, Steuer- und Regelgeräte
- Geräte für den Hausgebrauch und ähnliche Zwecke
- Geräte zur Spannungsumformung und Spannungserzeugung
- Elektrowerkzeuge
- Elektromotorgeräte
- Leuchten
- Geräte der Unterhaltungs-, Informations- und Kommunikationstechnik
- Leitungsroller, Verlängerungs- und Geräteanschlussleitungen
- ortsveränderliche Schutzeinrichtungen
- mobile Verteiler

In den Anhängen E bis I von DIN VDE 0701-0702 sind für spezielle Anlagen besondere ergänzende Festlegungen getroffen

- Elektrowerkzeuge (Anhang E)
- Raumheizgeräte (Anhang F)
- Mikrowellenkochgeräte (Anhang G)
- Rasenmäher und Gartenpflegegeräte (Anhang H)
- ortsfeste Wassererwärmer (Anhang I)

Die Norm DIN VDE 0701-0702 gilt nicht für

- das Auswechseln von Teilen, vom Benutzer vorgenommen nach Gebrauchsanweisung , z. B. das Auswechseln von Lampen, Startern und Sicherungen
- elektrische Betriebsmittel nach speziellen Normen oder Verordnungen, z. B. Geräte für explosionsgefährdete Betriebe, Geräte für den Bergbau unter Tage, medizinische elektrische Geräte und Geräte, die einschlägigen EMV-Bestimmungen entsprechen müssen

Die Notwendigkeit und die Häufigkeit der Prüfungen sind nicht Gegenstand der Norm DIN VDE 0701-0702. Fristen für Prüfungen müssen sich aus gesetzlichen oder anderen Regelwerken ergeben.

24.2 Anforderungen – DIN VDE 0701-0702 Abschnitt 4

Die Prüfung nach der Instandsetzung oder Änderung elektrischer Geräte darf nur von einer Elektrofachkraft vorgenommen werden. Wiederholungsprüfungen dürfen auch von elektrotechnisch unterwiesenen Personen, die unter Leitung und Aufsicht einer Elektrofachkraft stehen, durchgeführt werden.

Der Zustand eines Geräts darf durch die Instandsetzung oder Änderung nicht so verändert werden, dass die Sicherheit gegenüber dem Originalzustand verringert wird. Ein elektrisches Gerät darf bei normalem Gebrauch keine Gefahr für den Benutzer oder die Umgebung darstellen. Voraussetzungen hierfür sind z. B.

- die Instandsetzung muss fachgerecht durchgeführt sein
- Kriech- und Luftstrecken dürfen nicht kleiner werden
- Maßnahmen zum Schutz gegen elektrischen Schlag dürfen nicht aufgehoben werden
- die Schutzart (Eindringen von Feuchte und Staub) darf nicht verringert werden
- mechanische und andere Gefährdungen sind auszuschließen
- der Funktionsablauf der Software darf nicht nachteilig geändert werden

In bestimmten Fällen ist es zwingend erforderlich, nur Originalersatzteile oder vom Hersteller/Importeur benannte Bauteile zu verwenden.

Wenn bei einer Wiederholungsprüfung festgestellt wird, dass

- Beschädigungen entstanden sind, Merkmale von unsachgemäßen Eingriffen oder Modifikationen festzustellen sind, die zur Verminderung der Sicherheit führen können
- beim Verwenden des Geräts Beschädigungen entstanden sein könnten
- Funktionsmängel auftreten

ist der Prüfvorgang abzubrechen und das Gerät als fehlerhaft zu kennzeichnen.

24.3 Allgemeines zu den Messungen und Prüfungen – DIN VDE 0701-0702 Abschnitt 5.1

Die nachfolgend aufgelisteten Prüfungen sind in der angegebenen Reihenfolge durchzuführen. Dabei muss jede Prüfung bestanden sein, bevor mit der nächsten Prüfung begonnen wird. Folgende Prüfungen sind für alle Geräte vorzunehmen:

1. Sichtprüfung (Abschnitt 24.4)
2. Für Geräte mit Schutzleiter ist der Nachweis des ordnungsgemäßen Zustands der Schutzleiterverbindung zu prüfen (Abschnitt 24.5)
3. Messung des Isolationswiderstands (Abschnitt 24.6)
4. Messung des Schutzleiterstroms (Abschnitt 24.7)
5. Messung des Berührungsstroms (Abschnitt 24.8)
6. Nachweis der sicheren Trennung von Versorgungsstromkreisen SELV und PELV (Abschnitt 24.9)
7. Nachweis der Wirksamkeit weiterer Schutzmaßnahmen (Abschnitt 24.10)
8. Abschließende Prüfung der Aufschriften (Abschnitt 24.11)
9. Funktionsprüfung (Abschnitt 24.12)
10. Dokumentation der Prüfung (Abschnitt 24.13)

24.4 Sichtprüfung – DIN VDE 0701-0702 Abschnitt 5.2

Beim Prüfen ist auf Folgendes zu achten:

- Schäden an den Anschlussleitungen
- Schäden an Isolierungen

- bestimmungsgemäße Auswahl und Anwendungen von Leitungen und Steckern
- Zustand des Netzsteckers, der Anschlussklemmen und Anschlussadern
- Mängel am Biegeschutz
- Mängel an der Zugentlastung der Anschlussleitung
- Zustand der Befestigungen, Leitungshalterungen, der dem Benutzer zugänglichen Sicherungshalter usw.
- Schäden am Gehäuse und an den Schutzabdeckungen
- Anzeichen einer Überlastung oder einer unsachgemäßen Anwendung/Bedienung
- Anzeichen unzulässiger Eingriffe oder Veränderungen
- die Sicherheit bei unzulässiger Beeinträchtigung durch Verschmutzung, Korrosion oder Alterung
- Verschmutzungen, Verstopfungen von Öffnungen, die der Kühlung dienen
- Zustand von Luftfiltern
- Dichtigkeit von Behältern für Wasser, Luft oder andere Medien; Zustand von Überdruckventilen
- Bedienbarkeit von Schaltern, Steuereinrichtungen, Einstellvorrichtungen usw.
- Lesbarkeit aller der Sicherheit dienenden Aufschriften oder Symbole, der Bemessungsdaten und Stellungsanzeigen

24.5 Prüfung des Schutzleiters – DIN VDE 0701-0702 Abschnitt 5.3

Der Schutzleiter wird je nach Gegebenheit nach **Bild 24.1** oder **Bild 24.2** gemessen. Während der Messung muss die Leitung in Abschnitten über ihre gesamte Länge bewegt werden. Dabei darf keine Änderung des Widerstandswerts auftreten. Die Leerlaufspannung des Messgeräts muss zwischen 4 V und 24 V Gleich- oder Wechselspannung liegen. Der Messstrom innerhalb des Messbereichs zwischen 0,2 Ω und 1,99 Ω darf 0,2 A nicht überschreiten.

Für Leitungen bis 5 m Länge mit Bemessungsstrom 16 A darf der Grenzwert des Widerstands 0,3 Ω nicht überschreiten. Für längere Leitungen bis zu einem Bemessungsstrom von 16 A darf der Widerstandswert je 7,5 m zusätzlicher Leitung um 0,1 Ω bis zu maximal 1 Ω erhöht werden. Für alle anderen Leitungen gilt der errechnete Widerstandswert (siehe Abschnitt 11.4.2) als Richtwert.

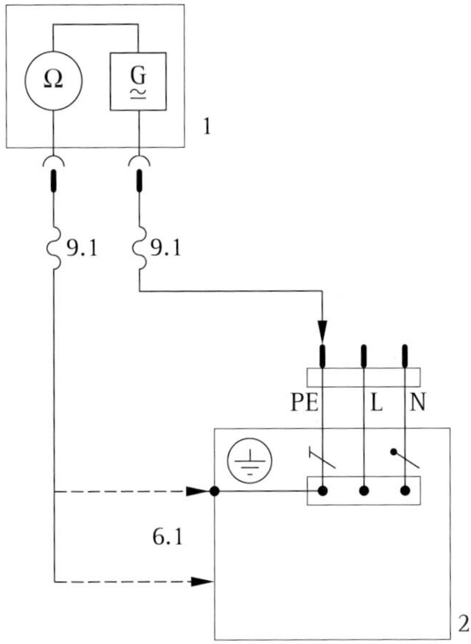

Bild 24.1 Schutzleiterwiderstandsmessung
Gerät mit Schutzleiter und Steckeranschluss;
die Darstellung gilt auch analog für mehrphasige Geräte
(Quelle: DIN VDE 0701-0702:2008-06 Bild C.1a)

1 Messeinrichtung
2 Prüfling
6.1 Messpunkt(e) an berührbaren leitfähigen Teilen, die mit dem Schutzleiter verbunden sind
9.1 Messleitung zum Schutzleiter sowie berührbaren leitfähigen Teilen mit Schutzleiterverbindung

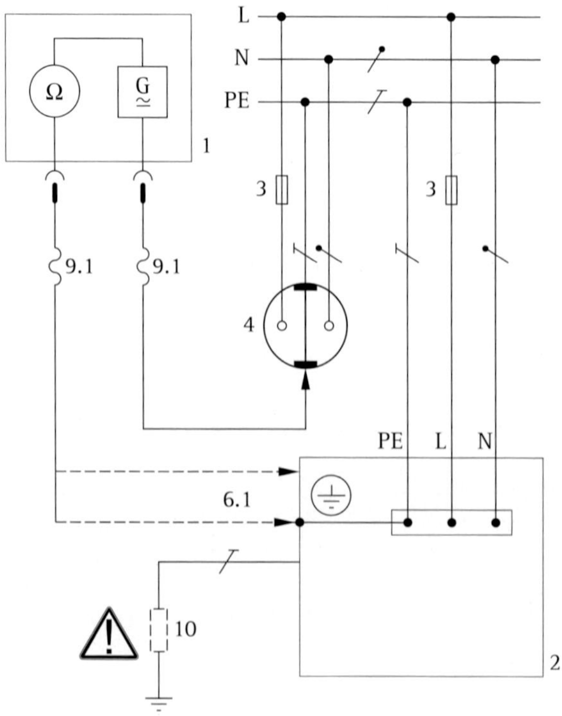

Bild 24.2 Schutzleiterwiderstandsmessung
Gerät mit Schutzleiter und Festanschluss sowie mit möglicher Parallelverbindung.
Besondere Messbedingungen beachten!
Die Darstellung gilt auch analog für mehrphasige Geräte.
(Quelle: DIN VDE 0701-0702:2008-06 Bild C.1b)

1 Messeinrichtung
2 Prüfling
3 Sicherung oder Trennstelle
4 Steckdose
6.1 Messpunkt(e) an berührbaren leitfähigen Teilen, die mit dem Schutzleiter verbunden sind
9.1 Messleitung zum Schutzleiter sowie berührbaren leitfähigen Teilen mit Schutzleiterverbindung
10 mögliche Erdverbindung

24.6 Messung des Isolationswiderstands – DIN VDE 0701-0702 Abschnitt 5.4

Der Isolationswiderstand ist zu messen

- zwischen den aktiven Teilen und jedem berührbaren leitfähigen Teil, einschließlich des Schutzleiters (PELV ausgenommen)
- bei der Instandsetzung/Änderung zwischen den aktiven Teilen eines SELV/PELV-Stromkreises und den aktiven Teilen des Primärstromkreises

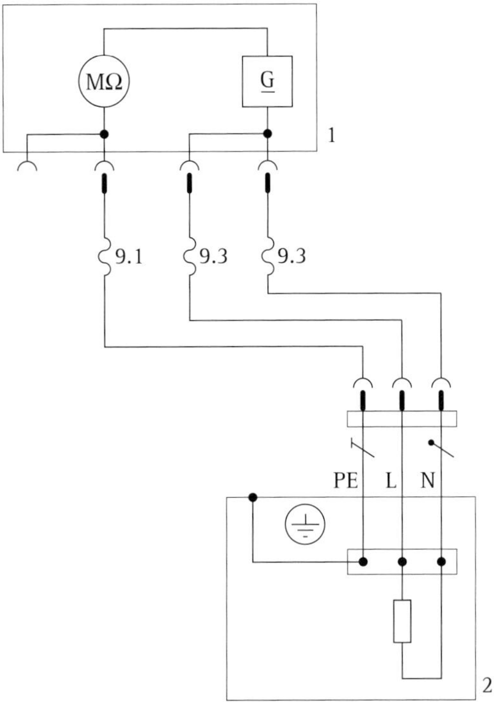

Bild 24.3 Isolationswiderstandsmessung
Gerät mit Schutzleiteranschluss und Steckeranschluss;
die Darstellung gilt auch analog für mehrphasige Geräte
(Quelle: DIN VDE 0701-0702:2008-06 Bild C. 2a)
1 Messeinrichtung
2 Prüfling
9.1 Messleitung zum Schutzleiter sowie berührbaren leitfähigen Teilen mit Schutzleiterverbindung
9.3 Messleitung zu aktiven Teilen

Dabei ist sicherzustellen, dass alle beanspruchten Isolierungen erfasst werden. Schalter, Temperaturregler usw. müssen geschlossen sein, damit alle Isolationsteile beansprucht werden. Die Messung kann nach den **Bildern 24.3 bis 24.8** vorgenommen werden, je nach vorliegendem Fall.

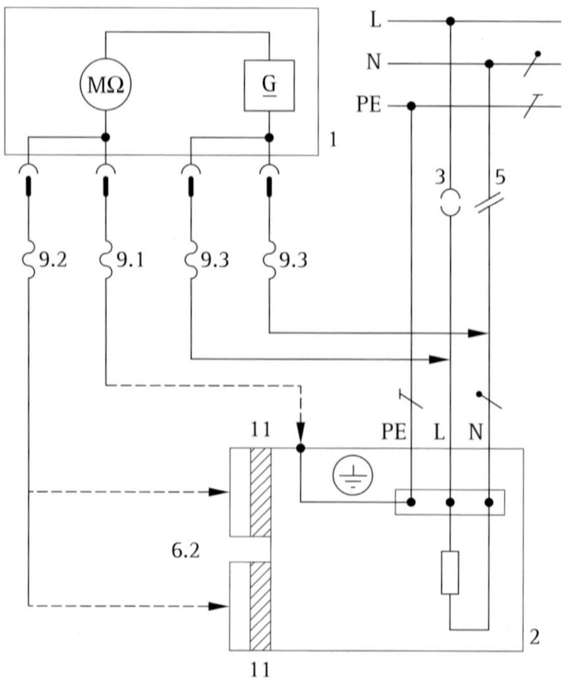

Bild 24.4 Isolationswiderstandsmessung
Gerät mit Schutzleiter und Festanschluss sowie berührbaren leitfähigen Teilen, die nicht am Schutzleiter angeschlossen sind;
die Darstellung gilt auch analog für mehrphasige Geräte.
(Quelle: DIN VDE 0701-0702:2008-06 Bild C.2b)

1 Messeinrichtung
2 Prüfling
3 Sicherung oder Trennstelle
5 Neutralleiter unterbrochen
6.2 Messpunkt(e) an berührbaren leitfähigen Teilen, die nicht mit dem Schutzleiter verbunden sind
9.1 Messleitung zum Schutzleiter sowie berührbaren leitfähigen Teilen mit Schutzleiterverbindung
9.2 Messleitung zu berührbaren leitfähigen Teilen ohne Erdverbindung
9.3 Messleitung zu aktiven Teilen
11 doppelte oder verstärkte Isolation

24

Die Messspannung muss mindestens der Bemessungsspannung des zu prüfenden Geräts entsprechen, darf aber nicht weniger als DC 500 V betragen. Der Messstrom muss mindestens 1 mA sein. Bei SELV- und PELV-Stromkreisen mit Überspannungsableitern darf die Messspannung auf DC 250 V verringert werden.

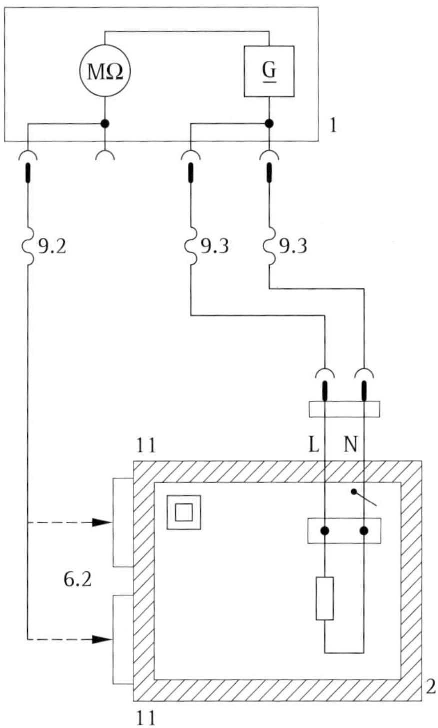

Bild 24.5 Isolationswiderstandsmessung
Gerät mit Schutzisolierung und Steckeranschluss;
die Darstellung gilt auch analog für mehrphasige Geräte
(Quelle: DIN VDE 0701-0702:2008-06 Bild C.2c)
1 Messeinrichtung
2 Prüfling
6.2 Messpunkt(e) an berührbaren leitfähigen Teilen, die nicht mit dem Schutzleiter verbunden sind
9.2 Messleitung zu berührbaren leitfähigen Teilen ohne Erdverbindung
9.3 Messleitung zu aktiven Teilen
11 doppelte oder verstärkte Isolation

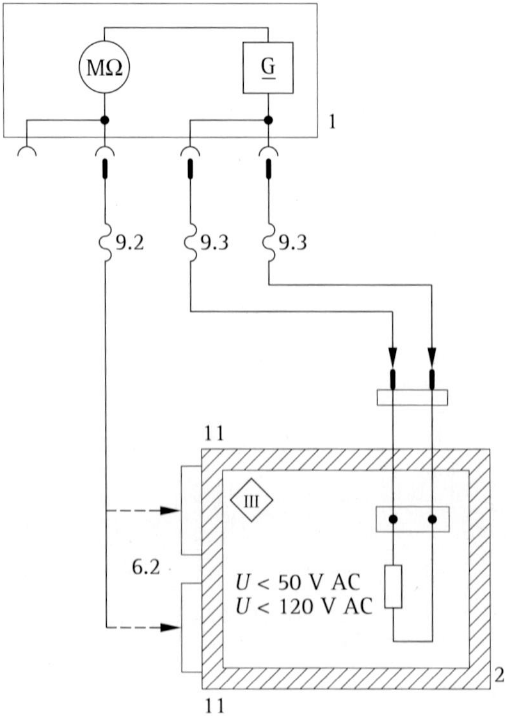

Bild 24.6 Isolationswiderstandsmessung
Gerät mit SELV/PELV-Schutzkleinspannung und Steckeranschluss;
die Darstellung gilt auch analog für mehrphasige Geräte
(Quelle: DIN VDE 0701-0702:2008-06 Bild C.2d)

1 Messeinrichtung
2 Prüfling
6.2 Messpunkt(e) an berührbaren leitfähigen Teilen, die nicht mit dem Schutzleiter verbunden sind
9.2 Messleitung zu berührbaren leitfähigen Teilen ohne Erdverbindung
11 doppelte oder verstärkte Isolation

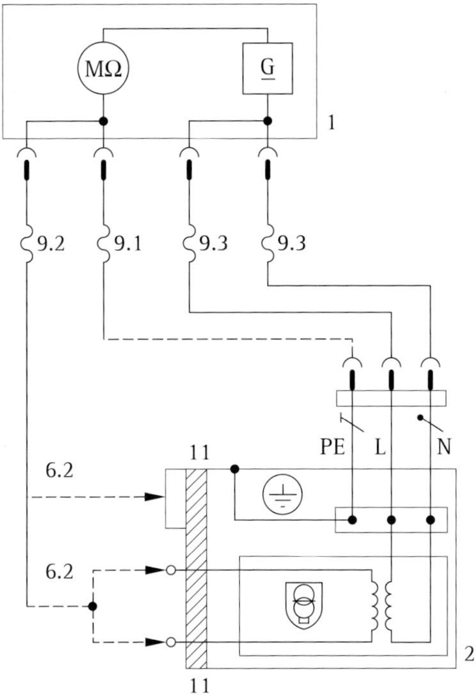

Bild 24.7 Isolationswiderstandsmessung
Gerät mit Schutzleiter und Steckeranschluss sowie berührbaren leitfähigen Teilen, die nicht am Schutzleiter angeschlossen sind;
Messung auch an berührbaren leitfähigen Buchsen für SELV/PELV-Schutzkleinspannung (Schnittstelle, Anschluss für Temperaturfühler usw.);
die Darstellung gilt auch analog für mehrphasige Geräte
(Quelle: DIN VDE 0701-0702:2008-06 Bild C.2e)

1 Messeinrichtung
2 Prüfling
6.2 Messpunkt(e) an berührbaren leitfähigen Teilen, die nicht mit dem Schutzleiter verbunden sind
9.1 Messleitung zum Schutzleiter sowie berührbaren leitfähigen Teilen mit Schutzleiterverbindung
9.2 Messleitung zu berührbaren leitfähigen Teilen ohne Erdverbindung
9.3 Messleitung zu aktiven Teilen
11 doppelte oder verstärkte Isolation

24

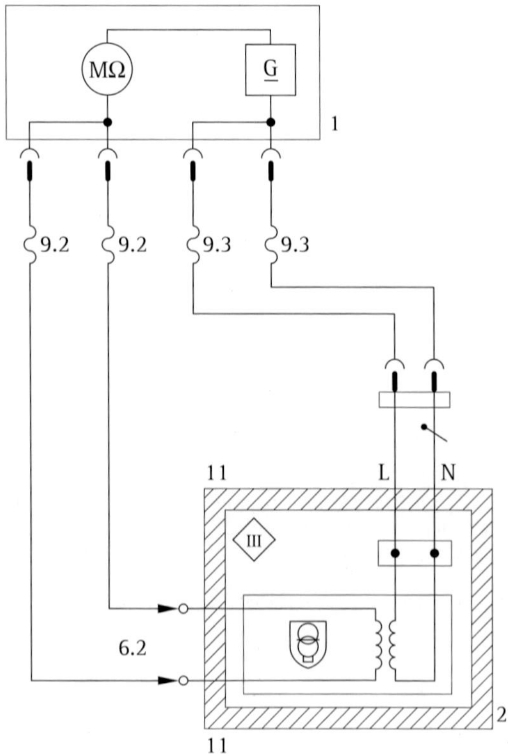

Bild 24.8 Isolationswiderstandsmessung
Gerät mit Sicherheitstransformator, Feststellung der sicheren Trennung;
die Darstellung gilt auch analog für mehrphasige Geräte
(Quelle: DIN VDE 0701-0702:2008-06 Bild C.2f)

1 Messeinrichtung
2 Prüfling
6.2 Messpunkt(e) an berührbaren leitfähigen Teilen, die nicht mit dem Schutzleiter verbunden sind
9.2 Messleitung zu berührbaren leitfähigen Teilen ohne Erdverbindung
9.3 Messleitung zu aktiven Teilen
11 doppelte oder verstärkte Isolation

Prüfobjekt		Grenzwert	Bild
aktive Teile, die nicht zu SELV- oder PELV-Stromkreisen gehören, gegen den Schutzleiter und die mit dem Schutzleiter verbundenen berührbaren leitfähigen Teile	allgemein	1,0 MΩ	24.3 oder 24.4
	Geräte mit Heizelementen	0,3 MΩ	
	Geräte mit Heizelementen mit einer Leistung > 3,5 kW	0,3 MΩ[1]	
aktive Teile gegen die nicht mit dem Schutzleiter verbundenen berührbaren leitfähigen Teile (vornehmlich bei Geräten der Schutzklasse II, aber auch bei Geräten der Schutzklasse I)		2,0 MΩ	24.5
aktive Teile, die nicht zu SELV- oder PELV-Stromkreisen gehören, gegen berührbare leitfähige Teile mit der Schutzmaßnahme SELV, PELV in Geräten der Schutzklassen I oder II			24.7
bei der Instandsetzung/Änderung zwischen den aktiven Teilen eines SELV/PELV-Stromkreises und den aktiven Teilen des Primärstromkreises			24.8
aktive Teile mit der Schutzmaßnahme SELV, PELV (Schutzkleinspannung) gegen berührbare leitfähige Teile		0,25 mΩ	24.6

[1] Wird bei Geräten der Schutzklasse I mit Heizelementen > 3,5 kW Gesamtleistung der geforderte Isolationswiderstand nicht erreicht, gilt das Gerät dennoch als einwandfrei, wenn der Schutzleiterstrom die Grenzwerte von Abschnitt 24.5 nicht überschreitet.

Tabelle 24.1 Mindestwerte (Grenzwerte) für den Isolationswiderstand

Der Isolationswiderstand darf die in **Tabelle 24.1** angegebenen Grenzwerte nicht unterschreiten.

24.7 Messung des Schutzleiterstroms – DIN VDE 0701-0702 Abschnitt 5.5

Bei allen Geräten mit Schutzleiter ist der Schutzleiterstrom zu messen. Der Schutzleiterstrom kann nach folgenden Verfahren gemessen werden

- direkte Messung nach **Bild 24.9**
- Differenzstrommessverfahren nach **Bild 24.10** oder **Bild 24.12**
- Ersatz-Ableitstrommessverfahren nach **Bild 24.11**, wenn sich in dem zu prüfenden Gerät keine netzspannungsabhängigen Schalteinrichtungen befinden und zuvor eine Isolationswiderstandsmessung mit positivem Ergebnis durchgeführt wurde

Der Innenwiderstand der Messeinrichtung darf höchstens 5 Ω betragen. Werte bis 2 kΩ ± 20 % sind noch zulässig, wenn bei einem Gerät mit Körperschluss ein Abschalten der vorgeschalteten Schutzeinrichtung des Versorgungsnetzes gewährleistet ist und das Auftreten von gefährlichen Körperströmen im Prüfgerät verhindert wird. Der Messbereich muss von 0,25 mA bis 19 mA reichen.

Der Schutzleiterstrom darf bei allen Geräten nicht größer sein als 3,5 mA. Für Geräte mit eingeschalteten Heizelementen mit einer Gesamtleistung bis 3,5 kW darf der Ableitstrom 1 mA/kW bis zu einem Höchstwert von 10 mA betragen. Beim Überschreiten dieser Grenzwerte ist festzustellen, ob durch Produktnormen bzw. Herstellerangaben andere Grenzwerte gelten.

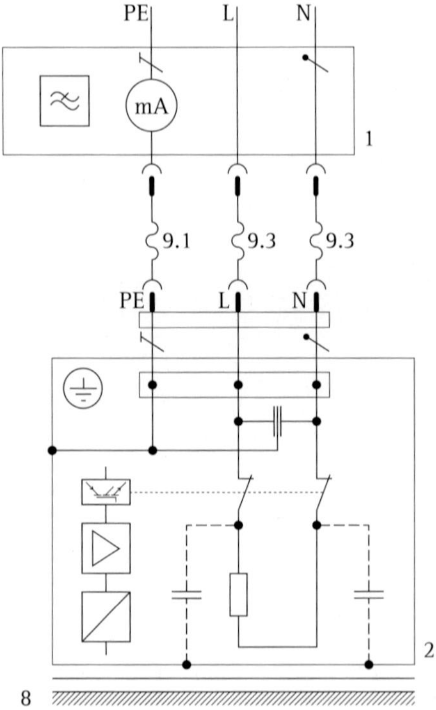

Bild 24.9 Schutzleiterstrommessung
Direktes Messverfahren, Geräte mit Schutzleiter, Steckeranschluss und möglichen zusätzlichen Ableitkapazitäten;
die Darstellung gilt auch analog für mehrphasige Geräte
(Quelle: DIN VDE 0701-0702:2008-06 Bild C.3a)
1 Messeinrichtung
2 Prüfling
8 isolierte Aufstellung des Prüflings
9.1 Messleitung zum Schutzleiter sowie berührbaren leitfähigen Teilen mit Schutzleiterverbindung
9.3 Messleitung zu aktiven Teilen

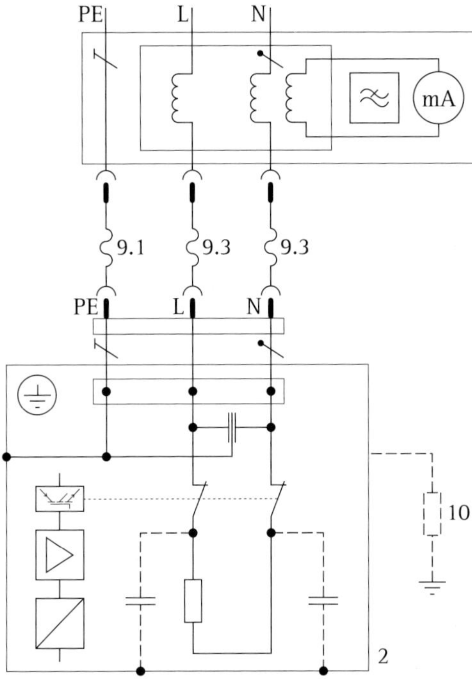

Bild 24.10 Schutzleiterstrommessung
Differenzstrommessverfahren. Gerät mit Schutzleiter, Steckeranschluss und möglichen zusätzlichen Ableitkapazitäten sowie möglicher Parallelverbindungen; die Darstellung gilt auch analog für mehrphasige Geräte
(Quelle: DIN VDE 0701-0702:2008-06 Bild C.3b)
1 Messeinrichtung
2 Prüfling
9.1 Messleitung zum Schutzleiter sowie berührbaren leitfähigen Teilen mit Schutzleiterverbindung
9.3 Messleitung zu aktiven Teilen
10 mögliche Erdverbindung

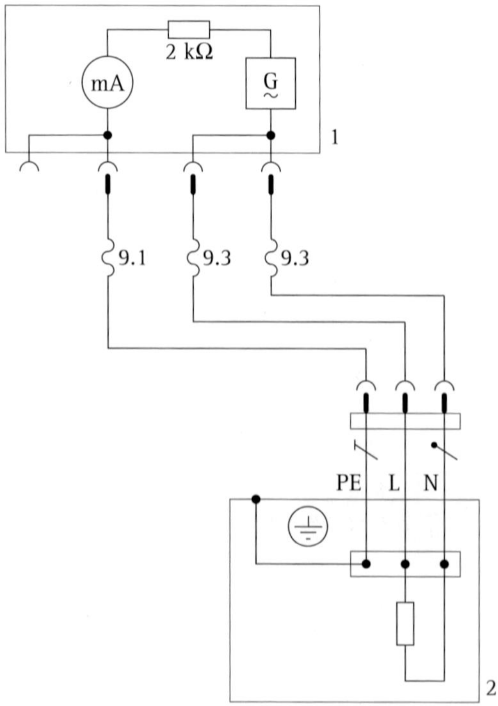

Bild 24.11 Schutzleiterstrommessung
Ersatzableitstrommessung. Gerät mit Stecker und Steckeranschluss; die Darstellung gilt auch analog für mehrphasige Geräte
(Quelle: DIN VDE 0701-0702:2008-06 Bild C.3c)

1 Messeinrichtung
2 Prüfling
9.1 Messleitung zum Schutzleiter sowie berührbaren leitfähigen Teilen mit Schutzleiterverbindung
9.3 Messleitung zu aktiven Teilen

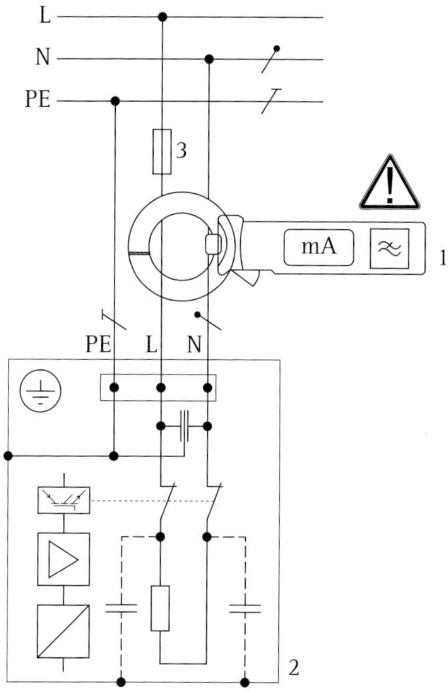

Bild 24.12 Schutzleiterstrommessung
Differenzstrommessverfahren mit Strommesszange nach DIN VDE 0404-4;
Gerät mit Schutzleiter und Festanschluss;
die Darstellung gilt auch analog für mehrphasige Geräte
(Quelle: DIN VDE 0701-0702:2008-06 Bild C.3d)
1 Messeinrichtung
2 Prüfling
3 Sicherung oder Trennstelle

24.8 Messung des Berührungsstroms – DIN VDE 0701-0702 Abschnitt 5.6

An jedem berührbaren leitfähigen, nicht mit einem Schutzleiter verbundenen Teil eines Geräts ist der Berührungsstrom zu messen. Der Berührungsstrom kann nach folgenden Verfahren gemessen werden

- direkte Messung nach **Bild 24.14, Bild 24.15** und Bild 24.16
- Differenzstrommessverfahren nach **Bild 24.13**
- Ersatz-Ableitstrommessverfahren, wenn sich in dem zu prüfenden Gerät keine netzspannungsabhängigen Schalteinrichtungen befinden und zuvor eine Isolationswiderstandsmessung mit positivem Ergebnis durchgeführt wurde

Der Innenwiderstand der Strommesseinrichtung darf 2 kΩ ± 20 % bei einem Messstrom von 0,5 mA betragen. Beim Differenzstrommessverfahren muss der Messbereich 0,25 mA bis 19 mA umfassen. Bei der Ersatzableitstrommessung ist mit einer Leerlaufspannung von mindestens 25 V und maximal 250 V mit einer sinusförmigen Wechselspannung zu messen.

Der maximal zulässige Berührungsstrom beträgt für nicht mit dem Schutzleiter verbundene berührbare Teile 0,5 mA. Bei Geräten der Schutzklasse III ist keine Messung gefordert.

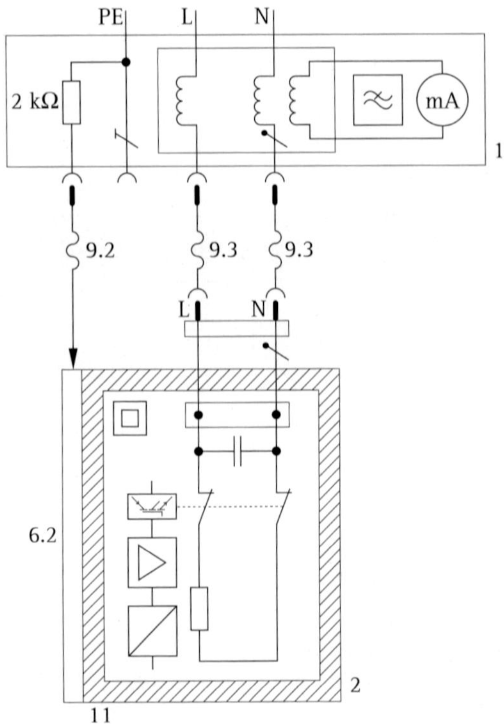

Bild 24.13 Berührungsstrommessung
Differenzstrommessverfahren;
Gerät schutzisoliert mit Steckeranschluss sowie berührbaren leitfähigen Teilen;
die Darstellung gilt auch analog für mehrphasige Geräte
(Quelle: DIN VDE 0701-0702:2008-06 Bild C.4a)

1 Messeinrichtung
2 Prüfling
6.2 Messpunkt(e) an berührbaren leitfähigen Teilen, die nicht mit dem Schutzleiter verbunden sind
9.2 Messleitung zu berührbaren leitfähigen Teilen ohne Erdverbindung
9.3 Messleitung zu aktiven Teilen
11 doppelte oder verstärkte Isolation

24

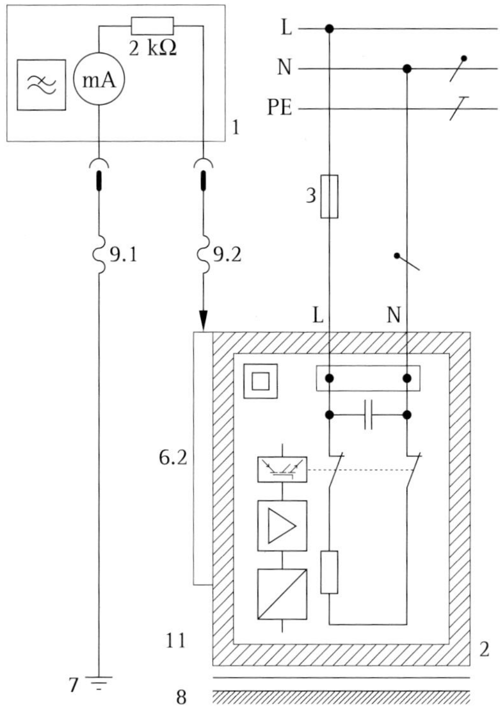

Bild 24.14 Berührungsstrommessung
Direktes Messverfahren;
Gerät schutzisoliert mit Festanschluss sowie berührbaren leitfähigen Teilen;
die Darstellung gilt auch analog für mehrphasige Geräte
(Quelle: DIN VDE 0701-0702:2008-06 Bild C.4b)

1 Messeinrichtung
2 Prüfling
3 Sicherung oder Trennstelle
6.2 Messpunkt(e) an berührbaren leitfähigen Teilen, die nicht mit dem Schutzleiter verbunden sind
7 Erdpotential
8 isolierte Aufstellung des Prüflings
9.1 Messleitung zum Schutzleiter sowie berührbaren leitfähigen Teilen mit Schutzleiterverbindung
9.2 Messleitung zu berührbaren leitfähigen Teilen ohne Erdverbindung
11 doppelte oder verstärkte Isolation

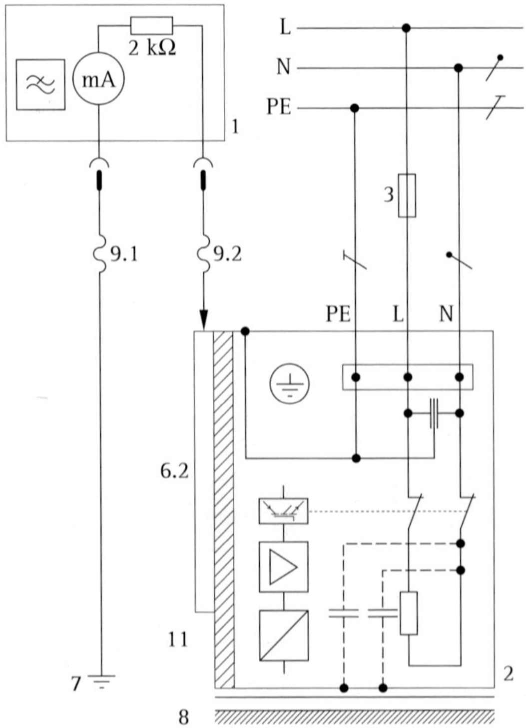

Bild 24.15 Berührungsstrommessung
Direktes Messverfahren;
Gerät mit Schutzleiter und Steckeranschluss und berührbaren leitfähigen Teilen;
Messung auch an berührbaren leitfähigen Buchsen für SELV/PELV-Schutzkleinspannung; die Darstellung gilt auch analog für mehrphasige Geräte
(Quelle: DIN VDE 0701-0702:2008-06 Bild C.4c)

1 Messeinrichtung
2 Prüfling
3 Sicherung oder Trennstelle
6.2 Messpunkt(e) an berührbaren leitfähigen Teilen, die nicht mit dem Schutzleiter verbunden sind
7 Erdpotential
8 isolierte Aufstellung des Prüflings
9.1 Messleitung zum Schutzleiter sowie berührbaren leitfähigen Teilen mit Schutzleiterverbindung
9.2 Messleitung zu berührbaren leitfähigen Teilen ohne Erdverbindung

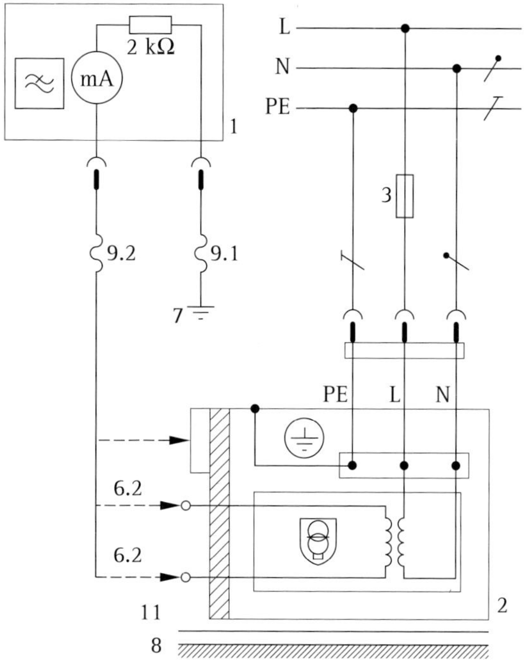

Bild 24.16 Berührungsstrommessung
Direktes Messverfahren; Gerät mit Schutzleiter, Sicherheitstransformator und Steckeranschluss und berührbaren leitfähigen Teilen; Messung auch an berührbaren leitfähigen Buchsen für SELV/PELV-Schutzkleinspannung (Schnittstelle, Anschluss für Temperaturfühler usw.); auch bei Geräten der Schutzklasse II anwendbar;
die Darstellung gilt auch analog für mehrphasige Geräte
(Quelle: DIN VDE 0701-0702:2008-06 Bild C.4d)

1 Messeinrichtung
2 Prüfling
6.2 Messpunkt(e) an berührbaren leitfähigen Teilen, die nicht mit dem Schutzleiter verbunden sind
9.2 Messleitung zu berührbaren leitfähigen Teilen ohne Erdverbindung
9.3 Messleitung zu aktiven Teilen
11 doppelte oder verstärkte Isolation

24.9 Nachweis der sicheren Trennung vom Versorgungsstromkreis (SELV und PELV) – DIN VDE 0701-0702 Abschnitt 5.7

Die sichere Trennung durch einen Sicherheitstransformator oder ein Schaltnetzteil, die eine Kleinspannung (SELV oder PELV) erzeugen, muss durch folgende Prüfungen nachgewiesen werden

- Prüfung der Bemessungsspannung für SELV oder PELV
- Messung des Isolationswiderstands nach Abschnitt 24.5 zwischen Primär- und Sekundärseite der Spannungsquelle
- Messung des Isolationswiderstands nach Abschnitt 24.5 zwischen aktiven Teilen des SELV-/PELV-Ausgangsstromkreises und berührbaren leitfähigen Teilen

24.10 Nachweis der Wirksamkeit weiterer Schutzeinrichtungen – DIN VDE 0701-0702 Abschnitt 5.8

Wenn weitere Schutzeinrichtungen vorhanden sind, z. B. Fehlerstrom-Schutzeinrichtungen (RCD), Isolationsüberwachungsgeräte, Überspannungsschutzeinrichtungen oder ähnliche Bauteile, hat der Fachmann zu entscheiden, welche Prüfungen notwendig sind. Eine RCD, die für den Zusatzschutz eingesetzt wird, muss bei einem Fehlerstrom von 30 mA innerhalb von 0,3 s abschalten.

24.11 Prüfung der Aufschriften – DIN VDE 0701-0702 Abschnitt 5.9

Die für ein Gerät geforderten Aufschriften, die der Sicherheit dienen, sind nach Abschluss aller Prüfungen zu kontrollieren. Sie sind gegebenenfalls zu berichtigen und nachzutragen.

24.12 Funktionsprüfung – DIN VDE 0701-0702 Abschnitt 5.10

Eine Funktionsprüfung ist notwendig, um festzustellen, ob für das Gerät bei bestimmungsgemäßem Gebrauch keine offensichtlichen Sicherheitsmängel bestehen. Die Funktionsprüfung soll dabei nicht als Prüfung hinsichtlich „Instandsetzungsqualität" angesehen werden. Aufgabe der Prüfung ist es lediglich, festzustellen, dass bei dem Betrieb des instand gesetzten Geräts keine Unfallgefahr besteht. Wie dabei zu prüfen ist, hängt im Einzelfall von der Art des zu prüfenden Geräts ab.

Normalerweise dürfte es deshalb ausreichen, zu prüfen, ob:

- Gehäuse, Verkleidungen, Abdeckungen und dgl. ihre Schutzaufgabe erfüllen
- Schalter, Verriegelungen usw., die Sicherheitsaufgaben haben, ordnungsgemäß funktionieren
- entfernte Aufschriften (siehe Abschnitt 24.11) wieder angebracht wurden

Bei der Wiederholungsprüfung ist eine Funktionsprüfung des Geräts bzw. seiner Teile nur insoweit durchzuführen, wie dies zum Nachweis der Sicherheit erforderlich ist.

24.13 Dokumentation, Beurteilung – DIN VDE 0701-0702 Abschnitt 6

Die bestandene Prüfung nach den Abschnitten 24.4 bis 24.12 ist zu dokumentieren. Das Gerät sollte entsprechend gekennzeichnet werden. Ist die Sicherheit des Geräts festgestellt, kann dies dem Betreiber schriftlich bestätigt werden.

Wenn die notwendige Sicherheit eines Geräts nicht gegeben ist, z. B. durch

- Unmöglichkeit einer Instandsetzung
- Nichtbestehen der Prüfung
- dem Wunsch des Betreibers, die Instandsetzung nicht in dem notwendigen Umfang durchführen zu lassen

muss dem Benutzer die von dem Gerät ausgehende Gefahr schriftlich mitgeteilt werden. Außerdem ist das Gerät deutlich als nicht sicher zu kennzeichnen. Um eine durchgeführte Prüfung dokumentieren zu können, ist anzuraten, ein Prüfprotokoll zu fertigen. **Bild 24.17** zeigt ein Prüfprotokoll für instand gesetzte elektrische Geräte. Für elektrische Maschinen ist ein Prüfprotokoll in **Bild 24.18** dargestellt.

Prüfprotokoll für instandgesetzte elektrische Geräte ①

ZVEH

Auftrag Nr. ______

Auftraggeber (Kunde) ②	Elektrohandwerksbetrieb (Auftragnehmer)
Herr/Frau/Firma ______	

Geräteart ______			Hersteller ______
Typenbezeichnung ______		Schutzklasse ______	Nennstrom ______ A
Fabr.-Nr. ______	Baujahr ______	Nennspannung ______	Nennleistung ______ W
Annahme/ Anlieferung am: ______	Reparatur am: ______	Rück[illegible] [illegible]olu[illegible] am: ______	

Kundenangaben (Fehler): ______

Durchgeführte Reparaturarbeiten: ______

Prüfung nach Instandsetzung ③ gemäß DI[illegible] 0701-0[illegible] [illegible]esondere Bestimmung DIN VDE 0701 Teil ④ ______

Sichtprüfung ⑤
Gehäuse [illegible]
s[illegible] m[illegible]nis[illegible] Teile ⑥ i.O. ☐
[illegible]eitungen einschl. Steckvorrichtungen mängelfrei ☐

Messung

Schutzleiterwiderstand ⑦ Ω	Isolationswiderstand ⑧ MΩ	Schutzleiterstrom ⑨ mA	Berührungsstrom ⑩ mA

Funktions- und Sicherheitsprüfung mängelfrei ☐
Aufschriften vorhanden bzw. vervollständigt ☐
Nächster Prüfungstermin
gemäß Unfallverhütungsvorschrift BGV A3 ⑪

Das Gerät kann nicht mehr instandgesetzt werden ☐
Das Gerät hat erhebliche sicherheitstechnische Mängel, ☐
es besteht
- Brandgefahr ☐
- Gefahr durch elektrischen Schlag ☐
- mechanische Gefahr ☐

Nennwerte stimmen mit den Herstellerdaten überein ☐

Verwendete Meßgeräte ⑫

Fabrikat ______ Typ ______

Fabrikat ______ Typ ______

Unterschriften

Prüfer ⑬ — Ort ______ Datum ______ Unterschrift ______

Verantwortlicher Unternehmer ⑭ — Ort ______ Datum ______ Unterschrift ______

 Zutreffendes bitte ankreuzen ☒

Bild 24.17 Prüfprotokoll für instand gesetzte elektrische Geräte
Dieses ZVEH-Prüfprotokoll kann bezogen werden unter: www.wfe-shop.de

Protokoll nach Änderung, Instandsetzung und Prüfung elektrischer Maschinen

Kunde ____ Eigentümer ____	Gegenstand: ____ ____	Rep. Komm. Nr.: ____ ____

Leistungsschild

Fabrikat/Hersteller ____	Bemessungswerte				
Fertigungsnummer ____	P ____	kW/PS	Betriebsart	S ____	
Art/Typ ____	S ____	kVA	n ____	min^{-1}	
Wärmeklasse vor Reparatur ____	U ____	V	f ____	Hz	
nach Reparatur ____	I ____	A	Schaltung	____	
Bauform IM ____ Schutzart IP ____	$\cos\varphi$ ____		____		
Kondensator C ____ µF U ____ V	$U_{Läufer}$ ____	V	$I_{Läufer}$ ____	A	
Bremse M ____ Nm U ____ V	U_{err} ____	V	I_{err} ____	A	

Prüfung nach Instandsetzung — Raumtemperatur ____ °C

Anschlussleitungen	**Wicklungsprüfung** nach DIN EN 60034-1 / VDE 0530-1
einschl. Steckvorrichtungen mängelfrei ____ ☐	Spannungsprüfung an betriebsmäßig montierter Maschine
zuverlässige Verbindung des Schutzleiters ____ ☐	alle Wicklungen gegen Masse (Maschinenkörper) ____ ☐
Isolationswiderstand ____ MΩ	Wicklung gegen Wicklung ____ ☐
Thermofühler (Öffner/Schließer) ____ °C	Wicklung gegen Hilfseinrichtung ____ ☐
Kaltleiter Anzahl in Reihe ____ NAT (TNF): ____ °C: ____	Prüfspannung ____ kV ____ ☐

Wicklungswiderstände — Anschlusszeichnung neu nach DIN EN 60034-8 (VDE 0530-8): 2003 / alt nach VDE 0530-8: 1987 (in Klammern falls anders)

U1 – U2 ____ Ω	1U– ____ Ω	____ – ____	____ Ω
V1 – V2 ____ Ω	1V– ____ Ω	____ – ____	____ Ω
W1 – W2 ____ Ω	1W– ____ Ω	____ – ____	____ Ω

Z1 – Z2 ____ Ω	B1(1B1)–B2(1B2) ____ Ω	C1 – C2 ____ Ω	E1 – E2 ____ Ω	
X1(A1) – X2(A2) ____ Ω	B3(2B1)–B4(2B2) ____ Ω	D1 – D2 ____ Ω	F1 – F2 ____ Ω	

Prüflauf

f Hz	U V		I_1 A	I_2 A	I_3	P_{zu} kW	P_{ab} kW	n min^{-1}	M Nm	I_{err} A	*Bemerkungen*
											Leerlauf
											Kurzschluss
											Belastung

Schweiß-Spannung: ____ V	Schweiß-Strom: ____ A
Leistungsschild neu ☐ unverändert ☐ zusätzlich ☐	Bemerkungen: ____
Funktions- und Sicherheitsprüfung	____
durchgeführt ____ ☐	Prüfplakette ja ☐ nein ☐

Prüfer		**Verantwortlicher Unternehmer:**	
Ort/Datum	Unterschrift	Ort/Datum	Unterschrift

Bild 24.18 Prüfprotokoll für instand gesetzte elektrische Maschinen
Dieses ZVEH-Prüfprotokoll kann bezogen werden unter: www.wfe-shop.de

24.14 Messeinrichtungen – DIN VDE DIN VDE 0701-0702 Abschnitt 7

Für die in DIN VDE 0701-0702 beschriebenen Prüfungen sind Messgeräte der Normenreihe DIN VDE 0404 oder DIN EN 61557-2 (VDE 0413-2), DIN EN 61557-4 (VDE 0413-4) zu verwenden. Gelangen andere Geräte zum Einsatz, so ist sicherzustellen, dass nur solche Messgeräte verwendet werden, die gleiche Sicherheit darstellen und gleiche Ergebnisse sicherstellen. Die für die Messungen eingesetzten Messgeräte sind regelmäßig zu prüfen und zu kalibrieren.

24.15 Literatur zu Kapitel 24

[1] Bödeker, K. (Hrsg.); Kammerhoff, U.; Kindermann, R.; Matz, F.: Prüfung elektrischer Geräte in der betrieblichen Praxis nach DIN VDE 0701/0702/0751. VDE-Schriftenreihe, Bd. 62. 4. Aufl., Berlin und Offenbach: VDE VERLAG, 2004

[2] Henning, W.; Rosenberg, W.: VDE-Prüfung nach BGV A3 und BetrSichV. VDE-Schriftenreihe Bd. 43. 8. Aufl., Berlin und Offenbach: VDE VERLAG, 2006

[3] Faber, U.; Grapetin, M.; Wettingfeld, K.: Prüfung elektrischer Anlagen und Betriebsmittel – Grundlagen und Methoden. VDE-Schriftenreihe, Bd. 124. Berlin und Offenbach: VDE VERLAG, 2008

25 Anhang

25.1 Anhang A: Berechnung der maximal zulässigen Leitungslängen

Die Berechnung der maximal zulässigen Leitungslängen nach DIN VDE 0100-430 beruht auf DIN EN 60909 (VDE 0102). Dieses Verfahren ist sehr umständlich, wie in Abschnitt 5.1.1 bereits ausgeführt. Da die Berechnung außerdem noch Unsicherheitsfaktoren enthält – wie die Ermittlung der Größe der Vorimpedanz (Impedanz von der Stromquelle bis zum Anschlusspunkt des zu betrachtenden Stromkreises) – und die vorhandene Leitertemperatur nicht bekannt ist, kann auch hier mit ausreichender Genauigkeit das vereinfachte Verfahren zur Berechnung des Kurzschlussstroms nach Abschnitt 5.1.1.3 benutzt werden. Die Abweichung gegenüber den Ergebnissen nach dem genauen Verfahren liegt bei ±10 %.

Um auch mit anderen Vorimpedanzen andere vorkommende Fälle berechnen zu können, wird nachfolgend ein Verfahren angegeben, mit dem die zulässigen Stromkreislängen ausreichend genau und leicht bestimmt werden können.

Ausgehend von der vereinfachten Form der Berechnung des Kurzschlussstroms ist:

$$I_{\mathrm{k}} = \frac{c \cdot U}{\sqrt{3} \cdot Z} \qquad \text{(A1)}$$

Die Gesamtimpedanz setzt sich zusammen aus:

$$Z = Z_{\mathrm{V}} + Z_{\mathrm{L}} \qquad \text{(A2)}$$

Wenn Außenleiter und Neutralleiter (PEN-Leiter) querschnittsgleich sind, gilt:

$$Z_{\mathrm{L}} = 2 \cdot Z_{\mathrm{L}}' \cdot L \qquad \text{(A3)}$$

Die zulässige einfache Leitungslänge ist dann:

$$L = \frac{\dfrac{c \cdot U}{\sqrt{3} \cdot I_{\mathrm{k}}} - Z_{\mathrm{V}}}{2 \cdot Z_{\mathrm{L}}'} \qquad \text{(A4)}$$

In den Gln. (A1) bis (A4) bedeuten:

I_{k} kleinster einpoliger Kurzschlussstrom in A

U Spannung zwischen den Außenleitern in V

c Faktor, der die nicht berechenbaren Widerstände von z. B. Klemmen, Sammelschienen, Sicherungen, Schaltern usw. berücksichtigt ($c=0{,}95$)

Z Impedanz (Gesamtimpedanz) bis zur Kurzschlussstelle in Ω

Z_V Vorimpedanz in Ω; Impedanz der Leiterschleife von der Stromquelle bis zum Anschlusspunkt des zu berechnenden Stromkreises

Z_L Impedanz des zu berechnenden Stromkreises in Ω

L einfache Leitungslänge des Stromkreises in km

Z'_L Impedanz in Ω/km im Kurzschlussfall bei einer Leitertemperatur von 80 °C (Werte siehe Tabelle 5.4)

Als Hilfe für die Praxis enthalten die nachfolgenden Tabellen A1 bis A15 die maximal zulässigen Stromkreislängen beim kleinsten einpoligen Kurzschluss in Abhängigkeit von der Schutzeinrichtung, der Vorimpedanz und der Abschaltzeit.

Im Einzelnen gelten:

- **Tabelle A1** für kleine Querschnitte (1 mm² bis 16 mm² Cu), gG- bzw. gL-Sicherungen, Abschaltzeit 0,4 s
- **Tabelle A2** für kleine Querschnitte (1 mm² bis 16 mm² Cu), gG- bzw. gL-Sicherungen, Abschaltzeit 5 s
- **Tabelle A3** für kleine Querschnitte (1 mm² bis 16 mm² Cu), LS-Schalter Typ L, Abschaltzeit 0,1/0,2/0,4 s und 5 s
- **Tabelle A4** für kleine Querschnitte (1 mm² bis 16 mm² Cu), LS-Schalter Typ B, Abschaltzeit 0,1/0,2/0,4 s und 5 s
- **Tabelle A5** für kleine Querschnitte (1 mm² bis 16 mm² Cu), LS-Schalter Typ C, Abschaltzeit 0,1/0,2/0,4 s
- **Tabelle A6** für kleine Querschnitte (1 mm² bis 16 mm² Cu), LS-Schalter Typ D, Abschaltzeit 0,1/0,2/0,4 s
- **Tabelle A7** für kleine Querschnitte (1 mm² bis 16 mm² Cu), LS-Schalter Typ C und Typ D, Abschaltzeit 5 s
- **Tabelle A8** für größere Querschnitte (25 mm² bis 185 mm² Cu), 4-Leiter, gG- bzw. gL-Sicherungen, Abschaltzeit 5 s
- **Tabelle A9** für größere Querschnitte (25 mm² bis 185 mm² Al), 4-Leiter, gG- bzw. gL-Sicherungen, Abschaltzeit 5 s
- **Tabelle A10** für größere Querschnitte (25 mm² bis 185 mm² Cu), 3½-Leiter, gG- bzw. gL-Sicherungen, Abschaltzeit 5 s
- **Tabelle A11** für größere Querschnitte (25 mm² bis 185 mm² Al), 3½-Leiter, gG- bzw. gL-Sicherungen, Abschaltzeit 5 s
- **Tabelle A12** für kleine Querschnitte (1 mm² bis 16 mm² Cu), gG- bzw. gL-Sicherungen, Abschaltzeit $t=(k\cdot S/I_k)^2$ mit $t_{max}=5$ s

- **Tabelle A13** für kleine Querschnitte (1,5 mm^2 bis 16 mm^2 Cu), Leistungsschalter, Abschaltzeit 0,1/0,2/0,4 s und 5 s
- **Tabelle A14** für größere Querschnitte (25 mm^2 bis 185 mm^2 Cu), 4-Leiter, Leistungsschalter, Abschaltzeit 0,1/0,2/0,4 s und 5 s
- **Tabelle A15** für größere Querschnitte (25 mm^2 bis 185 mm^2 Al), 4-Leiter, Leistungsschalter, Abschaltzeit 0,1/0,2/0,4 s und 5 s

Die Tabellen A1 bis A11 und die Tabellen A13 bis A15 gelten für den Schutz bei indirektem Berühren und berücksichtigen die nach Teil 410 geforderten Abschaltzeiten von 0,1/0,2/0,4 s und 5 s.

Die Tabelle A12 ist für den Kurzschlussschutz und berücksichtigt zusätzlich die Forderung

$$t_k = \left(k \cdot \frac{S}{I_k}\right)^2 \tag{A5}$$

nach Teil 430 (siehe Gl. (20.26)), wonach bei PVC-isolierten Leitern eine Temperatur von 160 °C nicht überschritten werden darf. Die Abschaltzeit muss in verschiedenen Fällen kleiner sein als 5 s, wodurch ein höherer Kurzschlussstrom zum Fließen kommen muss, weshalb die zulässige Stromkreislänge kürzer wird. Die Werte der Tabelle A12 stimmen mit den in DIN VDE 0100 Beiblatt 5 (siehe Anhang B) genannten Längen nicht überein, da hier vereinfachte Rechenverfahren angewandt wurden. Dafür aber sind alle Werte leicht nachzuvollziehen. Die Tabellen A3 bis A6 und die Tabellen A13 bis A15 können, der schnellen Abschaltung wegen (innerhalb 0,1 s), mit ausreichender Genauigkeit auch für den Kurzschlussschutz verwendet werden.

Zur Ermittlung der Abschaltzeiten wurde für Leitungsschutzsicherungen der Betriebsklasse gG bzw. gL die Zeit-Strom-Kennlinie nach DIN EN 60269 (VDE 0636) (siehe Bild 16.9) verwendet. Für LS-Schalter, Typ L nach DIN EN 60898 (VDE 0641) (siehe Bild 16.25), wurden bei 0,1/0,2/0,4 s und bei 5 s je nach Bemessungsstrom der 4,55- bis 5,25-fache Bemessungsstrom des LS-Schalters eingesetzt. Damit ist der Prüfpunkt $I_5 = 3{,}5 \cdot I_1$ eines LS-Schalters mit einer Auslösezeit von 0,1 s erreicht. Für LS-Schalter der Typen B, C und D wurden die Zeit-Strom-Kennlinien (Bild 16.25) verwendet. Dabei liegt die Abschaltzeit durch den Kurzschlussauslöser bei 0,1 s. Für Leistungsschalter nach DIN EN 60947 (VDE 0660) wurde für die Abschaltzeit 0,1/0,2/0,4 s und 5 s jeweils der 1,2-fache Einstellstrom des Kurzschlussauslösers eingesetzt. Die Abschaltzeit liegt dabei auch bei 0,1 s.

Quer-schnitt S in mm²	Bemessungs-strom der Sicherung I_n in A	Kurz-schluss-strom I_k in A	höchstzulässige Länge in m bei einer Schleifenimpedanz Z_V bis zur Sicherung								
			10 mΩ	50 mΩ	100 mΩ	200 mΩ	300 mΩ	400 mΩ	500 mΩ	600 mΩ	700 mΩ
1	10	82	61	60	59	57	54	52	50	47	45
	16	107	47	46	45	42	40	38	35	33	31
	20	145	34	33	32	30	28	25	23	21	19
	25	180	28	27	26	23	21	19	16	14	12
	32	265	19	18	17	14	12	10	7	5	3
	35	300	16	16	14	12	10	8	5	3	1
1,5	10	82	91	90	88	85	81	78	74	71	68
	16	107	70	68	67	63	60	56	53	50	46
	20	145	51	50	48	45	41	38	35	31	28
	25	180	41	40	38	35	31	28	25	21	18
	32	265	28	27	25	21	18	15	11	8	4
	35	300	25	23	22	18	15	11	8	4	1
	40	310	24	22	21	17	14	11	7	4	-
2,5	20	145	86	83	81	75	69	63	58	52	46
	25	180	69	67	64	58	52	47	41	35	30
	32	265	47	44	41	36	30	24	19	13	7
	35	300	41	39	36	30	25	19	13	7	2
	40	310	40	37	35	29	23	18	12	6	-
	50	460	27	24	21	16	10	4	-	-	-

Tabelle A1 Maximal zulässige Leitungslänge für Querschnitte 1 mm² bis 16 mm² Cu, Isolation PVC oder Gummi; Leitungsschutzsicherungen Betriebsklasse gG bzw. gL; Abschaltzeit 0,4 s; Nennspannung: 400 V/230 V

Querschnitt S in mm^2	Bemessungsstrom der Sicherung I_n in A	Kurzschlussstrom I_k in A	höchstzulässige Länge in m bei einer Schleifenimpedanz Z_V bis zur Sicherung								
			10 mΩ	50 mΩ	100 mΩ	200 mΩ	300 mΩ	400 mΩ	500 mΩ	600 mΩ	700 mΩ
4	25	180	110	107	102	93	84	75	66	56	47
	32	265	75	71	66	57	48	39	30	21	12
	35	300	66	62	58	48	39	30	21	12	3
	40	310	64	60	55	46	37	28	19	10	1
	50	460	43	39	34	25	16	7	–	–	–
	63	550	35	32	27	18	9	–	–	–	–
6	32	265	112	106	99	86	72	58	45	31	17
	35	300	99	93	86	73	59	45	32	18	4
	40	310	95	90	83	69	56	42	28	15	1
	50	460	64	58	51	38	24	11	–	–	–
	63	550	53	48	41	27	14	–	–	–	–
	80	820	35	30	23	9	–	–	–	–	–
10	50	460	104	95	84	62	39	17	–	–	–
	63	550	87	78	67	44	22	–	–	–	–
	80	820	57	48	37	15	–	–	–	–	–
	100	1000	47	38	27	4	–	–	–	–	–
16	63	550	137	123	105	70	35	–	–	–	–
	80	820	91	77	59	24	–	–	–	–	–
	100	1000	74	60	42	7	–	–	–	–	–
	125	1250	58	44	27	–	–	–	–	–	–

Tabelle A1 (Fortsetzung) Maximal zulässige Leitungslänge für Querschnitte 1 mm^2 bis 16 mm^2 Cu, Isolation PVC oder Gummi; Leitungsschutzsicherungen Betriebsklasse gG bzw. gL; Abschaltzeit 0,4 s; Nennspannung: 400 V/230 V

Querschnitt S in mm^2	Bemessungsstrom der Sicherung I_n in A	Kurzschlussstrom I_k in A	höchstzulässige Länge in m bei einer Schleifenimpedanz Z_V bis zur Sicherung								
			10 mΩ	50 mΩ	100 mΩ	200 mΩ	300 mΩ	400 mΩ	500 mΩ	600 mΩ	700 mΩ
1	10	47	106	105	104	102	100	97	95	93	91
	16	72	69	68	67	65	63	60	58	56	54
	20	88	57	56	55	52	50	48	45	43	41
	25	120	41	41	39	37	35	33	30	28	26
	32	156	32	31	30	28	25	23	21	18	16
	35	173	29	28	27	24	22	20	18	15	13
1,5	10	47	159	158	156	153	149	146	143	139	136
	16	72	104	103	101	97	94	91	87	84	80
	20	88	85	84	82	78	75	72	68	65	61
	25	120	62	61	59	56	52	49	45	42	39
	32	156	48	46	45	41	38	34	31	28	24
	35	173	43	42	40	37	33	30	26	23	19
	40	200	37	36	34	31	27	24	20	17	14
2,5	20	88	142	139	136	131	125	119	114	108	102
	25	120	104	101	99	93	87	81	76	70	64
	32	156	80	77	74	69	63	57	52	46	40
	35	173	72	69	67	61	55	49	44	38	32
	40	200	62	60	57	51	45	40	34	28	23
	50	260	48	45	42	37	31	25	20	14	8

Tabelle A2 Maximal zulässige Leitungslänge für Querschnitte 1 mm^2 bis 16 mm^2 Cu, Isolation PVC oder Gummi; Leitungsschutzsicherungen Betriebsklasse gG bzw. gL; Abschaltzeit 5 s; Nennspannung: 400 V/230 V

25

Querschnitt S in mm^2	Bemessungsstrom der Sicherung I_n in A	Kurzschlussstrom I_k in A	höchstzulässige Länge in m bei einer Schleifenimpedanz Z_V bis zur Sicherung								
			10 mΩ	50 mΩ	100 mΩ	200 mΩ	300 mΩ	400 mΩ	500 mΩ	600 mΩ	700 mΩ
4	25	120	166	162	158	149	139	130	121	112	103
	32	156	127	124	119	110	101	92	83	74	64
	35	173	115	111	107	97	88	79	70	61	52
	40	200	99	96	91	82	73	64	54	45	36
	50	260	76	72	68	59	50	40	31	22	13
	63	351	56	52	48	39	30	21	11	2	–
6	32	156	191	185	178	165	151	137	124	110	96
	35	173	172	166	160	146	132	119	105	91	78
	40	200	148	143	136	123	109	95	82	68	54
	50	260	114	108	102	88	74	61	47	33	20
	63	351	84	79	72	58	44	31	17	3	–
	80	452	65	59	53	39	25	12	–	–	–
10	50	260	186	177	166	143	121	99	77	54	32
	63	351	137	128	117	95	72	50	28	6	–
	80	452	106	97	86	64	41	19	–	–	–
	100	573	83	74	63	41	18	–	–	–	–
16	63	351	217	203	185	150	115	79	44	9	–
	80	452	168	154	136	101	65	30	–	–	–
	100	573	131	117	100	64	29	–	–	–	–
	125	751	99	85	68	32	–	–	–	–	–

Tabelle A2 (Fortsetzung) Maximal zulässige Leitungslänge für Querschnitte 1 mm^2 bis 16 mm^2 Cu, Isolation PVC oder Gummi; Leitungsschutzsicherungen Betriebsklasse gG bzw. gL; Abschaltzeit 5 s; Nennspannung: 400 V/230 V

25

Querschnitt S in mm^2	Bemessungsstrom der Sicherung I_n in A	Kurzschlussstrom I_k in A	höchstzulässige Länge in m bei einer Schleifenimpedanz Z_V bis zur Sicherung								
			10 mΩ	50 mΩ	100 mΩ	200 mΩ	300 mΩ	400 mΩ	500 mΩ	600 mΩ	700 mΩ
1	12	59	85	84	83	80	78	76	73	71	69
	16	78	64	63	62	60	57	55	53	50	48
	20	98	51	50	49	47	44	42	40	37	35
	25	123	40	40	38	36	34	32	29	27	25
	32	157	32	31	30	27	25	23	20	18	16
	35	172	29	28	27	25	22	20	18	15	13
1,5	16	78	96	94	93	89	86	83	79	76	72
	20	98	76	75	73	70	66	63	59	56	53
	25	123	61	59	58	54	51	47	44	40	37
	32	157	47	46	44	41	38	34	31	27	24
	35	172	43	42	40	37	33	30	27	23	20
	40	182	41	40	38	34	31	28	24	21	17
2,5	16	78	160	158	155	149	143	138	132	126	120
	20	98	127	125	122	116	111	105	99	93	88
	25	123	101	99	96	90	85	79	73	67	62
	32	157	79	77	74	68	63	57	51	45	40
	35	172	72	70	67	61	56	50	44	39	33
	40	182	68	66	63	57	52	46	40	35	29
	50	228	54	52	49	43	38	32	26	21	15

Tabelle A3 Maximal zulässige Leitungslänge für Querschnitte 1 mm^2 bis 16 mm^2 Cu, Isolation PVC oder Gummi; LS-Schalter Typ L; Abschaltzeit 0,1/0,2/0,4 s und 5 s; Nennspannung: 400 V/230 V

Querschnitt S in mm^2	Bemessungsstrom der Sicherung I_n in A	Kurzschlussstrom I_k in A	höchstzulässige Länge in m bei einer Schleifenimpedanz Z_V bis zur Sicherung								
			10 mΩ	50 mΩ	100 mΩ	200 mΩ	300 mΩ	400 mΩ	500 mΩ	600 mΩ	700 mΩ
4	25	123	162	158	154	144	135	126	117	108	99
	32	157	127	123	118	109	100	91	82	73	64
	35	172	115	112	107	98	89	80	71	62	53
	40	182	109	105	101	92	83	73	64	55	46
	50	228	87	83	79	70	60	51	42	33	24
	63	287	69	65	61	51	42	33	24	15	6
6	32	157	190	184	177	164	150	136	123	109	95
	35	172	173	167	161	147	133	120	106	92	79
	40	182	163	158	151	137	124	110	96	83	69
	50	228	130	125	118	104	90	77	63	49	36
	63	287	103	98	91	77	63	50	36	22	9
	80	364	81	76	69	55	41	28	14	–	–
10	50	228	212	203	192	170	147	125	103	81	58
	63	287	168	159	148	126	103	81	59	37	14
	80	364	132	123	112	90	67	45	23	1	–
	100	455	105	96	85	63	41	18	–	–	–
16	63	287	266	252	234	199	164	129	93	58	23
	80	364	209	195	177	142	107	71	36	1	–
	100	455	166	152	135	100	64	29	–	–	–
	125	569	132	118	101	65	30	–	–	–	–

Tabelle A3 (Fortsetzung) Maximal zulässige Leitungslänge für Querschnitte 1 mm^2 bis 16 mm^2 Cu, Isolation PVC oder Gummi; LS-Schalter Typ L; Abschaltzeit 0,1/0,2/0,4 s und 5 s; Nennspannung: 400 V/230 V

Querschnitt S in mm^2	Bemessungsstrom der Sicherung I_n in A	Kurzschlussstrom I_k in A	höchstzulässige Länge in m bei einer Schleifenimpedanz Z_V bis zur Sicherung								
			10 mΩ	50 mΩ	100 mΩ	200 mΩ	300 mΩ	400 mΩ	500 mΩ	600 mΩ	700 mΩ
1	10	50	105	104	103	100	98	95	93	91	88
	13	65	81	80	78	76	74	71	69	67	64
	16	80	66	65	63	61	59	56	54	52	49
	20	100	52	51	50	48	46	43	41	38	36
	25	125	42	41	40	38	35	33	30	28	26
	32	160	33	32	31	28	26	24	21	19	16
	35	175	30	29	28	26	23	21	18	16	14
1,5	13	65	116	114	113	109	106	102	99	95	92
	16	80	94	93	91	87	84	81	77	74	70
	20	100	75	74	72	69	65	62	58	55	52
	25	125	60	59	57	54	50	47	43	40	37
	32	160	47	46	44	41	37	34	30	27	23
	35	175	43	42	40	37	33	30	26	23	19
	40	200	38	36	35	31	28	24	21	17	14
2,5	16	80	156	154	151	145	140	134	128	123	117
	20	100	124	123	120	114	108	103	97	91	86
	25	125	100	98	95	89	83	78	72	66	61
	32	160	78	76	73	67	62	56	50	44	39
	35	175	71	69	66	61	55	49	43	38	32
	40	200	62	60	57	52	46	40	35	29	23
	50	250	50	48	45	39	33	28	22	16	11

Tabelle A4 Maximal zulässige Leitungslänge für Querschnitte 1 mm^2 bis 16 mm^2 Cu, Isolation PVC oder Gummi; LS-Schalter Typ B; Abschaltzeit 0,1/0,2/0,4 s und 5 s; Nennspannung: 400 V/230 V

Querschnitt S in mm^2	Bemessungsstrom der Sicherung I_n in A	Kurzschlussstrom I_k in A	höchstzulässige Länge in m bei einer Schleifenimpedanz Z_V bis zur Sicherung								
			10 mΩ	50 mΩ	100 mΩ	200 mΩ	300 mΩ	400 mΩ	500 mΩ	600 mΩ	700 mΩ
4	25	125	160	156	152	142	133	124	115	106	97
	32	160	125	121	116	107	98	89	80	71	62
	35	175	114	110	106	97	88	78	69	60	51
	40	200	100	96	91	82	73	64	55	46	37
	50	250	80	76	71	62	53	44	35	26	17
	63	315	63	59	55	46	37	28	18	9	–
6	32	160	186	181	174	160	147	133	120	106	92
	35	175	170	165	158	144	131	117	103	90	76
	40	200	149	144	137	123	109	96	82	68	55
	50	250	119	114	107	93	79	66	52	38	25
	63	315	94	89	82	68	55	41	27	14	–
	80	400	74	69	62	48	34	21	7	–	–
10	50	250	194	185	174	151	129	107	85	62	40
	63	315	153	144	133	111	89	66	44	22	–
	80	400	120	111	100	78	56	34	11	–	–
	100	500	96	87	76	54	31	9	–	–	–
16	63	315	243	228	211	176	140	105	70	35	–
	80	400	190	176	160	123	88	53	18	–	–
	100	500	152	138	120	85	49	14	–	–	–
	125	625	121	107	89	54	18	–	–	–	–

Tabelle A4 (Fortsetzung) Maximal zulässige Leitungslänge für Querschnitte 1 mm^2 bis 16 mm^2 Cu, Isolation PVC oder Gummi; LS-Schalter Typ B; Abschaltzeit 0,1/0,2/0,4 s und 5 s; Nennspannung: 400 V/230 V

25

25

Querschnitt S in mm^2	Bemessungsstrom der Sicherung I_n in A	Kurzschlussstrom I_k in A	höchstzulässige Länge in m bei einer Schleifenimpedanz Z_V bis zur Sicherung								
			10 mΩ	50 mΩ	100 mΩ	200 mΩ	300 mΩ	400 mΩ	500 mΩ	600 mΩ	700 mΩ
1	10	100	52	51	50	48	46	43	41	38	36
	13	130	40	39	38	36	34	31	29	26	24
	16	160	33	32	31	28	26	24	21	19	16
	20	200	26	25	24	22	19	17	15	12	10
	25	250	21	20	19	17	14	12	9	7	5
	32	320	17	16	14	12	10	7	5	3	–
	35	350	15	14	13	11	8	6	4	1	–
1,5	13	130	58	57	55	51	48	45	41	38	34
	16	160	47	46	44	41	37	34	30	27	23
	20	200	38	36	35	31	28	24	21	17	14
	25	250	30	29	27	24	20	17	13	10	7
	32	320	24	22	21	17	14	10	7	3	–
	35	350	22	20	19	15	12	8	5	1	–
	40	400	19	18	16	12	9	6	2	–	–
2,5	16	160	78	76	73	67	62	56	50	44	39
	20	200	62	60	57	52	46	40	35	29	23
	25	250	50	48	45	39	33	28	22	16	11
	32	320	39	37	34	28	22	17	11	5	–
	35	350	36	33	31	25	19	13	8	2	–
	40	400	31	29	26	20	15	9	3	–	–
	50	500	25	23	20	14	8	3	–	–	–

Tabelle A5 Maximal zulässige Leitungslänge für Querschnitte 1 mm^2 bis 16 mm^2 Cu, Isolation PVC oder Gummi; LS-Schalter Typ C; Abschaltzeit 0,1/0,2/0,4 s; Nennspannung: 400 V/230 V

Querschnitt S in mm^2	Bemessungsstrom der Sicherung I_n in A	Kurzschlussstrom I_k in A	höchstzulässige Länge in m bei einer Schleifenimpedanz Z_V bis zur Sicherung								
			10 mΩ	50 mΩ	100 mΩ	200 mΩ	300 mΩ	400 mΩ	500 mΩ	600 mΩ	700 mΩ
4	25	250	80	76	71	62	53	44	35	26	17
	32	320	62	58	54	45	36	27	17	8	–
	35	350	57	53	49	39	30	21	12	3	–
	40	400	50	46	41	32	23	14	5	–	–
	50	500	40	36	31	22	13	4	–	–	–
	63	630	31	28	23	14	5	–	–	–	–
6	32	320	93	87	81	67	53	40	26	12	–
	35	350	85	79	72	59	45	31	18	4	–
	40	400	74	69	62	48	34	21	7	–	–
	50	500	59	54	47	33	19	6	–	–	–
	63	630	47	41	34	21	7	–	–	–	–
	80	800	37	31	24	11	–	–	–	–	–
10	50	500	96	87	76	54	31	9	–	–	–
	63	630	76	67	56	34	11	–	–	–	–
	80	800	59	12	39	17	–	–	–	–	–
	100	1 000	47	38	27	5	–	–	–	–	–
16	63	630	120	106	88	53	18	–	–	–	–
	80	800	94	80	62	27	–	–	–	–	–
	100	1 000	74	60	43	7	–	–	–	–	–
	125	1 250	59	45	27	–	–	–	–	–	–

Tabelle A5 (Fortsetzung) Maximal zulässige Leitungslänge für Querschnitte 1 mm^2 bis 16 mm^2 Cu, Isolation PVC oder Gummi; LS-Schalter Typ C; Abschaltzeit 0,1/0,2/0,4 s; Nennspannung: 400 V/230 V

Querschnitt S in mm^2	Bemessungsstrom der Sicherung I_n in A	Kurzschlussstrom I_k in A	höchstzulässige Länge in m bei einer Schleifenimpedanz Z_V bis zur Sicherung								
			10 mΩ	50 mΩ	100 mΩ	200 mΩ	300 mΩ	400 mΩ	500 mΩ	600 mΩ	700 mΩ
1	10	200	26	25	24	22	19	17	15	12	10
	13	260	20	19	18	16	13	11	9	6	4
	16	320	17	16	14	12	10	7	5	3	–
	20	400	13	12	11	9	6	4	2	–	–
	25	500	11	10	9	6	4	1	–	–	–
	32	640	8	7	6	4	2	–	–	–	–
	35	700	7	6	5	3	1	–	–	–	–
1,5	13	260	29	28	26	23	19	16	12	9	5
	16	320	24	22	21	17	14	10	7	3	–
	20	400	19	18	16	12	9	6	2	–	–
	25	500	15	14	12	9	5	2	–	–	–
	32	640	12	11	9	5	2	–	–	–	–
	35	700	11	10	8	4	1	–	–	–	–
	40	800	10	8	6	3	–	–	–	–	–
2,5	16	320	39	37	34	28	22	17	11	5	–
	20	400	31	29	26	20	15	9	3	–	–
	25	500	25	23	20	14	8	3	–	–	–
	32	640	19	17	14	9	3	–	–	–	–
	35	700	18	16	13	7	1	–	–	–	–
	40	800	16	13	10	5	–	–	–	–	–
	50	1000	12	10	7	2	–	–	–	–	–

Tabelle A6 Maximal zulässige Leitungslänge für Querschnitte 1 mm^2 bis 16 mm^2 Cu, Isolation PVC oder Gummi; LS-Schalter Typ D; Abschaltzeit 0,1/0,2/0,4 s; Nennspannung: 400 V/230 V

Querschnitt S in mm^2	Bemessungsstrom der Sicherung I_n in A	Kurzschlussstrom I_k in A	höchstzulässige Länge in m bei einer Schleifenimpedanz Z_V bis zur Sicherung								
			10 mΩ	50 mΩ	100 mΩ	200 mΩ	300 mΩ	400 mΩ	500 mΩ	600 mΩ	700 mΩ
4	25	500	40	36	31	22	13	4	–	–	–
	32	640	31	27	23	14	4	–	–	–	–
	35	700	28	25	20	11	2	–	–	–	–
	40	800	25	21	16	7	–	–	–	–	–
	50	1 000	20	16	11	2	–	–	–	–	–
	63	1 260	15	12	7	–	–	–	–	–	–
6	32	640	46	41	34	20	6	–	–	–	–
	35	700	42	36	30	16	2	–	–	–	–
	40	800	37	31	24	11	–	–	–	–	–
	50	1 000	29	24	17	3	–	–	–	–	–
	63	1 260	23	17	11	–	–	–	–	–	–
	80	1 600	18	12	6	–	–	–	–	–	–
10	50	1 000	47	38	27	5	–	–	–	–	–
	63	1 260	37	28	17	–	–	–	–	–	–
	80	1 600	29	20	9	–	–	–	–	–	–
	100	2 000	23	14	3	–	–	–	–	–	–
16	63	1 260	58	44	27	–	–	–	–	–	–
	80	1 600	45	31	14	–	–	–	–	–	–
	100	2 000	36	22	4	–	–	–	–	–	–
	125	2 500	28	14	–	–	–	–	–	–	–

Tabelle A6 (Fortsetzung) Maximal zulässige Leitungslänge für Querschnitte 1 mm^2 bis 16 mm^2 Cu, Isolation PVC oder Gummi; LS-Schalter Typ D; Abschaltzeit 0,1/0,2/0,4 s; Nennspannung: 400 V/230 V

Quer-schnitt S in mm^2	Bemessungs-strom der Sicherung I_n in A	Kurz-schluss-strom I_k in A	höchstzulässige Länge in m bei einer Schleifenimpedanz Z_V bis zur Sicherung								
			10 mΩ	50 mΩ	100 mΩ	200 mΩ	300 mΩ	400 mΩ	500 mΩ	600 mΩ	700 mΩ
1	10	70	75	74	73	70	68	66	63	61	58
	13	91	58	57	56	53	51	48	46	44	41
	16	112	47	46	45	42	40	38	35	33	30
	20	140	38	37	35	33	31	28	26	24	21
	25	175	30	29	28	26	23	21	18	16	14
	32	224	23	23	21	19	17	14	12	10	7
	35	245	22	21	19	17	15	12	10	8	5
1,5	13	91	83	81	80	76	73	69	66	62	59
	16	112	67	66	64	61	57	54	50	47	44
	20	140	54	52	51	47	44	40	37	34	30
	25	175	43	42	40	37	33	30	26	23	20
	32	224	34	32	31	27	24	20	17	13	10
	35	245	31	29	28	24	21	17	14	11	7
	40	280	27	26	24	20	17	14	10	7	3
2,5	16	112	112	109	106	101	95	89	84	78	72
	20	140	89	87	84	78	73	67	61	56	50
	25	175	71	69	66	61	55	49	43	38	32
	32	224	56	53	51	45	39	34	28	22	16
	35	245	51	49	46	40	34	29	23	17	12
	40	280	45	42	39	34	28	22	17	11	5
	50	350	36	33	31	25	19	13	8	2	–

Tabelle A7 Maximal zulässige Leitungslänge für Querschnitte 1 mm^2 bis 16 mm^2 Cu, Isolation PVC oder Gummi; LS-Schalter Typ C und D; Abschaltzeit 5 s; Nennspannung: 400 V/230 V

Querschnitt S in mm^2	Bemessungsstrom der Sicherung I_n in A	Kurzschlussstrom I_k in A	höchstzulässige Länge in m bei einer Schleifenimpedanz Z_V bis zur Sicherung								
			10 mΩ	50 mΩ	100 mΩ	200 mΩ	300 mΩ	400 mΩ	500 mΩ	600 mΩ	700 mΩ
4	25	175	114	110	106	97	88	78	69	60	51
	32	224	89	85	81	72	62	53	44	35	26
	35	245	81	78	73	64	55	46	37	27	18
	40	280	71	67	63	54	45	35	26	17	8
	50	350	57	53	49	39	30	21	12	3	–
	63	441	45	41	37	28	19	9	–	–	–
6	32	224	133	127	121	107	93	80	66	52	39
	35	245	121	116	109	96	82	68	55	41	27
	40	280	106	101	94	80	67	53	39	26	12
	50	350	85	79	72	59	45	31	18	4	–
	63	441	67	62	55	41	27	14	–	–	–
	80	560	53	47	40	27	13	–	–	–	–
10	50	350	138	129	118	96	73	51	29	6	–
	63	441	109	100	89	67	44	22	–	–	–
	80	560	85	77	65	43	21	–	–	–	–
	100	700	68	59	48	26	3	–	–	–	–
16	63	441	172	158	141	105	70	35	–	–	–
	80	560	135	121	103	68	33	–	–	–	–
	100	700	107	93	76	40	5	–	–	–	–
	125	875	85	71	54	18	–	–	–	–	–

Tabelle A7 (Fortsetzung) Maximal zulässige Leitungslänge für Querschnitte 1 mm^2 bis 16 mm^2 Cu, Isolation PVC oder Gummi; LS-Schalter Typ C und D; Abschaltzeit 5 s; Nennspannung: 400 V/230 V

Querschnitt S in mm²	Bemessungsstrom der Sicherung I_n in A	Kurzschlussstrom I_k in A	höchstzulässige Länge in m bei einer Schleifenimpedanz Z_V bis zur Sicherung								
			10 mΩ	30 mΩ	50 mΩ	80 mΩ	100 mΩ	150 mΩ	200 mΩ	250 mΩ	300 mΩ
25	63	351	341	330	319	302	291	263	236	208	180
	80	452	264	252	241	225	214	186	158	130	103
	100	573	207	196	185	168	157	129	101	74	46
	125	751	156	145	134	118	107	79	51	23	–
	160	995	117	106	95	78	67	39	11	–	–
35	80	452	362	347	331	309	293	255	217	179	141
	100	573	284	269	253	231	215	177	139	101	63
	125	751	215	199	184	161	146	108	70	32	–
	160	995	160	145	130	107	92	54	16	–	–
	200	1 286	122	107	92	69	54	16	–	–	–
50	100	573	381	361	340	310	289	238	187	136	85
	125	751	288	268	248	217	196	145	94	43	–
	160	995	215	195	174	144	123	72	21	–	–
	200	1 286	164	144	123	93	72	21	–	–	–
	224	1 471	142	122	101	71	50	–	–	–	–
	250	1 664	125	104	84	53	33	–	–	–	–
70	125	751	408	379	350	307	278	205	133	61	–
	160	995	304	275	246	203	174	102	30	–	–
	200	1 286	232	203	174	131	102	30	–	–	–
	224	1 471	201	172	143	100	71	–	–	–	–
	250	1 664	176	147	118	75	46	–	–	–	–
	315	2 080	138	109	80	37	8	–	–	–	–

Tabelle A8 Maximal zulässige Leitungslänge für Querschnitte 25 mm² bis 185 mm² Cu, Isolierung PVC oder VPE oder EPR; Leitungsschutzsicherungen Betriebsklasse gG bzw. gL; Abschaltzeit 5 s; Nennspannung: 400 V/230 V

Querschnitt S in mm^2	Bemessungsstrom der Sicherung I_n in A	Kurzschlussstrom I_k in A	höchstzulässige Länge in m bei einer Schleifenimpedanz Z_V bis zur Sicherung								
			10 mΩ	30 mΩ	50 mΩ	80 mΩ	100 mΩ	150 mΩ	200 mΩ	250 mΩ	300 mΩ
95	160	995	410	371	332	273	234	137	40	–	–
	200	1 286	312	274	235	176	137	40	–	–	–
	224	1 471	271	232	193	135	96	–	–	–	–
	250	1 664	237	198	159	101	62	–	–	–	–
	315	2 080	186	147	108	50	11	–	–	–	–
	355	2 373	160	122	83	24	–	–	–	–	–
120	160	995	499	451	404	333	286	167	49	–	–
	200	1 286	381	333	286	215	167	49	–	–	–
	224	1 471	330	282	235	164	116	–	–	–	–
	250	1 664	289	241	194	123	75	–	–	–	–
	315	2 080	226	179	131	60	13	–	–	–	–
	355	2 373	195	148	101	30	–	–	–	–	–
150	200	1 286	461	404	374	260	203	59	–	–	–
	224	1 471	400	342	285	199	141	–	–	–	–
	250	1 664	350	293	235	149	92	–	–	–	–
	315	2 080	274	217	159	73	16	–	–	–	–
	355	2 373	237	179	122	36	–	–	–	–	–
	400	2 720	203	146	88	2	–	–	–	–	–
	500	3 580	147	90	32	–	–	–	–	–	–
185	250	1 664	412	344	277	175	108	–	–	–	–
	315	2 080	323	255	187	86	19	–	–	–	–
	355	2 373	279	211	143	42	–	–	–	–	–
	400	2 720	239	171	104	2	–	–	–	–	–
	500	3 580	173	106	38	–	–	–	–	–	–

Tabelle A8 (Fortsetzung) Maximal zulässige Leitungslänge für Querschnitte 25 mm^2 bis 185 mm^2 Cu, Isolierung PVC oder VPE oder EPR; Leitungsschutzsicherungen Betriebsklasse gG bzw. gL; Abschaltzeit 5 s; Nennspannung: 400 V/230 V

Querschnitt S in mm^2	Bemessungsstrom der Sicherung I_n in A	Kurzschlussstrom I_k in A	höchstzulässige Länge in m bei einer Schleifenimpedanz Z_V bis zur Sicherung								
			10 mΩ	30 mΩ	50 mΩ	80 mΩ	100 mΩ	150 mΩ	200 mΩ	250 mΩ	300 mΩ
25	50	260	279	273	266	256	249	233	216	199	182
	63	351	206	199	193	183	176	159	142	126	109
	80	452	159	153	146	136	129	112	96	79	62
	100	573	125	118	112	102	95	78	61	45	28
	125	751	95	88	81	71	64	48	31	14	–
35	63	351	282	273	264	250	241	218	195	172	149
	80	452	218	209	200	186	177	154	131	108	85
	100	573	171	162	153	139	130	107	84	61	38
	125	751	130	120	111	97	88	65	42	19	–
	160	995	97	87	78	65	55	32	9	–	–
50	80	452	297	285	272	253	241	210	178	147	116
	100	573	233	221	208	189	177	146	114	83	52
	125	751	176	164	151	133	120	89	58	26	–
	160	995	132	119	107	88	75	44	13	–	–
	200	1 286	100	88	75	57	44	13	–	–	–
70	100	573	335	317	299	272	254	209	164	119	74
	125	751	253	235	217	190	172	128	83	38	–
	160	995	189	171	153	126	108	63	18	–	–
	200	1 286	144	126	108	81	63	18	–	–	–
	224	1 471	125	107	89	62	44	–	–	–	–
	250	1 664	109	91	73	47	29	–	–	–	–

Tabelle A9 Maximal zulässige Leitungslänge für Querschnitte 25 mm^2 bis 185 mm^2 Al, Isolierung PVC oder VPE oder EPR; Leitungsschutzsicherungen Betriebsklasse gG bzw. gL; Abschaltzeit 5 s; Nennspannung: 400 V/230 V

25

Querschnitt S in mm^2	Bemessungsstrom der Sicherung I_n in A	Kurzschlussstrom I_k in A	höchstzulässige Länge in m bei einer Schleifenimpedanz Z_V bis zur Sicherung								
			10 mΩ	30 mΩ	50 mΩ	80 mΩ	100 mΩ	150 mΩ	200 mΩ	250 mΩ	300 mΩ
95	125	751	347	323	298	261	237	175	113	52	–
	160	995	259	235	210	173	148	87	25	–	–
	200	1 286	198	173	149	112	87	25	–	–	–
	224	1 471	171	147	122	85	61	–	–	–	–
	250	1 664	150	125	101	64	39	–	–	–	–
	315	2 080	118	93	68	31	7	–	–	–	–
120	125	751	431	401	370	324	294	217	141	64	–
	160	995	322	291	261	215	184	108	31	–	–
	200	1 286	246	215	184	139	108	32	–	–	–
	224	1 471	213	182	152	106	75	–	–	–	–
	250	1 664	186	156	125	79	49	–	–	–	–
	315	2 080	146	115	85	39	8	–	–	–	–
150	160	995	390	353	316	260	223	131	38	–	–
	200	1 286	297	260	223	168	131	38	–	–	–
	224	1 471	258	221	184	128	91	–	–	–	–
	250	1 664	226	189	152	96	59	–	–	–	–
	315	2 080	177	140	103	47	10	–	–	–	–
	355	2 373	153	116	79	23	–	–	–	–	–
185	200	1 286	362	317	272	204	159	46	–	–	–
	224	1 471	313	268	223	156	111	–	–	–	–
	250	1 664	274	229	184	117	72	–	–	–	–
	315	2 080	215	170	125	57	12	–	–	–	–
	355	2 373	186	141	96	28	–	–	–	–	–
	400	2 720	159	114	69	1	–	–	–	–	–

Tabelle A9 (Fortsetzung) Maximal zulässige Leitungslänge für Querschnitte 25 mm^2 bis 185 mm^2 Al, Isolierung PVC oder VPE oder EPR; Leitungsschutzsicherungen Betriebsklasse gG bzw. gL; Abschaltzeit 5 s; Nennspannung: 400 V/230 V

Querschnitt S in mm^2	Bemessungsstrom der Sicherung I_n in A	Kurzschlussstrom I_k in A	höchstzulässige Länge in m bei einer Schleifenimpedanz Z_V bis zur Sicherung								
			10 mΩ	30 mΩ	50 mΩ	80 mΩ	100 mΩ	150 mΩ	200 mΩ	250 mΩ	300 mΩ
25/16	63	351	265	256	248	235	226	205	183	162	140
	80	452	205	196	188	175	166	145	123	101	80
	100	573	161	152	143	131	122	100	79	57	36
	125	751	122	113	104	91	83	61	40	18	–
	160	995	91	82	73	61	52	30	9	–	–
35/16	80	452	229	219	210	195	186	162	138	113	89
	100	573	180	170	160	146	136	112	88	64	40
	125	751	136	126	117	102	93	68	44	20	–
	160	995	101	92	82	68	58	34	10	–	–
	200	1 286	77	68	58	44	34	10	–	–	–
50/25	100	573	268	254	239	218	203	167	131	96	60
	125	751	203	188	174	153	138	102	66	30	–
	160	995	151	137	123	101	87	51	15	–	–
	200	1 286	115	101	87	65	51	15	–	–	–
	224	1 471	100	86	71	50	35	–	–	–	–
	250	1 664	88	73	59	37	23	–	–	–	–
70/35	125	751	281	261	241	212	192	142	92	42	–
	160	995	210	190	170	140	120	70	20	–	–
	200	1 286	160	140	120	90	70	21	–	–	–
	224	1 471	139	119	99	69	49	–	–	–	–
	250	1 664	121	102	82	52	32	–	–	–	–
	315	2 080	95	75	55	25	5	–	–	–	–

Tabelle A10 Maximal zulässige Leitungslänge für Querschnitte 25/16 mm^2 bis 185/95 mm^2 Cu, Isolierung PVC oder VPE oder EPR; Leitungsschutzsicherungen Betriebsklasse gG bzw. gL; Abschaltzeit 5 s; Nennspannung: 400 V/230 V

Querschnitt S in mm^2	Bemessungsstrom der Sicherung I_n in A	Kurzschlussstrom I_k in A	höchstzulässige Länge in m bei einer Schleifenimpedanz Z_V bis zur Sicherung								
			10 mΩ	30 mΩ	50 mΩ	80 mΩ	100 mΩ	150 mΩ	200 mΩ	250 mΩ	300 mΩ
95/50	160	995	282	255	229	188	162	94	27	–	–
	200	1 286	215	188	162	121	95	28	–	–	–
	224	1 471	187	160	133	93	66	–	–	–	–
	250	1 664	163	137	110	69	43	–	–	–	–
	315	2 080	128	101	74	34	7	–	–	–	–
	355	2 373	111	84	57	17	–	–	–	–	–
	400	2 720	95	68	41	1	–	–	–	–	–
120/70	160	995	378	342	306	252	216	127	37	–	–
	200	1 286	288	252	217	163	127	37	–	–	–
	224	1 471	250	214	178	124	88	–	–	–	–
	250	1 664	219	183	147	93	57	–	–	–	–
	315	2 080	171	136	100	46	10	–	–	–	–
	355	2 373	148	112	76	22	–	–	–	–	–
	400	2 720	127	91	55	1	–	–	–	–	–
150/70	200	1 286	309	270	232	174	136	40	–	–	–
	224	1 471	268	229	191	133	95	–	–	–	–
	250	1 664	234	196	157	100	61	–	–	–	–
	315	2 080	184	145	107	49	11	–	–	–	–
	355	2 373	159	120	82	24	–	–	–	–	–
	400	2 720	136	97	59	1	–	–	–	–	–
185/95	250	1 664	301	251	202	128	79	–	–	–	–
	315	2 080	236	186	137	63	14	–	–	–	–
	355	2 373	204	154	105	31	–	–	–	–	–
	400	2 720	174	125	76	2	–	–	–	–	–
	500	3 580	127	77	28	–	–	–	–	–	–

Tabelle A10 (Fortsetzung) Maximal zulässige Leitungslänge für Querschnitte 25/16 mm^2 bis 185/95 mm^2 Cu, Isolierung PVC oder VPE oder EPR; Leitungsschutzsicherungen Betriebsklasse gG bzw. gL; Abschaltzeit 5 s; Nennspannung: 400 V/230 V

Querschnitt S in mm^2	Bemessungsstrom der Sicherung I_n in A	Kurzschlussstrom I_k in A	höchstzulässige Länge in m bei einer Schleifenimpedanz Z_V bis zur Sicherung								
			10 mΩ	30 mΩ	50 mΩ	80 mΩ	100 mΩ	150 mΩ	200 mΩ	250 mΩ	300 mΩ
25/16	63	351	161	156	151	143	138	124	111	98	85
	80	452	125	119	114	106	101	88	75	62	49
	100	573	98	92	87	79	74	61	48	35	22
	125	751	74	69	63	56	50	37	24	11	–
	160	995	55	50	45	37	32	18	5	–	–
35/16	80	452	139	133	127	119	113	98	84	69	54
	100	573	109	103	97	89	83	68	54	39	24
	125	751	83	77	71	62	56	42	27	12	–
	160	995	62	56	50	41	35	21	6	–	–
	200	1286	47	41	35	27	21	6	–	–	–
50/25	100	573	163	154	145	132	123	102	80	58	36
	125	751	123	114	106	93	84	62	40	18	–
	160	995	92	83	74	61	53	31	9	–	–
	200	1286	70	61	53	40	31	9	–	–	–
	224	1471	61	52	43	30	21	–	–	–	–
	250	1664	53	44	36	23	14	–	–	–	–
70/35	125	751	171	159	147	129	117	86	56	26	–
	160	995	128	116	104	85	73	43	12	–	–
	200	1286	98	85	73	55	43	13	–	–	–
	224	1471	85	72	60	42	30	–	–	–	–
	250	1664	74	62	50	31	19	–	–	–	–
	315	2080	58	46	34	15	3	–	–	–	–

Tabelle A11 Maximal zulässige Leitungslänge für Querschnitte 25/16 mm^2 bis 185/95 mm^2 Al, Isolierung PVC oder VPE oder EPR; Leitungsschutzsicherungen Betriebsklasse gG bzw. gL; Abschaltzeit 5 s; Nennspannung: 400 V/230 V

25

Querschnitt S in mm^2	Bemessungsstrom der Sicherung I_n in A	Kurzschlussstrom I_k in A	höchstzulässige Länge in m bei einer Schleifenimpedanz Z_V bis zur Sicherung								
			10 mΩ	30 mΩ	50 mΩ	80 mΩ	100 mΩ	150 mΩ	200 mΩ	250 mΩ	300 mΩ
95/50	160	995	175	158	141	116	100	58	17	–	–
	200	1 286	133	117	100	75	59	17	–	–	–
	224	1 471	115	99	82	57	41	–	–	–	–
	250	1 664	101	84	68	43	26	–	–	–	–
	315	2 080	79	63	46	21	5	–	–	–	–
	355	2 373	68	52	35	10	–	–	–	–	–
	400	2 720	59	42	25	1	–	–	–	–	–
120/70	160	995	238	215	193	159	136	80	23	–	–
	200	1 286	182	159	136	102	80	23	–	–	–
	224	1 471	157	135	112	78	56	–	–	–	–
	250	1 664	138	115	93	59	36	–	–	–	–
	315	2 080	108	85	63	29	6	–	–	–	–
	355	2 373	93	71	48	14	–	–	–	–	–
	400	2 720	80	57	35	1	–	–	–	–	–
150/70	200	1 286	194	170	146	110	85	25	–	–	–
	224	1 471	168	144	120	84	59	–	–	–	–
	250	1 664	147	123	99	63	39	–	–	–	–
	315	2 080	115	91	67	31	7	–	–	–	–
	355	2 373	100	76	51	15	–	–	–	–	–
	400	2 720	85	61	37	1	–	–	–	–	–
185/95	250	1 664	194	162	130	83	51	–	–	–	–
	315	2 080	152	120	88	41	9	–	–	–	–
	355	2 373	131	99	68	20	–	–	–	–	–
	400	2 720	113	81	49	1	–	–	–	–	–
	500	3 580	81	50	18	–	–	–	–	–	–

Tabelle A11 (Fortsetzung) Maximal zulässige Leitungslänge für Querschnitte 25/16 mm^2 bis 185/95 mm^2 Al, Isolierung PVC oder VPE oder EPR; Leitungsschutzsicherungen Betriebsklasse gG bzw. gL; Abschaltzeit 5 s; Nennspannung: 400 V/230 V

25

Querschnitt S in mm^2	Bemessungsstrom der Sicherung I_n in A	Kurzschlussstrom I_k in A	höchstzulässige Länge in m bei einer Schleifenimpedanz Z_V bis zur Sicherung								
			10 mΩ	50 mΩ	100 mΩ	200 mΩ	300 mΩ	400 mΩ	500 mΩ	600 mΩ	700 mΩ
1	6	28	178	178	176	174	172	170	167	165	163
	10	47	106	105	104	102	100	97	95	93	91
	16	88	57	56	55	52	50	48	45	43	41
	20	140	36	35	33	31	29	27	24	22	20
	25	240	21	20	19	16	14	12	9	7	5
	32	510	10	9	8	5	3	1	–	–	–
	35	580	8	7	6	4	2	–	–	–	–
	40	930	5	4	3	1	–	–	–	–	–
1,5	6	28	268	266	265	261	258	254	251	247	244
	10	47	159	158	156	153	149	146	143	139	136
	16	72	104	103	101	97	94	91	87	84	80
	20	102	73	72	70	67	63	60	56	53	50
	25	155	48	47	45	42	38	35	31	28	24
	32	300	25	23	22	18	15	11	8	4	1
	35	355	21	19	18	14	11	7	4	1	–
	40	500	15	13	12	8	5	1	–	–	–
2,5	20	88	142	139	136	131	125	119	114	108	102
	25	120	104	101	99	93	87	81	76	70	64
	32	182	68	66	63	57	52	46	40	35	29
	35	210	59	57	54	48	42	37	31	25	20
	40	285	42	41	38	32	27	21	15	10	4
	50	465	26	24	21	15	10	4	–	–	–

Tabelle A12 Maximal zulässige Leitungslänge für Querschnitte 1 mm^2 bis 16 mm^2 Cu, Isolation PVC oder Gummi; Leitungsschutzsicherungen Betriebsklasse gG bzw. gL; Abschaltzeit $t_k \leq (k \cdot S/I_k)^2$ mit $t_{max} = 5$ s; Nennspannung: 400 V/230 V

Querschnitt S in mm^2	Bemessungsstrom der Sicherung I_n in A	Kurzschlussstrom I_k in A	höchstzulässige Länge in m bei einer Schleifenimpedanz Z_V bis zur Sicherung								
			10 mΩ	50 mΩ	100 mΩ	200 mΩ	300 mΩ	400 mΩ	500 mΩ	600 mΩ	700 mΩ
4	25	120	166	162	158	149	139	130	121	112	103
	32	156	127	124	119	110	101	92	83	74	64
	35	173	115	111	107	97	88	79	70	61	52
	40	210	94	91	86	77	68	59	50	41	31
	50	313	63	59	55	46	37	27	18	9	–
	63	580	34	30	25	16	7	–	–	–	–
6	32	156	191	185	178	165	151	137	124	110	96
	35	173	172	166	160	146	132	119	105	91	78
	40	200	148	143	136	123	109	95	82	68	54
	50	260	114	108	102	88	74	61	47	33	20
	63	405	73	67	60	47	33	19	6	–	–
	80	630	46	41	34	20	7	–	–	–	–
10	50	260	186	177	166	143	121	99	77	54	32
	63	351	137	128	117	95	72	50	28	6	–
	80	452	106	97	86	64	41	19	–	–	–
	100	650	73	64	53	31	8	–	–	–	–
16	63	351	217	203	185	150	115	79	44	9	–
	80	452	168	157	136	101	65	30	–	–	–
	100	573	131	117	100	64	29	–	–	–	–
	125	750	99	85	68	32	–	–	–	–	–

Tabelle A12 (Fortsetzung) Maximal zulässige Leitungslänge für Querschnitte 1 mm^2 bis 16 mm^2 Cu, Isolation PVC oder Gummi; Leitungsschutzsicherungen Betriebsklasse gG bzw. gL; Abschaltzeit $t_k \leq (k \cdot S/I_k)^2$ mit $t_{max} = 5$ s; Nennspannung: 400 V/230 V

Querschnitt S in mm^2	Bemessungsstrom der Sicherung I_n in A	Kurzschlussstrom I_k in A	höchstzulässige Länge in m bei einer Schleifenimpedanz Z_V bis zur Sicherung								
			10 mΩ	50 mΩ	100 mΩ	200 mΩ	300 mΩ	400 mΩ	500 mΩ	600 mΩ	700 mΩ
1,5	40	48	156	155	153	149	146	143	139	136	132
	60	72	104	103	101	97	94	91	87	84	80
	80	96	78	76	75	71	68	64	61	58	54
	100	120	62	61	59	56	52	49	45	42	39
	120	144	52	50	49	45	42	38	35	32	28
	180	216	34	33	31	28	24	21	18	14	11
	240	288	26	24	23	19	16	12	9	6	2
	300	360	21	19	17	14	11	7	4	–	–
2,5	80	96	130	127	125	119	113	107	102	96	90
	120	144	86	84	81	75	70	64	58	53	47
	160	192	65	62	59	54	48	42	37	31	25
	200	240	52	49	46	41	35	29	24	18	12
	240	288	43	41	38	32	26	21	15	9	4
	320	384	32	30	27	21	15	10	4	–	–
	400	480	25	23	20	15	9	3	–	–	–
	500	600	20	18	15	9	4	–	–	–	–
4	100	120	166	162	158	149	139	130	121	112	103
	160	192	103	100	95	86	77	68	59	50	40
	200	240	82	79	74	65	56	47	38	29	20
	240	288	69	65	60	51	42	33	24	15	6
	350	420	47	43	39	29	20	11	2	–	–
	500	600	32	29	24	15	6	–	–	–	–
	650	780	25	21	17	7	–	–	–	–	–
	800	960	20	16	12	3	–	–	–	–	–

Tabelle A13 Maximal zulässige Leitungslänge für Querschnitte 1,5 mm^2 bis 16 mm^2 Cu, Isolation PVC oder Gummi; Leistungsschalter nach DIN VDE 0660; Abschaltzeit 0,1/0,2/0,4 s und 5 s; Nennspannung: 400 V/230 V

25

Querschnitt S in mm^2	Bemessungsstrom der Sicherung I_n in A	Kurzschlussstrom I_k in A	höchstzulässige Länge in m bei einer Schleifenimpedanz Z_V bis zur Sicherung								
			10 mΩ	50 mΩ	100 mΩ	200 mΩ	300 mΩ	400 mΩ	500 mΩ	600 mΩ	700 mΩ
6	160	192	155	149	142	129	115	101	88	74	60
	200	240	124	118	111	98	84	70	57	43	29
	250	300	99	93	86	73	59	45	32	18	4
	350	420	70	65	58	44	30	17	3	–	–
	400	480	61	56	49	35	21	8	–	–	–
	600	720	40	35	28	14	1	–	–	–	–
	800	960	30	24	18	4	–	–	–	–	–
	1 000	1 200	24	18	11	–	–	–	–	–	–
10	160	192	252	243	232	210	188	165	143	121	99
	200	240	202	192	181	159	137	114	92	70	48
	240	288	167	158	147	125	103	81	58	36	14
	300	360	133	125	113	91	69	47	24	2	–
	500	600	79	70	59	37	15	–	–	–	–
	750	900	52	43	32	10	–	–	–	–	–
	1 000	1 200	38	30	18	–	–	–	–	–	–
	1 250	1 500	30	21	10	–	–	–	–	–	–
16	200	240	319	305	287	252	217	181	146	111	76
	240	288	265	251	233	198	163	128	92	57	22
	300	360	211	197	180	144	109	74	39	3	–
	400	480	158	144	126	91	55	20	–	–	–
	750	900	82	68	51	15	–	–	–	–	–
	1 000	1 200	61	47	29	–	–	–	–	–	–
	1 250	1 500	48	34	16	–	–	–	–	–	–
	1 500	1 800	39	25	8	–	–	–	–	–	–

Tabelle A13 (Fortsetzung) Maximal zulässige Leitungslänge für Querschnitte 1,5 mm^2 bis 16 mm^2 Cu, Isolation PVC oder Gummi; Leistungsschalter nach DIN VDE 0660; Abschaltzeit 0,1/0,2/0,4 s und 5 s; Nennspannung: 400 V/230 V

Querschnitt S in mm^2	Bemessungsstrom der Sicherung I_n in A	Kurzschlussstrom I_k in A	höchstzulässige Länge in m bei einer Schleifenimpedanz Z_V bis zur Sicherung								
			10 mΩ	30 mΩ	50 mΩ	80 mΩ	100 mΩ	150 mΩ	200 mΩ	250 mΩ	300 mΩ
25	400	480	248	237	226	209	198	170	142	115	87
	500	600	197	186	175	158	147	120	92	64	36
	600	720	163	152	141	125	113	86	58	30	3
	700	840	139	128	117	100	89	62	34	6	–
	800	960	121	110	99	82	71	44	16	–	–
	900	1080	107	96	85	68	57	29	2	–	–
	1000	1200	96	85	74	57	46	18	–	–	–
	1500	1800	62	51	40	23	12	–	–	–	–
	2000	2400	45	34	23	6	–	–	–	–	–
35	400	480	340	325	310	287	272	234	196	158	120
	500	600	271	255	240	217	202	164	126	88	50
	600	720	224	209	194	171	156	118	80	42	4
	700	840	191	176	161	138	123	85	47	9	–
	800	960	166	151	136	113	98	60	22	–	–
	900	1080	147	132	117	94	78	40	2	–	–
	1000	1200	132	116	101	78	63	25	–	–	–
	1500	1800	85	70	55	32	17	–	–	–	–
	2000	2400	62	47	32	9	–	–	–	–	–
50	500	600	364	343	323	292	272	221	169	118	67
	600	720	301	281	260	230	209	158	107	56	5
	700	840	257	236	216	185	165	114	63	11	–
	800	960	223	203	183	152	131	80	29	–	–
	900	1080	197	177	157	126	105	54	3	–	–
	1000	1200	177	156	136	105	85	34	–	–	–
	1500	1800	114	94	74	43	22	–	–	–	–
	2000	2400	83	63	42	12	–	–	–	–	–
	3000	3600	52	32	11	–	–	–	–	–	–

Tabelle A14 Maximal zulässige Leitungslänge für Querschnitte 25 mm^2 bis 185 mm^2 Cu, Isolation PVC oder Gummi; Leistungsschalter nach DIN VDE 0660; Abschaltzeit 0,1/0,2/0,4 s und 5 s; Nennspannung: 400 V/230 V

Querschnitt S in mm^2	Bemessungsstrom der Sicherung I_n in A	Kurzschlussstrom I_k in A	höchstzulässige Länge in m bei einer Schleifenimpedanz Z_V bis zur Sicherung								
			10 mΩ	30 mΩ	50 mΩ	80 mΩ	100 mΩ	150 mΩ	200 mΩ	250 mΩ	300 mΩ
70	500	600	514	485	456	413	384	312	239	167	95
	600	720	426	397	368	325	296	224	151	79	7
	700	840	363	334	305	262	233	161	88	16	–
	800	960	316	287	258	215	186	113	41	–	–
	900	1 080	279	250	221	178	149	77	5	–	–
	1 000	1 200	250	221	192	149	120	47	–	–	–
	1 500	1 800	162	133	104	61	32	–	–	–	–
	2 000	2 400	118	89	60	16	–	–	–	–	–
	3 000	3 600	74	45	16	–	–	–	–	–	–
95	600	720	573	534	496	437	398	301	204	106	9
	700	840	489	450	411	352	314	216	119	22	–
	800	960	425	386	347	289	250	153	56	–	–
	900	1 080	376	337	298	240	201	103	6	–	–
	1 000	1 200	336	297	258	200	161	64	–	–	–
	1 500	1 800	218	179	140	81	43	–	–	–	–
	2 000	2 400	158	119	81	22	–	–	–	–	–
	3 000	3 600	99	60	21	–	–	–	–	–	–
	4 000	4 800	69	31	–	–	–	–	–	–	–
120	600	720	698	651	604	532	485	367	248	130	11
	700	840	595	548	500	429	382	263	145	26	–
	800	960	518	470	423	352	305	186	68	–	–
	900	1 080	458	410	363	292	244	126	7	–	–
	1 000	1 200	410	362	315	244	196	78	–	–	–
	1 500	1 800	265	218	170	99	52	–	–	–	–
	2 000	2 400	193	146	98	27	–	–	–	–	–
	3 000	3 600	121	73	26	–	–	–	–	–	–

Tabelle A14 (Fortsetzung) Maximal zulässige Leitungslänge für Querschnitte 25 mm^2 bis 185 mm^2 Cu, Isolation PVC oder Gummi; Leistungsschalter nach DIN VDE 0660; Abschaltzeit 0,1/0,2/0,4 s und 5 s; Nennspannung: 400 V/230 V

25

Querschnitt S in mm^2	Bemessungsstrom der Sicherung I_n in A	Kurzschlussstrom I_k in A	höchstzulässige Länge in m bei einer Schleifenimpedanz Z_V bis zur Sicherung								
			10 mΩ	30 mΩ	50 mΩ	80 mΩ	100 mΩ	150 mΩ	200 mΩ	250 mΩ	300 mΩ
150	600	720	847	789	732	646	588	445	301	157	14
	700	840	722	664	607	521	463	319	176	32	–
	800	960	628	571	513	427	369	226	82	–	–
	900	1 080	555	498	440	354	296	153	9	–	–
	1 000	1 200	497	439	382	295	238	94	–	–	–
	1 500	1 800	322	264	207	120	63	–	–	–	–
	2 000	2 400	234	176	109	33	–	–	–	–	–
	3 000	3 600	146	89	31	–	–	–	–	–	–
	4 000	4 800	103	45	–	–	–	–	–	–	–
	5 000	6 000	76	19	–	–	–	–	–	–	–
185	600	720	996	928	861	759	692	523	354	185	16
	700	840	849	781	713	612	545	376	207	38	–
	800	960	738	671	603	502	434	265	96	–	–
	900	1 080	653	585	517	416	348	180	11	–	–
	1 000	1 200	584	516	449	347	280	111	–	–	–
	1 500	1 800	378	310	243	142	74	–	–	–	–
	2 000	2 400	275	207	140	39	–	–	–	–	–
	3 000	3 600	172	105	37	–	–	–	–	–	–
	4 000	4 800	121	53	–	–	–	–	–	–	–
	5 000	6 000	90	22	–	–	–	–	–	–	–
	6 000	7 200	69	2	–	–	–	–	–	–	–

Tabelle A14 (Fortsetzung) Maximal zulässige Leitungslänge für Querschnitte 25 mm^2 bis 185 mm^2 Cu, Isolation PVC oder Gummi; Leistungsschalter nach DIN VDE 0660; Abschaltzeit 0,1/0,2/0,4 s und 5 s; Nennspannung: 400 V/230 V

Querschnitt S in mm^2	Bemessungsstrom der Sicherung I_n in A	Kurzschlussstrom I_k in A	höchstzulässige Länge in m bei einer Schleifenimpedanz Z_V bis zur Sicherung								
			10 mΩ	30 mΩ	50 mΩ	80 mΩ	100 mΩ	150 mΩ	200 mΩ	250 mΩ	300 mΩ
25	400	480	150	143	136	126	120	103	86	69	53
	500	600	119	112	106	96	89	72	56	39	22
	600	720	99	92	85	75	69	52	35	18	2
	700	840	84	77	71	61	54	37	21	4	–
	800	960	73	67	60	50	43	26	10	–	–
	900	1080	65	58	51	41	35	18	1	–	–
	1000	1200	58	51	45	34	28	11	–	–	–
	1500	1800	37	31	24	14	7	–	–	–	–
	2000	2400	27	21	14	4	–	–	–	–	–
35	400	480	205	196	187	173	164	141	118	95	72
	500	600	163	154	145	131	122	99	76	53	30
	600	720	135	126	117	103	94	71	48	25	7
	700	840	115	106	97	83	74	51	28	5	–
	800	960	100	91	82	68	59	36	13	–	–
	900	1080	89	79	70	57	47	24	1	–	–
	1000	1200	79	70	61	47	38	15	–	–	–
	1500	1800	51	42	33	19	10	–	–	–	–
	2000	2400	37	28	19	5	–	–	–	–	–
50	400	480	279	267	254	236	223	192	161	129	98
	500	600	222	210	197	179	166	135	104	72	41
	600	720	184	172	159	140	128	97	65	34	3
	700	840	157	144	132	113	101	69	38	7	–
	800	960	137	124	112	93	80	49	18	–	–
	900	1080	121	108	96	77	64	33	2	–	–
	1000	1200	108	96	83	64	52	21	–	–	–
	1500	1800	70	57	45	26	14	–	–	–	–
	2000	2400	51	38	26	7	–	–	–	–	–

Tabelle A15 Maximal zulässige Leitungslänge für Querschnitte 25 mm^2 bis 185 mm^2 Al, Isolation PVC oder Gummi; Leistungsschalter nach DIN VDE 0660; Abschaltzeit 0,1/0,2/0,4 s und 5 s; Nennspannung: 400 V/230 V

25

Querschnitt S in mm²	Bemessungsstrom der Sicherung I_n in A	Kurzschlussstrom I_k in A	höchstzulässige Länge in m bei einer Schleifenimpedanz Z_V bis zur Sicherung								
			10 mΩ	30 mΩ	50 mΩ	80 mΩ	100 mΩ	150 mΩ	200 mΩ	250 mΩ	300 mΩ
70	500	600	319	301	283	256	238	194	149	104	59
	600	720	265	247	229	202	184	139	94	49	4
	700	840	225	208	190	163	145	100	55	10	–
	800	960	196	178	160	133	115	70	26	–	–
	900	1080	173	155	137	111	93	48	3	–	–
	1000	1200	155	137	119	92	74	29	–	–	–
	1500	1800	100	82	65	38	20	–	–	–	–
	2000	2400	73	55	37	10	–	–	–	–	–
	3000	3600	46	28	10	–	–	–	–	–	–
95	500	600	438	413	389	352	327	266	204	142	81
	600	720	363	338	314	277	252	191	129	67	6
	700	840	309	285	260	223	199	137	75	14	–
	800	960	269	245	220	183	158	97	35	–	–
	900	1080	238	213	189	152	127	65	4	–	–
	1000	1200	213	188	164	127	102	40	–	–	–
	1500	1800	138	113	89	52	27	–	–	–	–
	2000	2400	100	76	51	14	–	–	–	–	–
	3000	3600	63	38	13	–	–	–	–	–	–
120	600	720	451	420	389	344	313	237	160	84	7
	700	840	384	353	323	277	246	170	94	17	–
	800	960	344	304	273	227	197	120	44	–	–
	900	1080	295	265	234	188	158	81	5	–	–
	1000	1200	264	234	203	157	127	50	–	–	–
	1500	1800	171	140	110	64	33	–	–	–	–
	2000	2400	124	94	63	17	–	–	–	–	–
	3000	3600	78	47	17	–	–	–	–	–	–
	4000	4800	55	24	–	–	–	–	–	–	–

Tabelle A15 (Fortsetzung) Maximal zulässige Leitungslänge für Querschnitte 25 mm² bis 185 mm² Al, Isolation PVC oder Gummi; Leistungsschalter nach DIN VDE 0660; Abschaltzeit 0,1/0,2/0,4 s und 5 s; Nennspannung: 400 V/230 V

Querschnitt S in mm^2	Bemessungsstrom der Sicherung I_n in A	Kurzschlussstrom I_k in A	höchstzulässige Länge in m bei einer Schleifenimpedanz Z_V bis zur Sicherung								
			10 mΩ	30 mΩ	50 mΩ	80 mΩ	100 mΩ	150 mΩ	200 mΩ	250 mΩ	300 mΩ
150	600	720	546	509	472	416	379	287	194	101	9
	700	840	465	428	391	336	298	206	113	21	–
	800	960	405	368	331	275	238	145	53	–	–
	900	1080	358	321	284	228	191	98	6	–	–
	1000	1200	320	283	246	190	153	61	–	–	–
	1500	1800	207	170	133	78	41	–	–	–	–
	2000	2400	151	114	77	21	–	–	–	–	–
	3000	3600	94	57	20	–	–	–	–	–	–
	4000	4800	66	29	–	–	–	–	–	–	–
185	600	720	644	619	574	506	461	348	236	123	11
	700	840	566	521	476	408	363	250	138	25	–
	800	960	492	447	402	335	289	177	64	–	–
	900	1080	435	390	345	277	232	120	7	–	–
	1000	1200	389	344	299	232	187	74	–	–	–
	1500	1800	252	207	162	94	49	–	–	–	–
	2000	2400	183	138	93	26	–	–	–	–	–
	3000	3600	115	70	25	–	–	–	–	–	–
	4000	4800	80	35	–	–	–	–	–	–	–
	5000	6000	60	15	–	–	–	–	–	–	–

Tabelle A15 (Fortsetzung) Maximal zulässige Leitungslänge für Querschnitte 25 mm^2 bis 185 mm^2 Al, Isolation PVC oder Gummi; Leistungsschalter nach DIN VDE 0660; Abschaltzeit 0,1/0,2/0,4 s und 5 s; Nennspannung: 400 V/230 V

25.2 Anhang B: Maximal zulässige Leitungslängen unter Berücksichtigung des Spannungsfalls – DIN VDE 0100 Beiblatt 5

Neben der in Anhang A beschriebenen vereinfachten Methode zur Ermittlung der maximal zulässigen Leitungslängen wurde in Beiblatt 5 zu DIN VDE 0100 eine Vielzahl von Tabellen auf Grundlage der Rechenverfahren nach DIN EN 60909-0 (VDE 0102) aufgenommen. In den dort aufgeführten Tabellen sind die maximal zulässigen Längen von Kabeln und Leitungen unter Berücksichtigung des Schutzes bei indirektem Berühren, des Schutzes bei Kurzschluss und des Spannungsfalls dargestellt.

Des Weiteren sind in diesem Beiblatt die für die Erstellung der Tabellen notwendigen Rechenvorgänge beschrieben.

- **Schutz gegen elektrischen Schlag unter Fehlerbedingungen und Schutz bei Kurzschluss**

  Die maximal zulässigen Kabel- und Leitungslängen lassen sich für übliche Anwendungsfälle in der Praxis aus den Tabellen 3 bis 22 des Beiblatts 5 ermitteln.

  Die Grenzlängen gelten:

  - für den Schutz bei indirektem Berühren und den Schutz bei Kurzschluss im TN-System
  - nur für den Schutz bei Kurzschluss im TT-System mit Neutralleiter und im IT-System mit Neutralleiter

- **Spannungsfall**

  Für den Spannungsfall gelten die Tabellen 23 bis 26 des Beiblatts 5. Sie gelten für:

  - Kabel mit Kupferleitern NYY 0,6/1 kV nach DIN VDE 0276-603
  - Kabel mit Aluminiumleitern NAYY 0,6/1 kV nach DIN VDE 0276-603

  bei vorgegebenem Spannungsfall ε in % für Drehstrom. Die Tabellen können mit hinreichender Genauigkeit auch für Mantelleitungen NYM nach DIN VDE 0250-204 und ähnlich aufgebaute Kabel und Leitungen verwendet werden. Für den Wechselstromkreis ist der jeweils ermittelte Drehstrom-Tabellenwert mit dem Faktor 0,5 zu multiplizieren.

  In den Tabellen 23 und 24 des Beiblatts 5 sind die zulässigen Leitungslängen für die Nennspannung 230/400 V je Querschnitt für verschiedene Bemessungsströme angegeben. Diese Tabellen werden hier als die Tabellen B1 bis B3 wiedergegeben.

Leiternennquerschnitt	Bemessungsstrom	Spannungsfall ε in %				
		3	4	5	8	10
		maximal zulässige Länge				
mm²	A	m	m	m	m	m
1,5	6	95	127	159	254	318
	10	57	76	95	152	190
	16	35	47	59	95	119
	20	28	38	47	76	95
	25	22	30	38	61	76
2,5	10	93	124	155	249	311
	16	58	77	97	155	194
	20	46	62	77	124	155
	25	37	49	62	99	124
	32	29	38	48	77	97
4	16	94	126	158	253	316
	20	75	101	126	202	253
	25	60	81	101	162	202
	32	47	63	79	126	158
	40	37	50	63	101	126
	50	30	40	50	81	101
6	20	114	152	190	304	381
	25	91	121	152	243	304
	32	71	95	119	190	238
	40	57	76	95	152	190
	50	45	60	76	121	152
	63	36	48	60	96	120
10	25	153	204	255	408	510
	32	119	159	199	318	398
	40	95	127	159	255	318
	50	76	102	127	204	255
	63	60	81	101	162	202
	80	47	63	79	127	159
16	32	189	252	315	504	630
	40	151	201	252	403	504
	50	121	161	201	322	403
	63	96	128	160	256	320
	80	75	100	126	201	252
	100	60	80	100	161	201
25	50	190	253	317	507	634
	63	150	201	251	402	503
	80	118	158	198	317	396
	100	95	126	158	253	317
	125	76	101	126	202	253

Tabelle B1 Maximale Kabel- und Leitungslängen bei vorgegebenem Spannungsfall ε für $U_n = 400$ V Drehstrom. NYY-Kabel und NYM-Leitung von 1,5 mm² bis 25 mm². (Quelle: Beiblatt 5 zu DIN VDE 0100:1995-11)

Den Werten der Tabelle liegt eine Leitertemperatur von 20 °C zugrunde. Die Berücksichtigung der für PVC zulässigen Leitertemperatur von 70 °C würde zu einer Leitungslängenreduzierung von etwa 20 % führen. Die Berechnung mit 20 °C Leitertemperatur ist vertretbar, da der Spannungsfall in der Regel keine Sicherheitsfrage darstellt und die Kabel- bzw. Leitungslängen bei kleinem zulässigem Spannungsfall und kleinen Querschnitten ohnehin recht kurz sind.

Leiter-nenn-querschnitt	Bemessungs-strom	Spannungsfall ε in %				
		3	4	5	8	10
		maximal zulässige Länge				
mm²	A	m	m	m	m	m
35	80	163	217	271	435	543
	100	130	174	217	348	435
	125	104	139	174	278	348
	160	81	108	135	217	271
	200	65	87	108	174	217
50	100	175	234	292	468	585
	125	140	187	234	374	468
	160	109	146	183	292	366
	200	87	117	146	234	292
	250	70	93	117	187	234
70	125	195	261	326	522	652
	160	152	203	254	407	509
	200	122	163	203	326	407
	250	97	130	163	261	326
	315	77	103	129	207	258
95	160	203	271	339	543	679
	200	163	217	271	435	543
	250	130	174	217	348	435
	315	103	138	172	276	345
	400	81	108	135	217	271
120	200	199	266	332	532	665
	250	159	213	266	426	532
	315	126	169	211	338	422
	400	99	133	166	266	332
150	200	228	304	380	608	760
	250	182	243	304	486	608
	315	144	193	241	386	482
	400	114	152	190	304	380
	500	91	121	152	243	304

Tabelle B2 Maximale Kabel- und Leitungslängen bei vorgegebenem Spannungsfall ε für $U_n = 400$ V Drehstrom. NYY-Kabel von 35 mm² bis 150 mm².
(Quelle: Beiblatt 5 zu DIN VDE 0100:1995-11)

Leiter-nenn-querschnitt	Bemessungs-strom	Spannungsfall ε in %				
		3	4	5	8	10
		maximal zulässige Länge				
mm^2	A	m	m	m	m	m
16	40	91	122	152	244	305
	50	73	97	122	195	244
	63	58	77	96	154	193
	80	45	61	76	122	152
	100	36	48	61	97	122
25	50	115	153	191	306	383
	63	91	121	152	243	304
	80	71	95	119	191	239
	100	57	76	95	153	191
	125	46	61	76	122	153
35	80	98	131	164	262	328
	100	78	104	131	209	262
	125	62	83	104	167	209
	160	49	65	82	131	164
	200	39	52	65	104	131
50	80	133	178	223	357	446
	100	107	142	178	285	357
	125	85	114	142	228	285
	160	66	89	111	178	223
	200	53	71	89	142	178
	250	42	57	71	114	142
70	100	154	205	257	411	514
	125	123	164	205	329	411
	160	96	128	160	257	321
	200	77	102	128	205	257
	250	61	82	102	164	205
95	125	167	223	279	446	558
	160	130	174	218	348	436
	200	104	139	174	279	348
	250	83	111	139	223	279
	315	66	88	110	177	221
120	160	162	216	270	432	540
	200	129	172	216	345	432
	250	103	138	172	276	345
	315	82	109	137	219	274
	400	64	86	108	172	216
150	160	197	263	329	527	659
	200	158	210	263	421	527
	250	126	168	210	337	421
	315	100	133	167	267	334
	400	79	105	131	210	263
	500	63	84	105	168	210

Tabelle B3 Maximale Kabel- und Leitungslängen bei vorgegebenem Spannungsfall ε für $U_n = 400$ V Drehstrom. NAYY-Kabel von 16 mm^2 bis 150 mm^2.
(Quelle: Beiblatt 5 zu DIN VDE 0100:1995-11)

25.3 Anhang C: Berechnung des *k*-Faktors zur Schutzleiter-Querschnittsbestimmung – DIN VDE 0100-540

25.3.1 Grundlagen

Der Querschnitt des Schutzleiters kann prinzipiell abhängig vom Außenleiterquerschnitt ausgewählt werden nach Tabelle 10.10. Es ist auch zulässig, den Querschnitt des Schutzleiters nach dem im Fehlerfall fließenden Kurzschlussstrom und der Fehlerdauer zu berechnen, was im Regelfall zu einem kleineren Querschnitt führt.

Bei der **Berechnung des Querschnitts für den Schutzleiter** wird die Grundbeziehung, die die adiabatische Erwärmung eines Leiters beschreibt, verwendet. Es gilt

$$I^2\, t \leq k^2\, S^2 \tag{C1}$$

Für eine Abschaltzeit von bis zu 5 s (diese Zeit ist die maximal zulässige Abschaltzeit für Schutzmaßnahmen mit Schutzleiter!) wird die Beziehung nach dem Schutzleiterquerschnitt S umgestellt, und es ergibt sich für die Berechnung des Querschnitts für den Schutzleiter folgende Gleichung

$$S \geq \frac{\sqrt{I^2\, t}}{k} \tag{C2}$$

In den Gln. (C1) und (C2) bedeuten

- S Schutzleiterquerschnitt in mm² (Mindestquerschnitt!)
- I Fehlerstrom (Kurzschlussstrom) in A, der bei einem vollkommenen Kurzschluss fließt
- t Ansprechzeit der verwendeten Schutzeinrichtung in s (maximal $t = 5$ s)
- k Faktor in $\mathrm{A}\sqrt{\mathrm{s}}/\mathrm{mm}^2$, der vom Leiterwerkstoff, der Verlegeart, von zulässigen Anfangs- und Endtemperaturen abhängig ist (*k*-Werte siehe Abschnitt 25.2)

Ergibt sich bei der Berechnung des Schutzleiterquerschnitts ein nicht genormter Querschnitt, was fast immer der Fall sein dürfte, ist stets der nächstgrößere Normquerschnitt zu wählen.

Der Faktor *k* wird mit folgender Beziehung (Gl. (C3)) berechnet

$$k = \sqrt{\frac{Q_\mathrm{c}\,(\beta + 20\,°\mathrm{C})}{\rho_{20}}\ \ln\left(1 + \frac{\Theta_\mathrm{f} - \Theta_\mathrm{i}}{\beta + \Theta_\mathrm{i}}\right)} \tag{C3}$$

Werkstoff	β [1]	Q_c [2]	ρ_{20}	$\sqrt{\frac{Q_c\,(\beta + 20\,°C)}{\rho_{20}}}$
	°C	J/(°C mm³)	Ω mm	$A\sqrt{s}/mm^2$
Kupfer	234,5	$3{,}45 \cdot 10^{-3}$	$17{,}241 \cdot 10^{-6}$	226
Aluminium	228	$2{,}50 \cdot 10^{-3}$	$28{,}264 \cdot 10^{-6}$	148
Blei	230	$1{,}45 \cdot 10^{-3}$	$214 \cdot 10^{-6}$	41
Stahl	202	$3{,}80 \cdot 10^{-3}$	$138 \cdot 10^{-6}$	78

[1] Werte sind abgeleitet nach IEC 60287-1-1 Tabelle 1

[2] Werte sind abgeleitet nach IEC 60853-2 Tabelle E2

Tabelle C1 Werte der Parameter verschiedener Werkstoffe (Quelle: DIN VDE 0100-540:2007-06 Tabelle A.54.1)

In Gl. (C3) bedeuten

k Faktor in $A\sqrt{s}/mm^2$

Q_c volumetrische Wärmekapazität des Leiterwerkstoffs bei 20 °C in J/(°C mm³)

β Reziprokwert des Temperaturkoeffizienten des spezifischen Widerstands bei 0 °C für den Leiter in °C

ρ_{20} spezifischer elektrischer Widerstand des Leiterwerkstoffs bei 20 °C in Ω mm

Θ_i Anfangstemperatur des Leiters in °C

Θ_f Endtemperatur des Leiters in °C

Die verschiedenen physikalischen Werte zur Berechnung des Faktors *k* sind in **Tabelle C1** dargestellt. Ein Beispiel für die Berechnung eines *k*-Werts ist in Abschnitt 25.3.1 vorgenommen.

25.3.2 Tabellen zur Ermittlung des *k*-Faktors

Der *k*-Wert ist also abhängig von

- dem Leitermaterial des Schutzleiters
- vom Isolationsmaterial und der dadurch gegebenen zulässigen Endtemperatur am Leiter
- von den Umgebungsbedingungen
- von der Verlegung des Schutzleiters im Kabel-/Leitungsverband (gebündelt oder ungebündelt mit anderen Kabeln/Leitungen, als Bewehrung, als konzentrischer Leiter oder als Mantel)

Tabellen mit den *k*-Werten für verschiedene Schutzleiter sind in den **Tabellen C2 bis C6** angegeben. Diese Tabellen entsprechen den Tabellen A.54.2 bis A.54.6 in Teil 540.

Leiterisolierung	Temperatur °C[2)]		Leiterwerkstoff		
	Anfang	Ende	Kupfer	Aluminium	Stahl
			Wert für k[3)]		
70 °C PVC	30	160/140[1)]	143/133[1)]	95/88[1)]	52/49[1)]
90 °C PVC	30	160/140[1)]	143/133[1)]	95/88[1)]	52/49[1)]
90 °C Duroplast	30	250	176	116	64
60 °C Gummi	30	200	159	105	58
85 °C Gummi	30	220	166	110	60
Silikon-Kautschuk	30	350	201	133	73

1) Bei PVC-isolierten Leitern mit Querschnitten über 300 mm^2 ist der kleinere Wert anzuwenden

2) Temperaturgrenzwerte für verschiedene Arten der Isolierung sind in IEC 60724 enthalten

3) Bezüglich des Verfahrens zur Berechnung von *k* siehe Abschnitt 25.3.3.1

Tabelle C2 Werte von *k* für isolierte Schutzleiter, die nicht Bestandteil von Kabeln und Leitungen und nicht mit anderen Kabeln und Leitungen gebündelt sind (Quelle: DIN VDE 0100-540:2007-06 Tabelle A.54.2)

Leiterisolierung	Temperatur °C[2)]		Leiterwerkstoff		
	Anfang	Ende	Kupfer	Aluminium	Stahl
			Wert für k[3)]		
PVC	30	200	159	105	58
Polyethylen	30	150	138	91	50
ölbeständiger Kautschuk (CSP)	30	220	166	110	60

2) Temperaturgrenzwerte für verschiedene Arten der Isolierung sind in IEC 60724 enthalten

3) Bezüglich des Verfahrens zur Berechnung von *k* siehe Abschnitt 25.3.3.1

Tabelle C3 Werte von *k* für blanke Schutzleiter in Berührung mit Umhüllungen von Kabeln und Leitungen, jedoch ohne Bündelung mit anderen Kabeln und Leitungen (Quelle: DIN VDE 0100-540:2007-06 Tabelle A.54.3)

Leiterisolierung	Temperatur °C[2]		Leiterwerkstoff		
	Anfang	Ende	Kupfer	Aluminium	Stahl
			Wert für *k*[3]		
70 °C PVC	70	160/140[1]	115/103[1]	76/68[1]	42/37[1]
90 °C PVC	90	160/140[1]	100/86[1]	66/57[1]	36/31[1]
90 °C Duroplast	90	250	143	94	52
60 °C Gummi	60	200	141	93	51
85 °C Gummi	85	220	134	89	48
Silikon-Kautschuk	180	350	132	87	47

1) Bei PVC-isolierten Leitern mit Querschnitten über 300 mm² ist der kleinere Wert anzuwenden

2) Temperaturgrenzwerte für verschiedene Arten der Isolierung sind in IEC 60724 enthalten

3) Bezüglich des Verfahrens zur Berechnung von *k* siehe Abschnitt 25.3.3.1

Tabelle C4 Werte für *k* für Schutzleiter, die als Ader innerhalb von Kabeln und Leitungen enthalten sind oder die in gemeinsamer Bündelung mit anderen Kabeln und Leitungen oder mit Aderleitungen verlegt sind
(Quelle: DIN VDE 0100-540:2007-06 Tabelle A.54.4)

Leiterisolierung	Temperatur °C[2]		Leiterwerkstoff			
	Anfang	Ende	Kupfer	Aluminium	Blei	Stahl
			Wert für *k*[3]			
70 °C PVC	60	200	141	93	26	51
90 °C PVC	80	200	128	85	23	46
90 °C Duroplast	80	200	128	85	23	46
60 °C Gummi	55	200	144	95	26	52
85 °C Gummi	75	200	140	93	26	51
Mineral, PVC-umhüllt[2]	70	200	135	–	–	–
reines Mineral	105	250	135	–	–	–

1) Temperaturgrenzwerte für verschiedene Arten der Isolierung sind in IEC 60724 enthalten

2) Diese Werte dürfen auch für blanke Leiter angewendet werden, bei denen die Möglichkeit einer Berührung mit brennbarem Material besteht

3) Bezüglich des Verfahrens zur Berechnung von *k* siehe Abschnitt 25.3.3.1

Tabelle C5 Werte von *k* für Schutzleiter als metallene Umhüllung von Kabeln und Leitungen, z. B. als Bewehrung, Metallmantel, konzentrischer Leiter usw.
(Quelle: DIN VDE 0100-540:2007-06 Tabelle A.54.5)

Bedingungen	Anfangstemperatur °C	Leiterwerkstoff					
		Kupfer		Aluminium		Stahl	
		Wert für k	maximale Temperatur °C	Wert für k	maximale Temperatur °C	Wert für k	maximale Temperatur °C
sichtbar und im abgegrenzten Bereich	30	228	500	125	300	82	500
normale Bedingungen	30	159	200	105	200	58	200
Feuergefährdung	30	138	150	91	150	50	150

Tabelle C6 Werte von *k* für blanke Schutzleiter in Fällen, in denen keine Gefährdung benachbarter Teile infolge der angegebenen Temperaturen entstehen (Quelle: DIN VDE 0100-540:2007-06 Tabelle A.54.6)

25.3.3 Beispiele zur Berechnung des Schutzleiterquerschnitts

25.3.3.1 Berechnung des Wertes für den Faktor *k*

Der *k*-Wert nach Tabelle C3 für PVC-isolierte Kupferleiter bei einer Anfangstemperatur von 30 °C und einer Endtemperatur von 200 °C soll nachvollzogen werden.

Zur Berechnung gelangt die Gl. (C3) zur Anwendung, wobei zunächst der erste Teil der Gleichung ermittelt wird. Die entsprechenden Materialkonstanten werden nach Tabelle C1 mit folgenden Größen angesetzt:

$$\beta = 234{,}5\ °\text{C}$$

$$Q_\text{c} = 3{,}45 \cdot 10^{-3}\ \text{J}/\left(°\text{C mm}^3\right)$$

$$\rho_{20} = 17{,}241 \cdot 10^{-6}\ \Omega\,\text{mm}$$

Damit kann der Ausdruck

$$\sqrt{\frac{3{,}45 \cdot 10^{-3}\ \text{J}/\left(°\text{C mm}^3\right) \cdot (234{,}5 + 20)\ °\text{C}}{17{,}241 \cdot 10^{-6}\ \Omega\,\text{mm}}}$$

wie in Tabelle C1 Spalte 5 angegeben berechnet werden, wobei die Dimensionen mit

25

1 J = 1 Ws = 1 VA s

1 Ω = 1 V/A

eingesetzt werden, womit sich ergibt

$$\sqrt{\frac{878{,}025 \cdot 10^{-3}\ \text{VA s A °C}}{17{,}241 \cdot 10^{-6}\ \text{V °C mm}^3\ \text{mm}}}$$

Nach Kürzung von V gegen V und °C gegen °C ergibt sich zusammengefasst der gesuchte Ausdruck zu

$$\sqrt{50\,927\ \frac{\text{A}^2\ \text{s}}{\text{mm}^4}} = 225{,}67\ \text{A}\sqrt{\text{s}}/\text{mm}^2$$

der dem gesuchten Tabellenwert in Tabelle C1 entspricht. Mit den weiteren Werten

Θ_i = 30 °C (Leiteranfangstemperatur)

Θ_f = 200 °C (Leiterendtemperatur)

β = 234,5 °C

kann dann der Wert k berechnet; es ist mit

$$k = 226\ \text{A}\sqrt{\text{s}}/\text{mm}^2 \sqrt{\ln\left(1 + \frac{200\ °\text{C} - 30\ °\text{C}}{234{,}5\ °\text{C} + 30\ °\text{C}}\right)}$$

$$= 226\ \text{A}\sqrt{\text{s}}/\text{mm}^2 \sqrt{\ln\ (1 + 0{,}6427)}$$

$$= 226\ \text{A}\sqrt{\text{s}}/\text{mm}^2 \sqrt{0{,}4964} = 226\ \text{A}\sqrt{\text{s}}/\text{mm}^2 \cdot 0{,}70445$$

$$= 159{,}22\ \text{A}\sqrt{\text{s}}/\text{mm}^2$$

womit der gesuchte Tabellenwert in Tabelle C3 mit gerundet 159 $\text{A}\sqrt{\text{s}}/\text{mm}^2$ berechnet wäre.

25.3.3.2 Berechnung des Schutzleiterquerschnitts in einem TN-C-S-System

An einer Industrieverteilung mit einer Nennspannung von U_n = 230/400 V, die aus einer Station versorgt wird, wird die Impedanz (Vorimpedanz) mit Z_V = 0,95 Ω ermittelt. Ein Stromkreis mit einer Leitungslänge von 102 m soll neu angeschlossen werden. Es ist vorgesehen, die Leitung (H07V) mit fünf Adern (drei Außenleiter, ein Neutralleiter und ein Schutzleiter) in einem Elektroinstallationsrohr zu verlegen. Als Überstrom-Schutzeinrichtungen sind NH-Sicherungen mit 160 A Nennstrom mit der Betriebsklasse gG vorgegeben. Der Leiterquerschnitt für die Außenleiter und den Neutralleiter betragen 95 mm² Kupfer. Der Querschnitt des Schutzleiters soll berechnet werden. Die Situation zeigt **Bild C1**.

Es wird davon ausgegangen, dass der Fehlerstrom über den Außenleiter zur Fehlerstelle fließt und über den Schutzleiter und den PEN-Leiter zur Stromquelle

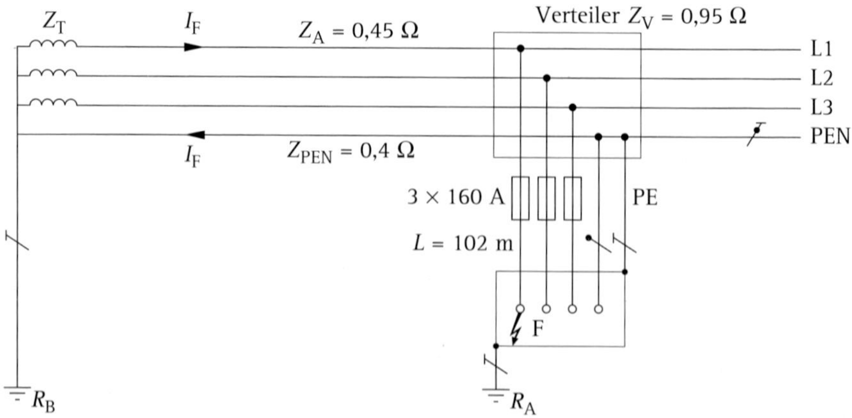

Bild C1 Beispiel zur Berechnung des Schutzleiterquerschnitts in einem TN-C-S-System
F Fehlerstelle
Z_V Vorimpedanz bestehend aus den Impedanzen des Außenleiters und des PEN-Leiters vom Transformator bis zum Verteiler
I_F Fehlerstrom
L Leitungslänge vom Verteiler bis zum Verbraucher

zurückfließt, wobei der Anteil des Stroms, der über die Erder und das Erdreich fließt, vernachlässigt werden kann.

Nach den Tabellen 10.9 und 10.10 kann der Schutzleiterquerschnitt mit 35 mm^2 ermittelt werden.

Zunächst soll geprüft werden, welcher Kurzschlussstrom und welche Abschaltzeit sich ergeben, wenn mit diesem Querschnitt gerechnet wird. Bei der Berechnung des Schutzleiterquerschnitts ist zunächst die Impedanz für den ungünstigsten Fehlerfall zu ermitteln. Sie ergibt sich zu

$$Z = Z_V + Z_A + Z_{PE}$$

Mit Werten für den Leitungswiderstand pro km nach Tabelle 16.3 ist die Leitungsimpedanz für den Außenleiter mit 95 mm^2

$$Z_A = Z'_A\ L_A = 0{,}257\ \Omega/\text{km} \cdot 0{,}102\ \text{km} = 0{,}026\ \Omega$$

und die Impedanz für den Schutzleiter mit 50 mm^2

$$Z_{PE} = Z'_L\ L_{PE} = 0{,}489\ \Omega/\text{km} \cdot 0{,}102\ \text{km} = 0{,}050\ \Omega$$

Die Gesamtimpedanz beträgt damit:

$$Z = 0{,}095\ \Omega + 0{,}026\ \Omega + 0{,}050\ \Omega = 0{,}171\ \Omega$$

und somit liegt der Kurzschlussstrom bei

$$I_{\mathrm{k}} = \frac{c\,U}{\sqrt{3}\,Z} = \frac{0{,}95 \cdot 400\ \mathrm{V}}{\sqrt{3} \cdot 0{,}171\ \Omega} = 1283\ \mathrm{A}$$

Die Abschaltzeit für diesen Kurzschlussstrom wird nach Bild 16.9 mit $t = 1{,}2$ s ermittelt. Mit dem Faktor k nach Tabelle C4 für PVC-isolierte Kupferleiter von $k = 115$ A s/mm^2 ergibt sich dann nach Gl. (C2) zunächst ein Schutzleiterquerschnitt von

$$S = \frac{\sqrt{I^2\,t}}{k} = \frac{\sqrt{1283^2\ \mathrm{A}^2\ 1{,}2\ \mathrm{s}}}{115\ \mathrm{A}\sqrt{\mathrm{s}}/\mathrm{mm}^2} = 12{,}2\ \mathrm{mm}^2$$

Dieser Wert ist aufzurunden, und es werden zunächst 16 mm^2 als Querschnitt gewählt. Da mit nicht korrekten Impedanzwerten gerechnet wurde – es wurde mit 50 mm^2 gerechnet –, muss der Querschnitt noch nachgerechnet werden.

Mit der Impedanz des Schutzleiters von 16 mm^2 (anstatt 50 mm^2) ergibt sich

$$Z_{\mathrm{PE}} = Z'_{\mathrm{L}}\ L_{\mathrm{PE}} = 1{,}418\ \Omega/\mathrm{km} \cdot 0{,}102\ \mathrm{km} = 0{,}145\ \Omega$$

Die gesamte Impedanz mit dem Schutzleiter 16 mm^2 ergibt sich zu

$$Z = Z_{\mathrm{V}} + Z_{\mathrm{A}} + Z_{\mathrm{PE}} = 0{,}095\ \Omega + 0{,}026\ \Omega + 0{,}145\ \Omega = 0{,}266\ \Omega$$

und der Kurzschlussstrom ist

$$I_{\mathrm{k}} = \frac{c\,U}{\sqrt{3}\,Z} = \frac{0{,}95 \cdot 400\ \mathrm{V}}{\sqrt{3} \cdot 0{,}266\ \Omega} = 824{,}8\ \mathrm{A}$$

Dieser Strom wird von der vorgeschalteten 160-A-Überstrom-Schutzeinrichtung der Betriebsklasse gG in einer Zeit von $t = 8$ s abgeschaltet. Da damit die Abschaltung zu lange dauert (maximal 5 s sind zulässig), ist der Schutzleiterquerschnitt unzulässig.

Die Nachrechnung für einen Schutzleiterquerschnitt von 25 mm^2 ergibt einen Kurzschlussstrom von $I_{\mathrm{k}} = 1\,030$ A und eine Abschaltzeit von $t = 3{,}9$ s ($t \leq 5$ s) und geht in Ordnung.

Streng genommen ist diese Berechnung nicht richtig, denn es werden Impedanzen, die geometrisch addiert werden müssten, arithmetisch addiert. Der Fehler dabei ist aber unerheblich, wenn die Ungenauigkeiten betrachtet werden, die beim Ablesen der Sicherungskennlinien entstehen.

Eine Möglichkeit, schneller zu einem Ergebnis zu gelangen, besteht in der Anwendung der Gl. (C2), ausgehend vom Nennstrom der gewählten Überstrom-Schutzeinrichtung. Nach Bild 16.9 löst eine 160-A-Sicherung bei einem Kurzschlussstrom von $I_k = 1000$ A innerhalb von $t = 5$ s aus. Diese Werte eingesetzt ergeben

$$S = \frac{\sqrt{I^2\,t}}{k} = \frac{\sqrt{1000^2\ \mathrm{A}^2\,5\ \mathrm{s}}}{115\ \mathrm{A}\sqrt{\mathrm{s}}/\mathrm{mm}^2} = 19{,}44\ \mathrm{mm}^2$$

Auch hierbei ist das Ergebnis ein aufgerundeter Querschnitt von 25 mm², allerdings ohne Berechnung und Kenntnis der Kurzschlussströme, die in der Anlage zum Fließen kommen.

25.3.3.3 Berechnung des Schutzleiterquerschnitts in einem TT-System beim Einsatz einer Fehlerstrom-Schutzeinrichtung (RCD)

Ein etwas außerhalb liegender kleiner Verbraucher soll durch ein TT-System angeschlossen werden. Die automatische Abschaltung im Fehlerfall soll durch eine Fehlerstrom-Schutzeinrichtung (RCD) mit $I_{\Delta n} = 300$ mA erfolgen. Die Situation ist in **Bild C2** gezeigt. Die Nennspannung ist $U_n = 230/400$ V. Der Querschnitt des Schutzleiters vom Verbrauchsmittel bis zur Haupterdungsschiene soll festgelegt werden.

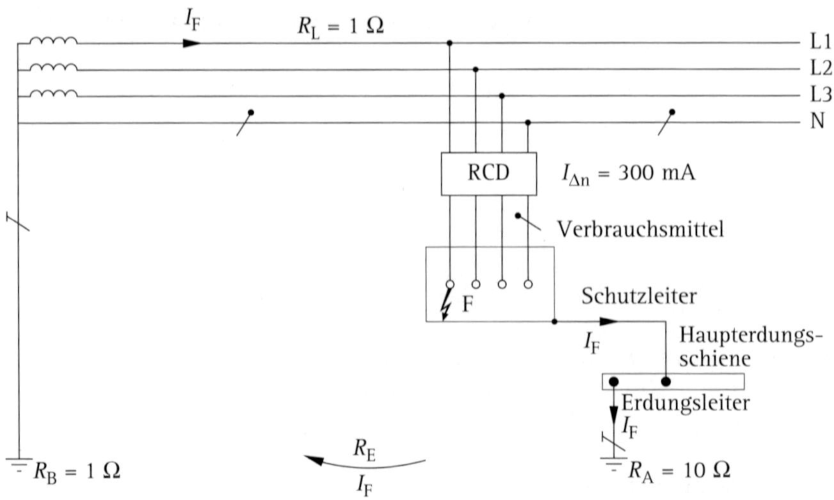

Bild C2 Beispiel zur Berechnung des Schutzleiterquerschnitts in einem TT-System
F Fehlerstelle
I_F Fehlerstrom
RCD Fehlerstrom-Schutzschalter
R_B Gesamterdungswiderstand des Verteilungsnetzes
R_A Widerstand des Anlagenerders
R_E Widerstand des Erdreichs

Im Fehlerfall (einpoliger Fehler zur Erde) kommt ein Strom zum Fließen in der Größenordnung von

$$I_{\mathrm{F}} = \frac{U_0}{\Sigma R}$$

Die Summe der Widerstände im Fehlerstromkreis werden dominiert von den Erdungswiderständen und den Leitungswiderständen. Transformatorenwiderstand und Widerstand des Erdreichs können vernachlässigt werden, ebenso die Widerstände des Erdungsleiters und des Schutzleiters.

$$\Sigma R = R_{\mathrm{L}} + R_{\mathrm{A}} + R_{\mathrm{E}} = 1\ \Omega + 10\ \Omega + 1\ \Omega = 12\ \Omega$$

Damit wird der Fehlerstrom

$$I_{\mathrm{F}} = \frac{230\ \mathrm{V}}{12\ \Omega} = 19{,}2\ \mathrm{A}$$

Eine Fehlerstrom-Schutzeinrichtung (RCD) löst bei einem Fehlerstrom von 19,2 A, unabhängig vom Nennstrom und vom Bemessungsdifferenzstrom, innerhalb einer Zeit von $t = 0{,}2$ s aus, weshalb mit dieser Zeit gearbeitet werden kann. (In der Praxis löst die Fehlerstrom-Schutzeinrichtung erheblich schneller aus.)

Zur Berechnung des Schutzleiterquerschnitts wird wieder Gl. (C2) verwendet. Dabei wird der Faktor k für einen getrennt verlegten Schutzleiter nach Tabelle C2 (Schutzleiter, die nicht Bestandteil von Kabeln und Leitungen sind und getrennt verlegt werden) für Kupferleiter mit PVC-Isolierung ausgewählt ($k = 159\ \mathrm{A}\sqrt{\mathrm{s}}/\mathrm{mm}^2$).

$$S = \frac{\sqrt{I^2\ t}}{k} = \frac{\sqrt{19{,}2^2\ \mathrm{A}^2\ 0{,}2\ \mathrm{s}}}{159\ \mathrm{A}\sqrt{\mathrm{s}}/\mathrm{mm}^2} = 0{,}46\ \mathrm{mm}^2$$

Das bedeutet, der Querschnitt ist so klein, dass festgelegte Mindestquerschnitte zu verwenden sind. In Abschnitt 10.16 wird bei mechanisch ungeschützter Verlegung ein Querschnitt von mindestens 4 mm² gefordert.

25.3.3.4 Berechnung des Schutzleiterquerschnitts, wenn unterschiedliche Leitermaterialien und unterschiedliche Verlegearten vorliegen

Ein Beispiel soll zeigen, wie bei unterschiedlichen Leitermaterialien der Schutzleiter und unterschiedlichen Verlegearten vorzugehen ist, um den Schutzleiterquerschnitt zu bestimmen.

Ein Verbrauchsmittel soll mit einem Kabel NYY $4 \times 70\ \mathrm{mm}^2$ angeschlossen werden. Es ist zu prüfen, welcher Schutzleiterquerschnitt erforderlich ist, wenn NYY

$3 \times 70\ \text{mm}^2$ verwendet werden und der Schutzleiter als separater Leiter aus Stahl (blank) zur Anwendung gelangen würde. Der Schutzleiter in blanker Ausführung wird die anderen Kabel und Leitungen berühren.

Nach Tabelle 10.9 wäre der Schutzleiterquerschnitt zu bemessen nach der Beziehung

$$S = \frac{k_1}{k_2} \cdot \frac{S_A}{2}$$

Darin bedeuten

S Schutzleiterquerschnitt in mm^2

S_A Außenleiterquerschnitt in mm^2

k_1 Wert k für den Leiter und die Verlegeart, die eigentlich vorgesehen war in $\text{A}\sqrt{\text{s}}/\text{mm}^2$

k_2 Wert k des verwendeten Leiters und die vorgesehene Verlegeart in $\text{A}\sqrt{\text{s}}/\text{mm}^2$

Für die Verlegeart als Ader innerhalb von Leitungen und Kabeln und Bündelung mit anderen Kabeln und Leitungen ist Tabelle C4 anzuwenden. Für PVC-isolierte Kupferleiter wird ein k-Wert abgelesen, der als $k_1 = 115\ \text{A}\sqrt{\text{s}}/\text{mm}^2$ eingesetzt wird.

Der blanke Schutzleiter aus Stahl, in Berührung mit anderen Kabeln und Leitungen, wird nach Tabelle C3 zu $k_2 = 58\ \text{A}\sqrt{\text{s}}/\text{mm}^2$ ermittelt.

Damit kann der gesuchte Schutzleiterquerschnitt berechnet werden

$$S = \frac{115\ \text{A}\sqrt{\text{s}}/\text{mm}^2}{58\ \text{A}\sqrt{\text{s}}/\text{mm}^2} \cdot \frac{70\ \text{mm}^2}{2}$$

$$= 69{,}39\ \text{mm}^2$$

Ein blanker Schutzleiter aus Stahl mit dem Querschnitt von $70\ \text{mm}^2$ würde ausreichen.

25.4 Anhang D: Umrechnung von Leiterwiderständen

Der Wirkwiderstand (Resistanz; Ohm'scher Widerstand) eines Leiters wird normalerweise für eine Leitertemperatur von 20 °C angegeben. Er errechnet sich nach der Beziehung:

$$R = \frac{L \cdot \rho}{S} = \frac{L}{\kappa \cdot S} \qquad \text{(D1)}$$

Leitermaterial	Freileitung		Kabel	
	κ m/(Ω mm²)	ρ Ω mm²/m	κ m/(Ω mm²)	ρ Ω mm²/m
Aluminium	34,0	0,02941	33,0	0,03030
Kupfer	54,0	0,01852	56,0	0,01786
E-AlMgSi[1)]	30,5	0,03280	–	–
Aluminium-Stahl	35,4	0,02826	–	–

[1)] E-AlMgSi = Aldrey

Tabelle D1 ρ- und κ-Werte für Leitermaterialien bei 20 °C

Es bedeuten:

R Wirkwiderstand in Ω

L Länge des Leiters in m

ρ spezifischer Widerstand des Leitermaterials in $\Omega\,mm^2/m$

κ Leitwert des Leitermaterials in $m/(\Omega\,mm^2)$

S Leiterquerschnitt in mm^2

Die bei einer Leitertemperatur von 20 °C geltenden spezifischen Werte für ρ und κ sind in **Tabelle D1** dargestellt.

In vorliegendem Fall wird – infolge internationaler Festlegungen – für ρ_{20} mit geringfügig anderen Werten gerechnet als national üblich:

- Für Kupfer wird in Anhang C mit
  $\rho_{20} = 1/58\ \Omega\,mm^2/m = 0{,}017241\ \Omega\,mm^2/m$
  gerechnet, während in Anhang D mit
  $\rho_{20} = 1/56\ \Omega\,mm^2/m = 0{,}017857\ \Omega\,mm^2/m$ für Freileitungen und
  $\rho_{20} = 1/54\ \Omega\,mm^2/m = 0{,}018519\ \Omega\,mm^2/m$ für Kabel
  gerechnet wird
- Für Aluminium wird in Anhang C mit
  $\rho_{20} = 1/35{,}3\ \Omega\,mm^2/m = 0{,}028264\ \Omega\,mm^2/m$
  gerechnet, während in Anhang D mit
  $\rho_{20} = 1/34\ \Omega\,mm^2/m = 0{,}029412\ \Omega\,mm^2/m$ für Freileitungen und
  $\rho_{20} = 1/33\ \Omega\,mm^2/m = 0{,}030303\ \Omega\,mm^2/m$ für Kabel
  gerechnet wird

Die Unterschiede sind unerheblich, wenn die in der Praxis übliche Genauigkeit betrachtet wird.

Für die Temperaturabhängigkeit des spezifischen Widerstands gelten die Beziehungen:

Kupfer: $\rho_\vartheta = \rho + 0{,}68 \cdot 10^{-4}\ \text{K}^{-1}\left(\vartheta - 20\ °\text{C}\right)$ in $\Omega\,\text{mm}^2/\text{m}$ (D2)

Aluminium: $\rho_\vartheta = \rho + 1{,}1 \cdot 10^{-4}\ \text{K}^{-1}\left(\vartheta - 20\ °\text{C}\right)$ in $\Omega\,\text{mm}^2/\text{m}$ (D3)

Für die Praxis ist es ausreichend, den Wirkwiderstand eines Leiters bei einer anderen Temperatur nach folgender Beziehung umzurechnen:

$$R_\vartheta = R_{20}\left(1 + \alpha \cdot \Delta\vartheta\right) \tag{D4}$$

wobei:

R_ϑ Wirkwiderstand des Leiters bei der Temperatur ϑ in Ω

R_{20} Wirkwiderstand des Leiters bei 20 °C in Ω

α Temperaturkoeffizient bei 20 °C in 1/K (siehe **Tabelle D2**)

$\Delta\vartheta$ Temperaturdifferenz in K zwischen der Bezugstemperatur 20 °C und der Temperatur ϑ, für die der Wirkwiderstand ermittelt werden soll,

$\Delta\vartheta = \vartheta - 20\ °\text{C}$

Über die physikalischen Zusammenhänge kann mit der Beziehung

$$\alpha_\vartheta = \frac{1}{B + \vartheta} \quad \text{in } 1/\text{K} \tag{D5}$$

ein gemessener Leiterwiderstand von der während der Messung herrschenden Leitertemperatur auf die Bezugstemperatur von 20 °C umgerechnet werden:

Für Kupferleiter gilt:

$$R_{20} = R_\vartheta \frac{254{,}5\ °\text{C}}{234{,}5\ °\text{C} + \vartheta} \tag{D6}$$

Für Aluminiumleiter gilt:

$$R_{20} = R_\vartheta \frac{248\ °\text{C}}{228\ °\text{C} + \vartheta} \tag{D7}$$

In den Gln. (D5), (D6) und (D7) bedeuten:

R_{20} Wirkwiderstand des Leiters bei 20 °C in Ω

R_ϑ gemessener Wirkwiderstand des Leiters bei der Temperatur ϑ in Ω

ϑ Temperatur des Leiters bei der Messung in K

α_ϑ Temperaturkoeffizient bei der Temperatur ϑ in 1/K

B Reziprokwert des Temperaturkoeffizienten bei 0 °C in °C (siehe Tabelle D2),

$$B = 1/\alpha_0 \tag{D8}$$

α_0 Temperaturkoeffizient bei der Temperatur 0 °C in °C (siehe Tabelle D2)

Beispiel:

Die Umrechnung des Wirkwiderstands eines Kupfer-Leiters von 20 °C auf 80 °C ergibt sich zu:

$$R_{80} = R_{20}\ (1 + \alpha \cdot \Delta\vartheta)$$

$$\Delta\vartheta = 80\ °\text{C} - 20\ °\text{C} = 60\ \text{K}$$

damit wird:

$$R_{80} = R_{20}\left(1 + 0{,}00393\ \frac{1}{\text{K}} \cdot 60\ \text{K}\right) = R_{20} \cdot 1{,}2358$$

$$= 1{,}2358 \cdot R_{20}$$

Leitermaterial	α	α_0	$B = \frac{1}{\alpha_0}$
	1/K	°C	1/°C
Aluminium	$4{,}03 \cdot 10^{-3}$	$4{,}38 \cdot 10^{-3}$	228
Kupfer	$3{,}93 \cdot 10^{-3}$	$4{,}26 \cdot 10^{-3}$	234,5

Tabelle D2 Rechenwerte für Leitermaterialien

25.5 Anhang E: Tabellen für Impedanzen

Die Tabellen E1 bis E10 sind dem Beiblatt 4 zu DIN EN 60909-0 (VDE 0102) „Kurzschlussströme in Drehstromnetzen – Daten elektrischer Betriebsmittel für die Berechnung von Kurzschlussströmen“ entnommen. In den Tabellen sind Resistanzbeläge R'_L in Ω/km und Reaktanzbeläge X'_L in Ω/km für Freileitungen und Kabel aufgenommen. Die Quotienten für $R_{(0)L}/R_L$ und $X_{(0)L}/X_L$ sind angegeben, wobei die verschiedenen Möglichkeiten der Stromrückleitung unterschieden werden. Die verschiedenen Arten der Rückleitung sind:

a) Rückleitung über vierten Leiter
b) Rückleitung über vierten Leiter und Mantel (Schirm)

25

c) Rückleitung über vierten Leiter und Erde

d) Rückleitung über vierten Leiter, Mantel (Schirm) und Erde

Bei der Stromrückleitung über Erde wurde der spezifische Widerstand des Erdreichs mit ρ = 100 Ω m angesetzt.

Die Quotienten für $R_{(0)L}/R_L$ in den Tabellen E3 und E6 bis E9 sind von der Leitertemperatur unabhängig, sie können also bei 20 °C, bei 80 °C und bei jeder beliebigen Leitertemperatur verwendet werden.

Die Zusammenstellung der Tabellen mit Kurzbeschreibung soll das Suchen vereinfachen.

Tabelle E1	Resistanzbeläge R'_L für Freileitungen
Tabelle E2	Reaktanzbeläge X'_L für Freileitungen
Tabelle E3	Quotienten für $R_{(0)L}/R_L$ und $X_{(0)L}/X_L$ für Freileitungen
Tabelle E4	Resistanzbeläge R'_L für Kabel der Typen: NYY, NYCWY, NKLEY, NKBA NAYY, NAYCWY, NAKLEY, NAKBA
Tabelle E5	Reaktanzbeläge X'_L für Kabel der Typen: NYY, NYCWY, NKLEY, NKBA NAYY, NAYCWY, NAKLEY, NAKBA
Tabelle E6	Quotienten für $R_{(0)L}/R_L$ und $X_{(0)L}/X_L$ für Kabel der Typen: NYCWY und NAYCWY (3-Leiter-Kabel mit Schirm)
Tabelle E7	Quotienten für $R_{(0)L}/R_L$ und $X_{(0)L}/X_L$ für Kabel der Typen: NYCWY und NAYCWY (4-Leiter-Kabel mit Schirm)
Tabelle E8	Quotienten für $R_{(0)L}/R_L$ und $X_{(0)L}/X_L$ für Kabel Typ: NYY (3½-Leiter-Kabel)
Tabelle E9	Quotienten für $R_{(0)L}/R_L$ und $X_{(0)L}/X_L$ für Kabel der Typen: NKBA und NAKBA (4-Leiter-Kabel und 3½-Leiter-Kabel)
Tabelle E10	Quotienten für $R_{(0)L}/R_L$ und $X_{(0)L}/X_L$ für Kabel der Typen: NKLEY und NAKLEY (3-Leiter-Kabel mit Mantel)

Anmerkung 1: Quotienten für $R_{(0)L}/R_L$ und $X_{(0)L}/X_L$ für Kabel der Typen NYY und NAYY (4-Leiter-Kabel) sind in **Tabelle E3** enthalten.

Anmerkung 2: Zu den Bezeichnungen Resistanz und Reaktanz siehe auch Anhang L, Abschnitt 25.12.

25.5.1 Tabellen für Freileitungen

Nennquerschnitt S in mm^2	Sollquerschnitt in mm^2	Resistanzbeläge R'_L in Ω/km bei der Leitertemperatur 20 °C	
		Kupfer	Aluminium
10	10	1,804	2,855
16	15,9	1,134	1,795
25	24,2	0,745	1,18
35	34,4	0,524	0,83
50 (7-drähtig)	49,5	0,364	0,577
50 (19-drähtig)	48,3	0,375	0,594
70	65,8	0,276	0,436
95	93,2	0,195	0,308
120	117	0,155	0,246

Tabelle E1 Resistanzbeläge R'_L in Ω/km für Freileitungsseile nach DIN 48201 für Kupfer und DIN EN 50182 für Aluminium bei $f = 50$ Hz
(Quelle: Beiblatt 4 zu DIN EN 60909-0 (VDE 0102):2003-02)

Der Resistanzbelag darf auch nach der Beziehung $R'_L = \rho / S$ in Ω/m ermittelt werden. Die Umrechnung der Resistanzbeläge auf andere Leitertemperaturen siehe Anhang D. Der Resistanzbelag R'_L bei 80 °C Leitertemperatur ist um den Faktor 1,24 größer als bei 20 °C.

Nenn-querschnitt S mm^2	Leiterradius r mm	Reaktanzbeläge X'_L in Ω/km – mittlerer Leiterabstand in cm					
		50	60	70	80	90	100
10	2,05	0,361	0,372	0,382	0,390	0,398	0,404
16	2,55	0,347	0,359	0,368	0,377	0,384	0,391
25	3,15	0,334	0,345	0,355	0,363	0,371	0,377
35	3,75	0,323	0,334	0,344	0,352	0,360	0,367
50	4,50	0,312	0,323	0,333	0,341	0,348	0,355
70	5,25	0,302	0,313	0,325	0,331	0,339	0,345
95	6,25	0,291	0,302	0,312	0,320	0,328	0,334
120	7,00	0,284	0,295	0,305	0,313	0,321	0,327

Tabelle E2 Reaktanzbeläge X'_L in Ω/km für Freileitungssysteme bei $f = 50$ Hz
(Quelle: Beiblatt 4 zu DIN EN 60909-0 (VDE 0102):2003-02)

$R_{(0)L}/R_L$	2 bei der Berechnung des größten Kurzschlussstroms 4 bei der Berechnung des kleinsten Kurzschlussstroms
$X_{(0)L}/X_L$	3 bei der Berechnung des größten Kurzschlussstroms 4 bei der Berechnung des kleinsten Kurzschlussstroms

Tabelle E3 Quotienten für $R_{(0)L}/R_L$ und $X_{(0)L}/X_L$ für Freileitungssysteme mit vier Leitern bei gleichem Querschnitt bei $f = 50$ Hz
(Quelle: Beiblatt 4 zu DIN EN 60909-0 (VDE 0102):2003-02)

25.5.2 Tabellen für Kabel

Nennquerschnitt S	Resistanzbeläge R'_L in Ω/km bei der Leitertemperatur 20 °C	
mm²	Kupfer	Aluminium
4	4,560	–
6	3,030	–
10	1,810	–
16	1,141	1,891
25	0,724	1,201
35	0,526	0,876
50	0,389	0,642
70	0,271	0,444
95	0,197	0,321
120	0,157	0,255
150	0,129[1)]	0,208
185	0,105[1)]	0,167
240	0,083[2)]	0,131
300	0,069[2)]	0,107

Der Resistanzbelag darf auch nach der Beziehung $R'_L = \rho/S$ in Ω/m ermittelt werden. Die Umrechnung der Resistanzbeläge auf andere Leitertemperaturen siehe Anhang D. Der Resistanzbelag R'_L bei 80 °C Leitertemperatur ist um den Faktor 1,24 größer als bei 20 °C.

1) abzüglich 0,004 Ω/km bei Vierleiterkabeln NYY und Vierleiterkabeln mit Schirm NYCWY bzw. 0,002 Ω/km bei Dreileiterkabeln mit Schirm verringerten Querschnitts NYCWY

2) abzüglich 0,006 Ω/km bei Vierleiterkabeln NYY und Vierleiterkabeln mit Schirm NYCWY bzw. 0,003 Ω/km bei Dreileiterkabeln mit Schirm verringerten Querschnitts NYCWY

Tabelle E4 Resistanzbeläge R'_L in Ω/km für 0,6/1-kV-Kabel der Typen:
- NYY, NYCWY, NKLEY, NKBA
- NAYY, NAYCWY, NAKLEY, NAKBA

bei $f = 50$ Hz
(Quelle: Beiblatt 4 zu DIN EN 60909-0 (VDE 0102):2003-02)

Nenn-querschnitt S mm²	Reaktanzbeläge X_L' in Ω/km				
	Vierleiterkabel N(A)YY Vierleiterkabel mit Schirm N(A)YCWY	Vierleiter-kabel N(A) KBA	Dreieinhalb-leiterkabel N(A)KBA	Dreieinhalb-leiterkabel mit Aluminium-mantel N(A) KLEY	Dreileiter-kabel mit Schirm N(A) YCWY
4	0,107	–	–	–	0,100
6	0,100	–	–	–	0,094
10	0,094	–	–	–	0,088
16	0,090	0,099	–	–	0,083
25	0,086	0,094	0,092	–	0,080
35	0,083	0,092	0,090	–	0,077
50	0,083	0,090	0,087	0,071	0,077
70	0,082	0,087	0,085	0,069	0,074
95	0,082	0,086	0,084	0,068	0,074
120	0,080	0,085	0,083	0,067	0,072
150	0,080	0,086	0,084	0,068	0,072
185	0,080	0,085	0,083	0,067	0,072
240	0,079	0,084	0,082	0,066	0,072
300	0,079	0,084	0,082	–	0,072

Tabelle E5 Reaktanzbeläge X_L' in Ω/km für 0,6/1-kV-Kabel der Typen
- NYY, NYCWY, NKLEY, NKBA
- NAYY; NAYCWY; NAKLEY; NAKBA

bei $f = 50$ Hz
(Quelle: Beiblatt 4 zu DIN EN 60909-0 (VDE 0102):2003-02)

25

Anzahl der Leiter und Nennquerschnitt S	$R_{(0)L}/R_L$				$X_{(0)L}/X_L$			
	Kupfer		Aluminium		Kupfer		Aluminium	
mm^2	a	c	a	c	a	c	a	c
3 × 35/35	4,0	2,92	2,80	2,15	1,75	10,90	1,59	10,52
3 × 50/50	4,0	3,26	2,81	2,37	1,71	7,74	1,42	7,40
3 × 70/70	4,0	3,56	2,82	2,56	1,70	5,22	1,51	5,01
3 × 95/95	4,0	3,73	2,83	2,67	1,76	3,77	1,51	3,53
3 × 120/120	4,0	3,81	2,84	2,72	1,68	3,06	1,44	2,81
3 × 150/150	4,0	3,87	2,81	2,73	1,60	2,51	1,43	2,35
3 × 185/185	4,0	3,90	2,87	2,81	1,68	2,33	1,36	2,00
3 × 25/16	5,74	2,40	–	–	1,73	19,80	–	–
3 × 35/16	7,51	2,92	4,90	2,14	1,66	20,45	1,63	19,86
3 × 50/25	6,58	3,74	4,37	2,66	1,56	14,66	1,58	14,57
3 × 70/35	6,86	4,69	4,55	3,25	1,65	11,20	1,46	11,00
3 × 95/50	6,97	5,45	4,63	3,71	1,65	7,96	1,47	7,78
3 × 120/70	6,21	5,42	4,18	3,70	1,65	5,28	1,42	5,03
3 × 150/70	7,35	6,39	4,88	4,29	1,58	5,24	1,43	5,07
3 × 185/95	6,74	6,21	4,52	4,20	1,49	3,57	1,36	3,43
3 × 240/120	6,81	6,44	–	–	1,44	2,83	–	–
3 × 300/150	6,77	6,50	–	–	1,39	2,33	–	–

a Rückleitung über vierten Leiter

c Rückleitung über vierten Leiter und Erde

Tabelle E6 Quotienten für $R_{(0)L}/R_L$ und $X_{(0)L}/X_L$ für 0,6/1-kV-Kabel NYCWY und NAYCWY (3 Leiter und Schirm) in Abhängigkeit von der Rückleitung bei $f = 50$ Hz (Quelle: Beiblatt 4 zu DIN EN 60909-0 (VDE 0102):2003-02)

25

Anzahl der Adern und Nennquerschnitt S	$R_{(0)L}/R_L$				$X_{(0)L}/X_L$			
	Kupfer		Aluminium		Kupfer		Aluminium	
mm²	b	d	b	d	b	d	b	d
4×1,5/1,5	2,50	1,04	–	–	1,10	20,84	–	–
4×2,5/2,5	2,50	1,09	–	–	1,11	20,64	–	–
4×4/4	2,50	1,18	–	–	1,10	19,36	–	–
4×6/6	2,50	1,33	–	–	1,12	17,96	–	–
4×10/10	2,50	1,62	–	–	1,12	13,87	–	–
4×16/16	2,51	1,92	–	–	1,11	9,27	–	–
4×25/16	2,85	2,26	–	–	1,80	7,52	–	–
4×35/16	3,07	2,52	2,70	2,10	2,05	6,27	1,54	8,74
4×50/25	2,99	2,61	2,61	2,24	1,86	4,23	1,22	5,41
4×70/35	3,05	2,75	2,66	2,40	1,85	3,13	1,26	3,65
4×95/50	3,12	2,86	2,70	2,50	1,87	2,57	1,28	2,65
4×120/70	3,11	2,90	2,64	2,50	1,71	2,16	1,11	1,96
4×150/70	3,32	3,06	2,83	2,65	1,94	2,28	1,36	2,04
4×185/95	3,42	3,18	2,84	2,70	1,80	2,01	1,23	1,66
4×240/120	3,70	3,45	–	–	1,81	1,96	–	–

b Rückleitung über vierten Leiter und Schirm

d Rückleitung über vierten Leiter, Schirm und Erde

Bei Rückleitung über vierten Leiter und Rückleitung über vierten Leiter und Erde gilt Tabelle E3

Tabelle E7 Quotienten für $R_{(0)L}/R_L$ und $X_{(0)L}/X_L$ für 0,6/1-kV-Kabel NYCWY und NAYCWY (4 Leiter und Schirm) in Abhängigkeit von der Rückleitung bei $f = 50$ Hz (Quelle: Beiblatt 4 zu DIN EN 60909-0 (VDE 0102):2003-02)

Anzahl der Leiter und Nennquerschnitt S	$R_{(0)L}/R_L$		$X_{(0)L}/X_L$	
	Kupfer		Kupfer	
mm^2	a	c	a	c
3 × 25/16	5,74	2,32	4,67	17,91
3 × 35/16	7,53	2,82	4,72	18,44
3 × 50/25	6,60	3,44	4,60	13,47
3 × 70/35	6,84	4,17	4,57	10,52
3 × 95/50	6,98	4,72	4,55	8,23
3 × 120/70	6,24	4,65	4,45	6,35
3 × 150/70	7,46	5,41	4,73	6,51
3 × 185/95	6,76	5,17	4,61	5,40
3 × 240/120	6,92	5,37	4,62	4,95
3 × 300/150	6,95	5,46	4,60	4,67

a Rückleitung über vierten Leiter (Schirm)

c Rückleitung über vierten Leiter (Schirm) und Erde

Tabelle E8 Quotienten für $R_{(0)L}/R_L$ und $X_{(0)L}/X_L$ für 0,6/1-kV-Kabel NYY (3½-Leiter-Kabel) in Abhängigkeit von der Rückleitung bei f = 50 Hz (Quelle: Beiblatt 4 zu DIN EN 60909-0 (VDE 0102):2003-02)

Anzahl der Leiter und Nennquerschnitt S	$R_{(0)L}/R_L$								$X_{(0)L}/X_L$							
	Kupfer				Aluminium				Kupfer				Aluminium			
mm²	a	b	c	d	a	b	c	d	a	b	c	d	a	b	c	d
4× 16	4,0	3,17	1,84	1,92	4,0	2,83	1,42	1,55	4,05	2,37	15,54	12,27	4,05	1,73	19,13	15,39
4× 25	4,0	3,35	2,33	2,32	4,0	3,05	1,79	1,88	3,89	2,63	11,91	9,27	3,89	2,07	16,68	12,77
4× 35	4,0	3,46	2,67	2,59	4,0	3,18	2,12	2,14	3,78	2,74	9,24	7,24	3,78	2,24	13,99	10,42
4× 50	4,0	3,51	2,92	2,80	4,0	3,26	2,46	2,40	3,69	2,77	7,19	5,66	3,69	2,32	11,16	8,10
4× 70	4,0	3,60	3,14	3,00	4,0	3,36	2,82	2,67	3,66	2,86	5,52	4,46	3,66	2,47	8,30	6,05
4× 95	4,0	3,69	3,27	3,14	4,0	3,47	3,05	2,88	3,57	2,91	4,52	3,78	3,57	2,58	6,30	4,76
4× 120	4,0	3,73	3,33	3,22	4,0	3,51	3,18	2,98	3,52	2,92	4,06	3,44	3,52	2,60	5,31	4,06
4× 150	4,0	3,78	3,36	3,27	4,0	3,54	3,24	3,05	3,55	2,94	3,81	3,23	3,55	2,63	4,67	3,58
4× 185	4,0	3,83	3,39	3,35	4,0	3,60	3,31	3,14	3,51	2,94	3,61	3,09	3,51	2,65	4,19	3,27
4× 240	4,0	3,92	3,41	3,45	4,0	3,65	3,35	3,21	3,51	2,92	3,48	2,95	3,51	2,63	3,83	2,98
4× 300	4,0	4,01	3,43	3,55	4,0	3,72	3,39	3,30	3,44	2,85	3,35	2,83	3,44	2,58	3,57	2,79
3× 25/16	5,73	4,32	2,31	2,44	5,72	3,76	1,66	1,87	4,43	2,39	16,55	12,73	4,43	1,63	20,38	15,97
3× 35/16	7,51	5,48	2,77	2,96	7,46	4,77	1,89	2,18	4,69	2,39	16,80	12,68	4,69	1,54	20,64	15,88
3× 50/25	6,58	5,14	3,40	3,38	6,60	4,53	2,42	2,61	4,56	2,69	12,76	9,28	4,56	1,93	17,74	12,59
3× 70/35	6,82	5,56	4,11	3,97	6,92	5,01	3,12	3,19	4,51	2,92	10,02	7,36	4,51	2,22	14,96	10,32
3× 95/50	6,95	5,80	4,66	4,42	6,97	5,22	3,80	3,68	4,37	2,96	7,83	5,76	4,37	2,33	11,90	7,93
3× 120/70	6,18	5,37	4,58	4,32	6,21	4,92	4,06	3,79	4,22	3,06	5,98	4,58	4,22	2,53	8,77	5,93
3× 150/70	7,30	6,24	5,26	4,96	7,36	5,64	4,64	4,32	4,49	3,11	6,10	4,50	4,49	2,49	8,77	5,65
3× 185/95	6,60	5,84	5,03	4,80	6,73	5,36	4,73	4,34	4,35	3,14	5,08	3,87	4,35	2,58	6,83	4,48
3× 240/120	6,74	6,09	5,22	5,07	6,86	5,53	5,02	4,60	4,40	3,16	4,73	3,57	4,40	2,60	5,92	3,83
3× 300/150	6,69	6,19	5,25	5,22	6,89	5,64	5,18	4,77	4,32	3,10	4,41	3,33	4,32	2,55	5,26	3,38

a Rückleitung über vierten Leiter
b Rückleitung über vierten Leiter und Mantel
c Rückleitung über vierten Leiter und Erde
d Rückleitung über vierten Leiter, Mantel und Erde

Tabelle E9 Quotienten für $R_{(0)L}/R_L$ und $X_{(0)L}/X_L$ für 0,6/1-kV-Kabel NKBA und NAKBA in Abhängigkeit von der Rückleitung bei $f = 50$ Hz (Quelle: Beiblatt 4 zu DIN EN 60909-0 (VDE 0102):2003-02)

Anzahl der Adern und Nennquerschnitt S	$R_{(0)L}/R_L$				$X_{(0)L}/X_L$			
	Kupfer		Aluminium		Kupfer		Aluminium	
mm^2	a	c	a	c	a	c	a	c
3 × 50	4,29	3,38	3,00	2,45	1,20	8,66	1,14	8,65
3 × 70	5,10	4,16	3,54	2,94	1,23	7,48	1,19	7,61
3 × 95	5,61	4,81	3,81	3,33	1,26	5,83	1,20	5,77
3 × 120	6,31	5,49	4,25	3,75	1,29	5,44	1,24	5,36
3 × 150	6,23	5,64	4,23	3,87	1,27	4,17	1,21	4,14
3 × 185	6,94	6,34	4,69	4,33	1,23	3,76	1,17	3,71
3 × 240	6,68	6,30	4,89	4,61	1,29	2,82	1,26	3,03

a Rückleitung über Mantel (Mantel ist der vierte Leiter)

c Rückleitung über Mantel (vierter Leiter) und Erde

Tabelle E10 Quotienten für $R_{(0)L}/R_L$ und $X_{(0)L}/X_L$ für 0,6/1-kV-Kabel NKLEY und NAKLEY in Abhängigkeit von der Rückleitung bei $f = 50$ Hz (Quelle: Beiblatt 4 zu DIN EN 60909-0 (VDE 0102):2003-02)

25.6 Anhang F: EltBauVO

Der Musterwortlaut der „Verordnung über den Bau von Betriebsräumen für elektrische Anlagen (EltBauVO)“ ist nachfolgend wiedergegeben.

Aufgrund des § 107 Abs. 1 Nr. 1 bis 3 und Abs. 2 in Verbindung mit § 83 Abs. 2 Satz 3 der Bauordnung für Berlin (BauOBln) in der Fassung vom 13. Februar 1971 (GVBl. S. 456/1604) wird verordnet:

§ 1 Geltungsbereich

(1) Diese Verordnung gilt für elektrische Betriebsräume mit den in § 3 Abs. 1 Nr. 1 bis 3 genannten elektrischen Anlagen in

1. Waren- und Geschäftshäusern,
2. Versammlungsstätten, ausgenommen Versammlungsstätten in fliegenden Bauten,
3. Büro- und Verwaltungsgebäuden,
4. Krankenanstalten, Entbindungs- und Säuglingsheimen,
5. Altenpflegeheimen,
6. Schulen und Sportstätten,
7. Beherbergungsstätten,
8. Gaststätten,
9. geschlossenen Großgaragen und
10. Wohngebäuden.

(2) Diese Verordnung gilt nicht für elektrische Betriebsräume in freistehenden Gebäuden oder durch Brandwände abgetrennten Gebäudeteilen, wenn diese nur die elektrischen Betriebsräume enthalten.

§ 2 Begriffsbestimmung

Betriebsräume für elektrische Anlagen (elektrische Betriebsräume) sind Räume, die ausschließlich zur Unterbringung von Einrichtungen zur Erzeugung oder Verteilung elektrischer Energie oder zur Aufstellung von Batterien dienen.

§ 3 Allgemeine Anforderungen

(1) Innerhalb von Gebäuden nach § 1 Abs. 1 müssen

1. Transformatoren und Schaltanlagen für Nennspannungen über 1 kV,
2. ortsfeste Stromerzeugungsaggregate und
3. Zentralbatterien für Sicherheitsbeleuchtung

in jeweils eigenen elektrischen Betriebsräumen untergebracht sein. Schaltanlagen für Sicherheitsbeleuchtung dürfen nicht in elektrischen Betriebsräumen mit Anlagen nach Satz 1 Nr. 1 und 2 aufgestellt werden. Es kann verlangt werden, dass sie in eigenen elektrischen Betriebsräumen aufzustellen sind.

(2) Die elektrischen Anlagen müssen den anerkannten Regeln der Technik entsprechen.

§ 4 Anforderungen an elektrische Betriebsräume

(1) Elektrische Betriebsräume für die in § 3 Abs. 1 Nr. 1 bis 3 genannten elektrischen Anlagen müssen so angeordnet sein, dass sie im Gefahrenfall von allgemein zugänglichen Räumen oder vom Freien leicht und sicher erreichbar sind und ungehindert verlassen werden können; sie dürfen von Treppenräumen mit notwendigen Treppen nicht unmittelbar zugänglich sein. Der Rettungsweg innerhalb elektrischer Betriebsräume bis zu einem Ausgang darf nicht länger als 40 m sein.

(2) Die Räume müssen so groß sein, dass die elektrischen Anlagen ordnungsgemäß errichtet und betrieben werden können; sie müssen eine lichte Höhe von mindestens 2 m haben. Über Bedienungs- und Wartungsgängen muss eine Durchgangshöhe von mindestens 1,80 m vorhanden sein.

(3) Die Räume müssen ständig so wirksam be- und entlüftet werden, dass die beim Betrieb der Transformatoren und Stromerzeugungsaggregate entstehende Verlustwärme, bei Batterien die Gase, abgeführt werden.

(4) In elektrischen Betriebsräumen sollen Leitungen und Einrichtungen, die nicht zum Betrieb der elektrischen Anlagen erforderlich sind, nicht vorhanden sein.

§ 5 Zusätzliche Anforderungen an elektrische Betriebsräume für Transformatoren und Schaltanlagen mit Nennspannungen über 1 kV

(1) Elektrische Betriebsräume für Transformatoren und Schaltanlagen mit Nennspannungen über 1 kV müssen von anderen Räumen feuerbeständig abgetrennt sein. Wände von Räumen mit Öltransformatoren müssen außerdem so dick wie Brandwände sein. Öffnungen zur Durchführung von Kabeln sind mit nichtbrennbaren Baustoffen zu schließen.

(2) Türen müssen mindestens feuerhemmend und selbstschließend sein sowie aus nichtbrennbaren Baustoffen bestehen; soweit sie ins Freie führen, genügen selbstschließende Türen aus nichtbrennbaren Baustoffen. Türen müssen nach außen aufschlagen. Türschlösser müssen so beschaffen sein, dass der Zutritt unbefugter Personen jederzeit verhindert ist, der Betriebsraum jedoch ungehindert verlassen werden kann. An den Türen muss außen ein Hochspannungswarnschild angebracht sein.

(3) Elektrische Betriebsräume für Öltransformatoren dürfen sich nicht in Geschossen befinden, deren Fußboden mehr als 4 m unter der festgelegten Geländeoberfläche liegt. Sie dürfen auch nicht in Geschossen über dem Erdgeschoss liegen.

(4) Die Zuluft für die Räume muss unmittelbar oder über besondere Lüftungsleitungen dem Freien entnommen, die Abluft unmittelbar oder über besondere Lüftungsleitungen ins Freie geführt werden. Lüftungsleitungen, die durch andere Räume führen, sind so herzustellen, dass Feuer und Rauch nicht in andere Räume übertragen werden können. Öffnungen von Lüftungsleitungen zum Freien müssen Schutzgitter haben.

(5) Fußböden müssen aus nichtbrennbaren Baustoffen bestehen; dies gilt nicht für Fußbodenbeläge.

(6) Unter Transformatoren muss auslaufende Isolier- und Kühlflüssigkeit sicher aufgefangen werden können. Für höchstens drei Transformatoren mit jeweils bis zu 1000 l Isolierflüssigkeit in einem elektrischen Betriebsraum genügt es, wenn die Wände in der erforderlichen Höhe sowie der Fußboden undurchlässig ausgebildet sind; an den Türen müssen entsprechend hohe und undurchlässige Schwellen vorhanden sein.

(7) Fenster, die von außen leicht erreichbar sind, müssen so beschaffen oder gesichert sein, dass Unbefugte nicht in den elektrischen Betriebsraum eindringen können.

(8) Räume mit Transformatoren dürfen vom Gebäudeinnern aus nur von Fluren und über Sicherheitsschleusen zugänglich sein. Bei Räumen mit Öltransformatoren muss mindestens ein Ausgang unmittelbar ins Freie oder über einen Vorraum ins Freie führen. Der Vorraum darf auch mit dem Schaltraum, jedoch nicht mit anderen Räumen in Verbindung stehen. Sicherheitsschleusen mit mehr als 20 cbm Luftraum müssen Rauchabzüge haben.

(9) Abweichend von Absatz 8 Sätze 1 und 2 sind Sicherheitsschleusen und unmittelbar oder über einen Vorraum ins Freie führende Ausgänge nicht erforderlich bei Räumen mit Transformatoren in

1. Waren- und Geschäftshäusern mit Verkaufsstätten, die einzeln oder zusammen eine Verkaufsraumnutzfläche von nicht mehr als 2000 m^2 haben,
2. Versammlungsstätten, die nicht dem Geltungsbereich der Versammlungsstättenverordnung unterliegen,
3. Büro- und Verwaltungsgebäuden, die keine Hochhäuser sind,
4. Krankenanstalten, Entbindungs- und Säuglingsheimen mit nicht mehr als 30 Betten,
5. Altenpflegeheimen,
6. Schulen und Sportstätten, die keine Räume enthalten, auf welche die Versammlungsstättenverordnung anzuwenden ist,
7. Beherbergungsstätten mit nicht mehr als 30 Betten,
8. Wohngebäuden, die keine Hochhäuser sind.

Elektrische Betriebsräume mit Öltransformatoren müssen von anderen Räumen feuerbeständig abgetrennt sein; Türen in diesen Wänden müssen feuerbeständig und selbstschließend sein.

§ 6 Zusätzliche Anforderungen an elektrische Betriebsräume für ortsfeste Stromerzeugungsaggregate

(1) Für elektrische Betriebsräume für ortsfeste Stromerzeugungsaggregate gilt § 5 Abs. 1, 2, 4 und 5 sinngemäß. Wände in der erforderlichen Höhe sowie der Fußboden müssen gegen wassergefährdende Flüssigkeiten undurchlässig ausgebildet sein; an den Türen muss eine mindestens 10 cm hohe Schwelle vorhanden sein.

(2) Die Abgase von Verbrennungsmaschinen sind über besondere Leitungen ins Freie zu führen. Die Abgasrohre müssen von Bauteilen aus brennbaren Baustoffen einen Abstand von mindestens 10 cm haben. Werden Abgasrohre durch Bauteile aus nichtbrennbaren Baustoffen geführt, so sind die Bauteile im Umkreis von 10 cm haben. Werden Abgasrohre durch Bauteile aus brennbaren Baustoffen geführt, so sind die Bauteile im Umkreis von 10 cm aus nichtbrennbaren feuerbeständigen Baustoffen herzustellen, wenn ein besonderer Schutz gegen strahlende Wärme nicht vorhanden ist.

(3) Die Räume müssen frostfrei sein oder beheizt werden können.

§ 7 Zusätzliche Anforderungen an Batterieräume

(1) Räume für Zentralbatterien müssen von Räumen mit erhöhter Brandgefahr feuerbeständig, von anderen Räumen mindestens feuerhemmend getrennt sein. Dies gilt auch für Batterieschränke. § 5 Abs. 4 gilt sinngemäß. Die Räume müssen frostfrei sein oder beheizt werden können. Öffnungen zur Durchführung von Kabeln sind mit nichtbrennbaren Baustoffen zu schließen.

(2) Türen müssen nach außen aufschlagen, in feuerbeständigen Trennwänden mindestens feuerhemmend und selbstschließend sein und in allen anderen Fällen aus nichtbrennbaren Baustoffen bestehen.

(3) Fußböden sowie Sockel für Batterien müssen gegen die Einwirkung der Elektrolyten widerstandsfähig sein. An den Türen muss eine Schwelle vorhanden sein, die auslaufende Elektrolyten zurückhält.

(4) Der Fußboden von Batterieräumen, in denen geschlossene Zellen aufgestellt werden, muss an allen Stellen für elektrostatische Ladungen einheitlich und ausreichend ableitfähig sein.

(5) Lüftungsanlagen müssen gegen die Einwirkungen des Elektrolyten widerstandsfähig sein.

(6) Das Rauchen und das Verwenden von offenem Feuer sind in den Batterieräumen verboten; hierauf ist durch Schilder an der Außenseite der Türen hinzuweisen.

§ 8 Zusätzliche Bauvorlagen

Die Bauvorlagen müssen Angaben über die Lage des Betriebsraumes und die Art der elektrischen Anlage enthalten. Soweit erforderlich, müssen sie ferner Angaben über die Schallschutzmaßnahmen enthalten.

§ 9 Inkrafttreten

Diese Verordnung tritt am 1. Dezember 1974 in Kraft.

25.7 Anhang G: Muster-Richtlinie über brandschutztechnische Anforderungen an Leitungsanlagen (Muster-Leitungsanlagen-Richtlinie MLAR)[1) – Stand 17.11.2005 –

Inhalt

1 Geltungsbereich

[1]Diese Richtlinie gilt für

a) Leitungsanlagen in notwendigen Treppenräumen, in Räumen zwischen notwendigen Treppenräumen und Ausgängen ins Freie, in notwendigen Fluren ausgenommen in offenen Gängen vor Außenwänden,
b) die Führung von Leitungen durch raumabschließende Bauteile (Wände und Decken),
c) den Funktionserhalt von elektrischen Leitungsanlagen im Brandfall.

[2]Sie gilt nicht für Lüftungs- und Warmluftheizungsanlagen. [3]Für Lüftungsanlagen ist die Musterrichtlinie über die brandschutztechnischen Anforderungen an Lüftungsanlagen (M-LüAR) zu beachten. [4]Die Musterrichtlinie über brandschutztechnische Anforderungen an hochfeuerhemmende Bauteile in Holzbauweise (M-HFHHolzR) bleibt unberührt.

2 Begriffe

2.1 [1]Leitungsanlagen

sind Anlagen aus Leitungen, insbesondere aus elektrischen Leitungen oder Rohrleitungen, sowie aus den zugehörigen Armaturen, Hausanschlusseinrichtungen, Messeinrichtungen, Steuer- Regel- und Sicherheitseinrichtungen, Netzgeräten, Verteilern und Dämmstoffen für die Leitungen. [2]Zu den Leitungen gehören deren Befestigungen und Beschichtungen. [3]Lichtwellenleiter-Kabel und elektrische Kabel gelten als elektrische Leitungen.

2.2 Elektrische Leitungen mit verbessertem Brandverhalten

sind Leitungen, die die Prüfanforderungen nach DIN 4102-1:1998-05 in Verbindung mit DIN 4102-16:1998-05 Baustoffklasse B 1 (schwerentflammbare Baustoffe), auch in Verbindung mit einer Beschichtung, erfüllen und eine nur geringe Rauchentwicklung aufweisen.

2.3 Medien

im Sinne dieser Richtlinie sind Flüssigkeiten, Dämpfe, Gase und Stäube.

---

1) Die Verpflichtungen aus der Richtlinie 98/34/EG des Europäischen Parlaments und des Rates vom 22. Juni 1998 über ein Informationsverfahren auf dem Gebiet der Normen und technischen Vorschriften und der Vorschriften für die Dienste der Informationsgesellschaft (Abl. EG Nr. L 204 S. 37), zuletzt geändert durch die Richtlinie 98/48/EG des Europäischen Parlamentes und des Rates vom 20. Juli 1998 (Abl. EG Nr. L 217 S. 18), sind beachtet.

3 Leitungsanlagen in Rettungswegen

3.1 Grundlegende Anforderungen

3.1.1 [1]Gemäß § 40 Abs. 2 MBO sind Leitungsanlagen in

a) notwendigen Treppenräumen gemäß § 35 Abs. 1 MBO,
b) Räumen zwischen notwendigen Treppenräumen und Ausgängen ins Freie gemäß § 35 Abs. 3 Satz 3 MBO und
c) notwendigen Fluren gemäß § 36 Abs. 1 MBO

nur zulässig, wenn eine Nutzung als Rettungsweg im Brandfall ausreichend lang möglich ist. [2]Diese Voraussetzung ist erfüllt, wenn die Leitungsanlagen in diesen Räumen den Anforderungen der Abschnitte 3.1.2 bis 3.5.6 entsprechen.

3.1.2 Leitungsanlagen dürfen in tragende, aussteifende oder raumabschließende Bauteile sowie in Bauteile von Installationsschächten und -kanälen nur so weit eingreifen, dass die erforderliche Feuerwiderstandsfähigkeit erhalten bleibt.

3.1.3 In Sicherheitstreppenräumen gemäß § 33 Abs. 2 Satz 3 MBO und in Räumen zwischen Sicherheitstreppenräumen und Ausgängen ins Freie sind nur Leitungsanlagen zulässig, die ausschließlich der unmittelbaren Versorgung dieser Räume oder der Brandbekämpfung dienen.

3.2 Elektrische Leitungsanlagen

3.2.1 [1]Elektrische Leitungen müssen

a) einzeln oder nebeneinander angeordnet voll eingeputzt,
b) in Schlitzen von massiven Bauteilen, die mit mindestens 15 mm dickem mineralischem Putz auf nichtbrennbarem Putzträger oder mit mindestens 15 mm dicken Platten aus mineralischen Baustoffen verschlossen werden,
c) innerhalb von mindestens feuerhemmenden Wänden in Leichtbauweise, jedoch nur Leitungen, die ausschließlich der Versorgung der in und an der Wand befindlichen elektrischen Betriebsmitteln dienen,
d) in Installationsschächten und -kanälen nach Abschnitt 3.5,
e) über Unterdecken nach Abschnitt 3.5,
f) in Unterflurkanälen nach Abschnitt 3.5 oder
g) in Systemböden (siehe hierzu die Richtlinie über brandschutztechnische Anforderungen an Systemböden)

verlegt werden.

[2]Sie dürfen offen verlegt werden, wenn sie

a) nichtbrennbar sind (z. B. Leitungen nach DIN EN 60702-1 (VDE 0284 Teil 1):2002-11),
b) ausschließlich der Versorgung der Räume und Flure nach Abschnitt 3.1.1 dienen oder
c) Leitungen mit verbessertem Brandverhalten in notwendigen Fluren von Gebäuden der Gebäudeklassen 1 bis 3, deren Nutzungseinheiten eine Fläche von jeweils 200 m^2 nicht überschreiten und die keine Sonderbauten sind.

[3]Außerdem dürfen in notwendigen Fluren einzelne kurze Stichleitungen offen verlegt werden. [4]Werden für die offene Verlegung nach Satz 2 Elektro-Installationskanäle oder -rohre (siehe DIN EN 50085-1 (VDE 0604 Teil 1):1998-04 und DIN EN 50086-1 (VDE 0605 Teil 1):1994-05) verwendet, so müssen diese aus nichtbrennbaren Baustoffen bestehen.

3.2.2 Messeinrichtungen und Verteiler

Messeinrichtungen und Verteiler sind abzutrennen gegenüber

a) notwendigen Treppenräumen und Räumen zwischen notwendigen Treppenräumen und Ausgängen ins Freie durch mindestens feuerhemmende Bauteile aus nichtbrennbaren Baustoffen; Öffnungen in diesen Bauteilen sind durch mindestens feuerhemmende Abschlüsse mit umlaufender Dichtung zu verschließen;
b) notwendigen Fluren durch Bauteile aus nichtbrennbaren Baustoffen mit geschlossenen Oberflächen; Öffnungen in diesen Bauteilen sind mit Abschlüssen aus nichtbrennbaren Baustoffen mit geschlossenen Oberflächen zu verschließen.

3.3 Rohrleitungsanlagen für nichtbrennbare Medien

3.3.1 Die Rohrleitungsanlagen einschließlich der Dämmstoffe aus nichtbrennbaren Baustoffen – auch mit brennbaren Dichtungs- und Verbindungsmitteln und mit brennbaren Rohrbeschichtungen bis 0,5 mm Dicke – dürfen offen verlegt werden.

3.3.2 Die Rohrleitungsanlagen aus brennbaren Baustoffen oder mit brennbaren Dämmstoffen müssen

a) in Schlitzen von massiven Wänden, die mit mindestens 15 mm dickem mineralischem Putz auf nichtbrennbarem Putzträger oder mit mindestens 15 mm dicken Platten aus mineralischen Baustoffen verschlossen werden,
b) in Installationsschächten und -kanälen nach Abschnitt 3.5,
c) über Unterdecken nach Abschnitt 3.5,
d) in Unterflurkanälen nach Abschnitt 3.5 oder

e) in Systemböden

verlegt werden.

3.4 Rohrleitungsanlagen für brennbare oder brandfördernde Medien

3.4.1 [1]Die Rohrleitungsanlagen müssen einschließlich ihrer Dämmstoffe aus nichtbrennbaren Baustoffen bestehen. [2]Dies gilt nicht

a) für deren Dichtungs- und Verbindungsmittel,
b) für Rohrbeschichtungen bis 0,5 mm Dicke,
c) für Rohrbeschichtungen bis 2 mm Dicke bei Rohrleitungsanlagen, die nach Abschnitt 3.4.2 Satz 1

verlegt sind.

3.4.2 [1]Die Rohrleitungsanlagen müssen

a) einzeln mit mindestens 15 mm Putzüberdeckung voll eingeputzt oder
b) in Installationsschächten oder -kanälen nach Abschnitt 3.5.1 in Verbindung mit 3.5.5 verlegt

werden.

[2]Sie dürfen in notwendigen Fluren auch offen verlegt werden. [3]Dichtungen von Rohrverbindungen müssen wärmebeständig sein.

3.4.3 [1]Gaszähler sind in notwendigen Treppenräumen und in Räumen zwischen notwendigen Treppenräumen und Ausgängen ins Freie nicht zulässig. [2]Gaszähler müssen in notwendigen Fluren

a) thermisch erhöht belastbar sein,
b) durch eine thermisch auslösende Absperreinrichtung geschützt sein oder
c) durch mindestens feuerbeständige Bauteile aus nichtbrennbaren Baustoffen abgetrennt sein; Öffnungen in diesen Bauteilen sind mit mindestens feuerbeständigen Abschlüssen zu verschließen; die Abschlüsse müssen mit umlaufenden Dichtungen versehen sein.

3.5 Installationsschächte und -kanäle, Unterdecken und Unterflurkanäle

3.5.1 [1]Installationsschächte und -kanäle müssen – einschließlich der Abschlüsse von Öffnungen – aus nichtbrennbaren Baustoffen bestehen und eine Feuerwiderstandsfähigkeit haben, die der höchsten notwendigen Feuerwiderstandsfähigkeit der von ihnen durchdrungenen raumabschließenden Bauteile entspricht. [2]Die Abschlüsse müssen mit einer umlaufenden Dichtung dicht schließen. [3]Die Befestigung der Installationsschächte und -kanäle ist mit nichtbrennbaren Befestigungsmitteln auszuführen.

3.5.2 Abweichend von Abschnitt 3.5.1 genügen in notwendigen Fluren Installationsschächte, die keine Geschossdecken überbrücken und Installationskanäle (einschließlich der Abschlüsse von Öffnungen), die mindestens feuerhemmend sind und aus nichtbrennbaren Baustoffen bestehen.

3.5.3 [1]Unterdecken müssen – einschließlich der Abschlüsse von Öffnungen – aus nichtbrennbaren Baustoffen bestehen und bei einer Brandbeanspruchung sowohl von oben als auch von unten in notwendigen Fluren mindestens feuerhemmend sein und in notwendigen Treppenräumen und in Räumen zwischen notwendigen Treppenräumen und Ausgängen ins Freie mindestens der notwendigen Feuerwiderstandsfähigkeit der Decken entsprechen. [2]Die besonderen Anforderungen hinsichtlich der brandsicheren Befestigung der im Bereich zwischen den Geschossdecken und Unterdecken verlegten Leitungen sind zu beachten.

3.5.4 [1]In notwendigen Fluren von Gebäuden der Gebäudeklassen 1 bis 3, deren Nutzungseinheiten eine Fläche von jeweils 200 m^2 nicht überschreiten und die keine Sonderbauten sind, brauchen Installationsschächte, die keine Geschossdecken überbrücken, Installationskanäle und Unterdecken (einschließlich der Abschlüsse von Öffnungen) nur aus nichtbrennbaren Baustoffen mit geschlossenen Oberflächen zu bestehen. [2]Einbauten, wie Leuchten und Lautsprecher, bleiben unberücksichtigt.

3.5.5 [1]Installationsschächte und -kanäle für Rohrleitungsanlagen nach Abschnitt 3.4.1 sind mit nichtbrennbaren Baustoffen formbeständig und dicht zu verfüllen oder müssen abschnittsweise oder im Ganzen be- und entlüftet werden. [2]Die Be- und Entlüftungsöffnungen müssen mindestens 10 cm^2 groß sein. [3]Sie dürfen nicht in notwendigen Treppenräumen und nicht in Räumen zwischen notwendigen Treppenräumen und Ausgängen ins Freie angeordnet werden.

3.5.6 [1]Estrichbündig oder -überdeckt angeordnete Unterflurkanäle für die Verlegung von Leitungen müssen in notwendigen Treppenräumen, in Räumen zwischen notwendigen Treppenräumen und Ausgängen ins Freie sowie in notwendigen Fluren eine obere Abdeckung aus nichtbrennbaren Baustoffen haben. [2]Sie dürfen keine Öffnungen haben, ausgenommen in notwendigen Fluren Revisions- oder Nachbelegungsöffnungen mit dichtschließenden Verschlüssen aus nichtbrennbaren Baustoffen.

4 Führung von Leitungen durch raumabschließende Bauteile (Wände und Decken)

4.1 Grundlegende Anforderungen

4.1.1 [1]Gemäß § 40 Abs. 1 MBO dürfen Leitungen durch raumabschließende Bauteile, für die eine Feuerwiderstandsfähigkeit vorgeschrieben ist, nur hindurchgeführt werden, wenn eine Brandausbreitung ausreichend lang nicht zu befürchten ist oder Vorkehrungen hiergegen getroffen sind; dies gilt nicht für Decken

a) in Gebäuden der Gebäudeklassen 1 und 2,
b) innerhalb von Wohnungen,
c) innerhalb derselben Nutzugseinheit mit nicht mehr als insgesamt 400 m^2 in nicht mehr als zwei Geschossen.

[2]Diese Voraussetzungen sind erfüllt, wenn die Leitungsdurchführungen den Anforderungen der Abschnitte 4.1 bis 4.3 entsprechen.

4.1.2 Die Leitungen müssen

a) durch Abschottungen geführt werden, die mindestens die gleiche Feuerwiderstandsfähigkeit aufweisen wie die raumabschließenden Bauteile oder
b) innerhalb von Installationsschächten oder -kanälen geführt werden, die – einschließlich der Abschlüsse von Öffnungen – mindestens die gleiche Feuerwiderstandsfähigkeit aufweisen wie die durchdrungenen raumabschließenden Bauteile und aus nichtbrennbaren Baustoffen bestehen.

4.1.3 Der Mindestabstand zwischen Abschottungen, Installationsschächten oder -kanälen sowie der erforderliche Abstand zu anderen Durchführungen (z. B. Lüftungsleitungen) oder anderen Öffnungsverschlüssen (z. B. Feuerschutztüren) ergibt sich aus den Bestimmungen der jeweiligen Verwendbarkeits- oder Anwendbarkeitsnachweise; fehlen entsprechende Festlegungen, ist ein Abstand von mindestens 50 mm erforderlich.

4.2 Erleichterungen für die Leitungsdurchführung durch feuerhemmende Wände

[1]Abweichend von Abschnitt 4.1.2 dürfen durch feuerhemmende Wände – ausgenommen solche notwendiger Treppenräume und Räume zwischen notwendigen Treppenräumen und den Ausgängen ins Freie –

a) elektrische Leitungen,
b) Rohrleitungen aus nichtbrennbaren Baustoffen – auch mit brennbaren Rohrbeschichtungen bis 2 mm Dicke –

geführt werden, wenn der Raum zwischen den Leitungen und dem umgebenden Bauteil aus nichtbrennbaren Baustoffen mit nichtbrennbaren Baustoffen oder mit im Brandfall aufschäumenden Baustoffen vollständig ausgefüllt wird. [2]Bei Verwendung von Mineralfasern müssen diese eine Schmelztemperatur von mindestens 1 000 °C aufweisen. [3]Bei Verwendung von aufschäumenden Dämmschichtbildnern und von Mineralfasern darf der Abstand zwischen der Leitung und dem umgebenden Bauteil nicht mehr als 50 mm betragen.

4.3 Erleichterungen für einzelne Leitungen

4.3.1 Einzelne Leitungen ohne Dämmung in gemeinsamen Durchbrüchen für mehrere Leitungen

[1]Abweichend von Abschnitt 4.1 dürfen einzelne

a) elektrische Leitungen,
b) Rohrleitungen mit einem Außendurchmesser bis 160 mm aus nichtbrennbaren Baustoffen – ausgenommen Aluminium und Glas –, auch mit Beschichtung aus brennbaren Baustoffen bis zu 2 mm Dicke,
c) Rohrleitungen für nichtbrennbare Medien und Installationsrohre für elektrische Leitungen mit einem Außendurchmesser bis 32 mm aus brennbaren Baustoffen, Aluminium oder Glas

über gemeinsame Durchbrüche durch die Wände und Decken geführt werden. [2]Dies gilt nur, wenn

a) der lichte Abstand der Leitungen untereinander bei Leitungen nach Satz 1 Buchstaben a und b mindestens dem einfachen, nach Satz 1 Buchstabe c mindestens dem fünffachen des größeren Leitungsdurchmessers entspricht,
b) der lichte Abstand zwischen einer Leitung nach Satz 1 Buchstabe c und einer Leitung nach Satz 1 Buchstaben a oder b mindestens dem größeren der sich aus der Art und dem Durchmesser der beiden Leitungen ergebenden Abstandsmaße (Satz 2 Buchstabe a) entspricht,
c) die feuerbeständige Wand oder Decke eine Dicke von mindestens 80 mm, die hochfeuerhemmende Wand oder Decke eine Dicke von mindestens 70 mm, die feuerhemmende Wand oder Decke eine Dicke von mindestens 60 mm hat und
d) der Raum zwischen den Leitungen und den umgebenden Bauteilen mit Zementmörtel oder Beton in der vorgenannten Mindestbauteildicke vollständig ausgefüllt wird.

4.3.2 Einzelne Leitungen ohne Dämmung in jeweils eigenen Durchbrüchen oder Bohröffnungen

[1]Abweichend von Abschnitt 4.1 gelten die Vorgaben des Abschnitts 4.3.1. [2]Es genügt jedoch, den Raum zwischen der Leitung und dem umgebenden Bauteil oder Hüllrohr aus nichtbrennbaren Baustoffen mit Baustoffen aus Mineralfasern oder mit im Brandfall aufschäumenden Baustoffen vollständig zu verschließen. [3]Der lichte Abstand zwischen der Leitung und dem umgebenden Bauteil oder Hüllrohr darf bei Verwendung von Baustoffen aus Mineralfasern nicht mehr als 50 mm, bei Verwendung von im Brandfall aufschäumenden Baustoffen nicht mehr als 15 mm betragen. [4]Die Mineralfasern müssen eine Schmelztemperatur von mindestens 1 000 °C aufweisen.

4.3.3 Einzelne Rohrleitungen mit Dämmung in Durchbrüchen oder Bohröffnungen

[1]Abweichend von Abschnitt 4.1 dürfen einzelne Rohrleitungen nach Abschnitt 4.3.1 Satz 1 Buchstaben b und c mit Dämmung in gemeinsamen oder eigenen Durchbrüchen oder Bohröffnungen durch Wände und Decken geführt werden, wenn

a) die feuerbeständige Wand oder Decke eine Dicke von mindestens 80 mm, die hochfeuerhemmende Wand oder Decke eine Dicke von mindestens 70 mm, die feuerhemmende Wand oder Decke eine Dicke von mindestens 60 mm hat,
b) die Restöffnung in der Wand oder Decke entsprechend Abschnitt 4.3.1 oder 4.3.2 bemessen und verschlossen ist,
c) die Dämmung im Bereich der Leitungsdurchführung aus nichtbrennbaren Baustoffen mit einer Schmelztemperatur von mindestens 1 000 °C besteht, auch mit Umhüllung aus brennbaren Baustoffen bis 0,5 mm Dicke und
d) der lichte Abstand, gemessen zwischen den Dämmschichtoberflächen im Bereich der Durchführung, mindestens 50 mm beträgt; das Mindestmaß von 50 mm gilt auch für den Abstand der Rohrleitungen zu elektrischen Leitungen.

[2]Bei Rohrleitungen mit Dämmungen aus brennbaren Baustoffen außerhalb der Durchführung ist eine Umhüllung aus Stahlblech oder beidseitig der Durchführung auf eine Länge von jeweils 500 mm eine Dämmung aus nichtbrennbaren Baustoffen anzuordnen.

4.3.4 Einzelne Rohrleitungen mit oder ohne Dämmung in Wandschlitzen oder mit Ummantelung

[1]Abweichend von Abschnitt 4.1 dürfen einzelne Rohrleitungen mit einem Außendurchmesser bis 160 mm

a) aus nichtbrennbaren Baustoffen – ausgenommen Aluminium und Glas – (auch mit brennbaren Beschichtungen) oder
b) aus brennbaren Baustoffen, Aluminium oder Glas für nichtbrennbare Flüssigkeiten, Dämpfe oder Stäube

durch die Decken geführt werden. [2]Dies gilt nur, wenn sie in den Geschossen durchgehend

a) in eigenen Schlitzen von massiven Wänden verlegt werden, die mit mindestens 15 mm dickem mineralischem Putz auf nichtbrennbarem Putzträger oder mit mindestens 15 mm dicken Platten aus nichtbrennbaren mineralischen Baustoffen verschlossen werden; die verbleibenden Wandquerschnitte müssen die erforderliche Feuerwiderstandsdauer behalten, oder
b) einzeln derart in Wandecken von massiven Wänden verlegt werden, dass sie mindestens zweiseitig von den Wänden und im Übrigen von Bauteilen aus mindestens 15 mm dickem mineralischem Putz auf nichtbrennbarem Putzträger oder aus mindestens 15 mm dicken Platten aus nichtbrennbaren mineralischen Baustoffen vollständig umschlossen sind.

[3]Die von diesen Rohrleitungen abzweigenden Leitungen dürfen offen verlegt werden, sofern sie nur innerhalb eines Geschosses geführt werden.

5 Funktionserhalt von elektrischen Leitungsanlagen im Brandfall

5.1 Grundlegende Anforderungen

5.1.1 [1]Die elektrischen Leitungsanlagen für bauordnungsrechtlich vorgeschriebene sicherheitstechnische Anlagen und Einrichtungen müssen so beschaffen oder durch Bauteile abgetrennt sein, dass die sicherheitstechnischen Anlagen und Einrichtungen im Brandfall ausreichend lang funktionsfähig bleiben (Funktionserhalt). [2]Dieser Funktionserhalt muss bei möglicher Wechselwirkung mit anderen Anlagen, Einrichtungen oder deren Teilen gewährleistet bleiben.

5.1.2 [1]An die Verteiler der elektrischen Leitungsanlagen für bauordnungsrechtlich vorgeschriebene sicherheitstechnische Anlagen und Einrichtungen dürfen auch andere betriebsnotwendige sicherheitstechnische Anlagen und Einrichtungen angeschlossen werden. [2]Dabei ist sicherzustellen, dass die bauaufsichtlich vorgeschriebenen sicherheitstechnischen Anlagen und Einrichtungen nicht beeinträchtigt werden.

5.2 Funktionserhalt

5.2.1 Der Funktionserhalt der Leitungen ist gewährleistet, wenn die Leitungen

a) die Prüfanforderungen der DIN 4102-12: 1998-11 (Funktionserhaltsklasse E 30 bis E90) erfüllen

oder

b) auf Rohdecken unterhalb des Fußbodenestrichs mit einer Dicke von mindestens 30 mm oder

c) im Erdreich

verlegt werden.

5.2.2 Verteiler für elektrische Leitungsanlagen mit Funktionserhalt nach Abschnitt 5.3 müssen

a) in eigenen, für andere Zwecke nicht genutzten Räumen untergebracht werden, die gegenüber anderen Räumen durch Wände, Decken und Türen mit einer Feuerwiderstandsfähigkeit entsprechend der notwendigen Dauer des Funktionserhaltes und – mit Ausnahme der Türen – aus nichtbrennbaren Baustoffen abgetrennt sind,

b) durch Gehäuse abgetrennt werden, für die durch einen bauaufsichtlichen Verwendbarkeitsnachweis die Funktion der elektrotechnischen Einbauten des Verteilers im Brandfall für die notwendige Dauer des Funktionserhaltes nachgewiesen ist oder

c) mit Bauteilen (einschließlich ihrer Abschlüsse) umgeben werden, die eine Feuerwiderstandsfähigkeit entsprechend der notwendigen Dauer des Funktionserhaltes haben und (mit Ausnahme der Abschlüsse) aus nichtbrennbaren Baustoffen bestehen, wobei sichergestellt werden muss, dass die Funktion der elektrotechnischen Einbauten des Verteilers im Brandfall für die Dauer des Funktionserhaltes gewährleistet ist.

5.3 Dauer des Funktionserhaltes

5.3.1 Die Dauer des Funktionserhaltes der Leitungsanlagen muss mindestens 90 Minuten betragen bei

a) Wasserdruckerhöhungsanlagen zur Löschwasserversorgung,

b) maschinellen Rauchabzugsanlagen und Rauchschutz-Druckanlagen für notwendige Treppenräume in Hochhäusern sowie für Sonderbauten, für die solche Anlagen im Einzelfall verlangt werden; abweichend hiervon genügt für Leitungsanlagen, die innerhalb dieser Treppenräume verlegt sind, eine Dauer von 30 Minuten,

c) Bettenaufzügen in Krankenhäusern und anderen baulichen Anlagen mit entsprechender Zweckbestimmung und Feuerwehraufzügen; ausgenommen sind Leitungsanlagen, die sich innerhalb der Fahrschächte oder der Triebwerksräume befinden.

5.3.2 Die Dauer des Funktionserhaltes der Leitungsanlagen muss mindestens 30 Minuten betragen bei

a) Sicherheitsbeleuchtungsanlagen; ausgenommen sind Leitungsanlagen, die der Stromversorgung der Sicherheitsbeleuchtung nur innerhalb eines Brandabschnittes in einem Geschoss oder nur innerhalb eines Treppenraumes dienen; die Grundfläche je Brandabschnitt darf höchstens 1.600 m^2 betragen,

b) Personenaufzügen mit Brandfallsteuerung; ausgenommen sind Leitungsanlagen, die sich innerhalb der Fahrschächte oder der Triebwerksräume befinden,

c) Brandmeldeanlagen einschließlich der zugehörigen Übertragungsanlagen; ausgenommen sind Leitungsanlagen in Räumen, die durch automatische Brandmelder überwacht werden, sowie Leitungsanlagen in Räumen ohne automatische Brandmelder, wenn bei Kurzschluss oder Leitungsunterbrechung durch Brandeinwirkung in diesen Räumen alle an diese Leitungsanlage angeschlossenen Brandmelder funktionsfähig bleiben,

d) Anlagen zur Alarmierung und Erteilung von Anweisungen an Besucher und Beschäftigte, sofern diese Anlagen im Brandfall wirksam sein müssen; ausgenommen sind Leitungsanlagen, die der Stromversorgung der Anlagen nur innerhalb eines Brandabschnittes in einem Geschoss oder nur innerhalb eines Treppenraumes dienen; die Grundfläche je Brandabschnitt darf höchstens 1.600 m^2 betragen,

e) natürlichen Rauchabzugsanlagen (Rauchableitung durch thermischen Auftrieb); ausgenommen sind Anlagen, die bei einer Störung der Stromversorgung selbsttätig öffnen, sowie Leitungsanlagen in Räumen, die durch automatische Brandmelder überwacht werden und das Ansprechen eines Brandmelders durch Rauch bewirkt, dass die Anlage selbsttätig öffnet,

f) maschinellen Rauchabzugsanlagen und Rauchschutz-Druckanlagen in anderen Fällen als nach Abschnitt 5.3.1.

25.8 Anhang H: Äußere Einflüsse

Wie in Abschnitt 14.3 beschrieben, sind elektrische Betriebsmittel so auszuwählen, dass sie den äußeren Einflüssen, die am Einsatzort anzutreffen sind, standhalten. Die äußeren Einflüsse sind durch Kurzzeichen gekennzeichnet und werden in **Tabelle H1** dargestellt und näher beschrieben. Das Kurzzeichen besteht aus zwei Großbuchstaben und einer Ziffer, mit folgender Aussage:

Erster Buchstabe

A Umgebungsbedingungen

B Benutzung

C Gebäudekonstruktion bzw. Art der Bauwerke und Nutzung

Zweiter Buchstabe

A, B, C usw. Art der Einflussgröße

Ziffer

1, 2, 3 usw. bezieht sich auf die Klasse innerhalb der Einflussgröße

Zum Beispiel bedeutet das Kurzzeichen AR2

A Umgebungsbedingungen

R Luftbewegung

2 Mittlere Beanspruchung mit Windgeschwindigkeiten $v > (1 \dots 5)$ m/s

Die in Tabelle H1 aufgeführten Kurzzeichen sind nicht für die Markierung und Bezeichnung von Betriebsmitteln vorgesehen. Die charakteristischen Eigenschaften von Betriebsmitteln müssen durch eine entsprechende Schutzart oder durch eine Konformitätsbescheinigung nachgewiesen werden.

Die Auswahl von elektrischen Betriebsmitteln entsprechend den äußeren Einflüssen ist nicht nur für die richtige Funktion erforderlich, sondern auch um die Zuverlässigkeit der Schutzmaßnahmen zu gewährleisten. Die Schutzmaßnahmen, die durch die Konstruktion bzw. Bauart der Betriebsmittel gegeben sind, gelten nur für die gegebenen Bedingungen der äußeren Einflüsse, wenn die entsprechenden Prüfungen nach den Betriebsmittelnormen unter den genannten Bedingungen der äußeren Einflüsse ausgeführt werden.

Kurzzeichen	äußere Einflüsse		charakteristische Eigenschaften, die für die Auswahl und Errichtung der Betriebsmittel gefordert sind	Anwendung und Beispiele	Bemerkung
A	**Umgebungsbedingungen**				
AA	**Umgebungstemperatur** Die Klassen der Umgebungstemperatur werden nur dann angewendet, wenn die Luftfeuchte keinen Einfluss hat. Die Durchschnittstemperatur während eines Zeitraums von 24 Stunden darf die unteren und oberen Grenzwerte um nicht mehr als 5 K unter- bzw. überschreiten. Eine Kombination von zwei Bereichen kann erforderlich sein, um Umgebungsbedingungen eindeutig zu beschreiben. Elektrische Anlagen, die Umgebungstemperaturen ausgesetzt sind, die außerhalb der genannten Bereiche liegen, erfordern besondere Aufmerksamkeit. Die Umgebungstemperatur ist die Temperatur der umgebenden Luft an der Stelle, an der das Betriebsmittel errichtet oder angebracht werden soll				
AA1	-60 °C	+5 °C	speziell ausgeführte Betriebsmittel oder geeignete Anordnung der Betriebsmittel; Bedingungen können ergänzende Vorkehrungen notwendig werden lassen, z. B. spezielle Schmierung		
AA2	-40 °C	+5 °C			
AA3	-25 °C	+5 °C			
AA4	-5 °C	+40 °C	normal (in besonderen Fällen können spezielle Vorkehrungen erforderlich sein)		
AA5	+5 °C	+40 °C	normal		
AA6	+5 °C	+60 °C	speziell ausgeführte Betriebsmittel oder geeignete Anordnung der Betriebsmittel; Bedingungen können ergänzende Vorkehrungen notwendig werden lassen, z. B. spezielle Schmierung		
AA7	-25 °C	+55 °C			
AA8	-50 °C	+40 °C			

Tabelle H1 Klassifizierung der äußeren Einflüsse

25

Kurzzeichen	äußere Einflüsse		charakteristische Eigenschaften, die für die Auswahl und Errichtung der Betriebsmittel gefordert sind	Anwendung und Beispiele	Bemerkung
AB	**Klimatische Umgebungsbedingungen (Umweltbedingungen)** Alle angegebenen Werte sind Maximalwerte oder Grenzwerte; die Wahrscheinlichkeit, dass diese Werte über- oder unterschritten werden, ist gering				
	Lufttemperatur absolute Luftfeuchte relative Luftfeuchte				
	niedrig	hoch			
AB1	−60 °C 3 % 0,003 g/m³	+5 °C 100 % 7 g/m³	geeignete Anordnungen oder Ausführungen müssen gewählt werden		es sollten zwischen dem Planer der Anlage und dem Hersteller der Betriebsmittel spezielle Maßnahmen oder Vorkehrungen getroffen werden, wie z. B. die Entwicklung spezieller Betriebsmittel
AB2	−40 °C 10 % 0,1 g/m³	+5 °C 100 % 7 g/m³			
AB3	−25 °C 10 % 0,5 g/m³	+5 °C 100 % 7 g/m³			
AB4	−5 °C 5 % 1 g/m³	+40 °C 95 % 29 g/m³	normal		normale Betriebsmittel müssen unter den beschriebenen äußeren Einflüssen sicher betrieben werden können

Tabelle H1 (Fortsetzung) Klassifizierung der äußeren Einflüsse

Kurzzeichen	äußere Einflüsse		charakteristische Eigenschaften, die für die Auswahl und Errichtung der Betriebsmittel gefordert sind	Anwendung und Beispiele	Bemerkung
AB5	+5 °C 5 % 1 g/m^3	+40 °C 85 % 25 g/m^3	geeignete Anordnungen oder Ausführungen müssen gewählt werden		es sollen zwischen dem Planer der Anlage und dem Hersteller der Betriebsmittel spezielle Maßnahmen oder Vorkehrungen getroffen werden, wie z. B. die Entwicklung spezieller Betriebsmittel
AB6	+5 °C 10 % 1 g/m^3	+60 °C 100 % 35 g/m^3			
AB7	−25 °C 10 % 0,5 g/m^3	+55 °C 100 % 29 g/m^3			
AB8	−50 °C 15 % 0,04 g/m^3	+40 °C 100 % 36 g/m^3			
AC	**Seehöhe**				
AC1	≤ 2 000 m		normal		für einige Betriebsmittel können bereits spezielle Maßnahmen für Höhen von 1 000 m und darüber erforderlich sein
AC2	> 2 000 m		AC2 kann spezielle Vorkehrungen (Maßnahmen) erfordern, z. B. die Anwendung von Reduktionsfaktoren		
AD	**Auftreten von Wasser** Siehe hierzu auch Abschnitt 2.8.				

Tabelle H1 (Fortsetzung) Klassifizierung der äußeren Einflüsse

Kurz-zeichen	äußere Einflüsse	charakteristische Eigenschaften, die für die Auswahl und Errichtung der Betriebsmittel gefordert sind	Anwendung und Beispiele	Bemerkung
AD1	vernachlässigbar	IPX0	Orte, an denen die Wände im Allgemeinen keine Feuchtigkeitsspuren aufweisen. Diese können jedoch während kurzer Zeitabschnitte, z. B. durch Wasserdampf, vorkommen, aber durch gute Belüftung schnell verschwinden.	
AD2	Tropfwasser	IPX1	Orte, an denen Luftfeuchte gelegentlich zu Tropfen kondensiert oder gelegentlich Dampf auftritt	
AD3	Sprühwasser	IPX3	Orte, an denen Sprühwasser einen durchgehenden Nässefilm an Wänden und/oder auf dem Boden bildet	
AD4	Spritzwasser	IPX4	Orte, an denen die Betriebsmittel Spritzwasser ausgesetzt sind. Dies ist der Fall z. B. bei bestimmten Außenleuchten, Betriebsmitteln auf Baustellen	
AD5	Strahlwasser	IPX5	Orte, die regelmäßig abgespritzt werden (Höfe, Autowaschanlagen)	
AD6	Schwallwasser	IPX6	An der Küste gelegene Stellen, wie Piers, Strände, Kaianlagen	

Tabelle H1 (Fortsetzung) Klassifizierung der äußeren Einflüsse

Kurzzeichen	äußere Einflüsse	charakteristische Eigenschaften, die für die Auswahl und Errichtung der Betriebsmittel gefordert sind	Anwendung und Beispiele	Bemerkung
AD7	Eintauchen	IPX7	Orte, die überflutet werden können und/oder an denen das Wasser mindestens 150 mm über dem höchsten Punkt des Betriebsmittels stehen darf, der niedrigste Punkt des Betriebsmittels jedoch höchstens 1 m unter der Wasseroberfläche liegt	
AD8	Untertauchen	IPX8	Wasserbecken, z. B. Schwimmbäder, in denen elektrische Betriebsmittel dauernd unter Wasser sind und unter einem Druck von mehr als 0,1 bar stehen	
AE	**Auftreten von Fremdkörpern** Siehe hierzu auch Abschnitt 2.8.			
AE1	vernachlässigbar	IP0X		
AE2	kleine Fremdkörper (2,5 mm)	IP3X	Werkzeuge und kleine Gegenstände sind Beispiele, bei denen die kleinste Abmessung 2,5 mm nicht unterschreitet	
AE3	sehr kleine Fremdkörper (1 mm)	IP4X	Drähte sind Beispiele für feste Fremdkörper, bei denen die kleinste Abmessung 1 mm nicht unterschreitet	
AE4	leichter Staub, geringe Staubmenge	IP5X, wenn der Staubanteil für die Funktion des Betriebsmittels nicht gefährlich ist	Ablagerung/Tag > 10 mg/m² ...≤ 35 mg/m²	

Tabelle H1 (Fortsetzung) Klassifizierung der äußeren Einflüsse

Kurzzeichen	äußere Einflüsse	charakteristische Eigenschaften, die für die Auswahl und Errichtung der Betriebsmittel gefordert sind	Anwendung und Beispiele	Bemerkung
AE5	mittlere Staubmenge	IP6X, wenn der Staub nicht in das Betriebsmittel eindringen soll	Ablagerung/Tag $> 35\ mg/m^2 \ldots \leq 350\ mg/m^2$	
AE6	bedeutende Staubmenge	IP6X	Ablagerung/Tag $> 350\ mg/m^2 \ldots \leq 1\,000\ mg/m^2$	
AF	**Staub in nennenswerter Menge (korrosiver Staub)**			
AF1	vernachlässigbar	normal		
AF2	atmosphärisch	entsprechend der Art (Natur) der Substanzen (z. B. zufriedenstellender Salz-Nebel-Test nach IEC 60068-2-11, Basic environmental testing procedures, Part 2, Tests; Test Ka: Salt Mist)	Anlagen, die in der Nähe des Meeres oder von Industriegebieten gelegen sind, von denen eine starke atmosphärische Verschmutzung ausgeht, z. B. Chemieanlagen, Zementfabriken. Diese Art der Verschmutzung entsteht besonders bei der Erzeugung von isolierenden oder leitfähigen Stäuben mit Schleifwirkung.	

Tabelle H1 (Fortsetzung) Klassifizierung der äußeren Einflüsse

Kurzzeichen	äußere Einflüsse	charakteristische Eigenschaften, die für die Auswahl und Errichtung der Betriebsmittel gefordert sind	Anwendung und Beispiele	Bemerkung
AF3	zeitweise und zufällig	Schutz gegen Korrosion entsprechend der Betriebsmittel-Norm	Orte, an denen bestimmte chemische Produkte in kleinen Mengen verwendet werden und nur zufällig in Berührung mit den elektrischen Betriebsmitteln kommen können; solche Bedingungen sind in Laboratorien von Fabriken oder an Orten, an denen Kohlenwasserstoffe (Treibstoffe) benutzt werden (Kesselhäuser, Garagen, ...), zu finden	
AF4	dauernd	speziell ausgeführte Betriebsmittel entsprechend der Art (Natur) der Substanzen	z. B. chemische Fabriken	
AG	**Mechanische Beanspruchungen**			
AG1	niedrige Beanspruchung	normal, z. B. Haushaltsgeräte und ähnliche Betriebsmittel		siehe auch DIN VDE 0100-300 Anhang C
AG2	mittlere Beanspruchung	wenn anwendbar: gebräuchliche industrielle Betriebsmittel oder verstärkter Schutz		
AG3	hohe Beanspruchung	verstärkter Schutz		
AH	**Schwingungen** Schwingungen, die die Zerstörung von Gebäuden verursachen können, sind in dieser Einteilung nicht erfasst. Die Frequenz ist in der Einteilung nicht berücksichtigt, jedoch müssen seismische Schwingungen, wenn sie mit dem Gebäude in Resonanz kommen können, besonders berücksichtigt werden. Im Allgemeinen liegt die Frequenz der seismischen Beschleunigung zwischen 0 Hz und 10 Hz.			

Tabelle H1 (Fortsetzung) Klassifizierung der äußeren Einflüsse

Kurz-zeichen	äußere Einflüsse	charakteristische Eigenschaften, die für die Auswahl und Errichtung der Betriebsmittel gefordert sind	Anwendung und Beispiele	Bemerkung
AH1	niedrige Beanspruchung	normal	Haushalt und ähnliche Bedingungen, bei denen die Auswirkung von Schwingungen im Allgemeinen vernachlässigbar sind	siehe auch DIN VDE 0100-300 Anhang C
AH2	mittlere Beanspruchung	speziell ausgeführte Betriebsmittel oder spezielle Vorkehrungen	Industrieanlagen mit üblichen industriellen Bedingungen	
AH3	hohe Beanspruchung		Industrieanlagen, die erschwerten Bedingungen ausgesetzt sind	
AJ	**Andere mechanische Beanspruchungen**			
		in Beratung		
AK	**Pflanzen- oder Schimmelwachstum (Flora)**			
AK1	vernachlässigbar	normal		
AK2	Gefahr	spezielle Vorkehrungen, wie z. B. • erhöhte Schutzarten IP (siehe AE) • spezielles Material oder spezieller Schutzanstrich der Umhüllung • Vorkehrungen, die die Flora von einem Raum oder Platz fernhalten	Es ist zwischen schädlichem Wachstum der Vegetation und Bedingungen, die die Schimmelbildung fördern, zu unterscheiden	
AL	**Anwesenheit von Tieren (Fauna)**			
AL1	vernachlässigbar	normal		

Tabelle H1 (Fortsetzung) Klassifizierung der äußeren Einflüsse

Kurzzeichen	äußere Einflüsse	charakteristische Eigenschaften, die für die Auswahl und Errichtung der Betriebsmittel gefordert sind	Anwendung und Beispiele	Bemerkung
AL2	Gefahr	Der Schutz kann einschließen: • eine geeignete Art von Schutz gegen feste Fremdkörper (siehe AE) • ausreichend mechanischen Widerstand • Vorkehrungen, die die Fauna von einem Raum oder Platz fernhalten (z. B. besondere Sauberkeit, Anwendung von Schädlingsbekämpfungsmitteln) • spezielle Betriebsmittel oder • spezieller Schutzanstrich der Umhüllungen	Die Gefahren hängen von der Art der Tiere ab. Es ist zu unterscheiden zwischen: • Insekten in schädlicher Menge und Art • Kleintiere oder Vögel in schädlicher Menge und schädlicher Art	
AM	**Elektromagnetische, elektrostatische und ionisierende Einflüsse**			
AM1	vernachlässigbar	normal		
AM2	Streuströme	besonderer Schutz wie: • entsprechende Isolierung • besondere Schutzüberzüge • katodischer Schutz		
AM3	elektromagnetische Einflüsse	besonderer Schutz wie: • Abstand zu strahlenden Quellen • Einfügen von Schirmen		
AM4	ionisierende Einflüsse	• Umhüllungen aus besonderen Materialien		

Tabelle H1 (Fortsetzung) Klassifizierung der äußeren Einflüsse

25

Kurz-zeichen	äußere Einflüsse	charakteristische Eigenschaften, die für die Auswahl und Errichtung der Betriebsmittel gefordert sind	Anwendung und Beispiele	Bemerkung
AM5	elektrostatische Einflüsse	besonderer Schutz wie: • entsprechende Isolierung des Ortes • zusätzlicher Potentialausgleich		
AM6	induktive Wirkung	besonderer Schutz wie: • Abstand zu Quellen mit induzierendem Strom, • Einfügen von Schirmen		
AN	**Sonnenstrahlung**			
AN1	niedrig	normal		Intensität $\leq 500\ W/m^2$
AN2	mittel	geeignete Anordnungen oder Ausführungen müssen gewählt sein		Intensität $> 500\ W/m^2 \ldots \leq 700\ W/m^2$
AN3	hoch	geeignete Anordnung oder Ausführungen müssen gewählt sein; solche Anordnungen oder Ausführungen können sein: • Anwendung von Material, das gegen ultraviolette Strahlung widerstandsfähig ist • spezieller Farbanstrich • Einsetzen von Schirmen (Abschirmung)		Intensität $> 700\ W/m^2 \ldots \leq 1120\ W/m^2$
AP	**Auswirkung von Erdbeben**			
AP1	vernachlässigbar			Stärke ≤ 30 Gal

Tabelle H1 (Fortsetzung) Klassifizierung der äußeren Einflüsse

Kurzzeichen	äußere Einflüsse	charakteristische Eigenschaften, die für die Auswahl und Errichtung der Betriebsmittel gefordert sind	Anwendung und Beispiele	Bemerkung
AP2	geringe Stärke	in Beratung		Stärke > 30 Gal ... ≤300 Gal
AP3	mittlere Stärke			Stärke > 300 Gal ... ≤Gal
AP4	hohe Stärke			Stärke > 600 Gal
AQ	**Blitz, keraunischer Pegel** Die Fälle AQ2 und AQ3 treten in Gegenden mit besonders hoher Gewitterhäufigkeit auf			
AQ1	vernachlässigbar	normal		≤ 25 Gewittertage/a
AQ2	indirekte Wirkung	Maßnahmen entsprechend Hauptabschnitt 443 der IEC 60364	Anlagen, die durch Freileitungen versorgt werden	> 25 Gewittertage/a
AQ3	direkte Wirkung	wenn ein Blitzschutz erforderlich ist, muss er entsprechend der Publikation IEC 61024-1 ausgeführt werden	Teile der elektrischen Anlage außerhalb von Gebäuden	
AR	**Luftbewegung**			
AR1	niedrig	normal		$v \leq 1$ m/s
AR2	mittel	geeignete Anordnungen oder Ausführungen müssen gewählt sein		$v > 1$ m/s ... 5 m/s
AR3	hoch	geeignete Anordnungen oder Ausführungen müssen gewählt sein		$v > 5$ m/s ... 10 m/s
AS	**Wind**			
AS1	niedrig	normal		$v \leq 20$ m/s
AS2	mittel	geeignete Anordnungen oder Ausführungen müssen gewählt sein		$v > 20$ m/s ... 30 m/s

Tabelle H1 (Fortsetzung) Klassifizierung der äußeren Einflüsse

Kurz-zeichen	äußere Einflüsse	charakteristische Eigenschaften, die für die Auswahl und Errichtung der Betriebsmittel gefordert sind	Anwendung und Beispiele	Bemerkung
AS3	hoch	geeignete Anordnungen oder Ausführungen müssen gewählt sein		$v > 30$ m/s ... 50 m/s
B	**Benutzung**			
BA	Eignung von Personen			
BA1	Laien	normal		
BA2	Kinder	Betriebsmittel mit höherer Schutzart als IP2X; Betriebsmittel mit einer Oberflächentemperatur über 80 °C (60 °C bei Kindergärten und Ähnlichem) sind nicht berührbar	Kindergärten	
BA3	Behinderte	entsprechend der Art ihrer Behinderung	Krankenhäuser, Pflegeheime	
BA4	elektrotechnisch unterwiesene Personen	Betriebsmittel nicht geschützt gegen direktes Berühren, was nur in abgeschlossenen elektrischen Betriebsstätten zulässig ist, die nur für entsprechend autorisierte Personen zugänglich sind	Elektrische Betriebsstätten	
BA5	Elektrofachkräfte		Abgeschlossene elektrische Betriebsstätten	
BB	Elektrischer Widerstand des menschlichen Körpers			
		in Beratung		siehe hierzu auch Abschnitt 1.8.5
BC	Verbindung von Personen mit Erdpotential			

Tabelle H1 (Fortsetzung) Klassifizierung der äußeren Einflüsse

Kurz-zeichen	äußere Einflüsse	charakteristische Eigenschaften, die für die Auswahl und Errichtung der Betriebsmittel gefordert sind	Anwendung und Beispiele	Bemerkung
		Schutzklasse des Betriebsmittels nach IEC 60536 0-0I I II III		
BC1	keine	A Y A A	Nicht leitfähige Räume oder Betriebsstätten	
BC2	selten	A A A A		
BC3	häufig	X A A A	Räume oder Betriebsstätten mit vielen großflächigen fremden leitfähigen Teilen	
BC4	dauernd	in Beratung	Metallische Umhüllungen wie Kessel, Tanks, Behälter	
		A erlaubte Betriebsmittel X verbotene Betriebsmittel Y erlaubt bei Verwendung als Schutzklasse 0		
BD	**Räumungsmöglichkeit bei Gefahr**			
BD1	geringe Besetzung, einfache Rettungswege	normal	Wohnhäuser normaler oder geringer Höhe	
BD2	geringe Besetzung, schwierige Rettungswege	Betriebsmittel aus flammwidrigem Material und mit verzögerter Entwicklung von Rauch und giftigen Gasen; spezielle Anforderungen sind in Beratung	Hochhäuser	
BD3	starke Besetzung, einfache Rettungswege		Öffentliche Versammlungsstätten (Theater, Lichtspieltheater, Kaufhäuser usw.)	
BD4	starke Besetzung, schwierige Rettungswege		Hochhäuser, die in der Öffentlichkeit zugänglich sind (Hotels, Krankenhäuser usw.)	

Tabelle H1 (Fortsetzung) Klassifizierung der äußeren Einflüsse

Kurzzeichen	äußere Einflüsse	charakteristische Eigenschaften, die für die Auswahl und Errichtung der Betriebsmittel gefordert sind	Anwendung und Beispiele	Bemerkung
BE	Art der bearbeiteten oder gelagerten Stoffe			
BE1	Gefahr vernachlässigbar	normal		
BE2	feuergefährdet	Betriebsmittel aus flammwidrigem Material, Anordnung und Ausführung so, dass eine deutliche Temperaturerhöhung oder ein Funken innerhalb elektrischer Betriebsmittel nicht zum Ausbruch eines Brandes beitragen kann		
BE3	explosionsgefährlich	nach den Anforderungen der IEC/TC 60031 „Electrical Apparatus for Explosive Atmospheres“ (siehe IEC 60079)	Raffinerien, Treibstofflager	
BE4	Gefährdung durch Verunreinigung	entsprechend der Anordnung, wie z. B.: • Schutz gegen herausfallende Lampenteile zerbrochener Lampen und andere zerbrechliche Teile • Abschirmung von schädlicher Strahlung, wie Infrarotstrahlen oder ultraviolette Strahlen	Nahrungsmittelindustrie, Küchen	

Tabelle H1 (Fortsetzung) Klassifizierung der äußeren Einflüsse

Kurz-zeichen	äußere Einflüsse	charakteristische Eigenschaften, die für die Auswahl und Errichtung der Betriebsmittel gefordert sind	Anwendung und Beispiele	Bemerkung
C	**Gebäudekonstruktion und Nutzung**			
CA	**Baustoffe**			
CA1	nicht brennbar	normal		siehe hierzu auch Abschnitt 22.9
CA2	brennbar	in Beratung	Holzhäuser	
CB	**Gebäudestruktur**			
CB1	vernachlässigbare Gefährdung	normal		
CB2	Ausbreitung von Feuer	Betriebsmittel aus brandhemmendem Material einschließlich für Brände, die nicht durch die elektrische Anlage verursacht werden; Feuerbarrieren *Anmerkung:* Feuermelder dürfen vorgesehen werden	Hochhäuser, Fremdbelüftungssysteme	
CB3	Verlagerung	Schwindfugen oder Ausdehnungsfugen für Kabel- und Leitungssysteme (-anlagen)	Gebäude von großer Länge, Gebäude auf nicht verfestigtem Boden	
CB4	elastische oder unstabile Bauweise	in Beratung	Zelte, Traglufthallen, Zwischendecken, entfernbare Zwischenwände	

Tabelle H1 (Fortsetzung) Klassifizierung der äußeren Einflüsse

25.9 Anhang I: Gemeinsame Erklärung zu Verwendung und Einbau von Elektroinstallationsmaterial

Die Nutzung der Elektrizität ist heute praktisch in allen Lebensbereichen unverzichtbar. Dieser umfassende Einsatz der Elektrizität erfordert ein hohes Maß an Sicherheitsvorkehrungen, um die vom Strom ausgehenden Gefahren für Leben und Sachwerte möglichst auszuschließen. Diese Sicherheitsvorkehrungen erstrecken sich auf eine qualifizierte Ausbildung der Elektrofachkraft, auf sicheres Elektroinstallationsmaterial und auf fachgerechte Verarbeitung nach den einschlägigen technischen Normen.

Trotz der ständigen Verbesserung der Sicherheit in der Elektrizitätsanwendung sind noch immer Todesfälle, schwerwiegende Verletzungen und erhebliche Sachschäden zu beklagen, die vorwiegend auf Unkenntnis der mit Strom verbundenen Risiken zurückzuführen sind.

Es erfüllt mit Sorge, dass Elektroinstallationsmaterial zunehmend von unzureichend vorgebildeten Personen und Nichtfachleuten verarbeitet wird. Wer vorsätzlich oder fahrlässig Elektroinstallationsarbeiten nicht fach- und normengerecht durchführt und hierdurch eine Sachbeschädigung oder einen Unfall verursacht, kann sich strafbar machen. Darüber hinaus ist mit einer nicht ordnungsgemäß durchgeführten Elektroarbeit das Risiko des Wegfalls eines Versicherungsschutzes gegeben.

Die unterzeichnenden Institutionen sehen sich daher veranlasst, darauf hinzuweisen:

- Anlagen zur Erzeugung, Fortleitung und Abgabe von Elektrizität müssen dem in der Europäischen Union gegebenen Stand der Sicherheitstechnik entsprechen. Die Einhaltung der Bestimmungen des VDE Verband Deutscher Elektrotechniker erfüllt diese gesetzliche Forderung.
- Elektrische Anlagen dürfen nur durch einen autorisierten Personenkreis errichtet, erweitert, geändert und unterhalten werden. Dies sind neben den Elektrizitätsversorgungsunternehmen (EVU) die bei diesen eingetragenen Elektroinstallateure. Jede Inbetriebsetzung elektrischer Anlagen ist durch den eingetragenen Elektroinstallateur beim EVU zu beantragen. Der Elektroinstallateur trägt damit auch die Verantwortung für Sicherheit und Funktionsfähigkeit der Anlage.
- Vom gewerblichen Betreiber (Anschlussnehmer) elektrischer Anlagen und Betriebsmittel sind regelmäßige Wartung und Instandhaltung zu veranlassen. Er ist auch in rechtlichem Sinn dafür verantwortlich. Aufgrund der Beobachtung des Unfallgeschehens wird empfohlen, auch im privaten Bereich regelmäßige Wartung und Instandhaltung vorzunehmen.
- Diese notwendigen Arbeiten und Prüfungen sind durch Elektrofachkräfte durchzuführen.
- Es dürfen nur Materialien und Geräte Verwendung finden, die entsprechend dem in der Europäischen Union gegebenen Stand der Sicherheitstechnik hergestellt sind.
- Die Nichtbeachtung vorstehender Grundsätze begünstigt Unfall- und Brandgefahren.

Bundesanstalt für Bundesministerium für Arbeit und Sozialordnung (BMA)
Arbeitsschutz und Arbeitsmedizin (BAuA)
Berufsgenossenschaft für Feinmechanik und Elektrotechnik (BGFE)
VDE Verband der Elektrotechnik Elektronik Informationstechnik e. V.
Deutsche Kommission Elektrotechnik Elektronik Informationstechnik im DIN und VDE (DKE)
Verband der Elektrizitätswirtschaft e. V. (VDEW)
Zentralverband der Deutschen Elektro- und Informationstechnischen Handwerke (ZVEH)
Aktion DAS SICHERE HAUS (DSH)
Zentralverband Elektrotechnik und Elektronikindustrie e. V. (ZVEI)

25.10 Anhang J: Gemeinsame Erklärung zum sicheren Umgang mit Elektrizität

Die Nutzung der Elektrizität ist heute praktisch in allen Lebensbereichen unverzichtbar. Dieser umfassende Einsatz elektrischer Energie erfordert ein hohes Maß an Sicherheitsvorkehrungen, um die von der Elektrizität ausgehenden Gefahren für Leben, Gesundheit, Tiere und Sachwerte möglichst klein zu halten.

Bei Elektroinstallationen erstrecken sich diese Sicherheitsvorkehrungen auf die Auswahl von geeignetem Elektroinstallationsmaterial, dessen fachgerechter Verarbeitung sowie Wartung durch eine dafür autorisierte Elektrofachkraft nach den einschlägigen elektrotechnischen Vorschriften und Bestimmungen.

Trotz der ständigen Verbesserung der Sicherheit in der Elektrizitätsanwendung sind noch immer Todesfälle, schwerwiegende Verletzungen und erhebliche Sachschäden zu beklagen, die vorwiegend auf Unkenntnis der mit Strom verbundenen Gefahren zurückzuführen sind. Bei einer unsachgemäßen Elektroinstallation treten besondere Risiken z. B. bei Benutzung von elektrischen Geräten in Feuchträumen oder im Freien auf.

Es erfüllt mit Sorge, dass Elektroinstallationsmaterial zunehmend von unzureichend vorgebildeten Personen oder Laien verarbeitet wird. Dies birgt ein hohes Risiko für Leben und Gesundheit durch elektrischen Schlag und durch Brände, ausgelöst durch den elektrischen Strom.

Wer Elektroinstallationsarbeiten – fahrlässig oder aus Unwissenheit – nicht fach- und normengerecht durchführt und für diese Arbeiten nicht autorisiert ist, kann sich im Falle eines Personenschadens strafbar machen oder auf Schadenersatz in Anspruch genommen werden. Darüber hinaus kann bei einer nicht ordnungsgemäß durchgeführten Arbeit an elektrischen Einrichtungen der Sachversicherungsschutz (z. B. Feuerversicherung) entfallen.

Die unterzeichnenden Institutionen sehen sich daher veranlasst, auf die Einhaltung nachstehender Mindestanforderungen hinzuweisen:

- Elektrische Anlagen dürfen nur durch autorisierte Elektrofachkräfte errichtet, erweitert, geändert und in Stand gehalten werden. Dies sind ausgewiesene Fachleute, die beim Verteilungsnetzbetreiber (früher Energieversorgungsunternehmen) in das Installateurverzeichnis eingetragen sind. Sie übernehmen die Verantwortung für Sicherheit und Funktionsfähigkeit der elektrischen Anlage und beantragen jede Inbetriebsetzung beim Verteilungsnetzbetreiber. Dies muss z. B. von Bauherren, Vermietern, Hausverwaltungen und Mietern beachtet werden.
- Elektrische Anlagen müssen mindestens dem Stand der Sicherheitstechnik zum Zeitpunkt der Errichtung entsprechen. Das gilt ebenso für die verwendeten Materialien und Geräte.
- Von Unternehmern sind regelmäßig Instandhaltung, d. h. Prüfung, Wartung und Instandsetzung ihrer elektrischen Einrichtungen zu veranlassen. Dies trägt zu einer Verringerung der Unfallhäufigkeit im gewerblichen Bereich bei und wird daher auch für den privaten Bereich empfohlen. Die erforderlichen Arbeiten sind ausschließlich durch dafür autorisierte Elektrofachkräfte durchzuführen.
- Vermieter sollten zur eigenen Entlastung bei einem Mieterwechsel die elektrische Einrichtung durch eine dafür autorisierte Elektrofachkraft überprüfen lassen, da sie in der Regel nicht beurteilen können, in welchem sicherheitstechnischen Zustand diese vom Vormieter überlassen wurden.

Die Beachtung vorstehender Hinweise verringert das Unfall- und Brandrisiko beim Umgang mit Elektrizität erheblich und fördert die sichere Nutzung elektrischer Energie.

Berufsgenossenschaft für Feinmechanik und Elektrotechnik (BGFE)
Bundesanstalt für Arbeitsschutz und Arbeitsmedizin (BAuA)
Bundesverband der landwirtschaftlichen Berufsgenossenschaften (BLB)
Aktion DAS SICHERE HAUS (DSH)
Deutsche Kommission Elektrotechnik Elektronik Informationstechnik im DIN und VDE (DKE)
Deutscher Gewerkschaftsbund DGB
Gesamtverband der Deutschen Versicherungswirtschaft e. V. (GDV)
Hauptverband der gewerblichen Berufsgenossenschaften (HVBG)
VDE Verband der Elektrotechnik Elektronik Informationstechnik e. V.
Verband der Netzbetreiber – VDN – e. V. beim VDEW
Zentralverband der Deutschen Elektro- und Informationstechnischen Handwerke (ZVEH)
Zentralverband Elektrotechnik und Elektronikindustrie e. V. (ZVEI)

25.11 Anhang K: Gemeinsame Erklärung zur Sicherheit von Elektroinstallationsanlagen im häuslichen Bereich

Ausgangslage

Elektrischer Strom ist eine sichere Energie, wenn man verantwortungsbewusst mit ihr umgeht. Dennoch kommt es im Haushaltsbereich zu mitunter tödlich verlaufenden Stromunfällen, die fast immer vermeidbar gewesen wären.

Sicherheit im Umgang mit elektrischem Strom setzt zum einen sichere Geräte zum anderen aber auch eine sichere elektrische Hausinstallation voraus. Elektrounfälle ereignen sich vorzugsweise bei der Benutzung von Elektrogeräten und Elektrowerkzeugen in Küchen, Badezimmern, Hobbyräumen oder im Freien. Mitverantwortlich für solche Unfälle ist häufig der *nicht ordnungsgemäße* Zustand der elektrischen Hausinstallation, die in ordnungsgemäßem Zustand wesentlich den Schutz beim Auftreten von Fehlern gewährleistet. Erfahrungen mit älteren elektrischen Hausinstallationen ergaben, dass deren nicht ordnungsgemäßer Zustand keinesfalls die Ausnahme darstellt. Derartige Altanlagen entsprechen häufig nicht mehr den Bestimmungen, die zum Zeitpunkt ihrer Errichtung galten. Dies ist auf Alterungsprozesse von Materialien aber auch auf *unsachgemäße Änderungen* (laienhaftes „do it yourself“) an Steckdosen, Sicherungen, Beleuchtungsanlagen usw. zurückzuführen.

Nicht ordnungsgemäße Installationen stellen eine Gefahr für Leib und Leben durch elektrischen Schlag und durch elektrisch ausgelöste Brände dar. Auch ein vorhandener Versicherungsschutz kann vor allem dann verloren gehen, wenn die Hausinstallation unsachgemäß so verändert wird, dass sie nicht mehr den zur Zeit der Erbauung gültigen Errichtungsbestimmungen entspricht.

Da elektrische Hausinstallationen in der Praxis nur im Falle wesentlicher Änderungen oder Erweiterungen neu überprüft werden, ergibt sich folgende Situation:

- Vielfach lassen Eigentümer keine Wiederholungsprüfungen durchführen und können dadurch sich selbst und weitere Benutzer ihrer elektrischen Installation gefährden (z. B. Familienmitglieder, Mieter, Hausangestellte oder auch Handwerker).
- Bei einem Mieterwechsel wissen Vermieter zumeist nicht, in welchem Zustand ihnen die elektrische Installation vom Vormieter zurückgegeben wird.
- Neue Mieter verlassen sich darauf, dass sie die elektrische Installation in ordnungsgemäßem Zustand übernehmen und die vorgesehenen Schutzmaßnahmen wirksam sind.

Empfehlung

Um elektrische Anlagen dauerhaft in ordnungsgemäßem Zustand zu erhalten:

- Lassen Sie von Zeit zu Zeit Prüfungen durch Elektrofachkräfte vornehmen. Das führt auch im häuslichen Bereich zu mehr Sicherheit. Bei Arbeitsstätten hat sich ein solches Vorgehen seit Jahren bewährt.
- Lassen Sie solche Prüfungen auch bei jeder Wohnungsübergabe von Elektrofachkräften durchführen.

Elektrofachkräfte verfügen über die Fachkenntnis, was die notwendigen, angemessenen Maßnahmen zur Behebung von Mängeln betrifft.

Bundesanstalt für Arbeitsschutz und Arbeitsmedizin (BAuA)
Bundesanstalt für Bundesministerium für Arbeit und Sozialordnung (BMA)
Bundesverband der landwirtschaftlichen Berufsgenossenschaften (BLB)
Bundesverband der Verbraucherzentralen und Verbraucherverbände e. V. (VZBV)
Deutscher Mieterbund e. V.
GDV-Schadensverhütung im Gesamtverband der deutschen Versicherungswirtschaft e. V. (GDV)
Hauptverband der gewerblichen Berufsgenossenschaften (HVBG)

25.12 Anhang L: Widerstands- und Leitwertgrößen

Nachfolgend sind die verschiedenen Widerstands- und Leitwertgrößen sowie die Formelzeichen und Einheiten, wie sie in der Wechselstromtechnik vorkommen, zusammengestellt. Auch einige wichtige Grundbeziehungen der Wechselstromtechnik sind in **Tabelle L1** angegeben.

Größe, Bezeichnung	Formelzeichen	SI-Einheit Name	SI-Einheit Kurzzeichen	Gleichung
Widerstandsgrößen				
Resistanz, Ohm'scher Widerstand, Wirkwiderstand	R	Ohm	Ω	$R = \frac{U}{I} \cdot \cos\varphi$
Reaktanz, Induktiver Blindwiderstand	X, X_i	Ohm	Ω	$X_i = \omega \cdot L$
Kondensanz, Kapazitiver Blindwiderstand	X, X_k	Ohm	Ω	$X_k = \frac{1}{\omega \cdot C}$
Impedanz, Scheinwiderstand	Z	Ohm	Ω	$Z = \sqrt{R^2 + (X_i - X_k)^2}$
Leitwertgrößen				
Konduktanz, Leitwert, Wirkleitwert	G	Siemens	S	$G = \frac{I}{U \cdot \cos\varphi}$
Suszeptanz, Induktiver Blindleitwert	B, B_i	Siemens	S	$B_i = \frac{1}{\omega \cdot L}$
Kapazitanz, Kapazitiver Blindleitwert	B, B_k	Siemens	S	$B_k = \omega \cdot C$
Admittanz, Scheinleitwert	Y	Siemens	S	$Y = \sqrt{G^2 + (B_i - B_k)^2}$

Tabelle L1 Widerstands- und Leitwertgrößen

25.13 Anhang M: Nationale Normungsorganisationen in Europa (Stand September 2008)

CENELEC Mitglieder

Belgien (BE)	Comité Electrotechnique Belge (CEB) Belgien Electrotechnical Committee Belgisch Elektrotechnisch Comité (BEC)
Bulgarien (BG)	Bulgarian Institut for Standardization (BDS)
Dänemark (DK)	Dansk Elektroteknisk Komite (DS) Dansk Standard Electrotechnical Sector (DS)
Deutschland (DE)	Deutsche Kommission Elektrotechnik Elektronik Informationstechnik im DIN und VDE
Estland (EE)	Estonian Centre for Standardization (EVS)
Finnland (FI)	Finnish Elektrotechnical Standards Association (SESKO)
Frankreich (FR)	Union Technique de l'Elecricité et de la communication (UTE)
Griechenland (GR)	Hellenic Organization for Standardization (ELOT)
Irland (IR)	Electro-Technical Council of Ireland Limited (ETCI)
Island (IS)	Stadlard Islands (IST) Icelandic Standards
Italien (IT)	Comitato Elettrotecnico Italiano (CEI)
Lettland (LV)	Latvian Standard (LVS)
Litauen (LT)	Lietuvos Standartizacijos Departamentas (LSD) Lithuanian Standards Board (LST)
Luxemburg (LU)	Service de l'Energie de l'Etat (SEE)
Malta (MT)	Awtorita' Maltija Dwar L-Istandards (MSA) Malta Standards Authority (MSA)
Niederlande (NL)	Nederlands Elektrotechnisch Comité (NEC)
Norwegen (NO)	Norsk Elektroteknisk Komite (NEK) Norwegian Electrotechnical Committee
Österreich (AT)	Österreichischer Verband für Elektrotechnik (OVE) Austrian Electrotechnical Association
Polen (PL)	Polish Committee for Standardization (PKN)
Portugal (PT)	Instituto Português da Qualidade (IPQ)
Rumänien (RO)	Romanian Standards Association (ASRO)
Schweden (SE)	Svenska Elektriska Kommissionen (SEK)

Schweiz (CH)	Comité Electrotechnique Swiss (CES) Swiss Electrotechnical Committee
Slovenien (SI)	Slovenian Institute for Standardization (SIST)
Slowakei (SK)	Slovenký Ústav Technickej Normalizacie (SUTN) Slovak Electrotechnical Comittee (SEV) – Slovak Standards Institution (SUTN)
Spanien (ES)	Asociación Española de Normalización y Certificación (AENOR)
Tschechische Republik	Cesky Normalizacni Institut (CNI) Czech office for standards, metrology and testing
Ungarn (HU)	Magyar Szabványügyi Testület (MSZT) Hungarian Standards Institution
Vereinigtes Königreich (GB)	British Electrotechnical Committee (BEC) British Standards Institution (BSI)
Zypern (CY)	Cyprus Organization for Standardisation (CYS)

CENELEC Affiliates

Albanien (AL)	General Directorate of Standardization (DPS)
Bosnien und Herzogowina (BA)	Institute for Standardization of Bosnia and Herzogowina (BAS)
Kroatien (HR)	Croatian Standards Institute (HZN)
Israel (IL)	The Standards Institution of Israel (SII)
Former Yugoslav Republic of Macedonia (MK)	Standardization Institute of the Republic of Macedonia (ISRM)
Serbien (RS)	Institute for Standardization of Serbia (ISS)
Tunesien (TN)	INNORPI
Türkei (TR)	Turkish Standards Institution (TSE)
Ukraine (UA)	State Committee of Ukraine on Technical Regulation and Consumer Policy (DSSU)

25

26 Weiterführende Literatur

[1] Grütz, A. (Hrsg.): Jahrbuch Elektrotechnik. Jährlich erschienen von 1982 bis 2007. Berlin und Offenbach: VDE VERLAG

[2] Rudolph, W.: Safety of Electrical Installations up to 1 000 Volts; Sicherheit für elektrische Anlagen bis 1 000 V. Berlin und Offenbach: VDE VERLAG, 1990

[3] VDE VERLAG (Hrsg.): Wo steht was im VDE-Vorschriftenwerk? VDE-Schriftenreihe, Bd. 1. Berlin und Offenbach: VDE VERLAG, 2009

[4] BBC Brown Boveri AG (Hrsg.): Schaltanlagen. 8. Aufl., Mannheim: Cornelsen-Verlag Schwann-Girardet, Düsseldorf, 1987

[5] Bundesministerium der Justiz (Hrsg.): Verordnung über Allgemeine Bedingungen für den Netzanschluss und dessen Nutzung für die Elektrizitätsversorgung in Niederspannung vom 01.11.2006. (Niederspannungsverordnung NAV). BGBl. I S. 2477

[6] VDEW (Hrsg.): Technische Anschlussbedingungen für den Anschluss an das Niederspannungsnetz, TAB 2000. Frankfurt am Main: VWEW-Verlag, 2000

[7] Schmolke, H.; Vogt, D.: Elektro-Installation in Wohngebäuden; Handbuch für die Installationspraxis. VDE-Schriftenreihe, Bd. 45. 6. Aufl., Berlin und Offenbach: VDE VERLAG 2005

[8] Siemens Aktiengesellschaft (Hrsg.): Schalten, Schützen, Verteilen in Niederspannungsnetzen. 2. Aufl., Berlin und München: Verlag: Siemens AG, 1990

[9] Warner, A.; Kloska, S.: Kurzzeichen an elektrischen Betriebsmitteln; Prüfzeichen und technische Kennzeichnungen an Geräten und Bauteilen für Entwickler, Einkäufer, Installateure und Anlagenbauer. VDE-Schriftenreihe, Bd. 15. 5. Aufl., Berlin und Offenbach: VDE VERLAG, 2006

[10] Cichowski, R. R.; Cichowski, A. R.; Krefter, K.-H.: Lexikon der Installationstechnik. VDE-Schriftenreihe, Bd. 52. 3. Aufl., Berlin und Offenbach: VDE VERLAG, 2008

[11] Schröder, B.: Stichwörter zu DIN VDE 0100. VDE-Schriftenreihe, Bd. 100. 3. Aufl., Berlin und Offenbach: VDE VERLAG, 2000

[12] Seip, G. G. (Hrsg.): Elektrische Installationstechnik. Teil 1: Energieversorgung und -verteilung und Teil 2: Installationsanlagen, -geräte und -systeme, Beleuchtungstechnik, Schutzmaßnahmen. 3. Aufl., Siemens Aktiengesellschaft, Berlin und München, 1993

[13] Rudolph, W.; Winter, O.: EMV nach VDE 0100. VDE-Schriftenreihe, Bd. 66. 3. Aufl., Berlin und Offenbach: VDE VERLAG, 2000

[14] Rudolph, W.: Einführung in DIN VDE 0100. VDE-Schriftenreihe, Bd. 39. 2. Aufl., Berlin und Offenbach: VDE VERLAG, 1999

[15] Krefter, K.-H.: DIN VDE 0100; Daten und Fakten für das Errichten von Niederspannungsanlagen. VDE-Schriftenreihe, Bd. 105. 2. Aufl., Berlin und Offenbach: VDE VERLAG, 2006

[16] Kiefer, G.: VDE 0100 richtig angewandt – eine Übersicht über das Errichten von Niederspannungsanlagen. VDE-Schriftenreihe, Bd. 106. 3. Aufl., Berlin und Offenbach: VDE VERLAG, 2007

[17] Müller, R.: Elektrotechnik, Lexikon für die Praxis. 2. Aufl., Berlin und Offenbach: VDE VERLAG, 2006

[18] Hösl, A.; Ayx, R.; Busch, H. W.: Die vorschriftsmäßige Elektroinstallation. 19. Aufl., Heidelberg, Hüthig-Verlag, 2009

[19] Hennig, W.: VDE-Prüfung nach BGV A3 und BetrSichV. VDE-Schriftenreihe, Bd. 43. 8. Aufl., Berlin und Offenbach: VDE VERLAG, 2006

[20] Faber, U.; Grapentin, M.; Wettingfeld, K.: Prüfung elektrischer Anlagen und Betriebsmittel – Grundlagen und Methoden. VDE-Schriftenreihe, Bd. 124. Berlin und Offenbach: VDE VERLAG 2008

[21] Grapentin, M.; Wettingfeld, K.: Prüfung elektrischer Anlagen, sicherheitstechnischer Einrichtungen und Prüfung des Explosionsschutzes. VDE-Schriftenreihe Bd. 125. Berlin und Offenbach: VDE VERLAG 2008

[22] Kiefer, G.; Krefter, K.-H.: Schutz gegen elektrischen Schlag. VDE-Schriftenreihe, Bd. 130. Berlin und Offenbach: VDE VERLAG 2008

27 Abkürzungsübersicht

AC oder a. c.
Alternating current
de: Wechselstrom

AK
Arbeitskreis

Al
Aluminium

AVBEltV
Verordnung über Allgemeine Bedingungen für die Elektrizitätsversorgung von Tarifkunden vom 21. Juni 1979
Inzwischen durch die Niederspannungsanschlussverordnung (NAV) vom 08. November 2066 ersetzt.

BAuA
Bundesanstalt für Arbeitsschutz und Arbeitsmedizin

BDEW
Bundesverband der Energie- und Wasserwirtschaft e. V.

BG
Berufsgenossenschaft

BGB
Bürgerliches Gesetzbuch

BMA
Bundesministerium für Arbeit und Sozialordnung

CB
Certification Body

CBR
Circuit-breaker incorporating residual current protection
de: Leistungsschalter mit Fehlerstromschutz

CCA
CENELEC Certification Agreement

CE
Communauté Européenne

CEI
Commission Electrotechnique Internationale
de: Internationale Elektrotechnische Kommission

CEN
Comité Européen de coordination des Normes
de: Europäisches Komitee für Normung

CENELEC
Comité Européen de Normalisation Electrotechnique
de: Europäisches Komitee für elektrotechnische Normung

CR
Chloropren-Rubber
de: Chloropren-Kautschuk

CSP
Chlorsulfonisiertes Polyethylen

CTI
Comparative Tracking Index

Cu
Cuprum
de: Kupfer

DC oder d. c.
Direct current
de: Gleichstrom

de
Deutsch

DI-Schalter
Differenzstrom-Schutzschalter

DIN
Deutsches Institut für Normung e. V.

DKE
Deutsche Kommission Elektrotechnik Elektronik Informationstechnik im DIN und VDE

EDV
Elektronische Daten-Verarbeitung

EFK
Elektrofachkraft

EG
Europäische Gemeinschaft

EKG
Elektrokardiogramm

Elex V
Verordnung über elektrische Anlagen in explosionsgefährdeten Räumen

EltBauVO
Verordnung über den Bau von Betriebsräumen für elektrische Anlagen

ELV
Extra-low voltage
de: Kleinspannung

EMI
Electromagnetic Influences oder Interferences
de: Elektromagnetische Störungen

EMV
Elektromagnetische Verträglichkeit
en: Electromagnetic Compatibility (EMC)

en
Englisch

EN
European Standard
de: Europäische Norm

ENEC
European Norms Electrical Certification

ENS
Einrichtung zur Netzüberwachung mit zugeordnetem Schaltorgan

ENV
European Prestandard
de: Europäische Vornorm

EnWG
Energiewirtschaftsgesetz

EPR
Ethylen-Propylen-Rubber
Ethylen-Propylen-Kautschuk

ESD
Electrostatic discharge
de: Elektrostatische Entladung

ETFE
Ethylen-Tetrafluorethylen

ETK
Einheitstemperaturzeitkurve

ETSI
European Telecommunications Standards Institute
de: Europäisches Institut für Telekommunikationsnormen

EU
Europäische Union

EUP
Elektrotechnisch unterwiesene Person

EVA
Ethylen-Vinylacetat-Copolymer

EVG
Elektronisches Vorschaltgerät

EVU
Elektrizitäts-Versorgungs-Unternehmen

Fe
Ferrum
de: Eisen

FELV
Functional extra-low voltage
de: Funktionskleinspannung

FI-Schalter
Fehlerstrom-Schutzschalter

fr
Französisch

FU-Schalter
Fehlerspannungs-Schutzschalter

G
Gummi

GDV
Gesamtverband der Deutschen Versicherungswirtschaft e. V. (früher VdS)

GPSG
Geräte- und Produktsicherheitsgesetz

GS
Geräteschutzschalter

Gs
Gleichspannung

GSG
Gerätesicherheitsgesetz

HD
Harmonization Document
de: Harmonisierungs-Dokument

HH-Sicherung
Hochspannungs-Hochleistungssicherung

HV
High-Voltage
de: Hochspannung

HVBG
Hauptverband der gewerblichen Berufsgenossenschaften

IEC
International Electrotechnical Commission
de: Internationale Elektrotechnische Kommission

IEV
International Electrotechnical Vocabulary
de: Internationales Elektrotechnisches Wörterbuch

IIK
Butyl-Kautschuk

IMD
Insulation Monitoring Device
de: Isolationsüberwachungsgerät

ISO
International Organization for Standardization
de: Internationale Organisation für Normung

K
Komitee

L
Außenleiter
L1, L2, L3 (Wechselstrom)
L +, L − (Gleichstrom)

27

LEMP
Lightning-electromagnetic pulse
de: atmosphärische Entladung

LS-Schalter
Leitungsschutzschalter

LV
Low-Voltage
de: Niederspannung

M
Mittelleiter

MBO
Musterbauordnung

MLAR
Muster-Richtlinie über brandschutztechnische Anforderungen an Leitungsanlagen
(Muster-Leitungsanlagen-Richtlinie)

MPG
Medizinproduktegesetz

MSR-Anlagen
Mess-, Steuer- und Regelanlagen

N
Neutralleiter

NAV
Verordnung über Allgemeine Bedingungen für den Netzanschluss und dessen Nutzung für die Elektrizitätsversorgung in Niederspannung vom 08. November 2006 (Niederspannungsanschlussverordnung)

NEMP
Nuclear-electromagnetic pulse
de: nuklear-elektromagnetischer Impuls; Nuklearexplosion

NH-Sicherung
Niederspannungs-Hochleistungssicherung

NN
Normalnull (Meereshöhe)

NR
Natural-Rubber
de: Natur-Kautschuk (Natur-Gummi)

PA
Potentialausgleichsleiter

PAS
Potentialausgleichsschiene

Pb
Plumbum
de: Blei

PCB
Polychloriertes Biphenyl

PE
Polyethylen

PE
Schutzleiter

PELV
Protection extra-low voltage

PEN
PEN-Leiter (Nullleiter)

PP
Polypropylen

PQ
Primary Questionnaire
de: Erstfragebogen

PRCD
Portable residual current protective device
de: Ortsveränderliche Differenzstrom-/Fehlerstrom-Schutzeinrichtung

prEN
Draft European Standard
de: Europäischer Normentwurf

prHD
Draft Harmonization Document
de: Harmonisierungs-Dokument-Entwurf

PTSK
Partiell typgeprüfte Schaltgeräte-Kombination

PVC
Polyvinylchlorid

RCBO
Residual current operated circuit-breaker with integral overcurrent protection
de: FI- oder DI-Schalter mit eingebautem Überstromauslöser (FI/LS- oder DI/LS-Schalter)

RCCB
Residual current operated circuit-breaker without integral overcurrent protection
de: FI- oder DI-Schalter ohne eingebauten Überstromauslöser

RCD
Residual current protective device
de: Differenzstrom-Schutzeinrichtung/Fehlerstrom-Schutzeinrichtung

RCM
Residual current monitor
de: Differenzstrom-Überwachungsgerät

RD
Reference-Document
de: Bezugs-Schriftstück

RMS/r. m. s.
root mean square
de: Effektivwert

SE
Schutzeinrichtung

SELV
Safety extra-low voltage
de: Schutzkleinspannung

SEMP
Switching-electromagnetic pulse
de: Schaltüberspannung

SHA
Selektiver Haupt-Leitungsschutzschalter – netzspannungsabhängig (SHA-Schalter)

SHU
Selektiver Haupt-Leitungsschutzschalter – spannungsunabhängig (SHU-Schalter)

SIR oder SiR
Silicon-Rubber
de: Silikon-Kautschuk

SPD
Surge Protective Device
de: Überspannungsschutzgerät

SR
Synthetic-Rubber
de: synthetischer Kautschuk (Synthetik-Gummi)

TAB
Technische Anschlussbedingungen für den Anschluss an das Niederspannungsnetz

TBINK
Technischer Beirat Internationale und Nationale Koordinierung

TSK
Typgeprüfte Schaltgeräte-Kombination

TÜV
Technischer Überwachungsverein

UC
Universal Current
de: Allstrom

ÜSE
Überstrom-Schutzeinrichtung

ÜSE
Überspannungsschutzeinrichtung

UK
Unterkomitee

USV
Unterbrechungsfreie Stromversorgung

UVV
Unfallverhütungsvorschrift

VBG
Vorschriftenwerk der Berufsgenossenschaften

VDE
Verband der Elektronik Elektrotechnik Informationstechnik e. V.

VDEW
Verband der Elektrizitätswirtschaft e. V.
früher: Vereinigung Deutscher Elektrizitätswerke e. V.

VDN
Verband der Netzbetreiber

VdS
früher: Verband der Sachversicherer e. V.
heute: GDV; Gesamtverband der Deutschen Versicherungswirtschaft e. V.

VdTÜV
Vereinigung der technischen Überwachungsvereine

VPE
Vernetztes Polyethylen

Ws
Wechselspannung

WVU
Wasser-Versorgungs-Unternehmen

ZVEH
Zentralverband der Deutschen Elektro- und Informationstechnischen Handwerke e. V.

ZVEI
Zentralverband der Elektrotechnik- und Elektronikindustrie e. V.

Stichwortverzeichnis

Index

Q

R

S

Index